Aktive elektronische Bauelemente

Leonhard Stiny

Aktive elektronische Bauelemente

Aufbau, Struktur, Wirkungsweise, Eigenschaften und praktischer Einsatz diskreter und integrierter Halbleiter-Bauteile

4., durchgesehene Auflage

Leonhard Stiny
Haag a. d. Amper, Deutschland

ISBN 978-3-658-24751-5 ISBN 978-3-658-24752-2 (eBook)
https://doi.org/10.1007/978-3-658-24752-2

Die Deutsche Nationalbibliothek verzeichnet diese Publikation in der Deutschen Nationalbibliografie; detaillierte bibliografische Daten sind im Internet über http://dnb.d-nb.de abrufbar.

Springer Vieweg
Die erste Auflage erschien unter dem Titel „Handbuch aktiver elektronischer Bauelemente" im Franzis Verlag, 2009.

Springer Vieweg ist ein Imprint der eingetragenen Gesellschaft Springer Fachmedien Wiesbaden GmbH und ist ein Teil von Springer Nature.
Die Anschrift der Gesellschaft ist: Abraham-Lincoln-Str. 46, 65189 Wiesbaden, Germany

Vorwort

Dieses Buch stellt allen, ob in Ausbildung, Lehre, Studium oder Beruf, ein sowohl detailliertes als auch umfangreiches und in der Elektronikpraxis anwendbares Wissen über aktive elektronische Bauelemente zur Verfügung. Dabei werden nicht nur die im eigentlichen Sinne aktiven, sondern alle auf Halbleitern basierenden Bauteile behandelt. Das Werk vermittelt ausführliche Kenntnisse über Aufbau, Eigenschaften, Funktionsweise und Einsatzmöglichkeiten dieser Bauelemente. Es kann als Lehrbuch im Studium, in der beruflichen Fortbildung, zum Selbststudium und als Nachschlagewerk in der Laborpraxis verwendet werden. Das Buch bildet eine Brücke zwischen den physikalischen Grundlagen von Halbleiter-Bauelementen und deren ingenieurtechnischen Anwendungen in der Praxis der modernen Elektronik. Dabei werden auch neueste Bausteine der Computertechnologie behandelt.

Damit der Anwender elektronische Bauelemente in Schaltungen zu fehlerfreien und betriebssicheren Funktionseinheiten, Baugruppen oder Geräten zusammenfügen kann, muss er die Wirkungsweise dieser Bauelemente verstanden haben. Nur ein Wissen über ihre Kenngrößen und speziellen Eigenschaften ermöglicht es, entsprechend Datenblattangaben und Herstellerunterlagen die optimalen Bauteile für eine bestimmte Anwendung auszuwählen. Sowohl für die Analyse elektronischer Schaltungen als auch bei der Schaltungsdimensionierung sind Kenntnisse von Aufbau und Funktionsweise der eingesetzten Bauelemente der Halbleiterelektronik unbedingt erforderlich.

Die theoretischen und physikalischen Grundlagen der Halbleitertechnik werden als Grundgerüst vermittelt. Auf dieser Basis werden für alle Halbleiter-Bauelemente Aufbau und Wirkungsweise erläutert, spezifische Merkmale, Daten, Kenngrößen und Charakteristiken angegeben und deren Bedeutung erklärt. Für die verschiedenen Typen von Bauteilen werden übersichtlich die Vor- und Nachteile sowie mögliche Anwendungen aufgezeigt. Dabei werden alle technischen Aspekte von der Herstellung bis zum Einsatz betrachtet. Durch zahlreiche Abbildungen wird eine Vorstellung von Aufbau und Aussehen der Bauelemente vermittelt. Viele Tabellen und Beispiele mit Berechnungen unterstützen die Auswahl, Dimensionierung und Anwendung von elektronischen Halbleiter-Bauelementen. Einen in der Praxis verwertbaren Nutzen liefern in diesem Werk allgemein gehaltene, für jeden Einsatzfall gültige Beschreibungen, welche auf spezielle Ansätze leicht anpassbar und erweiterbar sind. So findet man Formeln für den täglichen Gebrauch in der

Laborpraxis, aber auch deren Herleitungen, um den theoretischen Hintergrund komplexer Sachverhalte verständlich zu machen.

Nach einer ersten Auflage bei einem anderen Verlag erscheint dieses Werk beim Springer-Verlag in zweiter, überarbeiteter Auflage.

An dieser Stelle sei noch auf mein Werk „Passive elektronische Bauelemente“ (Springer-Verlag) hingewiesen, welches alle Aspekte dieser großen Gruppe von Bauteilen der Elektronik behandelt.

Haag a. d. Amper — Leonhard Stiny
Februar 2018

Inhaltsverzeichnis

Einleitung 1

Elektronische Bauelemente sind als Komponenten einer elektronischen Schaltung deren kleinste funktionale Einheiten. Die mit elektrischen Leitungen untereinander verbundenen Bauelemente bilden in ihrer Zusammenschaltung ganz oder teilweise den Aufbau z. B. einer Baugruppe oder eines Gerätes mit einer bestimmten Funktion.

Elektronische Bauelemente können in die zwei großen Gruppen der *passiven* und der *aktiven* Bauelemente eingeteilt werden.

Passive Bauelemente besitzen keine eingebaute (Hilfs-)Leistungsquelle, ihre Ausgangsleistung kann nie größer als ihre Eingangsleistung sein. Passive Bauelemente zeigen keine Verstärkerwirkung, sie sind stets zweipolig, häufig verbrauchen oder speichern sie elektrische Energie. Zu den passiven Bauelementen gehören Widerstände, Kondensatoren und induktive Bauelemente, aber auch Dioden.

Da Dioden aus Halbleitermaterial aufgebaut sind, wie dies bei den meisten aktiven Bauelementen der Fall ist, werden sie hier zusammen mit den aktiven elektronischen Bauelementen behandelt. In einem Werk über passive elektronische Bauelemente würde das vorbereitende Grundlagenwissen über Halbleiter nur für Dioden alleine einen zu großen Raum einnehmen, obwohl es für die sehr große Anzahl aktiver Bauelemente ebenfalls benötigt wird.

Aktive Bauelemente zeigen meist in irgendeiner Form eine Verstärkerwirkung des Eingangssignales oder erzeugen Schwingungen, im Allgemeinen wird hierzu eine Hilfsenergiequelle benötigt. Zu den aktiven Bauelementen gehören auch Spannungs- und Stromquellen, z. B. Batterien und Akkumulatoren.

Passive und aktive Bauelemente können jeweils in *lineare* und *nichtlineare* Bauelemente eingeteilt werden.

Lineare Bauelemente zeigen zwischen Ausgangs- und Eingangsgröße einen linearen Zusammenhang. In der Regel bezieht sich die Aussage der Linearität bzw. Nichtlinearität auf den Zusammenhang bestimmter Größen, meist Strom und Spannung oder deren zeitliche Ableitungen, also z. B. auf die I-U-Kennlinie. Ein lineares elektrisches Netzwerk ist aus Schaltelementen mit linearer Charakteristik (gerader Kennlinie) aufgebaut. Zu die-

L. Stiny, *Aktive elektronische Bauelemente*, https://doi.org/10.1007/978-3-658-24752-2_1

sen Bauelementen gehören Ohm'sche Widerstände, Kapazitäten und Induktivitäten. Die Linearität eines Ohm'schen Widerstandes ($R = \text{const.}$) ist unmittelbar aus der linearen Abhängigkeit der Spannung vom Strom ($U = I \cdot R$) bzw. des Stromes von der Spannung ($I = \frac{1}{R} \cdot U$) einsichtig. Bei einem Kondensator ist der Strom proportional dem Differenzialquotienten der Spannung:

$$i(t) = C \cdot \frac{\mathrm{d}u(t)}{\mathrm{d}t} \tag{1.1}$$

Bei einer Spule ist die Spannung proportional dem Differenzialquotienten des Stromes:

$$u(t) = L \cdot \frac{\mathrm{d}i(t)}{\mathrm{d}t} \tag{1.2}$$

Die Gl. 1.1 und 1.2 sind *lineare* Differenzialgleichungen mit konstanten Koeffizienten „C" bzw. „L". Somit sind auch Kapazitäten und Induktivitäten lineare Bauteile. Für sie gilt ja auch der lineare Zusammenhang $\underline{U} = \underline{I} \cdot \underline{Z}$ zwischen Spannung und Strom im Ohm'schen Gesetz mit komplexen Größen.

Lineare vierpolige Netzwerkelemente sind auch Überträger mit idealisierten Gegeninduktivitäten M sowie gesteuerte Quellen.

Eine Diode mit ihrer gekrümmten Strom-Spannungs-Kennlinie ist z. B. kein lineares Bauteil.

Hinweis: Bei Mitkopplung geht die Linearität eines Systems verloren!

Lineare Bauelemente genügen sowohl dem Superpositionsprinzip als auch dem Proportionalitätsprinzip.

Ein System oder ein Bauelement ist genau dann linear, wenn es für beliebige (stückweise stetige) Eingangssignale $x(t)$ für alle t die beiden folgenden Eigenschaften aufweist:

$$\mathbf{S}\{\vec{x}_1(t) + \vec{x}_2(t) + \ldots + \vec{x}_n(t)\} = \mathbf{S}\{\vec{x}_1(t)\} + \mathbf{S}\{\vec{x}_2(t)\} + \ldots + \mathbf{S}\{\vec{x}_n(t)\} \tag{1.3}$$

$$\mathbf{S}\{k \cdot \vec{x}(t)\} = k \cdot \mathbf{S}\{\vec{x}(t)\} \tag{1.4}$$

(k = beliebige Konstante)

S ist in Gl. 1.3 und Gl. 1.4 ein Operator, welcher die Verknüpfung zwischen den Ein- und Ausgangsgrößen des Systems festlegt.

Bei Gl. 1.3 ist die Bedingung der Superposition (Überlagerungseigenschaft) erfüllt, es gilt der Überlagerungssatz. Die Antwort auf eine Summe von Erregungen ist gleich der Summe der Antworten auf die einzelnen Erregungen.

Gl. 1.4 beschreibt die Verstärkungseigenschaft oder Skalierung (Multiplikation mit einer Konstanten k). Die Antwort auf die k-fache Erregung ist gleich der k-fachen Antwort auf die Erregung (Proportionalitätsprinzip).

Superpositions- und Proportionalitätsprinzip können in der Linearitätsrelation zusammengefasst werden.

Ein System oder ein Bauelement ist linear, wenn die Linearitätsrelation gilt.

$$\mathbf{S}\{k_1\vec{x}_1(t) + k_2\vec{x}_2(t) + \ldots + k_\mathrm{n}\vec{x}_n(t)\} = k_1\,\mathbf{S}\{\vec{x}_1(t)\} + k_2\,\mathbf{S}\{\vec{x}_2(t)\} + \ldots + k_\mathrm{n}\,\mathbf{S}\{\vec{x}_n(t)\} \tag{1.5}$$

Reale Systeme erfüllen die Eigenschaft der Linearität meistens nur in einem eingeschränkten Bereich der Variablen. Bei vielen Anwendungen besteht jedoch der idealisierte Sachverhalt der Linearität zumindest näherungsweise und beschreibt das Wesentliche. Würde man die Linearität eines Systems nicht einführen, so würde dessen Untersuchung unnötig kompliziert.

Häufig erhält man für eine Erregung $\vec{x}(t)$ die Antwort $\vec{y}(t)$ als Lösung einer Differenzialgleichung. Ist die Differenzialgleichung linear, so gilt der Superpositionssatz: Die Lösung für eine Linearkombination von Erregungen ist gleich der Linearkombination der Lösungen für die einzelnen Erregungen. Dies ist aber exakt die Aussage von Gl. 1.5. Somit folgt:

Wird ein System durch eine lineare Differenzialgleichung beschrieben, so ist das System linear. Die Ordnung der Differenzialgleichung kann beliebig, ihre Koeffizienten konstant oder nicht konstant sein.

Für einen Betrieb mit Wechselspannung oder -strom gilt, dass die Antwort eines linearen Systems auf eine Erregung mit einer Schwingung der Frequenz f eine Schwingung mit der gleichen Frequenz ist. Ein *nichtlineares System* hingegen verzerrt Eingangssignale nichtlinear und die Antwort enthält Schwingungen mit *neuen Frequenzen*, die in den Eingangssignalen nicht enthalten sind. Die ursprünglichen Frequenzverhältnisse lassen sich dann nicht mehr ohne weiteres rekonstruieren.

Nichtlineare Bauelemente weisen einen nichtlinearen Zusammenhang zwischen Ausgangs- und Eingangsgröße auf, die Kennlinie ist nicht gerade sondern gekrümmt.

Diskret wird ein elektronisches Bauteil genannt, wenn es nur aus einer einzigen Funktionseinheit besteht (Beispiel: einzelner Transistor). Dagegen bilden in **integrierten Schaltkreisen** (ICs) mehrere gleichartige oder unterschiedliche Funktionseinheiten (z. B. Widerstände, Dioden und Transistoren) ein komplexes Bauelement (z. B. einen Verstärker).

Grundlagen der Halbleiter 2

Häufig sind Halbleiter das Basismaterial aktiver elektronischer Bauelemente. Im Folgenden werden einige grundlegende Eigenschaften von Halbleitern behandelt. Für das Verständnis von Eigenschaften und Funktion von Bauelementen, die aus Halbleitermaterial aufgebaut sind, ist dieses Wissen unerlässlich. Es wird auch für den praktischen Einsatz von Halbleiter-Bauelementen benötigt, um die Konsequenzen geänderter Einsatz- oder Randbedingungen (z. B. einer Temperaturänderung) abschätzen zu können.

2.1 Halbleiter im Periodensystem der Elemente

Das Periodensystem der Elemente (ein Ausschnitt ist in Abb. 2.1 dargestellt) gliedert sich in sieben Perioden (Zeilen, = Anzahl der Schalen) und acht Hauptgruppen (Spalten, = Anzahl der Valenzelektronen). In den Gruppen sind Elemente mit gleichen chemischen Eigenschaften zusammengefasst, wobei die Atommasse in jeder Gruppe von oben nach unten zunimmt.

Man unterscheidet zwischen **Elementhalbleitern** und **Verbindungshalbleitern**.

Elementhalbleiter bestehen (bis auf Verschmutzungen) nur aus Atomen *eines* Elementes. Die Elementhalbleiter haben vier Valenzelektronen, sie kommen aus der vierten Hauptgruppe des periodischen Systems der Elemente, zu ihnen gehören *Germanium* (Ge) und *Silizium* (Si).

Silizium kommt im Quarzsand (SiO_2) als zweithäufigstes Element der Erdrinde vor. Zunächst wird aus dem Sand das Siliziumpulver gewonnen, welches durch ein spezielles Schmelzverfahren (Zonenschmelzen) und ein Ziehverfahren von Verunreinigungen befreit und in einen Kristall umgewandelt wird.

Technisch ist von Bedeutung, dass Silizium durch Verbindung mit Sauerstoff (Siliziumdioxid, SiO_2) einen hervorragenden Isolator bildet.

Zu den Elementhalbleitern gehört auch der Kohlenstoff (C), dessen Kristallisationsform „Diamant“ in reinster Form ein sehr guter Isolator ist, aber eigentlich einen Halbleiter

L. Stiny, *Aktive elektronische Bauelemente*, https://doi.org/10.1007/978-3-658-24752-2_2

Abb. 2.1 Ausschnitt aus dem Periodensystem der Elemente

		Hauptgruppen				
		II	III	IV	V	VI
Periode	2	Be 4 10,81	B 5 10,82	C 6 12,01	N 7 14,00	O 8 15,99
	3	Mg 12 24,30	Al 13 26,97	Si 14 28,06	P 15 31,02	S 16 32,06
	4	Zn 30 65,39	Ga 31 69,72	Ge 32 72,6	As 33 74,91	Se 34 78,96
	5	Cd 48 112,41	In 49 114,76	Sn 50 118,7	Sb 51 121,76	Te 52 127,6
	6	Hg 80 200,59	Tl 81 204,3	Pb 82 207,2	Bi 83 208,9	Po 84 208,9

mit sehr großem Bandabstand darstellt. Man kann ihn durch gezielte „Verschmutzung“ leitend machen. In diesem Sinne ist Diamant ein Halbleiter mit einigen hervorragenden technischen Eigenschaften.

Verbindungshalbleiter umfassen chemische Verbindungen *zweier* Stoffe in einem Kristallgitter, die im Mittel vier Valenzelektronen besitzen. Verbindungshalbleiter bestehen jeweils aus Stoffen der III. und V. oder der II. und VI. Hauptgruppe des Periodensystems.

III-V-Halbleiter sind z. B. *Galliumarsenid* (GaAs), Indiumantimonid (InSb) oder Indiumphosphid (InP). Beispiele für II-VI-Halbleiter sind Zinkoxid (ZnO), Zinksulfid (ZnS), Zinkselenid (ZnSe) und Cadmiumsulfid (CdS).

Es gibt auch III-VI-Halbleiter, dies sind z. B. Galliumsulfid (GaS), Galliumtellurid (GaTe) und Indiumsulfid (InS). Weiterhin sind I-III-VI-Halbleiter beispielsweise Kupferindiumdiselenid ($CuInSe_2$) und Kupferindiumgalliumsulfid ($CuInGaS_2$).

Organische Halbleiter sind eine Gruppe neuer Halbleiter. Organische Materialien sind im Allgemeinen elektrisch isolierend. Moleküle oder Polymere können elektrisch leitend werden, wenn sie ein konjugiertes Bindungssystem besitzen, bestehend aus Doppelbindungen, Dreifachbindungen und aromatischen Ringen. Als erstes wurde dies bei Polyacetylen beobachtet. Polyacetylen ist ein lineares Polymer mit abwechselnder Doppelbindung und Einfachbindung ($\ldots C{=}C{-}C{=}C{-}C\ldots$). Wird diesem Kunststoff ein Donator wie etwa Chlor, Brom oder Iod angefügt (oxidative Dotierung), liegen zusätzliche Elektronen vor. Durch das Hinzufügen eines Atoms wie Natrium (reduktive Dotierung) erhält der Kunststoff einen Akzeptor. Durch diese chemische Änderung brechen die Doppelbindungen auf, und es entsteht ein durchgehendes Leitungsband. Das ursprünglich nicht leitende Polymer wird elektrisch leitend. Beispiele für organische Halbleiter sind *Tetracen* (Summenformel $C_{18}H_{12}$, besteht aus vier aneinander gereihten Benzolringen, die Verwendung erfolgt z. B. in elektrisch gepumpten organischen Halbleiter-Lasern) und *Pentacen* ($C_{22}H_{14}$, ein polyzyklischer aromatischer Kohlenwasserstoff mit fünf linear kondensierten Benzolringen, wird in organischen Feldeffekttransistoren verwendet).

2.2 Halbleiter zwischen Nichtleiter und Leiter

Der gerichtete Fluss elektrischer Ladungsträger wird als elektrischer Strom bezeichnet. In einem metallischen Leiter entspricht der elektrische Strom einer Bewegung von Elektronen in eine Vorzugsrichtung. Der elektrische Widerstand ist ein Maß dafür, wie stark ein leitfähiges Material den Stromdurchgang (den Stromfluss) behindert. Die Ursache dieser Behinderung sind Zusammenstöße der fließenden Elektronen mit ortsfesten, um ihre Ruhelage schwingenden Atomrümpfen (thermische Schwingungsbewegung der Atomrümpfe). Die Größe des elektrischen Widerstandes wird wesentlich von den Materialeigenschaften (der Materialart) bestimmt. Die Materialkonstante ρ wird als *spezifischer Widerstand* bezeichnet. Je nach Zahl der frei beweglichen Ladungsträger pro Stoffvolumen werden Werkstoffe der Elektrotechnik in Leiter, Halbleiter und Nichtleiter (Isolatoren) eingeteilt. Wie der Name sagt, liegen Halbleiter mit ihrer Leitfähigkeit bzw. dem zur Leitfähigkeit umgekehrt proportionalem spezifischen Widerstand zwischen den Leitern und den Nichtleitern (Abb. 2.2). Die Leitfähigkeit von Halbleitern ist größer als von Nichtleitern und geringer als von Leitern. Sehr bekannte Halbleiter sind Silizium und Germanium.

In keiner Stoffeigenschaft unterscheiden sich Materialien so stark wie in der elektrischen Leitfähigkeit. Zwischen der Leitfähigkeit eines guten metallischen Leiters und eines guten Isolators liegen 25 Zehnerpotenzen!

Metalle haben eine hohe Leitfähigkeit, die jedoch kaum steuerbar ist. Silizium ist heute der wichtigste Halbleiter, es weist im reinen (nicht gezielt verunreinigten) Kristallzustand bei tieferen Temperaturen eine Leitfähigkeit entsprechend eines guten Isolators auf und ist damit eigentlich nicht zur Realisierung elektronischer Bauelemente geeignet. Der Vorteil von Silizium ist, dass es technische Möglichkeiten gibt, seine Leitfähigkeit gezielt zu verändern.

Die Leitfähigkeit aus Silizium aufgebauter Strukturen ist

- stark temperaturabhängig, sie nimmt mit steigender Temperatur zu;
- kann in weiten Grenzen durch das Einbringen von Fremdatomen (**Dotieren**) aus einer anderen chemischen Hauptgruppe beeinflusst werden;

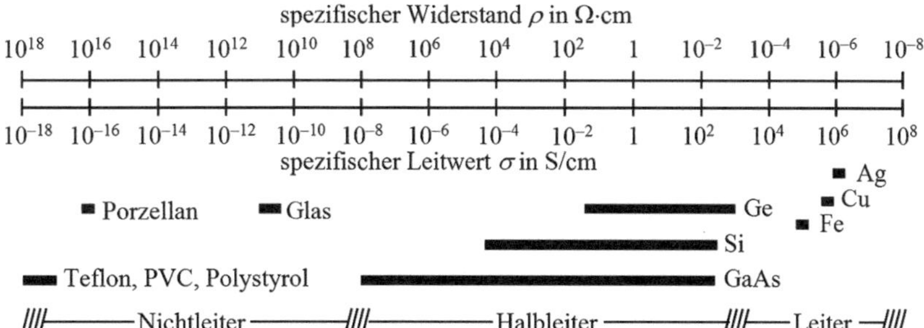

Abb. 2.2 Spezifischer Widerstand und spezifische Leitfähigkeit von Nichtleitern, Halbleitern und Leitern bei Zimmertemperatur

- ist auch während des Betriebs wunschgemäß einstellbar (z. B. durch eine Steuerspannung oder einen Steuerstrom).

2.3 Aufbau der Atome

Die elektrische Leitfähigkeit von Stoffen lässt sich mit ihren atomaren Strukturen erklären. Materie ist aus *Atomen* bzw. *Molekülen* aufgebaut. Moleküle bestehen aus einem Verbund von Atomen. Die Bausteine der Atome werden als *Elementarteilchen* bezeichnet, da sie lange Zeit als kleinste Teilchen ohne unterteilbaren Aufbau angesehen wurden. Elementarteilchen sind *Elektronen*, *Protonen* und *Neutronen*. Da ein Elektron ein Elementarteilchen ist, wird seine Ladung *Elementarladung* genannt. Ein Elektron trägt die negative Ladung $e = -1{,}602 \cdot 10^{-19}\,\text{C}$ (Coulomb = As). Die Elementarladung ist die kleinste vorkommende Ladungsmenge. Einem Proton wird als Elementarteilchen die positive Elementarladung $e = +1{,}602\,177\,33 \cdot 10^{-19}\,\text{C}$ zugeordnet. Ein Neutron trägt keine elektrische Ladung. Der Atomkern besteht aus so genannten Nukleonen, den Protonen und den Neutronen, er ist somit immer positiv geladen. Um den Atomkern kreisen die Elektronen. Nach außen hin sind Atome (falls sie nicht ionisiert sind) elektrisch neutral. Sie bestehen aus genau so vielen positiven Protonen wie negativen Elektronen, die Ladungen neutralisieren sich. Die Anzahl der Neutronen kann unterschiedlich sein.

2.3.1 Bohr'sches Atommodell

Der Aufbau von Atomen kann mit unterschiedlichen Denkmodellen beschrieben werden. Wegen seiner Einfachheit wird häufig das *Bohr'sche Atommodell* verwendet. Dieses ist zwar veraltet, für viele Zwecke ist es aber ausreichend genau. Entsprechend diesem Atommodell besteht jedes Atom aus einem *Atomkern* und einer *Atomhülle*. Wie bereits erwähnt, besteht der Atomkern aus den Nukleonen (Protonen und Neutronen). In der Atomhülle befinden sich negativ geladene Elektronen, die sich auf definierten Kreisbahnen um den Atomkern herum bewegen. Elektronen mit gleichem Abstand vom Kern werden zu einer *Elektronenschale* zusammengefasst. Bei einem Atom sind maximal sieben Schalen mit unterschiedlichen Durchmessern möglich. Die Anzahl der Elektronen pro Schale ist begrenzt. Die Energie von Elektronen auf kernnahen Schalen ist niedriger als auf kernfernen Schalen.

Ein abgeschlossenes physikalisches System ist bestrebt, einen stabilen Zustand im Gleichgewicht und somit einen möglichst energiearmen Zustand anzunehmen. Dies gilt auch für Atome. Da Atome immer den energieärmsten Zustand minimaler freier Energie (genauer gesagt: minimaler freier Enthalpie) einnehmen wollen, werden die inneren Schalen zuerst mit Elektronen besetzt. Die Elektronen sind umso fester an das Atom gebunden, je näher sie am Kern sind.

Die äußerste Schale eines Atoms ist normalerweise nicht mit der maximal möglichen Anzahl von Elektronen aufgefüllt. Die Elektronen der äußersten Schale werden *Valenz-*

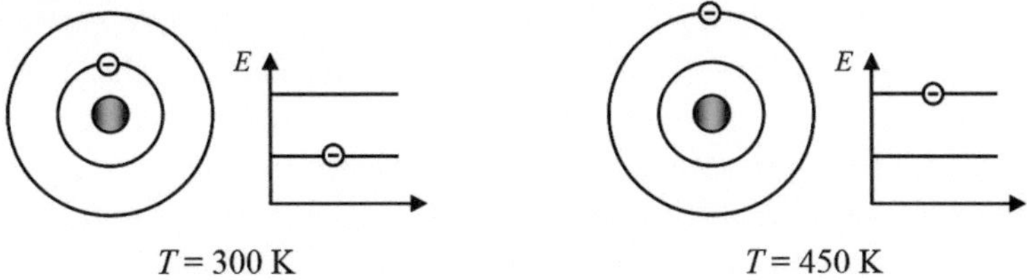

Abb. 2.3 Atom mit unterschiedlichen Energiezuständen

elektronen genannt. Diese Schale bestimmt das chemische und elektrische Verhalten eines Atoms. Maximal besetzte (*gesättigte*) Schalen zeigen die geringste chemische Aktivität. Die Bindung der Valenzelektronen an das Atom hängt ebenfalls von der Besetzung der Valenzschale ab. Je kleiner die Besetzung ist, desto schwächer ist die Bindung an das Atom.

Ein Elektron auf einer zulässigen Bahn hat also stets einen bestimmten Wert an potenzieller Energie gegenüber dem Kern. Dieser Energiewert kann sich durch Aufnahme oder Abgabe von Energie ändern, dann ergibt sich auch eine andere Bahn mit einem anderen Abstand vom Kern. Elektronen können also zwischen den erlaubten Energieniveaus hin- und herspringen. Bei hoher Energiezufuhr kann ein Elektron den Atomverband sogar verlassen, das Atom ist dann ionisiert. Für jedes Elektron im Verbund eines Atoms sind aber nur bestimmte diskrete Energiewerte zulässig.

Kernnahe Schalen bedeuten niedrige, kernferne Schalen hohe Energie der Elektronen.

Abb. 2.3 zeigt in einer stark vereinfachten Darstellung ein Atom mit dem Atomkern in der Mitte und mit einem Elektron. Bei niedriger Temperatur (z. B. $T = 300\,\mathrm{K}$) ist das Atom in einem energetisch niedrigen Zustand. In dem dargestellten Atommodell befindet sich das Elektron auf der inneren Schale. Durch Erhöhen der Temperatur auf z. B. $T = 450\,\mathrm{K}$ gelangt das Elektron auf eine weiter außen liegende Schale. Dies entspricht einem angeregten Energiezustand. Trägt man die möglichen Energiewerte E, die das Atom annehmen kann, in einem einfachen Diagramm auf, so ergeben sich mehrere diskrete Zustände (Energielinien), deren Anzahl und Abstände für das Atom charakteristisch sind.

Eine Elektronenschale kann maximal folgende Anzahl von Elektronen aufnehmen:

$$N_{\max} = 2 \cdot n^2 \tag{2.1}$$

Die so genannte Hauptquantenzahl n wird vom Atomkern ausgehend nach außen gezählt und durchläuft die Werte $n = 1, 2, 3, \ldots$.

Anstelle der Kennzeichnung der Elektronenschalen durch die Hauptquantenzahlen wird häufig eine Benennung mit den Buchstaben K, L, M, N, O, P, Q verwendet.

Die jeweils äußerste Schale eines neutralen Atoms kann maximal acht Elektronen enthalten. Atome mit maximal aufgefüllten äußersten Elektronenschalen (Valenzelektronenschalen) sind stabil und chemisch inaktiv, sie gehen keine chemischen Verbindungen ein. Dieser Zustand liegt z. B. bei Edelgasen vor (Ausnahmen sind z. B. die Elemente H, He, Li), der mit acht Elektronen auf der äußersten Schale dementsprechend als *Edelgaskonfiguration* bezeichnet wird. Alle Atome besitzen das Bestreben, Edelgaskonfiguration zu erreichen, d. h. acht Elektronen auf der äußersten Schale zu haben.

Die Valenzelektronen bestimmen das chemische Verhalten eines Stoffes. Sie stellen die Verbindung zu benachbarten Atomen her. Von den verschiedenen Elektronenschalen tritt stets nur die äußerste direkt mit der Umwelt in Wechselwirkung, z. B. durch die Fähigkeit, mit anderen Atomen eine chemische Bindung einzugehen. Ein Beispiel für ein Atommodell mit mehreren Schalen zeigt Abb. 2.4. Dargestellt ist ein elektrisch neutrales Siliziumatom mit 14 Protonen im Kern und 14 Elektronen auf den Schalen. Alle Atome der Hauptgruppe IV im Periodensystem (siehe Abb. 2.1) besitzen wie Silizium vier Valenzelektronen. In Abb. 2.4 sind auf der äußersten Schale vier „freie" Elektronenplätze angedeutet. Ein solches Atom erreicht einen energetisch günstigeren Zustand, wenn es sich mit anderen Atomen so verbindet, dass die Atome die Elektronen auf den äußersten Schalen gemeinsam nutzen. Jedes Atom besitzt dann mit acht Elektronen auf der äußersten Schale einen stabilen Zustand.

Bei Leitern ist die äußerste Elektronenschale meist mit ein bis drei Valenzelektronen besetzt. Der Aufbau von Metallen kann amorph oder kristallin sein. Technisch wichtige Metalle besitzen ein Kristallgitter mit sehr dicht aneinander gedrängten Atomen. Bei Metallen können sich bei Zimmertemperatur durch Zufuhr von Wärme Valenzelektronen von Atomen lösen, die Metallatome werden ionisiert. Es entsteht ein Raumgitter aus ortsfesten positiven Metallionen, in dem sich frei bewegliche Elektronen befinden („freie" Elektronen oder „Leitungselektronen"), die zu einem Ladungsfluss (also einem elektrischen Strom) beitragen können. Da jedes Metallatom mindestens ein Elektron als freies Elektron abgibt, enthalten metallische Leiter viele frei bewegliche Ladungsträger, sie leiten daher elektrischen Strom sehr gut. Man spricht in diesem Zusammenhang auch von einem „Elektronengas". Dies ist zwar ein sehr einfaches Modell für Elektronen in einem Festkörper, mit ihm kann aber die Leitfähigkeit von Metallen anschaulich erklärt werden.

Die Menge der freien Ladungsträger pro Volumeneinheit wird durch die *Ladungsträgerdichte* angegeben. In Metallen ist die Dichte freier Elektronen ungefähr gleich der Anzahl vorhandener Atome und beträgt ca. $n \approx 10^{23}\,\text{cm}^{-3}$.

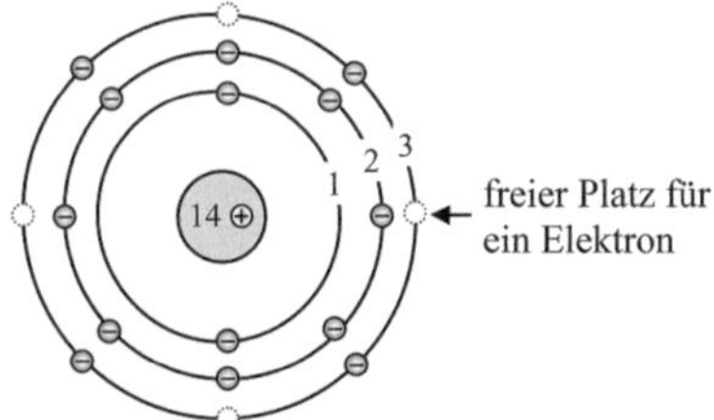

Abb. 2.4 Zweidimensionales Atommodell für Silizium

2.3.2 Elektronenpaarbindung, Kristallgitter

Ist die äußerste Elektronenschale eines Atoms nicht maximal besetzt (liegt keine Edelgaskonfiguration vor), so zeigt das Atom chemische Aktivität. Solche Einzelatome streben danach, sich zu energetisch günstigen Einheiten zu verbinden. Es existieren primäre und sekundäre Bindungstypen. Primäre Bindungstypen sind die *Ionenbindung*, die *Elektronenpaarbindung* und die *metallische Bindung*, sie basieren auf Ladungsaustausch, es sind starke Bindungen. Sekundäre Bindungstypen sind die *Van-der-Waals-Bindung* und die *Wasserstoffbrückenbindung*, sie beruhen auf einer Dipolwechselwirkung, es sind schwache Bindungen.

In der Halbleitertechnik spielt die Elektronenpaarbindung (*Atombindung, kovalente Bindung, homöopolare Bindung*) eine sehr wichtige Rolle.

Bei der Elektronenpaarbindung „teilen" Atome ihre Valenzelektronen mit Nachbaratomen. Je ein Elektron des einen Atoms vereinigt sich mit einem Elektron des anderen Atoms in einer Weise, dass beide Elektronen statistisch betrachtet zu beiden Elektronenhüllen gehören. Zwischen zwei Atomen befinden sich dann Elektronenpaare, welche beiden Atomen gleichzeitig zuzuordnen sind. Anders gesagt: Die äußersten, nicht gesättigten Elektronenschalen zweier Atome verschmelzen zu einer gemeinsamen, gesättigten Elektronenwolke mit Edelgaskonfiguration. Eine Bindung zwischen den Atomen lässt sich somit durch die Ausbildung eines gemeinsamen Elektronenpaares erreichen, wobei beide Atome je ein Elektron für die Bindung zur Verfügung stellen. Die Valenzelektronen „paaren" sich mit je einem Elektron eines Nachbaratoms und umkreisen als Paar den eigenen Kern *und* den Kern des Nachbaratoms (Beispiel siehe Abb. 2.5).

Die Elektronenpaarbindung tritt auf, wenn sich durch die geometrische Anordnung einiger Atome die Edelgaskonfiguration für alle beteiligten Atome ergibt. Nichtmetallen fehlen Elektronen in der äußersten Schale. Elemente der IV. Hauptgruppe des Periodensystems bilden nicht nur untereinander, sondern auch in Verbindung mit anderen Atomsorten ausschließlich kovalente Bindungen. Eine wesentliche Eigenschaft der kovalenten

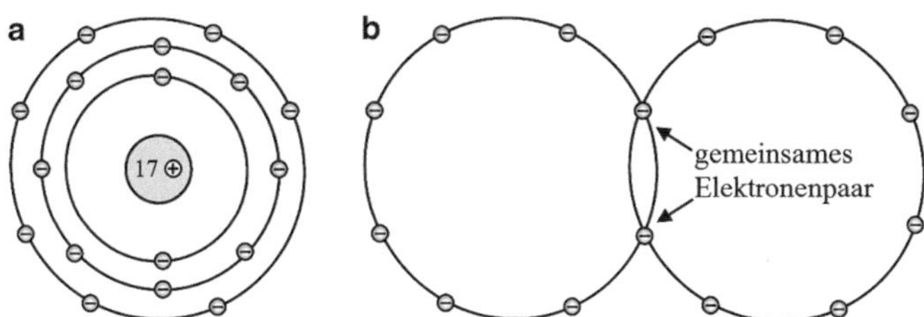

Abb. 2.5 Die Elektronenpaarbindung am Beispiel von Chlor. Das Element Chlor kommt immer als zweiatomiges Molekül vor. Die beiden Chloratome sind durch ein gemeinsames Elektronenpaar miteinander verbunden. So erfolgt die Vervollständigung des Elektronenoktetts auf der äußersten Schale. Einzelnes Chloratom (**a**), zweiatomiges Molekül (**b**), bei dem nur die äußersten Schalen gezeichnet sind

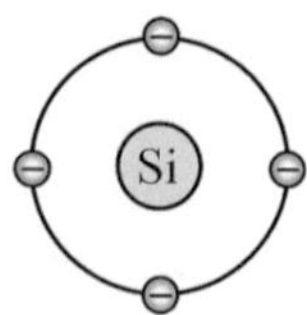

Abb. 2.6 Si-Atom, dessen Darstellung auf das Wesentliche beschränkt ist

Bindung ist ihre ausgeprägte Richtungsabhängigkeit, die beim Aufbau von Kristallstrukturen entscheidend ist (z. B. tetraedrische Diamantstruktur).

Die Elektronenpaarbindung ist bei reinen Halbleitern (ohne Fremdatome) sehr fest. Das Aufbrechen einer solchen Bindung, um ein freies Elektron zu erhalten, ist nur schwer möglich. Reines Silizium (mit Elektronenpaarbindungen, wie nachfolgend gezeigt wird) ist daher bei tiefen Temperaturen ein sehr schlechter Leiter.

Silizium und Germanium sind 4-wertige Elemente, bei ihnen sind die äußersten Elektronenschalen mit vier Valenzelektronen besetzt. Ein Si- oder Ge-Atom kann einfacher als in Abb. 2.4 dargestellt werden, wenn nur die äußerste Elektronenschale mit ihren vier Elektronen gezeichnet und der Rest des Atoms in der Mitte nur angedeutet wird. Abb. 2.6 zeigt eine solche Darstellung, die sich auf den grundsätzlichen Aufbau des Atoms beschränkt. Die Atome im Verbund des Kristallgitters sind auf diese Weise übersichtlicher darstellbar.

In einem Siliziumkristall teilt sich ein Siliziumatom jeweils ein Elektronenpaar mit vier Nachbaratomen (Abb. 2.7). Durch diese vier kovalenten Bindungen sind die äußersten Schalen aller Atome im Kristallverbund auf acht Elektronen „aufgefüllt“ und besitzen somit Edelgaskonfiguration. Die vier Silizium-Nachbaratome, die sich mit einem Sili-

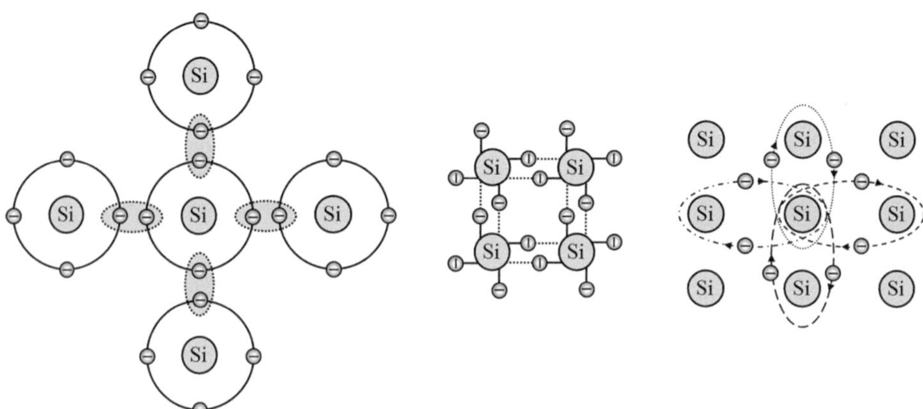

Abb. 2.7 Drei unterschiedliche (gleichbedeutende) Arten einer zweidimensionalen, schematischen Darstellung der Bindung der Atome in einem Ausschnitt eines Si-Halbleiterkristalls bei der Temperatur $T = 0\,K$. Jedes Atom hat vier Elektronenpaarbindungen. Jeder Kern wird von vier Elektronenpaaren umkreist. Jedes Elektronenpaar umkreist zwei Kerne

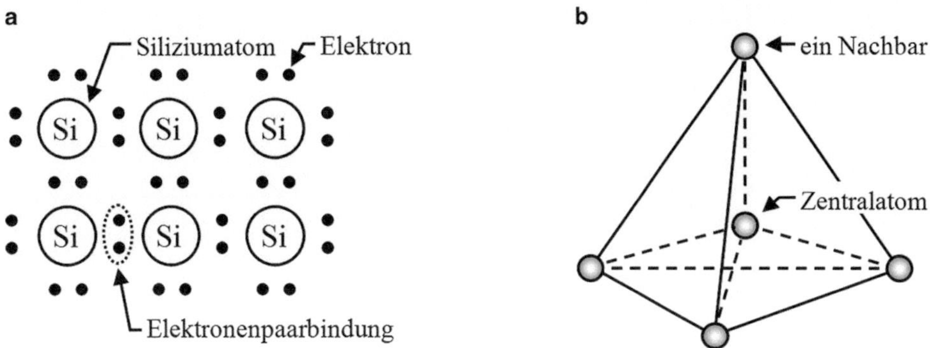

Abb. 2.8 Kristallgitter von Silizium vereinfacht in einer Ebene dargestellt (**a**), als Tetraeder mit Zentralatom und vier gebundenen Nachbaratomen (**b**)

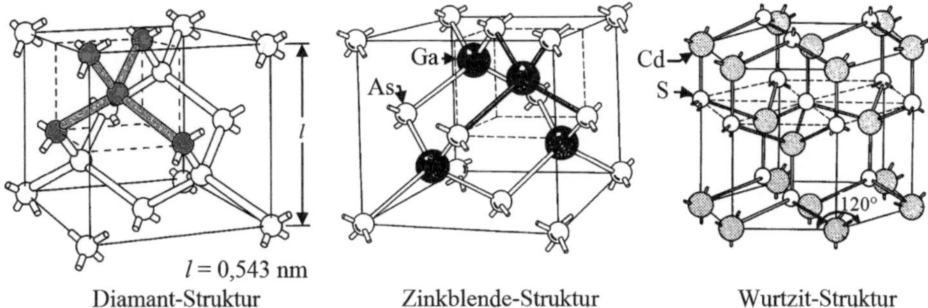

Abb. 2.9 Räumliche Darstellung verschiedener Kristallstrukturen

ziumatom binden, bilden einen Tetraeder mit einem Zentralatom in der Mitte und vier gebundenen Atomen in den Ecken des Tetraeders (Abb. 2.8).

Die Kristallstruktur von regelmäßig aufgebauten Festkörpern kann unterschiedlich sein. Die Elementhalbleiter Si, Ge und C haben ein Kristallgitter von Atomen eines Elementes, welches als Diamant-Struktur (Abb. 2.9 links) bezeichnet wird. Das Kristallgitter von z. B. GaAs, GaP und InP (Verbindungshalbleiter) weist die *Zinkblende-Struktur* (Abb. 2.9 Mitte) auf, ZnSe und CdSe dagegen besitzen die *Wurtzit-Struktur* (Abb. 2.9 rechts). In der Regel bilden auch Metalle und viele Mineralien und Salze die Struktur von Kristallgittern. Neben solchen „kristallinen" Stoffen gibt es auch amorphe Materialien (z. B. viele Kunststoffe, Glas), die einen unregelmäßigen Aufbau besitzen.

2.3.3 Schalenmodell und Wechselwirkung

Für das Einzelatom (Abb. 2.10) gibt es nach der Quantentheorie von Planck nur ganz bestimmte „Schalen" (K, L, M, ...), in denen sich die Elektronen aufhalten können, diese sind wiederum in Unterschalen unterteilt. Jeder dieser Schalen ist ein Energieniveau zu-

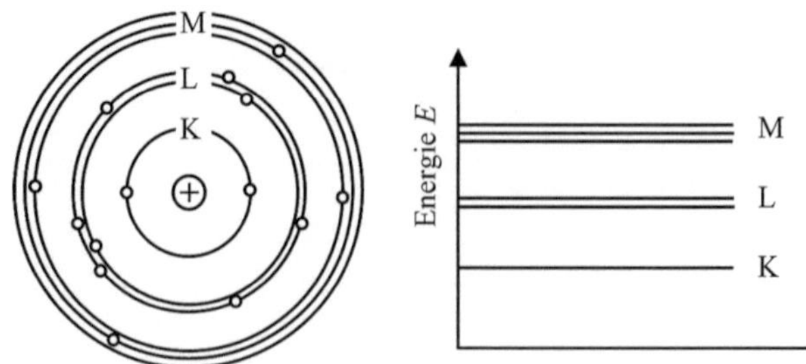

Abb. 2.10 Schalenmodell und diskrete (einzelne) Energieniveaus der Elektronen bei einem Einzelatom (Silizium)

geordnet. Das Energieniveau ist umso höher, je größer der Abstand des Elektrons vom Atomkern ist.

Nähern sich zwei gleiche Atome soweit einander an, dass sie elektrisch miteinander wechselwirken (Molekülbildung), so kommt es zu einer Überlappung der Energiezustände der Elektronen. Wegen eines „Ausschließungsprinzips" der Quantentheorie, des so genannten Pauli-Prinzips, ist es nicht erlaubt, dass zwei Elektronen genau denselben Energiezustand einnehmen. Daher müssen sich die überlappenden Energiezustände leicht energetisch verschieben. Die ursprünglich gleichen Energieniveaus spalten sich auf, es entstehen jeweils zwei gegenseitig etwas versetzte Energieniveaus, die von den Elektronen besetzt werden können. Die Anzahl der erlaubten Energieniveaus verdoppelt sich.

Zwei einzelne Atome können also miteinander in Wechselwirkung gebracht werden, indem man den Abstand zwischen ihnen verringert. Ist der Abstand zwischen beiden Atomen hinreichend groß, so stehen diese nicht miteinander in Wechselwirkung. Die möglichen Energiewerte, die die beiden Atome annehmen können, liegen auf der gleichen Höhe wie bei einem einzelnen Atom. Bringt man die beiden Atome näher zusammen, so überlappen sich die Elektronenbahnen und beide Atome treten miteinander in Wechselwirkung (Abb. 2.11). Dies bewirkt – ähnlich wie bei gekoppelten Resonatoren – eine Aufspaltung der möglichen Energieniveaus, die umso stärker ist, je größer die Kopplung, d. h. je geringer der Abstand zwischen den beiden Atomen ist.

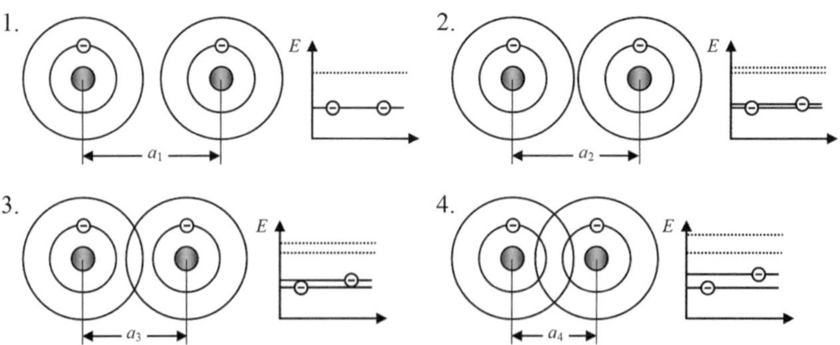

Abb. 2.11 Wechselwirkung zwischen zwei Atomen und Auswirkung auf deren Energiewerte

2.3.4 Bändermodell und Fermi-Statistik

Bei n Atomen müssen sich die Energiezustände jeweils n-fach aufspalten. In einem Festkörper befindet sich aufgrund der Kristallstruktur eine sehr große Anzahl von Atomen (etwa 10^{23} Atome/cm^3) in Wechselwirkung. Entsprechende diskrete Energiezustände der Elektronen von Einzelatomen spalten sich in einem Festkörper in sehr viele energetisch eng benachbarte Energiezustände (Unterniveaus) auf. Im Kristall ist jedes Energieniveau des Einzelatoms in so viele Niveaus aufgespalten, wie Atome im Kristall vorhanden sind. Diese aufgefächerten, sehr dicht beieinander liegenden Energielinien werden zu *quasikontinuierlichen Energiebereichen* mit erlaubten Energiezuständen der Elektronen, den **Energiebändern** des Bändermodells zusammengefasst (Abb. 2.12).

Die Breite jedes Bandes ist durch den Atomabstand im Kristallgitter definiert und scharf begrenzt. Die tiefer gelegenen Niveaus, die den inneren Elektronenschalen des Einzelatoms entsprechen, stören sich gegenseitig nur wenig, so dass hier die Aufspaltung gering ist. Die Elektronen in den äußeren Schalen, die als Valenzelektronen für das chemische Verhalten des Atoms verantwortlich sind, treten stärker in Wechselwirkung, es erfolgt somit eine Aufspaltung der Energieniveaus in breitere Bänder.

Wie im Einzelatom verbotene Energiebereiche existieren, so gibt es auch zwischen den einzelnen Energiebändern energetisch verbotene Bereiche (Energielücken), in denen sich keine Energieniveaus befinden, die von einem Elektron angenommen werden können. Diese Bereiche werden als **verbotene Zone** (**Bandlücke**, bandgap) bezeichnet.

Das höchste Energieband, das mit Elektronen besetzt ist, nennt man das **Valenzband**. Das Valenzband umfasst die Energiezustände der fest im Kristallgitter verankerten Elektronen, welche an der chemischen Bindung beteiligt sind. Sie können sich im elektrischen Feld nicht bewegen. Bei den meisten Stoffen ist das Valenzband ganz mit Elektronen gefüllt, da Stoffe bei chemischen Bindungen die Edelgaskonfiguration anstreben (eine voll besetzte äußere Schale des Schalenmodells).

Das unbesetzte oder teilweise besetzte Band oberhalb des Valenzbandes, in dem die Elektronen sich frei bewegen können, heißt **Leitungsband** oder Leitband. Elektronen, die

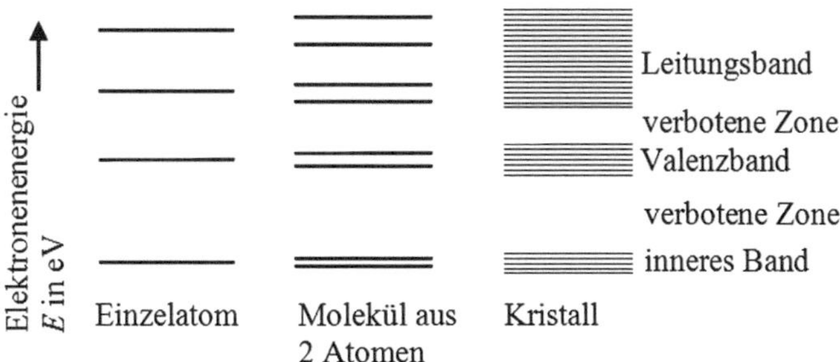

Abb. 2.12 Energiezustände von Elektronen bei Einzelatom, Molekül und Festkörperkristall

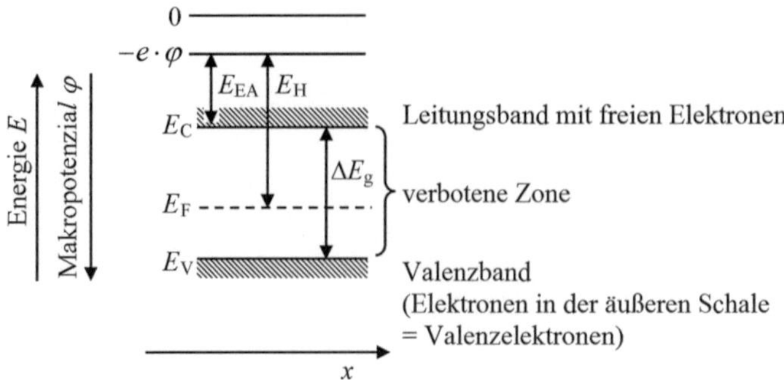

Abb. 2.13 Bänderdiagramm (Banddiagramm)

diesen Energiezustand aufweisen, können sich im Kristall frei[1] bewegen. Im Leitungsband sind die Energiezustände der frei beweglichen Leitungselektronen zusammengefasst, die Träger des elektrischen Stromes sind. Für das elektrische Verhalten (für den Leitungsvorgang) sind nur das Valenzband, das Leitungsband und der Abstand dazwischen von Bedeutung.

Das Leitungsband ist vom Valenzband im Allgemeinen durch eine verbotene Energiezone mit dem Energieabstand ΔE_g getrennt. Die Größe des Energieabstandes ΔE_g ist abhängig von der Art des Werkstoffes. Einem Elektron muss mindestens die Energie ΔE_g zugeführt werden (dies erfolgt oft durch Erwärmung des Werkstoffes), damit es vom obersten Rand E_V des Valenzbandes zum untersten Rand E_C des Leitungsbandes gehoben werden kann.

Das **Banddiagramm** (Abb. 2.13) ist eine Darstellung der Energie über dem Ort x, wobei nur die Bandkanten berücksichtigt werden. Die Energie der Elektronen ist

$$E(x) = -e \cdot \varphi(x) \tag{2.2}$$

Für die Energie und das Potenzial ergeben sich entgegengesetzte Orientierungen.

Dem freien Elektron entsprechen dabei die Energie bzw. das Potenzial null. Die Energie $-e \cdot \varphi$ mit Vakuum-Level (auch *Makropotenzial* genannt) des elektrischen Potenzials φ wird, sofern dieses konstant ist, zur Vereinfachung meist null gesetzt. Es wird vorausgesetzt, dass keine Dipolladungen auftreten, somit ist das Makropotenzial stetig.

$\boldsymbol{E_C}$ und $\boldsymbol{E_V}$ sind die **Bandkanten** des **Leitungs**- bzw. **Valenzbandes**. Ändern sich die Materialeigenschaften innerhalb eines Kristalls nicht, so verlaufen die Bandkanten parallel zueinander und parallel zum Makropotenzial.

[1] Diese Elektronen werden häufig als „quasifrei“ bezeichnet, weil sie zwar wie freie Elektronen im Innern des Kristalls wandern können, andererseits aber nicht quantitativ dieselben Eigenschaften wie freie (d. h. kräftefreie) Elektronen haben. Da sie sich im Potenzialfeld der Gitterbausteine bewegen, werden durch die hohen atomaren elektrischen Felder erhebliche Kräfte auf sie ausgeübt.

E_F ist das sogenannte **Fermi-Niveau**. Das Fermi-Niveau ist als Energie definiert, bei der die Besetzungswahrscheinlichkeit eines Zustandes 50 % beträgt. Im thermodynamischen Gleichgewicht muss es stets waagerecht verlaufen, da es andernfalls sofort zu weiteren Ausgleichsvorgängen kommen würde.

Die **Elektronenaffinität E_{EA}** ist die Energiedifferenz zwischen dem Makropotenzial φ (Vakuumniveau, Vakuumenergie) und der Unterkante des Leitungsbandes E_C. Die Elektronenaffinität ist eine für jeden Halbleiter charakteristische Materialkonstante, es ist diejenige Arbeit, die ein Elektron verrichten muss, um vom Leitungsband ins Vakuum zu gelangen (Austrittsarbeit eines Elektrons von der Leitungsbandkante E_C zur Halbleiter-Oberfläche).

Durch Zufuhr von Wärmeenergie zum Kristallgitter nehmen Elektronen potenzielle Energie auf, können so vom Valenzband in das Leitungsband wechseln und dann zur Eigenleitung des Materials beitragen. Ein solches „quasi-freies" Elektron gehört dann dem Festkörperverband insgesamt an und ist nicht mehr an ein bestimmtes Atom gebunden. Um das Elektron aus dem Kristallverbund ganz herauszulösen, ist nochmals eine hohe Energiemenge, die so genannte Austrittsarbeit, aufzuwenden.

In Metallen ist die **Austrittsarbeit E_H** die Energiedifferenz zwischen dem Makropotenzial φ und dem Fermi-Niveau E_F, es ist die Energie, die einem Elektron zugeführt werden muss, um dieses aus dem Leitungsband des Kristallverbunds heraus zu befördern und ins Vakuum zu bringen. Das Befördern eines Elektrons aus dem Metall heraus ins Vakuum ist so zu verstehen, dass das Elektron zu einem vom Metall unendlich weit entfernten Punkt gebracht wird, so dass keine Wechselwirkung mehr zwischen dem Elektron und dem Metall besteht. In der Regel wird die Austrittsarbeit in Elektronenvolt angegeben, es ist eine für das jeweilige Metall charakteristische Materialkonstante. Beispiele: Barium 2,52 eV, Aluminium 4,20 eV, Platin 5,66 eV.

Anmerkung Das Elektronenvolt ist eine sehr kleine Energieeinheit im atomaren Bereich, die in der Atomphysik und in der Halbleiterelektronik verwendet wird, da die vorkommenden Energien viel kleiner sind als 1 Joule. Ein Elektronenvolt (eV) ist die kinetische Energie, welche ein Elektron aufnimmt, wenn es die Potentialdifferenz $U = 1\text{V}$ durchläuft.

$$1\,\text{eV} = 1{,}602 \cdot 10^{-19}\,\text{C} \cdot 1\,\text{V} = 1{,}602 \cdot 10^{-19}\,\text{J} \tag{2.3}$$

In einem Halbleiter halten sich allerdings keine Ladungsträger auf dem Fermi-Niveau auf. Außerdem ist die Lage des Fermi-Niveaus und damit die Differenz zur Vakuumenergie von der Dotierung des Halbleiters abhängig und keine Materialkonstante.

Die Stärke des elektrischen Feldes ergibt sich aus dem Potenzialverlauf zu:

$$E(x) = -\frac{\mathrm{d}\varphi}{\mathrm{d}x} \tag{2.4}$$

Zur Veranschaulichung der Wirkung dieses Feldes auf Elektronen und Löcher[2] kann man sich bildlich vorstellen, dass Elektronen wie eine „schwere Masse" an einer geneigten Leitungsbandkante „herunterrollen" (entspricht einer Abnahme ihrer Energie), während Löcher wie „Luftblasen" an einer geneigten Valenzbandkante „aufsteigen".

Wie Gasmoleküle in der Lufthülle der Erde, so sind auch Elektronen über der Energie verteilt. Die energetische Verteilung von Elektronen gehorcht jedoch nicht einer Exponentialfunktion wie die Gasmoleküle, sondern der Fermi-Verteilung. Die Fermi-Funktion wird in der statistischen Mechanik abgeleitet, und man kann zeigen, dass sie für alle Elementarteilchen mit halbzahligem Drehimpuls (spin) gilt, insbesondere für Elektronen. Sie gilt allerdings nur im Fall des thermodynamischen Gleichgewichtes, im thermodynamischen Ungleichgewicht ist das Fermi-Niveau nicht definiert.

Ein **Festkörper**, z. B. ein Halbleiter, **befindet sich im thermodynamischen Gleichgewicht**, wenn er **überall dieselbe Temperatur** aufweist und **auch nicht anderweitig durch äußere Einwirkungen gestört wird**, wie z. B. durch Lichteinstrahlung oder Anlegen einer Spannung.

Die Anzahl besetzbarer Energiewerte im Valenzband und im Leitungsband ist begrenzt. Die energieabhängige Besetzungswahrscheinlichkeit $F_\mathrm{n}(E)$ der Bänder mit Elektronen wird durch die Fermi-Dirac-Funktion (Fermi-Dirac-Verteilung) beschrieben. Die Fermi-Verteilungsfunktion beschreibt eine Art „Wunschvorstellung" der Elektronen, sich in ungestörter Umgebung energetisch zu verteilen.

$$F_\mathrm{n}(E) = \frac{1}{1 + \mathrm{e}^{\frac{E-E_\mathrm{F}}{k \cdot T}}} \tag{2.5}$$

k $= 1{,}380658 \cdot 10^{-23}\,\frac{\mathrm{J}}{\mathrm{K}} = 8{,}617386 \cdot 10^{-5}\,\frac{\mathrm{eV}}{\mathrm{K}}$ = Boltzmann-Konstante,
T = Temperatur in Kelvin,
E_F = Fermi-Energie (Fermi-Niveau),
e $= 2{,}71828$.

Wie in Abb. 2.14 gezeigt, ist die Besetzungswahrscheinlichkeit für Energien deutlich unterhalb des Fermi-Niveaus nahezu 1, beträgt exakt am Fermi-Niveau 0,5 und fällt dann weiter gegen null. Der Übergang würde für $T = 0$ sprunghaft erfolgen und wird mit steigender Temperatur immer weicher.

Die Fermi-Verteilung besagt, dass Elektronen mit einer gegen eins gehenden Wahrscheinlichkeit Energiewerte unterhalb des Fermi-Niveaus und mit einer gegen null gehenden Wahrscheinlichkeit Energiewerte oberhalb des Fermi-Niveaus annehmen. Die Breite des Bereichs, in dem die Wahrscheinlichkeit von eins nach null umschlägt, hängt von der Temperatur ab. Beim absoluten Nullpunkt ($T = 0\,\mathrm{K}$) erfolgt der Umschlag abrupt.

Das Fermi-Niveau E_F ist keine Naturkonstante, die man mit einem Zahlenwert ein für alle Mal festlegen könnte, so wie beispielsweise die Boltzmann-Konstante. Allerdings ist das Fermi-Niveau in einem Festkörper (z. B. in einer Siliziumscheibe) oder in

[2] Löcher: siehe Abschn. 2.5.

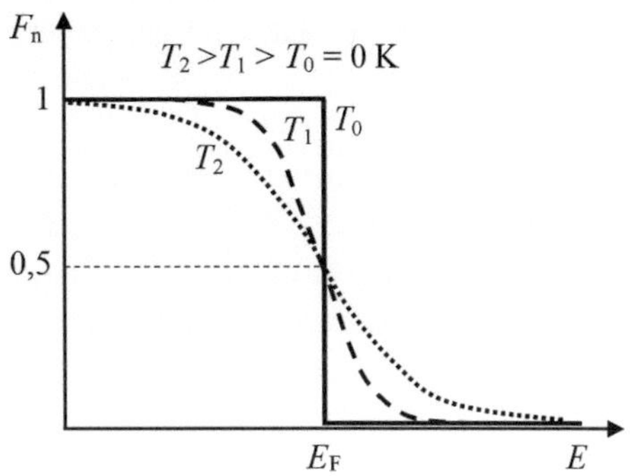

Abb. 2.14 Fermi-Dirac-Funktion, Fermi-Verteilung der Elektronen

einem System von Festkörpern (z. B. in einem Metall-Halbleiterkontakt oder in einem pn-Übergang), die sich im thermodynamischen Gleichgewicht befinden, überall konstant, d. h., ortsunabhängig.

$T = 0\,K$: Alle Energie-Niveaus unterhalb E_F sind von Elektronen besetzt, alle Niveaus oberhalb E_F sind unbesetzt (Sprungfunktion bei E_F).

$T > 0\,K$: Der Übergang ist nicht mehr sprunghaft. Die Besetzungswahrscheinlichkeit bei E_F ist genau 50 %, d. h., ein Zustand der Energie $E = E_F$ ist mit der Wahrscheinlichkeit $1/2$ mit einem Elektron besetzt.

Die energetische Lage des Fermi-Niveaus innerhalb eines Festkörpers hängt von dessen Beschaffenheit ab, sie kann als Kriterium zur Klassifizierung von Festkörpern benutzt werden. Das Fermi-Niveau gestattet eine klare Unterscheidung zwischen Metallen, Halbleitern und Isolatoren. Jeder Festkörper aus einem bestimmten Material besitzt eine für ihn charakteristische Abfolge von erlaubten und verbotenen Bändern bestimmter Breiten und Zustandsdichten von Ladungsträgern. Die Bänder niedriger Energien werden zuerst mit einer Wahrscheinlichkeit ≈ 1 mit Elektronen aufgefüllt. Die Zahl der Elektronen pro Volumen ist in einem Festkörper begrenzt, und die höheren Energiebänder bleiben leer. Die Energie, bis zu der genügend Elektronen vorhanden sind, um Zustände aufzufüllen, sozusagen die „Füllstandslinie", ist das Fermi-Niveau. In einem Metall wird diese Energie in einem erlaubten Band erreicht, bei Halbleitern und Isolatoren liegt sie in einem verbotenen Band. Mit anderen Worten, bei einem Metall ist das höchste mit Elektronen bevölkerte Energieband „halb" gefüllt, bei Halbleitern und Isolatoren ist es fast voll.

Weshalb ist ein Metall ein guter Leiter? Um einen Strom zu führen, müssen die Elektronen im Band beweglich sein. Es müssen hinreichend viele freie Plätze im Band vorhanden sein, damit Elektronen, die im elektrischen Feld der angelegten Spannung beschleunigt werden, leicht zu einem noch unbesetzt gebliebenen Zustand geringfügig höherer Energie überwechseln können. Im Leitungsband eines Metalls sind die Voraussetzungen hierfür optimal, da unmittelbar oberhalb der „Füllstandslinie", des Fermi-Niveaus, noch sehr viele unbesetzte Zustände zur Verfügung stehen. Elektronen können sich mühelos durch das Band bewegen.

Weshalb ist ein Isolator ein schlechter Leiter? Im Leitungsband des Isolators sind fast keine Elektronen vorhanden, die einen Strom führen könnten, und das Valenzband ist so dicht mit Elektronen vollgepackt, dass praktisch keine freien Plätze vorhanden sind, die es den Elektronen gestatten würden, sich im Valenzband zu bewegen.

Halbleiter nehmen eine Zwischenstellung ein. Ihr Bandabstand ist geringer als der von Isolatoren, und die Ausläufer der Fermi-Funktion bewirken, dass im Leitungsband einige Elektronen, im Valenzband einige freie Plätze vorhanden sind und mäßige Stromleitung in beiden Bändern stattfindet.

Prinzipiell kann die Lage des Fermi-Niveaus entweder durch Manipulation am Material selber geändert werden, z. B. durch gezielten Einbau von Verunreinigungsatomen (Dotieren) oder, im Nichtgleichgewicht, z. B. durch Anlegen einer äußeren Spannung (Diode, Transistor), durch Einprägen eines elektrischen Feldes (Feldeffekttransistor) oder durch Lichteinstrahlung (Fotowiderstand, Solarzelle).

Da die Besetzung durch ein Loch gleichbedeutend mit der Nichtbesetzung durch ein Elektron ist, ergibt sich für die Besetzungswahrscheinlichkeit der Löcher

$$F_\mathrm{p} = 1 - F_\mathrm{n} = \frac{1}{1 + \mathrm{e}^{-\frac{E-E_\mathrm{F}}{k \cdot T}}} \tag{2.6}$$

Für Energiewerte E in einiger Entfernung des Fermi-Niveaus E_F ist $|E - E_\mathrm{F}| \gg k \cdot T$, die Besetzungswahrscheinlichkeiten sind dann

$$F_\mathrm{n} \approx \mathrm{e}^{-\frac{E-E_\mathrm{F}}{k \cdot T}} \tag{2.7}$$

$$F_\mathrm{p} \approx \mathrm{e}^{\frac{E-E_\mathrm{F}}{k \cdot T}} \tag{2.8}$$

Die Fermi-Dirac-Verteilung ist mit den Näherungen der Gl. 2.7 und 2.8 in die Boltzmann-Verteilung übergegangen. Mit der Boltzmann-Statistik lässt sich z. B. auch das Dichteverhältnis der Teilchen in der Atmosphäre an zwei Orten mit unterschiedlicher potenzieller Energie ausdrücken. Dabei wird allerdings davon ausgegangen, dass die Teilchen in so geringer Konzentration vorliegen, dass sie sich gegenseitig nicht beeinflussen. Dies ist in Halbleitern nicht generell der Fall.

Das **Fermi-Niveau** liegt bei einem **eigenleitenden** (nicht dotierten) Halbleiter **in der Mitte der verbotenen Zone**. (Dies ist nicht ganz exakt, da die effektive Masse von Elektronen und Löchern unterschiedlich ist.)

Bei einem **n-leitenden Halbleiter** liegt ein Elektronen-Überschuss im Leitungsband vor. Dadurch ist die 50 %-Wahrscheinlichkeit, dass ein Zustand besetzt ist, nach oben verschoben, das **Fermi-Niveau liegt näher am Leitungsband**.

Bei einem **p-leitenden Halbleiter** liegt ein Löcher-Überschuss im Valenzband vor. Dadurch ist die 50 %-Wahrscheinlichkeit, das ein Zustand besetzt ist, nach unten verschoben, das **Fermi-Niveau liegt näher am Valenzband**.

In allen Fällen nehmen die beweglichen Ladungsträger vorzugsweise Energien in der Nähe der Bandkanten ein. Weiter im Inneren der Bänder finden sich kaum bewegliche Ladungsträger. Wie Sandkörnchen in einer Flüssigkeit zum Boden absinken, so halten sich

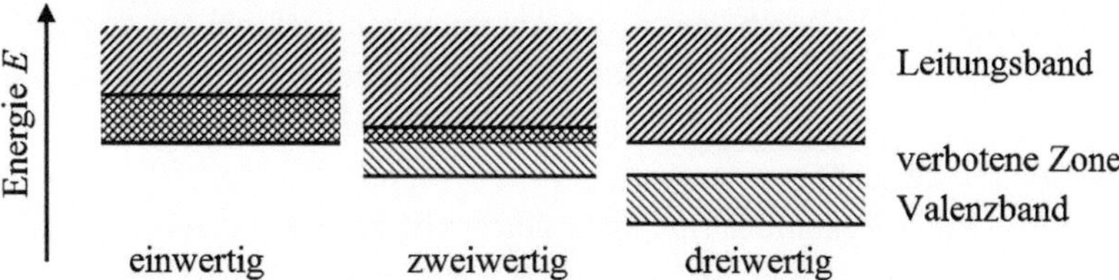

Abb. 2.15 Valenz- und Leitungsbänder bei Metallen

die freien Elektronen vorzugsweise am unteren Ende des Leitungsbandes in der Nähe der Leitungsbandkante E_C auf. Wie Luftbläschen in einer Flüssigkeit zur Oberfläche aufsteigen, so halten sich die Löcher vorzugsweise am oberen Ende des Valenzbandes in der Nähe der Valenzbandkante E_V auf.

Metalle besitzen in der Regel ein bis drei Valenzelektronen in der äußeren Schale der Atomhülle. Die Anzahl dieser Valenzelektronen gibt die Wertigkeit des Atoms an. So ist z. B. das Kupferatom mit einem Valenzelektron ein einwertiges Atom. Bei Metallen kommt es vor, dass sich das Valenzband und das Leitungsband überlappen, wie dies in Abb. 2.15 dargestellt ist. Bei einwertigen Metallen liegt das Valenzband vollständig im Leitungsband und schließt mit dessen unterem Energieniveau ab. Dies bedeutet, dass sich ohne Energiezufuhr bei einer Temperatur von $T = 0\,\text{K}$ (absoluter Nullpunkt der Temperatur, $-273\,°\text{C}$) bereits alle Valenzelektronen im Leitungsband befinden. Bei zweiwertigen Metallen überlappen sich das Valenzband und das Leitungsband teilweise, während sich bei dreiwertigen Metallen bereits eine verbotene Zone bildet.

Unabhängig von seiner Wertigkeit ist bei jedem Metallatom bei Raumtemperatur ($T = 290\,\text{K}$) ein Valenzelektron in das Leitungsband gehoben. Da bei Metallen ca. 10^{23} Atome pro cm^3 existieren, können ca. 10^{23} frei bewegliche Elektronen pro cm^3 angenommen werden. Dies erklärt die gute elektrische Leitfähigkeit von Metallen, die proportional zu der Anzahl der freien Elektronen ist. Bei niedrigen Temperaturen leiten Metalle besonders gut, weil die Bewegung der Elektronen durch die bei höheren Temperaturen vorhandenen Eigenschwingungen der Atomkerne am wenigsten gestört werden.

Nichtmetallische Werkstoffe haben meist mehr als drei Valenzelektronen und einen relativ großen Abstand zwischen dem Valenzband und dem Leitungsband. Im Gegensatz zu Metallen befinden sich bei Nichtmetallen bei Raumtemperatur von $T = 290\,\text{K}$ nur wenige Elektronen im Leitungsband. Diese Werkstoffe besitzen somit nur eine schlechte elektrische Leitfähigkeit.

Bei **Halbleitern** ist das Valenzband voll besetzt. Bei $T = 0\,\text{K}$ befinden sich im Leitungsband keine freien Elektronen, der Halbleiter ist ein idealer Isolator. Der Abstand des Valenzbandes zum Leitungsband ist aber mit $\Delta E < 3\,\text{eV}$ gering, so dass bei höheren Temperaturen Elektronen in das Leitungsband gelangen können. Für Silizium beträgt die Energie zur Überwindung der Bandlücke $\Delta E_{g,\text{Si}} = 1{,}1\,\text{eV}$. Bereits bei Zimmertemperatur zeigen Halbleiter eine merkliche Leitfähigkeit, wenn diese auch im Vergleich zu Metallen eher schlecht ist. Wird durch thermische Anregung ein Elektron aus dem Valenzband in das Leitungsband gehoben, so wird dies *Generation* genannt. Ein Elektron kann unter Abgabe von Energie aus dem Leitungsband in das Valenzband „herunterfallen". Dies wird als *Rekombination* bezeichnet.

Die Elektron-Loch-Rekombination kann unter Abgabe von elektromagnetischer Rekombinationsstrahlung (*Photon*) und/oder unter der Abgabe eines Impulses an das Kristallgitter (*Phonon*) erfolgen.

Beim **Isolator** ist der Bandabstand mit $\Delta E > 3\,\text{eV}$ so groß, dass in der Regel keine messbare Eigenleitung unterhalb des Schmelzpunktes des Stoffes auftritt. Auch bei hohen Temperaturen können fast keine Elektronen in das Leitungsband gelangen.

2.4 Direkte und indirekte Halbleiter

Die bei der Rekombination von Elektron-Loch-Paaren in einem Halbleiterkristall frei werdende Energie kann entweder in Form von Licht abgestrahlt oder als Wärme freigesetzt werden. Welche der beiden Möglichkeiten auftritt hängt von der Bandstruktur des Halbleiters ab. In diesem Zusammenhang unterscheidet man *direkte* und *indirekte* Halbleiter, womit eigentlich die Art der Rekombination gemeint ist. Die beiden unterschiedlichen Arten der Rekombination (der Übergänge von Elektronen aus dem Leitungsband in das Valenzband) können durch eine Betrachtung der Bandstruktur im *Impulsraum* erläutert werden. Hierzu werden einige Grundlagen der Festkörperphysik benötigt.

2.4.1 Quanten und Wellen

Max Planck postulierte im Jahre 1900 in seiner Quantenhypothese, dass für eine Schwingung mit der Frequenz f nur diskrete Energiewerte möglich sind.

$$E_\text{n} = n \cdot h \cdot f \quad \text{mit} \quad n = 1, 2, \ldots \tag{2.9}$$

Die Konstante $h = 6{,}626\,0755 \cdot 10^{-34}\,\text{Js (Ws}^2) = 4{,}135\,669\,\text{eV} \cdot \text{s}$ ist das *Planck'sche Wirkungsquantum.*

Die kleinste durch Licht transportierbare Energieportion wird als *Lichtquant* oder **Photon** bezeichnet. Auch die **Phononen**, die Energien der Gitterschwingungen der Atome eines Festkörpers, sind gequantelt.

Die kinetische Energie eines Photons ist

$$E = h \cdot f = m \cdot c^2 \tag{2.10}$$

c = Lichtgeschwindigkeit.

Der Impuls eines Photons ist

$$p = m \cdot c = \frac{h \cdot f}{c} = \frac{h}{\lambda} \tag{2.11}$$

mit $\lambda \cdot f = c$.

Die *Wellenzahl* k gibt an, wie viele Wellenlängen auf ein 2π-faches einer Längeneinheit passen.

$$k = \frac{2\pi}{\lambda} \tag{2.12}$$

Zu beachten ist, dass k der Betrag des Wellenvektors ist, der in Richtung der Wellenausbreitung zeigt. Unter Verwendung dieser Definition ergibt sich als Impuls

$$p = \frac{h}{2\pi} \cdot k = \hbar \cdot k \tag{2.13}$$

Die Konstante h wird in vielen Gleichungen um den Faktor 2π vermindert benötigt, zur Vereinfachung wird die Konstante $\hbar$ eingeführt.

$$\hbar = \frac{h}{2\pi} \tag{2.14}$$

Mit ihr erhält man eine sehr ähnliche Darstellung der Energie eines Photons, wenn statt der Frequenz f die Kreisfrequenz ω verwendet wird.

$$E = h \cdot f = \hbar \cdot \omega \tag{2.15}$$

De Broglie setzte formal die aus der teilchen- und wellenmechanischen Betrachtung resultierenden Impulse gleich.

$$\underbrace{m \cdot v}_{\text{Teilchen}} = p = \underbrace{\hbar \cdot k = \frac{h}{\lambda}}_{\text{Welle}} \tag{2.16}$$

Daraus folgt die de-Broglie-Wellenlänge.

$$\lambda = \frac{h}{m \cdot v} \tag{2.17}$$

Für die Energie ergibt die gleiche Betrachtung

$$\underbrace{\frac{1}{2} m \cdot v^2}_{\text{Teilchen}} = E = \underbrace{\hbar \cdot \omega = h \cdot f}_{\text{Welle}} \tag{2.18}$$

Jedem bewegten Teilchen kann somit eine Welle zugeordnet werden.

$$\Psi(x,t) = C \cdot \mathrm{e}^{\mathrm{j} \cdot (kx - \omega t)} \tag{2.19}$$

mit $k = \frac{2\pi}{\lambda}$ und $\omega = \frac{2\pi}{T} = 2\pi \cdot f$.

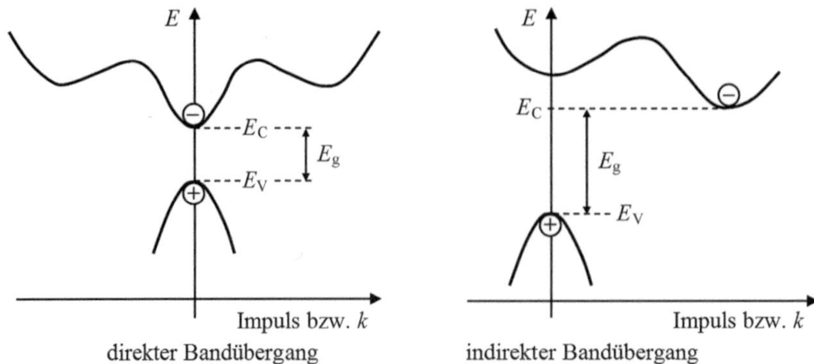

Abb. 2.16 E in Abhängigkeit von k bei direktem und indirektem Bandübergang

Dabei handelt es sich um ein mathematisches Modell, diese Welle wird nicht durch eine physikalische Größe repräsentiert.

Im Impulsraum wird die Abhängigkeit der Energie der Ladungsträger von k ersichtlich, die Ladungsträger werden außer mit ihrem Energieniveau im Bänderschema auch durch ihren Impuls bzw. durch die Wellenzahl k charakterisiert. Beim Bändermodell im Impulsraum sind die Werte von Leitungs- und Valenzbandkante nicht für jeden Impuls bzw. jedes k gleich, beide Bandkanten weisen Extremwerte auf. Von Bedeutung sind das kleinste Minimum E_C des Leitungsbandes und das größte Maximum E_V des Valenzbandes.

Liegen E_C und E_V beim gleichen k-Wert, so spricht man von einem *direkten Bandübergang* oder von einem Band-Band-Übergang (Abb. 2.16 links). Liegen E_C und E_V bei unterschiedlichen Werten von k, so wird dies als *indirekter Bandübergang* bezeichnet (Abb. 2.16 rechts). Der Abstand von E_C zu E_V ergibt die Breite der Bandlücke E_g.

2.4.2 Direkte Rekombination

Fällt ein Elektron aus seinem energetisch höheren Zustand im Leitungsband *direkt* in das Valenzband zurück, so werden gleichzeitig ein Elektron und ein Loch vernichtet und ein Photon erzeugt. In diesem Fall spricht man von direkter Rekombination (Abb. 2.17 links).

Bei den direkten Halbleitern findet bei der Rekombination ein unmittelbarer Übergang der Leitungselektronen in das Valenzband statt. Die freiwerdende Energie wird in Form eines Photons (Lichtquants) abgestrahlt. Bei einem direkten Halbleiter ist die Abstrahlung eines Photons nicht mit der Änderung eines Impulses (der durch $\frac{h \cdot k}{2\pi}$ gegeben ist) verbunden, da $\Delta k = 0$ ist.

Bei der direkten Rekombination ist die Wellenlänge (in µm) emittierter Photonen:

$$\lambda = \frac{h \cdot c}{E_g} = \frac{1{,}24}{E_g} \quad \text{(Bandlücke } E_g \text{ in eV).} \tag{2.20}$$

Nur direkte Halbleiter eignen sich zur effektiven Strahlungserzeugung und als Material für optoelektronische Bauelemente, z. B. für Leuchtdioden (LEDs).

Direkte Halbleiter sind in der Regel Verbindungshalbleiter aus verschiedenen Hauptgruppen (III/V: GaAs, InP, GaN).

2.4.3 Indirekte Rekombination

Bei der indirekten Rekombination (Abb. 2.17 rechts) erfolgt der Übergang des Elektrons aus seinem energetisch höheren Zustand im Leitungsband in das Valenzband durch Wechselwirkung mit Phononen. Da diese die dabei frei werdende Energie nicht aufnehmen können, ist nur ein stufenweiser Übergang über Zwischenniveaus (*Haftstellen*, *traps*) im verbotenen Band möglich.

Bei indirekten Halbleitern findet somit kein unmittelbarer Übergang von Elektronen aus dem Leitungsband in das Valenzband statt. Die Rekombination kann nur in Schritten über Energiezwischenniveaus in der verbotenen Zone, welche durch so genannte *Rekombinationszentren* gebildet werden, stattfinden. Rekombinationszentren können durch gezielt eingebrachte Fremdatome (Donatoren, Akzeptoren als so genannte *tiefe Störstellen* mit Störniveaus nahe der Mitte des verbotenen Bandes) oder durch Gitterstörungen (Kristalldefekte) gebildet werden.

Beim indirekten Bandübergang ist die Mitwirkung eines Phonons erforderlich, wobei sich die Energie der emittierten Strahlung um die Phononenenergie von der des Bandabstandes unterscheidet. Der geringe Impuls eines Phonons reicht nicht aus, die bei einem indirekten Bandübergang nötige Impulsänderung aufzubringen. Die Wahrscheinlichkeit für einen solchen Prozess ist zudem wesentlich geringer als für den einfachen direkten Rekombinationsprozess, da sowohl Photonen als auch Phononen am Ablauf beteiligt sind.

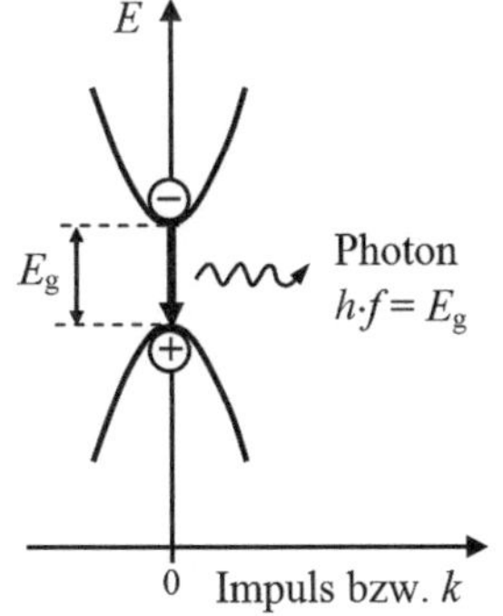

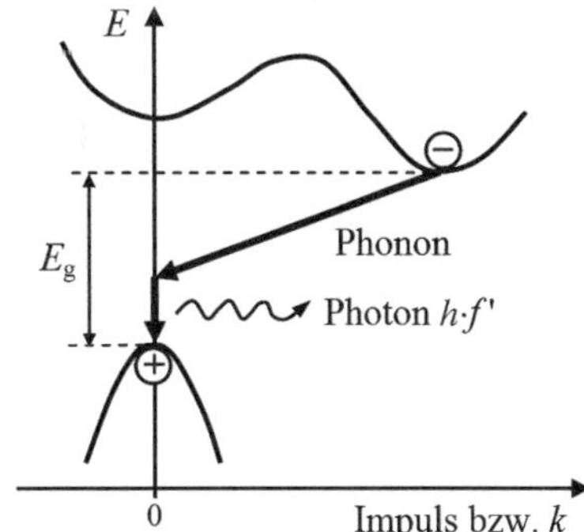

Abb. 2.17 $E(k)$ bei direkter und indirekter Rekombination

Bei der indirekten Rekombination wird nur ein sehr kleiner Teil der freiwerdenden Energie als Photonen abgestrahlt, der größte Teil wird in Gitterschwingungen (Phononen), d. h. in Wärme umgesetzt.

In der Regel sind Elementhalbleiter (Si, Ge) und Verbindungshalbleiter aus der IV. Hauptgruppe indirekte Halbleiter.

Als Merkregel zu direkten und indirekten Halbleitern kann gelten:

GaAs: Die Diode leuchtet und wird warm (direkter Halbleiter).
Si: Die Diode leuchtet nicht und wird warm (indirekter Halbleiter).

2.5 Eigenleitung

In einem Halbleiter gibt es zwei grundlegend verschiedene Arten des elektrischen Leitungsverhaltens: Die Eigenleitung und die Störstellenleitung.

Die elektrische Leitung im *reinen* Halbleiterkristall nennt man *Eigenleitung* oder *Intrinsic*-Leitung.

Bei reinem Silizium befinden sich bei −273 °C alle Elektronen im Valenzband, sie dienen der Bindung zwischen den Atomen. Durch Energiezufuhr, z. B. durch ein elektrisches Feld, Wärme oder Licht, können Elektronen in das Leitungsband gehoben werden. Dabei werden Elektronen aus ihren Bindungen herausgelöst (dies ist der Vorgang der Generation) und können sich frei im Gitter bewegen. Jedes freie Elektron hinterlässt am Ort seiner ursprünglichen Gitterbindung einen unbesetzten Zustand, eine fehlende negative Ladung, die wie ein positiver Ladungsträger wirkt. Man bezeichnet die Stelle, an der ein Elektron fehlt, als **Defektelektron**, Elektronenfehlstelle, Elektronenlücke oder kurz als **Loch**. Es ist zweckmäßig, die Löcher wie virtuelle Teilchen mit einer positiven Ladung zu behandeln. **Löcher können sich frei bewegen und transportieren Ladung.** Mit der Entstehung eines freien Elektrons ist immer die Entstehung eines Loches verbunden, die Zahl der Löcher und die Zahl der freien Elektronen ist daher gleich groß. Nach außen hin ist der Kristall elektrisch neutral.

Auf ihrer Bewegung durch den Kristall können Elektronen in die Nähe von Löchern kommen, aufgrund der unterschiedlichen Ladungen werden sie angezogen und die Elektronen füllen die Elektronenlücken wieder auf (Vorgang der Rekombination). Es kann auch vorkommen, dass ein Elektron aus seiner Paarbindung durch ein benachbartes Loch gerissen wird. In diesem Fall verschwindet dieses Loch. Durch das Aufreißen der Paarbindung entsteht aber beim Nachbaratom ein neues Loch.

Bei jeder Temperatur halten sich die Bildung von Elektron-Loch-Paaren und die Rekombination die Waage, der Prozess aus Generation und Rekombination ist im Gleichgewicht. Im thermodynamischen Gleichgewicht werden genau so viele Ladungsträger durch Rekombination vernichtet, wie durch Paarbildung erzeugt werden. Allerdings ist die Zahl der Elektron-Loch-Paare stark temperaturabhängig, die Zahl der durch Wärmezufuhr aufgebrochenen Bindungen und damit der beweglichen Ladungsträger steigt mit der Temperatur. Die Leitfähigkeit des Halbleiterkristalls nimmt also – im Gegensatz zu den Metallen – mit der Temperatur zu.

2.5.1 Eigenleitungsdichte

Die Dichte freier Elektronen und Löcher in reinen, d. h. undotierten Halbleitern, nennt man intrinsische Ladungsträgerdichte, Inversionsdichte oder **Eigenleitungsdichte** n_i. Ein Eigenhalbleiter wird auch intrinsischer Halbleiter genannt.

Im reinen Si-Kristall gilt für den thermodynamischen Gleichgewichtszustand (bei gegebener Temperatur T):

$$p = n = n_\mathrm{i} \tag{2.21}$$

p = Anzahl Löcher/cm^3 (Löcherdichte),
n = Anzahl Elektronen/cm^3 (Elektronendichte),
n_i = Eigenleitungsdichte.

Die Elektronendichte im Leitungsband ist gleich der Löcherdichte im Valenzband.

Nach dem **Massenwirkungsgesetz** (gilt auch für dotierte Halbleiter) ist das Produkt aus Elektronen- und Löcherdichte eine Materialkenngröße.

Zwangsläufig erhält man aus Gl. 2.21:

$$p \cdot n = n_\mathrm{i}^2 \tag{2.22}$$

Die Eigenleitungsdichte ist ein statistischer Mittelwert. Sie wird von der Kristalltemperatur T und der materialbedingten Generationsenergie E_g (Bandlücke) zum Aufbrechen der Bindung bestimmt. Bei Zimmertemperatur $T = 300\,\mathrm{K}$ mit $kT = e \cdot U_\mathrm{T} \approx 26\,\mathrm{meV}$ sind die Eigenleitungsdichten gering (U_T = Temperaturspannung).

In Abhängigkeit der Temperatur und der Bandlücke ist die Eigenleitungsdichte:

$$n_\mathrm{i}(T) = \sqrt{N_\mathrm{C} \cdot N_\mathrm{V}} \cdot \mathrm{e}^{-\frac{E_\mathrm{g}}{2 \cdot k \cdot T}} \tag{2.23}$$

n_i = Eigenleitungsdichte,
$E_\mathrm{g} = E_\mathrm{C} - E_\mathrm{V}$ = Bandlücke (Bandabstand),
T = Kristalltemperatur,
E_C = untere Bandkante Leitungsband,
E_V = obere Bandkante Valenzband,
$k = 1{,}380\,658 \cdot 10^{-23}\,\frac{\mathrm{J}}{\mathrm{K}} = 8{,}617\,386 \cdot 10^{-5}\,\frac{\mathrm{eV}}{\mathrm{K}}$ = Boltzmann-Konstante.

N_C und N_V in Gl. 2.23 sind die so genannten *effektiven Zustandsdichten* am Rand von Leitungs- bzw. Valenzband. Die effektive Zustandsdichte $N_\mathrm{C,V}$ beschreibt die Dichte der besetzbaren Zustände innerhalb des Energieintervalls $\Delta E = kT$ von der Bandkante aus gemessen. Sie liegt in der Größenordnung von $10^{19}\,\mathrm{cm}^{-3}$. In Tab. 2.1 sind Werte von N_C und N_V einiger Halbleitermaterialien enthalten.

Zu beachten ist, dass N_C und N_V in Gl. 2.23 wiederum temperaturabhängig sind.

$$N_C = 2\left(\frac{2\pi \cdot m_n \cdot k \cdot T}{h^2}\right)^{\frac{3}{2}} \tag{2.24}$$

$$N_V = 2\left(\frac{2\pi \cdot m_p \cdot k \cdot T}{h^2}\right)^{\frac{3}{2}} \tag{2.25}$$

In den Gln. 2.24 und 2.25 ist h jeweils das Planck'sche Wirkungsquantum. Die Größen m_n und m_p sind die *durchschnittlichen effektiven Massen* der Elektronen im Leitungsband und der Löcher im Valenzband des betrachteten Halbleitermaterials. Durch diese durchschnittlichen effektiven Massen ist die gesamte Wechselwirkung der Ladungsträger mit dem Kristallgitter berücksichtigt.

Tab. 2.1 Parameter wichtiger Halbleitermaterialien

	Si	Ge	GaAs
Gitterstruktur	Diamant	Diamant	Zinkblende
Ordnungszahl	14	32	–
Atomgewicht	28,06	72,6	144,63
Atome pro cm^3	$4{,}99 \cdot 10^{22}$	$4{,}42 \cdot 10^{22}$	$4{,}43 \cdot 10^{22}$
Bandabstand E_g bei 300 K	1,11 eV	0,67 eV	1,43 eV
Eigenleitungsträgerdichte n_i bei 300 K	$1{,}5 \cdot 10^{10}\,\mathrm{cm}^{-3}$	$2{,}3 \cdot 10^{13}\,\mathrm{cm}^{-3}$	$1{,}3 \cdot 10^{6}\,\mathrm{cm}^{-3}$
Effektive Zustandsdichte im Leitband N_C bei 300 K	$2{,}8 \cdot 10^{19}\,\mathrm{cm}^{-3}$	$1{,}04 \cdot 10^{19}\,\mathrm{cm}^{-3}$	$4{,}3 \cdot 10^{17}\,\mathrm{cm}^{-3}$
Effektive Zustandsdichte im Valenzband N_V bei 300 K	$1{,}04 \cdot 10^{19}\,\mathrm{cm}^{-3}$	$6 \cdot 10^{18}\,\mathrm{cm}^{-3}$	$7{,}0 \cdot 10^{18}\,\mathrm{cm}^{-3}$
Verhältnis effektiver Elektronenmasse m_n und Ruhemasse m_e	$m_n/m_e = 1{,}08$	$m_n/m_e = 0{,}56$	$m_n/m_e = 0{,}067$
Verhältnis effektiver Löchermasse m_p und Ruhemasse m_e	$m_p/m_e = 0{,}55$	$m_p/m_e = 0{,}29$	$m_p/m_e = 0{,}47$
Elektronenbeweglichkeit μ_n bei 300 K	$1350\,\mathrm{cm}^2/(\mathrm{V\,s})$	$3900\,\mathrm{cm}^2/(\mathrm{V\,s})$	$8500\,\mathrm{cm}^2/(\mathrm{V\,s})$
Löcherbeweglichkeit μ_p bei 300 K	$480\,\mathrm{cm}^2/(\mathrm{V\,s})$	$1900\,\mathrm{cm}^2/(\mathrm{V\,s})$	$450\,\mathrm{cm}^2/(\mathrm{V\,s})$
Diffusionskonstante für Elektronen D_n	35	101	221
Diffusionskonstante für Löcher D_p	12,5	49	12
Relative Dielektrizitätskonstante ε_r	11,8	16	10,9

Ein Elektron wird als frei bezeichnet, wenn es an keiner Bindung beteiligt und damit frei beweglich ist. Die *Ruhemasse des freien Elektrons* beträgt $m_e = 9{,}109\,389\,7 \cdot 10^{-31}$ kg.

Das Verhältnis von effektiver Elektronenmasse m_n (bzw. effektiver Löchermasse m_p) und Ruhemasse m_e ist ebenfalls in Tab. 2.1 enthalten. Somit sind für Si, Ge und GaAs alle Daten gegeben, um für eine bestimmte Temperatur zunächst die effektiven Zustandsdichten und dann die Eigenleitungsdichte (diese kann auch Abb. 2.18 entnommen werden) zu berechnen.

Beispiel 2.1

Berechnen Sie die Eigenleitungsdichte von Silizium bei $T = 700$ K.

Lösung:

$$N_C = 2\left(\frac{2\pi \cdot m_n \cdot k \cdot T}{h^2}\right)^{\frac{3}{2}}; \quad N_V = 2\left(\frac{2\pi \cdot m_p \cdot k \cdot T}{h^2}\right)^{\frac{3}{2}}$$

$$m_n = 1{,}08 \cdot m_e = 1{,}08 \cdot 9{,}11 \cdot 10^{-31}\,\text{kg} = 9{,}84 \cdot 10^{-31}\,\text{kg}$$

$$m_p = 0{,}55 \cdot m_e = 0{,}55 \cdot 9{,}11 \cdot 10^{-31}\,\text{kg} = 5{,}01 \cdot 10^{-31}\,\text{kg}$$

$$k = 1{,}38 \cdot 10^{-23}\,\frac{\text{J}}{\text{K}} = 8{,}62 \cdot 10^{-5}\,\frac{\text{eV}}{\text{K}};$$

$$h = 6{,}626 \cdot 10^{-34}\,\text{J s}; \quad T = 700\,\text{K}$$

$$\Rightarrow N_C = 1{,}003 \cdot 10^{26}\,\frac{1}{\text{m}^3} = 10^{20}\,\frac{1}{\text{cm}^3};$$

$$N_V = 3{,}65 \cdot 10^{25}\,\frac{1}{\text{m}^3} = 3{,}65 \cdot 10^{19}\,\frac{1}{\text{cm}^3}$$

$$n_i(T) = \sqrt{N_C \cdot N_V} \cdot e^{-\frac{E_g}{2kT}}; \; E_g = 1{,}11\,\text{eV}; \; 2 \cdot k \cdot T = 0{,}121\,\text{eV}$$

$$n_i(T = 700\,\text{K}) = \sqrt{10^{20}\,\text{cm}^{-3} \cdot 3{,}65 \cdot 10^{19}\,\text{cm}^{-3}} \cdot e^{-\frac{1{,}11\,\text{eV}}{0{,}121\,\text{eV}}};$$

$$\underline{\underline{n_i = 6{,}3 \cdot 10^{15}\,\text{cm}^{-3}}}$$

Experimentelle Ergebnisse zeigen, dass der Bandabstand der meisten Halbleiter mit zunehmender Temperatur abnimmt.

Die nur schwache Abhängigkeit der effektiven Massen m_n und m_p von der Temperatur wird bei der Berechnung der Eigenleitungsdichte n_i (bzw. der effektiven Zustandsdichten $N_{C,V}$) meist vernachlässigt. Auch die Temperaturabhängigkeit des Bandabstandes E_g wird bei der Bestimmung von n_i bei kleinen Temperaturen oft vernachlässigt, bei hohen Temperaturen kann dies aber zu großen Fehlern führen. Die Abhängigkeit des Bandabstandes

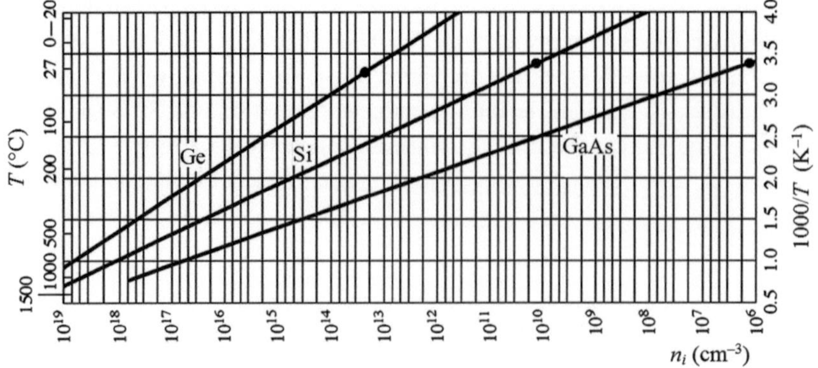

Abb. 2.18 Temperaturabhängigkeit der Eigenleitungsträgerdichte von Ge, Si und GaAs

Tab. 2.2 Parameter nach Gl. 2.26 für Ge, Si und GaAs

Material	$E_{g,0}$ (eV)	α (eVK^{-1})	β (K)
GaAs	1,52	$5{,}41 \cdot 10^{-4}$	204
Si	1,17	$4{,}73 \cdot 10^{-4}$	636
Ge	0,74	$4{,}44 \cdot 10^{-4}$	235

von der Temperatur kann näherungsweise durch nachfolgende Formel beschrieben werden.

$$E_g(T) = E_{g,0} - \frac{\alpha \cdot T^2}{T + \beta} \tag{2.26}$$

Die Parameter α und β sind in Tab. 2.2 enthalten.

2.5.2 Ladungsträgerlebensdauer

Freie Ladungsträger besitzen zwischen Generation und Rekombination eine mittlere Lebensdauer τ von einigen Mikrosekunden. Dieser Wert wird entscheidend von der Qualität der kristallinen Struktur des Halbleiters (Anzahl der Gitterbaufehler), der Stärke der Dotierung und der Verunreinigung des Materials beeinflusst. Je größer die Verunreinigung des Halbleiters ist, desto kürzer ist die Lebensdauer. Auf Grund der Braun'schen Bewegung legen die Ladungsträger während ihrer Lebensdauer τ eine mittlere Wegstrecke L im µm-Bereich, die sogenannte *Diffusionslänge* zurück. Die Diffusionslänge ist ein Maß dafür, wie weit sich ein Ladungsträger im Halbleiter im Mittel bewegen kann, bevor er rekombiniert.

$$L_{n,p} = \sqrt{D_{n,p} \cdot \tau_{n,p}} \tag{2.27}$$

$D_{n,p}$ = Diffusionskonstante der Elektronen, Löcher.

Anmerkung Ein Strom in einem Halbleiter aufgrund eines elektrischen Feldes (einer angelegten Spannung) wird **Driftstrom** oder **Feldstrom** genannt. Ist die Ursache für den Strom eine ortsabhängige Konzentration der Ladungsträger, so wird der Strom als **Diffusionsstrom** bezeichnet.

2.5.3 Beweglichkeit

Die Driftbeweglichkeit $\mu_{\mathrm{n,p}}$ der Elektronen- und Löcher ist temperaturabhängig. Die Beweglichkeit μ_{p} der Löcher ist kleiner als die Beweglichkeit μ_{n} der Elektronen.

Silizium

$$\mu_{\mathrm{n}}(T) \approx 1300 \cdot \left(\frac{T}{T_0}\right)^{-\frac{3}{2}} \frac{\mathrm{cm}^2}{\mathrm{V\,s}} \tag{2.28}$$

$$\mu_{\mathrm{p}}(T) \approx 500 \cdot \left(\frac{T}{T_0}\right)^{-\frac{3}{2}} \frac{\mathrm{cm}^2}{\mathrm{V\,s}} \tag{2.29}$$

Germanium

$$\mu_{\mathrm{n}}(T) \approx 3800 \cdot \left(\frac{T}{T_0}\right)^{-\frac{3}{2}} \frac{\mathrm{cm}^2}{\mathrm{V\,s}} \tag{2.30}$$

$$\mu_{\mathrm{p}}(T) \approx 1800 \cdot \left(\frac{T}{T_0}\right)^{-\frac{3}{2}} \frac{\mathrm{cm}^2}{\mathrm{V\,s}} \tag{2.31}$$

In den Gl. 2.28, 2.29, 2.30 und 2.31 ist jeweils $T_0 = 300\,\mathrm{K}$.

Diffusionskonstante und Beweglichkeit sind über die *Einstein-Beziehung* miteinander verknüpft.

$$D_{\mathrm{n,p}} = \frac{kT}{e} \cdot \mu_{n,p} = U_{\mathrm{T}} \cdot \mu_{\mathrm{n,p}} \tag{2.32}$$

U_{T} = Temperaturspannung

Im elektrischen Feld erhalten die Ladungsträger im Halbleiter eine mittlere Geschwindigkeit:

$$\bar{v} = \mu_{\mathrm{n,p}} \cdot E \tag{2.33}$$

Der ungeordneten thermischen Bewegung überlagert sich eine vorzugsweise Komponente in Feldrichtung. Insgesamt ist die Bewegung nicht beschleunigt, sie wird durch die Stöße mit den Gitterbausteinen auf einen konstanten mittleren Wert begrenzt.

Die *spezifische Leitfähigkeit* eines Halbleiters, bei dem sowohl Elektronen als auch Löcher zur Leitfähigkeit beitragen, ist:

$$\sigma = |e| \cdot (\mu_{\mathrm{n}} \cdot n + \mu_{\mathrm{p}} \cdot p) \tag{2.34}$$

Beim intrinsischen Halbleiter mit $p = n = n_i$ gilt:

$$\sigma_i = |e| \cdot n_i \cdot (\mu_n + \mu_p) \tag{2.35}$$

2.6 Störstellenleitung

Ausreichend chemisch reine und als Einkristalle hergestellte Halbleiter-Materialien sind bei Raumtemperatur schlechte Leiter und meistens auch keine guten Isolatoren, Halbleiter sind in ihrer reinen Form nur von geringem Nutzen.

2.6.1 Dotieren

Von großer technischer Bedeutung ist die gezielte, sehr schwache „Verunreinigung" von Halbleitern. Durch den Einbau kleinster Mengen von Fremdatomen in das Kristallgitter kann die Leitfähigkeit des reinen Halbleiters erheblich vergrößert und gezielt eingestellt werden. Dieses Hinzufügen geringer Anteile von Atomen anderer chemischer Elemente wird *Dotieren* genannt, es erhöht deutlich die Konzentration an Ladungsträgern (Elektronen oder Löcher) im Halbleiter. „Gezielt" erfolgt das Dotieren hinsichtlich Reinheit, spezifiziertem Element, Konzentration und Verteilung im Halbleiter.

Die Fremdatome heißen „Störatome", sie bewirken eine *Störleitung* oder *extrinsische* Leitung. Störatome müssen in das Wirtsgitter eingebaut werden, um elektrisch wirksam zu werden. Der Einbau in die Gittermatrix heißt *substitutionell.* Ein Einbau auf einen Zwischengitterplatz wird als *interstitiell* bezeichnet, er verursacht Gitterfehler, ist elektrisch unwirksam und ist daher unerwünscht.

Das Dotieren wird technisch durch *Diffusion* (gebräuchlichstes Verfahren), durch *Epitaxie* oder durch *Ionenimplantation* vorgenommen.

Die *Diffusion* ist ein thermisch bedingter Ausgleichsvorgang, es erfolgt ein Austausch von Si-Atomen gegen Atome des Dotierstoffes im Kristallgitter des Substrats (Grundmaterials).

Die *Epitaxie* beruht auf der Neubildung einer Schicht mit der gewünschten Dotierung auf dem Substrat, es ist ein chemischer Prozess (mit überlagerter, unerwünschter Diffusion).

Die *Ionenimplantation* ist ein physikalisches Verfahren, es erfolgt der Beschuss eines Substrats mit ionisierten Dotierungsatomen mit Hilfe eines Teilchenbeschleunigers, wobei eine anschließende thermische Aktivierung erforderlich ist. Die Ionenimplantation ist auf eine oberflächennahe Dotierung beschränkt.

Für Halbleiter aus vierwertigen Elementen wie Silizium oder Germanium werden zur Dotierung drei- bzw. fünfwertige Elemente verwendet. Dreiwertige Elemente sind z. B. Aluminium (Al), Bor (B), Indium (In) und Gallium (Ga). Beispiele für fünfwertige Elemente sind Phosphor (P), Arsen (As) und Antimon (Sb).

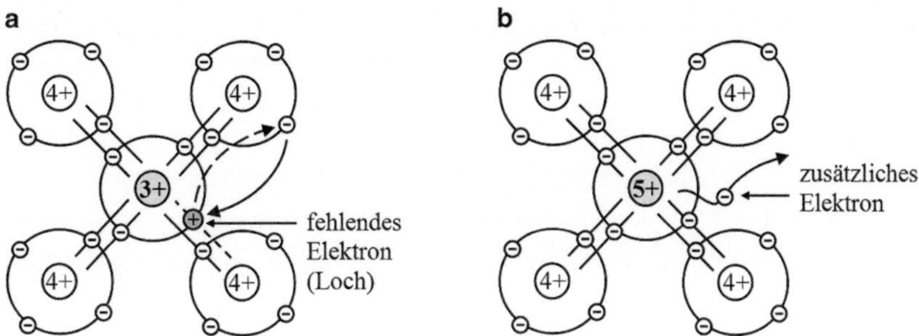

Abb. 2.19 Vierwertiger Elementhalbleiter mit Akzeptor- bzw. p-Dotierung (**a**) und Donator- bzw. n-Dotierung (**b**)

Ein dreiwertiges Element stellt pro Dotierungsatom ein Valenzelektron zu wenig für die kovalente Bindung im Kristall zur Verfügung (Abb. 2.19a). In diese Bindungslücke kann ein Elektron aus einer kovalenten Bindung eines Si-Atoms nachrücken, wenn das Elektron durch geringe Energiezufuhr aus einer Bindung herausgelöst wird. Dadurch entsteht an der Stelle ein Loch, wo vorher das Elektron war. Das Loch kann als frei beweglicher positiver Ladungsträger zum Stromfluss beitragen. Dreiwertige Stoffe, die als Störatome im Kristall eine „Löcherleitung" erzeugen, werden als *Akzeptoren* bezeichnet, weil sie versuchen, ein Elektron aufzunehmen. Mit Akzeptoren dotierte Halbleiter, in denen der Stromtransport bevorzugt durch Löcher getragen wird, nennt man *p-Halbleiter*.

► Die **Dichte der Akzeptoren** wird als n_A bezeichnet.

Ein fünfwertiges Element stellt pro Dotierungsatom im Kristallgitter ein Elektron zu viel zur Verfügung, welches für die kovalente Bindung „überflüssig" ist (Abb. 2.19b). Das Elektron kann mit geringem Energieaufwand von seinem Atom getrennt werden und steht dann als frei beweglicher negativer Ladungsträger für einen Stromfluss zur Verfügung. Fünfwertige Stoffe, die als Storatome im Kristall eine Elektronenleitung erzeugen, werden als *Donatoren* (Spender-Atome) bezeichnet, weil sie versuchen, ein überschüssiges Elektron abzugeben. Mit Donatoren dotierte Halbleiter, in denen der Stromtransport durch freie Elektronen vorherrscht, nennt man *n-Halbleiter*.

► Die **Dichte der Donatoren** wird als n_D bezeichnet.

III-V-Halbleiter benötigen als Akzeptoren zweiwertige Elemente, z. B. Magnesium (Mg). Es besteht auch die Möglichkeit, III-V-Halbleiter mit vierwertigen Stoffen zu dotieren. Sie werden bevorzugt als Donatoren auf den Plätzen dreiwertiger Atome oder als Akzeptoren auf den Plätzen fünfwertiger Atome eingebaut.

Die Ladungsträger, die durch die Dotierung im Halbleiter vorhanden sind, bezeichnet man als *Majoritätsträger* (mehrheitlich vorhandene Ladungsträger), die freien Ladungsträger mit entgegengesetztem Vorzeichen sind die *Minoritätsträger*. Für den n-Halbleiter sind die Elektronen die Majoritätsträger und die Löcher die Minoritätsträger. Für den p-Halbleiter sind die Löcher die Majoritätsträger und die Elektronen die Minoritätsträger.

Die Konzentration der p- bzw. der n-Ladungsträger kann durch die Konzentration der Akzeptoren bzw. Donatoren in weiten Grenzen eingestellt werden. Die Leitfähigkeit des Halbleiters wird umso höher, je stärker der Dotierungsgrad ist. Dieser liegt üblicherweise zwischen 10^{12} und 10^{16} Fremdatomen je cm^3. Auf ein dotierendes Fremdatom kommen somit in der Regel 10^6 bis 10^{10} Atome des Halbleiters. Wichtig ist stets, dass die Konzentration der Fremdatome sehr gering bleibt. Mit n^+ oder p^+ werden *sehr stark dotierte Gebiete* gekennzeichnet. Halbleiter mit extrem hoher Dotierung werden als *entartete Halbleiter* bezeichnet, sie besitzen ein metallähnliches Verhalten.

Bei dotierten Halbleitern entstehen, wie bei reinen Halbleitern, dauernd zusätzliche Ladungspaare. Die Eigenleitfähigkeit wird jedoch durch die Störstellen-Leitfähigkeit meist weit übertroffen.

2.6.2 Störstellenleitung im Bändermodell

Das nicht an der Kristallbindung beteiligte Valenzelektron des Donators befindet sich auf einem Energieniveau E_D knapp unterhalb der Leitungsbandkante des Halbleiters (Abb. 2.20 links). Für dieses Valenzelektron gilt das Existenzverbot für die verbotene Zone des Halbleiters nicht, da es einer anderen Atomart angehört. Durch geringe Energiezufuhr ΔE_D kann das Valenzelektron des Donators in das Leitungsband des Halbleiters gehoben werden, dies ist bereits bei Zimmertemperatur der Fall. Nach Abgabe des Elektrons in das Leitungsband des Halbleiters bleibt der Donator als positives Ion zurück.

Das Energieniveau E_A, das ein Elektron erreichen muss, um das vom Akzeptor im Bindungsgefüge erzeugte Loch aufzufüllen, liegt nur wenig über der Valenzbandkante des Halbleiters (Abb. 2.20 rechts). Die Energie ΔE_A, mit der ein Valenzelektron des Halb-

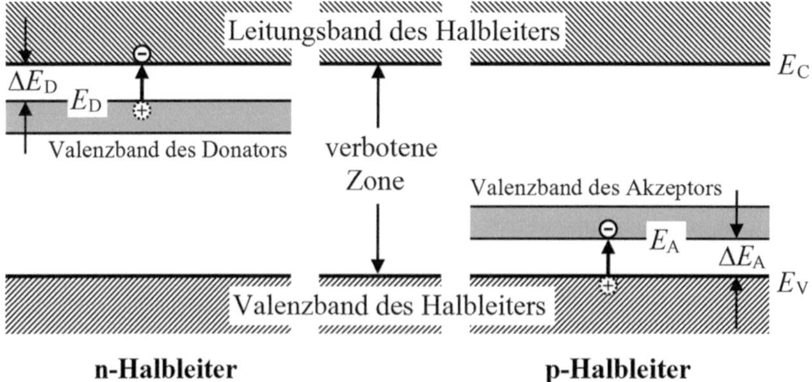

Abb. 2.20 Störstellenleitung mit Donator und Akzeptor im Bändermodell

Tab. 2.3 Bandabstand ΔE der Energieniveaus einiger Störstellenmaterialien bei Silizium

Akzeptor $\Delta E_D = E_C - E_D$		Donator $\Delta E_A = E_A - E_V$	
B	0,045 eV	P	0,044 eV
In	0,160 eV	As	0,049 eV
Al	0,057 eV	Sb	0,039 eV

leiters auf das zu besetzende Energieniveau des Akzeptors gebracht wird, steht schon bei Raumtemperatur zur Verfügung. Nach Auffüllen des Loches ist das Akzeptoratom negativ ionisiert, im Valenzband des Halbleiters entsteht ein Loch.

Auch wenn die für die Störstellenleitung erforderliche Energiezufuhr ΔE_D bzw. ΔE_A sehr klein ist (Werte in Tab. 2.3), eine gewisse Anregungsenergie ist stets notwendig. Deshalb ist der technisch nutzbare Temperaturbereich eines Halbleiters nach unten beschränkt.

2.6.3 Allgemeines zu dotierten Halbleitern

Im dotierten Halbleiter wird natürlich n oder p größer sein als im reinen Material. Durch Rekombination vermindert sich aber auch entsprechend die Zahl der jeweils „anderen“ Ladungsträger gegenüber dem Zustand im reinen Halbleiter.

Auch im dotierten Halbleitermaterial gilt: $p \cdot n = n_i^2$.

Da die Eigenleitungsdichte des Stoffes für eine bestimmte Temperatur bekannt ist, kann man bei Kenntnis von „n“ auch stets „p“ ausrechnen und umgekehrt.

Beispiel 2.2
Ein Si-Halbleiter ist mit einer Akzeptorendichte von $n_A = 3 \cdot 10^{16}\,\text{cm}^{-3}$ dotiert. Wie groß sind Löcherdichte p und Elektronendichte n bei Raumtemperatur?

Lösung:
Die Eigenleitungsdichte von Si ist bei Raumtemperatur (300 K) $n_i = 1{,}5 \cdot 10^{10}\,\text{cm}^{-3}$ (Tab. 2.1). Damit folgt: $p = n_A = 3 \cdot 10^{16}\,\text{cm}^{-3}$; $n = \frac{n_i^2}{n_A} = \underline{\underline{7{,}5 \cdot 10^3\,\text{cm}^{-3}}}$.

Dotierungen verhalten sich additiv. Wird ein Halbleiter zunächst p-dotiert und danach n-dotiert, so ergibt sich die resultierende Dotierung aus der Differenz der eingebrachten Dotierungen. Dies gilt nur, so lange die Dichte der Störatome noch klein gegenüber der Dichte der Atome insgesamt ist. Man kann also durchaus einen Halbleiter zunächst p-dotieren und danach eine n-Dotierung überlagern (oder umgekehrt). Dieser Vorgang wird bei der Fertigung realer Halbleiter-Schaltungen vielfältig genutzt.

Germanium hat eine hohe Beweglichkeit von Elektronen und Löchern und wäre daher prinzipiell für Bauelemente der Hochfrequenztechnik geeignet. Wegen des geringen

Bandabstandes spielt aber bereits bei Temperaturen um 100 °C die Eigenleitung eine Rolle, der technische Einsatz von Bauelementen auf der Basis von Germanium ist daher nach oben auf ca. 80 °C begrenzt. Das Oxid von Germanium ist außerdem mechanisch nicht stabil und deshalb als Isolator in integrierten Schaltungen unbrauchbar.

Bei **Silizium** hingegen weisen sowohl Elektronen als auch Löcher eine technisch brauchbare Beweglichkeit auf. Der Bandabstand erlaubt einen technisch nutzbaren Temperaturbereich bis etwa 120 bis 140 °C, welcher für viele Anwendungen ausreicht. Das Oxid (SiO_2) ist in integrierten Schaltungen sehr gut als Isolator geeignet. Mechanische Stabilität und Wärmeleitfähigkeit zur Wärmeabfuhr bei Leistungshalbleitern begünstigen zusätzlich die Verwendung von Silizium in Halbleiterbauelementen.

Für aktive optische Bauelemente sind weder Silizium noch Germanium brauchbar.

Gallium-Arsenid ist ein bevorzugtes Halbleitermaterial für Bauelemente der Mikrowellen-Technik. Die hohe Beweglichkeit der Elektronen bewirkt für n-dotiertes GaAs eine hohe Grenzfrequenz und gute Verstärkungen bei Feldeffekt-Transistoren. Wegen der geringen Beweglichkeit der Löcher wird p-dotiertes GaAs in Transistoren kaum verwendet. Von wesentlicher Bedeutung ist GaAs für aktive optische Bauelemente, also Leuchtdioden (infrarot) und Halbleiter-Laser.

2.6.4 Einfluss der Temperatur auf dotierte Halbleiter

Hinsichtlich der Temperaturabhängigkeit der Ladungsträgerkonzentration und damit auch der Leitfähigkeit werden drei Bereiche unterschieden (Abb. 2.21).

Bei $T = 0\,\mathrm{K}$ sind sowohl p- als auch n-Halbleiter Isolatoren. Es existieren keine Elektronen im Leitungsband, die Elektronen besetzen die Niveaus des Valenzbandes (p-Halbleiter) bzw. die Donatorniveaus (n-Halbleiter).

In einem gewissen Temperaturbereich weisen dotierte Halbleiter eine deutlich höhere Leitfähigkeit als Reinkristalle auf. Da die Donator- und Akzeptorniveaus einen gewissen Abstand zu den Kanten von Leitungs- und Valenzband haben, ist zu ihrer Ionisierung eine Energiezufuhr von außen erforderlich. Die Störstellenleitung setzt bei niedrigen Temperaturen (um 100 K) abhängig von der Konzentration der Donatoren bzw. Akzeptoren ein. Bei Anstieg der Temperatur gelangen zunehmend Elektronen ins Leitungsband bzw. Löcher ins Valenzband. Die Zahl der Ladungsträger steigt exponentiell an. Da bei diesen niedrigen Temperaturen nicht alle Störstellenniveaus ionisiert sind, sprechen wir von dem Bereich der *Störstellenreserve*.

Eine Temperatur über 200 K reicht in der Regel aus, um alle Donatoren bzw. Akzeptoren zu ionisieren, alle Elektronen der Donatoren befinden sich dann im Leitungsband. Bei Raumtemperatur (300 K) sind alle Störstellenniveaus (alle Dotieratome) ionisiert und tragen zur Leitung bei. In diesem Falle ist $n = n_\mathrm{D}$. Eine weitere Steigerung durch Temperaturzufuhr ist praktisch nicht möglich. Dieser Bereich wird daher *Störstellenerschöpfung* genannt.

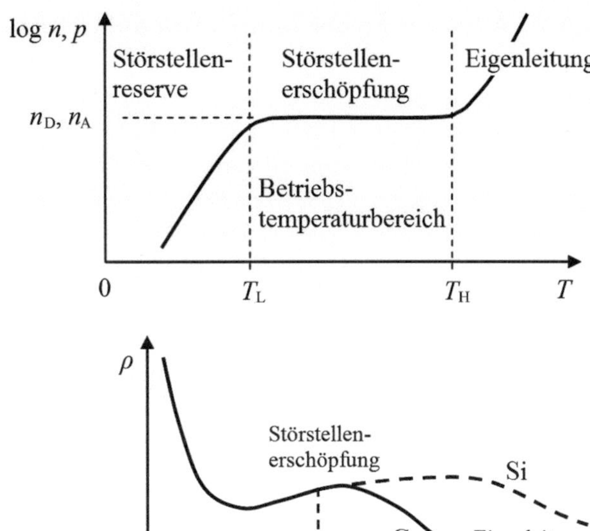

Abb. 2.21 Temperaturabhängigkeit der Ladungsträgerdichte eines Halbleiters; $T_L \leq T \leq T_H$: Betriebstemperaturbereich für dotierte Halbleiterbauelemente

Abb. 2.22 Spezifischer Widerstand in Abhängigkeit der Temperatur

Wird die Temperatur weiter gesteigert, so macht sich zunehmend die Eigenleitung bemerkbar. Hier kommt es wieder zu einem exponentiellen Anstieg der Zahl der Ladungsträger. Der spezifische Widerstand nähert sich bei sehr hohen Temperaturen dem der Eigenleitung, da die thermische Bewegung mehr Elektronen und Defektelektronen freisetzt als die Donatoren zur Verfügung stellen. Es ist dann $n \approx n_i$. Dieser Bereich heißt *Eigenleitungsbereich*.

Zusammenfassung der Temperaturbereiche (die Übergänge sind dotierungsabhängig):

- Störstellenreserve bei tiefen Temperaturen,
- Störstellenerschöpfung bei mittleren Temperaturen (Raumtemperatur),
- Eigenleitung bei hohen Temperaturen.

Wird die Temperaturabhängigkeit des spezifischen Widerstandes betrachtet (Abb. 2.22), so muss die Temperaturabhängigkeit der Beweglichkeit mit berücksichtigt werden. Diese hat aber nur im Bereich der Störstellenerschöpfung einen wesentlichen Einfluss, da hier die Ladungsträgerzahl nahezu temperaturunabhängig ist. Wegen der Abnahme der Beweglichkeit mit der Temperatur steigt in diesem Bereich der spezifische Widerstand in der Regel wieder leicht an.

Bei Si-Halbleitern tritt die Eigenleitung wegen des höheren Bandabstandes erst bei wesentlich höheren Temperaturen auf. Der Erschöpfungsbereich ist daher deutlich ausgeprägter. Dotierte Si-Halbleiter sind bis zu Temperaturen von etwa 170 °C einsetzbar, dotierte Ge-Halbleiter gehen dagegen bereits bei etwa 70 °C in die Eigenleitung über.

2.6.5 Auswirkung der Temperatur auf Halbleiterbauelemente

Das Wirkungsprinzip der Halbleiterbauelemente beruht auf der lokalen Modifikation der Halbleitereigenschaften durch Donatoren bzw. Akzeptoren. Durch die damit verknüpfte inhomogene Verteilung von Elektronen und Löchern werden in dem Halbleiter Potenzialbarrieren[3] erzeugt, deren Höhe durch äußere Potenziale verändert und somit Ströme durch den Halbleiter gesteuert werden können. Diese Steuerfunktion geht verloren, wenn die Elektronendichte innerhalb des Halbleiters nicht mehr von der lokalen Donator- oder Akzeptordichte bestimmt wird, sondern von der von den Fremdatomen unabhängigen intrinsischen Ladungsträgerdichte. Oberhalb einer bestimmten, von dem Halbleitermaterial und der Substratdotierung abhängigen Betriebstemperatur sind Halbleiterbauelemente daher nicht mehr funktionstüchtig. Diese charakteristische Temperatur ist die *intrinsische Temperatur* T_i, bei der die intrinsische Ladungsträgerdichte gleich der Donatordichte ist.

[3] Eine Potenzialbarriere (Potenzialdifferenz, Potenzialschwelle, Energiebarriere) entspricht einem elektrischen Feld, welches durch Ladungsträger gebildet wird, die sich (räumlich getrennt) gegenüber stehen, aber durch andere Ladungen, z. B. ortsfeste ionisierte Atomrümpfe mit gleicher Polarität, an einem aufeinander zu Wandern und einer Rekombination gehindert werden.

3 Der pn-Übergang

Ein pn-Kontakt oder pn-Übergang ist ein Kontakt zwischen einem p- und einem n-dotierten Halbleiter *derselben Art*, der durch Zusammenfügen der Halbleitermaterialien entsteht. Anmerkung: Dieses Zusammenfügen ist eine häufig in der Lehre verwendete Vorstellung. Der pn-Übergang wird durch bestimmte technische Maßnahmen innerhalb eines einheitlichen Kristalls erzeugt. – Ein pn-Übergang ist also ein Kontakt zwischen p-Si und n-Si oder zwischen p-GaAs und n-GaAs. Ein Kontakt zwischen z. B. p-Si und n-GaAs wird dagegen als *Heteroübergang* bezeichnet (und ist in seiner Theorie schwieriger zu behandeln). Die Kontaktzone wird als *Grenzfläche* oder *Grenzschicht* bezeichnet. Die Eigenschaften des pn-Übergangs beruhen auf der sich ausbildenden Raumladungszone in der Kontaktgegend von p- und n-leitendem Bereich.

Der pn-Übergang ist das Grundelement der meisten Halbleiter-Bauelemente. Die Halbleiterdiode besteht z. B. aus einem pn-Übergang, der Bipolartransistor aus zwei pn-Übergängen. Die an ihm auftretenden physikalischen Vorgänge werden hier nur soweit erklärt, wie sie für das Verständnis dieser Bauelemente erforderlich sind. Zunächst wird der pn-Übergang ohne äußere Spannung (im thermodynamischen Gleichgewicht), dann mit äußerer Spannung betrachtet.

3.1 Der pn-Übergang ohne äußere Spannung

3.1.1 Der ideale abrupte pn-Übergang

Bei einem pn-Übergang sind unterschiedliche Verläufe der Dotierung realisierbar, siehe Abb. 3.1. Hier wird hauptsächlich der abrupte Dotierungsverlauf behandelt.

Unabhängig von der Dotierung sind in einem Halbleiter wegen der Eigenleitung (intrinsic-Leitung) immer sowohl p- als auch n-Ladungsträger vorhanden. Sie haben folgende Dichten (der Index bezeichnet das Dotierungsgebiet):

L. Stiny, *Aktive elektronische Bauelemente*, https://doi.org/10.1007/978-3-658-24752-2_3

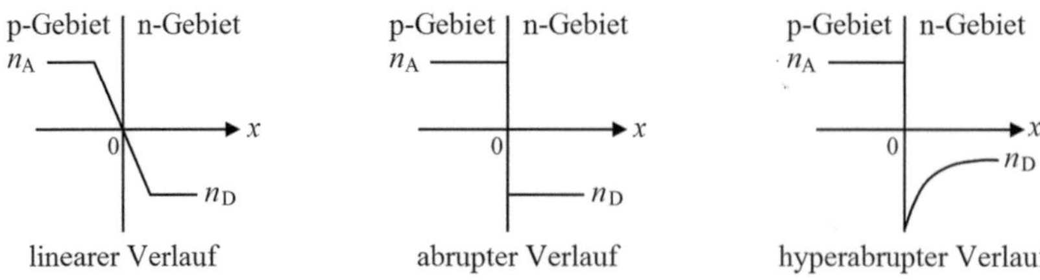

Abb. 3.1 Mögliche Dotierungsverläufe bei pn-Übergängen (linear, abrupt, hyperabrupt)

- Elektronen im n-Gebiet (Majoritätsträger) n_n,
- Elektronen im p-Gebiet (Minoritätsträger) n_p,
- Löcher im p-Gebiet (Majoritätsträger) p_p,
- Löcher im n-Gebiet (Minoritätsträger) p_n.

In jedem Gebiet wird die Anzahl der freien Ladungsträger durch die Eigenleitungsdichte n_i bestimmt. Sie ist für jeden Werkstoff eine (temperaturabhängige) Konstante und beträgt für Silizium bei 300 K ca. $1{,}5 \cdot 10^{10}\,\text{cm}^{-3}$. Für jedes Dotierungsgebiet gilt

$$n_n \cdot p_n = p_p \cdot n_p = n_i^2 \tag{3.1}$$

Es wird angenommen, dass ein scharfer (abrupter) Übergang vom p- in das n-Gebiet vorliegt. Bei diesem Übergang berühren sich ein p-dotierter und ein n-dotierter Halbleiter, die in ihren Gebieten (für sich betrachtet) jeweils einheitlich dotiert sind. Die beiden Gebiete sind jedoch (im Vergleich betrachtet) unterschiedlich stark dotiert, deshalb ändert sich an der Übergangsstelle die Dotierung sprunghaft (Abb. 3.2). Durch die unterschiedlich starke Dotierung der beiden Gebiete weicht die Anzahl freier Ladungsträger auf den zwei Seiten des pn-Übergangs stark voneinander ab. Vor dem Zusammenfügen sind beide Hälften des Halbleiterblocks für sich elektrisch neutral. Dies ist in Abb. 3.3 dargestellt.

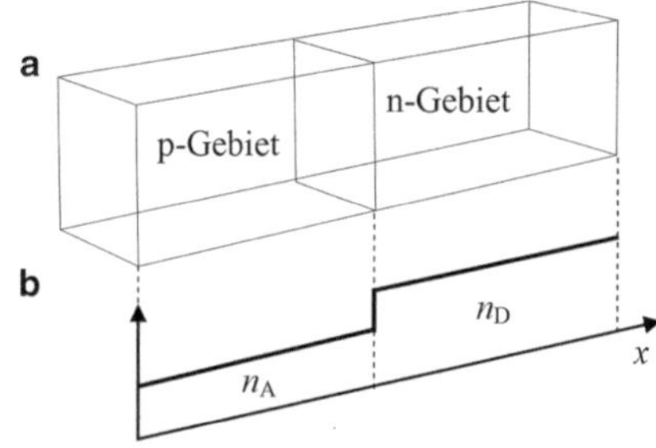

Abb. 3.2 Abrupter pn-Übergang ohne äußere Spannung (**a**) und Beispiel für ein Dotierungsprofil mit $n_A < n_D$ (Akzeptor- und Donatorkonzentration) (**b**)

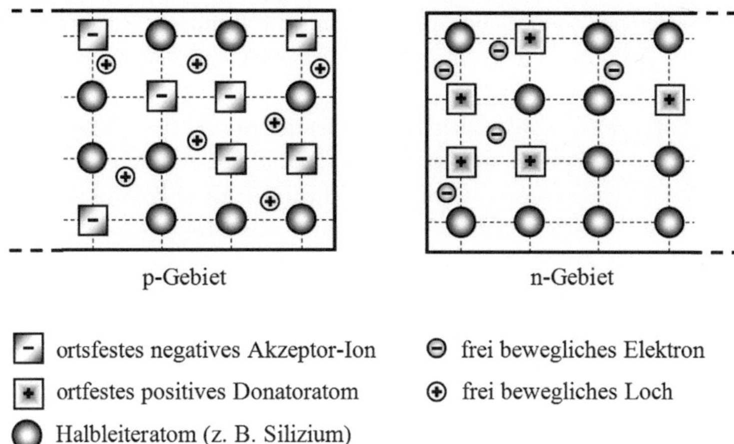

Abb. 3.3 p- und n-dotierte, elektrisch neutrale Halbleiterblöcke vor dem Zusammenfügen

3.1.2 Diffusion und Rekombination im pn-Grenzgebiet

Als Diffusion wird ein mit einem Masse- und/oder Ladungstransport verbundener Ausgleichsprozess bezeichnet, in dessen Verlauf Teilchen (z. B. Atome, Elektronen, Löcher) infolge ihrer Wärmebewegung von Orten größerer Teilchendichte zu solchen kleinerer Teilchendichte gelangen. Dadurch erfolgt ohne äußere Einwirkung ein Ausgleich von Konzentrationsunterschieden und eine allmähliche selbsttätige Vermischung von Stoffen.

Werden ein p- und ein n-Gebiet zusammengefügt, so erfolgt eine Diffusion von Löchern aus dem p-Gebiet in das n-Gebiet und von Elektronen aus dem n-Gebiet in das p-Gebiet. Die Löcher rekombinieren im n-Gebiet mit Elektronen, die Elektronen rekombinieren im p-Gebiet mit Löchern. Diesen Sachverhalt zeigt Abb. 3.4.

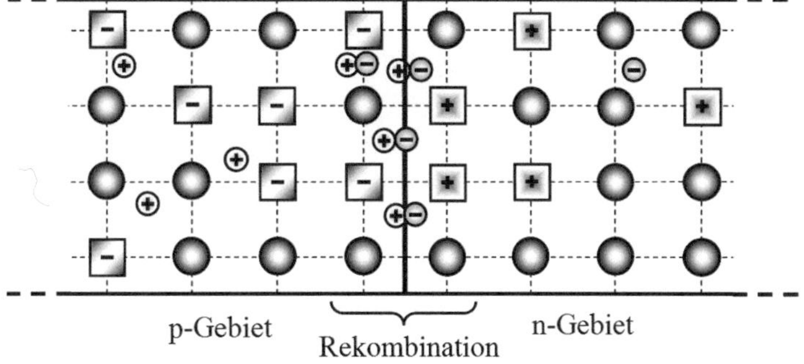

Abb. 3.4 Rekombination von Elektronen und Löchern im pn-Grenzgebiet aufgrund der Diffusion der freien Ladungsträger nach dem Zusammenfügen der Halbleiterblöcke

Wandern können nur freie Ladungsträger, die im gitterförmigen Aufbau des Halbleiters übrig bleibenden Atomrümpfe bilden ortsfeste Raumladungen (negativ im p-Gebiet und positiv im n-Gebiet).

Auf der p-Seite wird in einem schmalen Gebiet die Anzahl der freien Löcher kleiner, sie bewegen sich entweder zur n-Seite oder rekombinieren mit von der n-Seite herankommenden Elektronen. In diesem Gebiet mit reduzierter Anzahl positiver Ladungsträger bleiben ortsfeste negative Raumladungen (Akzeptoratome) übrig, der schmale Streifen auf der p-Seite ist somit negativ aufgeladen.

Auf der n-Seite wird in einem schmalen Gebiet die Anzahl der freien Elektronen kleiner, sie bewegen sich entweder zur p-Seite oder rekombinieren mit von der p-Seite herankommenden Löchern. In diesem Gebiet mit reduzierter Anzahl negativer Ladungsträger bleiben ortsfeste positive Raumladungen (Donatoratome) übrig, der schmale Streifen auf der n-Seite ist somit positiv aufgeladen.

Durch die abfließenden Majoritätsträger wird sowohl im p- als auch im n-Gebiet das elektrische Gleichgewicht gestört. Dadurch wird der ablaufende Diffusionsvorgang beendet, da das durch die ortsfesten Raumladungen entstehende elektrische Feld verhindert, dass ein vollständiger Ausgleich der Konzentrationsunterschiede der freien Ladungsträger erfolgt. Der Diffusionsvorgang begrenzt sich selbst, der pn-Halbleiter blockiert den Diffusionsstrom selbst an seiner Übergangsstelle. Es ergibt sich ein Gleichgewicht zwischen dem Ausgleichsbestreben aufgrund unterschiedlicher Dichte freier Ladungsträger und der jeweils in Gegenrichtung wirkenden Kraft des elektrischen Feldes. Die ortsfesten negativen Atomrümpfe auf der p-Seite stoßen die von der n-Seite kommenden Elektronen in ihr Dotierungsgebiet zurück, die ortsfesten positiven Atomrümpfe auf der n-Seite drängen die von der p-Seite kommenden Löcher zurück.

3.1.3 Ladungsträgerdichte

In einem schmalen Gebiet rechts und links des pn-Übergangs befinden sich nach Abschluss des Diffusionsvorgangs nur noch ortsfeste Atomrümpfe. Da sich in dieser Gegend fast keine frei beweglichen Ladungsträger befinden, wird sie als **Verarmungszone** oder wegen der ortsfesten Ladungen auch als **Raumladungszone RLZ** bezeichnet. Da sich in der RLZ keine frei beweglichen Ladungsträger befinden oder durch sie hindurch wandern können, wird sie auch **Sperrschicht** (junction) oder **Grenzschicht** genannt. Sie ist der wirksame Teil eines pn-Übergangs, ohne äußere elektrische Beschaltung ist sie nicht leitend. In der Grenzschicht ergibt sich ein Zustand wie in einem Isolator, sie hat einen sehr hohen Widerstand. Abb. 3.5 zeigt die Ausbildung der Raumladungszone.

Ein weiterer Fluss von Ladungsträgern über die Sperrschicht hinweg kommt erst wieder durch äußere Einflüsse zustande, wie das Anlegen einer Spannung an den Halbleiterblock, dessen Erwärmung oder Bestrahlung mit Licht.

Die Ausdehnung der Sperrschicht ist abhängig von der Dotierung der Zone und der intrinsischen Ladungsträgerdichte des Materials. Bei gleich hoher Dotierungsdichte in p-

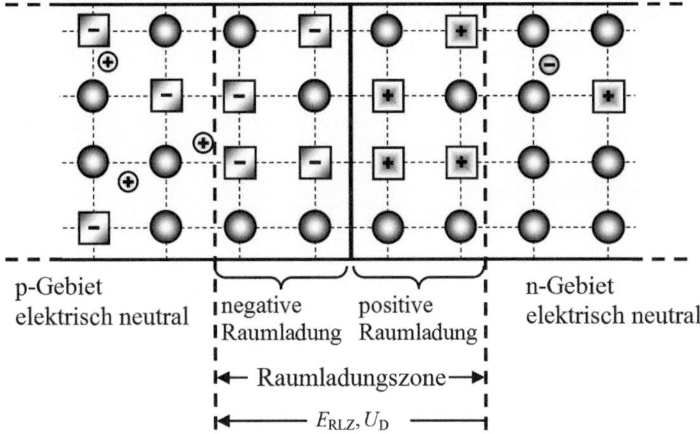

Abb. 3.5 Ausbildung der Raumladungszone ohne frei bewegliche Ladungsträger (Sperrschicht), mit Richtung des dadurch hervorgerufenen elektrischen Feldes E_{RLZ} und der resultierenden Diffusionsspannung U_D

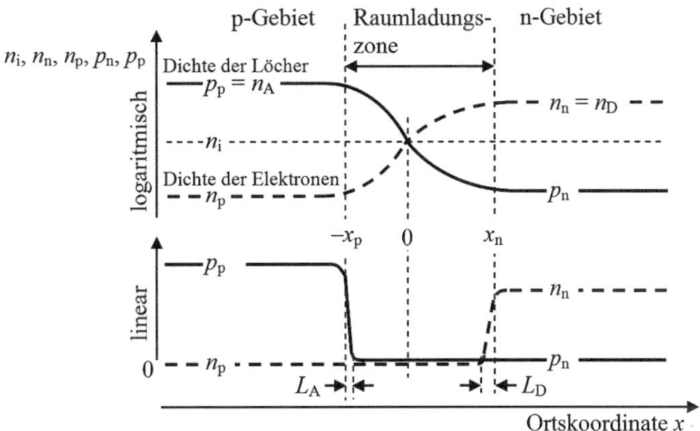

Abb. 3.6 Darstellung der Dichte freier Ladungsträger im logarithmischen Maßstab (*oben*) und linearen Maßstab (*unten*). Der metallurgische Übergang vom p- zum n-Gebiet liegt an der Stelle $x = 0$ der Ortskoordinate

und n-Gebiet ist die Raumladungszone symmetrisch. Bei ungleichen Dotierungsdichten breitet sich die RLZ weiter in das weniger stark dotierte Gebiet aus.

Außerhalb der Raumladungszone sind die Konzentrationen der freien Ladungsträger durch die jeweilige Dotierung gegeben. Dort bleiben das p- und n-Gebiet elektrisch neutral, diese Abschnitte werden als **Bahngebiet** bezeichnet.

Die in Abb. 3.6 eingezeichneten Längen L_A und L_D werden als **Debye-Längen** bezeichnet. Die Debye-Länge ist ein Maß für die Dicke der Ionenschicht (der „Abschirmschicht"), sie gibt an, über welche Distanz die beweglichen Ladungsträger am pn-Übergang abgebaut werden. Die Debye-Länge beschreibt die Ausdehnung stationärer Raumladungen in einem Halbleiter, die Diffusionslänge die Ausdehnung einer neutralen Dichteabweichung. Die Diffusionslängen sind 100 bis 1000-mal größer als die Debye-Länge. Allgemein stellt die Debye-Länge die Eindringtiefe eines elektrischen Feldes in das Innere eines Materials dar.

Berechnung der Debye-Längen:

$$L_{A,D} = \sqrt{\frac{\varepsilon \cdot k \cdot T}{e^2 \cdot n_{A,D}}} \quad \text{(Dielektrizitätskonstante } \varepsilon = \varepsilon_0 \cdot \varepsilon_r\text{)} \tag{3.2}$$

3.1.4 Raumladungsdichte

Die Raumladung wird auf der p-Seite der Raumladungszone durch negative ionisierte Akzeptoren und auf der n-Seite durch positive ionisierte Donatoren gebildet. Es kann für den abrupten pn-Übergang vereinfachend angenommen werden, dass die Raumladung auf beiden Seiten des Übergangs eine rechteckförmige Funktion der Ortskoordinate x ist (Abb. 3.7). Es wird somit vorausgesetzt, dass alle Dotieratome in der Raumladungszone ionisiert und alle Majoritätsladungsträger aus diesem Bereich wegdiffundiert sind. Die Breite der Raumladungszone ist im p-Gebiet durch $-x_p$ und im n-Gebiet durch x_n gegeben. Wegen den unterschiedlichen Dichten der Dotierungen gilt für die Ausdehnungsbreiten $x_p \neq x_n$. Die Höhen der Raumladungen können jetzt mit den Konzentrationen der Dotierungen bestimmt werden.

$$\rho\left(-x_p < x < 0\right) = \rho_p = -e \cdot n_A \quad \text{(negative Raumladung im p-Gebiet)} \tag{3.3}$$

$$\rho\left(0 < x < x_n\right) = \rho_n = e \cdot n_D \quad \text{(positive Raumladung im n-Gebiet)} \tag{3.4}$$

$$[\rho] = \mathrm{As/cm^3}$$

Die Raumladungen ergeben sich zu $Q^- = -x_p \cdot \rho_p$ und $Q^+ = x_n \cdot \rho_n$ (Rechtecke). Wegen der Neutralitätsforderung für den gesamten Kristall müssen die Ladungen Q^- und Q^+ betragsmäßig gleich groß sein. Somit gilt:

$$x_p \cdot \rho_p = x_n \cdot \rho_n \tag{3.5}$$

3.1.5 Feldstärke und Diffusionsspannung

Die ortsfesten Raumladungen erzeugen ein ortsabhängiges elektrisches Feld. Die *Poissongleichung* verknüpft das Potenzial φ bzw. die elektrische Feldstärke E mit der Raumladung ρ. Die eindimensionale Poissongleichung lautet:

$$\frac{dE(x)}{dx} = -\frac{d^2\varphi(x)}{dx^2} = \frac{1}{\varepsilon} \cdot \rho(x) \qquad \text{mit } \varepsilon = \varepsilon_0 \cdot \varepsilon_r \tag{3.6}$$

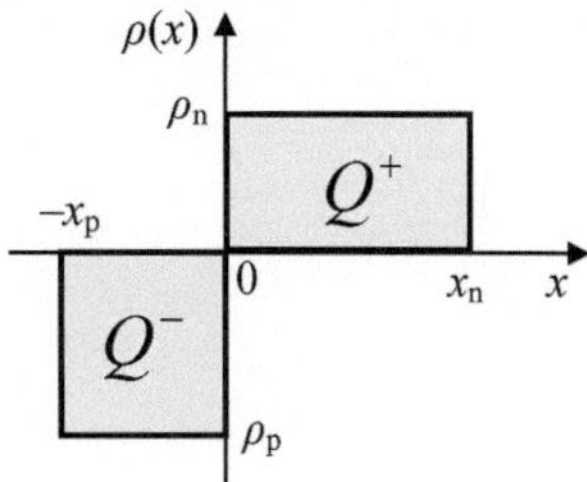

Abb. 3.7 Raumladungsdichte (linearer Maßstab)

Bei bekannter Raumladung wird der Verlauf der Feldstärke als Funktion der Ortskoordinate x durch Integration über die Raumladungsdichte $\rho(x)$ berechnet.

$$E(x) = \frac{1}{\varepsilon} \cdot \int_{-\infty}^{\infty} \rho(x) dx \tag{3.7}$$

Die Raumladungen sind nach den Gl. 3.3 und 3.4 abschnittsweise konstant. Die Poissongleichung in den beiden Abschnitten der Raumladungszone lautet somit:

$$\frac{dE(x)}{dx} = \frac{1}{\varepsilon} \cdot (-e) \cdot n_{\mathrm{A}} \qquad \text{für } -x_{\mathrm{p}} < x < 0 \tag{3.8}$$

$$\frac{dE(x)}{dx} = \frac{1}{\varepsilon} \cdot e \cdot n_{\mathrm{D}} \qquad \text{für } 0 < x < x_{\mathrm{n}} \tag{3.9}$$

Nach Voraussetzung sind die neutralen Bahngebiete links und rechts der Raumladungszone frei von Raumladungen. Somit sind auch die Feldstärken an den Rändern der Raumladungen gleich null. Es gelten die Randbedingungen:

$$E\left(-x_{\mathrm{p}}\right) = E\left(x_{\mathrm{n}}\right) = 0 \tag{3.10}$$

Die Integration eines konstanten Wertes ergibt eine lineare Funktion, z. B. $\int 5dx = 5 \cdot x + C$.

Gl. 3.8 wird integriert.

$$E(x) - \underbrace{E\left(-x_{\mathrm{p}}\right)}_{0} = \int_{-x_{\mathrm{p}}}^{x} \frac{dE(x)}{dx} \cdot dx = -\frac{e \cdot n_{\mathrm{A}}}{\varepsilon} \cdot [x]_{-x_{\mathrm{p}}}^{x} = -\frac{e \cdot n_{\mathrm{A}}}{\varepsilon} \cdot \left(x + x_{\mathrm{p}}\right) \tag{3.11}$$

Gl. 3.9 wird integriert.

$$\underbrace{E\left(x_{\mathrm{n}}\right)}_{0} - E(x) = \int_{x}^{x_{\mathrm{n}}} \frac{dE(x)}{dx} \cdot dx = \frac{e \cdot n_{\mathrm{D}}}{\varepsilon} \cdot [x]_{x}^{x_{\mathrm{n}}} = \frac{e \cdot n_{\mathrm{D}}}{\varepsilon} \cdot \left(x_{\mathrm{n}} - x\right) \tag{3.12}$$

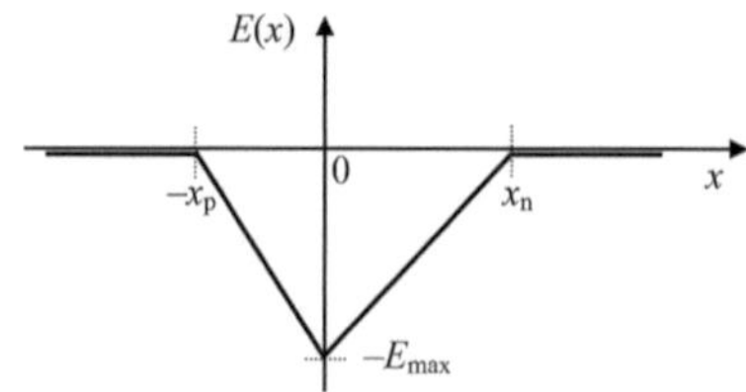

Abb. 3.8 Verlauf der elektrischen Feldstärke in der Raumladungszone des pn-Übergangs

Die Feldstärke im p-Gebiet ist:

$$E(x) = -\frac{e \cdot n_A}{\varepsilon} \cdot \left(x + x_p\right) \qquad \text{für } -x_p < x < 0 \tag{3.13}$$

Die Feldstärke im n-Gebiet ist:

$$E(x) = \frac{e \cdot n_D}{\varepsilon} \cdot (x - x_n) \qquad \text{für } 0 < x < x_n \tag{3.14}$$

Das Maximum der Feldstärke am metallurgischen pn-Übergang bei $x = 0$ ist:

$$E(0) = -E_{max} = -\frac{e \cdot n_A}{\varepsilon} \cdot x_p = -\frac{e \cdot n_D}{\varepsilon} \cdot x_n \tag{3.15}$$

Wir erhalten für die elektrische Feldstärke eine abschnittsweise lineare Funktion. Die Feldstärke hängt also linear von der Ortskoordinate ab.

Im Gebiet $-x_p < x < 0$ ist die Raumladung ρ eine negative Konstante, folglich ist E eine fallende Gerade (negative Steigung). Im Gebiet $0 < x < x_n$ ist ρ eine positive Konstante, folglich ist E eine steigende Gerade (positive Steigung). Die Achsenabschnitte der beiden Geraden auf der Ordinate $E(x)$ sind gleich groß und entsprechen $-E_{max}$. Der Verlauf der Feldstärke über das gesamte Raumladungsgebiet ist dreieckförmig (Abb. 3.8).

Nach Gl. 3.6 ergibt sich das elektrische Potenzial φ in Abhängigkeit der Ortskoordinate x durch Integration über die elektrische Feldstärke E.

$$\varphi(x) = -\int_{-x_p}^{x} E(x) \cdot dx \tag{3.16}$$

Die Integrationskonstante (der Nullpunkt der Potenzialskala) wird so gewählt, dass $\rho(0) = 0$ gilt. Wird die Integration durchgeführt so sieht man, dass das Potenzial quadratisch von der Ortskoordinate x abhängt. Die Feldstärke E ist im Bereich $-x_p < x < 0$ eine fallende und im Bereich $0 < x < x_n$ eine steigende Gerade. Folglich ist das Potenzial im Bereich $-x_p < x < 0$ eine nach oben und im Bereich $0 < x < x_n$ eine nach unten geöffnete Parabel. Das Potenzial ist also eine abschnittsweise quadratische Funktion des Ortes x (Abb. 3.9). Dies wird als Schottky'sche Parabelnäherung bezeichnet.

Zwischen der p-Zone und der n-Zone bildet sich ein Potenzialunterschied aus, die Potenzialdifferenz ist $\varphi(x) = \varphi\left(-x_p\right) - \varphi\left(x_n\right)$. Diese durch Diffusion von Ladungsträgern

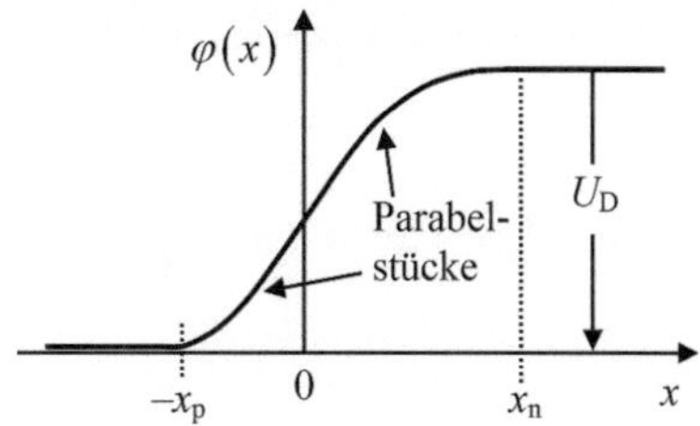

Abb. 3.9 Verlauf des Potenzials und Größe der Diffusionsspannung in der Raumladungszone des pn-Übergangs

hervorgerufene Spannung, die über der Raumladungszone abfällt und dem Potenzialunterschied der ortsfesten Ladungen in der Grenzschicht entspricht, wird als **Diffusionsspannung** U_D bezeichnet. Die Diffusionsspannung bildet eine Potenzialbarriere an der Sperrschicht, die einen vollständigen Ausgleich der Konzentration freier Ladungsträger zwischen p- und n-Gebiet durch Diffusion verhindert. U_D ist stets vom n- in das p-Gebiet gerichtet.

Im thermodynamischen Gleichgewicht kompensieren sich Feld- (Drift-) und Diffusionsstrom, da die Richtungen beider Ströme entgegengesetzt sind. Der Ausgleich der Ladungsträger ist dann abgeschlossen. Während der Diffusionsstrom im Wesentlichen durch die Höhe der Dotierungen n_A und n_D bestimmt wird, ist der Feldstrom durch die im Wirkungsbereich von U_D thermisch erzeugten Ladungsträger bestimmt und damit durch n_i. Die Größe von U_D kann aus thermodynamischen Betrachtungen berechnet werden.

$$U_\mathrm{D} = U_\mathrm{T} \cdot \ln\left(\frac{n_\mathrm{A} \cdot n_\mathrm{D}}{n_\mathrm{i}^2}\right) \qquad \text{mit } U_\mathrm{T} = \frac{k \cdot T}{e}; \qquad [U_\mathrm{D}] = \mathrm{V} \tag{3.17}$$

U_T = **Temperaturspannung**
k = Boltzmann-Konstante $= 1{,}380658 \cdot 10^{-23}\,\frac{\mathrm{J}}{\mathrm{K}} = 8{,}617386 \cdot 10^{-5}\,\frac{\mathrm{eV}}{\mathrm{K}}$
T = absolute Temperatur in Kelvin; $0\,°\mathrm{C} = 273{,}15\,\mathrm{K}$
e = Elementarladung $= 1{,}6 \cdot 10^{-19}\,\mathrm{As}$

Die Höhe der Diffusionsspannung hängt von der Art des Halbleitermaterials (Energiedifferenz zwischen Valenz- und Leitungsband), vom Grad der Dotierung und von der Temperatur ab.

Beispiel 3.1
Ist die Temperatur 27 °C (häufig Raumtemperatur genannt), so ist $T = 273\,\mathrm{K} + 27\,\mathrm{K} = 300\,\mathrm{K}$. Für $T = 300\,\mathrm{K}$ ist $U_\mathrm{T} = \frac{k \cdot T}{e} = \frac{1{,}38 \cdot 10^{-23}\,\mathrm{W\,s \cdot K^{-1}} \cdot 300\,\mathrm{K}}{1{,}6 \cdot 10^{-19}\,\mathrm{A\,s}} \approx 26\,\mathrm{mV}$.

Bei Germanium ($n_\mathrm{i} = 2{,}3 \cdot 10^{13}\,\mathrm{cm}^{-3}$) dotiert mit $n_\mathrm{A} = n_\mathrm{D} = 2{,}3 \cdot 10^{16}\,\mathrm{cm}^{-3}$ ergibt die Diffusionsspannung $U_\mathrm{D} = 0{,}026\,\mathrm{V} \cdot \ln(10^6) = 0{,}36\,\mathrm{V}$. Bei Silizium ($n_\mathrm{i} = 1{,}5 \cdot 10^{10}\,\mathrm{cm}^{-3}$) dotiert mit $n_\mathrm{A} = n_\mathrm{D} = 1{,}4 \cdot 10^{16}\,\mathrm{cm}^{-3}$ folgt $U_\mathrm{D} = 0{,}026\,\mathrm{V} \cdot \ln(10^{12}) = 0{,}72\,\mathrm{V}$.

Die Diffusionsspannung hängt nur sehr wenig von der Dotierung ab, da der Zusammenhang logarithmisch ist. Bei einer Verzehnfachung der Dotierung ergibt sich lediglich eine Änderung um $0{,}026\,\mathrm{V} \cdot \ln(100) = 0{,}12\,\mathrm{V}$. Die im Beispiel oben ausgerechneten Zahlen sind typische Werte für diese beiden Halbleitersorten.

Die Diffusionsspannung in Germanium beträgt etwa 0,3 V *und in Silizium etwa* 0,7 V.

Die Diffusionsspannung ist im stromlosen Zustand (im thermodynamischen Gleichgewicht) an den Enden von p- und n-Zone, also an den Außenanschlüssen eines pn-Halbleiters, nicht messbar. Werden Metallkontakte zur Spannungsmessung verwendet, so tritt eine Diffusionsspannung in gleicher Größe an den Grenzschichten zwischen Metall und Halbleiter mit umgekehrter Polarität auf, die Spannungen kompensieren sich. Die Summe aller so genannten Kontaktspannungen ist null. Kontaktspannungen entstehen, wenn Festkörpermaterialien mit unterschiedlicher Bandstruktur in Berührung gebracht werden.

3.1.6 Sperrschichtbreite

Die Raumladungszone erstreckt sich von x_p bis x_n. Diese Abmessung wird als *Sperrschichtbreite* W_S bezeichnet. Ohne äußere Spannung am pn-Übergang beträgt die Sperrschichtbreite:

$$W_\mathrm{S0} = \sqrt{\frac{2\varepsilon}{e} \cdot \left(\frac{1}{n_\mathrm{A}} + \frac{1}{n_\mathrm{D}}\right) \cdot U_\mathrm{D}} \tag{3.18}$$

Die Sperrschichtbreite im p-Gebiet ist:

$$w_\mathrm{p} = \sqrt{\frac{2 \cdot \varepsilon \cdot n_\mathrm{D} \cdot U_\mathrm{D}}{e \cdot n_\mathrm{A} \cdot (n_\mathrm{A} + n_\mathrm{D})}} \tag{3.19}$$

Die Sperrschichtbreite im n-Gebiet ist:

$$w_\mathrm{n} = \sqrt{\frac{2 \cdot \varepsilon \cdot n_\mathrm{A} \cdot U_\mathrm{D}}{e \cdot n_\mathrm{D} \cdot (n_\mathrm{A} + n_\mathrm{D})}} \tag{3.20}$$

Durch Addition von w_p und w_n erhält man die gesamte Sperrschichtweite W_S0.

Beispiel 3.2
Für Germanium mit der Permittivitätszahl $\varepsilon_\mathrm{r} = 16$, der Dotierung $n_\mathrm{A} = 10^{15}\,\mathrm{cm}^{-3}$, $n_\mathrm{D} = 10^{16}\,\mathrm{cm}^{-3}$ und $\varepsilon_0 = 8{,}854 \cdot 10^{-12}\,\frac{\mathrm{As}}{\mathrm{Vm}}$, $U_\mathrm{D} = 350\,\mathrm{mV}$ ist die Sperrschichtweite:

$$W_\mathrm{S0} = \sqrt{\frac{2 \cdot 16 \cdot 8{,}854 \cdot 10^{-14}\,\frac{\mathrm{A \cdot s}}{\mathrm{V \cdot cm}}}{1{,}6 \cdot 10^{-19}\,\mathrm{A \cdot s}} \cdot \left(\frac{1}{10^{15}\,\mathrm{cm}^{-3}} + \frac{1}{10^{16}\,\mathrm{cm}^{-3}}\right) \cdot 0{,}35\,\mathrm{V}}$$

$$\underline{\underline{W_\mathrm{S0} = 0{,}83\,\mu\mathrm{m}}}$$

Die Sperrschichtdicken sind also sehr gering. Hieraus resultiert eine hohe mittlere Feldstärke in der Grenzschicht. Die Sperrschichtweite nimmt mit zunehmender Dotierung ab, die Feldstärke in der Sperrschicht folglich zu.

Für Dotierstoffkonzentrationen zwischen 10^{14} und $10^{18}\,\mathrm{cm}^{-3}$ ergeben sich Weiten der Raumladungszone von $> 1\,\mu\mathrm{m}$ bis zu etwa 0,01 µm. Dabei herrschen in der Raumladungszone maximale Feldstärken von 10^4 bis $10^6\,\mathrm{V/cm}$.

3.1.7 Sperrschichtkapazität

Die Sperrschicht besteht aus sich gegenüberstehenden, ortsfesten positiven und negativen Raumladungen. Über der Sperrschicht liegt eine Spannung (die Diffusionsspannung). Eine Kapazität ist definiert als:

$$C = \frac{Q}{U} \tag{3.21}$$

Die Raumladungszone entspricht somit einer Kapazität. Die Breite der Sperrschicht kann wie bei einem Plattenkondensator als Plattenabstand angesehen werden. Die Kapazität eines Plattenkondensators ist:

$$C = \varepsilon \cdot \frac{A}{d} \tag{3.22}$$

A = Fläche einer Platte
d = Plattenabstand (entspricht der Sperrschichtbreite W_S)

In Abschn. 3.1.5 wurde erwähnt, dass das Potenzial und damit die Spannung in der Raumladungszone vom Quadrat der Ortskoorditate x abhängt (parabelförmiger Verlauf der Spannung durch Integration der linearen Abhängigkeit der elektrischen Feldstärke von x).

$$U_\mathrm{D} \sim x^2 \tag{3.23}$$

Somit gilt:

$$d \sim \sqrt{U_\mathrm{D}} \tag{3.24}$$

Mit Gl. 3.22 folgt:

$$C \sim \frac{1}{\sqrt{U_\mathrm{D}}} \tag{3.25}$$

Mit der Sperrschichtbreite W_{S0} von Gl. (3-18) ist die Sperrschichtkapazität:

$$C_{S0} = \varepsilon \cdot \frac{A}{W_{S0}} \tag{3.26}$$

Einsetzen von W_{S0} und Umformen ergibt:

$$C_{S0} = \varepsilon \cdot A \cdot \frac{1}{W_{S0}} = \varepsilon \cdot A \cdot \frac{1}{\sqrt{\frac{2 \cdot \varepsilon \cdot (n_A + n_D) \cdot U_D}{e \cdot n_A \cdot n_D}}} = \varepsilon \cdot A \cdot \sqrt{\frac{e \cdot n_A \cdot n_D}{2 \cdot \varepsilon \cdot (n_A + n_D) \cdot U_D}} \tag{3.27}$$

$$C_{S0} = A \cdot \sqrt{\frac{\varepsilon \cdot e \cdot n_A \cdot n_D}{2 \cdot (n_A + n_D) \cdot U_D}} \tag{3.28}$$

Man sieht in Gl. 3.28 den in Gl. 3.25 angegebenen Zusammenhang zwischen Kapazität und Diffusionsspannung. C_{S0} ist die Sperrschichtkapazität des pn-Übergangs ohne *äußere* Spannung.

C_{S0} kann noch auf die Sperrschichtfläche A bezogen werden. Man erhält:

$$c_{S0} = \frac{C_{S0}}{A} = \frac{\varepsilon}{W_{S0}} = \sqrt{\frac{\varepsilon \cdot e \cdot n_A \cdot n_D}{2 \cdot (n_A + n_D) \cdot U_D}} \tag{3.29}$$

C_{S0} wird auch als *Null-Kapazität* bezeichnet. Da die Sperrschichtweite mit zunehmender Dotierung abnimmt, nimmt die Null-Kapazität mit steigender Dotierung zu.

Beispiel 3.3

Für Germanium mit $W_{S0} = 0{,}83\,\mu\text{m}$ folgt:

$$c_{S0} = \frac{\varepsilon}{W_{S0}} = \frac{16 \cdot 8{,}854 \cdot 10^{-12}\,\frac{\text{As}}{\text{Vm}}}{0{,}83 \cdot 10^{-6}\text{m}} = 1{,}7 \cdot 10^{-4}\,\frac{\text{F}}{\text{m}^2} = 17\,\frac{\text{nF}}{\text{cm}^2}$$

Für $A = 1\,\text{mm}^2$ ist $\underline{\underline{C_{S0} = 170\,\text{pF}}}$

3.1.8 Energiebänder-Modell des pn-Übergangs

Die Verhältnisse am pn-Übergang ohne äußere Spannung werden nun im Bändermodell erklärt. Dazu betrachten wir zunächst die Fermi-Energie in Analogie zu einem Wasserstand. Die Wasserspiegel in zwei Gefäßen mit einer gemeinsamen Trennwand können unterschiedlich sein. Wird die Trennwand mit sehr hoher Geschwindigkeit entfernt, so sind die Wasserspiegel im ersten Augenblick in den Gefäßen unverändert. Nach einem Ausgleichsvorgang stellt sich ein Gleichgewichtszustand ein, der Wasserstand ist dann in

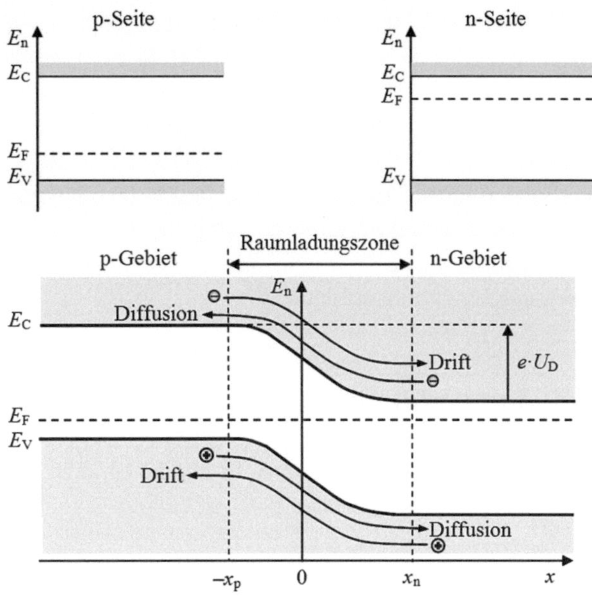

Abb. 3.10 Energiebänder-Modell des spannungslosen pn-Übergangs. E_n = Elektronenenergie, E_C = Leitungsbandkante, E_V = Valenzbandkante, E_F = Fermi-Niveau

beiden Gefäßen gleich hoch. Dieses Denkmodell kann auf das Energiebänder-Modell des pn-Übergangs übertragen werden.

In Abb. 3.10 oben sind die Energiebänder jeweils im p- und n-Gebiet in einem Zustand der räumlichen Trennung der Gebiete (vor dem Zusammenfügen) dargestellt. E_C bezeichnet die Leitungsbandunterkante, E_V die Valenzbandoberkante und E_F die Fermi-Energie (vgl. Abb. 2.13). Die Fermi-Energie gibt diejenige Energie an, bei der ein erlaubter Bandzustand mit 50 % Wahrscheinlichkeit besetzt ist. Zwei voneinander getrennte Halbleiter können unterschiedliche Fermi-Energien besitzen. Werden p- und n-Gebiet zusammengefügt, so sind die Fermi-Energien im allerersten Moment unverändert. Nach Abschluss des bereits in Abschn. 3.1.2 beschriebenen Ausgleichsprozesses von Ladungsträgern ist im thermodynamischen Gleichgewicht die Fermi-Energie im gesamten Halbleiterkristall gleich groß. Es findet solange eine Ladungsverschiebung statt, bis der Gleichgewichtszustand erreicht ist (sich Drift- und Diffusionsstrom gerade kompensieren). Im Bänderschema muss die Fermi-Energie also eine durchgehend waagerechte Linie sein. In großer Entfernung vom pn-Übergang muss die Lage der Fermi-Energie zu den Energiebändern genauso sein wie in den beiden Halbleiterstücken vor dem Zusammenfügen. Daraus folgt eine Verbiegung der Energiebänder im Bereich der Sperrschicht, wie sie in Abb. 3.10 unten gezeigt wird. Valenz- und Leitungsband liegen jetzt im p-Gebiet auf einem energetisch höheren Niveau als im n-Gebiet. In der Grenzschicht werden die Bänder durch die Raumladungen verbogen. Im p-Gebiet werden sie angehoben, im n-Gebiet abgesenkt. Bewegt sich ein Elektron von einem Zustand an der Leitungsbandkante im p-Gebiet zu einem Zustand an der Leitungsbandkante im n-Gebiet, so gibt es Energie ab. Dagegen müssen Elektronen, die vom n-Gebiet in das p-Gebiet wechseln wollen, eine zusätzliche Energie aufnehmen, damit dies möglich ist. Da die Elektronen gegen die Spannung U_D anlaufen müssen, beträgt diese Energie bzw. die Höhe der Energiebarriere:

$$\Delta E = e \cdot U_D \tag{3.30}$$

Im Bändermodell (Abb. 3.10) muss folglich die Leitungsbandkante auf der n-Seite um diese Energie niedriger liegen als auf der p-Seite. Da die Energie von Elektronen in Abb. 3.10 von unten nach oben zunimmt, von Löchern dagegen abnimmt, kann eine ähnliche Betrachtung für Löcher erfolgen.

3.2 Der pn-Übergang mit äußerer Spannung

Durch das Anlegen einer äußeren Spannung befindet sich der pn-Übergang im thermodynamischen Ungleichgewicht.

3.2.1 Äußere Spannung in Sperrrichtung

3.2.1.1 Verbreiterung der Grenzschicht

Schließt man an den pn-Übergang eine äußere Spannung U_R so an, dass ihr Minuspol am p-Gebiet und ihr Pluspol am n-Gebiet liegt (Abb. 3.11), so haben die äußere Spannung U_R (Index R: reverse voltage) und die Diffusionsspannung U_D den gleichen Richtungssinn. Die äußere Spannung addiert sich zu der Diffusionsspannung am pn-Übergang.

$$U_{pn} = U_D + U_R \tag{3.31}$$

Das von der externen Spannung verursachte elektrische Feld übt Kräfte auf die beweglichen Ladungsträger im Halbleiter aus.

Die *Majoritätsträger* werden von den jeweils angrenzenden Spannungspolen vom pn-Übergang weg zu den Anschlüssen nach außen gezogen. Freie Elektronen im n-Gebiet

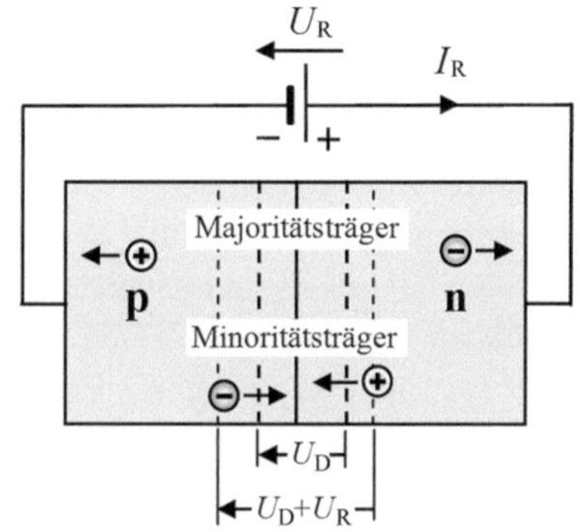

Abb. 3.11 Äußere Spannung am pn-Übergang in Sperrrichtung und Kraftwirkungen auf die Ladungsträger. Im Sperrbereich ist die äußere Spannung negativ

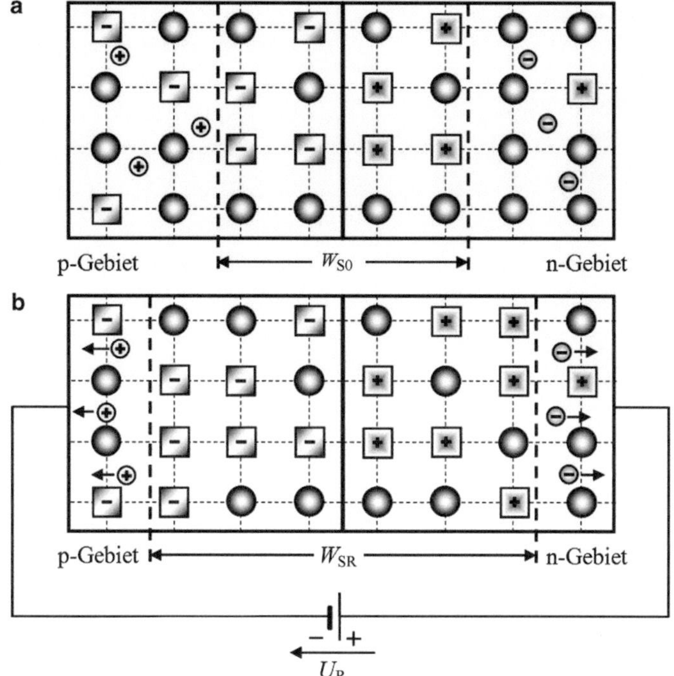

Abb. 3.12 Vergrößerung der Grenzschichtbreite von W_{S0} auf W_{SR} bei einem in Sperrrichtung gepolten pn-Übergang, ohne äußere Spannung (**a**), mit Sperrspannung U_R (**b**), Symbole siehe Abb. 3.3

wandern in Richtung Pluspol von U_R, und die Löcher im p-Gebiet wandern in Richtung Minuspol von U_R. Da die beweglichen Ladungsträger durch das äußere elektrische Feld von den Rändern der Grenzschicht abgezogen werden, verarmt die Grenzschicht noch stärker an beweglichen Ladungsträgern. Die ursprüngliche Sperrschicht (Raumladungszone) wird erheblich breiter und ihr Widerstand noch erhöht. Die externe Spannung vergrößert die durch U_D gebildete Potenzialbarriere, welche die Majoritätsladungsträger bei der Diffusion überwinden müssen, von U_D auf $(U_D + U_R)$. Diese Schwelle kann kaum ein Majoritätsladungsträger überwinden.

Die ortsfesten positiven Ladungen im n-Gebiet und die ortsfesten negativen Ladungen im p-Gebiet begrenzen die Verbreiterung der Sperrschicht, so dass sich diese nicht beliebig weit ausdehnen kann. Es stellt sich ein Gleichgewichtszustand ein zwischen der Wirkung der angelegten äußeren Spannung und der Raumladung der ortsfesten Ionen (Abb. 3.12).

Minoritätsträger sind im p-Gebiet die Elektronen, im n-Gebiet die Löcher. Die Elektronen im p-Gebiet werden vom Minuspol der äußeren Spannung abgestoßen und vom Pluspol angezogen. Ebenso werden die Löcher im n-Gebiet vom Pluspol der der äußeren Spannung abgestoßen und vom Minuspol angezogen. Die Minoritätsträger bewegen sich somit in Richtung des metallurgischen Übergangs bei $x = 0$ (Verbindungsstel-

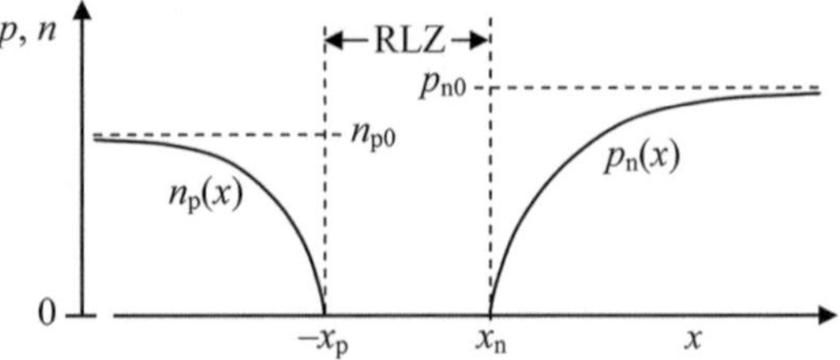

Abb. 3.13 Minoritätsträgerdichteverteilung rechts und links der Sperrschicht, n_{p0}, p_{n0} = Minoritätsträgerdichten ohne äußere Spannung

le von p- und n-Gebiet). Die wenigen, im Bereich der Raumladungszone z. B. durch thermische Paarbildung entstandenen Minoritätsträger werden durch das elektrische Feld in der Raumladungszone beschleunigt und überqueren den pn-Übergang. Dadurch fließt ein sehr kleiner Strom I_R in Sperrrichtung, der als *Sperrstrom* bezeichnet wird (siehe Abb. 3.11).

Zusammenfassung
Liegt die äußere Spannung in Sperrpolung als so genannte *Sperrspannung* am pn-Halbleiter an, so ist kein Strom von Majoritätsträgern über den pn-Übergang hinweg möglich. Der pn-Übergang sperrt, im äußeren Stromkreis fließt nur der aufgrund der geringen Konzentration von Minoritätsladungsträgern sehr kleine Feldstrom (Sperrstrom).

3.2.1.2 Sperrsättigungsstrom

Durch die in Sperrrichtung angelegte äußere Spannung wird die Raumladungszone frei von Minoritätsträgern. Diese durchqueren aufgrund des elektrischen Feldes in der Sperrschicht den pn-Übergang und fließen zu den Polen der externen Spannung, die Elektronen zum Pluspol, die Löcher zum Minuspol. Bereits bei einer kleinen Sperrspannung sinken die Dichten der Minoritätsträger an den Rändern der Sperrschicht fast auf null (Abb. 3.13).

Die Dichten der Minoritätsträger an den Grenzen der Raumladungszone können mit folgenden Gleichungen bestimmt werden:

$$n_p(x_p) = n_{p0} \cdot e^{-\frac{U_R}{U_T}} \quad \text{mit} \quad n_{p0} = \frac{n_i^2}{n_A} \tag{3.32}$$

$$p_n(x_n) = p_{n0} \cdot e^{-\frac{U_R}{U_T}} \quad \text{mit} \quad p_{n0} = \frac{n_i^2}{n_D} \tag{3.33}$$

Je größer die Sperrspannung ist, umso mehr nähern sich diese Minoritätsträgerdichten dem Wert null. Ist der Betrag der Sperrspannung größer als ca. 0,1 V, so sind die Dichten der Minoritätsträger an den Grenzen der Raumladungszone bereits so klein, dass auch bei größer werdender Sperrspannung keine größere Anzahl von Minoritätsträgern zum Sperrstrom I_R beitragen können. Somit ergibt sich (konstante Temperatur vorausgesetzt) ein Sperrstrom, der nahezu unabhängig von der Sperrspannung einen konstanten (gesättigten) Wert annimmt und deshalb als Sperrsättigungsstrom I_S bezeichnet wird. I_S steigt auch bei höheren Sperrspannungen nicht an.

Im praktischen Betrieb erwärmt sich die Sperrschicht mit steigender Spannung, so dass der Sperrstrom mit U_R ansteigt.

Der Sperrsättigungsstrom berechnet sich zu:

$$I_S = A \cdot e \cdot \left(p_{n0} \cdot \frac{L_p}{\tau_p} + n_{p0} \cdot \frac{L_n}{\tau_n} \right) \tag{3.34}$$

I_S = Sperrsättigungsstrom,
A = Fläche des pn-Übergangs,
$L_{p,n}$ = Diffusionslänge der Minoritätsträger,
$\tau_{p,n}$ = Minoritätsträger-Lebensdauer,
n_{p0}, p_{n0} = Minoritätsträgerdichten ohne äußere Spannung

oder mit

$$p_{n0} = \frac{n_i^2}{n_D}, \ n_{p0} = \frac{n_i^2}{n_A}, \ \frac{L_n}{\tau_n} = \frac{D_n}{L_n} \quad \text{und} \quad \frac{L_p}{\tau_p} = \frac{D_p}{L_p}$$

$$I_S = A \cdot e \cdot n_i^2 \cdot \left(\frac{D_n}{L_n \cdot n_A} + \frac{D_p}{L_p \cdot n_D} \right) \tag{3.35}$$

Bei $T = 300\,\text{K}$ liegt der Sperrsättigungsstrom bei Siliziumdioden in der Größenordnung von pA.

Der Sperrsättigungsstrom ist proportional dem Quadrat der Eigenleitungskonzentration. Die Eigenleitungskonzentration hängt näherungsweise exponentiell von der Temperatur ab. Zudem tritt die Temperatur auch noch im Argument der exp-Funktion auf. Beide Umstände erklären die hohe Temperaturabhängigkeit vieler bipolarer Halbleiterbauelemente.

► **Der Sperrstrom ist von der Temperatur exponentiell abhängig.**

Der Sperrstrom verdoppelt sich bei $\Delta T \approx 6\,°\text{C}$ in Silizium bzw. $\Delta T \approx 9\,°\text{C}$ in Germanium.

Der theoretische Sperrsättigungsstrom ist sehr gering, er liegt im Bereich von ca. 10^{-14} bis $10^{-9}\,\text{A}\,\text{cm}^{-2}$. Während der theoretische Sperrsättigungsstrom das Verhalten der Kennlinie im Durchlassbetrieb einer Diode für niedrige Durchlassströme gut beschreibt, sind die im Sperrbereich tatsächlich gemessenen Ströme in der Regel sehr viel höher. Diese Diskrepanz ist auf die Vernachlässigung der Rekombination/Generation in der Raumladungszone zurückzuführen.

Der Sättigungsstrom I_S wird von den Dotierungsverhältnissen und den Strukturen des pn-Übergangs bestimmt. Er ist somit ein charakteristischer Bauelementeparameter einer auf der Wirkungsweise des pn-Übergangs basierenden Halbleiterdiode.

3.2.1.3 Sperrschichtweite und Sperrschichtkapazität

Die Sperrschichtweite W_{SR} wächst mit größer (negativer) werdender Sperrspannung U_R.

$$W_{SR} = \sqrt{\frac{2\varepsilon}{e} \cdot \left(\frac{1}{n_A} + \frac{1}{n_D}\right) \cdot (U_D - U_R)} = W_{S0} \cdot \sqrt{\frac{U_D - U_R}{U_D}} \tag{3.36}$$

Ein pn- oder ein Metall-Halbleiter-Übergang besitzt eine spannungsabhängige Sperrschichtkapazität C_S, die von der Dotierung der aneinander grenzenden Gebiete, dem Dotierungsprofil, der Fläche des Übergangs und der anliegenden Spannung abhängt.

Die Sperrschichtkapazität eines gesperrten pn-Übergangs liegt typischerweise im Bereich kleiner 100 pF.

Die Sperrschichtkapazität sinkt mit größer (negativer) werdender Sperrspannung.

Für einen abrupten pn-Übergang gilt:

$$c_S = \frac{C_S}{A} = \frac{\varepsilon}{W_{SR}} = c_{S0} \cdot \sqrt{\frac{U_D}{U_D - U_R}} \tag{3.37}$$

(gültig für abruptes Dotierungsprofil und $U_R < U_D$).

c_{S0} = flächenbezogene Kapazität des spannungslosen pn-Übergangs [siehe Gl. 3.29],
A = Sperrschichtfläche,
U_D = Diffusionsspannung,
$U_R < 0$ = Sperrspannung am pn-Übergang.

U_D und C_{S0} nehmen mit steigender Dotierung zu. Bei Zimmertemperatur liegt U_D gewöhnlich im Bereich 0,5…1 V.

Der *Kapazitätskoeffizient* m_s (auch *Gradationsexponent* genannt) bezieht das Dotierungsprofil des pn-Übergangs mit ein. Für *abrupte* Übergänge mit einer sprunghaften Änderung der Dotierung gilt $m_s \approx \frac{1}{2}$, für *lineare* Übergänge ist $m_s \approx \frac{1}{3}$, für *hyperabrupte* Übergänge ist $m_s > \frac{1}{3}$ (relevant bei Kapazitätsdioden, Standardwerte sind $m_s = 0{,}75$; $m_s = 1{,}0$; $m_s = 1{,}25$; $m_s = 1{,}5$). Unter Berücksichtigung von m_s gilt:

$$C_S = C_{S0} \cdot \frac{1}{\left(1 - \frac{U_R}{U_D}\right)^{m_s}} \quad (\text{gültig für } U_R < U_D) \tag{3.38}$$

Für $m_S = \frac{1}{2}$ erhält man in Gl. 3.38 die Verhältnisse von Gl. 3.37.

Nähert sich U_R an U_D an, so sind die Voraussetzungen für Gl. 3.38 ab ca. $U_R = 0{,}5 \cdot U_D$ nicht mehr gültig. C_S nimmt dann im Vergleich zu Gl. 3.38 nur noch schwach zu. Es gilt

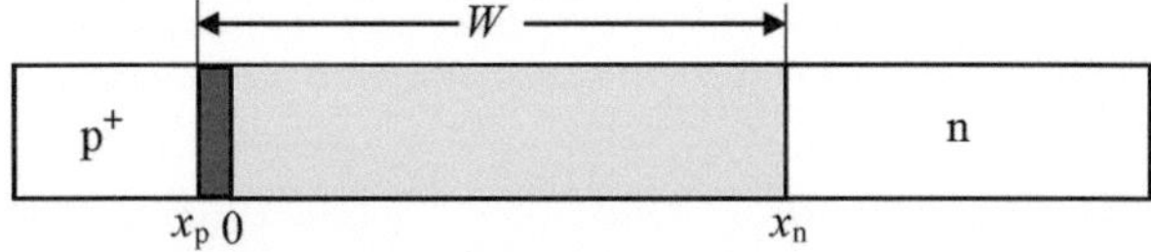

Abb. 3.14 Einseitig abrupter pn-Übergang

jetzt folgende Gleichung für C_S:

$$C_S = C_{S0} \cdot \frac{1 - \alpha \cdot (1 + m_s) + \frac{m_s \cdot U_R}{U_D}}{(1 - \alpha)^{(1+m_s)}} \quad \text{(gültig für } U_R \geq \alpha \cdot U_D \text{ mit} \alpha \approx 0{,}4 \ldots 0{,}7) \tag{3.39}$$

Für den *einseitig abrupten pn-Übergang* in Abb. 3.14 mit $n_A \gg n_D$ ist die Sperrschichtkapazität:

$$C_S = A \cdot \sqrt{\frac{\varepsilon \cdot e}{2} \cdot \frac{n_D}{U_D - U_R}} \tag{3.40}$$

Beispiel 3.4

Zu bestimmen sind bei der Temperatur $T = 300\,\text{K}$ die Werte der Sperrschichtkapazität für einen Silizium-pn-Übergang mit der Dotierung $n_A = 10^{16}\,\text{cm}^{-3}$, $n_D = 8 \cdot 10^{15}\,\text{cm}^{-3}$ und einer Sperrschichtfläche $A = 0{,}001\,\text{cm}^2$ für die angelegten Spannungen $U_R = 0\,\text{V}$ und $U_R = -10\,\text{V}$.

Lösung:

Nach Tab. 2.1 ist bei $T = 300\,\text{K}$ für Silizium $n_i = 1{,}5 \cdot 10^{10}\,\text{cm}^{-3}$ und $\varepsilon_r = 11{,}8$.
Nach Beispiel 3.1 ist bei $T = 300\,\text{K}$: $U_T \approx 26\,\text{mV}$

$$\varepsilon_0 = 8{,}854 \cdot 10^{-12}\,\frac{\text{A} \cdot \text{s}}{\text{V} \cdot \text{m}} = 8{,}854 \cdot 10^{-14}\,\frac{\text{A} \cdot \text{s}}{\text{V} \cdot \text{cm}}$$

Nach Gl. 3.17 ist die Diffusionsspannung $U_D = U_T \cdot \ln \frac{n_A n_D}{n_i^2}$

$$U_D = 0{,}026\,\text{V} \cdot \ln \frac{10^{16} \cdot 8 \cdot 10^{15}}{(1{,}5 \cdot 10^{10})^2} = 0{,}692\,\text{V}$$

Nach Gl. 3.29 und Gl. 3.37 ist:

$$C_S = A \cdot \underbrace{\sqrt{\frac{\varepsilon \cdot e \cdot n_A \cdot n_D}{2 \cdot (n_A + n_D) \cdot U_D}}}_{c_{S0}} \cdot \sqrt{\frac{U_D}{U_D - U_R}}$$

$$C_S = A \cdot \underbrace{\sqrt{\frac{\varepsilon_0 \cdot \varepsilon_r \cdot e \cdot n_A \cdot n_D}{2 \cdot (n_A + n_D)}}}_{\text{K}} \cdot \sqrt{\frac{1}{U_D - U_R}}$$

$$K = 0{,}001 \cdot \sqrt{\frac{8{,}854 \cdot 10^{-14} \cdot 11{,}8 \cdot 1{,}6 \cdot 10^{-19} \cdot 10^{16} \cdot 8 \cdot 10^{15}}{2 \cdot (10^{16} + 8 \cdot 10^{15})}}$$

$$\cdot \left(\mathrm{cm}^2 \cdot \sqrt{\frac{\mathrm{A \cdot s \cdot A \cdot s \cdot cm^{-3} \cdot cm^{-3}}}{\mathrm{V \cdot cm \cdot cm^{-3}}}}\right)$$

$$K = 1{,}927 \cdot 10^{-11} \left(\mathrm{A \cdot s} \cdot \sqrt{\frac{1}{\mathrm{V}}}\right)$$

$U_\mathrm{R} = 0\,\mathrm{V}$:

$$C_\mathrm{S} = K \cdot \sqrt{\frac{1}{0{,}692\,\mathrm{V}}} = 1{,}927 \cdot 10^{-11} \cdot 1{,}20 \left(\mathrm{A \cdot s} \cdot \sqrt{\frac{1}{\mathrm{V}}} \cdot \sqrt{\frac{1}{\mathrm{V}}}\right)$$
$$= \underline{\underline{23{,}12\,\mathrm{pF}}}$$

$U_\mathrm{R} = -10\,\mathrm{V}$:

$$C_\mathrm{S} = K \cdot \sqrt{\frac{1}{0{,}692\,\mathrm{V} + 10\,\mathrm{V}}} = 1{,}927 \cdot 10^{-11} \cdot 0{,}302 \left(\mathrm{A \cdot s} \cdot \sqrt{\frac{1}{\mathrm{V}}} \cdot \sqrt{\frac{1}{\mathrm{V}}}\right)$$
$$= \underline{\underline{5{,}82\,\mathrm{pF}}}$$

3.2.2 Äußere Spannung in Flussrichtung

Schließt man an den pn-Übergang eine äußere Spannung U_F (Index F: forward voltage) mit dem Pluspol am p-Gebiet und dem Minuspol am n-Gebiet an, so liegt die äußere Spannung U_F in Gegenrichtung zur Diffusionsspannung U_D, die externe Spannung wirkt der Diffusionsspannung entgegen (Abb. 3.15). Die Potenzialdifferenz über dem pn-Übergang wird abgebaut, die Potenzialschwelle für Majoritätsträger wird reduziert. Am pn-Übergang wirkt die innere Spannung

$$U_\mathrm{pn} = U_\mathrm{D} - U_\mathrm{F} \tag{3.41}$$

Beginnt die äußere Spannung bei null Volt und wird vergrößert, so vermögen zunächst nur Majoritätsträger mit ausreichend hoher Energie die Energiebarriere zu überwinden und die Sperrschicht zu durchqueren. Der Majoritätsträgerstrom über den pn-Übergang ist vorerst klein. Wächst die äußere Spannung weiter an, so nimmt der fließende Strom exponentiell zu. Bei dieser Polung der extern anliegenden Spannung wird diese als *Flussspannung* U_F, der fließende Strom als *Flussstrom* oder *Durchlassstrom* I_F bezeichnet.

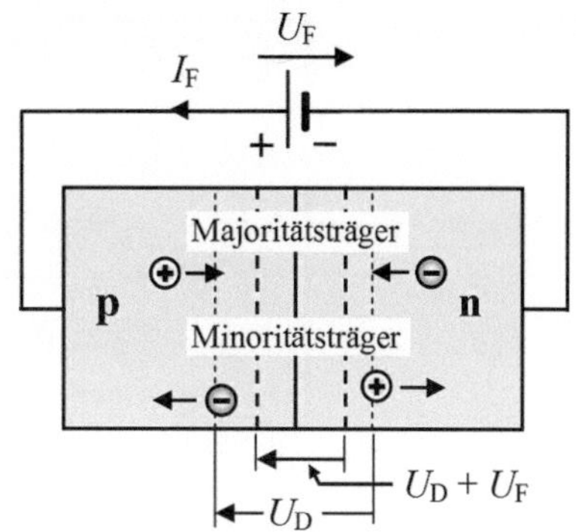

Abb. 3.15 Äußere Spannung am pn-Übergang in Flussrichtung und Ladungsträgerbewegung. Im Durchlassbereich ist die äußere Spannung positiv

In der p-Zone fließt ein Löcherstrom, in der n-Zone ein Elektronenstrom. Löcher (Majoritätsträger im p-Gebiet) fließen von links zum pn-Übergang (Abb. 3.15), durchqueren diesen und rekombinieren rechts im n-Gebiet mit Elektronen (Majoritätsträger im n-Gebiet). Ebenso durchqueren Elektronen von rechts kommend den pn-Übergang und rekombinieren links im p-Gebiet mit Löchern. Es werden also frei bewegliche Ladungsträger, Elektronen aus der n-Zone und Löcher aus der p-Zone, von der äußeren Spannung in die Grenzschicht hineingetrieben, dadurch wird die Raumladung teilweise abgebaut, die Grenzschicht wird schmaler (Abb. 3.16). Die elektrische Feldstärke zwischen den Raumladungsgebieten wird kleiner, die Potenzialdifferenz an der Grenzschicht wird gegenüber dem stromlosen Zustand um den Betrag $e \cdot U_F$ verringert. Das Energiebänder-Modell des spannungslosen pn-Übergangs ist somit auf der linken Seite um den Betrag $e \cdot U_F$ abgesenkt worden.

Durch den Abbau der Potenzialschwelle am pn-Übergang nimmt die Weite der Sperrschicht auf W_{SF} ab (Abb. 3.16), in Gl. 3.36 ist statt $-U_R$ dann $+U_F$ einzusetzen.

In Durchlassrichtung ist der Diffusionsstrom der Majoritätsträger größer als der Driftstrom der Minoritätsträger. Durch den Abbau des elektrischen Feldes in der Grenzschicht wird das Gleichgewicht der inneren Strombilanz zugunsten der Diffusion verletzt. Durch die verstärkte Diffusion entsteht eine deutliche Anhebung der Ladungsträgerdichten gegenüber dem Gleichgewichtszustand. Für das Produkt aus Löcher- und Elektronendichte gilt nun

$$n \cdot p = n_i^2 \cdot e^{\frac{U_F}{U_T}} \tag{3.42}$$

Die äußere Spannung in Flussrichtung senkt die am pn-Übergang wirkende innere Spannung maximal bis auf null ab. Bei $U_F = U_D$ ist die Grenzschicht vollständig abgebaut. Nähert sich die äußere Spannung U_F dem Wert U_D, verschwindet die Sperrschicht, und es ergibt sich ein extrem starker Stromanstieg. Diese Anhebung der Ladungsträgerdichte setzt sich in den Bahngebieten bis hin zu den äußeren Kontakten fort. Wird mit $U_F = U_D$ die Diffusionsspannung und somit die Grenzschicht vollständig abgebaut, so wird der Durchlassstrom nur noch durch die geringen Bahnwiderstände der p- und n-Zone begrenzt (*Bahnwiderstand* R_B = Widerstand des Halbleiterkristalls außerhalb des pn-Übergangs). Im Wesentlichen muss dann der Durchlassstrom durch einen Ohm'schen Widerstand R im äußeren Teil des Stromkreises auf einen zulässig kleinen Wert eingestellt werden.

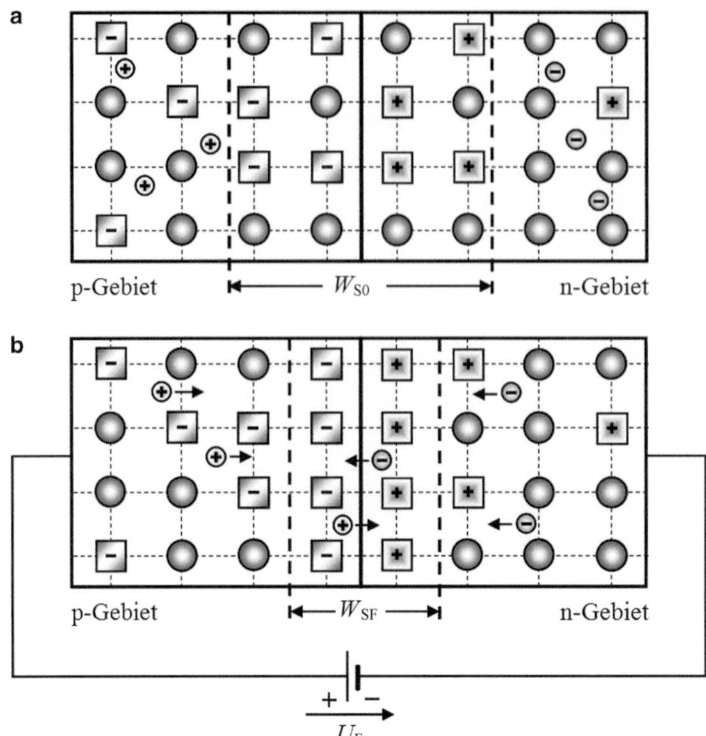

Abb. 3.16 Verkleinerung der Grenzschichtbreite bei einem in Flussrichtung gepolten pn-Übergang, ohne äußere Spannung (**a**), mit Flussspannung (**b**), Symbole siehe Abb. 3.3

Bei unterschiedlich hoher Dotierung von p- und n-Zone unterscheiden sich dementsprechend die Ströme der Majoritätsträger durch die Raumladungszone. Der Einfluss der Rekombination von Elektron-Loch-Paaren in der Raumladungszone auf den Gesamtstrom ist vernachlässigbar. Im Siliziumhalbleiter beeinflusst die Rekombination nur bei sehr geringen Spannungen $U_F < U_T$ den Gesamtstrom.

Im Durchlassbetrieb werden die Bahngebiete durch Ladungsträger überschwemmt. Bei einer Erhöhung der Spannung werden zusätzliche Minoritätsträger in die Bahngebiete injiziert. Die injizierte Ladung bezeichnet man als *Speicherladung* oder *Diffusionsladung*. Gleichzeitig muss eine entsprechende Anzahl von Majoritätsträgern von den Kontakten der äußeren Spannungsquelle nachgeliefert werden, damit die Neutralität in den Bahngebieten aufrecht erhalten bleibt. Diese mit einer Spannungsänderung verknüpfte Änderung der Ladungsträgerkonzentrationen in den Bahngebieten (Abb. 3.17) wird durch die *Diffusionskapazität* beschrieben. Im Gegensatz zu einer gewöhnlichen Kapazität, z. B. einem Plattenkondensator, ist die Diffusionskapazität nicht mit Flächenladungen auf zwei voneinander getrennten Elektroden verknüpft.

Eine Sperrschichtkapazität ist auch im Durchlassbetrieb vorhanden. Sie ist allerdings wesentlich kleiner (typisch im pF-Bereich) als die Diffusionskapazität mit einigen 100 pF bis einigen 100 nF.

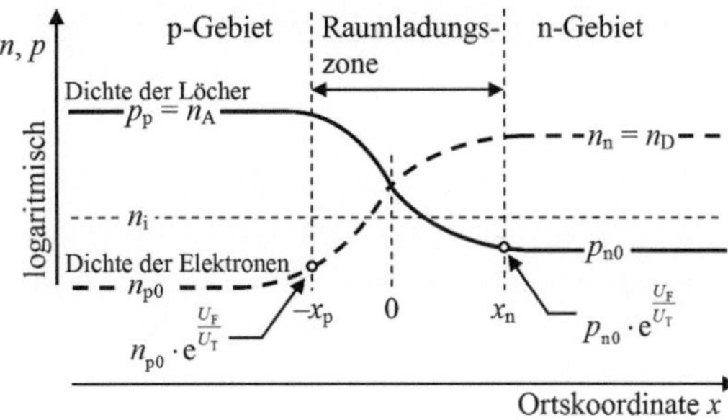

Abb. 3.17 Konzentration der Ladungsträger bei Flusspolung

Die Diffusionskapazität berechnet sich zu

$$c_{\mathrm{D}} = \frac{e^2}{k \cdot T} \cdot A \cdot L_{\mathrm{p}} \cdot p_{\mathrm{n0}} \cdot \mathrm{e}^{\frac{e \cdot U_{\mathrm{F}}}{k \cdot T}} \quad \text{(einseitig abrupter Übergang)} \tag{3.43}$$

Für den zweiseitig abrupten pn-Übergang gilt:

$$c_{\mathrm{D}} = \frac{e^2}{2 \cdot k \cdot T} \cdot A \cdot \left(L_{\mathrm{p}} \cdot p_{\mathrm{n0}} + L_{\mathrm{n}} \cdot n_{\mathrm{p0}}\right) \cdot \mathrm{e}^{\frac{e \cdot U_{\mathrm{F}}}{k \cdot T}} \tag{3.44}$$

Die Diffusionskapazität steigt exponentiell mit der Spannung an, ist also weit stärker spannungsabhängig als die Sperrschichtkapazität, die mit negativer werdender Sperrspannung sinkt. Bei Belastung in Sperrrichtung verschwindet c_{D}.

Näherungsweise gilt für die Diffusionskapazität:

$$c_{\mathrm{D}} = \tau_{\mathrm{T}} \cdot \frac{I_{\mathrm{F}}}{U_{\mathrm{T}}} \tag{3.45}$$

τ_{T} wird *Transitzeit* genannt. Die Transitzeit gibt an, wie lange es dauert, bis die Ladungsträger die Sperrschicht durchlaufen haben. Beim Silizium-pn-Übergang ist $\tau_{\mathrm{T}} \approx 1 \ldots 100\,\mathrm{ns}$.

3.3 Durchbruchmechanismen beim pn-Übergang

Ab bzw. oberhalb einer bestimmten Sperrspannung steigt der Sperrstrom eines in Sperrrichtung gepolten pn-Übergangs über den Sperrsättigungsstrom sehr steil an. Dieser sprunghafte Stromanstieg wird auch als Durchbruch bezeichnet, da er zur Zerstörung eines Halbleiterbauelementes führen kann.

Bei Halbleiterbauelementen gibt es drei Durchbruchsarten mit unterschiedlichen Ursachen:

- Lawinendurchbruch,
- Zener-Durchbruch (Tunnel-Durchbruch),
- Thermischer Durchbruch.

Auch der so genannte *Durchgriff* (*punch-through*) führt zu einem Durchbruch.

3.3.1 Lawinendurchbruch

Der Lawinendurchbruch ist der am häufigsten auftretende Effekt beim Durchbruch des pn-Übergangs, er wird auch **Avalanche-Effekt** genannt. Beim Lawineneffekt handelt es sich um eine Ladungsträgererzeugung durch *Stoßionisation*.

Elektronen, die entweder durch Diffusion in die Raumladungszone eindringen oder in dieser durch thermische Paarbildung generiert werden, erfahren durch das dort herrschende elektrische Feld eine Beschleunigung, ihre kinetische Energie wird erhöht. Bei hohen Sperrspannungen verlieren stoßende Ladungsträger innerhalb der Raumladungszone nicht ihre gesamte Energie, sondern können sie über mehrere Stöße akkumulieren und dabei die Energie ΔE des Bandabstandes erreichen. Ist die Energie eines Elektrons ausreichend hoch, so kann es bei einem Zusammenstoß mit einem Atom eine Elektronenpaarbindung im Kristallgitter aufbrechen. Ein Elektron einer kovalenten Bindung wird dann zum freien Elektron, gleichzeitig entsteht ein Loch.

Durch die Stoßionisation sind somit aus einem *zwei* freie Elektronen geworden. Steht diesen beiden Elektronen ein genügend langer Weg für eine erneute Beschleunigung zur Verfügung, ist also die Sperrschichtbreite groß genug, um wieder eine ausreichend hohe Energieaufnahme der Elektronen zu ermöglichen, so können diese erneut eine Stoßionisation hervorrufen. Wiederholt sich dieser Ablauf immer wieder, so steigt die Anzahl freier Ladungsträger lawinenartig an (Abb. 3.18). Ist die Sperrspanung groß genug um eine erste Stoßionisation hervorzurufen und wird weiterhin (auch nur geringfügig) erhöht, so trägt die hohe Anzahl der freien Ladungsträger zum Sperrstrom bei, dieser steigt sehr steil an. Beim Lawinendurchbruch steigt der Strom im Vergleich zum Zener-Durchbruch sehr abrupt mit der Spannung an. Die Durchbruchspannung U_{BR} wird erreicht, wenn jeder Ladungsträger innerhalb der Raumladungszone mindestens ein weiteres Elektron-Loch-Paar erzeugt.

► **Der Lawineneffekt benötigt**

- **eine hohe elektrische Feldstärke,**
- **eine weite Raumladungszone und damit eine niedrige Dotierung.**

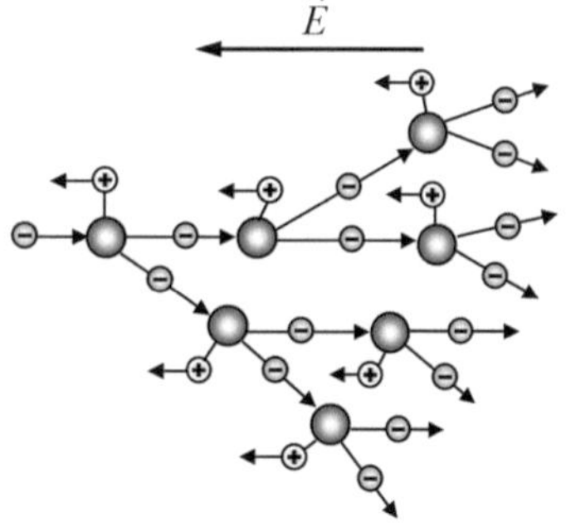

Abb. 3.18 Bildung einer Elektronenlawine durch Stoßionisation

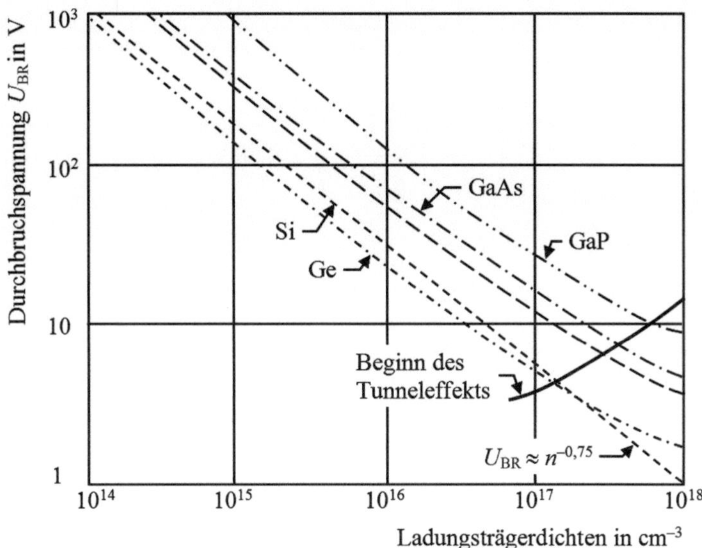

Abb. 3.19 Durchbruchspannung U_{BR} als Funktion der Dotierung der schwächer dotierten Seite eines unsymmetrischen pn-Übergangs mit abruptem Störstellenprofil [nach SZE, GIBBONS, Appl. Phys. Lett. 8 (1966), p. 111 u. f.]

Die Sperrschicht muss breit genug sein (wie z. B. in einer pin-Diode), damit Elektronen beim Durchqueren der Raumladungszone mehrfach genügend Energie akkumulieren können, um eine Stoßionisation hervorzurufen. Die erforderliche große Sperrschichtweite tritt bei weniger stark dotierten Halbleitern mit Dotierungen bis maximal $10^{17} \ldots 10^{18}\,\text{cm}^{-3}$ auf.

Je geringer die Dotierung ist, umso höher ist die Durchbruchspannung.

Grund ist die bei geringer Dotierung sehr weite Raumladungszone, über der erst eine hohe Spannung zum Durchbruch führt. Die Durchbruchspannung U_{BR} kann von ca. 4…8 V bis zu mehr als 1000 V durch die Dotierung variiert werden.

Sowohl die freie Weglänge als auch die Beweglichkeit der Ladungsträger nehmen mit steigender Temperatur ab. Beim Lawineneffekt weist die Durchbruchspannung daher einen positiven Temperaturkoeffizienten $\alpha_{UL} > 0$ auf. Näherungsweise gilt $\alpha_{UL} \approx 0{,}1\,\%/\text{K}$.

Die Durchbruchspannung wird beim Lawinendurchbruch mit wachsender Temperatur größer (Abb. 3.21 rechts).

Abb. 3.19 zeigt die messtechnisch gewonnenen Verhältnisse zwischen Durchbruchspannung und Ladungsträgerdichte.

Für eine stark unsymmetrisch dotierte Diode ($n_D \gg n_A$ oder umgekehrt) kann näherungsweise empirisch ermittelt werden:

$$U_{BR} = a \cdot \left(\frac{10^{17}}{\left(n_D^{-1} + n_A^{-1}\right)^{-1}} \right)^{0,75} \qquad n_D, n_A \text{ in cm}^{-3} \tag{3.46}$$

mit $a = 10{,}0\,\text{V}$ für Si, $a = 2{,}5\,\text{V}$ für Ge, $a = 12{,}5\,\text{V}$ für GaAs (Quelle wie Abb. 3.19).

3.3.2 Zener-Durchbruch

Bei niedrigeren Durchbruchspannungen und beidseitig sehr hoch dotierten Bahngebieten wird der Durchbruch durch den quantenmechanischen **Tunnel-Effekt** verursacht. Beim Tunnel-Effekt (Zener-Effekt) handelt es sich um eine Ladungsträgererzeugung in einem starken elektrischen Feld.

Bei sehr hoch dotierten Halbleitern kann die Sperrschicht mit z. B. $W_{SR} < 0{,}1\,\mu\text{m}$ zu schmal sein, dass ein Lawineneffekt auftreten kann. In der Raumladungszone können aber noch höhere Feldstärken auftreten als beim Lawineneffekt. Schon bei recht kleinen Sperrspannungen von $< 6\,\text{V}$ kann die Feldstärke in der Sperrschicht Werte von $100\,\text{kV/cm}$ annehmen. Ab dieser Feldstärke werden die vom Feld auf die Valenzelektronen der Gitteratome wirkenden Kräfte so groß, dass Elektronen aus ihren Paarbindungen herausgerissen und ins Leitungsband befördert werden. Die Sperrschicht wird abgebaut. Dieser **Zener-Effekt** wird auch *innere Feldemission* genannt. Wird die Sperrspannung größer als eine bestimmte Durchbruchspannung, so steigt der Sperrstrom (wie beim Lawineneffekt) sehr steil an. Beim Zener-Durchbruch werden in hoch dotierten Halbleitern infolge der hohen inneren Feldstärke Ladungsträger freigesetzt.

Der Zener-Effekt kann auch anhand des Bändermodells erläutert werden (Abb. 3.20). Betrachten wir ein Valenzelektron im p-Gebiet, das sich auf einem bestimmten Energieniveau E_T unterhalb der Valenzbandkante E_V befindet. Räumlich sehr nahe gibt es im p-Gebiet (auf der anderen Seite der Raumladungszone) freie Plätze auf gleichem energetischen Niveau E_T, aber oberhalb der Leitungsbandkante E_C. Bei der sehr geringen Sperr-

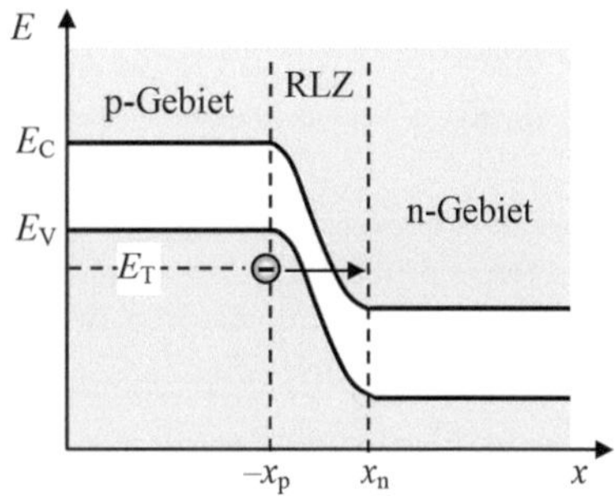

Abb. 3.20 Der Zener-Effekt im Energiebänder-Schema, Elektronen durchtunneln die verbotene Zone

schichtweite können Valenzelektronen der p-Zone, auf gleichem Energieniveau bleibend, die verbotene Zone überqueren („*durchtunneln*") und auf freie Plätze des Leitungsbandes der n-Seite gelangen, welche die gleiche Energiehöhe aufweisen. Es tunneln dabei Elektronen unmittelbar vom Valenz- ins Leitungsband, dies wird als ZENER-Tunneln bezeichnet. Der Zener-Effekt ist ein Tunnel-Effekt.

Da die Wahrscheinlichkeit des Tunnelns mit zunehmender Feldstärke exponentiell ansteigt, steigt der Sperrstrom mit nur gering wachsender Sperrspannung sehr steil an. Der Zener-Effekt tritt bei sehr hoher Dotierung ($> 10^{18}$ bis $10^{19}\,\text{cm}^{-3}$) auf. Durch die Dotierung kann die Durchbruchspannung U_Z variiert werden. Zener-Dioden werden durch Dotierung auf eine wohldefinierte Durchbruchspannung eingestellt, auf die sie bei vorgegebenem Strom risikofrei geschaltet werden können.

Die Durchbruchspannung liegt beim Zener-Effekt bei Werten von $U_Z \leq 6{,}5\,\text{V}$. Bei Durchbruchspannungen unterhalb ca. 6,5 V dominiert der Zener-Effekt, oberhalb der Lawineneffekt.

Da der Bandabstand (die Bandlücke) eines Halbleiters mit wachsender Temperatur geringer wird, hat die Durchbruchspannung einen negativen Temperaturkoeffizienten $\alpha_{UZ} < 0$, näherungsweise ist $\alpha_{UZ} \approx -0{,}1\,\%/\text{K}$.

Die Durchbruchspannung wird beim Zener-Durchbruch mit wachsender Temperatur kleiner (Abb. 3.21 links).

Das Eintreten eines Lawinen- oder einen Zenereffekts muss nicht unbedingt zur Beschädigung oder Zerstörung des Halbleiters führen. Wird der Strom nach Überschreiten der Durchbruchspannung so begrenzt, dass die Stromwärme in der Sperrschicht keine Zerstörung der Kristallstruktur hervorruft, dann sind die Durchbruchvorgänge reversibel. Die Grenzschicht ist nach Unterschreiten der Durchbruchspannung wieder hergestellt.

Zusammenfassung Lawinen- und Zener-Durchbruch

Tab. 3.1 Übersicht Lawinen- und Zener-Durchbruch

Art des Durchbruchs	n_A, n_D in cm^{-3}	U_{BR} in V	TK von U_{BR}	Mechanismus
Lawinen-Durchbruch	$< 10^{17}$	> 5	> 0	Ladungsträgermultiplikation in der RLZ durch Stoßionisation
Tunnel-Durchbruch	$> 10^{17}$	< 5	< 0	Ladungsträgerübergang („tunneln") vom Valenzband über die verbotene Zone in das Leitungsband

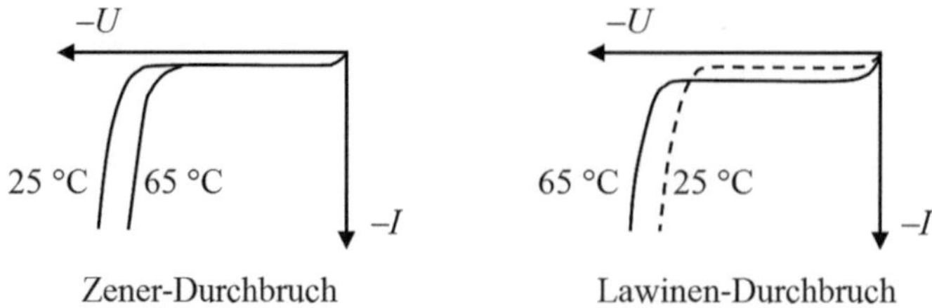

Abb. 3.21 Temperaturverhalten beim Zener- und beim Lawinendurchbruch

3.3.3 Überlappung von Lawinen- und Zener-Effekt

Im Bereich $5\,\mathrm{V} \leq U_Z \leq 8\,\mathrm{V}$ treten Zener- und Lawineneffekt nebeneinander auf. Die Abhängigkeit der Durchbruchspannung von der Temperatur ist bei beiden Effekten entgegengesetzt, es gelten Temperaturkoeffizienten für U_{BR} mit unterschiedlichem Vorzeichen. Aus diesem Grunde ist bei Durchbruchspannungen in diesem Bereich ein Temperaturkoeffizient der Durchbruchspannung von angenähert null möglich. Zener-Dioden mit $U_Z \approx 6\,\mathrm{V}$ sind temperaturstabilisiert, weil sich beide Effekte die Waage halten.

3.3.4 Thermischer Durchbruch (2. Durchbruch)

Die Verlustleistung am pn-Übergang wird im Wesentlichen in der Raumladungszone erzeugt und dort in Wärme umgewandelt. Abhängig von der Art der Kühlung erwärmt sich der Halbleiter mehr oder weniger stark.

Ist die Sperrschichttemperatur hoch, so stellt sich ein hoher Sperrstrom ein (siehe Abschn. 3.2.1.2). Mit wachsendem Sperrstrom erhöht sich die Verlustleistung, dadurch steigt die Sperrschichttemperatur erneut an. Als Folge steigt wieder der Sperrstrom, somit auch die Verlustleistung usw. Wird bei höherer Temperatur eine bestimmte Belastung erreicht, so weist ab dieser Belastung die Sperrkennlinie einen negativen differenziellen Widerstand auf (Abb. 3.22). Ist in einer externen Beschaltung des Halbleiterbauelementes keine Begrenzung des Stromanstiegs vorgesehen, so wird das Bauelement thermisch zerstört, wenn die erzeugte Wärme nicht ausreichend abgeführt wird. Bei dieser thermischen Mitkopplung spricht man davon, dass die Schaltung „thermisch davonläuft". Dieser Durchbruchvorgang ist *nicht* reversibel, er wird als Durchbruch 2. Art oder als 2. Durchbruch bezeichnet. Eine starke lokale Erhitzung aufgrund einer inhomogenen Bauelementestruktur kann durch örtliche Stromdichtekonzentrationen ebenfalls zum 2. Durchbruch führen.

Bei konstantem Wärmewiderstand ist die Temperatur proportional zur Leistung $P = U \cdot I$. In Abb. 3.22 ist die Temperaturabhängigkeit des Sperrstromes durch die Geraden parallel zur Spannungsachse dargestellt. Die schräg von links oben nach rechts unten verlaufenden Geraden in Abb. 3.22 entsprechen einer konstanten Verlustleistung (bei linearer Darstellung sind dies Leistungs-Hyperbeln). Bei Erreichen einer bestimmten Sperrspan-

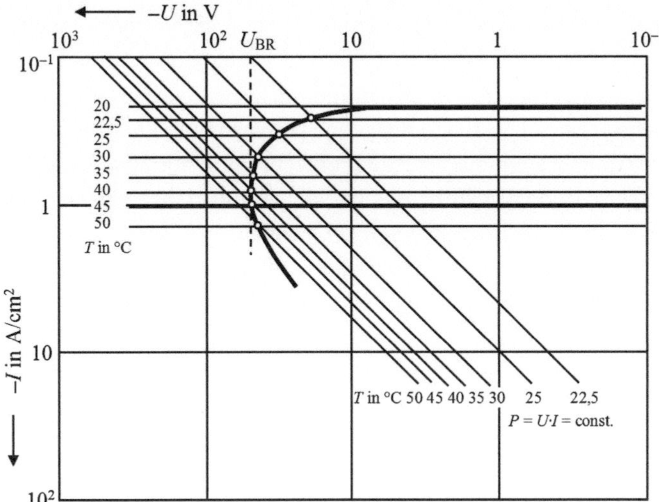

Abb. 3.22 Entstehung des thermischen Durchbruchs

nung nimmt der Strom durch die Diode stark zu, es kommt zum thermischen Durchbruch. Dieser Effekt verschwindet auch dann nicht mehr, wenn die Spannung wieder reduziert wird.

3.3.5 Durchgriff (punch-through)

Legt man an einen pn-Übergang eine äußere Spannung in Sperrpolung an (Minuspol am p-Gebiet, Pluspol am n-Gebiet), so addiert sich die äußere Spannung zu der Diffusionsspannung am pn-Übergang. Das von der externen Spannung verursachte elektrische Feld übt Kräfte auf die beweglichen Ladungsträger im Halbleiter aus.

Die Majoritätsträger werden von den jeweils angrenzenden Spannungspolen angezogen: Die Elektronen im n-Gebiet werden zum Pluspol der äußeren Spannungsquelle hin abgesaugt, die Löcher im p-Gebiet zu deren Minuspol hin abgezogen.

Die Minoritätsträger (die Löcher des n-Gebietes und die Elektronen des p-Gebietes) werden dagegen von den angrenzenden Spannungspolen der äußeren Spannung in das Kristallinnere zum pn-Übergang hin abgestoßen. Anders gesagt: Die Löcher des n-Gebietes werden vom Minuspol der äußeren Spannungsquelle, die Elektronen des p-Gebietes von deren Pluspol angezogen, siehe hierzu auch Abb. 3.11.

Durch die Spannungsbelastung in Sperrrichtung vergrößert sich die Raumladungszone, sie wird breiter. Ein Strom von Majoritätsträgern über den pn-Übergang hinweg ist nicht möglich, es fließt nur ein kleiner, durch Minoritätsträger verursachter Sperrstrom.

In den Bereich der Raumladungszone geratene oder dort durch thermische Paarbildung entstandene Minoritätsträger werden also von dem in der Sperrschicht herrschenden elektrischen Feld beschleunigt und durch den pn-Übergang hindurch bewegt.

Da die Minoritätsträger durch das elektrische Feld in der Raumladungszone abgesaugt werden, aber nur wenige nachfließen, sinkt ihre Dichte an den Rändern außerhalb der Raumladungszone stark ab, ihre Konzentration geht bereits für kleine Sperrspannungen gegen null (siehe Abb. 3.13). Bei steigender Sperrspannung können daher keine zusätzlichen Minoritätsträger abgesaugt werden, obwohl die Feldstärke im Halbleitermaterial ansteigt. Der Sperrstrom erreicht bereits bei kleinen Sperrspannungen einen Sättigungswert und steigt bei höheren Sperrspannungen nicht an.

Die Spannungsfestigkeit des pn-Übergangs wird durch die maximal zulässige Feldstärke $E_{\max}$ des Halbleitermaterials begrenzt (bei Silizium ca. 25 kV/mm). Beim Überschreiten von $E_{\max}$ kommt es zu einem Lawinen- bzw. Zener-Durchbruch.

Bei schwacher Dotierung dehnt sich die Sperrschicht (aus Mangel an beweglichen Ladungsträgern) stärker aus, als bei hoher Dotierung. Somit ist es bei schwacher Dotierung (oder bei einem pn-Übergang kleiner Abmessung) möglich, dass sich die Raumladungszone des sperrenden pn-Übergangs so weit ausdehnt, dass sie an den Rändern des pn-Übergangs jeweils die Anschlussflächen der äußeren Spannung berührt, ohne dass vorher $E_{\max}$ erreicht wurde.

Dieser Vorgang, bei dem sich die Raumladungszone so weit ausdehnt, dass sie die Randelektroden verbindet, wird als *Durchgriff* (Durchgreifeffekt, *punch-through*) bezeichnet. Er tritt bei einer Sperrspannung auf, die *Durchgreifspannung* (Durchgriffspannung, auch Sperrschichtberührungsspannung) genannt wird.

An den Rändern der Raumladungszone, an denen sich vorher keine Minoritätsträger befunden haben, befinden sich nun sehr viele, die von der Spannungsquelle niederohmig an den Randkontakten bereitgestellt werden. Diese in das Feld der Raumladungszone injizierten Ladungsträger werden wegen des elektrischen Feldes der Raumladungszone nahezu ungehindert zum gegenüberliegenden Kontakt bewegt. Es fließt ein hoher (Kurzschluss-) Strom durch den nun in Durchlassrichtung betriebenen pn-Übergang. Dieser Durchbruch wird auch als *Feldstärkedurchbruch* bezeichnet.

Es sei hier erwähnt, dass der Begriff „punch-through" sehr häufig allgemein für „Durchbruch" verwendet wird, ohne zu spezifizieren, um welche Art des Durchbruchs es sich handelt.

Soll bei einem pn-Übergang eine hohe Spannungsfestigkeit bezüglich Sperrspannungen erreicht werden, so muss eine schwache Dotierung gewählt werden, um die auftretende Feldstärke zu begrenzen. Eine schwache Dotierung hat aber wegen der geringen Anzahl beweglicher Ladungsträger (bei Beanspruchung in Durchlassrichtung) einen hohen Durchlasswiderstand R_{on} zur Folge. Fließt ein hoher Durchlassstrom, so fällt dann an R_{on} eine hohe Spannung ab, folglich wird im Halbleiter-Bauelement eine hohe Verlustleistung umgesetzt.

Ein pn-Übergang kann somit entweder für ein gutes Durchlassverhalten oder für hohe Spannungsfestigkeit ausgelegt werden.

Moderne Halbleiter-Bauelemente sind durch entsprechenden Aufbau und Profile der Dotierung so hergestellt, dass der Durchgreifeffekt verhindert wird und (bei Einhaltung bestimmter Grenzwerte) keine Rolle spielt. Häufig wird eine Dreischichtstruktur des pn-

Übergangs verwendet. Hierbei wird zwischen p- und n-Bereich eine weitere n^--Schicht mit schwacher Dotierung eingebracht. Diese Zwischenschicht nimmt in Sperrrichtung eine hohe Sperrspannung auf, in Durchlassrichtung wird die mittlere Zone dagegen von Ladungsträgern überschwemmt und wird gut leitfähig. Mit einer solchen „pin-Diode“ (Leistungsdiode) ist in Durchlassrichtung ein Spannungsabfall von unter 2 V bei einem Durchlassstrom von einigen hundert Amper und in Sperrrichtung eine Sperrspannung von mehreren tausend Volt möglich.

3.4 Schaltverhalten des pn-Übergangs

Mit Schaltverhalten werden allgemein die Vorgänge beim pn-Übergang mit äußerer Spannung bezeichnet, die bei den Übergängen zwischen Ein- und Aus-Zustand (Durchlass- und Sperrbetrieb) stattfinden. Das ideale Schaltverhalten zeichnet sich durch verzögerungsfreie Übergänge aus. Bei Spannungsumkehr springt der Strom sofort auf den zugehörigen stationären Wert, so dass keine Verlustleistung entsteht. Reale Halbleiterdioden, deren Funktionsweise ein pn-Übergang zugrunde liegt, zeigen kein ideales Schaltverhalten.

3.4.1 Einschaltvorgang

Innerhalb der Bahngebiete wird Neutralität vorausgesetzt. Im Durchlassbereich muss man zwischen starker und schwacher Injektion unterscheiden. Entsprechend zeigt der pn-Übergang beim Einschalten entweder kapazitive oder induktive Eigenschaften.

3.4.1.1 Kapazitives Verhalten

Ein ohmscher Widerstand R liegt in Reihe mit einem pn-Übergang. An diese Reihenschaltung wird eine Gleichspannungsquelle (der Spannungswert ist wesentlich größer als die Durchlassspannung des pn-Übergangs) sprungartig in Durchlassrichtung des pn-Übergangs angeschaltet. Wegen des ohmschen Widerstandes mit $R \gg R_{pn}$ fließt dann ein eingeprägter Strom, es erfolgt also eine Stromansteuerung.

In Abb. 3.23 wird der Verlauf der Diodenspannung (Spannung am pn-Übergang) ab dem Einschaltzeitpunkt eines sehr *kleinen* Stromes gezeigt. Durch die am pn-Übergang

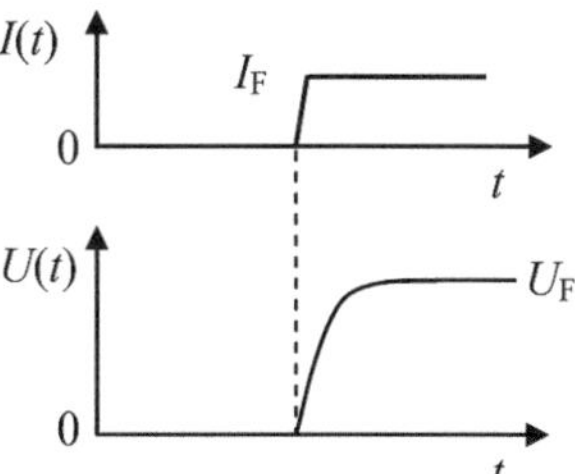

Abb. 3.23 Verlauf von Strom und Spannung am pn-Übergang während des Einschaltvorgangs eines kleinen Stromes

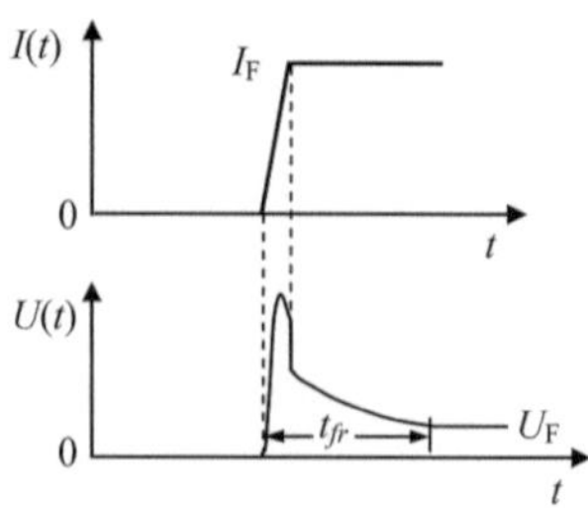

Abb. 3.24 Verlauf von Strom und Spannung am pn-Übergang während des Einschaltvorgangs eines großen Stromes

sich gegenüberstehenden Raumladungen entsteht die Sperrschichtkapazität. Diese beeinflusst überwiegend den Verlauf der Vorwärtsspannung am pn-Übergang, wenn der eingeschaltete Strom *klein* ist. Bei kleiner Stromdichte herrscht im n-Gebiet eine schwache Injektion von Minoritätsträgern vor. Die Vorwärtsspannung steigt langsam auf ihren Endwert, der Vorgang weist kapazitives Verhalten auf.

3.4.1.2 Induktives Verhalten

Abb. 3.24 zeigt den Verlauf der Diodenspannung ab dem Einschaltzeitpunkt eines *großen* Stromes. Die Stromsteilheit wird wie im vorhergehenden Fall in Abschn. 3.4.1.1 angenommen. Bei hoher Stromdichte herrscht im n-Gebiet eine starke Injektion von Minoritätsträgern vor, die Minoritätsträgerdichte überwiegt die Majoritätsträgerdichte. Es entsteht eine Einschaltüberspannung proportional zur Stromsteilheit. Der induktive Anteil der Überspannung verschwindet, sobald der Strom einen konstanten Wert annimmt. Übrig bleibt dann der ohmsch bedingte Anteil. Die Zeit bis die Vorwärtsspannung auf ihren Nennwert U_F abgeklungen ist wird *Vorwärtserholungszeit* t_{fr} (forward recovery time) genannt. Beim Einschalten eines großen Stromes überlagert sich der induktiven Überspannung, die proportional einer scheinbaren Induktivität ist, ein ohmscher Anteil, entsprechend dem exponentiell abklingenden Widerstand der Sperrschicht.

3.4.2 Aus- und Umschaltvorgang

3.4.2.1 Unterbrechen des Durchlassstromes

Fließt Strom durch den pn-Übergang, so sind in Sperrschicht- und Diffusionskapazität gewisse Ladungsmengen (je nach Stromstärke) gespeichert. Diese Ladungen werden abgebaut, wenn der Strom ausgeschaltet wird und sich schlagartig von I_F auf den Wert null ändert (Abb. 3.25). Da der Spannungsabfall U_{Bahn} an den Bahnwiderständen jetzt null ist, wird die Gesamtspannung U_F zum Zeitpunkt der Stromabschaltung sprunghaft etwas kleiner. Jetzt wird die Anzahl gespeicherter Ladungsträger durch Rekombinationen mit der Zeitkonstanten τ_p (Minoritätsträger-Lebensdauer) verringert. Dies führt zu einem linearen Abfall der Spannung auf null entsprechend dem Ausdruck:

$$u(t) = U_F - U_T \cdot \frac{t}{\tau_p} \tag{3.47}$$

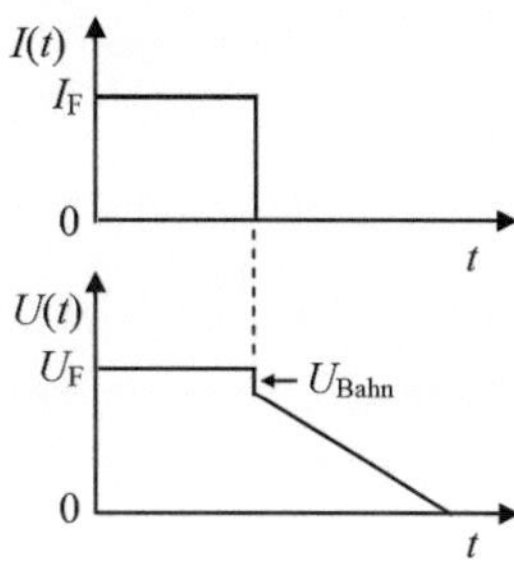

Abb. 3.25 Verlauf von Strom und Spannung am pn-Übergang während des Ausschaltvorgangs eines Stromes

3.4.2.2 Umschalten von Fluss- in Sperrbetrieb

Bei einem Umschalten vom Sperr- in den Flussbetrieb muss nur die kleine Sperrschichtkapazität entladen werden. Wird hingegen vom Fluss- in den Sperrbetrieb umgeschaltet, so wirkt die wesentlich größere Diffusionskapazität. Dieser Umschaltvorgang verläuft deshalb deutlich langsamer. Die wirksame Kapazität ist spannungsabhängig und somit nichtlinear. Den zeitlichen Verlauf von Strom und Spannung am pn-Übergang beim Umschalten von Fluss- in Sperrbetrieb zeigt Abb. 3.26. Unmittelbar beim Umschalten in den Sperrbetrieb springt der Strom vom Wert I_F auf den negativen Wert I_{RM}. Direkt nach dem Umschalten befinden sich während der Ausräumzeit (Speicherzeit) t_s in den Bahngebieten noch viele Ladungsträger. In dieser Zeitspanne fließt ein angenähert konstanter, negativer Sperrstrom, der relativ große *Ausräumstrom* I_{RM}. Dieser entlädt die Diffusionskapazität. Direkt nach dem Umpolen hat also der Sperrstrom einen stark erhöhten Wert. Die Höhe von I_{RM} wird durch die gesamte Beschaltung des pn-Übergangs bestimmt, z. B. durch einen im Stromkreis befindlichen Ohm'schen Widerstand. Während der Ausräumzeit t_s bleibt der pn-Übergang durch die in den Bahngebieten gespeicherte Ladung der Minoritätsträger in einem dem Durchlassbetrieb ähnlichen Zustand (Flusszu-

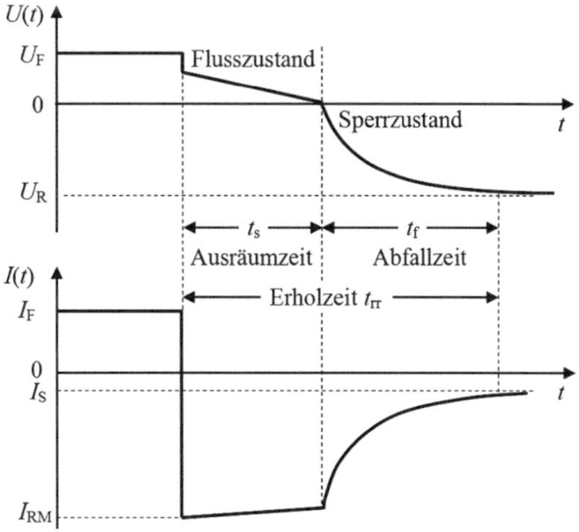

Abb. 3.26 Verlauf von Strom und Spannung am pn-Übergang beim Umschalten von Fluss- in Sperrbetrieb (schematisch)

stand). Die Spannung sinkt zunächst nur ein wenig um den Spannungsabfall U_{Bahn} an den Bahnwiderständen, der jetzt umgekehrtes Vorzeichen hat. Dadurch wird die Gesamtspannung U_F zum Umschaltzeitpunkt sprunghaft etwas kleiner. Ansonsten bleibt die Spannung zunächst erhalten, da sich die Ladung der Minoritätsträger nicht schlagartig ändern kann. Die Spannung kann nicht abgebaut werden, solange die Dichte der Minoritätsträger an den Rändern der Raumladungszone über dem Gleichgewichtswert p_{n0} bzw. n_{p0} liegt. Während t_s wird die gespeicherte Ladung durch den Sperrstrom ausgeräumt. In dieser Zeit nimmt der Strom geringfügig ab, die Spannung sinkt mit zunehmender Zeit nahezu linear auf null ab.

Mit Beginn der Abfallzeit t_f fängt der pn-Übergang an zu sperren. Die Dichte der Minoritätsträger sinkt an den Rändern der Raumladungszone unter die Gleichgewichtswerte. Der Sperrstrom sinkt auf den Wert I_S des „normalen“ Sperrsättigungsstromes ab. Die Spannung am pn-Übergang nimmt auf den Wert der negativen Sperrspannung U_R zu.

Abfallzeit t_f: Zeit in welcher der maximale Rückwärtsstrom I_{RM} auf $\frac{1}{10} \cdot I_{RM}$ abfällt.

Es gilt näherungsweise:

$$t_f \approx 2{,}2 \cdot R \cdot C_S \tag{3.48}$$

R = Ohm'scher Widerstand im Stromkreis,
C_S = Sperrschichtkapazität.

Die **Ausräumzeit** t_s wird auch als **Speicherzeit** bezeichnet.

Die Erholzeit t_{rr} wird auch **Sperrverzögerungszeit** oder Rückwärtserholzeit (reverse recovery time) genannt. Die Sperrverzögerungszeit kann je nach Größe und Aufbau einer Diode im Bereich von Nanosekunden (Schaltdioden) bis zu etwa 100 µs (Leistungsdioden) liegen.

3.5 Gesamtkennlinie des pn-Übergangs

Bei einem pn-Übergang kann für die grafische Darstellung des Stromes als Funktion der Spannung ein kartesisches Koordinatensystem unter Nutzung von zwei Quadranten verwendet werden. Jeweils in positive und negative Richtung wird auf der Abszisse die Spannung und auf der Ordinate der Strom aufgetragen. Die Darstellung der gesamten Kennlinie erfolgt, indem der Flussbereich (Durchlassbereich) im ersten und der Sperrbereich mit anschließendem Durchbruchbereich im dritten Quadranten eingetragen wird (Abb. 3.27). Sowohl Durchlass- als auch Sperrbereich lassen sich für den idealen pn-Übergang mit der e-Funktion Gl. (3.49) beschreiben, die als Shockley-Formel bezeichnet wird.

$$I(U) = I_S \cdot \left(e^{\frac{U}{U_T}} - 1\right) \tag{3.49}$$

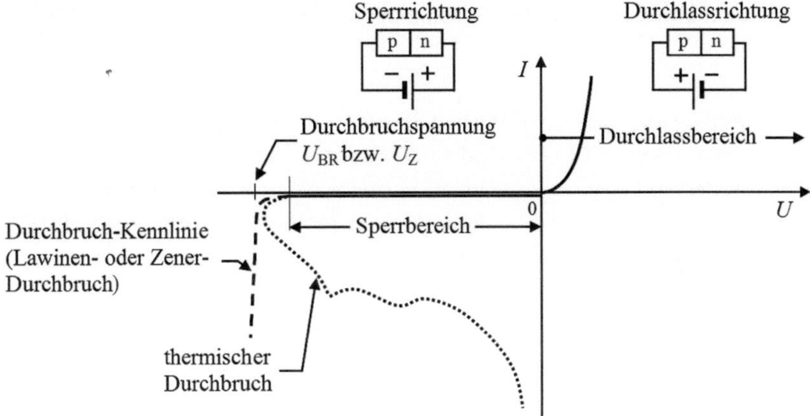

Abb. 3.27 Gesamtkennlinie (Strom als Funktion der Spannung) des pn-Übergangs

I_S ist der Sperrsättigungsstrom (siehe Abschn. 3.2.1.2) und U_T ist die Temperaturspannung (siehe Abschn. 3.1.5). An den Sperrbereich schließt sich im dritten Quadranten der Durchbruchbereich an (siehe Abschn. 3.3).

Für $U = U_F > 0$ (Durchlassrichtung) ergibt sich ein maximaler Durchlassstrom $I = I_F > 0$ im Bereich von mA bis zu einigen Ampere (je nach Bauart des Bauelementes). Bei Germanium steigt der Strom ab ca. 0,3 V, bei Silizium ab ca. 0,7 V signifikant an.

Für $U = U_R < 0$ (Sperrrichtung) fließt der von der Spannung kaum, von der Temperatur aber exponentiell abhängige Sperrsättigungsstrom, er liegt im Bereich von µA bis nA. Die Durchbruchspannung liegt je nach Dotierung und konstruktiver Gestaltung im Bereich zwischen ca. 2,5 V und einigen hundert Volt (bei Silizium bis zu 5 kV).

3.6 Halbleiter-Metall-Übergang

Neben dem pn-Übergang ist in der Halbleitertechnik der Übergang zwischen einem Metall und einem Halbleiter von großer praktischer Bedeutung. Metall-Halbleiter-Übergänge sind bei jedem elektronischen Halbleiterbauelement dort vorhanden, wo das Halbleitermaterial mit den aus Metall bestehenden Anschlussdrähten als Kontaktierung verbunden ist. Durch einen Metall-Halbleiter-Übergang lassen sich aber auch eigenständige Bauelemente (z. B. Schottky-Dioden) herstellen. Abhängig von den Materialeigenschaften des Metalls und des Halbleiters kann ein Metall-Halbleiter-Übergang entweder Ohm'sches oder diodenähnliches Verhalten aufweisen. Im Fall einer stromzuführenden Metall-Halbleiter-Kontaktierung mit Drahtanschlüssen werden von den Metall-Halbleiter-Übergängen als Ohm'sche Kontakte möglichst niederohmige, von Höhe und Polung der Spannung unabhängige („sperrfreie") Widerstände gefordert. Dagegen werden beim **Schottky-Kontakt**[1]

[1] Walter H. Schottky (1886–1976), deutscher Physiker und Elektrotechniker.

die Potentialverhältnisse an der Metall-Halbleitergrenzschicht so verwendet, dass ein stark polungsabhängiger Kontakt entsteht. Dieser weist eine Strom-Spannungs-Charakteristik auf, die dem Verhalten der Sperrschicht bei einem pn-Übergang ähnlich ist.

Die Fermi-Niveaus von Metall und Halbleiter sind im Allgemeinen unterschiedlich. Bei einer Kontaktierung von beiden Materialien führt dies zu einem Ladungsausgleich. Das Material, dessen Fermi-Energie zuvor auf dem höheren Wert lag, gibt durch Diffusion so lange Elektronen an das andere Material ab, bis das Fermi-Niveau auf beiden Seiten denselben Wert aufweist. Wegen der kleineren Austrittsarbeit gehen Elektronen aus dem Leitungsband des Halbleiters in das Leitungsband des Metalls über. Schließlich stellt sich ein thermisches Gleichgewicht ein. Es entsteht eine Verarmungszone, die aus einer positiven Raumladung ortsfester Donatoren im Halbleiter und einer Elektronenladung sehr geringer Abmessung im Metall besteht. Es kommt zu einer Bandaufwölbung. Es ist jetzt eine Potenzialdifferenz vorhanden, die als *Kontaktpotenzial* bezeichnet wird. Im Halbleiter existiert eine positive Ladung deren Betrag gleich ist der negativen Ladung auf der Metalloberfläche. Die Ladung erstreckt sich aufgrund der im Halbleiter geringeren Elektronendichte als Raumladung positiv geladener Donatorionen in das Kristallinnere. Im Halbleiter entsteht eine Raumladungszone mit einer an Majoritätsladungsträgern verarmten Randschicht. Es bildet sich ein elektrisches Feld aus. Die Bänder des Halbleiters verbiegen sich um die Höhe des Kontaktpotenzials. Die negative Grenzflächenladung im Metall stellt eine Barriere für den Elektronenfluss vom Halbleiter zum Metall dar. Die Strom-Spannungs-Charakteristik wird durch diese Potenzialbarriere bestimmt, die sich an der Kontaktstelle zwischen Metall und Halbleiter bildet. Wird die Halbleiterseite auf negatives Potenzial gelegt, so wird die Potenzialbarriere zwischen Halbleiter und Metall abgebaut. Somit kann ein Elektronenfluss zum Metall hin erfolgen, die Schottky-Diode leitet. Wird am Halbleiter eine positive Spannung angelegt, so bleibt die Potenzialbarriere zwischen Halbleiter und Metall bestehen und wird verstärkt, die Schottky-Diode sperrt.

Wie sich das Verhalten eines Metall-Halbleiter-Kontaktes ausprägt (ohmsch oder polungsabhängig) hängt von der Bandstruktur und der Höhe der Austrittsarbeit in Metall und Halbleiter ab. Es sind folgende Fälle zu unterscheiden:

n-Halbleiter

(a) Austrittsarbeit Metall > Austrittsarbeit Halbleiter
Ist die Austrittsarbeit des n-Halbleiters geringer als die des Metalls, so können mehr Elektronen von dem Halbleiter in das Metall gelangen, als von dem Metall in den Halbleiter. Die Elektronen fließen so lange aus der Halbleiter-Oberfläche hinaus, bis die Fermi-Niveaus auf gleicher Höhe sind. Dies hat eine negative Vorspannung des Metalls gegenüber dem Halbleiter zur Folge. Die Halbleiterrandzone ist somit an Elektronen verarmt. In diesem Gebiet dominieren die ortsfesten Donatorrümpfe. Somit hat sich an der Randzone eine Verarmungsschicht ausgebildet. Bildet sich eine Verarmungszone aus, so liegt ein Schottky-Kontakt vor.

(b) Austrittsarbeit Halbleiter > Austrittsarbeit Metall
Ist die Austrittsarbeit des n-Halbleiters größer als die des Metalls, so können mehr Elektronen aus dem Metall in den Halbleiter gelangen als umgekehrt. Dies führt zu einer positiven Vorspannung des Metalls gegenüber dem Halbleiter. Die Randzone des n-Halbleiters wird also mit Elektronen angereichert, es bildet sich eine Anreicherungsschicht aus. Die Ausbildung der Anreicherungsschicht bedeutet, dass sich ein Ohm'scher Kontakt gebildet hat.

p-Halbleiter

(a) Austrittsarbeit Metall > Austrittsarbeit Halbleiter
Ist die Austrittsarbeit des p-Halbleiters geringer als die des Metalls, so bildet sich in der Randzone des p-Halbleiters eine Anreicherungsschicht aus. Somit liegt ein Ohm'scher Kontakt vor.

(b) Austrittsarbeit Halbleiter > Austrittsarbeit Metall
Ist die Austrittsarbeit des Halbleiters größer als die des Metalls, dann bildet sich eine Verarmungszone aus, es liegt ein Schottky-Kontakt vor.

4 Halbleiterdioden

4.1 Ausführung

Dioden sind wichtige elektronische Bauelemente, sie sind die technische Ausführung des pn-Übergangs und werden in verschiedenen Formen für die unterschiedlichsten Zwecke hergestellt.

Die Diode ist ein *nichtlineares* Bauelement, im Gegensatz zu linearen Bauelementen wie Ohm'scher Widerstand, Spule oder Kondensator. Wird der Strom durch die Diode in Abhängigkeit von der an ihr liegenden Spannung grafisch dargestellt, so ergibt sich keine Gerade wie bei einem linearen Bauelement, sondern eine stark asymmetrische, gekrümmte Strom-Spannungs-Kennlinie. Der Flussbereich ist gekennzeichnet durch einen großen Strom bei relativ kleiner Spannung, der Sperrbereich durch einen kleinen Strom bei relativ großer Spannung.

Die Diode ist ein Halbleiterbauelement mit zwei Anschlüssen, diese werden mit *Anode* (A) und *Kathode* (K) bezeichnet.

Einzeldioden besitzen ein eigenes Gehäuse und sind für die Montage auf Leiterplatten vorgesehen. Integrierte Dioden werden zusammen mit weiteren Halbleiterbauelementen auf einem gemeinsamen Halbleiterträger, dem Substrat, hergestellt. Integrierte Dioden haben einen dritten Anschluss, der aus dem gemeinsamen Träger resultiert und mit *Substrat* (S) bezeichnet wird. Er ist für die elektrische Funktion meist von untergeordneter Bedeutung.

4.2 Aufbau

Eine pn-Diode besteht aus einem pn-Übergang. Bei pn-Dioden besteht die p- und die n-Zone im Allgemeinen aus Silizium. Bei Einzeldioden gibt es (nur noch selten verwendete) Typen aus Germanium, welche eine geringere Durchlassspannung als Silizium-Dioden aufweisen. Bei Schottky-Dioden ist die p-Zone durch eine Metall-Zone ersetzt. Sie haben ebenfalls eine geringere Durchlassspannung als Silizium und werden deshalb u. a. als Ersatz für Germanium-pn-Dioden eingesetzt. Für Spezialdioden wie Lumineszenz- und

L. Stiny, *Aktive elektronische Bauelemente*, https://doi.org/10.1007/978-3-658-24752-2_4

Laserdioden wird als Halbleitermaterial auch Gallium-Arsenid (GaAs) verwendet. Durch die Auswahl der Halbleitergrundmaterialien und der Dotierungsstoffe, durch unterschiedlich starke Dotierung sowie durch das Anpassen der geometrischen Struktur lassen sich die Eigenschaften von Halbleiterdioden an den gewünschten Verwendungszweck anpassen und Fluss- und Sperrbereich je nach Einsatzgebiet verändern.

In der Praxis wird die einfache Bezeichnung Diode für die Silizium-pn-Diode verwendet, alle anderen Typen werden durch Zusätze gekennzeichnet. Da für alle Typen mit Ausnahme einiger Spezialdioden dasselbe Schaltzeichen verwendet wird, ist bei Einzeldioden eine Unterscheidung nur mit Hilfe der aufgedruckten Typennummer und dem zugehörigen Datenblatt möglich.

4.3 Elektrische Funktion

Das Schaltzeichen der Diode zeigt Abb. 4.1. Dieses Schaltsymbol trifft bereits eine Aussage über die elektrische Funktion einer Diode. Die Spitze des Dreiecks gibt symbolisch die einzig mögliche Richtung des Stromes durch die Diode in Flussrichtung an, in umgekehrter Richtung (Sperrrichtung) ist kein Stromfluss möglich. Eine Diode wirkt für den Strom wie ein Ventil: Strom wird nur in einer Richtung (in Pfeilrichtung) durchgelassen.

Die Funktion einer Diode im Normalbetrieb kann man sich mit der mechanischen Analogie eines Rückschlagventils für Gase oder Flüssigkeiten vorstellen (Abb. 4.2). Wenn der Druck (≙ elektrischen Spannung) auf ein solches Ventil (≙ Diode) in Sperrrichtung erfolgt, so wird der Materiestrom (≙ Elektronenstrom) durch das geschlossene Ventil blockiert. In die Gegenrichtung (Durchlassrichtung) muss der Druck groß genug werden, um den Federdruck des Ventils überwinden zu können. Danach öffnet das Ventil und es kann ein merklicher Strom fließen. Die Spannung, welche in diesem mechanischen Modell zum Überwinden des Federdruckes notwendig ist, entspricht bei einer Diode der Durchlassspannung. Dabei muss zunächst eine bestimmte Spannung in Flussrichtung der Diode anliegen, damit die Diode in den leitenden Zustand übergeht. Bei gewöhnlichen Silizium-Dioden liegt diese notwendige Vorwärtsspannung bei ca. 0,7 V (entsprechend der Diffusionsspannung).

Anmerkung Für die Durchlassspannung sind viele unterschiedliche Begriffe gebräuchlich: Durchlass-, Schwell-, Fluss-, Schleusen-, Knie-, Knick-Spannung. Entsprechend

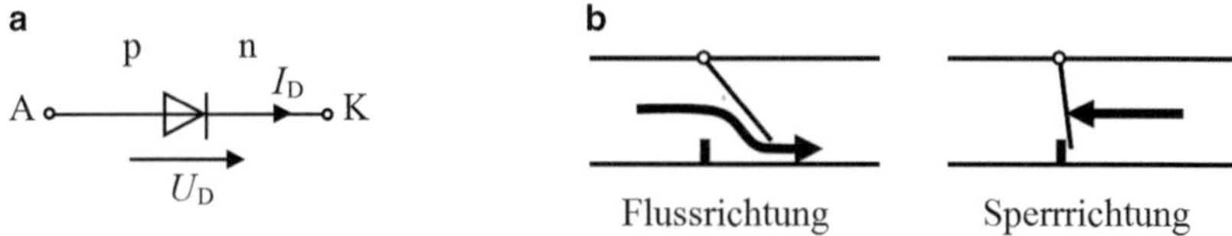

Abb. 4.1 Schaltzeichen der Diode (**a**), prinzipielle Funktionsweise (**b**)

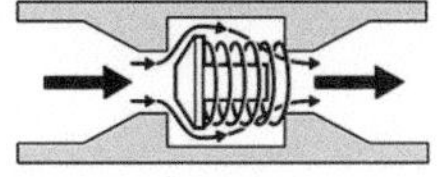

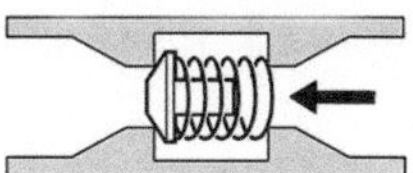

Abb. 4.2 Funktionsprinzip eines Rückschlagventils

spricht man je nach Richtung der an der Diode anliegenden Spannung U_D von der Durchlass-, Fluss- oder Vorwärtsrichtung und von der Sperr- oder Rückwärtsrichtung.

Da eine Diode als „Stromventil" eine Art Einbahnregelung für den Strom festlegt, muss beim Einbau einer Diode in eine elektronische Schaltung die Polung des Bauelementes beachtet werden. Die Anschlüsse einer Diode sind bipolar, d. h. nicht vertauschbar.

Bei (bedrahteten) Einzeldioden ist die *Kathode* oft mit einem *Ring gekennzeichnet*. Manchmal ist auch direkt ein Dioden-Schaltzeichen in entsprechender Richtung auf das Gehäuse gedruckt.

4.4 Bauarten

Man unterscheidet verschiedene Arten von Dioden. Beispiele zeigen Abb. 4.3 und 4.4.

Signaldioden dienen mit ihrer nichtlinearen Strom-Spannungs-Kennlinie zum Formen von elektrischen Signalen. Beispiele sind die Amplitudenbegrenzung oder das Schalten einer Spannung sowie die Realisierung von verdrahteten logischen Verknüpfungen (z. B. wired AND, wired OR in Diodenlogik). Bei Signaldioden handelt es sich meist um Dioden für kleine Spannungen und Ströme. Der Durchlassstrom liegt z. B. im Bereich bis zu 100 mA. Die Durchbruch- oder Zenerspannung liegt normalerweise bei einigen 10 V.

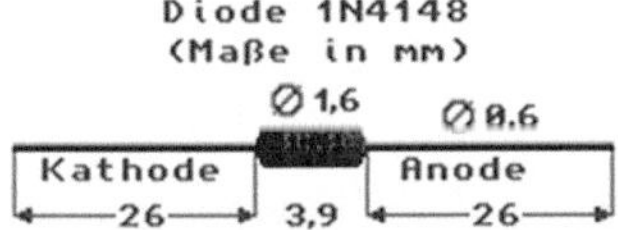

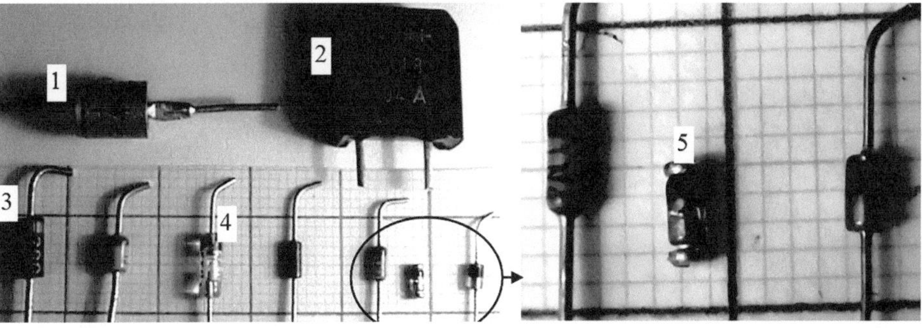

Abb. 4.3 Einzeldioden, *1* und *2* = Gleichrichter-Dioden; *3* = Signaldioden; *4* = Germanium-Diode; *5* = Minimelf-Gehäuse ohne Drahtanschlüsse zur SMD-Montage auf einer Leiterplattenoberfläche (SMD = Surface Mounted Device)

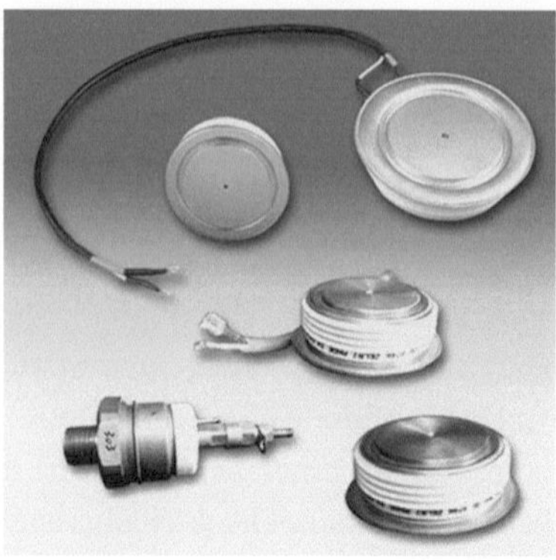

Abb. 4.4 Höchstleistungsdioden z. B. für Bahnantriebe (eupec)

Gleichrichterdioden werden überwiegend zur Gleichrichtung von Wechselspannungen eingesetzt. Sie werden periodisch abwechselnd im Durchlass- und im Sperrbereich betrieben. Der Einsatz als „Gleichrichter" ist die sicherlich bekannteste Anwendung von Dioden, Gleichrichter werden benötigt, um aus der Wechselspannung unseres Versorgungsnetzes eine Gleichspannung zu erzeugen, wie sie z. B. zum Betrieb elektronischer Geräte benötigt wird.

Leistungsdioden werden in der Leistungselektronik zur Realisierung von Stromventilen, zum ungesteuerten Gleichrichten von Wechselstrom und als *Freilaufdiode* in gesteuerten Umrichtern und beim Schalten induktiver Lasten eingesetzt. Maximale Durchlassströme von mehreren 1000 A und Sperrspannungen bis zu mehreren 1000 V sind realisierbar.

Zener-Dioden (Z-Dioden) sind für den Betrieb im Durchbruchbereich ausgelegt. Sie werden in der Elektronik zur Stabilisierung von Gleichspannungen, z. B. in Netzgeräten, verwendet.

Kapazitätsdioden werden im Sperrbereich betrieben und aufgrund einer besonders ausgeprägten Spannungsabhängigkeit der Sperrschichtkapazität zur Frequenzabstimmung von Schwingkreisen eingesetzt.

Darüber hinaus gibt es eine Vielzahl von Spezialdioden.

4.5 Verhalten einer Diode

Wie in den Abschn. 3.2.1 und 3.2.2 beschrieben, unterscheidet man beim Anlegen einer äußeren Spannung an einen pn-Übergang die Sperrrichtung und die Flussrichtung. Entsprechend kann eine Diode entweder im Durchlass-, oder im Sperr-, oder im Durchbruchbereich betrieben werden. Diese Bereiche werden nachfolgend genauer beschrieben.

Das Verhalten einer Diode lässt sich am einfachsten anhand der Strom-Spannungs-Kennlinie erläutern. Sie beschreibt den Zusammenhang zwischen Strom und Spannung für den Fall, dass alle Größen statisch, also zeitlich nicht oder nur sehr langsam veränderlich sind.

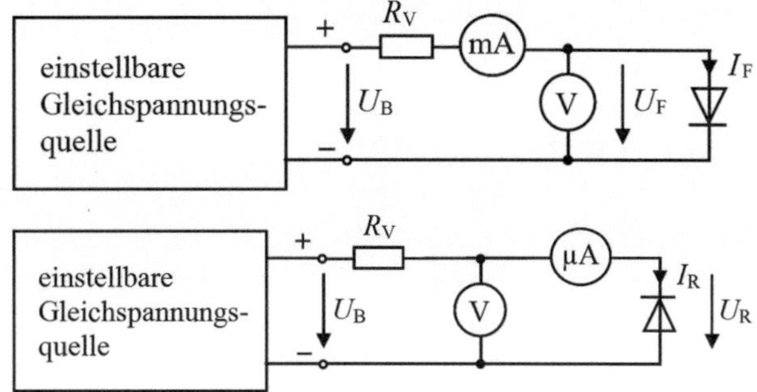

Abb. 4.5 Messschaltung zur punktweisen Aufnahme der Durchlasskennlinie einer Diode

Abb. 4.6 Messschaltung zur punktweisen Aufnahme der Sperrkennlinie einer Diode

Für eine rechnerische Behandlung werden zusätzlich Gleichungen benötigt, die das Verhalten ausreichend genau beschreiben. In den meisten Fällen können elementare Modelle oder einfache Gleichungen verwendet werden.

Im Folgenden wird hauptsächlich das Verhalten einer Silizium-pn-Diode beschrieben.

4.5.1 Kennlinienbereiche

Mit einer Strom-Spannungs-Messung kann die Kennlinie einer Silizium-pn-Diode in Durchlass- und Sperrrichtung punktweise aufgenommen werden (Abb. 4.5 und 4.6). R_V ist ein Vorwiderstand (Schutzwiderstand), damit der maximal erlaubte Durchlassstrom $I_{F\,max}$ nicht überschritten werden kann: $R_V \geq \frac{U_{B\,max}}{I_{F\,max}}$. Als Ergebnis erhält man die in Abb. 4.7 gezeigte Kennlinie.

Der Strom in Sperrrichtung ist (abgesehen vom Durchbruchbereich) sehr viel kleiner als in Durchlassrichtung. Für den Sperrstrom I_R wurde deshalb in Abb. 4.7 ein anderer Maßstab gewählt als für den Durchlassstrom I_F. Dadurch entsteht der Knickpunkt der

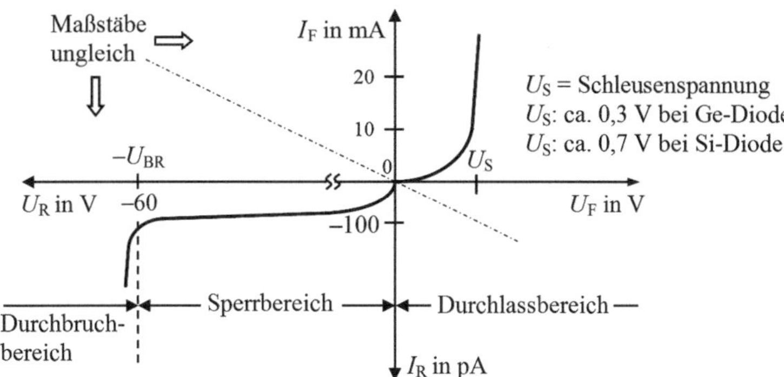

Abb. 4.7 Vollständige Strom-Spannungs-Kennlinie einer Kleinsignal-Diode (Prinzip) (eingetragene Zahlenwerte als Beispiel)

Kennlinie im Nullpunkt. Allgemein ist I_D der Strom durch die Diode und U_D die Spannung an der Diode.

4.5.1.1 Durchlassbereich

Für $U_D > 0\,V$ arbeitet die Diode im Durchlassbereich, der Strom nimmt mit zunehmender Spannung exponentiell zu (Abb. 4.8). Im Durchlassbereich steigt die Kennlinie stark an, wenn die von außen angelegte Flussspannung die Diffusionsspannung des pn-Übergangs ausgleicht oder übertrifft, bei nur kleiner Erhöhung von U_D wird dann der Strom I_D viel größer. Die Spannung ist in diesem Bereich nahezu unabhängig vom Durchlassstrom.

Diese Spannung, ab der ein starker Stromanstieg erfolgt, wird *Schleusenspannung* U_S genannt und liegt bei Germanium- und Schottky-Dioden bei ca. 0,3…0,4 V und bei Silizium-pn-Dioden bei ca. 0,6…0,7 V. Bei Leistungsdioden kann sie bei Strömen im Ampere-Bereich auch deutlich größer sein, da zusätzlich zur *inneren* Flussspannung $U_{F,i}$ ein nicht zu vernachlässigender Spannungsabfall an den Bahn- und Anschlusswiderständen (hier beide in R_B zusammengefasst) der Diode auftritt:

$$U_F = U_{F,i} + I_D \cdot R_B \tag{4.1}$$

Für einen sehr großen Strom verhält sich die Diode wie ein sehr kleiner Widerstand mit $R_B \approx 0{,}01\ldots10\,\Omega$. Beachtet werden muss der maximal erlaubte Durchlassstrom. Wird dieser überschritten, so besteht die Gefahr der thermischen Überlastung und der Zerstörung der Diode.

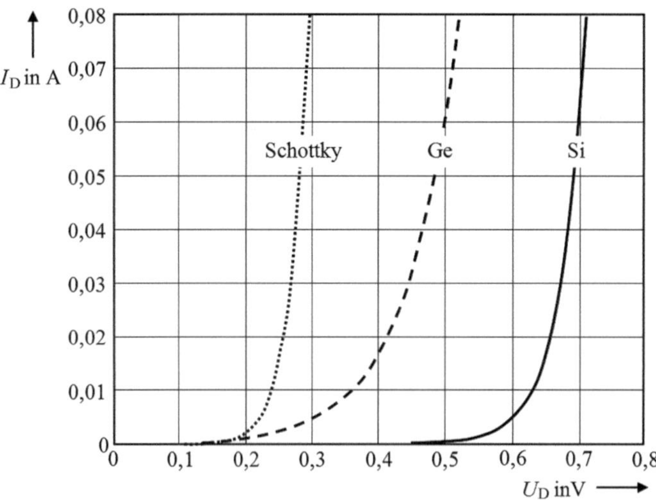

Abb. 4.8 Typische Kennlinien einer Schottky-, Germanium- und Silizium-Diode im Durchlassbereich

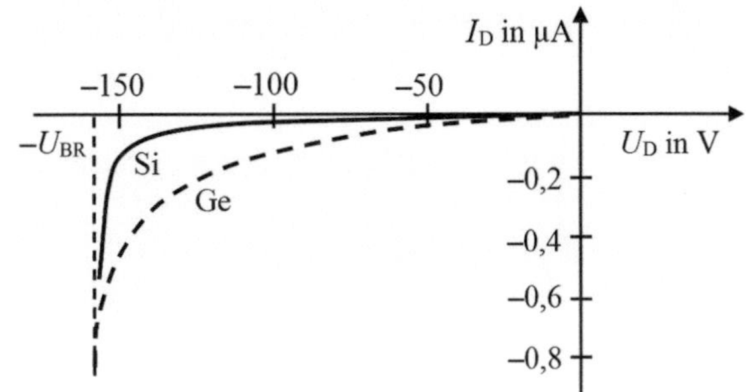

Abb. 4.9 Beispiel für die Kennlinien von Kleinsignal-Dioden im Sperrbereich

4.5.1.2 Sperrbereich

Für $-U_{BR} < U_D < 0\,V$ sperrt die Diode und es fließt nur ein sehr kleiner Sperrstrom. Dies ist der Sperrbereich. Der Sperrstrom (Sperrsättigungsstrom) ist nur wenig von der Sperrspannung abhängig.

Für die Sperrfähigkeit einer Diode ist die Höhe der Dotierung auf der geringer dotierten Seite entscheidend. Je niedriger die Dotierung ist, desto höher ist die mögliche Sperrspannung. Umgekehrt heißt dies, je höher die Dotierung ist, desto kleiner ist die Durchbruchspannung, da die Raumladungszone schmäler und die auftretende Feldstärke größer ist.

In Abb. 4.9 ist der Sperrbereich vergrößert dargestellt. Der Sperrstrom $I_R = -I_D$ (reverse current) liegt bei kleinen Sperrspannungen $U_R = -U_D$ (reverse voltage) typischerweise im Bereich von einigen 100 nA bei Ge-Dioden und einigen 10 pA bei Si-Dioden. Der Sperrstrom nimmt bei Annäherung an die Durchbruchspannung U_{BR} zunächst langsam und bei Eintritt des Durchbruchs schlagartig zu.

4.5.1.3 Durchbruchbereich

Die Durchbruchspannung U_{BR} hängt von der Diode ab und beträgt bei Gleichrichterdioden $U_{BR} = 50 \ldots 1000\,V$. Für $U_D < -U_{BR}$ bricht die Diode durch und der Sperrstrom steigt schlagartig an. Bei Germanium- und bei Schottky-Dioden liegt die Durchbruchspannung U_{BR} bei ca. $10 \ldots 200\,V$.

Wird der auftretende Rückwärtsstrom durch geeignete Maßnahmen im Stromkreis begrenzt, dann kann der Durchbruch reversibel sein, er lässt sich z. B. zur Stabilisierung von Gleichspannungen ausnutzen. Bei zu hohen Rückwärtsströmen wird allerdings eine starke Erwärmung mit nachfolgender Zerstörung des Bauelementes auftreten.

Nur Zener-Dioden werden dauerhaft im Durchbruchbereich betrieben, bei allen anderen Dioden ist der Stromfluss bei negativen Spannungen nicht erwünscht. Bei Zener-Dioden erfolgt ein Durchbruch bei bestimmten Spannungen, durch spezielle Dotierungen werden Durchbruchspannungen auch unter 7 V erreicht.

4.5.2 Näherungen für die Diodenkennlinie

Das statische Verhalten der Diode kann beginnend mit einer idealen Diode beschrieben werden. Eine Näherung der realen Diode bietet den Vorteil, dass man auf bekannte einfache Bauelemente (Schalter, Widerstand, Spannungsquelle) zurückgreifen kann und damit Berechnungen einfacher werden. Durch eine stufenweise Verfeinerung des Modells und der Ersatzschaltung können reale Verhältnisse immer stärker berücksichtigt werden, man nähert sich damit der exakten Beschreibung realer Dioden.

4.5.2.1 Näherung 0. Ordnung

Für einfache Berechnungen kann die Diode häufig als Schalter angenommen werden, der im Sperrbereich geöffnet und im Durchlassbereich geschlossen ist (Abb. 4.10). Dies ist die ideale Diode.

- $I_D = 0$ für $U_D \leq 0$: Sperrbetrieb mit $R \to \infty$ (Schalter offen)
- $I_D > 0$ für $U_D > 0$: Flussbetrieb mit $R = 0$ (Schalter geschlossen, Kurzschluss)

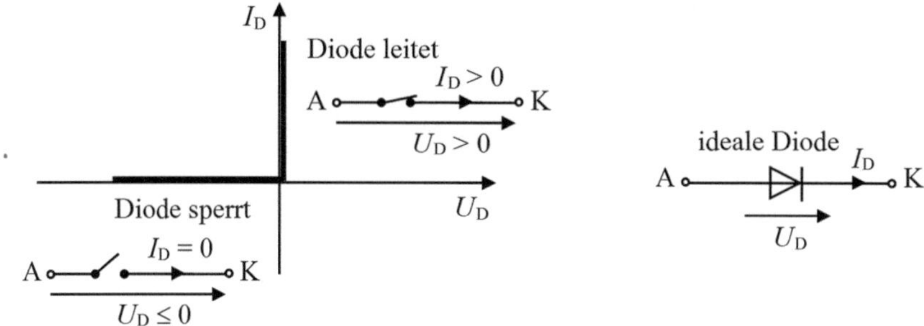

Abb. 4.10 Kennlinie der idealen Diode mit den Ersatzschaltungen für Sperr- und Flussbetrieb

4.5.2.2 Näherung 1. Ordnung

Eine etwas genauere Näherung berücksichtigt zusätzlich die materialabhängige Schleusenspannung U_S. Das Modell besteht jetzt aus einer idealen Diode und einer damit in Reihe geschalteten Gleichspannungsquelle (Abb. 4.11). Dadurch kommt es zur Verschiebung des Schaltpunktes von 0 V zu U_S.

- $I_D = 0$ für $U_D < U_S$: Sperrbetrieb (Schalter offen)
- $I_D > 0$ für $U_D \geq U_S$: Flussbetrieb (Schalter geschlossen).

4.5.2.3 Näherung 2. Ordnung

Berücksichtigt man zusätzlich den Bahnwiderstand $R_B > 0$ (er liegt zwischen 0,01 Ω bei Leistungsdioden und 10 Ω bei Kleinsignaldioden), so erhält man eine linearisierte Kennlinie (Abb. 4.12).

- $I_D = 0$ für $U_D < U_S$: Sperrbetrieb (Schalter offen)
- $I_D = \frac{U_D - U_S}{R_B}$ bzw. $U_D = U_S + I_D \cdot R_B$ für $U_D \geq U_S$: Flussbetrieb (Schalter geschlossen).

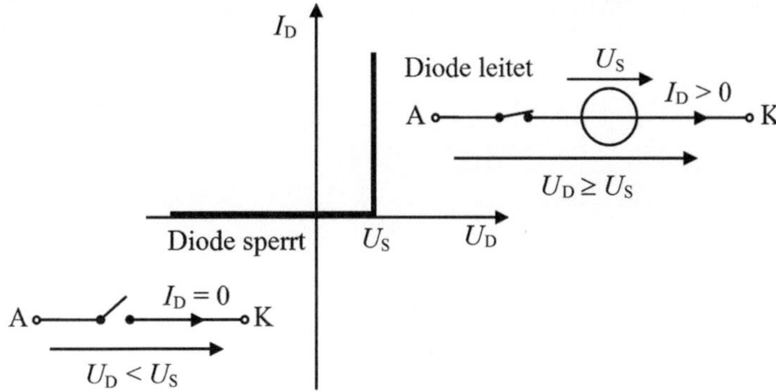

Abb. 4.11 Kennlinie der idealen Diode mit den Ersatzschaltungen für Sperr- und Flussbetrieb unter Berücksichtigung der Schleusenspannung

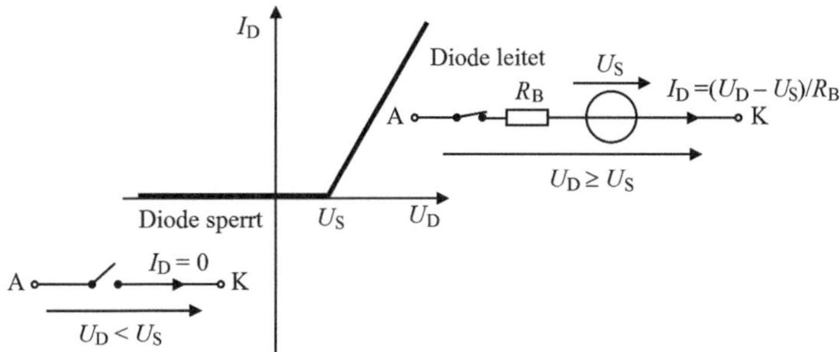

Abb. 4.12 Kennlinie der idealen Diode mit den Ersatzschaltungen für Sperr- und Flussbetrieb unter Berücksichtigung von Schleusenspannung und Bahnwiderstand

Die Steigung der Geraden im Flussbetrieb ist $\frac{1}{R_B}$.

Das Modell weist allerdings starke Abweichungen im Bereich der Schleusenspannung auf. Daher sollte dieses Modell nicht angewendet werden, wenn der Betriebspunkt der Diode in der Nähe der Schleusenspannung U_S liegt. Im Widerstand R_B kann auch zusätzlich der differenzielle Widerstand r_D im Arbeitspunkt (siehe Abschn. 4.5.5.3) berücksichtigt werden.

Häufig wird das Ersatzschaltbild unter Zuhilfenahme der idealen Diode unabhängig von Fluss- oder Sperrbetrieb dargestellt (Abb. 4.13). Schalterstellung, angelegte Spannung und resultierender Strom sind dann extra zu betrachten.

Abb. 4.13 Alternatives Ersatzschaltbild einer Diode mit Bahnwiderstand und Schleusenspannung

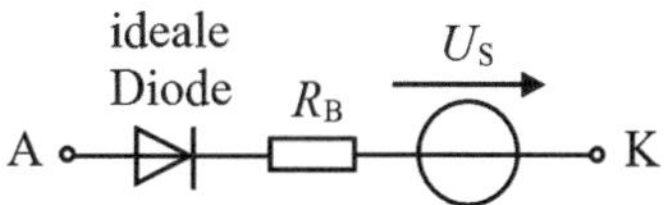

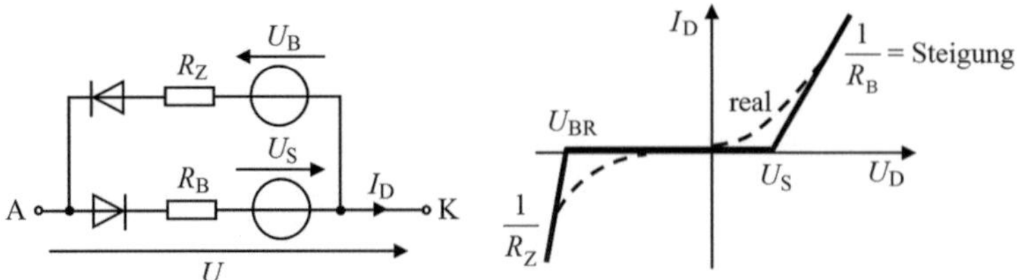

Abb. 4.14 Ersatzschaltung für Durchbruch-, Sperr- und Flussbetrieb

Durch die Parallelschaltung zweier solcher Modelle mit entgegengesetzten Richtungen kann zusätzlich auch der Diodendurchbruch dargestellt werden (Abb. 4.14).

4.5.3 Beschreibung durch Gleichungen

Die ideale Diode wird im Durchlassbereich $U_D > 0$ mathematisch (in analytischer Form) durch die nach William Bradford Shockley benannte „Shockley-Formel" beschrieben:

$$I_D\,(U_D) = I_S \cdot \left(e^{\frac{U_D}{U_T}} - 1 \right) \quad \text{für} \quad U_D \geq 0 \tag{4.2}$$

$I_S \approx 10^{-12} \ldots 10^{-6}$ A ist der *Sättigungssperrstrom* (ein Datenblattwert).
$U_T = \frac{k \cdot T}{e}$ ist die *Temperaturspannung* (bei Raumtemperatur $T = 300$ K ist $U_T \approx 26$ mV).
$U_D =$ an die Diode angelegte äußere Spannung, Flussspannung ($U_D = U_F > 0$) positiv, Sperrspannung ($U_D = U_R < 0$) negativ einsetzen.

Gl. 4.2 gilt nur für die „innere Diode" ohne Bahnwiderstände. Für die Herleitung der Shockley-Formel der idealen Diode wurden außerdem die folgenden idealisierenden Annahmen getroffen:

- Es handelt sich um einen fehlerfreien Kristall ohne Verunreinigungen und ohne Defekte im Kristallaufbau wie Leerstellen, Fremdatome auf Gitter- oder Zwischengitterplätzen, Versetzungen.
- Die Berechnung erfolgt eindimensional, Oberflächeneffekte werden nicht berücksichtigt.
- Der pn-Übergang ist als abrupter Übergang gestaltet (siehe Abschn. 3.1.1). Die Konzentrationen der Dotierstoffe n_A und n_D sind räumlich konstant, der Verlauf der Dotierung (die *Änderung* der Akzeptor- und Donatorkonzentration) erfolgt an der Grenze zwischen p- und n-Gebiet sprungartig. Aus der daraus resultierenden Verteilung der Ladungsträger folgt, dass ein Spannungsabfall nur über der Raumladungszone (Sperrschicht) stattfindet. Spannungsabfälle über den Bahngebieten werden also nicht berücksichtigt. In den Bahngebieten wird eine Quasineutralität mit vernachlässigbar kleinen

Spannungsabfällen angenommen. Auch bei Stromfluss werden die Bahngebiete als annähernd neutral betrachtet.

- In der Raumladungszone ist die Boltzmann-Näherung für die Dichte der Ladungsträger gültig. Dies bedeutet: Das Fermi-Dirac-Integral zur Berechnung der Konzentration freier Ladungsträger kann durch die Boltzmann-Näherung als Exponentialfunktion approximiert werden. Bei sehr hoher Dotierung ist die Boltzmann-Näherung nicht anwendbar.
- Es findet eine geringe (schwache) Injektion statt. Der Strom in Durchlassrichtung bleibt also klein.
- In der Raumladungszone finden keine Generations- und Rekombinationsvorgänge statt.

Der letzte Punkt ist aber besonders bei sehr kleinen Strömen in Durchlassrichtung und bei Sperrströmen wichtig. Zusätzlich sind symmetrische abrupte pn-Übergänge selten, meist findet man asymmetrische Übergänge mit fertigungsbedingt ausgeschmiertem Dotierprofil. Reale Kennlinien weichen deshalb häufig von Gl. 4.2 ab.

Diese Abweichungen lassen sich im Durchlassbereich mit einem Korrekturfaktor n im Exponenten der Gl. 4.2 annähern, so dass sich zur korrekten Beschreibung realer Dioden der folgende Zusammenhang ergibt:

$$I_{\mathrm{D}}\left(U_{\mathrm{D}}\right) = I_{\mathrm{S}} \cdot \left(\mathrm{e}^{\frac{U_{\mathrm{D}}}{n \cdot U_{\mathrm{T}}}} - 1\right) \quad \text{für} \quad U_{\mathrm{D}} \geq 0 \tag{4.3}$$

n ist der *Emissionskoeffizient* (Korrekturfaktor, Nichtidealitätsfaktor, auch Idealitätsfaktor).

Äquivalent gilt für die Spannung:

$$U_{\mathrm{D}}\left(I_{\mathrm{D}}\right) = n \cdot U_{\mathrm{T}} \cdot \ln\left(\frac{I_{\mathrm{D}}}{I_{\mathrm{S}}} + 1\right) \tag{4.4}$$

Der Wert von n liegt im Bereich $1 \leq n \leq 2$. Für die korrekte Beschreibung der Diodenkennlinie einer realen Diode durch Gl. 4.3 sollte in die Gleichung der Wert $n = 2$ eingesetzt werden, wenn es sich um kleine Durchlassströme (Bereich a) handelt. Bei größeren Durchlassströmen (Bereich b) sollte der Wert $n = 1$ und bei sehr großen Strömen in Flussrichtung (Bereich c) wieder der Wert $n = 2$ gewählt werden. Im Bereich a werden mit $n = 2$ die in der Raumladungszone stattfindenden Generations- und Rekombinationsvorgänge berücksichtigt, es dominiert der Rekombinationsstrom. Im Bereich b dominiert der Diffusionsstrom. Im Bereich c liegt der Fall der starken Injektion vor.

Trägt man die Kennlinie für den Bereich $U_{\mathrm{D}} > 0$ halblogarithmisch auf, erhält man näherungsweise eine Gerade, siehe Abb. 4.15. Mit dem Korrekturfaktor n wird die Steigung der Geraden in der halblogarithmischen Darstellung angepasst.

Obwohl die Gl. 4.3 streng genommen nur für den Durchlassbereich $U_{\mathrm{D}} \geq 0$ gilt, wird sie manchmal auch für den Sperrbereich $U_{\mathrm{D}} < 0$ verwendet. Man erhält für $U_{\mathrm{D}} \ll -n \cdot U_{\mathrm{T}}$ einen fast konstanten Strom $I_{\mathrm{D}} = -I_{\mathrm{S}}$. Dieser ist im Allgemeinen viel kleiner

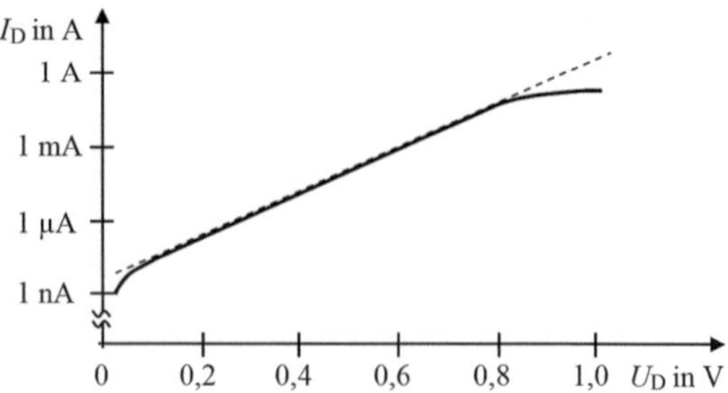

Abb. 4.15 Halblogarithmische Darstellung der Diodenkennlinie für $U_D > 0$

als der tatsächlich fließende Strom, da der Sperrstrom einer realen Diode wegen Oberflächeneffekten immer größer ist als I_S. In Sperrrichtung wird der Sperrstrom auch etwas spannungsabhängig, da mit steigender Spannung die Sperrschichtweite anwächst und damit der Generationsstrom aus einer breiter werdenden Zone berücksichtigt werden muss. Richtig ist folglich nur die qualitative Aussage, dass im Sperrbereich ein kleiner negativer Strom fließt, solange die Durchbruchspannung nicht erreicht ist. Oberhalb der Durchbruchspannung ist die Kennlinienformel nicht mehr gültig.

Im Durchlassbereich kann für $U_D \gg n \cdot U_T \approx 26 \ldots 52\,\text{mV}$ die „1" in Gl. 4.3 gegenüber dem Exponentialglied vernachlässigt werden. Es gilt dann für $e^{\frac{U_D}{n \cdot U_T}} \gg 1$ die Näherung:

$$I_D\,(U_D) = I_S \cdot e^{\frac{U_D}{n \cdot U_T}} \quad (U_D \geq 0\,,\; 1 \leq n \leq 2) \tag{4.5}$$

Für die Spannung folgt daraus:

$$U_D\,(I_D) = n \cdot U_T \cdot \ln\left(\frac{I_D}{I_S}\right) \tag{4.6}$$

Bei großen Durchlassströmen muss der Spannungsabfall $I_D \cdot R_B$ am Bahnwiderstand R_B berücksichtigt werden, der zusätzlich zur Spannung am pn-Übergang auftritt.

Die Durchlasskennlinie geht nach einem exponentiellen Anstieg mit zunehmender Durchlassstromstärke durch den Spannungsabfall am Bahnwiderstand in eine Gerade über.

$$U_D = n \cdot U_T \cdot \ln\left(\frac{I_D}{I_S}\right) + I_D \cdot R_B \tag{4.7}$$

Eine Darstellung in der Form $I_D(U_D)$ ist in diesem Fall nicht möglich.

4.5.4 Bestimmung der Diodenparameter mit Regressionsverfahren

Die Größen I_S und n können aus Messwerten mittels einer Regressionsfunktion bestimmt werden. Wird die vereinfachte Gl. 4.5 logarithmiert, so erhält man:

$$\ln\,(I_D) = \frac{U_D}{n \cdot U_T} + \ln\,(I_S) \tag{4.8}$$

Für eine lineare Regression

$$Y = a \cdot X + b \tag{4.9}$$

mit den Substitutionen $a = \frac{1}{n \cdot U_T}$ und $b = \ln(I_S)$ erhält man nach Bestimmung von a und b die gesuchten Größen I_S und n über die Rücksubstitutionen $n = \frac{1}{a \cdot U_T}$ und $I_S = e^b$.

Beispiel 4.1

An einer Kleinsignaldiode wird bei Zimmertemperatur ($T = 293\,K$) der Durchlassstrom I_{DMess} in Abhängigkeit von der Durchlassspannung U_D gemessen. Die elf Wertepaare werden in eine EXCEL-Tabelle eingetragen. Dies sind die Spalten A und B der Tabelle in Abb. 4.16. In Spalte C befinden sich die logarithmierten Werte der Spalte B, sie entsprechen Y.

Die Werte a und b der linearen Ausgleichsfunktion $Y = a \cdot X + b$ werden in EXCEL mit der Funktion RGP bestimmt. Wie diese Regressionsfunktion in den Zellen E3 und F3 einzugeben ist, zeigt der Formelüberwachungsmodus in Abb. 4.17.

In Zelle F8 wird $U_T = \frac{k \cdot T}{e}$ berechnet. In Zelle **F10** steht der Wert von I_S und in Zelle **F11** der Wert von $\boldsymbol{n}$.

Die mit diesen beiden Werten berechneten Ströme $I_{DRegression}$ stehen in Spalte D. Ein Vergleich der durch Messungen erhaltenen Ströme in Spalte B mit den berechneten Werten in Spalte D ergibt sehr gute Übereinstimmungen. **Mit den durch lineare Regression gewonnenen Werten von I_S und n wird die Diodenkennlinie sehr genau beschrieben.** Dies zeigt auch die grafische Darstellung in Abb. 4.18.

	A	B	C	D	E	F
1	U_D [V] = X	I_{DMess} [mA]	ln(I_D) = Y	$I_{DRegression}$ [mA]	Regression:	Y = aX + b
2	0,524	0,087	-2,442	0,090	**a**	**b**
3	0,536	0,112	-2,189	0,117	**21,904**	**-13,887**
4	0,55	0,158	-1,845	0,159		
5	0,565	0,222	-1,505	0,221	Boltzmannkonstante: k =	1,38E-23
6	0,576	0,296	-1,217	0,281	Elementarladung: e =	1,60E-19
7	0,585	0,348	-1,056	0,342	Temperatur in K: T =	293
8	0,62	0,742	-0,298	0,736	U_T [V] =	2,53E-02
9	0,63	0,957	-0,044	0,916		
10	0,65	1,42	0,351	1,420	**I_S [mA] =**	**9,31E-07**
11	0,673	2,35	0,854	2,350	**n =**	1,8066
12	0,708	4,82	1,573	5,058	$I_{DRegression}$ =	I_S*EXP(U_D/(n*U_T))

Abb. 4.16 Auswertung und Bestimmung der Diodenparameter mit EXCEL

	A	B	C	D	E	F
1	U_D [V] = X	I_{DMess} [mA]	ln(I_D) = Y	$I_{DRegression}$ [mA]	Regression:	Y = aX + b
2	0,524	0,087	=LN(B2)	=F10*EXP(A2/(F11*F8))	**a**	**b**
3	0,536	0,112	=LN(B3)	=F10*EXP(A3/(F11*F8))	**=RGP(C2:C12;A2:A12;WAHR;FALSCH)**	**=RGP(C2:C12;A2:A12;WAHR;FALSCH)**
4	0,55	0,158	=LN(B4)	=F10*EXP(A4/(F11*F8))		
5	0,565	0,222	=LN(B5)	=F10*EXP(A5/(F11*F8))	Boltzmannkonstante: k =	1,38E-23
6	0,576	0,296	=LN(B6)	=F10*EXP(A6/(F11*F8))	Elementarladung: e =	1,6E-19
7	0,585	0,348	=LN(B7)	=F10*EXP(A7/(F11*F8))	Temperatur in K: T =	293
8	0,62	0,742	=LN(B8)	=F10*EXP(A8/(F11*F8))	U_T [V] =	=(F5*F7)/F6
9	0,63	0,957	=LN(B9)	=F10*EXP(A9/(F11*F8))		
10	0,65	1,42	=LN(B10)	=F10*EXP(A10/(F11*F8))	**I_S [mA] =**	**=EXP(F3)**
11	0,673	2,35	=LN(B11)	=F10*EXP(A11/(F11*F8))	***n* =**	=1/(E3*F8)
12	0,708	4,82	=LN(B12)	=F10*EXP(A12/(F11*F8))	$I_{DRegression}$ =	I_S*EXP(U_D/(n*U_T))

Abb. 4.17 Formelüberwachungsmodus der Tabelle in Abb. 4.16

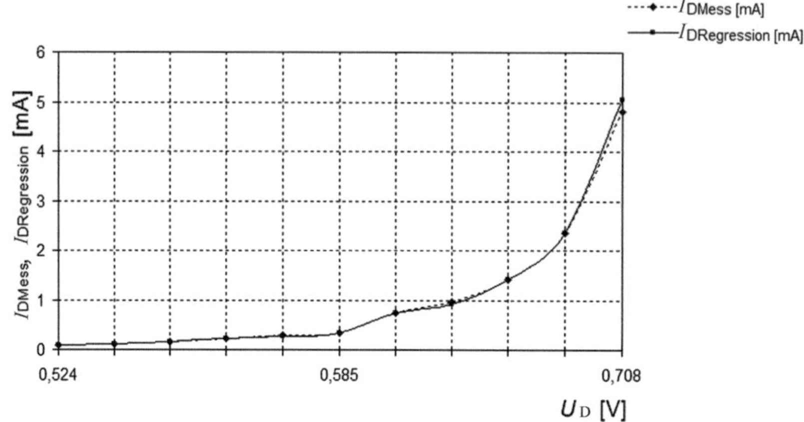

Abb. 4.18 Die Diodenkennlinien aus Messwerten und linearer Regression zeigen sehr gute Übereinstimmung

4.5.5 Kleinsignalverhalten von Dioden

4.5.5.1 Arbeitspunkt

Wird an eine Diode eine Gleichspannung $U_{D,AP}$ angelegt, so markiert sie auf der Diodenkennlinie einen Arbeitspunkt „AP", der auch durch den zugehörigen Gleichstrom $I_{D,AP}$ angegeben werden könnte (Abb. 4.19). *Der Arbeitspunkt ist ein durch Gleichgrößen festgelegter Punkt auf einer Kennlinie.* Die für ihn geltenden Gleichgrößen werden durch einen Index „AP" gekennzeichnet. Das Wertepaar ($U_{D,AP}$; $I_{D,AP}$) muss die Kennlinienfunktion erfüllen, eine Lage außerhalb einer Kennlinie ist deshalb nicht möglich. *Ein Arbeitspunkt kann nur auf einer Kennlinie liegen.*

Häufig werden Halbleiterbauelemente so betrieben, dass eine Aussteuerung mit kleinen Signalen um einen Arbeitspunkt herum erfolgt. Das Verhalten bei kleiner Signalaussteuerung um einen durch $U_{D,AP}$ und $I_{D,AP}$ gegebenen Arbeitspunkt wird als *Kleinsignalverhalten* bezeichnet. Aufgrund der kleinen Aussteuerung kann das Halbleiterbauelement für diesen kleinen Aussteuerungsbereich als linear betrachtet werden. Die nichtlineare Kennlinie kann in diesem Fall durch ihre Tangente im Arbeitspunkt ersetzt werden.

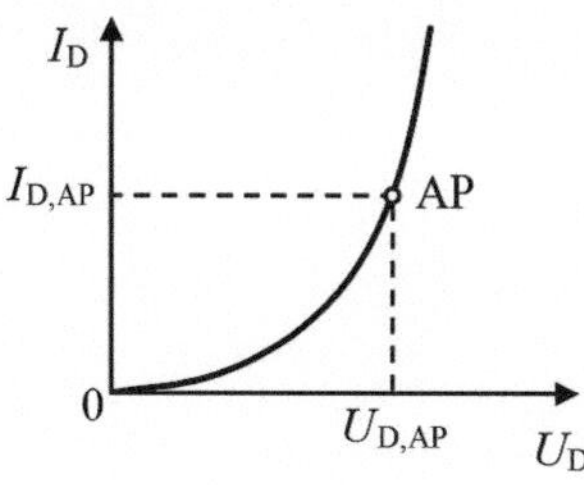

Abb. 4.19 Diodenkennlinie mit Arbeitspunkt

4.5.5.2 Gleichstromwiderstand

Wird die Diode in einem Arbeitspunkt AP betrieben, so fließt der Strom $I_{D,AP}$ und der Spannungsabfall beträgt $U_{D,AP}$. Der *Gleichstromwiderstand* der Diode ist:

$$R_F = \frac{U_{D,AP}}{I_{D,AP}} \tag{4.10}$$

Der Gleichstromwiderstand ist eine reine Rechengröße und besitzt keine große Bedeutung.

4.5.5.3 Wechselstromwiderstand – Differenzieller Widerstand

Der differenzielle Widerstand r_D ist der Wechselstromwiderstand der Diode. Dieser *dynamische* Widerstand ist z. B. bedeutsam für kleine Wechselsignale, die den Gleichgrößen im Arbeitspunkt überlagert werden.

Tritt im Arbeitspunkt AP eine kleine Spannungsänderung $\Delta U_{D,AP}$ auf, so führt dies zu einer Stromänderung $\Delta I_{D,AP}$. Das Verhältnis $r_{D,AP} = \frac{\Delta U_{D,AP}}{\Delta I_{D,AP}}$ für $\Delta U_{D,AP} \to 0$ ist der differenzielle Widerstand im Arbeitspunkt der Diode (Abb. 4.20). Die Steigung der Diodenkennlinie mit Kleinsignalgrößen $i_{D,AP} = \frac{1}{r_{D,AP}} \cdot u_{D,AP}$ entspricht der Steigung der Tangente an die Diodenkennlinie im Arbeitspunkt. Der differenzielle Widerstand ist also der Kehrwert der Steigung der Tangente an die Diodenkennlinie im Arbeitspunkt und somit der Quotient aus Spannungs*änderung* und Strom*änderung* um den Arbeitspunkt herum (Abb. 4.20). Der differenzielle Widerstand ist *nicht* der Quotient aus Spannung und Strom im Arbeitspunkt!

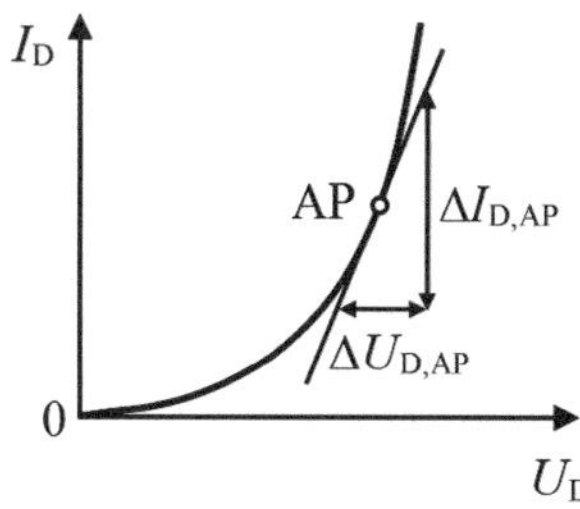

Abb. 4.20 Tangente an die Kennlinie im Arbeitspunkt und differenzieller Widerstand der Diode

Der differenzielle Widerstand $r_{D,AP}$ errechnet sich zu

$$r_{D,AP} = \left.\frac{dU_D}{dI_D}\right|_{AP} = \frac{1}{\left.\frac{dI_D}{dU_D}\right|_{AP}} \tag{4.11}$$

Entsprechend Gl. 4.5 ist $I_D(U_D) = I_S \cdot \left(e^{\frac{U_D}{n \cdot U_T}} - 1\right)$ und es folgt

$$\frac{dI_D}{dU_D} = \frac{d}{dU_D}\left[I_S \cdot \left(e^{\frac{U_D}{n \cdot U_T}} - 1\right)\right] = \frac{1}{n \cdot U_T} \cdot I_S \cdot e^{\frac{U_D}{n \cdot U_T}} \tag{4.12}$$

Nach Gl. 4.5 entspricht der Ausdruck $I_S \cdot e^{\frac{U_D}{n \cdot U_T}}$ für $I_{D,AP} \gg I_S$ näherungsweise dem Strom durch die Diode im Arbeitspunkt $I_D(U_D) = I_S \cdot e^{\frac{U_D}{n \cdot U_T}}$. Somit wird aus Gl. 4.12:

$$\frac{dI_D}{dU_D} = \frac{I_{D,AP}}{n \cdot U_T} \tag{4.13}$$

Damit wird nach Gl. 4.11 der differenzielle Widerstand $r_{D,AP}$ der Diode im Durchlassbereich

$$r_{D,AP} = \frac{n \cdot U_T}{I_{D,AP}} \tag{4.14}$$

4.5.5.4 Wirkung des differenziellen Widerstandes

Eine Kleinsignal-Betrachtung zeigt die folgende Abb. 4.21. Einem Ruhestrom, durch den ein bestimmter Arbeitspunkt eingestellt wird, ist eine Kleinsignalaussteuerung überlagert. Es ergibt sich ein Momentanwert des Stromes, der entsprechend dem kleinen Wechselsignal um den Ruhestrom herum schwankt.

$$\underbrace{i_D(t)}_{\text{Momentanwert}} = \underbrace{I_D}_{\substack{\text{Ruhestrom} \\ \text{(Arbeitspunkt)}}} + \underbrace{i_d(t)}_{\substack{\text{Kleinsignal-} \\ \text{aussteuerung}}} \tag{4.15}$$

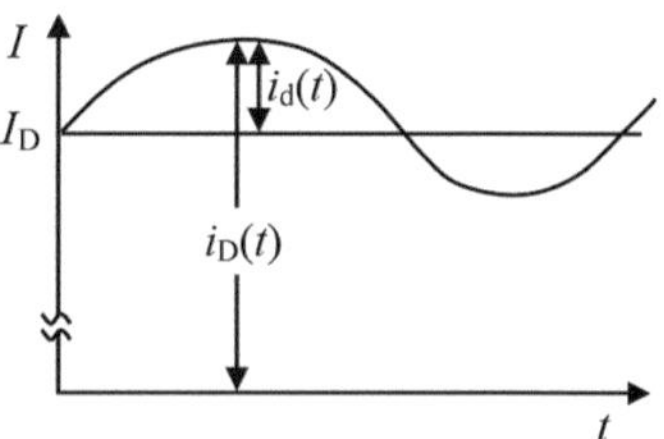

Abb. 4.21 Kleinsignal-Betrachtung

Beispiel 4.2
Wird eine Diode um einen Gleichspannungsarbeitspunkt mit einer sinusförmigen Wechselspannung ausgesteuert, so resultiert ein Diodenwechselstrom, der dem Gleichstrom des Arbeitspunktes überlagert ist. Bei kleinen Aussteuerungen kann die Diodenkennlinie durch ihre Tangente im Arbeitspunkt ersetzt werden, d. h., *unter der Bedingung Kleinsignalaussteuerung kann der von Δu überstrichene Kennlinienabschnitt als linear angesehen werden*. Der Effekt der Diode auf Kleinsignale lässt sich durch ihren differenziellen Widerstand r_D im Arbeitspunkt ($U_{D,AP}$; $I_{D,AP}$) beschreiben. Wie Abb. 4.22 zeigt, bewirkt eine Wechselspannung bei gleicher Amplitude aber unterschiedlichem Gleichanteil (wegen unterschiedlicher Arbeitspunkte) unterschiedliche Stromamplituden an der Diode.

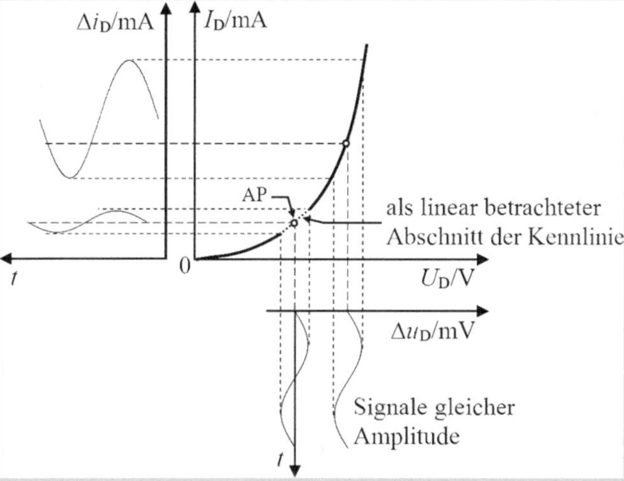

Abb. 4.22 Wirkung des dynamischen Widerstandes bei Dioden

Bei großen Strömen wird der differenzielle Widerstand r_D sehr klein, es muss dann zusätzlich der Bahnwiderstand R_B berücksichtigt werden, welcher mit r_D in Serie geschaltet ist.

Für niedrige Frequenzen und kleine Wechselspannungssignale lässt sich damit die Diode in ihrem Arbeitspunkt durch ein einfaches Modell (statisches Kleinsignalmodell oder *Kleinsignal-Ersatzschaltung*) darstellen (Abb. 4.23).

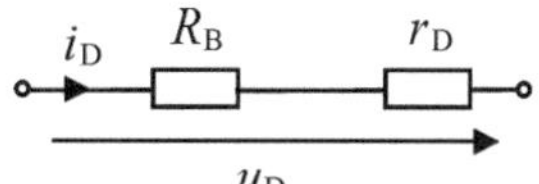

Abb. 4.23 Statisches Kleinsignalmodell von Dioden

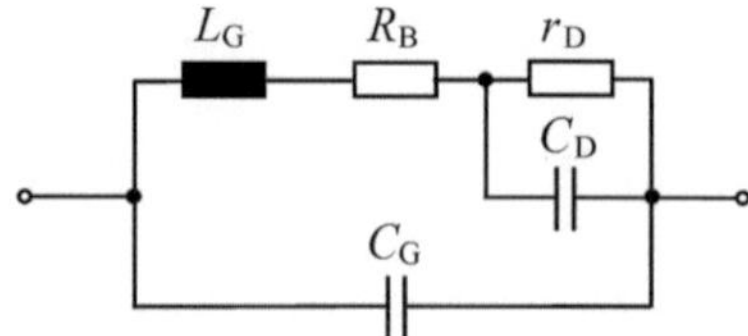

Abb. 4.24 Dynamisches Kleinsignalmodell von Dioden

Diese statische Ersatzschaltung eignet sich nur für niedrige Signalfrequenzen (z. B. $f < 20\,\text{kHz}$). Die dynamischen Effekte wie Sperrschichtkapazität und Diffusionskapazität (in Abb. 4.24 zusammengefasst zur Kapazität C_D), Gehäuse-Induktivität $L_G \approx 1 \ldots 10\,\text{nH}$ sowie Gehäuse-Kapazität $C_G \approx 0{,}1 \ldots 1\,\text{pF}$ können dann vernachlässigt werden. Bei höheren Frequenzen, wie sie auch beim Ein- und Ausschalten auftreten, sind diese Eigenschaften der Diode zusätzlich zu berücksichtigen. Dies führt zu einem dynamischen Kleinsignalmodell (*Wechselstrom-Kleinsignalersatzschaltbild*) von Dioden für die Aussteuerung mit kleinen Wechselspannungssignalen.

4.5.6 Schaltverhalten von Dioden

In vielen Anwendungsfällen werden Dioden abwechselnd im Durchlass- und im Sperrbereich betrieben. Bei Dioden hat das Schalten vom Sperr- in den Durchlassbereich eine andere Charakteristik als das Schalten vom Durchlass- in den Sperrbereich.

4.5.6.1 Ideales Schaltverhalten

Als Schaltverhalten werden allgemein die Übergänge zwischen Ein- und Aus-Zustand (bei der Diode zwischen Fluss- und Sperrrichtung) bezeichnet. Das ideale Schaltverhalten zeichnet sich durch verzögerungsfreie Übergänge aus (Abb. 4.25). Auf die Diode bezogen bedeutet dies, dass bei Spannungsumkehr der Strom sofort auf den zugehörigen stationären Wert springt, so dass keine Verlustleistung entsteht.

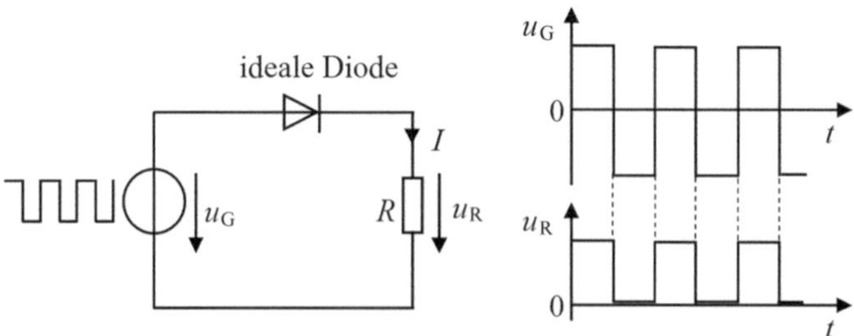

Abb. 4.25 Ideales Schaltverhalten einer Diode

Abb. 4.26 Schaltplan zur PSpice-Simulation des Ein- und Ausschaltverhaltens einer Diode am Beispiel des Universaltyps 1N4148

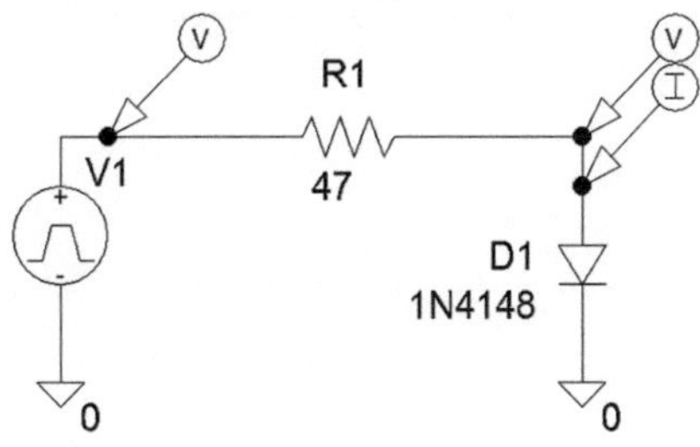

4.5.6.2 Umschalten von Sperr- in Flussrichtung

Wird von null Volt oder von einer Sperrspannung auf eine Durchlassspannung geschaltet (simuliert nach Abb. 4.26), so wirkt die kleine Sperrschichtkapazität zunächst wie ein Kurzschluss bzw. sie muss entladen werden. Beim Umschalten vom Sperr- in den Flussbereich (Abb. 4.27 und 4.28) vergeht daher eine sehr kurze Zeit (*Durchlassverzögerungszeit*, Durchlassverzugszeit, Einschaltzeit), ehe der Durchlassstrom fließt, weil zuerst Ladungsträger aus den hoch dotierten Zonen in den pn-Übergang injiziert werden müssen. Die Sperrschichtladung muss ausgeräumt werden, die Raumladungszone wird während der Einschaltzeit mit Majoritätsträgern überschwemmt. Diese kleine Verzögerung wird bei Schaltungsberechnungen häufig vernachlässigt.

Durch die Sperrschichtkapazität kann beim *Schalten in den Durchlassbereich* eine Stromüberhöhung stattfinden. Es entsteht eine *Umladestromspitze* (Abb. 4.27), da sich die Diode im ersten Moment wie ein Kondensator verhält.

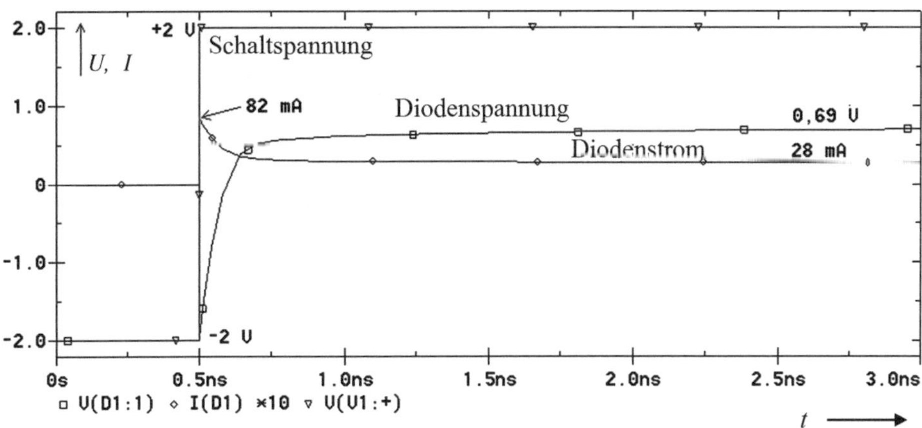

Abb. 4.27 Schneller Umschaltvorgang vom Sperr- in den Flussbereich. Die Flankensteilheit des Umschaltens von −2 V auf +2 V ist 1 ps. Zu sehen ist die Umladestromspitze (Maximalwert = 82 mA). Man beachte: Der Strom ist mit dem Faktor 10 skaliert. Nach kurzer Zeit werden die Werte des Arbeitspunktes (0,69 V, 28 mA) im Durchlassbereich erreicht

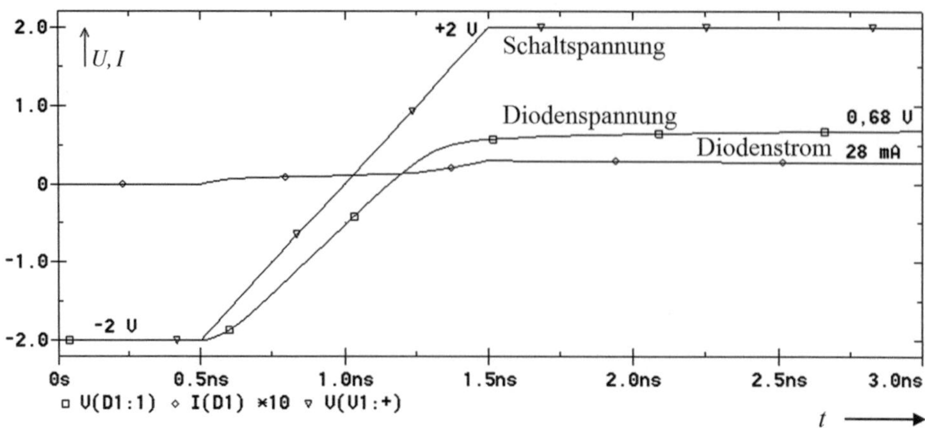

Abb. 4.28 Umschaltvorgang vom Sperr- in den Flussbereich mit einer Flankensteilheit von 1 ns beim Umschalten von $-2\,\mathrm{V}$ auf $+2\,\mathrm{V}$. Die Sperrschichtkapazität wird langsam umgeladen, es gibt keine Umladestromspitze

4.5.6.3 Umschalten von Fluss- in Sperrrichtung

Beim Umschalten vom Sperr- in den Flussbereich muss nur die kleine Sperrschicht-Kapazität entladen werden. In umgekehrter Richtung wirkt die wesentlich größere Diffusionskapazität, deshalb verläuft dieser Umschaltvorgang deutlich langsamer. Die wirksame Kapazität ist spannungsabhängig und damit nichtlinear.

Wegen der kapazitiven Wirkung bleibt die Diodenspannung nach dem Umschalten noch für eine bestimmte Zeit fast konstant (Abb. 4.29). Die Stromrichtung hingegen kehrt sich sprungartig um, in Abb. 4.29 vom Durchlassstrom $I_F = 26\,\mathrm{mA}$ auf den Sperrstrom $I_{RM} = -58\,\mathrm{mA}$. Es fließt ein großer Strom in Sperrrichtung, welcher die Diffusionskapazität entlädt (die Diffusionsladung muss ausgeräumt werden). Im ersten Moment wirkt die Diode wegen ihrer Kapazität wie ein Kurzschluss, weil sie noch mit Ladungsträgern überschwemmt ist.[1]

Die Zeit vom Anfang des Schaltvorganges bis zum beginnenden Absinken des Stromes ist die *Speicherzeit* t_S (*Ausräumzeit*, *Spannungsnachlaufzeit*). Erst nach ihrem Ablauf sinkt der Strom kontinuierlich bis auf den Sperrsättigungsstrom I_S ab ($-6\,\mathrm{nA}$ in Abb. 4.29), während die Diodenspannung den Wert der Spannungsquelle (der Schaltspannung) annimmt. Erst wenn der pn-Übergang von Ladungsträgern frei ist kann die Sperrspannung übernommen werden.

Die Zeit zwischen dem Beginn des Schaltvorganges und dem Erreichen von I_S (oder des 1,1- bis 1,05-fachen von I_S) ist die *Sperrverzögerungszeit* t_{rr} (Übergangszeit, Erholungszeit, Erholzeit, Rückwärtserholzeit, Sperrverzugszeit, reverse recovery time). Die Sperrverzögerungszeit t_{rr} wird oft definiert als die Zeit, in der der maximale Rückstrom

[1] Siehe hierzu auch „Trägerstaueffekt“.

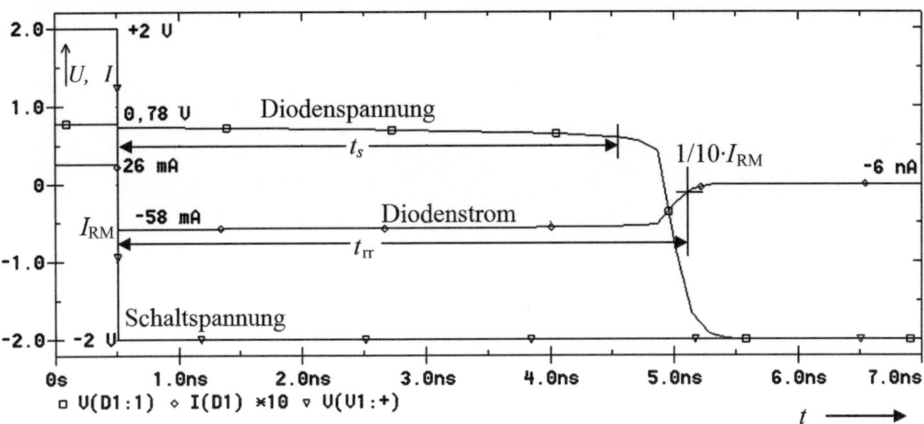

Abb. 4.29 Ausschalten einer Diode

I_{RM} durch die Diode unmittelbar nach dem Umschalten bis auf 10 % seines Anfangswertes gesunken ist.

Die Sperrverzögerungszeit ist bei schnellen Gleichrichter- oder Schaltdioden ein wesentliches Qualitätsmerkmal und wird vom Hersteller angegeben. In Datenblättern sind evtl. spezielle Testschaltungen und Messvorschriften zur Ermittlung der Sperrverzögerungszeit zu beachten.

Schottky-Dioden haben keine Speicherzeit und sind deshalb für einen Einsatz bei hohen Frequenzen besonders gut geeignet. Ihre zulässige periodische Spitzensperrspannung (siehe Abschn. 4.7.1) liegt aber nur bei $U_{RRM} <$ ca.100 V.

4.5.6.4 Ein- und Ausschalten bei ohmsch-induktiver Last

Ist im Stromkreis nach Abb. 4.26 eine Induktivität vorhanden, so dauert der Einschaltvorgang bei dieser ohmsch-induktiven Last länger, da der Stromanstieg durch die Induktivität begrenzt wird. Eine Umladestromspitze tritt dabei nicht auf. Während die Spannung relativ schnell auf die Flussspannung ansteigt, erfolgt der Stromanstieg mit der Zeitkonstante $\tau = \frac{L}{R}$ der Last.

Beim Ausschalten nimmt der Strom zunächst mit der Zeitkonstante der Last ab, bis die Diode sperrt (Abb. 4.30). Die Induktivität im Stromkreis führt zu einer Überspannung U_{RM}, die nach Ablauf der Abfallzeit (Rückstromfallzeit) t_f auf die Sperrspannung U_S abklingt. Die Last und die Kapazität der Diode bilden einen Reihenschwingkreis, Strom und Spannung verlaufen als gedämpfte Schwingungen. Dabei können hohe Sperrspannungen auftreten, welche die statische Sperrspannung um ein Mehrfaches übersteigen und eine entsprechend hohe Durchbruchspannung der Diode erfordern.

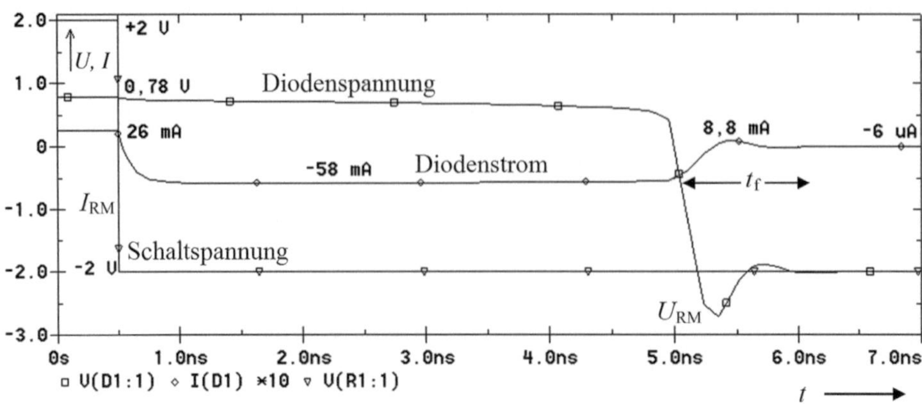

Abb. 4.30 Ausschalten einer Diode mit einer Induktivität $L = 5\,\text{nH}$ im Stromkreis nach Abb. 4.26

4.6 Temperaturabhängigkeit der Diodenparameter

Fast alle Daten der Diode sind stark temperaturabhängig. Vor allem der Sperrstrom und die Durchlassspannung weisen eine starke Temperaturabhängigkeit auf, die in der Praxis berücksichtigt werden muss. Vereinfachte Betrachtungen zeigen die wesentlichen Temperatureffekte bei der Diode.

4.6.1 Temperaturabhängigkeit des Sperrstromes

Für den temperaturabhängigen Sperrstrom $I_R(T)$ gilt:

$$I_R(T) = I_{RT_0} \cdot e^{C \cdot (T - T_0)} \tag{4.16}$$

I_{RT_0}: Sperrstrom bei $T = T_0$, C = Temperaturkonstante

$$C = \frac{e \cdot \Delta W}{2 \cdot k \cdot T \cdot T_0} \approx \frac{e \cdot \Delta W}{2 \cdot k \cdot T_0^2} \tag{4.17}$$

ΔW: Bandabstand

Für Zimmertemperatur (300 K) ist die Temperaturkonstante C für Germanium $C = 0{,}049\,\text{K}^{-1}$ und für Silizium $C = 0{,}071\,\text{K}^{-1}$.

Beispiel 4.3
Berechnet werden soll die Erhöhung des Sperrstromes einer Silizium- und einer Germaniumdiode, wenn die Temperatur von 300 K auf 310 K erhöht wird.

Mit Gl. 4.16 wird das Verhältnis der Stromerhöhung bestimmt.

Siliziumdiode:

$$\frac{I_R}{I_{RT_0}} = e^{C\cdot(T-T_0)} = e^{0{,}071\,K^{-1}\cdot(310\,K-300\,K)} = 2{,}03$$

Germaniumdiode:

$$\frac{I_R}{I_{RT_0}} = e^{C\cdot(T-T_0)} = e^{0{,}049\,K^{-1}\cdot(310\,K-300\,K)} = 1{,}63$$

Vernachlässigt wurde, dass der Faktor C selbst auch temperaturabhängig ist.

4.6.2 Temperaturabhängigkeit der Durchlassspannung

Ist die Durchlassspannung $U_F \gg U_T$, so gilt nach Gl. 4.5:

$$I_D \approx I_S \cdot e^{\frac{U_D}{n\cdot U_T}}$$

Wird für den Sperrsättigungsstrom I_S der temperaturabhängige Sperrstrom $I_R(T)$ eingesetzt, so folgt der temperaturabhängige Durchlassstrom $I_F(T)$:

$$I_F(T) = -I_{RT_0} \cdot e^{C\cdot(T-T_0)+\frac{U_F}{n\cdot U_T}} \tag{4.18}$$

Durch die Ableitung nach der Temperatur erhält man, wie sich die Durchlassspannung U_F bei konstantem Diodenstrom I_F bezüglich der Temperatur verhält.

$$\frac{dI_F(T)}{dT} = -I_{RT_0} \cdot \left(C + \frac{1}{n\cdot U_T}\frac{dU_F}{dT}\right) \cdot e^{C\cdot(T-T_0)+\frac{U_F}{n\cdot U_T}} \tag{4.19}$$

C = Temperaturkonstante.

Bei konstantem Durchlassstrom ist $\frac{dI_F(T)}{dT} = 0$. Es wird nach der Änderung der Durchlassspannung aufgelöst:

$$\frac{dU_F(T)}{dT} = -C \cdot n \cdot U_T \quad (I_F = \text{konstant}) \tag{4.20}$$

Bei der Ableitung wurde U_T als Konstante behandelt. Da U_T selbst temperaturabhängig ist, ist dies nur korrekt, solange die Temperaturänderung ΔT nicht zu groß wird.

Beispiel 4.4
Es sollen die Temperaturkoeffizienten für Silizium- und Germaniumdioden bei Zimmertemperatur bestimmt werden. Der Emissionskoeffizient ist $n = 1{,}5$.

Mit der Temperaturkonstanten $C = 0{,}071\ \mathrm{K}^{-1}$ und $n = 1{,}5$ erhalten wir für die Siliziumdiode:

$$\frac{\mathrm{d}U_\mathrm{F}(T)}{\mathrm{d}T} = -C \cdot n \cdot U_\mathrm{T} = -0{,}071\,\mathrm{K}^{-1} \cdot 1{,}5 \cdot 26\,\mathrm{mV} = -2{,}775\,\frac{\mathrm{mV}}{\mathrm{K}}$$

Mit $C = 0{,}049\,\mathrm{K}^{-1}$ ergibt sich für die Germaniumdiode:

$$\frac{\mathrm{d}U_\mathrm{F}(T)}{\mathrm{d}T} = -C \cdot n \cdot U_\mathrm{T} = -0{,}049\,\mathrm{K}^{-1} \cdot 1{,}5 \cdot 26\,\mathrm{mV} = -1{,}905\,\frac{\mathrm{mV}}{\mathrm{K}}$$

Über einen kleinen Bereich nimmt die Durchlassspannung an einer Diode mit steigender Temperatur linear ab. Als Richtwert wird in der Praxis mit 2 mV/K gerechnet.

4.6.3 Zusammenfassung: Temperaturabhängigkeit der Diodenparameter

Die Ströme und Spannungen an einer Diode sind temperaturabhängig.

- **Durchlassbereich**
  Bei konstantem Diodenstrom nimmt der Spannungsabfall in Durchlassrichtung mit zunehmender Temperatur um ca. 2 mV/K ab (Abb. 4.31). Die Durchlasskennlinie der Diode verschiebt sich nach links.
- **Sperrbereich**
  Der Diodenstrom nimmt mit der Temperatur gemäß einem Potenzgesetz mit 7 %/K zu. Bei einer Temperaturerhöhung um x Kelvin gegenüber ϑ_0 ist der geänderte Wert des Diodenstromes I_D (ein Sperrstrom):

$$I_\mathrm{D}\,(\vartheta_0 + x\,\mathrm{K}) = I_\mathrm{D}\,(\vartheta_0) \cdot (1{,}07)^x \tag{4.21}$$

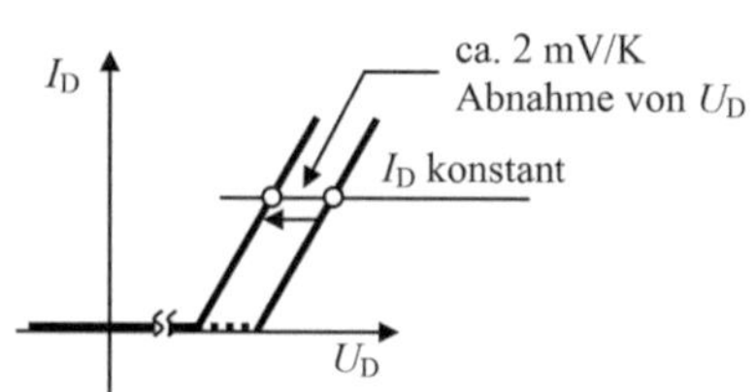

Abb. 4.31 Änderung der Diodenspannung bei Zunahme der Temperatur (I_D konstant)

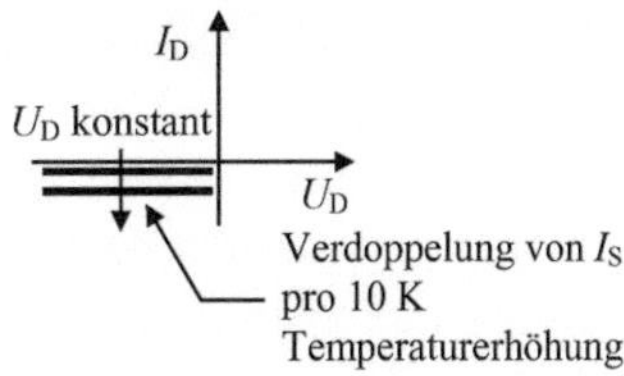

Abb. 4.32 Änderung des Sperrstromes bei Zunahme der Temperatur. Der Sperrstrom I_S steigt exponentiell mit der Temperatur an (U_D konstant)

Bei konstanter Sperrspannung verdoppelt sich ($1{,}07^{10} = 1{,}96 \approx 2$) der Sperrstrom annähernd pro 10 K Temperaturerhöhung (Abb. 4.32). Die Sperrkennlinie der Diode verschiebt sich nach unten.

Beispiel 4.5
Bei einer Temperaturerhöhung um 15 K gegenüber ϑ_0 ist der geänderte Wert des Sperrstromes I_D bzw I_S:

$$I_D\,(\vartheta_0 + 15\,\text{K}) = I_D\,(\vartheta_0) \cdot (1{,}07)^{15} = \underline{\underline{2{,}76 \cdot I_D\,(\vartheta_0)}}$$

Achtung: Eine Berechnung der Temperaturspannung U_T für eine um x Kelvin gegenüber ϑ_0 erhöhte Temperatur und ein folgendes Einsetzen in die Shockley-Formel ist falsch.

4.7 Kenn- und Grenzdaten von Dioden

Bei einer Diode werden im Datenblatt verschiedene Grenzdaten angegeben, die nicht überschritten werden dürfen. Die wichtigsten Grenzdaten sind Grenzspannungen, Grenzströme und die maximale Verlustleistung. Damit alle Grenzdaten positive Werte annehmen, werden für den Sperrbereich die Zählpfeilrichtungen für Strom und Spannung umgekehrt und die entsprechenden Größen mit dem Index R (reverse) versehen. Für den Durchlassbereich wird der Index F (forward) verwendet.

4.7.1 Grenzspannungen

Bei der *Durchbruchspannung* U_{BR} (auch $U_{(BR)}$) bricht die Diode im Sperrbereich durch und der Rückwärtsstrom steigt steil an. Der Strom nimmt bereits bei Annäherung an die Durchbruchspannung deutlich zu, siehe Abb. 4.9. Daher wird eine *maximale Sperrspannung* $U_{R,max}$ angegeben, bis zu der der Rückwärtsstrom noch unter einem Grenzwert im µA-Bereich bleibt.

Bei Aussteuerung mit einem einzelnen Impuls oder mit Pulsen sind höhere Sperrspannungen zulässig. Bei Einzelimpulsen wird die Sperrspannung als *Spitzensperrspannung* U_{RSM} (peak surge reverse voltage) bezeichnet. Bei Beaufschlagung mit Pulsen wird die Spannung *periodische Spitzensperrspannung* U_{RRM} (repetitive peak reverse voltage) genannt. Diese Sperrspannungen sind so gewählt, dass die Diode keinen Schaden nimmt. Als Pulsfrequenz wird $f = 50\,\mathrm{Hz}$ (Einsatz als Netzgleichrichter) angenommen.

Alle Spannungen sind aufgrund der geänderten Zählpfeilrichtung positiv und es gilt:

$$U_{\mathrm{R,max}} < U_{\mathrm{RRM}} < U_{\mathrm{RSM}} < U_{\mathrm{BR}}$$

4.7.2 Grenzströme

Für den Durchlassbereich ist ein *maximaler Dauerflussstrom* $I_{\mathrm{F,max}}$ angegeben. Er gilt für den Fall, dass das Gehäuse der Diode auf einer Temperatur von $T = 25\,°\mathrm{C}$ gehalten wird, bei höheren Temperaturen ist der erlaubte Dauerstrom geringer.

Bei Aussteuerung mit einem einzelnen Impuls oder bei Pulsen sind höhere Flussströme zulässig. Beim Einzelimpuls wird dieser Strom *Spitzenflussstrom* I_{FSM} (peak surge forward current) genannt, er hängt von der Dauer des Impulses ab. Bei Pulsen heißt der Strom *periodischer Spitzenflussstrom* I_{FRM} (repetitive peak forward current), er hängt vom Tastverhältnis ab.

Es gilt: $I_{\mathrm{F,max}} < I_{\mathrm{FRM}} < I_{\mathrm{FSM}}$.

Bei sehr kurzen Einzelimpulsen gilt $I_{\mathrm{FSM}} \approx 4\ldots20 \cdot I_{\mathrm{F,max}}$. Bei Gleichrichterdioden ist I_{FRM} besonders wichtig, weil hier ein pulsförmiger, periodischer Strom fließt, dabei ist der Maximalwert viel größer als der Mittelwert.

Für den Durchbruchbereich ist eine *maximale Strom-Zeit-Fläche* $I^2 \cdot t$ angegeben, die bei einem durch einen Impuls verursachten Durchbruch auftreten darf: $I^2 \cdot t = \int I_{\mathrm{R}}^2\,\mathrm{d}t$. Trotz der Einheit $\mathrm{A}^2\,\mathrm{s}$ wird sie oft *maximale Pulsenergie* genannt.

4.7.3 Sperrstrom

Der *Sperrstrom* I_{R} wird bei einer Sperrspannung unterhalb der Durchbruchspannung gemessen, er hängt stark von der Sperrspannung und der Temperatur der Diode ab. Bei Raumtemperatur erhält man bei Silizium-Kleinsignaldioden $I_{\mathrm{R}} = 0{,}01\ldots1\,\mu\mathrm{A}$, bei Kleinsignal-Schottky-Dioden und Silizium-Gleichrichterdioden für den Ampere-Bereich $I_{\mathrm{R}} = 1\ldots10\,\mu\mathrm{A}$ und bei Schottky-Gleichrichterdioden $I_{\mathrm{R}} > 10\,\mu\mathrm{A}$. Bei einer Temperatur von $T = 150\,°\mathrm{C}$ sind die Werte um den Faktor 20...200 größer.

4.7.4 Maximale Verlustleistung

Die Verlustleistung ist die in der Diode in Wärme umgesetzte Leistung: $P_{\mathrm{V}} = U_{\mathrm{D}} \cdot I_{\mathrm{D}}$. Sie entsteht in der Sperrschicht, bei großen Strömen auch in den Bahngebieten (im Bahn-

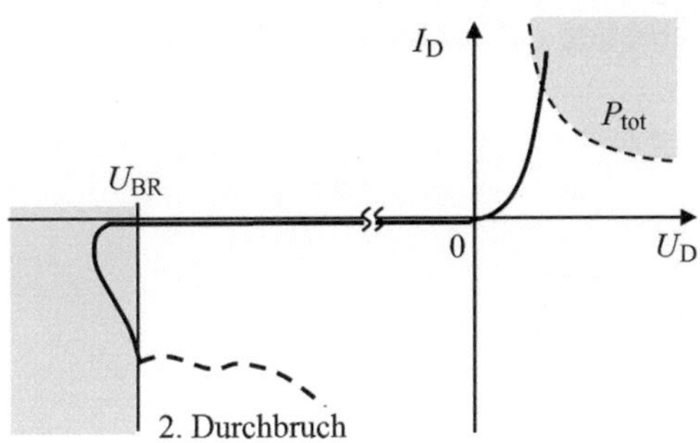

Abb. 4.33 Belastungsgrenzen der Diode

widerstand R_B). Die Temperatur der Diode erhöht sich bis auf einen Wert, bei dem die Wärme aufgrund des Temperaturunterschiedes von der Sperrschicht über das Gehäuse an die Umgebung abgeführt werden kann. In Datenblättern wird für den Durchlassbereich die (statische) *maximale Verlustleistung* P_{tot} (siehe Abb. 4.33) für den Fall angegeben, dass das Gehäuse der Diode auf einer Temperatur von $T = 25\,°C$ gehalten wird. Bei höheren Temperaturen ist P_{tot} geringer.

Im Sperrbereich tritt bei Überschreiten eines typabhängigen Wertes der Sperrspannung ein starker Sperrstromanstieg auf. Bei Z-Dioden kann dieser Durchbruch bis zu einer maximalen Sperrverlustleistung technisch genutzt werden (reversibler 1. Durchbruch). Bei Überschreitung der maximalen Sperrverlustleistung und bei anderen Dioden besteht die Gefahr des thermischen Durchbruchs mit Zerstörung der Diode.

4.8 Auszüge aus Datenblättern von Dioden

► **Wichtiger Hinweis** Die folgenden Daten von Dioden sind nur als Beispiel anzusehen, sie stellen keine Daten von Dioden einer bestimmten Herstellerfirma dar.

4.8.1 Silizium-Epitaxial-Planar-Diode 1N 4148

Anwendungen: Extrem schnelle Schalter
Vergleichstypen: 1N 4149, 1N 4449, 1N 914, 1N 916

Abmessungen in mm:

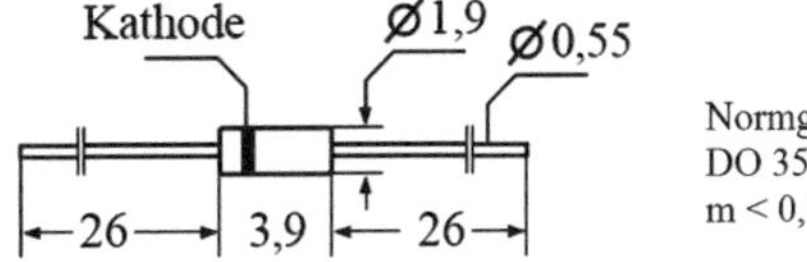

Normgehäuse nach DIN 41880
DO 35
m < 0,15 g

Abb. 4.34 Gehäusedaten

Absolute Grenzdaten (absolute maximum ratings, $\vartheta_j = 25\,°C$)

Parameter	Test Conditions	Symbol	Value	Unit
Periodische Spitzensperrspannung (repetitive peak reverse voltage)		U_{RRM}	100	V
Sperrspannung (reverse voltage)		U_R	75	V
Stoßdurchlassstrom (surge forward current)	$t_P \leq 1\,\mu s$	I_{FSM}	2	A
Periodischer Durchlassspitzenstrom (repetitive peak forward current)		I_{FRM}	450	mA
Durchlassstrom (forward current)		I_F	300	mA
Durchlassstrom, Mittelwert (average forward current)	$U_R = 0$	I_{FAV}	150	mA
Verlustleistung (power dissipation)	$l = 4\,mm$, $\vartheta_a = 45\,°C$	P_V	440	mW
	$l = 4\,mm$, $\vartheta_a \leq 25\,°C$	P_V	500	mW
Sperrschichttemperatur (junction temperature)		ϑ_j	200	°C
Lagerungstemperaturbereich (storage temperature range)		ϑ_{stg}	−65…+200	°C

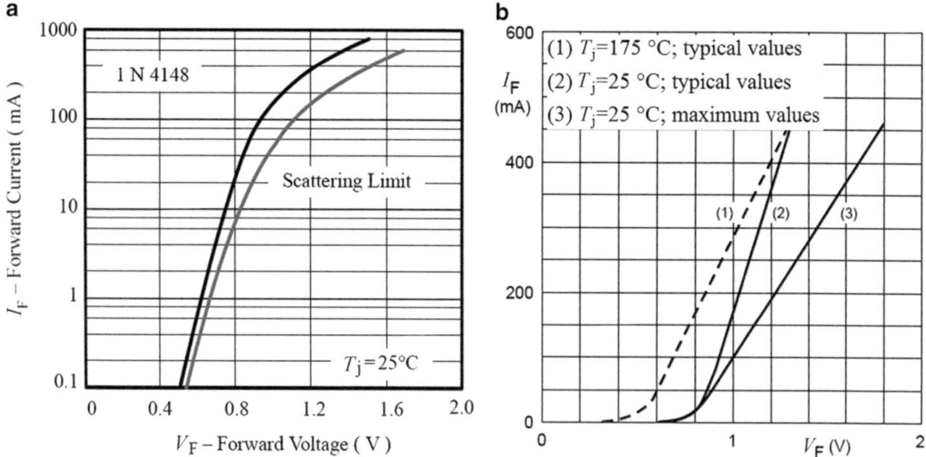

Abb. 4.35 Forward Current vs. Forward Voltage (**a**), Forward current as a function of forward voltage (**b**)

Maximaler Wärmewiderstand (maximum thermal resistance)

Parameter	Test Conditions	Symbol	Value	Unit
Sperrschicht – Umgebung (junction – ambient)	$l = 4\,\text{mm}$	R_{thJA}	350	K/W

Kenngrößen (electrical characteristics, $\vartheta_j = 25\,°\text{C}$)

Parameter	Test Conditions	Symbol	Min.	Typ	Max.	Unit
Durchlassspannung (forward voltage)	$I_F = 5\,\text{mA}$	U_F	0,62		0,72	V
	$I_F = 10\,\text{mA}$	U_F			1	V
	$I_F = 100\,\text{mA}$	U_F			1	V
Sperrstrom (reverse current)	$U_R = 20\,\text{V}$	I_R			25	nA
	$U_R = 20\,\text{V}$, $\vartheta_j = 150\,°\text{C}$	I_R			50	µA
	$U_R = 75\,\text{V}$	I_R			5	µA
Durchbruchspannung (breakdown voltage)	$I_R = 100\,\mu\text{A}$, $t_p/T = 0{,}01$, $t_p = 0{,}3\,\text{ms}$	$U_{(BR)}$	100			V
Diodenkapazität (diode capacitance)	$U_R = 0$, $f = 100\,\text{MHz}$, $U_{HF} = 50\,\text{mV}$	C_D			4	pF
Richtwirkungsgrad (rectification efficiency)	$f = 100\,\text{MHz}$, $U_{HF} = 2\,\text{V}$	η_r	45			%
Spannungsanstieg beim Einschalten (voltage rise)	50 mA Pulse (I_F), $t_p = 0{,}1\,\mu\text{s}$, rise time =< 30 ns, $f_p = 5\ldots100\,\text{kHz}$	U_{fr}			2,5	V
Rückwärtserholzeit (reverse recovery time)	$I_F = 10\,\text{mA}$ zu $I_R = 1\,\text{mA}$, $U_R = 6\,\text{V}$, $R_L = 100\,\Omega$	t_{rr}			4	ns

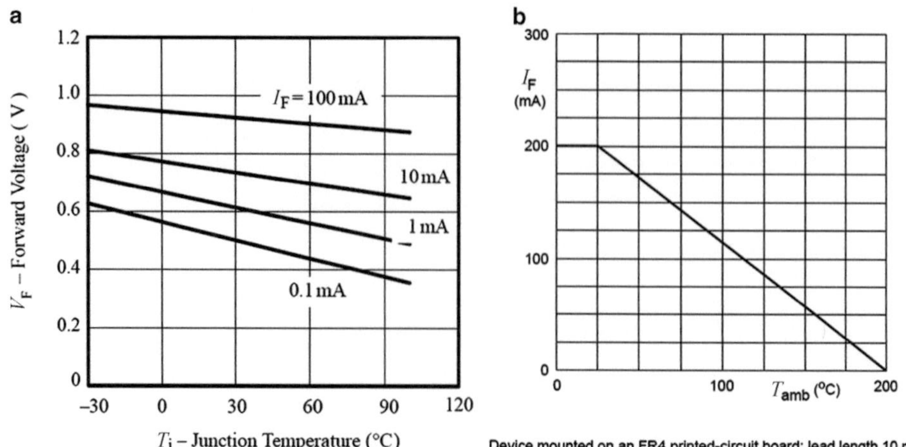

Abb. 4.36 Forward Voltage vs. Junction Temperature (**a**), Maximum permissible continuous forward current as a function of ambient temperature (**b**)

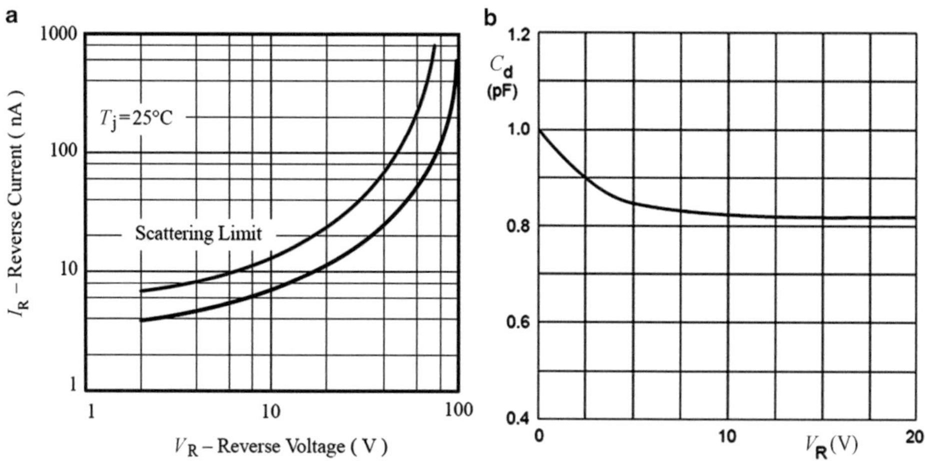

Abb. 4.37 Reverse Current vs. Reverse Voltage (**a**), Diode capacitance as a function of reverse voltage; typical values $f = 1\,\text{MHz}$, $T_j = 25\,°\text{C}$ (**b**)

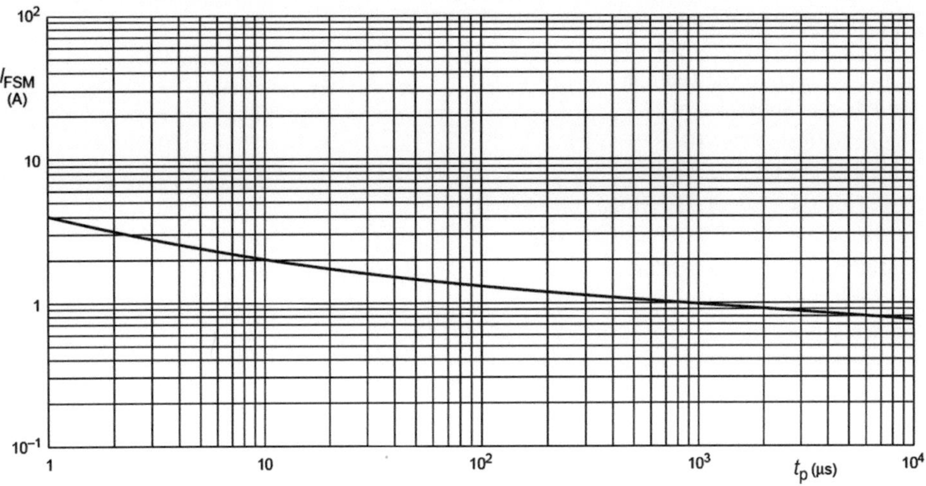

Abb. 4.38 Maximum permissible non-repetitive peak forward current as a function of pulse duration. Based on square wave currents. $T_j = 25\,°C$ prior to surge

4.8.2 Silizium-Diffusions-Dioden 1N 4001…1N 4007

Anwendungen: Gleichrichter

Abmessungen in mm:

Abb. 4.39 Gehäusedaten

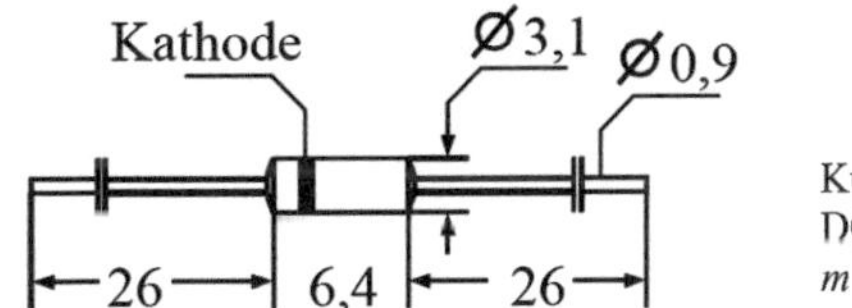

Kunststoffgehäuse
DO 7
$m < 0{,}5$ g

Grenzwerte (maximum ratings)

Type Typ	Repetitive peak reverse voltage Periodische Spitzensperrspannung V_{RRM} [V]	Surge peak reverse voltage Stoßspitzensperrspannung V_{RSM} [V]
1N 4001	50	50
1N 4002	100	100
1N 4003	200	200
1N 4004	400	400
1N 4005	600	600
1N 4006	800	800
1N 4007	1000	1000

Max. average forward rectified current, R-load Dauergrenzstrom in Einwegschaltung mit R-Last	$T_A = 75\,°C$ $T_A = 100\,°C$	I_{FAV} I_{FAV}	1 A 0,75 A
Repetitive peak forward current Periodischer Spitzenstrom	$f > 15\,Hz$	I_{FRM}	10 A
Rating for fusing, $t < 10\,ms$ Grenzlastintegral, $t < 10\,ms$	$T_A = 75\,°C$	i^2t	$12{,}5\,A^2\,s$
Peak fwd. surge current, 50 Hz half sine-wave Stoßstrom für eine 50 Hz Sinus-Halbwelle	$T_A = 25\,°C$	I_{FSM}	50 A
Operating junction temperature Sperrschichttemperatur		T_j	−50...+175 °C
Storage temperature Lagerungstemperatur		T_S	−50...+175 °C

Kennwerte (characteristics)

Forward voltage Durchlassspannung	$T_j = 25\,°C$, $I_F = 1\,A$	V_F	< 1,1 V
Leakage current Sperrstrom	$T_j = 25\,°C$, $V_R = V_{RRM}$ $T_j = 100\,°C$, $V_R = V_{RRM}$	I_R I_R	< 5 µA < 50 µA
Thermal resistance junction to ambient air Wärmewiderstand Sperrschicht – umgebende Luft		R_{thA}	< 45 K/W

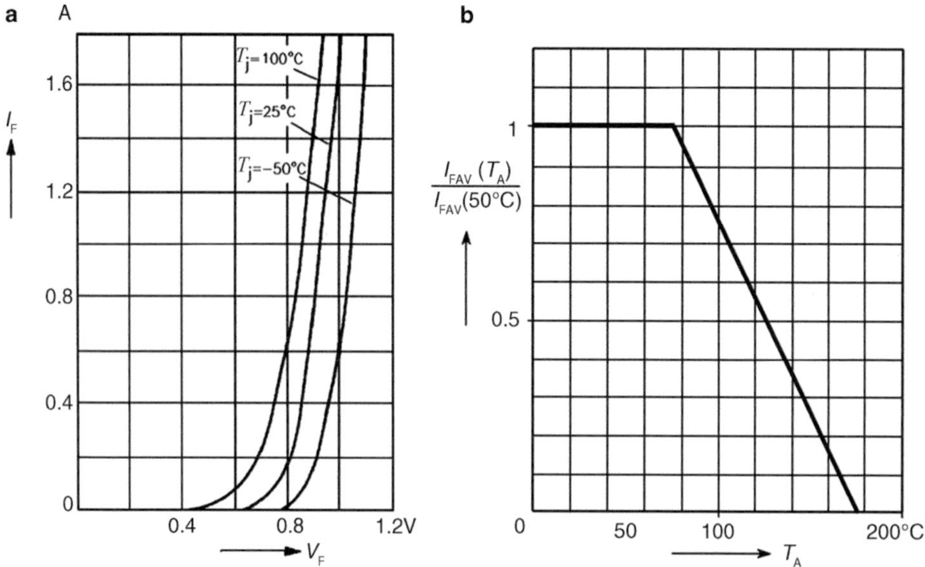

Abb. 4.40 Forward characteristics (typical values) (**a**), Rated forward current vs. ambient temperature (**b**)

4.9 Herstellungsmethoden für pn-Übergänge

Dioden sind Halbleiterbauelemente und bestehen in ihrer einfachsten Ausführung nur aus einem pn-Übergang mit zwei Ohm'schen Metallkontakten. Für Spezialanwendungen sind Dioden aus einem Halbleiter mit einem Schottky-Kontakt und einem Ohm'schen Kontakt aufgebaut. In der Mehrzahl bestehen sie aus einkristallinem Silizium oder (heute nur noch selten) Germanium.

Die Herstellung von Dioden erfolgt in einem mehrstufigen Prozess auf einer Halbleiterscheibe (*wafer*), die anschließend durch Sägen in kleine Plättchen (*die*) aufgeteilt wird. Auf einem Plättchen befindet sich entweder eine einzelne Diode oder eine integrierte Schaltung (*integrated circuit, IC*) mit mehreren Bauteilen.

Der wichtigste Schritt bei der Herstellung einer Diode ist die Erzeugung des pn-Übergangs. Grundsätzlich können hierfür die beiden unterschiedlichen Verfahren der **Legierungstechnik** und der **Planartechnik** angewandt werden. Die ältere Legierungstechnik ist in praktisch allen Bereichen durch die Planartechnik ersetzt worden, da diese für eine Massenproduktion besser geeignet ist.

4.9.1 Legierungstechnik

Bei der Legierungstechnik wird ein n-leitendes Ge- oder Si-Substrat verwendet, auf welches ein dreiwertiges Material aufgesetzt wird (z. B. In oder Al). Da diese Materialien einen wesentlich niedrigeren Schmelzpunkt (In: 156 °C, Al: 660 °C) wie das Substrat (Ge: 959 °C, Si: 1420 °C) besitzen, lassen sie sich aufschmelzen. Dabei diffundiert ein Teil des dreiwertigen Materials in das Substrat und macht dieses in der Nähe des Schmelzkontaktes p-leitend. Auf diese Weise entsteht ein definierter pn-Übergang (Abb. 4.41). In diesem

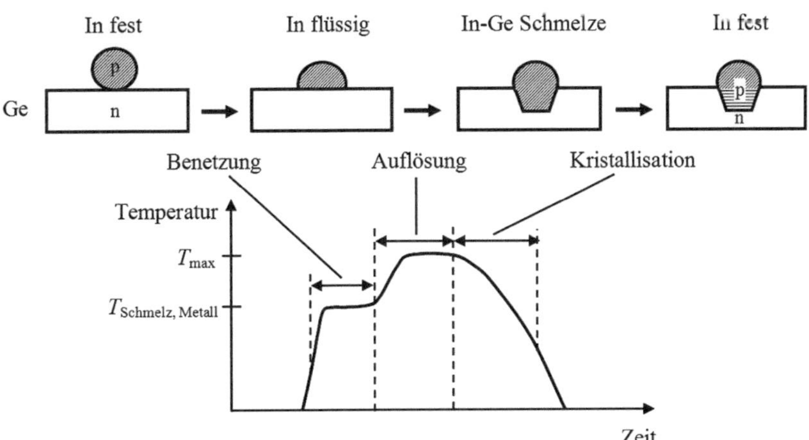

Abb. 4.41 Legieren eines In-Ge-Systems

Zusammenhang spricht man von Legierungsdioden. Da der Kontakt sehr flächig ausgeprägt ist, bezeichnet man diese Dioden auch als *Flächendioden*. Verwendet man bei der Legierung nur eine Drahtspitze, z. B. Golddraht mit Gallium versetzt, so erhält man eine *Spitzendiode*, in diesem Spezialfall eine Golddrahtdiode.

Das Legieren hat als eigenständiges Verfahren zur Schichterzeugung und Dotierung nur noch historische Bedeutung. Es findet jedoch bei der Kontaktherstellung Anwendung. Besonders wo niedrige Übergangswiderstände notwendig sind, wie z. B. bei Leistungsdioden und Thyristoren, wird die Legierungstechnik zur Kontaktierung verwendet.

4.9.2 Planartechnik

Die Planartechnik ist in ihrer weiterentwickelten Form für die Herstellung von integrierten Bauelementen sehr wichtig. Das Grundprinzip der Planartechnik ist die Erzeugung einer hochtemperaturfesten Maske aus SiO_2 durch Oxidation des n-leitenden Si-Grundkörpers in Sauerstoff bei hohen Temperaturen. Anschließend wird ein Fotolack aufgetragen und mit einer Maske belichtet. Der belichtete Teil kann leicht entfernt werden. Das entstehende Fenster ermöglicht das Abätzen der darunter liegenden SiO_2-Schicht. Nach Entfernen des Fotolackes kann jetzt mit einem

1. *Diffusionsprozess* bei hohen Temperaturen, oder
2. durch *Epitaxie*, oder
3. durch *Ionenimplantation*

das ursprünglich n-leitende Silizium umdotiert werden zu p-leitendem Silizium. Somit erhalten wir einen pn-Übergang, der nur noch entsprechend kontaktiert werden muss.

4.9.2.1 Diffusion

Der Diffusionsprozess (Materialwanderung durch Wärmebewegung und/oder Konzentrationsunterschied) ist ein verhältnismäßig einfaches Verfahren. Bei hoher Temperatur wird der Wafer (die Halbleiterscheibe) einem Gas mit den Atomen des Dotierstoffes ausgesetzt. Der Dotierungsstoff diffundiert über die Oberfläche in den Halbleiter hinein. Bei Abkühlung des Wafers hört die Diffusion auf und die Fremdatome bauen sich in das Kristallgitter ein. Diese Diffusion kann über die gesamte Fläche des Wafers stattfinden oder nur an Stellen, an denen eine fotolithografische Maske ausgespart wurde. Das Dotierungsprofils des pn-Übergangs (Dichte und Tiefe des Dotierstoffes) kann durch die Konzentration des Dotierstoffgases, die Temperatur und die Zeit der Diffusion eingestellt werden.

Da auf diese Weise Siliziumscheiben mit einem Durchmesser von 15…20 cm behandelt werden können und eine Diode einen Durchmesser von wenigen mm hat, können so gleichzeitig Tausende von Dioden hergestellt werden. Führt man die gleichen Schritte dieser *Diffusions-Planartechnologie* mehrfach aus, so erhält man Transistorstrukturen oder ganze integrierte Schaltkreise.

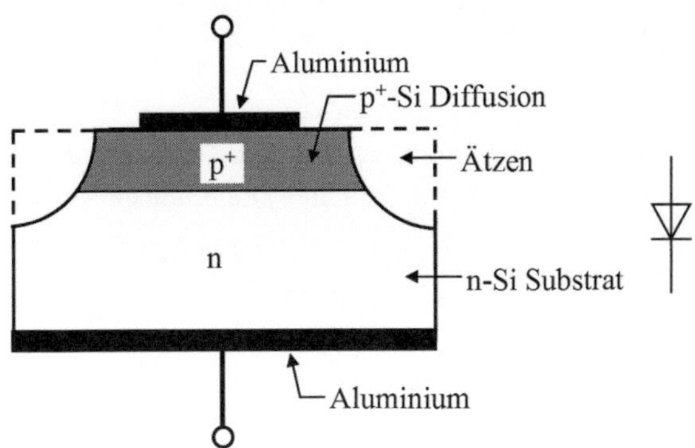

Abb. 4.42 Querschnitt durch eine diffundierte Diode

Abb. 4.42 zeigt als Beispiel einen Querschnitt durch eine diffundierte Siliziumdiode. Es handelt sich hierbei um eine von vielen möglichen Bauformen. In ein mäßig dotiertes n-leitendes Substrat ($n_D \approx 10^{15}\,\mathrm{cm}^{-3}$) wird eine einige zehntel µm tiefe, höher dotierte p^+- Schicht eindiffundiert ($n_A \approx 10^{18}\,\mathrm{cm}^{-3}$). Anschließend wird die Halbleiterscheibe auf beiden Seiten mit einer Metallschicht bedampft. Technologische Prozesse wie Tempern oder Legieren sorgen dafür, dass die Metallschicht einen Ohm'schen Kontakt mit dem Halbleiter bildet. Der parasitäre Spannungsabfall über den Kontakten ist idealerweise gleich null, und das elektrische Verhalten des Bauelementes wird ausschließlich vom Halbleiter bestimmt. Die obere Metallisierung und die p^+-diffundierte Schicht werden anschließend fotolithografisch strukturiert, sodass voneinander getrennte, kontaktierte p+-Gebiete entstehen. Die Schicht wird dann entlang der Ätzgräben zerteilt, und die einzelnen Dioden werden eingehäust. Das Ätzen der p^+-Schicht vor dem Zerteilen vermeidet unerwünschte Kantendefekte, die das elektrische Verhalten der Diode nachteilig beeinflussen könnten.

4.9.2.2 Epitaxie

Anstatt durch Diffusion das Grundmaterial umzudotieren, besteht auch die Möglichkeit, Schichten mit entsprechender Dotierung aufwachsen zu lassen (*Epitaxial-Planartechnik*). Die Abscheidung einer oder mehrerer Kristallschichten auf dem Grundmaterial (*Substrat*) ist eine weitere Methode zur ganzflächigen Herstellung eines pn-Übergangs. Man geht von einer extrem hoch dotierten, äußerst niederohmigen Einkristallscheibe als Substrat aus und lässt durch Darüberleiten von *Silan* (SiH_4) und Dotiergas bei hoher Temperatur eine dünne Kristallschicht passender Leitfähigkeit aufwachsen. Aus dem Gas SiH_4 scheidet sich im Kontakt mit dem heißen Grundmaterial reines Silizium ab. In gleicher Weise kann auch der Dotierstoff gasförmig zugeführt werden. Dieses Verfahren wird als Epitaxie bezeichnet. Der Herstellungspreis ist etwas höher als bei der Diffusion.

Vorteile der Epitaxie:

- hohe Reproduzierbarkeit
- perfekte Kristallqualität der abgeschiedenen Schichten
- nahezu beliebig einstellbares Dotierungsprofil.

4.9.2.3 Ionenimplantation

Die Zuführung von Dotieratomen durch Diffusion bzw. Epitaxie kann auch durch die Ionenimplantation ersetzt werden. Bei dieser Methode werden Dotierstoffionen in einem elektrischen Feld auf Energien von etwa 100 keV beschleunigt und in den Halbleiter hineingeschossen. Sie können dann einige 100 nm tief in die Halbleiteroberfläche eindringen. Die Implantation ist allerdings teurer als die Diffusion.

Vorteile der Ionenimplantation:

- keine hohen Kristalltemperaturen nötig
- nur Fotolackmaske erforderlich, keine SiO_2-Maske
- Dotierungsänderungen sehr lokal erzeugbar
- sehr hohe Reproduzierbarkeit von Dotierstoffprofil und -konzentration.

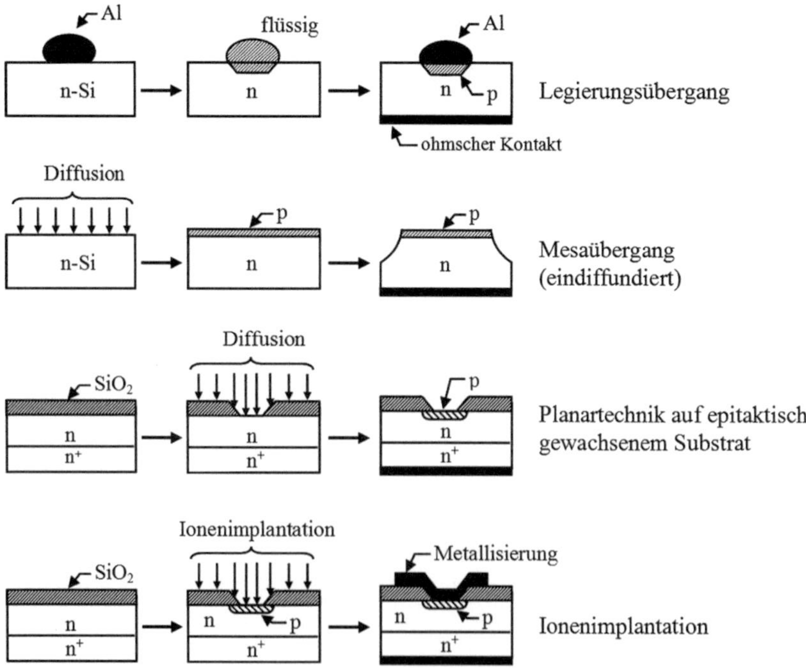

Abb. 4.43 Zusammenfassung der Herstellungsmethoden für pn-Übergänge. Legierungs- und Epitaxie-Verfahren ergeben abrupte Übergänge, Diffusion und Ionenimplantation ergeben Gaußförmige Dotierungsprofile

Je nach Beschleunigungsspannung und Ionenstromdichte lassen sich unterschiedliche Implantationstiefen und Dotierstoffkonzentrationen einstellen. Der Wafer wird anschließend bei hoher Temperatur ausgeheilt, um die bei der Implantation hervorgerufenen Kristallschäden zu beseitigen. Durch Wahl geeigneter Ausheiltemperaturen und -zeiten lässt sich die dabei stattfindende zusätzliche Diffusion der Dotierstoffe in Grenzen halten. Auch die Ionen-Implantation kann ganzflächig oder örtlich begrenzt erfolgen.

4.9.2.4 Kontaktierung

Ist mit Legierungs- oder Planartechnik z. B. ein p-Dotierstoff in einen n-Halbleiter eingebracht worden, kann anschließend auf dem entstandenen p-Gebiet der metallische p-Kontakt und auf der Rückseite der n-Kontakt angebracht werden. Die Anschlusskontakte werden in der Planartechnik durch Aufdampfen von Metallschichten hergestellt. Auf den Metallflächen des Diodenchips können Anschlussdrähte angeschweißt (*gebondet*) werden.

Häufig ist die Diode mit der einen Seite auf einen Metallstempel aufgelötet oder auflegiert. Dadurch wird sowohl ein elektrischer als auch ein verbesserter thermischer Kontakt erreicht. Leistungsdioden, die einen größeren Durchmesser aufweisen, werden mit Federn auf eine metallische Kontaktfläche gepresst. Dadurch wird der elektrische Kontakt gewährleistet, gleichzeitig kann sich die Diodentablette noch ausdehnen bzw. zusammenziehen, ohne dass mechanische Verspannungen hinzukommen.

Die Fläche des pn-Übergangs ist bei der lokalen Diffusion oder Implantation durch die Größe der Maskenfenster gegeben. Bei ganzflächiger Dotierung wird man in der Regel durch Ätzen einer Insel (*Mesa*) die wirksame Diodenfläche genau definieren. Wird der n-Kontakt nicht auf der Rückseite, sondern neben einem lokal diffundierten bzw. implantierten p-Gebiet ebenfalls auf der Vorderseite angeschlossen, spricht man von einem planaren (ebenen) Aufbau der Diode.

Eine Schottky-Diode wird durch einfaches Aufbringen einer Metallschicht auf die Diode ohne vorherigen Dotierungsschritt hergestellt. Der zweite (Ohm'sche) Kontakt kann wieder auf der Rückseite oder (bei planarem Aufbau) ebenfalls auf der Vorderseite liegen.

4.10 Aufbau von Halbleiterdioden

Die verwendete Bauform einer Diode richtet sich nach der gewünschten Anwendung. Bei den Einzeldioden wird zwischen Spitzen- und Flächendioden unterschieden.

4.10.1 Einzeldiode

4.10.1.1 Spitzendioden

Spitzendioden werden meist als Germaniumdioden gebaut. Auf einen kleinen n-leitenden Germaniumkristall wird ein spitzer Draht aus Gold (oder Wolfram, Molybdän) aufge-

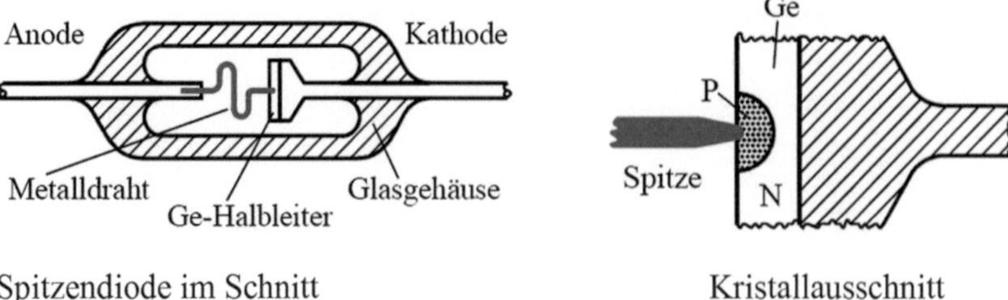

Abb. 4.44 Allgemeiner Aufbau einer Spitzendiode

setzt und mit dem Kristall durch einen Formierungsstromstoß verschweißt. Die Sperrschicht wird bei einer Spitzendiode also durch einen Metall-Halbleiter-Übergang dargestellt (Abb. 4.44 rechts). Der Draht enthält als Legierungsbestandteile geeignete Akzeptoratome. Während des Schweißvorganges dringen diese in den Germaniumkristall ein und erzeugen eine winzige p-leitende Zone (ca. 15... 50 µm Durchmesser).

Die Spitzendiode weist wegen der kleinen Fläche des pn-Übergangs eine geringe Sperrschichtkapazität auf ($C_S \approx 0{,}1\ldots 1\,\text{pF}$, siehe Abb. 4.45), aber wegen dieser geringen Fläche auch einen niedrigen maximal erlaubten Strom. Sie ist damit für Hochfrequenzanwendungen bis > 1 GHz sehr gut geeignet. Ge-HF-Dioden besitzen im Allgemeinen einen solchen Aufbau, sie werden vorwiegend zur Gleichrichtung kleiner hochfrequenter Wechselspannungen verwendet. Sie sind meist in einem Glaskörper hermetisch versiegelt.

In Si-Ausführung haben Spitzendioden ein sehr geringes Rauschen.

Die Golddrahtdiode (Abb. 4.46) ist eine Sonderform der Spitzendiode. Der Golddraht wird stumpf auf das stark dotierte Kristall geschweißt (Durchmesser der Sperrschichtfläche ≈ 100 µm). Der Durchlasswiderstand ist besonders gering.

Die Spitzendiode zeigt im Durchlassbereich keine saubere exponentiell verlaufende Kennlinie. Dies gilt für den Durchlass- und für den Sperrbereich. Im Durchlassbereich knickt die Kennlinie bei größeren Strömen aufgrund des Bahnwiderstandes ab. Der Sperrstrom erreicht keinen Sättigungswert, sondern steigt mit wachsender Sperrspannung stark

Abb. 4.45 Typischer Verlauf der Sperrschichtkapazität einer Ge-Spitzendiode als Funktion der Sperrspannung

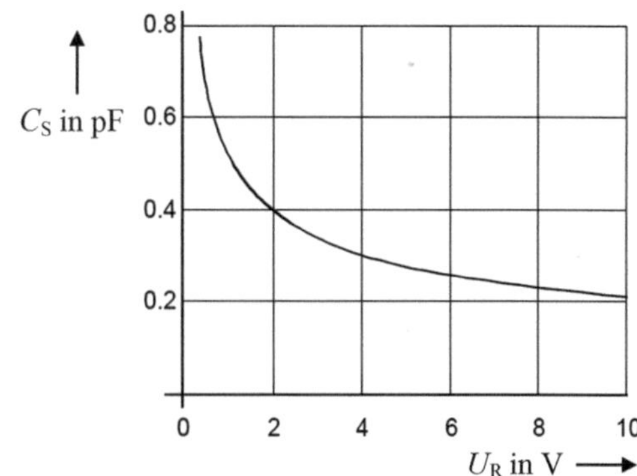

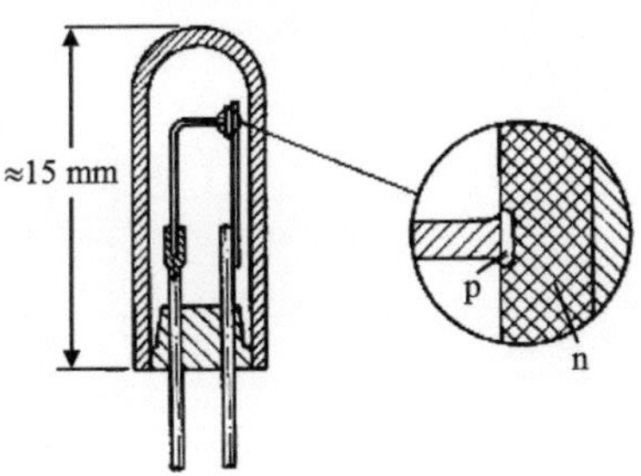

Abb. 4.46 Beispiel für eine Spitzendiode, die Germanium-Golddrahtdiode

an. Der Sperrstrom von Spitzendioden ist mit Werten im μA-Bereich relativ groß, verglichen mit Si-Flächendioden ist das Sperrverhalten also eher schlecht.

Die Sperrschichtkapazität nimmt wie bei den Flächendioden mit wachsender Sperrspannung ab.

4.10.1.2 Flächendioden

Bei Flächendioden erstreckt sich der pn-Übergang über eine größere Fläche. Flächendioden sind meist Si-Dioden. Sie können große Stromstärken vertragen und haben höhere Sperrspannungen als entsprechende Ge-Dioden. Je größer die Sperrschichtfläche einer Flächendiode ist, desto größer ist ihre Sperrschichtkapazität. Flächendioden mit großer Sperrschichtkapazität sind nicht für HF-Anwendungen geeignet. Die Schaltzeiten von Flächendioden wachsen mit der Sperrschichtkapazität.

Einzelne Dioden werden überwiegend in Epitaxial-Planar-Technik hergestellt. Abb. 4.47 zeigt den inneren Aufbau einer pn- und einer Schottky-Diode. Der aktive Bereich ist jeweils vergrößert dargestellt. Das n^+-Gebiet ist stark, das p-Gebiet mittel und das n^--Gebiet schwach dotiert. Die spezielle Schichtung unterschiedlich stark dotierter Gebiete trägt zur Verminderung des Bahnwiderstandes und zur Erhöhung der Durchbruchspannung bei.

Der Bau von einfachen pn-Dioden für hohe Sperrspannungen ist problematisch. Zwar lässt sich das Halbleitermaterial so dotieren, dass der pn-Übergang erst bei ca. 1000 V durchbricht. Hohe Sperrfähigkeit erfordert eine große Sperrschichtweite und damit eine niedrige Dotierung. Bei dieser schwachen Dotierung wird aber der Spannungsabfall in Flussrichtung relativ groß, denn umgekehrt erfordert ein niedriger Durchlasswiderstand geringe Bahnwiderstände und damit eine hohe Dotierung. Somit widersprechen sich die Anforderungen nach hoher Sperrfähigkeit und niedrigem Durchlasswiderstand.

Dioden für Sperrspannungen über einigen hundert Volt werden deshalb als **psn-Dioden** gebaut. Dabei wird zwischen p- und n-dotiertem Material eine schwach n-dotierte Zwischenschicht eingefügt. Diese Schicht nimmt einerseits hohe Sperrspannungen auf und wird andererseits im Durchlassbetrieb mit Ladungsträgern derart überschwemmt, dass sie keinen Beitrag zum Durchlasswiderstand leistet. Somit sind Flussspannungen von unter 2 V bei einer Sperrspannung von mehreren tausend Volt möglich. Falls die Zwischenschicht überhaupt keine Dotierung besitzt spricht man auch von **pin-Dioden**. Es ergeben

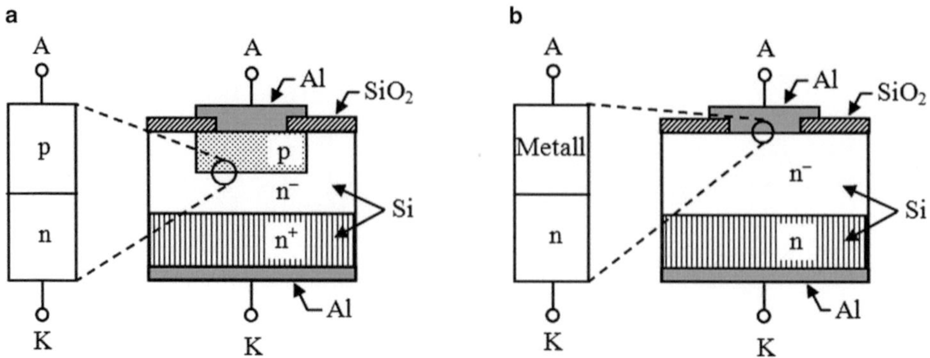

Abb. 4.47 Innerer Aufbau einer Flächendiode als diskretes Bauelement, pn-Diode (**a**) und Schottky-Diode (**b**)

sich so genannte psn- oder pin-Strukturen (i = intrinsic = nicht dotiert; s = soft = schwach dotiert).

Fast alle pn-Dioden sind als pin-Dioden aufgebaut, d. h. sie besitzen eine schwach oder undotierte mittlere Zone. In Abb. 4.47 ist dies die n^--Zone. Die Dicke dieser mittleren Zone ist annähernd proportional zur Durchbruchspannung, denn im Sperrbetrieb wird die Raumladungszone sehr breit und die Durchbruchspannung dadurch groß.

In der Praxis wird eine Diode jedoch nur dann als pin-Diode bezeichnet, wenn die Lebensdauer der Ladungsträger in der mittleren Zone sehr hoch ist und dadurch ein besonderes Verhalten erzielt wird. Darauf wird in Abschn. 4.11.16 näher eingegangen.

Bei Schottky-Dioden wird die schwach dotierte n^--Zone zur Bildung des Schottky-Kontakts benötigt. Ein Übergang von einem Metall zu einer mittel bzw. stark dotierten Zone zeigt dagegen ein schlechteres bzw. gar kein Diodenverhalten, sondern verhält sich wie ein Widerstand (Ohm'scher Kontakt).

4.10.1.3 Leistungsdioden

Leistungsdioden sind nahezu ausschließlich Siliziumdioden. Beispiele zeigt Abb. 4.48. Sie werden für sehr hohe Sperrspannungen (Stoßspitzensperrspannung $U_{\mathrm{RSM}} > 5\,\mathrm{kV}$) und sehr große Durchlassströme (periodischer Spitzenstrom $I_{\mathrm{FRM}} > 5\,\mathrm{kA}$) gebaut. Die Bahnwiderstände (durch den Ohm'schen Widerstand der Halbleiterschichten sowie den elektrischen Anschluss am Diodenkristall) liegen bei Leistungsdioden im Milliohm-Bereich.

Das eigentliche Halbleiterelement ist eine 0,2...0,4 mm dünne, einkristalline Siliziumscheibe mit einer Fläche von 1 mm^2 bis 70 cm^2, die durch Diffusionsprozesse eine n-Zone und eine p-Zone erhält. Durch Anbringen metallischer Kontakte, auf der einen Seite durch Legieren auf eine ca. 1 mm starke Molybdän- oder Wolfram-Trägerplatte, und auf der anderen Seite durch Aufdampfen von Aluminium oder Silber, entsteht eine Halbleitertablette. Bei großen Leistungen wird die Halbleitertablette in zweiseitig kühlbare Scheibenzel-

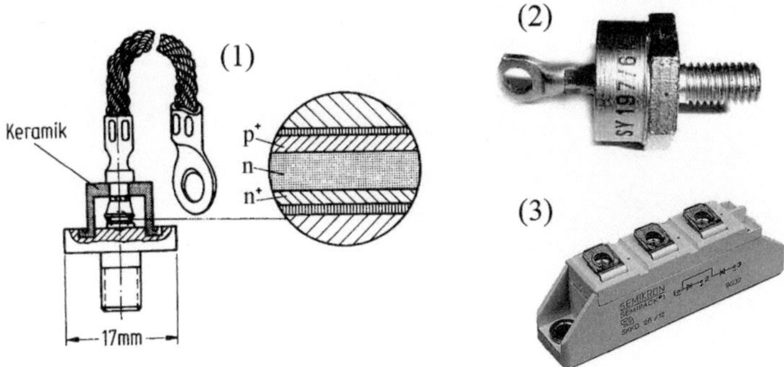

Abb. 4.48 Beispiel für eine Si-Leistungsdiode, Schnittdarstellung (*1*), Leistungsdiode mit Schraubanschluss (*2*), Diodenmodul (*3*)

len eingesetzt. Bei kleinen und mittleren Leistungen wird sie elektrisch isoliert eingebaut (Metalloxidschicht mit guter Wärmeleitfähigkeit). Mehrere Halbleiterdioden können in einem Gehäuse zu einer Gleichrichterschaltung (B2-Schaltung für Wechselspannung, B6-Schaltung für Drehspannung) verschaltet sein. Die Montage von Kompaktbausteinen auf einem Kühlkörper ist einfach. Da die Wärmekapazität des Halbleiterkristalls relativ klein ist, muss durch ausreichende Kühlung (Kühlkörper, Ventilation der Kühlluft) eine thermische Überlastung vermieden werden, sonst besteht die Gefahr der Zerstörung.

4.10.1.4 Gehäuse

Die verwendeten Gehäusebauformen sind genormt. Man unterscheidet z. B.:

- Kleindioden mit Anschlussdrähten oder -stiften und Ausführungen in SMD-Technik. Die Kleindioden können sowohl in ein Glas- als auch in ein Kunststoff-, Keramik- oder Metallgehäuse eingebaut sein.
- Einpressdioden.
- Schraubdioden.
- Scheibendioden.

Der Einbau in ein Gehäuse erfolgt, indem die Unterseite durch Löten mit dem Anschlussbein für die Kathode oder einem metallischen Gehäuseteil verbunden wird. Der Anoden-Anschluss wird mit einem feinen Gold- oder Aluminiumdraht (*Bonddraht*) an das zugehörige Anschlussbein angeschlossen. Abschließend werden die Dioden mit Kunststoff vergossen oder in ein Metallgehäuse mit Schraubanschluss eingebaut.

Bei Leistungsdioden ist das Gehäuse für die Montage auf einem Kühlkörper ausgelegt. Dabei begünstigt eine möglichst große Kontaktfläche die Wärmeabfuhr.

Bei Hochfrequenzdioden werden spezielle Gehäuse verwendet, da das elektrische Verhalten bei Frequenzen im GHz-Bereich von der Geometrie abhängt.

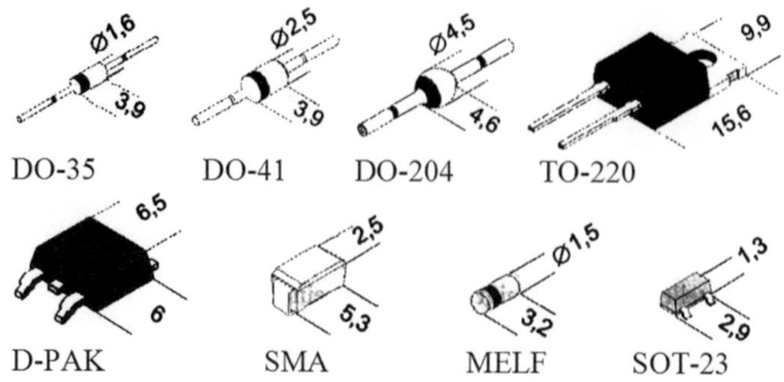

Abb. 4.49 Beispiele für Gehäusebauformen bei Einzeldioden

Für die verschiedenen Baugrößen und Einsatzgebiete existiert eine Vielzahl von Gehäusebauformen, die sich in der maximal abführbaren Verlustleistung unterscheiden oder an spezielle geometrische Erfordernisse angepasst sind. Abb. 4.49 zeigt einige gängige Bauformen.

4.10.2 Integrierte Diode

Die Herstellung von integrierten Dioden erfolgt in Epitaxial-Planartechnik. Alle Anschlüsse sind an der Oberseite des Halbleiterplättchens angebracht. Von anderen Bauteilen ist die integrierte Diode durch gesperrte pn-Übergänge elektrisch abgekoppelt. Der aktive Bereich liegt in einer sehr dünnen Schicht an der Oberfläche des Bauelementes. Das Plättchenmaterial wird als *Substrat* bezeichnet. Bei einer integrierten Schaltung ist das Substrat ein gemeinsamer Anschluss für alle Bauteile innerhalb der Schaltung.

Abb. 4.50 zeigt den Aufbau einer integrierten pn-Diode. Der Strom fließt von der Anode ausgehend in der p-Zone über den pn-Übergang in die n^--Zone und weiter über die n^+-Zone zur Kathode. Die stark dotierte n^+-Zone gewährleistet einen niedrigen Bahnwiderstand.

In Abb. 4.50 ist zusätzlich eine **Substrat-Diode** zwischen Kathode und Substrat enthalten. Da das Substrat an die negative Betriebsspannung angeschlossen wird, ist die

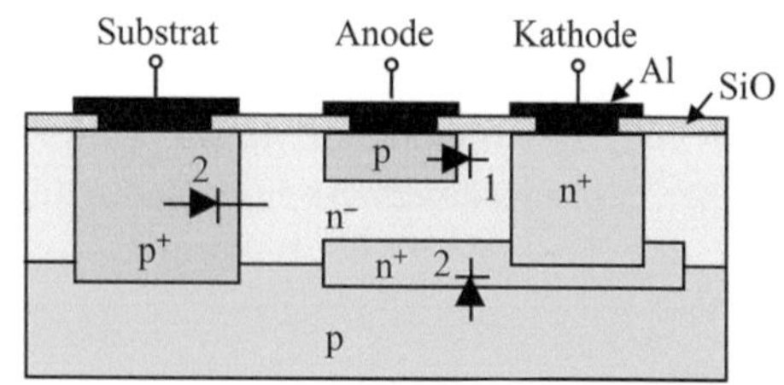

Abb. 4.50 Aufbau einer integrierten pn-Diode mit Nutzdiode (*1*) und parasitärer Substrat-Diode (*2*)

Substrat-Diode immer gesperrt und stellt eine Isolation gegenüber anderen Bauteilen und dem Substrat dar.

4.11 Diodentypen

4.11.1 Schaltdiode, Universaldiode

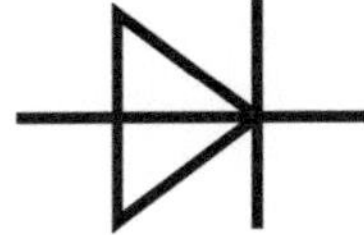

Abb. 4.51 Schaltzeichen der Universaldiode

Universelle Schaltdioden (*switching diode*) haben einen geringen Durchlasswiderstand und einen sehr kleinen Sperrstrom. Das Material ist überwiegend Silizium, oder (heute nur noch sehr selten) Germanium. Größenordnungen der elektrischen Werte sind: Strombelastbarkeit: 100 mA, Durchbruchspannung: 100 V, Kapazität: einige pF, Schleusenspannung: 0,7 V (Si) bzw. 0,3 V (Ge). Universaldioden zum Schalten und Gleichrichten sind preisgünstig. Einsatzgebiete sind das Schalten und Begrenzen von Signalen und Logikschaltungen.

4.11.2 Gleichrichterdiode

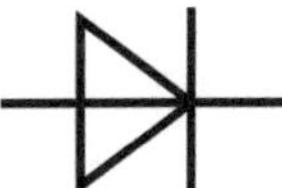

Abb. 4.52 Schaltzeichen der Gleichrichterdiode

Mit Gleichrichterdioden erfolgt die Umwandlung von Wechselspannung in eine Gleichspannung. Sie haben ähnliche Eigenschaften wie die Schaltdiode, weisen jedoch meist eine höhere Durchbruchspannung (1000 V) auf, die Strombelastbarkeit entspricht der Anwendung (1…1000 A). Die höhere Belastbarkeit wird unter anderem durch eine größere Fläche erreicht, dadurch ist die Kapazität deutlich höher.

4.11.3 Schottky-Diode

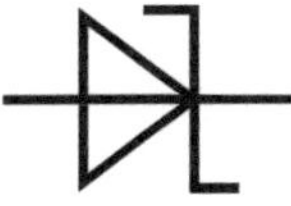

Abb. 4.53 Schaltzeichen der Schottky-Diode

Schottky-Dioden haben keinen pn-, sondern einen Metall-Halbleiter-Übergang (Schottky-Kontakt). Die Schottky-Diode wird auch *Hot-Carrier-Diode* (HCD) genannt, da die bei

Vorwärtspolung vom n-Silizium in das Metall injizierten Elektronen relativ viel Energie besitzen und deshalb als heiße Elektronen bezeichnet werden. Zum Strom tragen nur Majoritätsladungsträger bei, es werden keine Minoritätsladungsträger gespeichert. Daraus folgt das schnelle Schalten.

Eigenschaften der Schottky-Diode Die Schottky-Diode schaltet sehr schnell (im Pikosekunden-Bereich) vom Durchlass- in den Sperrzustand (keine Diffusionskapazität).

Die Durchlassspannung ist etwa halb so groß wie bei Siliziumdioden (ca. 0,2…0,3 V).

Der Sperrstrom ist ein Majoritätsträgerstrom, um mehrere Größenordnungen größer (im Bereich von 20 nA) und wesentlich stärker von der Sperrspannung abhängig als bei der pn-Diode.

Die Durchbruchspannung ist erheblich niedriger als bei pn-Dioden (ca. 50 V).

Wichtige Anwendungsbereiche der Schottky-Diode sind:

- Höchstfrequenz-Diode (Gleichrichtung mit geringen Verlusten, Mischung).
- Schaltdiode mit extrem kurzer Schaltzeit (Schaltfrequenzen > 10 GHz).
- Leistungsgleichrichter für hohe Schaltfrequenzen (z. B. in Schaltnetzteilen).
- Klammerdiode für bipolare Schalttransistoren. Aufgrund ihrer geringen Durchlassspannung verhindern sie eine Sättigung des Transistors (eine starke Übersteuerung) und ermöglichen ein schnelleres bzw. leistungsärmeres Schalten.
- Schottky-Logik-Schaltkreise.
- Optoelektronische Bauteile.

4.11.4 Suppressordiode

Die Suppressordiode wird zur Begrenzung von Überspannungsspitzen eingesetzt. Ihre besonderen Merkmale sind die hohe Impulsbelastbarkeit und die sehr kurze Ansprechzeit von wenigen Picosekunden. Sie ist in Aufbau und Wirkungsweise mit der Z-Diode vergleichbar. Beide Dioden werden in Sperrrichtung betrieben, die I/U-Charakteristiken sind ähnlich. Während jedoch eine Z-Diode zur Stabilisierung einer Spannung dient, ist die Suppressordiode für den Schutz vor hohen Spannungsspitzen optimiert.

Die Suppressordiode wird auch *Transient Voltage Suppressor* Diode (TVS-Diode, kurz TVS) genannt. Sie schützt empfindliche Bauteile und Ein- und Ausgänge elektronischer Schaltungen in Baugruppen und Geräten vor einmaligen, kurzzeitigen Überspannungsim-

a

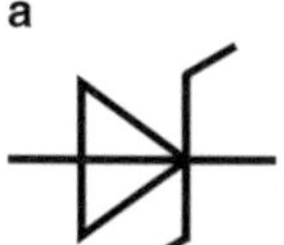

b

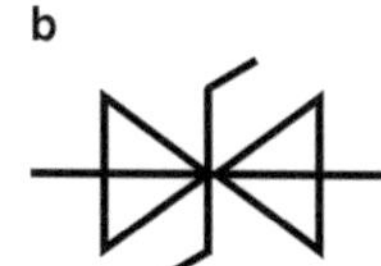

Abb. 4.54 Schaltzeichen der Suppressordiode, unidirektional (**a**) und bidirektional (**b**)

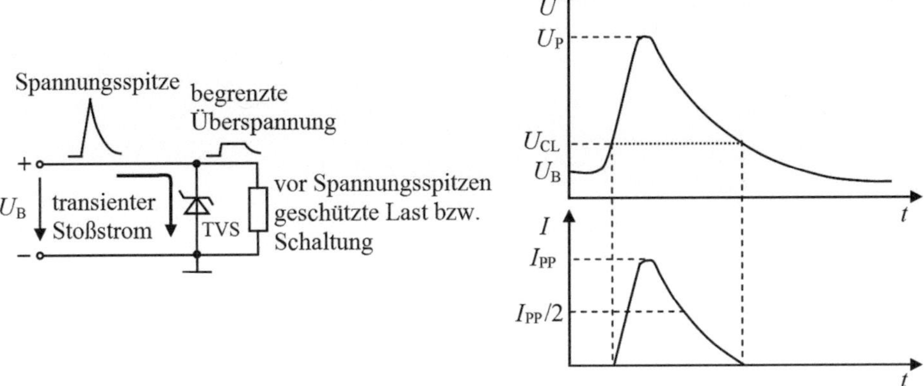

Abb. 4.55 Mit einer Suppressordiode können Spannungsspitzen von einigen tausend Volt auf einen Wert nahe der Betriebsspannung U_B begrenzt werden. Die Last wird vor gefährlichen Spannungsspitzen geschützt, die Spannung an der Last wird auf die Klemmspannung U_{CL} begrenzt

pulsen (Spannungstransienten), wie sie durch das Schalten induktiver Lasten, induzierte Spannungen oder elektrostatische Entladungen auftreten (Abb. 4.55).

Übersteigt die Sperrspannung an einer Suppressordiode einen bestimmten Wert (*Durchbruchspannung* U_{BR}, *breakdown voltage*), so findet in der Diode ein Lawinendurchbruch statt. Die Diode wird niederohmig, durch sie fließt ein hoher transienter Strom im Ampere-Bereich (*Stoßstrom* I_{PP}, *surge current*) und die Spannung an ihr und damit an einer parallel geschalteten zu schützenden Last wird auf einen ungefährlichen Wert begrenzt (*Klemmspannung* U_{CL}, *clamping voltage*). Sinkt die Sperrspannung wieder unter die Durchbruchspannung, so sinkt auch der Strom durch die Diode wieder auf den normalen Wert des Sperrstromes I_{RM}, z. B. auf $I_{RM} = 1\,\mu A$ (*Sperrreststrom, leakage current, standby current*), der bei einer dauernd anliegenden *Betriebssperrspannung* U_{RM} (*stand-off voltage*) fließt. Meist wird U_{BR} um 10 % höher als U_{RM} gewählt, wobei U_{RM} der zu schützenden Betriebsspannung U_B entspricht.

Die Impulsbelastbarkeit von Suppressordioden wird üblicherweise in Kilowatt der *Pulsspitzenleistung* P_{PP} (*peak pulse power dissipation*) einer definierten Impulsform spezifiziert. Ein üblicher Verlauf dieses Testimpulses (Abb. 4.56) hat einen linearen Anstieg innerhalb von 10 µs auf den Maximalwert des Stoßstromes I_{PP} und einen anschließend 1000 µs dauernden exponentiellen Abfall auf $I_{PP}/2$. Dieser Impuls wird als 10/1000 µs-Impuls bezeichnet. Eine neuere Definition ist der 8/20 µs-Impuls, mit der Festlegung der Zeitverläufe wie beim 10/1000 µs-Impuls.

Die Pulsspitzenleistung P_{PP}, mit der Suppressordioden belastet werden können, reicht bis in den Bereich von tausenden von Watt. Beispiele sind eine Nennleistung von 5 kW für den 10/1000 µs-Impuls und 400 W für den 8/20 µs-Impuls. Die Leistung entspricht

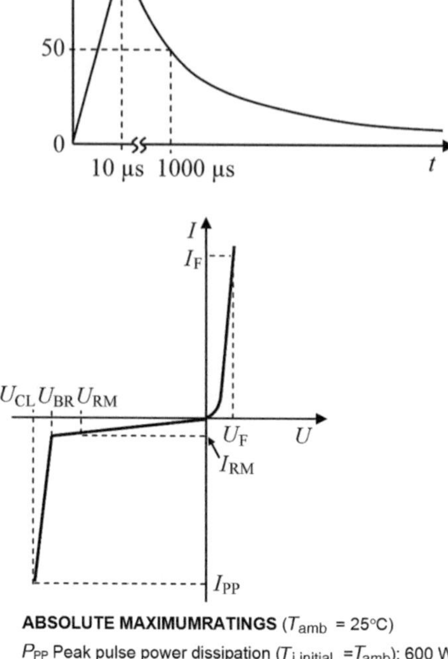

Abb. 4.56 Zur Definition des 10/1000 µs-Impulses

Abb. 4.57 Charakteristische Spannungen und Ströme bei einer Suppressordiode

jeweils dem Produkt der Höchstwerte von Spannung an der Diode und Strom durch die Diode.

Suppressordioden gibt es in unidirektionaler und bidirektionaler Ausführung. Mit einer unidirektionalen Suppressordiode kann eine Gleichspannung, mit der bidirektionalen Variante können auch Leitungen mit Wechselspannungssignalen vor Spannungsspitzen geschützt werden. Die bidirektionale Ausführung kann man als zwei antiparallel geschaltete, unidirektionale Ausführungen betrachten.

Die Parameter in Abb. 4.57 sind:

Symbol	Parameter
U_{RM}	stand-off voltage
U_{BR}	breakdown voltage
U_{CL}	clamping voltage
I_{RM}	leakage current U_{RM}
I_{pp}	surge current
αT	voltage temperature coefficient
U_F	forward voltage drop

Tab. 4.1 Auszug aus dem Datenblatt einer Suppressordiode (Transil-Diode)

TYPES		I_{RM} @ U_{RM}		U_{BR} @ I_R				U_{CL} @ I_{PP}		U_{CL} @ I_{PP}		αT	C
		max		min	nom	max		max 10/1000 µs		max 8/20 µs		max	typ
Unidirectional	Bidirectional	mA	V	V	V	V	mA	V	A	V	A	$10^{-4}/°C$	pF
P6KE6V8A	P6KE6.8CA	1000	5.8	6.45	6.8	7.14	10	10.5	57	13.4	298	5.7	4000
P6KE7V5A	P6KE7.5CA	500	6.4	7.13	7.5	7.88	10	11.3	53	14.5	276	6.1	3700
P6KE10A	P6KE10CA	10	8.55	9.5	10	10.5	1	14.5	41	18.6	215	7.5	2800
P6KE12A	P6KE12CA	5	10.2	11.4	12	12.6	1	16.7	36	21.7	184	7.8	2300
P6KE15A	P6KE15CA	1	12.8	14.3	15	15.8	1	21.2	28	27.2	147	8.4	1900

Im Gegensatz zu gasgefüllten Überspannungsableitern verursachen Suppressordioden keinen Spannungseinbruch der zu schützenden Spannung, sie sind daher nach dem Ansprechen auch ohne Stromunterbrechung sofort wieder einsatzbereit. Alternativ zu Suppressordioden können Varistoren (diese haben jedoch eine längere Ansprechzeit) eingesetzt werden.

Suppressordioden werden für eine Reihe eng tolerierter Durchbruchspannungen hergestellt. TVS-Dioden gibt es als SMD- und bedrahtete Bauteile, mit Schraubgewinde oder als Arrays. Sie werden von diversen Halbleiterherstellern unter geschützten Markennamen vermarktet, z. B. Transil (Markenname von ST Microelectronics), Transzorb (Markenname von Vishay Semiconductor).

4.11.5 Temperatursensoren

Die Temperaturabhängigkeit der Durchlasskennlinie einer Diode lässt sich zur Temperaturmessung ausnutzen. Bandgap-Referenz-Dioden werden als Sensoren mit nahezu linearer Kennlinie im Temperaturbereich −30...120 °C angeboten. Für tiefe Temperaturen (1...100 K) geeignete Dioden weisen dagegen eine stark gekrümmte Kennlinie auf.

4.11.6 DIAC

Die bisher betrachteten Dioden weisen jeweils *einen* pn-Übergang auf. Mehrschichtdioden sind Spezialdioden (Mehrschicht-Halbleiter), sie haben mehr als einen pn-Übergang bei nur zwei äußeren Anschlüssen. Je nach ihrem Aufbau werden sie als Dreischichtdiode (mit pnp-Übergängen), Vierschichtdiode (mit pnpn-Übergängen) oder Fünfschichtdioden (mit pnpnp-Übergängen) bezeichnet. Die Drei- und die Fünfschichtdiode werden auch DIAC (diode alternating current switch) genannt. Hauptsächlich wird die Dreischichtdiode als DIAC bezeichnet, bei der Fünfschichtdiode wird deren innerer Aufbau meist durch den Gebrauch dieser Bezeichnung hervorgehoben.

Bei allen drei Diodentypen wird die Strecke zwischen den beiden Anschlüssen A_1 und A_2 erst leitfähig (schlagartig niederohmig), wenn die Spannung an ihnen die Durchbruchspannung U_{B0} übersteigt. Die an ihnen anliegende Spannung geht nach Überschreiten dieser Grenzspannung (*Kippspannung*) auf eine geringere *Haltespannung* zurück. Das schlagartige Übergehen vom gesperrten Zustand in den Durchlasszustand wird auch als *Zünden* bezeichnet. Nach der Zündung bleibt der Stromfluss erhalten, bis der Durchlassstrom einen bestimmten Wert, den *Haltestrom*, unterschritten hat. Der Widerstand steigt dann rapide an. Dieser Vorgang wird auch als *Löschen* bezeichnet.

Dieses Verhalten besteht bei der Drei- und Fünfschichtdiode in beiden Polungsrichtungen, ihre I/U-Kennlinien sind symmetrisch, es sind Halbleiterbauelemente mit bidirektionalen Schaltereigenschaften. Durch den bidirektionalen Aufbau kann auch Wechsel-

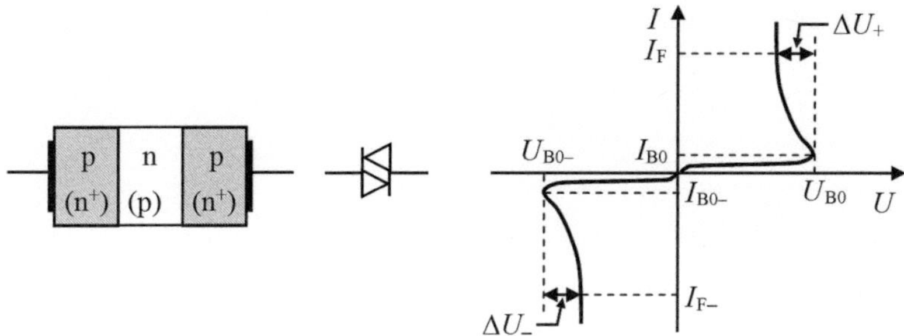

Abb. 4.58 Aufbau, Schaltzeichen und I/U-Kennlinie der Dreischichtdiode (DIAC)

spannung geschaltet werden. Die beiden Anschlüsse bezeichnet man bei ihnen als Anode 1 und Anode 2 (A_1, A_2), da für die Anschlüsse keine Polarität angegeben werden kann.

4.11.6.1 Dreischichtdiode

Im Prinzip kann die Dreischichtdiode (DIAC, bidirektionale Triggerdiode, Zweirichtungsdiode) als zwei antiseriell (mit entgegengesetzter Polung in Reihe) geschaltete Zenerdioden angesehen werden. Der Leitungsmechanismus in der pnp-Struktur ist jedoch wesentlich komplizierter und durch innere Rückkopplungseffekte geprägt, welche einen von der Z-Diode abweichenden Kennlinienverlauf ergeben. Die Zweirichtungsdiode ist aus drei Halbleiterschichten wechselnder Dotierung aufgebaut. Üblicherweise wird die Reihenfolge pnp verwendet, npn ist aber auch möglich. Die Polung spielt beim DIAC keine Rolle, einer der beiden pn-Übergänge wird immer in Sperrrichtung betrieben. Nachdem die Kippspannung (U_{B0} oder U_{B0-}) erreicht wurde, bricht die sperrende Diode durch und die Spannung an ihr geht auf ungefähr 25 V zurück (Abb. 4.58). Die Diode befindet sich jetzt in einem niederohmigen Zustand. Wird die Haltespannung unterschritten, so kippt die Zweirichtungsdiode in den hochohmigen Zustand zurück.

Bei der rückwärtssperrenden Triggerdiode entspricht die Kennlinie im 1. Quadranten der Kennlinie des DIAC, im 3. Quadranten der Sperrkennlinie einer Diode (wie bei der Vierschichtdiode).

4.11.6.2 Fünfschichtdiode

Die Fünfschichtdiode (Zweirichtungsthyristordiode, bidirektionale Thyristordiode) stellt im Grunde genommen einen Thyristor mit symmetrischem Aufbau und fehlender Steuerelektrode dar. Prinzipiell entspricht sie einer Antiparallelschaltung von zwei Thyristordioden. Verbindet man die einzelnen Schichten miteinander, so ergibt sich ein Fünfschicht-Halbleiterbauelement.

Überschreitet die anliegende Spannung die Zündspannung (U_{B0+} oder U_{B0-}), so nimmt die Diode einen niederohmigen Zustand ein und die anliegende Spannung geht auf ca. 1 Volt zurück. Wird der Haltestrom I_H (bzw. die zugehörige Haltespannung) unterschrit-

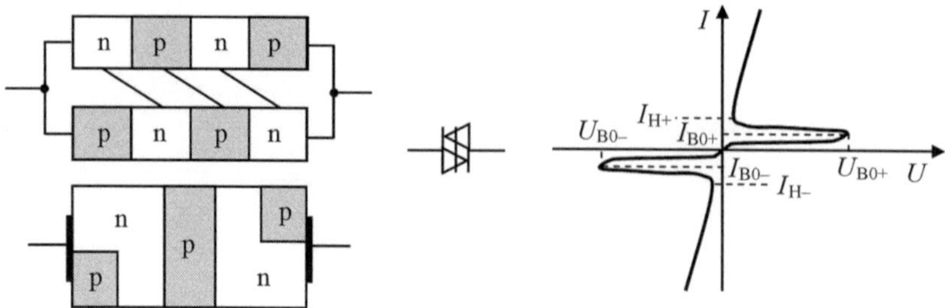

Abb. 4.59 Aufbau, Schaltzeichen und I/U-Kennlinie der Fünfschichtdiode

ten, so kippt das Bauelement in den hochohmigen Zustand zurück, die Diode sperrt wieder (Abb. 4.59).

4.11.6.3 Vierschichtdiode

Die Vierschichtdiode (Einrichtungsthyristordiode) kann ebenfalls als Thyristor mit fehlender Steuerelektrode angesehen werden. Ein Zünden kann allerdings nur in einer Richtung erfolgen. Der niederohmige Zustand mit ca. 1 Volt Durchlassspannung bleibt bestehen, bis der Haltestrom unterschritten wird.

Jeder der drei pn-Übergänge stellt eine Diodenstrecke dar. Die Kennlinie ist nicht symmetrisch, die Anschlüsse werden mit Anode (A) und Kathode (K) bezeichnet. Im Stromkreis einer Vierschichtdiode muss mit einem Vorwiderstand R_V der Durchlassstrom begrenzt werden.

Im Kennlinienfeld einer Vierschichtdiode unterscheidet man den *Sperrbereich*, den *Blockierbereich*, den *Übergangsbereich* und den *Durchlassbereich* (Abb. 4.60).

Ist die Spannung U_{AK} negativ, so fließt im Sperrbereich ein sehr geringer Sperrstrom. Bei der Sperrspannung U_R kommt es zu einem Durchbruch, bei dem die Diode zerstört werden kann.

Ist die Anode negativ gegenüber der Kathode, so ist nur die Diodenstrecke D_2 in Durchlassrichtung geschaltet (Abb. 4.61). Die Diodenstrecken D_1 und D_3 sind in Sperrrichtung geschaltet. Die extern anliegende Spannung verteilt sich über die zwei äußeren Raumla-

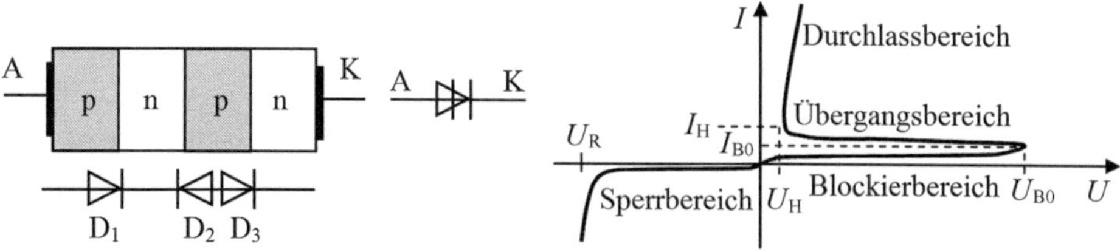

Abb. 4.60 Aufbau, Schaltzeichen und I/U-Kennlinie der Vierschichtdiode

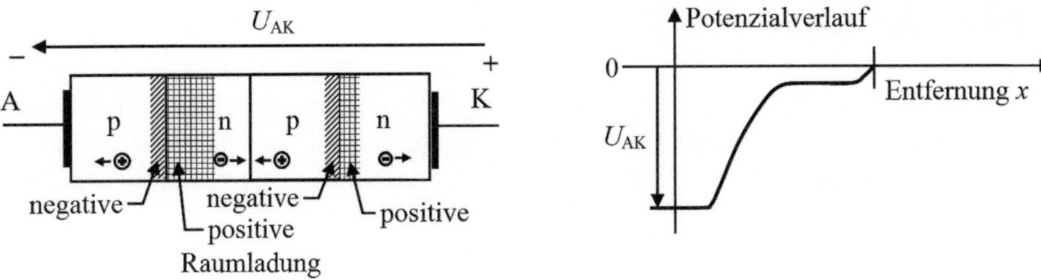

Abb. 4.61 Vierschichtdiode im Sperrbereich

dungszonen. Es fließt ein sehr kleiner Sperrstrom $I_R = 0{,}1\ldots 0{,}01\,\mu A$. Die Diode sperrt bis zu hohen negativen Spannungen.

Im Blockierbereich befindet sich die Vierschichtdiode in einem hochohmigen Zustand.

Ist die Anode positiv und die Kathode negativ, so sind die Diodenstrecken D_1 und D_3 in Durchlassrichtung gepolt, die mittlere Diodenstrecke D_2 ist in Sperrrichtung geschaltet. Die anliegende Spannung verteilt sich über die mittlere Raumladungszone. Die Vierschichtdiode sperrt auch bei dieser Polung (kleiner Sperrstrom $I_R = 0{,}1\ldots 0{,}01\,\mu A$), aber nur in einem bestimmten Spannungsbereich von U_{AK}. Vergrößert man die Spannung U_{AK} bis zur Kippspannung U_{B0}, so wird die Vierschichtdiode schlagartig niederohmig (leitend).

Ist die Spannung U_{AK} positiv und erreicht die Schaltspannung U_{B0}, geht die Diode in den niederohmigen Zustand über. Dieser Teil der Kennlinie ist der Übergangsbereich (Abb. 4.62). Aufgrund des niederohmigen Zustandes der Diode fällt der größte Teil einer Spannung an einem Vorwiderstand R_V ab. Die Spannung an der Vierschichtdiode sinkt bis auf die Haltespannung U_H ab. Die geringe Haltespannung steigt mit zunehmendem Haltestrom

Im Durchlassbereich ist die Vierschichtdiode niederohmig, der hohe Durchlassstrom I_F muss mit einem Vorwiderstand R_V begrenzt werden. Wird die Haltespannung U_H und der Haltestrom I_H (die Werte sind wegen Exemplarstreuungen ungenau) unterschritten, so wird die Vierschichtdiode wieder hochohmig.

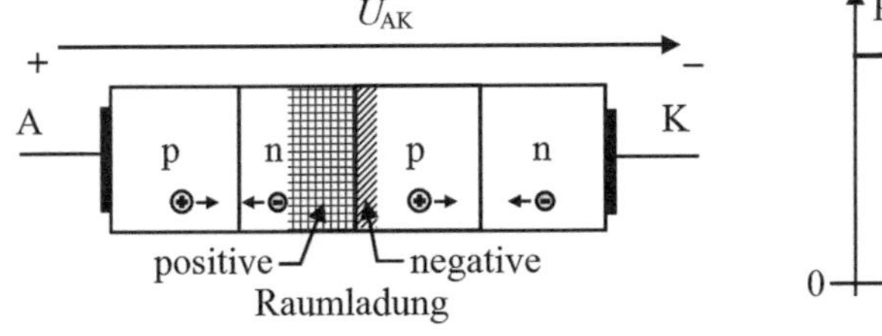

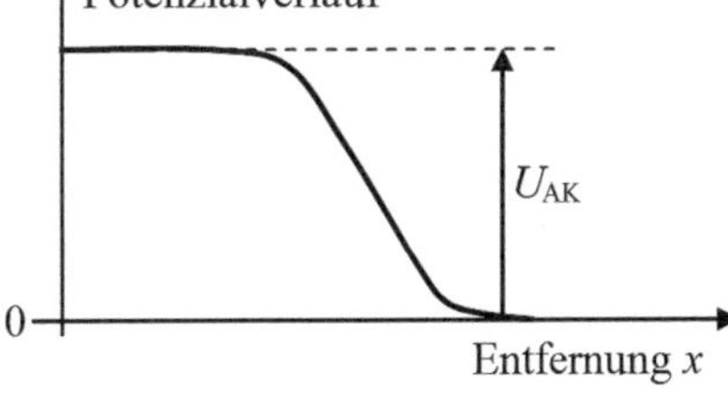

Abb. 4.62 Vierschichtdiode im Übergangsbereich

4.11.6.4 Anwendungen der Mehrschichtdioden

Drei-, Vier- und Fünfschichtdioden werden zum Auslösen (Triggern) von Thyristoren oder Triacs verwendet. Die plötzliche Verkleinerung der Spannung am Bauelement ergibt einen schnell ansteigenden Strom (Trigger-Impuls, Zündimpuls mit steiler Flanke) im Zündkreis des Thyristors. Mit der Vierschichtdiode kann auch ein Generator für eine Sägezahnspannung realisiert werden.

Durch Abweichungen im Kristallgitter und Fertigungstoleranzen sind positive (U_{B0+}) und negative (U_{B0-}) Kippspannung nicht exakt gleich. Der Unterschied wird als *Symmetrieabweichung* bezeichnet. Die Kippspannungsdifferenz $U_{B0+} - |U_{B0-}|$ definiert die Symmetrie der I/U-Kennlinie. Die Kippspannung ist außerdem von der Temperatur und der Spannungssteilheit abhängig.

4.11.6.5 Kennwerte von Mehrschichtdioden

Die folgenden Kennwerte sind nur Richtwerte, die eine Vorstellung der ungefähren Größenordnungen geben sollen.

Kippspannung U_{B0}: 20...200 V (meist ca. 30...35 V)
Kippstrom I_{B0}: 50...200 µA
Haltestrom I_F: 5...50 mA
Max. Durchlassstrom $I_{F\,max}$: 1 A
Differenz ΔU zur Kippspannung bei $I_F = 10\,\text{mA}$: 5...7 V
Symmetrieabweichung $U_{B0+} - |U_{B0-}|$: $\pm 3\,\text{V}$
Widerstand im hochohmigen Zustand: einige MΩ
Widerstand im niederohmigen Zustand: einige Ω.

4.11.7 Zenerdiode, Z-Diode

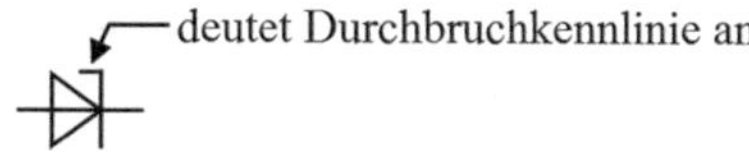

Abb. 4.63 Schaltzeichen der Zenerdiode

Z-Dioden werden ausschließlich aus Silizium hergestellt. In Durchlassrichtung arbeitet die Z-Diode wie eine normale Diode, ihre Kennlinie (siehe Abb. 4.64) ist in Flussrichtung identisch mit der Kennlinie einer gewöhnlichen Siliziumdiode.

In Sperrrichtung hat die Kennlinie einer Z-Diode jedoch einen sehr scharfen Knick an der Stelle, wo der Durchbruch einsetzt. Ab dieser (je nach Typ auf einen bestimmten Wert festgelegten) Durchbruchspannung im Sperrbereich, der Zener(nenn)-Spannung U_Z, wird die Zenerdiode niederohmig, der Sperrstrom steigt stark an. Im Durchbruchbereich verläuft die Kennlinie sehr steil. *Durch den besonders steilen Anstieg des Sperrstromes ab der Zenerspannung ist die Spannung an der Diode vom fließenden Strom nahezu unabhängig.* Dies wird zur Stabilisierung von Gleichspannungen und zur Spannungsbegrenzung verwendet.

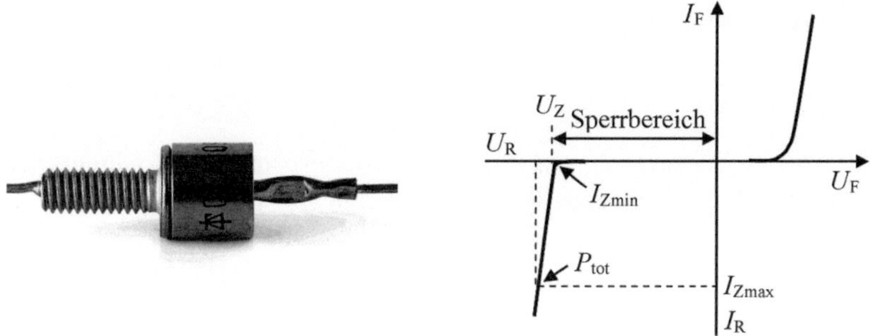

Abb. 4.64 Foto und Kennlinie einer Z-Diode

Abb. 4.65 Spannungsstabilisierung mit Z-Diode

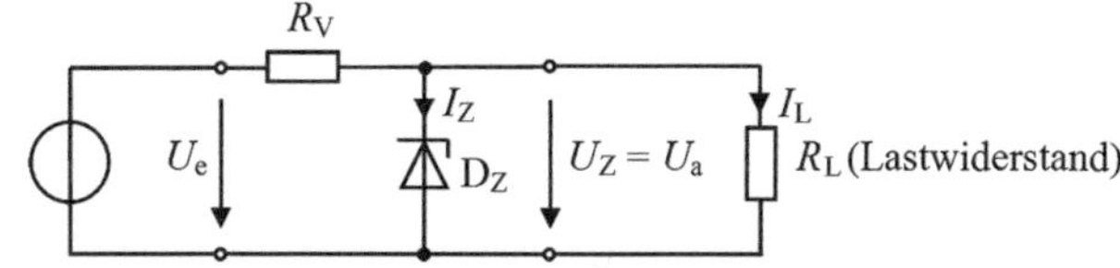

Z-Dioden sind für den Dauerbetrieb im Durchbruchbereich ausgelegt. Liegt der Arbeitspunkt bei einer Z-Diode auf der Durchbruchkennlinie, so bewirkt eine große Stromänderung ΔI_Z nur eine kleine Spannungsänderung ΔU_Z. Es ergibt sich eine stabilisierende Wirkung für U_Z, sie ist nur wenig von Laständerungen abhängig und bleibt fast konstant. Die Stabilisierung ist umso besser, je steiler die Kennlinie verläuft, je kleiner also der differenzielle Innenwiderstand $r_Z = \frac{\Delta U_Z}{\Delta I_Z}$ der Diode (= Kehrwert der Steigung der Kennlinie) im Durchbruchbereich ist. Im Datenblatt einer Z-Diode wird vom Hersteller durch I_Z und U_Z (= Zenerspannung, Z-Spannung) ein Arbeitspunkt angegeben, in dem die Z-Diode betrieben werden soll. Typische Nennwerte der Zenerspannung liegen bei handelsüblichen Z-Dioden zwischen etwa 2 und 200 V.

In der Regel werden Zenerdioden in Sperrrichtung mit einem in Reihe geschalteten Vorwiderstand R_V betrieben, um durch diese Strombegrenzung eine Überlastung der Diode zu vermeiden. Die Versorgungsspannung einer elektronischen Schaltung kann, unabhängig von Schwankungen der speisenden Eingangs-Gleichspannung, konstant gehalten werden und bleibt auch bei Schwankungen des in die Schaltung hineinfließenden Stromes konstant. Die Ausgangsspannung einer Schaltung zur Spannungsstabilisierung mit einer Z-Diode ist also nicht nur gegen Schwankungen der Betriebsspannung, sondern auch gegen Belastungsschwankungen stabilisiert. Wegen des hohen Stromes durch die Z-Diode eignet sich diese Art der Spannungsstabilisierung allerdings nur für Teilschaltungen mit geringer Stromaufnahme.

Für die Dimensionierung der Schaltung in Abb. 4.65 sind folgende Forderungen zu erfüllen:

1. R_V muss so klein sein, dass auch bei der niedrigsten vorkommenden Eingangsspannung $U_{e\,min}$ und bei größtem vorkommenden Laststrom $I_{L\,max}$ die Diode noch im Zenerbereich arbeitet, d. h. dass $I_Z \geq I_{Z\,min}$ ist.

2. Die im Datenblatt angegebenen Werte der maximal zulässigen Verlustleistung $P_{Z\,max}$ (P_{tot}) bzw. des maximal zulässigen Sperrstromes $I_{Z\,max}$ der Z-Diode dürfen nicht überschritten werden.

Der Bereich zwischen $I_{Z\,min}$ und $I_{Z\,max}$ wird Arbeitsbereich oder Durchbruchbereich genannt. Die Durchbruchkennlinien von Z-Dioden mit Zenerspannungen $6\,V \leq U_Z \leq 8\,V$ verlaufen besonders steil, ihr differenzieller Widerstand r_Z ist sehr klein.

Entsprechend der Zenerspannung lassen sich drei Bereiche einteilen.

1. $U_Z \leq 6\,V$: Diese Z-Dioden besitzen einen negativen Temperaturkoeffizienten α_Z, da der Durchbruch vorwiegend durch den Zener-Effekt erfolgt.
2. $6\,V < U_Z < 8\,V$: Bei Z-Dioden mit solcher Nennspannung ist der Temperaturkoeffizient $\alpha_Z \approx 0$, da der Durchbruch durch Zener- und Lawineneffekt etwa gleich stark gemeinsam erfolgt. Die Durchbruchspannung ist dann nahezu temperaturunabhängig.
3. $U_Z \geq 8\,V$: Z-Dioden mit dieser Nennspannung besitzen einen positiven Temperaturkoeffizienten α_Z, da der Durchbruch vorwiegend durch den Lawineneffekt erfolgt.

4.11.8 Avalanchediode

Z-Dioden mit hohen Durchbruchspannungen (bis in den kV-Bereich) werden meist Avalanche-Dioden genannt. Bei hoher Sperrspannung tritt zusätzlich zum Zener-Effekt noch der Avalanche-Effekt (Lawineneffekt) auf. Ab 5,7 V Sperrspannung überwiegt der Avalanche-Effekt gegenüber dem Zener-Effekt. Der Temperaturkoeffizient ist beim Zener-Effekt negativ, beim Avalanche-Effekt positiv.

4.11.9 Stromregeldiode

Abb. 4.66 Schaltzeichen einer Stromregeldiode

Eine Stromregeldiode oder Strombegrenzungsdiode (current limiter diode, current regulative diode, CRD) ist eine Konstantstromdiode, die einen definierten Strom unabhänging von der Versorgungsspannung und von Lastschwankungen liefert. Sie lässt ab einer gewissen Spannung in einer Richtung nur einen bestimmten Maximalstrom durch und wird zur Stromstabilisierung und -begrenzung in SPS (speicherprogrammierbare Steuerungen), Sensorapplikationen und zur Ansteuerung von LEDs genutzt. Bezüglich ihres speziellen Verhaltens ähnelt die Stromregeldiode einer Konstantstromquelle.

Stromregeldioden sind vom Aufbau her keine Dioden sondern Feldeffekttransistoren. Es sind JFETs, bei denen die Anschlüsse Source und Gate verbunden sind. Da diese

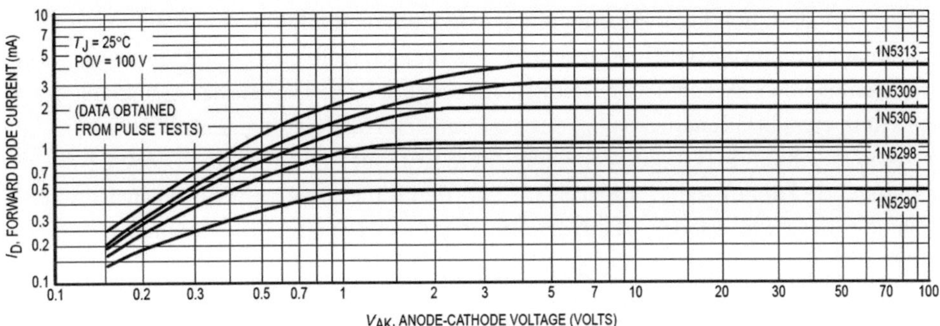

Abb. 4.67 Beispiel für Kennlinien von Stromregeldioden

Bauteile nur zwei Anschlüssen besitzen und nur in einer Richtung den Strom begrenzen, werden sie trotzdem als „Dioden" bezeichnet.

Stromregeldioden haben eine „Kniespannung" (Schleusenspannung) von ca. einem bis zu einigen Volt. Oberhalb dieser Spannung wird der spezifizierte Strom etwa konstant gehalten, darunter wird dieser Strom nicht erreicht. Das Bauelement verhält sich bei kleinen Spannungen ähnlich wie ein Ohm'scher Widerstand. In Rückwärtsrichtung (wenn die Kathode positiver als die Anode ist) leiten Stromregeldioden, ähnlich wie eine normale Halbleiterdiode in Vorwärtsrichtung. Im Gegensatz zur Zenerdiode wird also bei der Stromregeldiode der im „Normalbetrieb" positive Anschluss als Anode bezeichnet.

Stromregeldioden eignen sich nicht für Präzisionsanwendungen, weil die Exemplarstreuungen (Unterschied im Strom zwischen verschiedenen Bauteilen desselben Typs) mit ±30 % relativ groß sind. Der Strom hängt auch relativ stark von der Temperatur ab (bis ca. 1 %/°C). Stromregeldioden werden für Ströme von ca. 0,05... 15 mA und maximale Betriebsspannungen bis zu 100 V hergestellt. Beispielwerte sind in Abb. 4.67 ersichtlich.

4.11.10 Leuchtdiode (Lumineszenzdiode, LED)

Abb. 4.68 Schaltzeichen einer Leuchtdiode

4.11.10.1 Grundsätzliches

Bei allen Dioden ist im Durchlassbetrieb die Ladungsträgerdichte im Übergangsbereich gegenüber der Gleichgewichtssituation deutlich erhöht. Dieser Überschuss wird durch die Rekombination von Elektron-Loch-Paaren abgebaut. Wird die Energie des Elektron-Loch-Paars als Lichtquant frei, spricht man von strahlender Rekombination (Lumineszenz). Grundsätzlich lumineszieren alle Dioden, effizient allerdings nur bei einem Halbleitermaterial mit direkter Bandstruktur, bei indirekten Halbleitern (Si, Ge) überwiegt die nicht strahlende Rekombination (Phononenerzeugung). Die Energie der Lichtquanten entspricht in etwa der Bandlücke (E_g) des verwendeten Halbleitermaterials.

Eine Leuchtdiode (Lumineszenzdiode, kurz LED für Light Emitting Diode bzw. Licht emittierende Diode) sendet Licht aus, wenn durch die Diode ein Strom in Durchlassrichtung fließt. Sie wandelt elektrische Energie in Lichtenergie (Licht einer bestimmten Wellenlänge) um.

LEDs sind Halbleiterdioden und gehören zu den Elektrolumineszenzstrahlern. Die Strahlungserzeugung erfolgt durch Rekombination von Ladungsträgerpaaren in einem Halbleiter mit entsprechendem Bandabstand. Durch Anlegen einer Spannung an Kathode und Anode emittiert die LED aus der Sperrschicht Licht. Elektronen verändern ihr Energieniveau und geben bei der Rekombination am pn-Übergang Photonen ab.

4.11.10.2 Funktionsprinzip

Der Halbleiter einer LED bildet eine Diode. Durch Anlegen einer äußeren Spannung in Durchlassrichtung wandern Elektronen zur Rekombinationsschicht am pn-Übergang. Auf der n-dotierten Seite halten sie sich im Leitungsband auf und wechseln nach Überschreiten der Grenzfläche auf das energetisch günstigere p-dotierte Valenzband, sie rekombinieren mit den dort vorhandenen Löchern. Die Bandstruktur des Halbleiters bestimmt das Verhalten der Energieübertragung. Die bei der Rekombination frei werdende Energie wird bei direkten Halbleitern in Form von Licht abgestrahlt und bei indirekten Halbleitern als Wärme freigesetzt (siehe Abschn. 2.4, Direkte und indirekte Halbleiter).

Silizium ist ein Halbleiter mit indirekter Rekombination, der Übergang erfolgt strahlungslos durch Phononenanregung, einer Gitterschwingung, die zur Erwärmung des Halbleiters führt. Bei der Siliziumdiode nimmt also das Kristallgitter den Impuls der Teilchen auf. Bei Gallium-Arsenid, einem direkten Halbleiter, ist die Rekombination mit der Aussendung eines Photons in der Raumladungszone verbunden. Für LEDs kommen als Werkstoff nur direkte Halbleitermaterialien zur Anwendung.

Die Größe der *Energielücke* E_g bestimmt die *Farbe des ausgesandten Lichtes*, siehe Gl. 2.20. Die Größe der Bandlücke und damit die Lichtfarbe lassen sich über die chemische Zusammensetzung des Halbleiters steuern. Beispielsweise hat der Halbleiter GaAs einen direkten Bandabstand von 1,4 eV, entsprechend einer Wellenlänge von 885 nm. Eine Zugabe von Phosphor vergrößert ihn, verformt aber auch das Leitungsband.

4.11.10.3 Herstellung

Bei der Herstellung von LEDs wird die Epitaxial-Planartechnik verwendet (Abb. 4.69). Eine Epitaxialschicht ist eine dünne einkristalline Schicht, die man auf dotierte Halbleiterkristalle auf metallurgischem Wege aufwachsen lässt. Diese Schicht hat die gleiche Leitung wie der Trägerkristall, aber eine viel geringere Störstellendichte. Die Epitaxialschicht wird mit einer dünnen (0,2...0,5 µm) Quarzschicht überzogen. Durch eingeätzte Fenster können verdampfte Zinkatome eindiffundieren. Es entsteht ein pn-Übergang, der

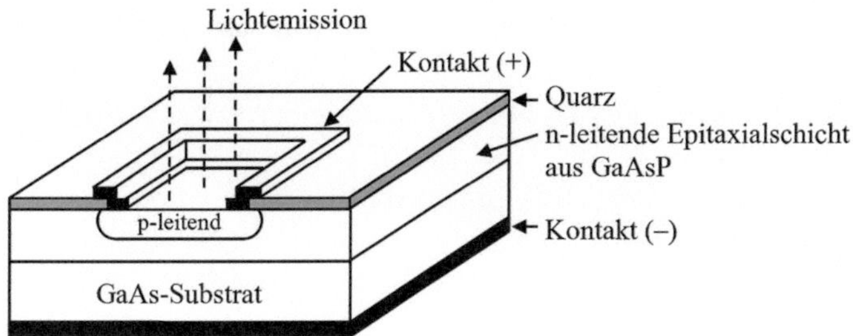

Abb. 4.69 Schnitt durch eine GaAsP-LED in Epitaxial-Planartechnik

sich unter die verbleibende Quarzschicht schiebt und damit gegen äußere Einflüsse geschützt ist.

Durch die Planartechnik können viele solcher Dioden gleichzeitig auf einer Kristallscheibe hergestellt werden. Die Scheibe wird anschließend in einzelne Dioden getrennt. Diese werden in Kunststoffperlen eingegossen, die als Gehäuse und als Linse dienen.

4.11.10.4 Material und Farben, Spektrum

Leuchtdioden werden nicht aus Silizium oder Germanium, sondern aus Verbindungshalbleitern (häufig aus drei- und fünfwertigen Halbleiterstoffen) wie Galliumarsenid (GaAs), Galliumarsenidphosphid (GaAsP) oder Galliumphosphid (GaP) hergestellt. Durch entsprechende Materialkombinationen sind LEDs für verschiedene Lichtfarben herstellbar. Es gibt Leuchtdioden für rotes, gelbes, grünes, oranges und auch für blaues Licht.

Durch die gezielte Auswahl der Halbleitermaterialien und der Dotierung können die Eigenschaften des erzeugten Lichtes variiert werden. Vor allem der Spektralbereich (das entspricht im sichtbaren Bereich der Farbe) und die Effizienz lässt sich so beeinflussen.

- Aluminiumgalliumarsenid (AlGaAs): rot und infrarot, bis 1000 nm Wellenlänge
- Galliumaluminiumarsenid (GaAlAs): z. B. 665 nm, rot, Lichtwellenleiter bis 1000 nm
- Galliumarsenidphosphid (GaAsP) und Aluminiumindiumgalliumphosphid (AlInGaP): rot, orange und gelb
- Galliumphosphid (GaP): grün
- Indiumgalliumnitrid (InGaN)/Galliumnitrid (GaN): UV, blau und grün
- Kupferplumbid (CuPb): Emitter im nahen Infrarot (NIR).

Weiß ist als Mischfarbe ebenfalls möglich. Leuchtdioden, die im Infrarot-Bereich leuchten, heißen *IRED* (Infrared Emitting Diode). Mehrfarbige Leuchtdioden bestehen aus mehreren (zwei oder drei) Dioden in einem Gehäuse. Bei der Ausführung mit zwei Anschlüssen sind zwei LEDs in Gegenrichtung parallel geschaltet. Je nach Polarität leuchtet die eine oder andere Diode. Eine Wechselspannung regt beide Dioden an und erzeugt eine Überlagerungsfarbe.

Um mit Leuchtdioden weißes Licht zu erzeugen, gibt es zwei Verfahren.

1. Drei Leuchtdioden der Farben Rot, Grün und Blau (RGB) werden zusammengeschaltet und erzeugen weißes Licht. Dies kann mit separaten LEDs oder mit drei LED-Chips innerhalb eines Gehäuses erfolgen. Auch mit nur zwei LEDs in den Farben Blau und Gelb kann weißes Licht gemischt werden.
2. Der Chip einer blauen LED wird mit Fluoreszenzfarbstoff bedeckt, oder dieser Farbstoff ist im Kunststoffgehäuse enthalten. Ähnlich wie bei einer Leuchtstoffröhre wird kurzwelliges, energiereiches Licht (blaues/UV-Licht) in langwelliges, energieärmeres Licht umgewandelt. Bei geeigneter Wahl der Komponenten ergibt die additive Farbmischung weiß.

Handelsübliche weiße LEDs bestehen meist aus einer blauen LED mit einer darüber liegenden gelblich fluoreszierenden Schicht aus Cerium-dotiertem YAG-Pulver (YAG = Yttrium-Aluminium-Granat, ein künstlich hergestellter Kristall, $Y_3Al_5O_{12}$).

SMD-LEDs werden auch in Pastelltönen hergestellt (z. B. für die Tastaturbeleuchtung von Mobiltelefonen). Im Wesentlichen wird dazu wie bei weißen LEDs vorgegangen. Die Fluoreszenzschicht über dem blau leuchtenden LED-Chip ist aber nicht gelblich, sondern rötlich, somit wird Rosa erzeugt. Um ein Pastell-blau zu erzeugen, muss nur die gelbliche Schicht etwas dünner als bei weißen LEDs sein, so dass ein höherer Blau-Anteil hindurch gelangt.

LEDs erzeugen eine schmalbandige Strahlung, der Spektralbereich des ausgesandten Lichtstromes ist ziemlich scharf begrenzt. Seine Lage ist je nach verwendetem Grundmaterial unterschiedlich, d. h. die Wellenlänge des erzeugten Lichtes hängt von den Halbleiterstoffen ab. Die Farbtemperatur (die Lichtfarbe) bleibt bei abnehmender Lichtstärke konstant. Bei Beleuchtungs-LEDs entsteht keine UV- und IR-Strahlung. Eine Übersicht über wichtige Eigenschaften zeigt Tab. 4.2.

Tab. 4.2 Übersicht über wichtige Eigenschaften von Leuchtdioden

Farbe	Wellenlänge (Intensitäts-maximum) (nm)	Grundmaterial	Durchlass-spannung bei 10 mA (V)	Lichtstärke bei 10 mA und ±45° Öffnungs-winkel (mcd)	Lichtleistung bei 10 mA (µW)
Infrarot	900	Gallium-Arsenid	1,3...1,5		50...200
Rot	655	Gallium-Arsenid-Phosphid	1,6...1,8	1...5	2...10
Hellrot	635	Gallium-Arsenid-Phosphid	2,0...2,2	5...25	12...60
Gelb	583	Gallium-Arsenid-Phosphid	2,0...2,2	5...25	13...65
Grün	565	Gallium-Phosphid	2,2...2,4	5...25	14...70
Blau	490	Gallium-Nitrid	3...5	1...4	3...12

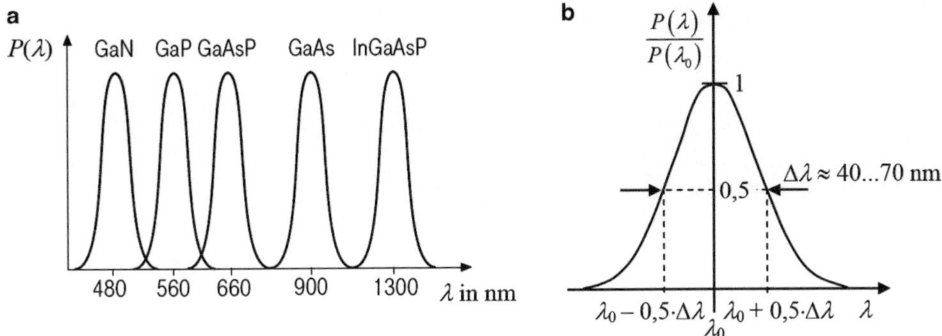

Abb. 4.70 Leistungsspektrum (schematisch) von LEDs verschiedener Halbleitermaterialien (**a**) und Spektraleigenschaften einer LED (**b**)

Wird das Spektrum (*Strahlungsleistung* oder *Strahlungsfluss* $P(\lambda)$ in Abhängigkeit der Wellenlänge) einer LED betrachtet (Abb. 4.70), so interessiert man sich in der Praxis primär für zwei Kennwerte: Die (mittlere) Wellenlänge λ_0 (*Betriebswellenlänge* beim Intensitätsmaximum) und die spektrale Breite (*Linienbreite*, *Halbwertsbreite*) $\Delta\lambda$. Die Wellenlänge λ_0 ist vorrangig durch das verwendete Halbleitermaterial bestimmt, die Linienbreite $\Delta\lambda$ dagegen ist durch das Funktionsprinzip einer LED festgelegt und beträgt typischerweise 40…70 nm.

Die spektrale Verteilung des emittierten Lichtes ergibt sich beim Band-Band-Übergang direkt aus der Bandstruktur und der Besetzungsdichte der Zustände. Die Halbwertsbreite der Emissionskurve wird mit $\Delta E = 2 \cdot \mathrm{k} \cdot T$ abgeschätzt. Diese Energiebreite entspricht einer Breite des Frequenzspektrums von $\Delta E = h \cdot f$. Dies lässt sich in eine Wellenlängenunsicherheit umrechnen ($\lambda = \frac{c}{f}$). Nach Zwischenrechnung folgt:

$$|\Delta\lambda| = \frac{2 \cdot \mathrm{k} \cdot T}{h \cdot c} \cdot \lambda^2 \tag{4.22}$$

Damit ergibt sich für $T = 300\,\mathrm{K}$:

$$|\Delta\lambda| = \frac{2 \cdot \mathrm{k} \cdot T}{h \cdot c} \cdot \lambda^2 = \frac{2 \cdot 0{,}026\,\mathrm{eV}}{1{,}24\,\mathrm{eV} \cdot \mu\mathrm{m}} \cdot \lambda^2 \Rightarrow$$

$$|\Delta\lambda| = \frac{1}{24\,\mu\mathrm{m}} \cdot \lambda^2 \tag{4.23}$$

Beispiel 4.6
Eine GaAs-LED emittiert bei $\lambda = 870\,\mathrm{nm}$. Damit ergibt sich eine Halbwertsbreite der Strahlung von

$$|\Delta\lambda| = \frac{1}{24\,\mu\mathrm{m}} \cdot (0{,}87\,\mu\mathrm{m})^2 = \underline{\underline{0{,}031\,\mu\mathrm{m}}}$$

LEDs mit höherer Wellenlänge besitzen eine deutlich größere Bandbreite. Bei geringeren Wellenlängen sollte die Bandbreite eigentlich abnehmen. Unterhalb von $\lambda = 600\,\text{nm}$ gelangt man aber sehr schnell in den Bereich des Exzitonen-Band-Übergangs (Exziton: siehe auch Abschn. 4.11.11). Die Emissionsbreiten können dann deutlich zunehmen.

4.11.10.5 Technische Ausführung, Aufbau

Die Form einer LED ist häufig rund, es gibt aber auch rechteckige und dreieckige LEDs. Bei den Größen gibt es sehr viele Varianten, von 1 mm bis hin zu 16 mm im Durchmesser. Sehr gebräuchlich und besonders preisgünstig sind die runden 3 mm- und 5 mm-Typen im Kunststoffgehäuse. Neben bedrahteten Bauformen werden LEDs auch in SMD-Ausführung hergestellt. LED-Chips können auch direkt auf Platinen gebondet werden.

Abb. 4.71 zeigt den Aufbau einer runden Standard-Leuchtdiode. Der Halbleiterkristall ist in einen wannenförmigen Reflektor eingebaut. Der rechteckige Draht, der den Reflektor trägt, stellt den Kontakt zur Kathode (–) her und nimmt die Verlustwärme auf. Die Kathode ist durch eine Abflachung am Gehäusesockel markiert. Bei fabrikneuen LEDs ist zudem der Anschluss der Kathode kürzer (Merkregel: **K**athode = **k**urz). Meist ist der breitere Anschluss im Inneren der LED die Kathode, in seltenen Fällen ist der Aufbau aber genau umgekehrt. Ein Bonddraht stellt den Kontakt vom Kristall zum Anodenanschluss her.

Hochleistungs-LEDs werden mit höheren Strömen betrieben. Es entstehen besondere Anforderungen an die Wärmeableitung, die zu speziellen Bauformen führen. Die Wärme kann entweder über die Stromzuleitungen abgeführt werden, oder der Strom wird über zwei Bonddrähte zugeführt, und die Wärmeableitung über die Reflektorwanne ist davon getrennt. Abb. 4.72 zeigt verschiedene Gehäuseformen von LEDs.

4.11.10.6 Flächen- und Kantenstrahler

Bezüglich des Aufbaus von LEDs werden zwei planare Bauformen unterschieden: Flächenstrahler und Kantenstrahler. Beim Flächenstrahler liegt der pn-Übergang nahe der Kristalloberfläche, er strahlt über die gesamte Kristallfläche. Beim Kantenstrahler befin-

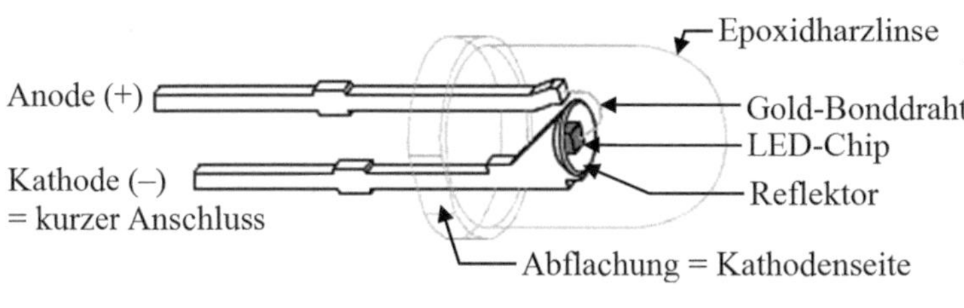

Abb. 4.71 Aufbau einer runden Leuchtdiode

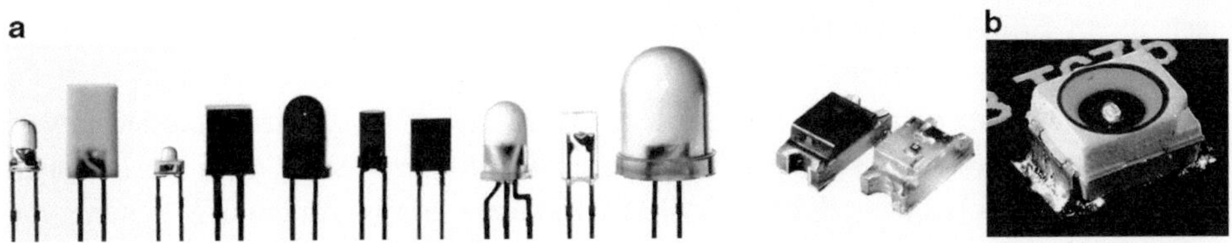

Abb. 4.72 Verschiedenen Gehäuseformen von LEDs mit Drahtanschlüssen (**a**) und in SMD-Bauform mit der Gehäusegröße 1206 (**b**)

det sich der pn-Übergang weiter im Inneren des Kristalls, das emittierte Licht wird teils oder total reflektiert und an einer Kante ausgestrahlt.

Der Grundaufbau eines *Flächenstrahlers* ist in Abb. 4.73a dargestellt. Eine so einfache, nur aus einem p- und einem n-Gebiet bestehende Anordnung wird auch als *Homostruktur* bezeichnet. Als Homostruktur wird ein pn-Übergang bezeichnet, bei dem die p- und n-Gebiete aus dem gleichen Grundmaterial bestehen und sich nur durch ihre Dotierart und die Dotierstärke unterscheiden.

Beim Flächenstrahler ist die Strahlungsdichte gering, das entstehende Licht ist im ganzen Raum verteilt, also nicht gerichtet. Außerdem muss das am pn-Übergang entstehende Licht auf dem Weg nach außen erst noch durch die p-Schicht hindurch. Dadurch wird das soeben entstandene Licht wieder „weggeschluckt" (reabsorbiert). Um die Reabsorption gering zu halten, wird bei flächenemittierenden LEDs der pn-Übergang dicht unter der Halbleiter-Oberfläche angelegt, so dass das emittierte Licht nur eine dünne Schicht bis zum Austritt aus dem Kristall durchläuft. Durch diese Homo-Dioden-Struktur (*HD-Struktur*) entstehen jedoch Verluste, die auch durch eine möglichst dünne Ausführung der p-Schicht nicht beseitigt werden können. Zur Erhöhung der Effizienz können reflektierende Schichten als Rückseitenkontakt verwendet werden.

Aufgrund der ungünstigen Abstrahlcharakteristik eignen sich flächenemittierende LEDs nicht für die Einkopplung von Licht in Glasfasern. Durch den großen Abstrahlungswinkel ergeben sich hohe Koppelverluste. Bei einer verbesserten Ausführung, der

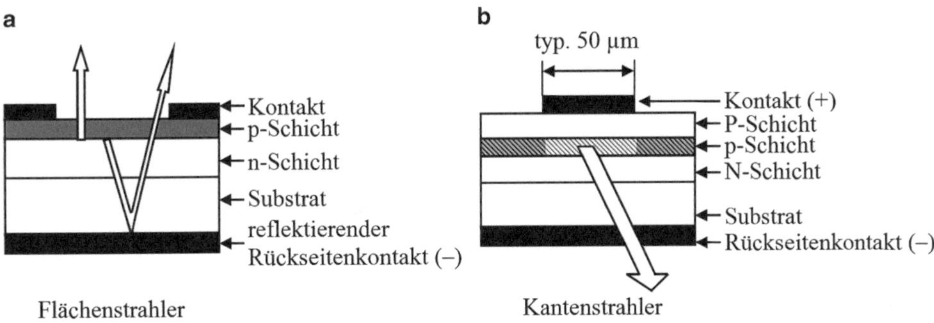

Abb. 4.73 Flächenemittierende LED (**a**) und kantenemittierende LED mit Doppelheterostruktur (**b**)

nach ihrem Erfinder benannten *Burrus-LED*, ist der n-Bereich bis zum np-Übergang herausgeätzt und die Glasfaser direkt angeklebt (Abb. 4.74).

Der Nachteil des Lichtreabsorbierens kann durch eine *Heterostruktur* vermieden werden. In einer Heterostruktur grenzen Halbleitermaterialien aneinander, die unterschiedlich große Bandlücken besitzen. Solche Halbleiterstrukturen lassen sich durch Mischung von 2 bis 4 Komponenten herstellen. Dabei ist von großer Wichtigkeit, dass die Gitterkonstanten der verschiedenen Bereiche möglichst identisch sind. Schon Abweichungen von 1 % führen zu Störungen im Kristallaufbau, die nicht mehr zu tolerieren sind.

In einer *Singleheterostruktur* (SH-Struktur) besteht der eigentliche pn-Übergang aus zwei verschiedenen Halbleitermaterialien, z. B. aus p-dotiertem GaAs und n-dotiertem AlGaAs. Da AlGaAs eine größere Energielücke im Vergleich zu GaAs besitzt, wird das Licht auf dem Weg nach außen nicht mehr reabsorbiert.

Eine so genannte *Doppelheterostruktur* (DH-Struktur) wird bei Flächenstrahlern, vor allem aber bei kantenemittierenden LEDs eingesetzt (*Kantenstrahler*, Abb. 4.73b). Dabei handelt es sich, im Gegensatz zu den einfachsten diodenbildenden Übergängen aus nur einer p- und einer n-dotierten Schicht, um mehrschichtige Strukturen, in denen auch isotype Übergänge pP oder nN existieren (die Großbuchstaben kennzeichnen den Leitungstyp des Halbleiters mit dem größeren Bandabstand). In diesen Strukturen ist ein Material mit kleinem Bandabstand zwischen zwei Schichten mit hohem Bandabstand eingeschlossen. Eine Seite ist p-dotiert, die andere Seite n-dotiert. Mögliche DH-Strukturen sind PpN und PnN. Das Material mit dem geringen Bandabstand bildet sowohl für die Löcher, wie auch für die Elektronen einen Potenzialtrichter, aus dem sie nicht entweichen können. Hier kommt es zu einer hohen Rekombinationsrate und damit zu einer effektiven, lokal begrenzten Lichterzeugung. Das Licht kann diese Schicht nur in Schichtebene verlassen, da die Nachbarschichten eine anderen Brechungsindex besitzen und das Licht dadurch total reflektiert

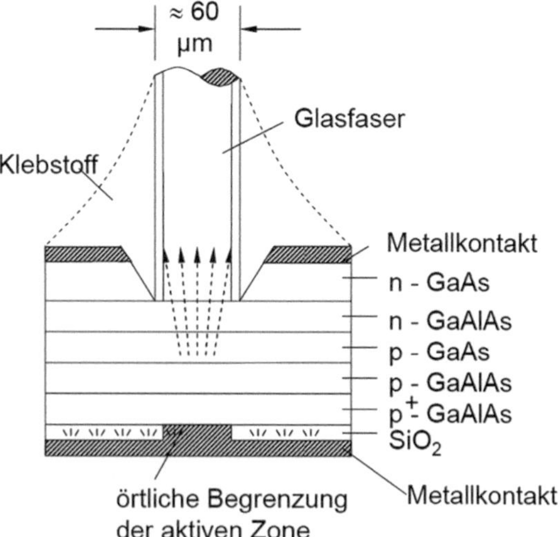

Abb. 4.74 Aufbau einer Burrus-LED

wird, sobald sein Winkel gegen die Schicht groß genug ist. Das Licht tritt folglich als schmales Bündel an der Kante aus.

Die technischen Kennwerte (z. B. die Strahlungsdichte) sind für eine DH-Struktur deutlich besser als für eine SH-Struktur. Die Strahlungsdichte ist im Kantenstrahler etwa 100-fach höher als im HD-Flächenstrahler, und 20-fach höher als im DH-Flächenstrahler.

4.11.10.7 Wirkungsgrad

Der Wirkungsgrad von Leuchtdioden beträgt bei Standardtypen maximal einige Prozent. LEDs im hellroten und infraroten Bereich erreichen den größten Wirkungsgrad von bis zu 12 %. Damit sind sie effizienter als Glühlampen. Der Wirkungsgrad sinkt überproportional mit der Wellenlänge des ausgestrahlten Lichtes. Der Wirkungsgrad von Leuchtdioden mit den Farben Grün und Gelb liegt unter 4 %. Da das menschliche Auge aber sehr grünempfindlich ist, scheinen diese LEDs ebenso hell zu sein wie rote.

4.11.10.8 Eigenschaften

Anders als Glühlampen sind Leuchtdioden keine Temperaturstrahler, das Licht wird aufgrund eines direkten atomaren Übergangs ohne Erwärmung erzeugt (*kaltes Licht*). LEDs emittieren Licht in einem begrenzten Spektralbereich, es ist *nahezu monochromes (einfarbiges) Licht*. Deshalb ist z. B. der Einsatz in Signalanlagen im Vergleich zu anderen Lichtquellen, bei denen Farbfilter den größten Teil des Spektrums herausfiltern, besonders effektiv.

Die *Abstrahlcharakteristik* einer LED (Abb. 4.75) hängt von ihrer Form ab. Ein Flächenstrahler ohne Linse gibt das Licht in Form eines Lambertstrahlers ab (die Lichtstärke I nimmt mit dem Kosinus des Abstrahlwinkels ab). Die planare Halbleiterform (Lambertstrahler) ist weitgehend üblich, da die Herstellung von sphärischen und parabolischen Halbleitern schwierig und teuer ist. Die Abstrahlcharakteristik kann durch Nachschalten von optischen Komponenten verändert werden. Durch eine Linse kann z. B. eine mehr oder weniger hohe Richtwirkung erzielt und so die Lichtstärke (Strahlungsstärke) in Normalenrichtung vergrößert werden.

Die *hohe Lebensdauer* von Leuchtdioden ist ein großer Vorteil dieser Bauelemente. Definitionsgemäß ist das Ende der Lebensdauer (*Nutzungslebensdauer* L50 mit Lichtdegradation) einer Leuchtdiode erreicht, wenn die Strahlungsleistung bzw. der Strahlungsfluss in Lumen auf den halben Anfangswert (vom Beginn der Inbetriebnahme) abgesunken ist. Wird der im Betrieb erlaubte Strom in Flussrichtung nicht überschritten, so kann die Lebensdauer (Betriebszeit, dauernd eingeschaltet) mehr als 11 Jahre betragen. Die Lebensdauer ist auch von der Anzahl der Schaltzyklen (Ein, Aus) und von der evtl. zu hohen Umgebungstemperatur abhängig. Leuchtdioden werden nach und nach schwächer, fallen aber i. d. R. nicht plötzlich aus. Die Lebensdauer hängt von dem jeweiligen Halbleitermaterial und den Betriebsbedingungen (Wärme, Strom) ab. Hohe Temperaturen (z. B. durch hohe Ströme) verkürzen die Lebensdauer der LED stark. Ein weiterer Vorteil von Leuchtdioden ist ihre Unempfindlichkeit gegenüber Stößen und Vibrationen.

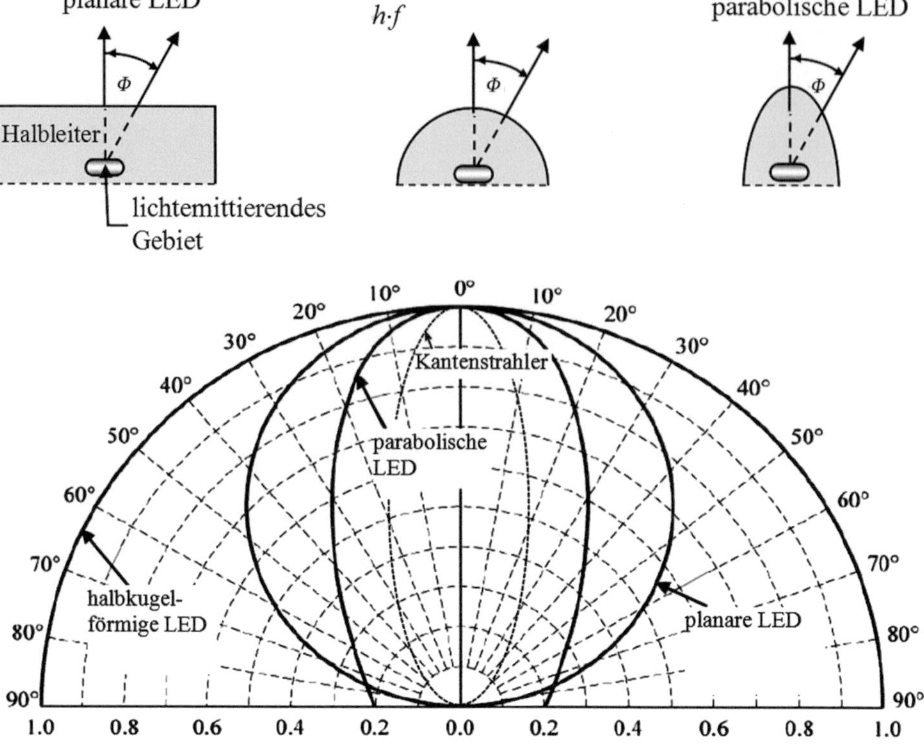

Abb. 4.75 Abstrahlcharakteristik von LEDs verschiedener Form. Eine kantenemittierende LED hat eine ellipsenförmige Abstrahlcharakteristik mit einem horizontalen Winkel von ca. 120° und einem vertikalen Winkel von ca. 30°

Leuchtdioden besitzen eine exponentiell ansteigende Strom-Spannungs-Kennlinie. Die Lichtstärke ist über einen weiten Bereich proportional zum Durchlassstrom, zweckmäßig ist deshalb die *Versorgung über eine Konstantstromquelle*. Im einfachsten Fall wird der Strom durch einen *Vorwiderstand* R_V auf einen definierten Wert eingestellt und begrenzt.

Eine LED darf nicht unmittelbar an eine Spannungsquelle angeschlossen werden. Durch Exemplarstreuungen der Halbleitereigenschaften bzw. lokale Temperaturerhöhungen kann der Strom auch bei konstant gehaltener Durchlassspannung um mehr als 50 % anwachsen. Aus diesem Grund betreibt man LEDs mit einem Konstantstrom, dadurch wird eine Zerstörung durch eine zu hohe Leistungsaufnahme verhindert.

Bei Wechselspannungsbetrieb müssen zwei LEDs antiparallel geschaltet werden (Abb. 4.76). Es kann auch durch eine zur LED antiparallel geschaltete Si-Diode die Sperrspanung auf 0,6 V begrenzt werden.

$$R_V = \frac{U_B - U_D}{I_D} \tag{4.24}$$

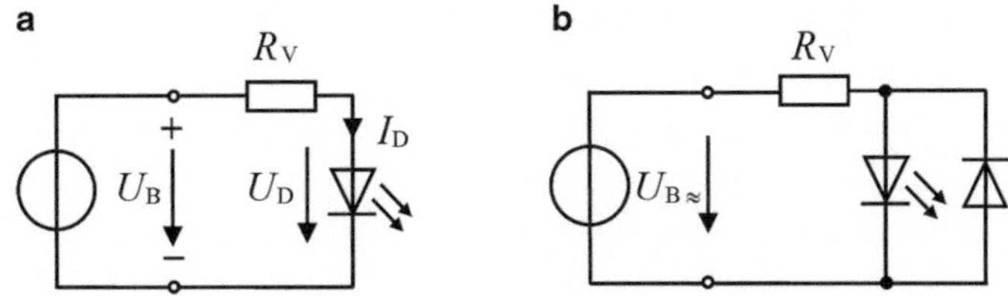

Abb. 4.76 Betrieb einer LED an Gleichspannung (**a**) und Wechselspannung (**b**)

U_B = Speisespannung,
U_D = Durchlassspannung,
I_D = Durchlassstrom.

Leuchtdioden werden mit Gleichstrom oder pulsierendem Gleichstrom betrieben. Wegen der linearen Abhängigkeit der Lichtleistung vom Durchlassstrom eignet sich die LED zur analogen Datenübertragung durch Intensitätsmodulation (Abb. 4.77). Die erreichbare Lichtpulsfrequenz (Modulationsfrequenz) beträgt bis zu 250 MHz.

Die statische elektro-optische Kennlinie einer LED muss dabei von der dynamischen Kennlinie unterschieden werden. Sind die Stromänderungen zu schnell, so können in der zur Verfügung stehenden Zeit nicht genügend viele strahlende Rekombinationen stattfinden. Die Lichtemission steigt daher langsamer an, als es der statischen Kennlinie entspricht. Umgekehrt sind bei Stromrückgang noch viele Ladungsträger vorhanden und die Zahl der Rekombinationen ist größer, als es dem Stromwert entspricht. Die dynamische Kennlinie geht folglich flacher durch den Arbeitspunkt als die statische Kennlinie.

Die dynamische Kennlinie ist die Modulationskennlinie der LED, sie ist frequenzabhängig. Man definiert die Grenzfrequenz dort, wo die Amplitude der optischen Strahlungsleistung um den Faktor $1/\sqrt{2}$ abgenommen hat (3 dB-Grenzfrequenz). Diese Grenzfrequenz hängt direkt von der mittleren Lebensdauer der Ladungsträger im Diffusionsgebiet

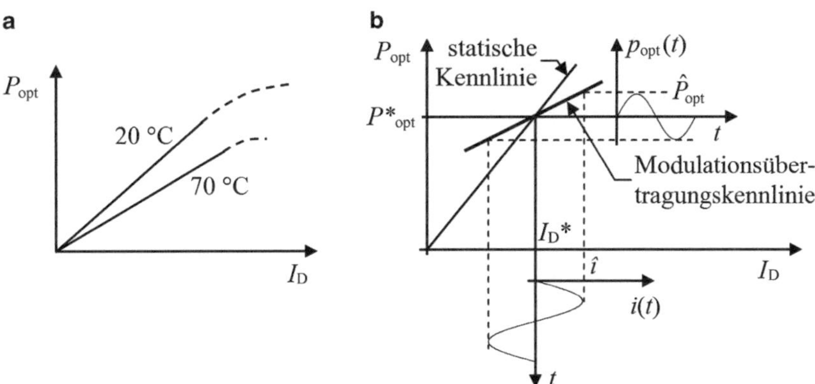

Abb. 4.77 Optische Strahlungsleistung als Funktion des Steuerstromes einer LED bei verschiedenen Temperaturen (**a**) und Modulation einer LED (**b**)

ab. Eine hohe Lebensdauer führt zu kleinen Frequenzen. Eine geringe Lebensdauer begünstigt in der Regel die nicht strahlende Rekombination. Daher besitzen LEDs, die für hohe Frequenzen geeignet sind, meist nur eine geringe optische Ausgangsleistung.

Anmerkung Mechanismen für eine *nicht strahlende Rekombination* sind:

- *Defektübergang*
  Über einen Defektzustand, z. B. verursacht durch Gitterfehler oder Fremdatome, die eine tiefe Störstelle verursachen, werden Ladungsträger eingefangen und rekombinieren nicht strahlend (Zwischenniveau-Rekombination).
- *Oberflächenrekombination*
  Freie Oberflächen mit nicht gesättigten Bindungen verursachen Oberflächenzustände, die ebenfalls als nicht strahlende Rekombinationszentren wirken.
- *Auger-Effekt*
  Die Auger-Rekombination ist ebenfalls eine indirekte Rekombination und erfolgt aufgrund der Wechselwirkungen zwischen den Ladungsträgern selbst. Sie tritt daher insbesondere bei hohen Dotierungen auf. Beispielsweise wird im Falle von zwei Elektronen und einem Loch bei der Auger-Rekombination die Energie des rekombinierenden Elektrons (die Elektron-Loch-Vernichtungsenergie) nicht in Form von Strahlung ausgesendet, sondern auf ein zweites Elektron im Leitungsband übertragen. Dieses zweite Elektron wird dann auf ein höheres Energieniveau innerhalb des Leitungsbandes angehoben (heißes Elektron). Es gibt seine zusätzliche Energie in Form von Stößen an das Kristallgitter ab. Es fällt also unter Abgabe thermischer Energie allmählich wieder auf die Leitungsbandunterkante zurück. Es entsteht dabei kein Photon. In gleicher Weise sind Loch-Loch- und Elektron-Elektron-Wechselwirkungen möglich. Bei der Auger-Rekombination müssen drei Teilchen miteinander in Wechselwirkung treten. Ein solcher Dreierprozess ist sehr viel weniger wahrscheinlich als ein Zweierprozess und tritt nur bei hohen Anregungen auf.

4.11.10.9 Kennwerte und Grenzwerte

Wichtige Kennwerte sind (übliche Kennwerte in Klammern):

- die Leuchtfläche A ($\approx 0{,}5\ldots30\,\mathrm{mm}^2$)
- die Lichtstärke I_v ($\approx 2\ldots5\,\mathrm{mcd}$ bei $I_\mathrm{F} = 20\,\mathrm{mA}$)
- der Lichtstrom Φ ($\approx 2\,\mathrm{mlm}$ bei $I_\mathrm{F} = 20\,\mathrm{mA}$)
- die Wellenlänge der Strahlung, Peak Wave Length λ_p ($\approx 660\,\mathrm{nm}$)
- der Öffnungswinkel α, in dem das Licht abgestrahlt wird ($\approx 25\ldots60\,°\mathrm{C}$).

Elektrische Kennwerte sind die Durchlassspannung U_F bei festgelegtem Betriebsstrom und die Sperrschichtkapazität C_S.

Grenzwerte sind der höchstzulässige Durchlassgleichstrom $I_{\mathrm{F\,max}}$ ($\approx$ 50 mA), die höchstzulässige Sperrspannung $U_{\mathrm{R\,max}}$ ($\approx$ 3 V) und die höchstzulässige Verlustleistung

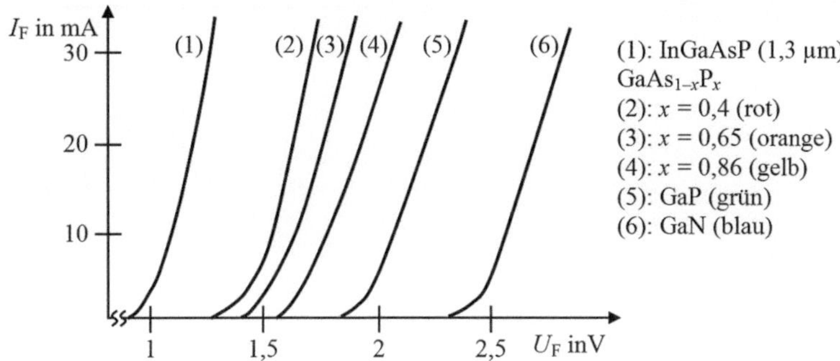

Abb. 4.78 Statische Strom-Spannungs-Kennlinien von LEDs

P_{tot} ($\approx$ 120 mW). Als Grenzwerte werden außerdem die größte und die kleinste zulässige Umgebungstemperatur angegeben.

Die Durchlassspannung ist allgemein wesentlich größer als bei Siliziumdioden, sie liegt je nach Farbe bei 1,6. . . 3,2 V (Abb. 4.78). Mit kürzerer Wellenlänge *steigt* die *Durchlassspannung*, und sie *sinkt* bei *Erwärmung*. Übliche Betriebsströme liegen zwischen 2 mA (Low-Current-LEDs) und 20 mA. Für sehr kurze Pulse kann der Strom wesentlich höher sein.

4.11.10.10 Anwendungen und Einsatzbereiche

- LEDs im sichtbaren Spektralbereich finden Einsatz als optische *Anzeigen* (Anzeigelämpchen) in elektronischen Geräten, beispielsweise für digitale Informationen wie Gerät EIN/AUS oder Statusanzeigen (z. B. standby).
- Für die *Darstellung von Ziffern* werden LEDs zu Siebensegmentanzeigen zusammengefasst. Für die Anzeige von *alphanumerischen Zeichen* verwendet man Mehr-

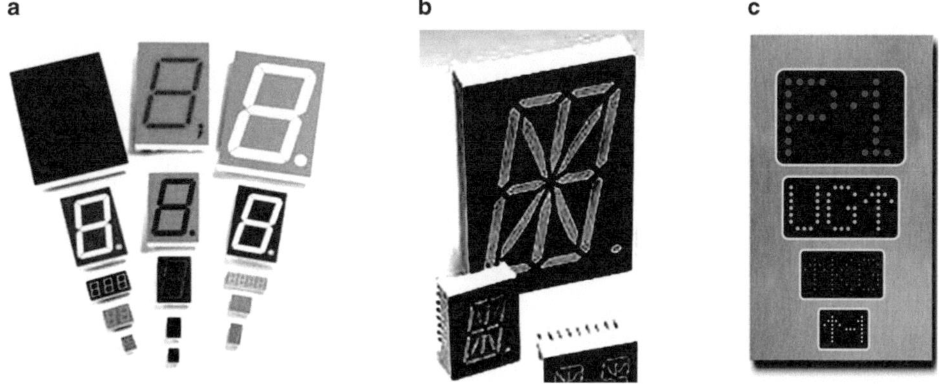

Abb. 4.79 Siebensegmentanzeige (**a**), alphanumerische Anzeige (**b**) und Punktmatrix-Anzeigen (**c**) auf der Basis von LEDs

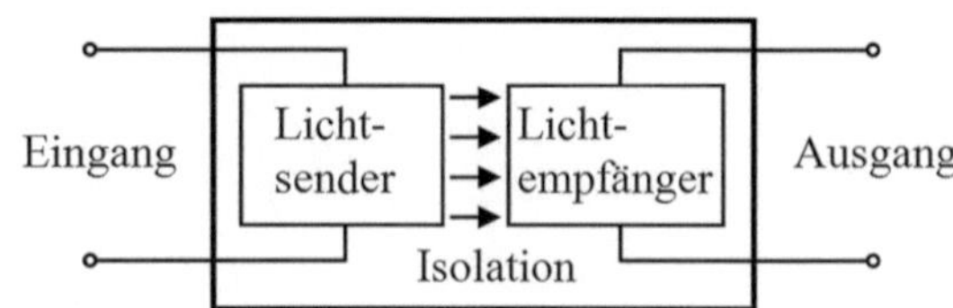

Abb. 4.80 Prinzip eines Optokopplers

segmentanzeigen oder Punktmatrixdarstellungen (Abb. 4.79). Die einzelnen LEDs werden meist direkt von einer entsprechenden Dekodierschaltung angesteuert. Laufschriftanzeigen oder Wechselkennzeichen im Straßenverkehr dienen zur Informationsübermittlung in der Öffentlichkeit.

- Ein Anwendungsbereich ist auch die *Displayhinterleuchtung* (Mobiltelefone, Monitore).
- Statt gewöhnlicher Glühlampen mit Farbfiltern werden LED-Bündel in *Verkehrsampeln* verwendet. Hier ist außer der längeren Lebensdauer auch die gegenüber Glühlampen schnellere Ansprechzeit und die höhere Unempfindlichkeit gegen Blendung durch Sonnenlicht vorteilhaft.
- In *Leuchtmitteln* werden Glühlampen oder Halogenlampen ersetzt. Einsatzgebiete sind mobile Beleuchtungsanwendungen, wie Taschenlampen, Fahrradbeleuchtung und der Automobilbereich.
- Infrarot-LEDs werden zur *Signal- und Datenübertragung*, z. B. in Fernbedienungen der Unterhaltungselektronik, Lichtschranken und Optokopplern eingesetzt. Der Optokoppler dient zur rückwirkungsfreien galvanischen Trennung von zwei Kreisen, z. B. bei Problemen mit Erdschleifen und mit Potenzialunterschieden zwischen Geräten (Abb. 4.80). Es werden dazu ein Lichtsender (LED) und ein Lichtempfänger (Fotodiode, Fototransistor) in ein lichtdichtes Gehäuse eingebaut. Mit diesen Schaltungen können digitale Signale sehr einfach übertragen werden. Es gibt auch lineare Optokoppler, mit denen Trennverstärker aufgebaut werden können.

4.11.11 Organische Leuchtdiode (OLED)

Eine organische Leuchtdiode, kurz OLED (Organic Light Emitting Diode), ist ein Flächenleuchtkörper aus mehreren dünnen Schichten halbleitenden, organischen Materials. Die Leistungseffizienz reicht bis zu 10 lm/W und die Betriebszeit liegt über 5000 Stunden.

4.11.11.1 Vorteile

Im Gegensatz zu Halbleiter-LEDs können mit OLEDs auch große emittierende Flächen erzeugt werden. Sie sind selbstleuchtend und benötigen daher keine Hintergrundbeleuchtung. Dies erhöht die energetische Effizienz und ist besonders bei mobilen Displays (Notebooks, Mobiltelefonen, Digitalkameras und anderen portablen Anwendungen) gegenüber LCDs (Flüssigkristall-Displays) von Vorteil. Die Helligkeit ist größer und der Bildaufbau ist schneller als bei LCDs, es erfolgt ein 100- bis 1000-fach schnellerer Bildwechsel. Dies bedeutet eine gute Eignung zur Darstellung bewegter Bilder. Wegen einer Lambert'schen Abstrahlcharakteristik (die Leuchtdichte hängt nicht vom Betrachtungswinkel ab) besteht keine Abhängigkeit der Leuchtdichte oder des Bildkontrastes vom Blickwinkel, der bis zu 170° betragen kann. OLEDs können Licht in allen Farben emittieren, Farbfilter sind somit unnötig. Die flache Bauweise mit einer Dicke von einigen 100 nm und die Prozesstechnik eröffnen die Möglichkeit zur Herstellung äußerst dünner und sogar flexibler Displays mit niedrigem Gewicht („aufrollbare Folien-Bildschirme"). Neben der Displaytechnik stellt ein weiteres Einsatzgebiet die großflächige Raumbeleuchtung dar.

Ein weiterer Vorteil von OLEDs gegenüber LEDs ist die Möglichkeit einer einfacheren und kostengünstigeren Herstellung. Im Gegensatz zu anorganischen Halbleitern, die einkristallin in sehr aufwendigen epitaktischen Verfahren hergestellt werden müssen, können organische Leuchtdioden auf nahezu beliebige Substrate thermisch aufgedampft oder aus einer Lösung aufgeschleudert werden (*spin coating*).

4.11.11.2 Nachteile

Ein Langzeitbetrieb von OLEDs ist noch nicht gegeben, das größte technische Problem ist die vergleichbar geringe Lebensdauer von ca. 10.000 Betriebsstunden (Lebensdauer = mittlere Betriebszeit, nach der die Leuchtdichte auf die Hälfte abgesunken ist). Die Lebensdauer nimmt mit zunehmender Temperatur und Spannung ab. Außerdem altern die roten, grünen und blauen Pixel unterschiedlich schnell. Die organischen Polymere haben nämlich die allgemeine Eigenschaft, mit der Zeit zu zerfallen. Durch dieses unregelmäßige Altern der Einzelfarben kommt es beim Gesamtbild im Laufe der Zeit zu Farbverschiebungen.

Wasser oder Sauerstoff kann das organische Material zerstören. Das Bauelement muss verkapselt und vor äußeren Einflüssen geschützt werden. Die nötige starre, anorganische Verkapselung beeinträchtigt die Flexibilität. Kommerzielle Anwendungen auf flexiblem Substrat werden erst in einiger Zeit erhältlich sein, da alle flexiblen Kunststoffsubstrate eine zu hohe Durchlässigkeit für Sauerstoff und Luftfeuchtigkeit aufweisen.

Bisher sind große OLED-Displays noch teurer als LCDs. Im Gegensatz zu spannungsgesteuerten LCDs müssen die OLEDs stromgesteuert werden, es muss ein Strom fließen, um Elektrolumineszenz zu erzeugen. Bei kleinen OLED-Displays kann die Steuerung über eine sogenannte Passivmatrix erfolgen. Ein bestimmtes Pixel wird durch das Anlegen einer Spannung an eine Zeile und Spalte angesteuert, hierfür sind nur zwei Leitungen notwendig. Für große Displays ist diese Methode nicht ausreichend, zur Steuerung muss eine Aktivmatrix eingesetzt werden, bei der jedes Pixel einzeln über einen eigenen Transistor adressiert wird. Dies erfordert vier Leitungen.

4.11.11.3 Organische Materialien

Zwei Arten organischer Chemikalien leuchten beim Anlegen einer Spannung (gelb, grün, rot oder blau). Sowohl *kleine Moleküle* (niedermolekulare organische Farbstoff-Moleküle) als auch *konjugierte Polymere* werden als emittierendes Material in organischen Leuchtdioden eingesetzt. Deshalb wird neben der allgemeineren Bezeichnung „OLED" auch zwi-

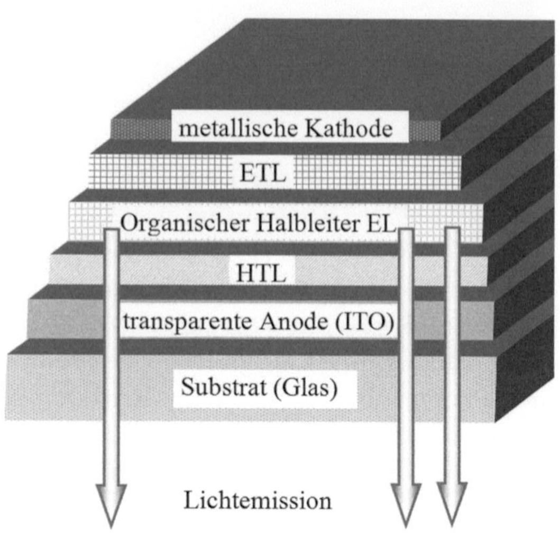

Abb. 4.81 Schematischer Aufbau einer OLED

schen SMOLEDs (aus „small molecules" = kleinen Molekülen hergestellt) und PLEDs (aus Polymeren gefertigt) unterschieden. Beide Arten werden im Folgenden unter dem allgemeineren Begriff OLED zusammengefasst.

4.11.11.4 Aufbau

OLEDs sind aus mehreren Schichten aufgebaut (Abb. 4.81). Als Basis für den Aufbau dient ein transparentes Substrat (Glas, Quarz, Polymerfolie). Darauf wird als nächste Schicht die Anode aufgetragen. Diese Schicht aus Indium-Zinn-Oxid (ITO), mit einer relativ hohen Austrittsarbeit von $E_{\mathrm{ITO}} = 4{,}8\,\mathrm{eV}$ und einer Dicke von 100 nm, ist elektrisch leitfähig und transparent (durchlässig für sichtbares Licht). Auf diese ITO-Schicht wird eine Lochleitungsschicht (Hole Transport Layer, HTL) aufgebracht. Auf die HTL wird eine aktive, elektrolumineszierende Schicht mit einer Dicke von 100 nm aufgebracht, sie wird als Emitterschicht oder Emitter Layer EL bezeichnet. Ihre Aufbringung erfolgt entweder durch Aufdampfen im Falle von kleinen Molekülen oder durch Dünnfilmtechniken, wie Spincoaten aus einer Polymerfarblösung (z. B. amorphes Silizium). Als nächste Schicht folgt eine Elektronenleitungsschicht (Electron Transport Layer, ETL). Auf diese wird schließlich als Kathode ein optisch nicht transparenter Metallkontakt mit niedriger Elektronenaustrittsarbeit (z. B. Aluminium oder Calcium) im Hochvakuum aufgedampft.

Eine Glasplatte versiegelt diesen Aufbau anschließend, da OLEDs sonst von äußeren Einflüssen (Sauerstoff, Wasserstoff) stark beeinflusst würden. Eindringende Feuchtigkeit oder ein Staubkorn könnte zu einem Kurzschluss der dünnen Schicht und damit zum kompletten Ausfall der OLED führen. Die Qualität der Verkapselung bestimmt somit wesentlich die Lebensdauer eines Displays. Gegenwärtig wird festes Glas für die vorder- und rückseitigen Wände verwendet. Spezialklebstoffe werden für die Versiegelung der Glaskanten und die Ummantelung der elektrischen Verbindungen genutzt. Da Glas nicht flexibel ist, wird zurzeit sehr intensiv an Hüllen aus Kunststoff geforscht.

4.11.11.5 Funktionsweise

Die prinzipielle Funktionsweise einer OLED beruht ähnlich wie die der anorganischen LED auf Injektionselektrolumineszenz. Dabei werden positive und negative Ladungsträger, die an den jeweiligen Elektroden injiziert werden, in einer Emissionsschicht zur strahlenden Rekombination gebracht.

Legt man eine Spannung von ca. 5 V an, werden auf der Seite der Kathode Elektronen und auf der Seite der Anode Löcher eingespeist. Elektronen und Löcher driften aufeinander zu und treffen sich im Idealfall in der Emitterschicht EL, deshalb wird diese Schicht auch Rekombinationsschicht genannt. Elektronen und Löcher bilden einen gebundenen Zustand, den man als Exziton (auch Exciton) bezeichnet.

Der Begriff **Exziton** stammt aus der Festkörperphysik und beschreibt den Zustand von Elektronensystemen, wie z. B. einem Elektron-Loch-Paar eines Elektrons im Leitungsband und eines Loches im Valenzband eines Halbleiters. Als Exziton bewegen sich ein Elektron und ein Loch, durch die Coulombkraft aneinandergebunden, als gemeinsames Objekt durch den Leiter bzw. Halbleiter, wobei das „Paar" nur in der Lage ist, Anregungsenergie zu transportieren. Es transportiert keine Ladung, da es elektrisch neutral ist. Ein Exziton entspricht einem Quant Anregungsenergie, das von Molekül zu Molekül weitergegeben wird. Es wird zwischen *Frenkelexzitonen* und *Wannierexzitonen* unterschieden. Beim Frenkelexziton ist der Abstand zwischen Elektron und Loch gering, beim Wannierexziton groß.

Abhängig vom Mechanismus stellt das Exziton bereits den angeregten Zustand des Farbstoffmoleküls dar, oder der Zerfall des Exzitons stellt die Energie zur Anregung des Farbstoffmoleküls zur Verfügung. Dieser Farbstoff hat verschiedene Anregungszustände. Der angeregte Zustand kann in den Grundzustand übergehen und dabei ein Photon aussenden. Die Farbe des ausgesendeten Lichtes hängt vom Energieabstand zwischen angeregtem und Grundzustand ab, und kann durch Wahl des organischen Materials und durch Variation der Farbstoffmoleküle gezielt verändert werden.

In allen OLEDs wird elektrische Energie nach den folgenden vier Schritten in Lichtenergie umgewandelt.

1. Aus der Anode werden Löcher in das HOMO (Highest Occupied Molecular Orbital) des organischen Materials übertragen, gleichzeitig erfolgt eine kathodische Injektion von Elektronen in das LUMO (Lowest Unoccupied Molecular Orbital) des aktiven Materials, das heißt, Elektronen springen in das energetisch niedrigste noch freie Molekülorbital.
2. Durch das angelegte elektrische Feld kommt es zur Wanderung der Ladungsträger durch das organische Material in Richtung der jeweiligen Gegenelektrode. Der Ladungstransport kann als eine Reihe von Redoxreaktionen unter strukturell identischen Reaktionspartnern verstanden werden, d. h. der Transport von Ladungsträgern als Oxidation (Lochtransport) bzw. als Reduktion (Elektronentransport) des jeweils besuchten Moleküls.

3. Im organischen Material erfolgt die Rekombination von Löchern und Elektronen unter der Bildung von Exzitonen (Erzeugung des elektronisch angeregten Zustands). Die Ladungsträger werden in organischen Halbleitern über ionisierte Moleküle transportiert. *Treffen zwei entgegengesetzt geladene ionisierte Zustände aufeinander, kommt es zu deren Vereinigung auf einem Molekül und zur Bildung eines angeregten Zustandes (Exziton)*. Aufgrund von Spinauswahlregeln zerfallen nicht alle angeregten Zustände strahlend. Man erhält eine maximale interne Quanteneffizienz (erzeugte Photonen/Ladungsträgerpaare) von $\eta = 25\,\%$. Bevor die angeregten Zustände zerfallen, kann es zu einem Transport der Anregungsenergie durch den organischen Festkörper kommen. Aufgrund dieses Mechanismus sollte die Rekombination möglichst in der Mitte der Diode geschehen, da die angeregten Zustände innerhalb ihrer Lebensdauer bis an die Elektroden transportiert werden können, wo sie leicht strahlungslos zerfallen.
4. Es erfolgt der Übergang in den Grundzustand unter Emission von Lichtquanten entsprechend der Energiedifferenz der HOMO-LUMO-Lücke (teilweise auch strahlungslose Deaktivierung).

Der Begriff der „Rekombination" bezeichnet in diesem Zusammenhang die Bildung eines Exzitons bzw. eines Elektron-Loch-Paares, und nicht wie im Zusammenhang mit optischer Anregung die strahlende oder nicht strahlende Auslöschung von Elektron-Loch-Paaren. Die Exzitonen sind stärker auf eine Polymer-Kette lokalisiert als Exzitonen in dreidimensionalen anorganischen Halbleitern.

Es soll hier ebenfalls hervorgehoben werden, dass es sich bei den genannten Elektronen und Löchern nicht um freie Ladungsträger handelt. Häufig werden deshalb auch die alternativen Begriffe Radikal-Anion und Radikal-Kation verwendet.

Zu den wichtigsten Größen, die beim Bau effizienter OLEDs zu beachten sind, zählen der HOMO-LUMO-Abstand (vergleichbar mit der Bandlückenbreite E_g bei Halbleitern), das Redoxpotenzial des aktiven organischen Materials, sowie die Austrittsarbeit des jeweiligen Elektrodenmaterials.

4.11.11.6 Aktivmatrix- und Passivmatrix-Displays

Je nach Art der Pixelansteuerung unterscheidet man zwischen „passiven" und „aktiven" OLED-Displays.

Bei *Passivmatrix-Displays* bestehen Anode und Kathode aus engen, um 90° versetzten Leiterbahnen, die die Polymerschicht einschließen. Die Kreuzungspunkte der Elektroden bilden die Pixel. Das Licht wird durch eine transparente Elektrode aus Indium-Zinn-Oxid nach außen abgestrahlt.

Passivmatrix-Displays sind relativ einfach herzustellen. Aufgrund von Verlusten in den elektrischen Leitungen ist ihre Größe auf eine Bildschirmdiagonale von etwa fünf Zentimeter begrenzt, da sonst die einzelnen OLED mit zu hoher Stromstärke betrieben werden müssten. Dies würde zu Lasten der Lebensdauer gehen. Da bei der passiven Ansteuerung aufgrund der gekreuzten Anoden- und Kathodenleiterbahnen eine recht hohe

Leitungsanzahl erreicht wird, wird zur Verringerung der Leiterbahnen ein Multiplexverfahren angewandt.

Bei den komplexer aufgebauten *Aktivmatrix-Displays* wird jedes Pixel einzeln angesteuert, dies erfordert eine integrierte Schaltung mit Speicherkondensator und mindestens zwei Transistoren in der Displayebene. Ideal hierfür sind Dünnfilmtransistoren (TFT – Thin Film Transistor) aus polykristallinem Silizium.

Ein Problem, das bei Aktivmatrix-Displays auftritt, liegt in der Anzahl der Transistoren. Während bei einem LCD (liquid crystal display) jeweils ein TFT ein Pixel ansteuert, benötigt ein OLED mindestens zwei TFTs pro Pixel, um eine stabile Ausgangsspannung sicher zu stellen. Um eine gleichmäßige Helligkeit zu erreichen, arbeiten einige Hersteller sogar mit vier Transistoren pro Pixel. Das Problem ist: Je mehr TFTs, desto komplexer das Herstellungsverfahren, desto geringer die Ausbeute. Hinzu kommt, dass das Display mit der steigenden Zahl an Transistoren immer dunkler wird, weil das Licht durch den Schichtaufbau hindurchtreten muss und nur dort leuchtet, wo sich kein Transistor befindet.

Die Vorteile der Aktivmatrix-OLED-Displays sind eine niedrige Spannung und damit ein geringer Stromverbrauch. Weiterhin können hohe Auflösungen für Grafiken und schnelle Bildwiederholungsraten für Videos erzielt werden. Die Bildgröße ist nicht limitiert.

4.11.12 Laserdiode (LD)

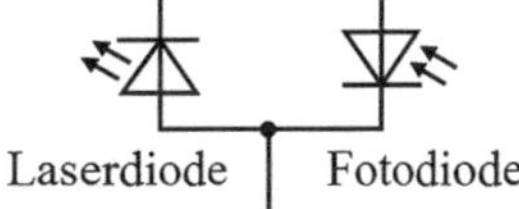

Abb. 4.82 Schaltzeichen der Laserdiode

4.11.12.1 Grundlagen

- **Absorption von Strahlung**
  Dringt Licht (eine elektromagnetische Welle) in einen Festkörper ein, so reagieren insbesondere die Elektronen. Hierbei sind zwei verschiedene Reaktionen zu unterscheiden:
  a) Metall
  Metalle enthalten aufgrund der metallischen Bindung viele freie Leitungselektronen. Diese Elektronen lassen sich durch elektrische Felder leicht bewegen. Als Folge beginnen sie mit der Frequenz der Lichtwelle zu schwingen und nehmen dadurch Energie aus der Lichtwelle auf. Das Licht wird folglich in einer dünnen Oberflächenschicht absorbiert. Schwingende Elektronen strahlen wiederum eine elektromagnetische Welle mit der Frequenz der Schwingung ab. Es wird daher Licht von der Oberfläche abgestrahlt. Dieser Prozess entspricht der Reflexion der

Lichtwelle an der Metalloberfläche. Alle reinen Metalloberflächen sind deswegen hochglänzend und sehr gut reflektierend. Erst bei sehr hohen Frequenzen (Röntgenstrahlung, γ-Strahlung) können die Elektronen der anregenden Welle nicht mehr folgen und das Metall wird für die Strahlung durchlässig.

b) Nichtleiter, Halbleiter
Bei diesen Werkstoffen liegen keine oder nur wenige freie Leitungselektronen vor. Aus diesem Grunde reagiert die Lichtwelle im Wesentlichen nur mit Elektronen, die an die Atome gebunden sind. Eine solche Reaktion ist aber nur möglich, wenn die Energie der Lichtwelle ausreicht um ein Elektron auf eine höhere Bahn (Energieniveau) des Atoms anzuheben, bzw. um ein Elektron vollständig vom Atom abzulösen. Der letzte Fall ist für die Halbleiter wichtig und wird durch das Bändermodell beschrieben.
Wie Einstein zeigte, ist es für diesen Prozess notwendig, das Licht in seiner Teilchenstruktur zu betrachten. Die Lichtwelle der Frequenz f besteht dann aus einem Photonenstrom, wobei die Einzelphotonen jeweils die Energie $W = h \cdot f$ transportieren und diese auf die Elektronen übertragen. Ist diese Energie größer als die Bindungsenergie der Elektronen, so kann das Elektron vom Atom abgelöst werden. Im Bändermodell wechselt es vom Valenzband mit gebundenen Elektronen in das Leitungsband mit freien Elektronen. Bei diesem Prozess, welcher der Generation eines Elektron-Loch-Paares entspricht, verschwindet das Photon, es wird vom Elektron absorbiert.

- **Emission von Licht**
  Die Lichtemission ist die Umkehrung der Absorption. Entstehende Photonen können nach außen in Form von Licht abgestrahlt werden oder im Inneren des Halbleiterkristalls mit Elektronen wechselwirken. Ein freies Elektron kann von einem Atom, welches zuvor ein Elektron abgegeben hat, wieder eingefangen werden (Vorgang der Rekombination). Bei einer *direkten* Rekombination (siehe Abschn. 2.4.2) geht ein Elektron vom Leitungsband unmittelbar in das Valenzband über, es kehrt aus einem energetisch höheren in einen energetisch niedrigeren Zustand zurück. Dabei wird Energie in Form eines Photons frei.
  Durch Zuführung von Energie kann ein Elektron auch in eine vom Atomkern weiter entfernte Kreisbahn gehoben werden. Fällt ein solch angeregtes Elektron wieder in den energetisch niedrigeren Grundzustand (ursprüngliche Bahn) zurück, so gibt es seine überschüssige Energie in Form eines Photons ab.

  Wir unterscheiden zwei Emissionsprozesse (Abb. 4.83).

1. *Spontane Emission*
   Ein erzeugtes Elektron-Loch-Paar wird nach einiger Zeit spontan (also rein zufällig) wieder rekombinieren. Die dabei frei werdende Energie kann in Form von Licht oder Wärme abgegeben werden. Bei den direkten Halbleitern überwiegt die Licht-

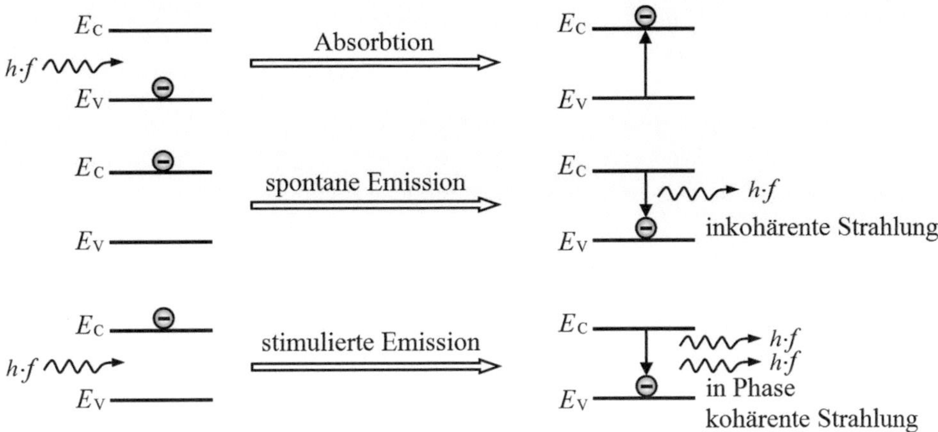

Abb. 4.83 Absorption und Emission von Lichtquanten

emission, bei den indirekten Halbleitern dagegen die Umwandlung in Wärme. Die Übergänge von einem höheren in ein tieferes Energieniveau erfolgen bei der direkten Rekombination meist spontan und völlig unkorreliert. Die Lichtwelle, die durch mehrere Rekombinationen entsteht, wird durch viele kurze Wellenzüge gebildet, die untereinander keine festen Phasenbeziehungen aufweisen. Die Emission der Photonen erfolgt somit nach Phasenlage und Raumrichtung vollkommen statistisch unterschiedlich. Strahlung dieser Art wird als *inkohärent* bezeichnet. Das Licht einer LED ist z. B. inkohärent.

Die entstehende Strahlung wird nach den Anregungsprozessen unterschieden, z. B. Fotolumineszenz bei Anregung durch kurzwellige Strahlung oder Elektrolumineszenz bei Anregung durch elektrischen Strom.

2. *Stimulierte Emission*

   Bei der stimulierten (erzwungenen) Emission erzeugt ein Photon kein Elektron-Loch-Paar, sondern bewirkt eine Rekombination in dem Moment, wo das Photon „vorbeiläuft". Genauer gesagt: Wird ein Photon mit einer Energie größer als der Bandabstand ($h \cdot f > \Delta E_g$) in den Halbleiter eingestrahlt und es trifft auf ein Elektron im Leitungsband, dessen Energie um $h \cdot f$ größer ist, als ein Loch mit dem gleichen k-Wert, dann wird dieses Elektron zur Rekombination gezwungen und gibt seine Energie in Form eines Photons ab. Diese Emission wird durch das elektrische Wechselfeld des Photons (elektromagnetische Welle) bewirkt. Daher wird ein Photon mit gleichen Eigenschaften erzeugt, welches dieselbe Frequenz, Phasenlage und Ausbreitungsrichtung hat, wie das den Prozess anregende Photon. Sind genügend Elektronen im Leitungsband vorhanden, so kann durch wiederholte stimulierte Emission eine Lichtwelle erheblich verstärkt werden. Eine Strahlung dieser Art mit gleicher Wellenlänge und gleicher Phasenlage wird als *kohärent* bezeichnet.

Diese Lichtverstärkung durch stimulierte Emission von Strahlung ist auch die Bedeutung des Kunstwortes LASER (**L**ight **A**mplification by **S**timulated **E**mission of **R**adiation).
Laserlicht wird durch stimulierte Emission gewonnen, es ist eine kohärente Strahlung. Laserlicht besitzt daher eine hohe Intensität, es wird in einem *schmalen Wellenlängenbereich* und im Wesentlichen in eine bestimmte Richtung (*nahezu parallel*) ausgestrahlt.
Normalerweise ist die Konzentration energetisch angeregter Teilchen (Elektronen) viel geringer als die der energetisch nicht angeregten. Die meisten einfallenden Photonen werden also mit nicht angeregten Teilchen wechselwirken und dabei unter Erzeugung eines Ladungsträgerpaares absorbiert. Die Absorption überwiegt und das einfallende Licht wird geschwächt.

Damit durch stimulierte Emission kohärente Strahlung entsteht, müssen zwei Laserbedingungen erfüllt sein.

- **Erste Laserbedingung**
  Photonen sollen nicht zur Bildung von Elektron-Loch-Paaren führen und dabei absorbiert werden, sondern durch stimulierte Emission weitere Photonen erzeugen. Wünschenswert ist also, dass mehr angeregte Elektronen im Leitungsband zur Verfügung stehen und zur stimulierten Emission veranlasst werden können, als sich nicht angeregte im Valenzband befinden. Höhere Energieniveaus sollen von Elektronen stärker besetzt sein als niedrigere Niveaus. Dieser Zustand wird als *Besetzungsinversion* und als 1. Laserbedingung bezeichnet und muss künstlich herbeigeführt werden. Den Bereich, in dem der Inversionszustand vorliegt nennt man *Inversionszone* oder *aktive Zone*. Der Prozess der stimulierten Emission wird durch die Besetzungsinversion mit der jeweils stark erhöhten Anzahl der Elektronen im Leitungsband und Löcher im Valenzband wahrscheinlicher. Photonen werden in ihrer Mehrzahl mit den angeregten Teilchen zusammentreffen und die Aussendung von Photonen erzwingen.
- **Zweite Laserbedingung**
  Ein Laser funktioniert praktisch nur, wenn die Lichtwelle das aktive Gebiet (den Bereich, in dem die Besetzungsinversion vorliegt) mehrmals durchläuft und somit durch ein Photon nicht nur eine, sondern viele stimulierte Emissionen ausgelöst werden. Zu diesem Zweck wird das Lasermaterial in einen optischen Resonator gebracht. Diese optische Rückkopplung wird als 2. Laserbedingung bezeichnet.

4.11.12.2 Realisierungsbedingungen für die Funktion der Laserdiode

Eine Laserdiode ist ein Halbleiterbauelement (in der Regel auf der Basis von GaAs). Es besteht eine Verwandtschaft zur Leuchtdiode (LED), es wird jedoch Laserstrahlung erzeugt. Der pn-Übergang mit (mindestens auf einer Seite) sehr starker Dotierung wird in Flusspolung bei hohen Stromdichten betrieben. Um die beiden oben erläuterten Laserbedingungen zu erfüllen, müssen einige Maßnahmen realisiert werden.

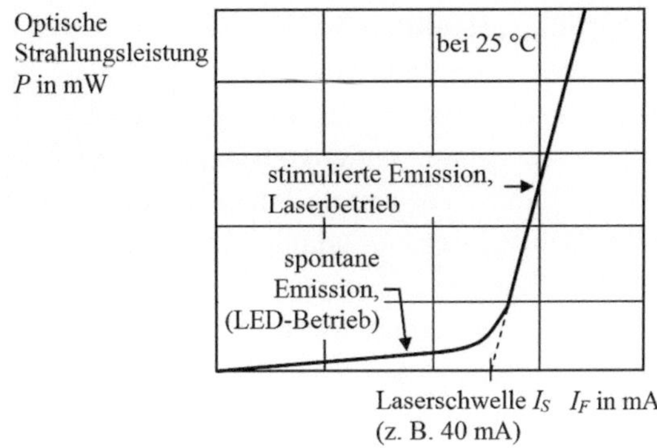

Abb. 4.84 Kennlinie einer Laserdiode, Strahlungsleistung in Abhängigkeit vom Flussstrom

- **Sehr hohe Dotierung**

Nach der ersten Laserbedingung ist die Besetzungsinversion eine grundlegende Voraussetzung für die stimulierte Emission von Photonen. Um die Besetzungsinversion zu erreichen wird bei einer Laserdiode der pn-Übergang auf beiden Seiten sehr hoch dotiert, die Störstellenkonzentration liegt jeweils bei über $10^{19}\,\text{cm}^{-3}$. Dadurch ist die Elektronendichte im Leitungsband der n-Seite hoch. Im Valenzband der p-Seite gibt es entsprechend viele freie Löcher. In der aktiven Zone sind energetisch hohe Niveaus im Leitungsband mit Elektronen besetzt. Energetisch tiefe Niveaus im Valenzband (Löcher) sind leer und stehen für Rekombinationen zur Verfügung. Somit liegt eine Besetzungsinversion vor.

- **Schwellstrom**

Laserdioden verhalten sich bei niedrigen Strömen zunächst wie normale LEDs, es überwiegt die spontane Photonenemission unter Aussendung von inkohärentem Licht, der Wirkungsgrad beträgt ca. 2 %. Die Betriebsart als Laser setzt erst ein, wenn ein Strom einer bestimmten Größe durch die Laserdiode fließt. Dieser Strom wird als Schwellstrom I_S (auch als Laserschwelle oder Schwellenstrom I_{th}) bezeichnet. Ab dem Schwellstrom (typ. 10 bis 50 mA) knickt die P/I-Kennlinie (Strahlungsleistung in Abhängigkeit des Durchlassstromes, Abb. 4.84) ab und verläuft steiler. Die Emission von Lichtquanten steigt lawinenartig an. Der Zusammenhang zwischen Strahlungsleistung und Flussstrom ist annähernd linear. Der Wirkungsgrad erreicht bei dieser stimulierten Emission bis zu 60 %. Das Erzeugen der Besetzungsinversion geschieht in Laserdioden durch elektrisches Pumpen. Ein elektrischer Gleichstrom (**Pumpstrom**) in Durchlassrichtung sorgt für stetigen Nachschub von Elektronen und Löchern.

Der Arbeitspunkt muss für den Laserbetrieb im steilen Bereich der Kennlinie liegen, dies macht die Einspeisung eines konstanten Vorstroms $> I_S$ erforderlich Aufgrund der Steilheit der Kennlinie ist es meist notwendig, sowohl diesen Arbeitspunkt als auch die maximale Strahlungsleistung mittels Rückkopplung zu stabilisieren.

- **Strukturgestaltung der Halbleiterschichten**

Eine Laserdiode kann mit einer Homostruktur hergestellt werden (wie eine LED auch). Diese sehr einfach aufgebaute Laserdiode besteht nur aus einem pn-Übergang zwischen zwei entartet dotierten Halbleiterbereichen. Senkrecht zum Stromfluss liegen zwei Kristallendflächen, die als Spiegelflächen dienen. Wegen Resonatorverlusten und dem fehlenden Vermögen, Ladungsträger in der aktiven Zone einzuschließen, sind der Flussstrom mit einigen zehn Ampere bzw. die Schwellstromdichte mit einigen hundert A/mm^2 für das Erreichen einer Besetzungsinversion sehr hoch. Wegen der hohen Verlustleistung ist nur ein Pulsbetrieb bei sehr tiefen Temperaturen möglich. Damit die Schwellstromdichte verringert wird, sollte die Breite der aktiven Zone möglichst gering sein und die Ladungsträger sollten in der aktiven Zone möglichst effektiv eingeschlossen werden. Zusätzlich sollten sich die Photonen nur innerhalb der aktiven Zone bewegen, da nur hier eine stimulierte Emission erfolgen kann. Diese drei Forderungen lassen sich mit einer Laserdiode mit **Doppelheterostruktur** erfüllen.

Lumineszenzdioden und Laserdioden werden überwiegend als Dioden mit Doppelheterostruktur aufgebaut. Dabei ist die aktive Zone, in der die Lichtquanten durch Rekombinationen entstehen, von zwei Schichten mit einem größeren Bandabstand E_g umgeben. Diese zwei Hetero-Zonen dienen als Potenzialbarriere für die injizierten Ladungsträger, die jetzt in der aktiven Schicht gefangen sind und dort unter Aussendung von Lichtquanten rekombinieren müssen, weil sie den höheren Bandabstand zu den benachbarten Bereichen nicht überwinden können. Den Einschluss der Ladungsträger in der aktiven Zone nennt man „electrical confinement“. Der Name Doppelheterostruktur kommt daher, dass auf beiden Seiten der aktiven Zone ein Wechsel des Halbleitermaterials erfolgt (es grenzen zweimal unterschiedliche Halbleiter aneinander).

Die Wirkungsweise der Doppelheterostruktur besteht darin, dass sowohl die Elektronen im Leitungsband als auch die Löcher im Valenzband Barrieren vorfinden, so dass nur in der sehr dünnen aktiven Zone der Dicke d gleichzeitig genügend Elektronen im Leitungsband und freie Plätze (Löcher) im Valenzband vorhanden sind, um eine hohe spontane und stimulierte Emission zu ermöglichen. Die Dicke der aktiven Schicht beträgt bei LEDs typischerweise $d \leq 1\,\mu\text{m}$, bei Laserdioden ist $d < 0{,}1\,\mu\text{m}$. Dadurch kann auch bei geringen injizierten Stromdichten eine hohe Ladungsträgerkonzentration in der aktiven Zone erzielt werden. Durch die stark reduzierte Schwellstromdichte (ca. ein Vierzigstel des Wertes beim Homostrukturlaser) ist ein Dauerbetrieb bei Zimmertemperatur möglich.

In Abb. 4.85 ist eine derartige Diode dargestellt. Es handelt sich um eine pn-Diode, die in Flussrichtung betrieben wird. Die Ladungsträger rekombinieren strahlend in der aktiven Zone. Bei Betrieb dieser Diode in Flussrichtung ergibt sich das dargestellte Bändermodell. Eine Doppelheterostruktur zeichnet sich dadurch aus, dass die Bandabstände der Heteroschichten E_{g1} und E_{g3} sehr viel größer sind als der Bandabstand E_{g2} der aktiven Zone.

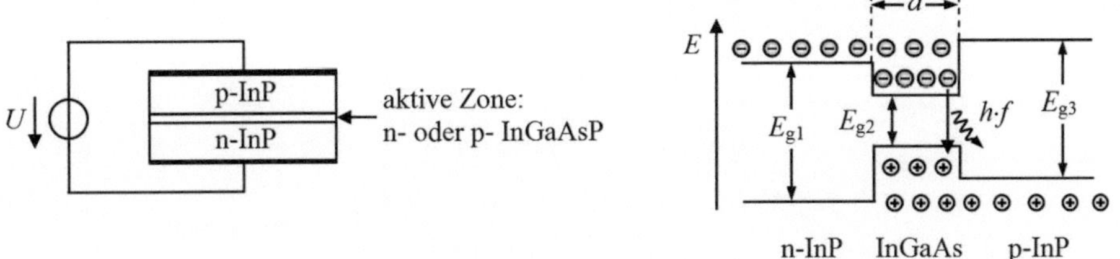

Abb. 4.85 Beispiel für den Aufbau einer Laserdiode mit Doppelheterostruktur mit Bändermodell in Flussrichtung (schematisch)

- **Photonenreflexion**

Werden Lichtquanten in der aktiven Zone durch stimulierte Emission erzeugt, so sollen sie möglichst in diesem Gebiet verbleiben und zu weiteren stimulierten Emissionen führen. Die Photonen sollen sich nicht in Gebiete ohne Besetzungsinversion ausbreiten und dort absorbiert werden. Bei der Doppelheterostruktur besitzt die aktive Schicht einen höheren Brechungsindex als die beidseitig angrenzenden Materialien. Dadurch werden die Photonen durch Reflexion wie in einem Lichtwellenleiter in der aktiven Zone geführt (photon confinement).

- **Optischer Resonator**

Damit ständig Licht abgestrahlt wird, muss stets von neuem ein Photon eingestrahlt werden, welches erneut eine stimulierte Emission bewirkt. Dies kann erreicht werden, indem ein Teil des ausgestrahlten Lichtes wieder auf den Halbleiter zurückgeleitet wird. Dazu wird der Halbleiterkristall zwischen zwei teildurchlässigen, planparallelen Spiegeln angebracht. Solche Spiegel lassen sich leicht durch polierte Halbleiterflächen realisieren, d. h. der Kristall bildet selbst die Spiegel. Der beschriebene Aufbau stellt einen optischen Resonator dar, der unter bestimmten Bedingungen selbständig anschwingt und dann Licht einer bestimmten Wellenlänge emittiert. Die Endflächen des Bauelementes bilden somit einen optischen Resonator, in dem sich eine stehende Lichtwelle ausbilden kann, in der die optische Energie pendelt. Der Resonator sorgt dafür, dass das Licht möglichst lange im aktiven Material bleibt und somit während vieler Umläufe zwischen den Spiegeln immer wieder verstärkt wird. Mittels des Resonators geben die Elektronen ihre Energie bevorzugt in der Resonanzwellenlänge ab.

Bei den so genannten *Fabry-Perot*-Lasern werden in dieser Weise oft die Spaltflächen des Halbleiterkristalls als Resonatorspiegel benutzt. Für den Reflexionskoeffizienten gilt aufgrund der Fresnelreflexion bei senkrechtem Einfall

$$R = \left(\frac{n-1}{n+1}\right)^2 \tag{4.25}$$

GaAs z. B. hat einen Brechungsindex von etwa $n = 3{,}5$. Für eine Grenzfläche gegen Luft mit $n = 1$ folgt für den Reflexionskoeffizienten (wie oben genannt) ein Wert von

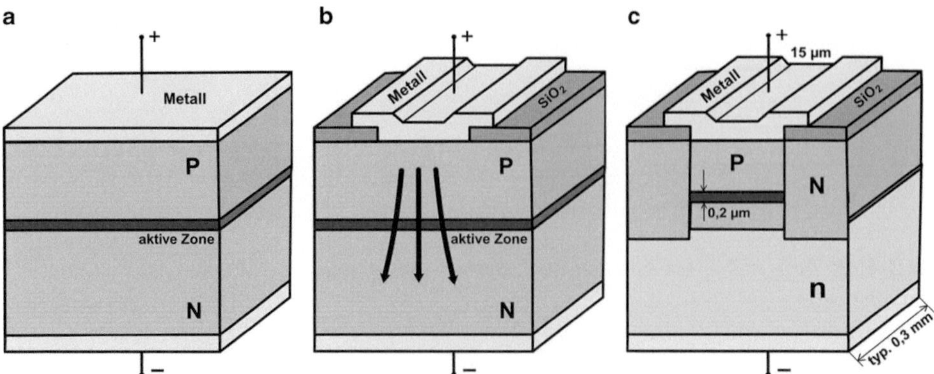

Abb. 4.86 Schichtensysteme für Laserdioden. **a** Einfache Homostruktur. **b** Gewinngeführte Struktur durch Einengung der Stromführung mit isolierenden Oxidschichten. **c** Doppelheterostruktur zur indexgeführten Einengung des aktiven Bereichs

$R \approx 30\,\%$. Diese Teilreflexion reicht bei der erreichbaren Verstärkung im Material zur Rückkopplung aus.

Durch die beschriebene Führung der Photonen mittels Doppelheterostruktur und das mehrfache Durchlaufen der aktiven Zone wird die zweite Laserbedingung erfüllt und eine hohe Lichtverstärkung erreicht.

Durch die Spiegelanordnung entsteht nicht mehr Licht mit einer Wellenlänge λ_0 und großer Linienbreite wie bei der LED, sondern es entstehen sehr viele, aber schmalere Spektrallinien, jeweils mit sehr geringer Linienbreite $\Delta\lambda$. Ähnlich wie bei der Lichtleitfaser heißen diese unterschiedlichen Wellenlängen *Moden*. Anstelle der 40. . . 70 nm breiten einzelnen Spektrallinie einer LED entstehen in Laserdioden viele, sehr schmale Spektrallinien oder Moden mit einer Linienbreite von etwa 1 nm. Für die praktische Anwendung ist man bestrebt, eine einzelne Mode auszuwählen.

4.11.12.3 Aufbau der Materialschichten

Genau wie bei LEDs kann man den pn-Übergang als Homo-, als Single-Hetero-, Doppel-Hetero- oder Vielfach-Hetero-Struktur aufbauen (Abb. 4.86, 4.87).

Die meisten Laserdioden sind Kantenstrahler, d. h. das Licht verlässt den Kristall an dessen Bruchkante nahe an der Oberfläche quer zum Stromfluss. Die Wahl des Halbleitermaterials bestimmt die Wellenlänge, die der Halbleiterlaser emittiert. Sie liegt typischerweise im nahen Infrarot und Rot, es werden jedoch auch blaue und ultraviolett strahlende Laserdioden hergestellt. Bei infraroten Wellenlängen wird bis über 50 % der elektrischen Energie in Laserstrahlung umgewandelt. Der Rest erwärmt den Kristall.

Da die für den Laserbetrieb benötigte Ladungsträgerdichte sehr hoch ist, die Wärmeabfuhr und damit der absolute Strom jedoch begrenzt sind, muss der aktive Bereich räumlich möglichst beschränkt sein. Die Dicke der aktiven Schicht beträgt typischerweise einige 0,1 µm. Die Breite wird von ähnlicher Größenordnung gewählt, wodurch sich nur

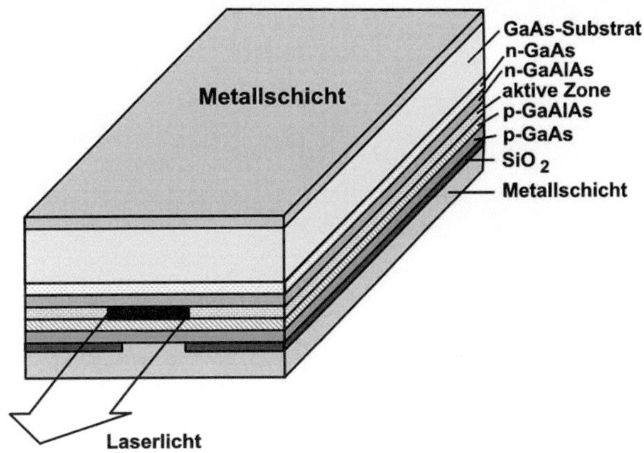

Abb. 4.87 Schichtenaufbau einer Doppelheterostruktur-Laserdiode

die transversale Grundmode ausbilden kann. Bei Breitstreifendioden kann diese Breite zur Erhöhung der Ausgangsleistung bis zu über 100 μm betragen.

Die elektrische Pumpenergie soll möglichst konzentriert in den pn-Übergang eingebracht werden. Für die Praxis haben sich dabei zwei Verfahren besonders bewährt: *Indexgeführte* (IG) und *gewinngeführte* (GG) *Lasermethode*. Die erste Methode wird auch *Brechungsindexführung* (*index-guiding*) genannt, die zweite *Verstärkungsführung* (*gain-guiding*). Bei beiden Ausführungsarten wird der Strom über eine etwa 15 μm breite und etwa 300 μm lange Streifenleitung zugeführt.

Beim IG-Laser lässt man eine etwa 15 μm breite n-leitende Schicht direkt inmitten des p-Gebietes epitaktisch aufwachsen, deren Brechzahl sich von der Umgebung unterscheidet. Erzeugt man Licht in dieser streifenförmigen Schicht, so wird aufgrund des geringfügigen Brechzahlunterschiedes zwischen p- und n-Gebiet das Licht ähnlich wie in einem Lichtwellenleiter transportiert (geführt).

Bei GG-Lasern ist die aktive pn Übergangsschicht homogen, sie hat überall dieselbe Brechzahl. Erst durch das elektrische Feld wird der Stromfluss räumlich begrenzt und ein bestimmter Bereich stärker gepumpt, dort wird die Brechzahl geringfügig verändert. Das Licht wird ebenfalls geführt.

Einen möglichen konstruktiven Aufbau einer Laserdiode zeigt Abb. 4.88.

4.11.12.4 Aufbau des Laserresonators, DFB-, DBR-Laser

Oft genügt es, die kristallinen Halbleiterendflächen als Spiegel mit etwa 30 % Reflexionsvermögen zu benutzen (*Fabry-Perot-Resonator*). Der Nachteil dieses Verfahrens ist, dass mehrere Wellenlängen gleichzeitig erzeugt werden. Beim Fabry-Perot-Laser entstehen Nebenmoden, welche bei der Glasfaserkabel-Übertragung zu Dispersionseffekten führen. Dies kann in so genannten dynamischen *Single-Mode-Lasern* (*DSM-Laser*, auch *Bragg-Laser* genannt) vermieden werden. Anstelle der Stirnflächenreflexion (statt Spiegel) wird dabei die Reflexion an einem Gitter benutzt, die extrem wellenlängenselektiv ist. Das Gitter befindet sich entweder direkt im lichtführenden Bereich (*DFB-Laser*, Distributed-

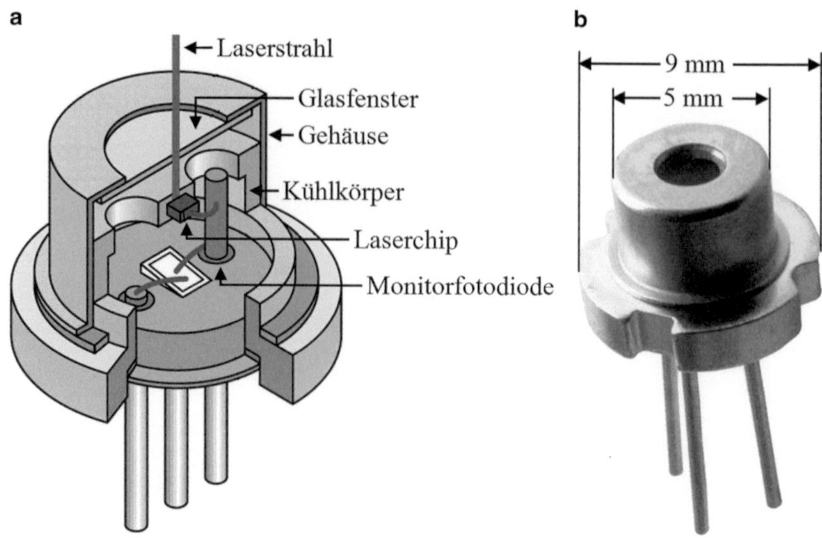

Abb. 4.88 Aufbau einer Laserdiode (**a**) und Foto einer Laserdiode (**b**)

Feedback-Laser = Laser mit verteilter Rückkopplung) oder außerhalb davon (*DBR-Laser*, Distributed-Bragg-Reflection-Laser = Laser mit verteilter Bragg-Reflexion). Das jeweilige Funktionsprinzip zeigt Abb. 4.89.

Bei DFB-Lasern ist das aktive Material gitterartig strukturiert. Dieses Gitter (*Bragg-Reflektor*) dient aufgrund von Interferenz als wellenlängenselektive optische Rückkopplung. Das Gitter erstreckt sich über die gesamte aktive Zone, die hin- und rücklaufenden Resonatorwellen sind miteinander verkoppelt. Während konventionelle (Fabry-Perot-)Laserdioden auf mehreren longitudinalen Moden schwingen, arbeiten DFB-Laser auf nur einer longitudinalen Mode. Die Gitterperiode legt die Emissionswellenlänge fest. Ein DFB- Laser besitzt eine extrem hohe spektrale Reinheit, sein Laserlicht hat eine sehr geringe spektrale Bandbreite. Erreicht man mit normalen Laserdioden Spektralbreiten von bis zu 1 nm, so erreichen DFB-Laser Spektralbreiten von nur 0,1 nm. Mit DFB-Lasern können bei direkter Modulation Entfernungen von 100 km bei Übertragungsgeschwindigkeiten von 2,5 Gbit/s überbrückt werden.

Während bei DFB-Laserdioden die Bragg-Struktur in der aktiven Zone (der Verstärkungszone) liegt, ist sie beim Distributed-Bragg-Reflektor-Laser (DBR-Laser) außerhalb der aktiven Zone angeordnet. Der Laser wird entspiegelt und dadurch der Reflexionsfaktor reduziert. Es liegt dann kein Resonator mehr vor, sondern nur noch ein Verstärker. Gleichzeitig werden vor den Endflächen Gitter eingefügt, welche die Spiegel bzw. die Reflexion an den Kristallendflächen durch die eintretende Bragg-Reflexion ersetzen. Der DBR-Laser hat also passive Bragg-Spiegel und eine nicht frequenzselektive Verstärkersektion.

Sowohl DFB- als auch DBR-Laser lassen sich durch Temperaturänderung verstimmen. Dies erfordert einerseits für hohe Wellenlängenstabilität eine exaktes Konstanthalten der

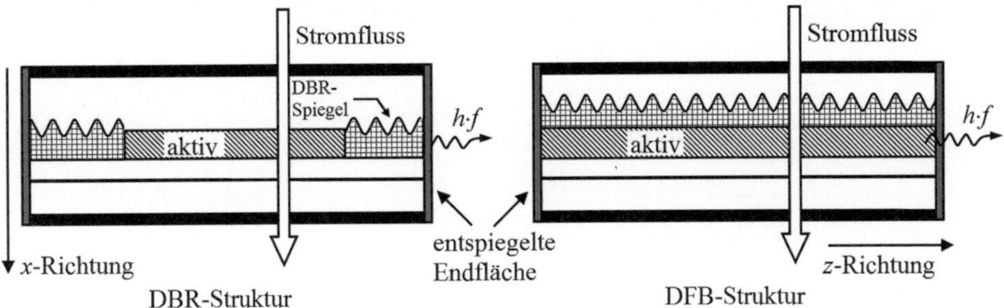

Abb. 4.89 Funktionsprinzip von DBR- und DFB-Single-Mode-Laser

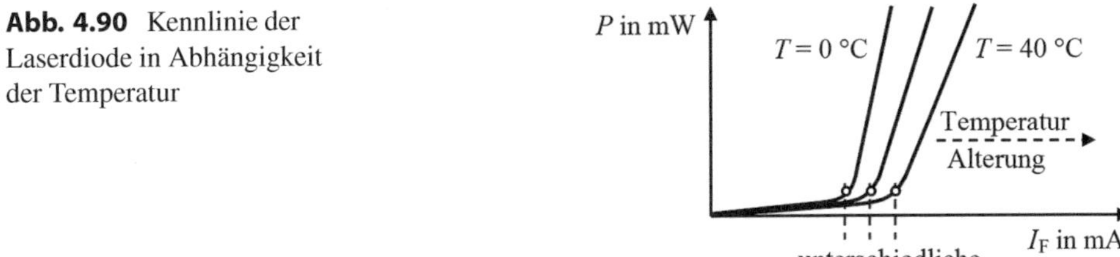

Abb. 4.90 Kennlinie der Laserdiode in Abhängigkeit der Temperatur

Temperatur, ermöglicht jedoch andererseits eine Veränderung bzw. Einstellung der Wellenlänge innerhalb eines großen Bereiches.

4.11.12.5 Kenngrößen

- Kennlinie

Der wichtigste Unterschied zur LED ist bei der Laserdiode das Auftreten eines Schwellstromes I_S oder I_{th} (*th* = threshold). Erst bei Stromstärken oberhalb von I_S entsteht Laserstrahlung. Dadurch ergibt sich eine nichtlineare Kennlinie (Abb. 4.84). Das Temperaturverhalten der LD ist ähnlich wie das der LED, d. h. bei höherer Temperatur steigt I_S, und man erzielt bei gleichem Betriebsstrom weniger optische Leistung (Abb. 4.90). Auch das Alterungsverhalten ist ähnlich wie bei der LED.

Die Erwärmung des Lasers führt zu Wellenlängenänderungen. Die Verschiebung beträgt etwa 0,25…0,3 nm/K, das Maximum der Strahlung verschiebt sich bei Erwärmung durch Verringerung des Bandabstandes hin zu längeren Wellenlängen.

- Abstrahlcharakteristik

Das Licht der Laserdiode sollte eigentlich als völlig paralleler Strahl aus dem Kristall austreten. Ähnlich wie beim LED-Kantenstrahler entsteht bei der Laserdiode eine sehr kleine aktive, abstrahlende Fläche von 0,1…0,2 µm Höhe und 10…20 µm Breite. Aufgrund dieser kleinen Querschnittsfläche des aktiven Volumens emittieren Laserdioden

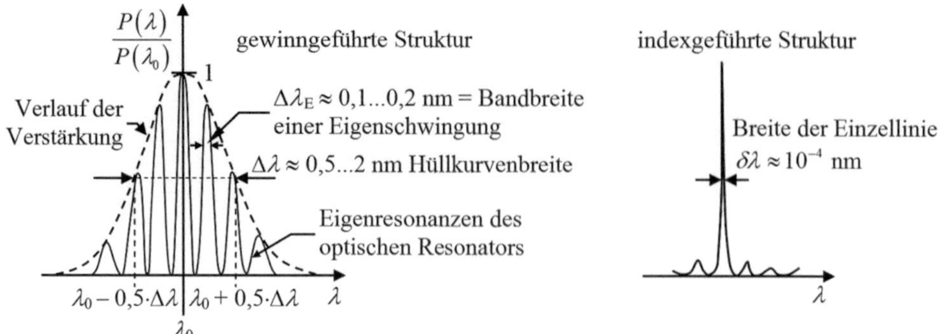

Abb. 4.91 Spektraleigenschaften einer Laserdiode (vgl. auch Abb. 4.70 bezüglich einer LED)

wegen auftretenden Beugungserscheinungen stark divergent. Das Licht hat einen elliptischen Querschnitt und tritt unter verschiedenen Winkeln aus – in transversaler Richtung (senkrecht zur Ausbreitungsrichtung) etwa 40 bis 50°, in lateraler (seitlicher) Richtung etwa 5 bis 15°. Durch Vorsetzen einer Linse lässt sich der Strahl jedoch bis auf Bruchteile von einem Grad bündeln und ein annähernd kreisförmiger Strahlquerschnitt erreichen.

Bessere Strahleigenschaften aber geringere Ausgangsleistungen haben *Oberflächenemitterdioden* (**VCSEL**, *vertical cavity surface emitting diode*). Ihre Strahlen sind im Gegensatz zu den Kantenemittern rund und nicht so stark beugungsbegrenzt.

- Spektrum

Im Unterschied zur LED tritt bei der Laserdiode eine wesentlich geringere Linienbreite auf. Das aus der Laserdiode austretende kohärente Licht ist praktisch monochromatisch. Die spektrale Verteilung hat typischerweise eine Halbwertsbreite von $\Delta\lambda \approx 0{,}5\ldots 2\,\text{nm}$, die Bandbreite einer Eigenschwingung beträgt $\Delta\lambda_E \approx 0{,}1\ldots 0{,}2\,\text{nm}$. Ein Hauptvorteil einer Laserdiode ist die geringe Dispersion.

Bauartbedingt arbeiten gewinngeführte Diodenlaser üblicherweise vielmodig, es treten meist mehrere Linien parallel auf. Beim indexgeführten Laser dominiert meist eine Linie derart, dass das Spektrum wie ein Einmodenspektrum erscheint (Abb. 4.91).

Anmerkung Dispersion ist die Bezeichnung für die Abhängigkeit der Ausbreitungsgeschwindigkeit von Wellen (oder anderer für Wellen charakteristischer Größen) von deren Wellenlänge. Aufgrund der Dispersion „zerfließen" Wellengruppen oder Wellenpakete. Eine Wellengruppe, setzt sich aus Wellen unterschiedlicher Wellenlänge zusammen. Die Unterschiede in der Ausbreitungsgeschwindigkeit der einzelnen Komponenten führen zu einer Verbreiterung der ursprünglichen Wellengruppe, bis schließlich die einzelnen Komponenten vollständig auseinander gelaufen sind.

Wenn sich im Spektrum eines in einen Lichtwellenleiter eingespeisten Lichtimpulses Lichtstrahlen mit verschiedenen Wellenlängen befinden, so führt dies zu unterschiedlichen

Laufzeiten und damit zu einer Impulsverbreiterung. Ab einer bestimmten dispersionsbedingten Impulsverbreiterung können die einzelnen Impulse nicht mehr unterschieden werden, der Nachrichtengehalt geht verloren. Durch das schmale Spektrum von Laserdioden (im Idealfall nur Wellen gleicher Wellenlänge) werden wegen der geringen Dispersion hohe Signal-Übertragungsfrequenzen möglich.

Das Spektrum kann stark stromabhängig sein. Je nach Stromstärke werden verschiedene Frequenzmoden angeregt, bei bestimmten Strömen erhält man nur eine Linie, bei anderen Strömen dagegen mehrere Linien. Ein Laser sollte daher möglichst stromstabilisiert betrieben werden, damit er eine stabile Emission besitzt.

- Übertragungseigenschaften

Aus der Kennlinie ergibt sich, dass oberhalb des Schwellstromes kleinste Stromänderungen große Leistungsänderungen erzeugen. Laserdioden haben eine deutlich höhere Strahlleistung als LEDs (Faktor 1000). Sie geben die Strahlleistung in einer Wellenlänge ab, dadurch bleibt eine schärfere Pulskontur auf langen Übertragungswegen erhalten, es wird eine sehr hohe Übertragungsfrequenz ermöglicht. Diese Eigenschaften macht man sich in der Nachrichtentechnik zunutze, Laserdioden werden in Kombination mit Lichtwellenleitern zur Signalübertragung verwendet. Die Intensität des Laserstrahls lässt sich durch Steuerung des Durchlassstromes der Laserdiode modulieren, man kann eine nahezu lineare Änderung der Ausgangsleistung erreichen. Modulationsfrequenzen bis $f_M \geq 1 \dots 10\,\text{GHz}$ sind möglich (in der Informationsübertragung bis zu 10 Gbit/s).

Die Modulationsbandbreite M_{BW} ist abhängig vom Strom I_B im Arbeitspunkt:

$$M_{BW} \sim \sqrt{I_B - I_S} \tag{4.26}$$

Je weiter oberhalb des Schwellstromes I_S der Strom I_B im Arbeitspunkt liegt, desto schneller ist die Laserdiode. Für hohe Modulationsfrequenzen sollte also der konstante Vorstrom möglichst weit oberhalb des Schwellstromes I_S gewählt werden (unter Berücksichtigung der maximal erlaubten Verlustleistung).

- Wirkungsgrad

Den Wirkungsgrad einer Laserdiode bestimmt man ähnlich wie bei der LED, von Bedeutung ist jedoch nur der lineare Teil der Kennlinie oberhalb des Schwellstromes, d. h. man bestimmt den differenziellen Wirkungsgrad $\eta_{diff} = \frac{\text{Leistungsänderung}}{\text{Stromänderung}}$. Diodenlaser sind sehr effiziente Strahlungsquellen im nahen Infrarotbereich mit einem Wirkungsgrad bis über 50 %.

4.11.12.6 Eigenschaften und Besonderheiten

Diodenlaser decken einen großen Teil des sichtbaren und infraroten Spektralbereichs ab. Mit GaAlAs und GaAs können je nach Stöchiometrie Diodenlaser bei ausgewählten Wellenlängen im Bereich 630 bis 1800 nm gebaut werden.

Laserdioden mit Doppelheterostruktur sind geeignet, kohärentes Licht mit einer Dauerstrichleistung von maximal etwa 250 mW zu erzeugen. Typisch sind Ausgangsleistungen von $P = 10\,\mathrm{mW}$ bei $I_S = 300\ldots400\,\mathrm{mA}$.

Laserdioden ohne Doppelheterostruktur können nur im Impulsbetrieb arbeiten. Hierbei können jedoch Ausgangsleistungen bis $P = 100\,\mathrm{W}$ erreicht werden (maximale Impulsdauer 200 ns, maximale Wiederholfrequenz 1 kHz).

Die emittierte Lichtleistung beträgt somit je nach Diodentyp einige hundert µW bis über 10 W pro Einzelemitter. Der hierzu erforderliche Strom beträgt ca. 0,1... 12 A pro Emitter, die Spannung beträgt bei Infrarot-Laserdioden 1,8... 2,2 V. Im gepulsten Betrieb (*qcw-Betrieb*, *quasi-continuous wave*) lassen sich noch größere Leistungen erreichen. Die Modulationsfrequenzen können dabei bis zu 10 GHz betragen.

Die Bruchfläche (Facette) ist äußerst empfindlich gegenüber Verschmutzung, da im Bereich des Strahlungsaustritts aus der schmalen aktiven Zone sehr hohe Strahlungsflussdichten bestehen. Zu hohe Stromimpulse können dort sogar ohne Verschmutzung zu optisch induzierten, thermischen Zerstörungen der Facette führen. Die *Stromversorgung* von Diodenlasern muss daher *frei von Stromspitzen* sein.

Laserdioden vertragen nur geringe Sperrspannungen (3... 5 V). Daher sind sie empfindlich gegenüber elektrostatischen Entladungen (ESD) und werden zum Transport üblicherweise kurzgeschlossen. Bei Handhabung und Einbau müssen Schutzmaßnahmen getroffen werden, die elektrische Spannungen zwischen den Anschlüssen verhindern.

Zu hohe Temperaturen zerstören eine Laserdiode. Deshalb werden Laserdioden zur Kühlung auf einer Metalloberfläche angebracht, die die Wärme abführt. Die Überhitzungsgefahr stellt einen begrenzenden Faktor für die erreichbare Strahlungsleistung pro Einzelemitter dar. Um eine höhere Leistung zu erreichen, werden in einem streifenförmigen Chip mehrere nebeneinander liegende Dioden elektrisch parallel betrieben. Durch Zusammenfassung der einzelnen Strahlen lässt sich eine höhere Gesamtleistung erzielen. Eine solche Anordnung von mehreren nebeneinander auf einem Chip befindlichen Dioden wird als *Barren* (*bar*) bezeichnet. Die 10 bis 25 Einzelemitter eines Barrens verhalten sich aufgrund des gemeinsamen Fertigungsprozesses elektrisch gleich und können daher parallel wie eine größere Diode betrieben werden. Man erreicht damit bei Strömen bis über 80 A optische Leistungen bis über 100 Watt im nahen Infrarot. Aus mehreren solcher Barren zusammengesetzte so genannte *Stacks* (Stapel) und daraus gefertigte Diodenlaser erreichen Leistungen bis in den Kilowatt-Bereich.

Um eine thermische Überlastung des Bauteils zu vermeiden, werden Laserdioden häufig in einem Kühlregelkreis und in einem optischen Regelkreis betrieben. Die Temperatur wird im Betrieb laufend gemessen und mittels eines Peltierelementes konstant gehalten. Die *optische Strahlleistung wird immer mittels einer Fotodiode gemessen* und über einen Regelkreis ebenfalls konstant gehalten. Der Betrieb einer Laserdiode kann damit deutlich komplizierter und aufwendiger als der einer normalen LED sein.

4.11.12.7 Anwendungen

Achtung: Laserstrahlen können wegen der hohen Energiedichte die Augen schädigen. Laserdioden finden vielfältige Anwendung, Beispiele sind Laserdrucker, Laserpointer, Lichtschranken, die optische Vermessung (z. B. Laserpistole), die optische Datenabtastung (z. B. in Barcodelesegeräten, CD-Spielern und DVD-Geräten), die optische Datenübertragung im Freien oder über Glasfaserkabel. Es gibt viele Anwendungen im wissenschaftlichen Bereich, insbesondere in der Spektroskopie, der chemischen Analytik, Spurenanalyse und Quantenoptik. Laserdioden dienen auch als Pumpenergiequelle für andere (nicht Halbleiter-) Laser und zur direkten Materialbearbeitung (Laserschweißen, Umschmelzen, Härten) mit Hochleistungs-Diodenlasern mit Leistungen bis in den Kilowattbereich. Zahlreiche Einsatzgebiete liegen auch im Bereich der medizinischen Technik.

4.11.12.8 Beispiel für Datenblattangaben einer Laserdiode

Abb. 4.92 Maximalwerte

Parameter		Symbol	Wert	Einheit
Ausgangs-leistung	CW	Po	10	mW
Sperr-spannung	Laser	VR	2	V
	PIN	VR	30	V
Betriebstemperatur		Topr	-10...+50	°C
Lagertemperatur		Tstr	-40...+85	°C

Parameter		Symbol	Betriebsbedingung	Min.	Typ.	Max.	Einheit
Schwellstrom		Ith	CW	---	35	60	mA
Betriebsstrom		Iop	Po=10mW	---	55	80	mA
Betriebsspannung		Vop	Po=10mW	---	2,3	2,6	V
Wellenlänge			Po=10mW	---	635	645	nm
Strahl-divergenz	Senkrecht	⊥	---	25	30	35	deg.
	Parallel	॥	---	6	8	10	deg.
Strahl-abweichung	Senkrecht	⊥	---	---	—	+/-3	deg.
	Parallel	॥	---	---	—	+/-3	deg.
Differentieller Wirkungsgrad		dPo/dIop	Po=10mW	---	0,5	---	mW/mA
Monitordiodenstrom		Im	Po=10mW	0,05	0,15	0,4	mA
Astigmatismus		As	Po=10mW	---	8	---	µm

Abb. 4.93 Elektrische und optische Eigenschaften bei 25 °C

4.11.13 Fotodiode

Fotodioden (Photodioden) sind Halbleiterdioden, die Licht an einem pn- oder pin-Übergang durch den inneren Fotoeffekt[2] in einen elektrischen Strom umwandeln

[2] Erzeugung von zusätzlichen, quasifreien Ladungsträgern durch die Energie einfallender Photonen im Inneren des Materials.

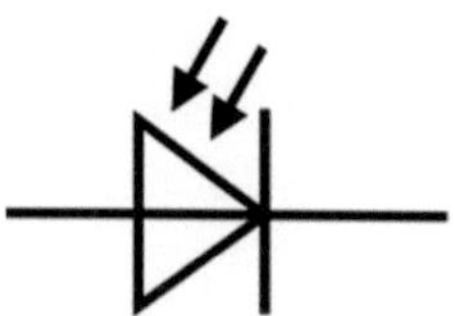

Abb. 4.94 Schaltzeichen der Fotodiode

(Abb. 4.95). Sie werden unter Anderem in Geräten eingesetzt, um Licht in ein messbares Signal umzusetzen, oder um mit Licht übertragene Informationen weiterverarbeiten zu können.

4.11.13.1 Funktionsweise

Die Kennlinie einer Halbleiterdiode wird durch die Shockley-Formel beschrieben (siehe auch Abschn. 4.5.3):

$$I_\mathrm{D} = I_\mathrm{S} \cdot \left(\mathrm{e}^{\frac{U_\mathrm{D}}{U_\mathrm{T}}} - 1 \right) \tag{4.27}$$

Darin ist I_S der Betrag des (stark temperaturabhängigen) Sättigungssperrstromes, U_T die Temperaturspannung ($\approx 26\,\mathrm{mV}$ für $T = 300\,\mathrm{K}$) und U_D die an den äußeren Klemmen der Diode anliegende Spannung (positiv für Flusspolung, negativ für Sperrpolung).

Fotodioden werden im Diodenbetrieb mit äußerer Spannung in Sperrrichtung betrieben. Fällt kein Licht auf die Raumladungszone, so fließt nur ein kleiner Sperrstrom (bedingt durch die thermische Generation von Elektron-Loch-Paaren). Die Größe des Sperrstromes bei völliger Dunkelheit entspricht dem Sperrstrom einer normalen Silizium- bzw. Germanium-Diode.

Bei der Fotodiode wird der Sättigungssperrstrom I_S als *Dunkelstrom* bezeichnet.

Dringt Licht genügender Energie in einen pn-Übergang ein und es kommt zur Generation von Elektron-Loch-Paaren, so erfolgt eine Absorption (Abb. 4.96) der Photonen im Kristall (siehe Abschn. 4.11.12.1). Weisen die eingestrahlten Lichtquanten mindestens die Energie der Bandlücke E_g auf ($h \cdot f_\mathrm{Licht} > E_\mathrm{g}$, h = Planck'sches Wirkungsquantum),

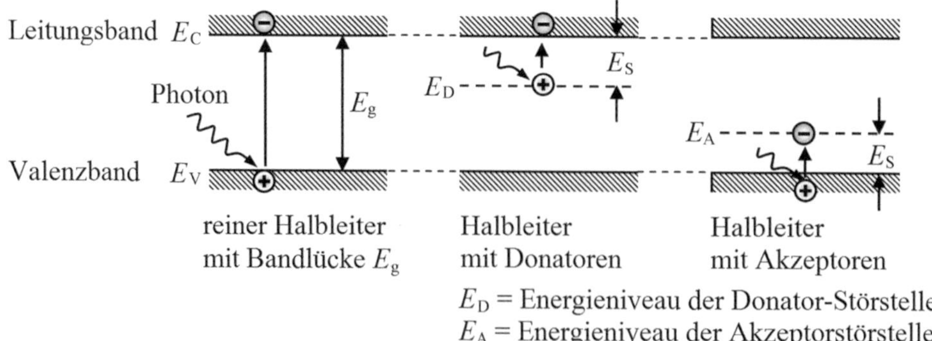

Abb. 4.95 Innerer fotoelektrischer Effekt im Bändermodell

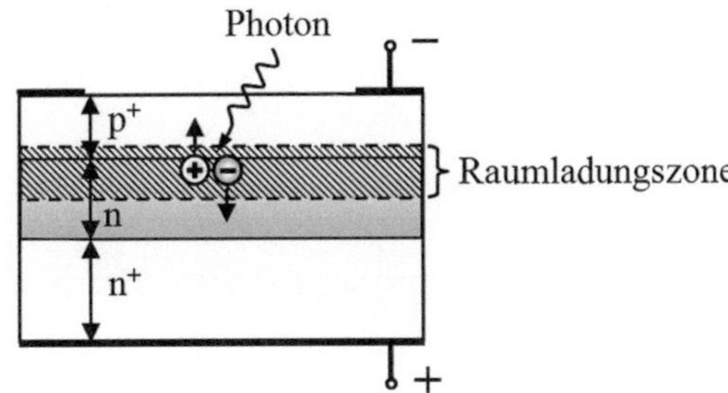

Abb. 4.96 Absorption eines Photons in der Raumladungszone eines pn-Übergangs

so können Atome des Kristallgitters ionisiert werden. Elektronen werden aus dem Valenzband in das Leitungsband angehoben, es entstehen optisch generierte Elektron-Loch-Paare (freie Elektronen und Löcher).

Werden die freien Ladungsträger in den hoch dotierten und gut leitenden Bereichen außerhalb der Sperrschicht erzeugt, so ist hier kaum ein Feld vorhanden, welches Elektronen und Löcher trennen kann. Sie rekombinieren bald.

In der Raumladungszone eines pn-Übergangs wird durch die Raumladungen ein elektrisches Feld hervorgerufen, über der Sperrschicht entsteht eine Diffusionsspannung. Werden Elektron-Loch-Paare durch Lichteinstrahlung innerhalb der Raumladungszone erzeugt, so werden die Ladungsträger vom dort herrschenden elektrischen Feld getrennt, eine Rekombination wird so verhindert. Liegt eine äußere Spannung in Sperrrichtung des pn-Übergangs an, so fließt ein Sperrstrom (siehe Abschn. 3.2.1). Der Vorgang erinnert an den Sperrstrom durch thermisch erzeugte Ladungsträgerpaare bei einer Diode mit äußerer Spannung in Sperrrichtung.

Die zusätzliche Generation von Elektron-Loch-Paaren durch Absorption von Licht führt zu einer Erhöhung des Sperrstromes. Durch die freien Ladungsträger, welche durch die Bestrahlung entstanden sind, kommt in der Kennliniengleichung des pn-Übergangs zum Dunkelstrom ein zur Beleuchtungsstärke[3] E_F proportionaler Sperrstrom hinzu, der Fotostrom I_F. Dieser führt zu einer Verschiebung der Diodenkennlinie in negativer Stromrichtung. Aus der Diodenkennlinie mit dem sehr geringen Sättigungssperrstrom wird jetzt eine Kennlinienschar mit der Beleuchtungsstärke als Parameter (Abb. 4.97). Der Sperrstrom hängt direkt von der Beleuchtungsstärke ab und kann somit als Maß für die Lichtintensität (zur Lichtmessung) verwendet werden. Der Strom durch die Fotodiode ist gegeben durch

$$I_D = I_S \cdot \left(e^{\frac{U_D}{U_T}} - 1\right) - I_F \tag{4.28}$$

Der Quotient $S = \frac{I_F}{E_F}$ wird *Lichtempfindlichkeit* (oder einfach nur Empfindlichkeit) genannt und z. B. in der Einheit nA/lx angegeben. Typische Werte für die Empfindlichkeit von Fotodioden liegen in der Größenordnung von 0,1 µA/lx.

[3] Die Beleuchtungsstärke wird in Lux (Abkürzung lx) gemessen. Ein Schreibtischarbeitsplatz hat z. B. eine Beleuchtungsstärke von 500 bis 1000 lx, Tageslicht kann eine Beleuchtungsstärke bis zu 50.000 lx bewirken.

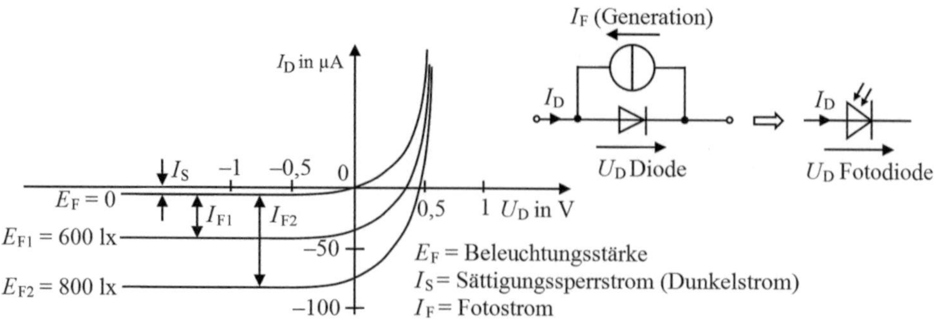

Abb. 4.97 Kennlinienfeld des pn-Übergangs bei Bestrahlung mit Licht und Ersatzschaltbild der Fotodiode

Die Änderung des Sperrstromes hängt von der Intensität des einfallenden Lichtes ab. Dabei muss stets die Bedingung für Elektron-Loch-Paarbildung gelten:

$$E_{\text{Photon}} = h \cdot f_{\text{Licht}} = h \cdot \frac{c}{\lambda} > E_{\text{g}} \tag{4.29}$$

Die absorbierte Lichtleistung P_L (optische Eingangsleistung) führt durch Umwandlung von Photonen in Elektron-Loch-Paare zu der Zunahme des Sperrstromes I_S um den Fotostrom I_F, der von der Elementarladung e, der optischen Eingangsleistung P_L und dem Quantenwirkungsgrad η abhängt.

$$I_F = \underbrace{\frac{P_L}{h \cdot f}}_{\substack{\text{Anzahl} \\ \text{Photonen}}} \cdot e \cdot \eta = S_\lambda \cdot P_L \tag{4.30}$$

Der Quotient $\frac{P_L}{h \cdot f}$ gibt die Zahl der Photonen pro Zeiteinheit an, die auf die Fotodiode auftreffen.

Der (äußere) *Quantenwirkungsgrad* η gibt an, wie viel Prozent der einfallenden Photonen tatsächlich zum Nutzstrom (zum Fotostrom) beitragen. η ist von der Konstruktion der Fotodiode abhängig.

Der Quantenwirkungsgrad η in Prozent ist eine Kennzahl dafür, wie effektiv Licht in elektrischen Strom umgewandelt wird. η gibt (prozentual) die Anzahl erzeugter Elektron-Loch-Paare pro einfallendem Photon an. Ohne verstärkende Maßnahmen gilt immer $\eta < 1$. Unterschieden wird zwischen *internem* und *externem* Quantenwirkungsgrad. Der interne Quantenwirkungsgrad gibt an, wie effektiv in den Halbleiter eindringendes Licht in elektrischen Strom umgewandelt wird. Der externe Quantenwirkungsgrad berücksichtigt auch Verluste, die an der Oberfläche entstehen (z. B. durch Reflexion).

Der Quantenwirkungsgrad wird durch zwei Effekte wesentlich beeinflusst (Abb. 4.98).

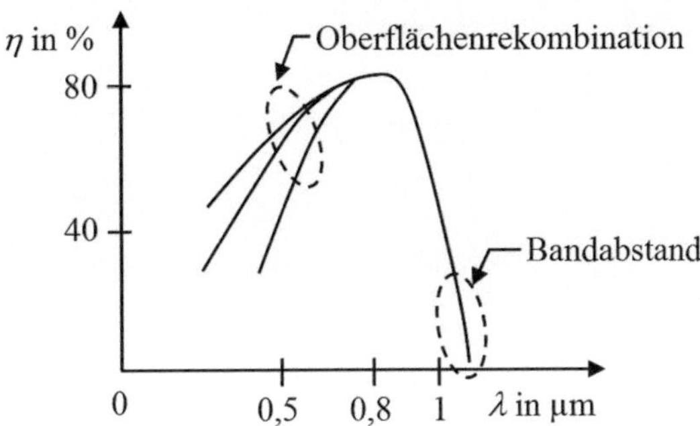

Abb. 4.98 Typischer Quantenwirkungsgrad für Si-Fotodioden

1. Zu langen Wellenlängen hin nimmt der Quantenwirkungsgrad rasch ab, da mit ansteigender Wellenlänge die Energie der Photonen (siehe Gl. 4.29) ab einem bestimmten Wert nicht mehr ausreicht, Elektron-Loch-Paare zu bilden. Als Grenzwellenlänge ergibt sich für Silizium ein Wert $\lambda_{\text{Grenz}} = 1{,}1\,\mu\text{m}$.
2. Der zweite Effekt verringert den Quantenwirkungsgrad zu kleinen Wellenlängen hin. Bei kleinen Wellenlängen werden die Photonen bereits sehr nahe an der Halbleiteroberfläche absorbiert. Dort gibt es viele Rekombinationszentren, an denen die Ladungsträger nicht strahlend rekombinieren.

Die Größen e, $h \cdot f$ und η in Gl. 4.30 lassen sich zu der *spektralen Empfindlichkeit* S_λ zusammenfassen, für die gilt:

$$S_\lambda = \frac{I_\text{F}}{P_\text{L}} = \frac{e}{h \cdot f} \cdot \eta = \frac{\lambda}{1{,}24} \cdot \eta \tag{4.31}$$

Die spektrale Empfindlichkeit S_λ mit der Einheit A/W hängt von der Wellenlänge λ des empfangenen Lichtes ab, diese Abhängigkeit ist für Si und Ge in Abb. 4.99 dargestellt. Die gestrichelt eingezeichneten Geraden geben für unterschiedliche Quantenwirkungsgrade η die theoretisch maximal erreichbare Empfindlichkeit nach Gl. 4.31 an.

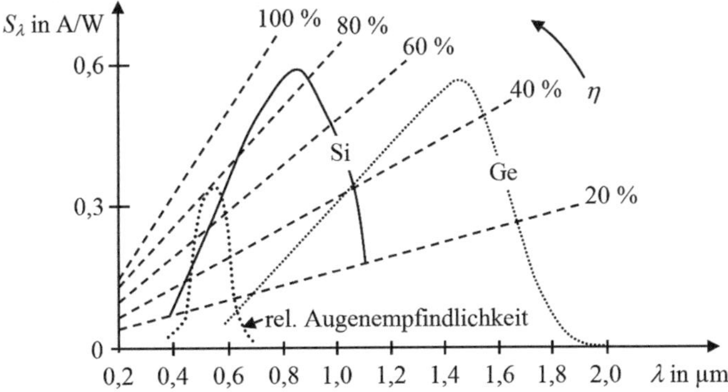

Abb. 4.99 Spektrale Empfindlichkeit S_λ von Ge- und Si-Fotodioden, der Spektralbereich liegt bei Si zwischen 0,6 und 1 µm und bei Ge zwischen 0,6 und 1,7 µm

4.11.13.2 Betriebsarten

Der Betrieb einer Fotodiode kann in den Betrieb als Fotodiode (Diodenbetrieb), in den Kurzschlussbetrieb und in den Betrieb als Fotoelement (Elementbetrieb) eingeteilt werden.

- Diodenbetrieb der Fotodiode ($U_D < 0$, $I_D < 0$)

Beim Diodenbetrieb wird von außen eine Sperrspannung an die Fotodiode angelegt. Die Fotodiode arbeitet dann im 3. Quadranten des Kennlinienfeldes. Dies entspricht dem Verbraucherzählpfeilsystem (Strom und Spannung haben an einem Bauteil gleiche Richtung). Die Fotodiode arbeitet als Verbraucher, sie nimmt eine dem Produkt aus Strom und Spannung entsprechende Leistung auf, die in der Diode als Verlustwärme freigesetzt wird.

Ist der Betrag der Sperrspannung viel größer als die Temperaturspannung U_T (z. B. $\geq 0{,}2\,\text{V}$), so kann in Gl. 4.28 für den Diodenstrom das Exponentialglied vernachlässigt werden, und es ergibt sich:

$$I_D = -(I_S + I_F) \tag{4.32}$$

Wie bereits erwähnt, bewirkt der durch die Beleuchtungsstärke $E_F > 0$ hervorgerufene Fotostrom I_F im Kennlinienfeld einer Fotodiode eine Verschiebung der Kennlinie. Mit einer Maschengleichung der Schaltung in Abb. 4.100 erhält man die Gleichung der Arbeitsgeraden, auf der sich die Arbeitspunkte befinden.

$$I_D = -\frac{1}{R_L} \cdot U_D - \frac{U_B}{R_L} \tag{4.33}$$

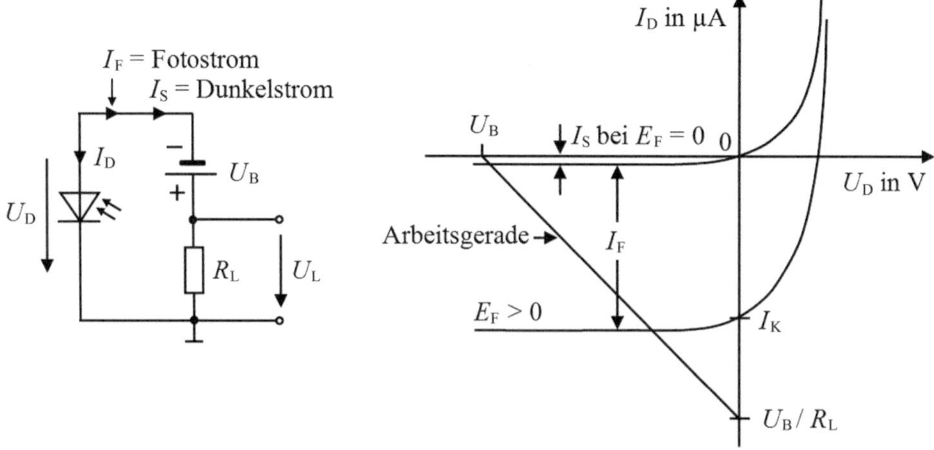

Abb. 4.100 Diodenbetrieb der Fotodiode und Kennlinienfeld mit Arbeitsgerade

Im Kennlinienfeld ist für $I_D = 0$ der Abschnitt auf der Abszisse $U_D = -U_B$ und für $U_D = 0$ ist der Abschnitt auf der Ordinate $I_D = -\frac{U_B}{R}$. Die Spannung am Lastwiderstand R_L ist

$$U_L = (I_S + I_F) \cdot R_L \tag{4.34}$$

Mit zunehmender Sperrspannung wird die Sperrschichtkapazität kleiner. Je höher die externe Sperrspannung (U_B) ist, desto schneller reagiert die Fotodiode auf eine Änderung des Lichtsignals. Übliche Sperrspannungen liegen im Bereich zwischen 10 und 30 V. Silizium-Fotodioden sind üblicherweise geeignet für Frequenzen bis ca. 1 MHz.

- Kurzschlussbetrieb ($U_D = 0$, $I_D < 0$), Helligkeitsmessung

Ist keine externe Spannungsquelle vorhanden und der Lastwiderstand R_L ist sehr klein, so arbeitet die Fotodiode im Kurzschlussbetrieb. Es fließt ein über einen Bereich von mehr als acht Zehnerpotenzen linear von der Beleuchtungsstärke abhängiger Kurzschlussstrom I_K. Wird die Fotodiode an einen Transimpedanzverstärker (Strom-Spannungs-Wandler, der einen virtuellen Kurzschluss darstellt) angeschlossen, so erhält man ein zum Fotostrom proportionales Spannungssignal. Beleuchtungsstärken können so sehr genau gemessen werden.

- Elementbetrieb der Fotodiode ($U_D > 0$, $I_D < 0$)

Wird die Fotodiode ohne von außen angelegte Spannung betrieben, so gibt sie an einen angeschlossenen Lastwiderstand R_L eine Leistung ab. Sie wird dann *Fotoelement* (Solarzelle) genannt. Als Fotoelement wandelt die Fotodiode Lichtenergie in elektrische Energie um.

Mit zunehmender Beleuchtungsstärke steigt die Leerlaufspannung bei Silizium-Fotodioden auf ca. 0,5 V an. Bei Bestrahlung der Fotodiode treten daher in Abb. 4.97 auch Kennlinien im 4. Quadranten des Kennlinienfeldes auf. Strom und Spannung an der Fotodiode haben hier entgegengesetzte Richtung. Die aus dem Produkt von Strom und Spannung sich ergebende Leistung wird nicht in der Diode verbraucht, sondern als elektrische Leistung nach außen abgegeben. Die Diode arbeitet im vierten Quadranten als Generator, als Energiequelle im so genannten Elementbetrieb.

Bei hochohmiger Last nähert sich die Spannung der Leerlaufspannung. Diese hängt nur wenig von der Beleuchtungsstärke ab. Bei steigender Belastung (R_L wird kleiner) sinkt die Spannung und der Strom strebt gegen den Kurzschlussstrom I_K.

Für maximalen Energiegewinn muss der Innenwiderstand der Fotodiode gleich dem Lastwiderstand sein, es ist Leistungsanpassung notwendig, die am Knick der Kennlinie vorliegt. Dieser Arbeitspunkt wird bei Fotovoltaikanlagen angestrebt.

Wird die Fotodiode im Elementbetrieb eingesetzt, so stellt man ihre Kennlinie zweckmäßigerweise nicht nach dem Verbraucherzählpfeilsystem, sondern nach dem Erzeugerzählpfeilsystem dar (Abb. 4.101). Dabei wird der Strom positiv gezählt, wenn er in der

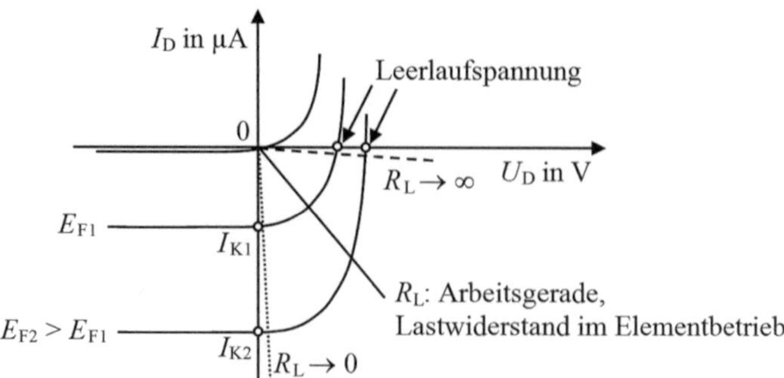

Abb. 4.101 Elementbetrieb der Fotodiode, Kennlinienfeld

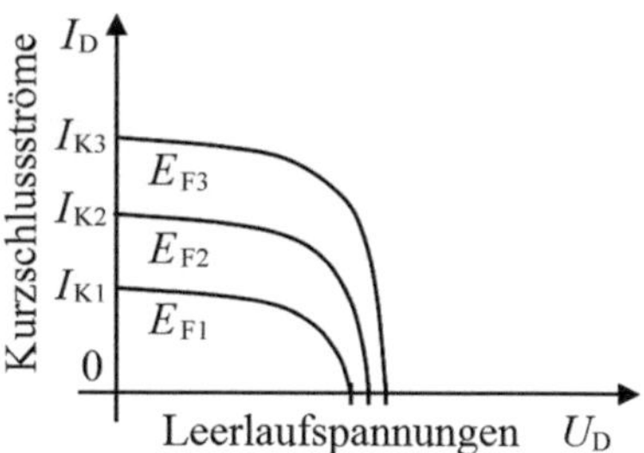

Abb. 4.102 Kennlinien des Fotoelements

Quelle der positiven Spannung entgegengerichtet ist. Die Kennlinien des Fotoelementes liegen dann im 1. Quadranten. Man erhält diese Kennlinien, indem man die im 4. Quadranten liegenden Kennlinienteile an der Spannungsachse in den 1. Quadranten spiegelt (Abb. 4.102).

4.11.13.3 Aufbau

Für eine hohe Empfindlichkeit der Fotodiode ist es wichtig, die gesamte Lichtstrahlung möglichst innerhalb der Sperrschicht zu absorbieren. Fotodioden besitzen im Gehäuse ein Glasfenster, durch welches Licht in die Umgebung der Raumladungszone eingestrahlt werden kann. Beispiele von Bauformen zeigt Abb. 4.103. Um die Verluste durch Reflexion an der Oberfläche möglichst gering zu halten, wird die Oberfläche in der Regel mit einer Entspiegelungsschicht vergütet. Damit Licht bis in den Bereich der Raumladungszone vordringen kann, wird der Kristall auf der Einstrahlungsseite des pn-Übergangs möglichst dünn gehalten.

Auf eine stark dotierte p^+-Zone folgt eine schwach dotierte n-Zone, die man auch als i-Zone interpretieren kann, gefolgt von einer stark dotierten n^+-Zone (siehe Abb. 4.96 und Abb. 4.104). Dadurch erhält man eine unsymmetrische Sperrschicht, die weit in das n-Gebiet reicht und auf der p-Seite bis nahe unter die Oberfläche geht. Die Dicke der Raumladungszone wird möglichst groß gewählt, damit dort möglichst viele Photonen absorbiert werden. In Fotodioden ist daher grundsätzlich mindestens eine Seite des pn-

Abb. 4.103 Einige Fotodioden verschiedener Bauform

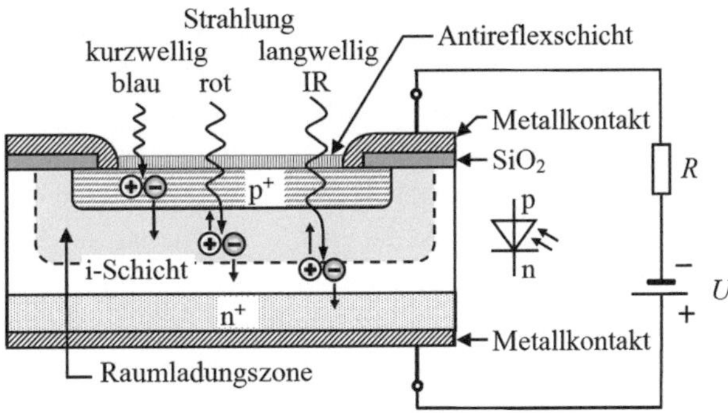

Abb. 4.104 Aufbau einer pin-Fotodiode

Übergangs niedrig dotiert. Die n-Zone ist der lichtempfindliche Bereich mit der Bildung der Ladungsträgerpaare bei der Einstrahlung von Lichtquanten. Eine n-Zone wird verwendet, weil die Beweglichkeit der Elektronen größer ist als die der Löcher und so größere Fotoströme möglich sind.

4.11.13.4 Eigenschaften

Fotodioden haben im Vergleich zu Fotowiderständen den großen Vorteil, dass die Ladungsträger wegen der hohen Feldstärke sehr schnell aus der Sperrschicht entfernt werden. Dadurch erreicht man geringe Schaltzeiten im Bereich von Nanosekunden und hohe Frequenzen. Fotodioden besitzen also wesentlich kürzere Ansprechzeiten als Fotowiderstände. Die Grenzfrequenz normaler Fotodioden liegt bei ca. 10 MHz, mit pin-Fotodioden werden Grenzfrequenzen bis zu 1 GHz erreicht. Die Empfindlichkeit von Fotodioden ist allerdings wesentlich geringer als die der Fotowiderstände.

Kennwerte zur Beschreibung einer Fotodiode sind:

- Lichtempfindlichkeit
- Wellenlänge der maximalen Empfindlichkeit
- Zulässige Sperrspannung
- Größe der bestrahlungsempfindlichen Fläche
- Leerlaufspannung (bei gegebener Beleuchtungsstärke)
- Kurzschlussstrom (bei gegebener Beleuchtungsstärke)
- Dunkelstrom in Abhängigkeit der Vorspannung
- Sperrschichtkapazität in Abhängigkeit der Vorspannung

- Abhängigkeit vom Einfallswinkel (Richtcharakteristik)
- Grenzfrequenz
- Rauschstrom.

4.11.13.5 Ausführungsformen

- pin-Fotodiode

Um die Empfindlichkeit der Fotodiode möglichst groß zu machen, kann anstelle eines pn-Übergangs eine (undotierte, eigenleitende) Intrinsic-Zone zwischen hoch-dotierter p- und n-Zone angeordnet werden. Eine außen angelegte Sperrspannung fällt dann über dieser Intrinsic-Zone ab. Durch das hochohmige Material vergrößert sich die Raumladungszone, sie wird so groß wie die undotierte Zone. Die Ausdehnung der Raumladungszone in das p- bzw. n-dotierte Gebiet ist dagegen vernachlässigbar. Auf diese Weise wird die lichtabsorbierende Schicht möglichst dick gemacht, um das einfallende Licht möglichst komplett zu absorbieren und die Empfindlichkeit der Fotodiode zu erhöhen. Elektronen und Löcher, die innerhalb dieser Intrinsic-Zone generiert werden, werden von dem dort vorhandenen elektrischen Feld getrennt und in die angrenzende p- bzw. n-Zone abgeleitet (Abb. 4.104).

Durch die intrinsische Schicht zwischen p- und n-Schicht weisen pin-Fotodioden im allgemeinen eine höhere zulässige Sperrspannung auf.

Die Sperrschichtkapazität der pin-Fotodiode ist nahezu spannungsunabhängig und aufgrund der großen Raumladungszone sehr klein. Es werden Grenzfrequenzen von $f_g \geq 100\,\text{MHz}$ bis 1 GHz erreicht.

- Lawinen-Fotodiode (Avalanche-Fotodiode)

Lawinen-Fotodioden (avalanche photo diode, APD) sind Fotodioden, die für eine kontrollierte Lawinenvervielfachung konstruiert sind. Bei der Lawinen-Fotodiode wird zusätzlich zu einer Intrinsic-Absorptionszone (wie bei der pin-Fotodiode) die Raumladungszone eines pn-Übergangs als Multiplikationszone verwendet. Den prinzipiellen Aufbau zeigt Abb. 4.105.

Lawinen-Fotodioden werden in Sperrrichtung bei Spannungen $U_R \leq 100\,\text{V}$ in der Nähe der Durchbruchspannung betrieben. Die außen angelegte elektrische Spannung erzeugt

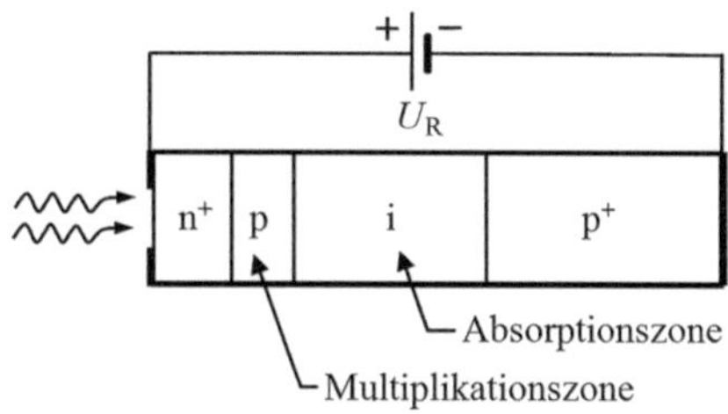

Abb. 4.105 Aufbau der Lawinen-Fotodiode

in der Absorptionszone ein schwaches, in der Multiplikationszone ein starkes elektrisches Feld. Das einfallende Licht wird in der Intrinsic-Zone absorbiert und erzeugt dort Elektron-Loch-Paare, die durch das hier existierende elektrische Feld getrennt werden. Die entstandenen Elektronen driften in die Multiplikationszone und führen dort wegen der hohen Feldstärke durch die hohe Beschleunigung zu mehrfacher Stoßionisation (Lawineneffekt). Auf diese Weise wird jedes durch Photonenabsorption entstandene Ladungsträgerpaar bis zu mehrere hundert mal vervielfacht, man spricht von einer *inneren Verstärkung*.

Mit der Lawinen-Fotodiode lassen sich daher Empfindlichkeiten erreichen, die um einige hundert mal größer sind als die einer einfachen pn-Fotodiode. Die Sperrschichtkapazität C_S ist sehr gering, es wird eine Grenzfrequenz $f_g = 10^8$ Hz erreicht.

4.11.13.6 Anwendungen

Wegen dem linearen Zusammenhang zwischen Sperrstrom und Beleuchtungsstärke werden Fotodioden häufig zur Messung der Lichtintensität verwendet. Sie finden in der optischen Nachrichtentechnik und in vielen Bereichen der Elektronik (z. B. zur Potenzialtrennung) Verwendung. In der Steuer- und Regelungstechnik werden Fotodioden eingesetzt, wenn Fotowiderstände zu träge sind. Sie dienen auch als Detektoren in der physikalischen Messtechnik (optische Spektroskopie).

Einige Anwendungsbeispiele sind:

- Empfänger für Lichtwellenleiter
- Sensoren in Digitalkameras
- Empfänger in Licht- und Gabellichtschranken, Optokopplern
- Abtasteinheit im CD-Player
- Sensoren in optischen Rauchmeldern
- Detektoren für Röntgenstrahlen (in Verbindung mit Szintillatoren).

4.11.14 Solarzelle

Abb. 4.106 Gebräuchliche Schaltzeichen der Solarzelle

Mit Fotodioden kann Lichtstrahlung gemessen werden. Die in der Fotodiode realisierte Erzeugung eines elektrischen Stromes bzw. einer elektrischen Spannung aus Licht ist im Prinzip auch geeignet, um aus der Sonnenstrahlung elektrische Energie zu gewinnen. Bei senkrechtem Sonnenstand strahlt die Sonne in südlichen Ländern ca. 1 kW auf einen Quadratmeter Erdoberfläche ein, also ca. $1/1000$ W pro mm^2. Daraus folgt, dass Fotodioden mit einer wirksamen Absorptionsfläche von einigen mm^2 viel zu klein sind, um nennenswerte Energiemengen einzufangen.

Zur Energiegewinnung aus Sonnenstrahlung wurden Solarzellen entwickelt. *Aufbau und Funktionsweise* sind prinzipiell *ähnlich wie bei den Fotodioden*, Solarzellen haben jedoch eine wesentlich größere Sperrschichtfläche. Als Basismaterial kommt vorzugsweise Silizium zum Einsatz.

4.11.14.1 Aufbau einer Silizium-Solarzelle

Eine Solarzelle besteht prinzipiell aus einer großflächigen Siliziumscheibe (Fläche z. B. $100\,\mathrm{cm}^2$, Dicke ca. $200 \ldots 400\,\mu\mathrm{m}$) mit einem nahe der Oberfläche angeordneten pn-Übergang (Abb. 4.107). Um diesen zu realisieren, wird in ein ca. 0,6 mm dickes p-leitendes Si-Substrat eine ca. $1\,\mu\mathrm{m}$ dicke n-Schicht durch einen Diffusionsvorgang eingebracht. Bei der monokristallinen Siliziumsolarzelle wird die n-Schicht durch Dotieren von ca. 10^{19} Phosphoratomen pro cm^3 in das p-leitende Si-Substrat erzeugt. Die n-Schicht ist so dünn, damit das Sonnenlicht besonders in der Raumladungszone am pn-Übergang absorbiert wird. Das p-leitende Si-Substrat muss dick genug sein, um die tiefer eindringenden (langwelligen) Sonnenstrahlen absorbieren zu können und um der Solarzelle mechanische Stabilität zu geben.

Die Scheibe wird auf Ober- und Unterseite elektrisch kontaktiert. Die Kontaktierung der Unterseite wird ganzflächig ausgeführt. Um die Einstrahlungsfläche möglichst wenig zu reduzieren, erfolgt die Kontaktierung der Oberseite durch Aufdampfen von schmalen, kammartig angeordneten Metallstreifen, die miteinander verbunden sind. Diese Leiterbahnen sollen einen möglichst niederohmigen Übergangswiderstand aufweisen. Die Einstrahlungsfläche wird zusätzlich mit einer Antireflexschicht (z. B. SiO_2-Film) versehen, damit möglichst das gesamte auftreffende Licht genutzt werden kann. Durch diese Schicht

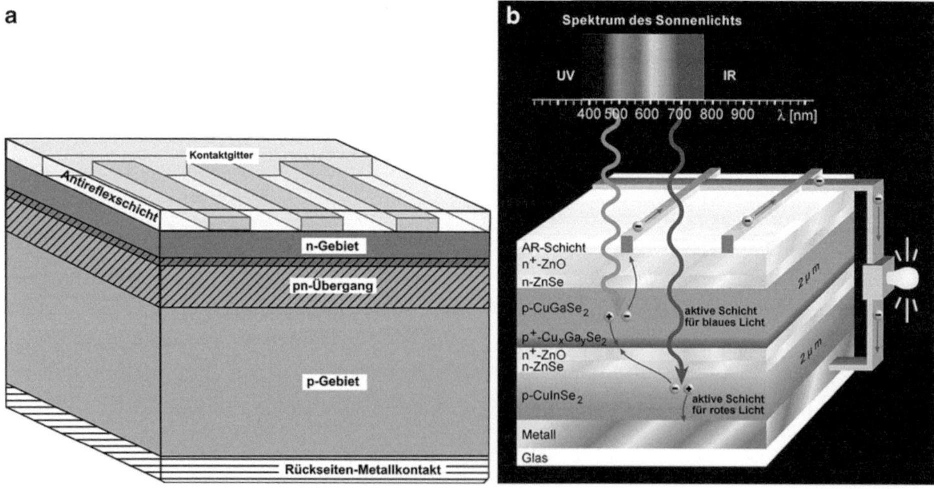

Abb. 4.107 Prinzipieller Aufbau einer Si-Solarzelle in Planartechnik (**a**), Aufbau einer Tandemzelle, die Licht unterschiedlicher Wellenlängen nutzt (**b**), (Quelle: Hahn-Meitner-Institut Berlin)

kommt es zum bläulichen Glanz der Solarzelle. Ein spezielles Hartglas und ein stabiler Rahmen sorgen für die mechanische Festigkeit.

4.11.14.2 Solarzellentypen

Bei Silizium-Solarzellen (nur diese werden hier behandelt) wird zwischen drei Typen unterschieden:

1. monokristalline,
2. polykristalline und
3. amorphe Solarzellen.

1. Monokristalline Silizium-Solarzellen

Monokristalline Zellen besitzen eine regelmäßige, ideale Kristallstruktur und weisen nahezu keine Verunreinigungen auf. Der Herstellungsvorgang dieses äußerst reinen, monokristallinen Siliziums ist sehr aufwendig. Silizium-Einkristalle werden in Stabform aus einer gereinigten Siliziumschmelze gezogen, wobei für den geordneten Kristallaufbau eine Ziehgeschwindigkeit von maximal 30 cm pro Stunde möglich ist (Czochralski-Verfahren). Die Kristallsäule wird danach in Scheiben von 0,25…0,4 mm Dicke zersägt.

Wegen der sehr aufwendigen Herstellung ist dies der teuerste Solarzellen-Typ. Allerdings haben diese monokristallinen Solarzellen den höchsten Wirkungsgrad aller Silizium-Solarzellen von ca. 13 bis 17 %[4], da keine als Rekombinationszentren wirkenden Korngrenzen vorhanden sind. Sie werden bevorzugt für Module zur Energieerzeugung in mittleren und großen professionellen Solarstromanlagen eingesetzt, wo es besonders auf hohen Wirkungsgrad und lange Haltbarkeit ankommt. Erkennen kann man monokristalline Solarzellen an ihrem einheitlichen blauen Schimmer.

2. Polykristalline Zellen

Bei anderen Herstellungsverfahren (z. B. Gießverfahren) bilden sich beim Erstarren des flüssigen Siliziums unterschiedlich große Kristalle und in der Gitterstruktur sind Fremdatome (Verunreinigungen) enthalten, an den Grenzen treten Defekte auf. Der Wirkungsgrad beträgt daher nur ca. 13 bis 15 %. Polykristalline Solarzellen werden in Blöcke gegossen und danach in Scheiben geschnitten. Die Herstellung unterscheidet sich nur wenig von der monokristalliner Solarzellen (nur das aufwendige Kristallziehen entfällt), die Anwendungsbereiche sind daher ähnlich gelagert. Polykristalline Zellen sind preiswerter als monokristalline und werden in Fotovoltaikanlagen häufig verwendet.

3. Amorphe Zellen

Die amorphen Zellen sind am weitesten verbreitet, z. B. in Uhren und Taschenrechnern. Ihre Herstellung ist vergleichsweise billig und kann in beliebiger Größe erfolgen. Dafür haben diese Zellen den Nachteil, dass der Wirkungsgrad von ca. 5 bis 8 % mit der Zeit

[4] Angaben über den Wirkungsgrad sind in diesem Abschnitt als grobe Richtwerte zu betrachten.

immer mehr abnimmt (Degradation). Dies verhindert bis heute den Einsatz dieser Zellen in der industriellen Energieerzeugung.

Amorphe Zellen entstehen durch das Aufdampfen einer ca. 1 µm dünnen Siliziumschicht (daher werden sie auch *Dünnschichtzellen* genannt) auf eine Trägerplatte aus Glas, es wird somit extrem wenig Halbleitermaterial benötigt. Durch das Aufdampfen entsteht eine Schicht, die sich nicht als Kristall ausbildet, sondern amorph (gestaltlos) bleibt. Das wasserstoffhaltige amorphe Silizium lässt sich durch Zersetzung von Silan (SiH_4) in einer Glimmentladung herstellen. Im amorphen Silizium sind die Atome nicht so gleichmäßig periodisch angeordnet wie im kristallinen Silizium. Man muss sich den amorphen Festkörper wie ein dreidimensionales Netz vorstellen. Dabei kommt es vor, dass einige Siliziumatome im Netzwerk keine Bindung eingehen können, weil kein Bindungspartner in der Nachbarschaft vorhanden ist. Diese nicht abgesättigten Bindungen (*Dangling Bonds*) verschlechtern die Halbleitereigenschaften und führen damit zu sehr ungenügenden Solarzellencharakteristiken. Durch den Einbau von Wasserstoff an den Dangling Bonds kann die Qualität des Materials jedoch derart gesteigert werden, dass es für Solarzellen tauglich ist. Bei Erwärmung dieser Solarzellen auf über 60 °C löst sich der Wasserstoff jedoch wieder aus der Verbindung, der Wirkungsgrad der amorphen Solarzelle sinkt wieder mit der Betriebsdauer.

Amorphe Zellen sind die billigsten Zellen. Die Möglichkeit, wesentlich größere Mengen Solarzellen herzustellen und damit die Kosten gering zu halten, wird aber eingeschränkt durch den Wirkungsgrad und somit den Flächenbedarf der kompletten Anlage. Amorphe Zellen erreichen einen Wirkungsgrad von 8 %, er sinkt allerdings bei intensiver Sonneneinstrahlung sehr rasch auf 3 bis 4 % ab.

4.11.14.3 Verluste in Solarzellen

Neben dem fotovoltaischen Effekt, also der Absorption von Licht, der Generation und der Trennung von Ladungsträgern, gibt es Prozesse, die zu Verlusten führen. In der Minimierung dieser Verluste besteht die Hauptaufgabe bei der Entwicklung von hoch effizienten Solarzellen. Die wichtigsten *Verlustprozesse* sind im Folgenden aufgelistet.

- Photonen aus dem langwelligen Bereich des Sonnenspektrums besitzen nicht genügend Energie, um Elektronen-Loch-Paare zu generieren (ca. 24 % der Lichtquanten).
- Photonen aus dem kurzwelligen Bereich verfügen über mehr als die Mindestenergie zur Generation von Ladungsträgerpaaren (ca. 33 %). Die überschüssige Energie wird an das Kristallgitter abgegeben und in Wärme umgesetzt (Thermalisierung).
- Geringste Verunreinigungen und Unregelmäßigkeiten des Kristallgitters führen zur Rekombination von lichtelektrisch generierten Leitungselektronen und Löchern, noch bevor sie vom elektrischen Feld voneinander getrennt werden können (Sammelverluste).
- Beim Trennungsvorgang „durchfallen" die lichtelektrisch generierten Ladungsträger eine Stufe im Energieniveau, deren Höhe vom verbliebenen elektrischen Feld bestimmt wird. Die Energiedifferenz wird in Wärme umgesetzt.

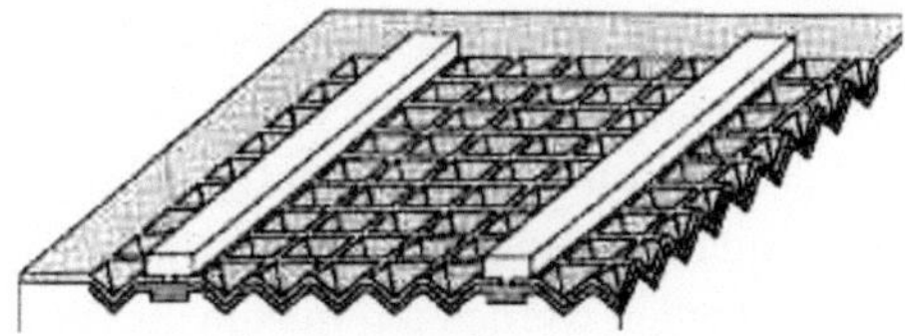

Abb. 4.108 Reflexionen werden durch eine „umgedrehte Pyramidenstruktur“ an der Zellenoberfläche reduziert (Antireflex-Coating)

- Durch die Frontkontaktfinger wird die Zelle teilweise abgeschattet, dadurch verringert sich die aktive Zellenfläche.
- Ein kleiner Teil der Sonnenstrahlung wird an der Zellenoberfläche reflektiert.
- Interne Ohm'sche Widerstände der Solarzelle verursachen Stromwärmeverluste.

Aus diesen Mechanismen resultiert ein Wirkungsgrad kristalliner Fotovoltaikzellen, der heute üblicherweise (im Nennbetrieb) bei ca. 12 % liegt.

Die *Reduzierung der Verluste* kann durch folgende Maßnahmen erreicht werden:

- Abschattungsverluste werden durch Verwendung sehr feiner Frontgitterstrukturen, die mittels Fotolithografie hergestellt werden, verkleinert. Eine alternative Technik ist die Verwendung von prismatischen Deckfolien, die das einfallende Licht von den Kontaktstreifen wegbeugen.
- Reflexionsverluste an der Oberfläche werden durch Antireflexschichten und/oder strukturierte Oberflächen vermindert (Abb. 4.108).
- Transmissionsverluste durch zu geringe Absorption können für Wellenlängen nahe der Bandkante auftreten. Um sie zu verringern, werden hoch spiegelnde Basiskontakte oder „Lichtfallen-“ (light trapping) Anordnungen verwendet, die bewirken, dass das Licht einen längeren Weg in der Zelle zurücklegt.
- Ohm'sche Verluste in den Metall- und Halbleiterschichten müssen durch sorgfältige Auslegung der Abmessungen und der Dotierungen begrenzt werden. Hier sind immer Kompromisse notwendig, da eine zu niederohmige Wahl von Basismaterial und Kontaktstruktur zu höheren Verlusten bei den anderen Mechanismen (Rekombination, Abschattung) führt.

4.11.14.4 Eigenschaften von Solarzellen

Eine einzelne kristalline Solarzelle (10 cm × 10 cm) hat bei voller Einstrahlung eine Leerlaufspannung von ca. 0,6 V und liefert einen maximalen Kurzschlussstrom von etwa 3 A. Damit lassen sich Verbraucher nicht direkt betreiben. Zur Erzeugung größerer Spannungen werden mehrere Zellen in Reihe, zur Erzeugung größerer Ströme werden mehrere Zellen parallel geschaltet. Häufig werden Spannungen von etwa 15 V realisiert, dies ergibt eine maximal erzielbare Gesamtleistung von ca. 40. . . 60 W. Eine so erzeugte Einheit wird als Fotovoltaik-Modul oder *Solarpanel* bezeichnet.

Bei kristallinen Solarzellen ändert sich der Wirkungsgrad mit der Zelltemperatur, bei *niedrigen Temperaturen* wird eine *höhere Leistung* erzielt. Bei steigender Umgebungstemperatur sinkt die Spannungsausbeute.

Die Alterung ist für handelsübliche mono- oder polykristalline Silizium-Solarzellen unbedeutend. Fachgerecht verkapselte Solarzellen halten Jahrzehnte und verkleinern ihre Leistung nur unwesentlich (ca. 10 % in 25 Jahren). Bei amorphem Silizium spielt die Alterung hingegen eine Rolle.

Solarzellen werden auf maximalen Wirkungsgrad (vor allem für Anwendungen in der Satellitentechnik) oder auf minimale Herstellungskosten (für alternative Energieerzeugung) optimiert. Die höchsten Wirkungsgrade von ca. 22 % werden mit monokristallinen GaAs-Solarzellen erzielt, allerdings auch mit den höchsten Kosten.

Der Wirkungsgrad von Solarzellen ist deshalb relativ begrenzt, weil nur Licht mit einer Photonenenergie in der Nähe der direkten Bandlückenenergie effektiv absorbiert wird. Ein Lichtquant mit niedrigerer Energie (größerer Wellenlänge) wird überhaupt nicht absorbiert. Ein Lichtquant mit wesentlich größerer Energie (kleinerer Wellenlänge) erzeugt auch nur ein Elektron-Lochpaar, allerdings mit Überschussenergie, die als Wärme abgegeben wird. Da das Sonnenlicht in einem weiten Wellenlängenbereich liegt (0,2 bis 2 μm mit dem Maximum bei 0,5 μm), wird nur ein Teil davon effektiv absorbiert (Abb. 4.109).

Die Strahlungsleistung der Sonnenstrahlung wird auf ihrem Weg durch die Erdatmosphäre durch Reflexion, Absorption und Streuung (durch Luftmoleküle und -partikel) vermindert und die spektrale Zusammensetzung des Sonnenlichts verändert. Zur Charakterisierung verschiedener spektraler Strahlungsleistungen wurde der Begriff **air mass** (kurz AM, auch „Luftmasse“) eingeführt. Der Faktor air mass ist ein Maß für die Länge des Weges der Sonnenstrahlung durch die Atmosphäre relativ zum kürzesten Weg vom Zenit zum Boden.

Außerhalb der Atmosphäre gilt als Anfangswert die spektrale Strahlungsleistung AM 0. AM 1,0 bezeichnet die spektrale Strahlungsleistung in Meereshöhe bei senkrechtem Einfall auf die Atmosphäre, wenn die Strahlung den kürzesten Weg durch die Atmosphäre zurücklegt. Bei schrägem Sonnenstand verlängert sich der Weg der Strahlung durch die Atmosphäre, der AM vergrößert sich. In Mitteleuropa gilt im Schnitt AM = 1,5, dies entspricht einer globalen Strahlungsleistung von $1000\,\mathrm{Wm}^{-2}$. Bei AM x wird der x-fache Weg von AM 1 zurückgelegt. Allgemein gilt:

$$x = \frac{l}{l_0} = \frac{1}{\sin\gamma} \tag{4.35}$$

mit

γ = Winkel unter dem die Sonnenstrahlen auf die Erde treffen (Meridianhöhe)
l = Länge, die das Licht durch die Atmosphäre zurücklegt
l_0 = kürzester Weg vom Zenit zum Boden.

Die Einheit der spektralen Strahlungsleistung ist W/nm.
Die Einheit der Bestrahlungsstärke ist $\mathrm{W/m^2}$.
Die Einheit der spektralen Bestrahlungsstärke ist $\frac{\mathrm{W}}{\mathrm{m^2 \cdot nm}}$.

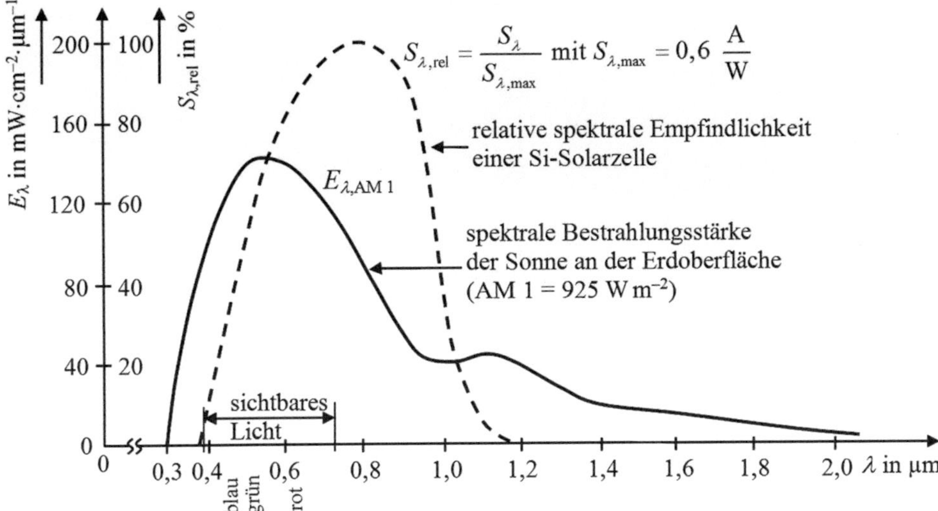

Abb. 4.109 Vergleich zwischen relativer spektraler Empfindlichkeit einer Si-Solarzelle und der spektralen Bestrahlungsstärke der Sonne an der Erdoberfläche

4.11.14.5 Kenndaten der Solarzelle

In den Datenblättern von Herstellern werden die Kenngrößen einer Solarzelle für festgelegte *Standardtestbedingungen* angegeben:

- Bestrahlungsstärke von 1000 W/m^2 in Modulebene
- konstante Temperatur der Solarzelle 25 °C
- Strahlungsspektrum AM 1,5 global[5].

Für die Bezeichnungen der Kenndaten sind folgende Abkürzungen gebräuchlich:

SC: Short Circuit (Kurzschluss)
OC: Open Circuit (Leerlauf)
MPP: Maximum Power Point (Betriebspunkt maximaler Leistung)
PR: Performance Ratio – der Qualitätsfaktor gibt an, welcher Teil des vom Solargenerator erzeugten Stromertrages (unter Nennbedingungen) real zur Verfügung steht.

Die I/U-Kennlinien zur Beschreibung eines Solarpanels ähneln den Kennlinien einer Fotodiode im Elementbetrieb (siehe Abb. 4.101) und werden üblicherweise im 1. Quadranten eines Koordinatensystems dargestellt (vgl. Abb. 4.102).

Der Kennlinienverlauf ist von der Bestrahlungsstärke und von der Zelltemperatur abhängig. Abnehmende Bestrahlungsstärke verringert die Stromstärke, mit zunehmender

[5] „global" steht für Globalstrahlung in W/m^2, die sich aus dem Diffus- und dem Direktstrahlungsanteil der Sonne zusammensetzt.

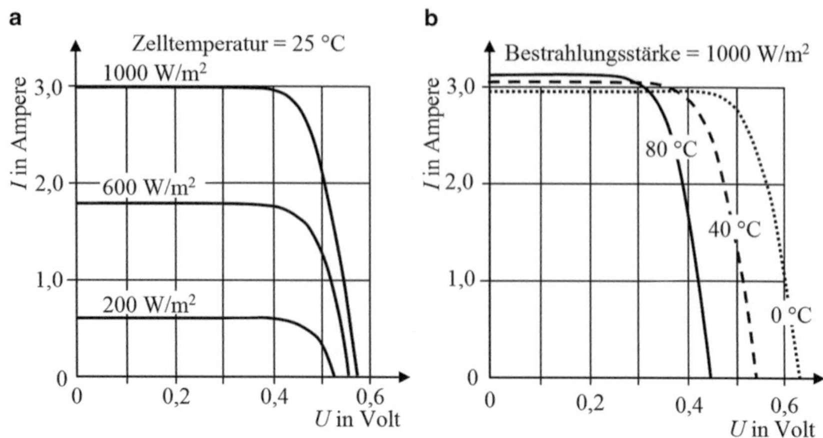

Abb. 4.110 Beispiel für Kennlinien von Solarzellen, Abhängigkeit von der Bestrahlungsstärke (**a**) und von der Zelltemperatur (**b**)

Temperatur nimmt die Spannung im Kennlinienknick ab. Dieser Zusammenhang gilt analog für Solargeneratoren, die aus einer Serien- und Parallelschaltung von Modulen bestehen.

Die beiden in Abb. 4.110 dargestellten Diagramme veranschaulichen den Zusammenhang in entkoppelter Weise. In der realen Betriebspraxis treten beide Phänomene gleichzeitig auf. Bei zunehmender Einstrahlung steigt auch die Betriebstemperatur der Solarzellen.

Um einem Solarpanel möglichst viel Energie zu entnehmen, versucht man es im Arbeitspunkt maximaler Leistungsabgabe, im so genannten *Maximum Power Point* (MPP) zu betreiben (Abb. 4.111). Dies ist der Punkt auf der jeweils aktuellen Kennlinie (je nach Bestrahlungsstärke und Zelltemperatur) im Strom-Spannungs-Diagramm, der auf einer Hyperbel konstanter Leistung P_{const} liegt. In diesem Punkt hat das Produkt $P = U \cdot I$ den größten Wert $P_{\text{MPP}} = U_{\text{MPP}} \cdot I_{\text{MPP}}$. Der MPP ist Eckpunkt der größten möglichen Rechteckfläche, die zwischen den Koordinatenachsen der I/U-Kennlinie und der einschließenden Kennlinie der Solarzelle aufgespannt werden kann.

Liegt der Schnittpunkt der Kennlinie eines Ohm'schen Verbrauchers R_{L} mit der Kennlinie der Solarzelle im MPP, so ist die an den Verbraucher abgegebene Leistung maximal. Diese Anpassung des Lastwiderstandes wird durch die optimale Auslegung eines Verbrauchers erreicht, der Wert des optimalen Lastwiderstandes muss für eine Leistungsanpassung richtig gewählt werden. Sinkt die Einstrahlung, so muss der Lastwiderstand größer gewählt werden. Die Gerade des Ohm'schen Widerstandes dreht sich dann im Uhrzeigersinn, um die Kennlinie der Solarzelle wieder im MPP zu schneiden.

Der optimale Arbeitspunkt MPP ist nicht konstant, er hängt von der Bestrahlungsstärke sowie von der Temperatur und dem Typ der Solarzelle ab. Bei steigender Bestrahlung

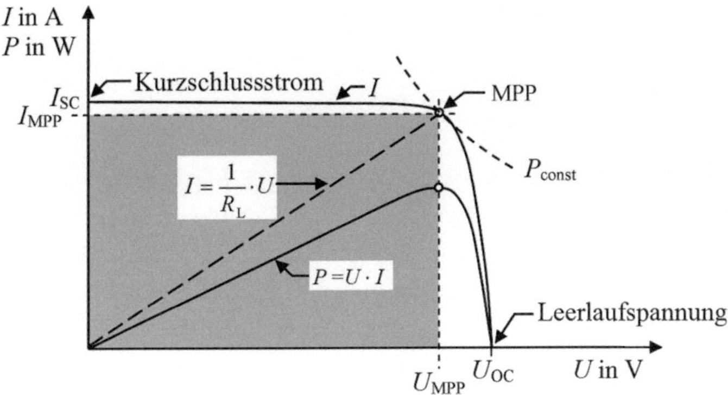

Abb. 4.111 Betrieb einer Solarzelle (eines Solarpanels) im Maximum Power Point

steigt der Strom annähernd proportional, die Leistung nimmt deutlich zu, die Spannung ändert sich dabei kaum. Bei steigender Temperatur fällt die Spannung, so dass die Leistung sinkt (typisch um 0,4 %/K), der Strom ändert sich hier kaum.

Damit eine Solarzelle oder ein Solargenerator immer am MPP arbeitet, regelt bei der Netzeinspeisung oft ein so genannter *MPP-Tracker* die Spannung auf den benötigten Wert. Der MPP-Tracker, der meist schon in einem Wechselrichter integriert ist, variiert hierzu den entnommenen Strom um einen kleinen Betrag, errechnet jeweils das Produkt aus Strom und Spannung und stellt den Stromwert in Richtung höherer Leistung nach. Dieses iterative Verfahren führt ein Mikroprozessor ständig aus, sodass auch bei wechselnden Bestrahlungsverhältnissen (Faktor $>$ 10 zwischen bewölktem Himmel und Sonne) immer Leistungsanpassung vorliegt.

Die maximale Leistung im MPP unter den oben angegebenen Standardtestbedingungen ist eine charakteristische Größe einer Solarzelle und hat die Einheit *Watt peak* (Wp). Die Größe dieses standardisierten Leistungswertes wird maßgeblich vom Solarzellenstrom I_{MPP} bestimmt.

Die Kennwerte einer Solarzelle sind (siehe Abb. 4.111):

- Leerlaufspannung U_{OC}
- Kurzschlussstrom I_{SC}
- Spannung im bestmöglichen Betriebspunkt U_{MPP}
- Strom im Betriebspunkt mit maximaler Leistung I_{MPP}
- Maximale erzielbare Leistung P_{MPP} in Watt peak
- Koeffizient für die Leistungsänderung mit der Zelltemperatur
- Füllfaktor FF
- Zellwirkungsgrad η.

Der *Füllfaktor* (einheitenlos) ist der Quotient aus der maximalen Leistung P_{MPP} einer Solarzelle am Maximum Power Point und dem Produkt aus Leerlaufspannung U_{OC} und

Kurzschlussstrom I_{SC}.

$$FF = \frac{P_{MPP}}{U_{OC} \cdot I_{SC}} \quad \text{mit} \quad P_{MPP} = U_{MPP} \cdot I_{MPP} \tag{4.36}$$

Der Füllfaktor ist das Verhältnis zweier rechteckiger Flächen. Er ist umso größer, je schärfer der Knick in der Kennlinie ausgebildet ist. Die ideale Solarzelle stellt eine Konstantstromquelle dar (bis zu ihrer Maximalspannung), ihr Strom-Spannungs-Diagramm bildet ein Rechteck und der Füllfaktor ist gleich 1. Der Füllfaktor ist daher ein Maß für die Güte einer Solarzelle. Bei realen kristallinen Solarzellen werden für den FF Werte zwischen 0,75 und 0,85 erreicht. Bei amorphen Zellen liegt der FF zwischen 0,5 und 0,7.

Der *Zellwirkungsgrad* ist definiert als

$$\eta = \frac{P_{MPP}}{A \cdot P_{opt}} \tag{4.37}$$

mit

A = bestrahlte Fläche,
P_{opt} = Bestrahlungsstärke in $\frac{W}{m^2}$.

4.11.14.6 Ersatzschaltbild der Solarzelle

Das elektrische Ersatzschaltbild einer realen Solarzelle zeigt Abb. 4.112.

Bei konstanter Bestrahlung liefert die Solarzelle einen konstanten Fotostrom I_F. Ohne Bestrahlung stellt die Solarzelle eine normale Halbleiterdiode dar, deren Wirkung auch bei Lichteinfall erhalten bleibt. Im Ersatzschaltbild ist daher parallel zur idealen Stromquelle eine Diode geschaltet.

Der Parallelwiderstand R_P sowie der Serienwiderstand R_S haben erheblichen Einfluss auf den Wirkungsgrad der Zelle.

Der Parallelwiderstand R_P symbolisiert Kristallfehler, nichtideale Dotierungsverteilungen und andere Materialdefekte, durch die Verlustströme entstehen, die den pn-Übergang quasi überbrücken. Der Parallelwiderstand führt zu einer Verschlechterung des Füllfaktors sowie zu einer Absenkung der Leerlaufspannung. Bei Solarzellen aus guter Herstellung ist dieser Widerstand relativ groß.

Mit dem Serienwiderstand R_S werden alle Effekte zusammengefasst, durch die ein höherer Gesamtwiderstand des Bauelementes entsteht. Das sind hauptsächlich der Widerstand des Halbleitermaterials sowie der Widerstand der Kontakte und der Zuleitungen.

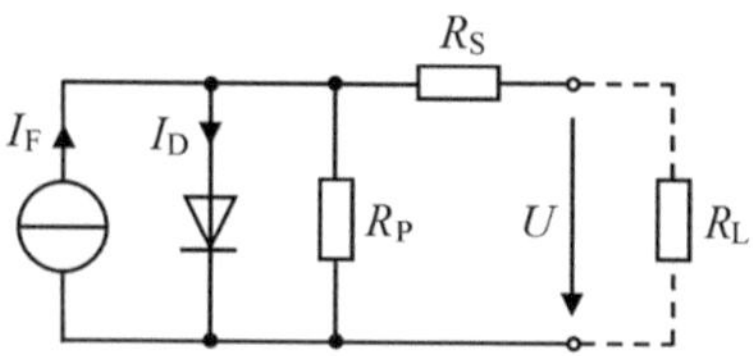

Abb. 4.112 Ersatzschaltbild einer Solarzelle

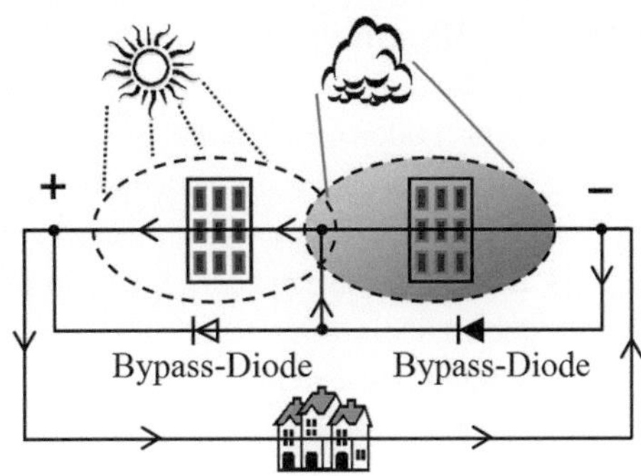

Abb. 4.113 Zur Wirkungsweise von Bypass-Dioden bei Abschattung von Solarzellen. Der Strom wird am abgeschatteten Modul vorbeigeleitet

R_S sollte bei gefertigten Solarzellen möglichst gering sein. Bei guten Siliziumzellen wird daher der Serienwiderstand durch eine geeignet hohe Dotierung des Grundmaterials und eine entsprechende Struktur des Kontaktgitters klein gehalten.

4.11.14.7 Bypass-Diode

Wie bereits erwähnt werden zur Erzeugung größerer, in der Praxis brauchbarer Spannungen mehrere Solarzellen in Reihe geschaltet. Fallen dabei Zellen durch Abschattung (z. B. durch Blätter) aus, oder sind durch teilweise Abschattung nicht mehr zu 100 % am Energietransfer beteiligt, so durchfließt sie aber in der Reihenschaltung weiterhin der Strom, der aus den restlichen Zellen geliefert wird. Nicht nur, dass der Ertrag des ganzen Moduls sinkt, die abgeschatteten Zellen wirken im Stromkreis als Widerstand (als Verbraucher), es besteht die Gefahr der Überhitzung der abgeschatteten Zellen bis hin zur Zerstörung („hot-spot-Effekt").

Eine Lösung stellen hier Bypass-Dioden dar (Abb. 4.113).

Die Bypass-Diode ist eine parallel in Durchlassrichtung geschaltete Diode mit niedrigem Durchlass-Spannungsabfall. Als Freilaufdiode leitet sie im Fall einer verschatteten Solarzelle den Strom der übrigen (in Reihe geschalteten) Zellen an der betroffenen Zelle vorbei. Die Bypass-Dioden müssen den Stromdaten der Solarzellen entsprechend dimensioniert sein, um den vollen Laststrom übernehmen zu können. Idealerweise sollte jede Solarzelle eine Bypass-Diode erhalten. Außer in Sonderanfertigungen für spezielle Verschattungssituationen begnügt man sich in der Praxis jedoch mit einer Bypass-Diode für 15 bis 20 Solarzellen.

4.11.15 Kapazitätsdiode (Varaktor-Diode)

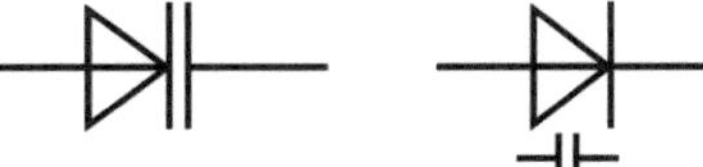

Abb. 4.114 Gebräuchliche Schaltzeichen der Kapazitätsdiode

4.11.15.1 Allgemeines

Die Kapazitätsdiode wird auch *Varicap* (von „variable capacitance"), *Varaktor*[6] (von „variable reactor") oder *Abstimmdiode* genannt. Mit ihr kann eine elektrisch steuerbare Kapazität realisiert werden. In Flussrichtung stellt die Kapazitätsdiode eine normale Diode dar, in Sperrrichtung wirkt sie *wie ein durch eine Gleichspannung einstellbarer Kondensator.*

Das Basismaterial ist vorwiegend Silizium. Aus GaAs lassen sich Kapazitätsdioden für Frequenzen bis über 1000 GHz herstellen. Kapazitätsdioden werden zur Frequenzvervielfachung, zur Frequenzmodulation, hauptsächlich aber in HF-Schaltungen zur Abstimmung von Schwingkreisen eingesetzt. Beim Einsatz von Kapazitätsdioden muss der relativ große Streubereich der Kapazität beachtet werden. Hersteller bieten ausgemessene Diodenpaare, Diodenterzette oder Diodenquartette an, die für Aufgaben eingesetzt werden können, bei denen ein übereinstimmender Kapazitätsverlauf erforderlich ist.

4.11.15.2 Funktionsweise und Eigenschaften

Die Kapazität des pn-Übergangs einer Diode ist von der Breite der Raumladungszone abhängig. Am pn-Übergang einer in Sperrrichtung betriebenen Diode entsteht eine an Ladungsträgern verarmte Zone. Bedingt durch die fehlenden Ladungsträger baut sich an dieser Zone durch die ortsfesten Raumladungen ein elektrisches Feld auf. Mit steigender externer Spannung (Sperrspannung U_R) vergrößert sich die Breite der ladungsfreien Zone, damit nimmt die Kapazität ab (siehe Abschn. 3.2.1.3, Sperrschichtweite und Sperrschichtkapazität). Es können Kapazitäten im Bereich von 3 bis 300 pF erreicht werden. Durch geeignete Dotierungsprofile (linear, abrupt, hyperabrupt) lassen sich Sperrschichtkapazitäten realisieren, die durch Spannungsänderungen im Verhältnis 1 : 3 (bei hyperabrupter Dotierung bis 1 : 30) variiert werden können und als variable, spannungsgesteuerte Kapazitäten einsetzbar sind (Abb. 4.115). Die maximale Sperrspannung beträgt etwa 30 V.

Der Bereich, in dem die Kapazität verändert werden kann, hängt maßgeblich vom Kapazitätskoeffizienten m_s ab, der Einstellungsbereich wird mit zunehmendem Wert von m_s größer. Einen besonders großen Bereich von 1:3...10 erreicht man bei Dioden mit hyperabrupter Dotierung mit einem Kapazitätskoeffizienten $m_s \approx 0{,}5 \ldots 1$.

4.11.15.3 Ersatzschaltung, Güte

Außer dem Verlauf der Sperrschichtkapazität C_S ist die Güte Q ein wichtiges Qualitätsmaß einer Kapazitätsdiode. Die Güte Q der verwendeten Kapazität bestimmt wesentlich die im Schwingkreis auftretenden Verluste (die Dämpfung des Schwingkreises). Aus der Ersatzschaltung einer Kapazitätsdiode nach Abb. 4.116 kann Q berechnet werden. Die Ersatzschaltung entspricht der Kleinsignalersatzschaltung der pn-Diode unter Vernachlässigung von Zuleitungs- und Gehäuse-Induktivität und der Gehäuse-Kapazität.

[6] Man unterscheidet Sperrschichtvaraktoren (Kapazitätsdioden), bei denen die Arbeitspunktabhängigkeit der Sperrschichtkapazität ausgenutzt wird, und Speichervaraktoren (Step-Recovery-Dioden, siehe Abschn. 4.11.25), welche die Nichtlinearität der Diffusionskapazität ausnutzen.

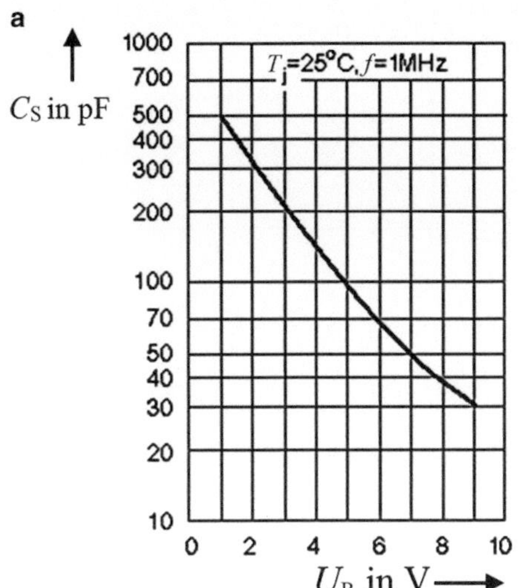

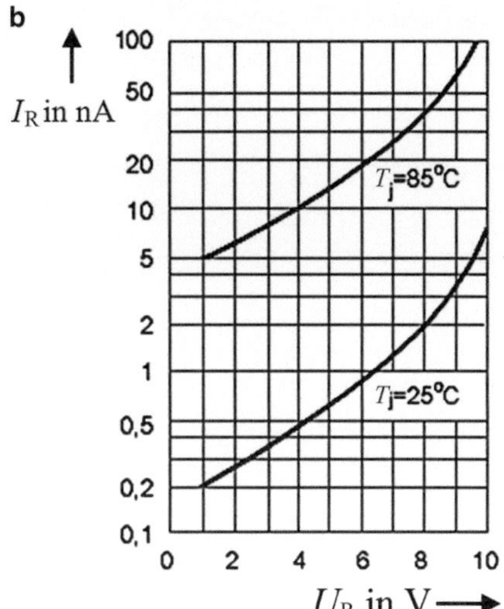

Abb. 4.115 Beispiel für den Verlauf der Kapazität einer Kapazitätsdiode (Typ BB509) in Abhängigkeit der Sperrspannung (**a**) und Sperrstrom in Abhängigkeit der Sperrspannung (**b**)

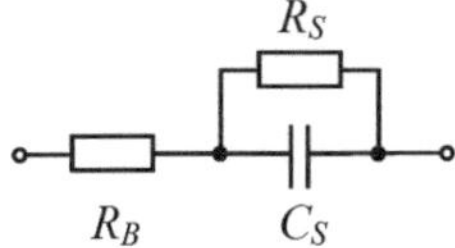

Abb. 4.116 Ersatzschaltung einer Kapazitätsdiode, C_S = Sperrschichtkapazität, R_B = Bahnwiderstand, R_S = im Arbeitspunkt wirksamer Sperrwiderstand

Werte des Bahnwiderstandes R_B liegen im Bereich von ca. 0,2 bis 4 Ω.
Werte des Sperrwiderstandes R_S liegen im Bereich von ca. 10^{10} bis $50 \cdot 10^{10}$ Ω.
Die allgemeine Definition der Güte reaktiver Bauelemente ist:

$$Q = \frac{|\text{Im}\{\underline{Z}\}|}{\text{Re}\{\underline{Z}\}} \tag{4.38}$$

Unter Anwendung von Gl. 4.38 und der Näherung $\frac{R_B}{R_S} = 0$ ergibt sich dann für die Güte:

$$Q \approx \frac{\omega R_S C_S}{1 + \omega^2 R_B R_S C_S^2} \tag{4.39}$$

Für Gl. 4.39 gelten die folgenden Näherungen:

- $$Q \approx \omega R_S C_S \quad \text{für} \quad \omega^2 R_B R_S C_S^2 \ll 1 \tag{4.40}$$

  Bei kleinen Frequenzen steigt Q proportional zur Frequenz an, bedingt durch den Parallelwiderstand R_S (Abb. 4.117).

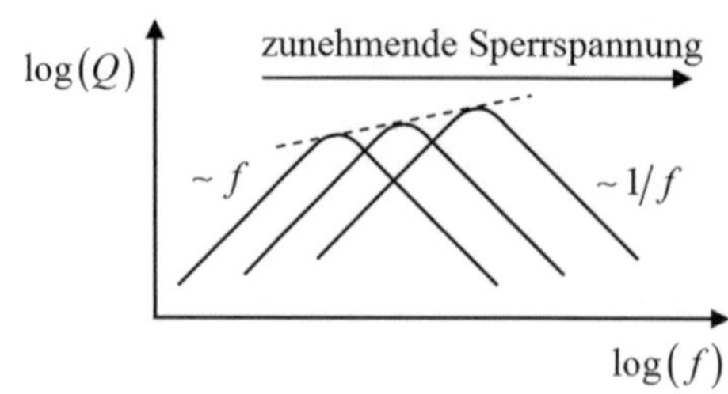

Abb. 4.117 Güte als Funktion der Frequenz in doppelt logarithmischer Darstellung

- $$Q \approx \frac{1}{\omega R_B C_S} \quad \text{für} \quad \omega^2 R_B R_S C_S^2 \gg 1 \tag{4.41}$$

  Für große Frequenzen fällt Q proportional zu $1/f$ ab, bedingt durch den Serienwiderstand R_B (Abb. 4.117).

Mit anderen Worten: Für kleine Frequenzen bestimmt der Sperrwiderstand R_S, für große Frequenzen der Bahnwiderstand R_B den Kurvenverlauf von $Q\,(f)$.

Das Maximum von Q findet man, indem man Gl. 4.39 nach ω differenziert und das Ergebnis null setzt. Q ist maximal bei der Frequenz:

$$f_{max} \approx \frac{1}{2\pi C_S \sqrt{R_B R_S}} \tag{4.42}$$

Bei dieser Frequenz ist der Maximalwert von Q:

$$Q = Q_{max} \approx \frac{1}{2}\sqrt{\frac{R_S}{R_B}} \tag{4.43}$$

Für eine Grafik der Güte Q als Funktion der Frequenz in doppeltlogarithmischer Darstellung erhält man im Bereich kleiner Frequenzen für $Q(f)$ eine Gerade mit der Steigung $+1$, im Bereich großer Frequenzen eine Gerade mit der Steigung -1 (Abb. 4.118).

Mit zunehmender Sperrspannung nimmt der Sperrwiderstand R_S ab, da sich die Raumladungszone immer mehr vergrößert. Die Frequenz f_{max}, bei der der Maximalwert der Güte auftritt, verschiebt sich dadurch zu höheren Werten.

4.11.15.4 Grenzfrequenz f_c (cut-off-frequency)

Die Frequenz, bei der $Q = 1$ gilt, ist als Grenzfrequenz f_c einer Kapazitätsdiode definiert.

$$f_c \approx \frac{1}{2\pi\, C_S R_B} \tag{4.44}$$

4.11.15.5 Temperaturabhängigkeit

Die Sperrschichtkapazität C_S einer Abstimmdiode nimmt mit steigender Temperatur zu. Diese Kapazitätsänderung ist im Wesentlichen nur von dem Temperaturkoeffizienten TK

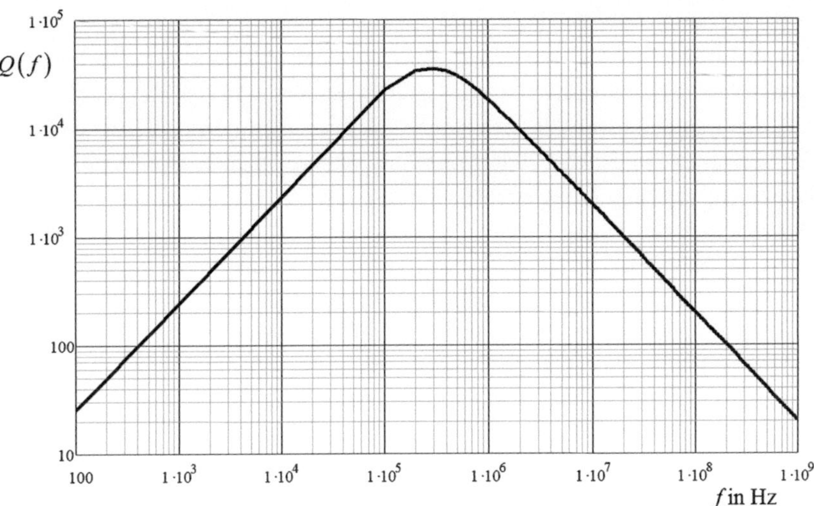

Abb. 4.118 Beispiel für den Verlauf der Güte einer Kapazitätsdiode als Funktion der Frequenz für $C_S = 25\,\text{pF}$, $R_B = 2, \Omega$, $R_S = 10^{10}\,\Omega$

der Diffusionsspannung abhängig. Dieser hat die Größe TK $\approx -2\frac{\text{mV}}{\text{K}}$. Zur Temperaturkompensation kann eine in Flussrichtung gepolte pn-Diode mit gleichem TK in Reihe geschaltet werden. Dadurch wird der Spannungsabfall an der Kapazitätsdiode in dem Maße größer, wie die Diffusionsspannung abnimmt, die gesamte Potenzialdifferenz an der Sperrschicht der Kapazitätsdiode bleibt dann unverändert.

4.11.15.6 Anwendungen

Kapazitätsdioden werden überwiegend zur Frequenzabstimmung in *LC*-Schwingkreisen und Oszillatorschaltungen eingesetzt, z. B. zur Sendereinstellung in Funkempfängern (Radio-, Fernsehempfänger). An *LC*-Schwingkreise geschaltete Kapazitätsdioden werden zur automatischen Feinabstimmung der Frequenz in Empfängern (AFC = automatic frequency control) oder zur Frequenzmodulation in FM-Sendern eingesetzt.

Bei einer Schaltung zur Abstimmung von *LC*-Schwingkreisen können eine oder zwei Kapazitätsdioden eingesetzt werden.

In Abb. 4.119 bilden L und C einen Parallelschwingkreis, an ihm liegt die Ausgangsspannung U_A. Parallel zu dem Schwingkreis liegt die Reihenschaltung der Sperrschichtkapazität C_S (von Kapazitätsdiode D_1) und der Koppelkapazität C_K. Zur Frequenzabstim-

Abb. 4.119 Frequenzabstimmung eines LC-Kreises mit einer Kapazitätsdiode

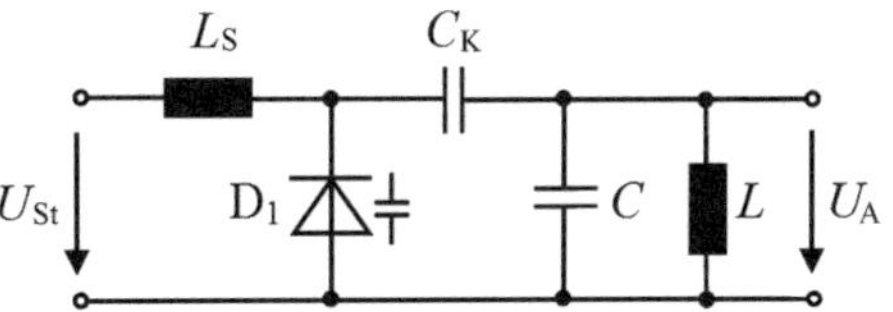

mung wird D_1 die positive Steuergleichspannung U_{St} über die Induktivität L_S zugeführt. Der Koppelkondensator C_K verhindert, dass die Gleichspannungsquelle U_{St} durch die Induktivität L des Schwingkreises kurzgeschlossen wird. In der Regel wird der Koppelkondensator so bemessen, dass er keinen frequenzbestimmenden Einfluss hat. Durch die Induktivität L_S wird der LC-Schwingkreis wechselspannungsmäßig von der Spannungsquelle U_{St} getrennt. Die Gleichspannungsquelle U_{St} würde sonst die hochfrequente Ausgangsspannung U_A kurzschließen. Dem Gleichstrom bietet L_S einen geringen Widerstand, und die Spannung U_{St} liegt als Sperrspannung an der Kapazitätsdiode an. Damit sich L_S nicht auf die Resonanzfrequenz auswirkt, muss $L_S \gg L$ gewählt werden.

Die Abstimmspannung U_{St} kann statt über die Induktivität L_S auch über einen Widerstand zugeführt werden. Dieser belastet jedoch den Schwingkreis und führt zu einer Abnahme der Güte des Kreises. Der Widerstand wird so dimensioniert, dass die Steuerspannungsquelle den Schwingkreis nicht nennenswert bedämpft. Der Widerstand muss hochohmig gegen den Resonanzwiderstand R_{Res} des Schwingkreises ausgelegt werden. Da wegen des Betriebes im Sperrbereich kein nennenswerter Strom durch die Diode fließt, ist dies realisierbar. Es sind Werte um 100 bis 470 kΩ üblich.

Unter Berücksichtigung von $L_S \gg L$ beträgt die Resonanzfrequenz:

$$f_{Res} = \frac{1}{2\pi \cdot \sqrt{L \cdot \left(C + \frac{C_{s(U_{St})} \cdot C_K}{C_{s(U_{St})} + C_K}\right)}} \tag{4.45}$$

Mit $C_K \gg C_{S(U_{St})}$ folgt

$$f_{Res} \approx \frac{1}{2\pi \cdot \sqrt{L \cdot \left(C + C_{S(U_{St})}\right)}} \tag{4.46}$$

Der Abstimmbereich hängt vom Verlauf der Sperrschichtkapazität und ihrem Verhältnis zur Schwingkreiskapazität C ab. Den maximalen Abstimmbereich erhält man mit $C = 0$ und $C_K \gg C_S$.

Ein Nachteil dieser Schaltung ist, dass die Kapazität nicht nur von der Steuergleichspannung beeinflusst wird, sondern auch im Rhythmus der HF-Spannung schwankt. Dies führt zu einer Verzerrung des Ausgangssignals U_A. Durch diese Verzerrungen treten außer Grundschwingungen auch Oberwellen auf. Durch Einsatz von zwei Kapazitätsdioden kann dieses Problem umgangen werden.

In Abb. 4.120 liegt die Reihenschaltung von zwei Sperrschichtkapazitäten parallel zum Schwingkreis. Auch hier verhindert die Induktivität $L_S \gg L$, dass die Spannungsquelle U_{St} einen hochfrequenten Kurzschluss des Schwingkreises darstellt. Eine Koppelkapazität wird nicht benötigt, da beide Dioden sperren und deshalb kein Gleichstrom in den Schwingkreis fließen kann.

In diesem Fall beträgt die Resonanzfrequenz:

$$f_{Res} = \frac{1}{2\pi \cdot \sqrt{L \cdot \left(C + \frac{1}{2} \cdot C_{S(U_{St})}\right)}} \tag{4.47}$$

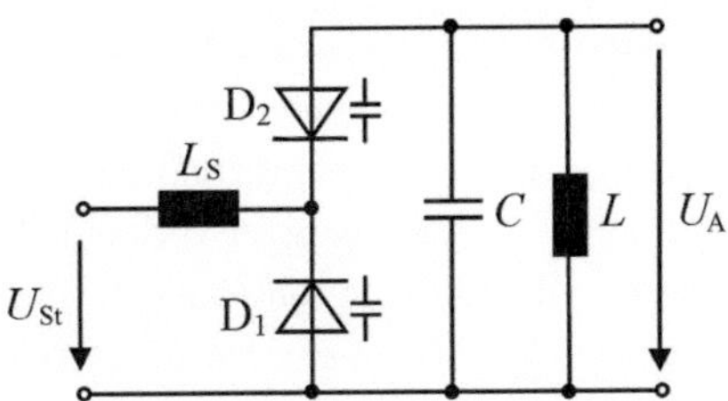

Abb. 4.120 Frequenzabstimmung eines LC-Kreises mit zwei Kapazitätsdioden

Auch hier erhält man den maximalen Abstimmbereich mit $C = 0$. Wegen der Reihenschaltung der Sperrschichtkapazitäten wird aber nur die halbe Sperrschichtkapazität wirksam. Deshalb muss im Vergleich zur Schaltung nach Abb. 4.119 bei gleicher Resonanzfrequenz entweder die Sperrschichtkapazität der Dioden oder die Induktivität doppelt so groß gewählt werden.

Durch den Einsatz von zwei Dioden im Gegentakt wird eine Kapazitätsänderung durch das hochfrequente Signal verringert. Die der Gleichspannung U_{St} überlagerte HF-Spannung verursacht periodische Spannungs- und damit Kapazitätsänderungen. In einer Gegentaktanordnung sind diese Änderungen gegenläufig und heben sich auf, wenn die Diodenkennlinien übereinstimmen.

Ein Vorteil der symmetrischen Anordnung der Dioden ist auch die bessere Linearität bei großen Amplituden der Ausgangsspannung. Eine höhere Aussteuerbarkeit mit der HF-Spannung ohne nennenswerte Verzerrungen durch die Nichtlinearitäten der Dioden wird möglich. Die durch die Nichtlinearität der Sperrschichtkapazität verursachte Abnahme der Resonanzfrequenz bei zunehmender Amplitude wird weitgehend vermieden.

4.11.16 pin-Diode

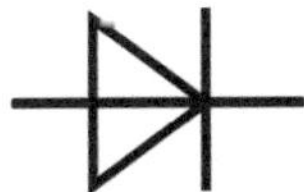

Abb. 4.121 Schaltzeichen der pin-Diode (kein besonderes Schaltzeichen)

Eine pin-Diode ist ähnlich wie eine pn-Diode aufgebaut. Jedoch liegen p- und n-Schicht nicht direkt nebeneinander, zwischen diesen Schichten befindet sich eine schwach dotierte i-Schicht (Abb. 4.122).

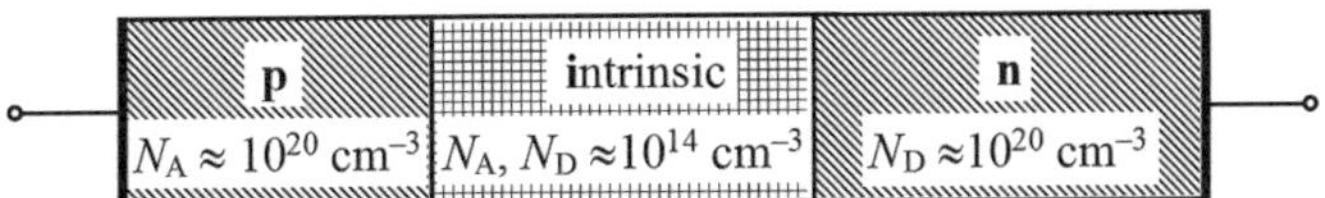

Abb. 4.122 Aufbau einer pin-Diode (schematisch)

Diese Struktur wird als pin- oder psn-Diode bezeichnet. Das „**i**" in p**i**n steht dabei für **i**ntrinsisch und soll andeuten, dass diese Schicht sehr niedrig dotiert ist und sich damit beinahe wie der eigenleitende undotierte (intrinsische) Halbleiter verhält (hochohmig, da fast keine freien Ladungsträger vorhanden sind). Das „**s**" in der deutschen Bezeichnung psn-Diode steht für **s**chwach (dotiert). Entsprechend ihrer Anwendung wird eine pin-Diode auch als *CCR* (*Current Controlled RF-resistor*) bezeichnet.

4.11.16.1 Funktion

Wird die Diode positiv vorgespannt, so werden von der p-Schicht Löcher und von der n-Schicht Elektronen in die i-Schicht injiziert. Die Lebensdauer τ dieser Ladungsträger ist in der undotierten i-Schicht besonders groß. Die Ladungsträger bleiben während ihrer Lebensdauer in der i-Schicht. Das Mittelgebiet wird in Flussrichtung von Ladungsträgern überschwemmt und ist somit gut leitend. Es genügt ein kleiner Vorstrom I_0, welcher die rekombinierenden Löcher und Elektronen ersetzt, um eine gute Leitfähigkeit aufrecht zu erhalten. Wird dem Gleichstrom ein hochfrequenter Wechselstrom der Periodendauer T mit $T \ll \tau$ überlagert, so erfolgt der Ladungsträgerabbau langsamer als die Periodendauer der Wechselspannung ist. Auch bei kurzen negativen Spannungsimpulsen mit einer Pulsdauer $t_P \ll \tau$ bleibt eine pin-Diode leitend, da ein Übergang vom Durchlass- in den Sperrbetrieb erst dann eintritt, wenn nahezu alle Ladungsträger in der i-Schicht rekombiniert sind.

Wechselstrommäßig wirkt somit die i-Schicht wie ein Ohm'scher Widerstand, der durch den Vorstrom durch die Diode eingestellt werden kann (variabler HF-Widerstand r_D, siehe Abb. 4.123). Restliche Bahngebiete und der Kontaktierungswiderstand begrenzen den minimal erreichbaren Widerstand nach unten, je nach Diodentyp liegt dieser Wert zwischen ca. 0,8…8 Ω.

Gleichstrommäßig verhält sich eine pin-Diode wie eine pn-Diode. Nur beim Umschalten macht sich die größere im i-Gebiet gespeicherte Ladung bemerkbar. Bis zu Frequenzen von ca. <10 MHz hat die pin-Diode Gleichrichtereigenschaften. Für Fre-

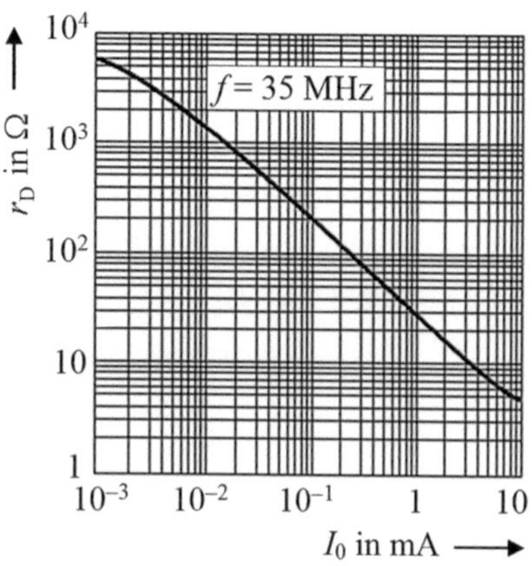

Abb. 4.123 HF-Widerstand einer pin-Diode als Funktion des Vorstromes I_0 (Beispiel)

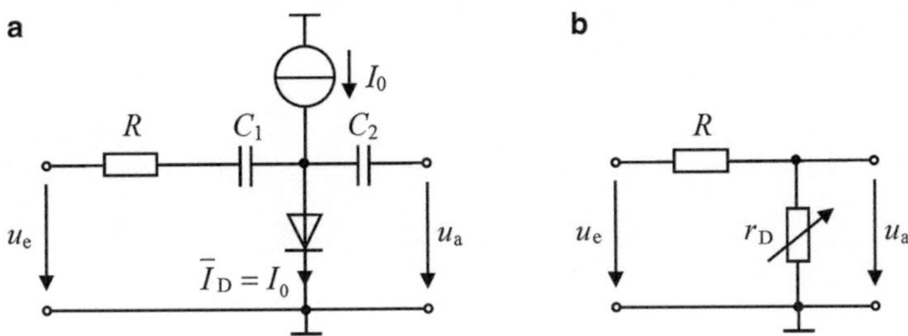

Abb. 4.124 Variabler Spannungsteiler für Wechselspannungen mit pin-Diode (**a**), zugehöriges Kleinsignalersatzschaltbild (**b**)

quenzen >10 MHz (je nach Stärke der i-Schicht) macht sich die lange Lebensdauer der Ladungsträger innerhalb der i-Schicht bemerkbar, wegen der Trägheit der Ladungen tritt kein Gleichrichtereffekt auf. Wie bereits erläutert, verhält sich hier die pin-Diode wie ein Ohm'scher Widerstand, dessen Größe für beide Halbwellen eines Wechselstromes gleich ist und lediglich von dem fließenden Diodenstrom abhängt.

4.11.16.2 Anwendungen der pin-Diode

Hauptsächlich werden pin-Dioden[7] in der Hochfrequenztechnik als gleichstromgesteuerte Widerstände (Dämpfungsglieder, kontinuierliche Amplitudenregler) oder als elektronische, verlustarme Schalter kleiner Eigenkapazität eingesetzt. Als pin-Fotodioden werden sie auch zur Strahlungsmessung und als Empfangselemente von Lichtwellenleitern verwendet. Sie dienen auch als Gleichrichter für hohe Spannungen und Ströme, da sie wegen der breiten Raumladungszone im i-Gebiet für hohe Sperrspannungen geeignet sind. Mit pin-Dioden lassen sich auch Amplitudenmodulatoren aufbauen.

- **Gleichstromgesteuerter HF-Widerstand**

Im oben beschriebenen Zustand verhält sich eine pin-Diode wie ein Ohm'scher Widerstand, dessen Wert proportional zur Ladung in der i-Schicht und damit proportional zum mittleren Strom $\overline{I}_D$ ist (siehe auch Abschn. 4.5.5.3).

$$r_D \approx \frac{n \cdot U_T}{\overline{I}_D} \quad \text{mit} \quad n \approx 1 \ldots 2 \tag{4.48}$$

Für hohe Frequenzen $f \gg 1/\tau$ ($\tau \approx 0{,}05 \ldots 5\,\mu s$ für Si) kann eine pin-Diode durch ihr Verhalten als Ohm'scher Widerstand (als gleichstromgesteuerter Wechselspannungswiderstand) eingesetzt werden. Dabei wird einem Gleichstrom, mit dem der Widerstand der i-Zone gesteuert wird, ein hochfrequenter Wechselstrom überlagert. Abb. 4.124 zeigt die Schaltung und das Kleinsignalersatzschaltbild eines einfachen, über I_0 einstellbaren Spannungsteilers mit einer pin-Diode.

[7] Zu Bezeichnung und Einsatz der pin-Diode siehe auch Abschn. 4.10.1.2.

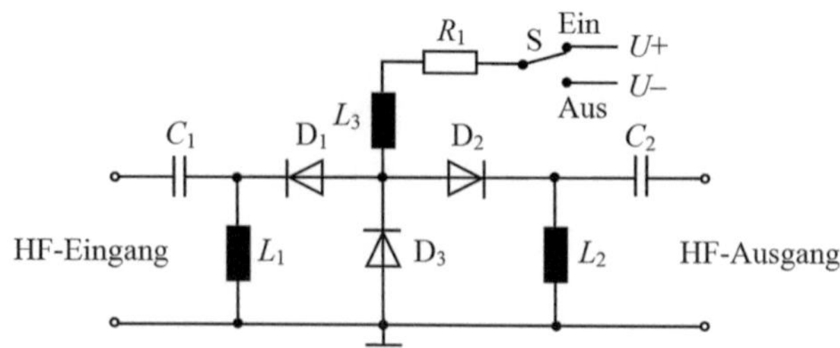

Abb. 4.125 Schalten eines HF-Signals mit pin-Dioden

- **Gleichspannungsgesteuerter HF-Schalter**

Die pin-Diode kann auch als Hochfrequenzschalter eingesetzt werden. Aufgrund der relativ dicken i-Zone haben pin-Dioden eine kleine Sperrschichtkapazität. Daher wird bei offenem Schalter ein hoher Sperrwiderstand erreicht.

Wird die pin-Diode als Schalter verwendet, so können HF-Signale ein- und ausgeschaltet und ganze Schaltungsteile wie Dämpfungsglieder, Filter oder Verstärker in einer Schaltung zu- oder abgeschaltet werden. Durch den Einsatz von pin-Dioden brauchen HF-Signale nicht unmittelbar geschaltet werden. Stattdessen werden Gleichspannungen geschaltet, welche als Diodenvorspannung wirken. Die Diode arbeitet dann entweder im Durchlass- oder im Sperrbetrieb.

In Abb. 4.125 wirken pin-Dioden im Längspfad als Schalter zum Durchschalten des HF-Signals vom Eingang zum Ausgang und als Kurzschluss für das HF-Signal parallel zum Übertragungsweg. D_1 und D_2 liegen in Reihe in der Signalleitung, D_3 liegt parallel dazu.

Befindet sich der Schalter S in Stellung „Ein" ($U+$), so sind D_1 und D_2 im Durchlassbetrieb und stellen einen niedrigen Widerstand dar. Gleichzeitig befindet sich D_3 im Sperrbetrieb, die Diode hat einen sehr hohen Widerstandswert. Das HF-Signal wird ungehindert vom Eingang zum Ausgang übertragen.

Befindet sich der Schalter S in Stellung „Aus" ($U-$), so sperren die Dioden D_1 und D_2, sie bilden einen hohen Widerstand. Gleichzeitig befindet sich D_3 im Durchlassbetrieb mit niedrigem Widerstandswert, dadurch wird eine restliche HF-Spannung hinter D_1 zusätzlich kurzgeschlossen.

Die Hochfrequenzdrosseln L_1, L_2, L_3 stellen für HF-Signale einen hohen und für Gleichstrom einen niedrigen Widerstand dar. Sie gewährleisten den Gleichstrompfad für die Dioden, deren Arbeitspunkt mit R_1 eingestellt wird. C_1 und C_2 sind Koppelkondensatoren zur Trennung von Gleichspannung und HF-Signal.

4.11.17 Tunneldiode (Esaki[8]-Diode)

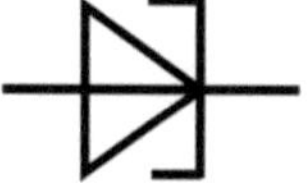

Abb. 4.126 Schaltzeichen der Tunneldiode

[8] Leo Esaki, *12. März 1925, japanischer Physiker.

4.11.17.1 Grundlegendes zur Quantenphysik

Nur mit der Quantenphysik können natürliche Vorgänge, die innerhalb atomarer oder subatomarer Dimensionen stattfinden, erläutert werden. Die Existenz und die Eigenschaften von Atomen, der chemischen Bindung, der Ausbreitung von Elektronen in Kristallen etc. können nur auf der Basis der Quantentheorie und nicht mit den Gesetzen der klassischen Mechanik und Elektrotechnik beschrieben werden.

Werden die Newton'sche Bewegungsgleichung der Mechanik und die Maxwell'schen Gleichungen der Elektrodynamik als klassische Physik betrachtet, so gab es eine Reihe von Beobachtungen, die mit den daraus gewonnenen Ergebnissen nicht im Einklang waren und die Entwicklung der Quantenphysik vorantrieben. Von den hier kurz angesprochenen Quanteneffekten ist vor allem der Tunneleffekt für elektronische Bauelemente von großer Bedeutung.

Unschärfe In der klassischen, nicht-relativistischen Physik werden die Bewegungen von Teilchen mit der Newton'schen Bewegungsgleichung beschrieben. Diese verknüpft die Kraft F auf ein Teilchen der Masse m mit seiner Beschleunigung a: $F = m \cdot a$. Ort, Impuls und Energie können zu jedem Zeitpunkt t deterministisch vorausgesagt werden.

In der Quantenmechanik gibt es Unschärferelationen: Ort und Impuls ebenso wie Energie und Zeit können nicht paarweise beliebig genau bestimmt werden. Kennen wir den Ort exakt, so wissen wir nichts über den Impuls und umgekehrt.

Tunneleffekt Quanten, wie z. B. Elektronen, Photonen, Protonen etc. können Wände durchdringen und Potenzialbarrieren durchtunneln, wenn die Barrieren endlich hoch und hinreichend dünn sind. Klassisch können Teilchen mit einer kinetischen Energie, die kleiner ist als die Höhe der Energiebarriere, diese nicht überwinden.

Welle-Teilchen-Dualismus In Abhängigkeit von der Gestaltung eines Experiments verhält sich ein Quant, z. B. ein Elektron oder Photon, wie ein Teilchen (ähnlich einer Kugel) oder als Welle, die (mit sich selbst) interferieren kann. Der Welle-Teilchen-Dualismus ist nicht widersprüchlich, sondern beschreibt die geeignete Wahl der Observablen bei einem gegebenem Experiment.

Energiequantelung Quanten, wie z. B. die Elektronen eines Atoms, existieren nur in diskreten Energiezuständen. Sie können also nicht wie in der klassischen Mechanik jede Energie annehmen.

4.11.17.2 Tunneleffekt

Abb. 4.127 zeigt eine mechanische Kugel mit der Masse m, die mit der Geschwindigkeit v auf eine rampenförmige Barriere der Höhe h zurollt. Hat die Kugel nicht genügend Energie, kann sie die Barriere in beliebig vielen Versuchen nicht überwinden.

Der Tunneleffekt beschreibt ein typisches Phänomen quantenmechanischer Teilchen (Elementarteilchen wie Elektronen): Sie können Energiebarrieren ohne zusätzliche Ener-

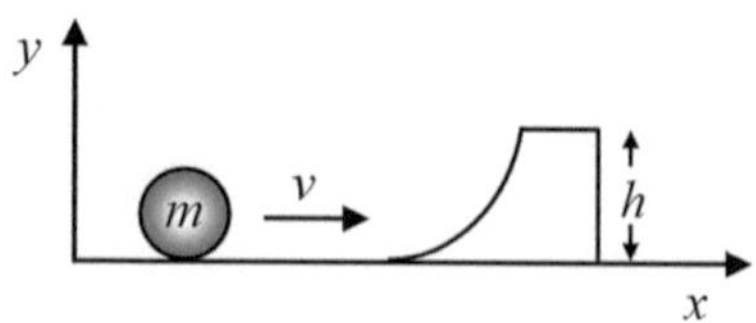

Abb. 4.127 Hat die Kugel zu wenig Energie, so kann sie die Barriere nicht überwinden

giezufuhr mit einer gewissen Wahrscheinlichkeit überwinden, obwohl ihre eigene Energie geringer als die der Barriere ist. Dabei verringert sich ihre eigene Energie nicht. Deshalb sagt man, dass sie durch die Barriere „tunneln". Die Wahrscheinlichkeit für einen Tunnelvorgang hängt von der Höhe und der Breite der Barriere ab. Zur Erklärung dieses Effekts werden Elektronen nicht als massebehaftete Teilchen sondern als Welle interpretiert. Die Elementarteilchen werden als Materiewelle beim Auftreffen auf einen Potenzialwall endlicher Höhe und Breite teilweise reflektiert, absorbiert und transmittiert, analog zum Lichtstrahl, der auf ein teilweise transparentes Medium (z. B. eine Glasscheibe) trifft. Mathematisch wird der Vorgang mittels der Schrödinger[9]-Gleichung beschrieben. Es folgt eine stark vereinfachte Darstellung.

Abb. 4.128 zeigt ein Elektron, welches sich auf eine Barriere (z. B. einen Isolator, eine Sperrschicht) zubewegt. Klassisch würde das Elektron an der Barriere mit 100 %-iger Wahrscheinlichkeit reflektiert werden. Quantenmechanisch werden kleinste Teilchen durch ihre Aufenthaltswahrscheinlichkeit in dem Intervall $x \ldots (x + \Delta x)$ und ihren Impuls in dem Intervall $p \ldots (p + \Delta p)$ beschrieben. Beide gleichzeitig (Orts- und Impulsunschärfe) lassen sich nicht genauer bestimmen als $\Delta x \cdot \Delta p \geq \hbar$ (Heisenberg'sche Unschärferelation). Die Aufenthaltswahrscheinlichkeit in einem Leiter oder Halbleiter ist eine Exponentialfunktion gemäß $K_1 \cdot \mathrm{e}^{-\mathrm{j}\,k\,x}$, deren Betrag konstant ist. In einem Isolator wird diese Funktion zu $K_1 \cdot \mathrm{e}^{-k\,x}$, fällt also exponentiell ab, und setzt sich im nächsten Leiter mit $K_2 \cdot \mathrm{e}^{-\mathrm{j}\,k\,x}$ mit konstantem Betrag fort. Die Aufenthaltswahrscheinlichkeit fällt innerhalb der Barriere zwar exponentiell ab, wird aber nie ganz null und bleibt umso größer, je dünner die Barriere ist. Bei einer sehr großen Anzahl von Teilchen gibt es immer

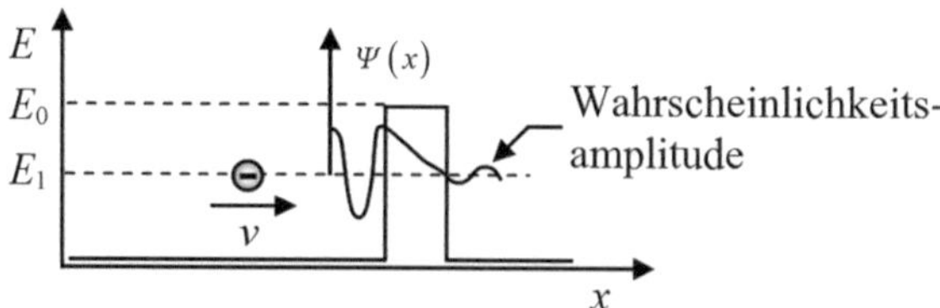

Abb. 4.128 Ein Elektron hat zu wenig Energie, um die Energiebarriere nach den Gesetzen der klassischen Physik (Newton, Maxwell) zu überwinden. Nach den Gesetzen der Quantenphysik „durchtunnelt" das Elektron aber die Potenzialbarriere. In der Barriere nimmt die Aufenthaltswahrscheinlichkeit exponentiell ab

[9] Erwin Rudolf Josef Alexander Schrödinger (1887–1961), österreichischer Physiker, Nobelpreis für Physik 1933.

einige, die entsprechend dieser Statistik eine Aufenthaltswahrscheinlichkeit in und auch hinter der Barriere haben, diese also „durchtunneln“. Wird die Barriere dünner, nimmt der Tunnelstrom exponentiell zu.

4.11.17.3 Aufbau und Funktion der Tunneldiode

Tunneldioden werden oft aus einer hoch dotierten n-leitenden Ge- oder GaAs-Schicht hergestellt, in die eine kleinere Schicht aus Indium einlegiert ist (auch Indiumpille genannt). Bei Verwendung von Si und GaSb zur Herstellung ist es schwierig, eine akzeptable Gütezahl (ein großes Verhältnis von Gipfel- zu Talstrom I_P/I_V) zu erreichen.

Anschaulich lässt sich der Tunneleffekt am Bändermodell erklären.

Bei der Tunneldiode wird die Dotierung der p- und der n-Seite so hoch gewählt ($>10^{19}\,\mathrm{cm}^{-3}$), dass sie jeweils über den effektiven Zustandsdichten N_V und N_C liegt. Wegen der extrem starken Dotierung sind beide Halbleitergebiete entartet. Die Ladungsträgerdichte ist in den Dotierungsbereichen so hoch, dass das Fermi-Niveau auf der p-Seite im Valenzband und auf der n-Seite im Leitungsband liegt. Mit Elektronen besetzte und unbesetzte Bereiche befinden sich auf (fast) gleichem Potenzial (Energieniveau), dadurch tritt der Tunneleffekt ein. Wegen der hohen Dotierungen auf beiden Seiten ist die Breite der Sperrschicht mit nur ca. 10 nm extrem klein, die verbotene Zone kann von Elektronen ab eines bestimmten Energiezustandes äquienergetisch durchlaufen und überquert (durchtunnelt) werden.

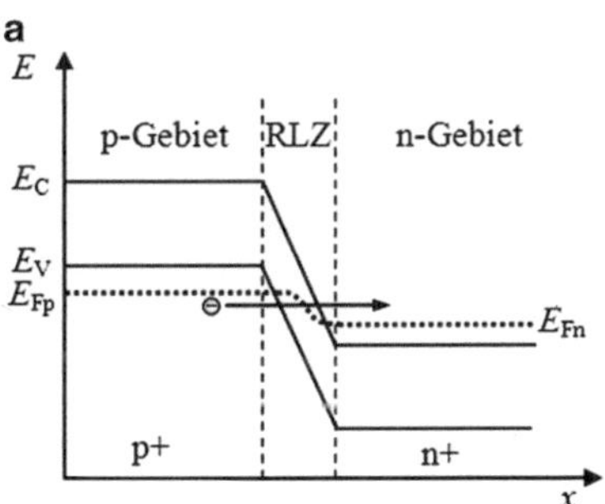

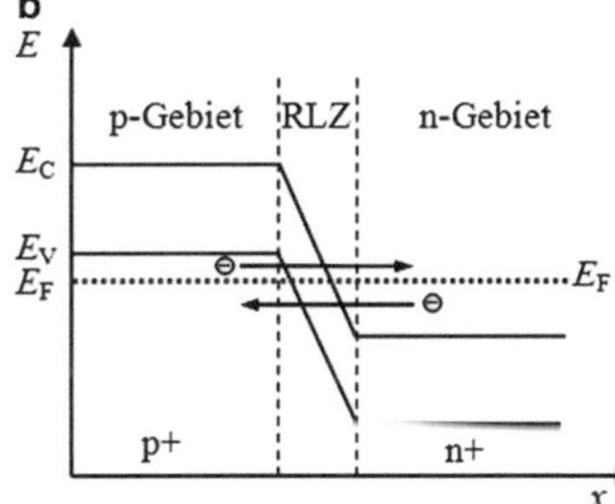

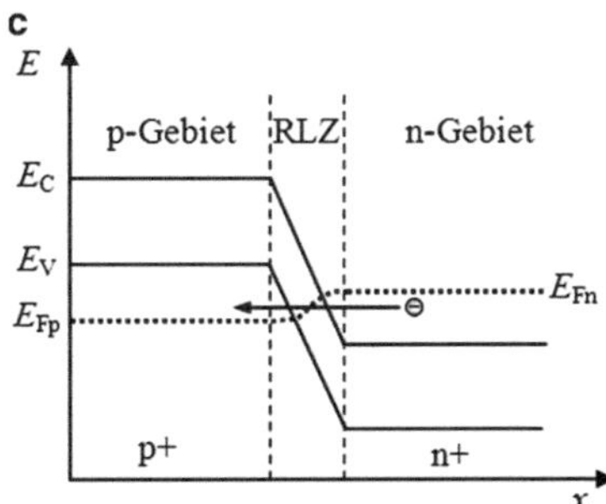

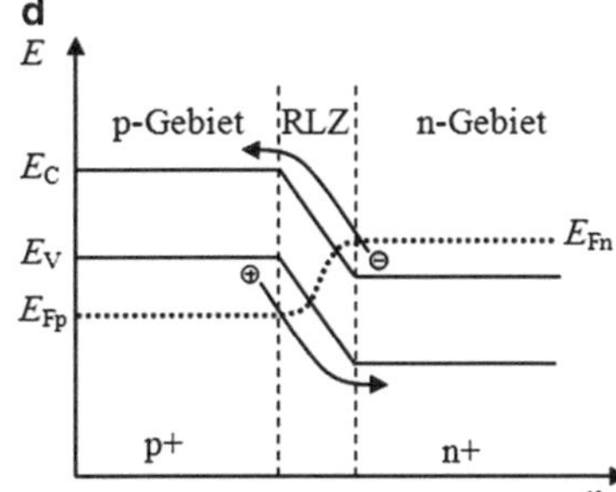

Abb. 4.129 Bändermodell der Tunneldiode

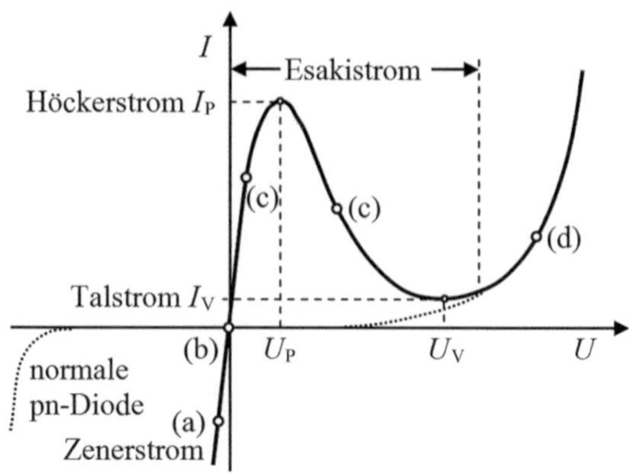

Abb. 4.130 I/U-Kennlinie der Tunneldiode

Zu den folgenden Erläuterungen gehört die Kennlinie der Tunneldiode, Abb. 4.130

- **Abb. 4.129(a): Sperrpolung mit $U < 0$**

Valenzelektronen tunneln unmittelbar vom Valenzband der p-Seite durch die Sperrschicht in das Leitungsband der n-Seite. Dies wird als ZENER-Tunneln bezeichnet, es fließt ein Zenerstrom. Je nach Höhe der Sperrspannung stehen einer Anzahl von Elektronen des Valenzbandes freie Plätze im Leitungsband gegenüber, getrennt nur durch eine schmale verbotene Zone. Es tunneln Elektronen von besetzten Valenzbandzuständen unterhalb E_{Fp} der p-Seite zu unbesetzten Leitungsbandzuständen oberhalb E_{Fn} der n-Seite. Auch bei noch kleiner Sperrspannung fließt bereits ein Strom in beträchtlicher Höhe, eine Tunneldiode hat keinen Sperrbereich. Der Tunnelstrom steigt in Sperrrichtung kontinuierlich steil an. Da die Sperrschicht der Tunneldiode sehr dünn ist, tritt der Zener-Durchbruch schon bei niedriger Sperrspannung auf.

- **Abb. 4.129(b): $U = 0$**

Liegt keine Spannung an der Tunneldiode, so fließt kein Strom ($I = 0$).

Die obere Kante des Valenzbandes im p-Gebiet liegt höher als die Unterkante des Leitungsbandes des n-Gebiets. Infolge dieser Bandüberlappung, und da die Grenzschichtdicke und damit die Breite des Potenzialwalls sehr gering ist, kann dieser von Elektronen aufgrund des quantenmechanischen Tunneleffektes durchdrungen werden. Es können Elektronen des Valenzbandes der p-Zone in das unbesetzte Leitungsband der n-Zone durch die Sperrschicht „tunneln". Ebenfalls können Elektronen aus dem Leitungsband des n-Gebiets in das Valenzgebiet des p-Gebiets „tunneln". Der vom p- ins n-Gebiet fließende Elektronenstrom wird als Zenerstrom und der Strom von n- ins p-Gebiet als Esaki-Strom bezeichnet. Außerdem fließen – wie bei normalen Dioden – von der p- in die n-Zone ein Minoritätsträger-Sperrstrom und in umgekehrter Richtung ein Majoritätsträger-Diffusionsstrom. Liegt an der Diode keine äußere Spannung an, so kompensieren sich die in beiden Richtungen durch die Grenzschicht fließenden Tunnelströme und ebenfalls Sperr- und Diffusionsstrom.

- **Abb. 4.129(c): Flusspolung mit $0 < U < U_P$ und $U_P < U < U_V$**

$0 < U < U_P$
Bereits ab einer kleinen Spannung in Durchlassrichtung von ca. 10 mV fließt ein kräftiger Strom, obwohl die Sperrschicht noch nicht abgebaut ist. Im Spannungsbereich bis U_P tunneln Leitungselektronen aus besetzten Leitungsband-Zuständen des n-Halbleiters durch die Sperrschicht direkt in leere Valenzband-Zustände des p-Halbleiters. Dies wird als ESAKI-Tunneln bezeichnet, es fließt überwiegend der so genannte Esaki-Strom. Das ESAKI-Tunneln ist der dominierende Effekt im Durchlassbereich bei geringen Spannungen an der Tunneldiode.

$U_P < U < U_V$
Mit wachsender Flussspannung verringert sich der Bereich, in dem sich Valenzband und Leitungsband gegenüberstehen. In Durchlassrichtung fließt für $0 < U < U_P$ ein Tunnelstrom, der jedoch nur so lange ansteigt, bis die Spannung so groß ist, dass die Elektronen in der Gegenseite auf gleichem Energieniveau teilweise keine unbesetzten Zustände vorfinden, sondern die verbotene Zone. Dies ist bei der Spannung U_P der Fall, bei der ein Strommaximum auftritt. Mit weiter steigender Spannung nimmt im Bereich $U_P < U < U_V$ der Strom ab, da immer weniger Elektronen tunneln können, bis bei der Spannung U_V das Tunneln ganz aufhört und bei $U = U_V$ ein Stromminimum erreicht wird.
Gipfelpunkt P ($65\,\text{mV} \leq U_P \leq 110\,\text{mV}, I_P$) und Talpunkt V ($U_V \approx 300\,\text{mV}, I_V$) kennzeichnen eine Tunneldiode. Das Verhältnis I_P/I_V beträgt ca. 10 bis 12.

Wie in Abb. 4.130 zu sehen ist, tritt zwischen Höcker- und Talstrom im Bereich $U_P < U < U_V$ ein Kennlinienabschnitt mit *negativem differenziellen Widerstand*[10] auf (oft abgekürzt als NDR = negative differential resistance), der ca. -10 bis $-150\,\Omega$ beträgt.

- **Abb. 4.129(d): Flusspolung mit $U_V < U$**

Wird die Flussspannung noch weiter vergrößert, stehen schließlich allen Elektronen des Leitungsbandes Zustände in der verbotenen Zone gegenüber. Ein Tunnelstrom kann jetzt nicht mehr fließen. Für den Stromfluss sorgt jetzt ein Vorgang, der auch schon bei niedrigeren Spannungen vorhanden war, nämlich die Injektion von Elektronen und Löchern über die Energieschwelle hinweg. Dem Esaki-Strom ist jetzt der normale Durchlassstrom (Diffusionsstrom) der Diode überlagert. Die Kennlinie entspricht mit steigender Flussspannung der normalen Durchlasskennlinie der Diode und wird durch die Shockley-Formel beschrieben.

4.11.17.4 Ersatzschaltung

Für einen Arbeitspunkt, der im Bereich des negativen Widerstandes (im abfallenden Teil) der Kennlinie liegt, zeigt Abb. 4.131 das Kleinsignalersatzschaltbild der Tunneldiode.

[10] Der Strom nimmt ab, obwohl die Spannung zunimmt. Ein negativer Widerstand bedeutet im allgemeinen eine Energiequelle in Form einer Strom- bzw. Spannungsquelle.

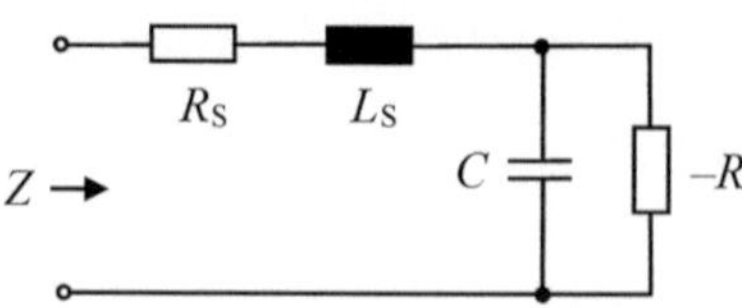

Abb. 4.131 Kleinsignalersatzschaltung der Tunneldiode für den Bereich des negativen Widerstandes der Kennlinie

Der negative Widerstand $-R$ hat beim Wendepunkt der Kennlinie zwischen I_P und I_V ein Minimum R_{min}. R_S ist ein Ohm'scher Widerstand und beinhaltet den Zuleitungs-, Kontaktierungs- und Bahnwiderstand. L_S hängt von der Länge der Anschlüsse und der Gestaltung des Gehäuses des Bauelementes ab. Die Kapazität C des pn-Übergangs hängt von der Vorspannung im Arbeitspunkt ab. Sie wird üblicherweise im Talpunkt V gemessen und dann als C_j bezeichnet. Typische Werte für diese Größen sind bei einer Tunneldiode mit einem Höckerstrom von $I_P = 10\,\text{mA}$: $-R = -30\,\Omega$, $R_S = 1\,\Omega$, $L_S = 5\,\text{nH}$ und $C = 20\,\text{pF}$.

Die Eingangsimpedanz der Ersatzschaltung in Abb. 4.131 ist:

$$\underline{Z} = \left[R_S + \frac{-R}{1 + (\omega RC)^2}\right] + \mathrm{j} \cdot \left[\omega L_S + \frac{-\omega R^2 C}{1 + (\omega RC)^2}\right] \tag{4.49}$$

Für die Grenzfrequenz f_r wird der Realteil und für die Grenzfrequenz f_x der Imaginärteil von Z zu null. Die beiden Grenzfrequenzen ergeben sich zu

$$f_r = \frac{1}{2\pi RC}\sqrt{\frac{R}{R_S} - 1} \tag{4.50}$$

$$f_x = \frac{1}{2\pi}\sqrt{\frac{1}{L_S \cdot C} - \frac{1}{(RC)^2}} \tag{4.51}$$

Für die Grenzfrequenzen beim minimalen Widerstand R_{min} und bei der Kapazität C_j erhält man:

$$f_{r0} = \frac{1}{2R_{min}C_j} \cdot \sqrt{\frac{R_{min}}{R_S} - 1} \geq f_r \tag{4.52}$$

$$f_{x0} = \frac{1}{2\pi} \cdot \sqrt{\frac{1}{L_S C_j} - \frac{1}{\left(R_{min} C_j\right)^2}} \leq f_x \tag{4.53}$$

f_{r0} ist die maximale Grenzfrequenz, bei der die Tunneldiode keinen negativen Widerstand mehr aufweist.

f_{x0} ist kleinste Frequenz, bei welcher der Imaginärteil von Z zu null wird und bei der Schwingneigung vorliegt, falls $f_{r0} > f_{x0}$ ist.

Bei den meisten Anwendungen, bei denen die Tunneldiode im Bereich des negativen Widerstandes betrieben wird, sollte $f_{x0} > f_{r0}$ und $f_{r0} \gg f_A$ sein (f_A = Arbeitsfrequenz).

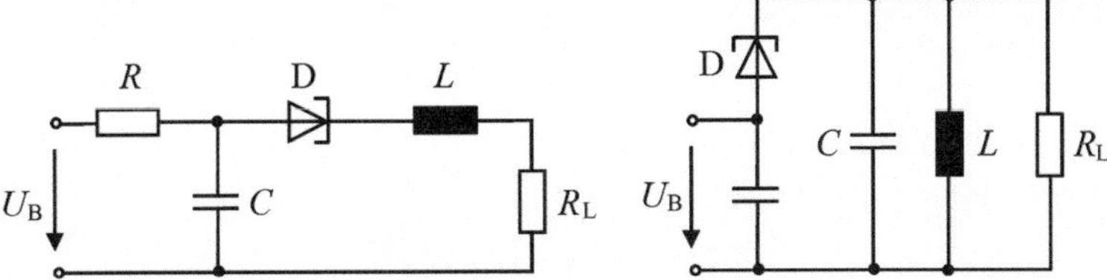

Abb. 4.132 Prinzipschaltungen von Tunneldioden-Oszillatoren

Aus den Gl. 4.52 und 4.53 folgt, dass L_S klein sein muss, damit die Forderung $f_{x0} > f_{r0}$ erfüllt wird.

4.11.17.5 Anwendungen der Tunneldiode

Tunneldioden werden in Durchlassrichtung betrieben. Da es sich im Durchlassbereich um einen Majoritätsträger-Effekt handelt, findet das Tunneln innerhalb von Picosekunden statt, es gibt keine Ladungsspeichereffekte. Tunneldioden können daher bis zu sehr hohen Frequenzen benutzt werden.

Tunneldioden werden als *Verstärker* (bis zu einigen 10 GHz), *Schalter* (Schaltzeit bis <1 ns) und *Oszillatoren* (bis ca. 100 MHz) und logische *Speicherelemente* mit Kippverhalten (Flipflop, schalten zwischen den beiden bistabilen Punkten Gipfel und Tal) eingesetzt.

Werden Tunneldioden im negativen Widerstandsbereich betrieben, so wirken sie wie aktive Bauelemente, mit der fallenden Widerstandskennlinie kann eine Verstärkung erzielt werden. Dadurch ist eine einfache Realisierung von Mikrowellenoszillatoren möglich (Abb. 4.132). Dabei wird die Esaki-Diode z. B. parallel zu einem LC-Schwingkreis geschaltet und so der Verlustwiderstand durch den negativ differenziellen Widerstand der Esaki-Diode gerade kompensiert, d. h. der Schwingkreis wird entdämpft. Der Arbeitspunkt für die Schaltung wird ungefähr in die Mitte des Bereiches mit negativem Widerstand gelegt.

Schaltungen mit Tunneldioden waren in den 60-er Jahren des letzten Jahrhunderts durchaus üblich. Für eine frequenzstabile Schwingungserzeugung waren Tunneldioden-Oszillatoren nicht brauchbar, die Frequenzstabilität war sehr schlecht. Zudem waren Tunneldioden immer teure Bauelemente und wurden deshalb selten eingesetzt.

4.11.18 Rückwärtsdiode (Backwarddiode)

Die Rückwärtsdiode ist eine Sonderform der Tunneldiode. Allgemein kann die Durchbruchspannung durch eine Dotierungserhöhung verringert werden. Die Sperrfähigkeit einer Diode kann somit durch eine entsprechend hohe Dotierung vollständig aufgehoben werden. Bei der Rückwärtsdiode ist durch eine Dotierung mit 10^{18} bis $10^{19}\,\text{cm}^{-3}$ in Sperrrichtung gar keine sperrende Wirkung mehr vorhanden. In Durchlassrichtung dagegen bleibt die normale Durchlasskennlinie einer Diode erhalten.

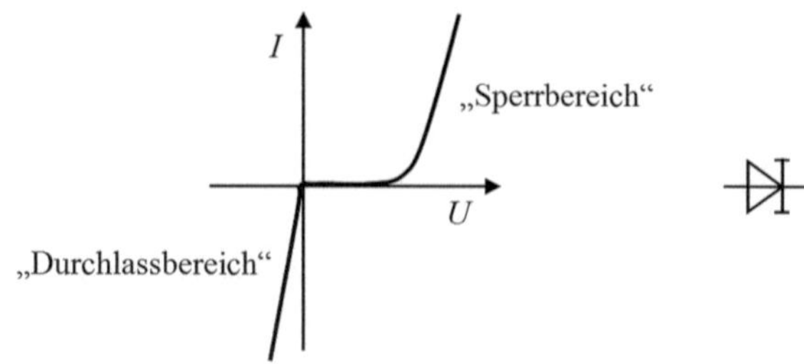

Abb. 4.133 Kennlinie und Schaltzeichen einer Rückwärtsdiode

Durch die gewählte Dotierung liegt die Fermienergie an der Valenz- bzw. Leitungsbandkante. Ohne äußere Spannung liegen also Valenzbandkante im p-Gebiet und Leitbandkante im n-Gebiet auf gleichem Niveau. In Sperrrichtung erhält man die Charakteristik einer Tunneldiode, in Durchlassrichtung die „normale" Durchlasskennlinie. Für kleine Spannungsamplituden ist die Backward-Diode somit in Sperrrichtung durchlässig, während sie in Durchlassrichtung sperrt. Sperr- und Durchlassrichtung sind bei der Rückwärtsdiode gegenüber dem normalen Betrieb einer Diode vertauscht. In Sperrrichtung gibt es bei der Rückwärtsdiode keinen Spannungsabfall an der Diode (Abb. 4.133).

In Rückwärtsrichtung fließt ein Tunnelstrom. Dadurch gelangen Elektronen in das n-Gebiet und Löcher in das p-Gebiet. Unter diesen Umständen erfolgt keine Speicherung von Minoritätsladungsträgern. Deshalb liegt die erreichbare Grenzfrequenz höher als bei bei einer normalen pn-Diode.

Die Rückwärtsdiode kann z. B. in der HF-Technik zur Gleichrichtung von kleinen Wechselspannungen im mV-Bereich (Mischerschaltungen, Detektoren) bei sehr hohen Frequenzen verwendet werden. Dabei leitet sie in Sperrpolung und sperrt in Flusspolung.

4.11.19 Gunndiode

Abb. 4.134 Schaltzeichen der Gunndiode

4.11.19.1 Gunn-Effekt[11]

Als Gunn-Effekt wird das Auftreten selbsterregter hochfrequenter Schwingungen in speziellen Halbleiterkristallen bezeichnet.

Der Gunn-Effekt wurde 1963 von J. B. Gunn entdeckt. Der Gunn-Effekt tritt nur bei einigen Halbleitern auf, z. B. bei III-V-Halbleitern wie GaAs, InP und II-VI-Halbleitern wie CdTe, ZnSe. Wird an einen dieser n-dotierten Halbleiter mit unterschiedlich stark dotierten Bereichen eine konstante, relativ hohe elektrische Spannung angelegt (= hohe Feldstärke), so werden dadurch statistische Stromschwankungen erzeugt. Bei sehr kurzen

[11] John Battiscombe Gunn (1928–2008), britischer Physiker.

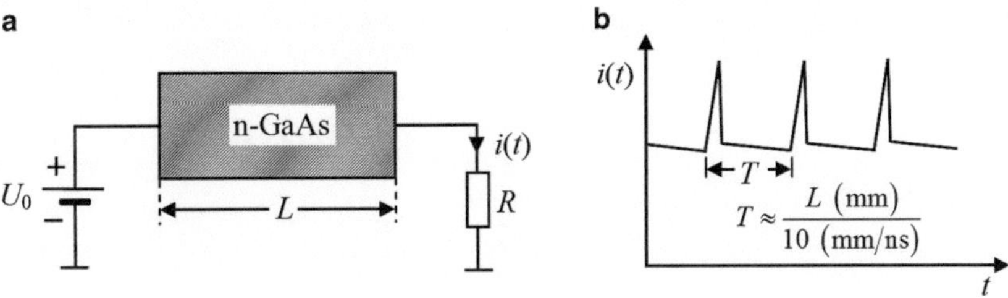

Abb. 4.135 Stromkreis mit Gunn-Element (**a**) und zeitlicher Stromverlauf (**b**)

Abb. 4.136 Zonenfolge einer Gunndiode

Kristallen (ca. 25 µm) gehen diese Schwankungen in zusammenhängende Schwingungen über, deren Frequenz durch die effektive Länge L der Kristalle festgelegt ist und im Mikrowellenbereich liegt (Abb. 4.135).

4.11.19.2 Aufbau der Gunndiode

Die Gunndiode hat keinen pn-Übergang, genau genommen ist die Gunndiode deshalb gar keine Diode. Es ist jedoch üblich, von Anode und Kathode zu sprechen, um zwischen den Kontakten + und − zu unterscheiden. Statt Gunndiode wird häufig der Begriff *Gunn-Element* verwendet.

Eine Gunndiode besteht nur aus n-dotierten Halbleiterbereichen, meist aus GaAs (Galliumarsenid), GaN (Galliumnitrid) oder Indiumphosphid (InP). Die Bereiche sind hintereinander angeordnet und unterschiedlich stark dotiert.

Die Schichtreihenfolge beginnt mit einer sehr hoch dotierten n-Schicht n^{++} ($n \approx 10^{19}\,\text{cm}^{-3}$). Darauf folgt eine schwach dotierte Zone ($n \approx 10^{15}\,\text{cm}^{-3}$). Dieser mittlere Bereich ist die aktive Zone. Sie hat z. B. eine Breite von 10 µm und stellt den Frequenz bestimmenden Bereich dar. Die Anode bildet eine mittelhoch dotierte Zone n^{+} ($n \approx 10^{18}\,\text{cm}^{-3}$) (Abb. 4.136).

4.11.19.3 Funktionsweise der Gunndiode

Bei der Gunndiode wird für die Steuerung des Elektronenstroms die Laufzeit der Elektronen ausgenutzt. Die Gunndiode gehört zu den Elektronentransfer-Bauelementen (TED: transferred electron device).

Die Funktionsweise der Gunndiode beruht auf unterschiedlichen Beweglichkeiten und damit unterschiedlichen Geschwindigkeiten der Elektronen im Halbleiter, welche in der Struktur der Energiebänder im Halbleiter begründet sind. Die Energiebänder der Halbleiter, bei denen der Gunn-Effekt auftritt, haben relative Maxima bzw. Minima in einem kleinen energetischen Abstand. Das Bändermodell von GaAs zeigt z. B., dass im Leitungsband zwei Minima auftreten.

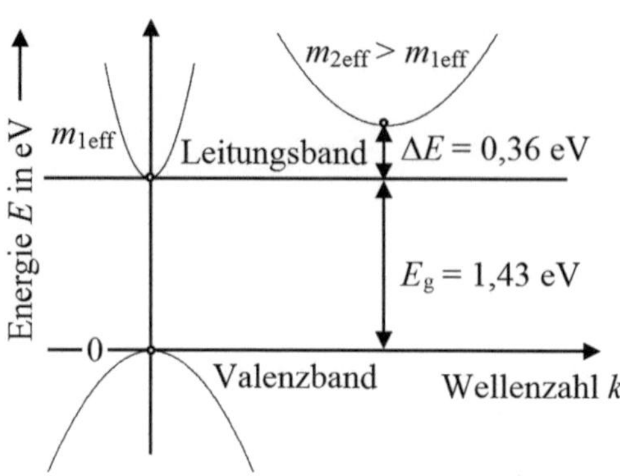

Abb. 4.137 $E(k)$-Diagramm für GaAs

Ohne Herleitung wird hier angegeben: Für einen idealen Kristall kann man die gesamte Wechselwirkung der Ladungsträger mit dem Kristallgitter durch eine effektive Masse m_{eff} ausdrücken. Die effektive Masse ist umgekehrt proportional der 2. Ableitung der Energie nach der Wellenzahl k und hängt von der Bandstruktur im Kristall ab. Je stärker die Krümmung im Scheitel der Parabel ist, desto kleiner ist die effektive Masse des Teilchens, hier die effektive Masse des Elektrons. Statt m_{eff} wird häufig die Bezeichnung m^* verwendet.

$$m_{\mathrm{eff}} = \hbar^2 / \frac{\partial^2 E}{\partial k^2} \tag{4.54}$$

Werden Elektronen aus dem Valenzband in das Leitungsband angeregt, so befinden sie sich zuerst im absoluten Minimum des Leitungsbandes bei $k = 0$. Aus Abb. 4.137 sieht man, dass bei $k = 0$ Elektronen mit niedrigen effektiven Massen existieren. Bei kleinen Feldstärken E sind alle Leitungsbandelektronen in diesem Hauptminimum. Je höher das elektrische Feld wird, umso höhere (kinetische) Energiewerte nehmen die Elektronen an, bis sie schließlich mit einer gewissen Wahrscheinlichkeit in das um 0,36 eV höher liegende Nebenminimum gelangen. Aufgrund der höheren effektiven Masse der Elektronen in diesem Seitental haben sie dort eine kleinere Beweglichkeit und damit auch eine kleinere Geschwindigkeit. Elektronen hoher Energie haben eine geringere Beweglichkeit, sie werden durch Phononen stärker gestreut. Die Beweglichkeit μ ist umso größer, je kleiner die Elektronenmasse ist, es gilt:

$$\mu = \frac{v}{E} = \frac{e \cdot \tau}{m_{\mathrm{eff}}} \tag{4.55}$$

mit τ = Zeitkonstante (Intrabandimpulsrelaxationszeit) = Zeit zwischen Gitterstößen.

Obwohl die angelegte Spannung vergrößert wird und die elektrische Feldstärke zunimmt, sinkt jetzt die zunächst stetig gestiegene Elektronengeschwindigkeit. Die Driftgeschwindigkeit der Elektronen nimmt ab einer bestimmten kritischen Feldstärke bei GaAs also nicht mehr zu, sondern ab (Abb. 4.138). Trotz höherer Feldstärke bzw. zunehmender Spannung wird die Stromstärke geringer, d. h. die spannungsabhängige Geschwindigkeit der Elektronen führt zu einem *negativen differenziellen Widerstand in der*

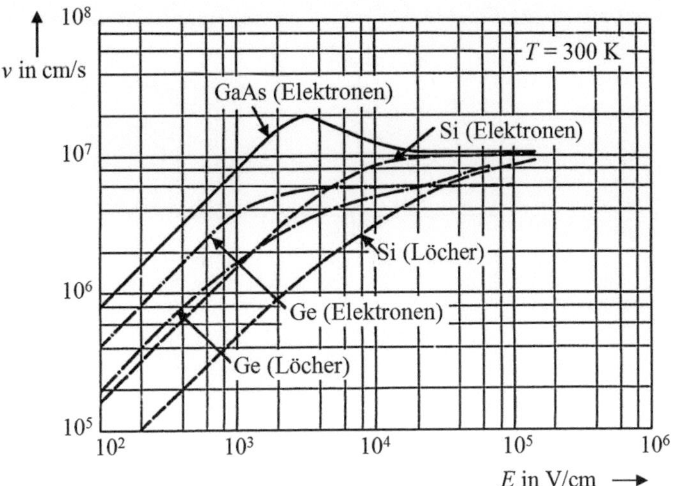

Abb. 4.138 Driftgeschwindigkeit in Abhängigkeit von der Feldstärke. Für große Feldstärken ($E > 10^4$ V/cm) wird die (maximal mögliche) Sättigungsgeschwindigkeit $v_S = \text{const} \approx$ cm/s (Elektronen) erreicht. Man beachte das Abfallen der Kurve nach einem Maximum bei GaAs

I / U-Kennlinie. Deshalb hat die Gunndiode eine ähnliche *I / U*-Kennlinie wie die Tunneldiode (Abb. 4.130).

Elektronentransfer-Bauelemente (TED) arbeiten in unterschiedlichen Betriebsarten, die teilweise von den Bauelementeeigenschaften und teilweise von der externen Beschaltung abhängen. Zur Schwingungserzeugung dienen folgende zwei Betriebsarten eines Gunn-Elements.

a) Transitzeit-Betrieb (*transit time mode TT*), auch *Laufzeitmodus* oder *Gunn-Betrieb* Überschreitet die Spannung am Gunn-Element einen gewissen *kritischen Grenzwert* U_{th}, so entsteht in der Nähe der Kathode durch „aufgestaute" Elektronen ein dipolartiges Raumladungspaket, eine so genannte *Domäne*. Ein schmales Gebiet in der Nähe der Kathode bildet eine Zone niedriger Energie und damit hoher Beweglichkeit (Abb. 4.139), Elektronen verlassen die Kathode mit hoher Geschwindigkeit. An der Übergangsstelle von hoher zu niedriger Beweglichkeit innerhalb der unterschiedlich stark dotierten Halbleiterbereiche sammeln sich links in der Nähe der Kathode Elektronen an (es kommen ständig schnellere, nachrückende Elektronen hinzu), die rechte Seite dieser Stelle verarmt an Elektronen. Diese dipolförmige Ladungsanordnung (genannt Raumladungsdomäne oder kurz Domäne) durchläuft die aktive Zone mit einer Geschwindigkeit von etwa 10^7 cm/s (Sättigungsgeschwindigkeit) bis zur Anode, wo sie abgebaut wird und in der äußeren Beschaltung einen Stromimpuls erzeugt. An der Kathode entsteht jetzt eine neue Raumladungsdomäne, die wieder zur Anode läuft. Dieser Vorgang erhält sich selbst aufrecht und bildet eine Schwingung mit einer Periodendauer entsprechend der Transitzeit (Durchlaufzeit der Domäne durch die Diode).

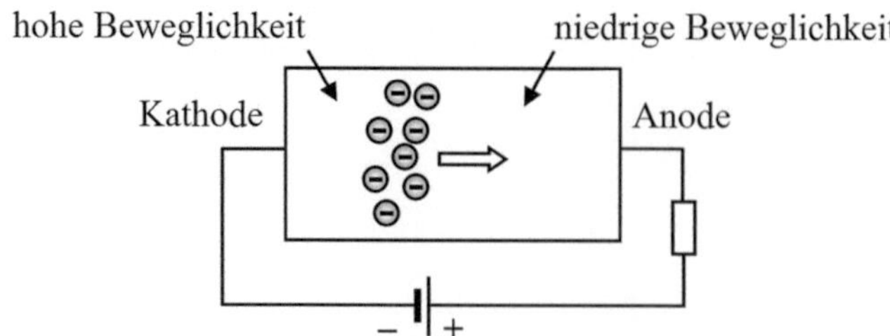

Abb. 4.139 Einfacher Gunnoszillator (Schema) bei Anwendung der Transitzeit-Betriebsart

Diese Betriebsart weist einen niedrigen Wirkungsgrad von $< 10\,\%$ auf. Die Ausgangsleistung ist beim TT-Modus meist kleiner 1 Watt. Außerdem kann die Schwingfrequenz nicht durch die externe Beschaltung bestimmt werden, sie wird durch die Länge der aktiven Zone festgelegt und liegt normalerweise im Bereich von 6...18 GHz.

Die Schwingfrequenz liegt bei ca.:

$$f_0 = \frac{v_{\text{dom}}}{L_{\text{eff}}} \tag{4.56}$$

f_0 in Hz, v_{dom} in cm/s, L_{eff} in cm (effektive Länge).

Die Domänengeschwindigkeit v_{dom} ist nahezu konstant und liegt meist nahe der Elektronen-Sättigungsgeschwindigkeit von $v_S = 10^7\,\text{cm/s}$.

b) LSA-Betrieb (*limited space charge accumulation mode*)

Im LSA-Betrieb liegt das Gunn-Element parallel zu einem Parallelschwingkreis oder parallel zu einem abgestimmten Hohlraumresonator, Abb. 4.140 zeigt dies schematisch. Das Gunn-Element wirkt als negativer Widerstand. Die Bedingung für eine Erzeugung von Schwingungen in einer Schaltung mit einem negativen Widerstand ist: Der negative Leitwert $-G = 1/-R$ muss größer oder gleich dem Leitwert der in der Schaltung auftretenden Verluste sein. Beim Einschalten regen Stromimpulse des Transitzeit-Betriebs den

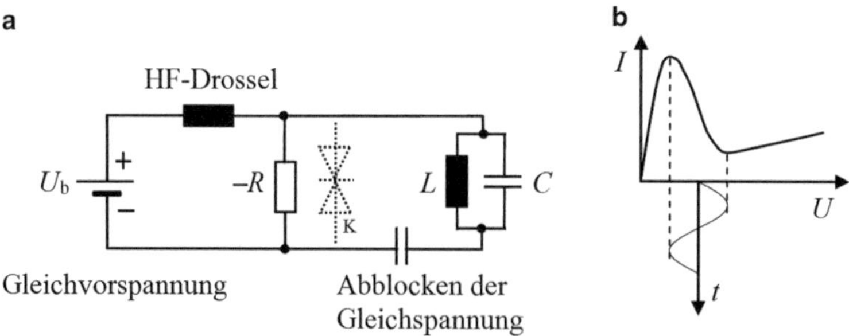

Abb. 4.140 Gunnoszillator im LSA-Betrieb (**a**), dabei auftretende Spitze-Spitze-Werte der Hochfrequenzspannung am Gunn-Element (**b**)

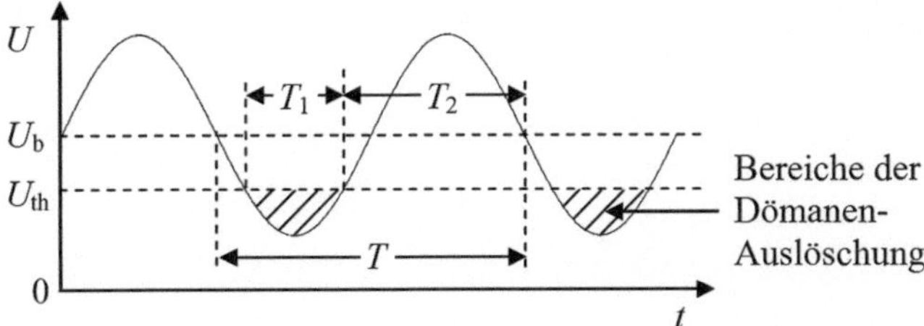

Abb. 4.141 Ausgangsspannung des Gunnoszillators nach Abb. 4.140

Schwingkreis zu Schwingungen mit seiner Resonanzfrequenz an. Diese Schwingungen erzeugen eine sinusförmige Spannung an der Diode, die sich zur Vorspannung addiert. Die hochfrequente Schwingung nimmt einen Spitze-Spitze-Wert an, der ungefähr dem Spannungsbereich entspricht, in dem die I/U-Kennlinie negativen Widerstand aufweist. Die Gesamtspannung an der Diode ist die Summe der Gleichvorspannung und der hochfrequenten Sinusspannung.

Wird die Gleichvorspannung so gewählt, dass die Gesamtspannung an der Diode die kritische Spannung U_{th} auch bei den negativen Halbwellen der Sinusspannung nicht unterschreitet und die Periodendauer der Resonanzfrequenz des Parallelschwingkreises der Transitzeit des Gunn-Elements entspricht, so entspricht dies dem TT-Modus.

Die Frequenz des Schwingkreises kann höher als die Schwingfrequenz im TT-Modus gewählt werden. Gleichzeitig wird die Gleichvorspannung so groß gewählt, dass ab einem bestimmten Wert der negativen Sinushalbwellen die Gesamtspannung kleiner als der kritische Grenzwert U_{th} wird. Eine Raumladungsdomäne kann sich dann während dieser Zeit nicht schnell genug ausbilden und die Raumladung verteilt sich. Für die Zeit, in der die Summe der Gleichvorspannung und der Sinusspannung kleiner als der kritische Grenzwert U_{th} ist, wird die Bildung einer Raumladungszone also verhindert (Abb. 4.141). Diese Betriebsart wird *Domänenlöschbetrieb* (*quenched-domain mode*) genannt.

Die Schwingkreisfrequenz kann auch niedriger als die Schwingfrequenz im TT-Modus gewählt werden. Die Dipoldomänen haben in diesem Fall genügend Zeit, das Gunn-Element zu durchlaufen und die Anode zu erreichen. Die Entstehung einer neuen Dipoldomäne wird aber durch entsprechende Wahl der Gleichvorspannung verzögert, bis die Schwingkreisspannung größer wird als der Grenzwert U_{th}. Diese Betriebsart wird als *Domänenverzögerungsbetrieb* (*delayed domain mode*) bezeichnet.

Die Schwingfrequenz wird beim LSA-Betrieb nicht durch die Transitzeit, sondern durch den Parallelschwingkreis festgelegt. Die Periodendauer T der im LSA-Betrieb erzeugten Schwingung ist:

$$T = 2\pi \cdot \sqrt{LC} + \frac{1}{R\frac{U_b}{U_{th}}} \tag{4.57}$$

T = Periodendauer in s,

L = Induktivität in Henry,

C = Kapazität in Farad,
R = Widerstand in Ohm bei schwachem Feld,
U_{th} = kritischer Grenzwert zur Entstehung von Domänen,
U_b = Gleichvorspannung.

Mit einem Gunnoszillator im LSA-Betrieb kann man eine Ausgangsleistung von mehreren Watt bei einem Wirkungsgrad von ca. 20 % erreichen. Die Ausgangsleistung nimmt mit wachsender Frequenz ab, sie ist bei Frequenzen größer 10 GHz kleiner 1 W. Bei 100 GHz können noch einige Milliwatt Ausgangsleistung erzielt werden.

4.11.19.4 Anwendungen der Gunndiode

Gunndioden werden ausschließlich zur Erzeugung von Mikrowellen benutzt. Gunndioden können im Frequenzbereich zwischen 1 GHz bis hin zu ca. 100 GHz als Mikrowellengeneratoren mit hohem Wirkungsgrad eingesetzt werden. Die Leistung ist dagegen gering, man kann nur bis ca. 300 mW mit einem Gunn-Oszillator erreichen.

Gunndioden sind weniger leistungsstark wie IMPATT-Dioden, besitzen aber ein wesentlich geringeres Rauschen, da der Gunn-Effekt nicht auf einem Lawinenprozess beruht.

Gunndioden sind relativ preiswert und werden in vielen Bereichen als kleine Sender ohne Nachverstärkung eingesetzt:

- Sender zur Mikrowellen-Datenübertragung,
- kleine Radargeräte z. B. zur Zugangskontrolle oder zur Abstandswarnung beim Kfz,
- Amateurfunk-Sender.

Sowohl Gunn- als auch IMPATT-Dioden werden zur Frequenzfestlegung mit geeigneten Mikrowellenresonatoren kombiniert. Abb. 4.142 zeigt schematisch den Aufbau eines einfachen, mechanisch abstimmbaren Gunn-Oszillators in Hohlleitertechnik. Der Abstand des Kurzschlussschiebers ist so zu wählen, dass die Gunndiode mit einem Parallelschwingkreis belastet wird, also etwa $l/4$. Das Koppelloch zusammen mit der Abstimmschraube dienen zur Anpassung an den Wellenwiderstand des Hohlleiters.

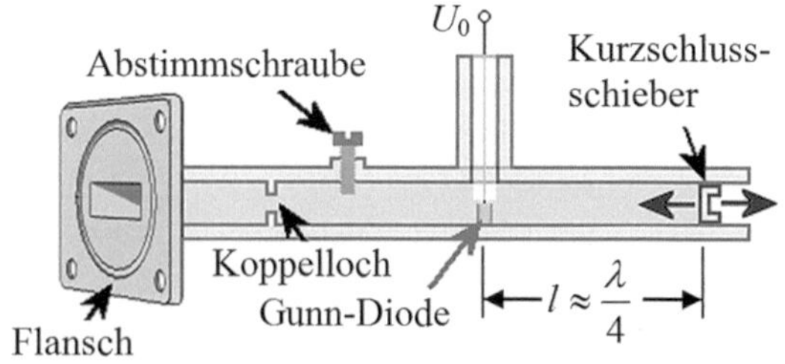

Abb. 4.142 Einfacher Gunn-Oszillator in Hohlleitertechnik

4.11.20 IMPATT-Diode

IMPATT-Diode leitet sich ab von „*Impact Ionization Avalanche Transit Time*“-Diode. Diese Diode wird auch *Lawinenlaufzeitdiode* (*LLD*) genannt. Weitere Laufzeitdioden sind die BARITT-, die DOVETT- und die TRAPATT-Diode.

4.11.20.1 Funktionsweise der IMPATT-Diode

Die Wirkungsweise dieser Diode beruht auf zwei Effekten:

- dem Lawineneffekt aufgrund Stoßionisation
- der Laufzeit der Ladungsträger infolge der Drift in der Raumladungszone des pn-Übergangs.

Beide Effekte führen zu einer zeitlichen Verzögerung des Stromverlaufs gegenüber dem Spannungsverlauf. Zwei Verzögerungszeiten bewirken, dass der Strom der Spannung nacheilt. Die eine Verzögerungszeit resultiert aus der Zeit, die zur Erzeugung des Lawinenstroms benötigt wird. Die andere Verzögerungszeit ist die Laufzeit, die zum Durchqueren der Driftzone erforderlich ist. Die Phasenverschiebung zwischen Strom und Spannung kann bei hohen Frequenzen 90° und mehr betragen. Die Kombination von Lawinenmultiplikation und Laufzeit entspricht somit einem negativen Realteil der Impedanz des Bauelementes, oder (wie bei der Tunnel- und der Gunndiode) einem *negativen differenziellen Widerstandsbereich* in der $I\,/\,U$-Kennlinie.

William T. Read schlug 1958 als Aufbau für eine Hochfrequenz-Halbleiterdiode eine Lawinendurchbruchzone gefolgt von einer relativ hochohmigen Driftzone vor, welche die durch den Lawinendurchbruch erzeugten Ladungsträger durchlaufen (z. B. p^+/n/i/n^+ oder n^+/p/i/p^+). Eine solche von Read vorgeschlagene Diodenstruktur zeigt Abb. 4.143a (*Read-Diode*).

Die folgenden Betrachtungen gelten für stationäre Bedingungen. Die Dotierung der Schichtfolge ist p^+/n/i/n^+. Darunter ist das Dotierungsprofil angegebenen. Zwischen der p^+ und der n^+-Schicht bildet sich ein Feldstärkeverlauf nach Abb. 4.143b. Der Verlauf der Stoßionisationsrate α in der Raumladungszone ist in Abb. 4.143c dargestellt. Die Anzahl der von einem Ladungsträger pro Weglänge erzeugten Elektron-Loch-Paare α ist von der Feldstärke abhängig. Es gilt näherungsweise:

$$\alpha \sim \alpha_0 \cdot \mathrm{e}^{-\frac{E_\mathrm{I}}{E}} \tag{4.58}$$

mit

α_0, E_I = Materialkonstanten.

Die Ionisationsrate für Elektronen ist ungleich der für Löcher. Der Lawinendurchbruch ist erreicht, wenn jedes Ladungsträgerpaar beim Durchlaufen der Raumladungszone im Mittel ein weiteres Elektron-Loch-Paar erzeugt, also wenn gilt: $\int_0^w \alpha \, \mathrm{d}x = 1$.

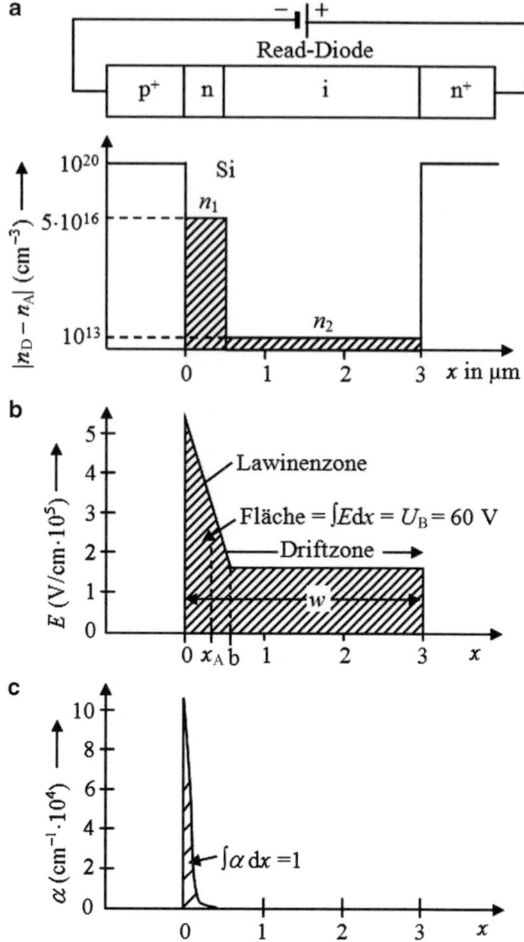

Abb. 4.143 Schematischer Querschnitt einer Read-Diode, Schichtfolge mit Dotierprofil (**a**), Verlauf der elektrischen Feldstärke (**b**) und Verlauf der Stoßionisationsrate α beim Lawinendurchbruch (**c**)

Da die Ionisationsrate α stark vom elektrischen Feld abhängt, ist die Lawinenzone räumlich sehr eng begrenzt. Der Hauptanteil der Lawinenmultiplikation findet in einem schmalen Gebiet in der Nähe der höchsten elektrischen Feldstärke zwischen 0 und x_A (= Breite der Lawinenzone) statt, siehe Abb. 4.143b. Das Gebiet neben der Lawinenzone $x_A \leq x \leq w$ ist die Driftzone.

Es gibt zwei Grenzfälle des Dotierungsprofils nach Read. Wird die n_2-Dotierung null, so handelt es sich um einen einseitig abrupten p$^+$/n-Übergang, siehe Abb. 4.144a. Wird die n_1-Dotierung null, so liegt eine pin-Diode vor. Abb. 4.144b zeigt die Verhältnisse bei einer weiteren Ausführungsform, dem doppelseitig abrupten p$^+$/p/n/n$^+$-Übergang. Hier befindet sich die Lawinenzone nahe der Mitte der Verarmungszone.

Da die Ionisationsrate α_n der Elektronen und α_p der Löcher in Si sehr unterschiedlich ist, liegt in Abb. 4.144b das Maximum von α etwas neben dem Maximum des elektrischen Feldes E. Bei GaP z. B. ist $\alpha_n \approx \alpha_p \approx \alpha$, die Lawinenzone liegt dann symmetrisch zum Maximum von E bei $x = 0$.

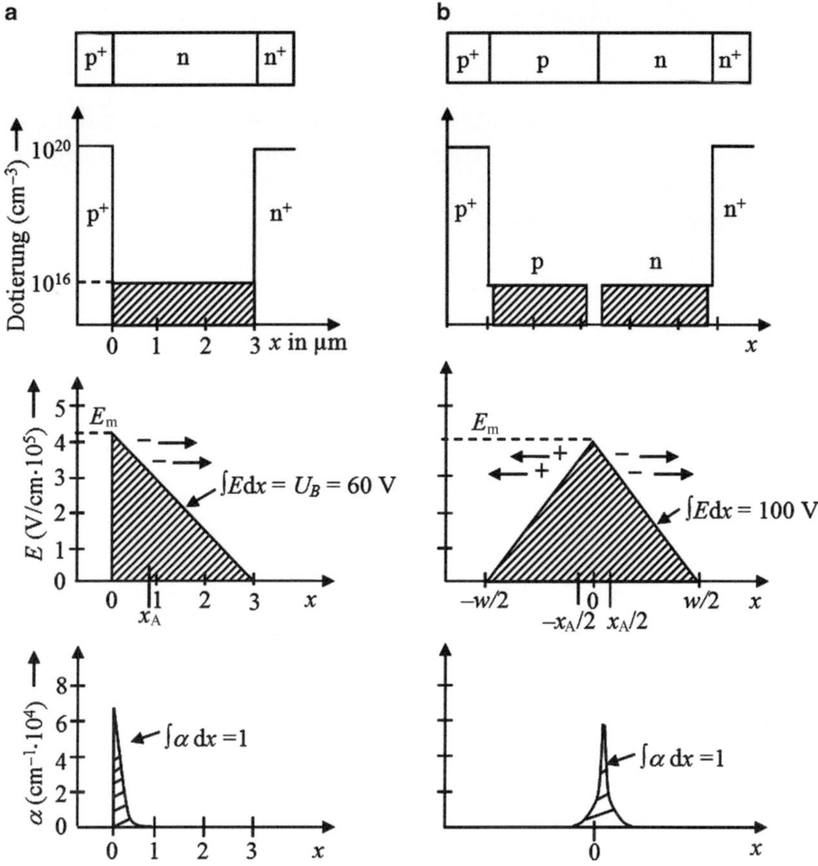

Abb. 4.144 Dotierprofil, elektrisches Feld und Ionisationsrate einer einseitig abrupten p^+/n-Diode (Einfachdriftdiode) (**a**) und einer doppelseitig symmetrisch abrupten p^+/p/n/n^+-Diode (Doppeldriftdiode) (**b**)

Wird an die Diode eine ausreichend hohe Gleichspannung in Sperrrichtung angelegt, so tritt an der Stelle mit der höchsten elektrischen Feldstärke (in der Lawinenzone) ein Lawinendurchbruch auf. Die Ladungslawine senkt die Feldstärke solange unter die Durchbruchsfeldstärke, bis die Ladung abgeflossen ist. Bei einer Struktur p^+/n/n^+ z. B. bewegen sich die generierten Löcher direkt in Richtung p^+-Zone, während die Elektronen das n-Gebiet (die Driftzone) in Richtung n^+-Gebiet mit der Sättigungsgeschwindigkeit durchlaufen. Wird der Gleichvorspannung eine Wechselspannung überlagert, so zeigt sich eine Phasenverschiebung von 90° zwischen der angelegten Wechselspannung und dem äußeren Strom. Wird die Dicke der n-Zone richtig gewählt, so tritt eine zusätzliche Phasenverschiebung von 90° aufgrund der Driftzeit auf. Bei dieser Phasenverschiebung von 180° (sie entspricht einem negativen Widerstand) zwischen dem Strom durch die Driftzone und der HF-Wechselspannung kann eine Entdämpfung der äußeren Beschaltung (z. B. eines Parallelschwingkreises) erreicht werden.

Da bei der Doppeldriftdiode (Abb. 4.144b) nicht nur Elektronen sondern Elektronen und Löcher driften, ist bei diesem Typ der Wirkungsgrad und die erreichbare Ausgangsleistung größer.

Als Materialien werden Si und GaAs verwendet. Si-Dioden rauschen stärker als GaAs-Dioden, da die Ionisationsraten für Löcher und Elektronen unterschiedlich sind.

4.11.20.2 Anwendungen der IMPATT-Diode

Die IMPATT-Diode wird analog zum Gunn-Element in einen Hohlraumresonator eingebaut. Der Arbeitspunkt kann mit Hilfe einer Gleichstromquelle mit hohem Innenwiderstand eingestellt werden.

Mit IMPATT-Dioden können Mikrowellenoszillatoren bis 300 GHz realisiert werden. Anwendungsgebiete, in denen solche hochfrequenten Energiequellen benötigt werden, sind z. B. die Nachrichtentechnik im Wellenlängenbereich einiger Millimeter oder Radaranwendungen. Oszillatoren mit IMPATT-Dioden erreichen höhere Ausgangsleistungen als solche mit Gunn-Elementen. Für Frequenzen bis zu 50 GHz werden einige Watt im Dauerstrichbetrieb (CW-Betrieb) erreicht. Bei 100 GHz erhält man mit Si-IMPATT-Dioden bis zu 1 W Ausgangsleistung. Im Pulsbetrieb können diese Leistungen noch um den Faktor 10 bis 20 erhöht werden. Der Wirkungsgrad liegt bei ca. 10 bis 20 %.

Vorteile der IMPATT-Dioden sind:

- günstig in der Herstellung
- geringer Stromverbrauch
- hohe Zuverlässigkeit
- hohe Ausgangsleistung
- geringes Gewicht.

Nachteile der IMPATT-Dioden sind:

- hohes Rauschen wegen Lawineneffekt
- hohe Reaktanzen.

4.11.21 TRAPATT-Diode

Die TRAPATT-Diode (*trapped plasma avalanche triggert transit*) ist wie die IMPATT-Diode eine Laufzeitdiode.

Die Betriebsfrequenz von Gunn- und IMPATT-Dioden liegt bei 3 GHz und darüber. Ein Betrieb dieser Bauelemente bei niedrigeren Frequenzen ist nicht möglich, da es sehr schwierig ist, die Transitzeit zu erhöhen. Um die Transitzeit zu vergrößern, reicht es nicht aus, nur die aktive Zone zu verbreitern. Bei solch lang gestreckten Halbleiterstrukturen erfolgt ein Zusammenbruch von Raumladungsdomänen, sie werden vernichtet. Zusätzlich können genügend hohe Feldstärken nur schwer erzeugt und aufrecht erhalten werden.

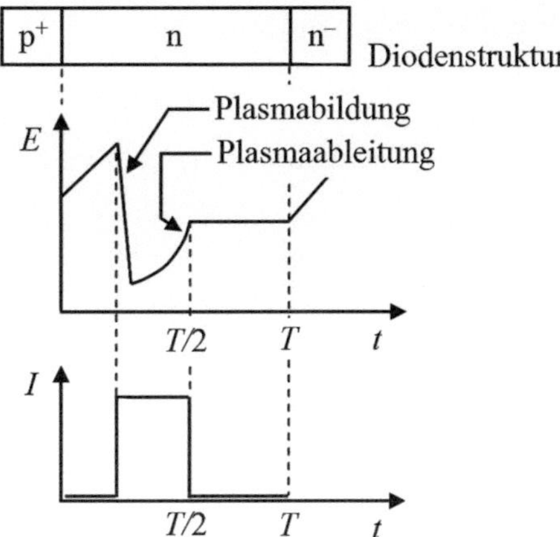

Abb. 4.145 Zur Funktionsweise der TRAPATT-Diode

Gelöst wurde dieses Problem durch eine modifizierte IMPATT-Struktur mit einer Folge der Halbleiterschichten entsprechend $p^+/n/n^-$ (Abb. 4.145). Typische Breiten sind für das p^+-Gebiet 3…8 µm und für das n-Gebiet 3…13 µm. Abhängig von der Leistung beträgt der Durchmesser des Bauelements 50…750 µm. Die Leistung kann bei 500 GHz bis zu 600 Watt betragen, der Wirkungsgrad reicht bis zu 75 %.

Die Funktionsweise der TRAPATT-Diode spiegelt sich in der englischen Bezeichnung „trapped plasma avalanche triggert transit" wieder. Die Transitzeit wird durch Bildung eines Plasma in der aktiven Zone vergrößert. Das Plasma existiert in einem Gebiet aus vielen Elektronen und Löchern, die nicht leicht rekombinieren können. Ist das elektrische Feld klein, so wir das Plasma sozusagen gefangen gehalten, die Ladungsträger verlassen nur langsam die n-Zone. Als Ausgangssignal ergibt sich ein Stromimpuls mit steilen Flanken und somit vielen Oberwellen. Damit Schwingungen erzeugt und aufrecht erhalten werden, muss dieser Stromimpuls über einen Tiefpass dem Eingang der Übertragungsleitung oder des Hohlleiters zugeführt werden, mit dem die TRAPATT-Diode verbunden ist. Oberwellen werden zur TRAPATT-Diode zurück reflektiert und triggern den nächsten Stromimpuls.

4.11.22 BARITT-Diode

Die BARITT-Diode (*barrier injection and transit time*) ist ebenfalls eine Laufzeitdiode. Sie besteht aus drei Halbleiterzonen, welche zwei abrupte pn-Übergänge bilden, einen p^+n- und einen np^+-Übergang (Abb. 4.146).

Das elektrische Feld, welches sich durch die an die Anschlusselektroden angelegte Vorspannung in der Diode bildet, bewirkt durch die Struktur der BARITT-Diode einen Betrieb nahe eines Durchbruchs. Die Verarmungszone bildet sich entlang der gesamten n-Zone aus. Normalerweise wird der p^+n-Übergang in Vorwärtsrichtung und der np^+-Übergang in Sperrrichtung vorgespannt. Das verarmte n-Gebiet bildet eine Potenzialbarriere, vom

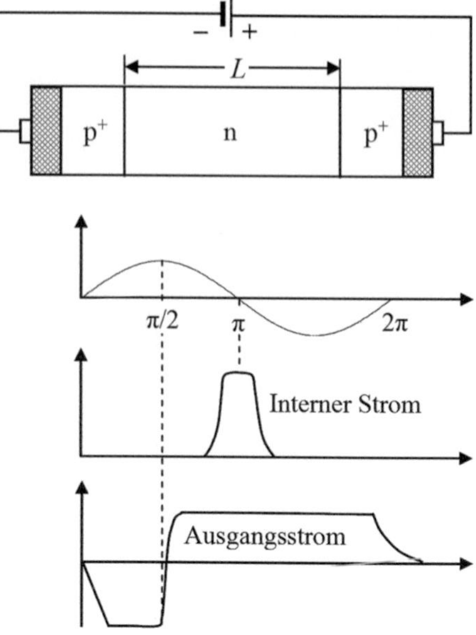

Abb. 4.146 Schematischer Aufbau der BARITT-Diode

Abb. 4.147 Zur Funktionsweise der BARITT-Diode

p^+n-Übergang werden Löcher in das n-Gebiet injiziert. Diese Ladungsträger driften mit der Sättigungsgeschwindigkeit durch die n-Zone und bilden einen Stromimpuls.

Üblicherweise ist die BARITT-Diode mit einem Parallelschwingkreis oder einem Hohlraumresonator verschaltet. Beim Einschalten wird der Schwingkreis durch Rauschimpulse zu Schwingungen angeregt. Nachfolgende Stromimpulse liefern die Energie zur Aufrechterhaltung der Oszillation. Abb. 4.147 zeigt den Zusammenhang zwischen der erzeugten Oszillator-Sinusschwingung, dem internen und dem externen Strom.

Die Ausgangsleistung und der Wirkungsgrad sind bei der BARITT-Diode niedriger als bei der IMPATT-Diode. Allerdings ist auch das Rauschen kleiner, da kein Lawineneffekt vorliegt. Typische Leistungswerte sind 100 mW bei 10 GHz mit einem Wirkungsgrad von $\eta = 2\,\%$.

4.11.23 DOVETT-Diode

Die DOVETT-Diode (*double velocity transit time diode*) ist verwandt mit der BARITT-Diode. Der einzige Unterschied besteht darin, dass die Geschwindigkeit der Ladungsträger nahe dem Injektionskontakt signifikant kleiner ist als am Kollektorkontakt. DOVETT-Dioden haben einen Wirkungsgrad von bis zu 25 %.

4.11.24 Ladungsspeicherungsdiode

Die Ladungsspeicherungsdiode (*charge storage diode*) ist eine Halbleiterdiode mit einer hohen Lebensdauer der Minoritätsladungsträger. Durch diese bleibt die Diode nach Umpolung des Stromes von der Vorwärtsrichtung in die Sperrrichtung für relativ lange Zeit (die Sperrverzugszeit t_{rr}, reverse recovery time) leitend. *Für diesen Zeitraum verhält sich die Diode wie ein Kondensator hoher Kapazität, stellt also für Wechselspannung einen Kurzschluss dar.* Wenn die Diode in Vorwärtsrichtung nur geringe Ladung aufnehmen konnte, kann die Sperrverzugszeit allerdings nur so lange dauern, bis diese Ladung abgebaut wurde.

Im Prinzip ist jede Halbleiterdiode mit pn-Übergang eine Speicherdiode, weil die Minoritätsladungsträger für eine gewisse Zeit nach dem Umpolen erhalten bleiben (im Gegensatz zu Schottky-Dioden, wo der Ladungstransport nur durch Majoritätsladungsträger erfolgt). Bei den meisten Dioden wird jedoch darauf geachtet, die Sperrverzugszeit so kurz wie möglich zu halten. Daher ist die Ladungsspeicherungsdiode ein Gegenstück zu Schaltdioden und Gleichrichterdioden für hohe Frequenzen, bei denen die Sperrverzugszeit kurz ist (fast-recovery diode).

Gefertigt werden Ladungsspeicherungsdioden in der Regel aus Silizium mit einer Minoritätsladungsträger-Lebensdauer zwischen 0,1 und 5 µs, die somit ca. um den Faktor 1000 größer ist als bei Schaltdioden. Ein Sonderfall der Ladungsspeicherungsdiode ist die Speicherschaltdiode (step-recovery-diode).

4.11.25 Speicherschaltdiode (Step-Recovery-Diode)

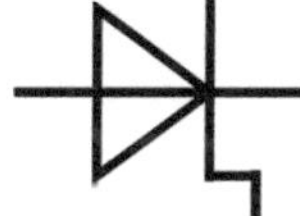

Abb. 4.148 Schaltzeichen der Speicherschaltdiode

Die Speicherschaltdiode oder *Abreißdiode* (*step recovery diode*, *SRD*, auch *snap-off diode*) ist ein Sonderfall der Ladungsspeicherungsdiode. Wird eine Speicherschaltdiode von Vorwärtsrichtung in Sperrrichtung umgepolt, fließt für eine definierte Zeit (ca. 0,1…3 ns) ein Strom in Sperrrichtung, ohne dass sich die Spannung an der Diode nennenswert ändert. Erst danach, wenn die freien Ladungsträger aufgebraucht sind, bricht der Strom schlagartig zusammen (die SRD ist eine sogenannte „harte“ Diode), und die Spannung kann sehr rasch hohe Werte in Sperrrichtung annehmen. Bei der SRD wird also ausgenützt, dass die Ladungen beim Übergang in den Sperrbetrieb durch den Strom in Sperrrichtung abgebaut werden, und daher nach einer bestimmten Zeit (je nach Diodentyp ca. 0,1…3 ns) die Diode sehr plötzlich, d. h. in weniger als 100 ps sperrt (Abb. 4.149).

Wegen des „plötzlichen“ Umschaltens von einem nahezu idealen Kurzschluss zu einem stromsperrenden Verhalten wird eine angelegte Sinusspannung stark nichtlinear verzerrt

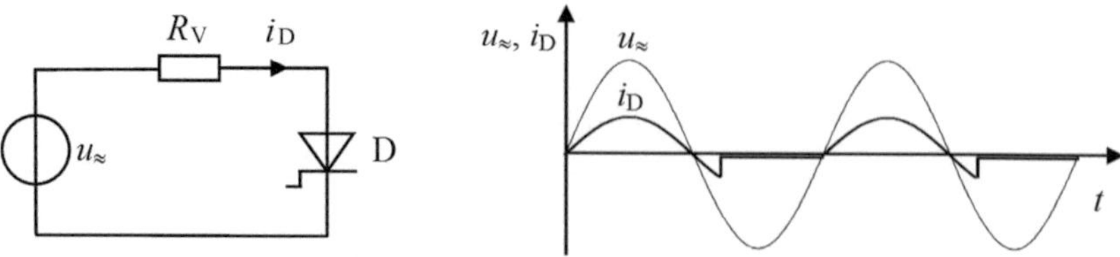

Abb. 4.149 Strom- und Spannungsverlauf einer mit Wechselspannung betriebenen Speicherschaltdiode

und es entstehen Oberwellen. Speicherschaltdioden mit kurzer Abschaltzeit werden daher zur *Vervielfachung von Frequenzen* im Bereich von ca. einem bis einigen Gigahertz eingesetzt (Frequenz-Verdoppler und -Verdreifacher, Erzeugen eines „Frequenzkamms“, also von vielen hohen Oberwellen einer niedrigeren Frequenz). Die Speicherschaltdiode hat auch Anwendungen bei der Impulsformung, z. B. der *Erzeugung* scharfer Impulskanten oder *kurzer Impulse* bei Eingangssignalen mit vergleichsweise langsamem Anstieg oder Abfall der Spannung. Die kürzesten Impulse, die so erzeugt werden können, sind ca. 100 ps lang.

In der Regel haben Speicherschaltdioden eine pin-Struktur (Abb. 4.150). Die geringe Dicke der i-Schicht und das daraus resultierende hohe elektrische Feld in der i-Schicht (trotz kleiner Spannungen) sind Ursache für das rasche Verschwinden der Minoritätsladungsträger beim Wechsel der Stromrichtung. Die Lebensdauer der Minoritätsladungsträger ohne angelegtes Feld ist jedoch wesentlich größer (Größenordnung 100 ns). Wegen der dünnen i-Schicht haben die meisten Speicherschaltdioden relativ geringe zulässige Sperrspannungen (unter 100 V).

Im Gegensatz zu Speicherschaltdioden werden die meisten anderen Typen von Halbleiterdioden so gebaut, dass der Strom „weich“ abschaltet, um Spannungsspitzen durch unvermeidliche Induktivitäten zu vermeiden.

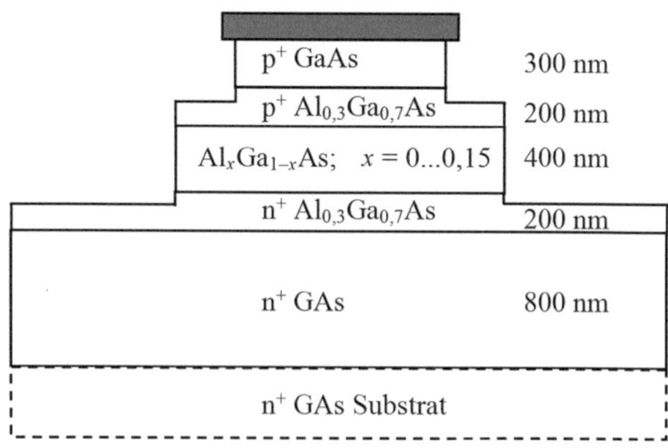

Abb. 4.150 Schichtenaufbau einer schnellen GaAs/AlGaAs Speicherschaltdiode (schematisch)

4.11.26 Magnetdiode

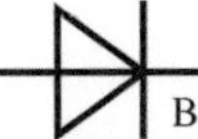

Abb. 4.151 Schaltzeichen der Magnetdiode

Der Widerstandswert einer Magnetdiode kann durch ein äußeres Magnetfeld geändert werden.

4.11.26.1 Aufbau

Bei einer Magnetdiode liegt zwischen einem n-dotierten und einem p-dotierten Siliziumgebiet eine undotierte Zone aus Silizium (i-Zone) mit sehr geringer Leitfähigkeit (Eigenleitfähigkeit). Diese drei Bereiche sind auf einer Saphirschicht aufgebracht, welche als Trägermaterial dient. Über der Siliziumschicht befindet sich eine Deckschicht aus Siliziumdioxid. Die dotierten Bereiche werden mit Metallkontakten versehen (Abb. 4.152).

Das Gebiet der Grenzfläche zwischen dem Silizium und dem Saphir wird als *Rekombinationszone* bezeichnet. Ladungsträger die in dieses Gebiet gelangen, besitzen eine größere Tendenz zu rekombinieren, als jene Ladungsträger, welche in das Grenzgebiet zwischen Silizium und Siliziumdioxid eindringen.

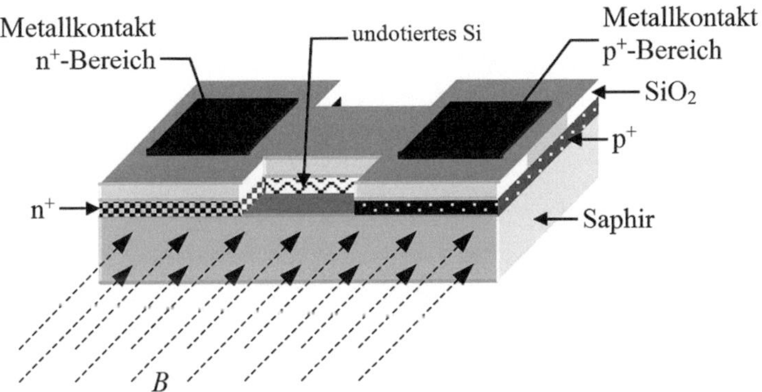

Abb. 4.152 Aufbau der Magnetdiode

4.11.26.2 Funktionsweise

Eine Spannung wird mit dem Minuspol an den Kontakt des n-dotierten Bereiches und mit dem Pluspol an den Kontakt des p-dotierten Bereiches angeschlossen. Durch diese Potenziale wandern die Löcher des p-Bereiches und die Elektronen des n-Bereiches in den undotierten Siliziumbereich. Der stattfindende Stromfluss ist die Summe des Löcherstromes des p-Bereiches und des Elektronenstromes des n-Bereiches.

Wirkt auf die Magnetdiode kein äußeres Magnetfeld ein, so rekombinieren an beiden Grenzflächen, zum Saphir und zum Siliziumdioxid, einige Ladungsträger. Durch den Verlust dieser freien Ladungsträger erhöht sich leicht der Widerstand der Magnetdiode.

Wirkt auf die Magnetdiode ein magnetisches Feld ein, so werden je nach Richtung des Magnetfeldes die Elektronen in Richtung zur Rekombinationszone hin oder in die entgegengesetzte Richtung abgelenkt. Werden die Ladungsträger in Richtung Saphir abgelenkt, so geraten sie in die Rekombinationszone. Sie rekombinieren dort und fallen als freie Ladungsträger aus, der Widerstand der Magnetdiode wird größer. Da weniger Ladungsträger rekombinieren, wird der Widerstand entsprechend kleiner, wenn die Ladungsträger in Richtung Siliziumdioxid abgelenkt werden.

Auf diese Weise wird durch die magnetische Flussdichte B die Rekombination und damit auch die Widerstandsänderung gesteuert.

4.11.26.3 Eigenschaften und Anwendungen

Die Feldempfindlichkeit der Magnetdiode reicht von null bis ca. 10^{-5} T. Der Widerstand von Magnetdioden ist sehr temperaturabhängig.

Magnetdioden eignen sich gut für die Signalerzeugung bei Drehzahlmessern. Es lassen sich auch prellfreie, kontaktlose Taster herstellen. Bei Transistorschaltstufen und Schmitt-Triggern können mit Magnetdioden Schaltvorgänge ausgelöst werden.

Wichtige Kenn- und Grenzwerte sind:

- maximale Verlustleistung $P_{\mathrm{V,max}} \approx 50\,\mathrm{mW}$
- maximale Betriebsspannung $U_{\mathrm{B\,max}} \approx 20\,\mathrm{V}$
- Betriebsspannung $U_{\mathrm{B}} \approx 4\,\mathrm{V}$
- maximale Betriebstemperatur $\vartheta_{\mathrm{max}} \approx 60\,^{\circ}\mathrm{C}$
- Grundwiderstandswert $(B = 0)$ $R_0 \approx 2\,\mathrm{k\Omega}$.

Bipolare Transistoren 5

5.1 Definition und Klassifizierung von Transistoren

Ohm'sche Widerstände, Kondensatoren und Spulen sind wichtige passive und lineare Bauelemente. Auch eine Diode ist ein passives, aber nichtlineares Bauteil. Wie bereits in der Einleitung erwähnt, wurden die bisher ausführlich besprochenen Dioden in dieses Werk über aktive elektronische Bauelemente aufgenommen, weil sie auf der Halbleitertechnik beruhen, zu deren Verständnis ein umfangreiches Grundwissen erforderlich ist, welches auch bei den aktiven Halbleiterbauelementen benötigt wird.

Soll ein elektrisches Signal verstärkt (vergrößert) werden, um z. B. die Verluste einer Übertragung auszugleichen, so benötigt man *aktive* Bauelemente. Mit einem aktiven Bauelement kann mit einer kleinen Steuerleistung am Eingang eine große Leistung am Ausgang *gesteuert* werden. Mit (bipolaren) Halbleiterbauelementen erfolgt diese Steuerung stufenlos und proportional zur Steuerleistung am Eingang. Man erhält einen linearen Verstärker. Aktive Bauelemente erzeugen oder liefern keine Leistung, mit ihnen kann nur mit einer kleinen Leistung am Eingang eine große Leistung am Ausgang gesteuert werden. Eine Ausnahme bilden die unabhängigen Spannungsquellen, welche ebenfalls zu den aktiven Bauelementen gehören und Energie liefern.

Mit aktiven Halbleiterbauelementen lassen sich *gesteuerte Quellen* realisieren, deren Ausgangswerte von einem Eingangssignal abhängen und mehr Leistung abgeben als aufnehmen. Eine Hilfsenergiequelle (Netzgerät, Batterie als Betriebsspannungsquelle) liefert die für die Verstärkung notwendige Leistung.

Der Transistor ist ein sehr wichtiges, aktives Halbleiterbauelement der Elektronik. Er dient zum **Verstärken** oder **Schalten** elektrischer Signale. Transistoren haben drei Anschlüsse. Je ein Anschluss kann als Eingang bzw. Ausgang einer Verstärkeranordnung betrachtet werden. Den dritten Anschluss benutzen Eingang und Ausgang gemeinsam. Je nach Schaltungsart wird eine Verstärkung (Vergrößerung) einer Spannung, eines Stromes oder einer Leistung erzielt. Die für die Verstärkung erforderliche Energie wird einer Gleichspannungsquelle, der Betriebsspannung, entnommen (meistens mit U_B bezeichnet).

Der Bipolartransistor war das erste verstärkende Bauelement auf Halbleiterbasis, er wurde 1947 von der Forschergruppe W. Shockley, J. Bardeen und W. Brattain bei den

L. Stiny, *Aktive elektronische Bauelemente*, https://doi.org/10.1007/978-3-658-24752-2_5

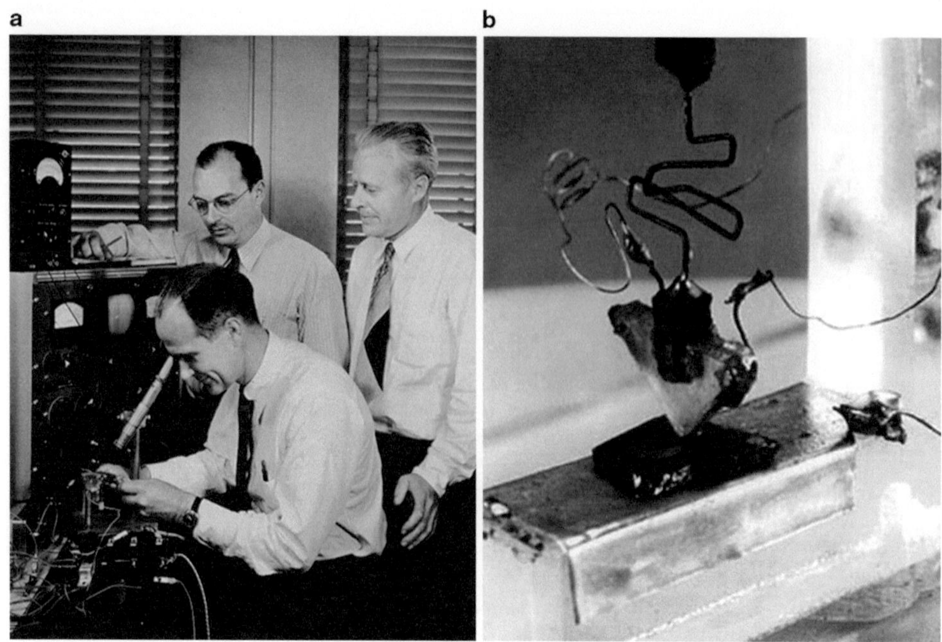

Abb. 5.1 **a** William Bradford Shockley (1910–1989), Walter Houser Brattain (1902–1987) und John Bardeen (1908–1991) (*von links nach rechts*); **b** Erster polarer Transistor (Spitzentransistor aus Germanium)

Bell Labs (USA) erfunden (Abb. 5.1). Der Name Transistor entstand aus „transfer" und „resistor" mit der Bedeutung „Übertragungswiderstand".

Die verschiedenen Arten von Transistoren unterscheiden sich z. B. nach Wirkungsweise, Aufbau, Herstellungsverfahren, Anwendungsgebiet, Leistung, Frequenzbereich.

Eine Klassifizierung der unterschiedlichen Transistortypen kann nach den an der Wirkungsweise beteiligten Arten von Ladungsträgern erfolgen. Transistoren lassen sich grob in zwei Klassen einteilen, man unterscheidet (Abb. 5.2):

- Bipolartransistoren (BJT, **B**ipolar **J**unction **T**ransistor)
- Feldeffekttransistoren (FET, **F**ield **E**ffect **T**ransistor).

Beide Klassen haben ihre speziellen Eigenschaften, die in der Praxis gezielt ausgenutzt werden.

Bei den bipolaren Transistoren sind Elektronen *und* Löcher, also Ladungsträger beider Polarität, an der Wirkungsweise des Transistors beteiligt. Bei einem Bipolartransistor fließt ein eingangsseitiger Steuerstrom, die Stromverstärkung B ist immer endlich (typ. 10... 1000), sie ist eine charakteristische Größe des Bauelements.

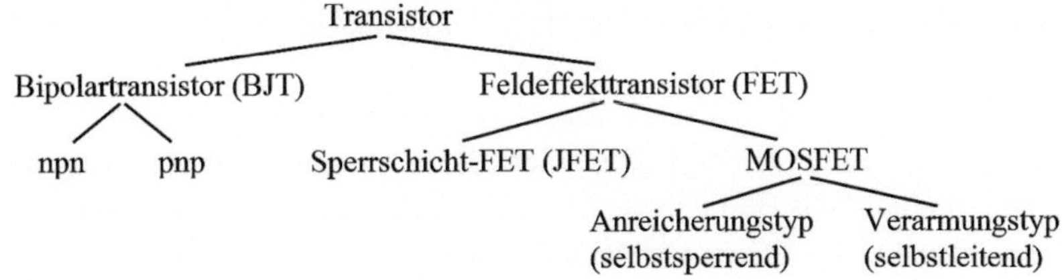

Abb. 5.2 Gliederung der verschiedenen Transistorfamilien

Dagegen sind bei den Feldeffekttransistoren (Unipolartransistoren) entweder *nur* Elektronen oder *nur* Löcher wirksam. Bei einem FET wird nahezu kein Eingangsstrom benötigt, der Eingang ist spannungsgesteuert.

Bipolare Transistoren können je nach der Aufeinanderfolge der Zonen des dotierten Halbleitermaterials in npn- oder pnp-Transistoren eingeteilt werden (im Schaltsymbol werden beide Typen durch die Richtung des Emitterpfeiles unterschieden, siehe Abb. 5.3), wobei man jeweils wiederum zwischen Germanium- und Silizium-Transistoren unterscheidet. Das ursprüngliche Material Germanium ist heute fast vollständig durch Silizium ersetzt (höhere Temperaturfestigkeit und Sperrfähigkeit).

Sind die elektrischen Eigenschaften zweier npn- und pnp-Transistoren fast gleich (ihre elektrischen Daten stimmen bis auf die Vorzeichen der Ströme und Spannungen gut überein), so spricht man von *Komplementär-Transistoren* (die beiden Typen eines Pärchens ergänzen sich).

Als *Äquivalenztypen* bezeichnet man Transistoren, die in fast allen Daten und der Polarität (außer z. B. der Gehäuseform) übereinstimmen.

Bipolartransistoren haben als einzelnes Bauelement einen viel höheren Verbreitungsgrad als Feldeffekttransistoren. Feldeffekttransistoren werden zum größten Teil in digi-

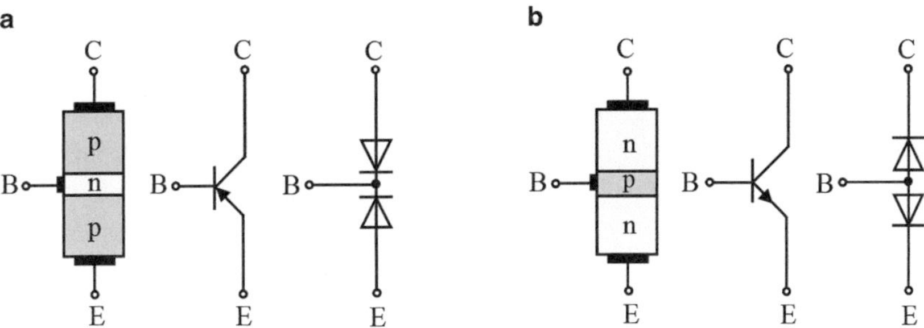

Abb. 5.3 Schematische Darstellung der Gebietsfolge eines pnp-Transistors mit Schaltzeichen und Dioden-Ersatzschaltbild (**a**) und eines npn-Transistors (**b**). Der Emitterpfeil im Schaltzeichen zeigt (wie bei der Diode auch) in die technische Stromrichtung (vom p-Gebiet zum n-Gebiet entsprechend der Flussrichtung der Löcher und entgegengesetzt der Flussrichtung der Elektronen)

talen ICs verwendet (Prozessoren, PLDs, etc.). Für spezielle Anwendungen werden FET auch als Einzelbauteile verwendet.

Unterschieden wird auch zwischen *Einzeltransistoren* und *integrierten Transistoren.* Einzeltransistoren sind in einem eigenen Gehäuse untergebracht und werden meist auf Leiterplatten montiert. Als Bestandteile integrierter Schaltungen werden integrierte Transistoren zusammen mit weiteren Halbleiterbauelementen auf einem gemeinsamen Halbleiterträger (Substrat) hergestellt. Aus diesem gemeinsamen Träger resultiert ein vierter Anschluss, der als Substrat (substrate, S) bezeichnet wird. Für die elektrische Funktion ist der Substratanschluss von untergeordneter Bedeutung.

5.2 Grundsätzlicher Aufbau des Transistors

Ein bipolarer Transistor ist ein Halbleiterkristall, der aus drei unterschiedlich dotierten, schichtweise aufeinanderfolgenden Gebieten besteht, welche zwei pn-Übergänge bilden. Die Folge der Gebiete ist entweder npn oder pnp. Das mittlere Gebiet ist sehr dünn (etwa $1 \ldots 10\,\mu\text{m}$) und nur schwach dotiert. Jedes Gebiet ist mit einer sperrschichtfreien Anschlusselektrodc versehen. Die drei Gebiete (bzw. die nach außen geführten Anschlüsse) bezeichnet man als *Emitter*, *Basis* und *Kollektor*.

Emitter: Das Wort ist lateinischen Ursprungs (emittere = aussenden) und bedeutet soviel wie „Aussender". Von einem n-Emitter werden Elektronen und von einem p-Emitter Löcher abgegeben oder „emittiert". Das Kurzzeichen für Emitter ist „E".

Basis: Die Basis ist eine schmale Schicht zwischen Emitter und Kollektor. Sie kann ebenfalls n- oder p-dotiert sein. Das Kurzzeichen für Basis ist „B".

Kollektor: Dieses Wort stammt auch aus dem Lateinischen (colligere = sammeln) und bedeutet soviel wie „Sammler". Den Kollektor kann man als eine Art Auffangelektrode für die vom Emitter kommenden Ladungsträger betrachten. Das Kurzzeichen für Kollektor ist „C" (collector).

Im Prinzip verkörpert die Zonenfolge im Transistor zwei antiseriell geschaltete pn-Dioden mit einer gemeinsamen p- oder n-Zone. Auch wenn man einen Transistor oft als Zusammenschaltung von zwei Dioden betrachtet, dieses Modell ist nur beschränkt richtig. Eine wesentliche Voraussetzung für die Funktion eines Transistors ist eine möglichst geringe Basisdicke in der Größenordnung von $1 \ldots 10\,\mu\text{m}$. Nur wenn die Basisschicht sehr dünn ist (kleiner als die mittlere Weglänge eines freien Elektrons), kann der größte Teil der Ladungsträger direkt vom Emitter zum Kollektor wandern, ohne in der Basisschicht zu rekombinieren. Aus diesem Grund kann ein Transistor nie aus zwei normalen Dioden zusammengesetzt werden. Die Dioden-Ersatzschaltbilder geben zwar die Funktion des Bipolartransistors nicht richtig wieder, ermöglichen aber einen Überblick über die Betriebsarten. Die Diode zwischen Basis und Kollektor wird Basis-Kollektor-Diode oder

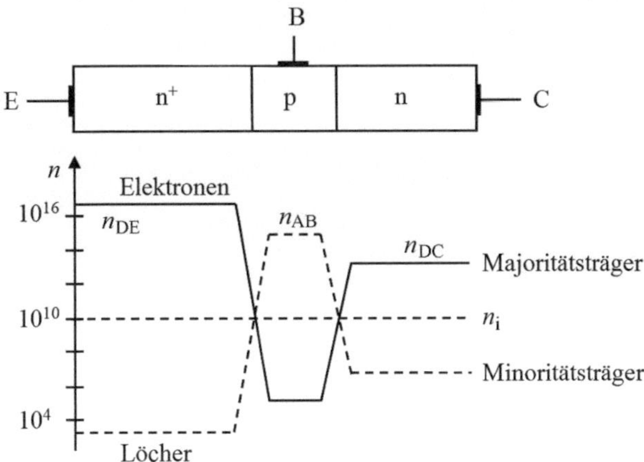

Abb. 5.4 Schematischer Querschnitt durch einen npn-Transistor mit zugehöriger Ladungsträgerdichteverteilung (Beispiel)

kurz Kollektordiode und die Diode zwischen Basis und Emitter wird Basis-Emitter-Diode oder kurz Emitterdiode genannt.

In der Regel ist das Emittergebiet sehr stark dotiert (z. B. n_{DE} = Anzahl Donatoren Emitter $= 10^{17}\,\text{cm}^{-3}$), dies entspricht einer hohen Leitfähigkeit (0,1 Ωcm bei Si). Die Basis ist um ca. zwei Größenordnungen schwächer dotiert ($n_{AB} = 10^{15}\,\text{cm}^{-3}$, ca. 1 Ωcm bei Si). Der Kollektor zeigt meist eine noch geringere Dotierung ($n_{DC} = 10^{13}\,\text{cm}^{-3}$, ca. 1…10 Ωcm bei Si). Diese Verhältnisse der dotierten Zonen zeigt Abb. 5.4.

5.3 Richtungen von Strömen und Spannungen

Mit seinen äußeren Stromkreisen stellt ein Transistor ein vermaschtes elektrisches Netzwerk dar. Die Richtungen von Spannungen und Strömen müssen eindeutig gekennzeichnet werden (Abb. 5.5). Dies geschieht normalerweise durch die willkürliche Festlegung von Bezugsrichtungen. Fließt ein Strom in Wirklichkeit entgegengesetzt zu dieser Bezugsrichtung, so erhält sein Zahlenwert oder sein Formelzeichen ein negatives Vorzeichen. Der Zahlenwert oder das Formelzeichen einer Spannung erhält ein positives Vorzeichen, wenn das Potenzialgefälle die gleiche Richtung hat wie die gewählte Bezugsrichtung. In einem Schaltbild kann die Bezugsrichtung durch einen Bezugspfeil (dieser kann auch gebogen sein) oder durch Zusatzbuchstaben beim Formelzeichen angegeben werden, z. B. ist U_{EB} die Spannung zwischen Emitter und Basis. Der Zahlenwert oder das Formelzeichen hat ein positives Vorzeichen, wenn das Potenzial der zuerst genannten Elektrode höher ist als das der zweiten Elektrode. Es könnte z. B. heißen: $U_{CB} = 8\,\text{V}$ (der Kollektor ist positiv gegenüber der Basis, der Bezugspfeil zeigt vom Kollektor zur Basis) oder $U_{BC} = -8\,\text{V}$ oder $-U_{BC} = 8\,\text{V}$. Allgemein gilt: $U_{XY} = -U_{YX}$. Bei Spannungen ergibt also die Reihenfolge der Indizes zugleich eine Aussage über die vereinbarte Spannungsrichtung. Wird nur ein Index verwendet, so ist der Bezugspunkt die Masse (z. B. ist die Kollektorspannung U_C das Potenzial am Kollektor bezogen auf Masse = Spannung Kollektor-Masse).

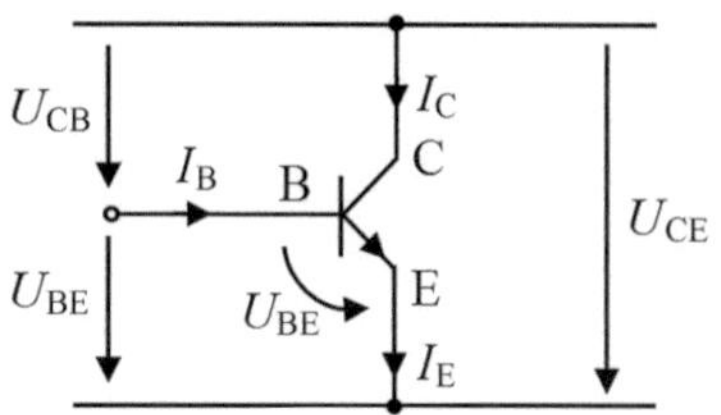

Abb. 5.5 Zur Bezeichnung der äußeren Spannungen und Ströme beim Transistor

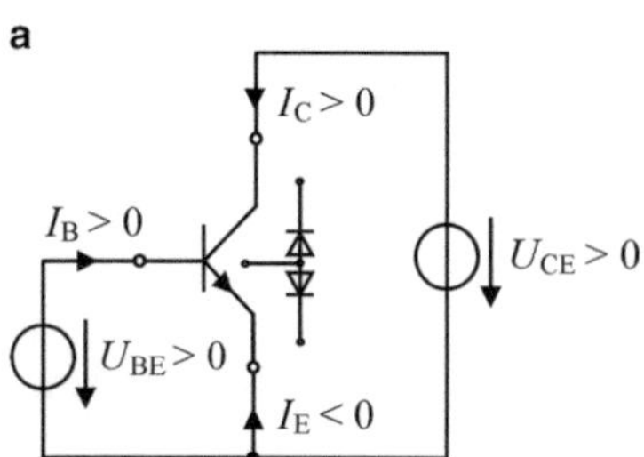

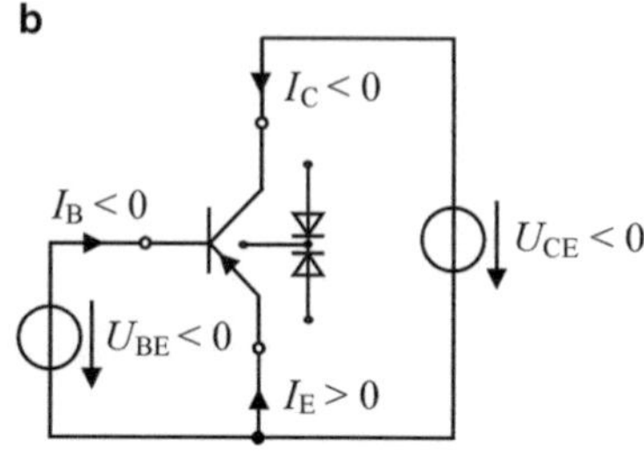

Abb. 5.6 Polarität der Spannungen und Ströme bei Normalbetrieb für einen npn-Transistor (**a**) und einen pnp-Transistor (**b**)

Wird der Bipolartransistor zum Verstärken und Schalten von Signalen eingesetzt, so wird er dabei meist im *Normalbetrieb* betrieben (Abb. 5.6). Bei diesem wird die Emitterdiode in Flussrichtung und die Kollektordiode in Sperrrichtung betrieben. Meistens wird bei Schaltanwendungen auch die Basis-Kollektor-Diode zeitweise in Flussrichtung betrieben. Man spricht dann von Sättigung oder *Sättigungsbetrieb*. Im *Sperrbetrieb* sind beide Dioden gesperrt. Beim *Inversbetrieb* sind Emitter und Kollektor vertauscht, er bietet nur in Ausnahmefällen Vorteile.

5.4 Betriebszustände (Arbeitsbereiche)

Der Bipolartransistor besteht aus zwei pn-Übergängen. Je nach Polarität der an den Kollektor-Basis-Übergang und an den Basis-Emitter-Übergang angelegten äußeren Gleichspannungen können die Übergänge unabhängig voneinander gesperrt oder durchgeschaltet werden. Dadurch ergeben sich vier mögliche Betriebszustände oder Arbeitsbereiche, in denen der Transistor jeweils ein eigenes Verhalten zeigt.

5.4.1 Aktiver Zustand (Normalbetrieb, Vorwärtsbetrieb)

Im *Verstärkungsbereich* (*forward region*) ist die Emitterdiode leitend, die Kollektordiode ist gesperrt. In diesem Zustand werden Transistoren betrieben, um Signale zu verstärken.

Im Verstärkungsbereich gilt für die Emitterschaltung näherungsweise die Formel

$$I_C = B \cdot I_B \tag{5.1}$$

B = Gleichstromverstärkungsfaktor[1], $B \approx 20 \ldots 800$.

Da B relativ groß ist, führen in dieser Betriebsart kleine Änderungen des Basisstroms I_B zu großen Änderungen des Kollektorstroms I_C. Dies ist eine Verstärkung. In der analogen Signaltechnik werden Transistoren meistens im Verstärkungsbereich betrieben.

Durch Anlegen einer Spannung U_{BE} wird die Basis-Emitter-Diode leitend. U_{CB} muss für diesen Fall größer als U_{BE} sein. An der Kollektorsperrschicht fällt dann der größte Teil der Elektronen am Potenzialberg U_{CB} ab. Der Kollektor sammelt die vom Emitter in die Basis injizierten Elektronen auf. Aufgrund der schwächeren Dotierung der Basis ist der Löcheranteil im Emitterstrom relativ klein, ebenso der Sperrstromanteil I_{CBO}.

5.4.2 Gesättigter Zustand (Sättigungsbetrieb)

Im *Sättigungsbereich* oder *Übersteuerungsbereich* (*saturation region*) sind Emitter- und Kollektordiode leitend. Der Transistor leitet den Strom, der Kollektorstrom I_C ist allerdings unabhängig vom Basisstrom I_B. Beim Einsatz des Transistors als Schalter verkörpert dies den durchgeschalteten Zustand, der Transistor entspricht einem geschlossenen Schalter.

Beide Dioden sind im Durchlassbetrieb. Wegen der schwächeren Dotierung ist die Durchlassspannung U_{CB} der Kollektordiode kleiner als die der Emitterdiode U_{BE}. Durch das geringere Potenzialgefälle wird daher die Kollektor-Emitter-Sättigungsspannung:

$$U_{CE,sat} = U_{BE} - U_{CE} \approx 0{,}1\,\mathrm{V} \tag{5.2}$$

Bei einem Betrieb im Sättigungsbereich wird die Kollektor-Emitter-Restspannung sehr klein, im Transistor entsteht nur eine geringe Verlustleistung.

5.4.3 Gesperrter Zustand (Sperrbetrieb)

Im *Sperrbereich* (*cut-off region*) sind Emitter- und Kollektordiode gesperrt, der Transistor leitet keinen Strom. Beim Einsatz des Transistors als Schalter stellt dies den gesperrten Zustand dar, der Transistor entspricht einem geöffneten Schalter. Es fließen nur die beiden (sehr kleinen) Sperrströme I_{CBO} und I_{EBO} durch die Dioden.

In der Digitalelektronik werden Transistoren als Schalter fast ausschließlich im Sperr- und Sättigungsbereich betrieben.

---

[1] Im Normalbetrieb wird die Stromverstärkung auch Vorwärtsstromverstärkung genannt und evtl. mit einem Index N oder F gekennzeichnet.

5.4.4 Inverser Zustand (Inversbetrieb, Rückwärtsbetrieb)

Im *inversen Verstärkungsbereich* (*reverse region*) ist die Emitterdiode gesperrt, die Kollektordiode ist leitend. Der Basis-Kollektor-Übergang wird also in Durchlassrichtung und der Basis-Emitter-Übergang in Sperrrichtung betrieben. Dieser Betrieb ist dem normalen Verstärkungsbetrieb ähnlich, aber meist mit einem deutlich kleineren Stromverstärkungsfaktor.

Prinzipiell sind im Inversbetrieb Kollektor und Emitter im aktiven Betrieb vertauscht. Aufgrund der ungleichen Dotierung von Kollektor und Emitter resultiert aber eine schlechte Stromverstärkung, so dass diese Betriebsart für die Praxis kaum eine Bedeutung hat.

Weil der Kollektor viel schwächer als der Emitter dotiert ist, eignet sich der Kollektor funktional schlecht als Emitter. In der leitenden Kollektor-Basis-Diode überwiegt der Löcherstrom stark, da die Basis stärker dotiert ist. Die inverse Stromverstärkung A_I (*Rückwärtsstromverstärkung*) beschreibt den Bruchteil der Elektronen $A_I \cdot I_C$, die jetzt den als Kollektor wirkenden Emitter erreichen. Weiter kann über der stark dotierten Basis-Emitter-Sperrschicht keine hohe Sperrspannung auftreten. In der Praxis ist ab ca. 5 V mit einem Durchbruch zu rechnen.

5.5 Signaldynamik und Signalgröße

Beim Transistor wird häufig von **statischen** und **dynamischen** Eigenschaften (bzw. Verhalten) gesprochen.

Statische Eigenschaften betreffen die Gleichspannungen und -ströme. Die Gleichstromverstärkung der Emitterschaltung $B = I_C/I_B$ ist z. B. eine statische Kenngröße eines Transistors. Die Eingangskennlinie $I_B = f(U_{BE})$ (Basisstrom als Funktion der Basis-Emitter-Spannung, entspricht der Durchlasskennlinie einer Diode) ist eine statische Kennlinie.

Als dynamisches Verhalten bezeichnet man das Verhalten des Transistors bei einer Ansteuerung mit Wechselgrößen (z. B. mit sinus- oder pulsförmigen Signalen). Dynamische Eigenschaften sind z. B. die Wechselspannungsverstärkung, die Phasenverschiebung zwischen Eingang und Ausgang und Anstiegs- und Abfallzeit beim Schalten eines rechteckförmigen Signals.

Wichtige Begriffe sind auch „**Kleinsignal**-“ und „ **Großsignal**-“ mit einem Zusatz, z. B. Großsignalaussteuerung oder Kleinsignalstromverstärkung.

Befindet sich das Signal, mit dem der Transistor angesteuert wird, in der Größenordnung von wenigen (zehn) Millivolt wie z. B. bei einem Vorverstärker, so handelt es sich um eine Kleinsignalaussteuerung. Eine Kleinsignalaussteuerung erfolgt um einen festen Arbeitspunkt bei linearen Zusammenhängen zwischen Wechselströmen und Wechselspannungen unter Ausnutzung nur kleiner Teile der nicht linearen Kennlinien. Die kleinen

Teile der Kennlinien können dann als linear angesehen werden. Kleinsignalwerte sind differenzielle Werte (kleine Werte, die zu einem bestimmten Arbeitspunkt gehören). Eine Kleinsignalgröße ist z. B. der differenzielle Eingangswiderstand des Transistors zwischen Basis und Emitter in einem bestimmten Arbeitspunkt (und damit bei $U_{\mathrm{CE}} = \mathrm{const.}$):

$$r_{\mathrm{BE}} = \left.\frac{\Delta U_{\mathrm{BE}}}{\Delta I_{\mathrm{B}}}\right|_{\mathrm{AP}}$$

Auch der Kleinsignalstromverstärkungsfaktor in einem Arbeitspunkt

$$\beta = \left.\frac{i_{\mathrm{C}}}{i_{\mathrm{B}}}\right|_{\mathrm{AP}} = \left.\frac{\Delta I_{\mathrm{C}}}{\Delta I_{\mathrm{B}}}\right|_{\mathrm{AP}}$$

ist eine Kleinsignalgröße. Kleinsignalgrößen werden klein geschrieben.

Alle Werte und Kennlinien, die mit den äußeren Gleichspannungen in Verbindung stehen, gehören zu einer Großsignalaussteuerung. Eine Großsignalaussteuerung findet z. B. auch in einem Endverstärker (Leistungsverstärker) statt. Schaltvorgänge gehören ebenfalls zu einer Großsignalaussteuerung.

5.6 Funktionsweise

Zur Erläuterung der Wirkungsweise des Bipolartransistors werden im weiteren Verlauf ausschließlich npn-Transistoren betrachtet. Sie haben größere technische Bedeutung als pnp-Transistoren, da sie gegenüber diesen eine höhere Stromverstärkung und kürzere Schaltzeiten besitzen. Dies ist durch die größere Beweglichkeit der Elektronen gegenüber den Löchern im Halbleitermaterial bedingt.

Bezogen auf das Potenzial des Emitters hat ein npn-Transistor eine positive Basis- und eine positive Kollektor-Betriebsspannung.

Bei pnp-Transistoren sind Dotierung und Polarität der Ladungsträger gegenüber npn-Transistoren vertauscht. Die Ergebnisse für npn-Transistoren lassen sich direkt auf pnp-Transistoren übertragen, wenn das Vorzeichen aller Spannungen und Ströme umgekehrt wird. In einer Schaltung kann man npn-Transistoren durch pnp-Typen ersetzen und umgekehrt, wenn man gleichzeitig die Betriebsgleichspannungen (und natürlich auch die Elektrolytkondensatoren) umpolt.

Eine Diode hat nur einen pn-Übergang, ein Transistor arbeitet mit zwei pn-Übergängen. Ein Transistor besteht im Prinzip aus zwei gegeneinander in Reihe geschalteten Dioden, die eine gemeinsame, sehr schmale und niedrig dotierte p- bzw. n-Schicht (Basis) besitzen.

Die Verteilung der beweglichen Ladungsträger in den verschiedenen Gebieten zeigt die folgende Abb. 5.7, wobei keine äußere Spannung angeschlossen ist. Wie bereits bei der Diode in Abschn. 3.1.3 besprochen, bilden sich an den pn-Übergängen Grenzschichten aus, in denen sich fast keine beweglichen Ladungsträger befinden und die somit stromsperrend wirken.

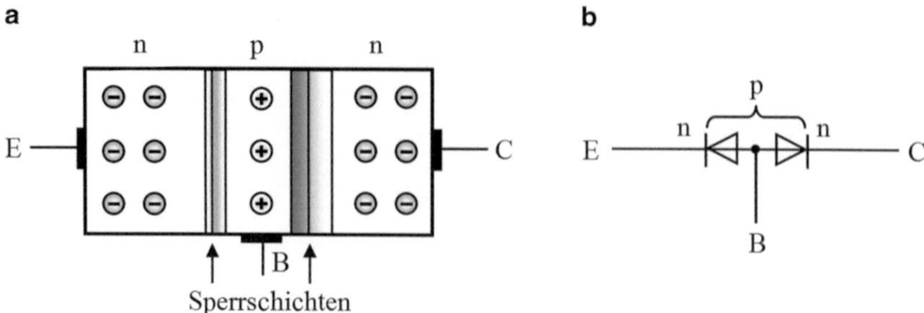

Abb. 5.7 npn-Transistor ohne äußere Spannung mit Verteilung der beweglichen Ladungsträger (**a**) und Dioden-Ersatzschaltbild (**b**). Die Basisschicht ist übertrieben breit gezeichnet

Wird wie in Abb. 5.8 zunächst nur *eine äußere Gleichspannungsquelle* U_{BE} (für Silizium: $U_{\mathrm{BE}} > 0{,}7\,\mathrm{V}$) *in Durchlassrichtung* an die Emitter-Basis-Diode mit ihrem Minuspol an den Emitter und mit ihrem Pluspol an die Basis angeschlossen, dann wird die Sperrschicht abgebaut. Elektronen werden in die Basis injiziert, im Emitter-Basis-Stromkreis fließt ein relativ großer Durchlassstrom I_{E}, dessen Größe von der Spannung U_{BE} abhängt (entsprechend der Strom-Spannungs-Kennlinie im Durchlassbereich einer Diode). Er besteht im Emittergebiet aus einer Elektronenströmung und im Basisgebiet aus einer Löcherströmung. Wegen der viel höheren Dotierung des Emitters ist der Elektronenstrom wesentlich größer als der Löcherstrom aus der Basis zum Emitter.

Wird bei offenem Emitter-Basis-Kreis ebenfalls nur *eine äußere Gleichspannung* U_{CB} *in Sperrrichtung* der Kollektor-Basis-Diode zwischen Kollektor und Basis angeschlossen, so fließt im Kollektor-Basis-Stromkreis nur ein sehr kleiner Sperrstrom, der durch die wenigen thermisch erzeugten Ladungsträgerpaare hervorgerufen wird. Er wird als Kollektor-Basis-Reststrom I_{CBO} bezeichnet und ist gleich dem Sperrstrom der Kollektor-Basis-Diode (Abb. 5.9).

Werden *beide Spannungen* U_{BE} *und* U_{CB} gleichzeitig angelegt (Abb. 5.11), so fließt wie in Abb. 5.8 vom Emitter aus der große Durchlassstrom I_{E} in Form eines Elektronenstroms durch das Emitter-n-Gebiet. Dieser Elektronenstrom überquert die (in Durchlassrichtung

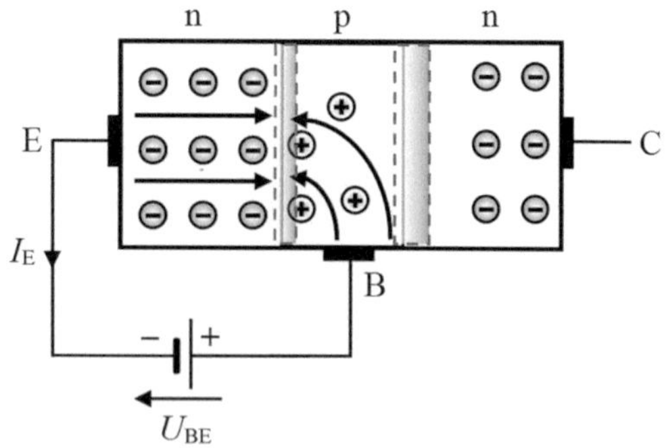

Abb. 5.8 npn-Transistor mit Durchlassspannung im Eingangskreis und offenem Ausgangskreis. Da es sich hier um Gedankenexperimente handelt, wurden strombegrenzende Widerstände in den Schaltbildern weggelassen

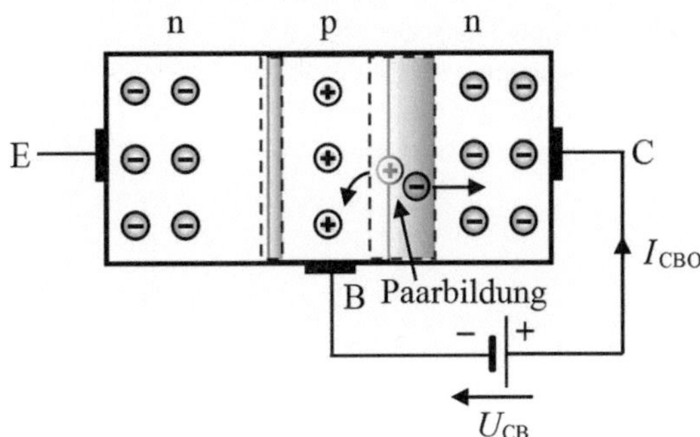

Abb. 5.9 npn-Transistor mit Sperrspannung im Ausgangskreis und offenem Eingangskreis

vorgespannte) Emitter-Basis-Grenzschicht und gelangt in das nur schwach dotierte Basis-p-Gebiet. Ein kleiner Teil der Elektronen rekombiniert hier mit den im Basisgebiet vorherrschenden Löchern und bildet den Basisstrom I_B. Genauer betrachtet setzt sich der Basisstrom aus drei Anteilen zusammen, die in Abb. 5.10 dargestellt sind. Die Stromanteile (Löcher) des Basisstroms sind:

- I_{BE}: Löcherinjektion aus der Basis in den Emitterbereich (Löcheranteil von I_E)
- I_{BB}: Rekombinationsstrom in der Basis (Löcheranteil)
- I_{BC}: Löchersperrstrom der Basis-Kollektor-Diode.

Weil die Basisschicht wesentlich dünner ist als die mittlere Weglänge eines freien Elektrons, durchquert die überwiegende Mehrzahl der Elektronen (>99 %) infolge der ihrer Strombewegung überlagerten Wärmebewegung (Diffusion) die dünne Basiszone und

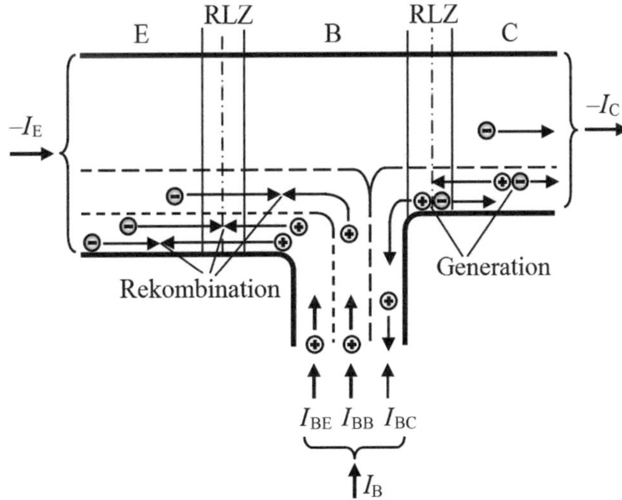

Abb. 5.10 Anteile des Basisstroms beim npn-Transistor (Basisschaltung)

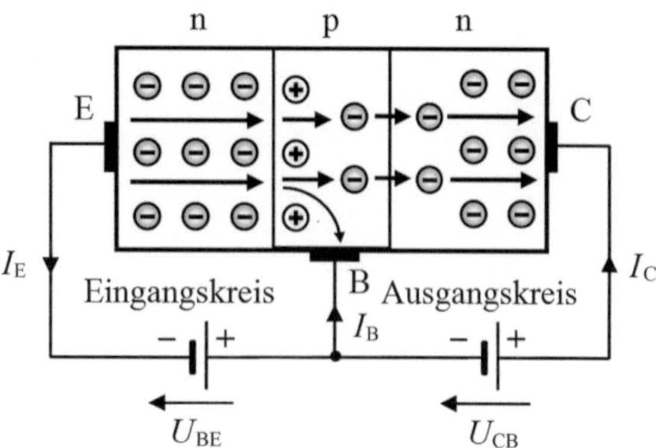

Abb. 5.11 npn-Transistor mit Durchlassspannung im Eingangskreis und Sperrspannung im Ausgangskreis (Basisschaltung)

dringt bis in die Basis-Kollektor-Grenzschicht vor[2]. Dort werden die Elektronen durch die positive Kollektorspannung U_{CB} in das Kollektorgebiet gezogen und durchqueren es als Elektronenstrom. Die Spannungen und Ströme zeigt Abb. 5.11.

An der Kollektorelektrode rekombinieren diese Elektronen mit den über den Zuleitungsdraht heranströmenden Löchern, die im Draht den Kollektorstrom I_C bilden. Obwohl die Basis-Kollektor-Grenzschicht durch die Spannung U_{CB} in Sperrrichtung vorgespannt ist, fließt ein Kollektorstrom I_C, der fast so groß ist wie der Emitterstrom I_E. Der Anteil der vom Emitter über die Basis bis zum Kollektor gelangenden Ladungsträger ist ca. 20 bis 800-mal größer als der unmittelbare Elektronenstrom der Basis.

Da der Kollektorstrom vom Typ her ein Sperrstrom ist, ist er im Prinzip von der Höhe der angelegten Kollektor-Basis-Spannung unabhängig.

Der Sperrstrom I_{CBO} durch die Kollektor-Basis-Diode ist sehr klein und kann in den meisten Fällen vernachlässigt werden.

Zusammenfassung der Funktionsweise des Bipolartransistors Die in Flussrichtung gepolte Emitterdiode injiziert die Ladungsträger in die Basis, die in Sperrrichtung gepolte Kollektordiode saugt sie ab.

Der Basisanschluss hat die Funktion einer Steuerelektrode. Durch ein Verändern der Basisspannung bzw. des Basisstromes lässt sich die Größe des Elektronenstromes vom Emitter zum Kollektor vergrößern oder verkleinern. *Der große Kollektorstrom ist durch den kleinen Basisstrom steuerbar. Darauf beruht die Anwendung des Transistors als Verstärker.*

Durch Verändern der Spannung U_{BE} kann der Wert des injizierten Emitterelektronenstromes $-I_E$ entsprechend einer Diodenkennlinie eingestellt werden. Dieser Strom geht ohne nennenswerte Einbuße in den Kollektorelektronenstrom $-I_C$ über, und zwar fast unabhängig vom Wert der Spannung U_{CB}. Die hierdurch gegebene Steuerungsmöglichkeit ist die wesentliche Eigenschaft des Transistors.

[2] Dieser Elektronenstrom wird als *Transferstrom* bezeichnet.

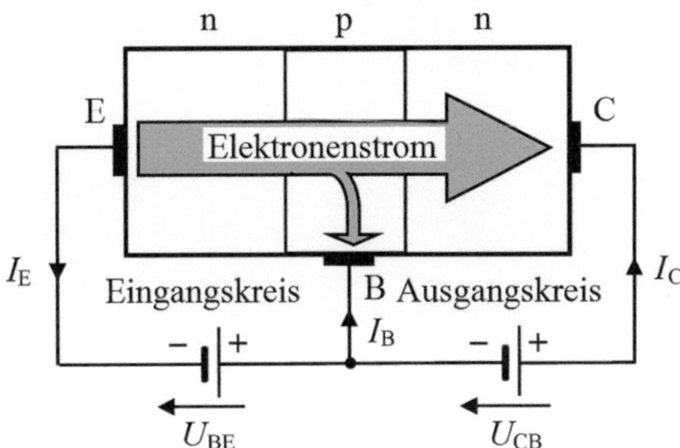

Abb. 5.12 Ströme beim npn-Transistor (andere Darstellung der Abb. 5.11)

Hauptmerkmal eines Transistors Es fließt ein Kollektorstrom I_C, der ein bestimmtes Vielfaches des Basisstromes I_B beträgt.

Das Verhältnis von Kollektor- zu Basisstrom wird als **Gleichstromverstärkungsfaktor *B*** (meist nur als Gleichstromverstärkung oder nur als Stromverstärkung) und auch als *Großsignalverstärkung* (Großsignalstromverstärkung) bezeichnet.

Für die *Emitterschaltung* ist die Stromverstärkung B:

$$B = \frac{I_C}{I_B} = \frac{A}{1 - A} \tag{5.3}$$

Der Wert von B liegt bei Kleinsignaltransistoren im Bereich von 100 bis ca. 800, bei Leistungstransistoren zwischen 10 und 100. B nimmt bei einer Temperaturerhöhung um 1 K um ca. 0,6 % zu. In der Praxis ist dies nicht von Bedeutung, da die Streuung von B durch Herstellungstoleranzen bei der Serienfertigung von Transistoren wesentlich größer ist.

Für die *Basisschaltung* ist die Stromverstärkung (Stromverteilungsfaktor) A:

$$A = \frac{I_C}{I_E} \tag{5.4}$$

A liegt im Bereich 0,95 bis 0,998.

Für die *Kollektorschaltung* ist die Stromverstärkung B_C:

$$B_C = \frac{1}{1 - A} = B + 1 \approx B \tag{5.5}$$

Für die Spannungen und Ströme am Transistor gilt:

$$U_{CE} = U_{CB} + U_{BE} \tag{5.6}$$

$$I_E = I_C + I_B \tag{5.7}$$

Da die Steuerung des Kollektorstromes in der Schaltung nach Abb. 5.12 vom Emitter-Basis-Kreis ausgeht, wird dieser als *Eingangskreis* bezeichnet.

Weil der Kollektorstrom gesteuert wird, ist der Kollektor-Basis-Kreis der *Ausgangskreis* der Schaltung.

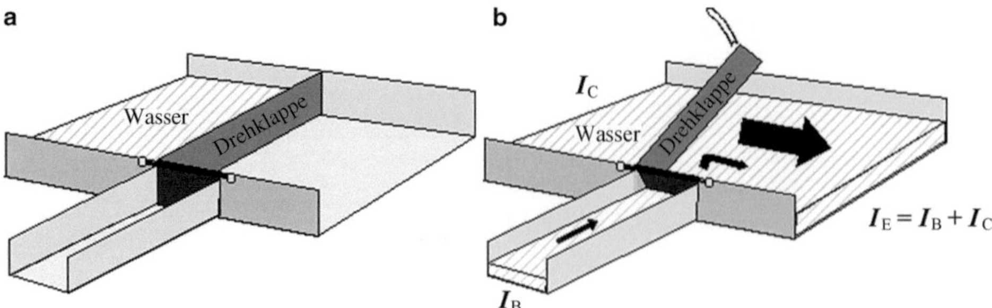

Abb. 5.13 Funktionsmodell eines Transistors mittels eines Wasserkreislaufes; Transistor sperrt (**a**), Transistor leitet (**b**)

Damit ist auch verständlich, warum der Name Transistor ein Kunstwort ist und aus „transfer resistor“ zusammengesetzt wurde. Damit wird auf die Wirkungsweise des Transistors hingewiesen, nämlich auf die Übertragung einer Widerstandsänderung von einem pn-Übergang zum anderen (Prinzip eines „steuerbaren elektrischen Widerstandes“ als Verstärkerelement).

Als Merkregel, wann ein Transistor leitet, kann dienen (die Basis ist in der „Mitte“):

Ein n**p**n-Transistor leitet, wenn die Basis **p**ositiv ist.

Ein p**n**p-Transistor leitet, wenn die Basis **n**egativ ist.

Um die Funktion eines Transistors anschaulich zu erklären, soll hier ein Vergleich mit einem Wasserkreislauf stattfinden (Abb. 5.13). Eine drehbare Klappe entspricht in ihrer Funktion als Steuerelement der Basis. Sie sperrt einen großen Wasserstrom, der dem Kollektorstrom in technischer Stromrichtung entspricht. Entsprechend dem Druck eines kleinen Wasserstromes, welcher dem Basisstrom entspricht, wird die Drehklappe ein Stück geöffnet. Nun kann der große Wasserstrom (Kollektorstrom) fließen, zu dem sich der kleine Wasserstrom (Basisstrom) addiert. Ein kleiner Strom am Steuerelement hat eine starke Schwankung des Stromes am Ausgang zur Folge.

Auch hier gilt die Knotenregel: Der in Basis und Kollektor hineinfließende Strom kommt am Emitter wieder heraus. Außerdem erkennt man: Ist kein großer Wasserstrom (Kollektorstrom) vorhanden, so kann durch Drehen der Klappe auch keiner erzeugt werden. Der Transistor steuert mit einer kleinen Leistung eine große Leistung, kann aber keine Leistung erzeugen.

5.7 Die drei Grundschaltungen des Bipolartransistors

Bei den bisherigen Betrachtungen war die Basis der gemeinsame Anschlusspunkt des Eingangs- und des Ausgangskreises. Diese Grundschaltung des Transistors wird als **Basisschaltung** bezeichnet. Bei gleichen inneren Vorgängen kann der Transistor auch in zwei anderen Grundschaltungen betrieben werden. In der **Emitterschaltung** ist der Emitter, in der **Kollektorschaltung** ist der Kollektor der gemeinsame Anschlusspunkt von Eingangs-

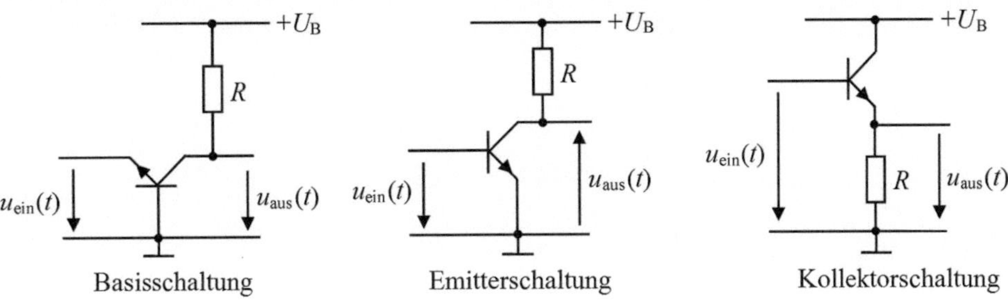

Abb. 5.14 Grundschaltungen eines npn-Transistors

Tab. 5.1 Vergleich der drei Transistor-Grundschaltungen (Zahlenwerte sind nur grobe Richtwerte)

	Basisschaltung	Emitterschaltung	Kollektorschaltung
Eingangswiderstand	Klein 5 Ω bis 100 Ω	Mittel 1 kΩ bis 10 kΩ	Groß 10 kΩ bis 500 kΩ
Ausgangswiderstand	Sehr groß bis 500 kΩ	Mittel 1 kΩ bis 10 kΩ	Klein 5 Ω bis 100 Ω
Spannungsverstärkung	Groß bis 1000	Groß bis 1000	< 1
Leistungsverstärkung	Mittel bis 1000	Sehr groß bis 10 000	Klein bis 100
Grenzfrequenz	Hoch f_α bis 5 GHz	Mittel f_β bis 20 MHz	Mittel f_γ bis 20 MHz
Phasenwinkel U_a zu U_e	$\varphi = 0°$	$\varphi = 180°$	$\varphi = 0°$
Stromverstärkung	< 1 $0{,}95 < \alpha < 0{,}99$	Groß $\beta = 10$ bis 1000	Groß $\gamma = \beta + 1$

und Ausgangskreis. Die drei Grundschaltungen des Transistors werden jeweils nach dem Anschluss benannt, der auf konstantem Potenzial liegt bzw. der mit Ein- und Ausgang verbunden ist (Abb. 5.14).

Die drei Grundschaltungen unterscheiden sich wesentlich in ihren typischen Eigenschaften z. B. bezüglich Eingangs-, Ausgangswiderstand, Strom-, Spannungs-, Leistungsverstärkung, woraus sich ihre Anwendungen ableiten.

5.8 Einsatz als Verstärker oder Schalter

Zwei grundsätzliche Einsatzarten eines Transistors sind je nach Verwendungszweck der *Betrieb als linearer Verstärker* und der *Betrieb als Schalter*.

5.8.1 Verstärkerbetrieb

Ein linearer elektronischer Verstärker hat die Aufgabe, die kleine Amplitude eines elektrischen Signals am Eingang auf einen gewünschten Wert am Ausgang zu vergrößern.

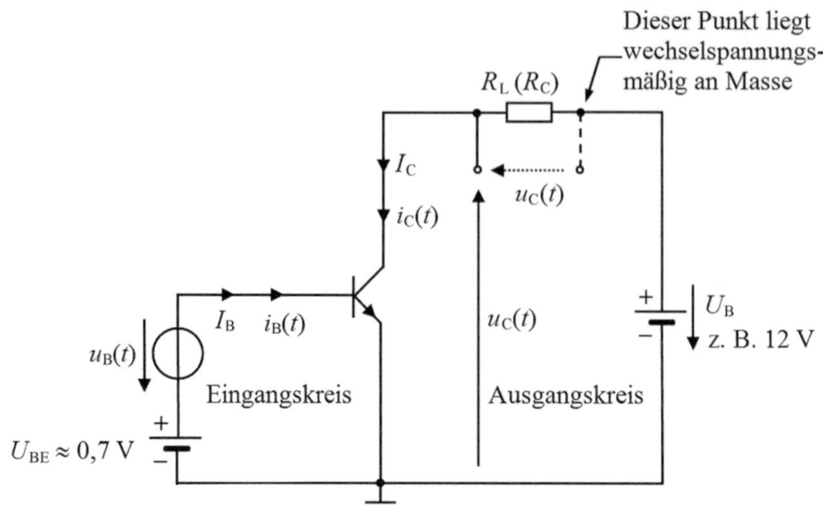

Abb. 5.15 Prinzipielle Arbeitsweise des Transistors als Verstärker (Emitterschaltung)

Die Verstärkung soll möglichst linear, d. h. ohne Verzerrung oder Verfälschung der Kurvenform des Originalsignals erfolgen. Verzerrungen durch eine nichtlineare, gekrümmte Kennlinie des Verstärkers führen zu einem merklichen Klirrfaktor. Ändert man den Basisstrom eines Transistors in positiver und negativer Richtung um gleiche Beträge, so soll im Idealfall auch der Kollektorstrom im gleichen Verhältnis schwanken. Dies ist eine lineare Aussteuerung des Transistors im Verstärkerbetrieb.

Der Betrieb des Transistors als Verstärker heißt *Normalbetrieb* oder *Vorwärtsbetrieb.* Man sagt, der Transistor arbeitet im *aktiven Bereich* oder im normalen Arbeitsbereich, in dem eine lineare Verstärkung stattfindet. Diesen Betrieb zeigt Abb. 5.15.

Im Normalbetrieb werden die äußeren Gleichspannungen an den Transistor immer so angelegt, dass der Übergang Emitter-Basis in Durchlassrichtung und der Übergang Kollektor-Basis in Sperrrichtung gepolt ist. Im aktiven Bereich ist die Emitter-Basis-Diode immer leitend und die Kollektor-Basis-Diode immer gesperrt.

Bei der Anwendung des Transistors als Verstärker liegt im Ausgangskreis stets ein Lastwiderstand R_L (Arbeitswiderstand). Außerdem ist die Gleichspannung U_B im Ausgangskreis größer als die Gleichspannung U_{BE} im Eingangskreis. U_{BE} bewirkt nach Polung und Größe, dass die Emitter-Basis-Diode leitet und der Gleichstrom I_B fließt. Der Gleichspannung U_{BE} ist eine kleine Wechselspannung $u_B(t)$ überlagert. Dadurch wird I_B ein kleiner Wechselstrom $i_B(t)$ überlagert. Ändert sich die Eingangsspannung um ΔU_{BE}, so ergibt dies entsprechend der Steuerwirkung des Eingangskreises eine starke Änderung ΔI_C des Ausgangsstromes. Dadurch entsteht am Lastwiderstand eine Spannungsänderung $\Delta I_C \cdot R_L$, die viel größer ist als die Eingangsspannungsänderung ΔU_{BE}. Die Eingangsspannung $u_B(t)$ wird also verstärkt und liegt als Spannungsabfall $u_C(t)$ am Lastwiderstand R_L. Die Spannung $u_B(t)$ im Eingangskreis steuert im Ausgangskreis den Strom $i_C(t)$, der die verstärkte Spannung $u_C(t)$ ergibt.

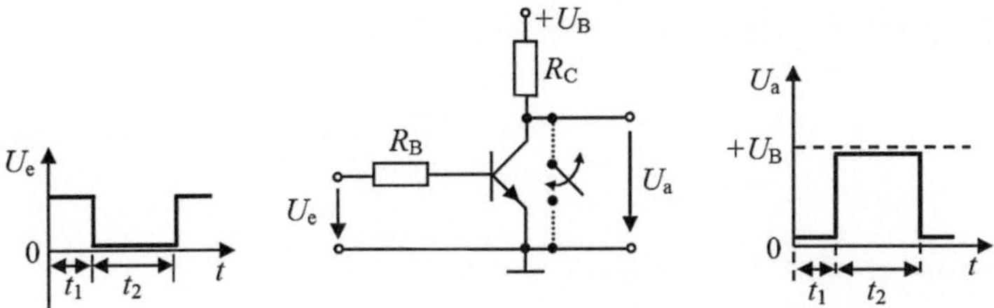

Abb. 5.16 Prinzipschaltung für einen Transistor als Schalter (das Schaltersymbol soll die Wirkungsweise veranschaulichen)

Da eine Gleichspannungsquelle für Wechselstrom durchlässig ist (sie kann durch einen Kurzschluss ersetzt werden), muss $u_C(t)$ nicht über zwei Klemmen an R_L abgegriffen werden, sondern kann von einem Punkt (Kollektor) gegen Masse abgenommen werden (vgl. Abb. 5.14, Emitterschaltung).

Anmerkung R_L wird häufig mit R_C bezeichnet, da der Widerstand am Kollektor angeschlossen ist.

Bei der Emitterschaltung ist die Ausgangsspannung gegenüber der Eingangsspannung um $\varphi = 180°$ phasenverschoben. Wird die Basis positiver, so nimmt der Kollektorstrom zu, $u_C(t)$ wird größer und der Kollektor negativer (Pfeilspitze von $u_C(t)$ = negatives Potenzial).

5.8.2 Schalterbetrieb

Vom Betrieb des Transistors als Verstärker ist der Betrieb als elektronischer Schalter zu unterscheiden. Unter Schalterbetrieb eines Transistors versteht man, dass dieser nur zwei verschiedene Schaltzustände einnimmt. Im Schalterbetrieb wird die Basis mit einer impulsförmigen Spannung so angesteuert, dass die Kollektor-Emitter-Strecke schlagartig leitet oder sperrt. Die Spannung über dem Transistor (Spannung zwischen Kollektor und Emitter) nimmt in Abhängigkeit von dessen Schaltzustand nur zwei, voneinander verschiedene Werte ein. Bei eingeschaltetem Transistor (U_e ist positiv) leitet der Transistor den Strom, die Ausgangsspannung U_a ($= U_{CE}$) ist nahezu 0 V (Schalter schließt kurz, ist eingeschaltet). Bei gesperrtem Transistor (U_e = null oder negativ) leitet der Transistor den Strom nicht, die Ausgangsspannung ist fast gleich der Speisespannung $+U_B$ (Schalter sperrt, ist ausgeschaltet). Diese Betriebsart ist in Abb. 5.16 dargestellt.

Beim Betrieb des Transistors als Schalter wird zwischen dem Sperrbereich und dem Übersteuerungs- oder Sättigungsbereich des Kollektorstromes hin- und hergeschaltet.

Im *Sperrbetrieb* sind die äußeren Gleichspannungen an den Transistor so angelegt, dass sowohl der Übergang Emitter-Basis als auch der Übergang Kollektor-Basis in Sperrrichtung gepolt ist. Die Emitter-Basis-Diode und die Kollektor-Basis-Diode sperren.

Im *Sättigungsbetrieb* liegen die äußeren Gleichspannungen am Transistor so an, dass sowohl der Übergang Emitter-Basis als auch der Übergang Kollektor-Basis in Durchlassrichtung gepolt ist. Die Emitter-Basis-Diode und die Kollektor-Basis-Diode leiten.

5.9 Kennlinien des Transistors

Wie bei Dioden gibt es auch bei Transistoren verschiedene Kennlinien, die etwas über bestimmte Eigenschaften und Funktionen des Bauelements aussagen. Kennlinien oder Kennlinienfelder beschreiben den Zusammenhang zwischen Spannungen und Strömen am Transistor für den Fall, dass alle Größen statisch, d. h. nicht oder nur sehr langsam zeitveränderlich sind. Das nichtlineare Verhalten von Transistoren lässt ihre Beschreibung durch mathematische Formeln nur mit Einschränkungen zu, grafische Verfahren (Kennlinien) zeigen die nichtlinearen Verhältnisse und sind deshalb besser geeignet.

Übersicht der üblichen Darstellungen der Kennlinien:

- Eingangs-Kennlinienfeld: $I_B = f\,(U_{BE})$ mit U_{CE} als Paramcter
- Ausgangs-Kennlinienfeld: $I_C = f\,(U_{CE})$ mit I_B oder U_{BE} als Parameter
- Übertragungs-Kennlinienfeld: $I_C = f\,(U_{BE})$ oder $I_C = f\,(I_B)$ mit U_{CE} als Parameter
- Rückwirkungs-Kennlinienfeld: $U_{BE} = f\,(U_{CE})$ mit I_B als Parameter

Im Folgenden werden die wichtigsten Kennlinien für die Emitterschaltung beschrieben.

5.9.1 Eingangskennlinie

5.9.1.1 Verlauf der Eingangskennlinie

Die Eingangskennlinie gibt den Zusammenhang $I_B = f\,(U_{BE})$ zwischen dem Basisstrom I_B und der Basis-Emitter-Gleichspannung U_{BE} (*Basisvorspannung*, Basisruhespannung) im Eingangskreis an. Zum Abführen der injizierten Ladungsträger wird der Kollektor mit einer konstanten Spannung $U_{CE} \geq 1$ V vorgespannt. Mit dem Eingangsstrom ändert sich zwangsläufig auch der Ausgangsstrom, da dieser über die Stromverstärkung vom Eingangsstrom abhängt. Damit die Kennlinie eindeutig wird, werden bei der Messung der Kennlinie (Abb. 5.17) die Ausgangsspannung U_{CE} und die Sperrschichttemperatur konstant gehalten. Die im Datenblatt eines Transistors wiedergegebene Eingangskennlinie gilt demnach für eine bestimmte Temperatur und für eine bestimmte Ausgangsspannung. Da bei den drei Grundschaltungen entweder die Emitter-Basis- oder die Kollektor-Basis-Strecke des Transistors den Eingang bildet, hat die *Eingangskennlinie die Form einer Diodenkennlinie im Durchlassbereich* (Abb. 5.18).

Die Abhängigkeit der Eingangskennlinie von der angelegten Kollektor-Emitter-Spannung ist sehr gering. Sie wird als *Spannungsrückwirkung* bezeichnet und kann in der Praxis meist vernachlässigt werden.

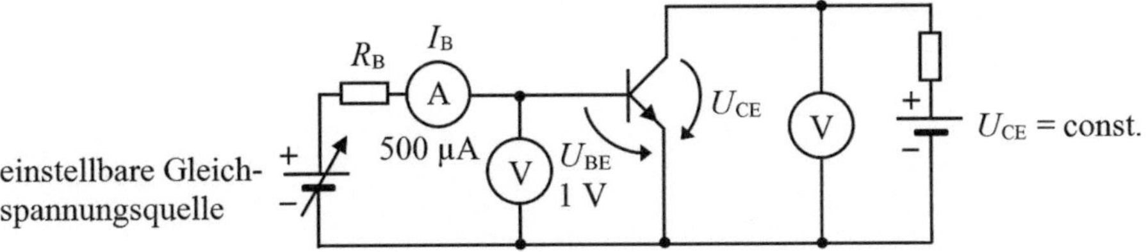

Abb. 5.17 Prinzipschaltung zum Messen der Eingangskennlinie

Die Eingangskennlinie ist von der Temperatur abhängig, es tritt eine *Temperaturdrift* auf.

► **Der Basisstrom nimmt mit steigender Temperatur zu.**

Die Eingangskennlinie verschiebt sich mit steigender Temperatur nach links (Abb. 5.19). Dies entspricht einem Sinken der Basis-Emitter-Spannung (bei konstantem Basisstrom). U_{BE} hat daher einen negativen Temperaturkoeffizienten, U_{BE} sinkt mit steigender Temperatur um ca. 2 mV/°C (TK $\approx -2\ldots-3$ mV/K). Wird dagegen U_{BE} festgehalten, verdoppelt

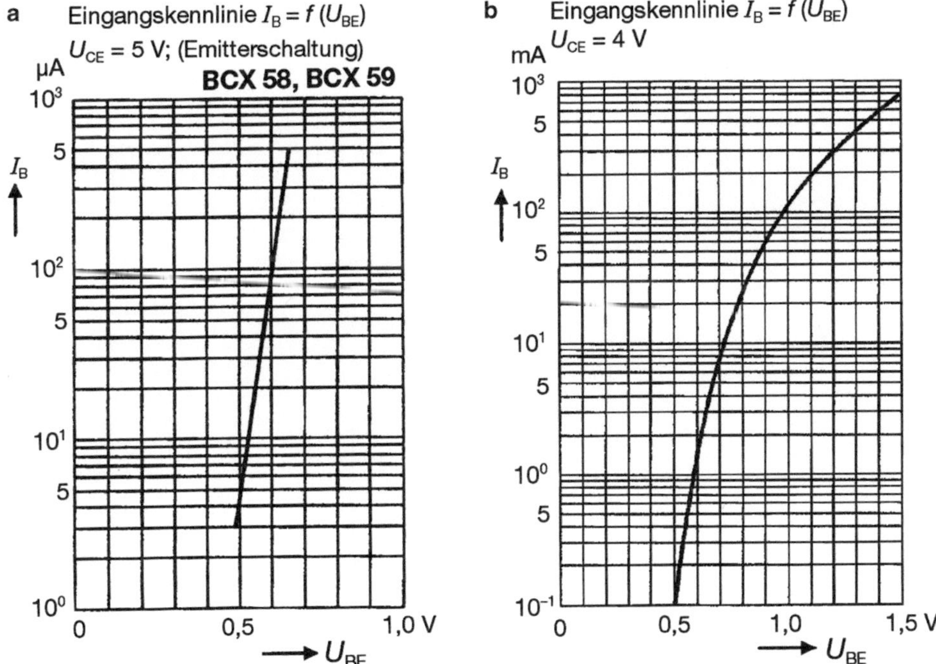

Abb. 5.18 Eingangskennlinien von npn-Transistoren aus Datenblättern mit logarithmischer Auftragung von I_B, Kleinsignaltransistor (**a**) und Leistungstransistor 2N3055 (**b**). Man beachte, dass beim Leistungstransistor der Basisstrom fast 1 A werden kann

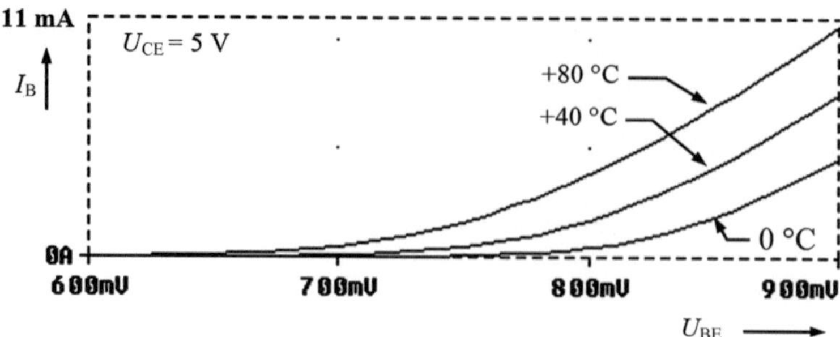

Abb. 5.19 Eingangskennlinie eines Transistors bei drei verschiedenen Temperaturen

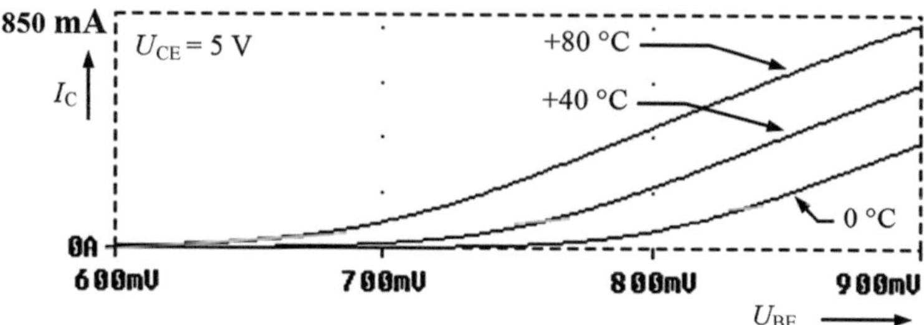

Abb. 5.20 Kollektorstrom I_C als Funktion von U_{BE} bei drei verschiedenen Temperaturen

Abb. 5.21 Kollektorstrom I_C bei verschiedenen Temperaturen des npn-Transistors BCX 58, 59

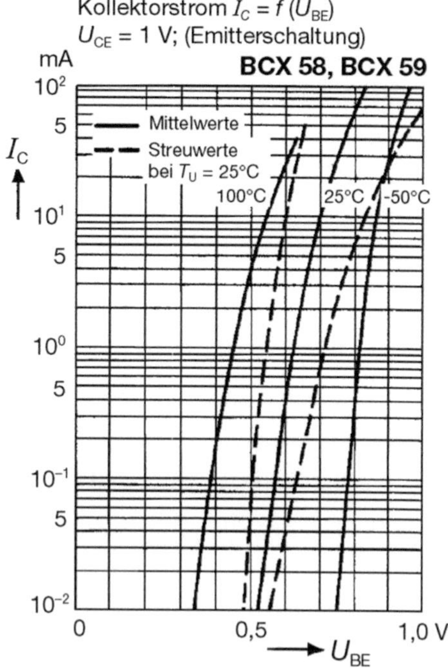

sich der Basisstrom mit etwa 12 K Temperaturerhöhung. (Siehe auch Abschn. 4.6.3, Zusammenfassung: Temperaturabhängigkeit der Diodenparameter.)

Da der Basisstrom mit der Temperatur zunimmt, steigt auch der Kollektorstrom mit der Temperatur an (Abb. 5.20, 5.21). Eine Temperaturzunahme um 1 °C erhöht den Kollektorstrom eines bipolaren Transistors um ca. 10 %, 25 °C verzehnfachen ihn annähernd.

5.9.1.2 Differenzieller Eingangswiderstand

Er wird auch *Kleinsignaleingangswiderstand* oder *Wechselstromeingangswiderstand* genannt.

Dem Eingangskennlinienfeld kann eine wichtige Größe entnommen werden, welche für die Berechnung eines Verstärkers benötigt wird: Der *differenzielle* (oder *dynamische*) Eingangswiderstand r_{BE}. Nach Abb. 5.22 ergibt sich r_{BE} aus der Steigung $1/r_{BE}$ der Kennlinie in einem gegebenen Arbeitspunkt für einen bestimmten Wert von U_{CE}.

$$r_{BE} = \left.\frac{\partial U_{BE}}{\partial I_B}\right|_{U_{CE}=\text{const.}} = \frac{\Delta U_{BE}}{\Delta I_B} = \frac{u_{BE}}{i_B} \tag{5.8}$$

Wie bei einer Diode gilt:

$$I_B = I_{BS} \cdot e^{\frac{U_{BE}}{n \cdot U_T}} \quad \text{mit } I_{BS} = \text{Emitterreststrom } I_{EBO} \tag{5.9}$$

Durch Differenzieren nach U_{BE} folgt:

$$\frac{I_{BS} \cdot e^{\frac{U_{BE}}{n \cdot U_T}}}{n \cdot U_T} = \frac{1}{r_{BE}} = \frac{I_B}{n \cdot U_T}$$

Es folgt:

$$r_{BE} = \frac{n \cdot U_T}{I_B} \tag{5.10}$$

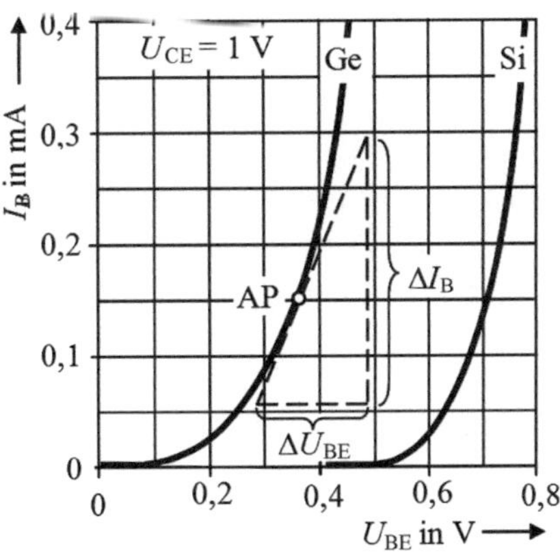

Abb. 5.22 Eingangskennlinien von Transistoren

Für kleine Stromänderungen gilt näherungsweise: $I_C = \beta \cdot I_B$ (siehe Gl. 5.21). Somit folgt:

$$r_{BE} = \frac{\beta \cdot U_T}{I_C} \tag{5.11}$$

Der Vierpolparameter h_{11e} entspricht dem differenziellen Eingangswiderstand r_{BE}.

$$h_{11e} = r_{BE} \tag{5.12}$$

r_{BE} liegt für Basisströme im µA-Bereich bei einigen kΩ.

5.9.2 Ausgangskennlinie

5.9.2.1 Ausgangskennlinienfeld für Spannungs- und Stromsteuerung

Das Ausgangskennlinienfeld bildet das für die Beurteilung des Transistorverhaltens und die Bemessung von Schaltungen wichtigste Diagramm.

Die Ausgangskennlinie zeigt den im Ausgangskreis bestehenden Zusammenhang $I_C = f(U_{CE})$ zwischen Kollektorstrom I_C und Kollektor-Emitter-Spannung U_{CE} bei konstantem Basisstrom. Werden mehrere Ausgangskennlinien in dieselbe Grafik eingetragen, wobei der Basisstrom I_B als Parameter für jede Kennlinie unterschiedliche, aber feste Werte annimmt, so erhält man eine Kurvenschar, das *Ausgangskennlinienfeld* $I_C = f(U_{CE}, I_B)$ für Stromsteuerung. Bei gleichmäßiger stufenweiser Erhöhung von I_B ergeben sich äquidistante Kennlinien (Abb. 5.23b).

Seltener genutzt wird die Möglichkeit, die Ausgangskennlinien bei konstanter Eingangsspannung U_{BE} als Parameter aufzunehmen. Sie sehen im Prinzip gleich aus, bei stufenweiser Erhöhung von U_{BE} nimmt der Abstand der Kennlinien aber stark zu. Dies liegt an der Krümmung der Eingangskennlinie. Man erhält das Ausgangskennlinienfeld $I_C = f(U_{CE}, U_{BE})$ für Spannungssteuerung (Abb. 5.23a).

In praktisch aufgebauten Schaltungen erfolgt allerdings die Ansteuerung des Transistors annähernd mit eingeprägtem Steuerstrom I_B, seltener mit eingeprägter Spannung U_{BE}. Eine Messschaltung zeigt Abb. 5.24.

In den Datenblättern von Transistoren werden Kenn- und Grenzwerte als Zahlenwerte angegeben, die häufig auch im Ausgangskennlinienfeld ablesbar sind. Sie kennzeichnen die Bereiche für den Transistoreinsatz und grenzen diese voneinander ab.

Kennwerte geben die Betriebseigenschaften des Transistors an.
Grenzwerte sind Werte, die nicht überschritten werden dürfen.

Die Anpassung einer Transistorschaltung an eine bestimmte Aufgabe (Kleinsignalverstärker oder Schalter) erfolgt durch die Wahl des Arbeitspunktes im Ausgangskennlinienfeld.

Die folgenden Erläuterungen beziehen sich auf Abb. 5.25.

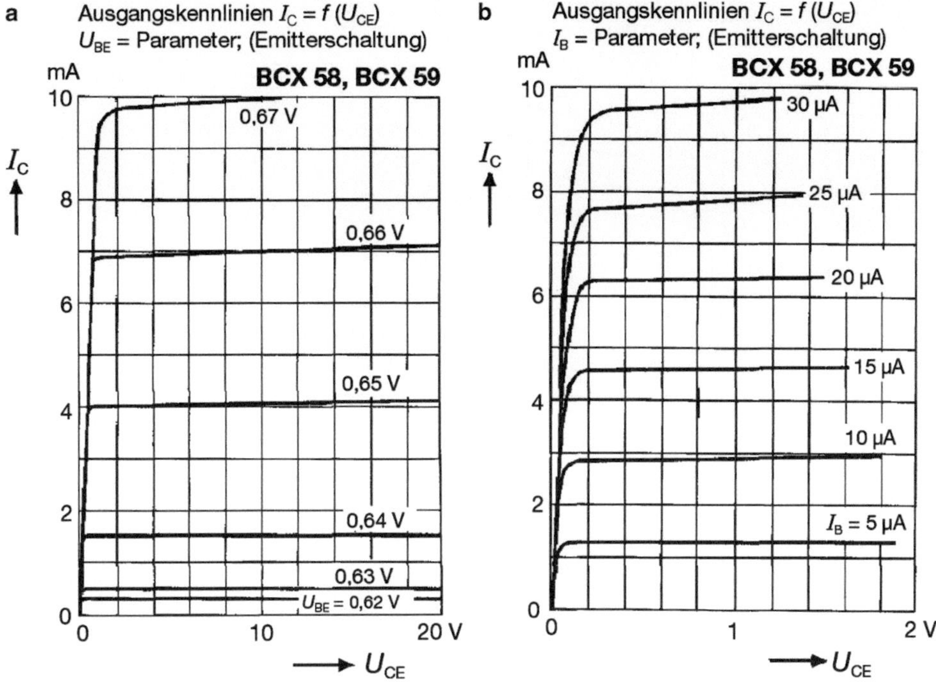

Abb. 5.23 Ausgangskennlinienfeld eines npn-Transistors (Emitterschaltung) mit U_{BE} als Parameter (**a**) und mit I_B als Parameter (**b**)

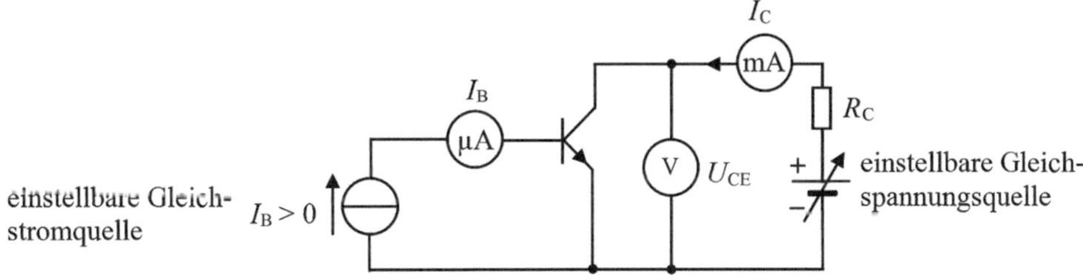

Abb. 5.24 Schaltung zur Aufnahme der Ausgangskennlinie

5.9.2.2 Aktiver Bereich

Typisch für den Kennlinienverlauf im Ausgangskennlinienfeld ist, dass die Kollektor-Emitter-Spannung U_{CE} fast keinen Einfluss auf den Kollektorstrom I_C hat. Der Grund hierfür ist, dass der Durchlasszustand der Basis-Emitter-Diode die Stärke des Elektronenstroms aus dem Emitter bestimmt, und die Spannung U_{CE} nur eine Hilfsfunktion beim Übertritt der Elektronen aus der Basis in den Kollektor ausübt. Der Kollektorstrom ist ein von der Sperrspannung unabhängiger Sperrstrom. Aufgrund der schwächeren Dotierung der Basis ist der Löcheranteil im Emitterstrom relativ klein, ebenso der Sperrstromanteil I_{CBO}.

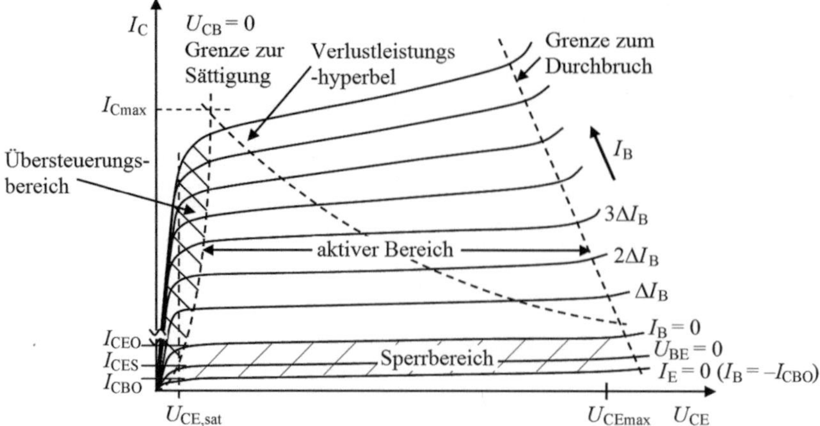

Abb. 5.25 Kenn- und Grenzwerte im Ausgangskennlinienfeld (npn-Transistor in Emitterschaltung), der Sperrbereich ist stark vergrößert dargestellt

Mit Ausnahme eines kleinen Bereiches nahe der I_C-Achse sind also die Kennlinien nur wenig von U_{CE} abhängig. Der Transistor arbeitet im Normalbetrieb für Kleinsignal-Verstärkeranwendungen im aktiven Bereich als Stromverstärker: Der Basisstrom wird um den Faktor β verstärkt am Kollektor wiedergegeben (typ.: $\beta = 100$). Die Basis-Emitter-Diode leitet und die Basis-Kollektor-Diode sperrt. Die Kennlinien verlaufen in diesem Bereich oberhalb $U_{CE,sat}$ fast horizontal (Bereich annähernd konstanter Stromverstärkung).

Der leichte Anstieg der Ausgangskennlinien in diesem Bereich ist auf den *Early*[3]*-Effekt* zurückzuführen. Dieser beschreibt die Änderung der effektiven Basisweite eines bipolaren Transistors durch die Basis-Kollektor-Spannung U_{BC}. Wächst U_{CE} und damit U_{BC}, so verschiebt sich die Kollektor-Basis-Grenzschicht weiter in die Basis, die Basis wird „dünner" und damit I_C größer. Dies entspricht einer Basisweiten-Modulation.

Die „Durchgreifspannung" ist erreicht, wenn U_{CE} so groß wird, dass die Kollektor-Basis-Grenzschicht die Emitter-Basis-Grenzschicht berührt und ein sehr hoher Strom fließen kann, weil der Kollektor praktisch mit dem Emitter kurzgeschlossen wird („punch-through", Zerstörungsgefahr wegen Durchbruch).

Verlängert man die leicht ansteigenden Kurven nach links, schneiden alle die Spannungsachse U_{CE} annähernd in einem Punkt, der so genannten *Early-Spannung* U_Y (Abb. 5.26). Sie beträgt für npn-Transistoren -30 bis -150 V und für pnp-Transistoren -30 bis -75 V.

5.9.2.3 Übersteuerungsbereich

Je größer der Basisstrom I_B ist, desto mehr steuert ein Transistor durch, die Spannung U_{CE} wird immer kleiner. Nahe der I_C-Achse wird U_{CE} so klein, dass zusätzlich zur Basis-Emitter-Diode auch die Basis-Kollektor-Diode leitet (da $U_{CE} \leq U_{BE}$ und damit $U_{CB} \leq 0$

[3] James M. Early (1922–2004), amerikanischer Elektroingenieur.

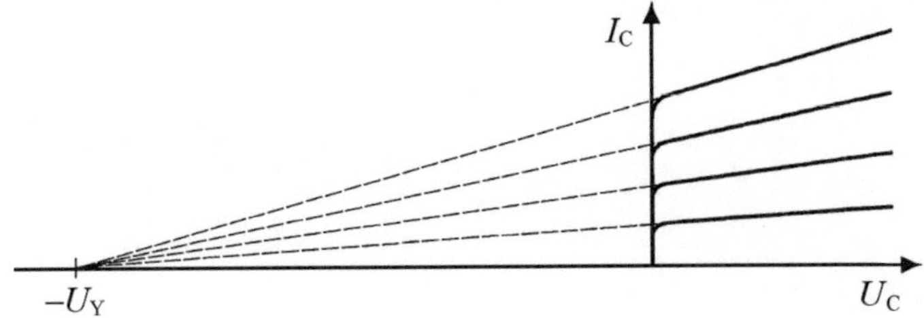

Abb. 5.26 Early-Effekt und Early-Spannung im Ausgangskennlinienfeld

wird) und sie den Elektronenstrom wieder in die Basis zurückfließen lässt. Unterhalb eines bestimmten kleinstmöglichen Wertes der Kollektor-Emitter-Spannung $U_{CE,sat}$ ist I_C nur von U_{CE} abhängig und nicht vom Basisstrom I_B. I_C und U_{CE} werden hier überwiegend durch die äußere Beschaltung, durch Betriebsspannung und Arbeitswiderstände, festgelegt.

$U_{CE,sat}$ wird meist nur *Sättigungsspannung*, aber auch *Kollektor-Emitter-Sättigungsspannung*, *Kollektorrestspannung* oder *Kniespannung* genannt und ist eine charakteristische Größe des Transistors. An der Grenze zu $U_{CE,sat}$ knicken die Kennlinien scharf ab und verlaufen näherungsweise durch den Ursprung des Kennlinienfeldes.

Der Bereich $0 < U_{CE} < U_{CE,sat}$ wird als *Sättigungsbereich* oder *Übersteuerungsbereich* bezeichnet. In diesem Bereich ist die Kollektorspannung nicht groß genug, um die in die Basis-Kollektor-Grenzschicht diffundierenden Ladungsträger abzusaugen, das Innere des Transistors ist von Ladungsträgern überschwemmt. Bei Kleinsignaltransistoren ist $U_{CE,sat} \approx 0{,}2\,\text{V}$. Bei Digitalschaltungen muss $U_{CE,sat}$ möglichst klein sein, um einen sicheren Schaltbetrieb zu garantieren. Bei Leistungstransistoren kann $U_{CE,sat}$ bis auf 1 V ansteigen.

Die Linie $U_{CB} = 0$ stellt eine Grenze für den linearen Arbeitsbereich des Transistors dar (Übersteuerungsgrenze, Grenze zur Sättigung). Der Übersteuerungsbereich sollte beim Verstärkerbetrieb des Transistors nicht ausgenutzt werden, da der resultierende Ausgangsstrom nicht mehr linear vom Basisstrom abhängt. Der Sättigungszustand ist für Schaltanwendungen wichtig. Bei Schalttransistoren liegt der Arbeitspunkt im Übersteuerungsbereich (Schalter EIN, Transistor leitet) oder im Sperrbereich (Schalter AUS, Transistor sperrt). Im Übersteuerungszustand erreicht die Kollektor-Emitter-Strecke bei der Sättigungsspannung $U_{CE,sat}$ ihren kleinsten Widerstandswert.

5.9.2.4 Sperrbereich

Im gesperrten Zustand des Transistors sind Basis-Emitter-Diode *und* Basis-Kollektor-Diode in Sperrrichtung gepolt. Basis- und Kollektorstrom sind im Vergleich zum Betrieb des Transistors im aktiven Bereich oder im Übersteuerungsbereich sehr klein. Für den Betrieb im Sperrbereich kann für viele Anwendungen $I_C = I_B = I_E = 0$ angenommen werden.

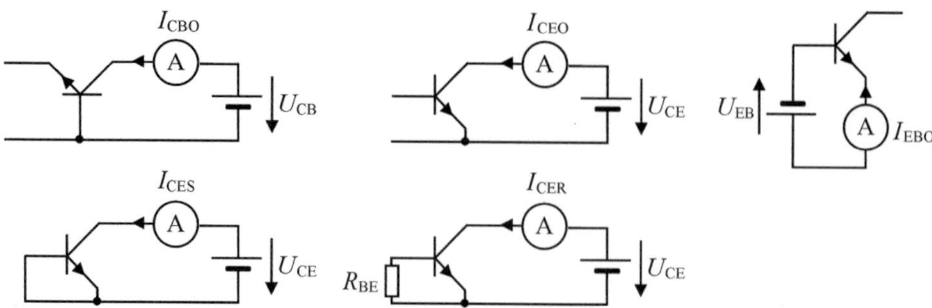

Abb. 5.27 Messanordnungen für die Bestimmung der Restströme

Wird an zwei Anschlüsse eines Bipolartransistors eine Spannung in Sperrrichtung angelegt, so wird der fließende Sperrstrom als *Reststrom* (*cut-off current*) bezeichnet (Abb. 5.27).

Bei Si-Transistoren als Verstärker spielen Restströme in vielen Fällen keine Rolle, da das Verhältnis von Steuerstrom zu Reststrom sehr groß ist und der Reststrom den Steuerstrom nicht signifikant beeinflusst. Bei Ge-Transistoren sind die Restströme, wie bei den Ge-Dioden, allerdings ca. 1000-fach größer. Beim Verstärker werden also Restströme nur in speziellen Fällen näher untersucht und berücksichtigt.

Beim Einsatz des Transistors als Schalter können Restströme die Eigenschaften als quasi-idealer Schalter ungünstig beeinflussen und sind dementsprechend zu berücksichtigen.

Wie bei den Dioden (es gelten dieselben Zusammenhänge) sind alle Restströme des Transistors stark temperaturabhängig und nehmen bei steigender Temperatur zu. Vor allem Transistoren mit großer Sperrschichtfläche (Leistungstransistoren) zeigen signifikante Restströme.

Restströme

Da Stromverstärkungsfaktoren ihrerseits eine Funktion des Kollektorstromes sind, wird ein Transistor im Bereich kleiner Betriebsparameter nicht durch seine Verstärkungsfaktoren sondern durch seine Restströme charakterisiert. Unter dem Reststrom versteht man den Sperrstrom am Ausgang des Transistors bei einer vorgegebenen Beschaltung seines Eingangs. Bei der Basis- und Emitterschaltung des Transistors handelt es sich also um charakteristische Werte des Kollektorstromes. Der Kollektorstrom ist durch eine aus drei Buchstaben bestehende Indizierung gekennzeichnet, z. B. I_{CBO}. Hierbei bezeichnet der

1. Index: Die Elektrode, an welcher der Strom gemessen wird (hier der Kollektor)
2. Index: Die Grundschaltung des Transistor (Basisschaltung: B, Emitterschaltung: E)
3. Index: Den Zustand der 3. Klemme. Ein O (open) oder eine 0 zeigt an, dass die 3. Klemme offen ist. Ein S (shorted) weist auf einen Kurzschluss zwischen dieser

Klemme und der Bezugsklemme hin. Ein R besagt, dass zwischen dieser Klemme und der Bezugsklemme ein Ohm'scher Widerstand liegt.

Der größte Reststrom ist der Kollektorstrom in Emitterschaltung bei offener Basis I_{CEO}, der kleinste der Kollektorstrom in Basisschaltung bei offenem Emitter I_{CBO}.

Die bei der Messung der Restströme angelegten Spannungen werden *Sperrspannungen* genannt. Für Sperrspannungen gibt es bestimmte Grenzwerte. Wird die höchstzulässige Sperrspannung am Transistor überschritten, so steigt der Sperrstrom stark an (Durchbruch). Die Durchbruchspannung wird immer für einen bestimmten Stromwert angegeben. Die Kollektor-Emitter-Durchbruchspannung bei offener Basis hat z. B. die Bezeichnung $U_{(BR)CEO}$.

- $\boldsymbol{I_{CBO}}$ bei $I_E = 0$

Der *Kollektorreststrom* I_{CBO} (Kollektor-Basis-Reststrom) ist der bei gesperrter Basis-Kollektor-Diode und offenem Emitterkontakt fließende Strom. I_{CBO} wird bei einer Spannung U_{CB} gemessen, die etwas kleiner ist als die Durchbruchspannung $U_{(BR)CBO}$. Übliche Werte für I_{CBO} sind einige nA für Siliziumtransistoren und einige µA für Germaniumtransistoren. Für Si-Kleinsignaltransistoren liegen Praxiswerte für I_{CBO} im Bereich 1…10 nA bei 20 °C. Zu I_{CBO} siehe auch Abb. 5.9. Der bei gesperrtem Transistor fließende Reststrom I_{CBO} ist stark temperaturabhängig. Näherungsweise gilt

$$I_{CBO}(\vartheta_J) \approx I_{CBO}(\vartheta_0) \cdot e^{0,1 \cdot (\vartheta_J - \vartheta_0)} \tag{5.13}$$

mit ϑ_0 = Bezugstemperatur (meist 25 °C),

$$\vartheta_J = R_{thJA} \cdot \underbrace{I_C \cdot U_{CE}}_{\approx P_V} + \vartheta_A = \text{Sperrschichttemperatur}$$

(Index A = Ambient).

- $\boldsymbol{I_{EBO}}$ bei $I_C = 0$

Der *Emitterreststrom* I_{EBO} (Emitter-Basis-Reststrom) ist der bei gesperrter Basis-Emitter-Diode und offenem Kollektorkontakt fließende Strom. I_{EBO} wird bei einer Spannung U_{EB} gemessen, die etwas kleiner ist als die Durchbruchspannung $U_{(BR)EBO}$.

- $\boldsymbol{I_{CEO}}$ bei $I_B = 0$

Für den zwischen Kollektor und Emitter fließenden *Kollektor-Emitter-Reststrom* werden unterschiedliche Werte je nach Beschaltung des Basisanschlusses definiert. Bei offener Basis ist der Kollektor-Emitter-Reststrom I_{CEO}, er wird bei einer Spannung U_{CE} gemessen, die etwas kleiner ist als die Durchbruchspannung $U_{(BR)CEO}$. I_{CEO} ist durch den in der sperrgepolten Basis-Kollektor-Diode generierten Strom gegeben. Dieser fließt als Elektronenstrom in den Kollektor ab. Die beim Generationsvorgang ebenfalls erzeugten Löcher fließen in die Basis, werden aber wegen dem offenen Basisanschluss nicht abgeführt. Die Löcher wirken wie ein von außen zugeführter Basisstrom und rufen einen um den Faktor B verstärkten Emitterstrom (Transferstrom) hervor.

$$I_{CEO} = (1 + B) \cdot I_{CBO} \tag{5.14}$$

Die Basis-Emitterstrecke ist also für $I_B = 0$ (offener Basisanschluss) nicht gesperrt. Trotzdem wird die Kennlinie $I_B = 0$ im Ausgangskennlinienfeld häufig als Grenzkennlinie zwischen aktivem Bereich und Sperrbereich angegeben (es existiert kein externes Steuersignal).

- I_{CES} bei $U_{BE} = 0$

Bei gegen den Emitter kurzgeschlossener Basis ist der Kollektor-Emitter-Reststrom I_{CES}. Er wird bei einer Spannung U_{CE} gemessen, die etwas kleiner ist als die Durchbruchspannung $U_{(BR)CES}$. Es gilt:

$$I_{CES} < I_{CEO} \tag{5.15}$$

$$I_{CES} \approx I_{CBO} \tag{5.16}$$

5.9.2.5 Differenzieller Ausgangswiderstand

Aus dem Ausgangskennlinienfeld $I_C = f(U_{CE})$ kann direkt der differenzielle (dynamische) Ausgangswiderstand r_{CE} (der ausgangsseitige Innenwiderstand) des Transistors in einem gegebenen Arbeitspunkt AP (bei einem bestimmten Basisstrom) entnommen werden. Er wird auch als *Kleinsignalausgangswiderstand* bezeichnet und lässt sich aus der Steigung der Kennlinie im Arbeitspunkt bestimmen.

$$r_{CE} = \left.\frac{\Delta U_{CE}}{\Delta I_C}\right|_{I_B=\text{const.}} = \left.\frac{\partial U_{CE}}{\partial I_C}\right|_{I_B=\text{const.}} \tag{5.17}$$

Mit der Early-Spannung U_Y besteht der Zusammenhang:

$$r_{CE} = \frac{U_Y + U_{CE,AP}}{I_{C,AP}} \approx \frac{U_Y}{I_{C,AP}} \tag{5.18}$$

Typische Ausgangswiderstände liegen meist in der Größenordnung einiger kΩ (zwischen 1 und 100 kΩ). Dies bedeutet, dass die differenziellen Eingangs- und Ausgangswiderstände der Emitterschaltung etwa gleich groß sind (d. h. Leistungsanpassung zwischen aufeinander folgenden Stufen).

Der Kehrwert des differenziellen Ausgangswiderstandes (der differenzielle Ausgangsleitwert) entspricht dem Vierpolparameter h_{22e}.

$$h_{22e} = \frac{1}{r_{CE}} \tag{5.19}$$

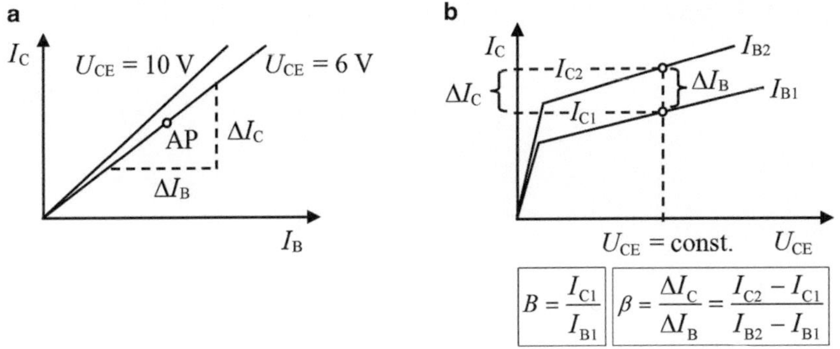

Abb. 5.28 Strom-Steuerkennlinie der Emitterschaltung (**a**), Schema zur Entnahme von B und β aus dem Ausgangskennlinienfeld (**b**)

5.9.3 Steuerkennlinien

Eine Steuerkennlinie wird auch Übertragungskennlinie genannt. Sie zeigt grafisch die Abhängigkeit einer Ausgangsgröße von einer Eingangsgröße. Beim Bipolartransistor gibt es die Strom- und die Spannungs-Steuerkennlinie. Wegen der bestehenden Abhängigkeit von U_{CE} sollte bei den Übertragungskennlinien jeweils angegeben werden, für welche Kollektor-Emitter-Spannung sie gelten.

5.9.3.1 Strom-Steuerkennlinie

Die Strom-Steuerkennlinie $I_C = f(I_B)$ zeigt den Kollektorstrom I_C in Abhängigkeit des Basisstroms I_B als steuernde Größe bei konstanter Spannung U_{CE}. I_C ist ziemlich gut proportional zu I_B, die Strom-Steuerkennlinie ist näherungsweise eine vom Ursprung ausgehende Gerade (Abb. 5.28a). Als wichtige Kenngröße des Transistors kann dieser Steuerkennlinie die Stromverstärkung entnommen werden.

Gleichstromverstärkung B:

$$B = \frac{I_C}{I_B} \tag{5.20}$$

Kleinsignalstromverstärkung β (Wechselstromverstärkung, Kleinsignalverstärkung, differenzielle Stromverstärkung):

$$\beta = \left.\frac{i_C}{i_B}\right|_{AP} = \left.\frac{\Delta I_C}{\Delta I_B}\right|_{AP} = \left.\frac{dI_C}{dI_B}\right|_{AP\,(U_{CE}=\text{const.})} \tag{5.21}$$

Die Gleichstromverstärkung B kann man in einem Arbeitspunkt dem Ausgangskennlinienfeld (Abb. 5.25) entnehmen. Bei einer gewählten (zum Arbeitspunkt gehörigen) Spannung U_{CE} schneidet eine Senkrechte eine Ausgangskennlinie mit einem bestimmten I_B-Wert als Parameter. Von diesem Punkt aus geht man waagrecht nach links bis zur Ordinate und liest den zugehörigen I_C-Wert ab. Es ist dann $B = I_C/I_B$.

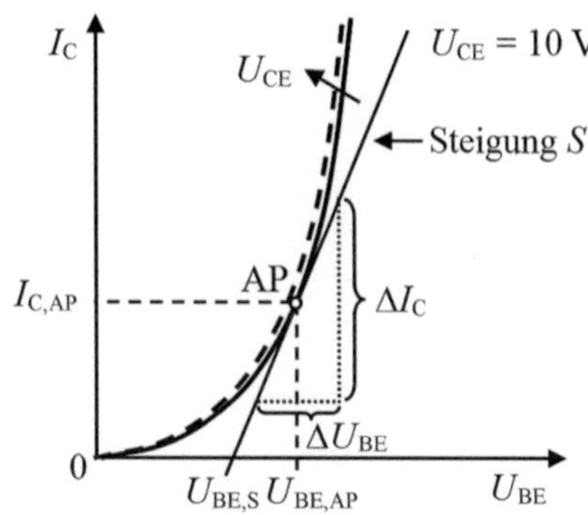

Abb. 5.29 Spannungs-Steuerkennlinie $I_C = f(U_{BE})$ (Emitterschaltung)

Auch β kann in einem Arbeitspunkt $\Delta I_C/\Delta I_B$ aus dem Ausgangskennlinienfeld entnommen werden, siehe Abb. 5.28b. Die Werte ΔI_C und ΔI_B schafft man sich im Arbeitspunkt selbst (für einen gewählten Wert $U_{CE} = \text{const.}$).

5.9.3.2 Spannungs-Steuerkennlinie

Die Spannungs-Steuerkennlinie $I_C = f\,(U_{BE})$ zeigt den Kollektorstrom I_C in Abhängigkeit der Steuerspannung U_{BE} bei konstanter Spannung U_{CE} (Abb. 5.29).

Die *Steilheit* S (die Tangentensteigung) der Kennlinie zeigt, wie stark der Kollektorstrom bei einer Änderung von U_{BE} wächst oder sinkt. Die Steilheit S ist wie folgt definiert, sie lässt sich überschlagsmäßig in Beziehung zur Diodencharakteristik setzen. Wie bei einer Diode gilt:

$$I_C\,(U_{BE}) = I_{CS} \cdot e^{\frac{U_{BE}}{U_T}} \quad \text{mit}$$
$$I_{CS} = I_{CEO} = \text{Kollektor-Emitter-Reststrom (Bereich nA bis µA)} \tag{5.22}$$

Durch Differenzieren nach U_{BE} folgt:

$$S = \frac{I_{CS} \cdot e^{\frac{U_{BE}}{U_T}}}{U_T} = \frac{I_C}{U_T}$$

Somit ist:

$$S = \left.\frac{i_C}{u_{BE}}\right|_{AP} = \left.\frac{\Delta I_C}{\Delta U_{BE}}\right|_{AP} = \left.\frac{dI_C}{dU_{BE}}\right|_{AP\,(U_{CE}=\text{const.})} = \frac{I_{C,AP}}{U_T} \tag{5.23}$$

Mit $r_{BE} = \frac{\beta \cdot U_T}{I_C}$ (siehe Gl. 5.11) folgt:

$$S = g_{21} = \frac{\beta}{r_{BE}} \quad \text{mit } [g_{21}] = \frac{\text{mA}}{\text{V}} \tag{5.24}$$

Die Steilheit S wird auch als g_{21} bezeichnet. Die Tangentensteigung g_{21} stellt formal einen differenziellen Leitwert dar und wird *Übertragungssteilheit* genannt. Da die Steilheit stark vom Arbeitspunkt abhängig ist, verwendet man bei den Berechnungen mit Bipolartransistoren vorwiegend den Stromverstärkungsfaktor β.

Für eine möglichst gleichmäßige und verzerrungsfreie Übertragung (Verstärkung) mit einem Transistor wird dieser mit einem veränderlichen Strom angesteuert. Im Gegensatz zur Stromsteuerung treten bei der Spannungsteuerung wegen der nichtlinearen Kennlinie unter Umständen Verzerrungen auf.

5.9.4 Rückwirkungskennlinie

Die Rückwirkungskennlinie (Abb. 5.30) gibt den Zusammenhang zwischen Basis-Emitter- und Kollektor-Emitter-Spannung an. Als Parameter wird meist der Basisstrom gewählt.

Eine Vergrößerung der Kollektor-Emitter-Spannung U_{CE} führt zur Vergrößerung der Spannungen U_{CB} und U_{BE}, da $U_{CE} = U_{CB} + U_{BE}$. Eine Erhöhung der Ausgangsspannung U_{CE} und auch eine Verminderung wirken also auf die Eingangsspannung U_{BE} zurück.

Diese Rückwirkung vom Ausgang auf den Eingang ist in hohem Maße unerwünscht und sollte deshalb sehr gering sein. Die Hersteller von Transistoren sind bemüht, die Rückwirkung von U_{CE} auf U_{BE} möglichst klein zu halten. Die Rückwirkungskennlinien verlaufen bei modernen Transistoren sehr flach. Das bedeutet, die Rückwirkung von U_{CE} auf U_{BE} ist gering und kann meist vernachlässigt werden. Auf die Kennlinie wird in Datenblättern häufig verzichtet.

Ein Maß für die Rückwirkung ist der *differenzielle Rückwirkungsfaktor D*. Aus der Änderung der Basis-Emitter-Spannung ΔU_{BE} und der Änderung der Kollektor-Emitter-Spannung ΔU_{CE} lässt sich der differenzielle Rückwirkungsfaktor D berechnen. Er entspricht dem Vierpolparameter h_{12e}.

$$D = \frac{\Delta U_{BE}}{\Delta U_{CE}} = h_{12e} \quad (\text{für } I_B = \text{const.}) \tag{5.25}$$

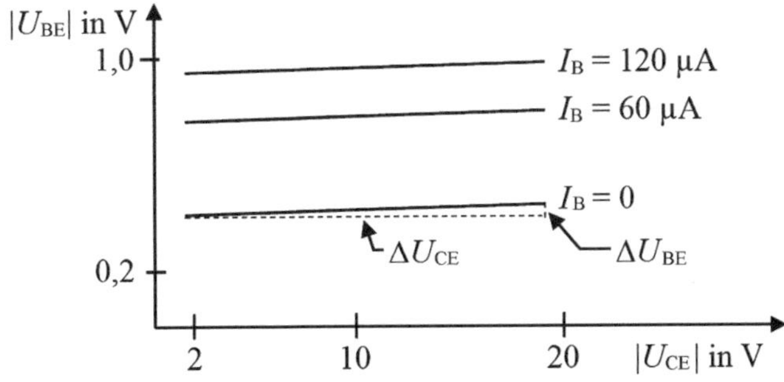

Abb. 5.30 Beispiel für ein Rückwirkungskennlinienfeld

5.9.5 Vierquadranten-Kennlinienfeld

Transistorkennlinien beschreiben das Verhalten des Transistors in verschiedenen Arbeitspunkten mit unterschiedlichen Wertepaaren I_C, U_{CE}. Für grafische Analysen von Schaltungen mit bipolarem Transistor (insbesondere in Emitterschaltung) eignet sich eine Darstellungsart, bei der die Kennlinien des Transistors in die vier Quadranten eines Koordinatensystems eingezeichnet werden (Abb. 5.31). Moderne Datenbücher tendieren jedoch weg von der grafischen Beschreibung hin zu tabellierten Werten mit zugehörigen Umrechnungsformeln. Das Vierquadranten-Kennlinienfeld (heute nur noch für Lehrzwecke

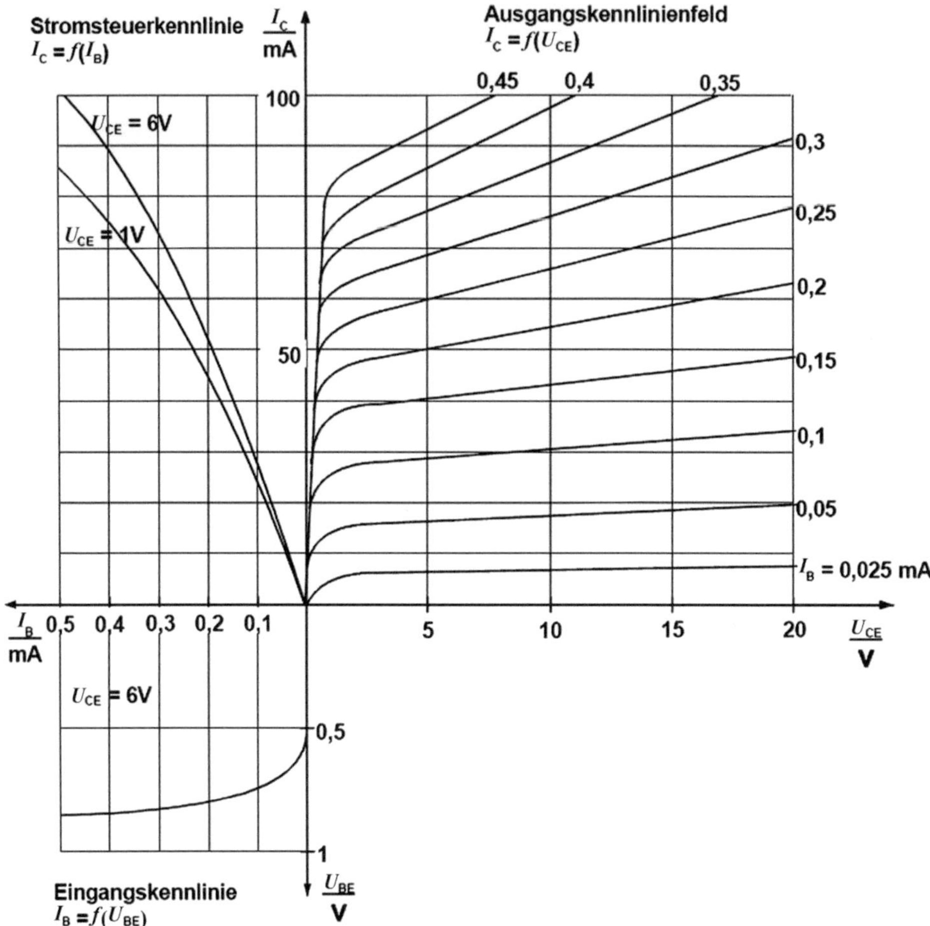

Abb. 5.31 Vierquadranten-Kennlinienfeld der Emitterschaltung für den Transistor BC107: I. Quadrant: Ausgangskennlinien $I_C(U_{CE})$, II. Quadrant: Stromverstärkungskennlinien $I_C(I_B)$, III. Quadrant: Eingangskennlinienfeld $I_B(U_{BE})$, IV. Quadrant: Spannungsrückwirkungs-Kennlinienfeld $U_{BE}(U_{CE})$, wird häufig nicht eingezeichnet

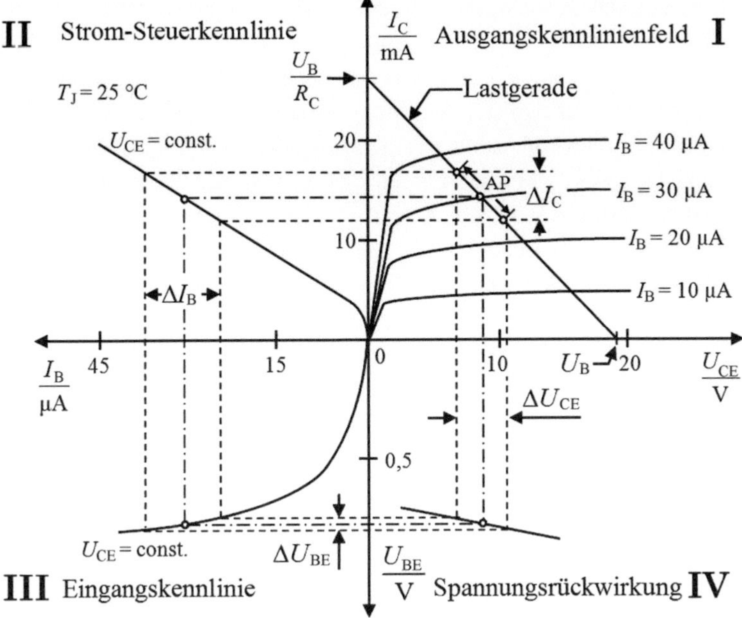

Abb. 5.32 Vierquadranten-Kennlinienfeld eines npn-Transistors mit Zahlenwerten als Beispiel. Eingetragen sind die Lastgerade und die Arbeitspunkte in den vier Quadranten

verwendet) wurde besonders früher zur grafischen Dimensionierung benutzt. Es erlaubt das Herauslesen von Kenndaten, die Dimensionierung bei bekannten Lastverhältnissen des zugehörigen Arbeitspunktes und es zeigt sofort den maximalen Aussteuerbereich der Transistorstufe. Die einzelnen Kennlinien werden hierbei aufgrund eines Parameters spezifiziert, z. B. I_B für die Ausgangskennlinie. Er wird jeweils für eine einzelne Kennlinie konstant gehalten.

Ohne Steuersignal im Eingangskreis stellt sich im Ausgangskennlinienfeld durch die äußere Beschaltung des Transistors ein fester Betriebspunkt, der *Arbeitspunkt* (AP) ein. Er ist durch die Betriebsspannung U_B, den Arbeitswiderstand R_C (Lastwiderstand R_L) und einen gewählten Basisstrom I_B festgelegt (Abb. 5.32).

Die Maschengleichung im Ausgangskreis des Transistors in Emitterschaltung ergibt (siehe Abb. 5.15): $-U_B + I_C \cdot R_C + U_{CE} = 0$. Daraus folgt die Gleichung der *Lastgeraden* oder *Arbeitsgeraden*.

$$I_C = -\frac{1}{R_C} \cdot U_{CE} + \frac{U_B}{R_C} \tag{5.26}$$

Diese Gleichung stellt eine Gerade mit negativer Steigung dar. Für $I_C = 0$ schneidet die Gerade die Abszisse bei $U_{CE} = U_B$. Mit $U_{CE} = 0$ ergibt sich der Schnittpunkt der Geraden mit der Ordinate zu $I_C = \frac{U_B}{R_C}$. Durch Verbinden der beiden Schnittpunkte kann die Gerade in das Ausgangskennlinienfeld eingetragen werden. Der Arbeitspunkt (AP) wird festgelegt durch den Schnittpunkt dieser Geraden mit einer $I_C(U_{CE})$-Kurve, deren Basisstrom I_B gewählt wird. Durch die Festlegung des Arbeitspunktes im Ausgangskennlinienfeld ist der Arbeitspunkt im 2., 3. und 4. Quadranten ebenfalls festgelegt. Der gewählte Basis-Ruhestrom ist durch eine geeignete Schaltung zu erzeugen. Bei Spannungssteuerung kann dies z. B. durch einen Spannungsteiler zur Erzeugung der aus der Eingangskennlinie abgelesenen, zum Arbeitspunkt gehörenden Basisvorspannung erfolgen. Bei Stromsteuerung wird der Basis ein aus der Strom-Steuerkennlinie abgelesener, zum Arbeitspunkt gehörender Basis-Ruhestrom aus einer Konstantstromquelle eingeprägt.

Wird der Eingangskreis durch ein Signal ΔU_{BE} bzw. ΔI_B angesteuert, so wandert dem Signal entsprechend der Betriebspunkt vom eingestellten Arbeitspunkt AP ausgehend auf der Lastgeraden hin und her. Die sich dadurch ergebende Ausgangswechselspannung und der Ausgangswechselstrom lassen sich auf den Koordinatenachsen ablesen (ΔU_{CE}, ΔI_C). Es sind verstärkte Werte.

5.10 Durchbruchspannungen und Grenzströme

Für einen Transistor angegebene Grenzdaten dürfen nicht überschritten werden. Zu den Grenzdaten gehören Grenzspannungen, Grenzströme und die maximale Verlustleistung.

5.10.1 Durchbruch 1. Art

5.10.1.1 Basis-Emitter-Diode

Bei der Emitter-Basis-Durchbruchspannung $U_{(BR)EBO}$ bricht die Emitter-Basis-Diode im Sperrbetrieb durch. Der Zusatz (BR) bedeutet Durchbruch (*breakdown*). Der Index O (open) gibt an, dass der dritte Anschluss, in diesem Fall der Kollektor, offen ist. Für die meisten Transistoren gilt $U_{(BR)EBO} \approx 5\ldots7\,\text{V}$. $U_{(BR)EBO}$ ist zwar die kleinste Grenzspannung, aber sie ist auch ohne große Bedeutung, da ein Transistor selten mit negativer Basis-Emitter-Spannung betrieben wird.

5.10.1.2 Basis-Kollektor-Diode

Bei der Kollektor-Basis-Durchbruchspannung $U_{(BR)CBO}$ bricht die Kollektor-Diode im Sperrbetrieb durch. Da im Normalbetrieb die Kollektor-Basis-Diode gesperrt ist, stellt $U_{(BR)CBO}$ eine für die Praxis wichtige Obergrenze für die Kollektor-Basis-Spannung dar.

Niederspannungstransistoren: $U_{(BR)CBO} \approx 20\ldots80\,\text{V}$
Hochspannungstransistoren: $U_{(BR)CBO} < 1300\,\text{V}$.

$U_{(BR)CBO}$ ist die größte Grenzspannung eines Transistors.

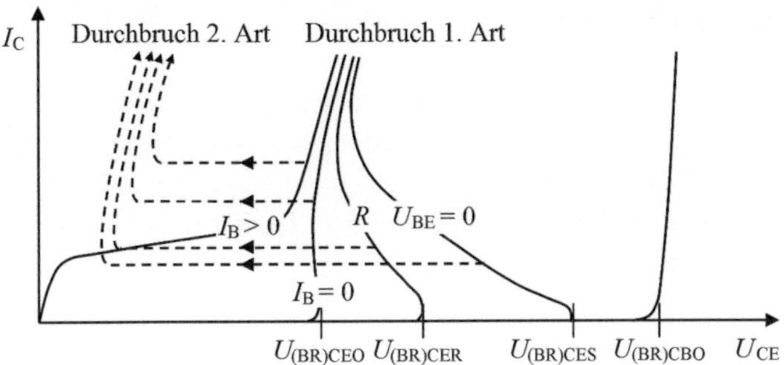

Abb. 5.33 Ausgangskennlinienfeld mit den Durchbruchkennlinien eines npn-Transistors

5.10.1.3 Kollektor-Emitter-Strecke

Für praktische Anwendungen besonders wichtig ist die maximal zulässige Kollektor-Emitter-Spannung U_{CE}. Einen Überblick gibt das Ausgangskennlinienfeld in Abb. 5.33, bei dem im Vergleich zum Ausgangskennlinienfeld nach Abb. 5.25 der Bereich für U_{CE} erweitert ist. Bei einer bestimmten Kollektor-Emitter-Spannung tritt ein Durchbruch auf, der ein starkes Ansteigen des Kollektorstroms zur Folge hat und meist zur Zerstörung des Transistors führt.

Die in Abb. 5.33 gezeigten Durchbruchkennlinien werden für verschiedene Beschaltungen der Basis aufgenommen.

Bei der Aufnahme der Kennlinie „$I_B > 0$" wird mit einer Stromquelle ein bestimmter positiver Basisstrom einprägt. Im Bereich der Kollektor-Emitter-Durchbruchspannung $U_{(BR)CEO}$ steigt der Strom stark an und die Kennlinie wird fast senkrecht. Die Spannung $U_{(BR)CEO}$ ist diejenige Kollektor-Emitter-Spannung, bei der trotz offener Basis ($I_B = 0$) der Kollektorstrom aufgrund des Durchbruchs einen bestimmten Wert überschreitet. Zur Bestimmung von $U_{(BR)CEO}$ wird die Kennlinie „$I_B = 0$" verwendet, die bei $U_{(BR)CEO}$ fast in eine Senkrechte übergeht.

Bei der Aufnahme der Kennlinie „R" wird ein Widerstand zwischen Basis und Emitter geschaltet. Die Durchbruchspannung erhöht sich dadurch auf $U_{(BR)CER}$. Der bei Durchbruch auftretende Stromanstieg hat in diesem Fall ein Absinken der Kollektor-Emitter-Spannung von $U_{(BR)CER}$ auf etwa $U_{(BR)CEO}$ zur Folge. Der Basisstrom I_B ist dabei negativ.

Die Kennlinie „$U_{BE} = 0$" wird mit kurzgeschlossener Basis-Emitter-Strecke aufgenommen. Die dabei auftretende Durchbruchsspannung $U_{(BR)CES}$ ist die größte der angegebenen Kollektor-Emitter-Durchbruchspannungen. Der Index S gibt an, dass die Basis kurzgeschlossen (shorted) ist. Es gilt allgemein für npn-Transistoren:

$$U_{(BR)CEO} < U_{(BR)CER} < U_{(BR)CES} < U_{(BR)CBO} \tag{5.27}$$

5.10.2 Durchbruch 2. Art

Neben dem normalen Durchbruch oder Durchbruch 1. Art durch den Lawineneffekt gibt es noch den zweiten Durchbruch oder Durchbruch 2. Art (*secondary breakdown*). Bei ihm tritt durch eine inhomogene Stromverteilung (Einschnürung) eine örtliche Übertemperatur auf, die zu einem lokalen Schmelzen und damit zur Zerstörung des Transistors führt. Die Kennlinien des zweiten Durchbruchs sind in Abb. 5.33 gestrichelt dargestellt. Es findet zunächst ein normaler Durchbruch statt, in dessen Verlauf die Einschnürung auftritt. Der zweite Durchbruch ist durch einen Einbruch der Kollektor-Emitter-Spannung gekennzeichnet, auf die ein starker Stromanstieg folgt. Der Durchbruch 2. Art tritt bei Leistungs- und Hochspannungstransistoren bei hohen Kollektor-Emitter-Spannungen auf, bei Kleinleistungstransistoren für den Niederspannungsbereich ist er selten. Hier kommt es gewöhnlich zu einem normalen Durchbruch, der bei geeigneter Strombegrenzung nicht zu einer Zerstörung des Transistors führt.

Die Kennlinien des Durchbruchs 2. Art können nicht statisch gemessen werden, da es sich um einen irreversiblen, dynamischen Vorgang handelt. Die Kennlinien des normalen Durchbruchs können dagegen statisch, z. B. mit einem Kennlinienschreiber, gemessen werden, sofern die Ströme begrenzt werden, die Messung so kurz ist, dass keine Überhitzung auftritt, und der Bereich des Durchbruchs 2. Art vermieden wird.

5.10.3 Grenzströme

Bei den Grenzströmen unterscheidet man zwischen maximalen Dauerströmen (*continuous currents*) und Spitzenströmen (*peak currents*). Die maximalen Dauerströme werden mit $I_{\mathrm{C,max}}$, $I_{\mathrm{B,max}}$ und $I_{\mathrm{E,max}}$ bezeichnet. Die maximalen Spitzenwerte gelten für gepulsten Betrieb mit im Datenblatt angegebener Pulsdauer und Pulswiederholrate, sie werden in Datenblättern mit I_{CM}, I_{BM} und I_{EM} bezeichnet. Sie sind um den Faktor 1,2…2 größer als die Dauerströme.

5.11 Maximale Verlustleistung

5.11.1 Statischer Betrieb

In einem Transistor wird während des Betriebes elektrische Arbeit in Wärme umgesetzt. Der Transistor wird dadurch erwärmt, es entsteht Verlustleistung. Eine besonders wichtige Grenzgröße eines Transistors ist die maximale Verlustleistung. Bei statischem Betrieb und bei geringer Aussteuerung im Kleinsignalbetrieb ist die Verlustleistung P_{V} konstant und nur vom Arbeitspunkt abhängig. Grundsätzlich unterscheidet man eine Kollektor-Emitter-Verlustleistung und eine Basis-Emitter-Verlustleistung. Für die Gesamtverlustleistung P_{V}

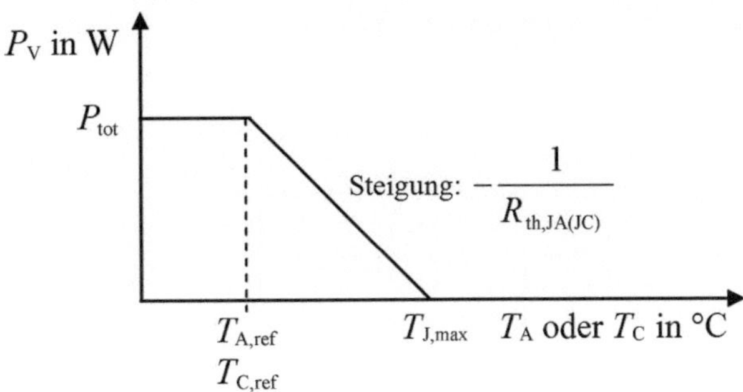

Abb. 5.34 Lastminderungskurve eines Transistors

gilt:

$$P_V = U_{CE} \cdot I_C + U_{BE} \cdot I_B \tag{5.28}$$

Wegen $I_B \ll I_C$ kann die Basis-Emitter-Verlustleistung meist vernachlässigt werden. Es folgt:

$$P_V = U_{CE} \cdot I_C \tag{5.29}$$

Die Verlustleistung entsteht im Wesentlichen in der Sperrschicht der Kollektor-Basis-Diode. Die Temperatur der Sperrschicht erhöht sich, die Wärme wird über das Gehäuse an die Umgebung abgeführt. Die Temperatur der Sperrschicht darf einen materialabhängigen Grenzwert $T_{J,max}$ nicht überschreiten. Bei Silizium sind dies 175 °C, aus Sicherheitsgründen wird in der Praxis mit einem Grenzwert von 150 °C gerechnet.

Die maximale Verlustleistung, bei der $T_{J,max}$ erreicht wird, ist abhängig von

- höchstzulässiger Sperrschichttemperatur (Material und Aufbau des Transistors)
- der Umgebungstemperatur T_A (ambient temperature)
- Wärmeübergangswiderstand zwischen Transistor und Umgebung
- evtl. vorhandener zusätzlicher Kühlung (Kühlkörper, Gebläse).

Die maximale Verlustleistung wird im Datenblatt mit P_{tot} oder P_{max} bezeichnet. Sie wird für eine Umgebungstemperatur T_A oder eine Gehäusetemperatur T_C (*case temperature*) angegeben. Mit $T_{A,ref}$ wird eine Referenzumgebungstemperatur bzw. mit $T_{C,ref}$ (meist 25 °C) eine Referenzgehäusetemperatur spezifiziert, bis zu der $P_V = P_{tot}$ erlaubt ist. Ist die tatsächliche Umgebungs- bzw. Gehäusetemperatur höher als $T_{A,ref}$ bzw. $T_{C,ref}$, so ist die maximal erlaubte Verlustleistung entsprechend niedriger. Diese Reduzierung wird im Datenblatt in der *Lastminderungskurve* (P_V-Derating-Diagramm) dargestellt, in der P_{tot} in Abhängigkeit von T_A und/oder T_C aufgetragen ist (Abb. 5.34, weitere Beispiele in Abb. 5.35). Zur Erläuterung des Diagramms folgen einige Zusammenhänge der Wärmelehre.

Zwischen zwei aneinander grenzenden Körpern mit den unterschiedlichen Temperaturen T_1 und T_2 ergibt sich ein Wärmestrom P_{12}, der sich mit dem Wärmeübergangswiderstand (kurz Wärmewiderstand) $R_{th,12}$ berechnen lässt. Dies wird oft als „Ohm'sches

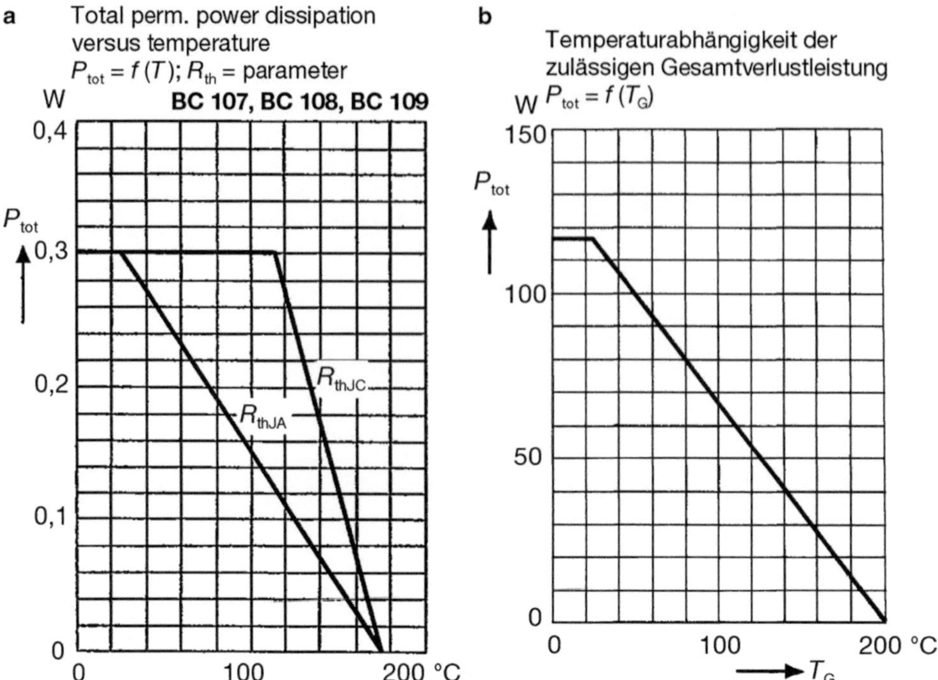

Abb. 5.35 Lastminderungskurve eines Kleinsignaltransistors (**a**) und eines Leistungstransistors 2N3055 (**b**)

Gesetz der Wärmelehre" bezeichnet.

$$P_{12} = \frac{T_1 - T_2}{R_{\text{th},12}} = \frac{\Delta T}{R_{\text{th},12}} \qquad [R_{\text{th}}] = \frac{\text{K}}{\text{W}} \quad \text{oder} \quad \frac{°\text{C}}{\text{W}} \tag{5.30}$$

Entsprechend erhält man mit $P_V = U_{CE} \cdot I_C$ nach Gl. 5.29 für die Temperatur T_J der Sperrschicht:

$$T_J = T_A + P_V \cdot R_{\text{th,JA}} \tag{5.31}$$

T_A = Umgebungstemperatur,
$R_{\text{th,JA}}$ = Wärmewiderstand zwischen Sperrschicht und Umgebung.

$R_{\text{th,JA}}$ ist meist im Datenblatt eines Transistors angegeben. Es ist der resultierende Wärmewiderstand zwischen Sperrschicht und Gehäuse sowie Gehäuse und Umgebung. Für die Aufspaltung des Wärmewiderstandes in einzelne Komponenten gilt:

$$R_{\text{th,JA}} = R_{\text{th,JC}} + R_{\text{th,CA}} \tag{5.32}$$

Wird der Transistor auf einen Kühlkörper montiert, so muss der Wärmewiderstand $R_{\text{th,HA}}$ (heat sink, H) zwischen Kühlkörper und Umgebung (zu finden im Datenblatt des Kühlkörpers) mit einbezogen werden.

$$R_{th,JA} = R_{th,JC} + R_{th,CH} + R_{th,HA} \tag{5.33}$$

Zusätzlich zu $R_{th,JA}$ ist daher im Datenblatt eines Transistors meist auch $R_{th,JC}$ angegeben.

$R_{th,CH}$ hängt von der Montage des Transistors auf dem Kühlkörper ab und kann z. B. durch Verwendung von Wärmeleitpaste oder spezieller Wärmeleitfolie klein gehalten werden.

Für die maximal zulässige statische Verlustleistung $P_{V,max}$ eines Transistors bei einer maximal erlaubten (vorgegebenen) Umgebungstemperatur T_A für den Fall $T_{A,ref} < T_A < T_{J,max}$ folgt aus Gl. 5.31:

$$P_{V,max}(T_A) = \frac{T_{J,max} - T_A}{R_{th,JA}} = P_{tot} \cdot \frac{T_{J,max} - T_A}{T_{J,max} - T_{A,ref}} \tag{5.34}$$

Für Silizium ist $T_{J,max} = 150\,°C$.

Wird statt T_A die Gehäusetemperatur T_C verwendet, so ergibt sich:

$$P_{V,max}(T_C) = \frac{T_{J,max} - T_C}{R_{th,JC}} = P_{tot} \cdot \frac{T_{J,max} - T_C}{T_{J,max} - T_{C,ref}} \tag{5.35}$$

Wie bereits erwähnt wird $P_{V,max}$ in Abhängigkeit von T_A und/oder T_C im Datenblatt eines Transistors als *power derating curve* angegeben. Bis zu $T_{A,ref}$ bzw. $T_{C,ref}$ ist $P_V = P_{tot}$ erlaubt. Der abfallende Teil der Kurve wird durch die Gl. 5.34 und 5.35 beschrieben.

Die Wärmewiderstände $R_{th,JA}$ und $R_{th,JC}$ können auch aus der Steigung dieser Kurven bestimmt werden ($R_{th} = \frac{T_{J,max} - T_{ref}}{P_{tot}}$).

5.11.2 Pulsbetrieb

Bei Pulsbetrieb darf die maximale Verlustleistung $P_{V,max(puls)}$ die maximale statische Verlustleistung $P_{V,max(stat)}$ nach Gl. 5.34 bzw. 5.35 übersteigen. Mit dem Tastverhältnis $D = \frac{t_P}{T}$ (t_P = Einschaltzeit, T = Pulsperiodendauer) ergibt sich aus der Verlustleistung $P_{V(puls)}$ die mittlere Verlustleistung:

$$\overline{P_V} = D \cdot P_{V(puls)} = \frac{t_P}{T} \cdot P_{V(puls)} \tag{5.36}$$

Die Verlustleistung im ausgeschalteten Zustand kann vernachlässigt werden. Im eingeschalteten Zustand nimmt die Sperrschichttemperatur T_J zu, im ausgeschalteten Zustand ab. Es ergibt sich ein etwa sägezahnförmiger Verlauf von T_J. Der Mittelwert $\overline{T_J}$ kann mit Gl. 5.31 aus $\overline{P_V}$ bestimmt werden, der wichtigere Maximalwert $T_{J,max}$ hängt vom Verhältnis zwischen den Pulsparametern t_P und D und der thermischen Zeitkonstante ab. Letztere ergibt sich aus den Wärmekapazitäten und den Wärmewiderständen.

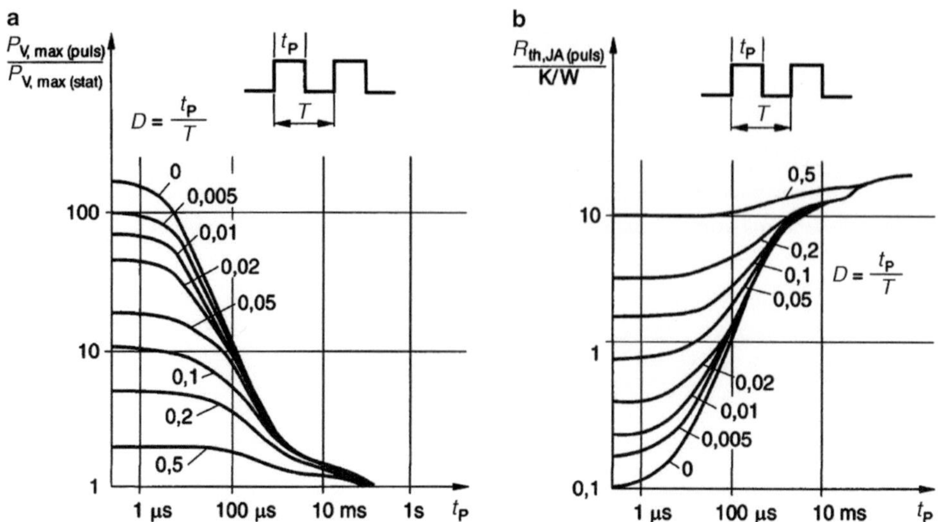

Abb. 5.36 Zur Bestimmung der maximalen Verlustleistung $P_{V,max(puls)}$ aus $P_{V,max(puls)}/P_{V,max(stat)}$ (**a**) und aus $R_{th,JA(puls)}$ (**b**)

In der Praxis werden zwei Verfahren zur Bestimmung von $P_{v,max(puls)}$ angewendet.

1. Verfahren

Man bestimmt zunächst die maximale statische Verlustleistung $P_{V,max(stat)}$ und daraus $P_{V,max(puls)}$. Dazu ist im Datenblatt das Verhältnis $P_{V,max(puls)}/P_{V,max(stat)}$ für verschiedene Werte von D über t_P aufgetragen, siehe Abb. 5.36a. Mit kleiner werdender Pulsdauer t_P nimmt die Amplitude des sägezahnförmigen Anteils im Verlauf von T_J immer mehr ab. Für $t_P \to 0$ gilt $\overline{T}_J = T_{J,max}$ und damit $\lim\limits_{t_P \to 0} \frac{P_{V,max(puls)}}{P_{V,max(stat)}} = \frac{1}{D}$. Diese Grenzwerte sind in Abb. 5.36a am linken Rand abzulesen: Für $D = 0{,}5$ erhält man z. B. bei sehr kurzer Pulsdauer $P_{V,max(puls)} = 2 \cdot P_{V,max(stat)}$.

2. Verfahren

Im Datenblatt wird ein Wärmewiderstand für Pulsbetrieb angegeben, mit dem $P_{V,max(puls)}$ für eine maximal erlaubte (vorgegebene) Umgebungstemperatur T_A direkt berechnet werden kann.

$$P_{V,max(puls)}(T_A) = \frac{T_{J,max} - T_A}{R_{th,JA(puls)}} \tag{5.37}$$

Im Datenblatt ist $R_{th,JA(puls)}$ für verschiedene Werte von D über t_P aufgetragen, siehe Abb. 5.36b.

5.12 Erlaubter Arbeitsbereich

Beim Konstruieren der Lastgeraden ist darauf zu achten, dass die Grenzen für I_C, U_{CEO} und P_V nirgendwo überschritten werden. Diese Grenzwerte definieren einen erlaubten Arbeitsbereich (*Safe Operating Area*, *SOA* oder *SOAR*).

Die *Begrenzungen der SOA* werden durch folgende Sachverhalte festgelegt (Abb. 5.37).

1. Der maximale Kollektorstrom wird durch die maximale Stromdichte in den Anschlussdrähten innerhalb des Transistors (Bonddrähte) begrenzt. Wird der Strom überschritten, schmelzen diese Anschlussdrähte durch. In diesem Bereich wird die maximale thermische Verlustleistung nicht erreicht.
2. Der maximale Kollektorstrom wird durch die maximale thermische Verlustleistung begrenzt. Die maximale thermische Verlustleistung ist durch den Wärmewiderstand gegeben und gehorcht der Gleichung $P_V = U_{CE} \cdot I_C$. In der doppelt logarithmischen Darstellung erscheint die *Verlustleistungshyperbel* $I_{C,max} = \frac{P_V}{U_{CE}}$ als Gerade mit einer bestimmten Steigung.
3. Der Kollektorstrom wird durch die maximale lokale Stromdichte begrenzt. Bei großen Verlustleistungen und dementsprechender Erwärmung des Kristalls erfolgt kein homogener Stromfluss, sondern der Stromfluss erfolgt bevorzugt in kleinen örtlichen Zonen (so genannte *Hot Spots*), welche stark erhitzt werden. Dadurch kann lokal eine maximal erlaubte Stromdichte überschritten werden, ohne dass die rechnerische maximale Verlustleistung überschritten wird. Dieser Effekt der örtlichen Stromdichtekonzentrationen wird *Durchbruch 2. Art* (*second breakdown*) genannt.
4. Ein Überschreiten der maximalen Kollektor-Emitter-Sperrspannung hat zur Folge, dass ein Lawinendurchbruch an der Kollektor-Basis-Sperrschicht eintritt. Da der Lawinendurchbruch schlagartig erfolgt, darf diese maximale Spannung auch nicht kurzzeitig überschritten werden.

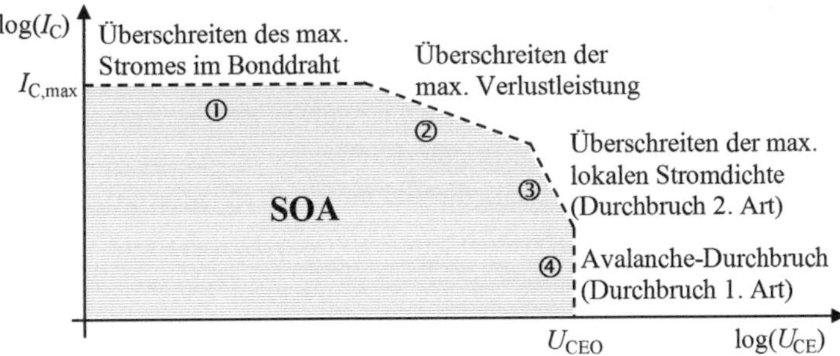

Abb. 5.37 Kriterien für die Begrenzungen des erlaubten Arbeitsbereiches (SOA) eines Bipolartransistors

Ein Betrieb außerhalb der SOA hat normalerweise eine Zerstörung des Transistors zur Folge. Innerhalb der SOA kann der Transistor problemlos betrieben werden. Alle innerhalb dieses Gebietes liegenden Strom-Spannungskombinationen sind erlaubt.

Im Impulsbetrieb darf die DC-SOA kurzzeitig überschritten werden, z. B. wenn der Transistor als Schalter arbeitet.

Beim Betrieb des Transistors an einer komplexen Last wird die Lastgerade zu einer Ellipse. Hierbei muss die gesamte Ellipse innerhalb der SOA bleiben.

Bei Leistungstransistoren ist die SOA in Form einer Grafik im Datenblatt vorgegeben. Dabei sind häufig zusätzliche Grenzkurven für Pulsbetrieb mit verschiedenen Pulsdauern angegeben.

5.13 Rauschen beim Bipolartransistor

5.13.1 Allgemeines zum Rauschen

Rauschen ist nach dem akustischen Eindruck benannt (Blätterrauschen, Meeresrauschen). Mit Rauschen bezeichnet man die durch stochastische (zufallsbedingte, völlig regellose) Prozesse bedingte Schwankung einer Größe. Regellos bedeutet, dass aus dem Auftreten eines bestimmten Amplitudenwertes nicht mit irgendeiner Wahrscheinlichkeit auf den nächsten Amplitudenwert geschlossen werden kann. Rauschen tritt nicht nur in der Elektronik auf, sondern in allen Vielteilchensystemen. So ist z. B. die Brown'sche Molekularbewegung ein Rauschprozess.

Betrachtet man beim Fließen von elektrischem Strom einzelne Ladungsträger, so führen diese in Leitern und in Halbleiterkristallen unregelmäßige Bewegungen aus, sie bewegen sich nicht alle gleich schnell und nicht in gleicher Richtung. Durch die unregelmäßigen Ladungsträgerbewegungen tritt Rauschen auf, ein sehr kleiner Wechselstromanteil, welcher allen Spannungen und Strömen als Rauschspannung bzw. Rauschstrom überlagert ist. Rauschen entsteht also durch zufällige Schwankungen physikalischer Größen (hier Ströme und Spannungen) um ihren Mittelwert. Die zu diesen Schwankungen führenden Einzelvorgänge können nicht aufgelöst werden, sie sind stochastisch (zufällig).

Ein *determiniertes* (deterministisches) Signal hat einen vorhersagbaren zeitlichen Verlauf. Der Verlauf der Signalwerte ist für jeden Zeitpunkt exakt vorhersagbar bzw. vorausberechenbar, da er mit mathematischen Funktionen analytisch vollständig beschreibbar ist. Beispiel $u(t) = 5 \cdot \sin(\omega t)$.

Im Gegensatz zu einem determinierten Signal ist der Verlauf eines Rauschsignals nicht deterministisch, der Signalverlauf kann nicht im Voraus analytisch beschrieben werden. Von einem Rauschsignal können aber statistische Angaben gemacht werden.

Ein nicht determiniertes Signal hat einen *nicht* vorhersagbaren zeitlichen Verlauf. Ein solches Signal wird auch *Zufallssignal* oder *stochastisches Signal* genannt. Der zeitliche Verlauf der Signalwerte ist regellos und nicht vollständig analytisch beschreibbar, sondern nur durch statistische Kenngrößen der Wahrscheinlichkeitstheorie charakterisierbar. Die

Signalwerte sind Zufallsgrößen und werden durch statistische Eigenschaften beschrieben, wie z. B. mittlere Amplitude (Erwartungswert) oder mittlere Abweichung der Amplitude.

Rauschsignale sind stochastische Signale. Rauschen ist eine reine Wechselgröße (ohne Gleichanteil) ohne eine erkennbare Periodendauer. Stochastische Signale sind Zufallsgrößen, deren messbare Amplituden, Frequenzen und Phasenlagen sich zeitlich regellos ändern. Exakte Vorausberechnungen sind nicht möglich. Man kann jedoch statistische Kenngrößen berechnen, mit deren Hilfe eine Signalbeschreibung möglich ist.

Rauschen tritt in allen Teilen einer (analogen) Übertragungskette als Störfaktor auf. Durch verschiedene physikalische Ursachen (Rauschquellen) tritt eine elektrische Leistung (Rauschleistung) auf, die sich der Signalleistung (Nutzleistung) überlagert. Ein ungestörtes (reines) Signal ist dann nicht mehr vorhanden. Bei der Verstärkung sehr schwacher Signale kann das Rauschen die eigentliche Signalinformation verfälschen. Bei kleinen Signalleistungen, die in der Praxis häufig auftreten, wird die Signalform durch das Rauschen soweit verändert, dass die Auswertung (das Lesen) des Signals erschwert oder unmöglich wird. In der Analogtechnik wird der kleinste auswertbare Signalpegel durch die auftretende Rauschleistung begrenzt.

Man unterscheidet viele verschiedene Arten von Rauschen wie z. B.

- Thermisches Rauschen (Widerstandsrauschen)
- Schrotrauschen
- Funkelrauschen
- Stromverteilungsrauschen
- Popcornrauschen
- Quantisierungsrauschen.

Bei digitalen Signalen spielen störungsbedingte Verformungen keine Rolle, solange die Entscheidung für einen bestimmten diskreten Zustand mit hoher Sicherheit möglich ist. Überschreiten die Störungen jedoch eine gewisse Intensitätsschwelle, so wird die Signalerkennung unsicher, es entstehen Fehler. Als Qualitätsmaß bietet sich hier die *Fehlerwahrscheinlichkeit* an.

Wird eine Signalübertragung durch periodische Störungen beeinträchtigt, so kann dies problemlos quantitativ erfasst werden. Periodische Signale sind ja sowohl im Zeitbereich als auch im Frequenzbereich (mit Hilfe von Fourierreihen) vollständig beschreibbar.

Berechnungen für die Auswirkung zufälliger Störungen wie z. B. Übersprechen sind dagegen sehr schwierig, da die zugehörigen Zufallsprozesse nichtstationär sind, d. h. die statistischen Eigenschaften des Störsignals sind zeitvariant. Dies hat zur Folge, dass Störabstände oder Fehlerwahrscheinlichkeiten selbst nicht mehr deterministisch sind.

Ein Prozess ist *stationär*, wenn die ihn beschreibenden *statistischen Eigenschaften* (Kenngrößen) *zeitunabhängig* (zeitinvariant) sind. Da es sich bei Rauschsignalen in der Regel um stationäre Signale handelt, kann die Störung einer Nachrichtenübertragung durch Rauschen in ausreichender Weise ermittelt werden.

5.13.2 Beschreibung stochastischer Signale

In Abb. 5.38 ist ein möglicher Verlauf eines Rauschsignals dargestellt. Es handelt sich um ein nicht voraussagbares, stochastisches (zufälliges) Signal. Wir benötigen geeignete Beschreibungsmethoden für solche Signale. Im Vordergrund stehen dabei die Beziehungen zwischen stochastischen Signalen und verschiedenen statistischen Kenngrößen. Zum besseren Verständnis werden an dieser Stelle die wichtigsten theoretischen Grundlagen zur Beschreibung stochastischer Signale aufgeführt.

Ein Beispiel für ein Zufallssignal ist die thermische Rauschspannung an einem elektrischen Widerstand, deren Verlauf in Abhängigkeit von der Zeit gemessen wird. Will man allgemeingültige Aussagen machen, so ist es erforderlich, die Messung beliebig oft zu wiederholen. Eine solche Schar von Zufallssignalen wird als stochastischer Prozess bezeichnet. Der zeitliche Verlauf der Rauschspannung bei einer bestimmten Messung ist als Zufallssignal eine *Musterfunktion* (*Mustersignal*) dieses Prozesses.

Der Wert eines Zufallssignals zu einem bestimmten Zeitpunkt ist eine *Zufallsvariable*, d. h. ein diskreter stochastischer Prozess kann als eine Folge von Zufallsvariablen aufgefasst werden.

Aufgrund ihrer Undeterminiertheit können stochastische Prozesse nur mit Hilfe der Wahrscheinlichkeitstheorie, d. h. durch statistische Kenngrößen wie z. B. Erwartungswerte, charakterisiert werden. Um diese statistischen Kennwerte näher zu betrachten, folgen einige Begriffsbestimmungen zur Stochastik.

Stochastik
Mathematische Disziplin zur Beschreibung der Gesetzmäßigkeiten bei vom Zufall beeinflussten Vorgängen.

Zufallsexperiment
Vom Zufall gesteuerter Vorgang mit folgenden Eigenschaften:

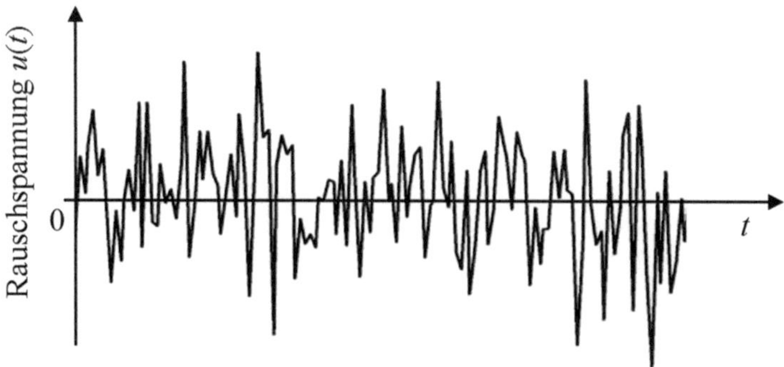

Abb. 5.38 Typischer Verlauf einer Rauschspannung

- Das Experiment ist beliebig oft wiederholbar.
- Der Ausgang eines einzelnen Experiments ist nicht vorhersagbar.

Stichprobenraum (Ergebnismenge, Ergebnisraum)

Bei jedem Versuch eines zufälligen Experiments tritt genau ein Ergebnis A ein. Die diskrete Menge aller möglichen, einander ausschließenden Ergebnisse eines Zufallsexperiments wird *Stichprobenraum*, *Stichprobenumfang*, *Ergebnismenge* oder *Ergebnisraum* genannt und mit „Ω" bezeichnet.

Beispiele für Zufallsexperimente mit Ergebnismenge:

1. Werfen einer Münze: $\Omega = \{\text{Kopf}, \text{Zahl}\}$
2. Werfen eines Würfels: $\Omega = \{1, 2, 3, 4, 5, 6\}$.

Ereignis

Wenn bei der Durchführung eines Experiments ein bestimmtes Ergebnis A_i ($i = 1, 2, \ldots$) eintritt, spricht man von einem *Ereignis* (Beispiel: Würfelergebnis „6"). Ereignisse können auch als Vereinigung mehrerer möglicher Ergebnisse definiert werden. Beispiel: Das Ereignis „gerade Zahl" tritt ein, wenn ein Ergebnis aus der Menge der Ergebnisse $\{2, 4, 6\}$ eintritt.

Ein Ereignis ist somit eine Teilmenge des Stichprobenraums Ω.

Zur Unterscheidung werden einelementige Versuchsergebnisse als **Elementarereignis** ω_i bezeichnet. Beispiel: Das Auftreten des Würfelergebnisses „6". Elementarereignisse sind immer paarweise unvereinbar (disjunkt). Alle Elementarereignisse sind gleich wahrscheinlich!

Die Menge aller möglichen Elementarereignisse ist das *sichere Ereignis* $A = \Omega$ oder der Merkmalsraum: $\Omega = \{\omega_i\}\ \forall i$. Beispiel beim Würfeln: Irgendeine ganze Zahl von 1 bis 6.

Das Komplement zu Ω ist das *unmögliche Ereignis* $A = \overline{\Omega} = 0$. Beispiel beim Würfeln: Eine Zahl kleiner 1 oder größer 6.

Beispiel 5.1

1. Werfen einer Münze: Der Ergebnisraum ist $\Omega = \{\text{Kopf}, \text{Zahl}\}$.
   Ereignisse können sein: $A_1 = \{\text{Kopf}\}$, $A_2 = \{\text{Zahl}\}$, $A_3 = \{\text{Kopf}, \text{Zahl}\}$
2. Werfen eines Würfels: Der Ergebnisraum ist $\Omega = \{1, 2, 3, 4, 5, 6\}$.
   Ein Ereignis kann sein: $A = \{1, 3, 5\}$; Elementarereignisse sind: ω_i (Augenzahl $i = 1 \ldots 6$).

Zufallsvariable

Für die mathematische Behandlung von Zufallsexperimenten ist die Abbildung der Ergebnisse auf Zahlen notwendig. Daher werden Zufallsvariablen eingeführt.

Eine Zufallsvariable (*ZV*) ist eine Zahl X, die dem Ergebnis eines Zufallsexperiments zugeordnet wird.

Eine reelle Zufallsvariable (Zufallsgröße) X ist eine Funktion, die den Ergebnisraum Ω auf die Menge der reellen Zahlen $\mathbb{R}$ abbildet. $X\colon \Omega \to \mathbb{R}$. Damit wird für jedes $\alpha \in \mathbb{R}$ $\{\omega : X(\omega) < \alpha\}$ ein Ereignis.

Man unterscheidet diskrete und kontinuierliche Zufallsvariablen.

In anderen Worten ausgedrückt: Bei vielen Zufallsexperimenten können die eintretenden Ergebnisse durch Zahlen (z. B. durch die Augenzahlen eines Würfels) gekennzeichnet werden.

Relative Häufigkeit

Die Gesetzmäßigkeiten eines Zufallsexperiments lassen sich erkennen, wenn das Experiment sehr oft unter gleich bleibenden Versuchsbedingungen wiederholt wird.

Wird ein Zufallsexperiment n-mal unter den selben Bedingungen durchgeführt und tritt das zufällige Ereignis A genau n_A-mal auf, so nennt man die Zahl n_A die absolute Häufigkeit und das Verhältnis n_A zu n die *relative Häufigkeit* h_A des zufälligen Ereignisses A.

$$h_A = \frac{n_A}{n} \quad (0 \le h_A \le 1) \tag{5.38}$$

n_A = Anzahl der Zufallsexperimente, bei denen das Ereignis A eingetreten ist,
n = Anzahl der durchgeführten Zufallsexperimente.

Wahrscheinlichkeit

Jedem Ereignis A wird eine reelle, nichtnegative Zahl $P(A)$ zugeordnet, die die *Wahrscheinlichkeit* des zufälligen Ereignisses A genannt wird. Es gilt:

- $0 \le P(A) \le 1$ für alle Ereignisse A
- $P(\Omega) = 1$; die Wahrscheinlichkeit des sicheren Ereignisses ist gleich 1.
- $P(A_1 \cup A_2) = P(A_1) + P(A_2)$, sofern A_1 und A_2 zwei disjunkte (sich gegenseitig ausschließende, unvereinbare) Ereignisse sind. Die Wahrscheinlichkeit der Summe zweier unvereinbarer zufälliger Ereignisse A_1 und A_2 ist gleich der Summe der Wahrscheinlichkeiten dieser beiden zufälligen Ereignisse.

Klassische Definition der mathematischen Wahrscheinlichkeit: Gibt es in einem System m gleichmögliche Fälle (Realisierungsmöglichkeiten) und führen g Realisierungsmöglichkeiten zu einem Ergebnis A, so ist die Wahrscheinlichkeit $P(A)$ eines Ereignisses A bei einem Zufallsexperiment gegeben durch:

$$P(A) = \frac{g}{m} = \frac{\text{Anzahl der Realisierungsmöglichkeiten die zu } A \text{ führen}}{\text{Anzahl der gleich möglichen Fälle}} \tag{5.39}$$

Beispiel 5.2
Wie groß ist die Wahrscheinlichkeit P_7 beim Wurf zweier Würfel die Augensumme 7 zu erhalten?

Es existieren sechs so genannte (für P_7) *günstige Ereignisse*, bei denen die Augensumme 7 ist:

$(3, 4), (4, 3), (5, 2), (2, 5), (6, 1), (1, 6) \to g = 6.$

Die Zahl der möglichen Fälle ist gegeben durch alle Augenzahl-Kombinationen: $m = 6^2 = 36$.

Die Wahrscheinlichkeit nach der klassischen Definition ist somit:

$$P_7 = \frac{g}{m} = \frac{6}{36} = \underline{\underline{\frac{1}{6}}}$$

Statistische Definition der Wahrscheinlichkeit: Für eine große Anzahl n eines Zufallsexperiments nähert sich die relative Häufigkeit h_A einer Konstanten, der Wahrscheinlichkeit $P(A)$.

Wahrscheinlichkeit eines Ereignisses A:

$$P\left(A\right) = \lim_{n\to\infty} \frac{n_A}{n} \tag{5.40}$$

$h_A = \frac{n_A}{n}$ = relative Häufigkeit,
n_A = Zahl der günstigen Fälle (Anzahl der Versuche, bei denen das Ereignis A eintritt),
n = Gesamtzahl der Versuche.

Verteilungsfunktion
Zur Beschreibung eines Experiments ist man vor allem an der Wahrscheinlichkeit interessiert, mit der ein bestimmtes Ereignis eintritt. Die *Verteilungsfunktion* (*Wahrscheinlichkeitsverteilung, Verteilung*) $F_X(\alpha)$ gibt die Wahrscheinlichkeit dafür an, dass die Zufallsvariable (Zufallsgröße) X kleiner als ein spezieller Wert α ist, also unter einem Grenzwert α liegt. Durch die Verteilungsfunktion ist ein Experiment vollständig beschrieben.

Sei X eine reelle Zufallsvariable. Dann heißt die reelle Funktion

$$F_X\left(\alpha\right) = P\left(X \le \alpha\right) \tag{5.41}$$

Verteilungsfunktion von X.

Eigenschaften der Verteilungsfunktion

- $0 \le F_X(\alpha) \le 1$ für alle $\alpha \in \mathbb{R}$
- $F_X(\alpha_1) \le F_X(\alpha_2)$ für alle $\alpha_1, \alpha_2 \in \mathbb{R}$ mit $\alpha_1 < \alpha_2$ (F_X ist monoton nicht fallend)

- $\lim\limits_{\alpha \to \infty} F_X(\alpha) = 1$; $\lim\limits_{\alpha \to -\infty} F_X(\alpha) = 0$ (F_X ist normiert)
- $\lim\limits_{\alpha \to \alpha_0} F_X(\alpha) = F_X(\alpha_0)$, d. h. F_X ist rechtsseitig stetig in $\mathbb{R}$
- Besteht der Stichprobenraum Ω aus diskreten Ereignissen ω_i, die mit der Wahrscheinlichkeit $P(\omega_i)$ auftreten, so ist $F_X(\alpha)$ stückweise konstant. Die Sprungstellen liegen bei $\alpha = X(\omega_i)$ und haben die Höhe $P(\omega_i)$.
- Die Wahrscheinlichkeitsdichte ist die Ableitung der Verteilungsfunktion:

$$p_X(\alpha) = \frac{\mathrm{d}F_X(\alpha)}{\mathrm{d}\alpha}$$

Die Wahrscheinlichkeit, dass eine Zufallsgröße X zwischen den Werten α und $\alpha + \Delta\alpha$ liegt, kann mit der Verteilungsfunktion folgendermaßen berechnet werden:

$$P(\alpha < X < (\alpha + \Delta\alpha)) = F_X(\alpha + \Delta\alpha) - F_X(\alpha) = \Delta F_X(\alpha)$$

Wird $\Delta\alpha$ immer kleiner und verschwindet schließlich, wird diese Wahrscheinlichkeit null. Man definiert daher die Verteilungsdichte $p_X(\alpha)$:

$$p_X(\alpha) = \lim_{\Delta\alpha \to 0} \frac{F_X(\alpha + \Delta\alpha) - F_X(\alpha)}{\Delta\alpha} = \frac{\mathrm{d}\,F_X(\alpha)}{\mathrm{d}\alpha}$$

Dichtefunktion

Als *Wahrscheinlichkeitsdichte* (*Verteilungsdichte*) $p_X(\alpha)$ wird die Ableitung der Verteilung $F_X(\alpha)$ eingeführt.

Sei X eine reelle Zufallsvariable mit der Verteilungsfunktion $F_X(\alpha)$. Die *Verteilungsdichtefunktion* ist gegeben als

$$p_X(\alpha) = \frac{\mathrm{d}\,F_X(\alpha)}{\mathrm{d}\alpha} \tag{5.42}$$

Integrale Form: $F_X(\alpha) = \int\limits_{-\infty}^{\alpha} p_X(u)\,\mathrm{d}u$

Eigenschaften der Dichtefunktion

- $p_X(\alpha) \geq 0$ für alle $\alpha \in \mathbb{R}$
- $\int\limits_{-\infty}^{\infty} p_X(\alpha)\,\mathrm{d}\alpha = 1$
- $P(\alpha_1 \leq X \leq \alpha_2) = \int\limits_{\alpha_1}^{\alpha_2} p_X(\alpha)\,\mathrm{d}\alpha$.

Erwartungswert

Eine Zufallsvariable X wird vollständig durch ihre Verteilungsfunktion bzw. Dichtefunktion beschrieben. In vielen Fällen sind diese nur schwer bestimmbar. Häufig sind Aussagen über das durchschnittliche Verhalten eines Zufallsexperiments ausreichend. *Erwartungswerte* oder *Momente* sind kompakte Größen und als Mittelwerte über der Menge der

Zufallsergebnisse (als Scharmittel) aufzufassen. Der Erwartungswert einer Zufallsvariablen X beschreibt den „Schwerpunkt" der Verteilung.

Ist X eine kontinuierliche Zufallsvariable mit der Dichtefunktion $p_X(\alpha)$, so heißt

$$E\{X\} = \int_{-\infty}^{\infty} \alpha p_X(\alpha)\,\mathrm{d}\alpha = \mu_X \tag{5.43}$$

Erwartungswert (1. *Moment*) von X oder auch *linearer Mittelwert* μ_X.

Beispiel: Mittlere Laufzeit einer Maschine.

Varianz

Die Varianz beschreibt die „Variationsbreite" der Zufallsvariablen um ihren Erwartungswert.

Es sei X eine Zufallsvariable mit dem Mittelwert $\mu_X = E\{X\}$. Dann ist $(X - \mu_X)^2$ eine Zufallsvariable, die die quadratische Abweichung von X vom Mittelwert μ_X beschreibt.

Die *Varianz von* X ist der Erwartungswert der Zufallsvariablen $(X - \mu_X)^2$:

$$\mathrm{Var}\{X\} = E\left\{|(X - \mu_X)|^2\right\} \tag{5.44}$$

Standardabweichung

Die Wurzel aus der Varianz heißt Standardabweichung σ_X.

$$\sigma_X = \sqrt{\mathrm{Var}\{X\}} \tag{5.45}$$

Ist ein zufälliges Experiment so beschaffen, dass die Zufallsgrößen Funktionen eines Parameters (z. B. der Zeit) sind, dann spricht man von einem Zufallsprozess (einem stochastischen Prozess). So ist zum Beispiel die Ausgangsspannung eines Rauschgenerators eine Musterfunktion eines Zufallsprozesses.

Häufig werden stochastische Prozesse nicht durch die Verteilungsdichte beschrieben, sondern man kennzeichnet sie durch die Angabe einiger Kennwerte. Die wichtigsten sind:

- **Arithmetischer Mittelwert (= Erwartungswert)**

$$\overline{X} = \int_{-\infty}^{\infty} \alpha p_X(\alpha)\,\mathrm{d}\alpha \tag{5.46}$$

- **Quadratischer Mittelwert**

$$\overline{X^2} = \int_{-\infty}^{\infty} \alpha^2 p_X(\alpha)\,\mathrm{d}\alpha \tag{5.47}$$

- **Effektivwert**

$$X_{\text{eff}} = \sqrt{\overline{X^2}} \tag{5.48}$$

- **Streuung (= Varianz)**

$$\sigma^2 = \int_{-\infty}^{\infty} \left(\alpha - \overline{X}\right)^2 p_X(\alpha)\, \mathrm{d}\alpha = \overline{X^2} - \left(\overline{X}\right)^2 \tag{5.49}$$

- **Standardabweichung**

$$\sigma = \sqrt{\sigma^2} \tag{5.50}$$

Die hier betrachteten statistischen Kennwerte können alle bestimmt werden, falls die Verteilungsdichte $p_X(\alpha)$ bekannt ist.

Viele stochastische Prozesse haben die Eigenschaft, dass sich zwar im Einzelnen keine erkennbare Gesetzmäßigkeit zeigt, sich aber im prinzipiellen Verhalten hinsichtlich der Zeit nichts ändert. Man betrachte das thermische Rauschen einer Verstärkerstufe. Bei gleichbleibendem physikalischen Hintergrund ändern sich die physikalischen Kennwerte nicht, wir sprechen dann von einem stationären Prozess. Unter einem *stationären stochastischen Prozess* verstehen wir also wie bereits erwähnt einen Prozess, dessen *statistischen Kenngrößen unabhängig von der Zeit* sind.

Bei vielen Prozessen beinhaltet ein einziges Mustersignal bereits die gesamte Information über die stochastischen Eigenschaften des Prozesses. Ein stationärer Prozess der zusätzlich **ergodisch** ist, weist die Eigenschaft auf, dass bei der Berechnung seiner statistischen Kenngrößen die Mittelung über alle Musterfunktionen des Prozesses ersetzt werden kann durch die Bildung eines Zeitmittelwertes einer beliebigen Musterfunktion.

► **In Kurzform: Scharmittelwert = Zeitmittelwert.**

In der Mehrzahl nachrichtentechnischer Anwendungen können die obigen statistischen Kennwerte durch eine zeitliche Mittelung einer Musterfunktion des betrachteten Prozesses, also ohne explizite Kenntnis der Verteilungsdichte $p_X(\alpha)$ bestimmt werden.

Als Beispiel für die Musterfunktion eines stochastischen ergodischen Prozesses dient eine Spannung $u(t)$. Der Grenzübergang $T \to \infty$ bedeutet Mittelung über einen „genügend großen Zeitraum“. Die angegebenen Formeln gelten für stochastische und für determinierte stationäre Vorgänge. Es werden die statistischen Kennwerte als zeitliche Mittelwerte berechnet.

1. **Arithmetischer Mittelwert (Erwartungswert, linearer zeitlicher Mittelwert, Gleichanteil, Moment 1. Ordnung)**

$$u_0 = \overline{u(t)} = \lim_{T\to\infty} \frac{1}{2T} \int_{-T}^{+T} u(t)\, \mathrm{d}t = \lim_{T\to\infty} \frac{1}{T} \int_{-T/2}^{+T/2} u(t)\, \mathrm{d}t = \frac{1}{T} \cdot \lim_{T\to\infty} \int_{0}^{T} u(t)\, \mathrm{d}t \tag{5.51}$$

Der arithmetische Mittelwert entspricht als *Amplitudenmittelwert* dem DC-Anteil (Gleichanteil) des stochastischen Signals. Handelt es sich bei $u(t)$ um ein Rauschsignal, so ist dieser Wert 0.

Häufig wird statt $\overline{u(t)}$ geschrieben: $\langle u(t) \rangle$.

2. Quadratischer Mittelwert (Moment 2. Ordnung)

$$u_{\text{eff}}^2 = \overline{u_{(\text{t})}^2} = \lim_{T \to \infty} \frac{1}{2T} \int_{-T}^{+T} u_{(t)}^2 \text{d}t = \frac{1}{T} \cdot \lim_{T \to \infty} \int_{-T/2}^{+T/2} u_{(t)}^2 \text{d}t \tag{5.52}$$

Dies ist: $(\text{Effektivwert})^2$ = Gesamtleistung an einem Widerstand von 1 Ω.

3. Effektivwert

$$u_{\text{eff}} = \sqrt{\overline{u_{(t)}^2}} \tag{5.53}$$

4. Streuung (Varianz)

$$\sigma^2 = \lim_{T \to \infty} \frac{1}{2T} \int_{-T}^{+T} \left(u\,(t) - \overline{u\,(t)} \right)^2 \text{d}t \tag{5.54}$$

$$\sigma^2 = \overline{u_{(t)}^2} - \left(\overline{u\,(t)} \right)^2 \tag{5.55}$$

Die Streuung entspricht der an 1 Ω auftretenden mittleren AC-Leistung (Leistung der Wechselgröße).

5. Standardabweichung

$$\sigma = \sqrt{\sigma^2} \tag{5.56}$$

Die Standardabweichung beschreibt die mittlere Abweichung eines Einzelwertes um den arithmetischen Mittelwert.

Im Frequenzbereich dient ein weiteres wichtiges Charakteristikum als Kennfunktion zur statistischen Beschreibung eines Rauschsignals, sein Leistungsdichtespektrum (spektrale Leistungsdichte).

6. Leistungsdichtespektrum

Die spektralen Leistungsdichten sind wie folgt definiert.

$$S_{\text{u}}\,(f) = \lim_{T \to \infty} \frac{1}{T} \left| \int_{-T/2}^{+T/2} u\,(t) \cdot \text{e}^{-\text{j}2\pi f t} \text{d}t \right|^2 \tag{5.57}$$

Analog ist $S_{\text{i}}(f)$ definiert.

Die Einheiten sind: $[S_{\text{u}}\,(f)] = \frac{\text{V}^2}{\text{Hz}} = \text{V}^2\,\text{s}$ und $[S_{\text{i}}\,(f)] = \frac{\text{A}^2}{\text{Hz}} = \text{A}^2\,\text{s}$.

Die Autokorrelationsfunktion ist ein wichtiger zeitlicher Mittelwert. Sie ist definiert als:

$$\mathrm{AKF}(\tau) = \lim_{\mathrm{T}\to\infty} \frac{1}{T} \int_{-T/2}^{+T/2} u(t) \cdot u(t+\tau)\,\mathrm{d}t \tag{5.58}$$

Es wird also gemittelt über das Produkt aus der Zeitfunktion $u(t)$ und der um den Parameter τ verschobenen Zeitfunktion $u(t+\tau)$. Dadurch wird der *Grad der inneren Verwandtschaft* einer Zeitfunktion gekennzeichnet.

Das *Wiener-Khintchine-Theorem* stellt den Zusammenhang zwischen der Autokorrelationsfunktion $\mathrm{AKF}(\tau)$ und der spektralen Leistungsdichte $S(f)$ her.

$$\mathrm{AKF}(\tau) = \int_{-\infty}^{+\infty} S(f) \cdot \mathrm{e}^{\mathrm{j}2\pi f\tau}\,\mathrm{d}f \tag{5.59}$$

$$S(f) = \int_{-\infty}^{+\infty} \mathrm{AKF}(\tau) \cdot \mathrm{e}^{-\mathrm{j}2\pi f\tau}\,\mathrm{d}\tau \quad \text{(reell, gerade, nicht negativ)} \tag{5.60}$$

Das Leistungsdichtespektrum ist das Fourierintegral der Autokorrelationsfunktion. Autokorrelationsfunktion AKF(τ) und spektrale Leistungsdichte $S(f)$ sind ein Paar von Fouriertransformierten.

Die spektrale Leistungsdichte gibt die spektrale Zusammensetzung der Gesamtleistung an, die in dem stochastischen Signal $u(t)$ steckt.

Die Spektraldichte der Spannung ist:

$$\frac{\overline{u_{(t)}^2}}{B}\left(\frac{\mathrm{V}^2}{\mathrm{Hz}}\right) \quad \text{mit} \quad B = \Delta f \quad \text{(Bandbreite)} \tag{5.61}$$

In vielen Fällen kann das Rauschen als so genanntes *weißes Rauschen* (Gauß bzw. normal verteiltes Rauschen) angesehen werden. Weißes Rauschen liegt vor, wenn die spektrale Leistungsdichte des Rauschsignals innerhalb des Frequenzbereichs des betrachteten Systems konstant ist. Beim weißen Rauschen kommen im Spektrum alle Frequenzen vor, es ist frequenzunabhängig. Über einen sehr großen Zeitbereich betrachtet, sind alle Frequenzen mit gleicher Amplitude vorhanden.

Müssen verschiedene Rauschquellen überlagert werden (z. B. bei der Addition von Rauschspannungen), so werden diese meist als unkorreliert (= statistisch unabhängig) betrachtet und die resultierende Spannung ergibt sich damit aus der quadratischen Addition der einzelnen Werte:

$$u_{\mathrm{R,ges}} = \sqrt{\overline{\left(u_{\mathrm{R,ges}}^2\right)}} = \sqrt{\overline{\left(u_{\mathrm{R1}}^2\right)} + \overline{\left(u_{\mathrm{R2}}^2\right)} + \ldots} \tag{5.62}$$

5.13.3 Rauschquellen beim Bipolartransistor

Im Bipolartransistor werden mehrere Rauschquellen wirksam, deren Einflüsse durch Rauschstrom- und Rauschspannungsquellen beschrieben werden. Die wichtigsten Rauschquellen werden im Folgenden erläutert.

5.13.3.1 Thermisches Rauschen (Widerstandsrauschen)

Das thermische Rauschen wird auch Widerstandsrauschen genannt (*thermal noise*, *Johnson noise*, *Nyquist noise*). Jeder Ohm'sche Widerstand erzeugt ein Rauschen, bedingt durch die ungeordnete Wärmebewegung der Ladungsträger (Brown'sche Bewegung). Reine Reaktanzen rauschen nicht, wohl aber die Verlustwiderstände realer Induktivitäten und Kondensatoren.

An den Anschlüssen eines Ohm'schen Widerstandes tritt durch eine zufällige Ansammlung von Elektronen sporadisch eine Rauschspannung auf, selbst wenn kein Strom durch den Leiter fließt. Die auftretende Spannung liegt unter üblichen Bedingungen in der Größenordnung von Mikrovolt, sie ist unabhängig von den verwendeten Materialien und von der Stromstärke.

Thermisches Rauschen ist proportional zur Temperatur und unabhängig von einem Gleichstromfluss.

Betrachtet man einen Widerstand in einer Schaltung als Rauschspannungsquelle, so lässt er sich ersetzt denken durch einen rauschfreien Widerstand gleicher Größe mit einer in Serie dazu liegenden Spannungsquelle, die eine Rauschspannung der Größe $u_{\mathrm{R,eff}}$ abgibt.

$$u_{\mathrm{R,eff}} = \sqrt{4 \cdot k \cdot T \cdot B \cdot R} \tag{5.63}$$

$u_{\mathrm{R,eff}}$ = effektive Rauschspannung in V,
k = Boltzmann-Konstante = $1{,}38066 \cdot 10^{-23}\,\frac{\mathrm{J}}{\mathrm{K}}$,
T = absolute Temperatur des Widerstandes in Kelvin,
R = Widerstandswert in Ohm,
B = Δf = Mess-Bandbreite (betrachtetes Frequenzintervall) in Hz.

Zu jeder Rauschspannung muss die Temperatur und die Bandbreite angegeben werden, bei der sie gemessen wurde.

Die Spektraldichte (Rauschleistungsdichte) ist unabhängig von der Frequenz.

$$\overline{u^2_{\mathrm{R,eff}}} = 4 \cdot k \cdot T \cdot R \quad \text{bzw.} \quad \overline{i^2_{\mathrm{R,eff}}} = \frac{4 \cdot k \cdot T}{R} \tag{5.64}$$

Der quadratische Mittelwert ist nicht abhängig von der Lage des Frequenzintervalls. Beim Widerstandsrauschen handelt es sich also um weißes, Gauß verteiltes Rauschen, bei dem fast alle Frequenzen im Spektrum vorkommen.

Die im Widerstand erzeugte Rauschleistung ist unabhängig vom Widerstandswert:

$$P_{\mathrm{R}} = 4 \cdot k \cdot T \cdot B \tag{5.65}$$

Beim Bipolartransistor macht sich das Widerstandsrauschen der einzelnen Bahngebiete bemerkbar. Vor allem das Rauschen des Basisbahnwiderstandes R_B ist von Bedeutung, da es in der Regel den höchsten Wert aufweist und entsprechend dem Stromverstärkungsfaktor verstärkt wird. Bei der Temperatur T ergeben sich folgende Werte für Rauschstrom und Rauschspannung:

$$\overline{i_{R_B}^2} = \frac{4 \cdot k \cdot T \cdot B}{R_B} \tag{5.66}$$

$$\overline{u_{R_B}^2} = 4 \cdot k \cdot T \cdot B \cdot R_B \tag{5.67}$$

5.13.3.2 Schrotrauschen (Schottky-Rauschen)

Als Schrotrauschen (*shot noise*) wird die Schwankung innerhalb eines Gleichstromes bezeichnet, der außen an einem pn-Übergang gemessen wird. Das Schrotrauschen in Halbleitern entsteht an pn-Übergängen, wo es wegen verschiedener Ladungsträgerkonzentrationen zu statistischen Fluktuationen des Stromflusses kommt. Schrotrauschen ist mit einem Ladungsträgerstrom verbunden und tritt hauptsächlich in pn-Dioden und bipolaren Transistoren auf. Schrotrauschen tritt nämlich vor allem in Bauelementen auf, in denen Ladungsträger nicht in praktisch unendlich großer Zahl verfügbar sind, d. h. in Hochvakuumröhren und in Halbleiterbauelementen. Metallische Leiter zeigen praktisch kein Schrotrauschen.

Schrotrauschen entsteht durch zufällige Änderungen der Stromstärke. Ursachen für Stromschwankungen, die wie eine Rauschstromquelle wirken, sind:

1. Die Anzahl der am Stromfluss beteiligten Ladungsträger (Elektronen und Löcher) schwankt um einen Mittelwert.
2. Bei einem pn-Übergang oder an anderen Diskontinuitäten mit Potenzialunterschieden (z. B. Korngrenzen) innerhalb des Stromflusses kann die dadurch entstehende Barriere nur durch Ladungsträger mit (zufällig) genügend großer Energie überwunden werden.

Die Spektralverteilung des Schrotrauschens ist konstant, es ist weißes (frequenzunabhängiges) Rauschen. Die Bewertung (der Intensität) dieser Rauschkomponente erfolgt über den quadratischen Mittelwert $\overline{i^2}$ des Rauschstromes.

$$\overline{i^2} = \overline{(I - I_D)^2} = \lim_{T \to \infty} \frac{1}{T} \int_0^T (I - I_D)^2 \, dt \tag{5.68}$$

I_D = zeitlicher Mittelwert des Gleichstromes,
I = Momentanwert des Stromes.

Die Injektion von quantisierten Ladungsträgern aus dem Emitter in die Basis ist ein statistischer Vorgang, der durch folgenden Rauschstrom beschrieben werden kann:

$$\overline{i_{SE}^2} = 2 \cdot e \cdot I_E \cdot B \tag{5.69}$$

I_E = Flussgleichstrom durch die Diode,
B = Bandbreite des betrachteten Frequenzintervalls.

$\overline{i_{SE}^2}$ ist der zeitliche Mittelwert des Quadrates des Schrotrauschstroms, verursacht durch den Emitterstrom. Für den Effektivwert $I_{r,eff}$ des Rauschstromes im Frequenzintervall $B = \Delta f$ gilt:

$$I_{r,eff} = \sqrt{\overline{i_{SE}^2}} = \sqrt{2 \cdot e \cdot I_E \cdot B} \tag{5.70}$$

Ausgedrückt durch eine Schrotrauschspannung ergibt sich:

$$\overline{u_{SE}^2} = r_e^2 \cdot (2 \cdot e \cdot I_E \cdot B) \tag{5.71}$$

Dabei ist $r_e = \frac{k \cdot T}{e \cdot I_E}$ der differenzielle Emitterwiderstand im vorgegebenen Arbeitspunkt.

Das Schrotrauschen des Kollektors wird in Analogie zu dem des Emitters beschrieben:

$$\overline{i_{SC}^2} = 2 \cdot e \cdot I_{CEO} \cdot B \tag{5.72}$$

5.13.3.3 1/*f*-Rauschen

Das $1/f$-Rauschen (*Funkelrauschen, rosa Rauschen, flicker noise*) entsteht in aktiven Bauelementen und auch in Widerständen, wenn ein Gleichstrom fließt. $1/f$-Rauschen tritt immer im Zusammenhang mit einem Stromfluss auf. Das Entstehen dieser Rauschkomponente ist auf Verunreinigungen und Kristallgitterfehler in Leitern oder Halbleitern und auf Rekombinationsprozesse an Sperrschichten zurückzuführen. Dieser Rauschstrom verläuft umgekehrt proportional zur Frequenz, daher die Bezeichnung $1/f$-Rauschen. Der Rauschanteil wird durch den Herstellungsprozess beeinflusst. Oberhalb von etwa 10 Hz bis 10 kHz wird das Funkelrauschen vom weißen Rauschen völlig verdeckt, es ist dann vernachlässigbar.

$$\overline{i_{1/f}^2} = K \cdot \frac{I^a}{f^b} \cdot B \tag{5.73}$$

a = Konstante (0,5 bis 2),
b = Konstante (ca. 1),
K = herstellungs- und aufbauabhängiger Faktor,
B = Bandbreite des betrachteten Frequenzintervalls.

5.13.3.4 Popcorn-Rauschen

(*Telegrafen-Rauschen, burst noise, Popcorn noise, impulse noise, bi-stable noise, random telegraph signals* (*RTS noise*))

Dieser Rauschanteil lässt sich durch in unregelmäßigen Abständen wiederkehrende Spikes beschreiben. Das Auftreten von Popcorn-Rauschen rührt von einem speziellen Rekombinationsvorgang her, der üblicherweise auf eine schlechte Qualität der Prozesse bei der Halbleiterproduktion hinweist.

$$\overline{i_{\mathrm{PC}}^2} = K_1 \cdot \frac{I^{\mathrm{c}} \cdot B}{1 + \left(\frac{f}{f_{\mathrm{c}}}\right)^2} \tag{5.74}$$

f_{c} = Mittenfrequenz,
c = Konstante (0,5 bis 2),
K_1 = herstellungs- und aufbauabhängiger Faktor,
B = Bandbreite des betrachteten Frequenzintervalls.

5.13.3.5 Generations-Rekombinations-Rauschen

Das Generations-Rekombinations-Rauschen ist eine halbleiterspezifische Rauschart. Es ist ein Nichtgleichgewichtsrauschen, welches nur bei äußerer Spannung durch die Statistik der Generation und Rekombination von Ladungsträgern in Halbleitern entsteht.

$$\overline{i_{\mathrm{GR}}^2} = K_2 \cdot \frac{I^{d} \cdot B}{1 + \left(\frac{f}{f_{\mathrm{B}}}\right)^2} \tag{5.75}$$

Die spektrale Rauschstromdichte fällt hier quadratisch für Frequenzen größer als f_{B}. Parameter sind K_2, d und f_{B}, sie werden aus niederfrequenten Rauschmessungen gewonnen.

5.13.3.6 Stromverteilungsrauschen

Der hauptsächlich aus Minoritätsladungsträgern bestehende Emitterstrom teilt sich auf in einen geringen Anteil, der in der Basis rekombiniert, und in einen Hauptanteil, der in den Kollektor fließt. Da auch diese Aufteilung ein statistischer Vorgang ist (Verteilung auf zwei Strompfade mit der Wahrscheinlichkeit α), wird hierdurch ein Stromverteilungsrauschen (*partition noise*) mit folgendem Rauschstrom hervorgerufen:

$$\sqrt{\overline{i_{\mathrm{V}}^2}} = \sqrt{2 \cdot e \cdot \alpha \cdot (1 - \alpha) \cdot I_{\mathrm{E}} \cdot B} \tag{5.76}$$

5.13.3.7 Avalanche-Rauschen

Das Avalanche-Rauschen ist ein durch Stoßprozesse verstärkter Schrotrausch-Effekt und tritt beim Zener- und Avalanchedurchbruch bei pn-Übergängen auf.

5.13.4 Rauschzahl

5.13.4.1 Definition und Eigenschaften

(Quelle: Emeis, N.: Bauelemente der Elektronik, Vorlesungsskript HS Osnabrück, 08.10.01)

Ein Kriterium zur Charakterisierung der Rauscheigenschaften eines Transistors ist seine *Rauschzahl* F. Sie gibt an, um wie viel die Rauschleistung am Transistorausgang stärker angestiegen ist, als bei Verwendung eines idealen, rauschfreien Transistors zu er-

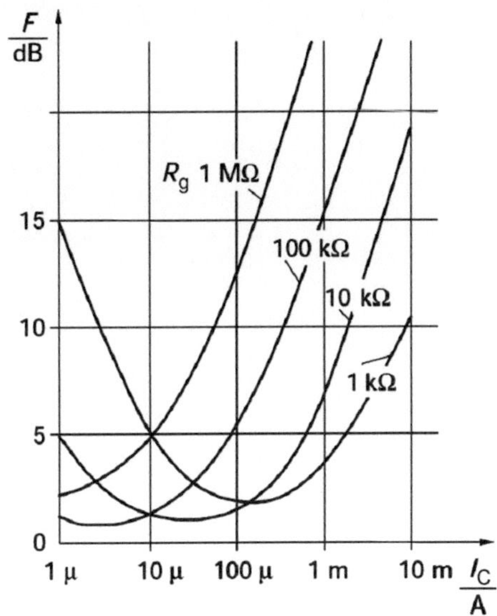

Abb. 5.39 Beispiel für die Rauschzahl eines Kleinleistungstransistors in Abhängigkeit vom Kollektorstrom und verschiedene Innenwiderstände R_g des Signalgenerators

warten gewesen wäre. Dazu wird die am Verstärkerausgang gemessene Rauschleistung unter Verwendung der Transistorverstärkung auf eine gedachte Eingangsrauschleistung P_{rT} umgerechnet und mit der von der Quelle herrührenden Rauschleistung P_{rQ} ins Verhältnis gesetzt.

$$F = \frac{P_{rQ} + P_{rT}}{P_{rQ}} \tag{5.77}$$

Anstelle der Rauschzahl F wird häufig auch das *Rauschmaß* NF (*Noise Figure*) in dB angegeben (Abb. 5.39).

$$\mathrm{NF} = 10 \cdot \log(F)\ \mathrm{dB} \tag{5.78}$$

Ein rauschfreier Transistor hätte das Rauschmaß NF $= 0$ dB ($F = 1$).

Um ein *geringes Rauschen* zu erreichen, sollte wegen des Stromverteilungsrauschens die *Stromverstärkung hoch* und wegen des Stromverteilungsrauschens und des Schrotrauschens der *Kollektorstrom niedrig* sein. In der Praxis ergibt sich ein optimaler Kollektorstrom, bei dem sich eine minimale Rauschzahl einstellt. Auch für den Innenwiderstand des speisenden Signalgenerators gibt es einen optimalen Wert, der geringstes Rauschen ermöglicht. Durch den Einfluss des Transistorrauschens wird der ideal erreichbare Signal-Rauschabstand der Verstärkerstufe in dB um F in dB verringert.

Die spektrale Rauschzahl $F(f)$ ist frequenzabhängig (Abb. 5.40). Bei niedrigen Frequenzen wird F durch das $1/f$-Rauschen bestimmt. Für größere Frequenzen geht das LF-Rauschen (niederfrequentes Transistorrauschen) in das HF-Rauschen (hochfrequentes Transistorrauschen) über. Dieses stellt im Gegensatz zum LF-Rauschen im Allgemeinen weißes Rauschen mit einer über der Frequenz konstanten Leistungsdichte dar. Bei welcher Frequenz ($1/f$-Grenzfrequenz $f_{g(1/f)}$) der Übergang vom LF- zum HF-Rauschen

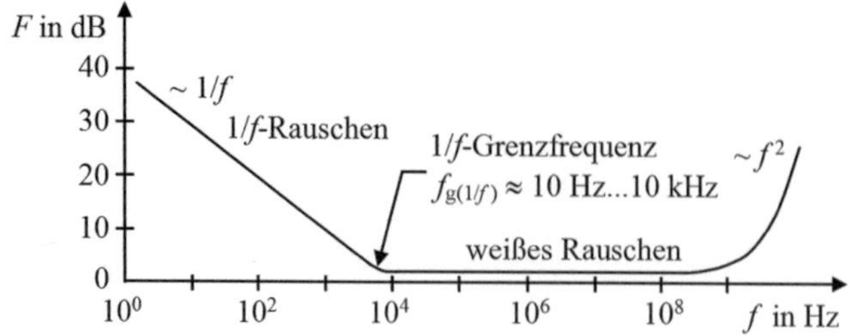

Abb. 5.40 Prinzipieller Verlauf der Rauschzahl F in dB eines Bipolartransistors in Abhängigkeit der Frequenz

stattfindet, hängt sowohl von der Bauart des Transistors als auch von externen Faktoren wie Arbeitspunkt, Beschaltung und Temperatur ab. Bei hohen Frequenzen nimmt die Stromverstärkung des Transistors ab und die Rauschzahl F steigt durch das dann stärker werdende Stromverteilungsrauschen proportional zu f^2 wieder an.

5.13.4.2 Bereich weißes Rauschen

Im Bereich weißen Rauschens ist F nicht von der Frequenz abhängig, es gilt:

$$F = 1 + \frac{1}{R_g}\left(R_B + \frac{U_T}{2 \cdot I_{C,AP}} + \frac{R_B^2 \cdot I_{C,AP}}{2 \cdot \beta \cdot U_T}\right) + \frac{I_{C,AP} \cdot R_g}{2 \cdot \beta \cdot U_T} \tag{5.79}$$

R_g = Generatorinnenwiderstand,
R_B = Basisbahnwiderstand,
U_T = Temperaturspannung,
$I_{C,AP}$ = Kollektorstrom im Arbeitspunkt,
β = Kleinsignalstromverstärkung.

Für eine Minimierung der Rauschzahl kann man einen optimalen Strom $I_{C,AP,opt}$ im Arbeitspunkt angeben.

$$I_{C,AP,opt} = \frac{U_T \cdot \sqrt{\beta}}{\sqrt{R_g^2 + R_B^2}} \tag{5.80}$$

Für $R_g < R_B$ folgt:

$$I_{C,AP,opt} \approx \frac{U_T \cdot \sqrt{\beta}}{R_B} \tag{5.81}$$

Für $R_g > R_B$ gilt:

$$I_{C,AP,opt} \approx \frac{U_T \cdot \sqrt{\beta}}{R_g} \tag{5.82}$$

Für Kleinleistungstransistoren kann für $R_g \geq 1\,\mathrm{k\Omega}$ folgende Abschätzung verwendet werden.

$$I_{C,AP,opt} \approx \frac{0{,}3\,\mathrm{V}}{R_g} \tag{5.83}$$

Für einen vorgegebenen Wert des Arbeitspunktstromes $I_{C,AP}$ kann man den optimalen Quellenwiderstand ermitteln.

$$R_{g,opt} = \sqrt{R_B^2 + \frac{\beta \cdot U_T}{I_{C,AP}} \cdot \left(\frac{U_T}{I_{C,AP}} + 2 \cdot R_B\right)} \tag{5.84}$$

Mit dem optimalen Arbeitspunktstrom $I_{C,AP,opt}$ erhält man für die optimale Rauschzahl:

$$F_{opt} = 1 + \frac{R_B}{R_g} + \frac{1}{\sqrt{\beta}} \cdot \sqrt{1 + \left(\frac{R_B}{R_g}\right)^2} \tag{5.85}$$

Mit $R_g > R_B$ ergibt dies:

$$F_{opt} \approx 1 + \frac{R_B}{R_g} + \frac{1}{\sqrt{\beta}} \tag{5.86}$$

Die optimale Rauschzahl eines Bipolartransistors wird durch seinen Basisbahnwiderstand R_B und seine Kleinsignalstromverstärkung β bestimmt.

Da β arbeitspunktabhängig ist, wird das absolute Minimum von F_{opt} nicht für $R_g \to \infty$ sondern für einen endlichen Wert $R_g \approx 100\,\text{k}\Omega \ldots 1\,\text{M}\Omega$ mit $I_{C,AP,opt} \approx 1\,\mu\text{A}$ erreicht.

Bedeutung für rauscharme Schaltungen mit Bipolartransistoren
Soll eine Schaltung rauscharm sein, muss folgendes beachtet werden:

- Der Basisbahnwiderstand R_B muss klein sein.
- Die Kleinsignalstromverstärkung β muss hoch sein.
- Ist der Innenwiderstand R_g der Quelle groß, soll die Kleinsignalstromverstärkung β hoch sein.
- Ist der Innenwiderstand R_g der Quelle klein, soll der Basisbahnwiderstand R_B klein sein.

5.13.4.3 Bereich $1/f$-Rauschen

Im Bereich des $1/f$-Rauschens ergibt sich für die frequenzabhängige Rauschzahl:

$$F(f) = 1 + \frac{1}{R_g} \cdot \left[R_B + \frac{f_{g(1/f)}}{2 \cdot f} \cdot \left(\frac{U_T}{I_{C,AP}} + \frac{R_B^2 \cdot I_{C,AP}}{\beta \cdot U_T}\right)\right] + \frac{I_{C,AP} \cdot R_g \cdot f_{g(1/f)}}{2 \cdot \beta \cdot U_T \cdot f} \tag{5.87}$$

$f_{g(1/f)}$ ist dabei abhängig vom Arbeitspunkt.

Der optimale Arbeitspunktstrom $I_{C,AP,opt}$ ist auch im Bereich des $1/f$-Rauschens durch Gl. 5.80 bzw. 5.81, 5.82 gegeben. Er hängt nicht von der Frequenz ab.

Für einen festen, vorgegebenen Arbeitspunktstrom $I_{C,AP,opt}$ ist der optimale Innenwiderstand $R_{g,opt,(1/f)}$ frequenzabhängig.

$$R_{g,opt,(1/f)} = \sqrt{R_B^2 + \frac{\beta \cdot U_T}{I_{C,AP}} \cdot \left(\frac{U_T}{I_{C,AP}} + \frac{2 \cdot R_B \cdot f}{f_{g(1/f)}}\right)} \tag{5.88}$$

5.13.4.4 Bereich hoher Frequenzen

Für hohe Frequenzen erhält man für den optimalen Quellenwiderstand:

$$R_{\text{g,opt,HF}} \approx \sqrt{R_B^2 + \frac{\frac{\beta \cdot U_T}{I_{C,AP}} \left(\frac{U_T}{I_{C,AP}} + 2 \cdot R_B \right)}{1 + \beta \cdot \left(\frac{f}{f_T} \right)^2}} \tag{5.89}$$

f_T = Transitfrequenz (aus Datenblatt).

Der optimale Quellenwiderstand nimmt für $f > f_T/\sqrt{\beta}$ mit steigender Frequenz ab.

Die optimale Rauschzahl ist:

$$F_{\text{opt,HF}} \approx 1 + \sqrt{\left[\frac{1}{\beta} + \frac{2 \cdot R_B \cdot I_{C,AP}}{\beta \cdot U_T} + \left(\frac{R_B \cdot I_{C,AP}}{\beta \cdot U_T} \right)^2 \right] \cdot \left(1 + \beta \cdot \left(\frac{f}{f_T} \right)^2 \right)} \tag{5.90}$$

5.14 Beschreibung durch Gleichungen

Für eine rechnerische Behandlung des Bipolartransistors werden Gleichungen benötigt, die das Verhalten ausreichend genau beschreiben. Beschränkt man sich auf den in der Praxis wichtigen Normalbetrieb, so ergeben sich besonders einfache Gleichungen.

Das physikalische Verhalten des Transistors basiert im Wesentlichem auf dem Verhalten der Basis-Emitter-Diode. Der für eine Diode charakteristische exponentielle Zusammenhang zwischen Strom und Spannung zeigt sich im Eingangs- und im Übertragungskennlinienfeld des Transistors als exponentielle Abhängigkeit der Ströme I_B und I_C von der Spannung U_{BE}. Bei einem allgemeinen Ansatz

$$I_C = I_C(U_{BE}, U_{CE}) \quad \text{und} \quad I_B = I_B(U_{BE}, U_{CE})$$

erhält man für den Normalbetrieb:

$$I_C = I_S \cdot e^{\frac{U_{BE}}{U_T}} \cdot \left(1 + \frac{U_{CE}}{U_Y} \right) \tag{5.91}$$

$$I_B = \frac{I_C}{B} \quad \text{mit} \quad B = B(U_{BE}, U_{CE}) \tag{5.92}$$

I_S = Sättigungssperrstrom des Transistors ($10^{-16} \ldots 10^{-12}$ A),
U_T = Temperaturspannung,
U_Y = Early-Spannung,
B = Gleichstromverstärkungsfaktor.

Die Abhängigkeit von U_{CE} wird durch den Early-Effekt (siehe auch Abb. 5.26) verursacht und durch den rechten Term in Gl. 5.91 empirisch beschrieben.

Für viele einfache Berechnungen kann die Abhängigkeit der Stromverstärkung B von U_{BE} und U_{CE} vernachlässigt werden, B ist dann eine Konstante.

Wird die Abhängigkeit des Gleichstromverstärkungsfaktors B von U_{CE} berücksichtigt (sie wird ebenfalls durch den Early-Effekt verursacht), so erhält man:

$$B\left(U_{BE}, U_{CE}\right) = B_0\left(U_{BE}\right) \cdot \left(1 + \frac{U_{CE}}{U_Y}\right) \tag{5.93}$$

$B_0\left(U_{BE}\right)$ extrapolierte Stromverstärkung für $U_{CE} = 0\,\text{V}$.

Einsetzen von Gl. 5.93 in 5.92 ergibt:

$$I_B = \frac{I_S}{B_0} \cdot e^{\frac{U_{BE}}{U_T}} \tag{5.94}$$

Die Gl. 5.91 und 5.94 sind die *Großsignalgleichungen des Bipolartransistors*. Werden sie mit anderen Parametern dargestellt, so folgt:

$$I_C = I_{CBO} \cdot \exp\left(-\frac{E_g}{k \cdot T}\right) \cdot \left[\exp\left(\frac{U_{BE}}{U_T}\right) - 1\right] \tag{5.95}$$

$$I_B = \frac{I_{CBO}}{B} \cdot \exp\left(-\frac{E_g}{k \cdot T}\right) \cdot \left[\exp\left(\frac{U_{BE}}{U_T}\right) - 1\right] \tag{5.96}$$

E_g = Energielücke, Bandlücke = 1,1 eV bei Silizium,
k = Boltzmann-Konstante,
I_{CBO} = Kollektorreststrom.

5.15 Abhängigkeiten der Stromverstärkung

5.15.1 Abhängigkeit der Stromverstärkung vom Arbeitspunkt

Werden für den Normalbetrieb (Emitterschaltung) Basisstrom I_B und Kollektorstrom I_C als Funktion von U_{BE} mit U_{CE} als Parameter in halblogarithmischer Darstellung aufgetragen (U_{BE} auf der Abszisse linear, I_C und I_B auf der Ordinate logarithmisch), so gehen die exponentiellen Verläufe der Gl. 5.91 und 5.94 in Geraden über. Diese Auftragung wird *Gummel-Plot* genannt.

Wichtiger ist in der Praxis die Angabe der Stromverstärkung B als Funktion von I_C mit U_{CE} als Parameter. In Abb. 5.41 ist als Beispiel der Verlauf der statischen Stromverstärkung B und der differenziellen (dynamischen) Stromverstärkung β in Abhängigkeit

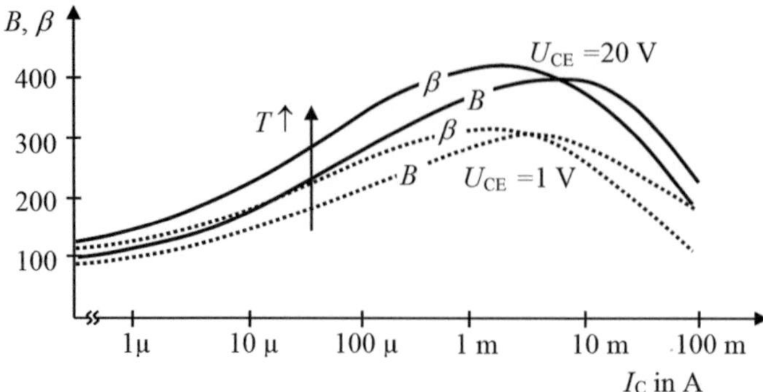

Abb. 5.41 Prinzipieller Verlauf von Gleichstromverstärkungsfaktor B und Kleinsignalstromverstärkung β bei einem Kleinsignaltransistor

von I_C für zwei verschiedene Werte von U_{CE} aufgetragen. Die gezeigten Verläufe sind typisch für Kleinleistungstransistoren, bei denen das Maximum der Stromverstärkung für $I_C \approx 1 \ldots 10\,\text{mA}$ erreicht wird. Bei Leistungstransistoren liegt dieses Maximum im Ampere-Bereich. In der Praxis wird der Transistor mit einem Kollektorstrom im Bereich des Maximums von B oder bei kleineren Kollektorströmen betrieben. Den Bereich rechts des Maximums vermeidet man nach Möglichkeit, da nicht nur B, sondern zusätzlich die Schaltgeschwindigkeit und die Grenzfrequenzen des Transistors reduziert werden.

Die Stromverstärkung B hat einen positiven Temperaturkoeffizienten von ca. 0,6 %/K, sie nimmt mit steigender Temperatur zu (Abb. 5.42).

Die Stromverstärkung ist abhängig vom Arbeitspunkt und von der Temperatur.

5.15.2 Abhängigkeit der Stromverstärkung von der Grundschaltung

5.15.2.1 Stromverstärkung der Basisschaltung

In der Basisschaltung ist der Emitterstrom der Eingangsstrom des Transistors, der Kollektorstrom ist der Ausgangsstrom.

Der Emitterstrom teilt sich auf in

- einen größeren Anteil $A \cdot I_E$ in Richtung Kollektor (Hauptstrom) und
- einen kleineren Anteil $(1 - A) \cdot I_E$ in Richtung Basis (Neben- und Rekombinationsstrom).

Zusätzlich zu diesen Strömen fließt noch der Kollektor-Basis-Sperrstrom I_{CBO}.

Das Verhältnis des steuerbaren Anteils des Ausgangsstromes zum steuerbaren Anteil des Eingangsstromes stellt die Stromverstärkung des Transistors dar.

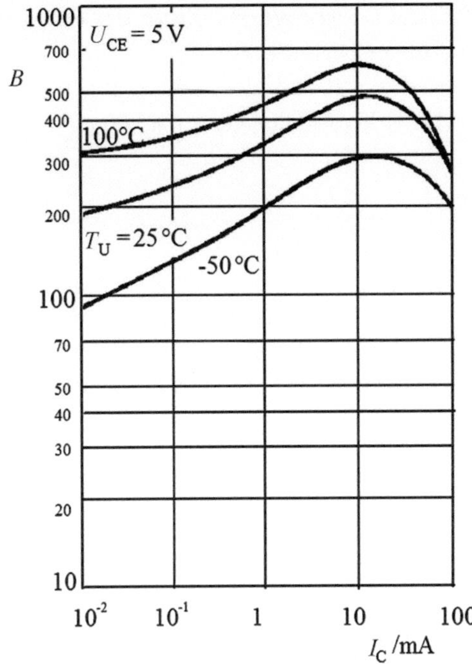

Abb. 5.42 Beispiel für den Verlauf von B aus einem Datenblatt

Die Stromverstärkung A des Transistors in Basisschaltung beträgt somit:

$$A = \frac{-I_C + I_{CBO}}{I_E} \tag{5.97}$$

Mit $I_{CBO} \ll I_C$ ergibt sich näherungsweise:

$$A = \frac{-I_C}{I_E} \approx 1 \tag{5.98}$$

Da $I_C < I_E$ ist, wird $A < 1$.

Reale Werte der Stromverstärkung A liegen im Bereich $0{,}95 \leq A \leq 0{,}999$.

Die Stromverstärkung A ist von der Größe von Emitter- und Kollektorstrom weitgehend unabhängig, d. h. die Stromverstärkung A eines Transistors ist konstant.

Für kleine Änderungen von Emitter- und Kollektorstrom verwendet man die Wechselstromverstärkung:

$$\alpha = \frac{di_C}{di_E} \tag{5.99}$$

Für die meisten Anwendungen gilt $\alpha \approx A$.

5.15.2.2 Stromverstärkung der Emitterschaltung

In Emitterschaltung wird das Verhältnis der steuerbaren Anteile von Kollektorstrom und Basisstrom als Stromverstärkung B des Transistors bezeichnet.

Unter Vernachlässigung I_{CBO} ($I_{CBO} \ll I_C, I_B$) ergibt sich (siehe auch Gl. 5.3):

$$B = \frac{I_C}{I_B} \tag{5.100}$$

Da I_C wesentlich größer als I_B ist, hat B einen Wert erheblich größer als 1 ($B \gg 1$).

Die Stromverstärkung B besitzt eine Abhängigkeit von der Größe des Kollektorstromes. Sie steigt zunächst mit I_C, bleibt dann über ein bis zwei Größenordnungen von I_C annähernd konstant und sinkt bei noch höheren Stromwerten wieder ab (siehe Abb. 5.41).

Für kleine Änderungen von Basis- und Kollektorstrom verwendet man die Wechselstromverstärkung:

$$\beta = \frac{\mathrm{d}i_C}{\mathrm{d}i_B} \tag{5.101}$$

Für die meisten Anwendungen gilt $\beta \approx B$.

Die Wechselstromverstärkung β ist eine Kleinsignalstromverstärkung (*small signal current gain*). Sie ist meist für einen festgelegten Arbeitspunkt mit I_C, U_{CE} und bei der Frequenz $f = 1\,\mathrm{kHz}$ definiert. In Transistor-Datenblättern wird β häufig als „h_{fe}“ bezeichnet.

Achtung: Die Gleichstromverstärkung B wird in den Datenblättern auch „h_{FE}“ genannt (*DC current gain, static forward current transfer ratio*). Hier besteht Verwechslungsgefahr, man beachte die Groß- und Kleinschreibung der Indizes.

Als *h-Parameter* entspricht h_{21e} der Wechselstromverstärkung β.

Die Stromverstärkung ist eine für den Transistortyp charakteristische Größe. Die Werte von β liegen, abhängig vom Transistortyp, im Bereich $\beta = 10$ bis 1000. In der Praxis ist zu beachten, dass β zwischen unterschiedlichen Exemplaren des gleichen Transistortyps erheblich streuen kann (z. B. $\beta = 100$ bis 300). In den Datenblättern werden oft minimaler, typischer und maximaler Wert von β angegeben.

Für β wird häufig das Wort *Kurzschlussstromverstärkung* statt Stromverstärkung verwendet. Das Wort „Kurzschluss“ bedeutet, dass bei der Messung von β der *Ausgangskreis* zwischen Kollektor und Emitter *wechselstrommäßig kurzgeschlossen* ist.

5.15.2.3 Stromverstärkung der Kollektorschaltung

Die Gleichstromverstärkung C gibt das Verhältnis von Emitter- zu Basisstrom in der Kollektorschaltung an. γ ist die Wechselstromverstärkung (Kleinsignalstromverstärkung).

Aus $C = \frac{I_E}{I_B}$ und $I_B = I_E - I_C$ folgt $C = \frac{I_E}{I_E - I_C} = \frac{1}{1-\frac{I_C}{I_E}}$. Mit $A = \frac{I_C}{I_E}$ nach Gl. 5.98 folgt:

$$C = \frac{1}{1 - A} \tag{5.102}$$

5.15.2.4 Umrechnung der Stromverstärkungen

$$B = \frac{A}{1-A} \qquad \beta = \frac{\alpha}{1-\alpha} \approx B \tag{5.103}$$

$$A = \frac{B}{1+B} \qquad \alpha = \frac{\beta}{1+\beta} \approx A \tag{5.104}$$

$$C = \frac{1}{1-A} = B + 1 \approx B \qquad \gamma = \frac{1}{1-\alpha} = \beta + 1 \approx \beta \tag{5.105}$$

5.15.3 Stromverstärkung in Abhängigkeit der Frequenz, Grenzfrequenzen

5.15.3.1 β-Grenzfrequenz

Gibt man auf den Eingang eines Transistorverstärkers ein sinusförmiges Eingangssignal und betrachtet die verstärkte Ausgangsspannung, so nimmt deren Amplitude mit wachsender Frequenz der Eingangsspannung ab. Der Grund ist: *Die Stromverstärkung sinkt mit wachsender Frequenz* (und damit die Spannungsverstärkung).

Bei hohen Frequenzen kann man für einen Transistor ein Funktionsersatzschaltbild angeben, das aus einem Netzwerk von Widerständen (Basis-, Emitter-, Kollektor-Bahnwiderstände) und Kapazitäten (Sperrschicht-, Diffusionskapazität) sowie einer Stromquelle besteht. Die inneren Widerstände und Kapazitäten des Transistors (hauptsächlich der Basisbahnwiderstand R_B und die Basis-Emitter-Sperrschichtkapazität und außerdem der Miller-Effekt der Sperrschichtkapazität der Kollektordiode) bilden ein Netzwerk, das für die steuernde Frequenz als Tiefpass erster Ordnung wirkt.

Die absolute Grenze für die erreichbaren Grenzfrequenzen ist aber durch die Laufzeiten der Ladungsträger durch die Steuerstrecke des Transistors, also Basis-Emitter- und Basis-Kollektor-Raumladungszone sowie die neutrale Basis, gegeben. Auch wenn die parasitären Widerstände und Kapazitäten zu null gemacht werden könnten, würde diese Grenze bestehen bleiben. Damit werden die absoluten Grenzen der Geschwindigkeit durch die Geometrie gegeben und es wird deutlich, dass ein Höchstfrequenz-Transistor eine möglichst kurze Steuerstrecke aufweisen muss.

Die Frequenz, bei der die Stromverstärkung in Emitterschaltung um 3 dB auf ca. 70 % ihres Wertes β_0 bei 1 kHz abgesunken ist, heißt *β-Grenzfrequenz f_β (beta cuttoff frequency)* (Abb. 5.43). Oberhalb f_β nimmt die Stromverstärkung mit 20 dB pro Frequenzdekade ab. Die Frequenz f_β ist die Grenzfrequenz des Transistors in Emitterschaltung, wenn er aus einer hochohmigen Signalquelle, also mit eingeprägtem Basisstrom betrieben wird.

In gleicher Weise ist die α-Grenzfrequenz f_α der Basisschaltung definiert ($f_\alpha > f_\beta$).

Formal kann der Verlauf von β in Abhängigkeit der Frequenz wie folgt dargestellt werden:

$$\beta(f) = \frac{\beta_0}{\sqrt{1 + \left(\frac{f}{f_\beta}\right)^2}} \tag{5.106}$$

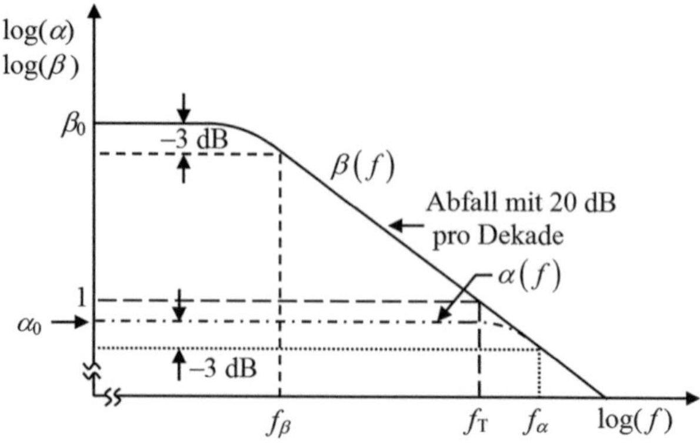

Abb. 5.43 Frequenzabhängigkeit der Verstärkungen $\alpha(f)$ und $\beta(f)$, Grenzfrequenz f_β und f_α sowie Transitfrequenz f_T beim Bipolartransistor

5.15.3.2 Transitfrequenz

Als *Transitfrequenz* f_T (*Transitgrenzfrequenz, transition frequency, unity gain frequency*) bezeichnet man diejenige Frequenz, bei der die Stromverstärkung auf den Wert Eins abgesunken ist: $\beta(f_T) = 1$ (Abb. 5.43). Die Transitfrequenz ist sehr stark vom Kollektorstrom (und damit vom Arbeitspunkt) abhängig und wird in den Datenblättern als Kurve $f_T(I_C)$ angegeben, siehe Abb. 5.44.

Zwischen der β-Grenzfrequenz und der Transitfrequenz besteht die Beziehung:

$$f_T = \beta_0 \cdot f_\beta \quad (f_T \approx f_\alpha) \tag{5.107}$$

Deshalb wird die Transitfrequenz auch **Verstärkungs-Bandbreite-Produkt** (*gain-bandwidth-product, GBW*) genannt.

Mit der α-Grenzfrequenz ist f_T:

$$f_T = \alpha_0 \cdot f_\alpha \tag{5.108}$$

Es gelten folgende Umrechnungen:

$$f_\beta = (1 - \alpha_0) \cdot f_\alpha \tag{5.109}$$

$$f_\beta = \frac{f_\alpha}{1 + \beta_0} \approx \frac{f_\alpha}{\beta_0} \tag{5.110}$$

Sucht man in der Emitterschaltung bei einer bestimmten Arbeitsfrequenz f_A den Wert der Stromverstärkung β_A, so erhält man diesen aus

$$\beta_A = \frac{\beta_0}{\sqrt{1 + \left(\frac{f_A}{f_\beta}\right)^2}} = \frac{\beta_0}{\sqrt{1 + \left(\frac{\beta \cdot f_A}{f_T}\right)^2}} \tag{5.111}$$

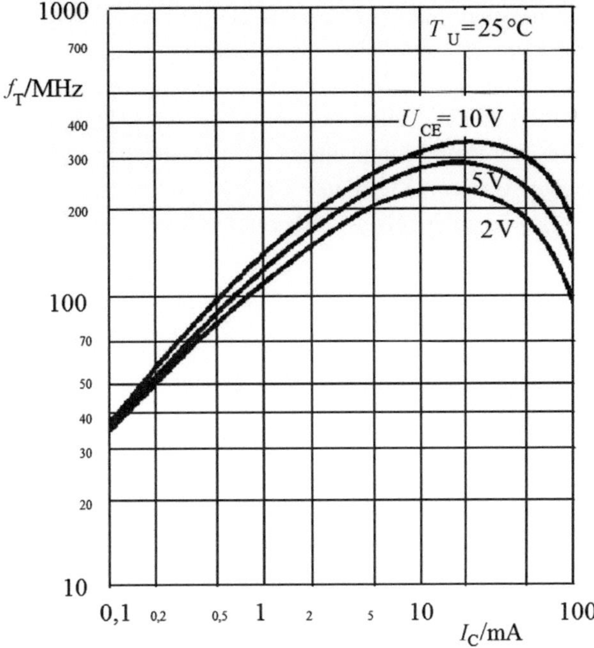

Abb. 5.44 Beispiel für die Abhängigkeit der Transitfrequenz f_T vom Kollektorstrom I_C aus einem Datenblatt

Für die Basisschaltung gilt entsprechend:

$$\alpha_A = \frac{\alpha_0}{\sqrt{1 + \left(\frac{f_A}{f_\alpha}\right)^2}} \tag{5.112}$$

Beispiel 5.3

Ein Transistor hat die Transitfrequenz $f_T = 300\,\text{MHz}$ und die Stromverstärkung $\beta = 100$. Wie groß ist die Stromverstärkung in Emitterschaltung bei der Frequenz 10 MHz?

$$\beta_A = \frac{100}{\sqrt{1 + \left(\frac{100 \cdot 10^7}{3 \cdot 10^8}\right)^2}} = 28{,}7$$

Bei 10 MHz hat die Stromverstärkung nur noch den Wert $\underline{\underline{\beta = 28{,}7}}$.

5.15.3.3 Maximale Schwingfrequenz

Eine weitere Grenzfrequenz ist die **maximale Schwingfrequenz** f_{max}, welche neben der Transitfrequenz f_T zum Vergleich unterschiedlicher Transistortypen herangezogen wird.

Die maximale Schwingfrequenz ist die maximale Frequenz, bei der ein Transistor schwingen kann. Bei der maximalen Schwingfrequenz ist die maximal mögliche Leistungsverstärkung auf 1 abgesunken. Für Frequenzen $f > f_{max}$ ist die Ausgangsleistung in Emitterschaltung selbst bei optimaler Beschaltung kleiner als die Eingangsleistung. Der Transistor kann dann in einer Oszillatorschaltung nicht mehr zur Erzeugung von Schwingungen verwendet werden.

f_{max} ist größer als f_T und ergibt sich nach der Formel:

$$f_{max} = \sqrt{\frac{f_T}{8 \cdot \pi \cdot R_B \cdot C_{BC}}} \tag{5.113}$$

R_B = Basisbahnwiderstand,
C_{BC} = Kapazität der Basis-Kollektor-Diode.

5.16 Dynamisches Schaltverhalten des Bipolartransistors

Bei Transistorschaltern ist oft die maximale Schaltfrequenz von ausschlaggebender Bedeutung. Diese ist nicht nur von der oberen Grenzfrequenz des Transistors, sondern auch von den Betriebsbedingungen abhängig. Abb. 5.45 zeigt qualitativ die typischen Zeitverläufe einer Transistor-Schaltstufe.

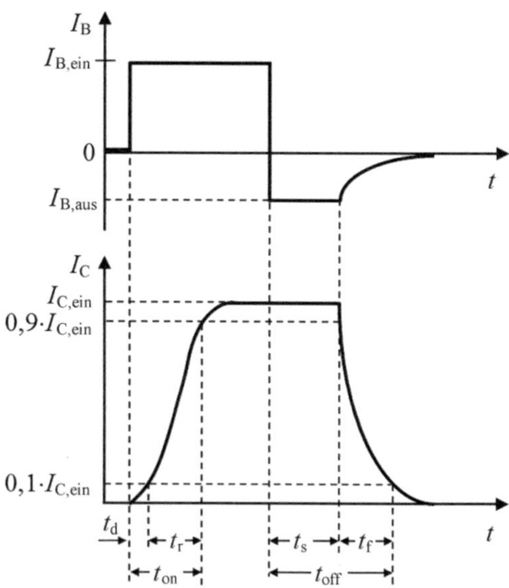

Abb. 5.45 Schaltverhalten eines Bipolartransistors, zeitlicher Verlauf des Ausgangsstromes I_C eines Schalttransistors bei rechteckigem Impuls I_B am Eingang

5.16.1 Schaltzeiten

Die technisch wichtigen Schaltzeiten sind:

t_d (Einschaltverzögerung = *delay time*)
t_r (Anstiegszeit = *rise time*)
t_s (Speicherzeit = *storage time*)
t_f (Abfallzeit = *fall time*)
$t_{on} = t_d + t_r$ = Einschaltzeit (*turn on time*)
$t_{off} = t_s + t_f$ = Ausschaltzeit (*turn off time*).

Als Schwellen für die Definition der Zeiten gelten jeweils $0{,}1 \cdot I_{C,ein}$ und $0{,}9 \cdot I_{C,ein}$.

Im Folgenden seien alle im Übersteuerungsbereich (also bei leitendem Transistor) gültigen Größen mit „ein", die bei sperrendem Transistor auftretenden Größen mit „aus" indiziert.

5.16.1.1 Einschaltverzögerung t_d

Die Einschaltverzögerung t_d wird dadurch verursacht, dass bei gesperrtem Transistor sowohl Kollektor-Basis- als auch Emitter-Basis-Diode gesperrt sind. Zunächst muss daher der Basisstrom $I_{B,ein}$ die fremden Ladungsträger in den Dioden-Sperrschichten (hauptsächlich in der Emitter-Basis-Diode) neutralisieren, d. h. beim npn-Transistor der Basis positive Ladungsträger zuführen. Dies führt an der Kollektor-Basis-Diode zu einem schwach negativen Kollektorstrom. Der Vorgang ist beendet, wenn die Emitter-Basis-Diode gerade in den Durchlassbereich gelangt, d. h. bei einem Si-Transistor bei der Schwellspannung $U_{BES} \approx 0{,}4\,\text{V}$.

Die Zeit, in der die Basis-Emitter-Spannung auf diesen Wert ansteigt, beträgt

$$t_d \approx \left| \frac{U_{BE,aus} - U_{BES}}{I_{B,ein}} \right| \cdot (2 \cdot C_{EBO} + C_{CBO}) \tag{5.114}$$

mit

C_{EBO} = Emittersperrschichtkapazität (der Faktor „2" berücksichtigt das Ansteigen von C_{EBO} bei Vermindern der Sperrspannung an der Emitter-Basis-Diode)
C_{CBO} = Kollektorsperrschichtkapazität
$U_{BE,aus} < 0$, max. $+0{,}1\,\text{V}$ = Basis-Emitter-Spannung bei gesperrtem Transistor
$I_{B,ein}$ = im eingeschalteten Zustand fließender Basisstrom.

Die Einschaltverzögerung ist umso größer, je größer $U_{BE,aus}$ ist.

5.16.1.2 Anstiegszeit t_r

Nachdem die Emitter-Basis-Diode leitfähig ist, befindet sich der Transistor im aktiven Bereich. Jetzt müssen zum Durchschalten

- zusätzliche positive Ladungsträger in die Basis gebracht werden, um das für den Strom vom Emitter zum Kollektor erforderliche Dichtegefälle aufzubauen
- die Kollektorsperrschichtkapazität entladen werden, d. h. die Kollektor-Basis-Diode in den Durchlassbereich gebracht werden
- die während dieser Zeit ständig durch Rekombination in der Basis verloren gehenden Ladungsträger ersetzt werden. Diese Ladungen müssen vom Basisstrom I_{BX} geliefert werden, der daher möglichst groß sein soll, um die Anstiegszeit kurz zu halten.

Von entscheidender Bedeutung ist hier der Übersteuerungsgrad *ü* (*Übersteuerungsfaktor*). Je größer die Übersteuerung ist, umso kleiner ist die Anstiegszeit.

$$ü = \frac{I_{B,ü}}{I_{B,sat}}$$

$I_{B,ü}$ = Basisstrom der notwendig ist, um den Transistor in die maximal mögliche Übersteuerung zu bringen
$I_{B,sat}$ = Basisstrom auf der Sättigungsgrenzlinie bei $U_{CB} = 0$

$$t_r \approx \tau \cdot \ln \frac{ü}{ü - 1} \tag{5.115}$$

mit der Einschaltzeitkonstanten

$$\tau = B \left(\frac{1}{2\pi f_T} + R_C C_{CBO} \right) \tag{5.116}$$

B = Gleichstromverstärkungsfaktor,
f_T = Transitfrequenz,
R_C = Kollektorwiderstand
C_{CBO} = Kollektorsperrschichtkapazität.

5.16.1.3 Speicherzeit t_s

Nach Abschalten der Eingangsspannung auf $U_{BE,aus} \approx 0$ oder negative Werte fließt ein Basisstrom in entgegengesetzter Richtung ($I_{B,aus} < 0$), die im Basisraum vorhandene Ladung fließt ab. Dieser „umgekehrte" Basisstrom $I_{B,aus}$ wird als *Ausräumstrom* bezeichnet. Er muss die Überschussladung abbauen, die sich infolge der Übersteuerung des Transistors im Basisraum befindet. Gleichzeitig findet eine Rekombination von Ladungsträgern in der Basiszone mit der Zeitkonstanten τ_s statt. Der Kollektorstrom fließt jedoch praktisch unverändert weiter, da die Kollektor-Basis- und die Emitter-Basis-Diode noch im Durchlasszustand sind. Die Speicherzeit wird damit umso kürzer, je größer der *Ausräumfaktor* *a* ist.

$$a = \left| \frac{I_{B,aus}}{I_{BÜ}} \right| \tag{5.117}$$

Angenähert gilt:

$$t_s \approx \tau_s \cdot \ln \left(1 + \frac{ü - 1}{a + 1} \right) \tag{5.118}$$

mit

τ_s = Speicherzeitkonstante.

Die Speicherzeitkonstante τ_s kann häufig dem Datenblatt des Transistors entnommen werden.

Für $ü = 1$ verschwindet die Speicherzeit. Für eine kleine Speicherzeit ist also eine Übersteuerung nachteilig.

5.16.1.4 Abfallzeit t_f

Nach Abbau der Überschussladung (die Kollektor-Basis-Diode ist jetzt gesperrt) fällt der Kollektorstrom I_C ab. Der Transistor arbeitet für kurze Zeit im aktiven Bereich. Der weitere Abtransport positiver Ladungsträger erfolgt einerseits durch den Strom $I_{B,aus}$, andererseits durch Rekombination. Zusätzlich müssen von der Basis her wieder negative Ladungsträger in die Sperrschichten gebracht werden, um diese Schichten in Sperrrichtung aufzuladen. Dieser Vorgang wird beschleunigt durch einen großen Ausräumfaktor a, d. h. einen möglichst hohen (negativen) Basisstrom. Näherungsweise gilt:

$$t_f \approx \tau \cdot \ln \frac{a+1}{a} \tag{5.119}$$

Zusammenfassung

Die Schaltzeiten liegen im Bereich von einigen ns bis wenigen µs. Die Schaltzeiten sind vom Transistortyp und von der Auslegung der Schaltung (vom Übersteuerungsfaktor $ü$ und vom Ausräumfaktor a) abhängig. Von der Dauer des Steuerimpulses sind die Schaltzeiten u. a. ebenfalls abhängig. Die Schaltzeiten bleiben nur konstant, wenn die Dauer des Steuerimpulses um ein Mehrfaches größer ist als die Schaltzeiten. Bei kürzer werdendem Steuerimpuls nimmt insbesondere die Speicherzeit t_s ab. Die Einschaltzeit t_{on} wird umso kürzer, je größer der Übersteuerungsfaktor gemacht wird. Andererseits erhöht sich durch die Übersteuerung beim Ausschalten die Speicherzeit t_s und damit die Ausschaltzeit t_{off}.

5.16.1.5 Verkürzung der Schaltzeiten

Die Speicherzeit lässt sich durch Vergrößerung des Ausräumstromes, z. B. durch Anlegen einer Spannung $-U_{BE}$ in Sperrrichtung, verkürzen. Durch die Erhöhung des Ausräumfaktors ergibt sich jedoch gleichzeitig eine Vergrößerung der Einschaltverzögerung t_d. Durch schaltungstechnische Maßnahmen kann man erreichen, dass die Übersteuerung nur während des Einschaltvorganges und eine Erhöhung des Ausräumstromes nur während des Ausschaltvorganges wirksam ist. Realisiert wird dies durch ein RC-Glied in der Basisleitung (Abb. 5.46a). Die Umladeströme des Kondensators C bilden den Übersteuerungsstrom beim Einschalten und den Ausräumstrom beim Ausschalten des Transistors. Im stationären Zustand ist für den Basisstrom die Reihenschaltung aus R und R_b ($R_b > R$) ausschlaggebend. Im Wesentlichen bestimmt R_b die Begrenzung des Basisstromes. Die Werte von R und C sind abhängig von der Dauer des Steuerimpulses, sie können für sicheres Schalten z. B. experimentell ermittelt werden.

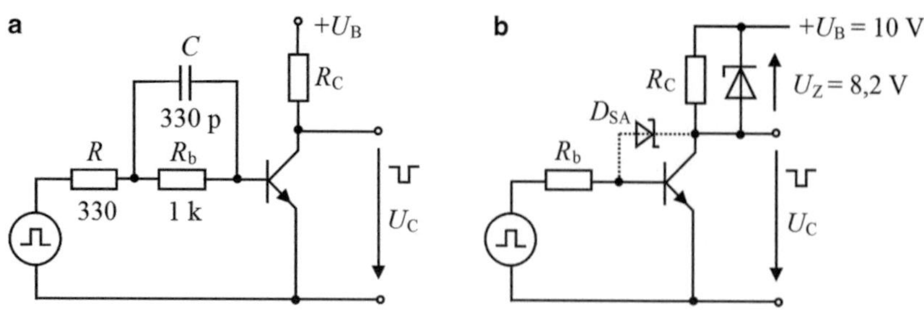

Abb. 5.46 Schaltungsmaßnahmen zur Verkürzung der Schaltzeiten (Zahlenwerte als Beispiel)

Die größte der Schaltzeiten, die Speicherzeit t_s, tritt auf, wenn man einen zuvor gesättigten Transistor ($U_{CE} = U_{CE,sat}$) sperrt. Die Speicherzeit lässt sich stark verkleinern, wenn man den „Ein"-Betriebspunkt nicht in den Sättigungsbereich, sondern in den aktiven Bereich des Transistors legt. Dieses Prinzip der *ungesättigten Logik* wird bei schnellen Schaltern angewandt. In Abb. 5.46b verhindert die Zenerdiode, dass die Kollektorspannung den Sättigungswert $U_{CE,sat}$ annimmt. Ist z. B. bei $U_B = 10\,\text{V}$ die Zenerspannung $U_Z = 8{,}2\,\text{V}$, so ist bei $I_{C,ein}$ der Wert der Kollektorspannung $U_C = 10\,\text{V} - 8{,}2\,\text{V} = 1{,}8\,\text{V}$.

Eine Schottky-Antisättigungsdiode D_{SA} zwischen Basis und Kollektor stellt eine *Antisättigungsschaltung* dar, durch die der überschüssige Basisstrom abgeleitet wird.

5.17 Modelle und Ersatzschaltungen des Bipolartransistors

Für die Berechnung von Transistorschaltungen werden Netzwerkmodelle benötigt. Das sind im Wesentlichen Ersatzschaltbilder, welche die elektronischen Vorgänge im Transistor mit Hilfe von Schaltelementen (Stromquellen, Dioden, Kapazitäten, Widerständen) modellieren und so die Transistorfunktion auf ein einfaches Netzwerk zurückführen.

Die Untersuchung des Signalverhaltens von Transistoren wird wesentlich erleichtert, wenn man für den Transistor eine solche Ersatzschaltung benutzt. Die komplizierten inneren Zusammenhänge des Transistors werden dann nicht mehr betrachtet. Statt dessen verwendet man eine Ersatzschaltung aus linearen Schaltelementen (R, C) und Signalersatzquellen. Diese linearen Ersatzschaltungen gelten natürlich nur für Aussteuerungen, für die man das Verhalten des Transistors als linear ansehen und die Kennlinienkrümmungen vernachlässigen kann, d. h. für die Kleinsignalverstärkung. Je nach Anwendungsfall, Aussteuerungs- und Frequenzbereich muss die Ersatzschaltung mit Schaltelementen ergänzt werden, um die geforderte Genauigkeit bei Berechnungen zu erreichen. Für den Schaltungsentwurf mit CAD-Programmen wird ein Modell benötigt, das alle Effekte berücksichtigt. Es muss für alle Betriebsarten gelten und zusätzlich das dynamische Verhalten richtig wiedergeben. Aus einem Großsignalmodell erhält man durch Linearisierung im Arbeitspunkt ein dynamisches Kleinsignalmodell zur Berechnung des Frequenzgangs von Schaltungen.

Komplexe Modelle zur Schaltungssimulation mit Hilfe von Computern sind sehr aufwendig. Hier soll nur zu einem Grundverständnis dieser Transistormodelle beigetragen werden. Zur Dimensionierung von Transistorschaltungen und deren überschlägigen Berechnung „von Hand“ werden einfache Modelle vorgestellt.

Im **Großsignalbetrieb** betreibt man den Transistor über den ganzen Strom- und Spannungsbereich des Ausgangskennlinienfeldes. Die Nichtlinearitäten des Transistors machen sich dabei stark bemerkbar. Dieser Fall tritt in der Digitaltechnik auf. In logischen Grundschaltungen wird der Transistor überwiegend als Schalter eingesetzt. Beim Schalterbetrieb erfolgt im Gegensatz zum linearen Betrieb (Kleinsignalbetrieb) eine volle Durchsteuerung der Kennlinie bzw. der Arbeitsgeraden (von einem Arbeitspunkt nahe der U_{CE}-Achse zu einem Arbeitspunkt nahe der I_C-Achse). Es handelt sich also um einen Großsignalbetrieb. Der Großsignalbetrieb schließt den rein gleichstrommäßigen, statischen Betrieb (z. B. zur Arbeitspunkteinstellung) ein.

Im Gegensatz dazu wird beim **Kleinsignalbetrieb** ein Arbeitspunkt über schaltungstechnische Maßnahmen eingestellt, wobei der Transistor nur in einem kleinen Bereich um den Arbeitspunkt angesteuert wird. *Gleichstrom- und Gleichspannungsgrößen bestimmen diesen Arbeitspunkt.* Das Verhalten nichtlinearer Bauelemente (z. B. von Dioden) kann in einer kleinen Umgebung des Arbeitspunktes näherungsweise als linear angenommen werden. Zur Schaltungsberechnung ersetzt man die nichtlinearen Kennlinien in der Umgebung des Arbeitspunktes durch ihre Tangenten. Die Steigung dieser Tangenten bezeichnet man als *differenzielle Kenngrößen* oder *Kleinsignalparameter*. Aus einem Großsignal-Ersatzschaltbild folgt so ein Ersatzschaltbild für den Kleinsignalbetrieb. Mit Modellen für den dynamischen Betrieb erfolgt eine wechselstrommäßige Dimensionierung, z. B. eine Berechnung einer Transistorschaltung für eine Signalverstärkung. Zu Groß- und Kleinsignalbetrieb siehe auch Abschn. 5.5.

Die Ersatzschaltungen können auf zwei verschiedene Arten aufgestellt werden.

1. Ausgehend von den physikalischen Vorgängen im Inneren des Transistors kommt man zu einer Ersatzschaltung, deren Elemente eine bestimmte physikalische Bedeutung haben. Eine derartige Ersatzschaltung wird *Funktionsersatzschaltung* oder *physikalische Ersatzschaltung* genannt.
2. Man geht von Vierpolgleichungen aus und bildet eine Ersatzschaltung, die den Vierpolgleichungen rein formal entspricht. Die Ersatzschaltung gibt die physikalischen Vorgänge im Inneren des Transistors *nicht* wieder, der Transistor wird wie ein Vierpol beschrieben. Eine solche Ersatzschaltung wird *formale Ersatzschaltung* genannt.

5.17.1 Die physikalische Ersatzschaltung

Die Elemente der Funktionsersatzschaltung haben eine bestimmte physikalische Bedeutung. Damit die Ersatzschaltung nicht unnötig kompliziert wird, verwendet man für den Gültigkeitsbereich von Genauigkeit und Frequenz nur die unbedingt nötigen Elemente.

Bei niedrigen Frequenzen werden innere Kapazitäten des Transistors vernachlässigt, das Funktionsersatzschaltbild besteht dann nur aus reellen Widerständen und einer gesteuerten Stromquelle.

Zur Beschreibung des statischen Verhaltens (Gleichstromverhaltens) und des Großsignalverhaltens von Bipolartransistoren dienen folgende Großsignalmodelle:

- *Ebers-Moll-Modell*
- *Transportmodell*
- *Gummel-Poon-Modell.*

Diese Modelle werden zur Berechnung statischer Spannungen und Ströme (Gleichstromwerte, DC-Werte) sowie dynamischer Großsignale beim Einsatz des Transistors als Schalter benutzt.

5.17.1.1 Das Ebers-Moll-Modell

Ein verbreitetes Ersatzschaltbild des npn-Transistors stammt von Ebers[4] und Moll[5]. Es ist ein Modell für das Gleichstromverhalten des Transistors, baut auf dem Dioden-Ersatzschaltbild auf und deckt alle Betriebsarten des Transistors ab. Es eignet sich auch für die Beschreibung dynamischer Großsignalanwendungen und wird vorzugsweise in Anwendungen des Transistors als Schalter verwendet. Das Ebers-Moll-Modell beschreibt alle primären Effekte, *nicht* berücksichtigt werden z. B. der Early-Effekt, die Stromabhängigkeit der Stromverstärkung B, die Bahnwiderstände sowie Hochinjektions- und Hochstromeffekte.

Es wird ein npn-Transistor betrachtet. Bei einem pnp-Transistor haben alle Ströme und Spannungen umgekehrte Vorzeichen, die Polung der Dioden im Ersatzschaltbild ist gegensätzlich. Abb. 5.47 zeigt die Stromanteile und die hier festgelegten Stromrichtungen im npn-Bipolartransistor.

Wegen der beiden antiseriell geschalteten pn-Dioden wird der Transistor als zwei Dioden mit gemeinsamer p-Zone betrachtet. Die Ströme ① und ③ sind Diodenströme, ② und ④ stellen einen Transferstrom dar. In der Basis sind die Elektronen Minoritätsladungsträger und können dort kaum rekombinieren. Die Elektronenstromanteile der Diodenströme fließen größtenteils durch die sehr dünne gemeinsame Basiszone hindurch, treten als Transferstrom am gegenüberliegenden pn-Übergang auf, und fließen am jeweiligen Anschluss ab.

Diese Betrachtung wird im folgenden Ersatzschaltbild dargestellt (Abb. 5.48). Das Ebers-Moll-Modell besteht aus den beiden Dioden des Dioden-Ersatzschaltbildes und zwei stromgesteuerten Stromquellen, die den Stromfluss durch die Basis beschreiben. Die Steuerfaktoren der gesteuerten Quellen sind, bezogen auf die Basisschaltung, die Stromverstärkung A_{N} für den Normalbetrieb ($U_{\mathrm{BE}} > 0$, $U_{\mathrm{BC}} < 0$) und die Rückwärtsstromverstärkung A_{I} für den Inversbetrieb ($U_{\mathrm{BE}} < 0$, $U_{\mathrm{BC}} > 0$). Typische Werte sind

[4] Jewll James Ebers (1921–1959), amerikanischer Elektroingenieur.
[5] John Lewis Moll (1921–2011), amerikanischer Elektroingenieur.

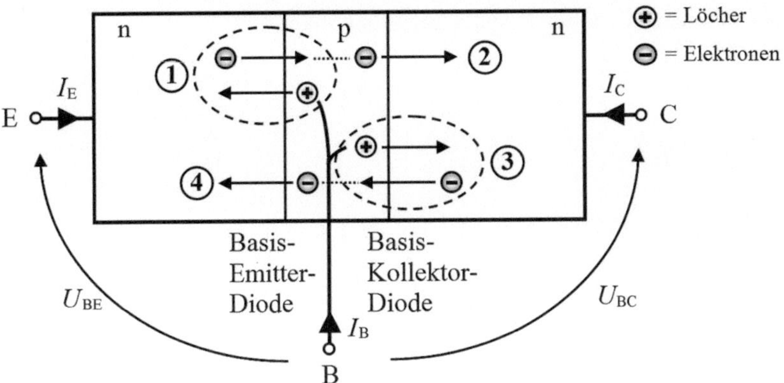

Abb. 5.47 Anteile der Ströme im npn-Transistor

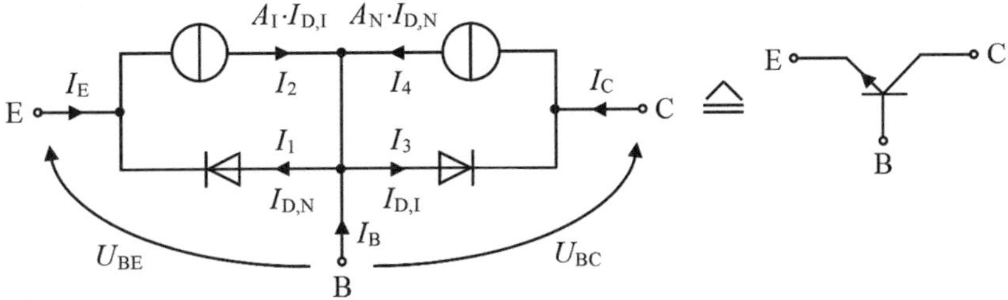

Abb. 5.48 Ersatzschaltbild für das Ebers-Moll-Modell eines npn-Transistors

$A_N = 0{,}98 \ldots 0{,}999$ und $A_I = 0{,}5 \ldots 0{,}9$. Die unterschiedlichen Werte für A_N und A_I folgen aus dem unsymmetrischen Aufbau (bedingt durch Herstellungsverfahren) eines Transistors.

A_N = ideale Vorwärtsstromverstärkung im Normalbetrieb für die Basisschaltung (Anteil des Emitterelektronenstroms, der zur Basis-Kollektor-Sperrschicht gelangt)

A_I = ideale Rückwärtsstromverstärkung (inverse Stromverstärkung) für die Basisschaltung (Anteil des Kollektorelektronenstroms, der zur Basis-Emittersperrschicht gelangt).

Die Emitter- und Kollektor-Diodenströme sind:

$$I_{D,N} = I_{S,N} \cdot \left(e^{\frac{U_{BE}}{U_T}} - 1 \right) \tag{5.120}$$

$$I_{D,I} = I_{S,I} \cdot \left(e^{\frac{U_{BC}}{U_T}} - 1 \right) \tag{5.121}$$

$I_{S,N}$ = Sättigungssperrstrom der Basis-Emitterdiode im Normalbetrieb
$I_{S,I}$ = Sättigungssperrstrom der Basis-Kollektordiode im Inversbetrieb.

Für die Ströme an den drei Anschlüssen erhält man:

$$I_C = A_N \cdot I_{D,N} - I_{D,I} = A_N \cdot I_{S,N} \cdot \left(e^{\frac{U_{BE}}{U_T}} - 1\right) - I_{S,I} \cdot \left(e^{\frac{U_{BC}}{U_T}} - 1\right) \tag{5.122}$$

$$I_E = -I_{D,N} + A_I \cdot I_{D,I} = -I_{S,N} \cdot \left(e^{\frac{U_{BE}}{U_T}} - 1\right) + A_I \cdot I_{S,I} \cdot \left(e^{\frac{U_{BC}}{U_T}} - 1\right) \tag{5.123}$$

$$I_B = -I_C - I_E = (1 - A_N) \cdot I_{S,N} \cdot \left(e^{\frac{U_{BE}}{U_T}} - 1\right) + (1 - A_I) \cdot I_{S,I} \cdot \left(e^{\frac{U_{BC}}{U_T}} - 1\right) \tag{5.124}$$

Entsprechend der Reziprozitätsbedingung gilt:

$$A_N \cdot I_{S,N} = A_I \cdot I_{S,I} = I_S \tag{5.125}$$

Es sind also nur drei der vier Parameter des Ebers-Moll-Modells voneinander linear unabhängig. Das Modell wird somit durch die drei Parameter A_N, A_I und I_S vollständig beschrieben.

Der Sättigungssperrstrom I_S liegt bei Kleinsignaltransistoren im Bereich $10^{-13} \ldots 10^{-15}$ A.

Vereinfachung für den Normal- und den Inversbetrieb (Abb. 5.49)
Im Normalbetrieb ist die Basis-Kollektordiode gesperrt, da $U_{BC} < 0$ ist. Sie kann wegen $I_{D,I} \approx -I_{S,I} \approx 0$ zusammen mit der zugehörigen gesteuerten Stromquelle vernachlässigt werden. Gilt $U_{BE} \gg U_T$, so kann zusätzlich der Term –1 gegen die Exponentialfunktion vernachlässigt werden. Man erhält dann:

$$I_C = I_S \cdot e^{\frac{U_{BE}}{U_T}} \tag{5.126}$$

$$I_E = -\frac{1}{A_N} \cdot I_S \cdot e^{\frac{U_{BE}}{U_T}} \tag{5.127}$$

$$I_B = \frac{1 - A_N}{A_N} \cdot I_S \cdot e^{\frac{U_{BE}}{U_T}} = \frac{1}{B_N} \cdot I_S \cdot e^{\frac{U_{BE}}{U_T}} \tag{5.128}$$

$$A_N = -\frac{I_C}{I_E} \tag{5.129}$$

$$B_N = \frac{A_N}{1 - A_N} = \frac{I_C}{I_B} \tag{5.130}$$

A_N = Stromverstärkung in Basisschaltung,
B_N = Stromverstärkung in Emitterschaltung.

In gleicher Weise erhält man das vereinfachte Modell für den Inversbetrieb mit den Stromverstärkungen:

$$A_I = -\frac{I_E}{I_C} \tag{5.131}$$

$$B_I = \frac{A_I}{1 - A_I} = \frac{I_E}{I_B} \tag{5.132}$$

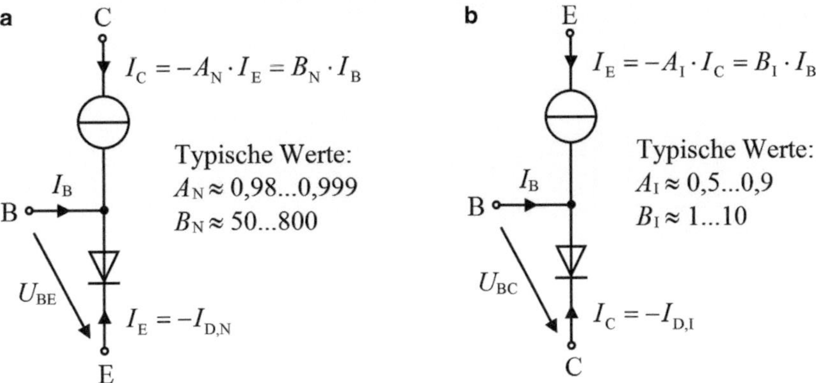

Abb. 5.49 Vereinfachtes Ebers-Moll-Modell eines npn-Transistors im Normalbetrieb (**a**) und im Inversbetrieb (**b**)

Sättigungsspannung

Beim Einsatz des Transistors als Schalter kann er in den Bereich der Sättigung geraten. Von Interesse ist die minimal erreichbare Kollektor-Emitter-Spannung $U_{CE,sat}$ in Abhängigkeit von Basisstrom I_B und Kollektorstrom I_C. Sie errechnet sich zu:

$$U_{CE,sat} = U_T \cdot \ln\left[\frac{B_N \cdot (1 + B_I) \cdot (B_I I_B + I_C)}{B_I^2 \cdot (B_N I_B - I_C)}\right] \tag{5.133}$$

Für $0 < I_C < B_N \cdot I_B$ ist $U_{CE,sat} \approx 20\ldots200\,\text{mV}$.

Sind A_N und A_I gegeben, so kann folgende Formel verwendet werden:

$$U_{CE,sat} = U_T \cdot \ln\left[\frac{I_C \cdot (1 - A_I) + I_B}{A_N \cdot I_B - (1 - A_N) \cdot I_C} \cdot \frac{A_N}{A_I}\right] \tag{5.134}$$

Beispiel 5.4

Berechnen Sie die Kollektor-Emitter-Sättigungsspannung $U_{CE,sat}$ eines Bipolartransistors mit den Verstärkungen $A_N = 0{,}993$, $A_I = 0{,}2$, wenn der Kollektorstrom 10 mA und der Basisstrom 1 mA beträgt. Für Raumtemperatur sei $U_T = 26\,\text{mV}$.

Lösung:

$\underline{\underline{U_{CE,sat} = 0{,}1\,\text{V}}}$

5.17.1.2 Transportmodell

Das Transportmodell (Abb. 5.50) wird durch eine Äquivalenzumformung aus dem Ebers-Moll-Modell gewonnen. Es beschreibt das primäre Gleichstromverhalten des Bipolartransistors unter der Annahme idealer Emitter- und Kollektor-Dioden. Anders als beim

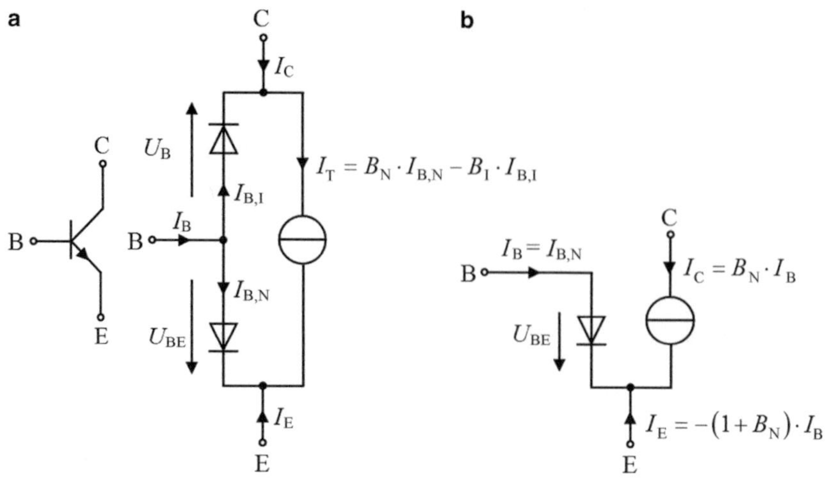

Abb. 5.50 Transportmodell eines npn-Transistors (**a**), reduziert für den Normalbetrieb (**b**)

Ebers-Moll-Modell tritt der durch die Basiszone hindurchfließende Transportstrom I_T separat auf. Wie beim Ebers-Moll-Modell sind drei Parameter zur Beschreibung nötig: I_S, B_N und B_I.

Für den Normalbetrieb erhält man bei Vernachlässigung der Sperrströme:

$$I_B = \frac{I_S}{B_N} \cdot e^{\frac{U_{BE}}{U_T}} \tag{5.135}$$

$$I_C = I_S \cdot e^{\frac{U_{BE}}{U_T}} \tag{5.136}$$

5.17.1.3 Gummel-Poon-Modell

Das auf der Ladungssteuerungstheorie basierende Gummel[6]-Poon-Modell wird in CAD-Programmen (z. B. PSPICE) zur Simulation von Bipolartransistoren in elektronischen Schaltungen eingesetzt. Es berücksichtigt ca. 40 Modellparameter, um das reale Verhalten für alle Anwendungen hinreichend genau zu beschreiben. Erfasst werden sowohl übliche schaltungstechnische als auch technologisch wichtige Parameter. Es ist ein vollständiges, nichtlineares Modell, aus dem durch Linearisierung im Arbeitspunkt statische und dynamische Kleinsignalmodelle abgeleitet werden.

Dieses Modell beschreibt den Fall der Hochinjektion, die Effekte infolge der Basisweitenmodulation und auch die Abhängigkeit der Stromverstärkung und der Transitzeit vom Arbeitspunkt des Transistors. Es enthält sowohl die Bahnwiderstände an allen Anschlussklemmen, als auch insgesamt vier Diodenzweige zur Berücksichtigung der normalen Transistorströme sowie der Leckströme. Auch das bei integrierten Transistoren als

[6] Hermann Karl Gummel (* 1923), deutscher Physiker.

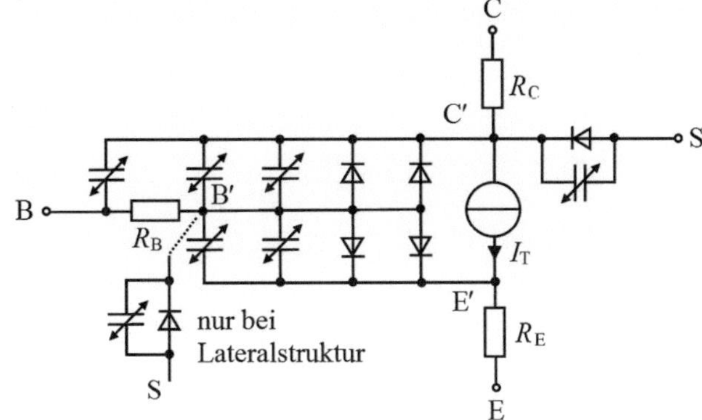

Abb. 5.51 Gummel-Poon-Modell eines npn-Transistors

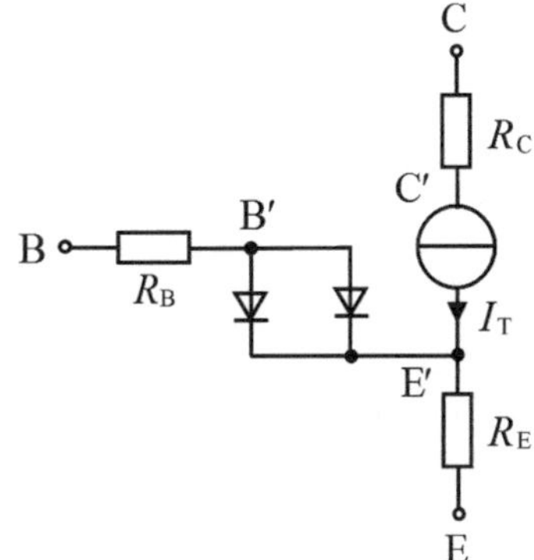

Abb. 5.52 Gleichstrom-Kleinsignalersatzschaltbild nach Linearisierung des Gummel-Poon-Modells

vierter Anschluss auftretende Grundsubstrat (S) wird berücksichtigt. Abb. 5.51 zeigt die Komplexität des Gummel-Poon-Modells, näher wird auf dieses Modell hier nicht eingegangen.

5.17.1.4 Gleichstrom-Kleinsignalersatzschaltbild

Das Gleichstrom-Kleinsignalersatzschaltbild beschreibt das Kleinsignalverhalten des Bipolartransistors bei niedrigen Frequenzen, es wird auch als *statisches Kleinsignalmodell* bezeichnet.

Durch Linearisierung im Arbeitspunkt wird aus dem Gummel-Poon-Modell das lineare Kleinsignalmodell. Der Arbeitspunkt wird je nach Arbeitsbereich gewählt, in dem der Transistor nach erfolgter Dimensionierung der Schaltung arbeiten soll. Meist ist dies der Normalbetrieb, für den im Folgenden das Gleichstrom-Kleinsignalersatzschaltbild besprochen wird.

Zur Linearisierung des Gummel-Poon-Modells lässt man die (bei Gleichstrom nicht wirkenden) Kapazitäten weg und vernachlässigt die Sperrströme. Dadurch erhält man das in Abb. 5.52 gezeigte Modell.

Der *Emitterbahnwiderstand* R_E hat wegen der starken Dotierung und dem kleinen Verhältnis von Länge zu Querschnittsfläche der Emitterzone einen kleinen Wert. Typisch sind

Abb. 5.53 Zur Erläuterung des Begriffes „Interdigitalstruktur“

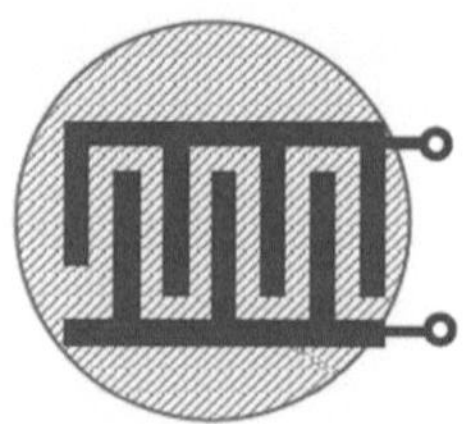

$R_E \approx 0{,}1\ldots 1\,\Omega$ bei Kleinleistungstransistoren und $R_E \approx 0{,}01\ldots 0{,}1\,\Omega$ bei Leistungstransistoren.

Der *Kollektorbahnwiderstand* R_C wird im Wesentlichen durch die schwache Dotierung der Kollektorzone hervorgerufen. Typische Werte sind $R_C \approx 1\ldots 10\,\Omega$ bei Kleinleistungstransistoren und $R_C \approx 0{,}1\ldots 1\,\Omega$ bei Leistungstransistoren.

Der *Basisbahnwiderstand* R_B (Widerstand vom äußeren Basisanschluss bis zur Basis-Emitter-Grenzschicht) ist abhängig von Material, Aufbau, Geometrie und Stromverteilung im Transistor. R_B setzt sich aus einem externen und einem internen Basisbahnwiderstand zusammen. Während R_E und R_C konstant sind, ist R_B *abhängig vom Arbeitspunkt*. Der Basisbahnwiderstand führt bei der Strom-Spannungs-Kennlinie $\log I_C = f\,(U_{BE})$ zu einer Verflachung der Kennlinie, beim Hochfrequenzverhalten zu einer Verschlechterung der Grenzfrequenz und zu zusätzlichem Rauschen.

Die technologischen Maßnahmen zur Erniedrigung des Basisbahnwiderstandes sind eine hohe Dotierstoffkonzentration in der Nähe der Kontaktierung, kleine Abstände zwischen Basiskontakt und Emittergebiet sowie schmale Emittergeometrien, welche durch eine besondere Formgebung der Transistorgeometrie, der *Interdigitalstruktur*, erreicht werden (Abb. 5.53). Solche Strukturen finden bei Leistungs- und Hochfrequenztransistoren Verwendung.

Typische Werte für den Basisbahnwiderstand sind $R_B \approx 10\ldots 100\,\Omega$ bei Kleinleistungstransistoren und $R_B \approx 1\ldots 10\,\Omega$ bei Leistungstransistoren. Wegen der kleinen Basisströme hat der Basisbahnwiderstand wenig Auswirkung und kann mit $R_B = 0\,\Omega$ meist vernachlässigt werden.

Zur weiteren Vereinfachung werden auch die Bahnwiderstände vernachlässigt. Durch eine zusätzliche Linearisierung im Arbeitspunkt der nichtlinearen Ströme I_B und I_C ergeben sich die Kleinsignalwiderstände r_{BE} und r_{CE} (Abb. 5.54).

Abb. 5.54 Weiter vereinfachtes statisches Kleinsignalmodell

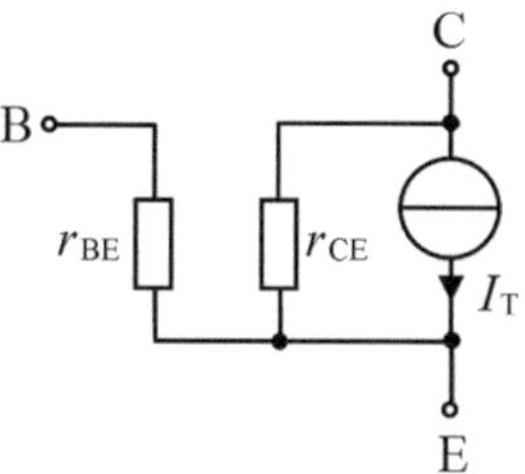

Im Kleinsignalbetrieb werden die Abweichungen von den Arbeitspunktwerten (Differenzgrößen zwischen Kleinsignal-Momentanwert und Arbeitspunkt) als Kleinsignalspannungen u_{BE} und u_{CE} bzw. als Kleinsignalströme i_{B} und i_{C} bezeichnet und durch kleine Buchstaben gekennzeichnet. Die Zeitabhängigkeit der Signale wird nicht explizit mit „(t)" gekennzeichnet, es wird z. B. u_{BE} statt $u_{\mathrm{BE}}(t)$ verwendet. Die Verknüpfungen zwischen den Strömen und den Spannungen liefern die so genannten *Kleinsignalgleichungen* (Gl. 5.137 und 5.138).

$$u_{\mathrm{BE}} = r_{\mathrm{BE}} \cdot i_{\mathrm{B}} + D \cdot u_{\mathrm{CE}} \tag{5.137}$$

$$i_{\mathrm{C}} = \beta \cdot i_{\mathrm{B}} + \frac{1}{r_{\mathrm{CE}}} \cdot u_{\mathrm{CE}} \tag{5.138}$$

Die Verknüpfungsgrößen r_{BE}, D, β und $1/r_{\mathrm{CE}}$ in den Kleinsignalgleichungen können als partielle Ableitungen im Arbeitspunkt dargestellt werden, sie werden als *Kleinsignalparameter* bezeichnet.

$$r_{\mathrm{BE}} = \left.\frac{\partial U_{\mathrm{BE}}}{\partial I_{\mathrm{B}}}\right|_{\mathrm{AP}} \tag{5.139}$$

r_{BE} = differenzieller Eingangswiderstand (Kleinsignaleingangswiderstand) = differenzieller Durchlasswiderstand der Emitter-Basis-Diode im Arbeitspunkt, siehe auch Abschn. 5.9.1.2.

$$D = \left.\frac{\partial U_{\mathrm{BE}}}{\partial U_{\mathrm{CE}}}\right|_{\mathrm{AP}} \approx 0 \tag{5.140}$$

D = Differenzieller Rückwirkungsfaktor. Er beschreibt die Änderung der Basis-Emitter-Spannung U_{BE} mit der Kollektor-Emitter-Spannung U_{CE}, siehe auch Abschn. 5.9.4. D ist vernachlässigbar klein.

$$\beta = \left.\frac{\partial I_{\mathrm{C}}}{\partial I_{\mathrm{B}}}\right|_{\mathrm{AP}} \tag{5.141}$$

β = Kleinsignalstromverstärkung.

$$\frac{1}{r_{\mathrm{CE}}} = \left.\frac{\partial I_{\mathrm{C}}}{\partial U_{\mathrm{CE}}}\right|_{\mathrm{AP}} \tag{5.142}$$

r_{CE} = differenzieller Ausgangswiderstand (Kleinsignalausgangswiderstand) = differenzieller Sperrwiderstand der Kollektor-Basis-Diode im Arbeitspunkt, siehe auch Abschn. 5.9.2.5.

Die Kleinsignalgleichungen werden häufig auch in folgender Form geschrieben:

$$i_{\mathrm{B}} = \frac{1}{r_{\mathrm{BE}}} \cdot u_{\mathrm{BE}} + S_{\mathrm{r}} \cdot u_{\mathrm{CE}} \tag{5.143}$$

$$i_{\mathrm{C}} = S \cdot u_{\mathrm{BE}} + \frac{1}{r_{\mathrm{CE}}} \cdot u_{\mathrm{CE}} \tag{5.144}$$

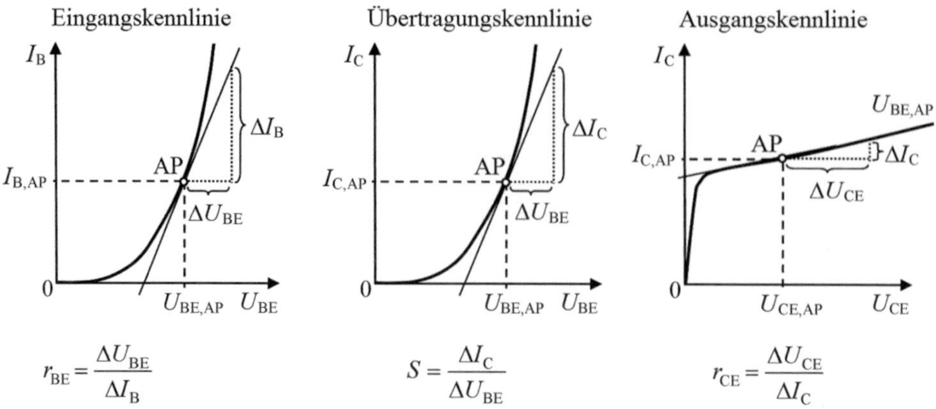

Abb. 5.55 Ermittlung der Kleinsignalparameter aus den Kennlinienfeldern des Bipolartransistors

Hierin sind:

$$S_r = \left.\frac{\partial I_B}{\partial U_{CE}}\right|_{AP} \approx 0 \tag{5.145}$$

S_R = *Rückwärtssteilheit*, sie beschreibt die Änderung des Basisstroms I_B mit der Kollektor-Emitter-Spannung U_{CE} im Arbeitspunkt. S_R ist vernachlässigbar klein.

$$S = \left.\frac{\partial I_C}{\partial U_{BE}}\right|_{AP} \tag{5.146}$$

S = Steilheit, sie beschreibt die Änderung des Kollektorstroms I_C mit der Basis-Emitter-Spannung U_{BE} im Arbeitspunkt. Zu S siehe auch Abschn. 5.9.3.2.

Die Kleinsignalparameter können aus den Kennlinienfeldern als Steigung der Tangente im Arbeitspunkt ermittelt werden (Abb. 5.55), siehe hierzu auch die Abschn. 5.9.1.2, 5.9.2.5 und 5.9.3.2.

Den Kleinsignalgleichungen entspricht (mit der Näherung $D = 0$ bzw. $S_r = 0$) ein Ersatzschaltbild (ESB), das so genannte Kleinsignalersatzschaltbild des Bipolartransistors (Abb. 5.56). Da die realen Exponentialkennlinien durch Tangenten im Arbeitspunkt ersetzt werden, gilt das Kleinsignalersatzschaltbild, wie der Name sagt, nur für sehr kleine Aussteuerung. Neben dem Eingangswiderstand r_{BE} und dem Ausgangswiderstand r_{CE} bestimmt die Stromquelle $S \cdot u_{BE} = \beta \cdot i_B$ das Verhalten des Transistors. Diese vom Basisstrom gesteuerte Stromquelle beschreibt die Stromverstärkung am Kollektor.

Dieses ESB eignet sich nur zur Beschreibung des NF-Verhaltens des Transistors, für höhere Frequenzen müssen dynamische Elemente (Sperrschicht- und Diffusionskapazitäten) berücksichtigt werden.

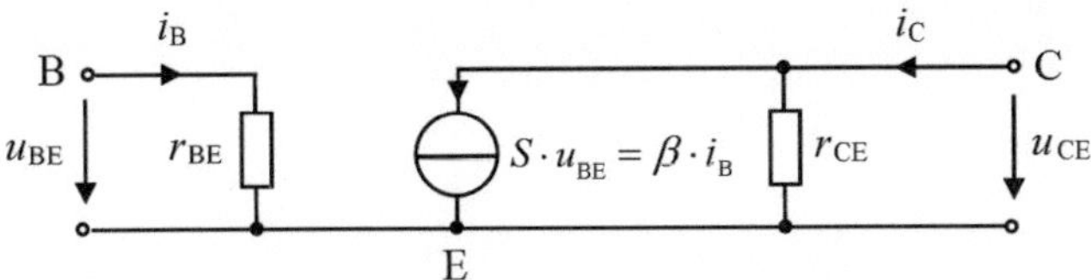

Abb. 5.56 Kleinsignalersatzschaltbild des Bipolartransistors (Emitterschaltung)

Hier noch einmal alle Zusammenhänge für r_{BE}:

$$r_{BE} = \frac{\Delta U_{BE}}{\Delta I_B} = \frac{n \cdot U_T}{I_B} = \frac{\beta \cdot U_T}{I_C} = \frac{\beta}{S} \tag{5.147}$$

In einer Verstärkerschaltung für den NF-Bereich ($\leq$ ca. 20 kHz) kann das Verhalten eines Bipolartransistors für Berechnungen „von Hand" mit einem noch einfacheren Ersatzschaltbild wiedergegeben werden. Die Werte der Elemente der Funktionsersatzschaltung sind abhängig vom Arbeitspunkt, jedoch unabhängig von der Grundschaltung des Transistors. Das Funktionsersatzschaltbild muss nur für die jeweilige Grundschaltung umgezeichnet werden. Nach der Zeichnungsform unterscheidet man zwischen π- und T-Ersatzschaltbild.

1. Es werden folgende Bezeichnungen und Vereinfachungen eingeführt:
   Die Basis-Emitterdiode wird durch ihren differenziellen Durchlasswiderstand r_e im Arbeitspunkt beschrieben. Aus dem Ruhegleichstrom $I_E \approx I_C$ berechnet sich r_e zu:
   $$r_e \approx \frac{U_T}{I_E} \approx \frac{U_T}{I_C} \tag{5.148}$$
   In Abb. 5.56 ist somit $r_{BE} = \beta \cdot r_e$.
   Bei Kleinsignaltransistoren liegt r_e je nach Transistortyp zwischen ca. 0,1 und 20 Ω.
2. Der Basisbahnwiderstand R_B wird (wie bisher) gegenüber $\beta \cdot r_e$ vernachlässigt ($R_B = 0\,\Omega$).
3. Der differenzielle Ausgangswiderstand r_{CE} in Abb. 5.56 liegt oft in der Größenordnung von 1 bis 10 MΩ. Dies ist ein wesentlich größerer Wert, als für einen bei der Emitterschaltung wechselstrommäßig parallel zu r_{CE} liegenden Arbeitswiderstand im Kollektorkreis (mit z. B. einigen 10 kΩ) üblich ist. r_{CE} wird daher ebenfalls vernachlässigt ($r_{CE} = \infty$). Dies bedeutet, dass der Early-Effekt vernachlässigt wird und die Kennlinien im Ausgangskennlinienfeld als steigungslos (horizontal verlaufend) angenommen werden.
4. Eine vom Basisstrom gesteuerte Stromquelle beschreibt die Stromverstärkung am Kollektor. Ihr Wert ist:
   $$i_C = \beta \cdot i_B = \frac{u_{BE}}{r_e} \tag{5.149}$$

Aus den getroffenen Festlegungen folgt ein sehr einfaches Ersatzschaltbild für niedrige Frequenzen (Abb. 5.57).

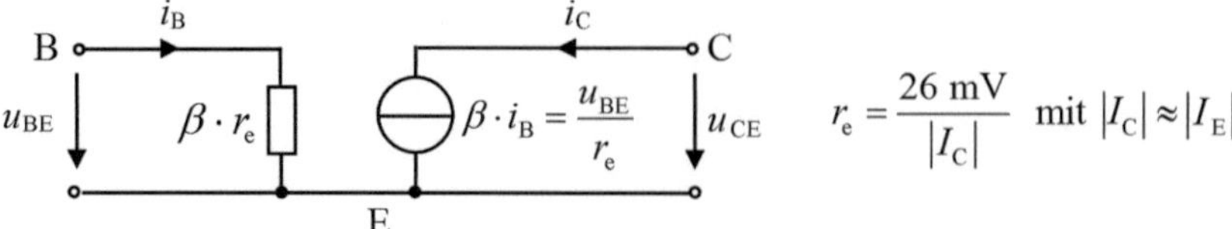

Abb. 5.57 Einfache π-Funktionsersatzschaltung eines Transistors in Emitterschaltung für den NF-Bereich (Kleinsignalbetrieb)

Es folgen die T-Ersatzschaltbilder für die drei Grundschaltungen des Transistors (Abb. 5.58).

Wie bereits erwähnt, darf die Aussteuerung um den Arbeitspunkt im Zusammenhang mit dem Kleinsignalersatzschaltbild nur sehr klein sein (mathematisch gesehen infinitesimal klein), damit die Kleinsignalbetrachtung gültig ist. Die nichtlinearen Verzerrungen, die bei endlich großer Aussteuerung entstehen, sollen häufig einen maximalen Klirrfaktor k nicht überschreiten. Durch eine Taylor-Reihenentwicklung kann gezeigt werden, dass der Klirrfaktor k näherungsweise nach folgender Formel berechnet werden kann:

$$k \approx \frac{\hat{u}_{BE}}{4 \cdot U_T} \tag{5.150}$$

Soll z. B. $k < 1\,\%$ sein, so muss gelten: $\hat{u}_{BE} < 0{,}04 \cdot U_T$, also $\hat{u}_{BE} <\approx 1\,\text{mV}$.

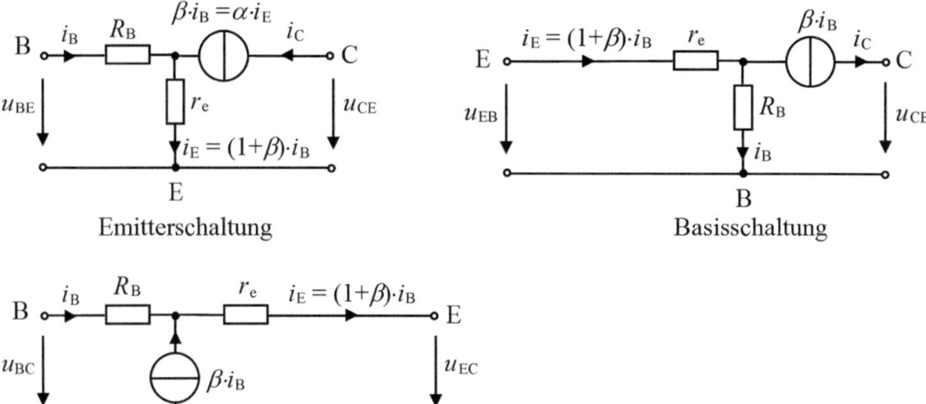

Abb. 5.58 Physikalische T-Ersatzschaltbilder eines Bipolartransistors

5.17.2 Die formale Ersatzschaltung

5.17.2.1 Allgemeines zum Vierpol

Für das zu verstärkende Signal verkörpert der Transistor eine „Schaltung“ mit zwei Eingangs- und zwei Ausgangsklemmen. Betrachtet man den Transistor also „von außen her“, so stellt er einen Vierpol dar (Abb. 5.59).

Ein Vierpol oder Zweitor ist ein Netzwerk mit zwei Eingangsklemmen (dem Eingangstor) und zwei Ausgangsklemmen (dem Ausgangstor). Es wird angenommen, dass hineinfließender und herausfließender Strom des jeweiligen Tors gleich groß sind.

Das elektrische Verhalten linearer Vierpole lässt sich eindeutig durch zwei Gleichungen beschreiben. Diese *Vierpolgleichungen* verknüpfen die elektrischen Eingangsgrößen (u_1, i_1) mit den elektrischen Ausgangsgrößen (u_2, i_2). Von den Eingangs- und Ausgangsgrößen können zwei als abhängige Variable (gesteuerte Größen) und zwei als unabhängige Variable (steuernde Größen) aufgefasst werden. Der lineare Zusammenhang zwischen den Eingangs- und Ausgangsgrößen wird durch konstante, nur vom inneren Aufbau des Vierpols abhängige Faktoren hergestellt, die *Vierpolparameter* genannt werden. Ohne den inneren Aufbau und die Wirkungsweise des Vierpols zu kennen, können die Vierpolparameter durch Messungen an den Eingangs- und Ausgangsklemmen bestimmt werden (Abb. 5.60).

Gemäß der Vierpoltheorie kann man jedes elektronische Bauelement als Vierpol behandeln. Die Kleinsignalgleichungen des Bipolartransistors können somit auch in Matrizenform angeben werden. Entsprechend den Gleichungen (5.138) und (5.139) erhält man für die Emitterschaltung die Hybriddarstellung mit der h_e-Matrix:

$$\begin{bmatrix} u_{BE} \\ i_C \end{bmatrix} = \begin{bmatrix} r_{BE} & D \\ \beta & \frac{1}{r_{CE}} \end{bmatrix} \cdot \begin{bmatrix} i_B \\ u_{CE} \end{bmatrix} = \underbrace{\begin{bmatrix} h_{11e} & h_{12e} \\ h_{21e} & h_{22e} \end{bmatrix}}_{h_{e\text{-Matrix}}} \cdot \begin{bmatrix} i_B \\ u_{CE} \end{bmatrix} \tag{5.151}$$

Die Komponenten der h_e-Matrix sind die Hybridparameter des Bipolartransistors.

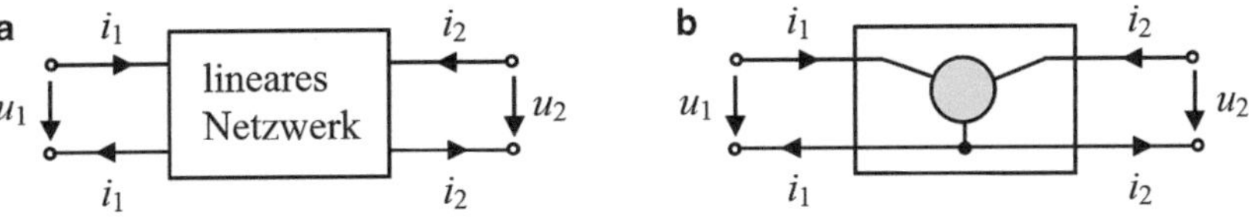

Abb. 5.59 Allgemeiner linearer Vierpol (**a**) und Transistor als Vierpol in beliebiger Grundschaltung (**b**)

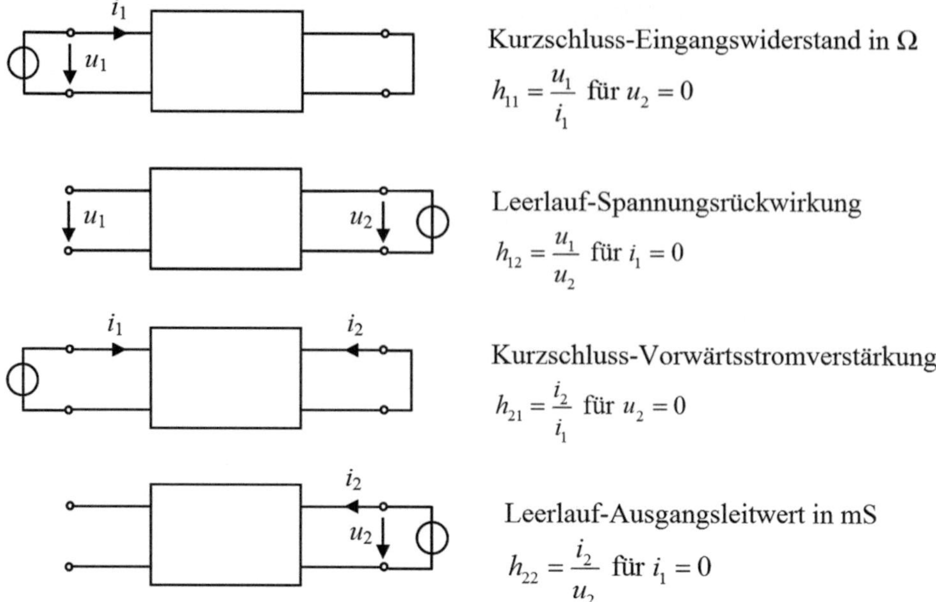

Abb. 5.60 Bedingungen zur Messung der h-Parameter

Die Leitwertdarstellung des Transistors als Vierpol mit der y_e-Leitwertmatrix folgt für die Emitterschaltung aus den Gl. 5.143 und 5.144.

$$\begin{bmatrix} i_B \\ i_C \end{bmatrix} = \begin{bmatrix} \frac{1}{r_{BE}} & S_r \\ S & \frac{1}{r_{CE}} \end{bmatrix} \cdot \begin{bmatrix} u_{BE} \\ u_{CE} \end{bmatrix} = \underbrace{\begin{bmatrix} y_{11e} & y_{12e} \\ y_{21e} & y_{22e} \end{bmatrix}}_{y_e\text{-Matrix}} \cdot \begin{bmatrix} u_{BE} \\ u_{CE} \end{bmatrix} \tag{5.152}$$

Die **Zahlenwerte der Vierpolparameter** des Transistors sind **abhängig**

- **von der Grundschaltung**
- **vom Arbeitspunkt**.

Die Zahlenwerte sind auch abhängig vom Transistortyp und von Exemplarstreuungen.

Werden nichtlineare Bauelemente (wie Transistoren) als Vierpol beschrieben, so ist es eine notwendige Voraussetzung, dass das zu beschreibende Bauelement einen definierten Arbeitspunkt hat und mit kleinen Signalen angesteuert wird. Der Transistor wird linearisiert, indem um seinen Arbeitspunkt nur kleine Strom- oder Spannungsänderungen zugelassen werden (Kleinsignalaussteuerung).

Durch seine Vierpolparameter wird das Signalverhalten eines Transistors vollständig beschrieben. Ihrer Stellung in den Vierpolgleichungen entsprechend fasst man die Vierpolparameter in einer Matrix zusammen. Bei den meisten Vierpolparametern bedeutet

Index „11“ eine Eingangseigenschaft, Index „12“eine Rückwärtseigenschaft, Index „21“ eine Vorwärtseigenschaft und Index „22“ eine Ausgangseigenschaft. Der dritte Index legt fest, für welche Grundschaltung des Transistors die Parameter gelten, z. B. h_{11e} für die Emitterschaltung.

Mit Hilfe der Vierpoldarstellungen können Transistorschaltungen unter Benutzung der Matrizenarithmetik berechnet werden. Besonders Vorteilhaft ist die Matrizenschreibweise vor allem bei Schaltungen, die aus mehreren Vierpolen bestehen. Die Parameter des Gesamtvierpols lassen sich dann aus den Parametern der Einzelvierpole nach relativ einfachen Regeln der Matrizenrechnung bestimmen. Die Vierpolparameter einer Schaltung mit Gegenkopplung lassen sich z. B. berechnen, indem man die Gegenkopplungsschaltung ebenfalls als Vierpol auffasst.

Der Transistor kann mit mehreren Arten von Vierpolparametern beschrieben werden, zweckmäßig sind die h-, y-, und s-Parameter.

5.17.2.2 *h*-Parameter

Für niedrige Frequenzen (bis einige zehn kHz) werden die h-Parameter als Kenngrößen für Transistoren benutzt. Man bezeichnet die h-Parameter als *Hybridparameter*, da sie unterschiedliche Einheiten haben (Widerstand, Leitwert, einheitenlos). In den Datenblättern der Hersteller werden die h-Parameter als reell und frequenzunabhängig angegeben. Die h-Parameter können aus den Kennlinienfeldern einfach ermittelt werden, sie sind bei Transistoren vereinbarungsgemäß reelle Größen. Deshalb lassen sich mit ihnen nur Verstärkerschaltungen im Niederfrequenzbereich berechnen, ohne Berücksichtigung des frequenzabhängigen Verhaltens des Transistors. Die Frequenzgrenze, bis zu der h-Parameter verwendbar sind, ist ca.:

$$f_{\max,h\text{-Par}} \approx \frac{0{,}1 \cdot f_{\mathrm{T}}}{\beta_0} \tag{5.153}$$

f_{T} = Transitfrequenz,
β_0 = Stromverstärkung des Transistors bei 1 kHz.

Die Vierpolgleichungen mit h-Parametern lauten (Definition der Spannungs- und Stromrichtungen siehe Abb. 5.59):

$$u_1 = h_{11} \cdot i_1 + h_{12} \cdot u_2 \tag{5.154}$$

$$i_2 = h_{21} \cdot i_1 + h_{22} \cdot u_2 \tag{5.155}$$

u und i sind hierin die Scheitelwerte kleiner, sinusförmiger Signalspannungen und -ströme.

Die formalen Zusammenhänge der Vierpolgleichungen lassen sich in einem formalen Ersatzschaltbild des Transistors veranschaulichen. *Es ist für alle Grundschaltungen gleich, aber die Werte der Vierpolparameter sind je nach Grundschaltung unterschiedlich.*

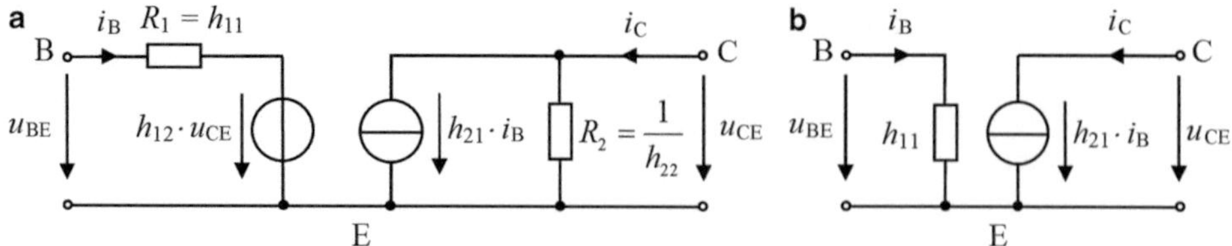

Abb. 5.61 Formales Ersatzschaltbild eines Transistors mit h-Parametern (**a**), vereinfachtes formales Ersatzschaltbild (**b**)

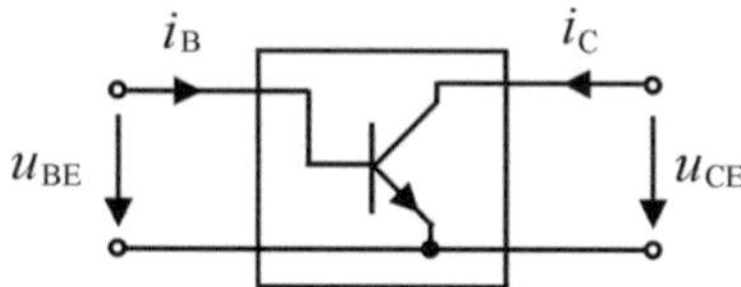

Abb. 5.62 Zu den Vierpolgleichungen des Transistors in Emitterschaltung

Durch Vernachlässigung der Spannungsrückwirkung ($h_{12} = 0$) und unter Berücksichtigung, dass der Kollektor-Emitter-Widerstand R_2 sehr groß ist, erhält man das vereinfachte Ersatzschaltbild (Abb. 5.61b).

In Abb. 5.61a beschreibt die stromgesteuerte Stromquelle $h_{21} \cdot i_B = \beta \cdot i_B$ den Kollektorstrom i_C in Abhängigkeit der Stromverstärkung β und des Basisstromes i_B. Die spannungsgesteuerte Spannungsquelle $h_{12} \cdot u_{CE}$ beschreibt die Spannungsrückwirkung des Ausgangskreises auf den Eingangskreis in Abhängigkeit des Parameters für die Spannungsrückwirkung h_{12} und der Kollektor-Emitter-Spannung.

Für den Transistor in Emitterschaltung sind somit die Vierpolgleichungen (Abb. 5.62):

$$u_{BE} = h_{11e} \cdot i_B + h_{12e} \cdot u_{CE} \tag{5.156}$$

$$i_C = h_{21e} \cdot i_B + h_{22e} \cdot u_{CE} \tag{5.157}$$

Gl. 5.156 stellt eine Maschengleichung für den Basiskreis dar, Gl. 5.157 ist eine Knotengleichung für den Kollektorkreis.

5.17.2.3 Bestimmung der *h*-Parameter aus den Kennlinien

Die h-Parameter können für einen gegebenen Arbeitspunkt aus den statischen Kennlinien des Transistors aus der Steigung der Kennlinie (bzw. der Tangente) im Arbeitspunkt grafisch entnommen werden. Im Kennlinienfeld sind alle Größen Gleichspannungen oder -ströme. Die Vierpolparameter sind aber als dynamische Größen durch Wechselspannungen oder -ströme definiert. Sie können trotzdem aus dem Kennlinienfeld ermittelt werden, wenn die Wechselgrößen als eine Änderung von Gleichgrößen interpretiert werden.

Der formelmäßigen Festlegung der Vierpolparameter kann zugleich eine Vorschrift für die messtechnische Erfassung der Parameter entnommen werden (Abb. 5.63).

$$h_{11e} = \left.\frac{\Delta U_{BE}}{\Delta I_B}\right|_{U_{CE}=\text{konstant}} = \left.\frac{u_{BE}}{i_B}\right|_{u_{CE}=0\,\text{V}} \tag{5.158}$$

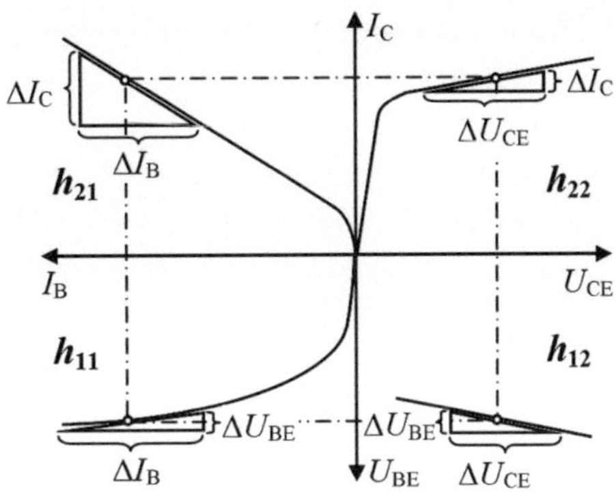

Abb. 5.63 Ermittlung der h-Parameter aus dem Vierquadranten-Kennlinienfeld bei Emitterschaltung

h_{11e} = Steigung der Eingangskennlinie im Arbeitspunkt (Eingangswiderstand in Ohm bei Kurzschluss am Ausgang).

Kurzschluss bedeutet hier, dass das Ausgangskleinsignal u_{CE} kurzgeschlossen wird, nicht aber die Arbeitspunktspannung U_{CE}. Auf diese Weise wird die Kopplung zwischen der Ausgangsspannung und der gesteuerten Quelle $h_{12} \cdot u_{CE}$ im Eingangskreis aufgehoben und man kann den Eingangswiderstand h_{11} unverfälscht messen.

$$h_{12e} = \left.\frac{\Delta U_{BE}}{\Delta U_{CE}}\right|_{I_B=\text{konstant}} = \left.\frac{u_{BE}}{u_{CE}}\right|_{i_B=0\,\text{A}} \tag{5.159}$$

h_{12e} = Steigung der Spannungsrückwirkungskennlinie im Arbeitspunkt (Spannungsrückwirkung bei offenem Eingang, einheitenlos).

Damit die unerwünschte Rückwärtsverstärkung gemessen werden kann, darf kein Laststrom im Eingangskreis fließen: $i_B = 0\,\text{A}$, aber Ruhestrom $I_B \neq 0\,\text{A}$!

$$h_{21e} - \left.\frac{\Delta I_C}{\Delta I_B}\right|_{U_{CE}=\text{konstant}} = \left.\frac{i_C}{i_B}\right|_{u_{CE}=0\,\text{V}} \tag{5.160}$$

$h_{21e} = \beta$ = Steigung der Strom-Steuerkennlinie im Arbeitspunkt (Stromverstärkung β bei Kurzschluss am Ausgang, einheitenlos).

Durch den Kurzschluss am Ausgang wird erreicht, dass kein Strom über h_{22} abfließt.

$$h_{22e} = \left.\frac{\Delta I_C}{\Delta U_{CE}}\right|_{I_B=\text{konstant}} = \left.\frac{i_C}{u_{CE}}\right|_{i_B=0\,\text{A}} \tag{5.161}$$

h_{22e} = Steigung der Ausgangskennlinie im Arbeitspunkt (Ausgangsleitwert in Siemens bei offenem Eingang).

Durch den Leerlauf am Eingang wird die Stromquelle $h_{21} \cdot i_B$ für die Messung von h_{22} „abgeschaltet". Man beachte, dass h_{22} als Leitwert angegeben wird. Meistens muss man umrechnen: $r_{ce} = 1/h_{22}$.

5.17.2.4 Umrechnung der *h*-Parameter zwischen Grundschaltungen

Die h-Parameter einer bestimmten Grundschaltung können für eine andere Grundschaltung umgerechnet werden (z. B. von der Emitter- in die Basisschaltung). Der Hersteller gibt die h-Parameter fast immer für die Emitterschaltung an. Für andere Grundschaltungen kann eine Umrechnung entsprechend den folgenden Tabellen erfolgen.

Für die Determinante gilt jeweils:

$$\Delta h_x = h_{11x} \cdot h_{22x} - h_{12x} \cdot h_{21x} \quad x = b,\ c \text{ oder } e \tag{5.162}$$

Tab. 5.2 Umrechnung der h-Parameter von Basis- oder Kollektorschaltung für die Emitterschaltung

$h_{11\mathrm{e}} =$	$\dfrac{h_{11\mathrm{b}}}{1 - h_{12\mathrm{b}} + h_{21\mathrm{b}} + \Delta h_\mathrm{b}} \approx \dfrac{h_{11\mathrm{b}}}{1 + h_{21\mathrm{b}}}$	$h_{11\mathrm{c}}$
$h_{12\mathrm{e}} =$	$\dfrac{\Delta h_\mathrm{b} - h_{12\mathrm{b}}}{1 - h_{12\mathrm{b}} + h_{21\mathrm{b}} + \Delta h_\mathrm{b}} \approx \dfrac{\Delta h_\mathrm{b} - h_{12\mathrm{b}}}{1 + h_{21\mathrm{b}}}$	$1 - h_{12\mathrm{c}}$
$h_{21\mathrm{e}} =$	$\dfrac{-(\Delta h_\mathrm{b} + h_{21\mathrm{b}})}{1 - h_{12\mathrm{b}} + h_{21\mathrm{b}} + \Delta h_\mathrm{b}} \approx \dfrac{-h_{21\mathrm{b}}}{1 + h_{21\mathrm{b}}}$	$-(1 + h_{21\mathrm{c}})$
$h_{22\mathrm{e}} =$	$\dfrac{h_{22\mathrm{b}}}{1 - h_{12\mathrm{b}} + h_{21\mathrm{b}} + \Delta h_\mathrm{b}} \approx \dfrac{h_{22\mathrm{b}}}{1 + h_{21\mathrm{b}}}$	$h_{22\mathrm{c}}$
$\Delta h_\mathrm{e} =$	$\dfrac{\Delta h_\mathrm{b}}{1 - h_{12\mathrm{b}} + h_{21\mathrm{b}} + \Delta h_\mathrm{b}} \approx \dfrac{\Delta h_\mathrm{b}}{1 + h_{21\mathrm{b}}}$	$1 - h_{12\mathrm{c}} + h_{21\mathrm{c}} + \Delta h_\mathrm{c}$

Tab. 5.3 Umrechnung der h-Parameter von Basis- oder Emitterschaltung für die Kollektorschaltung

$h_{11\mathrm{c}} =$	$\dfrac{h_{11\mathrm{b}}}{1 - h_{12\mathrm{b}} + h_{21\mathrm{b}} + \Delta h_\mathrm{b}} \approx \dfrac{h_{11\mathrm{b}}}{1 + h_{21\mathrm{b}}}$	$h_{11\mathrm{e}}$
$h_{12\mathrm{c}} =$	$\dfrac{1 + h_{21\mathrm{b}}}{1 - h_{12\mathrm{b}} + h_{21\mathrm{b}} + \Delta h_\mathrm{b}} \approx 1$	$1 - h_{12\mathrm{e}}$
$h_{21\mathrm{c}} =$	$\dfrac{-(1 - h_{12\mathrm{b}})}{1 - h_{12\mathrm{b}} + h_{21\mathrm{b}} + \Delta h_\mathrm{b}} \approx \dfrac{h_{12\mathrm{b}} - 1}{1 + h_{21\mathrm{b}}}$	$-(1 + h_{21\mathrm{e}})$
$h_{22\mathrm{c}} =$	$\dfrac{h_{22\mathrm{b}}}{1 - h_{12\mathrm{b}} + h_{21\mathrm{b}} + \Delta h_\mathrm{b}} \approx \dfrac{h_{22\mathrm{b}}}{1 + h_{21\mathrm{b}}}$	$h_{22\mathrm{e}}$
$\Delta h_\mathrm{c} =$	$\dfrac{1}{1 - h_{12\mathrm{b}} + h_{21\mathrm{b}} + \Delta h_\mathrm{b}} \approx \dfrac{1}{1 + h_{21\mathrm{b}}}$	$1 - h_{12\mathrm{e}} + h_{21\mathrm{e}} + \Delta h_\mathrm{e}$

Beispiel 5.5

Bei $U_\mathrm{CE} = 5\,\mathrm{V}$, $I_\mathrm{C} = 2\,\mathrm{mA}$, Messfrequenz $= 1\,\mathrm{kHz}$ wird vom Hersteller im Datenblatt eines Transistors folgende Matrix der h-Parameter für die Emitterschaltung angegeben:

$$h = \begin{pmatrix} 4{,}5 \cdot 10^3 & 2 \cdot 10^{-4} \\ 330 & 30 \cdot 10^{-6} \end{pmatrix} \begin{bmatrix} \Omega & - \\ - & \mathrm{S} \end{bmatrix}$$

Für denselben Arbeitspunkt sind die h-Parameter der Basisschaltung zu bestimmen.

Lösung:

$$\Delta h_\mathrm{e} = h_{11\mathrm{e}} \cdot h_{22\mathrm{e}} - h_{12\mathrm{e}} \cdot h_{21\mathrm{e}} = 4{,}5 \cdot 10^3 \cdot 30 \cdot 10^6 - 330 \cdot 2 \cdot 10^{-4} = 69 \cdot 10^{-3}$$

$$N = 1 - h_{12\mathrm{e}} + h_{21\mathrm{e}} + \Delta h_\mathrm{e} = 1 - 2 \cdot 10^{-4} + 330 + 69 \cdot 10^{-3} = 331{,}0688$$

$$h_{11\mathrm{b}} = \frac{h_{11\mathrm{e}}}{N} = \frac{4{,}5 \cdot 10^3\,\Omega}{331{,}0688} = \underline{\underline{13{,}592\,\Omega}}$$

$$h_{12\mathrm{b}} = \frac{\Delta h_\mathrm{e} - h_{12\mathrm{e}}}{N} = \frac{69 \cdot 10^{-3} - 2 \cdot 10^{-4}}{331{,}0688} = \underline{\underline{2{,}078 \cdot 10^{-4}}}$$

$$h_{21\mathrm{b}} = \frac{-\Delta h_\mathrm{e} - h_{21\mathrm{e}}}{N} = \frac{-69 \cdot 10^{-3} - 330}{331{,}0688} = \underline{\underline{-0{,}997}}$$

$$h_{22\mathrm{b}} = \frac{h_{22\mathrm{e}}}{N} = \frac{30 \cdot 10^{-6}}{331{,}0688} = \underline{\underline{90{,}62\,\mathrm{pS}}}$$

Tab. 5.4 Umrechnung der h-Parameter von Emitter- oder Kollektorschaltung für die Basisschaltung

$h_{11\mathrm{b}} =$	$\dfrac{h_{11\mathrm{e}}}{1 - h_{12\mathrm{e}} + h_{21\mathrm{e}} + \Delta h_\mathrm{e}} \approx \dfrac{h_{11\mathrm{e}}}{1 + h_{21\mathrm{e}}}$	$\dfrac{h_{11\mathrm{c}}}{\Delta h_\mathrm{c}}$
$h_{12\mathrm{b}} =$	$\dfrac{\Delta h_\mathrm{e} - h_{12\mathrm{e}}}{1 - h_{12\mathrm{e}} + h_{21\mathrm{e}} + \Delta h_\mathrm{e}} \approx \dfrac{\Delta h_\mathrm{e} - h_{12\mathrm{e}}}{1 + h_{21\mathrm{e}}}$	$\dfrac{\Delta h_\mathrm{c} + h_{21\mathrm{c}}}{\Delta h_\mathrm{c}}$
$h_{21\mathrm{b}} =$	$\dfrac{-(\Delta h_\mathrm{e} + h_{21\mathrm{e}})}{1 - h_{12\mathrm{e}} + h_{21\mathrm{e}} + \Delta h_\mathrm{e}} \approx \dfrac{-h_{21\mathrm{e}}}{1 + h_{21\mathrm{e}}}$	$\dfrac{h_{12\mathrm{c}} - \Delta h_\mathrm{c}}{\Delta h_\mathrm{c}}$
$h_{22\mathrm{b}} =$	$\dfrac{h_{22\mathrm{e}}}{1 - h_{12\mathrm{e}} + h_{21\mathrm{e}} + \Delta h_\mathrm{e}} \approx \dfrac{h_{22\mathrm{e}}}{1 + h_{21\mathrm{e}}}$	$\dfrac{h_{22\mathrm{c}}}{\Delta h_\mathrm{c}}$
$\Delta h_\mathrm{b} =$	$\dfrac{\Delta h_\mathrm{e}}{1 - h_{12\mathrm{e}} + h_{21\mathrm{e}} + \Delta h_\mathrm{e}} \approx \dfrac{\Delta h_\mathrm{e}}{1 + h_{21\mathrm{e}}}$	$\dfrac{1 - h_{12\mathrm{c}} + h_{21\mathrm{c}} + \Delta h_\mathrm{c}}{\Delta h_\mathrm{c}}$

5.17.2.5 Umrechnung von *h*-Parametern für andere Arbeitspunkte

Sämtliche h-Parameter lassen sich aus den Datenblättern der Hersteller ablesen. In der Regel werden h-Parameter in Datenblättern von Kleinsignaltransistoren für den Arbeitspunkt $U_\mathrm{CE} = 5\,\mathrm{V}$, $I_\mathrm{C} = 2\,\mathrm{mA}$ und $f = 1\,\mathrm{kHz}$ spezifiziert. Für andere Arbeitspunkte müssen diese Werte mit Korrekturfaktoren H_eI und H_eU multipliziert werden. Diese Korrektur-

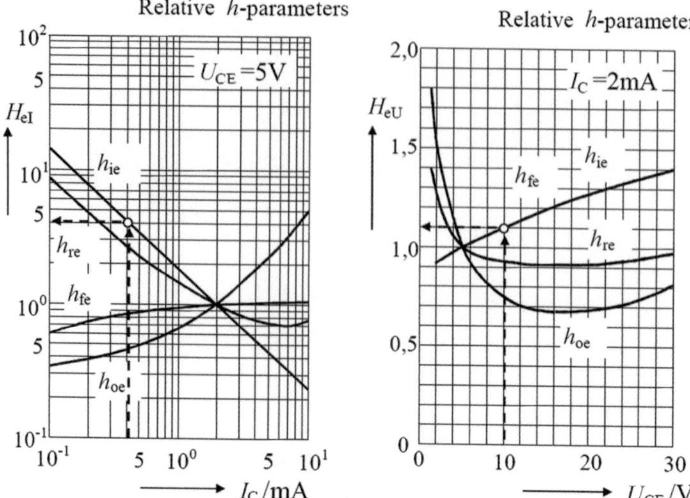

Abb. 5.64 Beispiele für Diagramme der relativen Änderung der h-Parameter. Die eingetragenen Arbeitspunkte gehören zu Beispiel 5.6

faktoren werden in den Datenblättern in Diagrammen angegeben, in denen die relative Änderung der h-Parameter jeweils bezogen auf den Wert bei $U_{CE} = 5\,\text{V}$ und $I_C = 2\,\text{mA}$ aufgetragen ist (Abb. 5.64). Dabei werden häufig folgende englischen Bezeichnungen benutzt:

$$h_{11e} \mathrel{\widehat{=}} h_{ie}\,, \quad h_{12e} \mathrel{\widehat{=}} h_{re}\,, \quad h_{21e} \mathrel{\widehat{=}} h_{fe}\,, \quad h_{22e} \mathrel{\widehat{=}} h_{oe}$$

Für die Anwendung der Korrekturfaktoren gilt:

$$h_{xye}\big|_{AP} = H_{eI} \cdot H_{eU} \cdot h_{xye}\big|_{(2\,\text{mA}/5\,\text{V})} \tag{5.163}$$

Beispiel 5.6

Bei $U_{CE} = 5\,\text{V}$ und $I_C = 2\,\text{mA}$ ist $h_{11e} = 4500\,\Omega$. Bestimmen Sie h_{11e} für den Arbeitspunkt $I_C = 0{,}4\,\text{mA}$, $U_{CE} = 10\,\text{V}$.

Lösung:

Aus Abb. 5.64a wird für $I_C = 0{,}4\,\text{mA}$ abgelesen: $H_{eI} = 4$. Aus dem rechten Diagramm erhält man für $U_{CE} = 10\,\text{V}$: $H_{eU} = 1{,}1$. Jetzt h_{11e} für den Arbeitspunkt berechnen:

$$h_{11e}\big|_{(0{,}4\,\text{mA}/10\,\text{V})} = H_{eI} \cdot H_{eU} \cdot h_{11e}\big|_{(2\,\text{mA}/5\,\text{V})} = 4 \cdot 1{,}1 \cdot 4500\,\Omega = \underline{\underline{19.800\,\Omega}}$$

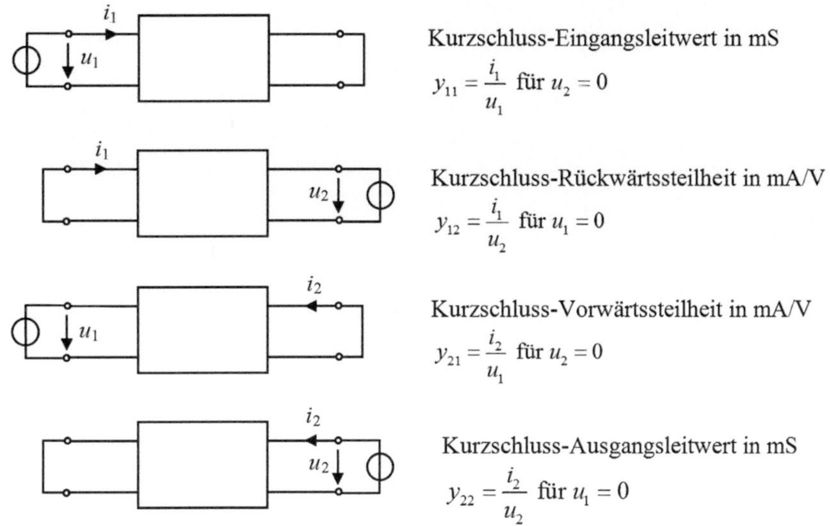

Abb. 5.65 Bedingungen zur Messung der y-Parameter

5.17.2.6 *y*-Parameter

Bei hohen Frequenzen (bis ca. 100 MHz) verwendet man die Vierpolgleichungen mit y-Parametern. Sie haben alle die Einheit von Leitwerten und werden daher auch *Leitwertparameter* genannt. Die y-Parameter sind komplexe Größen[7] und erfassen die Frequenzabhängigkeit des Transistors.

Die zur Bestimmung der y-Parameter erforderlichen Messungen erfolgen bei Kurzschluss der Eingangs- bzw. Ausgangsseite (Abb. 5.65).

y-Parameter vermeiden einen wesentlichen Nachteil der h-Parameter, zu ihrer Definition werden keine schwer realisierbaren Leerläufe, sondern nur Kurzschlüsse verwendet.

y-Parameter werden oft zur Beschreibung von Feldeffektransistoren eingesetzt, die ja hauptsächlich aus einer spannungsgesteuerten Stromquelle bestehen. Die Steilheit g_{21} (= Realteil von y_{21}) wird häufig in Datenblättern angegeben.

Die Vierpolgleichungen mit y-Parametern lauten:

$$i_1 = y_{11} \cdot u_1 + y_{12} \cdot u_2 \tag{5.164}$$

$$i_2 = y_{21} \cdot u_1 + y_{22} \cdot u_2 \tag{5.165}$$

Aus den formalen Zusammenhängen der Vierpolgleichungen ergibt sich wieder ein formales Ersatzschaltbild des Transistors in Emitterschaltung (Abb. 5.66).

[7] Das Unterstreichen zur Kennzeichnung als komplexe Größe wird bei Vierpolparametern häufig weggelassen.

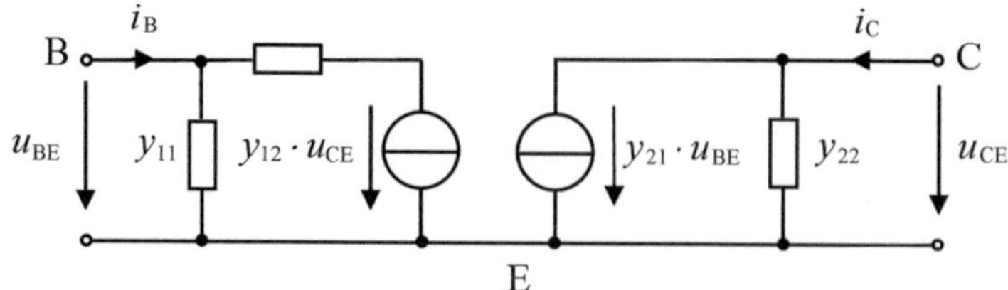

Abb. 5.66 Formales Ersatzschaltbild eines Transistors mit y-Parametern

Es gelten die Vierpolgleichungen:

$$i_B = y_{11} \cdot u_{BE} + y_{12} \cdot u_{CE} \tag{5.166}$$

$$i_C = y_{21} \cdot u_{BE} + y_{22} \cdot u_{CE} \tag{5.167}$$

Alle y-Parameter können dabei komplex sein, also folgende Form haben, um die Wechselstromeigenschaften des Transistors zu charakterisieren:

$$y_{ij} = g_{ij} + jb_{ij} = g_j + \mathrm{j}\omega C_{ij} \tag{5.168}$$

Die y-Parameter der Basis- und Emitterschaltung können ineinander umgerechnet werden.

$$\begin{pmatrix} y_{11b} & y_{12b} \\ y_{21b} & y_{22b} \end{pmatrix} = \begin{pmatrix} y_{11e} + y_{12e} + y_{21e} + y_{22e} & -(y_{12e} + y_{22e}) \\ -(y_{21e} + y_{22e}) & y_{22e} \end{pmatrix} \tag{5.169}$$

$$\begin{pmatrix} y_{11e} & y_{12e} \\ y_{21e} & y_{22e} \end{pmatrix} = \begin{pmatrix} y_{11b} + y_{12b} + y_{21b} + y_{22b} & -(y_{12b} + y_{22b}) \\ -(y_{21b} + y_{22b}) & y_{22b} \end{pmatrix} \tag{5.170}$$

5.17.2.7 Umrechnung zwischen *y*- und *h*-Parametern

Die verschiedenen Arten der Vierpolparameter lassen sich ineinander umrechnen. Somit sind unterschiedliche Vierpoldarstellungen ineinander überführbar (z. B. Hybrid- in Leitwertdarstellung).

Zur Umrechnung der h- in die y-Parameter und umgekehrt gelten folgende Beziehungen:

$$h_{11} = \frac{1}{y_{11}} \tag{5.171}$$

$$y_{11} = \frac{1}{h_{11}} \tag{5.172}$$

$$h_{12} = -\frac{y_{12}}{y_{11}} \tag{5.173}$$

$$y_{12} = -\frac{h_{12}}{h_{11}} \tag{5.174}$$

$$h_{21} = \frac{y_{21}}{y_{11}} \tag{5.175}$$

$$y_{21} = \frac{h_{21}}{h_{11}} \tag{5.176}$$

$$h_{22} = \frac{y_{11} \cdot y_{22} - y_{12} \cdot y_{21}}{y_{11}} \tag{5.177}$$

$$y_{22} = \frac{h_{11} \cdot h_{22} - h_{12} \cdot h_{21}}{h_{11}} \tag{5.178}$$

5.17.2.8 *s*-Parameter

Bei sehr hohen Frequenzen (> ca. 100 MHz) werden in den Vierpolgleichungen die s-Parameter (*Streuparameter*) verwendet. Sie sind bis weit in den GHz-Bereich sehr gut messbar, wenn der Transistor in einer hochfrequenzmäßig definierten Umgebung betrieben wird. Die s-Parameter sind Wellenparameter.

Anstelle von Spannungen und Strömen an Ein- und Ausgang des Zweitors werden bei den s-Parametern in das Zweitor einfallende Spannungswellen a_1 und a_2, bzw. vom Zweitor reflektierte Spannungswellen b_1 und b_2 zueinander in Beziehung gesetzt (Abb. 5.67). Das Zweitor ist beidseitig über Leitungsstücke mit reflexionsfreiem Abschluss an die Last bzw. an den Generator angeschlossen. Die s-Parameter verknüpfen in das Zweitor hinein- bzw. hinauslaufende Spannungswellen. Sie sind bei beidseitigem Abschluss mit dem Wellenwiderstand Z_0 definiert, dies entspricht bei problemangepassten Quell- und Lastwiderständen, z. B. 50 Ω, einer realistischen Belastung. Da extreme Bedingungen wie Kurzschluss und Leerlauf vermieden werden, entstehen kaum Stabilitätsprobleme.

$$\begin{aligned} b_1 &= s_{11} \cdot a_1 + s_{12} \cdot a_2 \\ b_2 &= s_{21} \cdot a_1 + s_{22} \cdot a_2 \end{aligned} \tag{5.179}$$

Die in das Zweitor hineinlaufenden Spannungswellen a_1 und a_2, bzw. die aus dem Zweitor hinauslaufenden Spannungswellen b_1 und b_2 sind unmittelbar beim Zweitor auf den Leitungsstücken L_1 und L_2 definiert. Diese Leitungsstücke mit Z_0 haben eine beliebige Länge und sind mit Z_0 reflexionsfrei abgeschlossen.

Die Randbedingung „beidseitiger Abschluss mit Z_0" kann über beliebig lange Zuleitungen mit dem Wellenwiderstand Z_0 aufrecht erhalten werden, somit können s-

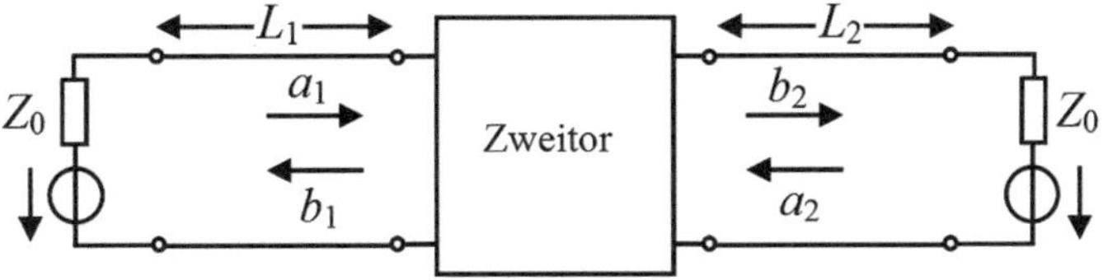

Abb. 5.67 Messschaltung und Gl. 5.179 für s-Parameter mit beidseitig reflexionsfreiem Abschluss mit Z_0. Alle s-Parameter und die Variablen a und b sind komplex (die Unterstreichung wird häufig weggelassen)

Parameter praktisch bei beliebigen Frequenzen gemessen werden. Aus diesem Grunde sind sie geeignete Parameter für die Hochfrequenz- und Mikrowellentechnik.

Ein weiterer Grund ist die praktische physikalische Bedeutung der s-Parameter. Aus Gl. 5.179 können durch Nullsetzen von a_1 bzw. a_2, dies entspricht jeweils dem reflexionsfreien Abschluss der ein- und ausgangsseitig angeordneten Leitungsstücke, die einzelnen s-Parameter wie folgt definiert werden:

$$s_{11} = \left.\frac{b_1}{a_1}\right|_{a_2=0} \tag{5.180}$$

s_{11} = Eingangs-Reflexionsfaktor bei reflexionsfreiem Abschluss am Ausgang.

$$s_{21} = \left.\frac{b_2}{a_1}\right|_{a_2=0} \tag{5.181}$$

s_{21} = Vorwärts-Übertragungsfaktor bei reflexionsfreiem Abschluss am Ausgang.

$$s_{12} = \left.\frac{b_1}{a_2}\right|_{a_1=0} \tag{5.182}$$

s_{12} = Rückwärts-Übertragungsfaktor bei reflexionsfreiem Abschluss am Eingang.

$$s_{22} = \left.\frac{b_2}{a_2}\right|_{a_1=0} \tag{5.183}$$

s_{22} = Ausgangs-Reflexionsfaktor bei reflexionsfreiem Abschluss am Eingang.

Die Variablen a_1 und a_2 sind in das Zweitor hineinlaufende, normalisierte Spannungswellen. Sie können auch durch Spannung und Strom am Eingang ($\underline{U}_1, \underline{I}_1$), bzw. durch Spannung und Strom am Ausgang ($\underline{U}_2$, $\underline{I}_2$) ausgedrückt werden:

$$a_1 = \frac{\underline{U}_1 + \underline{I}_1 Z_0}{2\sqrt{Z_0}} \tag{5.184}$$

$$a_2 = \frac{\underline{U}_2 + \underline{I}_2 Z_0}{2\sqrt{Z_0}} \tag{5.185}$$

Analog gilt für die aus dem Zweitor hinauslaufenden (reflektierten), normalisierten Spannungswellen b_1 und b_2:

$$b_1 = \frac{\underline{U}_1 - \underline{I}_1 Z_0}{2\sqrt{Z_0}} \tag{5.186}$$

$$b_2 = \frac{\underline{U}_2 - \underline{I}_2 Z_0}{2\sqrt{Z_0}} \tag{5.187}$$

Tab. 5.5 Beispiel für die s-Parameter eines Mikrowellentransistors

$V_{CE} = 10\,V$, $I_C = 5\,mA$				
Frequenz (MHz)	s_{11}	s_{21}	s_{12}	s_{22}
100	$0{,}70\angle -34°$	$11{,}92\angle 156°$	$0{,}03\angle 60°$	$0{,}93\angle -19°$
500	$0{,}66\angle -123°$	$6{,}7\angle 105°$	$0{,}08\angle 34°$	$0{,}51\angle -55°$
1000	$0{,}63\angle -163°$	$3{,}83\angle 78°$	$0{,}10\angle 27°$	$0{,}34\angle -70°$

s-Parameter werden meist in Polarform geschrieben, z. B. $s_{11} = |s_{11}| \cdot e^{\varphi_{11}}$. Bauelemente-Hersteller geben die s-Parameter entweder in Tabellenform oder in Smith- bzw. Polardiagrammen an.

Die Beträge der s-Parameter werden oft in dB ausgedrückt. Da es sich um Spannungsverhältnisse handelt, gilt für die Umrechnung die Formel $s_{ij} = 20 \cdot \log |s_{ij}|$ dB.

s_{21} und s_{12} sind die Vorwärts- bzw. Rückwärtsverstärkungen bei einer Belastung mit Z_0. Die als Dämpfung aufgefassten s_{11} und s_{22} entsprechen den Rückflussdämpfungen (*return loss*) von Eingang und Ausgang, bezogen auf Z_0.

Wie alle anderen Zweitor-Parameter beschreiben s-Parameter vollständig das lineare Verhalten eines Zweitors. Bei bekanntem Bezugswiderstand Z_0 können sie daher in beliebige andere Zweitor-Parameter umgerechnet werden. Die Umrechnungsformeln zwischen s- und y-Parametern sind:

$$s_{11} = \frac{(1 - y_{11}Z_0)(1 + y_{22}Z_0) + y_{12}y_{21}Z_0^2}{(1 + y_{11}Z_0)(1 + y_{22}Z_0) - y_{12}y_{21}Z_0^2} \tag{5.188}$$

$$s_{12} = \frac{-2y_{12}Z_0}{(1 + y_{11}Z_0)(1 + y_{22}Z_0) - y_{12}y_{21}Z_0^2} \tag{5.189}$$

$$s_{21} = \frac{-2y_{21}Z_0}{(1 + y_{11}Z_0)(1 + y_{22}Z_0) - y_{12}y_{21}Z_0^2} \tag{5.190}$$

$$s_{22} = \frac{(1 + y_{11}Z_0)(1 - y_{22}Z_0) + y_{12}y_{21}Z_0^2}{(1 + y_{11}Z_0)(1 + y_{22}Z_0) - y_{12}y_{21}Z_0^2} \tag{5.191}$$

$$y_{11} = \frac{(1 - s_{11})(1 + s_{22}) + s_{12}s_{21}}{(1 + s_{11})(1 + s_{22}) - s_{12}s_{21}} \cdot \frac{1}{Z_0} \tag{5.192}$$

$$y_{12} = \frac{-2s_{12}}{(1 + s_{11})(1 + s_{22}) - s_{12}s_{21}} \cdot \frac{1}{Z_0} \tag{5.193}$$

$$y_{21} = \frac{-2s_{21}}{(1 + s_{11})(1 + s_{22}) - s_{12}s_{21}} \cdot \frac{1}{Z_0} \tag{5.194}$$

$$y_{22} = \frac{(1 + s_{11})(1 - s_{22}) + s_{12}s_{21}}{(1 + s_{11})(1 + s_{22}) - s_{12}s_{21}} \cdot \frac{1}{Z_0} \tag{5.195}$$

5.17.2.9 Vierpolparameter und physikalisches Ersatzschaltbild

Die h- bzw. y-Parameter und die Elemente des physikalischen Ersatzschaltbildes können ineinander umgerechnet werden. Es gelten folgende Umwandlungen:

$$r_{BE} = \beta \cdot r_e = h_{11e} = \frac{1}{y_{11e}} \tag{5.196}$$

$$\beta = h_{21e} = \frac{y_{21e}}{y_{11e}} \tag{5.197}$$

$$S = \frac{h_{21e}}{h_{11e}} = y_{21e} \tag{5.198}$$

$$S_r = -\frac{h_{12e}}{h_{11e}} = y_{12e} \approx 0 \tag{5.199}$$

$$r_{ce} = \frac{h_{11e}}{h_{11e} \cdot h_{22e} - h_{12e} \cdot h_{21e}} = \frac{1}{y_{22e}} \tag{5.200}$$

Für das einfache Funktionsersatzschaltbild nach Abb. 5.57 kann gesetzt werden:

$$h_{11e} = \beta \cdot r_e \tag{5.201}$$

$$h_{12e} = D = 0 \tag{5.202}$$

$$h_{21e} = \beta \tag{5.203}$$

$$h_{22e} = \frac{1}{r_{CE}} = 0 \tag{5.204}$$

5.17.2.10 Berechnung des Betriebsverhaltens

Aus den h-Parametern lassen sich mittels Formeln einzelne Größen des Betriebsverhaltens eines Transistorvierpols berechnen, dessen Eingang aus einer Signalquelle mit dem Innenwiderstand R_G gespeist und dessen Ausgang mit einem Arbeitswiderstand R_L abgeschlossenen ist (Abb. 5.68). Die folgenden Gleichungen gelten für alle Grundschaltungen. Der Wert der einzelnen Vierpolparameter ist jedoch von der Grundschaltung, dem Arbeitspunkt und vom Transistortyp abhängig.

Betriebsverhalten: Verwendung der *h*-Parameter

Die Determinante der h-Matrix ist $\Delta h = h_{11} \cdot h_{22} - h_{21} \cdot h_{12}$.

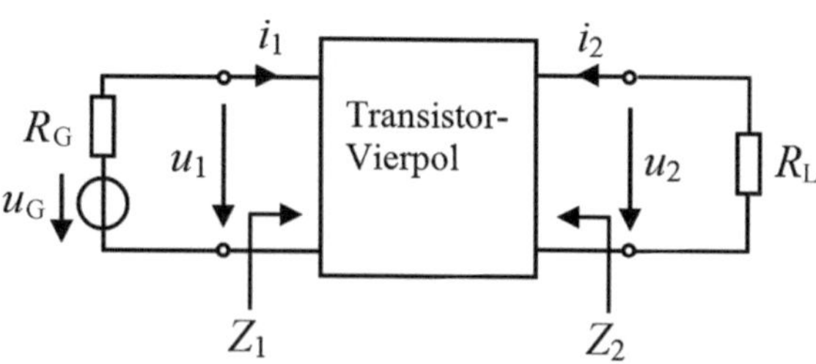

Abb. 5.68 Zur Berechnung der Betriebseigenschaften eines Transistorvierpols aus den Vierpolparametern

Wechselstrom-Eingangswiderstand

$$Z_1 = \frac{u_1}{i_1} = \frac{h_{11} + \Delta h \cdot R_L}{1 + h_{22} \cdot R_L} \tag{5.205}$$

$$Z_1 = h_{11} - \frac{h_{12} \cdot h_{21}}{h_{22}} \quad \text{für} \quad R_L \to \infty \tag{5.206}$$

Wechselstrom-Ausgangswiderstand

$$Z_2 = \frac{u_2}{i_2} = \frac{h_{11} + R_G}{\Delta h + h_{22} \cdot R_G} \tag{5.207}$$

Stromverstärkung

$$v_i = \frac{i_2}{i_1} = \frac{h_{21}}{1 + h_{22} \cdot R_L} \tag{5.208}$$

Spannungsverstärkung

$$v_u = \frac{u_2}{u_1} = \frac{-h_{21} \cdot R_L}{h_{11} + \Delta h \cdot R_L} \tag{5.209}$$

Leistungsverstärkung

$$v_P = |v_u \cdot v_i| = \left| \frac{u_2 \cdot i_2}{u_1 \cdot i_1} \right| = \frac{|h_{21}|^2 \cdot R_L}{(1 + h_{22} \cdot R_L)(h_{11} + \Delta h \cdot R_L)} \tag{5.210}$$

Leistungsverstärkung bei Anpassung am Eingang

$$v_{P,max} = \frac{4 \cdot h_{21}^2 \cdot R_G \cdot R_L}{[(1 + h_{22} \cdot R_L) \cdot R_G + h_{11} + \Delta h \cdot R_L]^2} \tag{5.211}$$

Leistungsverstärkung (Maximum) bei Anpassung am Eingang und Ausgang

$$v_{P,opt} = \frac{h_{21}^2}{\left(\sqrt{\Delta h} + \sqrt{h_{11} \cdot h_{22}}\right)^2} \tag{5.212}$$

mit

optimaler Generatorwiderstand

$$R_G = Z_1 = \sqrt{\frac{h_{11}}{h_{22}} \cdot \Delta h}$$

optimaler Lastwiderstand

$$R_L = Z_2 = \sqrt{\frac{h_{11}}{h_{22}} \cdot \frac{1}{\Delta h}}$$

Betriebsverhalten: Verwendung der y-Parameter
Die Determinante der y-Matrix ist $\Delta y = y_{11} \cdot y_{22} - y_{21} \cdot y_{12}$.

Wechselstrom-Eingangswiderstand

$$Z_1 = \frac{u_1}{i_1} = \frac{1 + y_{22} \cdot R_\mathrm{L}}{y_{11} + \Delta y \cdot R_\mathrm{L}} \tag{5.213}$$

Wechselstrom-Ausgangswiderstand

$$Z_2 = \frac{u_2}{i_2} = \frac{1 + y_{11} \cdot R_\mathrm{G}}{y_{22} + \Delta y \cdot R_\mathrm{G}} \tag{5.214}$$

Stromverstärkung

$$\frac{i_2}{i_1} = \frac{y_{21}}{y_{11} + \Delta y \cdot R_\mathrm{L}} \tag{5.215}$$

Spannungsverstärkung

$$\frac{u_2}{u_1} = \frac{-y_{21} \cdot R_\mathrm{L}}{1 + y_{22} \cdot R_\mathrm{L}} \tag{5.216}$$

Übertragungsfaktor (*)

$$v_\mathrm{P} = |v_\mathrm{u} \cdot v_\mathrm{i}| = \left|\frac{u_2 \cdot i_2}{u_1 \cdot i_1}\right| = \frac{|y_{21}|^2 \cdot R_\mathrm{L}}{(1 + y_{22} \cdot R_\mathrm{L})\,(y_{11} + \Delta y \cdot R_\mathrm{L})} \tag{5.217}$$

Übertragungsfaktor (*) bei Anpassung am Eingang

$$v_\mathrm{P,max} = \frac{4 \cdot y_{21}^2 \cdot R_\mathrm{G} \cdot R_\mathrm{L}}{[(y_{11} + \Delta y \cdot R_\mathrm{L}) \cdot R_\mathrm{G} + 1 + y_{22} \cdot R_\mathrm{L}]^2} \tag{5.218}$$

Übertragungsfaktor (*) (Maximum) bei Anpassung am Eingang und Ausgang

$$v_\mathrm{P,opt} = \frac{y_{21}^2}{\left(\sqrt{\Delta y} + \sqrt{y_{11} \cdot y_{22}}\right)^2} \tag{5.219}$$

mit

optimaler Generatorwiderstand

$$R_\mathrm{G} = Z_1 = \sqrt{\frac{y_{22}}{y_{11}} \cdot \frac{1}{\Delta y}}$$

optimaler Lastwiderstand

$$R_\mathrm{L} = Z_2 = \sqrt{\frac{y_{11}}{y_{22}} \cdot \frac{1}{\Delta y}}$$

(*) Leistungsverstärkung, falls bei niedrigen Frequenzen alle y-Parameter reell sind.

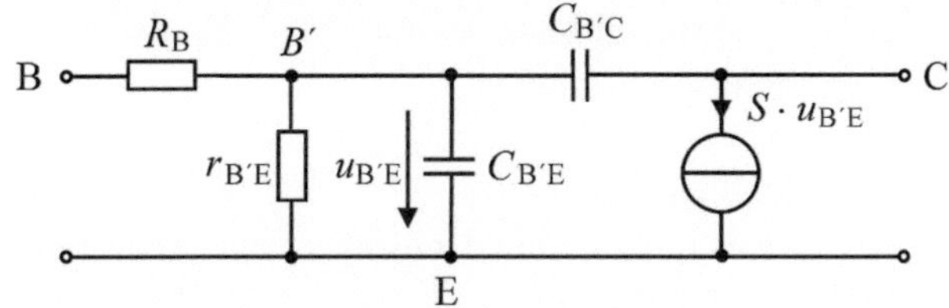

Abb. 5.69 Vereinfachtes Transistormodell für höhere Frequenzen nach Giacoletto (Emitterschaltung)

5.17.3 Wechselstrom-Kleinsignalersatzschaltbild

Zur Beschreibung des Kleinsignalverhaltens eines Bipolartransistors bei Frequenzen ab einigen zehn kHz eignet sich das *Giacoletto-Ersatzschaltbild*, es wird auch *Hybrid-π-Modell* genannt. Dieses dynamische Kleinsignalmodell ermöglicht eine Berechnung des Verhaltens in Abhängigkeit der Frequenz durch Berücksichtigung der wichtigsten Kapazitäten (Sperrschicht- und Diffusionskapazitäten) des Transistors. Das vollständige Ersatzschaltbild ist gültig für Frequenzen bis ca. $f_T/3$ (f_T = Transitfrequenz). Hier wird nur das vereinfachte Giacoletto-Modell mit den wesentlichen HF-Einflüssen angegeben. Es ist zwar nicht sehr exakt, beschreibt aber das lineare HF-Verhalten eines Transistors bis zu einer oberen Frequenzgrenze von $f_T/10$ meist genügend genau.

Vorwiegend wird das Modell in Emitterschaltung verwendet. Auch hier gelten unterschiedliche Parametersätze für die Grundschaltungen des Transistors, wobei ein Parametersatz stets nur für einen bestimmten Arbeitspunkt gilt.

Nachfolgend werden die Elemente des Giacoletto-Ersatzschaltbildes nach Abb. 5.69 für einen Kleinsignal-Transistor behandelt.

- Basisbahnwiderstand R_B (ca. 5...200 Ω)
  Er verkörpert den Ohm'schen Widerstand des Basismaterials und der Bondung.
  Annahme: ca. 200 Ω für einen NF-Transistor, 5...20 Ω für einen guten HF-Transistor.
  R_B kann nicht berechnet, aber über Z_{BE} bei kurzgeschlossenem Kollektor gemessen werden (Abb. 5.70).
- Basis-Emitter-Widerstand $r_{B'E}$ (200...5000 Ω)
  $r_{B'E}$ kann berechnet werden.

$$r_{B'E} = \beta_0 \cdot \frac{U_T}{|I_E|} = \frac{\beta_0}{S} \tag{5.220}$$

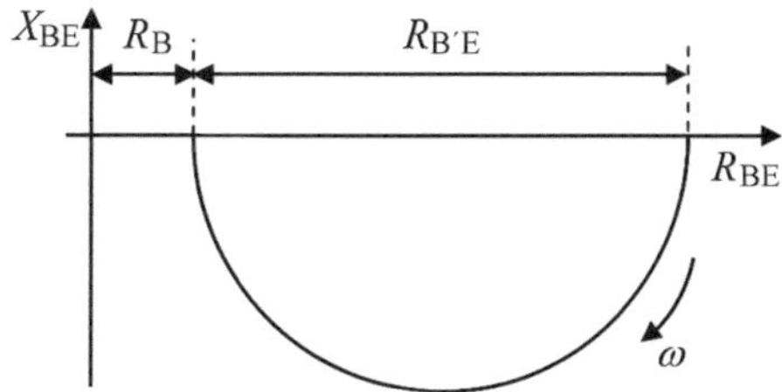

Abb. 5.70 Aus dem gemessenen Verlauf der Eingangsimpedanz $\underline{Z}_{BE}$ eines am Ausgang kurzgeschlossenen Transistors können die Widerstände R_B und $R_{B'E}$ herausgelesen werden

β_0 = Stromverstärkung bei mittleren Frequenzen,
U_T = Temperaturspannung,
I_E = Emitter-Gleichstrom,
S = Steilheit (Gl. 5.223).
$r_{B'E}$ ist von $I_E \approx I_C$ und damit stark vom Arbeitspunkt abhängig.

- Basis-Emitter-Kapazität $C_{B'E}$ (20...2000 pF)
  Da die Basis-Emitter-Diode in Durchlassrichtung gepolt ist, entspricht $C_{B'E}$ im Wesentlichen der Emitter-Diffusionskapazität.

$$C_{B'E} = \frac{\beta_0}{2 \cdot \pi \cdot f_T \cdot r_{B'E}} = \frac{S}{2 \cdot \pi \cdot f_T} \tag{5.221}$$

  S = Steilheit (Gl. 5.223).
- Kollektor-Basis-Kapazität $C_{B'C}$ (bis 5 pF)
  Da die Kollektor-Basis-Diode in Sperrrichtung gepolt ist, ist dies die Basis-Emitter-Sperrschichtkapazität („Rückwirkungskapazität", aktiver Betrieb). Bei Sättigung (z. B. Betrieb als Schalter) steigt die Kapazität aufgrund der entstehenden Diffusionskapazität stark an. $C_{B'C}$ ist abhängig von der Sperrspannung.

$$C_{B'C} \sim \frac{1}{\sqrt{U_{CB}}} \tag{5.222}$$

  Die kapazitive Rückwirkung des Ausgangs auf den Eingang ist ein Problem bei hohen Frequenzen. Bei der Emitterschaltung ist die Ausgangsspannung gegenüber der Eingangsspannung um 180° in der Phasenlage verschoben. Dies führt bei höheren Frequenzen zu einer sehr störenden Spannungsgegenkopplung durch die Basis-Kollektor-Kapazität $C_{B'C}$. Dieser Effekt wird **Miller-Effekt** genannt. Durch die frequenzabhängige Gegenkopplung des Miller-Effekts wirkt sich $C_{B'C}$ wie eine Kapazität C_M zwischen Basis und Emitter aus, welche einen um den Faktor $(1 + |A|)$ erhöhten Wert $C_M = C_{B'C} \cdot (1 + |A|)$ hat, wenn A die Spannungsverstärkung der Transistorstufe ist.
- Spannungsgesteuerte Stromquelle
  Dies ist die (Vorwärts-)Steilheit S, oft auch mit g_m bezeichnet.
  Bis zu einer Frequenz von $f_T/10$ ist S reell und frequenzunabhängig. In diesem Bereich kann S berechnet werden. Die Steilheit ist unabhängig vom Transistortyp.

$$S = \frac{\beta_0}{r_{B'E}} = \frac{I_C}{U_T} \approx 40 \cdot I_C\,(\mathrm{mA/V}) \tag{5.223}$$

5.18 Aufbau und Herstellungsverfahren von Bipolartransistoren

5.18.1 Spitzentransistor

Die ersten Transistoren (wie auch Dioden) wurden durch Aufsetzen (Aufpressen oder Auflegieren) von zwei *Metallspitzen* (Emitter und Kollektor) auf Germanium-Kristalle (Basis) hergestellt. Diese Methode lieferte so genannte Spitzentransistoren geringer Zu-

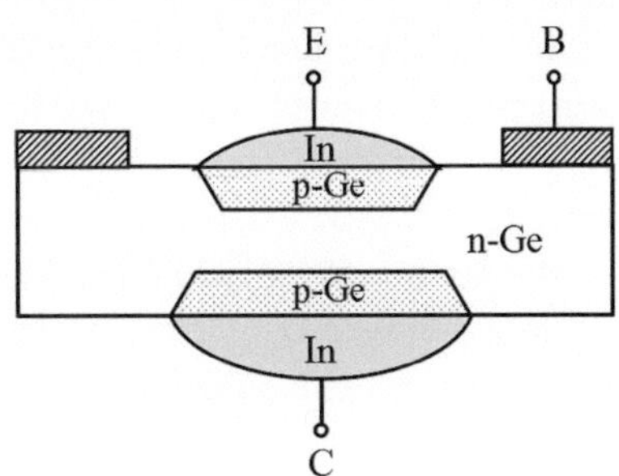

Abb. 5.71 Schnitt durch einen Legierungstransistor

verlässigkeit und mit relativ schlechten Eigenschaften, daher wurden andere Bauformen entwickelt. Zu diesem historischen Verfahren siehe auch Abb. 5.1b.

5.18.2 Legierungstransistor

Auch die *Legierungstechnik* hat nur noch historische Bedeutung. Beim Germanium-Legierungstransistor werden in eine dünne Scheibe eines n-leitenden Germanium-Kristalls (Grundmaterial = Basis) von beiden Seiten Indiumkügelchen (Emitter und Kollektor) als Dotierungsmaterial eingeschmolzen (Abb. 5.71). Das flüssige Indium löst einen Teil des Germaniums auf. Beim Erstarren bauen sich Indium-Atome in das Germanium-Gitter ein. Dabei entstehen p-leitende Kristallbereiche. Da die Basisweite über die Legierung eingestellt wird, ergeben sich starke Streuungen der Bauelementeparameter. Außerdem ist diese Technologie wegen der beidseitigen Behandlung des Halbleiterkristalls nur für Einzeltransistoren und nicht für integrierte Schaltkreise einsetzbar.

5.18.3 Mesatransistor

Der Mesatransistor (Abb. 5.72) wurde 1956 erfunden. Es ist ein spezieller, kapazitätsarmer Bipolartransistor für den Hochfrequenzbereich, der aber heute nicht mehr eingesetzt wird.

Der Mesatransistor wird durch ein spezielles *Diffusionsverfahren* hergestellt. Die Dotierungsstoffe werden dem Halbleiterkristall bei hoher Temperatur in gasförmigem Zu-

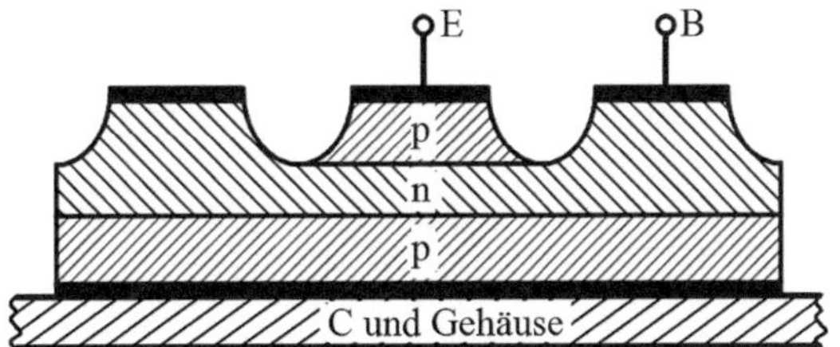

Abb. 5.72 pnp-Diffusions-Mesatransistor

stand zugeführt. Die Dotierungselemente werden erhitzt, bis sich Dampf bildet. Dieser wird mit Hilfe eines Schutzgases über den erhitzten Halbleiterkristall geführt. Die Dotierungsstoffe diffundieren in den Kristall, die Fremdatome bauen sich in das Kristallgitter ein.

Beim einfach[8] diffundierten Mesatransistor wird der Kristall den Dotierungsstoffen beidseitig ausgesetzt. Diese dringen mit unterschiedlicher Geschwindigkeit in den Kristall. Dabei entsteht ein Dotierungsgefälle. Die Dichte der Störstellen ist an der Oberfläche größer als im Inneren in der Nähe der pn-Übergänge. Diese (unabsichtlich entstandene) Verteilung erhöht die Grenzfrequenz. Weil sich am pn-Übergang nur wenige Störstellen gegenüberstehen, entsteht nur eine kleine Sperrschichtkapazität. Außerdem verursacht die ungleichmäßige Störstellenverteilung ein Driftfeld (Bewegungsfeld), welches die Ladungsträger zusätzlich beschleunigt. Dies verkürzt die Ladungsträgerlaufzeit im Kristall. Auf diese Weise lassen sich Transistoren herstellen, die bis in den Gigahertzbereich verwendbar sind.

Zur Verbesserung der elektrischen Eigenschaften (u. a. Reduzierung von Kapazitäten) werden die oberen Schichten des Transistors bis zur Kontaktstelle der Dotierungsmaterialien mit dem Germaniumkristall weggeätzt. Dieses Wegätzen der Seiten gibt dem Transistor das Aussehen eines Tafelbergs (span. mesa = Tafel). Anschließend wird die Schichtfolge kontaktiert, wobei der Kristallkontakt den Kollektor und die anderen beiden Kontakte die Basis und den Emitter darstellen.

5.18.4 Planartransistor

Die Dotierung kann bei Planartransistoren durch Diffusion, Epitaxie oder Ionenimplantation erfolgen. Am häufigsten werden moderne Bipolartransistoren, die auch Teil eines integrierten Schaltkreises sein können, in *planarer Epitaxialtechnik* hergestellt.

Der Aufbau eines Bipolartransistors ist nicht symmetrisch. Daraus erklärt sich auch das unterschiedliche Verhalten bei Normal- und Inversbetrieb. Einzelne und auch integrierte Transistoren sind aus mehr als drei Halbleiterzonen mit unterschiedlicher Dotierung und Dotierungsdichte aufgebaut. Die Bezeichnung npn- bzw. pnp-Transistor bezieht sich deshalb nur auf die Zonenfolge eines aktiven Bereiches im Inneren des Transistors, jedoch nicht auf den tatsächlichen Aufbau.

Die Herstellung erfolgt in einem mehrstufigen Prozess auf einer Halbleiterscheibe (*wafer*), die später durch Sägen in kleine Plättchen (*die*) aufgeteilt wird. Auf einem Plättchen befindet sich entweder ein Einzeltransistor oder eine aus mehreren integrierten Transistoren und weiteren Bauteilen aufgebaute integrierte Schaltung (*integrated circuit*, *IC*). Zu dieser Thematik siehe auch Abschn. 4.9: Herstellungsmethoden für pn-Übergänge.

[8] Beim doppelt diffundierten Transistor erhält die Kollektorzone eine schwächere Dotierung (Schalter in schnellen Digitalschaltungen).

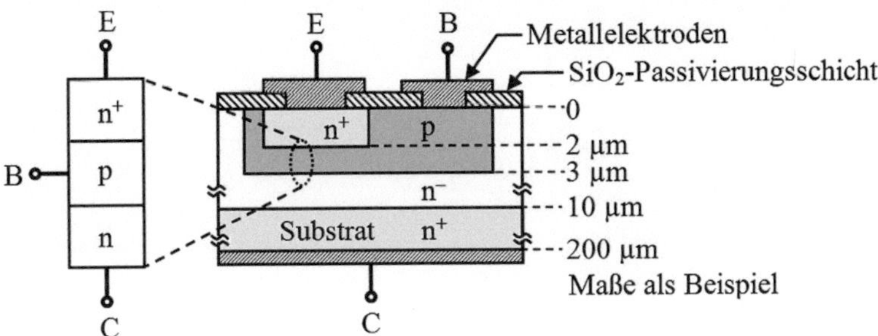

Abb. 5.73 Aufbau eines einzelnen npn-Epitaxie-Planartransistors

5.18.4.1 Herstellung von Einzeltransistoren, innerer Aufbau

Einzelne Transistoren werden überwiegend in Epitaxial-Planar-Technik hergestellt. Abb. 5.73 zeigt den Aufbau eines npn-Transistors, der aktive Bereich ist extra gekennzeichnet. Die Gebiete n^+ sind stark, das Gebiet p ist mittel und das Gebiet n^- ist schwach dotiert. Die spezielle Zonenfolge unterschiedlich stark dotierter Gebiete verbessert die elektrischen Eigenschaften des Transistors. Basis und Emitter befinden sich auf der Oberseite, die Unterseite des Plättchens bildet den Kollektor. Der Einbau in ein Gehäuse erfolgt, indem die Unterseite mit dem Anschlussbein für den Kollektor verlötet oder mit einem metallischen Gehäuseteil verbunden wird. Die beiden anderen Anschlüsse werden mit feinen Gold- oder Aluminiumdrähten (Bonddrähten) mit dem zugehörigen Anschlussbein verbunden.

5.18.4.2 Bauformen, Gehäuse von Einzeltransistoren

Für die verschiedenen Einsatzgebiete gibt es eine Vielzahl genormter Transistorgehäuse. Beispiele zeigen die Abb. 5.74 bis 5.77. Bei Leistungstransistoren erfolgt die Wärmeabgabe über den Gehäuseboden. Dieser ist gleichzeitig der Kollektoranschluss oder ist mit dem Kollektor leitend verbunden. Die verwendete Gehäusebauform richtet sich nach der abzuführenden Verlustleistung und den Umgebungsbedingungen, z. B. Temperatur und Feuchtigkeit, sowie nach speziellen geometrischen Erfordernissen. Die Wärmewiderstände vom Kollektor-Basis-Übergang zum Gehäuse liegen bei Leistungstransistoren etwa bei Werten von 1 K/W bis 3,5 K/W. Derartige Transistoren sind für maximale Verlustleistungen bis ca. 100 W geeignet. Transistoren in Kleinleistungsgehäusen sind für Verlustleistungen bis etwa 300 mW und maximale Kollektorströme von ca. 200 mA geeignet.

Das Kunststoffgehäuse TO-92 (z. B. BC547) und das Metallgehäuse TO-18 (z. B. BC107, Kollektor mit dem Gehäuse verbunden) finden Anwendung bei Transistoren in NF-Vor- und Treiberstufen. Das Metallgehäuse TO-39 (z. B. BC141, Kollektor mit dem Gehäuse verbunden) wird bei Transistoren für NF-Schalteranwendungen bis 1 A verwendet. Das Kunststoffgehäuse TO-126 (z. B. BD140) findet Anwendung bei Transistoren in NF-Treiber- und Endstufen mittlerer Leistung. Der Kollektor ist mit der metallischen

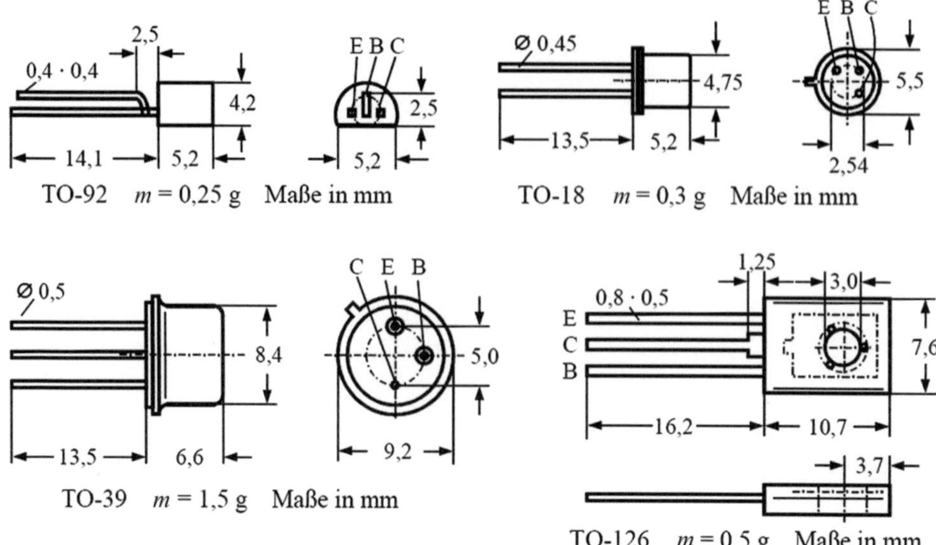

Abb. 5.74 Beispiele für Standard- und Kleinleistungsgehäuse für Transistoren

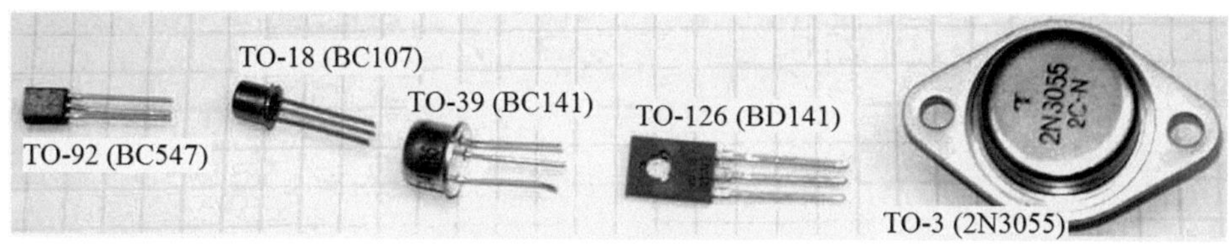

Abb. 5.75 Einige Beispiele von Transistoren mit Drahtanschlüssen

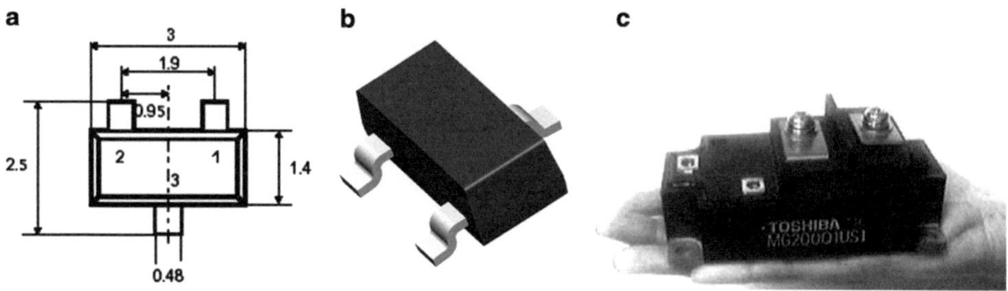

Abb. 5.76 SMD-Transistorgehäuse SOT-23-3 (**a**, **b**), Hochleistungstransistor mit $U_{CE,max} = 1200\,V$, $I_{C,max} = 200\,A$ (**c**)

Montagefläche des Transistors verbunden. Ein Metallgehäuse TO-3 (z. B. 2N3055, Kollektor mit dem Gehäuse verbunden) haben Transistoren in Endstufen hoher Leistung. Die Gehäuse TO-18, TO-39, TO-126 und TO-3 können mit einem Kühlkörper betrieben werden.

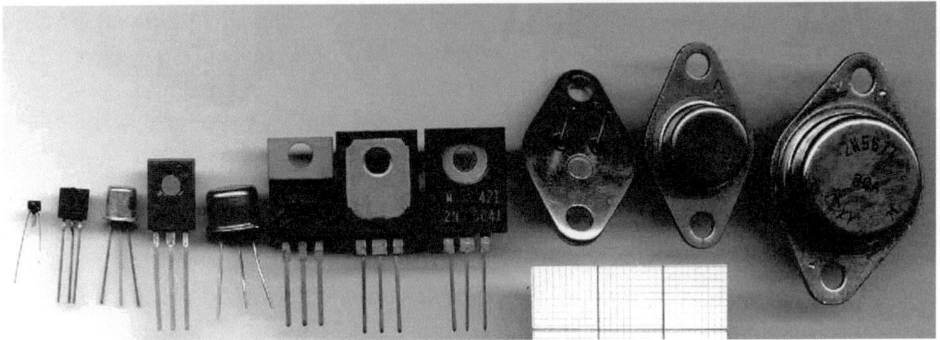

Abb. 5.77 Bipolartransistoren unterschiedlicher Leistung

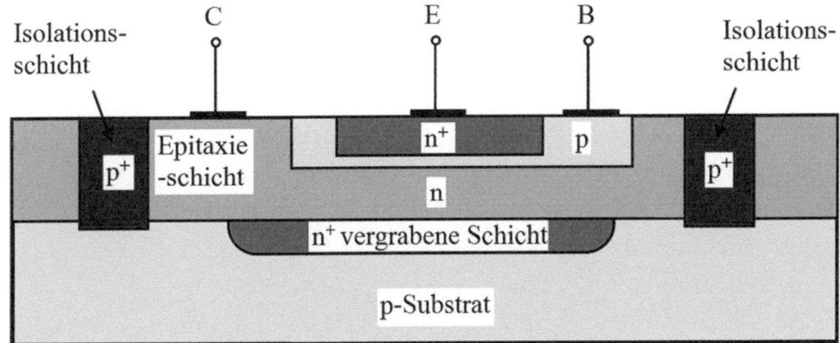

Abb. 5.78 Aufbau eines Planar-Epitaxial-npn-Transistors

SMD-Transistoren sind sehr klein, für größere Leistungen haben sie für den Kollektor zwei Anschlussbeine, damit die Wärme besser an die Leiterplatte abgeführt wird. Bei Hochfrequenztransistoren werden sehr spezielle Gehäusebauformen verwendet, da das elektrische Verhalten bei Frequenzen im GHz-Bereich stark von der Geometrie abhängt. Einige Gehäuse haben zur besseren Masseführung zwei Anschlussbeine für den Emitter.

5.18.4.3 Integrierte Transistoren, Herstellung und innerer Aufbau

Integrierte Transistoren werden ebenfalls in Epitaxial-Planar-Technik hergestellt. Bei ihnen befindet sich auch der Kollektoranschluss auf der Oberseite des Plättchens, die einzelnen Transistoren sind durch gesperrte pn-Übergänge elektrisch voneinander getrennt. Der aktive Bereich der Transistoren befindet sich in einer sehr dünnen Schicht an der Oberfläche. Das gemeinsame Trägermaterial wird Substrat (substrate, S) genannt und stellt einen für alle Transistoren gemeinsamen vierten Anschluss dar, der ebenfalls an die Oberseite geführt ist. Nachfolgend wird der prinzipielle Aufbau eines npn-Transistors gezeigt, der als Teil eines integrierten Schaltkreises in planarer Epitaxialtechnik hergestellt ist (Abb. 5.78).

Bei der Herstellung eines Epitaxialtransistors wird zuerst in einem p-Substrat ein hoch dotiertes n^+-Gebiet durch Diffusion eingebracht. Weil diese Schicht im weiteren Herstellungsprozess des Transistors im Schichtenaufbau weiter nach unten wandert (andere Schichten werden darüber aufgebaut) wird sie als *vergrabene Schicht* oder *burried layer* bezeichnet. Da die vergrabene Schicht hoch dotiert und somit gut leitend ist, gewährleistet sie einen niedrigen Bahnwiderstand bis zum Anschluss des Kollektors. Auf die Oberfläche dieses vorbehandelten Materials lässt man jetzt eine dünne, n-dotierte Epitaxialschicht in einer Hochtemperatur-Reaktionskammer aufwachsen. Das Aufwachsen erfolgt Atom über Atom, der regelmäßige Atomaufbau des Grundkristalls bleibt bewahrt. Sollen in einer integrierten Schaltung mehrere Transistoren nebeneinander realisiert werden, so müssen diese voneinander elektrisch isoliert werden. Dies kann erfolgen, indem die Epitaxieschicht durch das Eindiffundieren von p^+-dotierten Isolationszonen, die hinab bis zum p-Substrat reichen, in voneinander isolierte „Inseln“eingeteilt wird. Erfolgt die Bildung der Epitaxie-Inseln in einer den Einzeltransistor ringförmig umgebenden Struktur, so werden diese Inseln als *Wannen* bezeichnet. Die Epitaxie-Insel und die p^+-Isolationszone bilden einen in Sperrrichtung vorgespannten pn-Übergang (einer Diode). Diese Diode wird als *Substrat-Diode* bezeichnet. Um den einzelnen Transistor herzustellen, wird in eine Wanne eine p-Zone als Basis eindiffundiert. Das übrige Gebiet der Epitaxieschicht innerhalb einer Wanne bildet den Kollektor. In das Gebiet der Basis wird eine hoch dotierte n^+-Zone eindiffundiert, sie stellt den Emitter dar.

Planartransistoren werden unter Zuhilfenahme fotolithografischer Verfahren hergestellt. Mit der Planartechnik werden auf der Oberfläche des Halbleiterplättchens Masken erzeugt. Mit Hilfe dieser abdeckenden Masken aus Siliziumdioxid erfolgt nur eine Dotierung an bestimmten vorgesehenen Punkten. Zur Herstellung sind mehrere Masken und Dotierungen erforderlich. Die beschriebene Fertigungstechnik wird als *SBC-Technik* (*Standard Burried Collector*) bezeichnet.

npn-Transistoren werden als *vertikale* Transistoren ausgeführt, der Stromfluss vom Kollektor zum Emitter erfolgt vertikal, d. h. senkrecht zur Oberfläche des Plättchens. pnp-Transistoren werden dagegen meist als *laterale* Transistoren ausgeführt der Stromfluss erfolgt hier lateral, d. h. parallel zur Oberfläche des Plättchens. Da bei einem Vertikaltransistor die Dicke der Basiszone kleiner gehalten werden kann, ist die Stromverstärkung um den Faktor 3...10 größer als bei einem Lateraltransistor. Auch die Schaltgeschwindigkeit und die Grenzfrequenzen sind bei einem Vertikaltransistor wesentlich höher.

5.18.4.4 Herstellungsprozess am Beispiel eines npn-Transistors

Um die Reihenfolge der in Abschn. 5.18.4.3 angesprochenen Prozessschritte noch einmal zu verdeutlichen, wird im folgenden Beispiel der Herstellungsprozess von planaren Bipolartransistoren anhand einer einfachen Technologie erläutert (Abb. 5.79).

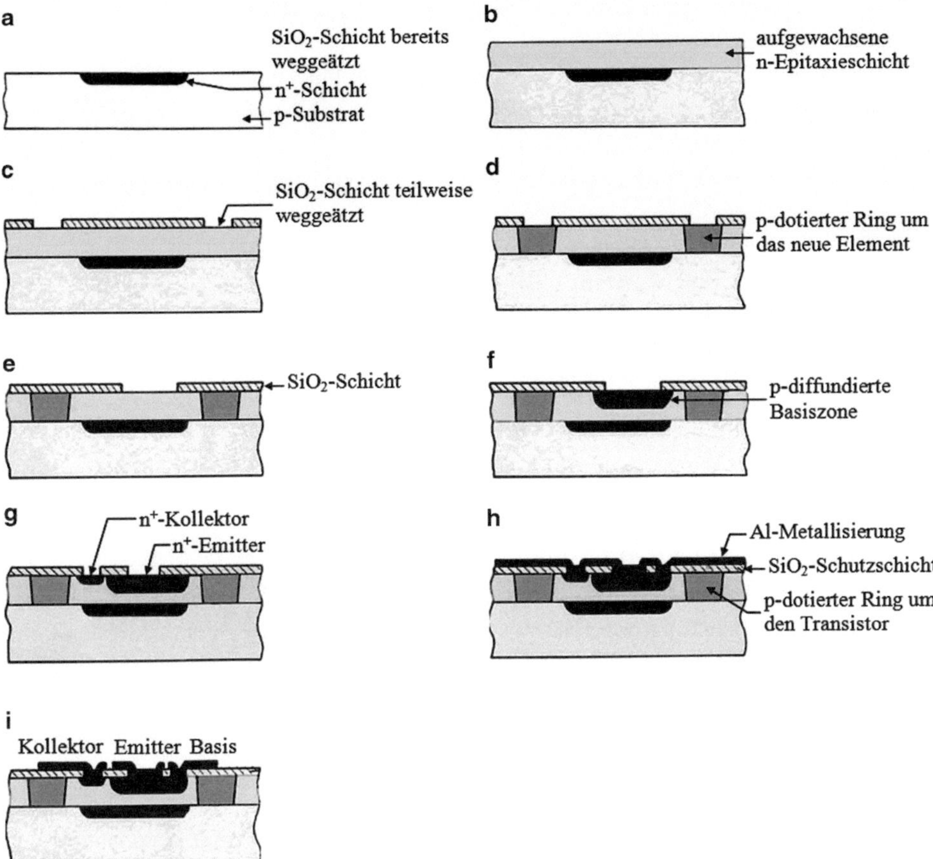

Abb. 5.79 **a–i** Herstellungsschritte beim Planar-Epitaxial-npn-Transistor

- Ausgangspunkt der Betrachtung (Abb. 5.79a) ist ein p-leitender Wafer, in den durch Diffusion eine n^+-leitende Schicht, der so genannte „burried layer" eingebracht ist.
- Auf den Wafer wird die Epitaxieschicht aufgebracht (Abb. 5.79b).
- Die einzelnen Bauelemente auf dem Wafer müssen elektrisch voneinander isoliert werden. Dazu wird um die zu schaffenden Bauelemente ein Graben aus p^+-dotiertem Silizium hergestellt (Abb. 5.79c und d). Das p-dotierte Substrat und der p^+-Graben sind elektrisch auf Massepotenzial, die vom Graben umschlossene Epitaxie-Insel liegt auf einem positiveren Potenzial. Die Epitaxie-Insel und der p^+-Graben bilden also einen in Sperrrichtung vorgespannten pn-Übergang (einer Diode), d. h. die Epitaxie-Insel ist von der Umgebung elektrisch isoliert. Eine andere Methode zur Isolierung von Komponenten gegeneinander besteht darin, sie mit einem Graben aus nichtleitfähigem Material zu umgeben (*Trench*-Isolation).

- In den folgenden Prozessschritten wird in der Epitaxie-Insel ein npn-Transistor hergestellt. Bei jedem Prozessschritt wird zunächst eine Siliziumoxidschicht erzeugt, dann Fotolack aufgebracht, belichtet und entwickelt. Anschließend wird die Siliziumoxidschicht geätzt und schließlich findet die zu diesem Prozessschritt gehörige Diffusion statt.
- In den Abb. 5.79e und f ist dargestellt, wie die Basiszone des npn-Transistors hergestellt wird.
- Es folgt die Herstellung der Emitter- und der Kollektorzone (Abb. 5.79g).
- Der fertige Transistor wird mit Leiterbahnen aus Aluminium verbunden. Dazu wird zunächst flächig eine Aluminiumschicht aufgebracht (Abb. 5.79h). Dann wird Fotolack aufgebracht und mit einer Maske belichtet, die an den Stellen geschwärzt ist, wo eine Leiterbahn entstehen soll. Nach der Entwicklung des Fotolackes kann die Aluminiumschicht an den Stellen weggeätzt werden, wo kein Aluminium bleiben soll (Abb. 5.79i).

5.18.4.5 Emitterrandverdrängung

Der Basisbahnwiderstand R_B setzt sich aus dem externen Basisbahnwiderstand R_{Be} zwischen Basiskontakt und aktiver Basiszone und dem internen Basisbahnwiderstand R_{Bi} quer durch die aktive Basiszone zusammen. In planar aufgebauten Transistoren muss der Basisstrom einen relativ langen Weg von der Basis zum Emitter zurücklegen. Bei höheren Strömen ist die Stromverteilung in der Basisschicht nicht mehr homogen. Infolge des Basisstroms entsteht nämlich an R_{Bi} ein lateraler Spannungsabfall. Dieser Spannungsabfall bewirkt eine ortsabhängige Verringerung der Basis-Emitter-Spannung. Die Anzahl der Elektronen, die vom Emitter in die Basis injiziert werden, hängt exponentiell von der Basis-Emitter-Spannung ab. Diese wird durch den lateralen Spannungsabfall in der Basiszone zwischen den Emitterrandgebieten und der Mitte des Emitters verändert. Als Folge werden in den Emitterrandgebieten mehr Elektronen injiziert als in der Emittermitte. Der Emitterstrom wird so in die Emitterrandgebiete verdrängt, insbesondere bei starker Flusspolung wird die effektive Transistorfläche stark reduziert. Der durchflossene Bereich konzentriert sich zunehmend auf die Emitterrandgebiete. Diese Verdrängung des aktiven Bereiches (des Stromflusses) wird als *Emitterrandverdrängung* (*current crowding*) bezeichnet (Abb. 5.80). Nachteile dieses Effektes sind, dass die höhere Stromdichte in den

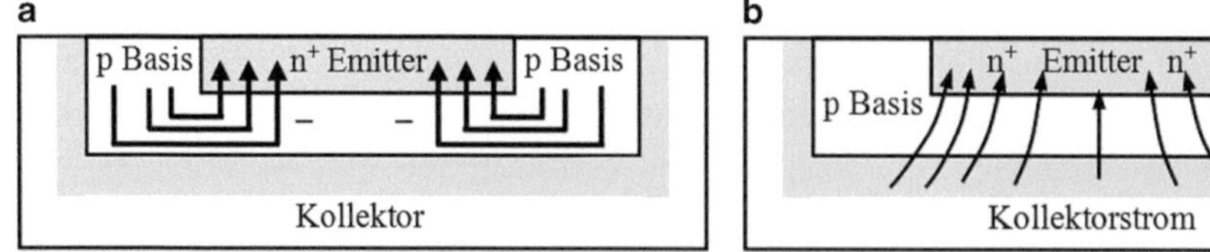

Abb. 5.80 Verteilung des Basisstroms beim Planartransistor und Potenzialabfall von den Emitterrandgebieten zur Emittermitte (**a**), Effekt der Emitterrandverdrängung (**b**)

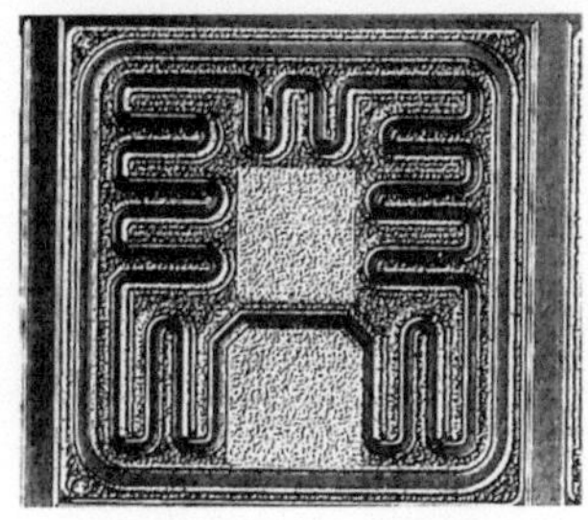

Abb. 5.81 Fingerstruktur von Emitter und Basis bei einem Planartransistor

Emitterrandgebieten sowohl zu lokaler Überhitzung als auch zu Hochinjektionserscheinungen führen kann.

Leistungstransistoren für hohe Ströme benötigen für große Stromdichten einen großflächigen Emitter. Um den Effekt der Emitterrandverdrängung zu vermeiden, werden diese Transistoren häufig mit einer Fingerstruktur von Emitter und Basis (Interdigitalstruktur) als *Interdigitaltransistor* realisiert (Abb. 5.81). Dadurch kann bei relativ großen Kontaktflächen der Emitter-Basis-Bahnwiderstand und auch die Basis-Emitterkapazität klein gehalten werden, die Bedingungen bei Hochleistungsanwendungen und das Schaltverhalten von Leistungstransistoren werden verbessert.

5.19 Hetero-Bipolartransistor (HBT)

Als *Heteroübergang* (Heterostruktur, Heterojunction) wird die Grenzschicht zweier unterschiedlicher Halbleiter*materialien* bezeichnet. Anders als bei einem pn-Übergang ist nicht die Art der Dotierung, sondern die Materialart verschieden. Die Halbleiter besitzen deshalb im Allgemeinen eine unterschiedliche Energie der Bandlücke. Durch den Einsatz von Heterostrukturen können die Hochfrequenzeigenschaften eines Transistors verbessert werden. Man erhält den Heterojunction-Bipolartransistor (HBT).

Um eine hohe Verstärkung (einen möglichst großen Elektronenstrom) zu erzielen, wird beim konventionellen Bipolartransistor der Emitter sehr viel stärker als die Basis dotiert. Eine niedrig dotierte Basis verursacht aber einen hohen Basisbahnwiderstand R_B, der die Hochfrequenzeigenschaften des Transistors negativ beeinflusst, da die maximale Schwingfrequenz entsprechend Gl. 5.113 herabgesetzt und außerdem das Transistorrauschen erhöht wird. Eine Erhöhung der Basisdotierung verkleinert zwar den Widerstand R_B, aber gleichzeitig auch die Verstärkung. Wird die Leitfähigkeit der Basis durch eine höhere Dotierung gesteigert, so nimmt der Rückstrom von Löchern von der Basis in den Emitter zu und der Emitter-Injektionswirkungsgrad (die Emittereffizienz) wird durch erhöhte Rekombination kleiner.

Anders als beim Bipolartransistor bestehen beim HBT Emitter und Basis aus unterschiedlichen Halbleitermaterialien, wobei der *Bandabstand im Emitter größer als in der Basis* ist. Der Hetero-Emitter als Grundelement des HBT kann aus verschiedenen Materialkombinationen bestehen.

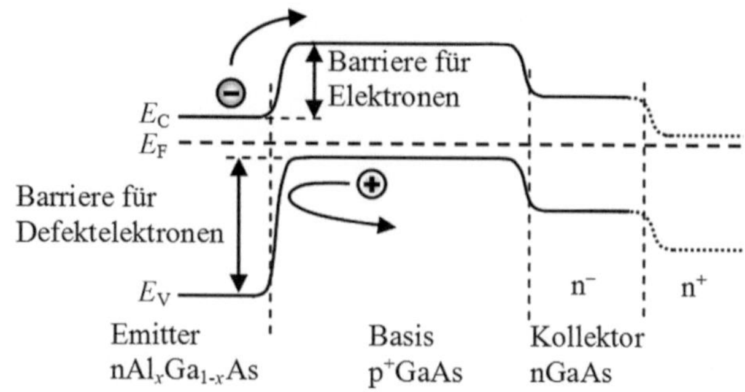

Abb. 5.82 Bänderdiagramm des Basis-Emitter-Heteroübergangs eines npn-AlGaAs/GaAs-HBT

Das in Abb. 5.82 dargestellte Bänderdiagramm über den Transistorquerschnitt zeigt die Ausbildung einer zusätzlichen Energiebarriere für Defektelektronen. Elektronen die vom Emitter in die Basis diffundieren, stoßen auf eine geringere Energiebarriere als Defektelektronen, die sich in umgekehrter Richtung bewegen. Somit werden weniger Defektelektronen in das Emittergebiet injiziert als bei Transistoren mit homogenem Bandabstand. Der unerwünschte Löcherstrom von der Basis in den Emitter, der nur zum Basisstrom (der ja möglichst klein sein soll) beiträgt, aber nicht zum Kollektorstrom, wird durch die Barriere im Valenzband unterdrückt.

Die mit HBTs erzielbare *Stromverstärkung* ist bei gleichen Dotierungsverhältnissen *wesentlich* (um den Faktor 10^3 bis 10^5) *höher* als bei Transistoren ohne Heteroübergang. Beim HBT kann die Dotierung der Basis höher als die des Emitters gewählt werden, ohne dass sich die Stromverstärkung stark verringert. Eine höhere Dotierung der Basis wirkt sich in zweifacher Weise positiv auf die Hochfrequenzeigenschaften des Transistors aus. Die Verringerung des Basisschichtwiderstandes infolge der angehobenen Dotierung bewirkt eine Erhöhung der maximalen Schwingfrequenz f_{max} und ein *geringeres Transistorrauschen.* Außerdem kann eine geringere Basisschichtdicke eingesetzt und damit die Passierdauer (Ladungsträgerlaufzeit) durch die Basis reduziert werden. Dadurch wird die *Grenzfrequenz* f_T des Transistors *erhöht.* Ein weiterer Vorteil des HBT ist die hohe Early-Spannung, da die Ausdehnung der Basis-Kollektor-Raumladungszone in die Basis aufgrund der hohen Basisdotierung sehr klein ist.

Eine weitere Erhöhung der Grenzfrequenz kann durch Absenken des Bandabstandes in Richtung des Kollektoranschlusses erreicht werden (Übergang vom n^--Gebiet zum n^+-Gebiet in Abb. 5.82). Damit entsteht ein elektrisches Feld welches den Ladungstransport innerhalb der Basis unterstützt und somit die Durchlaufzeit weiter reduziert.

HBTs können aus Materialsystemen der Gruppen II, III, IV und V des Periodensystems aufgebaut sein. Typische Basisweiten von HBTs sind 50... 100 nm, die Dotierungen von Basis und Emitter sind sehr hoch ($10^{18} \dots 10^{20}/cm^3$) und die Breite der niedrig dotierten Kollektorschicht liegt im Bereich von etwa 500 nm. Beispiele zeigen Abb. 5.83 und 5.84.

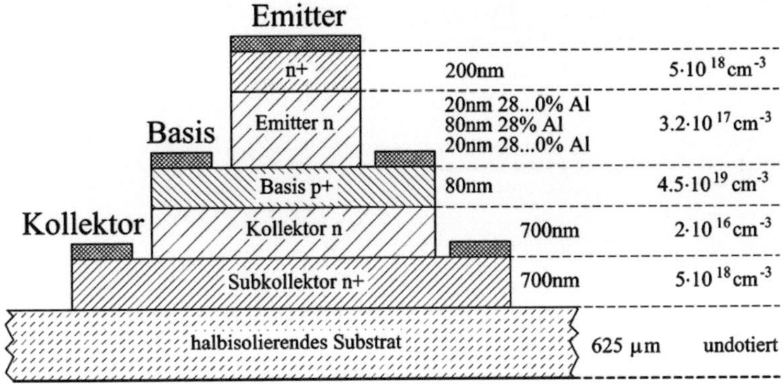

Abb. 5.83 Schematischer Querschnitt eines GaAs-HBTs ($f_T = 40$ GHz)

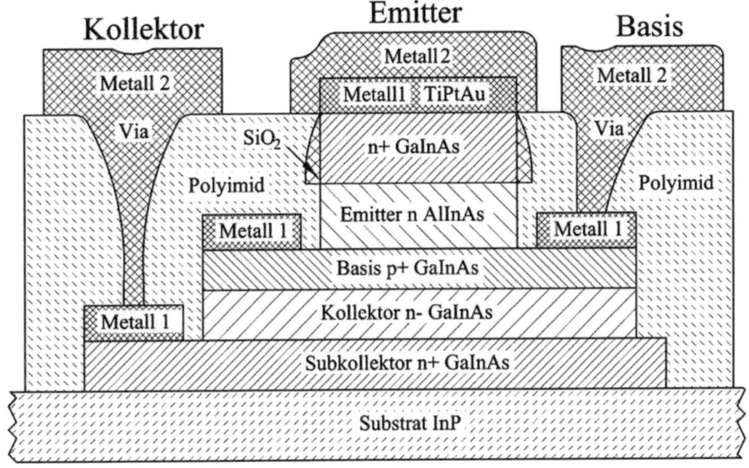

Abb. 5.84 Schematischer Querschnitt eines InP-HBTs (Transitfrequenz: $f_T = 160$ GHz, maximale Schwingfrequenz $f_{max} = 120$ GHz)

Neben HBTs aus III/V-Verbindungen werden auch HBTs aus den Halbleitern Si und Ge hergestellt (Abb. 5.85). Diese sind bedeutend einfacher zu integrieren und können auch zusammen mit anderen Technologien (CMOS) auf dem gleichen Chip hergestellt werden. Aus Si und Ge wird ein Mischkristall hergestellt, dessen Bandabstand kleiner als der von Si ist. Dieser Mischkristall wird als Material für die Basis verwendet. Auch hier sind die Basisweiten sehr klein. Die bisher erreichten Grenzfrequenzen liegen bei ca. 350 GHz. Diese kostengünstigen SiGe-HBTs weisen jedoch eine geringe Durchbruchspannung auf und erreichen nicht die Hochfrequenzeigenschaften von HBTs, die auf Materialsystemen der III-V Halbleiter basieren.

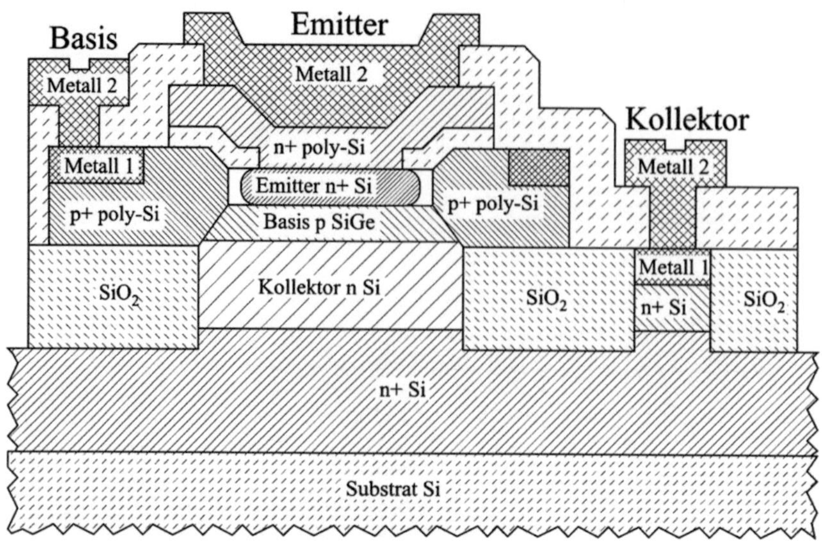

Abb. 5.85 Schematischer Querschnitt eines SiGe-HBTs (Transitfrequenz $f_{\mathrm{T}} = 50\,\mathrm{GHz}$, maximale Schwingfrequenz $f_{\max} = 70\,\mathrm{GHz}$)

Der HBT kann als bipolare Ausführung des High Electron Mobility Transistors (HEMT) betrachtet werden. Mit HBTs lassen sich Schaltfrequenzen von einigen 100 GHz erreichen. Weit verbreitet ist dieser Transistortyp in Leistungsverstärkern von Mobilfunkgeräten (Handys). Potenzielle Anwendungen von HBTs sind z. B. die Gigabit-Logik, Mikrowellenverstärker oder rauscharme Mikrowellenoszillatoren.

5.20 Darlington-Transistor

Manchmal reicht die Stromverstärkung eines einzelnen Transistors nicht aus. Bei Leistungstransistoren liegt sie oft im Bereich $B < 100$. Durch Hintereinanderschalten zweier Emitterschaltungen könnte dieses Problem gelöst werden. Eine wesentlich einfachere Möglichkeit stellt die Anwendung einer Darlington-Schaltung[9] dar. Sie besteht aus zwei direkt gekoppelten (in Reihe geschalteten) Bipolartransistoren.

Bei der *Standard-Darlington-Schaltung* haben die beiden Transistoren gleiche Zonenfolgen (zwei npn- oder zwei pnp-Transistoren), bei der *Komplementär-Darlington-Schaltung*[10] ungleiche Zonenfolgen (ein npn- und ein pnp-Transistor).

Die Darlington-Schaltung kann aus einzelnen Transistoren aufgebaut werden. Befinden sich beide Transistoren in einem einzelnen Transistorgehäuse (monolithische Bauform),

[9] benannt nach Sidney Darlington (1906–1997), amerikanischer Elektroingenieur.

[10] häufig als „Sziklai-Paar“ bezeichnet nach George Clifford Sziklai (1909–1998), amerikanischer Elektroingenieur.

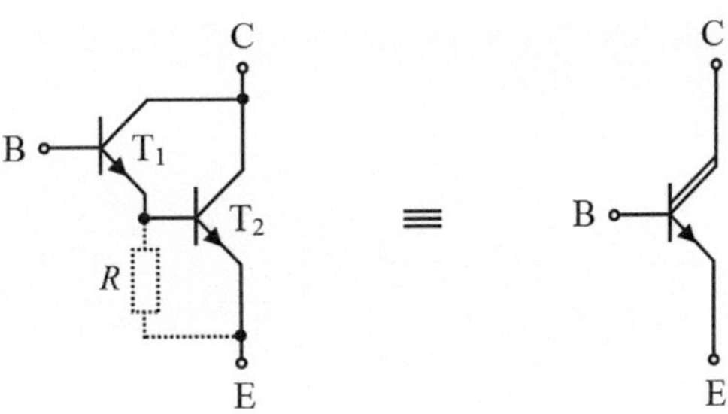

Abb. 5.86 Schaltung und Schaltzeichen eines npn-Darlington-Transistors

so spricht man von einem Darlington-Transistor. Die Anschlüsse werden wie bei einem Einzeltransistor mit Basis, Emitter und Kollektor bezeichnet.

Die Stromverstärkung einer Darlington-Schaltung ist in erster Näherung gleich dem Produkt der Stromverstärkungen der Einzeltransistoren:

$$B \approx B_1 \cdot B_2 \tag{5.224}$$

Der Darlington-Transistor verhält sich somit an seinen Anschlüssen wie ein üblicher Bipolartransistor, jedoch mit extrem hoher Stromverstärkung und mit einem größeren Eingangswiderstand (die notwendigen Steuerströme sind entsprechend geringer). Der Darlington-Transistor kann in allen drei Grundschaltungen eingesetzt werden. Die Stromverstärkung beträgt bei Leistungs-Darlingtons 1000 bis ca. 5000, Kleinsignal-Darlingtons erreichen Verstärkungsfaktoren bis 50.000. Deshalb wird die Darlington-Schaltung auch als *Super-Beta-Schaltung* bezeichnet.

Der Darlington-Transistor hat besondere Bedeutung als Leistungstransistor und wird dort eingesetzt, wo große Lasten mit einem sehr kleinen Steuerstrom geschaltet bzw. hohe Ausgangsleistungen durch eine geringe Steuerleistung geregelt werden sollen. Der Einsatz erfolgt häufig in Endstufen von Leistungsverstärkern.

Der npn-Darlington-Transistor in Abb. 5.86 besteht aus zwei npn-Transistoren und einem Widerstand R (er ist nicht zwingend nötig) zur Verbesserung des Schaltverhaltens (siehe Abschn. 5.20.2). Dieser Darlington kann wie ein npn-Transistor eingesetzt werden.

Beim pnp-Darlington-Transistor (er kann wie ein pnp-Transistor eingesetzt werden) gibt es zwei Varianten (Abb. 5.87). Der *Standard-pnp-Darlington* besteht aus zwei pnp-Transistoren, er ist komplementär zum npn-Darlington. Der *komplementäre pnp-Darlington* besteht aus einem pnp- und einem npn-Transistor. Der pnp-Transistor T_1 legt die Polarität fest, der npn-Transistor T_2 sorgt für die weitere Stromverstärkung.

Die Stromverstärkung eines pnp-Transistors ist im Allgemeinen kleiner als die eines npn-Transistors. Da beim Darlington das Produkt der Stromverstärkungen gebildet wird, wirkt sich diese kleinere Stromverstärkung quadratisch aus. Daher ist die Stromverstärkung eines Standard-pnp-Darlingtons oft erheblich kleiner als die eines vergleichbaren npn-Darlingtons. Beim komplementären pnp-Darlington wirkt sich die kleinere Stromverstärkung von pnp-Transistoren nur einfach aus.

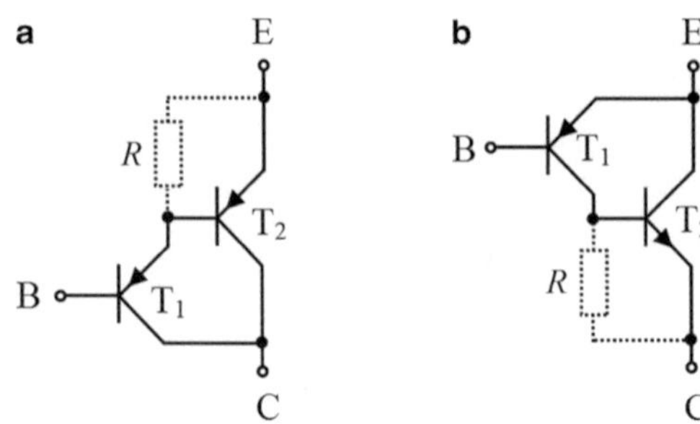

Abb. 5.87 pnp-Darlington-Transistor, Standard (**a**) und komplementär (**b**)

5.20.1 Verlauf der Stromverstärkung

Es wird nun das Großsignalverhalten am Beispiel des npn-Darlington-Transistors mit Ableitwiderstand R (Abb. 5.86) untersucht. Die Variante ohne Ableitwiderstand ergibt sich für $R \to \infty$.

Die Basis-Emitter-Strecke des Darlington-Transistors besteht aus den beiden in Reihe geschalteten Basis-Emitterstrecken der Einzeltransistoren T_1, T_2. Wird die Spannung an den Basis-Emitterstrecken betrachtet, so lässt sich die Darstellung der Stromverstärkung B in Abhängigkeit vom Kollektorstrom I_C des Darlington-Transistors in drei Bereiche einteilen.

Zur Unterscheidung sind die Größen der Einzeltransistoren nachfolgend mit dem Index 1 bzw. 2 gekennzeichnet, die Größen des Darlington-Transistors haben keinen Index. Die Schleusenspannung der jeweiligen Spannungs-Steuerkennlinie $I_C = f\,(U_{BE})$ ist mit einem „S" indiziert. Für diese Schleusenspannungen der Basis-Emitter-Dioden soll allgemein gelten: $U_{BE,S} \approx 0{,}7\ldots0{,}8\,\mathrm{V}$ (siehe hierzu auch Abschn. 5.9.3.2).

5.20.1.1 Stromverstärkung im Bereich 1

Hier sei $U_{BE} < U_{BE1,S} + U_{BE2,S}$. Für den Strom I_{C2} folgt daraus: $I_{C2} \ll I_{C1}$. Es ist: $I_{C1} \cdot R < U_{BE2,S}$, somit sperrt T_2. In diesem Bereich führt T_2 nur einen vernachlässigbar kleinen Strom. U_{BE} ist nicht groß genug, um neben $U_{BE1,S}$ auch einen ausreichenden Anteil für U_{BE2} zur Verfügung zu stellen, damit Transistor T_2 leitet. Bei kleinen Kollektorströmen führt also nur T_1 Strom, T_2 sperrt.

Werden die Stromverstärkungen B_1 von T_1 und B_2 von T_2 als konstant (also nicht abhängig von I_C) angenommen, so gilt für den Bereich 1:

$$\left.\frac{I_C}{I_B}\right|_{\text{Bereich1}} = \frac{I_{C1}}{I_{B1}} = B_1 \tag{5.225}$$

und

$$U_{BE} \approx U_{BE1} + I_{C1} \cdot R \tag{5.226}$$

Die Stromverstärkung B des Darlingtons entspricht in diesem Bereich 1 der Stromverstärkung B_1 des Transistors T_1. Wird $U_{BE2,S} = 0{,}7\,\mathrm{V}$ angenommen, so ist die Grenze zu

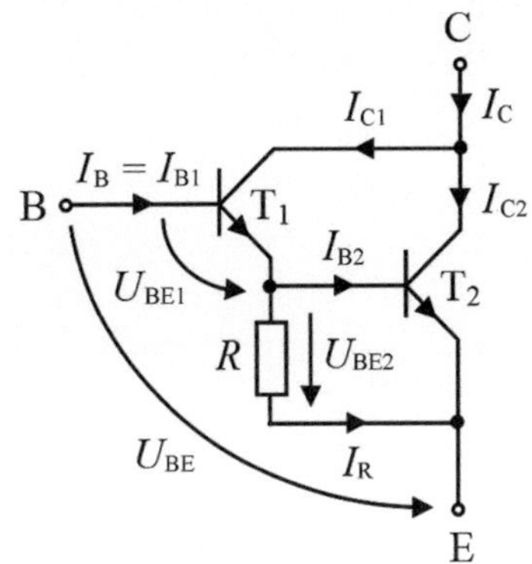

Abb. 5.88 Spannungen und Ströme zur Analyse der Stromverstärkung beim Darlington-Transistor

Bereich 1 durch den Strom durch den Widerstand R gegeben:

$$I_{R,S} = \frac{0{,}7\,\mathrm{V}}{R} \tag{5.227}$$

Für $I_C < I_{R,S}$ sperrt T_2.

5.20.1.2 Stromverstärkung im Bereich 2 und 3

Es sei $U_{BE2} > U_{BE2,S}$. Für $I_C > I_{R,S}$ leiten beide Transistoren. Im Folgenden wird die Abhängigkeit $B\,(I_C)$ hergeleitet (siehe Abb. 5.88). Für die Kollektorströme gilt:

$$I_C = I_{C1} + I_{C2} \quad \text{mit} \quad I_{C1} = B_1 \cdot I_{B1}\,; \quad I_{C2} = B_2 \cdot I_{B2}$$

Der Emitterstrom I_{E1} von T_1 ist: $I_{E1} = I_{B1} + I_{C1} = I_{B1} \cdot (1 + B_1)$.

Für $I_{B2} = I_{E1} - I_{R,S}$ folgt somit: $I_{B2} = I_{B1} \cdot (1 + B_1) - I_{R,S}$.

Der Kollektorstrom von T_2 ist: $I_{C2} = I_{B1} \cdot B_2 \cdot (1 + B_1) - B_2 \cdot I_{R,S}$

Somit ist:

$$I_C = I_{B1} \cdot B_1 + I_{B1} \cdot B_2 \cdot (1 + B_1) - B_2 \cdot I_{R,S}\,;$$
$$I_C = I_{B1} \cdot [B_1 + B_2 \cdot (1 + B_1)] - B_2 \cdot I_{R,S}$$
$$I_{B1} = \frac{I_C + B_2 \cdot I_{R,S}}{B_1 + B_2 \cdot (1 + B_1)}\,;$$

mit $I_{B1} = I_B$ folgt:

$$B\,(I_C) = \frac{I_C}{I_B} = \frac{B_1 + B_2 \cdot (1 + B_1)}{1 + \frac{B_2 \cdot I_{R,S}}{I_C}} \tag{5.228}$$

Für $B_1, B_2 \gg 1$ ist:

$$B\,(I_C) \approx \frac{B_1 \cdot B_2}{1 + \frac{B_2 \cdot I_{R,S}}{I_C}} \tag{5.229}$$

Gl. 5.229 kann in unterschiedliche Bereiche eingeteilt werden.

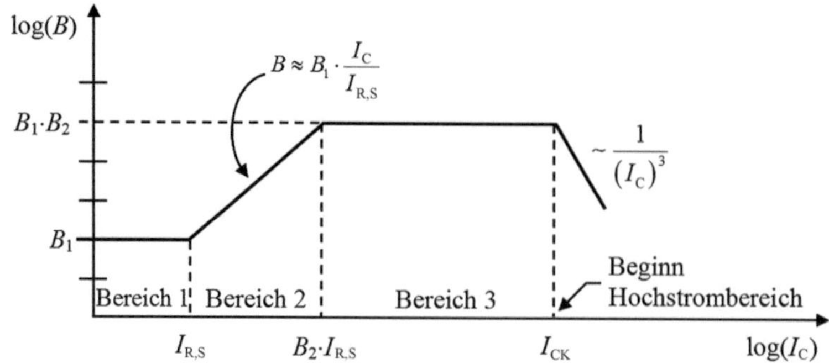

Abb. 5.89 Verlauf der Stromverstärkung eines Darlington-Transistors in Abhängigkeit des Kollektorstromes

Bereich 2 erhält man für $B_2 \cdot I_{R,S} \gg I_C$:

$$B\,(I_C) \approx \frac{B_1}{I_{R,S}} \cdot I_C \qquad (5.230)$$

Im Bereich 2 ist die Stromverstärkung näherungsweise proportional zum Kollektorstrom. Dies wird durch den Widerstand R verursacht, da in diesem Bereich der überwiegende Teil des Kollektorstromes I_{C1} durch den Widerstand R fließt und nur ein kleiner Anteil als Basisstrom I_{B2} für T_2 zur Verfügung steht. Eine Zunahme von I_{C1} bewirkt allerdings eine entsprechende Zunahme von I_{B2}, da der Strom durch den Widerstand R wegen $I_R \approx I_{R,S}$ näherungsweise konstant bleibt.

Bereich 3 erhält man für $B_2 \cdot I_{R,S} \ll I_C$:

$$B\,(I_C) \approx B_1 \cdot B_2 \qquad (5.231)$$

Gl. 5.231 entspricht Gl. 5.224. Der Bereich 3 ist der übliche Arbeitsbereich eines Darlington-Transistors.

Wie gezeigt wurde, ändert sich die Stromverstärkung des Darlington-Transistors in Abhängigkeit des Arbeitspunktes. Der Verlauf von $B\,(I_C)$ ist in Abb. 5.89 grafisch dargestellt. Ohne den Widerstand R würde im Bereich 1 kein Kollektorstrom fließen. Der Kollektorstrom würde in diesem Fall erst ansteigen, wenn $U_{BE} > 2 \cdot U_{BE,S}$ wird.

Nimmt der Kollektorstrom weiter zu, so gerät zunächst T_2 und dann T_1 in den Hochstrombereich. Die Stromverstärkung nimmt beim Darlington bei großen Strömen sehr schnell mit $\frac{1}{(I_C)^3}$ ab, beim Einzeltransistor dagegen nur mit $\frac{1}{I_C}$.

5.20.2 Schaltverhalten

Da aufgrund der großen Stromverstärkung große Lastströme mit relativ kleinen Steuerströmen geschaltet werden können, wird der Darlington-Transistor häufig als Schalter eingesetzt. Gegenüber Einzeltransistoren weisen Darlington-Transistoren jedoch langsamere Schaltzeiten auf, besonders beim Ausschalten des Kollektorstromes.

Transistor T_1 sperrt verhältnismäßig schnell, er ist aber nicht in der Lage, die Ladungsträger aus der Basis von T_2 „auszuräumen". Um das Schaltverhalten zu verbessern, wird ein Widerstand R parallel zur Basis-Emitter-Strecke von T_2 mit integriert. Durch diesen Ableitwiderstand fließt allerdings auch ein Teil des Basisstromes für T_2 ab, die Gesamtverstärkung verringert sich daher entsprechend. Transistor T_2 sperrt also erst dann, wenn die in seiner Basis gespeicherte Ladung über den Ableitwiderstand R abgeflossen ist. Eine kleine Abschaltzeit (eine steile Abschaltflanke) wird somit nur erreicht, wenn R ausreichend klein ist, wodurch sich andererseits auch die Stromverstärkung verringert. Als Kompromiss werden bei Darlingtons für Schaltanwendungen kleinere Widerstände verwendet als bei Darlingtons für allgemeine Anwendungen.

5.20.3 Kleinsignalverhalten

Der Arbeitspunkt eines Darlington-Transistors wird im Bereich großer Stromverstärkung gewählt. Dort gilt $I_{C2,AP} \gg I_{C1,AP}$, damit gilt die Näherung $I_{C2,AP} \approx I_{C,AP}$, d. h. der Kollektorstrom des Darlingtons fließt praktisch vollständig durch T_2.

Nachfolgend werden die Kleinsignalgrößen für den Darlington-Transistor und den komplementären Darlington-Transistor angegeben. Für die Gültigkeit der Gleichungen muss die Bedingung $R \gg r_{BE2}$ erfüllt sein, der Strom durch R muss also wegen $I_{B2} \gg I_R$ vernachlässigt werden können. Dazu muss der Darlington im Bereich maximaler Stromverstärkung betrieben werden.

Darlington-Transistor

$$\beta = S \cdot r_{BE} \approx \beta_1 \cdot \beta_2 \tag{5.232}$$

$$S \approx \frac{S_2}{2} \approx \frac{1}{2} \frac{I_{C,AP}}{U_T} \tag{5.233}$$

$$r_{BE} = 2 \cdot r_{BE1} = \frac{\beta}{S} \approx 2 \frac{\beta_1 \cdot \beta_2 \cdot U_T}{I_{C,AP}} \tag{5.234}$$

$$r_{CE} \approx \frac{2}{3} r_{CE2} \approx \frac{2}{3} \frac{U_Y}{I_{C,AP}} \tag{5.235}$$

$U_Y =$ Early-Spannung.

Komplementärer Darlington-Transistor

$$\beta \approx \beta_1 \cdot \beta_2 \tag{5.236}$$

$$S \approx S_2 \approx \frac{I_{C,AP}}{U_T} \tag{5.237}$$

$$r_{BE} = r_{BE1} = \frac{\beta}{S} \approx \frac{\beta_1 \cdot \beta_2 \cdot U_T}{I_{C,AP}} \tag{5.238}$$

$$r_{CE} \approx \frac{1}{2} r_{CE2} \approx \frac{1}{2} \frac{U_Y}{I_{C,AP}} \tag{5.239}$$

U_Y = Early-Spannung.

5.20.4 Weitere Besonderheiten des Darlington-Transistors

- Die Basis-Emitter-Spannung U_{BE} verdoppelt sich beim Darlington gegenüber dem Einzeltransistor und beträgt bei einem Silizium-Darlington ca. 1,2 bis 1,6 V.
- Im durchgeschalteten (leitenden) Zustand beträgt die Kollektor-Emitter-Sättigungsspannung $U_{CE,sat} \approx 0{,}9 \ldots 1{,}4$ V und ist damit wesentlich höher als bei einem einzelnen Kleinsignaltransistor mit $U_{CE,sat} \approx 0{,}2$ V.
- Aufgrund der beiden in Reihe geschalteten Basis-Emitter-Dioden hat ein Darlington gegenüber einem Einzeltransistor eine doppelt so große Temperaturabhängigkeit der Basis-Emitter-Strecke. Die Temperaturdrift des Arbeitspunktes ist also höher.
- Die Streuung der Stromverstärkung ist häufig höher.
- Gegenüber einem einzelnen Transistor ist die Phasenverschiebung größer, daher können bei Gegenkopplung eher Instabilitäten auftreten. Darlingtons sind daher meist nicht für Hochfrequenzanwendungen geeignet.

Feldeffekttransistoren

6

6.1 Allgemeine Eigenschaften

Bei Bipolartransistoren (BJT) findet der gesteuerte Stromfluss über jeweils *zwei* Sperrschichten statt, an der Wirkungsweise des Transistors sind Elektronen *und* Löcher, also Ladungsträger beider Polarität, beteiligt.

Auch der Feldeffekttransistor (FET = Field-Effect-Transistor) ist ein Halbleiterbauelement. Feldeffekttransistoren haben aber nur *eine einzige* interne Sperrschicht. Beim FET trägt zur Steuerung und zum Stromtransport je nach Bauart nur eine Sorte von Ladungsträgern bei, Elektronen *oder* Löcher. Daher werden FETs auch als *Unipolartransistoren* (unijunction transistor, UJT) bezeichnet.

FET haben wie Bipolartransistoren drei Anschlüsse. Diese werden wie folgt bezeichnet (siehe auch Tab. 6.1):

- *Source* (S), dies ist die Quelle oder Quellenelektrode, entspricht beim BJT dem Emitter
- *Drain* (D), dies ist die Senke oder Senkenelektrode, entspricht beim BJT dem Kollektor
- *Gate* (G), dies ist die Steuerelektrode, entspricht beim BJT der Basis.

Wie bei den Bipolartransistoren unterscheidet man zwischen Einzeltransistoren, die für die Montage auf Leiterplatten gedacht und in einem eigenen Gehäuse untergebracht sind, und integrierten Feldeffekttransistoren, die zusammen mit weiteren Halbleiterbauelementen auf einem gemeinsamen Halbleiterträger (Substrat) hergestellt werden. Integrierte Feldeffekttransistoren haben einen vierten Anschluss, der aus dem gemeinsamen Träger, dem Substrat, resultiert und mit *Bulk* (B) bezeichnet wird. Dieser Anschluss ist bei Einzeltransistoren intern ebenfalls vorhanden, wird dort aber nicht getrennt nach außen geführt, sondern mit dem Source-Anschluss verbunden. Wenn vom Hersteller keine innere Verbindung zwischen Substrat und Source hergestellt wurde, sind Drain und Source elektrisch gleichwertig und können schaltungstechnisch vertauscht werden.

Die Strecke zwischen Drain und Source wird *Kanal* (*channel*) genannt. Dieser Strompfad kann n- oder p-leitend sein, es ist das Gebiet im Halbleiter, welches von Ladungsträgern (Elektronen oder Löcher) durchflossen wird und zur Steuerung des Tran-

L. Stiny, *Aktive elektronische Bauelemente*, https://doi.org/10.1007/978-3-658-24752-2_6

Tab. 6.1 Korrespondenzen zwischen Bipolar- und Feldeffekttransistor

Bipolartransistor		Feldeffekttransistor	
Basis	B	Gate	G
Kollektor	C	Drain	D
Emitter	E	Source	S
Kollektorstrom	I_C	Drainstrom	I_D
Basis-Emitter-Spannung	U_{BE}	Gate-Source-Spannung	U_{GS}
Kollektor-Emitter-Spannung	U_{CE}	Drain-Source-Spannung	U_{DS}

sistors dient. Im Prinzip handelt es sich beim FET (wie beim Bipolartransistor) um einen steuerbaren Widerstand.

Die grundlegende Wirkungsweise eines FET besteht darin, dass durch Ändern einer zwischen Gate und Source anliegenden Steuerspannung U_{GS} ein intern aufgebautes elektrisches Feld verändert wird, durch welches

entweder die Breite des Strom führenden Kanals
oder die Anzahl der darin enthaltenen Ladungsträger variiert wird.

Die Beeinflussung des Querschnitts des Leitungskanals oder der Leitfähigkeit des Halbleitermaterials sind zwei grundsätzlich verschiedene Wirkungsmechanismen, um den Ladungsträgerstrom in einem Stromkanal durch ein senkrecht zur Stromflussrichtung wirkendes elektrisches Feld zu steuern und so den Kanalwiderstand zu verändern. Die Steuerelektrode dient zur Aufprägung des elektrischen Querfeldes.

Mit der Steuerspannung U_{GS} wird also der Widerstand der Drain-Source-Strecke (des Kanals) und damit der Drainstrom I_D beeinflusst. Über das Gate fließt dabei im Idealfall kein Steuerstrom, d. h. die Steuerung erfolgt leistungslos. Die hochohmige Trennung der Steuerelektrode vom Kanal ermöglicht eine Spannungssteuerung und ist bei allen Feldeffekttransistoren vorhanden. Kennzeichnend für alle FETs ist der sehr hohe Eingangswiderstand von ca. 10 MΩ bis in den GΩ-Bereich. Dieser hat eine hohe Empfindlichkeit gegenüber statischen Entladungen am Gate zur Folge (Gefahr der Zerstörung bei Berührung der Anschlüsse).

Die leistungslose Steuerung ist ein wesentlicher Unterschied zwischen Bipolar- und Feldeffekttransistor. Bei bipolaren Transistoren wird die Ausgangsgröße durch den Basisstrom gesteuert. Bei Feldeffekttransistoren wir die Ausgangsgröße durch ein elektrischen Feld (d. h. eine Spannung) gesteuert.

6.2 Funktionsprinzip und Klassifikation

Das Funktionsprinzip eines FET als steuerbarer Widerstand wird näher betrachtet.

Der Widerstand des in Abb. 6.1 dargestellten Stücks eines Halbleiters ist

$$R = \rho \cdot \frac{l}{A} = \frac{1}{e \cdot (n \cdot \mu_\text{n} + p \cdot \mu_\text{p})} \cdot \frac{l}{A} \tag{6.1}$$

ρ = spezifischer Widerstand des Materials,
e = Elementarladung,
n und p = Dichte der Dotierung,
μ_n und μ_p = Beweglichkeit der Ladungsträger.

Außer der Elementarladung können alle Parameter geändert werden, um den Widerstand R zu verändern, z. B.:

- Die Länge l durch mechanische Dehnung oder Stauchung, liegt beim Transistor fest durch die gegebene Konstruktion.
- Die Ladungsträgerbeweglichkeit μ hängt z. B. vom mechanischen Druck ab. Dies wird bei Halbleiterdrucksensoren angewandt. μ ist beim Transistor als Materialkonstante gegeben.
- Die Querschnittsfläche A durch Steuern des leitfähigen Querschnitts eines Halbleiters durch die Sperrschichtweite eines pn-Übergangs. Da die Sperrschichtweite von der angelegten Spannung abhängig ist, erhält man einen spannungssteuerbaren Widerstand. Nach diesem Prinzip arbeiten *Sperrschicht-Feldeffekttransistoren.*
- Die Konzentration der beweglichen Ladungsträger n kann durch ein elektrisches Feld beeinflusst werden. Dies wird bei *Isolierschicht-Feldeffekttransistoren* bzw. *MOS-Feldeffekttransistoren* ausgenutzt.

Für die Ausführung des Gates und des dadurch bedingten Wirkungsmechanismus der Widerstandssteuerung gibt es im Wesentlichen zwei Möglichkeiten.

1. Das Gate stellt zusammen mit der halbleitenden Schicht des Kanals eine in Sperrrichtung betriebene Diode dar, deren Sperrschichtweite spannungsabhängig ist. Durch die resultierende Änderung der geometrischen Abmessungen des Kanals entsteht ein spannungsgesteuerter Widerstand.

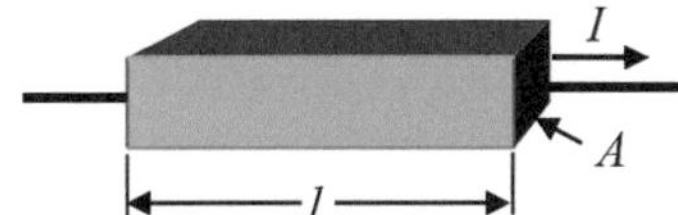

Abb. 6.1 Stromdurchflossenes Halbleiterstück

2. Das Gate liegt über einen Isolator vom Kanal getrennt und influenziert in diesem die zur Leitung notwendigen Ladungsträger. In diesem Fall beruht die Steuerung des FET bzw. die Variation der Leitfähigkeit auf kapazitiven Effekten. Das Gate und die halbleitende Schicht des Kanals bilden einen Plattenkondensator mit der isolierenden Schicht als Dielektrikum. Durch Anlegen einer Spannung U_{GS} zwischen Gate und Source wird der Kondensator aufgeladen. Das Aufladen des Kondensators führt dazu, dass zusätzliche Ladungen in die halbleitende Schicht eingebracht werden. Hierdurch erhöht sich die Leitfähigkeit im Halbleiter.

Grundsätzlich gibt es also **zwei** relevante **Typen von Feldeffekttransistoren**. Diese sind:

- **Sperrschicht-FET** (**JFET** = Junction-FET bzw. NIGFET = Non-Insulated-Gate FET)
- **Isolierschicht-FET** (**IGFET** = Insulated-Gate FET), sie werden allgemein **MISFET** = Metal-Isolator-Semiconductor FET genannt und speziell als **MOSFET** = Metal-Oxid-Semiconductor FET hergestellt (die Gate-Isolierung erfolgt durch ein Oxid, z. B. SiO_2).

Beim Sperrschicht-FET ist das Gate vom Kanal durch einen in Sperrrichtung vorgespannten pn- bzw. np-Übergang getrennt. Bei Sperrschicht-FETs fließt der größte Kanalstrom (Drainstrom) bei der Gate-Source-Spannung $U_{GS} = 0\,\mathrm{V}$, der Kanal besitzt dann seine größte Leitfähigkeit. Deshalb werden sie als *selbstleitend* bezeichnet.

Beim Isolierschicht-Typ (MOSFET) isoliert eine dünne Oxidschicht des Halbleiters (SiO_2) das Gate vom Kanal. Unabhängig von der Polung des Gates kann bei einem MOSFET wegen der isolierenden Oxidschicht nie ein Gatestrom fließen.

Je nachdem, ob die angelegte Gate-Source-Spannung U_{GS} die *Ladungsträger* im Kanal *verdrängt* oder *vermehrt*, unterscheidet man bei den MOSFETs wiederum *selbstleitende* und *selbstsperrende* Ausführungen. Entsprechend der Steuerung (Verdrängung oder Vermehrung von Ladungsträgern) gehören die selbstleitenden MOSFETs zum *Verarmungstyp* (*depletion type*), die selbstsperrenden zum *Anreicherungstyp* (*enhancement type*).

Beim selbstleitenden MOSFET fließt der größte Drainstrom bei der Spannung $U_{GS} = 0\,\mathrm{V}$. Beim selbstsperrenden MOSFET fließt bei $U_{GS} = 0\,\mathrm{V}$ kein Drainstrom. Bei einem selbstsperrenden n-Kanal-MOSFET fließt erst dann ein Drainstrom, wenn U_{GS} positiv wird.

Eine Einteilung der Feldeffekttransistoren kann entsprechend der technologischen Realisierung der Trennschicht zwischen Kanal und Gate erfolgen (Abb. 6.2).

Die beiden Hauptgruppen JFET und IGFET werden in vier Arten (Typgruppen) hergestellt, die sich in folgenden Punkten unterscheiden:

- Nach der Art der Majoritätsträger im Kanal in n- und in p-Kanal-Ausführung
- Nach der bei der Steuerspannung $U_{GS} = 0$ vorhandenen Leitfähigkeit des Kanals in

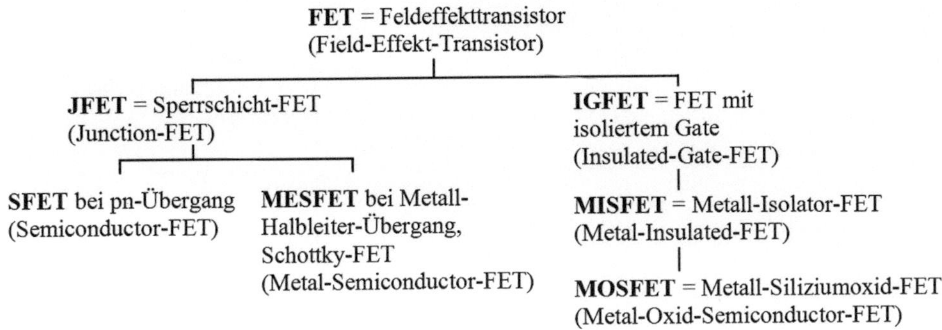

Abb. 6.2 Einteilung von Feldeffekttransistoren, die am weitesten verbreitete Art des Feldeffekttransistors ist der MOSFET

– selbstsperrende Anreicherungstypen (Enhancementmode), bei $U_{GS} = 0$ ist der Kanal hochohmig $\Rightarrow$ kein Stromfluss (*normally-off* Typen)
– selbstleitende Verarmungstypen (Depletionmode), bei $U_{GS} = 0$ ist der Kanal niederohmig $\Rightarrow$ großer Stromfluss (*normally-on* Typen)

Sperrschicht-FETs (JFET) existieren nur als Verarmungstypen.

Somit erhält man insgesamt sechs Typen von Feldeffekttransistoren.

Abb. 6.3 gibt eine Übersicht der sechs wesentlichen FET-Varianten mit den Schaltsymbolen und einer vereinfachten Darstellung der Übertragungs- und Ausgangskennlinien, die sich im Wesentlichen nur durch die Schwellenspannung U_{th} und durch die Polarität unterscheiden. Für die Spannungen U_{GS} und U_{DS}, den Drainstrom I_D und die Schwellenspannung U_{th} (threshold voltage) gelten bei normalem Betrieb die in Tab. 6.2 genannten Polaritäten. Bei JFETs wird U_{th} als U_P (Abschnürspannung, pinch-off voltage) bezeichnet.

Anmerkung Die angegebenen Schaltsymbole lassen sich durch folgende Sätze leichter merken.

- Bei Halbleitersymbolen zeigt ein Pfeil immer von „p" nach „n".
- Durchgehender Strich = durchgehender Kanal = selbstleitend
- Unterbrochener Strich = unterbrochener Kanal = selbstsperrend
- MOSFET: Die isolierte Gate-Elektrode ist ein Strich parallel zum Kanalstrich.

6.2.1 Praxis mit Feldeffekttransistoren

- Bei Sperrschicht-FETs liegt der beim Betrieb fließende Gate-Gleichstrom im pA-Bereich bei einem Eingangswiderstand von bis zu $>0\,\text{G}\Omega$ (bei MOSFETs $>10^{12}\,\Omega$).

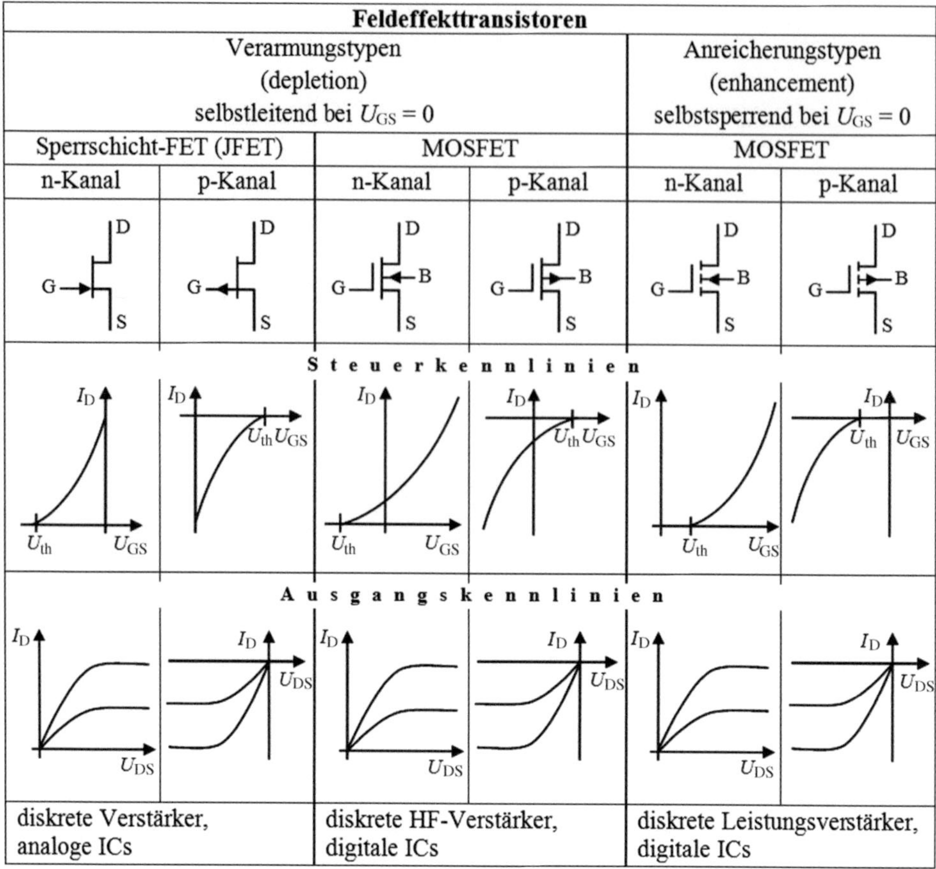

Abb. 6.3 Übersicht der verschiedenen Typen von Feldeffekt-Transistoren

Tab. 6.2 Polarität der Spannungen und Ströme beim FET bei normalem Betrieb

Sperrschicht-FET (JFET)		MOSFET selbstleitend		MOSFET selbstsperrend	
n-Kanal	p-Kanal	n-Kanal	p-Kanal	n-Kanal	p-Kanal
$U_{th} < 0$	$U_{th} > 0$	$U_{th} < 0$	$U_{th} > 0$	$U_{th} > 0$	$U_{th} < 0$
$U_{th} < U_{GS} < 0$	$0 < U_{GS} < U_{th}$	$U_{GS} > U_{th}$	$U_{GS} < U_{th}$	$U_{GS} > U_{th}$	$U_{GS} < U_{th}$
$U_{DS} > 0$	$U_{DS} < 0$	$U_{DS} > 0$	$U_{DS} < 0$	$U_{DS} > 0$	$U_{DS} < 0$
$I_D > 0$	$I_D < 0$	$I_D > 0$	$I_D < 0$	$I_D > 0$	$I_D < 0$

- Bei MOSFETs ist das Substrat (Bulk) häufig als vierter Anschluss (B) herausgeführt. In fast allen Fällen wird dieser Anschluss mit dem Sourceanschluss verbunden.
- Bei hochintegrierten Digitalschaltungen überwiegt der Einsatz von MOSFETs. Durch eine Kombination von p-Kanal und n-Kanal-Typen (Komplementärtechnik – CMOS)

lassen sich einfache Schaltungsstrukturen realisieren, die besonders in der Digitaltechnik vielfältig verbreitet sind.

- In der Analogtechnik werden Leistungs-MOSFETs (Power-FETs) bei Schaltanwendungen mit Drainströmen bis zu einigen zehn Ampere (Verlustleistung bis über 150 W) und in Verstärkerendstufen eingesetzt.
- In der Praxis werden am häufigsten n-Kanal MOSFETs (NMOS-FETs) verwendet, also FETs ähnlich den npn-Transistoren, die mit positiver Betriebsspannung arbeiten. Der Grund ist, dass Elektronen im Silizium eine etwa doppelt so hohe Beweglichkeit haben als Löcher, so dass sich kürzere Schaltzeiten (und höhere Transitfrequenzen) als bei p-Kanal-MOSFETs bzw. bei pnp-Transistoren ergeben. p-Kanal-Typen werden nur in seltenen Fällen benutzt. Sie arbeiten mit negativer Betriebsspannung.

Wegen der sehr hohen statischen Eingangswiderstände können statische Entladungen beim Berühren der ungeschützten Gateanschlüsse das Bauelement vorschädigen oder zerstören. Daraus ergeben sich wichtige Richtlinien zur Handhabung von MOSFETs und auch von MOS-ICs: FETs und integrierte Bauelemente in MOS-Technologie erfordern besondere Handhabungsvorschriften, da sie trotz eingebauter Schutzschaltungen durch statische Aufladung zerstört werden können.

Integrierte MOS-Bauelemente werden in elektrisch leitender Verpackung geliefert. MOS-Bauelemente sollen möglichst bis zum Gebrauch in der Lieferverpackung verbleiben, andernfalls ist unbedingt darauf zu achten, dass alle Anschlüsse leitend miteinander verbunden sind. MOS-Bauelemente dürfen grundsätzlich nicht an den Anschlüssen berührt werden, wenn keine zusätzlichen äußeren Schutzvorrichtungen verwendet werden. MOS-Bauelemente dürfen nicht mit elektrostatisch aufladbaren Materialien (z. B. Kunststofftüten und -folien, Styropor) in Berührung kommen.

Alle Geräte und Werkzeuge, die mit MOS-Bauelementen in Berührung kommen können, müssen auf gleichem Potenzial sein. Auch die Arbeitskraft und die Arbeitsplatte müssen dieses Potenzial haben. Vor Entnahme der MOS-Bauelemente und der mit ihnen bestückten Leiterplatten muss die elektrisch leitende Verpackung die leitende Arbeitsplatte berühren. Empfohlen wird, an MOS-Arbeitsplätzen alle Geräte, Werkzeuge und Vorrichtungen, wie z. B. Sitzplätze, Lötkolbenspitzen, Lötbänder und die leitenden Arbeitstischplatten an einen gemeinsamen Massepunkt zu legen, und diesen über einen Widerstand zu erden. Dabei sind die entsprechenden VDE-Bestimmungen (z. B. 0100) zu berücksichtigen.

6.2.2 Unterschiede zwischen unipolaren und bipolaren Transistoren

- Der Hauptunterschied (siehe Tab. 6.3) ist die fast verlustfreie, leistungslose Steuerung des FET mit einer Spannung gegenüber der Ansteuerung eines bipolaren Transistors mit einem Strom. Der Eingangswiderstand eines FET ist sehr hoch. Nur zum

Tab. 6.3 Vergleich zwischen Bipolartransistor und Sperrschicht-FET

	Bipolartransistor	Sperrschicht-FET
Stromsteuerung	ja (geringe Verzerrung)	nein
Stromverstärkung	100...500	nein
Spannungssteuerung	möglich, starke Verzerrungen wegen exponentieller Spannungs-Steuerkennlinie	ja, geringere Verzerrungen wegen „nur" quadratischer Spannungs-Steuerkennlinie
Spannungsverstärkung	ca. 30	5...10
Steilheit	z. B. 50 mA/V	1...10 mA/V
Eingangswiderstand	10...100 kΩ	>1 GΩ
diff. Ausgangswiderstand	1...10 kΩ	10...100 kΩ
Temperaturabhängigkeit	groß	gering
Schaltzeiten	groß	gering
Anwendung	linearer Verstärker	Schalttransistor

Aufladen der Gatekapazität fließt ein Strom in das Gate. Zum Aufrechterhalten des „Ein-Zustandes" ist danach keine Leistung mehr nötig. Dies ermöglicht es, Logikschaltungen mit besonders geringer Leistungsaufnahme zu bauen.

- Ein FET hat eine höhere Sättigungsspannung als ein bipolarer Transistor.
- Ein FET ist äußerst empfindlich gegen Überspannungen (statischen Entladungen) am Gate.
- Die Exemplarstreuungen von FET-Daten sind viel größer als diejenigen von bipolaren Transistoren. Die tatsächlichen Werte von I_{DSS} können für FETs gleichen Typs bis zu einem Verhältnis von 1 : 5 variieren. Ebenso unterliegt U_P starken Exemplarstreuungen.
- Im Vergleich zum bipolaren Transistor ist die Temperaturabhängigkeit eines FET geringer und die thermische Stabilität besser (der Drainstrom nimmt mit steigender Temperatur ab).
- Im Schaltbetrieb tritt bei bipolaren Transistoren im niederohmigen Zustand (Sättigung) eine große Speicherladung auf. Dies führt beim Ausschaltvorgang zu einer unerwünschten Speicherzeit. Beim Umschalten des FET entfallen die Speicherzeiten, da die Sperrzonen nicht von Ladungsträgern geräumt werden müssen. Der FET schaltet folglich schneller als ein bipolarer Transistor, er eignet sich als schneller Schalter.
- MOSFETs besitzen bei hohen Frequenzen und hochohmigen Signalquellen im Allgemeinen günstigere Rauscheigenschaften als Bipolartransistoren.

6.3 Die drei Grundschaltungen des Feldeffekttransistors

Wie beim Bipolartransistor gibt es beim Feldeffekttransistor drei Grundschaltungen: *Source-*, *Gate-* und *Drainschaltung* (Abb. 6.4). Überwiegend wird die Sourceschaltung verwendet, die mit der Emitterschaltung des bipolaren Transistors vergleichbar ist. Die Eigenschaften der drei Grundschaltungen sind in Tab. 6.4 zusammengestellt.

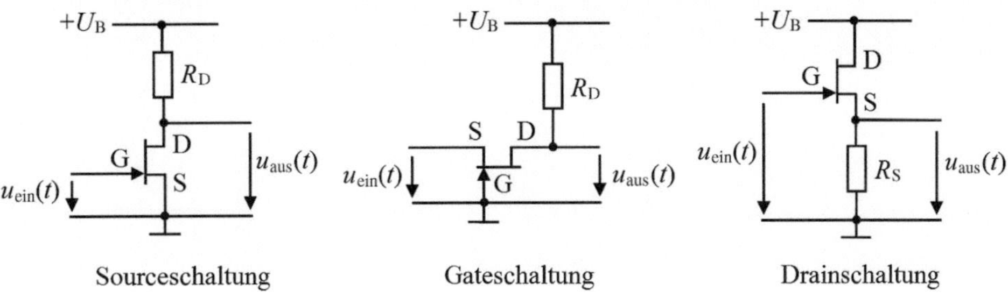

Abb. 6.4 Grundschaltungen des FET, für das Schaltsymbol wurde willkürlich ein n-Kanal JFET gewählt

Tab. 6.4 Vergleich der Eigenschaften der drei FET-Grundschaltungen (Zahlenwerte sind nur grobe Richtwerte)

Grundschaltung des FET	Gateschaltung	Sourceschaltung	Drainschaltung
Entspricht bei bipolaren Transistoren der	Basisschaltung	Emitterschaltung	Kollektorschaltung
Spannungsverstärkung	groß	groß	<1
Eingangsimpedanz	klein	groß	sehr groß
Ausgangsimpedanz	groß ($\approx$ 10 kΩ)	groß ($\approx$ 10 kΩ)	klein ($\approx$ 1 kΩ)
Phasenwinkel u_a zu u_e	$\varphi = 0°$	$\varphi = 180°$	$\varphi = 0°$
Grenzfrequenz	hoch (<1 GHz)	klein (<1 MHz)	mittel (<10 MHz)
Anwendungsbereich	HF-Verstärker für sehr hohe Frequenzen	Gleichspannung, NF-/HF-Verstärker, Schalter	Impedanzwandler

6.4 Prinzipieller Aufbau und Wirkungsweise des Sperrschicht-FET

6.4.1 JFET ohne äußere Spannung

Der prinzipielle Aufbau eines Sperrschicht-FET (Junction-FET, JFET) ist in Abb. 6.5 am Beispiel eines n-Kanal Typs gezeigt. Das Grundmaterial ist n-leitendes, schwach dotiertes Silizium ($n_D \approx 10^{15} \ldots 10^{16}\,\text{cm}^{-3}$). Es ist an den Stirnseiten mit sperrschichtfreien Kontakten versehen, die Drain (D) und Source (S) bilden. Die n-Region zwischen diesen

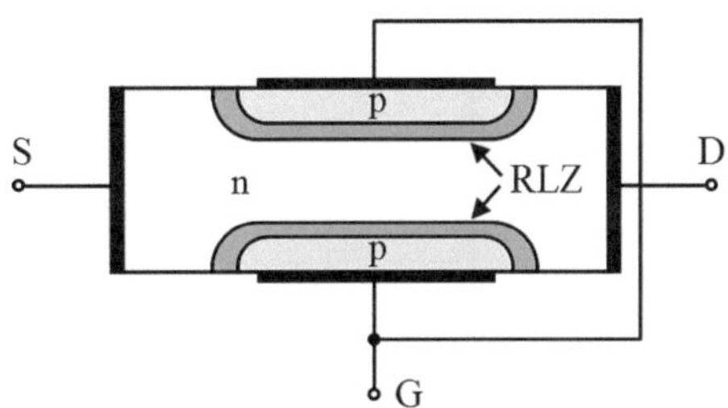

Abb. 6.5 Prinzipieller Aufbau eines n-Kanal Sperrschicht-FET

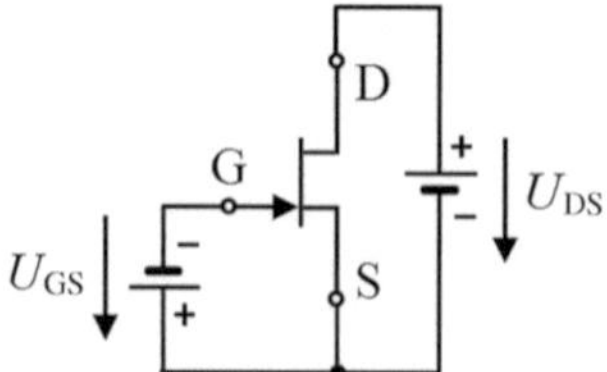

Abb. 6.6 Betriebsspannungen am n-Kanal JFET

beiden Anschlüssen ist der Kanal. In beiden Längsseiten des Kanals sind hoch dotierte ($n_A \approx 10^{19} \ldots 10^{20}\,\text{cm}^{-3}$), p-leitende Inseln eingebracht, die elektrisch miteinander verbunden werden. Mit einem sperrschichtfreien Kontakt ausgestattet stellen diese p-Gebiete das Gate (G) dar.

Zwischen dem n-dotierten Kanal und den beiden p-dotierten Zonen entstehen pn-Übergänge und folglich Raumladungszonen (RLZ). Die sich in den schwach n-dotierten Kanal ausbreitenden Raumladungszonen verringern den wirksamen Querschnitt des Kanals und erhöhen somit den Widerstandswert zwischen Source und Drain. Ohne außen anliegende Spannungen ergibt sich ein breiter Kanal mit geringem Widerstand.

Der Sperrschicht-FET hat also genau eine Sperrschicht, nämlich die Gate-Kanal-Sperrschicht. Diese Sperrschicht wird bei außen anliegender Steuerspannung U_{GS} praktisch immer in Sperrrichtung betrieben, so dass der Gate-Strom nur in der Größenordnung von 10^{-9} A liegt. Positive Spannungen würden zu einem Durchlassstrom führen (wie bei einer Diode im 1. Quadranten) und werden bei JFETs normalerweise nicht angelegt.

Von außen werden nun an den JFET Spannungen in der in Abb. 6.6 gezeigten Weise angelegt.

6.4.2 U_{GS} variabel, U_{DS} klein und konstant

Arbeitspunkt AP1 (Abb. 6.7)

$U_{GS1} = 0\,\text{V}$; $U_{DS1} > 0\,\text{V}$, aber klein – Im spannungslosen Zustand ($U_{GS1} = 0\,\text{V}$) sind die Raumladungszonen um die p-Inseln symmetrisch. Ist U_{DS} klein (<1 V, ca. 0,5 V), so fließt zwischen Source und Drain ein Strom, der dem Ohm'schen Widerstand des Kanals entspricht. Nach anlegen der Spannung U_{DS} fließen die Ladungsträger, beim n-Kanal

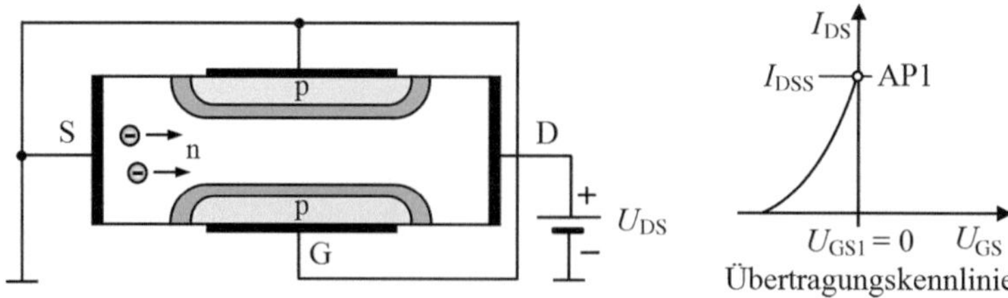

Abb. 6.7 Darstellungen zum Betrieb in AP1

JFET sind dies die Elektronen, wie durch einen Ohm'schen Widerstand von der Source- zur Drain-Elektrode. Bei $U_{GS} = 0\,V$ ist die Sperrschichtweite bzw. die Ausdehnung der Verarmungszone in den Kanal hinein minimal, der Kanal erreicht seine maximale Leitfähigkeit. Dies bedeutet, der Sperrschicht-FET ist selbstleitend, seine Leitfähigkeit kann nur verringert werden. Für $U_{GS} = 0\,V$ fließt der maximal mögliche Kanalstrom, der *Drain-Sättigungsstrom* I_{DSS}. Typische Werte liegen bei Kleinsignal-FETs im Bereich von einigen mA bis einige 10 mA.

Arbeitspunkt AP2 (Abb. 6.8)

$U_{GS2} < 0\,V$; $U_{DS1} > 0\,V$, aber klein – Wird zusätzlich zur kleinen Drain-Source-Spannung U_{DS} eine negative Gatespannung $U_{GS} < 0\,V$ angelegt (Abb. 6.9), so wird der pn-Übergang in Sperrrichtung betrieben. Durch die Sperrspannung zwischen Gate und Kanal erweitert sich die Verarmungszone und dehnt sich in den n-Kanal aus. Der Kanalquerschnitt wird kleiner, der Strom leitende Kanal wird eingeschnürt. Somit steigt der Kanalwiderstand an und der Drainstrom I_{DS} nimmt ab.

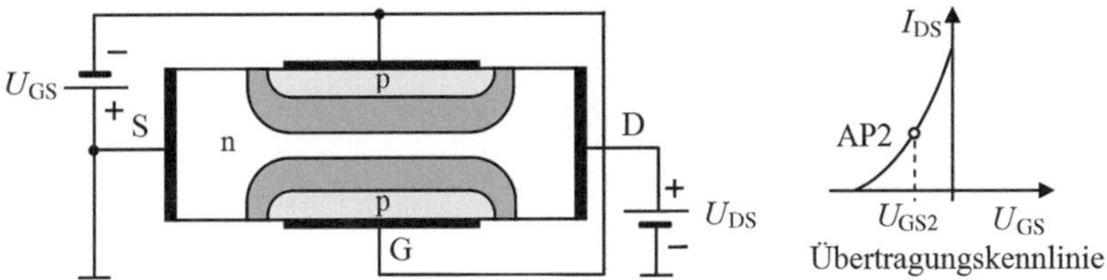

Abb. 6.8 Darstellungen zum Betrieb in AP2

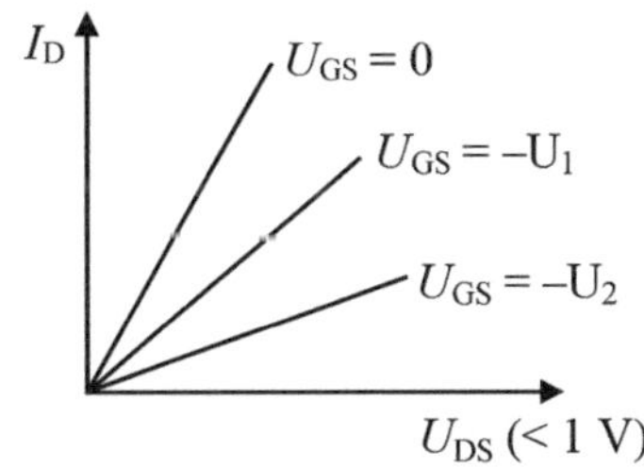

Abb. 6.9 Variation des Kanalwiderstandes durch verschieden hohe Sperrspannungen U_{GS}

Arbeitspunkt AP3 (Abb. 6.10)

$U_{GS3} = U_{GSP}$; $U_{DS1} > 0\,V$, aber klein – Je negativer U_{GS} eingestellt wird, desto geringer wird die Breite des Kanals. Bei $U_{GS} = U_{GSP}$ berühren sich die Raumladungszonen und schnüren den Kanal vollständig ab. Der Strom I_{DS} geht gegen null. U_{GSP} heißt „Gate-Abschnürspannung" oder „Gate-Pinch-off-Spannung". Oberhalb der Pinch-off-Spannung kommt der Stromfluss durch den Kanal praktisch zum Erliegen. Es fließt dann nur noch ein sehr kleiner thermisch bedingter Reststrom.

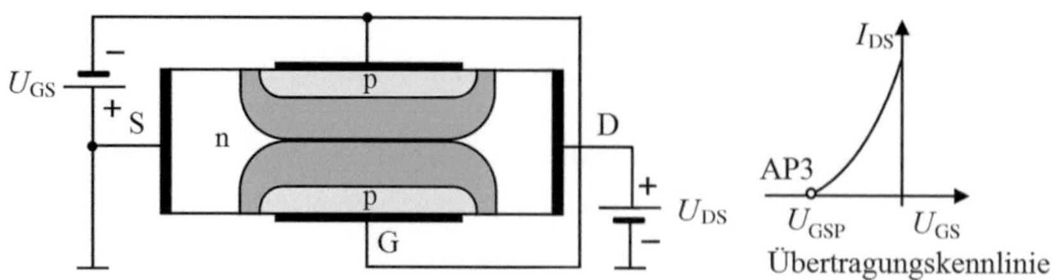

Abb. 6.10 Darstellungen zum Betrieb in AP3

6.4.3 U_{DS} variabel, $U_{GS} = 0$

Arbeitspunkt AP4 (Abb. 6.11)

$U_{DS1} > 0\,\text{V}$; $U_{GS} = 0\,\text{V}$ – Wird bei konstanter Spannung U_{GS} die Spannung U_{DS} erhöht, so verhält sich die Ausgangskennlinie ohmisch.

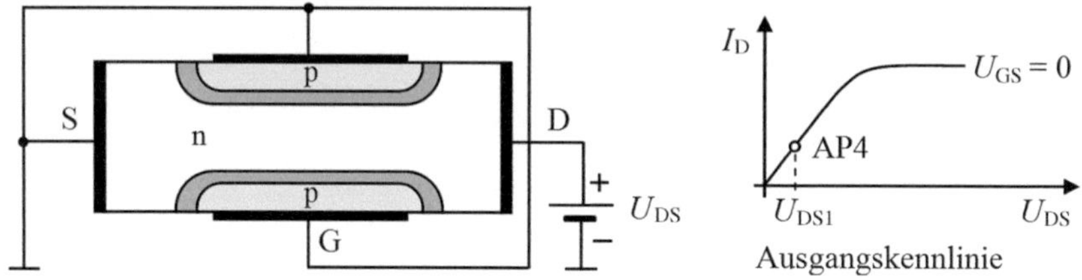

Abb. 6.11 Darstellungen zum Betrieb in AP4

Arbeitspunkt AP5 (Abb. 6.12)

$U_{DS2} > U_{DS1}$; $U_{GS} = 0\,\text{V}$ – Steigert man die Drain-Source-Spannung U_{DS}, so erhöht sich wegen des Spannungsabfalls im Kanal die Sperrspannung. Dies führt dazu, dass sich die Sperrschicht ausweitet. Dies geschieht vor allem in der Nähe der Drain-Elektrode, da sich durch den Spannungsabfall im Kanal eine von Source nach Drain ansteigende Sperrspannung einstellt. Bei steigender Spannung U_{DS} dehnt sich also die Raumladungszone auf der Drain-Seite stärker in den Kanal aus als auf der Source-Seite, die RLZ wird mit zunehmender Spannung U_{DS} immer unsymmetrischer. Der Strom I_{DS} nimmt jetzt nicht mehr linear mit U_{DS} zu.

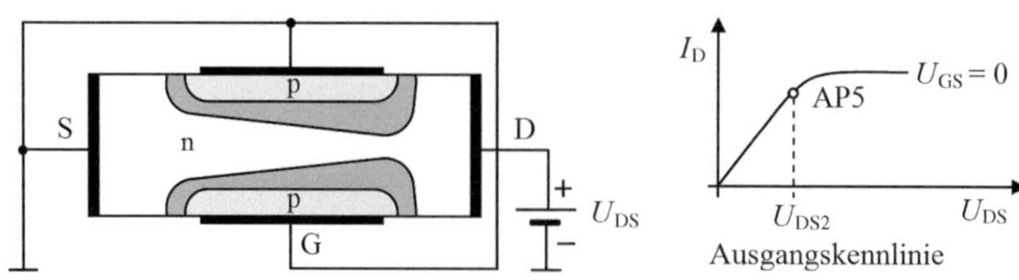

Abb. 6.12 Darstellungen zum Betrieb in AP5

Arbeitspunkt AP6 (Abb. 6.13)

$U_{DS2} = U_{DSP}$; $U_{GS} = 0\,V$ – Für $U_{DS2} = U_{DSP}$ wird der Kanal an der Drain-Seite abgeschnürt, der Strom I_{DS} geht in Sättigung, er nimmt auch bei weiterer Erhöhung von U_{DS} nur noch unwesentlich zu. U_{DSP} heißt „Drain-Abschnürspannung" oder „Drain-Pinch-off-Spannung". Wie bei Arbeitspunkt AP1 fließt für $U_{GS} = 0\,V$ der *Drain-Sättigungsstrom* I_{DSS}, es ist der maximal mögliche Drainstrom bei normalem Betrieb.

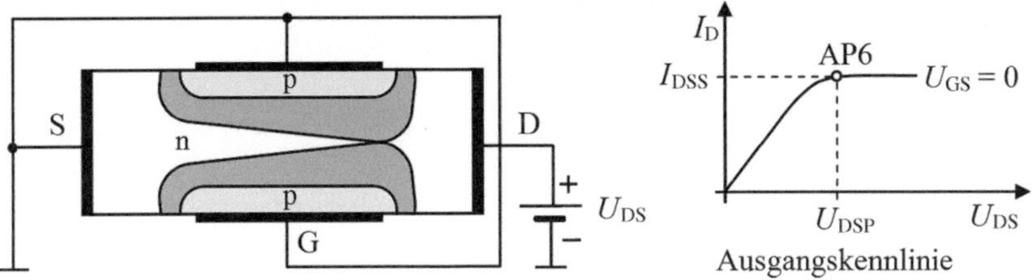

Abb. 6.13 Darstellungen zum Betrieb in AP6

Arbeitspunkt AP7 (Abb. 6.14)

$U_{DS3} > U_{DSP}$; $U_{GS} = 0\,V$ – Bei weiter steigender Spannung U_{DS} nimmt der Strom I_{DS} nur geringfügig zu (ähnlich wie beim Early-Effekt). Der Ausgangsleitwert ist sehr klein.

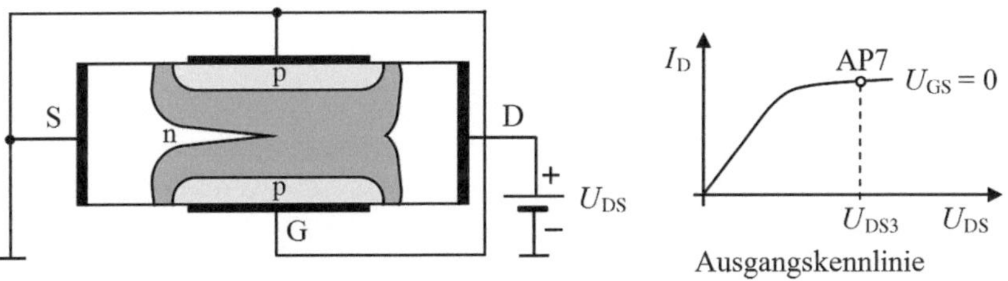

Abb. 6.14 Darstellungen zum Betrieb in AP7

6.4.4 U_{DS} und U_{GS} variabel

Arbeitspunkt AP8 (Abb. 6.15)

$U_{DS2} = U_{DSP}$; $U_{GS} < 0\,V$ – Bei negativer Spannung U_{GS} wird das Abschnürverhalten zusätzlich unterstützt, die Abschnürung tritt bei niedrigerer Spannung U_{DS} und verringertem Strom I_{DS} ein.

Die Abschnürung erfolgt, wenn

$$U_{DS} - U_{GS} \geq U_P \tag{6.2}$$

ist. Die Spannung U_P wird Abschnürspannung genannt (Index P für „pinch": abschnüren). Ab der Abschnürgrenze stellt sich abhängig von der Gate-Source-Spannung ein nahezu

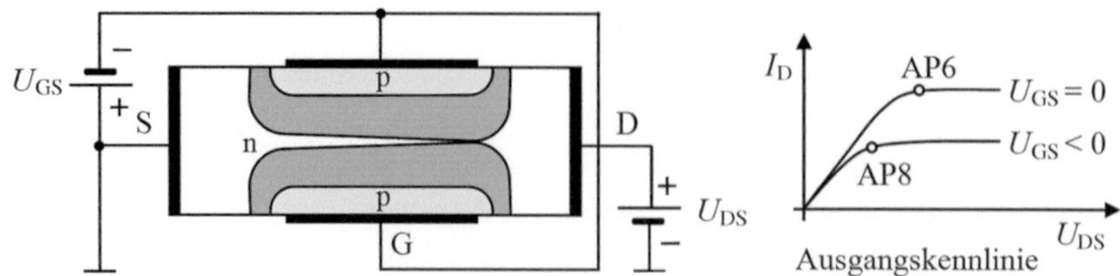

Abb. 6.15 Darstellungen zum Betrieb in AP8

konstanter Drainstrom ein. Dieser Bereich wird als *aktiver Bereich* oder *Abschnürbereich* bezeichnet.

Für die Praxis definieren die Hersteller die Spannung U_P als Spannungswert, bei dem der Drainstrom auf einen bestimmten Wert abgesunken ist, z. B. auf 1 μA.

Da ein gesperrter pn-Übergang zum Durchbruch neigt und die höchste Sperrspannung zwischen Drain und Gate liegt, kommt es oberhalb eines bestimmten Wertes der Drain-Source-Spannung zum *Drain-Gate-Durchbruch*. Diese Spannungen liegen etwa zwischen 20 V und 50 V. Ein Durchbruch zerstört den JFET.

Zusammenfassung

Bei einem JFET kann ein Laststrom über die Drain-Source-Strecke mit einer Gatespannung fast leistungslos gesteuert werden.

JFETs werden nicht in der bisher gezeigten Struktur, die nur zur Erläuterung der Wirkungsweise diente, hergestellt, sondern nach dem Planarverfahren (Abb. 6.16). Bei n-Kanaltypen wird in mehreren Herstellungsschritten in das p-leitende Substrat der n-leitende Kanal eingebettet. Die Enden des Kanals erhalten hoch dotierte n^+-Zonen

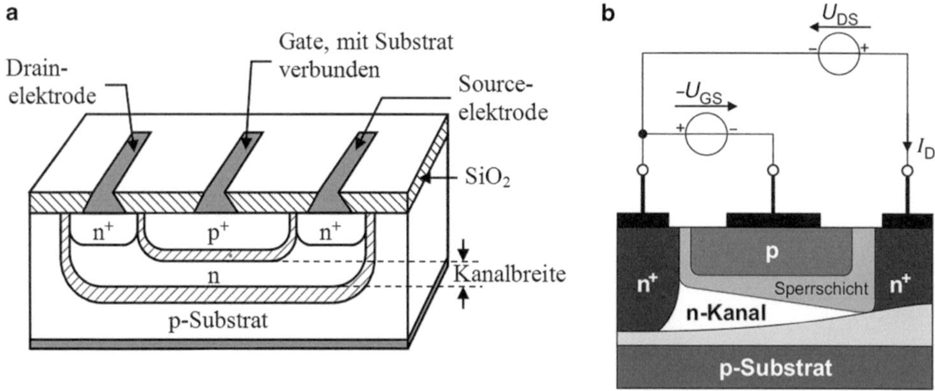

Abb. 6.16 Querschnitt eines n-Kanal Sperrschicht FET in Planartechnologie (**a**), Verhältnisse von Abb. 6.15 bei einem in Planartechnik hergestellten JFET (**b**)

(Source- und Drainzone). Die mit diesen Halbleiterzonen sperrschichtfrei verbundenen Metallanschlüsse sind die Source- und Drainelektrode. Oberhalb des Kristalls liegt zwischen der Source- und Drainzone eine hoch dotierte p-leitende Kristallzone, die mit dem p-Substrat leitend verbunden ist. Diese beiderseits des n-Kanals liegende p-Zone bildet zusammen mit dem Kanal einen pn-Übergang. Die p-Zone wird mit der Gateelektrode (Steuerelektrode) verbunden.

6.4.5 Kennlinien des JFET, Beschreibung durch Gleichungen

6.4.5.1 Begriffe

I_{DSS}
Drainstrom, wenn $U_{\mathrm{GS}} = 0\,\mathrm{V}$ ist. Dies ist der maximal zulässige Drainstrom. Dieser Wert ist hauptsächlich von der Kanaldicke und der Kanaldotierung abhängig.

U_{P}
Pinch-off-Spannung (Abschnürspannung). Dies ist diejenige Gatespannung U_{GS}, die notwendig ist, um den Drainstrom I_{D} auf einen bestimmten Wert zu vermindern (z. B. $I_{\mathrm{D}} = 1\,\mu\mathrm{A}$ bei $U_{\mathrm{D}} = 10\,\mathrm{V}$). Dieser Wert ist herstellerspezifisch definiert. U_{P} ist hauptsächlich von der Kanallänge und Kanaldotierung abhängig.

S oder $y_{21\mathrm{S}}$
Kleinsignal-Vorwärtssteilheit in mA/V.

Abschnürbereich
Liegt der Arbeitspunkt im Abschnürbereich, wird der FET als Verstärker betrieben. Er arbeitet als spannungsgesteuerte Stromquelle mit einem großen r_{DS}, erkennbar an den fast waagrechten Kurven für I_{D} bei größeren U_{DS}. Der Abschnürbereich beginnt allgemein bei $U_{\mathrm{GS}} - U_{\mathrm{P}}$.

Ohm'scher Bereich
Für kleine U_{DS} verhält sich der FET wie ein elektrisch steuerbarer Widerstand. Dieses Verhalten wird ausgenutzt, um z. B. elektrisch steuerbare Spannungsteiler oder eine Verstärkungsregelung zu realisieren. Der Ohm'sche Bereich wird auch *Triodenbereich* (weil der Kennlinienverlauf einer Vakuumröhre, der Triode, ähnelt) oder *parabolischer Bereich* genannt.

U_{DSmax}
Maximale Drain-Sourcespannung, sie ist von der Dotierung abhängig und liegt in der Größenordnung von etwa 30 V.

6.4.5.2 Kennlinienarten

Das Verhalten eines Feldeffekttransistors lässt sich am einfachsten anhand der Kennlinien aufzeigen. Sie beschreiben den Zusammenhang zwischen Strömen und Spannungen am Transistor für den Fall, dass alle Größen statisch, d. h. nicht oder nur sehr langsam zeitveränderlich sind.

Da der Feldeffekttransistor nur durch zwei Spannungen und einen Strom beschrieben wird, besteht das Kennlinienfeld nur aus zwei Quadranten. Eine Eingangskennlinie $I_G(U_{GS})$ existiert nicht bzw. ist nicht sinnvoll, da der Eingangsstrom beim JFET durch den sehr kleinen Sperrstrom (einige nA) des pn-Übergangs gebildet wird (beim MOSFET liegt der Eingangsstrom als Isolationsstrom sogar im fA-Bereich). Im Bereich $U_{GS} < 0$ fließt erst dann ein Strom, wenn die Sperrspannung betragsmäßig so groß wird (zwischen 20 und 50 V), dass ein (Avalanche-) Durchbruch des pn-Übergangs auftritt (Drain-Gate-Durchbruch), durch den der Transistor meist zerstört wird. Der Eingangswiderstand beträgt etwa 1 GΩ, die Steuerung des FET erfolgt daher nahezu leistungslos mit der Eingangsspannung.

Wird entgegen der üblichen Betriebsart beim n-Kanal JFET der pn-Übergang mit $U_{GS} > 0$ in Durchlassrichtung betrieben, so fließt ein Gatestrom entsprechend dem Flussstrom einer Diode.

Die charakteristischen Kennlinien des JFET sind die **Übertragungskennlinie $I_D(U_{GS})$** und das **Ausgangskennlinienfeld $I_D(U_{DS})$** (Abb. 6.17).

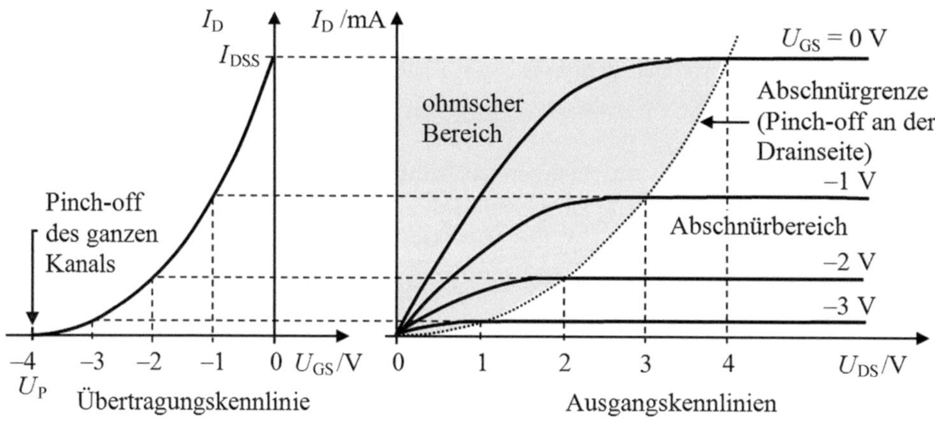

Abb. 6.17 n-Kanal JFET, typischer Verlauf der Übertragungskennlinie und des Ausgangskennlinienfeldes

6.4.5.3 Übertragungskennlinie

Wichtige Punkte der Übertragungskennlinie (Spannungssteuerkennlinie, Steuerkennlinie) sind der Drain-Sättigungsstrom I_{DSS} bei $U_{GS} = 0$ V und die Abschnürspannung U_P, bei der $I_D \approx 0$ A wird.

Für $U_{GS} > U_P$ gilt:

$$I_D(U_{GS}) = I_{DSS} \cdot \left(1 - \frac{U_{GS}}{U_P}\right)^2 \tag{6.3}$$

Sperrschicht-FETs sind grundsätzlich selbstleitend, d. h. bei $U_{GS} = 0\,\mathrm{V}$ fließt der maximal mögliche Drainstrom I_{DSS}. U_P heißt Abschnürspannung (Pinch-off-Spannung), für $U_{GS} < U_P$ ist der FET gesperrt und daher $I_D \approx 0\,\mathrm{A}$.

Die „Verstärkung" des FET wird mit der **Steilheit** $S = y_{21S} = g_m$ (transconductance, Übertragungssteilheit) als Steigung der Steuerkennlinie beschrieben. Die Steilheit wird in mA/V angegeben. Sie hängt vom Arbeitspunkt auf der Eingangskennlinie mit zugehöriger Spannung U_{GS} und zugehörigem Strom I_D ab, ist also je nach Arbeitspunkt verschieden groß.

$$S = \left.\frac{\Delta I_D}{\Delta U_{GS}}\right|_{U_{DS}=\mathrm{const}} = \left.\frac{\mathrm{d}I_D}{\mathrm{d}U_{GS}}\right|_{U_{DS}=\mathrm{const}} \quad \left(\approx 1\ldots 10\,\frac{\mathrm{mA}}{\mathrm{V}}\right) \tag{6.4}$$

$$S = \frac{2 \cdot I_{DSS}}{|U_P|^2}(U_{GS} - U_P) = \frac{2}{|U_P|}\sqrt{I_{D,AP} \cdot I_{DSS}} \tag{6.5}$$

Die größte Steilheit S_{max} bei $I_D = I_{DSS}$ ist:

$$S_{max} = \frac{2 \cdot I_{DSS}}{|U_P|} \tag{6.6}$$

Die maximal erzielbare Steilheit Gl. 6.6 ist deutlich kleiner als bei Bipolartransistoren (z. B. $S_{max} < 5\,\frac{\mathrm{mA}}{\mathrm{V}}$).

6.4.5.4 Ausgangskennlinienfeld

Im Ausgangskennlinienfeld $I_D(U_{DS})$ unterscheidet man den *Ohm'schen Bereich* (*Anlaufbereich*) und den *Abschnürbereich* (*Sättigungsbereich*[1], *Stromquellenbereich, aktiver Bereich*). Die Grenze zwischen diesen beiden Bereichen bildet die Linie der *Kniespannung* U_K (auch *Drain-Source-Sättigungsspannung* $U_{DS,sat}$ genannt).

$$U_K = U_{GS} - U_P \quad (U_{GS} \text{ und } U_P \text{ negativ einsetzen}) \tag{6.7}$$

Ohm'scher Bereich

$U_{DS} < U_K$ – Im Ohm'schen Bereich gilt für den Strom I_D:

$$I_D = \frac{I_{DSS}}{U_P^2}\left[2 \cdot U_{DS} \cdot (U_{GS} - U_P) - U_{DS}^2\right] \tag{6.8}$$

[1] Man beachte die grundlegend verschiedene Definition des Wortes „Sättigungsbereich" beim Bipolartransistor und beim FET. Im Sättigungsbereich des bipolaren Transistors tritt eine Sättigung von Ladungsträgern auf, da die Kollektor-Emitter-Spannung nicht groß genug ist, um die in die Basis-Kollektor-Grenzschicht diffundierenden Ladungsträger abzusaugen. Beim FET nimmt im Sättigungsbereich der Drainstrom einen fast konstanten, gesättigten Wert an.

Für kleine Werte von $U_{DS}(U_{DS} \ll U_K)$ kann Gl. 6.8 angenähert werden durch:

$$I_D = \frac{2 \cdot I_{DSS}}{U_P^2} \cdot (U_{GS} - U_P) \cdot U_{DS} = \frac{1}{R_{DS}(U_{GS})} \cdot U_{DS} \tag{6.9}$$

mit

$$R_{DS} = \frac{U_P^2}{2 \cdot I_{DSS} \cdot (U_{GS} - U_P)} \tag{6.10}$$

Im Anlaufbereich (*in der Umgebung des Ursprungs*) kann der JFET näherungsweise als ein durch U_{GS} *steuerbarer Widerstand* betrachtet werden (elektronisches Potenziometer), dessen Wert einigermaßen linear von U_{GS} abhängt (siehe Abb. 6.9). Zum FET als steuerbarer Widerstand siehe auch Abschn. 6.5.6.

Beispiel 6.1

In welchem Wertebereich ändert sich der Ohm'sche Widerstand eines JFET mit einem Drain-Sättigungsstrom $I_{DSS} = 2{,}4\,\text{mA}$ und einer Abschnürspannung $U_P = -3{,}1\,\text{V}$ für kleine Werte von U_{DS}?

Lösung:

$$U_P = -3{,}1\,\text{V}\,; \quad I_{DSS} = 2{,}4\,\text{mA}\,; \quad R(U_{GS}) = \frac{(U_P)^2}{2 \cdot I_{DSS} \cdot (U_{GS} - U_P)}$$

Wie Abb. 6.18 zu entnehmen ist, verläuft der Widerstand $R_{DS}(U_{GS})$ bis ca. $\frac{U_P}{3}$ näherungsweise linear. Er steigt dann nichtlinear an, bis er bei U_P theoretisch unendlich groß wird.

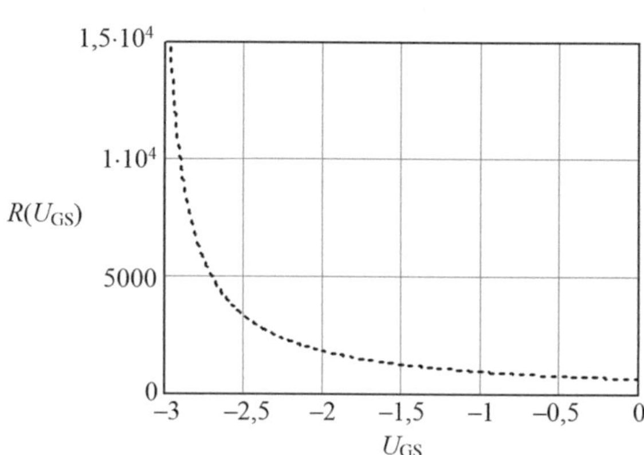

Abb. 6.18 Verlauf des Widerstandes eines FET nach Beispiel 6.1 im Ohm'schen Bereich

Abschnürbereich

$U_{DS} > U_K$ – Im Abschnürbereich ist I_D von U_{DS} nahezu unabhängig, die Ausgangskennlinien verlaufen näherungsweise waagrecht. Für den Strom I_D gilt Gl. 6.3, der JFET arbeitet als spannungsgesteuerte Stromquelle. Da dieser Bereich auch für Verstärkungsanwendungen benutzt wird, nennt man ihn auch den *aktiven Bereich*. Dies ist der am meisten genutzte Arbeitsbereich des FET.

Die tatsächlichen Ausgangskennlinien weichen von dem waagrechten Idealverlauf ab, sie steigen mit zunehmender Drain-Source-Spannung wegen Ausdehnung der Drain-Sperrschicht (Verkürzung des Stromkanals) leicht an. Die Steigung der Kennlinien ist so, dass sich die Verlängerungen des Sättigungsteils aller Kennlinien im Punkt $-U_{\mathrm{Y}}$ (Early-Spannung) schneiden (ähnlich wie beim Bipolartransistor, siehe Abb. 5.26). Es erfolgt ein geringer Anstieg von I_{D} durch eine Kanallängenmodulation (Early-Effekt). Durch diese genauer modellierten Kennlinien des FET lässt sich der Drainstrom präziser angeben.

$$I_{\mathrm{D}} = I_{\mathrm{DSS}} \cdot \left(1 - \frac{U_{\mathrm{GS}}}{U_{\mathrm{P}}}\right)^2 \cdot \left(1 + \frac{U_{\mathrm{DS}}}{U_{\mathrm{Y}}}\right) \tag{6.11}$$

Im Abschnürbereich ist der dynamische Drain-Source-Widerstand (differenzielle Ausgangswiderstand) r_{DS}:

$$r_{\mathrm{DS}} = \left.\frac{\Delta U_{\mathrm{DS}}}{\Delta I_{\mathrm{D}}}\right|_{U_{\mathrm{GS}}=\mathrm{const}} \cong \frac{U_{\mathrm{Y}}}{I_{\mathrm{D}}} (\approx 10\ldots 100\,\mathrm{k\Omega}) \tag{6.12}$$

$$r_{\mathrm{DS}} = \mu \cdot \frac{|U_{\mathrm{P}}|}{2 \cdot \sqrt{I_{\mathrm{DSS}} \cdot I_{\mathrm{D}}}} \tag{6.13}$$

mit der transistorabhängigen „Maximalverstärkung“ $\mu \approx 50\ldots 300$.

6.4.6 Temperaturabhängigkeit der JFET-Parameter

Gatestrom

Der Gatestrom ist beim JFET der Sperrstrom der Gate-Kanal-Diode, er steigt exponentiell mit der Temperatur. Als Faustregel gilt bei Si: I_{GSS} (= Gatestrom bei $U_{\mathrm{DS}} = 0$) verdoppelt sich jeweils bei einem Temperaturanstieg um 10 K.

Drainstrom

Die Übertragungskennlinie (Steuerkennlinie) zeigt eine deutliche Temperaturabhängigkeit. Beim JFET ist die Temperaturabhängigkeit des Kanalstromes I_{D} hauptsächlich durch die Beweglichkeit der Ladungsträger und durch die Diffusionsspannung bestimmt.

$I_{\mathrm{D}} > I_{\mathrm{DZ}}$ Mit steigender Temperatur nimmt die Beweglichkeit der Ladungsträger im Kanal wegen der stärkeren Gitterschwingungen der Atome um ca. 0,7 % pro Grad ab, die Leitfähigkeit des Kanals verringert sich. Somit nimmt bei zunehmender Temperatur der Drainstrom I_{D} ab (die Ausgangskennlinien verschieben sich zu kleineren Strömen I_{D}).

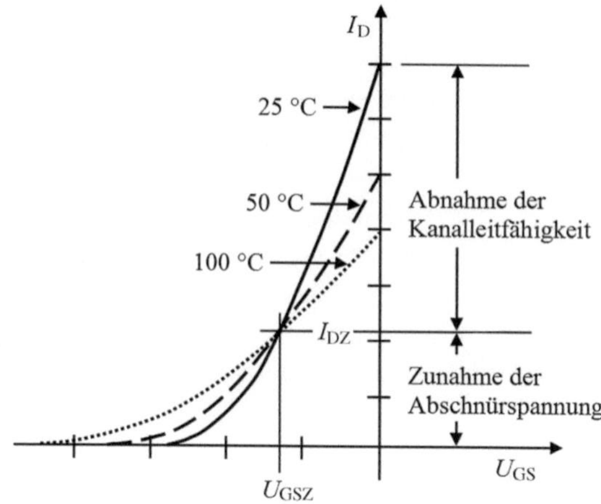

Abb. 6.19 Temperaturabhängigkeit der Übertragungskennlinie eines JFET, typischer Verlauf des Drainstromes bei verschiedenen Temperaturen

$I_D \ll I_{DZ}$ Die Diffusionsspannung hat einen negativen Temperaturkoeffizienten. Deshalb nimmt die Abschnürspannung U_P (betragsmäßig) um etwa 2 mV pro Grad Temperaturanstieg zu. Insgesamt sinkt die Steilheit der Kennlinie mit zunehmender Temperatur.

Durch diese thermische Gegenkopplung ist eine thermische Zerstörung des Halbleiters beim JFET wesentlich unwahrscheinlicher als bei einem bipolaren Transistor, da ein stabiler Betrieb des FET ohne zusätzliche schaltungstechnische Maßnahmen gegeben ist. Bei Bipolartransistoren sind solche Maßnahmen erforderlich, da bei ihnen eine Temperaturerhöhung eine Stromerhöhung zur Folge hat.

$I_D = I_{DZ}$ Alle Kurven in Abb. 6.19 schneiden sich im Punkt (U_{GSZ}, I_{DZ}). In diesem Schnittpunkt wird der Temperaturkoeffizient des Kanalstromes I_D nahezu null und der FET arbeitet temperaturstabil. Dieser Punkt, bei dem die Temperaturabhängigkeit verschwindet, wird ungefähr erreicht bei

$$I_{DZ} = \frac{0{,}4\,\mathrm{V}^2 \cdot I_{DSS}}{U_P^2} \tag{6.14}$$

$$U_{GSZ} \approx U_P - 0{,}63\,\mathrm{V} \tag{6.15}$$

U_{GSZ} liegt in der Praxis beim n-Kanal FET in der Größenordnung von $-1{,}5\ldots-3{,}5\,\mathrm{V}$.
I_{DZ} liegt in der Praxis beim n-Kanal FET in der Größenordnung von $200\ldots600\,\mu\mathrm{A}$.

Für den Temperaturkompensationspunkt (U_{GSZ}, I_{GSZ}) lässt sich die Steilheit y_{21SZ} bestimmen.

$$y_{21SZ} = \frac{1{,}265\,\mathrm{V} \cdot I_{DSS}}{U_P^2} \tag{6.16}$$

Die Steilheit für den temperaturunabhängigen Arbeitspunkt liegt in der Praxis im Bereich bei $600\,\mu\mathrm{S}\ldots2\,\mathrm{mS}$.

6.5 Prinzipieller Aufbau und Wirkungsweise des MOSFETs

6.5.1 MOS-Kondensator, Grundlagen des MOSFETs

Der MOS-Kondensator beruht auf einer *MIS-Struktur* (**M**etall/**I**solator/**S**emiconductor = Halbleiter). Siliziumdioxid (SiO_2) ist ein hervorragender Isolator. Wird eine Schicht aus Siliziumdioxid auf der einen Seite mit einer Kontaktfläche aus Metall versehen und auf der anderen Seite intensiv mit einer Schicht aus p- oder n-dotiertem Silizium verbunden, so erhält man eine *MOS-Struktur*. Die Abkürzung MOS entspricht der Reihenfolge der Materialien (**M**etall/**O**xid/**S**emiconductor). Die Anordnung ist der eines Plattenkondensators ähnlich und wird deshalb auch *MOS-Kondensator* genannt.

Technisch wird die MOS-Struktur hergestellt, indem man z. B. durch Nassoxidation eine dünne SiO_2-Schicht auf einer Si-Oberfläche (= Substrat) erzeugt. Die Dicke der Oxidschicht beträgt je nach Anwendung ca. 4... 100 nm. Die einseitige Kontaktierung des Siliziumdioxids erfolgt mit einem Metall wie z. B. Aluminium oder durch elektrisch leitfähiges, hoch dotiertes polykristallines Silizium mittels Abscheidung durch einen CVD[2]-Prozess. Die Kontaktierung wird als *Gate* „G“ bezeichnet. Das unter dem Gateoxid liegende Silizium wird Substrat (bulk) genannt.

Wird am Gate gegenüber dem rückseitig kontaktiertem Silizium mit der Anschlussbezeichnung „B“ (Bulk) eine Spannung mit richtiger Polarität angelegt, so werden im Silizium bewegliche Ladungsträger induziert. Darauf beruht die Wirkungsweise des MOS-Kondensators. Der Bereich der induzierten Ladung wird *Kanal* genannt.

Die Vorgänge im MOS-Kondensator können je nach Höhe und Vorzeichen der zwischen Gate und Substrat angelegten Spannung U_{GB} in vier Fälle unterteilt werden. Als Beispiel für das Substrat dient p-dotiertes Silizium.

1. Neutraler Zustand: $U_{GB} = 0\,V$
Dies ist der neutrale Zustand, es ist keine Ladung vorhanden. Weder das Gate noch das Substrat sind aufgeladen. Man nennt dies den „*Flachbandfall*“, der beim idealisierten MOS-Kondensator für die Gate-Spannung null eintritt.

Anmerkung Im realen MOS-Kondensator treten aus physikalischen und technologischen Gründen bereits intern Potenzialdifferenzen auf. Eine Änderung gegenüber dem Idealfall ergibt sich dadurch, dass (von Ausnahmen abgesehen) die Austrittspotenziale φ_M und φ_{Si} von Metall (Gate) und Halbleiter verschieden sind. Bereits bei der Gatespannung null stellt sich eine Anreicherung von Löchern im p-leitenden Material ein, oder es bildet sich eine Raumladungszone, je nachdem, ob die Austrittsarbeit des Metalls größer oder kleiner als die des Halbleiters ist. Ist der Unterschied der Austrittsarbeiten groß genug, so kann bereits ohne Anlegen einer Gate-Substrat-Spannung U_{GB} eine Inversionsschicht vorhanden sein. Um den Flachbandfall einzustellen, muss dann entsprechend der auftretenden Poten-

[2] **C**hemical **V**apor **D**eposition = chemische Gasphasenabscheidung.

zialdifferenz $\varphi_{M,Si}$ (aufgrund der Differenz der Austrittsarbeiten) von außen die Spannung $U_{FB} = \varphi_{M,Si}$ angelegt werden, welche die inneren Spannungen kompensiert.

2. Anreicherung: $U_{GB} < 0\,V$ (Abb. 6.20)
Wird an die Schichtenfolge eine Gleichspannung angelegt, so fließt kein Strom, die Anordnung isoliert. Durch die äußere Spannung bilden sich jedoch Influenzladungen aus. Ist U_{GB} negativ, sammelt sich negative Ladung auf der Gate-Elektrode. Die negativen Gateladungen führen zu einer gleich großen Ansammlung von positiven Löchern in einer oxidnahen Grenzschicht des Siliziums. Die Löcher fließen aus dem Substrat in diese Anreicherungsschicht, in der die Dichte der Löcher höher ist als im Inneren des Substrates. Man nennt diesen Zustand „*Anreicherung*" oder „*Akkumulation*". Der MOS-Kondensator kann hier mit guter Näherung als Plattenkondensator betrachtet werden.

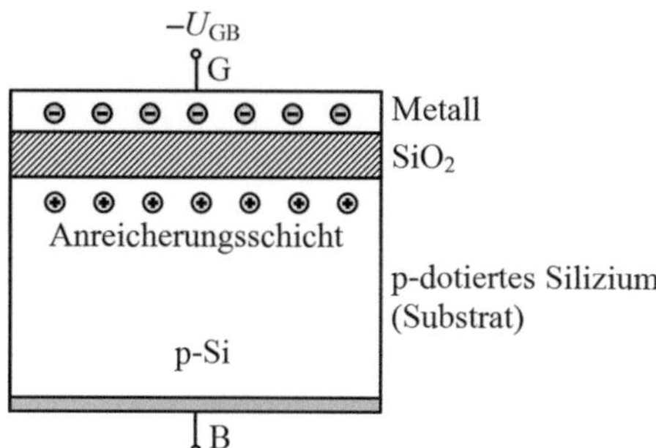

Abb. 6.20 MOS-Kondensator, Zustand der Anreicherung

3. Aufbau der Raumladungszone: $U_{GB} \geq 0\,V$ (Abb. 6.21)
Bei relativ kleinen positiven Gatespannungen werden die positiv geladenen Majoritätsladungsträger (Löcher) durch das elektrische Feld von der Halbleiteroberfläche in das Substrat zurückgedrängt und hinterlassen negativ geladene Akzeptoren, die eine Raumladungszone erzeugen. An der oxidnahen Halbleiteroberfläche befinden sich keine beweglichen Ladungsträger mehr.

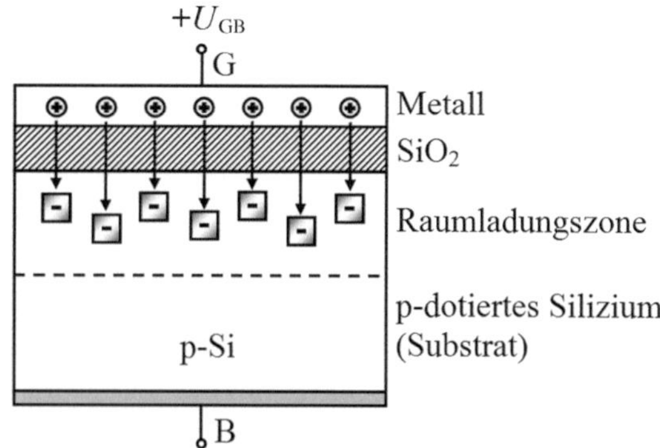

Abb. 6.21 MOS-Kondensator, Ausbildung der Raumladungszone

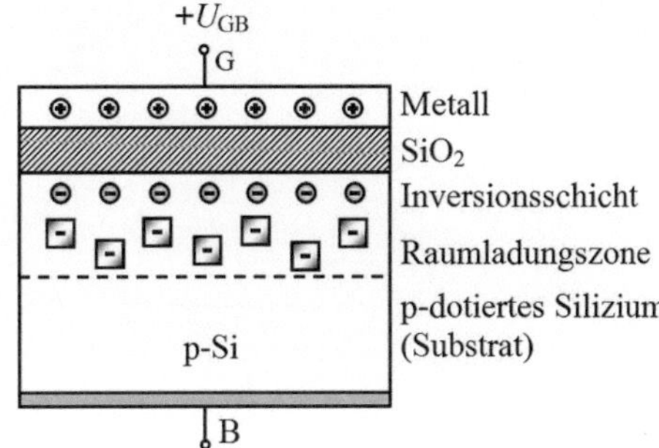

Abb. 6.22 MOS-Kondensator, neben der Raumladungszone bildet sich eine Inversionsschicht mit frei beweglichen Elektronen, d. h. es entsteht ein leitfähiger n-Kanal

4. Bildung einer Inversionsschicht: $U_{GB} \gg 0\,\text{V}$ (Abb. 6.22)
Wird die positive Gatespannung noch größer, so wird das Feld ausreichend groß, dass auch die negativ geladenen Minoritätsladungsträger (Elektronen) in gleich großer Konzentration wie die der Löcher am Gate zur Halbleiteroberfläche hin gezogen werden können. Die Elektronen sammeln sich dort in einer dünnen Grenzschicht (10... 100 nm) an. Die Grenzschicht wird „*Inversionsschicht*“ genannt, weil dort die Menge der ehemaligen Minoritätsträger um mehrere Zehnerpotenzen größer ist als die Anzahl der ehemaligen Majoritätsträger, der Leitungstyp des Halbleiters ist also an seiner Oberfläche von p nach n umgekehrt (invertiert) worden. Durch die Inversionsschicht mit ihren frei beweglichen Elektronen hat sich ein n-leitender Kanal gebildet, der durch eine Raumladungszone zum Substrat hin isoliert ist (Substrat-Kanal-Diode).
Die Gatespannung, ab welcher die Inversion eintritt (die Elektronendichte im Kanal so groß ist wie die Löcherdichte im Bulk) und ein leitender Kanal gebildet wird, heißt *Schwellenspannung* oder *Schwellspannung* U_{th} (*threshold voltage*).

Wenn wir uns links und rechts der Inversionsschicht in Abb. 6.22 je einen n-dotierten Anschluss vorstellen, so würde durch eine angelegte Spannung eine leitende Verbindung entstehen, während ohne Spannung die Anordnung nicht leitend ist. Dies ist das Grundprinzip eines MOSFET vom Anreicherungstyp. Genauso wäre eine Anordnung denkbar, bei der schon eine dünne Ladungsträgerschicht als Verbindung zwischen Source und Drain besteht, die man durch gegenteilige Influenzladung sperrend machen kann. Dies ergibt einen MOSFET des Verarmungstyps.

6.5.2 Aufbau eines n-Kanal MOSFET

6.5.2.1 Anreicherungstyp

MOS-Feldeffekttransistoren bestehen aus der Schichtenfolge Metall/Oxid/Halbleiter. Den grundsätzlichen Aufbau eines n-Kanal-MOSFET vom Anreicherungstyp zeigt Abb. 6.23a. Als Grundmaterial dient ein schwach p-dotierter ($n_A \approx 10^{15}\,\text{cm}^{-3}$) Siliziumeinkristall (Substrat, Bulk). In das Substrat sind in geringem Abstand (etwa 0,5... 5 µm) zwei stark n-

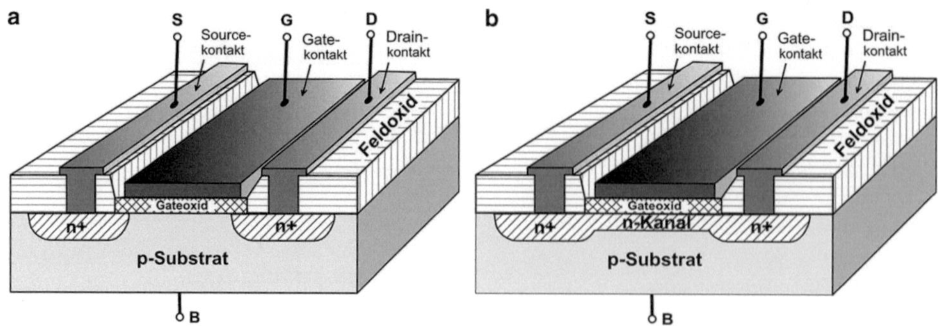

Abb. 6.23 Aufbau eines n-Kanal MOSFET, selbstsperrender EMOSFET = Enhancement MOSFET = Anreicherungstyp (**a**), selbstleitender DMOSFET = Depletion MOSFET = Verarmungstyp (**b**)

dotierte ($n_D \approx 10^{20}\,\text{cm}^{-3}$) Gebiete eindiffundiert. Diese beiden n^+-Zonen werden durch Diffusion oder Ionenimplantation mit Kontakten versehen und bilden den Source- bzw. Drainanschluss des FET. Da sich zwischen den beiden n^+-Gebieten das Substrat befindet, entsteht eine npn-Struktur, die vorerst keinen Stromfluss zulässt (ähnlich einem npn-Transistor, der ohne Basisstrom gesperrt ist).

Im Zwischenraum der beiden n^+-Gebiete wird auf die Substratoberfläche eine sehr dünne (ca. 10…20 nm dicke), widerstandsfähige und elektrisch isolierende Oxidschicht aufgebracht. Dieses *Gateoxid* ist in der Regel Siliziumdioxid, welches durch thermische Oxidation des Siliziumsubstrates erzeugt wird.

Den Gateanschluss des Transistors bildet eine leitende Schicht, die auf das Gateoxid oberhalb des zukünftigen Kanals aufgetragen wird, und somit durch die dünne Gateoxidschicht vom p-leitenden Kristall isoliert ist. Früher bestand die flächige Gateelektrode aus aufgedampftem Aluminium. Heute wird meist eine dünne Schicht hoch dotiertes polykristallines Silizium (Polysilizium) verwendet, das in einem CVD-Prozess (Chemical Vapor Deposition) aus der Gasphase abgeschieden wird.

Das p-leitende Substrat wird (z. B. auf der Unterseite des Kristalls) elektrisch kontaktiert (so genannter Bulk-Anschluss) und (bei einzelnen Transistoren meist) mit dem Sourceanschluss verbunden.

Neben dem dünnen Gateoxid ist noch ein zweites, wesentlich dickeres (ca. 1 µm dick), so genanntes *Feldoxid* erforderlich, auf dem die Source-/Drain-Leiterbahnen geführt werden. Das Feldoxid ist erforderlich, damit sich in einem integrierten Schaltkreis nicht unbeabsichtigt gut leitfähige Kanäle zwischen benachbarten Transistoren ausbilden können.

6.5.2.2 Verarmungstyp

Der prinzipielle Aufbau eines n-Kanal MOSFET vom Verarmungstyp ist in Abb. 6.23b dargestellt. Zwischen Source und Drain ist ein schwächer dotierter, n-leitender Kanal eingebracht ($n_D \approx 10^{17}\,\text{cm}^{-3}$). Der Verarmungs-MOSFET leitet auch ohne Steuerspannung, da ein n-leitender Kanal durch die Dotierung bereits vorhanden ist.

Beim p-Kanal MOSFET sind Source, Drain und das Substrat entgegengesetzt zum n-Kanal MOSFET dotiert und die Ladungsträger im Kanal sind nicht Elektronen, sondern Löcher.

Aus Abb. 6.16 und Abb. 6.23 folgt, dass MOSFETs und Sperrschicht-FETs prinzipiell symmetrisch sind, d. h. Drain und Source können vertauscht werden. Die meisten Einzel-FETs sind jedoch nicht exakt symmetrisch aufgebaut, um ein besseres Verhalten zu erzielen. Außerdem wird bei den meisten Einzel-MOSFETs das Substrat intern mit Source verbunden, da ein Potenzialunterschied zwischen Source und Bulk die Eigenschaften des Transistors (vor allem die Schwellenspannung wird erhöht) negativ beeinflusst (*body effect*). Auf die grundlegende Funktion hat diese Verbindung keinen Einfluss. Allerdings entsteht nun zusätzlich eine Diode zwischen Source- und Drainanschluss, die parallel zum eigentlichen Transistor liegt (Bulk mit dem p-dotierten Substrat und Drain mit dem n-Gebiet bilden den pn-Übergang). Diese sogenannte *Bodydiode* (siehe Abb. 6.24b) ist als Pfeil im Schaltsymbol des MOSFETs dargestellt und zeigt beim n-Kanal MOSFET vom Bulkanschluss zum Kanal. Bei den meisten Anwendungen ist die Bodydiode (auch *Rückwärtsdiode* genannt) in Sperrrichtung gepolt, bei manchen Schaltanwendungen kann sie jedoch genutzt werden, um Inversbetrieb zu verhindern (Nutzung als Freilaufdiode).

► **Achtung** Bodydioden können auch ungewollte Strompfade erzeugen.

Substratsteuereffekt (body effect)

Beim MOSFET verhält sich die Anordnung Kanal-Substrat ähnlich wie ein JFET. Das Potenzial des Substrats wirkt sich auf das Verhalten des MOSFETs aus und kann seine Kennlinien verschieben. Dieser Substratsteuereffekt tritt dann auf, wenn zwischen Source- und Substratanschluss eine Spannung ungleich null anliegt. Durch den Substratsteuereffekt kommt es zu einer Erhöhung der Schwellenspannung.

Außerdem muss das Substrat-Potenzial immer so gewählt werden, dass die Substrat-Kanal-Diode gesperrt bleibt. Normalerweise wird deshalb beim n-Kanal MOSFET das Substrat immer mit dem negativsten Potenzial der Schaltung verbunden, beim p-Kanal MOSFET mit dem positivsten Potenzial. In vielen Fällen wird einfach Substrat mit Source verbunden.

Abb. 6.24a zeigt eine Schaltung, bei der dieser Effekt auftritt (unter der Voraussetzung eines Stromflusses durch die Transistoren). Da der Source-Anschluss des Transistors T_2

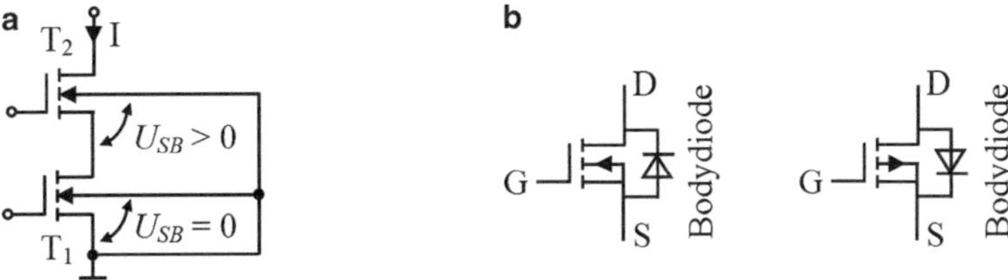

Abb. 6.24 Substratsteuereffekt (body effect) (**a**), Bodydioden (**b**)

in diesem Fall nicht auf GND liegt, kommt beim Transistor T_2 der Substratsteuereffekt zum Tragen.

6.5.3 Wirkungsweise des n-Kanal MOSFET, Anreicherungstyp

Arbeitspunkt AP1 (Abb. 6.25)

$U_{GS} = 0\,V$; $U_{DS1} > 0\,V$, aber klein – Bei diesen Bedingungen herrscht im Kanalbereich der Flachbandfall. Ist U_{DS} klein, so ist das Kanalgebiet nicht leitfähig und es fließt kein Strom I_{DS} von Drain nach Source (selbstsperrender MOSFET). Der Grund für die Hochohmigkeit der Drain-Source-Strecke ohne oder mit sehr kleiner Gatespannung U_{GS} sind die beiden pn-Übergänge am Rand der Drain- bzw. Source-Insel, die zwei entgegengesetzt in Reihe geschaltete Dioden darstellen. Zwischen Drain und Source fließt nur ein Sperrstrom.

Durch Anlegen einer negativen Steuerspannung $-U_{GS}$ verarmt die p-Zone zwischen Drain- und Source-Insel durch Influenz noch weiter an Elektronen. Dadurch wird der Sperrstrom noch weiter verkleinert. Diese Betriebsweise ist daher technisch ohne Bedeutung.

Der Gleichstrom-Eingangswiderstand zwischen Gate und Source ist extrem hoch ($>10^{12}\,\Omega$) und hängt lediglich vom Leckstrom durch den Isolator (Gateoxid) ab. Bei Wechselstrombetrieb bestimmt die Gatekapazität wesentlich das dynamische Verhalten des Bauelementes.

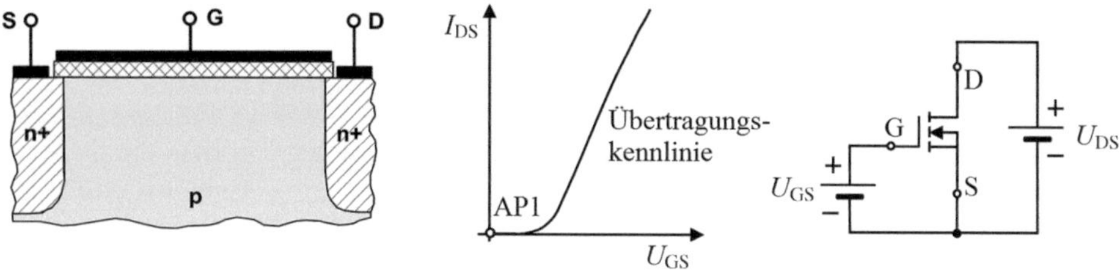

Abb. 6.25 Betrieb des MOSFETs (Anreicherungstyp) in AP1, keine Kanalbildung

Arbeitspunkt AP2 (Abb. 6.26)

$U_{GS} > U_{th}$; $U_{DS1} > 0\,V$, aber klein – Wird eine positive Spannung $+U_{GS}$ zwischen Gate und Source erhöht, so entsteht ab einem bestimmten Wert an der Grenzfläche zwischen Substrat und Gateoxid eine Inversionsschicht (der Kanal). Diese Schicht stellt eine n-leitende Verbindung zwischen Source und Drain dar. Der Kanal entsteht also erst ab einer genügend hohen Steuerspannung $U_{GS} = U_{th}$. Die materialabhängige *Schwellwertspannung* U_{th} wird als *Einsatzspannung* oder *Threshold Voltage* bezeichnet. Ist $U_{DS} \geq 0\,V$, so fließt ein Strom I_{DS}.

Die Leitfähigkeit des Kanals wird durch Influenz gesteuert, d. h. eine auf das Gate (entsprechend einer ersten Kondensatorelektrode) aufgebrachte Ladung erzeugt im Kanal

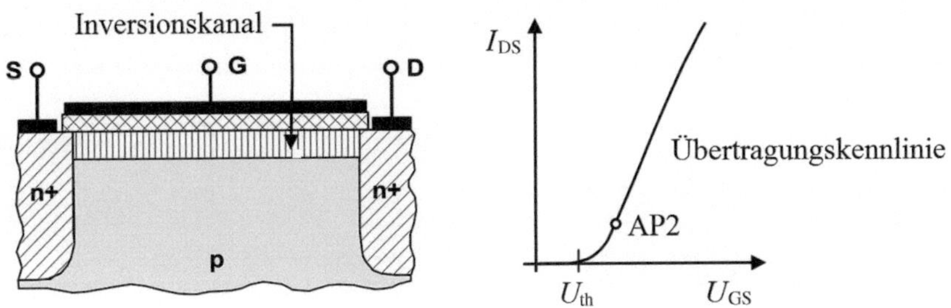

Abb. 6.26 Betrieb des MOSFETs (Anreicherungstyp) in AP2 mit gleichmäßigem Kanalquerschnitt

(entsprechend einer zweiten Kondensatorelektrode) eine gleich große Ladung mit entgegengesetzter Polarität. Durch diese Anreicherung mit Ladungsträgern durch Influenz ist es möglich, in dem p-Gebiet des Substrates einen n-leitenden Kanal zu erzeugen (*Ladungsträgerinversion*).

Mit anderen Worten: Bei einer gegenüber dem Substrat (Bulk und Source verbunden) positiven Gatespannung verdrängt das elektrische Feld des Gates mit seinem positiven Potenzial infolge von Influenz die Löcher aus der Schicht des Substrates, die direkt unter der Isolierung des Gates liegt, und es zieht Elektronen dorthin an. Die p-Zone unterhalb der Gate-Elektrode wird durch Influenz mit Elektronen angereichert. Ist die Gatespannung groß genug, dann bildet sich auf diese Weise, an der Grenzfläche zwischen p-Substrat und Gateoxid beginnend, unter der Gateelektrode durch die Influenz ein leitfähiger n-Kanal (Inversionskanal) von der Drain- zur Source-Insel. Die sperrenden pn-Übergänge sind jetzt nicht mehr wirksam, die Drain-Source-Strecke wird niederohmig, es kann ein Strom I_{DS} von Drain nach Source fließen (falls $U_{DS1} > 0$ V).

Die Ausbildung des n-Kanals zeigt im Detail Abb. 6.27. Darin ist die p-Zone zwischen Substrat und dem isolierten Gate vergrößert dargestellt. Links sind die negativ geladenen Atomrümpfe und die beweglichen Löcher gleichmäßig verteilt. Rechts wurde an das Gate eine gegenüber dem Substrat positive Spannung angelegt. Da das Gate isoliert ist, fließt kein Strom. Durch die positive Spannung bildet sich zwischen Gate und Substrat ein elektrisches Feld aus. Dadurch werden einerseits Löcher (Majoritätsträger) von der Grenzfläche Isolator – Halbleiter im Substrat nach unten weggestoßen, andererseits werden Elektronen, die im Wesentlichen aus Elektron-Loch-Paarbildungen entstanden sind, vom Gate angezogen. Unter dem Gate, an der Grenze zwischen Gateoxid und p-Substrat, steigt daher die Elektronenkonzentration, es findet eine so genannte *schwache Inversion* statt. Solange diese geringer ist als die Konzentration der Löcher, rekombinieren viele Ladungsträgerpaare.

In der Nähe der Grenzschicht entsteht durch das Wegdrängen der Löcher und durch die Rekombination mit den Elektronen eine Raumladungszone (RLZ) aus negativ geladenen, ionisierten (ortsfesten) Akzeptoren, die an freien Ladungsträgern verarmt ist. Überschreitet U_{GS} die Schwellwertspannung U_{th}, so bildet sich im p-dotierten Substrat ein n-Gebiet, das eigentlich p-dotierte Substrat wird nahe an der Isolierschicht n-leitend. Wegen der

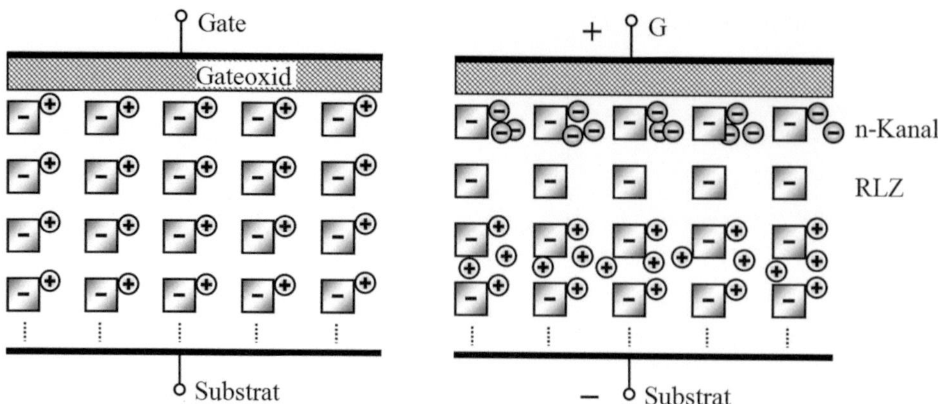

Abb. 6.27 Ausbildung des n-Kanals in der Nähe der Grenzschicht zwischen Substrat und Gateoxid

isolierenden Oxidschicht zwischen Gateelektrode und Halbleiterkristall können die Elektronen nicht zum Gate abfließen und sammeln sich unmittelbar unter der Oxidschicht.

Die Schwellwertspannung U_{th} kennzeichnet den Punkt, an dem keine freien Löcher an der Grenzschicht zur Rekombination zur Verfügung stehen. Die Elektronen, die bei einer Spannungserhöhung zusätzlich zur Grenzschicht wandern, finden keinen Rekombinationspartner und stehen als freie Ladungsträger zur Verfügung. Man spricht von Ladungsträgerinversion, dieser Zustand wird *starke Inversion* genannt. Die Zone zwischen Drain und Source, welche diese frei beweglichen negativen Ladungsträger enthält, wird als *Inversionskanal* bezeichnet. Dieser dünne n-leitende Kanal verbindet jetzt die beiden n-Gebiete Source und Drain, wodurch Ladungsträger (beinahe) ungehindert von Source nach Drain fließen können. Durch die durchgehende Raumladungszone (Verarmungszone) ist der leitfähige Inversionskanal vom restlichen Halbleiterkristall isoliert.

U_{th} ist transistorspezifisch und lässt sich durch die Dotierung des Substrates gezielt einstellen. Durch die Dotierung kann die Konzentration der Minoritätsträger im Kanal beeinflusst werden. Je mehr sich bereits durch Dotierung im Kanal befinden, desto weniger müssen durch das von U_{GS} eingestellte Feld in den Kanal gebracht werden. Folglich sinkt U_{th}. Bei hinreichend starker Dotierung kann sogar ein leitfähiger Kanal ohne äußere Spannung U_{GS} erzielt werden. Dann ist eine negative Spannung U_{GS} erforderlich, um die Ladungsträgerinversion aufzuheben. Man erhält dann selbstleitende MOSFETs (Verarmungstypen).

Arbeitspunkt AP3 (Abb. 6.28)

$U_{GS} > U_{th}$; $0\,V < U_{DS2} < U_{DSP}$ – Wird eine Spannung U_{DS} und eine Spannung $U_{GS} > U_{th}$ angelegt, so fließt ein Strom I_{DS} über den leitenden Kanal. Wird bei konstanter Spannung $U_{GS} > U_{th}$ die Drain-Source-Spannung U_{DS} erhöht, so wird die Inversionsschicht an der Drainseite schmäler. Der Grund hierfür ist, dass der Drainstrom I_{DS} entlang des Kanals einen Spannungsabfall erzeugt. Das elektrische Feld zwischen Gate und Substrat ist daher

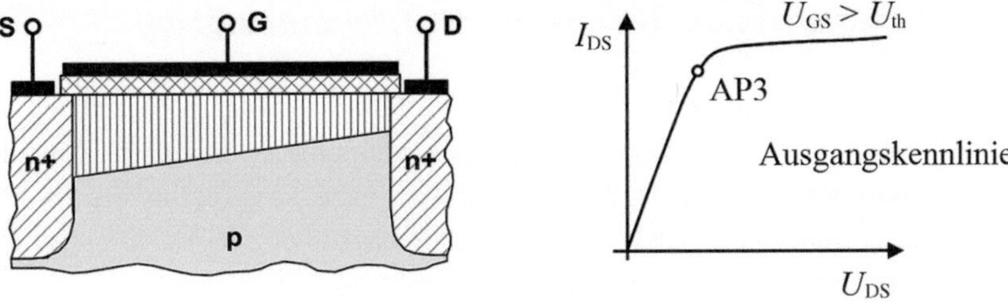

Abb. 6.28 Betrieb des MOSFETs (Anreicherungstyp) in AP3 mit ungleichmäßigem Kanalquerschnitt

am drainseitigen Ende entsprechend kleiner als am sourceseitigen Ende des Kanals. Entsprechend sammeln sich am sourceseitigen Ende viel mehr Ladungsträger an als in der Mitte oder gar am drainseitigen Ende. Die Ausgangskennlinie zeigt wegen des ungleichmäßigen Kanalquerschnitts nicht mehr Ohm'sches Verhalten (die Beziehung zwischen Strom und Spannung ist nicht mehr linear).

Arbeitspunkt AP4 (Abb. 6.29)

$U_{GS} > U_{th}$; $U_{DS3} \geq U_{DSP}$ – Wird die Drain-Source-Spannung U_{DS} noch weiter erhöht, so verschwindet die Inversionsschicht an der Drainseite, es findet eine *Kanalabschnürung* statt. Die Abschnürung am drainseitigen Ende beginnt bei

$$U_K(U_{GS}) = U_{DSP} = U_{GS} - U_{th} \tag{6.17}$$

Mit weiter wachsender Spannung U_{DS} wandert der Abschnürpunkt von Drain in Richtung Source. Ab der Abschnürung geht der Drainstrom I_{DS} in Sättigung (nimmt einen von U_{DS} nahezu unabhängigen, fast konstanten, gesättigten Wert an). Die Spannung U_{DSP} heißt *Drain-Abschnürspannung* oder *Drain-Source Pinch-off Voltage* oder *Kniespannung*. Bei kleiner werdender Gate-Source-Spannung U_{GS} wird auch U_{DSP} kleiner.

Der geringe Anstieg von I_{DS} mit zunehmender Spannung U_{DS} ist durch die Ausdehnung der Drain-Sperrschicht bedingt (Kanallängenmodulation bzw. Early-Effekt).

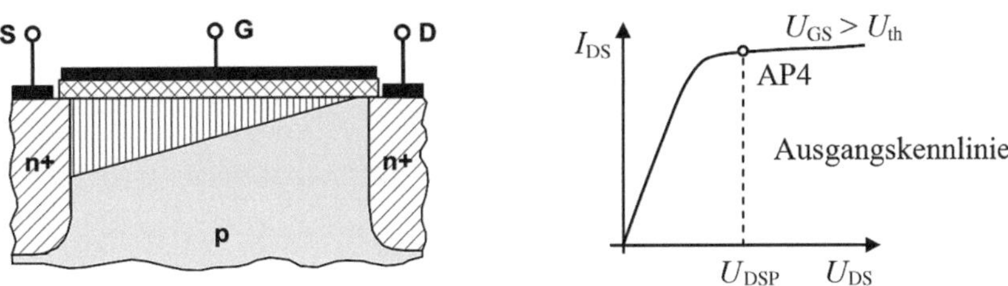

Abb. 6.29 Betrieb des MOSFETs (Anreicherungstyp) in AP4, der Kanal ist abgeschnürt

6.5.4 Wirkungsweise des n-Kanal MOSFET, Verarmungstyp

Arbeitspunkt AP1 (Abb. 6.30)

$U_{GS} = 0\,V$; $U_{DS1} > 0\,V$, aber klein – Bei diesen Bedingungen herrscht im Kanalbereich der Flachbandfall. Wird eine kleine Spannung U_{DS} angelegt, so fließt ein Strom von Drain nach Source, der dem Ohm'schen Widerstand des Kanals entspricht. Wie beim Sperrschicht-FET kann bei $U_{GS} = 0\,V$ ein Strom durch den Kanal fließen.

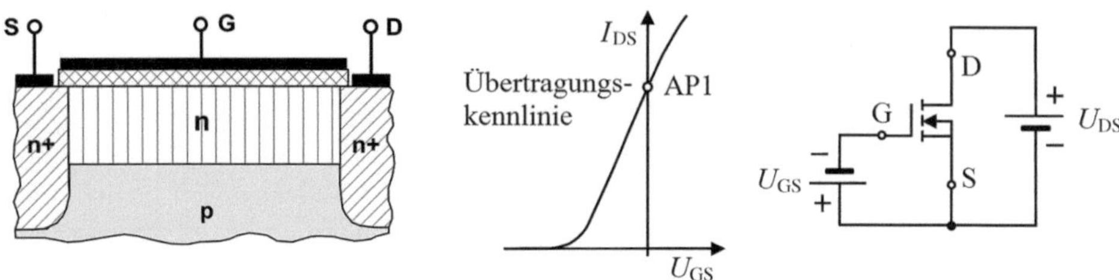

Abb. 6.30 Betrieb des MOSFETs (Verarmungstyp) in AP1

Arbeitspunkt AP2 (Abb. 6.31)

$U_{GS} < 0\,V$; $U_{DS1} > 0\,V$, aber klein – Wird zusätzlich zur kleinen Spannung U_{DS} eine negative Gatespannung $U_{GS} < 0\,V$ angelegt, so werden Elektronen im n-dotierten Kanal verdrängt. Dadurch verringert sich der Kanalquerschnitt, der Kanalwiderstand wächst und der Strom I_{DS} nimmt ab.

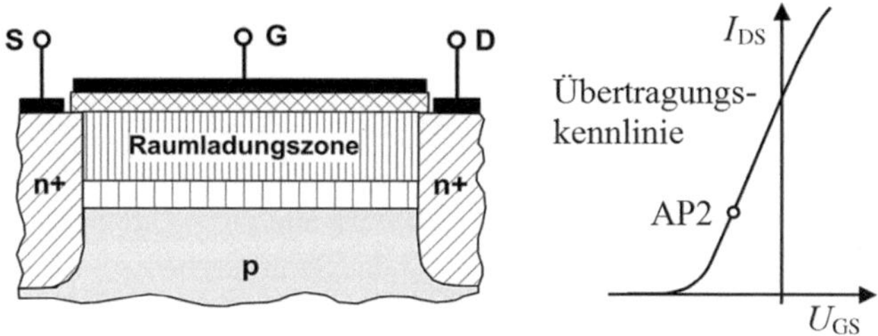

Abb. 6.31 Betrieb des MOSFETs (Verarmungstyp) in AP2

Arbeitspunkt AP3 (Abb. 6.32)

$U_{GS} = U_{GSP}$ – Bei der Gatespannung $U_{GS} = U_{GSP}$ wird der n-leitende Kanal abgeschnürt, der Strom I_{DS} geht gegen null. U_{GSP} heißt *Gate-Abschnürspannung* oder Gate-Source Pinch-off Voltage.

Arbeitspunkt AP4 (Abb. 6.33)

$U_{DS1} > 0\,V$; $U_{GS} \leq 0\,V$ – Wird U_{DS} bei konstanter Gatespannung U_{GS} erhöht, so wird die Kanalverdrängung an der Drainseite größer, da der Drainstrom I_{DS} entlang des Ka-

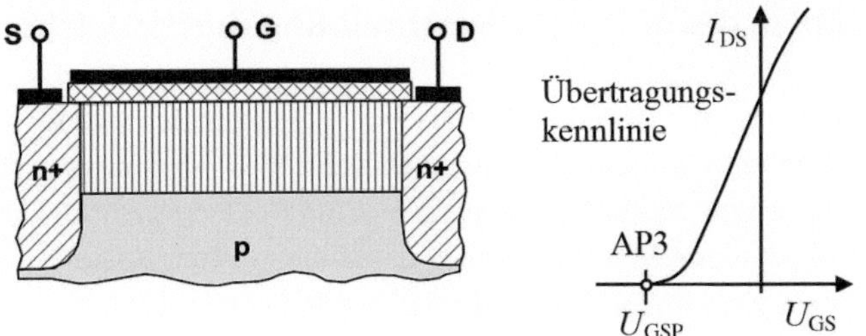

Abb. 6.32 Betrieb des MOSFETs (Verarmungstyp) in AP3 bei abgeschnürtem Kanal

nals einen Spannungsabfall erzeugt. Die Raumladungszone (= Sperrschicht) ist daher in Drain-Nähe breiter als in Source-Nähe, der Kanal wird mit zunehmender Spannung U_{DS} immer stärker abgeschnürt. Wegen des ungleichmäßigen Kanalquerschnitts verliert die Ausgangskennlinie ihr Ohm'sches Verhalten.

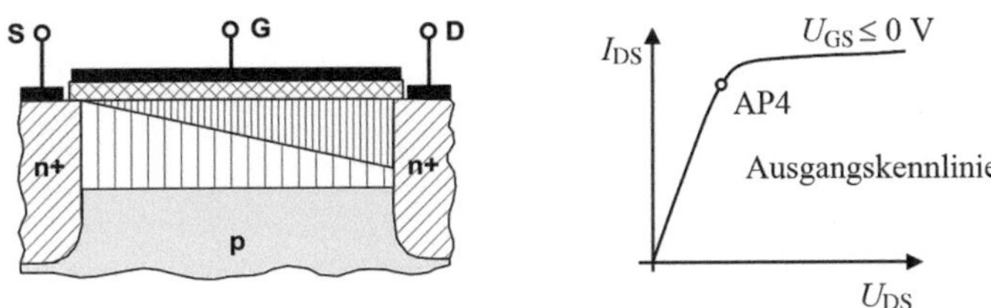

Abb. 6.33 Betrieb des MOSFETs (Verarmungstyp) in AP4

Arbeitspunkt AP5 (Abb. 6.34)

$U_{DS2} = U_{DSP}$; $U_{GS} \leq 0\,\text{V}$ – Wenn U_{DS} weiter steigt, wird der Kanal an der Drain-Seite abgeschnürt und der Strom I_{DS} geht in Sättigung. Die Spannung U_{DSP} heißt *Drain-Abschnürspannung* oder Drain-Source Pinch-off Voltage. Bei negativer werdender Gate-Source-Spannung U_{GS} tritt U_{DSP} bei kleinerer Spannung U_{DS} ein.

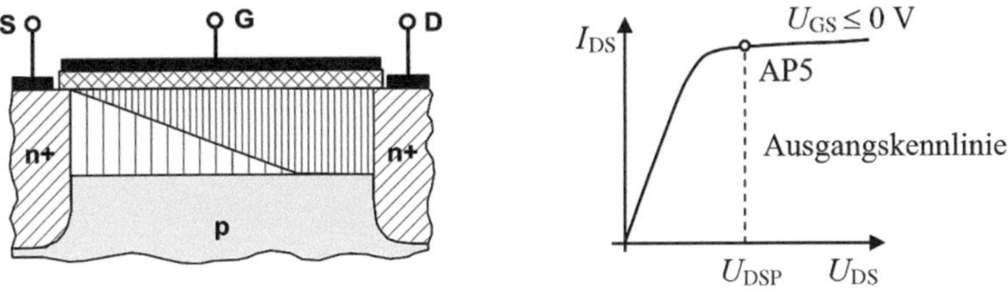

Abb. 6.34 Betrieb des MOSFETs (Verarmungstyp) in AP5, IDS ist gesättigt

6.5.5 Kennlinien des MOSFETs, Beschreibung durch Gleichungen

Wie bei Bipolartransistoren werden die statischen Eigenschaften von FET durch Kennlinienfelder und durch Kennlinien-Gleichungen beschrieben. Stromübertragungs- und Eingangskennlinie haben für MOSFETs (ebenso wie für JFETs) praktisch keinen Sinn, weil der Eingangsstrom I_G beim MOSFET wegen der isolierten Gate-Elektrode nahezu null ist (fA-Bereich). Diese Kennlinien werden deshalb auch nicht angegeben.

6.5.5.1 n-Kanal MOSFET, Anreicherungstyp

Wie bereits in Abschn. 6.5.3 gezeigt, sperrt zunächst ein solcher MOSFET bei einer Gate-Spannung von $U_{GS} = 0\,\mathrm{V}$, bei höheren positiven Gate-Source-Spannungen leitet er.

Der n-Kanal Anreicherungstyp kann nur mit positiven Spannungen U_{GS} betrieben werden. Es ergeben sich die Kennlinien in Abb. 6.35.

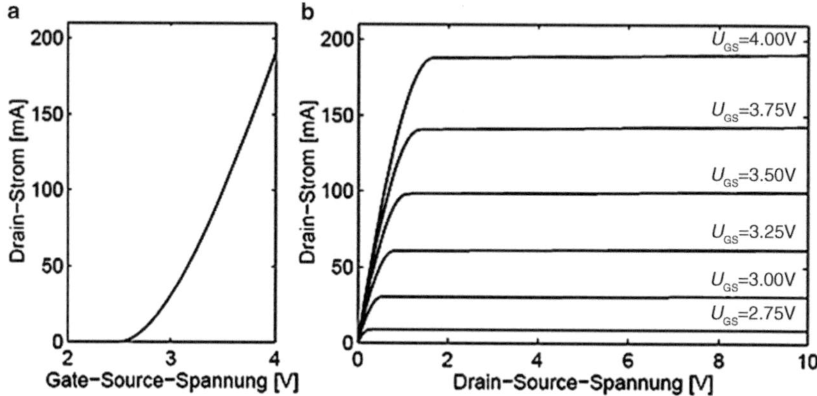

Abb. 6.35 Beispiel für die Übertragungskennlinie (**a**) und das Ausgangskennlinienfeld (**b**) eines n-Kanal MOSFETs vom Anreicherungstyp

Für den Kanalstrom I_D werden hier einfache Modellgleichungen angegeben, die sich je nach Bereich im Ausgangskennlinienfeld unterscheiden (Sperrbereich, Ohm'scher Bereich, Sättigungsbereich). Die Kanallänge zwischen Source und Drain sei L, die Kanalbreite W (Abb. 6.36).

1. Sperrbereich Bedingung $U_{GS} < U_{th}$

Hier ist:

$$I_D = 0 \tag{6.18}$$

2. Ohm'scher Bereich Bedingung $0 < U_{DS} < U_{GS} - U_{th},\ U_{GS} > U_{th}$

Der Strom I_D über die gesamte Kanalfläche $L \cdot W$ unter Influenzwirkung ist:

$$I_D\,(U_{GS}, U_{DS}) = K \cdot \left[(U_{GS} - U_{th}) \cdot U_{DS} - \frac{1}{2} \cdot U_{DS}^2 \right] \tag{6.19}$$

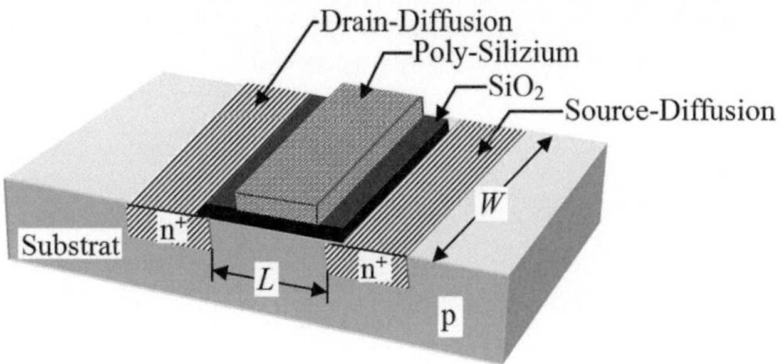

Abb. 6.36 Zum Steilheitsparameter, Abmessungen des Kanals beim MOSFET

mit dem *Steilheitsparameter* K (Steilheitskoeffizient, Transkonduktanz-Koeffizient)

$$K = \frac{\varepsilon_0 \cdot \varepsilon_{\text{Ox}} \cdot \mu_\text{n}}{d_{\text{Ox}}} \cdot \frac{W}{L} \quad [K] = \frac{\text{A}}{\text{V}^2} = \frac{\text{S}}{\text{V}} \tag{6.20}$$

ε_0 $= 8{,}85 \cdot 10^{-12}\,\frac{\text{As}}{\text{Vm}}$ = absolute Dielektrizitätskonstante.
ε_{Ox} = relative Dielektrizitätskonstante der Gate-Oxidschicht ($\varepsilon_{\text{Ox}} = 3{,}9$ für SiO_2).
d_{Ox} = Dicke der Gate-Oxidschicht.
μ_n $\approx 0{,}05\ldots 0{,}07\,\text{m}^2/(\text{V s})$ = Elektronenbeweglichkeit (beim n-Kanal MOSFET sind Elektronen die Ladungsträger im Kanal, die Beweglichkeit hängt von der Dotierung ab und ist deutlich geringer als die Beweglichkeit in undotiertem Silizium mit $\mu_\text{n} \approx 0{,}135\,\text{m}^2/(\text{V s})$).
L = Kanallänge.
W = Kanalbreite.
U_{GS} = Gate-Source-Spannung.
U_{DS} = Drain-Source-Spannung.
U_{th} = Schwellenspannung.
$\frac{W}{L}$ ist ein Geometriefaktor und $K_\text{P} = \frac{\varepsilon_0 \cdot \varepsilon_{\text{Ox}} \cdot \mu_\text{n}}{d_{\text{Ox}}}$ ist eine Prozesskonstante. Ein typischer Wert ist $K_\text{P} = 10\ldots 30\,\frac{\mu\text{A}}{\text{V}^2}$.

Die Tangentensteigung der Übertragungskennlinie in einem Arbeitspunkt AP ist die Steilheit S, auch als g_m oder g_{21} bezeichnet, sie stellt formal einen differenziellen Leitwert dar und wird *Übertragungssteilheit* genannt.

Durch Differenzieren von Gl. 6.19 nach U_{GS} erhält man für den Ohm'schen Bereich als Übertragungssteilheit:

$$S = \left.\frac{\partial I_\text{D}}{\partial U_{\text{GS}}}\right|_{U_{\text{DS}}=\text{const.}} = K \cdot U_{\text{DS,AP}} \tag{6.21}$$

Für den Ohm'schen Bereich folgt aus Gl. 6.19 als Anstieg der Ausgangskennlinie der *Kanal-Leitwert* g_{DS}:

$$g_{\text{DS}} = \frac{\partial I_\text{D}}{\partial U_{\text{DS}}} = K \cdot (U_{\text{GS}} - U_{\text{th}} - U_{\text{DS}}) \tag{6.22}$$

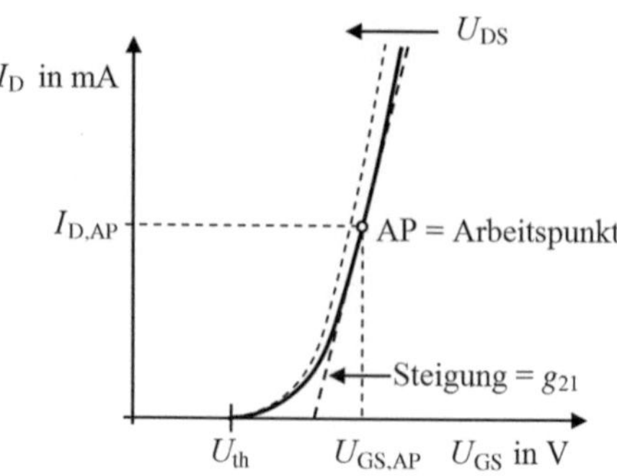

Abb. 6.37 Übertragungskennlinie $I_D = f(U_{GS})$ für $U_{DS} = \text{const.}$ eines n-Kanal MOSFETs, Anreicherungstyp

Der dynamische Ausgangswiderstand (*Kleinsignalausgangswiderstand*) ist somit im Ohm'schen Bereich:

$$r_{DS} = \frac{1}{g_{DS}} = \frac{1}{K \cdot (U_{GS} - U_{th} - U_{DS})} \tag{6.23}$$

Die Steilheit und der Ausgangswiderstand sind im Ohm'schen Bereich kleiner als im Abschnürbereich. Die erzielbare Verstärkung ist deshalb im Ohm'schen Bereich ebenfalls deutlich geringer.

3. Sättigungsbereich (Abschnürbereich): **Bedingung** $U_{DS} \geq U_{GS} - U_{th} > 0$, $U_{GS} > U_{th}$
Die Übertragungskennlinie wird für $U_{GS} > U_{th}$ beschrieben durch:

$$I_D\,(U_{GS}) = \frac{K}{2} \cdot (U_{GS} - U_{th})^2 \tag{6.24}$$

Für den Sättigungsbereich ergibt sich durch Differenzieren von Gl. 6.24 nach U_{GS} als Übertragungssteilheit:

$$S = \left.\frac{\partial I_D}{\partial U_{GS}}\right|_{U_{DS}=\text{const.}} = K \cdot (U_{GS} - U_{th}) \tag{6.25}$$

Die Übertragungssteilheit kann auch als Funktion des Drainstromes $I_{D,AP}$ in einem bestimmten Arbeitspunkt angegeben werden (Abb. 6.37). Dazu wird Gl. 6.24 nach $(U_{GS} - U_{th})$ aufgelöst und in Gl. 6.25 eingesetzt.

$$S = \left.\frac{\partial I_D}{\partial U_{GS}}\right|_{U_{DS}=\text{const.}} = \sqrt{2 \cdot K \cdot I_{D,AP}} \tag{6.26}$$

Die Steilheit eines MOSFETs ist also im Sättigungsbereich nicht nur vom Drain-Ruhestrom im Arbeitspunkt, sondern auch von der Geometrie des inneren Aufbaus abhängig. Beim Bipolartransistor dagegen ist die Steilheit nur vom Ruhestrom im Arbeitspunkt abhängig.

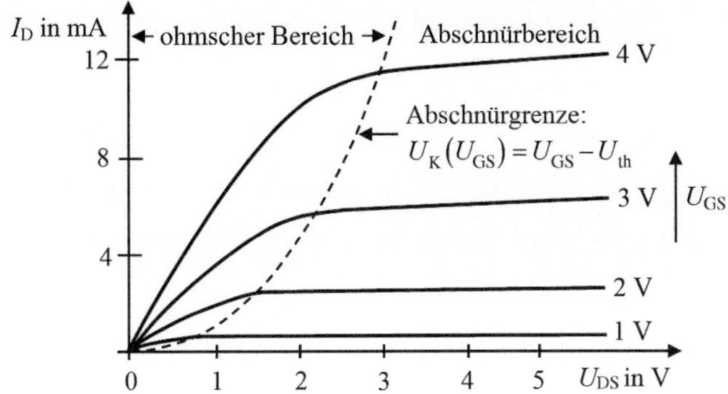

Abb. 6.38 Ausgangskennlinienfeld eines n-Kanal MOSFETs, Anreicherungstyp. Die Kniespannung U_K wird auch mit $U_{DS,ab}$ oder U_{DSP} (Drain-Abschnürspannung oder Drain-Source Pinch-off Voltage) bezeichnet. Der Abschnürbereich wird auch Pinch-off Bereich genannt

Die Gln. 6.18, 6.19 und 6.24 bzw. 6.28 stellen die *Großsignalgleichungen* des MOSFETs dar.

In Datenblättern ist statt K oft die Steilheit für einen bestimmten Drainstrom angegeben. In diesem Fall kann K aus der Steilheit ermittelt werden:

$$K \approx \frac{S^2}{2 \cdot I_{D,AP}} \tag{6.27}$$

Der begrenzte Anstieg der Ausgangskennlinien im Sättigungsbereich (Abb. 6.38) beruht auf dem Early-Effekt. Steigt U_{DS} auf größere Werte als zur Sättigung notwendig, so führt dies zu einer größeren Ausdehnung der Sperrschicht zwischen Inversionskanal und Drainzone. Die daraus folgende Verkürzung der Inversionszone (= Reduzierung des Widerstandes) hat einen weiteren Anstieg des Sättigungsstromes zur Folge. Die Erhöhung des Stromes $I_D = f(U_{DS})$ wird empirisch (genauer als mit Gl. 6.24) mit dem Parameter λ der Kanallängen-Modulation beschrieben.

$$I_D(U_{GS}, U_{DS}) = \frac{K}{2} \cdot (U_{GS} - U_{th})^2 \cdot (1 + \lambda \cdot U_{DS}) \tag{6.28}$$

λ ist der Kehrwert der Early-Spannung U_Y:

$$\lambda = \frac{1}{U_Y} \tag{6.29}$$

Der dynamische Ausgangswiderstand ist im Abschnürbereich:

$$r_{DS} = \frac{1}{I_{D,AP} \cdot \lambda} \tag{6.30}$$

Der Kleinsignalausgangswiderstand r_{DS} beschreibt die Änderung der Drain-Source-Spannung U_{DS} mit dem Drainstrom I_D in einem Arbeitspunkt. r_{DS} kann aus dem Kehrwert der Steigung der Tangente im Ausgangskennlinienfeld nach Abb. 6.38 ermittelt werden.

$$r_{DS} = \frac{\Delta U_{DS,AP}}{\Delta I_{D,AP}} \tag{6.31}$$

Zusammenfassung

Zur Beschreibung der MOSFET-Kennlinien existieren drei Parameter:

- Die Schwellenspannung U_{th}. Typische Werte: $U_{th} = |0{,}2\,\text{V}| \dots |0{,}6\,\text{V}|$.
- Der Steilheitsparameter K. Typischer Wert: $K = 10\,\frac{\mu\text{A}}{\text{V}^2} \cdot \frac{W}{L}$
- Der Parameter der Kanallängen-Modulation λ. Typische Werte: $\lambda = 0{,}01 \dots 0{,}1\,\text{V}^{-1}$.

6.5.5.2 n-Kanal MOSFET, Verarmungstyp

Ist das Gate-Potenzial negativ, so werden beim Verarmungstyp Elektronen aus dem Kanal herausgedrängt, die Leitfähigkeit des Kanals sinkt. Ist das Gate-Potenzial positiv, so werden weitere Elektronen in den Kanal gesaugt, die Leitfähigkeit des Kanals steigt. Im Gegensatz zum Sperrschicht-FET kann der selbstleitende MOSFET folglich sowohl mit negativen als auch mit positiven Spannungen gesteuert werden. In der Regel wird der n-Kanal Verarmungstyp jedoch mit negativen Steuerspannungen U_{GS} betrieben.

Verarmungstyp-MOSFETs werden nicht mehr für den Bau integrierter Schaltkreise eingesetzt, weil sie bei Eingangsspannung $U_{GS} = 0$ einen Strom ziehen und somit eine Ruhe-Verlustleistung verursachen (Abb. 6.39).

Die Gleichungen in Abschn. 6.5.5.1 gelten nicht nur für den dort besprochenen Anreicherungstyp, sondern auch für den Verarmungstyp. Für p-Kanal MOSFET Typen können diese Gleichungen ebenfalls verwendet werden, wobei dann anstelle U_{DS} der Betrag $|U_{DS}|$ und anstelle $U_{GS} - U_{th}$ der Betrag $|U_{GS} - U_{th}|$ zu nehmen ist (U_{th} ist durch U_P zu ersetzen).

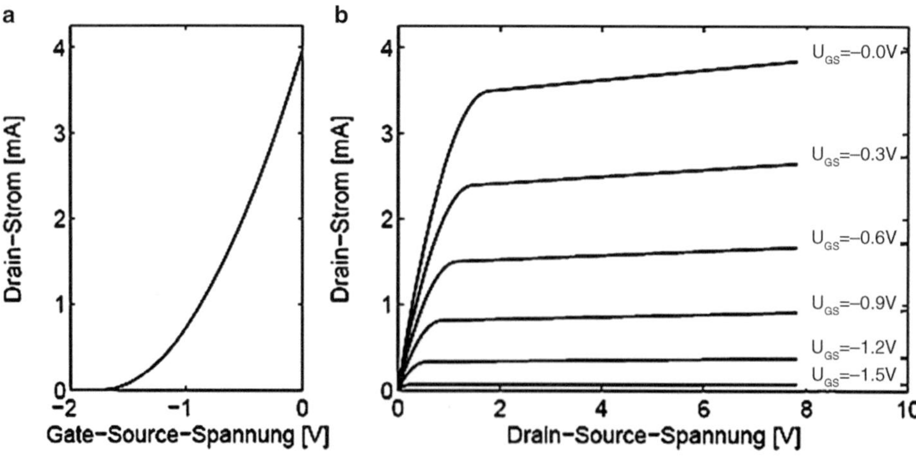

Abb. 6.39 Beispiel für die Übertragungskennlinie (**a**) und Ausgangskennlinie (**b**) eines n-Kanal MOSFETs vom Verarmungstyp

6.5.6 MOSFET als steuerbarer Widerstand

Im Ohm'schen Bereich kann ein MOSFET als steuerbarer Widerstand betrieben werden. Dabei wird über die Steuerspannung U_{St}, die der Gate-Source-Spannung U_{GS} entspricht, der Widerstand der Drain-Source-Strecke verändert.

Nach Gl. 6.19 ist der Drainstrom eines MOSFETs im Ohm'schen Bereich (unter Vernachlässigung der Early-Spannung) mit den Bedingungen $0 < U_{DS} < U_{GS} - U_{th}$, $U_{GS} \geq U_{th}$:

$$I_D\left(U_{GS}, U_{DS}\right) = K \cdot U_{DS} \cdot \left[U_{GS} - U_{th} - \frac{U_{DS}}{2}\right] \tag{6.32}$$

Der Widerstand der Drain-Source-Strecke ist (vgl. Gl. 6.26):

$$R\left(U_{GS}\right) = \frac{\partial U_{DS}}{\partial I_D} = \frac{1}{K \cdot \left(U_{GS} - U_{th} - U_{DS}\right)} \tag{6.33}$$

Dieser ist wegen der Abhängigkeit von U_{DS} nicht linear, wenn der Arbeitspunkt nicht im Ohm'schen Bereich in der Nähe des Ursprungs des Ausgangskennlinienfeldes liegt, also wenn U_{DS} in die Nähe der Abschnürgrenze kommt oder darüber liegt.

Einschaltwiderstand $R_{DS(on)}$
Von besonderer Bedeutung ist der *Einschaltwiderstand* $R_{DS(on)}$ bei $U_{DS} = 0\,V$:

$$R_{DS(on)} = \frac{1}{K \cdot \left(U_{GS} - U_{th}\right)} \tag{6.34}$$

$R_{DS(on)}$ ist eine wichtige Kenngröße eines Leistungs-MOSFETs im Schalterbetrieb und soll möglichst klein sein, um während der leitenden Phase die im Transistor entstehende Verlustleistung möglichst klein zu halten.

Da die Ausgangskennlinien in der Umgebung von $U_{DS} = 0\,V$ nahezu linear verlaufen, ist $R_{DS(on)}$ unabhängig von U_{DS} und der FET wirkt bei Aussteuerung mit kleinen Amplituden als linearer, über U_{GS} steuerbarer Widerstand. Bei größeren Amplituden macht sich jedoch, wie oben erwähnt, die zunehmende Krümmung der Kennlinien bemerkbar und das Verhalten wird zunehmend nichtlinear (Abb. 6.40).

Die Linearität wird verbessert, wenn die Steuerspannung nicht direkt an das Gate gelegt wird, sondern vorher die halbe Drain-Source-Spannung addiert wird. Dazu kann

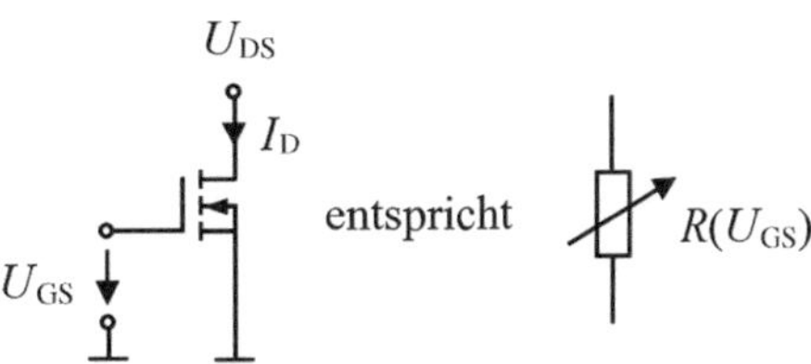

Abb. 6.40 FET als steuerbarer Widerstand, nichtlineare Schaltung

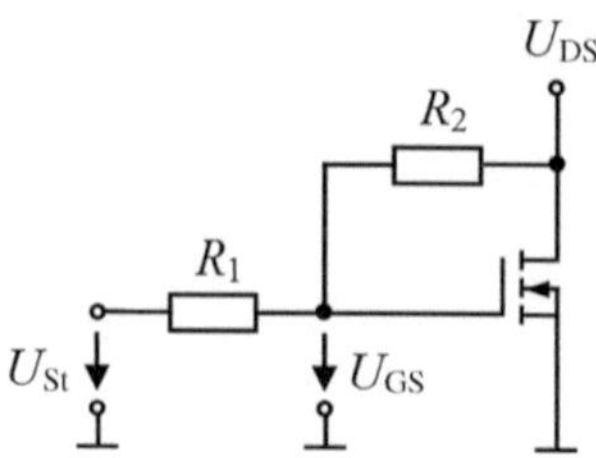

Abb. 6.41 FET als steuerbarer Widerstand, Schaltung mit verbesserter Linearität

eine Schaltung mit einem Spannungsteiler aus zwei hochohmigen Widerständen (z. B. $R_1 = R_2 = 1\,\text{M}\Omega$) verwendet werden (Abb. 6.41).

U_{GS} in Abb. 6.41 errechnet sich zu:

$$U_{GS} = \frac{U_{DS} \cdot R_1 + U_{St} \cdot R_2}{R_1 + R_2} \tag{6.35}$$

Für $R_1 = R_2$ ist

$$U_{GS} = \frac{U_{DS} + U_{St}}{2} \tag{6.36}$$

Gl. 6.36 eingesetzt in Gl. 6.32 ergibt:

$$I_D\,(U_{GS}, U_{DS}) = K \cdot U_{DS} \cdot \left(\frac{U_{St}}{2} - U_{th}\right) \tag{6.37}$$

Somit ist:

$$R\,(U_{St}) = \frac{\partial U_{DS}}{\partial I_D} = \frac{1}{K \cdot \left(\frac{U_{St}}{2} - U_{th}\right)} \tag{6.38}$$

Gültig ist Gl. 6.37 für $U_{DS} \ll U_Y$ (U_Y = Early-Spannung).

Es besteht nun eine lineare Abhängigkeit des Widerstandes R_{DS} von der Steuerspannung U_{St} über einen großen Teil des Ohm'schen Bereiches, die nichtlineare Abhängigkeit von U_{DS} entfällt.

Diese Art der Linearisierung eines FET als steuerbarer Widerstand kann auch bei einem JFET angewandt werden.

Beispiel 6.2

$$K = 5\,\frac{\text{mA}}{\text{V}^2};\quad U_{th} = 2\,\text{V};\quad U_{GS} = 4\,\text{V};\quad U_{St} = 8\,\text{V};\quad U_{DS} = 0\,\text{V} \ldots 1{,}5\,\text{V}$$

$$R(U_{DS}) = \frac{1}{K \cdot (U_{GS} - U_{th} - U_{DS})};\quad R_{lin}(U_{St}) = \frac{1}{K \cdot \left(\frac{U_{St}}{2} - U_{th}\right)}$$

Den jeweiligen Widerstandsverlauf zeigt Abb. 6.42.

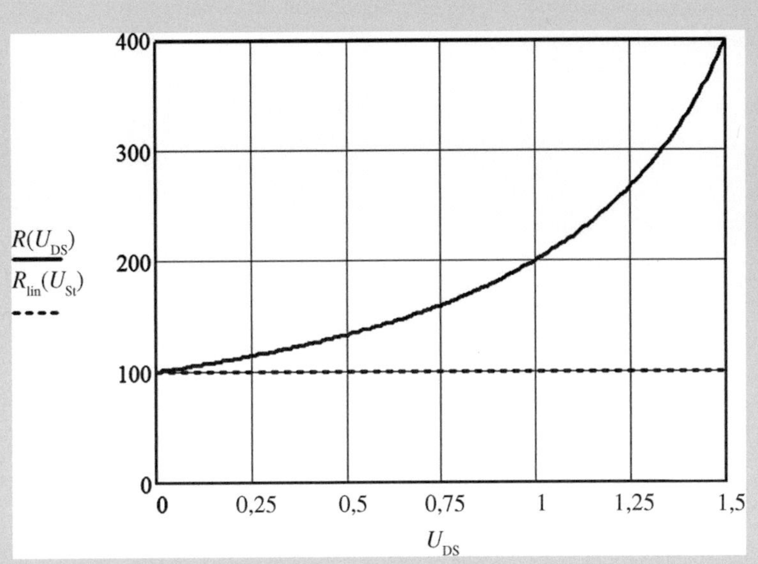

Abb. 6.42 Vergleich des Widerstandsverlaufs der nichtlinearen (Abb. 6.40) und der linearisierten Schaltung (Abb. 6.41) für $K = 5\,\text{mA/V}^2$, $U_{th} = 2\,\text{V}$, $U_{GS} = 4\,\text{V}$, $U_{St} = 8\,\text{V}$

6.5.7 Temperaturabhängigkeit der MOSFET-Parameter

Gatestrom

Beim MOSFET zeigt der Gatestrom I_G kein ausgeprägtes Temperaturverhalten, da es sich bei I_G nur um einen durch Verunreinigungen in der Isolierschicht hervorgerufenen Leckstrom handelt.

Drainstrom

Sowohl der Steilheitsparameter K als auch die Schwellenspannung U_{th} sind beim MOSFET temperaturabhängig.

K wird mit steigender Temperatur kleiner, da die Beweglichkeit der Ladungsträger durch die stärkeren Gitterschwingungen der Atome abnimmt. Für die Temperaturabhängigkeit gilt:

$$K(T) = K(25\,°\text{C}) \cdot \left(\frac{T}{300}\right)^{-2{,}3} \tag{6.39}$$

Auch U_{th} nimmt mit steigender Temperatur ab.

Für integrierte MOSFETs mit einfacher Diffusion gilt:

$$\frac{\mathrm{d}U_{th}}{\mathrm{d}T} \approx -3{,}5 \ldots -2\frac{\text{mV}}{\text{K}} \tag{6.40}$$

Der Punkt $U_{GS,TK}$, an dem der Temperaturkoeffizient des Drainstromes zu null wird, ist bei n-Kanal MOSFETs (Abb. 6.43):

$$U_{GS,TK} \approx U_{th} + 0{,}8\ldots 1{,}4\,\text{V} \quad (6.41)$$

$$I_{D,TK} \approx K \cdot 0{,}3\ldots 1\,\text{V}^2 \quad (6.42)$$

Bei p-Kanal MOSFETs gilt:

$$U_{GS,TK} \approx U_{th} - 0{,}8\ldots 1{,}4\,\text{V} \quad (6.43)$$

$$I_{D,TK} \approx -K \cdot 0{,}3\ldots 1\,\text{V}^2 \quad (6.44)$$

Die Gln. 6.41 bis 6.44 gelten für integrierte MOSFETs mit einfacher Diffusion. Einzel-MOSFETs werden fast nur mit doppelter Diffusion (*DMOS*) ausgeführt, für sie gilt:

$$U_{GS,TK(DMOS)} \approx U_{th} + 2\,\text{V} \quad (6.45)$$

$$I_{D,TK(DMOS)} \approx K \cdot 2\,\text{V}^2 \quad (6.46)$$

In der Praxis werden die meisten n-Kanal-MOSFETs mit $U_{GS} > U_{GS,TK}$ betrieben. In diesem Bereich ist der Temperaturkoeffizient negativ, der Drainstrom nimmt also mit zunehmender Temperatur ab. Diese thermische Gegenkopplung ergibt einen thermisch stabilen Betrieb ohne besondere schaltungstechnische Maßnahmen. Im Gegensatz dazu muss beim Bipolartransistor eine elektrische Gegenkopplung erfolgen, damit durch die mit der Temperatur zunehmenden Ströme keine thermische Mitkopplung entstehen kann, die zur Aufheizung und Zerstörung des Transistors führt.

Wird der MOSFET als Schalter eingesetzt, so ist der Kanal entweder niederohmig oder er sperrt. In dieser Betriebsart bestimmt die Verlustleistung im Transistor hauptsächlich der Drainstrom I_D, der durch den Kanalwiderstand $R_{DS(on)}$ fließt. Der *Einschaltwiderstand* $R_{DS(on)}$ (*Drain-Source-Durchlasswiderstand, on-state resistance*) ist einer der wichtigsten Parameter eines als Schalter betriebenen MOSFETs. Damit während der leitenden

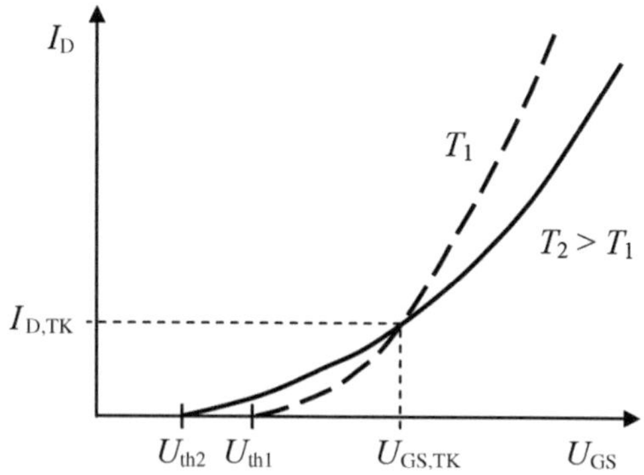

Abb. 6.43 Übertragungskennlinie eines n-Kanal MOSFETs mit Temperaturkompensationspunkt

Phase die Verlustleistung möglichst gering ist, muss $R_{DS(on)}$ möglichst klein sein. $R_{DS(on)}$ ist umso größer, je größer die maximale Sperrspannung eines MOSFET ist. Ein üblicher Wert ist z. B. $R_{DS(on)} = 0{,}1\,\Omega$ bei einer Sperrspannung von 250 V, Werte bis unter 1 mΩ sind möglich.

Parallelschalten von MOSFETs

Im Gegensatz zu bipolaren Transistoren besitzt der Kanalwiderstand der Drain-Source-Strecke des MOSFETs einen positiven Temperaturkoeffizienten. Dies bedeutet, dass bei steigender Temperatur auch der Widerstand steigt. Dadurch kann man in einigen Anwendungen mehrere MOSFET ohne zusätzliche symmetrierende Maßnahmen (einfacher als BJTs) parallel schalten, um die Stromtragfähigkeit zu erhöhen und den Spannungsabfall zu verringern. Sobald einer der MOSFETs durch zu viel Strom zu heiß wird, steigt sein Widerstand, er leitet weniger Strom und kann sich wieder abkühlen.

Für $R_{DS(on)}$ in Abhängigkeit der absoluten Temperatur T gilt:

$$R_{DS(on)}(T) = R_{DS(on)}(25\,°C) \cdot \left(\frac{T}{300}\right)^{2,3} \tag{6.47}$$

Ein Richtwert ist eine annähernde Verdoppelung von $R_{DS(on)}$ bei einer Temperaturerhöhung von 25 °C auf 150 °C.

Werden bei parallel geschalteten MOSFETs die Gateanschlüsse direkt miteinander verbunden, so kann es zu parasitären Hochfrequenzschwingungen an den Gates kommen. Die erzeugte Spannung kann größer werden als die Gate-Source-Durchbruchspannung und kann den Transistor zerstören. Die einzelnen MOSFET-Gates sollten deshalb nicht direkt, sondern über mit den MOSFET-Gates in Reihe geschaltete Widerstände mit ca. 4,7. . . 10 Ω parallel geschaltet werden. Die Zuleitungen zu den einzelnen MOSFETs sollten außerdem möglichst identisch ausgeführt werden.

6.6 Modelle und Ersatzschaltungen des Feldeffekttransistors

6.6.1 Statisches Verhalten

In Abschn. 6.5.5 wurde das statische Verhalten eines MOSFETs durch die Großsignalgleichungen ohne Berücksichtigung sekundärer Effekte beschrieben. Für den rechnergestützten Schaltungsentwurf (z. B. mit SPICE, PSPICE) werden genauere Modelle benötigt.

Im Gegensatz zum Bipolartransistor, bei dem sich das Gummel-Poon-Modell bewährt hat, gibt es für Feldeffekttransistoren eine Vielzahl von Modellen, die in unterschiedlicher Weise physikalische Eigenschaften berücksichtigen und teilweise sehr komplex sind.

Für MOSFETs gibt es sechs Standardmodelle, bezeichnet mit LEVEL 1 bis 6. Auf eine detaillierte Beschreibung der Gleichungen dieser Modelle mit allen Parametern wird hier verzichtet. Abb. 6.44 zeigt ein ESB für einen n-Kanal JFET.

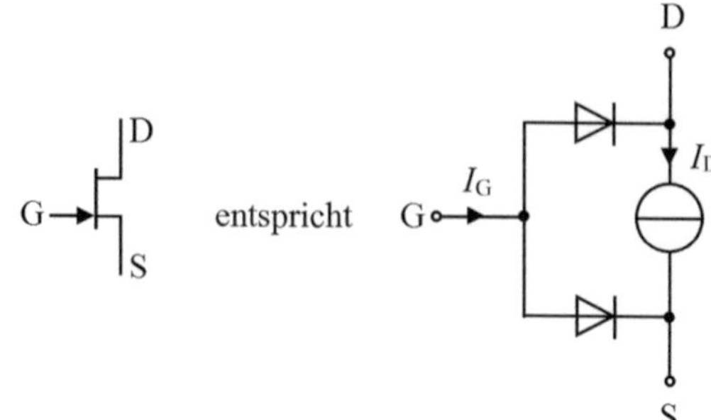

Abb. 6.44 Großsignal-Ersatzschaltbild für einen n-Kanal JFET (Abschnürbereich)

- Das LEVEL 1-Modell geht auf Arbeiten von Shichman und Hodges sowie Meyer zurück (Abb. 6.45). Es beschreibt grob das Verhalten eines MOSFETs mit großen Kanallängen. Es eignet sich nicht für hochintegrierte MOS-Transistoren mit kurzen Kanälen.
- Das LEVEL 2-Modell erfasst Kurzkanaleffekte auf der Basis einer physikalischen Modellierung.
- Das LEVEL 3-Modell erfasst ebenfalls Kurzkanaleffekte mittels parametrisierter Abhängigkeiten und ermöglicht kürzere Rechenzeiten.
- Das LEVEL 4-Modell entspricht dem BSIM-Modell (Berkeley Short-Channel IGFET Modell) für Submikrometer-MOSFETs.
- Das LEVEL 5-Modell wurde durch das LEVEL 6-Modell ersetzt.
- Das LEVEL 6-Modell entspricht dem BSIM3-Modell (University of California, Berkeley). Es eignet sich für die Simulation von Submikrometer-MOSFETs und von Analogschaltungen.

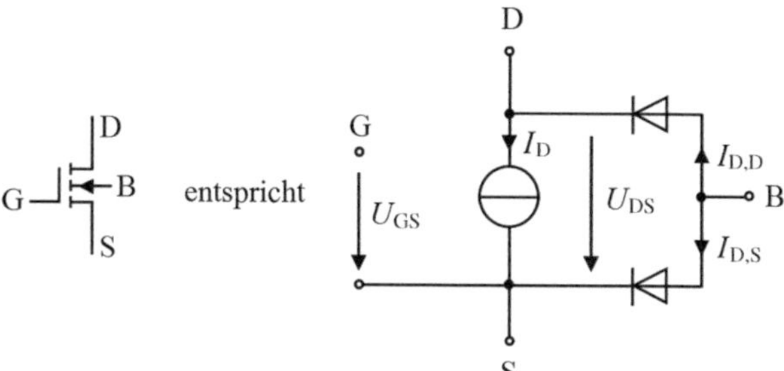

Abb. 6.45 Großsignal-Ersatzschaltbild für einen n-Kanal MOSFET (Level 1). Die Stromquelle I_D wird von der Spannung U_{GS} gesteuert

6.6.2 Dynamisches Verhalten

Das Verhalten bei Ansteuerung mit puls- oder sinusförmigen Signalen wird als dynamisches Verhalten bezeichnet, es kann nicht aus den Kennlinien ermittelt werden. Ursachen für das dynamische Verhalten sind drei Gruppen von Kapazitäten zwischen den verschiedenen Bereichen eines MOSFETs:

- Die *Kanalkapazitäten*, sie beschreiben die kapazitive Wirkung zwischen Gate und Kanal.
- Die linearen *Überlappungskapazitäten*, sie ergeben sich aus der geometrischen Überlappung zwischen dem Gate und dem Source-, Drain- und Bulk-Gebiet.
- Die nichtlinearen *Sperrschichtkapazitäten*, sie ergeben sich aus den pn-Übergängen zwischen Bulk und Source bzw. Bulk und Drain.

In CAD-Programmen zur Schaltungssimulation werden eine Vielzahl von Parametern zur Berücksichtigung der Kapazitäten in unterschiedlichen Kennlinienbereichen und auch Bahnwiderstände (R_G = Gate-Bahnwiderstand, R_S = Source-Bahnwiderstand, R_D = Drain-Bahnwiderstand, R_B = Bulk-Bahnwiderstand) verwendet.

6.6.3 Kleinsignalmodell

6.6.3.1 Gleichstrom-Kleinsignalersatzschaltbild

Die folgenden Kleinsignalmodelle (Gleich- und Wechselstrom-Kleinsignalersatzschaltbild) gelten nur für den Abschnürbereich.

Das Gleichstrom-Kleinsignalersatzschaltbild (statisches Kleinsignalmodell) beschreibt das Kleinsignalverhalten bei niedrigen Frequenzen. Der Eingangswiderstand r_{GS} wird als unendlich groß angenommen, somit ist der Eingangsstrom $i_G \approx 0$.

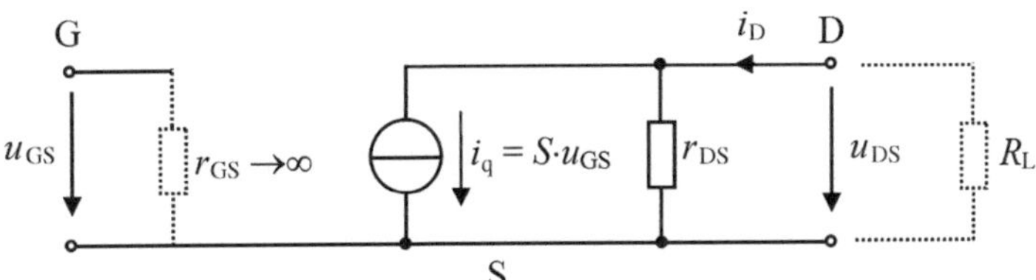

Abb. 6.46 Kleinsignalersatzschaltbild zur Berechnung des Kleinsignalverhaltens im Abschnürbereich eines JFET in Sourceschaltung für niedrige Frequenzen (0…10 kHz)

Es werden die einzelnen Elemente in Abb. 6.46 betrachtet.

- Die Grundfunktion ist eine von u_{GS} gesteuerte Stromquelle.

$$i_q = S \cdot u_{GS} \tag{6.48}$$

- Die Steilheit (Transfersteilheit, Vorwärtssteilheit) S entspricht der Steigung der Spannungs-Steuerkennlinie im Arbeitspunkt. Richtwert: $S = 2 \ldots 20\,\text{mS}$.

$$S = \left.\frac{i_D}{u_{GS}}\right|_{u_{DS}=\text{const}} = \left.\frac{\Delta I_D}{\Delta U_{GS}}\right|_{U_{DS}=\text{const}} \tag{6.49}$$

- Differenzieller Ausgangswiderstand

Auch im Abschnürbereich hat u_{DS} noch einen (geringen) rückwirkenden Einfluss auf i_D. Modelliert wird dieser Sachverhalt durch den Drain-Source-Widerstand r_{DS}. Der differenzielle Kleinsignalausgangswiderstand r_{DS} beschreibt die Änderung der Drain-Source-Spannung U_{DS} mit dem Drainstrom I_D im Arbeitspunkt. Der Ausgangswiderstand r_{DS} entspricht dem Kehrwert der Steigung der Ausgangskennlinie im Arbeitspunkt. Richtwert: $r_{DS} = 100\,\text{k}\Omega \ldots 10\,\text{M}\Omega$.

$$r_{DS} = \left.\frac{u_{DS}}{i_D}\right|_{u_{GS}=\text{const}} = \left.\frac{\Delta U_{DS}}{\Delta I_D}\right|_{U_{GS}=\text{const}} \tag{6.50}$$

- Spannungsverstärkung für $R_L \to \infty$, Richtwert: $v_u = 50 \ldots 300$.

Bei endlichem Lastwiderstand R_L muss in Gl. 6.51 statt r_{DS} der Wert für die Parallelschaltung aus R_L und r_{DS} eingesetzt werden.

$$v_u = \frac{u_{DS}}{u_{GS}} = -S \cdot r_{DS} \tag{6.51}$$

Für den Ohm'schen Bereich gilt für die Werte der Parameter des Ersatzschaltbildes näherungsweise:

$$S_{oB} = \frac{\partial I_D}{\partial U_{GS}} = K \cdot U_{DS} \tag{6.52}$$

$$r_{DS,oB} = \frac{\partial U_{DS}}{\partial I_D} = \frac{1}{K \cdot (U_{GS} - U_{th} - U_{DS})} \tag{6.53}$$

mit

$$K = \frac{S^2}{2 \cdot I_D} \tag{6.54}$$

Man beachte hierzu auch die Beschreibung der Arbeitsbereiche in Abschn. 6.5.5.1.

Die *Kleinsignalgleichungen* (Übertragungsgleichungen) sind:

$$i_G = 0 \cdot u_{GS} + 0 \cdot u_{DS} = 0 \tag{6.55}$$

$$i_D = S \cdot u_{GS} + \frac{1}{r_{DS}} \cdot u_{DS} \tag{6.56}$$

Die Kleinsignalgleichungen in Matrixform:

$$\begin{bmatrix} i_G \\ i_D \end{bmatrix} = \begin{bmatrix} 0 & 0 \\ S & \frac{1}{r_{DS}} \end{bmatrix} \begin{bmatrix} u_{GS} \\ u_{DS} \end{bmatrix} \tag{6.57}$$

Somit ist die Y-Leitwert-Matrix der Sourceschaltung:

$$Y_S = \begin{bmatrix} 0 & 0 \\ S & \frac{1}{r_{DS}} \end{bmatrix} \tag{6.58}$$

Wie beim Bipolartransistor wird der Gültigkeitsbereich der Kleinsignalbetrachtung geprüft. Mit einer Taylor-Reihenentwicklung kann gezeigt werden, dass der Klirrfaktor k bei harmonischer Ansteuerung wie folgt berechnet werden kann:

$$k = \frac{\hat{u}_{GS}}{4\,(U_{GS,AP} - U_{th})} \tag{6.59}$$

Damit $k < 1\,\%$ ist, erhält man bei FETs (Einzeltransistoren) einen Wert von $\hat{u}_{GS} < 40\ldots80\,\text{mV}$. Bei gleichem Klirrfaktor ist also beim FET eine wesentlich größere Aussteuerung möglich als beim Bipolartransistor, bei dem $\hat{u}_{BE} < 1\,\text{mV}$ für $k < 1\,\%$ sein muss.

Beispiel 6.3

Ermittlung der Steilheit S und des differenziellen Kleinsignalausgangswiderstandes r_{DS} eines FET aus dem Ausgangskennlinienfeld: Die Werte zur Berechnung von S und r_{DS} werden dem Ausgangskennlinienfeld entnommen (Abb. 6.47).

$$S = \left.\frac{\Delta I_{Ds}}{\Delta U_{GS}}\right|_{AP} = \frac{10{,}7\,\text{mA} - 4{,}7\,\text{mA}}{0\,\text{V} - (-1\,\text{V})} = \frac{6\,\text{mA}}{1\,\text{V}} = \underline{\underline{6\,\text{mS}}}$$

$$r_{DS} = \left.\frac{\Delta U_{DS}}{\Delta I_{Dr}}\right|_{AP} = \frac{14\,\text{V}}{8\,\text{mA} - 6{,}2\,\text{mA}} = \underline{\underline{7777\,\Omega}}$$

Dieser Wert von r_{DS} ist im Sättigungsbereich in Wirklichkeit wesentlich höher (einige hundert kΩ bis einige zehn MΩ). Der Verlauf der Ausgangskennlinien ist übertrieben stark ansteigend gezeichnet, um den Rechengang erläutern zu können.

6.6.3.2 Wechselstrom-Kleinsignalersatzschaltbild

Das Wechselstrom-Kleinsignalersatzschaltbild (dynamisches Kleinsignalmodell) beschreibt zusätzlich das dynamische Kleinsignalverhalten. Es wird zur Berechnung des Frequenzgangs von Schaltungen benötigt.

Das folgende Ersatzschaltbild bezieht sich auf Einzel-MOSFETs, bei denen Source und Bulk im allgemeinen verbunden sind, so dass kein Substratsteuereffekt auftritt.

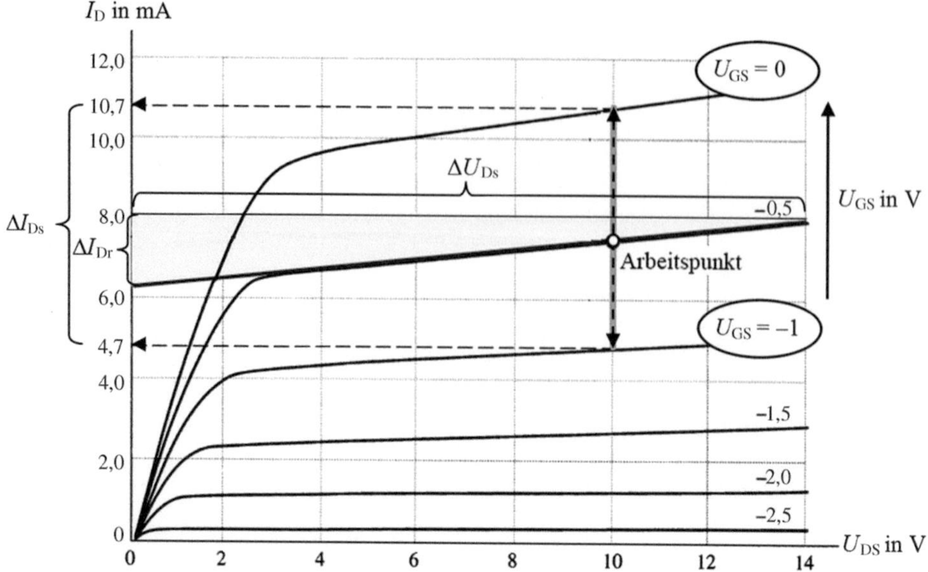

Abb. 6.47 Zur Ermittlung von S und r_{DS} eines FET aus dem Ausgangskennlinienfeld

Für praktische Berechnungen werden die Bahnwiderstände R_S und R_D vernachlässigt. Dagegen kann der Gate-Bahnwiderstand R_G nicht immer vernachlässigt werden, da er zusammen mit der Gate-Source-Kapazität C_{GS} einen Tiefpass 1. Ordnung im Gate-Kreis bildet, der bei der Berechnung des dynamischen Verhaltens (Frequenzgangs) von Grundschaltungen oft berücksichtigt werden muss, da er die Verstärkung bei hohen Frequenzen begrenzt. Damit erhält man ein vereinfachtes dynamisches Kleinsignalmodell (Abb. 6.48).

Abb. 6.48 Wechselstrom-Kleinsignalersatzschaltbild eines Einzel-MOSFETs (Abschnürbereich, Sourceschaltung)

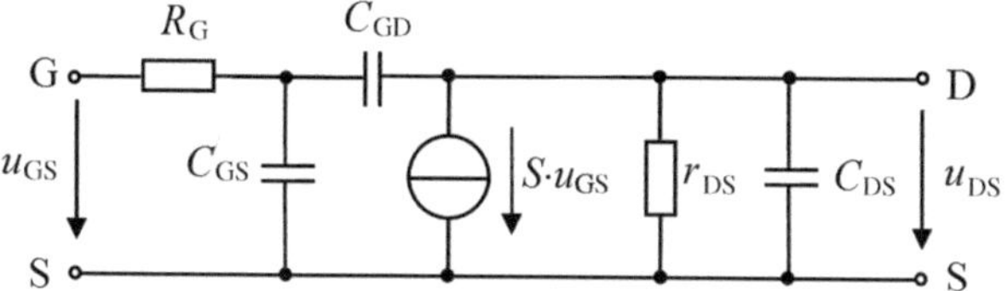

Die Ein- und Ausgangskapazitäten liegen in der Größenordnung $C_{GS}, C_{DS} \approx 0{,}5\ldots 10\,\text{pF}$.

Die Rückwirkungskapazität ist im Bereich $C_{GD} \approx 0{,}02\ldots 5\,\text{pF}$.

Bei einer Verstärkerstufe in Sourceschaltung erscheint durch den Miller-Effekt die Kapazität C_{GD} mit dem Faktor $(1 + V_u)$ multipliziert an den Eingangsklemmen (zwischen Gate und Source) als Eingangskapazität C_e.

$$C_e = C_{GD} \cdot (1 + V_u) \tag{6.60}$$

Dabei ist V_u die Spannungsverstärkung der Stufe. Die wirksame Eingangskapazität des Transistors wird durch den Miller-Effekt in einer Source-Stufe (so wie in einer Verstärkerstufe mit einem bipolaren Transistor in Emitterschaltung) wesentlich vergrößert.

Beispiel 6.4
Bei $V_u = -100$ beträgt die Kapazität am Eingang $C_M = 101 \cdot C_{GD}$. Dabei ist C_M die so genannte Miller-Kapazität.

6.6.3.3 Grenzfrequenzen bei Kleinsignalbetrieb

Transitgrenzfrequenz
Der FET ist ein spannungsgesteuertes Bauelement, bei niedrigen Frequenzen fließt nahezu kein Gatestrom. Für hohe Frequenzen ist jedoch der über die Gate-Source-Kapazität C_{GS} fließende Strom nicht mehr vernachlässigbar. Äquivalent zum Bipolartransistor ist die Transitgrenzfrequenz f_T definiert, bei der die Stromverstärkung des FET zu eins wird. Zur Berechnung der Transitfrequenz dient das folgende Ersatzschaltbild (Abb. 6.49).

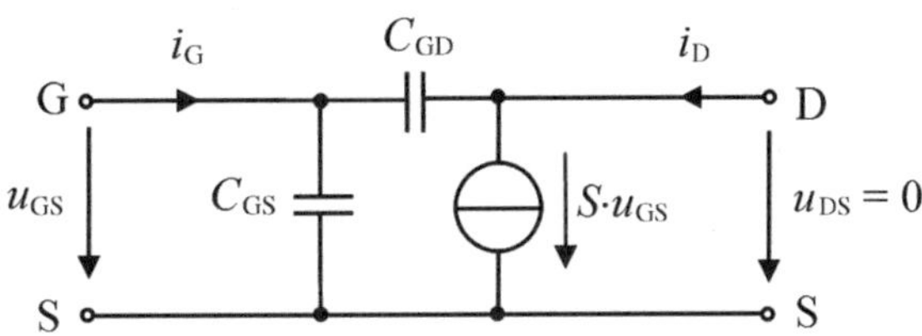

Abb. 6.49 Ersatzschaltbild zur Berechnung der Transitfrequenz beim FET

Gate- und Drainstrom sind bei wechselstrommäßig kurzgeschlossenem Ausgang

$$i_G = u_{GS} \cdot (j\omega C_{GS} + j\omega C_{GD}) \tag{6.61}$$

$$i_D = S \cdot u_{GS} - u_{GS} \cdot j\omega C_{GD} \approx S \cdot u_{GS} \tag{6.62}$$

Das Verhältnis der Beträge beider Ströme wird gleich eins gesetzt.

$$\frac{|i_D|}{|i_G|} = \frac{S}{\omega\,(C_{GS} + C_{GD})} = 1 \tag{6.63}$$

Die Transitgrenzfrequenz ist somit

$$f_T = \frac{S}{2\pi\,(C_{GS} + C_{GD})} \tag{6.64}$$

Beim FET sind somit zur Realisierung einer hohen Grenzfrequenz sowohl eine hohe Steilheit als auch eine kleine Gatekapazität notwendig. Beides kann durch eine kurze Gatelänge L erreicht werden, wie nachfolgend gezeigt wird.

Gate-Source- und Gate-Drain-Kapazität werden in der physikalisch interpretierbaren Gatekapazität zusammengefasst. Diese ist:

$$C_{\mathrm{G}} = \frac{\varepsilon_0 \cdot \varepsilon_{\mathrm{Ox}}}{d_{\mathrm{Ox}}} \cdot W \cdot L \tag{6.65}$$

$\varepsilon_0 = 8{,}85 \cdot 10^{-12}\,\frac{\mathrm{A\,s}}{\mathrm{Vm}}$ = absolute Dielektrizitätskonstante,
$\varepsilon_{\mathrm{Ox}}$ = relative Dielektrizitätskonstante der Gate-Oxidschicht ($\varepsilon_{\mathrm{Ox}} = 3{,}9$ für $\mathrm{SiO_2}$),
d_{Ox} = Dicke der Gate-Oxidschicht,
L = Kanallänge,
W = Kanalbreite.

Unter Benutzung der Gln. 6.20 und 6.25 erhält man:

$$f_{\mathrm{T}} = \frac{S}{2\pi C_{\mathrm{G}}} = \frac{\frac{\varepsilon_0 \cdot \varepsilon_{\mathrm{Ox}} \cdot \mu_{\mathrm{n}}}{d_{\mathrm{Ox}}} \cdot \frac{W}{L} \cdot (U_{\mathrm{GS}} - U_{\mathrm{th}})}{2\pi \frac{\varepsilon_0 \cdot \varepsilon_{\mathrm{Ox}}}{d_{\mathrm{Ox}}} \cdot W \cdot L} = \frac{\mu_{\mathrm{n}}}{2\pi L^2} \cdot (U_{\mathrm{GS}} - U_{\mathrm{th}}) \tag{6.66}$$

Neben der schwer beeinflussbaren Beweglichkeit sind also insbesondere *kurze Gatelängen* für die *Erhöhung der Grenzfrequenz* eines FET notwendig.

Bei sehr kurzen Gatelängen steigt die Transitgrenzfrequenz allerdings nur noch linear mit sinkender Gatelänge entsprechend:

$$f_{\mathrm{T}} = \frac{v_{\mathrm{S}}}{2\pi L} \tag{6.67}$$

Anstelle der Beweglichkeit μ ist dann die Sättigungsgeschwindigkeit v_{S} der Ladungsträger entscheidend.

Erzielbare Transitgrenzfrequenzen liegen im Bereich von einigen hundert GHz.

Maximale Schwingfrequenz

Für die maximale Schwingfrequenz erhält man aus ähnlichen Überlegungen wie beim Bipolartransistor

$$f_{\mathrm{max}} = \sqrt{\frac{f_{\mathrm{T}}}{4\pi \cdot C_{\mathrm{GD}} \cdot R_{\mathrm{G}}}} \tag{6.68}$$

Auch hier sind neben der Transitgrenzfrequenz der Reihenwiderstand der Steuerelektrode, hier der Gatewiderstand R_{G}, sowie die Rückwirkungskapazität vom Ausgang auf den Eingang, hier die Gate-Drain-Kapazität C_{GD}, ausschlaggebend.

6.7 Grenzdaten und Sperrströme

Wie beim Bipolartransistor dürfen auch beim Feldeffekttransistor vom Hersteller im Datenblatt angegebene Grenzdaten nicht überschritten werden. In erster Linie sind dies *Grenzspannungen*, *Grenzströme* und die *maximale Verlustleistung*.

6.7.1 Durchbruchspannungen

6.7.1.1 Gate-Durchbruch

MOSFET

Bei der Gate-Source-Durchbruchspannung $U_{BR,GS}$ bricht das Gate-Oxid eines MOSFETs auf der Source-Seite durch, bei der Drain-Gate-Durchbruchspannung $U_{BR,DG}$ auf der Drain-Seite. Sind keine Z-Dioden zum Schutz vorhanden, so führt dieser Durchbruch zur Zerstörung des MOSFETs. Einzel-MOSFETs ohne Z-Dioden müssen daher vor statischer Aufladung geschützt werden, sie dürfen erst nach erfolgtem Potenzialausgleich angefasst werden.

Der Gate-Source-Durchbruch ist symmetrisch, d. h. unabhängig von der Polarität der Gate-Source-Spannung. Deshalb wird in Datenblättern eine Plus-Minus-Angabe (z. B. $U_{BR,GS} = \pm 30\,\mathrm{V}$) oder der Betrag der Durchbruchspannung angegeben. Typische Werte sind $|U_{BR,GS}| \approx 10 \ldots 20\,\mathrm{V}$ bei MOSFETs in integrierten Schaltungen und $|U_{BR,GS}| \approx 10 \ldots 40\,\mathrm{V}$ bei Einzeltransistoren.

Sperrschicht-FET

Beim Sperrschicht-FET ist $U_{BR,GSS}$ die Durchbruchspannung der Gate-Kanal-Diode. Sie wird bei kurzgeschlossener Drain-Source-Strecke ($U_{DS} = 0$) gemessen und ist bei n-Kanal Sperrschicht-FETs negativ, bei p-Kanal Sperrschicht-FETs positiv. Typische Werte sind $U_{BR,GSS} \approx -50 \ldots -20\,\mathrm{V}$ bei n-Kanal-FETs. Zusätzlich werden die Durchbruchspannungen $U_{BR,GSO}$ und $U_{BR,GDO}$ auf der Source- bzw. Drain-Seite angegeben. Der Index „O" weist darauf hin, dass der dritte Anschluss offen (open) ist. Die Spannungen sind normalerweise gleich, es gilt $U_{BR,GSS} = U_{BR,GSO} = U_{BR,GDO}$. Da beim Sperrschicht-FET U_{GS} und U_{DS}unterschiedliche Polarität haben, ist $U_{GD} = U_{GS} - U_{DS}$ die betragsmäßig größte Spannung. Damit ist $U_{BR,GDO}$ die maßgebliche Spannung und für die Praxis besonders wichtig.

Im Gegensatz zum MOSFET führt der Durchbruch beim Sperrschicht-FET nicht zu einer Zerstörung des Bauteils, solange der Strom begrenzt wird und keine Überhitzung auftritt.

6.7.1.2 Drain-Source-Durchbruch

MOSFET

Bei der Drain-Source-Durchbruchspannung $U_{BR,DSS}$ bricht die Sperrschicht zwischen dem Drain-Gebiet und dem Substrat eines MOSFETs durch. Dadurch fließt ein Strom vom Drain-Gebiet in das Substrat und von dort über den in Flussrichtung betriebenen pn-Übergang zwischen Substrat und Source. Bei Einzeltransistoren erfolgt der Stromfluss über die vorhandene Verbindung zwischen Substrat und Source zur Source.

Bei Leistungs-MOSFETs setzt der Durchbruch bei größeren Strömen langsam ein und ist reversibel, solange der Strom begrenzt wird und keine Überhitzung auftritt.

Bei selbstsperrenden n-Kanal MOSFETs wird $U_{\mathrm{BR,DSS}}$ bei kurzgeschlossener Gate-Source-Strecke ($U_{\mathrm{GS}} = 0$) gemessen. Der zusätzliche Index „S“ bedeutet kurzgeschlossen (shorted).

Bei selbstleitenden n-Kanal MOSFETs wird eine negative Spannung $U_{\mathrm{GS}} < U_{\mathrm{th}}$ angelegt, damit der Transistor sperrt. Die zugehörige Drain-Source-Durchbruchspannung wird ebenfalls mit $U_{\mathrm{BR,DSS}}$ bezeichnet. Der Index „S“ bedeutet jetzt aber *Kleinsignal-Kurzschluss*, d. h. Ansteuerung des Gates mit einer Spannungsquelle mit vernachlässigbar kleinem Innenwiderstand. Typische Werte bei integrierten FETs: $U_{\mathrm{BR,DSS}} \approx 10\ldots40\,\mathrm{V}$. Werte bei Einzeltransistoren für Schaltanwendungen: Bis zu $U_{\mathrm{BR,DSS}} \approx 1000\,\mathrm{V}$.

Sperrschicht-FET
Bei Sperrschicht-FETs gibt es keinen direkten Durchbruch zwischen Drain und Source, da es sich um ein homogenes Gebiet handelt. Hier bricht bei abgeschnürtem Kanal und zunehmender Drain-Source-Spannung die Sperrschicht zwischen Drain und Gate schlagartig durch, wenn die oben genannte Durchbruchspannung $U_{\mathrm{BR,GDO}}$ erreicht wird.

6.7.2 Grenzströme

6.7.2.1 Drainstrom

Beim MOSFET wird beim Drainstrom zwischen maximalem Dauerstrom (*continuous current*) und maximalem Spitzenstrom (*peak current*) unterschieden. Für den maximalen Dauerstrom ist in Datenblättern keine besondere Bezeichnung üblich. Er wird häufig mit I_{Dmax} bezeichnet. Der maximale Spitzenstrom gilt für gepulsten Betrieb mit vorgegebener Pulsdauer und Wiederholrate und wird in Datenblättern mit I_{DM} (oder $I_{\mathrm{D,puls}}$) bezeichnet. Er ist um den Faktor 2 bis 5 größer als der maximale Dauerstrom.

Beim Sperrschicht-FET wird anstelle des maximalen Dauerstroms I_{Dmax} der Drain-Sättigungsstrom I_{DSS} angegeben. Er wird mit $U_{\mathrm{GS}} = 0$ im Abschnürbereich gemessen und ist somit der maximal mögliche Drainstrom bei normalem Betrieb.

6.7.2.2 Rückwärtsdiode

Einzel-MOSFETs enthalten aufgrund der Verbindung zwischen Source und Substrat eine Rückwärtsdiode (Bodydiode) zwischen Source und Drain, siehe Abschn. 6.5.2.2. Für diese Diode wird ein maximaler Dauerstrom I_{Smax} und ein maximaler Spitzenstrom I_{SM} angegeben. Bedingt durch den Aufbau sind sie genauso groß wie die entsprechenden Drainströme I_{Dmax} und I_{DM}. Somit kann die Rückwärtsdiode als Freilauf- oder Kommutierungsdiode eingesetzt werden, wenn ihre lange Erholungszeit für die jeweilige Anwendung ausreicht.

6.7.2.3 Gatestrom

Bei Sperrschicht-FETs wird zusätzlich der maximale Gatestrom I_{Gmax} in Flussrichtung angegeben. Typisch sind $I_{\mathrm{G\,max}} \approx 5\ldots50\,\mathrm{mA}$. Von großer Bedeutung ist diese Angabe nicht, da die Gate-Kanal-Diode normalerweise in Sperrrichtung betrieben wird.

6.7.3 Sperrströme

Bei selbstsperrenden MOSFETs fließt bei kurzgeschlossener Gate-Source-Strecke ein geringer Drain-Source-Leckstrom I_{DSS}, der dem Sperrstrom des Übergangs Drain-Substrat entspricht und infolgedessen stark von der Temperatur abhängt. Typische Werte sind $I_{DSS} < 1\,\mu A$ bei integrierten MOSFETs (bzw. Einzel-MOSFETs für Kleinsignalanwendungen) und $I_{DSS} = 1 \ldots 100\,\mu A$ bei Einzel-MOSFETs für Ströme im Ampere-Bereich. Bei selbstleitenden MOSFETs wird I_{DSS} ebenfalls im Sperrbereich gemessen (mit einer Gate-Source-Spannung $U_{GS} < U_{th}$).

Der Strom I_{DSS} wird auch bei Sperrschicht-FETs angegeben, hat dort aber eine ganz andere Bedeutung. Bei MOSFETs ist I_{DSS} der *minimale* Drainstrom, der auch im Sperrbereich fließt und bei Schaltanwendungen als Leckstrom über den geöffneten Schalter auftritt. Bei Sperrschicht-FETs ist I_{DSS} der *maximale* Drainstrom im Abschnürbereich. In Datenblättern wird trotz unterschiedlicher Bedeutung häufig dieselbe Bezeichnung verwendet.

6.7.4 Maximale Verlustleistung

Die im FET in Wärme umgesetzte Leistung ist die Verlustleistung P_V.

$$P_V = U_{DS} \cdot I_D \tag{6.69}$$

Sie entsteht hauptsächlich im Kanal und fuhrt zu einer Erhöhung der Temperatur im Kanal, bis die Wärme aufgrund des Temperaturgefälles über das Bauteilgehäuse an die Umgebung abgeführt werden kann. Die Temperatur im Kanal darf einen materialabhängigen Grenzwert (bei Silizium 175 °C) nicht überschreiten. In der Praxis wird aus Sicherheitsgründen mit einem maximal erlaubten Wert von 150 °C gerechnet. Bei Einzeltransistoren hängt die maximale Verlustleistung vom Aufbau des Transistors und von seiner Montage ab.

Die maximale Verlustleistung wird im Datenblatt mit P_{tot} bezeichnet. Da P_{tot} mit zunehmender Temperatur abnimmt, ist im Datenblatt oft eine Lastminderungskurve (*power derating curve*) angeben, in der P_{tot} über T_A (Umgebungstemperatur) oder T_C (Gehäusetemperatur) aufgetragen ist. Die Ausführungen von Abschn. 5.11 über das thermische Verhalten von Bipolartransistoren gelten in gleicher Weise für Feldeffekttransistoren.

6.7.5 Erlaubter Arbeitsbereich

Aus den Grenzdaten erhält man im Ausgangskennlinienfeld den zulässigen Betriebsbereich (safe operating area, SOA). Er wird begrenzt durch:

- den maximalen Drainstrom I_{Dmax}
- die Drain-Source-Durchbruchsspannung $U_{BR,DSS}$

- die maximale Verlustleistung P_{tot}
- die Grenze des Einschaltwiderstandes $R_{DS(on)}$.

Abb. 6.50 zeigt die SOA eines FET in doppelt logarithmischer Darstellung.

Der maximale Dauerstrom I_{Dmax} berechnet sich aus P_{tot} und $R_{DS(on)}$ zu:

$$I_{D\,max} = \sqrt{\frac{P_{tot}}{R_{DS(on)}}} \tag{6.70}$$

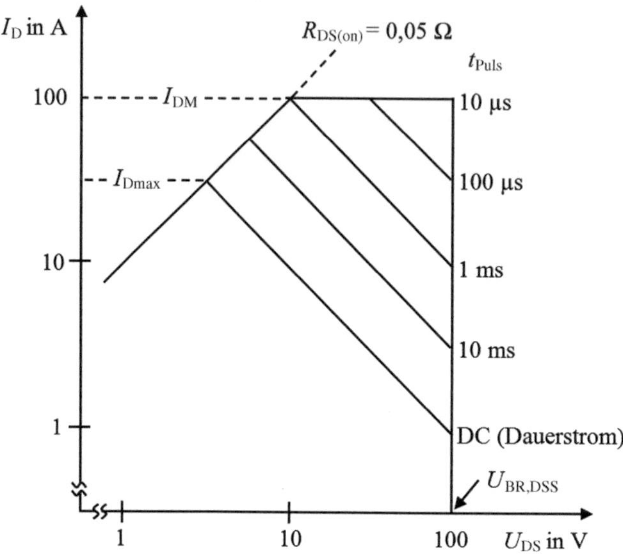

Abb. 6.50 SOA eines MOSFET (Beispiel)

6.8 Der FET als Schalter

6.8.1 Schaltstufen mit FET

Für Anwendungen eines FET im Schalterbetrieb sind die Widerstände $R_{DS(on)}$ und $R_{DS(off)}$ der Schaltstrecke Drain-Source in den stationären Arbeitspunkten bzw. das Verhältnis dieser beiden Werte wichtig.

In integrierten Schaltkreisen werden als Schalttransistoren fast ausschließlich selbstsperrende FET verwendet. Sie haben bei fehlender Gate-Source-Spannung (also ohne externes Steuersignal) einen hochohmigen Kanal, der Transistor ist gesperrt. Damit der Transistor leitet, muss eine externe Spannung $U_{GS} > U_{th}$ angelegt werden. Diese Steuerspannung U_{GS} hat die gleiche Polarität wie die Drain-Source-Spannung U_{DS} bzw. wie

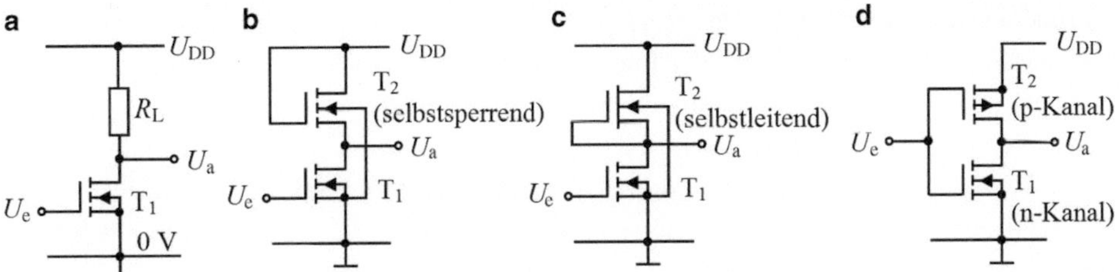

Abb. 6.51 Einfache Schaltstufen mit MOSFETs

die Betriebsspannung U_B. Sie kann direkt als Ausgangsspannung eines FET-Schalters erzeugt werden, eine zusätzliche Spannung ist nicht nötig. Wegen der Spannungssteuerung $I_D = f(U_{GS})$ des Stromes I_D durch die Gate-Source-Spannung werden keine Zusatzschaltungen zur Erzeugung eines Eingangsstromes (wie des Basisstromes I_B bei Bipolartransistoren) benötigt.

Abb. 6.51 zeigt einige einfache Schaltstufen mit MOSFETs[3]. FET-Stufen werden direkt gekoppelt, Widerstände im Eingangskreis sind i. A. nicht nötig. In integrierten Schaltungen wird als Arbeitswiderstand statt R_L meist ein weiterer FET verwendet, dessen Kanalwiderstand relativ zum Widerstand $R_{DS(on)}$des leitenden Schalttransistors groß ist. Bei den Schaltungen Abb. 6.51b und c wirkt der obere Transistor als Widerstand. Die NMOS-Schaltungen ziehen nur bei einem Ausgangs-Low-Pegel einen statischen Strom. Die besten Ergebnisse werden in CMOS-Technologie (CMOS = Complimentary MOS) erreicht. Beim *CMOS-Inverter* (Abb. 6.51d) sperrt bei beiden Schaltzuständen jeweils ein Transistor, es ist eine Gegentaktschaltung, bei der nur ein kurzer Schaltstrom notwendig ist. Den Aufbau eines CMOS-Inverters zeigt Abb. 6.52.

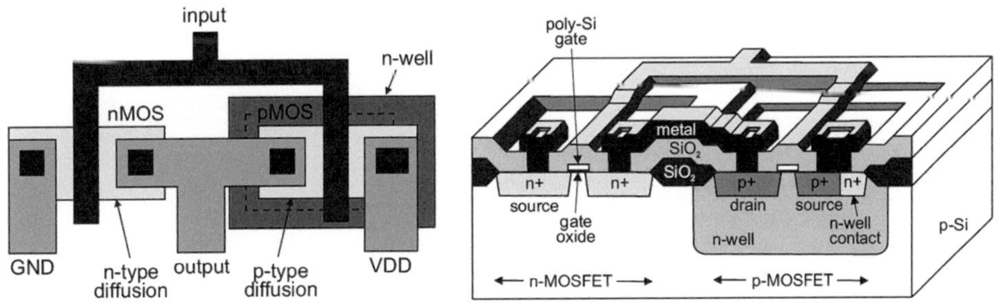

Abb. 6.52 Layout und Querschnitt eines CMOS-Inverters

[3] In Abschn. 6.11.6 wird das Schaltverhalten von Leistungs-MOSFETs im Vergleich mit IGBTs betrachtet.

Funktionsweise des CMOS-Inverters

In der CMOS-Technologie wird der Inverter aus zwei aktiven Schaltern aufgebaut, einem n-Kanal und einem dazu komplementären p-Kanal Transistor. Wenn $U_e < U_{S1}$ (U_{S1} = Schwellenspannung des MOSFETs T_1) ist, so sperrt T_1 und T_2 leitet. Der Ausgang ist $U_a \approx U_{DD}$ (= High). Wenn $U_e > U_{S2}$ (U_{S2} = Schwellenspannung des MOSFETs T_2), so leitet T_1 und T_2 ist gesperrt. Der Ausgang ist $U_a \approx 0\,\text{V}$ (= Low). Es ist also jeweils nur ein Transistor geöffnet (gesperrt), während der andere geschlossen (leitend) ist, so dass im Ruhezustand kein Strom fließt. Nur beim Umschalten fließt ein kleiner Stromimpuls durch beide Transistoren. Die Verlustleistung steigt proportional zur Schaltfrequenz an.

6.8.2 Dynamisches Verhalten von FET-Schaltstufen

Die Schaltzeiten des FET als Schalter werden im wesentlichen durch die zwischen den Elektroden wirksamen parasitären Kapazitäten C_{GS}, C_{DS} und C_{GD} sowie durch die Lastkapazität C_L und die äußere Schaltung (Gegenkopplung) bestimmt.

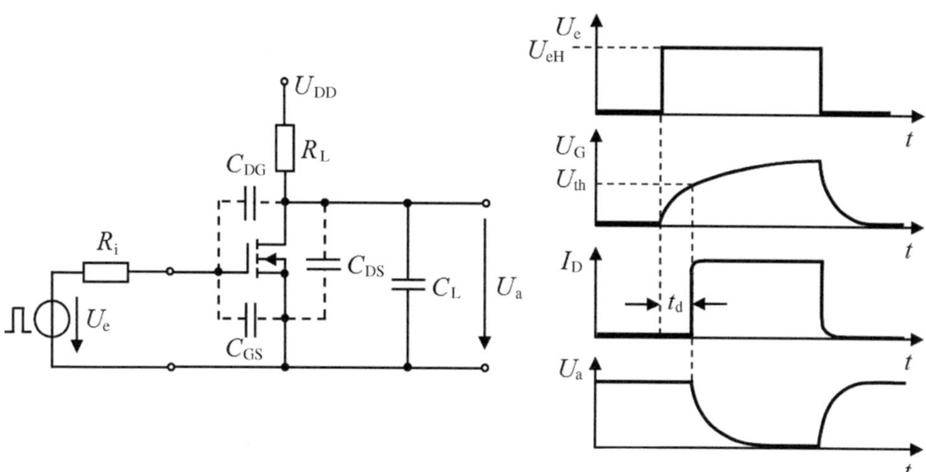

Abb. 6.53 Schaltung und Zeitverläufe eines n-Kanal MOSFETs im Schalterbetrieb

In der Schaltung nach Abb. 6.53 wird die innere Kapazität C_{DG} entsprechend dem Miller-Effekt nach Gl. 6.60 transformiert in der Eingangskapazität C_e der Schaltung wirksam. Ändert sich das Signal am Eingang der Schaltstufe sprunghaft, so muss die Spannung U_{GS} am Gate des Schalttransistors zunächst die Schwellspannung U_{th} erreichen. Der Drainstrom I_D schaltet deshalb erst nach einer Verzögerungszeit t_d ein. Mit dem Innenwiderstand R_i der Signalquelle U_e ist die Zeitkonstante:

$$\tau_{ein} = R_i \cdot C_e \tag{6.71}$$

Die Verzögerungszeit ist

$$t_d = \tau_{ein} \cdot \ln\left(\frac{U_{eH}}{U_{eH} - U_{th}}\right) \tag{6.72}$$

mit

$$C_e = C_{GS} + C_{GD} \cdot S \cdot \frac{R_L \cdot r_{DS}}{R_L + r_{DS}} \tag{6.73}$$

Zur Änderung der Ausgangsspannung des FET-Schalters müssen die innere Kapazität C_{DS} und die Lastkapazität C_L umgeladen werden. Da der Widerstand r_{DS} der Schaltstrecke sehr stark von der Aussteuerung bestimmt ist, wird die Zeitkonstante τ_{aus} bei leitendem Transistor (Entladen) deutlich kleiner als bei gesperrtem Transistor (Aufladen). Nur bei CMOS-Schaltstufen sind die Zeitkonstanten wegen der Arbeitsweise der Gegentaktendstufe für beide Umladevorgänge nahezu gleich. Für τ_{aus} gilt allgemein:

$$\tau_{aus} = (C_{DS} + C_L) \cdot \frac{R_L \cdot r_{DS}}{R_L + r_{DS}} \tag{6.74}$$

Für r_{DS} ist der jeweils aktuelle Widerstandswert $R_{DS(on)}$ bzw. $R_{DS(off)}$ der Drain-Source-Schaltstrecke einzusetzen.

Eine Speicherzeit wie beim Bipolartransistor tritt beim FET nicht auf, es gibt deshalb auch keine Antisättigungsschaltungen.

6.9 Rauschen beim Feldeffekttransistor

Ebenso wie bei einem Bipolartransistor ist die Rauschzahl bei einem FET abhängig von der Frequenz. Bei niedrigen Frequenzen überwiegt das $1/f$-Rauschen. Bei mittleren Frequenzen ist das Widerstandsrauschen des Kanals entscheidend. Bei hohen Frequenzen kann das Widerstandsrauschen des Kanals zum Gate eingekoppelt werden, wodurch die Rauschzahl zu hohen Frequenzen hin wieder ansteigt. Ein geringer Rauschanteil stammt beim MOSFET von einem Generations-Rekombinations-Rauschen im Bahngebiet an der Grenzfläche Halbleiter und Oxid und beim JFET vom Schrotrauschen, welches durch den Sperrstrom der Gate-Sourcediode entsteht.

Bei *hochohmigen Quellen* und mittleren Frequenzen sind FETs deutlich rauschärmer als Bipolartransistoren, ein FET erreicht praktisch die ideale Rauschzahl $F = 1$.

Bei MOSFETs macht sich bei hochohmigen Quellen auch das hohe $1/f$-Rauschen nur vergleichsweise wenig bemerkbar. In diesem Fall überwiegt das induzierte Gate-Rauschen und verdeckt den $1/f$-Anteil des Kanal-Rauschens.

Bei JFETs wird das $1/f$-Rauschen in diesem Fall fast bedeutungslos. JFETs rauschen im Vergleich zu bipolaren und MOSFET-Transistoren am wenigsten. Wegen des geringeren $1/f$-Rauschens wird in Verstärkern für hochohmige Quellen, z. B. in Empfängern für

Photodioden oder in Eingangsstufen von EEG- bzw. EKG-Geräten bevorzugt ein JFET in der Eingangsstufe verwendet.

Bei *niederohmigen Quellen* ist die Rauschzahl eines FETs größer als die eines Bipolartransistors, der *Bipolartransistor* hat dann das deutlich *bessere Rauschverhalten*. Beim MOSFET kommt das hohe $1/f$-Rauschen bei niederohmigen Quellen voll zum tragen und führt zu einer starken Zunahme der Rauschzahl bei niedrigen Frequenzen.

Wegen der vielen unvollständig oder nicht erfassbaren Einflüsse ist eine Berechnung der Rauschzahl kaum möglich. Bei Feldeffekttransistoren kann eine verlässliche Rauschzahl nur messtechnisch bestimmt werden.

6.10 Spezielle Bauformen von Feldeffekttransistoren

6.10.1 Leistungs-MOSFETs

6.10.1.1 Allgemeines, Vorteile, Einsatzgebiete

Leistungs-MOSFETs (Power MOSFETs) sind spezielle Leistungs-Feldeffekttransistoren. Sie sind zum Leiten sehr großer Ströme (bis über hundert Ampere) bzw. Sperren hoher Spannungen geeignet und zeichnen sich durch einen sehr kleinen Durchlasswiderstand ($R_{DS(on)}$ im mΩ-Bereich) aus. Bedingt durch den Aufbau gilt bei gegebener Chipfläche grundsätzlich: Je größer die maximale Sperrspannung des MOSFETs ist, umso größer ist sein Durchlasswiderstand. Die maximalen Schaltfrequenzen liegen bei etwa 10 MHz.

Die hohe Leistungsdichte wird durch eine raster- oder wabenartige Halbleiterstruktur erreicht, die einer Parallelschaltung von Tausenden einzelner MOSFETs entspricht. Bei diesen großflächigen Transistoren werden die Gate- und die Source-Kontakte ineinander verschachtelt ausgebildet, um niedrige Gate-Zuleitungswiderstände gewährleisten zu können. Im Aufblick sieht man dann kammartige oder zellenförmige Metallisierungsstrukturen (10.000 bis 20.000 pro mm^2). Häufig sind die Kanäle nicht mehr planar an der Oberfläche, sondern z. B. entlang V-förmiger Grabenstrukturen (daher der Name VFET) in die Tiefe hinein aufgebaut. Source- und Gate-Kontakte liegen bei diesen Transistoren auf der einen Seite des Halbleiterchips, während der Drain-Kontakt auf der gegenüberliegenden Seite ganzflächig ausgebildet ist. Der Ladungsträgerstrom fließt nicht horizontal von Drain nach Source, sondern vertikal.

Da sich der Drain-Kontakt als ganze Fläche gegenüber den Source- und Gate-Kontakten befindet, ergibt sich ein vertikaler Aufbau. Diese Anordnung ermöglicht es, einen großen Teil (>100 µm) der Dicke der Siliziumscheibe zur Ausbildung der Raumladungszone und damit zur Aufnahme der Sperrspannung im stromlosen Zustand zu nutzen. Mit solchen Transistoren werden Sperrspannungen von über 1600 V erreicht, während normale MOSFETs mit planarem Aufbau nur ca. 15 V als maximale Spannung sperren können, da hier die Sperrspannung von einer sehr viel kürzeren Halbleiterstrecke aufgenommen werden muss.

Einige *Vorteile* von Leistungs-MOSFETs gegenüber bipolaren Leistungstransistoren sind

- schnelle Schaltzeiten
- kleine Umschaltverluste
- thermisch stabiler Betrieb (kein zweiter Durchbruch)
- größere SOA (safe operating area)
- hoher Eingangswiderstand, keine Steuerströme (leistungslose Spannungssteuerung).
- kleine Anstiegs- und Abfallzeiten
- einfache Ansteuerung.

Einsatzgebiete sind:

- Verstärkerschaltungen
- Schalter in Leistungsschaltstufen
- schneller Schalter für die Pulsweitenmodulation, z. B. in Wechselrichtern, Schaltnetzteilen, DC/DC-Wandlern und Motorsteuerungen.

Beim horizontal aufgebauten MOSFET (siehe Abb. 6.23) ist der Kanal nur für kleine Ströme geeignet. In integrierten Schaltungen ist dieser planare Aufbau gut realisierbar. Wegen des geringen Kanalquerschnitts und geringer Spannungsbelastbarkeit sind solche Kleinsignal-MOSFETs aber nicht für Hochstrom- und Hochvoltanwendungen geeignet. Im Gegensatz zum Signaltransistor ist beim Leistungs-MOSFET die Anordnung von Source und Drain vertikal.

Zwei Bauarten von Leistungs-MOSFETs mit Kurzkanalstrukturen weisen günstige Eigenschaften bezüglich Steilheit und Hochfrequenzverhalten bei hoher Strombelastbarkeit auf: Die DMOS- und die VMOS-Struktur.

6.10.1.2 FET mit DMOS-Struktur

Sind MOSFETs Funktionselemente von integrierten Schaltungen, so werden sie in horizontaler Bauweise realisiert. Sollen mit diskreten Leistungstransistoren neben hohen Spannungen auch hohe Ströme gesteuert werden, so kann man von der horizontalen auf eine vertikale Struktur übergehen. Damit sehr hohe Ströme geleitet werden können, werden mehrere Einzeltransistoren parallel geschaltet. Jeweils Source und Gate liegen auf der einen und Drain befindet sich auf der gegenüberliegenden Seite eines Halbleiterkristalls. Auf dem (für alle Einzeltransistoren gemeinsamen) Drainanschluss wird ein n^+-dotiertes Substrat aufgebracht. Darüber folgt eine n^--dotierte Epitaxieschicht. In diese Schicht werden durch eine erste Diffusion p-leitende Bereiche eingebracht. In diesen p-leitenden Bereichen werden durch eine zweite Diffusion (daher der Name DMOS = double diffused MOS) hochdotierte n^+-Zellen erzeugt. Dies sind die Sourcegebiete der parallel geschalteten Einzeltransistoren. Sie werden durch eine geeignete Kontaktierung miteinander zum gemeinsamen Sourceanschluss verbunden. Die Gate-Elektroden aus Polysilizium befin-

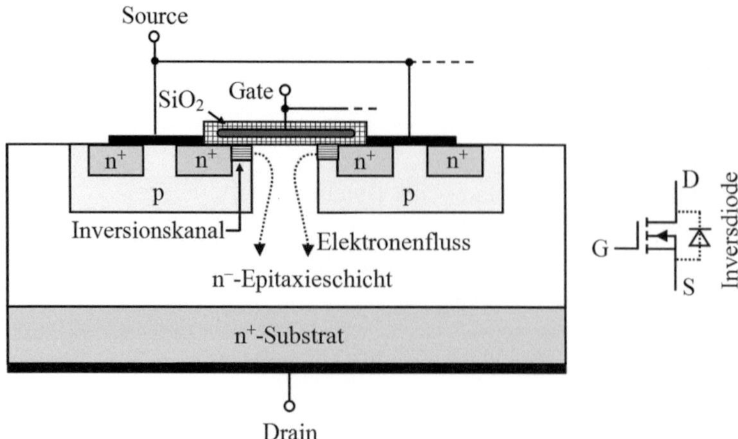

Abb. 6.54 Aufbau eines FETs mit DMOS-Struktur (n-Kanal)

den sich in einer isolierenden SiO_2-Schicht und werden ebenfalls miteinander verbunden. Durch die Gatespannung wird ein Inversionskanal erzeugt. Den Aufbau eines in vertikaler DMOS[4]-Technologie aufgebauten n-Kanal-MOSFET zeigt Abb. 6.54.

Während bei der DMOS-Technologie die Kanalzone durch unterschiedliche Diffusionstiefen hergestellt wird, erfolgt bei der DIMOS- Technologie (double implanted MOS) die Einstellung der Kanallänge durch unterschiedliche Ionenenergien bei der Ionenimplantation.

Bedingt durch den Aufbau besteht zwischen Source und Drain eine parasitäre Diode, welche für $U_{DS} < 0$ leitend wird. Der FET mit DMOS-Struktur weist also im Rückwärtsbetrieb keine Sperrfähigkeit auf, da sich dann die *Inversdiode* (Reversdiode, Bodydiode, integral diode, body diode) des pn-Übergangs zwischen Basis und Kollektor des parasitären npn-Bipolartransistors in Flusspolung befindet (siehe Abb. 6.55). Beim Schalten induktiver Lasten kann die Inversdiode als Freilaufdiode genutzt werden. Die Erholungszeit t_{rr} der Inversdiode ist allerdings wesentlich größer als die einer schnellen, externen Freilaufdiode.

6.10.1.3 FET mit VMOS-Struktur

Den Aufbau eines VMOS-Transistors zeigt Abb. 6.56. Auf die Drain-Kontaktierung folgt ein n^+-dotiertes Substrat. Darüber schließt sich eine n^--dotierte Epitaxieschicht an, auf die wieder eine p-dotierte Schicht durch Diffusion folgt. In diese p-Schicht werden durch Diffusion n^+-dotierte Gebiete in Wannenform eingebracht. In dieser vertikalen $n^+/p/n^-$-Schichtenfolge wird durch anisotropes Ätzen der Oberfläche des Siliziums ein V-förmiger Graben erzeugt, der bis in die n^-- Epitaxieschicht hinabreicht (unter die Oberkante der

[4] Die Bezeichnung DMOSFET wird hier vermieden, um eine Verwechslung mit Depletion MOS-FET (Verarmungstyp) zu vermeiden.

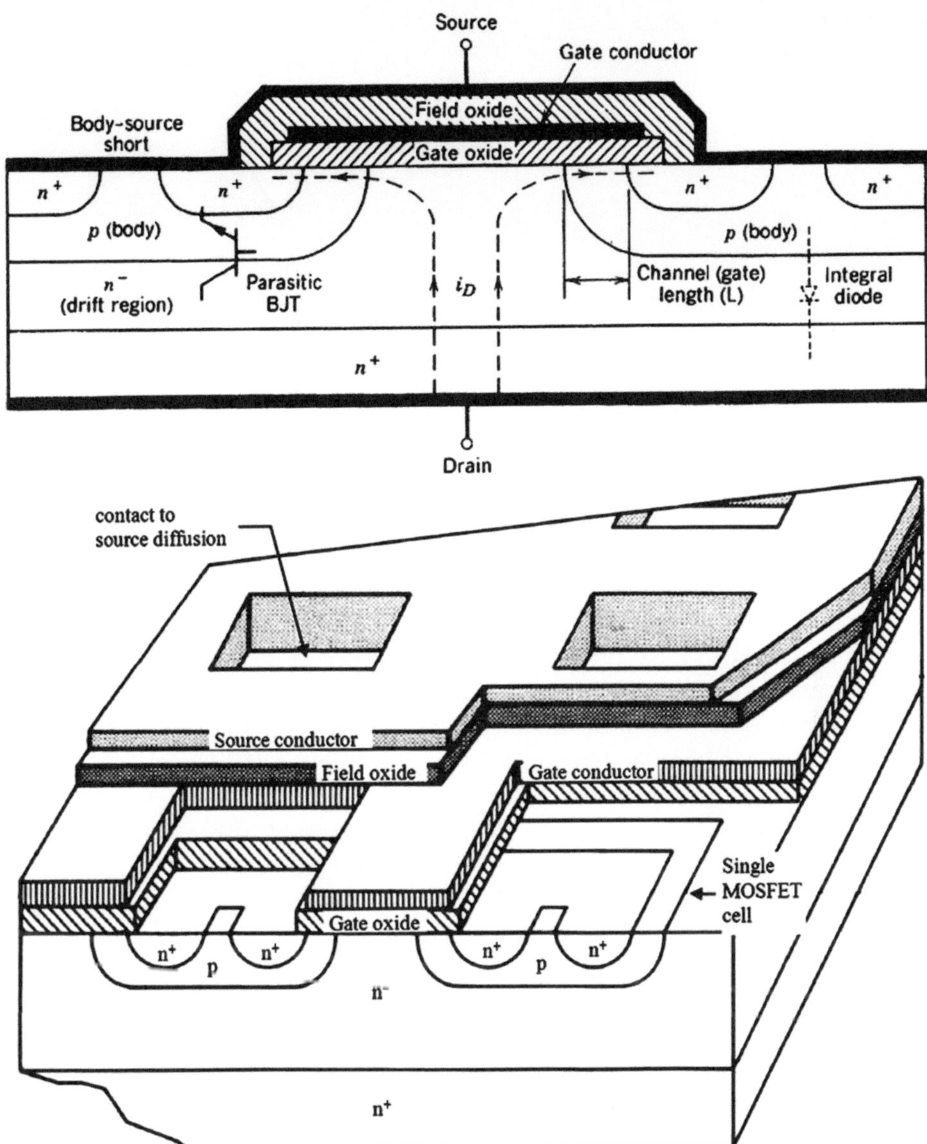

Abb. 6.55 Schnittbild eines Leistungs-MOSFETs mit perspektivischer Ansicht (Mohan, Undeland, Robbins Power Electronics, S. 536)

p-Diffusionsschicht). Das „V“ im Namen VMOS stammt von der Form dieser Rinne bzw. vom vertikalen Aufbau und Stromfluss im Bauelement her. Der V-förmige Graben wird durch thermische Oxidation mit einer SiO_2-Schicht bedeckt. Über dieser Isolationsschicht wird die Gate-Elektrode in V-Form aufgebracht. Sie kann mit $U_{GS} > U_{th}$ in der p-Schicht einen Inversionskanal (n-Kanal) auf beiden Seiten des Grabens erzeugen, mit-

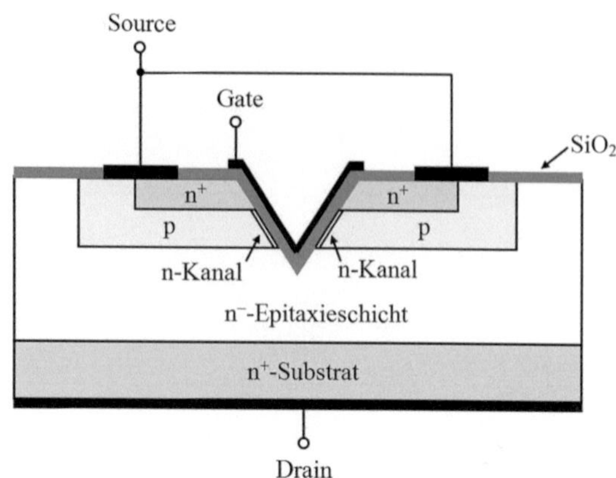

Abb. 6.56 Aufbau eines FETs mit VMOS-Struktur

tels dessen der Stromfluss zwischen Source und Drain gesteuert werden kann. Die Länge des Inversionskanals kann sehr klein gehalten werden, da die Dicke der p-Schicht wegen des vertikalen Aufbaus genau festgelegt werden kann. Dies bedeutet einen kleinen Einschaltwiderstand (der Drain-Source-Durchlasswiderstand $R_{DS(on)}$ ist klein). Durch den V-Graben entstehen zwei vertikale MOSFETs, auf jeder Seite des Grabens einer. Der Strom zwischen Source und Drain wird durch den V-Graben geteilt, er fließt zu beiden Source-Anschlüssen. Ist der V-Graben lang, so ergibt sich ein großer Querschnitt des Kanals und dadurch eine steile Steuerkennlinie und eine hohe Strombelastbarkeit. Durch den vertikalen Aufbau können problemlos mehrere Transistoren parallel geschaltet werden. Die V-Struktur war schwierig herzustellen und an der Spitze der V-Form ergab sich eine hohe lokale elektrische Feldstärke. Die VMOS-Struktur wurde daher von der DMOS-Struktur abgelöst.

Bei der UMOS-Struktur ist statt einer V-förmigen Rinne eine U-förmige Rinne eingeätzt.

6.10.1.4 HEXFET

Die Wirkungsweise eines HEXFET (Abb. 6.57) ist der eines FET mit DMOS-Struktur ähnlich. Jede Zelle hat ein n^+-Gebiet als Source und ein hexagonales Polysilizium-Gate. Der Strom fließt von Source durch den schmalen Kanal, der jede Zelle umgibt, und dann vertikal nach unten zu dem mit einer Kontaktierung versehenen n^+-Drain-Gebiet. Die hexagonale Form von Source und die gitterförmige Struktur ermöglichen eine sehr hohe Packungsdichte. Wegen des großen Seitenverhältnisses $(6 \cdot N \cdot Z)/L$ (N = Anzahl der Zellen, Z = Länge einer Hexagonalseite, L = Kanallänge) ist der Durchlasswiderstand sehr klein.

6.10.1.5 SIPMOS-Transistor

SIPMOS (Siemens-Power-MOS)-FETs haben sehr hohe Eingangs- und sehr kleine Durchlasswiderstände. Ihre Schaltzeit beträgt nur einige hundert Nanosekunden und

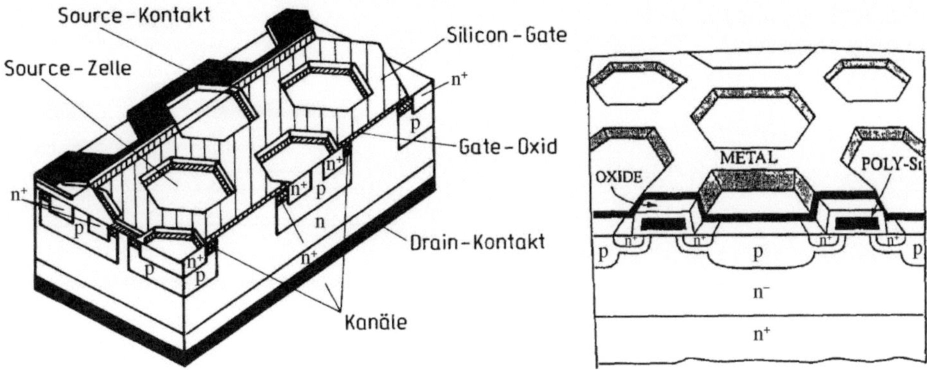

Abb. 6.57 Aufbau eines HEXFETs

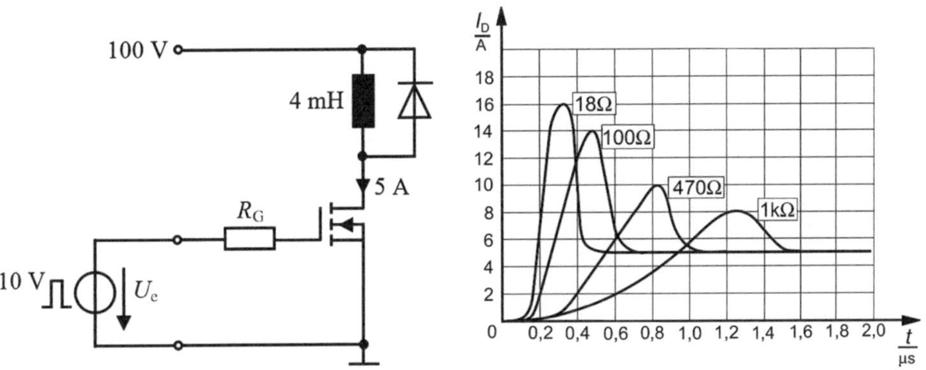

Abb. 6.58 Ansteuerschaltung eines SIPMOS-FETs und Schaltverhalten des Drainstromes für verschiedene Gatewiderstände

ist mit einer Ansteuerschaltung nach Abb. 6.58 variabel ausführbar. Damit sind zu große Stromsteilheiten beim Einschalten vermeidbar.

SIPMOS-FETs benötigen nur beim Einschalten Steuerenergie, haben einen positiven Temperaturbeiwert und schützen sich somit gegen thermische Überlastung selbst. Es sind selbst sperrende FETs und werden als schnelle Leistungsschalter in der Leistungselektronik bei Gleichspannungsbetrieb verwendet. Reicht der Drainstrom eines SIPMOS-FETs nicht aus, so können nahezu beliebig viele parallel zueinander geschaltet und gleichzeitig angesteuert werden. Zum Ausgleich von Unsymmetrien werden Gate-Widerstände empfohlen.

6.10.1.6 LDMOS-Transistor

Der LDMOS-FET (Laterally Diffused MOSFET) ist ein asymmetrischer Leistungs-MOSFET mit kleinem Durchlasswiderstand und hoher Sperrspannung. Diese Eigenschaf-

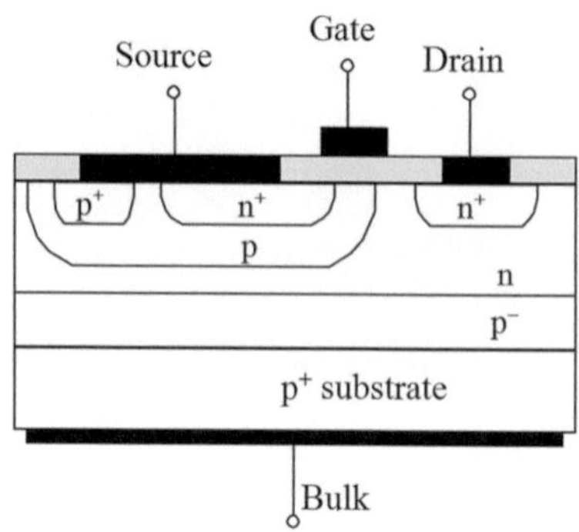

Abb. 6.59 Schnittbild eines LDMOS-Transistors

ten werden durch einen diffundierten p-Kanal in einem schwach dotierten Drain-Gebiet erreicht. Durch die schwache Dotierung der Drain-Seite ergibt sich eine weite Sperrschicht mit hoher Sperrspannung. Die relativ tiefe p-Diffusion ergibt einen großen Krümmungsradius der Ränder und verhindert so hohe Feldstärken durch Kanten. Die Herstellung ist kostengünstig und kann durch laterale Diffusion oder Ionenimplantation erfolgen. Die LDMOS-Struktur vereint einen kurzen Kanal mit hoher Durchbruchspannung. Diese Eigenschaften werden in Leistungs-HF-Verstärkern benötigt. Der Frequenzbereich von LDMOS-FETs reicht bis ca. 3 GHz. Den Aufbau zeigt Abb. 6.59.

6.10.1.7 FREDFET

Ein FREDFET ist ein spezieller Leistungs-MOSFET für besonders schnelle Schaltzeiten, wie sie z. B. bei Motorsteuerungen erforderlich sind. Beim FREDFET sind besonders schnelle Inversdioden integriert. Erreicht wird dies durch eine besondere Schwermetalldotierung, wodurch die Speicherladung und die Sperrverzögerungszeit erheblich vermindert werden.

6.10.2 Intelligente Leistungs-FETs

„Intelligente" FETs weisen zusätzliche Elektronik im Transistorgehäuse auf, z. B. zum Schutz gegen Überstrom, Kurzschluss, Überspannung und Übertemperatur. Bei manchen Typen werden entsprechende Meldungen über extra Pins nach außen gegeben. Je nach Hersteller haben diese Transistoren unterschiedliche Bezeichnungen, wie *Tempfet*, *Profet*, *Omnifet*, *Topfet* usw.

Neben den Schutzeinrichtungen werden auch Ansteuerschaltungen integriert. So genannte „*Logic Level FETs*" sind von der 5 V-Ebene aus direkt ansteuerbar. Bauteile mit weiteren Funktionen werden häufig als „*Smart Power Devices*" bezeichnet. Sie enthalten neben Schutzschaltungen (Eingangsschutz, Schutz gegen thermische Überlastung, Strombegrenzung, Fehlersignalgenerierung) z. B. *level shifting* (Schalten der positiven Lastleitung mit einem massebezogenen Signal, so genannte *high side switches*).

Die Vorteile intelligenter Leistungsschalter sind:

- Hohe Zuverlässigkeit gegenüber Schaltungen mit Einzelbauelementen
- Schutzfunktionen wie Erkennen von Über- und Unterspannung, Überstrom, Kurzschluss (in der Zuleitung oder der Last), Leerlauf (Zuleitung oder Last unterbrochen) und Übertemperatur des Bauelementes
- Eingebaute Ladungspumpe für den Betrieb als Highside-Schalter
- Begrenzen von negativen Spannungsspitzen beim Schalten von induktiven Lasten
- ESD-Schutz an Ein- und Ausgängen (Schutz vor statischen Aufladungen)
- Eingang und Statusausgang CMOS- bzw. TTL-kompatibel
- Rückmeldung von Zuständen über ein Status-Signal.

6.10.2.1 TEMPFET (Temperature Protected FET)

Der TEMPFET ist eine Weiterentwicklung eines MOS-Leistungs-FETs mit einem eingebauten Temperatursensor. Er ist gegen Übertemperatur und Kurzschluss geschützt, die starke Erwärmung des Leistungstransistors wird als Indikator für einen Kurzschluss herangezogen. Der Temperatursensor steuert einen Thyristor an, welcher bei Übertemperatur die Gate-Source-Strecke kurzschließt und dadurch den MOSFET abschaltet.

6.10.2.2 PROFET (Protected FET)

Der PROFET verfügt über eine höhere Intelligenz als der TEMPFET. Neben erweiterten Überwachungen und Schutzfunktionen liefert der PROFET ein Statussignal zur Signalisierung von aktivierten Schutzmechanismen. Der PROFET ist ein intelligenter, CMOS-kompatibler SIPMOS-Leistungstransistor zum Schalten masseseitiger Lasten, aufgebaut in monolithischer oder in Chip-on-Chip-Technologie, mit Statusmeldung und integrierten Schutzfunktionen gegen z. B. Zerstörung durch Kurzschluss, Übertemperatur, Überlast, ESD (electrostatic discharge). Das Blockschaltbild zeigt Abb. 6.60.

6.10.3 Weitere Bauformen von FETs

6.10.3.1 Dual-Gate MOSFET

Der Dual-Gate MOSFET (DGFET) ist eine Sonderbauform des selbstleitenden MOSFET. Er verfügt über zwei Gateanschlüsse. Mit ihnen kann die Leitfähigkeit der Drain-Source Strecke unabhängig voneinander gesteuert werden. Das zweite Gate dient zur Steuerung der Steilheit. Die Verstärkung einer an Gate 1 anliegenden Signalspannung kann z. B. durch eine Gleichspannung an Gate 2 um bis zu 50 dB verändert werden. Der DGFET entspricht einer *Kaskodeschaltung* zweier MOSFETs (einer Reihenschaltung von Source- und Gateschaltung, siehe Abb. 6.61). Der Miller-Effekt wird dadurch unterdrückt. Der Dual-Gate MOSFET besitzt gute Rauscheigenschaften und wird als regelbarer Verstärker, als Phasenschieber und in Mischstufen in UKW- und Fernsehempfängern eingesetzt.

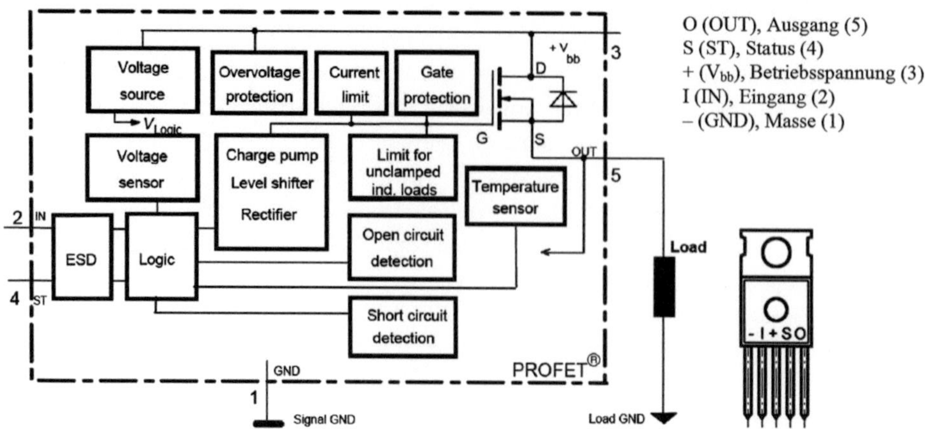

Abb. 6.60 PROFET Blockschaltbild, Gehäuse und Anschlussbelegung

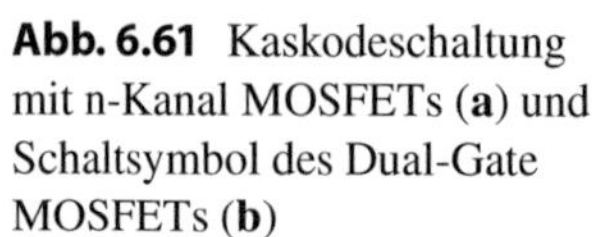

Abb. 6.61 Kaskodeschaltung mit n-Kanal MOSFETs (**a**) und Schaltsymbol des Dual-Gate MOSFETs (**b**)

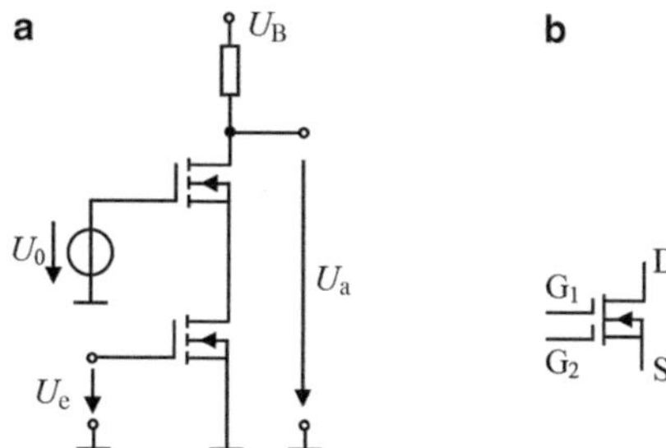

6.10.3.2 MESFET

Der Metall-Halbleiter-Feldeffekttransistor (metal semiconductor FET, auch Schottky-Feldeffekttransistor genannt) ist eine Sonderbauform des Sperrschicht-Feldeffekttransistors (JFETs). Der MESFET hat eine überragende Bedeutung als extrem schnelles Bauelement in der Galliumarsenid-Technologie (GaAs) erlangt. Im Aufbau (Abb. 6.62) ähnelt er einem n-Kanal JFET, jedoch tritt an die Stelle des p-dotierten Gates ein Gate aus

Abb. 6.62 Aufbau eines GaAs-MESFET

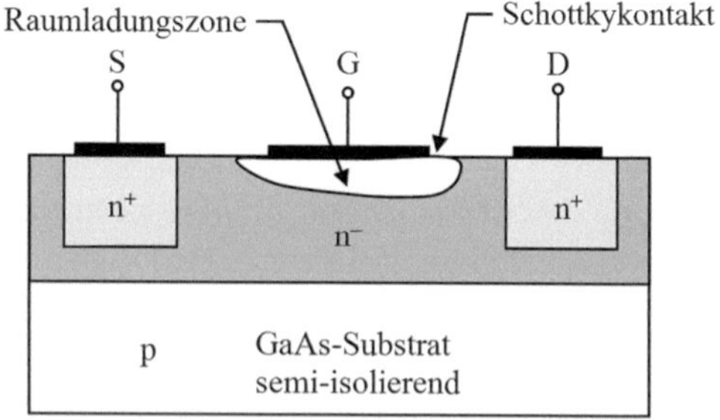

Metall. Dadurch bildet sich anstatt eines pn-Übergangs ein Metall-Halbleiter-Übergang (Schottky-Übergang) aus.

Als Substrat dient sehr hochohmiges (semi-isolierendes, mit Chrom sehr niedrig dotiertes) GaAs, auf dem man in einem MOCVD-Prozess (Metal Organic Chemical Vapor Deposition) eine dünne Schicht n-leitenden Galliumarsenids aus der Gasphase abscheidet. Die Dicke und Dotierung dieser Epitaxieschicht ist so gewählt, dass sie von der Raumladungszone des Schottky-Kontakts völlig durchdrungen werden kann. Die Sperrschicht reicht bei hinreichend hoher Gate-Sourcespannung bis zum isolierenden Substrat.

Normalerweise sind n-Kanal-MESFETs selbstleitend, d. h. bei einer Steuerspannung von $U_{GS} = 0\,\mathrm{V}$ fließt ein Drainstrom. Für Anwendungen in der Digitaltechnik sind aber selbstsperrende MESFETs günstiger. Diese werden durch eine Technologie erzeugt, bei der das Gate in das Grundsubstrat zurückgezogen ist. Wegen des geringen Spannungsbereichs in Vorwärts- und in Rückwärtsrichtung, über den der Schottky-Kontakt weder in Vorwärtsrichtung leitend wird noch in Rückwärtsrichtung durchbricht, muss in der digitalen GaAs-Technologie mit relativ niedrigen Spannungshüben unter 1 Volt gearbeitet werden.

Durch den Schottky-Übergang ist die Ladungsträgerbeweglichkeit im Kanal ungefähr doppelt so groß ist wie bei MOSFETs. Dadurch sind größere Ströme bei gleichen Abmessungen sowie höhere Arbeitsfrequenzen möglich. Es finden fast ausschließlich n-Kanal FETs Anwendung, da Elektronen eine wesentlich höhere Beweglichkeit als Löcher aufweisen, und somit höhere Grenzfrequenzen erreichbar sind. Für sehr kurze Kanallängen nimmt jedoch der prinzipielle Geschwindigkeitsvorteil des GaAs-MESFETs gegenüber dem MOSFET auf Si-Basis ab. Die höhere Beweglichkeit der Elektronen im GaAs wirkt sich besonders bei kleineren elektrischen Feldstärken aus. Im Kurzkanal erreichen wegen der hohen Feldstärke die Elektronen fast die Sättigungsgeschwindigkeit (Sättigungs-Driftgeschwindigkeit), welche in Si und GaAs annähernd gleich ist.

Anwendungen
GaAs MESFETs werden in der Höchstfrequenzelektronik als rauscharme Mikrowellentransistoren für Frequenzen von über 1 bis über 20 GHz eingesetzt. Anwendungsgebiete sind z. B.:

- Hochfrequenzverstärker
- sehr schnelle Logikschaltungen (Gigabitlogik)
- Empfänger bei 12 GHz für das Satellitenfernsehen
- Mobiltelefone im Frequenzbereich von etwa 1 bis 3 GHz.

6.10.3.3 HEMT (MODFET)

Der HEMT (High Electron Mobility Transistor) ist unter unterschiedlichen Namen bekannt: MODFET (Modulation Doped Field Effect Transistor), SDHT (Selectively Doped Heterojunction Field Effect Transistor), TEGFET (Two Dimensional Electron Gas Field

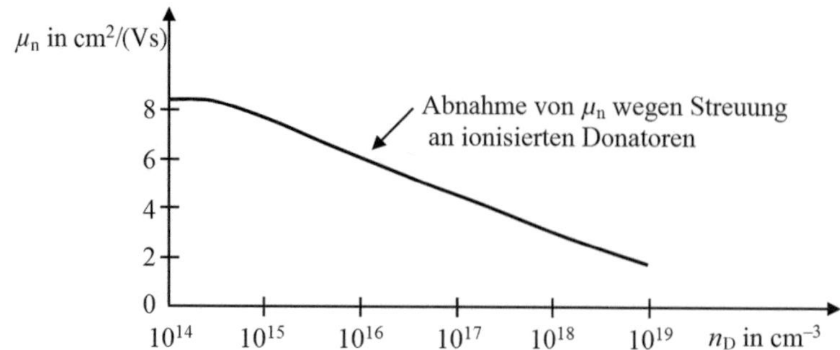

Abb. 6.63 Elektronenbeweglichkeit μ_n in GaAs als Funktion der Dotierungsdichte n_D

Effect Transistor). Der HEMT ist eine spezielle Bauform des Feldeffekttransistors und eine Weiterentwicklung des GaAs-MESFET für sehr hohe Frequenzen (>300 GHz).

Die Wirkungsweise des HEMT beruht auf dem Heterokontakt (Heteroübergang), einem Kontakt von zwei verschiedenen Halbleitern mit unterschiedlichen Bandabständen.

Zu „Heteroübergang" siehe auch Abschn. 5.19: Hetero-Bipolartransistor (HBT).

Die Transitfrequenz f_T des GaAs-MESFET ist direkt von der Laufzeit der Ladungsträger durch den Kanal abhängig. Für eine weitere Steigerung der Transitfrequenz müsste bei gegebenem Materialsystem mit der Kanallänge auch die Vertikalstruktur reduziert und die Kanaldotierung erhöht werden. Die Leitfähigkeit des Kanalgebietes ist proportional zur Ladungsträgerdichte und zur Beweglichkeit der Ladungsträger. Die Ladungsträgerdichte nimmt mit erhöhter Dotierung zwar zu, die Elektronenbeweglichkeit und die maximale Driftgeschwindigkeit nehmen aber ab. Der Grund hierfür sind Streuprozesse an ionisierten Störstellen (Abb. 6.63).

Für eine FET-Struktur mit möglichst guten Hochfrequenzeigenschaften wäre also ein Kanal mit hoher Elektronendichte bei Abwesenheit von Donatorrümpfen erwünscht. Der Ladungstransport sollte bei hoher Elektronenbeweglichkeit in einer dünnen Zone mit hoher Elektronenkonzentration erfolgen, ohne statistische Streuprozesse, die nicht nur die Beweglichkeit herabsetzen, sondern auch ein Rauschen verursachen.

Durch eine räumliche Trennung der Ladungsträger von den ionisierten Störstellen kann die Streuung der Ladungsträger an ionisierten Störstellen unterdrückt und somit eine Abnahme der Ladungsträgerbeweglichkeit minimiert werden. Diese Separation kann mit Hilfe von Heterostrukturen erfolgen (Abb. 6.64).

Eine Heterostruktur besteht aus Schichten verschiedener Halbleitermaterialien mit unterschiedlich großen Bandlücken (verbotenen Zonen). Häufig wird das Materialsystem Aluminium-Gallium-Arsenid (AlGaAs) mit Gallium-Arsenid (GaAs) verwendet, wobei das AlGaAs *hoch* n-dotiert und das GaAs *nicht* dotiert wird (intrinsisch ist).

Die verbotene Zone des AlGaAs ist größer als die des GaAs. Beim Kontaktieren der beiden Halbleiter mit unterschiedlicher Bandlücke sehen sich die Elektronen im AlGaAs einem niedrigeren Potenzial im GaAs gegenüber. Die Folge ist, dass Elektronen in das

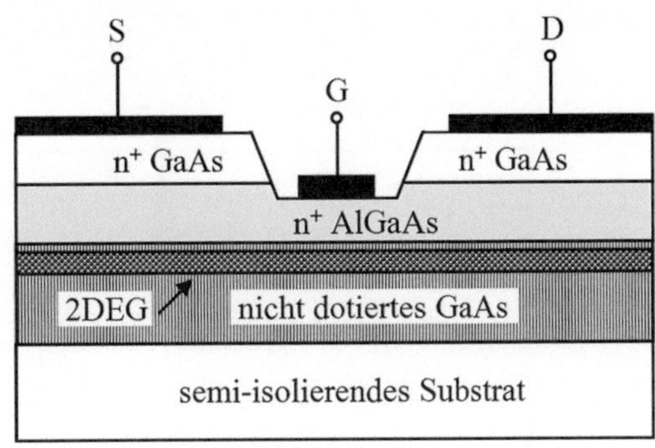

Abb. 6.64 Schematischer Querschnitt eines HEMT

GaAs gezogen werden. An der Grenzfläche der beiden Materialien bildet sich auf der Seite des GaAs ein zweidimensionales Elektronengas (*2DEG*) aus, welches als leitfähiger Kanal dienen kann. Diese sehr dünne Elektronenschicht (ca. 10 nm) im undotierten Material ist räumlich von den Störstellen (ortsfesten Donator-Ionen im AlGaAs) getrennt, die Beweglichkeit der Elektronen in diesem undotierten Kanal ist deshalb hoch. Der Ladungstransport im Kanal findet parallel zur Grenzfläche statt.

Die Dichte des 2DEG wird kapazitiv durch das Gate, welches als Schottky-Kontakt ausgeführt ist, gesteuert. Die Steuerung des Bauelementes erfolgt somit, ähnlich wie beim MESFET, über ein Metallgate, das sich direkt auf dem n-dotierten AlGaAs befindet.

Damit der Zuleitungswiderstand der Gatemetallisierung die Hochfrequenzeigenschaften nicht beeinträchtigt, wird das Gate auch mit einem pilzförmigen Querschnitt versehen.

Der HEMT ist wegen der hohen Elektronenbeweglichkeit für Hochfrequenzanwendungen gut geeignet. Es ergeben sich eine höhere Transitfrequenz und eine niedrigere Rauschzahl als beim MESFET. Es werden Schaltfrequenzen >100 GHz erreicht.

6.10.3.4 ISFET

Der ISFET (ionensensitiver FET) gehört zu den chemischen Feldeffekttransistoren.

Kurzbeschreibung der Arbeitsweise: Die Ionen einer Lösung stehen in direktem Kontakt zum Gateoxid. Die Ionen bewirken eine Ladungsansammlung im p-Silizium unter dem Gateoxid. Der Widerstand des Kanals variiert mit der Menge der Ionen in der Lösung.

Ein ISFET soll Ionen erfassen. Ein Ionen enthaltender Elektrolyt muss deshalb direkten Kontakt mit dem Bauelement haben. Beim ISFET wird der Elektrolyt zum Gate eines MOSFETs und ersetzt das herkömmliche Gate aus Poly-Silizium oder Metall. In der zu messenden elektrolytischen Lösung befindet sich eine Referenzelektrode (Messelektrode, meist aus Ag-AgCl), welche den Gatekontakt bildet. Da die Spannungsdifferenz zwischen Messelektrode und der SiO_2-Schicht von der Ionenkonzentration abhängig ist, wird letztlich der Drainstrom I_D von der Ionenkonzentration beeinflusst.

Das Gateoxid ist ein kritischer Teil des gesamten Aufbaus, oft besteht es aus mehreren Lagen. Das mit dem Siliziumsubstrat in Kontakt stehende Gateoxid ist häufig ein

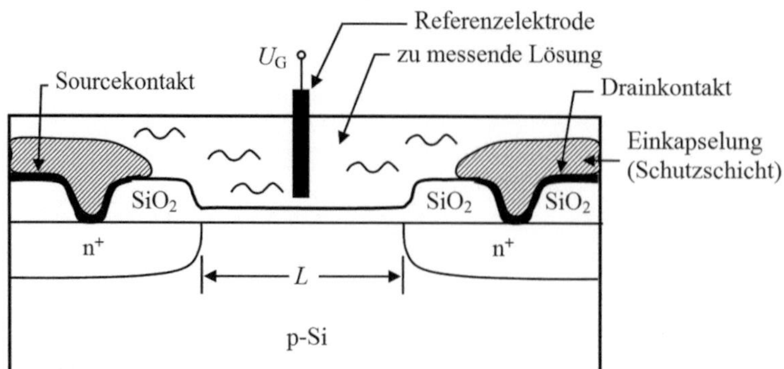

Abb. 6.65 Schematischer Aufbau eines ISFET

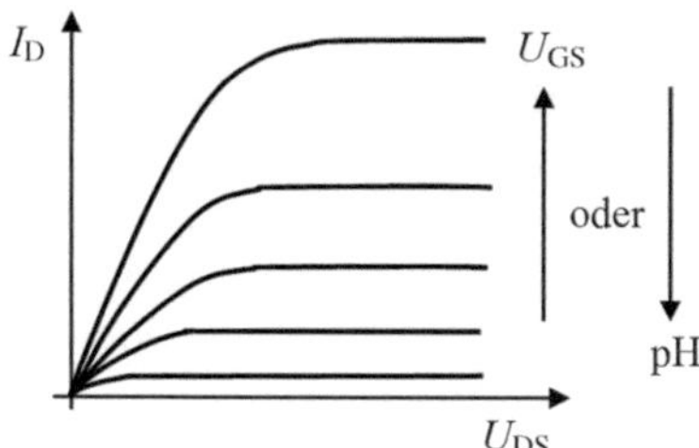

Abb. 6.66 Strom-Spannungs-Charakteristik eines ISFET in Abhängigkeit der Gatespannung an der Referenzelektrode oder des pH-Wertes

thermisch erzeugtes Oxid, damit gute Eigenschaften der Grenzflächen erreicht werden. Manchmal ist eine Sperrschicht über dem SiO_2 notwendig, um Ionen daran zu hindern, in das SiO_2-Si-Grenzgebiet zu gelangen. Die oberste Lage des Gateoxids wird bezüglich maximaler Empfindlichkeit sowie gewünschter Selektion von Ionen ausgeführt. Als Dielektrikum wird außer SiO_2 auch Si_3N_4, Al_2O_3, TiO_2 und Ta_2O_5 verwendet. Ein Hauptproblem bei der Konstruktion eines MESFETs ist die Einkapselung, sie muss verhindern, dass Ionen in angrenzende Teile des Aufbaus gelangen. Die Länge L des Kanals liegt in der Größenordnung einiger zehn bis hundert Mikrometer.

Den Aufbau zeigt Abb. 6.65, die I/U-Charakteristik ist in Abb. 6.66 dargestellt.

Das Hauptanwendungsgebiet von ISFETs ist die biomedizinische Technik. Bei der Analyse von Blut oder Urin können z. B. Komponenten wie pH-Wert, Na^+, K^+, Ca^{++}, Cl^-, Glucose, Harnstoff und Cholesterin ermittelt werden.

6.10.3.5 ENFET

Der Enzym-FET (ENFET) ist ein ISFET mit einer Paste auf der Oberseite des Gateoxids. Die Paste enthält ein Enzym, welches mit Ionen reagiert und ein Nebenprodukt wie H^+ erzeugt. Die Ionen werden indirekt ermittelt, denn das Nebenprodukt verändert die elektrischen Eigenschaften. Chemikalien die auf diese Weise erfasst werden können sind z. B. Harnstoff, Penicillin, Glucose, Kreatinin, Adenosin.

6.10.3.6 TFT-Transistor

Durch Abscheidung einer dünnen Poly-Siliziumschicht auf einem isolierendem Substrat können FETs auch auf Fremdmaterialien aufgetragen werden. Dünnschichttransistoren (thin-film transistors, TFTs) sind spezielle Feldeffekttransistoren, die in Dünnschichttechnik auf (z. B.) ein Glassubstrat aufgebracht werden. Mit ihnen können großflächige elektronische Schaltungen hergestellt werden. Anwendung findet diese Technologie z. B. bei Flüssigkristall-Flachbildschirmen (TFT-Displays). Bei Aktiv-Matrix-LCDs erfolgt die Ansteuerung eines Bildpunktes mit einem Feldeffekt-Transistor. Bei einem Farbdisplay bedeutet dies drei FETs pro Bildpunkt. Die FETs werden in Dünnschichttechnik (TFT = Thin Film Technologie) auf das Glassubstrat aufgebracht.

6.11 Insulated Gate Bipolar Transistor (IGBT)

Das Halbleiter-Leistungsbauelement *IGBT* wird als Schalter eingesetzt. Ein IGBT stellt im Prinzip einen Bipolartransistor mit isolierter Gateelektrode dar und besitzt sowohl die

- Vorteile des Bipolartransistors
  - geringe Durchlassverlustleistung auch bei hohen Strömen, bedingt durch kleine Durchlassspannung im eingeschalteten Zustand
  - hohe Sperrspannung
  - Robustheit

als auch die

- Vorzüge des MOSFETs
  - nahezu leistungslose Ansteuerung bei niedrigen Frequenzen
  - hohe Schaltgeschwindigkeit.

Aus dem Schaltsymbol ist die prinzipielle Zusammensetzung eines IGBTs erkennbar. Er besteht aus einem MOSFET, der einen Bipolartransistor steuert, ist also eine Kombination aus MOSFET und bipolarem Transistor. Entsprechend verhält sich der IGBT am Eingang wie ein selbst sperrender MOSFET und kann beinahe leistungslos gesteuert werden. Ausgangsseitig ist der IGBT einem bipolaren Leistungstransistor ähnlich. Dies bedeutet, dass er relativ hohe Spannungen und Ströme (z. B. bis 3300 V Sperrspannung bei 1200 A Schaltstrom) schalten kann. IGBTs können gegenüber MOSFETs bei vergleichbaren Chipflächen für wesentlich höhere Spannungen und Ströme ausgelegt werden. *Der IGBT verhält sich wie ein MOS-gesteuerter bipolarer Transistor.* Aus diesem Zusammenhang resultiert das Schaltzeichen und das Ersatzschaltbild eines IGBT nach Abb. 6.67.

Durch diese Konzeption werden die Vorteile eines MOSFETs (hohe Schaltfrequenzen, leistungsarme Steuerung) und eines Bipolartransistors (geringe Durchlassverluste) kombiniert.

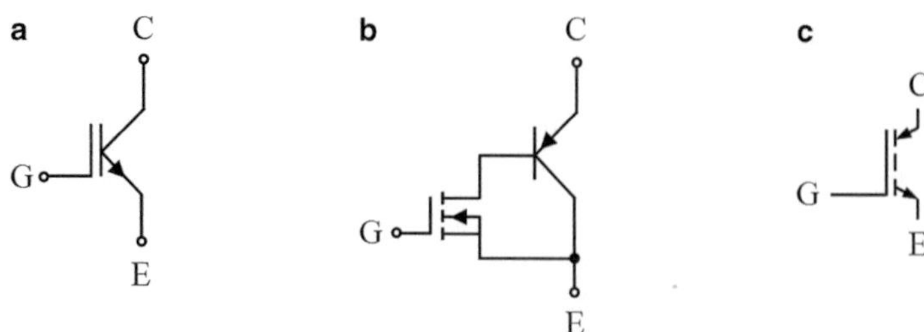

Abb. 6.67 Schaltsymbol für einen n-Kanal IGBT mit G = Gate, E = Emitter, C = Kollektor (**a**) und Ersatzschaltbild (**b**), sowie ein weiteres gebräuchliches Schaltsymbol (**c**)

Aufgrund der unterschiedlichen Herstellungstechnologie besitzt ein IGBT keine integrierte Inversdiode wie ein MOSFET. Bei Einsatz des IGBT als Schalter induktiver Lasten muss eine separate Freilaufdiode verwendet werden.

Der n-Kanal Anreicherungstyp (selbstsperrend) stellt die gebräuchlichste Form des IGBTs dar.

6.11.1 Struktureller Aufbau

IGBTs sind eine Weiterentwicklung des vertikalen Leistungs-MOSFETs. Der Herstellungsprozess des IGBT ist an die DMOS-Technologie (double diffused MOS) angelehnt. Wird ein MOSFET statt auf einem kollektorseitigen n^+-Substrat auf einem p^+-Substrat aufgebaut, so entsteht ein IGBT. Der IGBT ist ein Vierschichthalbleiterbauelement, es wird mittels eines Gates gesteuert. Abb. 6.68 zeigt einen vertikalen Schnitt durch einen n-Kanal-IGBT. Auf das meist hoch dotierte p^+-Substrat (Trägermaterial eines n-Kanal-IGBTs) wird eine schwach dotierte n^--Epitaxieschicht (n^--Driftgebiet) aufgebracht. Die MOS-Struktur mit p-Wannen (oder p^+-Wannen) und hoch dotierten n^+-Inseln wird anschließend durch Diffusion erzeugt. Ein buffer-layer, dessen Sinn anschließend erläutert wird, existiert nur in einem PT-IGBT mit so genannter Punch-Through-Struktur.

6.11.2 NPT- und PT-Struktur

Grundsätzlich gibt es zwei verschiedene strukturelle Konzepte: Die *NPT-Struktur* („Non-Punch-Through“) und die *PT-Struktur* („Punch-Through“). Die PT-Struktur eines PT-IGBTs ergibt sich aus der NPT-Struktur, wenn zusätzlich oberhalb des kollektorseitigen p^+-Substrats eine hoch dotierte n^+-Schicht, der sogenannte „*buffer-layer*“, eingefügt wird. Diese zusätzliche Schicht hat die Aufgabe im Vorwärts-Sperrzustand das elektrische Feld bei hohen Feldstärken abzubauen. Dadurch lässt sich ein dünnerer IGBT im Vergleich zur NPT-Version derselben Spannungsklasse konstruieren.

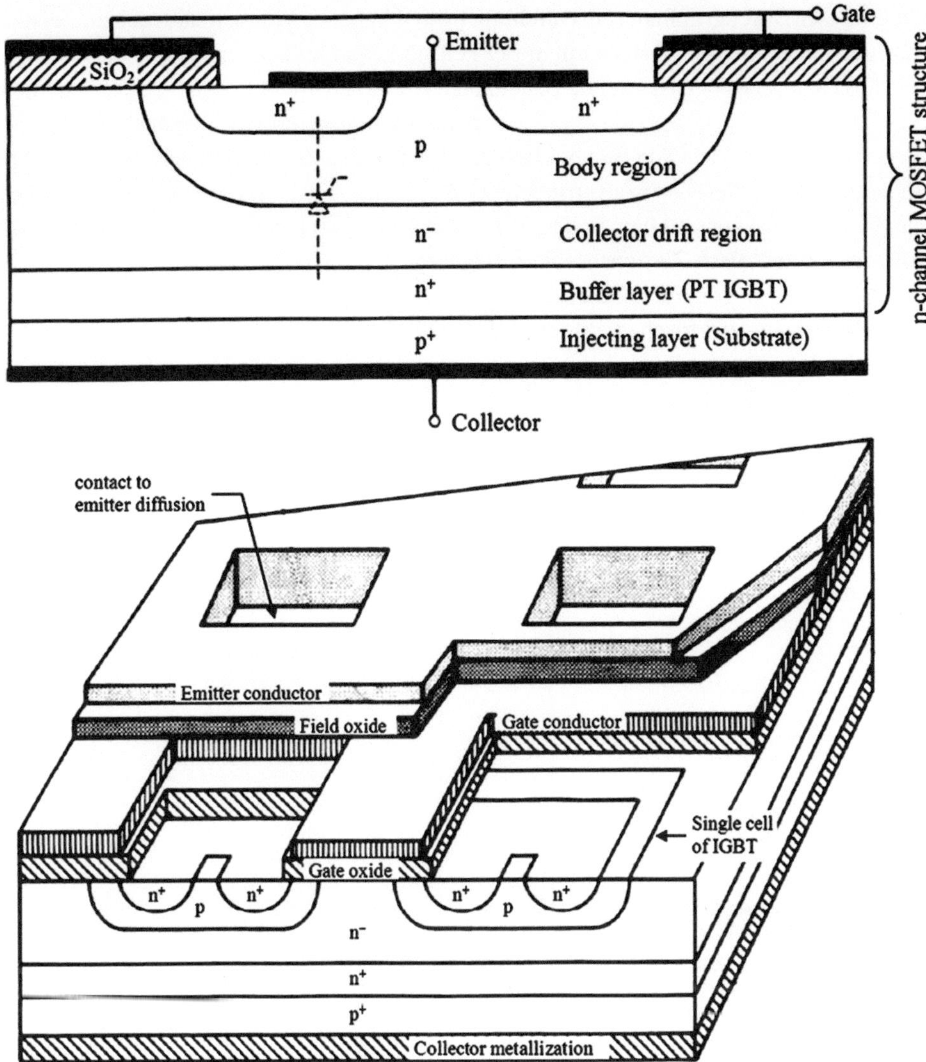

Abb. 6.68 Vertikaler Schnitt durch einen n-Kanal PT-IGBT mit perspektivischer Ansicht

Die Konzepte der PT- und NPT-Struktur unterscheiden sich auch im Herstellungsverfahren. Beim PT-IGBT werden die n^+- und die n^--Schicht üblicherweise mittels Epitaxie auf ein p^+-Substrat aufgebaut. Dagegen ist das Ausgangsmaterial des NPT-IGBT ein dünner, schwachdotierter n-Wafer, die kollektorseitige p^+-Zone wird durch Rückseitenimplantation erzeugt. Die oberseitigen MOS-Steuerzonen beider IGBT-Konzepte sind identisch in Planartechnik aufgebaut.

Die maximale Spannungsbelastung eines pn-Übergangs ist erreicht, wenn sich die Raumladungszone so weit ausdehnt, dass sie die Randelektroden verbindet (punch-through).

Durch diesen Durchgriff findet ein Durchbruch mit sehr hohen Strömen statt, der zur Zerstörung des Bauelementes führt. Damit dieser Feldstärkedurchbruch vermieden wird, besitzt der IGBT wie jedes hochsperrende Bauelement eine schwach dotierte n^--Zone. Je breiter diese ist, umso höher ist die zulässige Sperrspannung, umso größer ist aber auch der Durchlasswiderstand R_{on}. Um den Bahnwiderstand der n^--Zone (und damit die im Bauelement umgesetzte Verlustleistung) zu verringern wird angestrebt, dieses schwach dotierte Gebiet möglichst schmal herzustellen. Sollen dennoch hohe Sperrspannungen erreicht werden, so wird eine hoch dotierte Zwischenschicht eingefügt, der n^+-buffer-layer.

Ohne buffer-layer muss im Vorwärts-Sperrzustand bis zur höchstzulässigen Sperrspannung die gesamte elektrische Feldstärke innerhalb der schwach dotierten n^--Zone (Driftzone) abgebaut werden. Die Feldstärke darf nicht „durchgreifen". Solch ein IGBT wird daher als Non-Punch-Through IGBT (NPT-IGBT) bezeichnet. Damit kein Durchgriff stattfindet, muss die n^--Schicht entsprechend dick ausgeführt sein (Abb. 6.69, 6.70).

Ist ein buffer-layer vorhanden, so erfasst im Vorwärts-Sperrzustand die Raumladungszone das gesamte n^--Gebiet. Im hoch dotierten n^+-buffer-layer am Ende des n^--Driftge-

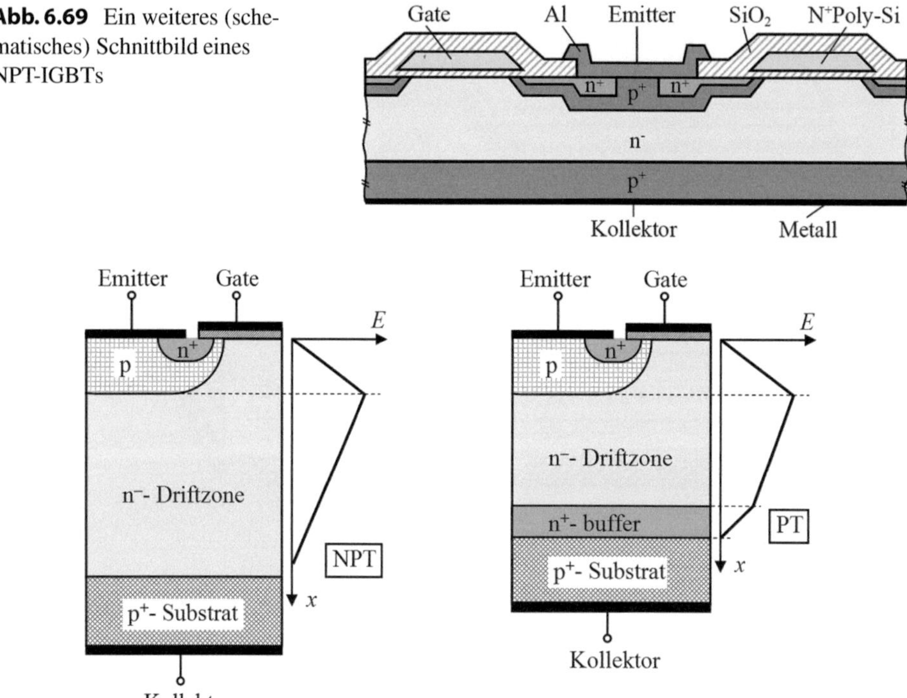

Abb. 6.69 Ein weiteres (schematisches) Schnittbild eines NPT-IGBTs

Abb. 6.70 Aufbau und Feldstärkeverlauf im Vorwärts-Sperrzustand bei NPT- und PT-IGBT. Der PT-Typ hat bei vergleichbarer Schichtdicke und Feldstärkebelastung eine höhere Spannungsfestigkeit als der NPT-Typ. Wählt man für beide Typen die gleiche Spannungsfestigkeit, so hat der PT-Typ eine geringere Schichtdicke und damit ein besseres Durchlassverhalten als der NPT-Typ

bietes erfolgt der endgültige Abbau des bereits geschwächten Feldes der Sperrspannung. So kann die n$^-$-Schicht auch für hohe Sperrspannungen möglichst dünn gehalten werden. Da die Feldstärke fast bis zum Kollektor „durchgreift" wird diese Struktur als Punch-Through IGBT (PT-IGBT) oder aufgrund der Schichtenfolge als asymmetrischer IGBT bezeichnet (Abb. 6.70).

Der NPT-IGBT hat wegen der dickeren n$^-$-Schicht ein schlechteres Durchlassverhalten als der PT-IGBT. Die Schichtdicke kann beim PT-IGBT sehr dünn ausgeführt werden, der Durchlasswiderstand R_{on} ist deshalb verhältnismäßig gering. Wegen der hohen Dotierungsdichte des pn$^+$-Übergangs hat aber der PT-IGBT eine geringe Sperrspannungsfestigkeit. Durch die zusätzliche n$^+$-Schicht entstehen außerdem erhöhte Schaltverluste, NPT-IGBTs haben eine höhere Schaltgeschwindigkeit als PT-Typen. PT-IGBTs werden vorzugsweise bis zu Spannungen von 1200 V eingesetzt, NPT-IGBTs werden ab 1200 V verwendet.

Im Gegensatz zu Leistungs-MOSFETs können PT-IGBTs zur Erhöhung der Stromtragfähigkeit nicht ohne weiteres parallel geschaltet werden. NPT-IGBTs hingegen besitzen wie die Leistungs-MOSFETs einen positiven Temperaturkoeffizienten und können parallel geschaltet werden, wie dies in IGBT-Hochleistungsmodulen üblich ist.

NPT-IGBTs haben im Vergleich zu PT-IGBTs folgende Vorteile:

- Der Temperaturkoeffizient der Durchlassspannung ist positiv (dadurch erfolgt eine „selbsttätige" statische Symmetrierung bei Parallelschaltung, das wärmste Element weist immer die schlechtesten Durchlasseigenschaften auf und führt somit den geringsten Strom, es erfolgt ein automatischer Ausgleich der Stromaufteilung).
- Der Tailstrom beim Ausschalten ist niedriger, jedoch teilweise länger. Die Ausschaltverluste sind niedriger.
- Insgesamt sind die Schaltzeiten kürzer und die Schaltverluste niedriger.
- Die Temperaturabhängigkeit der Schaltzeiten/ Schaltverluste und des Tailstromes ist wesentlich geringer.
- Die Robustheit ist im Überlastfall durch eine bessere Strombegrenzung größer.

6.11.3 Funktionsweise

Betrachtet man den Aufbau eines Leistungs-MOSFETs, so erkennt man, dass im aufgesteuerten (leitenden) Zustand der Flussstrom durch eine breite und niedrig n-dotierte Schicht fließen muss. Diese Schicht weist einen relativ hohen elektrischen Widerstand auf, über ihr fällt bei hohen Flussströmen eine hohe Flussspannung (Durchlassspannung) ab. Dadurch wird im Transistor eine hohe Verlustleistung umgesetzt. Eine Erhöhung der n-Dotierung zur Widerstandserniedrigung scheidet aus, da dadurch die Höhe der maximalen Sperrspannung des Transistors herabgesetzt würde. Um trotzdem im Flusszustand eine Erhöhung der Ladungsträgerzahl in der n$^-$-Schicht (und somit eine Verringerung ihres Widerstandes) zu erreichen, kann man die Ladungsträgerinjektion ausnutzen, die bei in Flussrichtung betriebenen pn-Dioden auftritt.

Im Normalbetrieb liegt am Kollektor des IGBT gegenüber dem Emitter eine positive Spannung an. Beträgt die Steuerspannung zwischen Gate und Emitter $U_{GE} = 0\,V$, so befindet sich die obere Sperrschicht (der p^+-Wanne und n^--Epitaxieschicht) im Vorwärts-Sperrzustand. Der IGBT ist gesperrt, es fließt kein Strom.

Die Gate-Elektrode ist vollständig mit einer hoch isolierenden Silizium-Oxid-Schicht (SiO_2) umhüllt. Dies erklärt die Bezeichnung IGBT (IG: Insulated Gate). Die Gate-Elektrode bildet zusammen mit der emitterverbundenen p-Wanne einen Kondensator.

Der IGBT wird durch Anlegen einer Gate-Emitter-Spannung U_{GE} gesteuert. Solange die Gate-Emitter-Spannung U_{GE} die Schwellenspannung U_{th} des FETs nicht erreicht ($U_{GE} < U_{GE(th)}$), befindet sich der IGBT im Sperrbetrieb.

Wird eine ausreichend hohe positive Gate-Emitter-Spannung $U_{GE} > U_{GE(th)}$ angelegt, so bildet sich wie bei normalen MOS-Feldeffekttransistoren unterhalb des Gates in der emitterverbundenen p-Wanne durch Aufladung des Kondensators ein leitender n-Kanal aus, der den Elektronenfluss (Majoritätsträger) leitet. So gelangen Elektronen über den gebildeten MOS-Kanal aus dem n^+-Gebiet in die n^--Epitaxieschicht. Dieser Elektronenstrom wirkt für den pnp-Transistor (gebildet aus p^+-Wanne, n^--Epitaxieschicht und p^+-Substrat) als Basisstrom und schaltet diesen und somit den IGBT in den Durchlasszustand (Abb. 6.71).

Infolge der sehr breiten n^--Basis des pnp-Transistors ist die Stromverstärkung dieses Transistors kleiner als Eins. Dies bedeutet, dass sein Basisstrom größer als der Kollektorstrom ist. Gleichzeitig mit dem Erreichen des Durchlasszustandes gelangen aus der kollektorseitigen p^+-Schicht Löcher in die n^--Basiszone des pnp-Transistors, aus dem p^+-Substrat werden Minoritätsladungsträger in die n^--Epitaxieschicht injiziert. Die Basis wird dadurch in den Zustand der hohen Injektion gebracht, also mit einem Elektron-Loch-Plasma überschwemmt. Die Löcher fließen zum einen vom n^--Driftgebiet über die emitterverbundene p-Wanne und zum anderen lateral unterhalb des n-Kanals und der n^+-Insel zum Emitter.

Da zum Stromfluss im IGBT Elektronen und Löcher beitragen, handelt es sich um ein bipolares Bauelement.

Durch diese Ladungsträgerüberschwemmung des n^--Driftgebietes ergibt sich ein Abbau der Raumladungszone. Hierin ist der wesentliche *Vorteil des IGBT gegenüber einem Leistungs-MOSFET* begründet: Durch die Überschwemmung des n^--Gebietes wird der *Durchlasswiderstand* des IGBT gegenüber dem eines Leistungs-MOSFETs *um einen Faktor von ca. 10 verringert*, die *Durchlassspannung* und damit die im Bauelement umgesetzte *Verlustleistung* wird *erheblich kleiner*.

6.11.4 IGBT Latch-Up

Infolge der im IGBT vorhandenen Vierschichtstruktur (npn-Transistor und pnp-Transistor ergeben einen parasitären Thyristor, angedeutet im Schnittbild Abb. 6.68) ist beim überschreiten von Strom- und Temperaturgrenzwerten ein Einrasten (latch-up-Effekt) möglich. Durch diese Thyristor-Zündung (*latch-up*) fließt ein Strom, der nicht über das Gate gesteu-

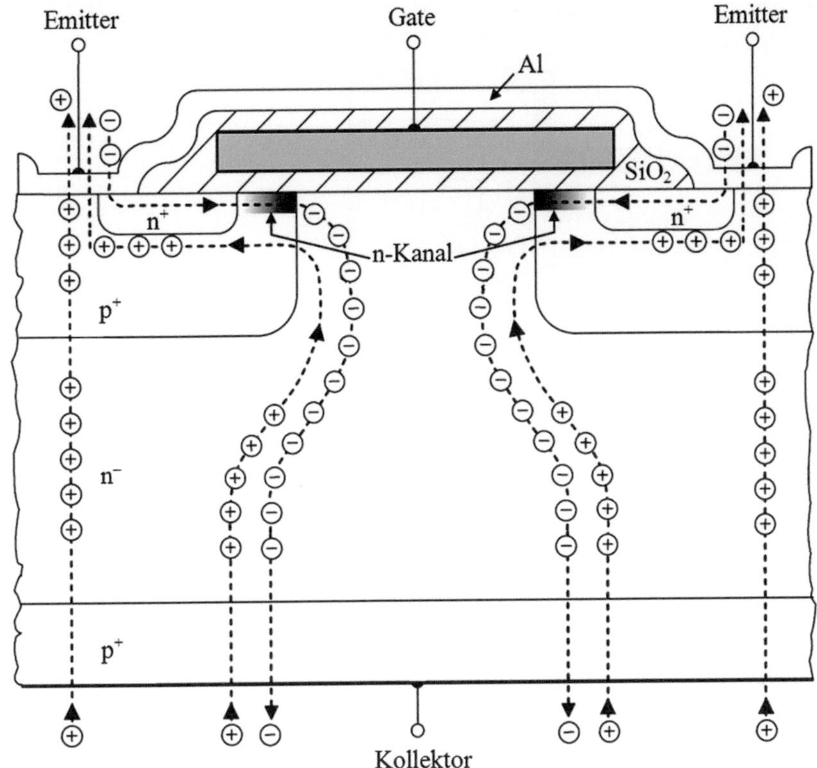

Abb. 6.71 IGBT-Zelle (n-Kanal, NPT-Struktur) mit Ladungsträgerfluss im Durchlasszustand

ert werden kann, der Thyristor und damit der IGBT lässt sich nicht mehr abschalten. Der IGBT wird dabei durch die thermische Belastung meistens zerstört.

Ist die Ursache der Zündung des parasitären Thyristors ein zu hoher Strom durch den IGBT, so spricht man von einem *statischen latch-up*. Beruht die Zündung auf einer zu hohen Abschaltgeschwindigkeit di/dt, so handelt es sich um einen *dynamischen latch-up*.

Im vereinfachten Ersatzschaltbild Abb. 6.67b, welches nur für den regulären Schaltbetrieb gilt, wurde die parasitäre npn-Bipolarstruktur am Gate nicht berücksichtigt. Um den latch-up Vorgang näher zu erläutern, wird das erweiterte Ersatzschaltbild des IGBT betrachtet (Abb. 6.72).

Wie bereits erwähnt, besteht der IGBT im Prinzip aus einem pnp-Bipolartransistor T_2 (aufgebaut aus der Zonenfolge p-Wanne als Kollektor, n^--Driftzone als Basis und p^+-Substrat als Emitter) und einem MOSFET T_1. Zusätzlich ist ein npn-Bipolartransistor T_3 enthalten, gebildet aus der Schichtenfolge n^+-Insel als Emitter, p-Wanne als Basis und n^--Driftzone als Kollektor. Der Basis-Emitter-Widerstand R_W (Wannenwiderstand) von T_3 stellt den lateralen Widerstand der p-Wanne dar. T_2 und T_3 bilden die Struktur einer Thyristor-Ersatzschaltung.

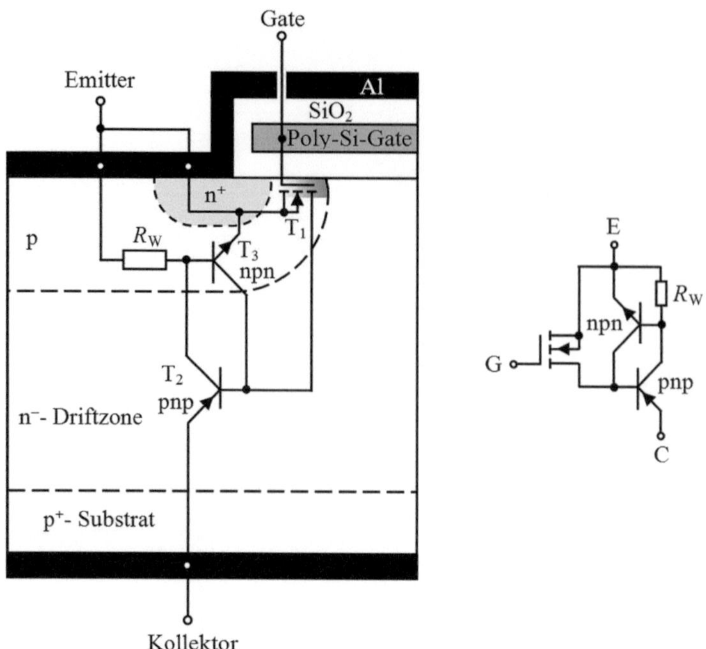

Abb. 6.72 Erweitertes Ersatzschaltbild eines IGBT zur Erläuterung des latch-up

Im normalen Betrieb ist wegen des kleinen Widerstandswertes von R_W der durch den lateralen Löcherstrom unterhalb der n^+-Insel verursachte Spannungsabfall an R_W so klein, dass die Basis-Emitter-Strecke von T_3 kurzgeschlossen ist. Die parasitäre Thyristorstruktur bleibt dadurch inaktiv. Im Überlastfall führt ein Spannungsabfall an R_W ab einem Wert von ca. 0,7 V dazu, dass der Transistor T_3 einschaltet. Es werden dann Elektronen von der n^+-in die p^+-Schicht injiziert, die nicht mehr über die Gatespannung steuerbar sind. Durch das Zünden des parasitären Thyristors entspricht das Verhalten des IGBT dem eines Thyristors, die Steuerbarkeit des IGBT geht durch das Einrasten (latch-up) verloren. Durch den sehr hohen Strom wird der IGBT zerstört. Damit ein Durchschalten von T_3 erst bei sehr großen Strömen auftreten kann, wird seine Stromverstärkung durch entsprechende Herstellmaßnahmen klein gehalten. Praktisch kann ein IGBT einen Kurzschlussstrom kurzzeitig führen und abschalten, für den normalen Betrieb genügt das Ersatzschaltbild nach Abb. 6.67b.

Ein latch-up wird bei heutigen IGBTs durch Design-Maßnahmen der Hersteller (z. B. Ausführung des Aufbaus sowie Wahl des Dotierungsprofils der p^+-Wanne) unter allen zulässigen statischen und dynamischen Betriebsbedingungen zuverlässig verhindert und spielt bei modernen Bauelementen keine Rolle mehr.

6.11.5 Kennlinien

Aus dem beschriebenen Funktionsprinzip des IGBT resultiert das in Abb. 6.73 skizzierte Ausgangskennlinienfeld.

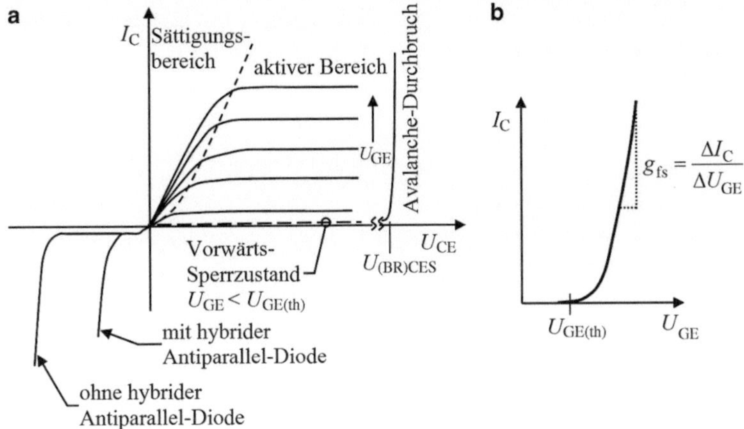

Abb. 6.73 Ausgangskennlinienfeld (**a**) eines IGBT (n-Kanal Anreicherungstyp) mit Übertragungskennlinie (**b**)

6.11.5.1 Vorwärtssperrzustand

Analog zur Funktion des MOSFET fließt beim IGBT bei positiver Kollektor-Emitter-Spannung U_{CE} und einer Gate-Emitter-Spannung U_{GE} unterhalb der Gate-Emitter-Schwellenspannung $U_{GE(th)}$ nur ein sehr kleiner Kollektor-Emitter-Reststrom I_{CES} zwischen Kollektor- und Emitteranschluss.

Mit wachsender Spannung U_{CE} steigt I_{CES} zunächst leicht an. Oberhalb einer spezifizierten, höchstzulässigen Kollektor-Emitter-Spannung, der Durchbruchspannung $U_{(BR)CES}$, erfolgt ein Avalanchedurchbruch, der zur Zerstörung des IGBT führen kann.

Über die Emittermetallisierung sind die Basis- und Emitterzonen jedoch nahezu kurzgeschlossen. Zwischen beiden liegt lediglich der laterale Widerstand der p^+-Wanne. Durch verschiedene Designmaßnahmen wird bei modernen IGBTs der Durchbruchstrom je Zelle äußerst klein gehalten und eine hohe Vorwärtssperrspannungsstabilität erreicht (Avalanchefestigkeit).

6.11.5.2 Durchlasszustand

Der Durchlasszustand in Vorwärtsrichtung (Abb. 6.73, I. Quadrant), bei positiver Kollektor-Emitter-Spannung U_{CE} und positivem Kollektorstrom I_C, lässt sich in zwei Kennlinienbereiche unterteilen.

- Aktiver Bereich

Bei einer Gate-Emitter-Spannung U_{GE}, die nur wenig die Schwellenspannung $U_{GE(th)}$ übersteigt, fällt infolge Stromsättigung über dem Kanal eine relativ hohe Spannung ab (waagerechter Bereich der Ausgangskennlinien). Der Kollektorstrom I_C wird über U_{GE} gesteuert.

Als Maß für das in Abb. 6.73b skizzierte Übertragungsverhalten ist (analog zum MOSFET) die Übertragungssteilheit definiert:

$$g_{fs} = \frac{dI_C}{dU_{GE}} = \frac{I_C}{U_{GE} - U_{GE(th)}} \tag{6.75}$$

Die Übertragungssteilheit im Abschnürbereich steigt mit dem Kollektorstrom I_C und der Kollektor-Emitter-Spannung U_{CE}, sie sinkt bei steigender Chiptemperatur.

Im für Leistungsmodule mit mehreren parallel geschalteten IGBT-Chips ausschließlich zulässigen Schaltbetrieb wird der Abschnürbereich lediglich während des Ein- und Ausschaltens durchfahren.

Ein stationärer Betrieb dieser Module im Abschnürbereich ist dagegen, wie bei MOSFET-Modulen, meist verboten, da $U_{GE(th)}$ mit ansteigender Temperatur absinkt und so auch hier bereits kleine Fertigungsunterschiede zwischen den Einzelchips eine thermische Instabilität verursachen können.

- Sättigungsbereich

Der im Schaltbetrieb als EIN-Zustand bezeichnete Sättigungsbereich (steiler Bereich der Ausgangskennlinien) ist erreicht, wenn I_C nur noch durch den äußeren Stromkreis bestimmt wird. Das Durchlassverhalten wird durch die Restspannung U_{CEsat} (Kollektor-Emitter-Sättigungsspannung) des IGBT charakterisiert. Wegen der verbesserten Leitfähigkeit durch die Löcherinjektion aus der unteren p-Schicht verlaufen die Kennlinien steiler als beim MOSFET. Die Minoritätsträgerüberschwemmung der n^--Driftzone bewirkt, dass die Sättigungsspannung eines IGBT zumindest bei hochsperrenden Elementen deutlich kleiner als der Durchlassspannungsabfall eines vergleichbaren MOSFET ist.

Bei PT-IGBTs sinkt U_{CEsat} im Nennstrombereich bei Temperaturerhöhung, bei NPT-IGBTs steigt U_{CEsat} dagegen mit der Temperatur an.

6.11.5.3 Rückwärtsbetrieb

Im Rückwärtsbetrieb (Abb. 6.73, III. Quadrant) ist der kollektorseitige pn-Übergang des IGBT in Sperrrichtung gepolt und unterbindet die beim MOSFET vorhandene Inversleitfähigkeit (keine Inversdiode). Obwohl (bedingt durch die breite n^--Driftzone) zumindest bei NPT-IGBTs strukturell hier eine hochsperrende pin-Diode vorliegt, beträgt die *Rückwärtssperrspannung von IGBTs nur einige 10 V*. Die Ursache hierfür liegt im zielgerichtet auf hohe Vorwärtssperrspannung und gute kollektorseitige Wärmeabführung ausgerichteten Chipdesign. IGBT-Schalter, die für Einsatzfälle mit Rückwärtsbeanspruchung vorgesehen sind, werden deshalb ausschließlich mit angepassten, schnellen Reihendioden in hybrider Bauform versehen.

6.11.6 Schaltverhalten

6.11.6.1 Übersicht

Im eingeschalteten Zustand fällt an einem IGBT eine geringere Spannung ab als an einem MOS-Transistor. Im dynamischen Verhalten des IGBT wirkt sich der relativ langsame Auf- und Abbau der aus der p^+-Schicht in die n^--Zone eingespeisten Überschussladungen negativ aus. Die gute Leitfähigkeit im Durchlassbetrieb geht infolge der Speicherladung zu Lasten der Schaltgeschwindigkeit. Beim Ausschalten ergibt sich durch den Abbau der Überschussladungsträger in der n^--Zone im zeitlichen Verlauf des Stromes der so genannte *Stromschweif* (*Tailstrom*). Durch den Tailstrom erhöhen sich die Abschaltverluste und die Schaltfrequenzen werden auf ca. 300 kHz begrenzt.

6.11.6.2 Ein- und Ausschalten im Detail, Vergleich MOSFET – IGBT

Der überwiegende Anteil der Schaltaufgaben für Transistorschalter erfordert „hartes" Ein- und Ausschalten ohmsch-induktiver Lasten mit nichtlückendem Laststrom, d. h. die Lastzeitkonstante L/R ist viel größer als die Periodendauer $1/f$ der Schaltfrequenz. Charakteristisch für „hartes Schalten" ist, dass während des Ein- und Ausschaltens kurzzeitig sowohl Transistorstrom als auch Transistorspannung hoch sind.

Die hieraus resultierenden, grundsätzlichen Verläufe von Drainstrom I_D und Drain-Source-Spannung U_{DS} des MOSFET bzw. von Kollektorstrom I_C und Kollektor-Emitter-Spannung U_{CE} des IGBT zeigt Abb. 6.74. Den Verlauf des Arbeitspunktes während des Schaltens in Form eines Graphen $I_D = f(U_{DS})$ bzw. $I_C = f(U_{CE})$ und die zugehörigen Messschaltungen zeigt Abb. 6.75. In den Datenblättern wird der Arbeitspunktverlauf als SOA (Safe Operating Area) angegeben.

Physikalische Ursache der typischen Strom-Spannungsverläufe in Abb. 6.74 ist die Wirkung der Freilaufdiode, die ein Abreißen des Stromes durch die Lastinduktivität verhindern muss.

- Beim Einschalten des Transistors kann die Freilaufdiode erst Sperrspannung aufnehmen (ausschalten), wenn der volle Laststrom auf den Transistor kommutiert ist. I_C bzw I_D muss deshalb die Höhe des Laststromes I_L erreichen, bevor U_{CE} bzw. U_{DS} auf den Durchlasswert absinken kann.
- Beim Ausschalten des Transistors kann die Freilaufdiode den Laststrom erst dann übernehmen (einschalten), wenn sie in Durchlassrichtung gepolt ist. Hierzu muss U_{CE} bzw. U_{DS} über das Niveau der Kommutierungsspannung angestiegen sein, bevor I_C bzw. I_D auf den Wert des Reststromes sinken kann.

Einschalten

Wie Abb. 6.74 qualitativ zeigt, sinken beim Einschalten des MOSFET oder IGBT die Drain-Source- bzw. Kollektor-Emitter-Spannung vergleichbarer Bauelemente zunächst im gleichen Maße innerhalb einiger zehn Nanosekunden bis auf einen Wert ab, der dem Spannungsabfall über dem n^--Bahngebiet entspricht. Während dies beim MOSFET bereits die

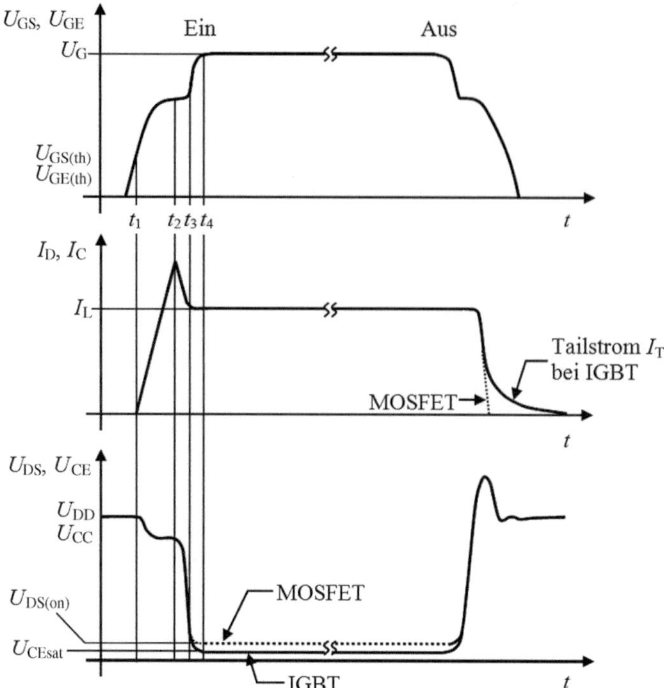

Abb. 6.74 Typisches Verhalten beim Ein- und Ausschalten von Leistungs-MOSFET und IGBT beim „harten Schalten" (ohmsch-induktive Last mit Freilaufkreis) mit Verlauf von Spannungen und Strömen

Durchlassspannung $U_{DS(on)} = I_D \cdot R_{DS(on)}$ darstellt, setzt beim IGBT nun die Überflutung des n^--Gebietes mit positiven Ladungsträgern aus der p-Kollektorzone ein. Nach Abschluss dieses Vorganges (ca. 100 ns bis einige µs) ist beim IGBT die niedrigere Durchlassspannung U_{CEsat} als statischer Endwert erreicht (Leitwertmodulation).

Es werden nun die Vorgänge in den Zeitintervallen t_1 bis t_4 beschrieben.

1. Schaltzeitintervall $0 \ldots t_1$ (gesperrter Transistor)
   Mit Zuschalten der Steuerspannung beginnt der Gatestrom zu fließen. Dieser lädt zunächst ausschließlich die Gatekapazität auf. Die Gatespannung U_{GS} steigt an. Da U_{GS} noch kleiner als die Schwellenspannung $U_{GS(th)}$ ist, kann in diesem Zeitintervall noch kein Drainstrom fließen.
2. Schaltzeitintervall $t_1 \ldots t_2$ (Drainstromanstieg)
   Ist U_{GS} zum Zeitpunkt t_1 bis auf $U_{GS(th)}$ angestiegen, schaltet der Transistor ein und durchläuft dabei zunächst den aktiven Arbeitsbereich. Der Drainstrom steigt bei idealer Freilaufdiode bis auf I_L bzw. über I_L hinaus an, wie in Abb. 6.74 für eine reale Freilaufdiode gezeigt. In gleicher Weise wächst die Spannung U_{GS}, die im aktiven Bereich über die Steilheit g_{fs} mit $I_D = g_{fs} \cdot U_{GS}$ mit dem Drainstrom verkoppelt ist, bis

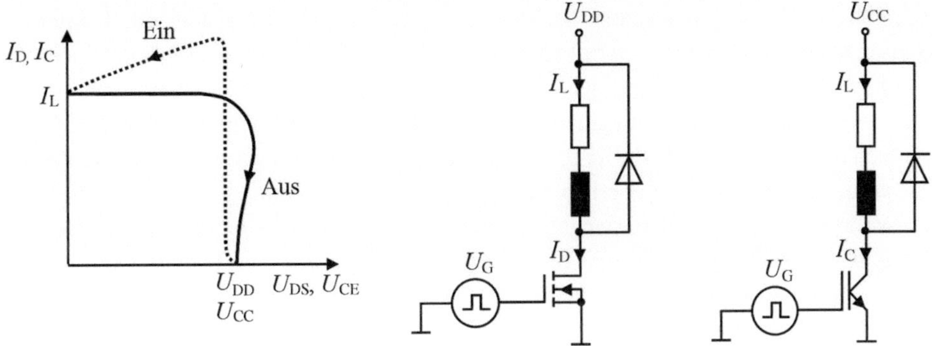

Abb. 6.75 Verlauf des Arbeitspunktes und Messschaltungen beim harten Schalten

auf den Wert $U_{GS1} = \frac{I_D}{g_{fs}}$ an (Zeitpunkt t_2). Da die Freilaufdiode erst zum Zeitpunkt t_2 sperren kann, fällt U_{DS} vor t_2 nicht nennenswert ab. Zur Zeit $t = t_2$ ist eine bestimmte Ladungsmenge in das Gate geflossen.

3. Schaltzeitintervall $t_2 \ldots t_3$ (durchschaltender Transistor)
Mit dem Ausschalten der Freilaufdiode sinkt U_{DS} bis zum Zeitpunkt t_3 soweit ab, dass ihr Durchlasswert $U_{DS(on)}$ nahezu erreicht ist. Zwischen t_2 und t_3 sind Drainstrom und Gate-Source-Spannung weiterhin über die Steilheit verkoppelt. U_{GS} bleibt deshalb konstant. Während des Abfallens von U_{DS} lädt der Gatestrom mit einer Ladungsmenge die Miller-Kapazität C_{GD} um. Bis $t = t_3$ ist eine weitere Ladungsmenge in das Gate geflossen.
4. Schaltzeitintervall $t_3 \ldots t_4$ (Ohm'scher Kennlinienbereich)
Zum Zeitpunkt t_3 ist der Transistor eingeschaltet, und sein Arbeitspunkt ist vom Abschnürbereich in den Ohm'schen Arbeitsbereich eingetreten. U_{GS} und I_D sind nicht mehr über g_{fs} verkoppelt. Die nunmehr dem Gate zugeführte Ladungsmenge bewirkt das weitere Ansteigen von U_{GS} bis zur Höhe der Gate-Steuerspannung U_G. Da der reale Einschaltwiderstand $R_{DS(on)}$ von I_D und U_{GS} abhängig ist, kann über die insgesamt dem Gate zugeführte Ladungsmenge die Durchlassspannung $U_{DS(on)} = I_D \cdot R_{DS(on)}$ in Grenzen bis zum physikalischen Minimum eingestellt werden.
Die zum Erreichen einer bestimmten Gate-Source-Spannung notwendige Ladungsmenge ist umso größer, je höher die Drainspannung U_{DD} (bzw. Kommutierungsspannung) ist.

Ausschalten

Beim MOSFET müssen beim Ausschalten lediglich die internen Kapazitäten soweit umgeladen werden, dass die Ladungsträgerinfluenz im Kanalgebiet aufhört. Anschließend kommt es zu einem sehr schnellen Abbau der Neutralitätsstörung in diesem Bereich, der Drainstrom sinkt steil ab. Im IGBT findet zunächst der gleiche Vorgang statt. Nach dem Abfallen des Emitterstromes sind im n^--Bahngebiet jedoch noch ein großer Teil der durch die Injektion aus dem IGBT-Kollektorgebiet erzeugten p-Ladungsträger (Überschussladungsträger) vorhanden. Diese müssen nun rekombinieren oder durch Rückinjektion abgebaut werden. Dies ruft einen so genannten *Kollektorstromschweif* (*Tailstrom* I_T) hervor. Da dieser Stromschweif innerhalb von Millisekunden erst bei bereits angestiegener Kollektor-Emitter-Spannung abklingt, werden beim harten Schalten die IGBT-Ausschaltverluste wesentlich durch den Schweifstromverlauf bestimmt und übersteigen die vergleichbarer MOSFETs erheblich.

Während des Ausschaltvorganges verlaufen die beim Einschalten in den Zeitintervallen t_1 bis t_4 beschriebenen Vorgänge in umgekehrter Richtung. Die Ladung muss mittels Steuerstrom wieder aus dem Gate abgeführt werden. Je weiter der Einsatzfall des Transistormoduls vom hier betrachteten Fall des harten Schaltens abweicht, um so mehr „verwischt" sich die Treppenform der Gate-Source-Spannung. Die beim harten Schalten durch das Verhalten der Freilaufdiode „entkoppelten" Intervalle gehen dann mehr oder weniger ineinander über und die genaue Beschreibung des Schaltverhaltens wird komplexer.

Für IGBT-Leistungsmodule treffen die dargestellten Betrachtungen sinngemäß in gleicher Weise zu. Die Bestimmung des Schaltverhaltens kann mit den in den Datenblättern vorhandenen Gateladungsdiagrammen erfolgen.

6.11.7 Trench-IGBT

Beim Trench-IGBT wird die Gate-Elektrode nicht als Ebene (Planar-Gate) sondern als senkrechter Kanal (Trench-Gate) in der p-Wanne ausgeführt, es wird also eine senkrecht positionierte Gate-Elektrode verwendet (Abb. 6.76a). Im eingeschalteten Zustand bilden sich links und rechts vom Gate im p-Bereich senkrechte n-Kanäle aus. Da die aktive Si-

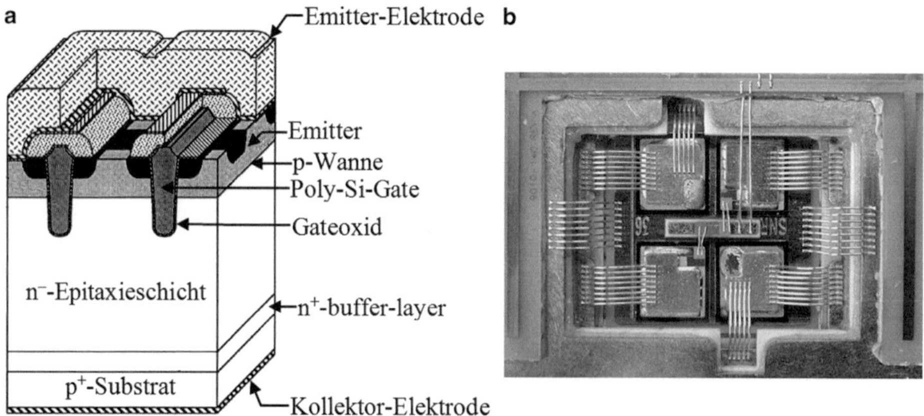

Abb. 6.76 Struktur eines Trench-IGBT (**a**), IGBT-Chips (im Foto oben rechts und unten links, je ca. 80 A) mit zugehörigen Freilaufdioden, wie sie in einem IGBT-Leistungsmodul zusammengefasst werden (**b**)

liziumfläche vergrößert wird, ist eine bessere Steuerung des Kanalquerschnitts möglich, welches einen verminderten Kanalwiderstand hervorruft.

Die Vorteile dieser Struktur sind:

- geringerer Flächenbedarf
- geringerer Durchlasswiderstand und damit geringere Durchlassspannung U_{CEsat}
- höhere Stromdichten und höhere latch-up Festigkeit
- kleinere Schaltverluste
- höhere Durchbruchspannungen.

Die Nachteile dieser Bauweise sind:

- schlechtere Kurzschlussfestigkeit
- schlechtere dynamische Eigenschaften
- signifikant höhere Gate-Kapazität im Vergleich zur planaren Struktur.

7 Thyristoren

7.1 Einteilung der Thyristoren

Die Bezeichnung Thyristor (*SCR* = silicon-controlled rectifier) setzt sich aus Teilen der Begriffe Thyratron und Transistor zusammen. Das Thyratron ist ein veraltetes Röhrenbauelement zum Schalten elektrischer Ströme.

Im Bereich großer Leistungen sind Thyristoren wichtige Bauelemente der Leistungselektronik. Der Thyristor ist eines der ältesten leistungselektronischen Halbleiterbauelemente, wurde bereits 1952 von W. Shockley erfunden, und ist auch heute noch der ideale Schalter für viele Anwendungen in der Starkstromtechnik.

Die Funktionsweise entspricht einer steuerbaren Gleichrichterzelle, sie kann mit einer zu einem bestimmten Zeitpunkt einschaltbaren Diode verglichen werden. Im sperrenden (hochohmigen) Zustand dürfen am Thyristor sehr hohe Sperrspannungen (einige tausend Volt) anliegen. Im leitenden (niederohmigen) Zustand kann ein sehr hoher Strom (einige tausend Ampere) durch den Thyristor fließen, wobei am leitenden Thyristor nur eine sehr kleine Spannung abfällt.

Als elektronischer Schalter hat der Thyristor zwei Schaltzustände. In einer Stromrichtung sperrt der Thyristor. Damit er in der anderen Richtung leitet, muss er eingeschaltet werden. Der Übergang von AUS auf EIN heißt *Zünden*, der Übergang von EIN auf AUS wird als *Löschen* bezeichnet. Die Steuerung (das Schalten) des Thyristors kann anodenseitig oder kathodenseitig erfolgen. Im eingeschalteten Zustand verhält sich der Thyristor ähnlich wie eine Diode. Deshalb wird als Schaltzeichen des Thyristors ein Diodensymbol mit zusätzlichem Steueranschluss (*Gate*) verwendet (Abb. 7.1).

Abb. 7.1 Schaltzeichen des Thyristors mit kathodenseitigem Zündanschluss, die Anschlüsse sind A = Anode, K = Kathode, G = Gate

L. Stiny, *Aktive elektronische Bauelemente*, https://doi.org/10.1007/978-3-658-24752-2_7

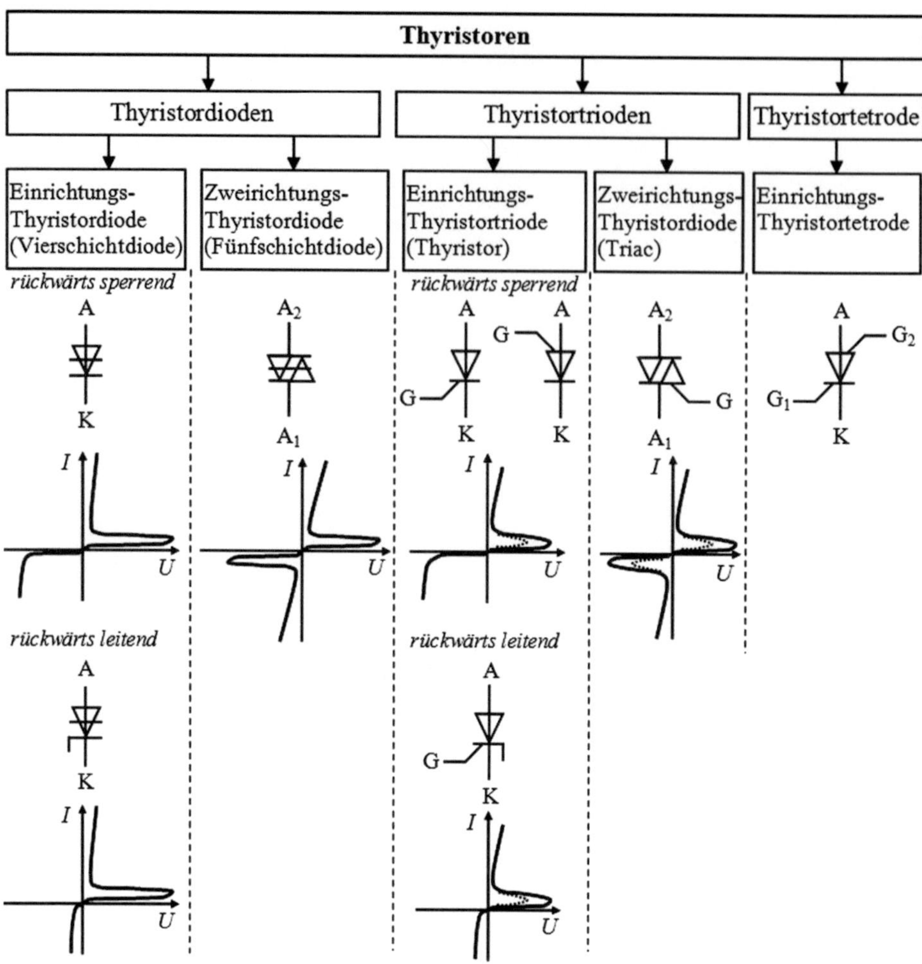

Abb. 7.2 Zur Einteilung von Thyristoren, mit Benennungen, Schaltsymbolen und Kennlinien

Thyristoren sind Mehrschicht-Halbleiter. Entsprechend der möglichen Anzahl von Anschlüssen wird zwischen Thyristordioden (2-polig), Thyristortrioden (3-polig) und Thyristortetroden (4-polig) unterschieden (Abb. 7.2).

Die Thyristor*dioden* werden bei den Halbleiterdioden besprochen. Die Vierschichtdiode wird in Abschn. 4.11.6.3, die Fünfschichtdiode in Abschn. 4.11.6.2 behandelt.

7.2 Einrichtungs-Thyristortriode (Thyristor)

Der wohl am häufigsten verwendete Thyristor ist die Einrichtungs-Thyristortriode. Dieses Bauelement wird deshalb im Folgenden ausführlich behandelt.

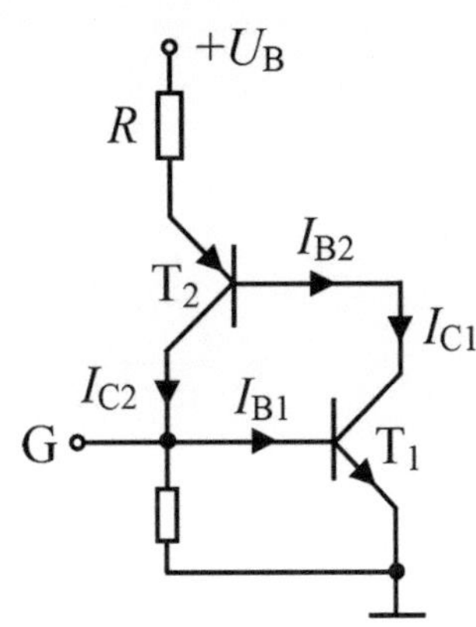

Abb. 7.3 Eine bistabile Transistorschaltung. Quelle: Goßner, S.: Grundlagen der Elektronik; Halbleiter, Bauelemente und Schaltungen, 9. ergänzte und verbesserte Auflage, Januar 2016, Shaker-Verlag

7.2.1 Grundlagen der Funktionsweise

Wird von zwei komplementären Transistoren jeweils der Kollektor des einen Transistors mit der Basis des anderen Transistors verbunden, so entsteht ein bistabiles Element, das entweder sperrt oder vollständig durchschaltet (Abb. 7.3).

Der Transistor T_1 sperrt, wenn seiner Basis kein Strom zugeführt wird. Durch T_1 fließt dann kein Kollektorstrom, somit wird auch der Basis von T_2 kein Strom zugeführt. Folglich sperrt auch T_2 und kann keinen Basisstrom an T_1 liefern. Beide Transistoren sperren, es fließt kein Strom.

Fließt über den Anschluss G in die Basis von T_1 ein kleiner Strom I_{B1}, so ist dessen Kollektorstrom I_{C1} um den Stromverstärkungsfaktor B_1 größer: $I_{C1} = B_1 \cdot I_{B1}$. Der Strom I_{C1} ist der Basisstrom von T_2. Der somit entstehende Kollektorstrom I_{C2} von T_2 ist um den Stromverstärkungsfaktor B_2 größer: $I_{C2} = B_2 \cdot I_{C1}$. I_{C2} addiert sich zu I_{B1}, dadurch wird I_{C1} größer. Es entsteht ein Mitkopplungseffekt, in dessen Folge beide Transistoren vollständig durchschalten. Nur der Widerstand R begrenzt den insgesamt durch beide Transistoren fließenden Strom. Nachdem beide Transistoren durchgeschaltet haben bleibt dieser Zustand bestehen, auch wenn dem Anschluss G kein Strom mehr zugeführt wird. Der beschriebene Vorgang entspricht der Arbeitsweise eines Modells mit zwei Transistoren bei der Zündung (dem Einschalten) eines Thyristors. Entsprechend genügt zum Einschalten eines Thyristors (im Gegensatz zum Schalter mit einem Bipolartransistor) ein kurzer Stromimpuls. Ist die Spannung U_{AK} zwischen Anode und Kathode des Thyristors positiv, so wird der Thyristor durch einen kurzen positiven Stromimpuls am Gate gezündet. Er bleibt dann im niederohmigen Zustand, bis U_{AK} umgepolt wird. Die maximale Schaltfrequenz ist normalerweise auf unter 100 Hz beschränkt, kann bei speziellen Thyristortypen jedoch auch im Kilohertzbereich liegen.

Betrachtet man die Schichtenfolge in den beiden Transistoren (siehe Abb. 7.4), so erkennt man, dass bei der Verbindung der beiden Transistoren immer zwei n- oder zwei p-Zonen miteinander verbunden werden.

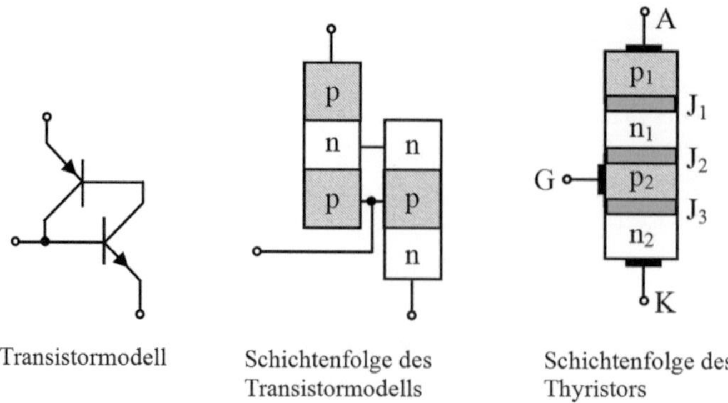

Abb. 7.4 Zu Funktionsweise und Schichtenfolge eines Thyristors

Eine entsprechende Struktur wird bei einem Thyristor durch vier abwechselnd p- und n-dotierte Zonen (Schichten p_1, n_1, p_2, und n_2) in einem einzigen Bauelement mit drei pn-Übergängen (J_1, J_2, J_3) realisiert.

7.2.2 Aufbau

Der Thyristor wird nicht in Planartechnik hergestellt, sondern ringsum als Einzelbauelement bearbeitet. Abb. 7.5 zeigt den Aufbau in Zirkularsymmetrie und typische Maße. Als Leistungsbauelement benötigt der Thyristor eine große Fläche zur Stromführung und breite Basiszonen ($\leq$10 mm) zum Abblocken hoher Sperrspannungen.

Ausgangsmaterial ist der breite, schwach n-leitende Bereich, in den die beiden p-leitenden Bereiche diffundiert werden. Durch eine zweite Diffusion entstehen die hoch dotierten n^+-Kathoden. Als metallischen Träger der Anode wählt man meist Molybdän, da dieses einen mit Silizium vergleichbaren thermischen Ausdehnungskoeffizienten be-

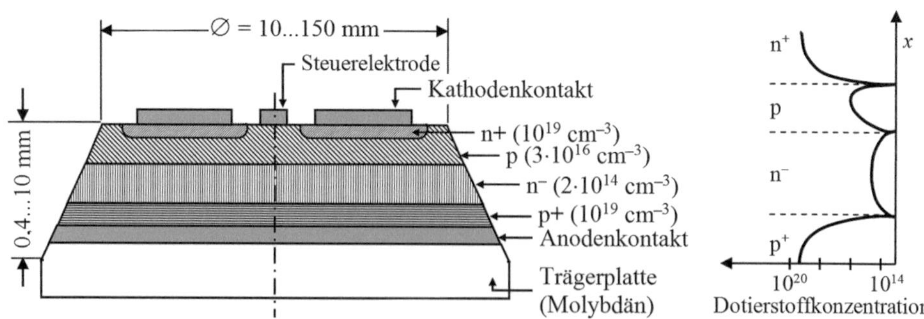

Abb. 7.5 Aufbau einer „Thyristor-Tablette" mit typischen Dotierstoffkonzentrationen und Beispiel für ein Dotierprofil

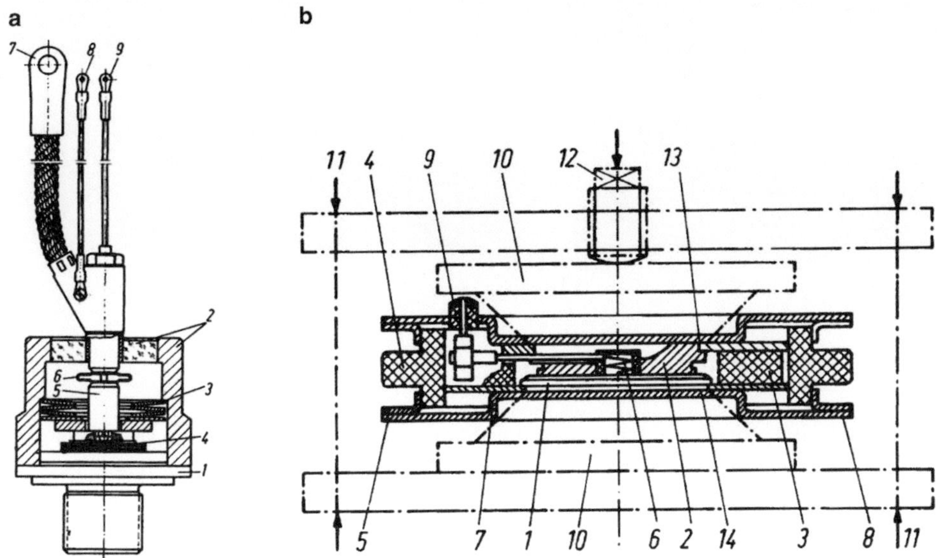

Abb. 7.6 Schnittbild eines Thyristors mit Schraubanschluss (**a**) und in Scheibenbauform (**b**). **a**: *1* Kupferboden (Anode), *2* Druckglasdurchführung, *3* Druckfedern, *4* Thyristortablette, *5* Kathodenstempel (Molybdän mit Silberauflage), *6* Ausgleichsglied, *7* Kathodenanschluss, *8* Hilfskathodenanschluss, *9* Steueranschluss; **b**: *1* Thyristortablette, *2* obere Kontaktscheibe, *3* Halte- und Zentrierhilfskörper, *4* keramischer Isolierring, *5* Flansche, *6* Anschluss Steuerelektrode, *7* untere Verschlusskappe, *8* vakuumdichte Schweißnaht, *9* isolierte Durchführung der Steuerelektrode, *10* beidseitige Elektroden (bereits Teil des Kühlkörpers), *11* Spannkörper, *12* zentraler Druckkontakt, *13* obere Kontaktfläche (Kathode), *14* untere Kontaktfläche (Anode)

sitzt. Der Schräganschliff des mittleren Bereiches dient der Herabsetzung des elektrischen Feldes an der Oberfläche zur Vermeidung von Oberflächen-Durchbrüchen.

Ein Thyristor benötigt ein isolierendes, gasdichtes Gehäuse. Die Siliziumscheibe befindet sich in einer Schutzgasatmosphäre. Die Stromdichte darf maximal 2 A/mm^2 betragen. Bei Thyristoren bis ca. 16 A werden ähnliche Gehäuse wie bei Transistoren verwendet. Zur Wärmeübertragung an den Kühlkörper gibt es bei Thyristoren größerer Leistung entweder einen Schraubkontakt oder einen Presssitz. Die Kühlung erfolgt mit Luft, bei hohen Leistungen mit einer Flüssigkeit.

Einer der beiden Leistungsanschlüsse ist wegen der Wärmeleitung mit dem metallischen Gehäuseteil verbunden. Bei Thyristoren gleicher elektrischer Eigenschaften gibt es häufig wahlweise je einen Typ mit Anode oder Kathode am Schraubanschluss. Bei Brückenschaltungen können so jeweils zwei Leistungshalbleiter auf einem gemeinsamen Kühlkörper untergebracht werden. Es gibt auch fertige Halbbrücken in einem Gehäuse. In diese Module sind dann die beiden Thyristoren und eventuell Freilaufdioden eingebaut. Damit ist ein kompakter und übersichtlicher Aufbau von leistungselektronischen Schaltungen möglich. Beispiele von Aufbau und Ausführungsformen zeigen Abb. 7.6 und 7.7.

Abb. 7.7 Thyristoren verschiedener Bauformen

7.2.3 Strom-Spannungs-Kennlinie

Wird dem Thyristor kein Zündstrom am Gate angeboten, so sperrt er eine an Anode und Kathode anliegende Spannung U_{AK} unabhängig von deren Polarität (innerhalb gewisser Grenzen der Spannung).

Die Strom-Spannungs-Kennlinie des Thyristors (Abb. 7.8) zeigt vier verschiedene Bereiche:

- die Sperrkennlinie (R) für negative Anodenspannung $U < 0$
- die Blockierkennlinie (B) für positive Anodenspannung $U > 0$
- die Durchlasskennlinie (F)
- die Übergangskennlinie (N), ein Kennlinienast mit negativem differenziellen Widerstand.

7.2.3.1 Betrieb in Sperrrichtung

Wird an den Thyristor eine Sperrspannung $U < 0$ (Anode negativ gegen Kathode) angelegt, so liegt der mittlere pn-Übergang J_2 (siehe Abb. 7.4 rechts) in Flussrichtung, und die beiden äußeren pn-Übergänge J_1 und J_3 sind in Sperrrichtung gepolt. Durch das Dotierungsprofil bedingt, trägt hauptsächlich der anodenseitige pn-Übergang (J_1) zur

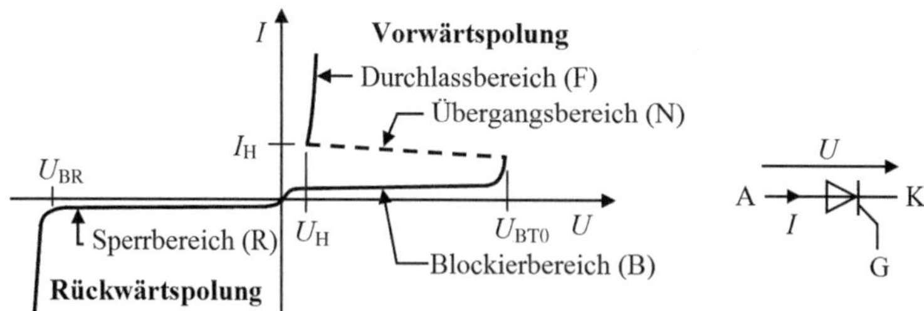

Abb. 7.8 Strom-Spannungs-Kennlinie des Thyristors, U_{BT0} = Nullkippspannung (BT: Break Through), U_H = Haltespannung, I_H = Haltestrom, U_{BR} = Durchbruchspannung

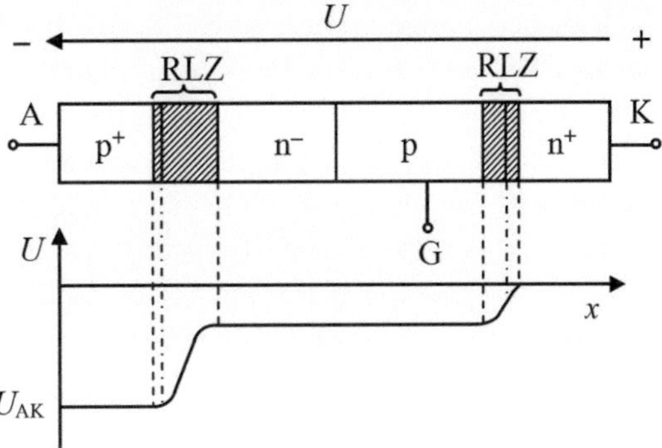

Abb. 7.9 Raumladungszonen (RLZ) und Potenzialverlauf bei Sperrbetrieb des Thyristors

Sperrwirkung bei, diese Raumladungszone ist breiter als die auf der Kathodenseite. *Bei dieser Polarität der Spannung kann der Thyristor nicht gezündet werden.*

Der Strom durch den Thyristor ist im Wesentlichen durch den Sperrstrom über die beiden äußeren pn-Übergänge bestimmt (unabhängig vom Potenzial der Steuerelektrode). Da die Basen niedrig dotiert sind (siehe Abb. 7.4 und Abb. 7.5, Dotierung mit n^- entsprechend Schicht n_1 und mit p entsprechend Schicht p_2) sind sehr hohe Sperrspannungen möglich. Überschreitet die angelegte Spannung die Rückwärts-Durchbruchspannung U_{BR}, so tritt ein hoher Sperrstrom mit entsprechend großer Verlustleistung auf. Hierdurch kann der Thyristor zerstört werden. In Abb. 7.9 sind der Potenzialverlauf und die Raumladungszonen für den gesperrten Thyristor dargestellt.

7.2.3.2 Betrieb in (Vorwärts-)Blockierrichtung

Ist die an den Thyristor angelegte Spannung $U > 0$ (Anode positiv gegen Kathode), so liegen die beiden äußeren pn-Übergänge J_1 und J_3 in Flussrichtung, der mittlere (J_2) ist in Sperrrichtung gepolt. Die anliegende Spannung sorgt für eine Verarmung des mittleren pn-Übergangs und damit für den Aufbau einer entsprechenden Raumladungszone. Steigert man (von null ausgehend) die Spannung U, so fließt nur der geringe Sperrstrom des mittleren Übergangs, solange die Steuerspannung am Gate $U_{GK} \leq 0\,\text{V}$ ist. Es ergibt sich

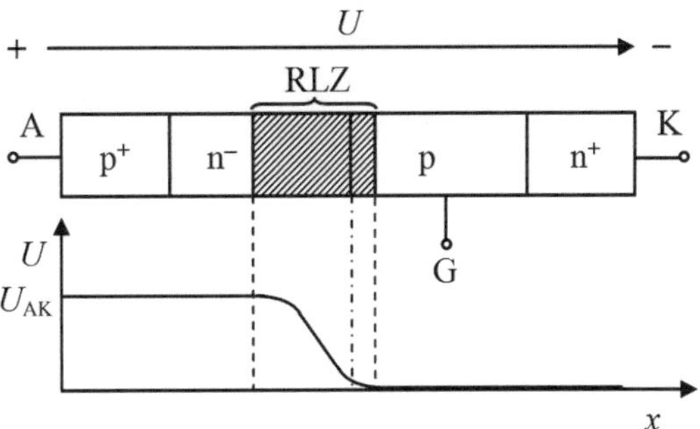

Abb. 7.10 Raumladungszone (RLZ) und Potenzialverlauf bei Blockierbetrieb des Thyristors

die Blockierkennlinie (B) in Abb. 7.8. In Abb. 7.10 sind die Raumladungszone und der Potenzialverlauf für diesen Betriebszustand dargestellt.

Für eine positive Spannung U_{AK} existiert noch ein weiterer Betriebszustand, der durch zwei unterschiedliche Vorgänge herbeigeführt werden kann. Man erhält die Durchlasskennlinie (F) in Abb. 7.8. Die Flussspannung (zwischen Anode und Kathode des Thyristors) liegt je nach Strom und Thyristortemperatur zwischen 1 und 2 V.

Der Übergang von der Blockier- in die Flusskennlinie erfolgt entweder bei Erreichen der Nullkippspannung U_{BT0} (*Überkopfzündung*), oder wird durch einen *Zündimpuls* ($U_{\mathrm{GK}} > 0$) zwischen Kathode und Gate eingeleitet.

Überkopfzündung

Fließt in das Gate kein Zündstrom und die positive Spannung U_{AK} wird ständig vergrößert und überschreitet schließlich die Durchbruchspannung des mittleren pn-Übergangs (die *Nullkippspannung* U_{BT0}), so fließt ein Strom, der durch die interne Mitkopplung ein eigenständiges Durchschalten des Thyristors bewirkt. Dies ist die so genannte *Überkopfzündung*. Dieser (evtl. ungewollte) Vorgang ist *sehr kritisch* und *sollte vermieden werden.* In Folge von Inhomogenitäten im Halbleiter leitet zuerst ein enger Kanal. Durch die ungleichmäßige Stromverteilung muss dieser Kanal während des Einschaltens die gesamte Verlustenergie aufnehmen. Die Folge kann eine thermische Zerstörung des mittleren pn-Übergangs und damit des ganzen Thyristors sein.

Ein Überkopfzünden kann auch auftreten, wenn der *Spannungs*anstieg in Blockierrichtung bei $I_{\mathrm{G}} = 0$ eine kritische Anstiegsgeschwindigkeit $\frac{\mathrm{d}U_{\mathrm{AK}}}{\mathrm{d}t}|_{\mathrm{krit}}$ überschreitet. Ein typischer Wert ist $\frac{\mathrm{d}U_{\mathrm{AK}}}{\mathrm{d}t}|_{\mathrm{krit}} = 100\,\frac{\mathrm{V}}{\mu\mathrm{s}}$.

Wird der Strom eingeschaltet, so steigt er nicht über den Querschnitt des Kristalls gleichmäßig verteilt an. Deshalb kann der Kristall durch lokale Überhitzungen zerstört werden, wenn eine kritische *Strom*anstiegsgeschwindigkeit $\mathrm{d}i/\mathrm{d}t$ überschritten wird. Besonders Hochleistungs-Thyristoren sind in dieser Hinsicht in Gefahr.

Die kritischen Werte von $\mathrm{d}u/\mathrm{d}t$ und $\mathrm{d}i/\mathrm{d}t$ sind beide davon abhängig, welcher Betriebszustand jeweils vorher vorherrschte.

Zündimpuls

Für $U_{\mathrm{AK}} > 0$ kann man den Thyristor über das Gate einschalten (zünden). Der pn-Übergang zwischen Gate und Kathode muss dazu in Flusspolung gebracht werden. In das Gate muss außerdem ein positiver Strom eingespeist werden, je nach Thyristortyp in der Größenordnung von einigen µA bis einigen hundert mA. Das Durchschalten des Thyristors dauert nur einige Mikrosekunden. Die Einschaltzeit kann kleiner werden, wenn der Zündstrom erhöht wird.

Beim Zündvorgang muss so lange ein Zündstrom fließen, bis der Strom an der Anode einen bestimmten Mindestwert überschritten hat. Dieser Wert wird *Einraststrom* genannt und beträgt je nach Thyristortyp einige bis einige hundert mA. Nach dem Einraststrom schaltet der Thyristor vollkommen durch, auch wenn der Zündstrom ausgeschaltet wird.

Leitet der Thyristor, so kann er über das Gate nicht ausgeschaltet werden. Der Sperrzustand wird erst dann wieder erreicht, wenn der äußere Strom einen bestimmten Wert unterschreitet. Dieser Wert wird *Haltestrom* genannt, er ist meist kleiner als der Einraststrom.

7.2.4 Der Zündvorgang

7.2.4.1 Erläuterung des Zündvorgangs mit Hilfe des Zweitransistormodells

Denkt man sich den Thyristor (wie in Abschn. 7.2.1) aus zwei Transistoren zusammengesetzt (Abb. 7.11), so lässt sich der Zündvorgang sehr anschaulich darstellen.

Der Steuerstrom I_G (er ist zugleich Basisstrom des npn-Transistors T_2) führt zu einer um den Stromverstärkungsfaktor β verstärkten Injektion von Elektronen des Emitters E_2 in die Basis B_2, die dort zum Teil rekombinieren. Der Hauptteil des von E_2 kommenden Emitter-Elektronenstromes gelangt zum Kollektor C_2 ($I_{C2} = \alpha_2 \cdot I_{E2}$) und steuert nun über die Basis B_1 den pnp-Transistor T_1. Dies führt zu einer verstärkten Löcherinjektion des Emitters E_1 (Anode des Thyristors) in die Basis B_1, wovon ein Großteil zum Kollektor C_1 fließt ($I_{C1} = \alpha_1 \cdot I_{E1}$) und von dort in B_2 fließend wiederum als Steuerstrom für den Transistor T_2 wirkt. Der Gesamtstrom I schaukelt sich mitkopplungsartig auf, sodass die schwach dotierten Zonen schließlich mit Ladungsträgern überschwemmt werden. Der zunächst gesperrte mittlere pn-Übergang J_2 verliert seine Sperrfähigkeit.

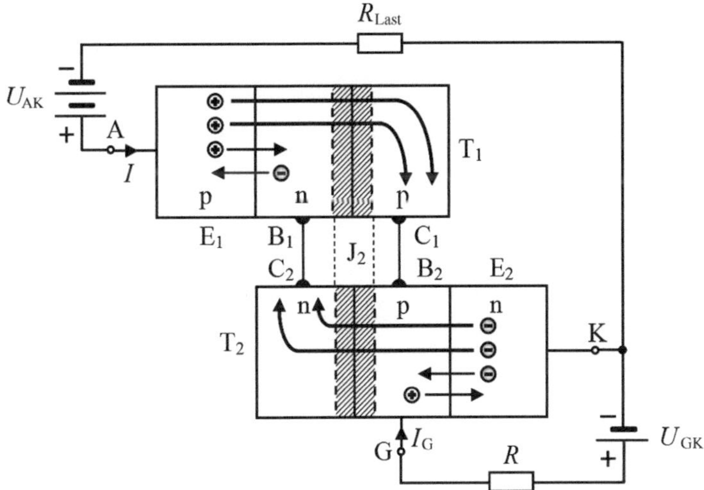

Abb. 7.11 Modell des Thyristors mit zwei Transistoren zur Erläuterung des Zündvorgangs

Zusammenfassung

- Beim Anlegen einer positiven Spannung an das Gate schaltet der npn-Transistor T_2 durch.
- Die Basis des pnp-Transistors T_1 wird von T_2 mit negativer Spannung versorgt, so dass auch T_1 durchschaltet.
- Wenn T_1 leitet, versorgt er die Basis von T_2 mit positiver Spannung, so dass dieser auch nach Abschalten der positiven Gatespannung leitfähig bleibt.

7.2.4.2 Die Zündbedingung

Vom Emitterstrom I_E eines Bipolartransistors fließt ca. 99 % zum Kollektor und nur etwa 1 % zur Basis. Außerdem fließt ein Reststrom I_{CB0} durch die in Sperrrichtung gepolte Kollektor-Basis-Diode. Basierend auf dieser Funktionsweise eines Transistors kann sein Kollektorstrom formal beschrieben werden:

$$I_C = A \cdot I_E + I_{CB0} \tag{7.1}$$

I_C = Kollektorstrom,
I_E = Emitterstrom,
A = Gleichstromverstärkung der Basisschaltung,
I_{CB0} = Reststrom durch die Kollektor-Basis-Diode.

Zur Herleitung der Zündbedingung eines Thyristors wird wieder das Modell mit zwei Bipolartransistoren verwendet.

Gl. 7.1 wird nun auf das Zweitransistormodell des Thyristors (Abb. 7.12) angewendet.

$$I_{C1} = A_1 \cdot I_A + I_{CB01} \quad \text{(Transistor } T_1\text{)} \tag{7.2}$$

$$I_{C2} = A_2 \cdot (I_A + I_G) + I_{CB02} \quad \text{(Transistor } T_2\text{)} \tag{7.3}$$

A_1 = Gleichstromverstärkung der Basisschaltung des pnp-Transistors T_1
A_2 = Gleichstromverstärkung der Basisschaltung des npn-Transistors T_2.

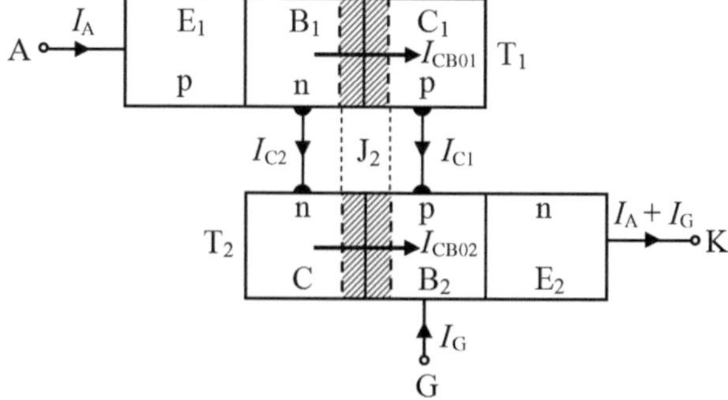

Abb. 7.12 Zweitransistormodell zur Herleitung der Zündbedingung eines Thyristors

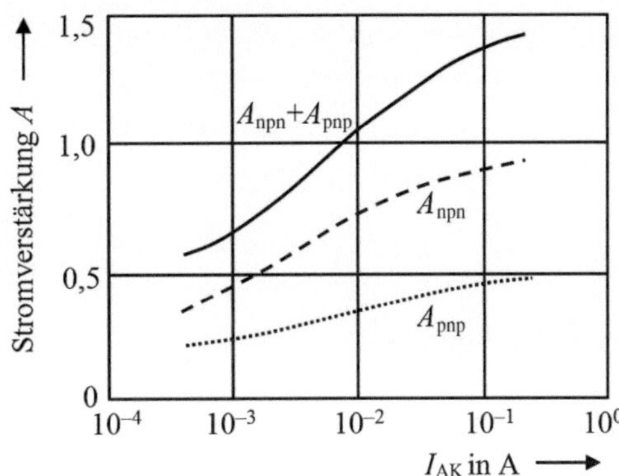

Abb. 7.13 Abhängigkeit der Stromverstärkungen vom Thyristorstrom

Außerdem gilt nach Abb. 7.12:

$$I_A = I_{C1} + I_{C2} \tag{7.4}$$

Unter Berücksichtigung von Gl. 7.4 wird das Gleichungspaar (7.2), (7.3) nach dem Anodenstrom I_A des Thyristors aufgelöst.

$$I_A = \frac{A_2 \cdot I_G + I_{CB01} + I_{CB02}}{1 - (A_1 + A_2)} \tag{7.5}$$

Der pn-Übergang J_2 in der Mitte bildet die Basis-Kollektor-Strecke von beiden Transistoren. Die beiden Kollektor-Basis-Restströme I_{CB01} und I_{CB02} können somit zu dem Reststrom I_{CB0} des mittleren Übergangs zusammengefasst werden.

$$I_{CB0} = I_{CB01} + I_{CB02} \tag{7.6}$$

Für den Anodenstrom des Thyristors ergibt sich damit:

$$I_A = \frac{A_2 \cdot I_G + I_{CB0}}{1 - (A_1 + A_2)} \tag{7.7}$$

Für Transistoren kann die Stromverstärkung A in Basisschaltung bei kleinen Basisströmen wegen der Rekombinationseffekte im Basis-Emitter-Übergang deutlich kleiner als 1 sein, die in Gl. 7.7 enthaltenen Stromverstärkungsfaktoren A_1, A_2 sind bei kleinen Strömen stark stromabhängig. Bei niedrigen Strömen werden relativ viele Ladungsträger durch „traps“ (erlaubte Zustände im verbotenen Band) eingefangen und rekombinieren, wodurch A stark von 1 abweicht. Mit zunehmendem Strom werden die Traps gesättigt und die Stromverstärkungsfaktoren steigen an (Abb. 7.13).

Mit steigenden Basisströmen (somit mit steigendem Gatestrom) im Zweitransistormodell des Thyristors werden A_1 und A_2 immer größer, die Summe $(A_1 + A_2)$ nähert sich immer mehr dem Wert 1. Der Nenner von Gl. 7.7 wird somit immer kleiner und erreicht schließlich den Wert null. Rein theoretisch würde dies bedeuten, dass der Anodenstrom I_A unendlich groß werden würde. Praktisch bedeutet es aber, dass der Thyristor durch den Gatestrom nicht mehr steuerbar ist. Die Zündbedingung wurde erreicht, er ist durchgeschaltet (gezündet) worden. Die Zündbedingung für den Thyristor lautet also:

$$A_1 + A_2 = 1 \tag{7.8}$$

Befindet sich der Thyristor im durchgeschalteten Zustand, so wird der mittlere Teil (der aus den beiden geringer dotierten Schichten besteht) mit Ladungsträgern überschwemmt, die von beiden Emittern ausgehen. Der Thyristor ist jetzt niederohmig (eingeschaltet, leitender Zustand). Das Zweitransistormodell des Thyristors ist jetzt nicht mehr gültig, da nun auch die Dotierungen der beiden mittleren Schichten keine Bedeutung mehr haben.

Nach dem Zünden kann der Thyristor nicht mehr über den Gatestrom gesteuert werden. Der Thyristor wird erst wieder hochohmig (ausgeschaltet, sperrender Zustand), wenn der Anodenstrom kleiner wird als ein bestimmter Wert, der als Haltestrom I_H bezeichnet wird. Das Transistor-Ersatzschaltbild ist dann auch wieder gültig.

7.2.4.3 Zündung ohne Steuerstrom ($I_G = 0$)

Kommt die am Thyristor anliegende Spannung U_{AK} im Blockierbetrieb in die Nähe des Diodendurchbruchs, so erreicht der Sperrstrom die Größenordnung von einigen mA. Er ersetzt den nicht vorhandenen Steuerstrom I_G und lässt die Stromverstärkungsfaktoren A_1 und A_2 anwachsen, bis der Thyristor zündet. Wie bereits erwähnt, wird diese Art der Zündung „Überkopfzündung" genannt. Großflächige Thyristoren werden durch eine damit verbundene inhomogene Stromverteilung leicht zerstört. Die für diesen Zündvorgang nötige Spannung heißt *Nullkippspannung* U_{BT0}.

7.2.4.4 Zündung durch den Steuerstrom

Die Zündung des Thyristors wird bei beliebig kleinen Sperrströmen möglich, wenn ein Steuerstrom I_G eingespeist und dadurch die Summe der Stromverstärkungen $A_1 + A_2 \geq 1$ wird.

Für gleich große Anodenströme ergeben sich beim Fließen eines Steuerstromes kleinere Sperrströme. Daraus folgt, dass die positiven Sperrkennlinien für $I_G > 0$ innerhalb der Kennlinie für $I_G = 0$ liegen. Die höchste Spannung jeder Schaltkennlinie heißt *Zündspannung* U_{GT} (oder U_{BT}), der zugehörige Strom *Zündstrom* I_{GT}.

Der Übergang von der Durchlasskennlinie in die Kennlinie mit negativem differenziellen Widerstand ist durch den Haltestrom I_H und die Haltespannung U_H charakterisiert. Abb. 7.14 zeigt die Strom-Spannungs-Kennlinie mit wichtigen Kenndaten.

Mit steigendem Steuerstrom I_G verringert sich die Zündspannung (Kippspannung) U_{GT} (siehe Abb. 7.15).

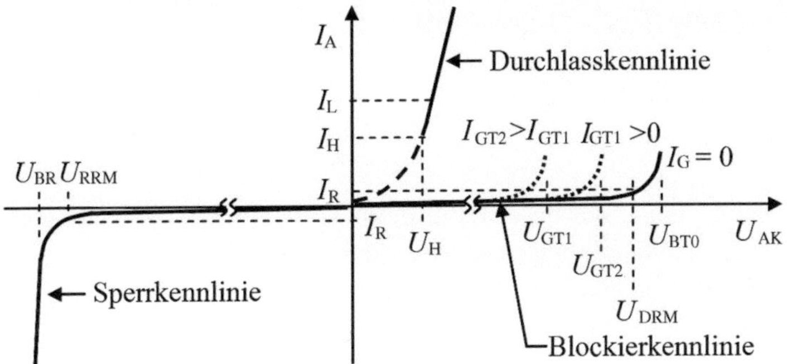

Abb. 7.14 Stationäre Strom-Spannungs-Kennlinie des Thyristors mit wichtigen Kenndaten

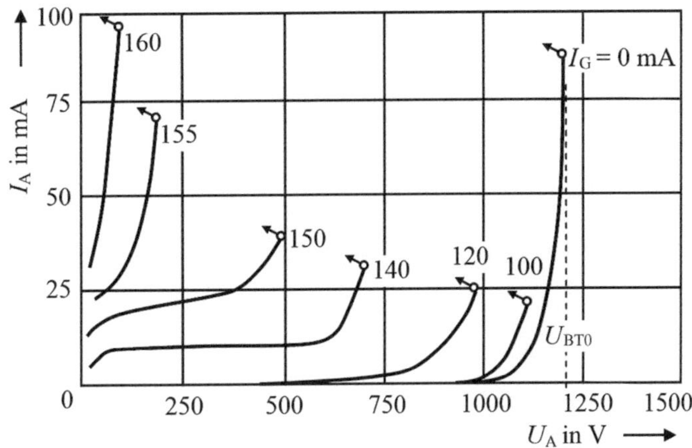

Abb. 7.15 Beispiel einer Blockierkennlinie für verschiedene Steuerstromwerte I_G. Die Kippspannung U_{GT} wird mit zunehmendem I_G kleiner

Sperrkennlinie ($U_{AK} < 0$)

U_{BR} = Durchbruchspannung
U_{RRM} = höchstzulässige periodische Spitzensperrspannung in Rückwärtsrichtung
I_R = Sperrstrom.

Blockierkennlinie ($U_{AK} > 0$, nicht gezündet)

U_{DRM} = höchstzulässige periodische Spitzensperrspannung in Vorwärtsrichtung
U_{BT0} = Nullkippspannung.

Durchlasskennlinie ($U_{AK} > 0$, gezündet)

I_L = Einraststrom
I_H = Haltestrom.

Die Steuerspannung, welche in Form eines Zündimpulses zwischen dem Gate und der Kathode des Thyristors angelegt wird, muss die im Datenblatt des Thyristors angegebenen Werte bezüglich der Impulsdauer und Impulshöhe einhalten. Die minimale Zündimpulsdauer muss überschritten werden. Der Anodenstrom muss den Einraststrom I_L überschreiten.

Typische Werte sind für die Zündimpulsdauer 10... 100 ms, für die Zündspannung z. B. 3 V und für den Zündstrom ca. 100 mA bis 5 A. Zündspannung und Zündstrom müssen im „sicher zündenden Bereich" liegen. Der Zündbereich ist temperaturabhängig. Bei niedrigen Temperaturen steigt der Zündstrom. Die Zündung muss für die niedrigste Betriebstemperatur dimensioniert werden, u. U. muss mehrfach gezündet werden (durch eine Zündimpulskette).

Kennwerte der Hauptstrecke (Anoden-Kathoden-Strecke)
Triggerung erfolgt durch einen Gate-Stromimpuls

- Nullkippspannung U_{BT0}
- Stoßspitzensperrspannung bei $I_G = 0$
- Periodische Spitzensperrspannung bei $I_G = 0$
- positiver Sperrstrom
- Mittelwert des Durchlassstromes
- Effektivwert des Durchlassstromes
- Durchlassspannung
- Stoßstrom
- Haltestrom
- negative Spitzensperrspannung
- negative periodische Spitzensperrspannung
- negativer Sperrstrom.

Kennwerte der Gate-Kathoden-Strecke

- Gate-Triggerstrom bei $T = 300\,\text{K}$
- Gate-Triggerspannung bei $T = 300\,\text{K}$
- über eine Periode gemittelte Gate-Verlustleistung
- Gate-Spitzenverlustleistung für $t = 10\,\mu\text{s}$
- Zündzeit
- Freiwerdezeit

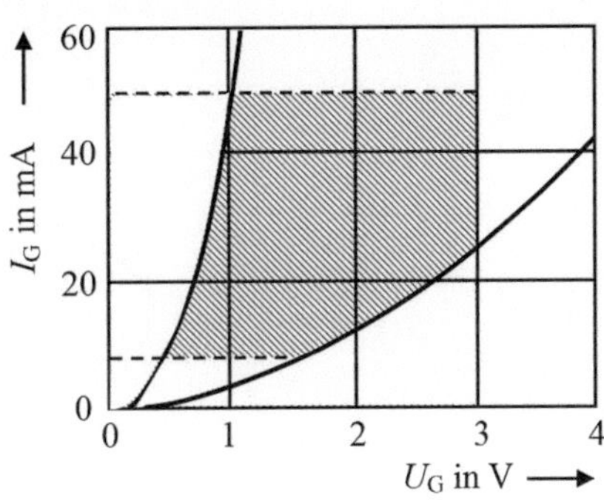

Abb. 7.16 Beispiel für Streugrenzen der Steuerstreckenkennlinie mit (*schraffiertem*) Zündbereich

- kritische Einschaltstromsteilheit
- kritische Spannungssteilheit.

7.2.5 Löschen des Thyristors

Der Anodenstrom eines gezündeten Thyristors bleibt auch ohne Steuerstrom bestehen, solange ihn die äußere Beschaltung liefert. Für den Übergang von der Durchlass- in die Blockierkennlinie ist Voraussetzung, dass die mittlere, überschwemmte Zone frei von Ladungsträgern wird. Dies ist der Fall, wenn der Anodenstrom auf einen kleineren Wert als den Haltestrom I_H absinkt, oder wenn durch Umpolen der Anodenspannung die Ladungsträger sehr schnell abgesaugt werden.

Eine weitere Möglichkeit wäre das Löschen durch einen negativen Steuerstrom. Dies wird in so genannten *GTO*s (Gate Turn Off Thyristoren) realisiert. Grenzen sind diesem Verfahren wegen der hohen thermischen Belastung des Thyristors durch sehr hohe negative Steuerströme beim Löschen gesetzt (etwa 30...50 % des Anodenstromes).

7.2.6 Kennlinie des Steuerkreises

Die Strom-Spannungs-Kennlinie zwischen Gate und Kathode entspricht grundsätzlich der einer Siliziumdiode. Die sehr große laterale Ausdehnung der Gatezone bewirkt einen hohen Bahnwiderstand, der Verlauf der Kennlinie ist daher flacher als bei Si-Dioden. Außerdem fließt der Steuerstrom im wesentlichen parallel zu den pn-Übergängen, dies führt zu großen Exemplarstreuungen. Es ist deshalb üblich, für Thyristoren eines Typs eine obere und untere Grenze der Steuerelektroden-Kennlinie anzugeben, zwischen denen der Zündbereich liegt (Abb. 7.16).

In Datenblättern wird I_{GT} oft als (oberer) Zündstrom bezeichnet. Überschreitet I_G diesen vom Hersteller spezifizierten Wert, so schaltet der Thyristor sicher vom Sperrzustand in den Durchlasszustand. Dies gilt auch, falls U_G die (ebenfalls im Datenblatt angege-

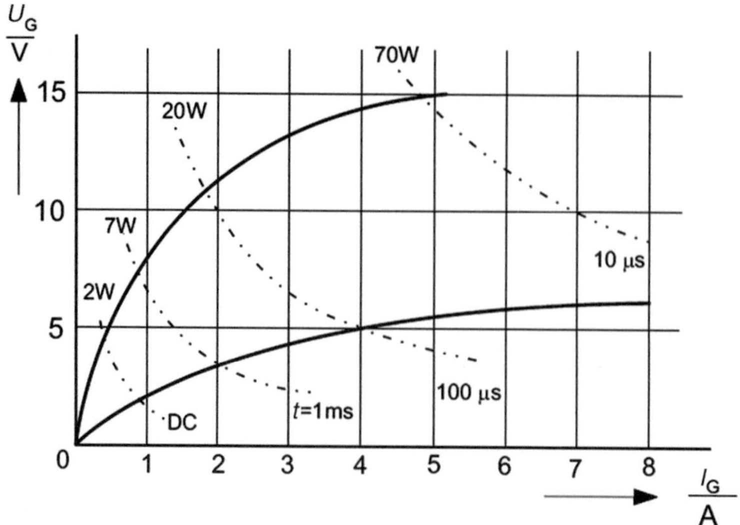

Abb. 7.17 Impulsleistung und -dauer bei der Ansteuerung des Gates mit Zündimpulsen

bene) obere Zündspannung U_{GT} überschreitet. Die untere Zündspannung U_{GD} definiert dagegen einen Wert der Steuerspannung, unterhalb dem ein Zünden des Thyristors sicher vermieden wird. In der Praxis werden Gatestrompulse mit $I_G \gg I_{GT}$ verwendet (häufiger Kompromiss zur Einhaltung der höchstzulässigen Verlustleistung im Steuerkreis: $I_G \approx 5 \cdot I_{GT}$), da dadurch die Zündverzugszeit t_{gd} verringert wird.

Bei Ansteuerung des Gates mit Zündimpulsen darf die Impulsleistung die zulässige Verlustleistung des Gates nicht überschreiten. Zündspannung und Zündstrom müssen unterhalb einer hyperbolischen Grenzlinie liegen. Abb. 7.17 zeigt als Beispiel den Zusammenhang zwischen zulässiger Impulsleistung und Impulsdauer. Die Steuerung kann mit Einzelbauelementen oder mit Ansteuer-ICs verwirklicht werden.

7.2.7 Temperaturabhängigkeit

Sämtliche Thyristordaten, insbesondere auch die dynamischen Kennwerte, sind stark temperaturabhängig. In Datenblättern werden deshalb die Grenzwerte jeweils für die maximale Betriebstemperatur angegeben.

Ein Ansteigen der Temperatur bewirkt eine Zunahme der Sperrströme (Abb. 7.18) sowohl in Sperr- als auch in Blockierrichtung und eine Zunahme der Stromverstärkungsfaktoren A_1 und A_2. Dadurch wird die Zündbedingung $A_1 + A_2 \geq 1$ bei kleinerem Steuerstrom bzw. für $I_G = 0$ bei einer geringeren Blockierspannung erreicht. Dies hat eine starke Abnahme der Blockierfähigkeit zur Folge. *Bei zunehmender Temperatur reichen kleinere Zündströme aus.* Dies bedeutet, dass die Zündung bei tiefen Temperaturen

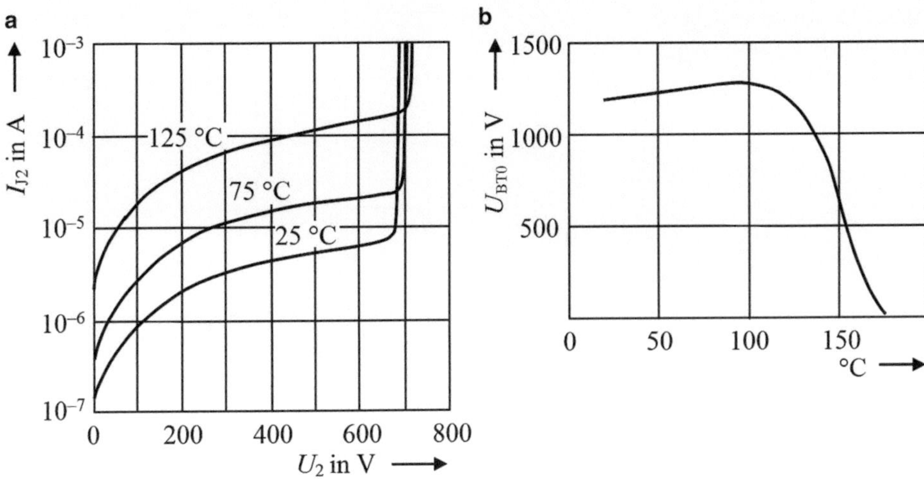

Abb. 7.18 Sperrkennlinie des pn-Übergangs J_2 bei verschiedenen Temperaturen (**a**), Nullkippspannung als Funktion der Temperatur (**b**)

erschwert wird, der Zündstrom steigt. Auch dies ist bei der Auslegung eines Zündimpulsgenerators zu berücksichtigen.

7.2.8 Dynamische Eigenschaften

7.2.8.1 Kritische Spannungsanstiegsgeschwindigkeit $\mathrm{d}u/\mathrm{d}t$

Bei Beanspruchung von Thyristoren in Blockierrichtung durch eine schnell ansteigende Spannung U_{AK} fließt zum mittleren pn-Übergang aufgrund seiner Sperrschichtkapazität ein kapazitiver Ladestrom $i_C = C \cdot \frac{du}{dt}$. Steigt die Spannung schneller als mit der kritischen Spannungsanstiegsgeschwindigkeit an, so kann dieser Strom den Thyristor schon vor seiner statischen Kippspannung zünden (Abb. 7.19).

7.2.8.2 Kritische Stromanstiegsgeschwindigkeit $\mathrm{d}i/\mathrm{d}t$

Nach der Zündung des Thyristors breitet sich der Zündvorgang mit endlicher Geschwindigkeit von der Gatezone weg aus. Folglich ist der Laststrom vorübergehend auf eine kleine Fläche begrenzt. Bei einer Überschreitung der kritischen Stromanstiegsgeschwindigkeit kann in diesem Bereich die kurzzeitig sehr hohe Stromdichte eine thermische Zerstörung des Thyristors herbeiführen. Bei hohen Werten von $\mathrm{d}i/\mathrm{d}t$ werden die Einschaltverluste besonders groß.

Das Ansteigen des Stromes I_A wird vom Außenkreis (= äußere Beschaltung der Anoden-Kathodenstrecke) vorgegeben. Während des Einschaltens nimmt der Thyristor die Leistung $P = U_{AK} \cdot I_A$ auf. Das Maximum der Leistung wird von der vom Außenkreis vorgegebenen Stromsteilheit bestimmt. Da die Leistung nur in einem kleinen Gebiet

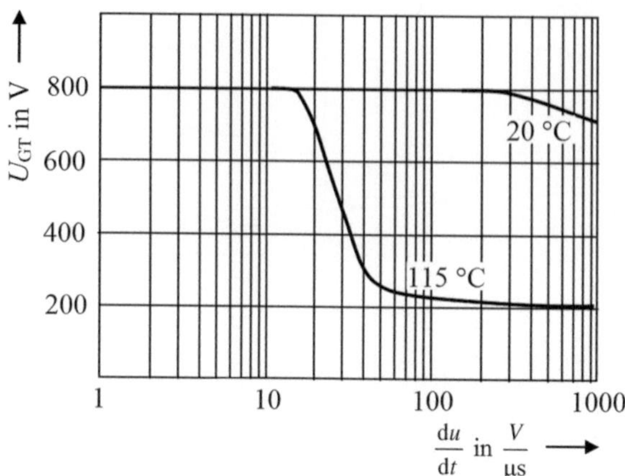

Abb. 7.19 Kippspannung U_{GT} als Funktion der Spannungsanstiegsgeschwindigkeit

in unmittelbarer Nähe des Steueranschlusses anfällt, muss das Leistungsmaximum und damit die zulässige Stromsteilheit begrenzt werden. Steigt der Strom sehr schnell an, so kommt es zu einer lokal überhöhten Stromdichte und damit zu einer räumlich begrenzten starken Erwärmung (*hot spot*). Dadurch kann der Thyristor zerstört werden. Die kritische Stromsteilheit $\frac{di}{dt}\big|_{krit}$ bestimmt die maximal zulässige Anstiegsgeschwindigkeit des Stromes beim Einschaltvorgang. Typische Werte für die kritische Stromsteilheit liegen im Bereich von 100 A/µs bis zu mehreren 1000 A/µs, abhängig von der Bauform des Thyristors.

7.2.8.3 Einschaltverhalten

Zündverzögerungszeit t_{gd} (*Einschaltverzugszeit, Zündverzugszeit*) (Abb. 7.20)
Nach dem Anlegen eines Zündimpulses an den blockierten Thyristor beginnt das eigentliche Durchschalten erst nach einer Einschaltverzugszeit, deren Dauer von der Höhe und der

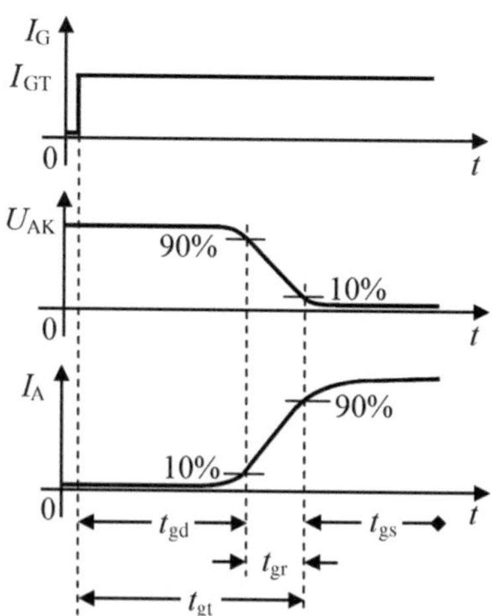

Abb. 7.20 Strom- und Spannungsverlauf beim Einschaltvorgang eines Thyristors

Steilheit des Gate-Zündimpulses abhängt. In der Basiszone ist eine Mindestladung erforderlich, bis der Thyristor in einem engen Kanal durchbricht. t_{gd} beginnt beim Beginn des Steuerimpulses. Wird die Anstiegszeit t_r des Steuerimpulses nicht vernachlässigt, so beginnt t_{gd} dort, wo der Steuerimpuls die Hälfte seines Maximalwertes erreicht hat. t_{gd} endet dort, wo die Spannung U_{AK} auf 90 % ihres Maximalwertes (Wert während des Blockierens) abgefallen ist. Erst nach Ablauf von t_{gd} schaltet der Thyristor mit der Durchschaltzeit t_{gr} durch. Ein typischer Wert ist $t_{gd} = 1 \ldots 2\,\mu s$.

Durchschaltzeit t_{gr}
Die Durchschaltzeit ist abhängig von der Steilheit des Laststromes. Es ist die Zeit, bis sich leitfähige Kanäle ausbilden, und die Spannung U_{AK} von 90 % ihres Maximalwertes auf 10 % abgefallen ist. Ein typischer Wert ist $t_{gr} = 1 \ldots 2\,\mu s$.

Zündausbreitungszeit t_{gs}
Die Zündausbreitungszeit ist abhängig vom Durchmesser der Halbleiterscheibe. Es ist die Zeit, bis die gesamte Halbleiterscheibe leitfähig geworden ist (die gesamte Fläche unter dem Kathodenanschluss gezündet hat). Ein typischer Wert ist $v_{gs} = 0{,}1\,\frac{mm}{\mu s}$. Bei einem Durchmesser von 56 mm ergibt sich dann $t_{gs} = 560\,\mu s$.

Zündzeit t_{gt}
Die Summe aus Zündverzugszeit und Durchschaltzeit wird als *Zündzeit* t_{gt} bezeichnet.

$$t_{gt} = t_{gd} + t_{gr} \tag{7.9}$$

7.2.8.4 Ausschaltverhalten

Thyristoren gehen in den sperrenden Zustand über, wenn der Anodenstrom unter den Haltestrom I_H sinkt. Das Ausschaltverhalten des Thyristors nach dem Umpolen der Spannung (schneller Übergang vom eingeschalteten Zustand in den Sperrbetrieb durch *Kommutierung*) wird nachfolgend beschrieben.

Ausräumzeit t_s (*Spannungsnachlaufzeit*)
Beim Aufschalten einer Spannung in Sperrrichtung fließt kurzzeitig ein Strom in Rückwärtsrichtung, er wird *Rückstrom* genannt. Nach dem Nulldurchgang des Stromes kann der Thyristor seine Sperrfähigkeit erst erlangen, wenn die beiden äußeren pn-Übergänge nahezu frei von Ladungsträgern sind. Das Absaugen dieser Ladungen bewirkt einen negativen Rückstrom, dessen Höhe von der Flussstromstärke und der Steilheit des abkommutierenden Stromes abhängt.

Die Zeit vom Nulldurchgang des Stromes bis zum Nulldurchgang der Spannung (bis der Thyristor Sperrspannung aufnehmen kann) ist als *Spannungsnachlaufzeit* t_s definiert. Wie bei einer Diode ist dies die *Ausräumzeit*, während der ein Ausräumstrom (Rückstrom) fließt (siehe Abschn. 3.4.2.2 und 4.5.6.3). Je nach Thyristortyp beträgt t_s bis zu einigen µs. Nach der Spannungsnachlaufzeit ist die Diffusionsladung in den Bahngebieten abgebaut, die Sperrschichten können sich aufbauen, und der Spannungsabfall am Thyristor nimmt zu.

Sperrverzögerungszeit t_{rr} (*Sperrverzugszeit*)
Sobald die Ladungen aus den äußeren pn-Übergängen abgesaugt sind, sinkt der Rückstrom auf den Sperrsättigungsstrom ab. In den beiden mittleren Schichten befinden sich noch Ladungsträger, welche durch langsame Rekombination abgebaut werden müssen. Ist der Sperrsättigungsstrom erreicht, so hat der Thyristor seine volle Sperrfähigkeit erlangt.

Die Zeit vom Nulldurchgang des Stromes bis zum Abklingen des Rückstromes auf 10 % seines maximalen Wertes I_{RRM} wird *Sperrverzögerungszeit* t_{rr} genannt.

Der Rückstrom ruft beim Abklingen an den stets vorhandenen Induktivitäten eine Überspannung hervor. Diesen Vorgang nennt man *Trägerstaueffekt* (*TSE*). Durch eine TSE-Schutzbeschaltung (*RC*-Reihenglied parallel zur Anoden-Kathoden-Strecke des Thyristors) kann diese Überspannung am Thyristor auf zulässige Werte begrenzt werden.

Freiwerdezeit t_q
Ab dem Nulldurchgang des Stromes beginnt die *Freiwerdezeit* t_q. Diese Zeit wird benötigt, um die im Flussbetrieb im Thyristor gespeicherte Ladung zu entfernen. Der Thyristor ist in Vorwärtsrichtung (Blockierrichtung) erst wieder sperrfähig und kann positive Sperrspannung erst wieder aufnehmen und blockieren, wenn Ladungsträger, die sich in den schwach dotierten Zonen befinden, abgesaugt oder rekombiniert sind. Die Zeit vom Stromnulldurchgang bis zur Wiedererlangung der vollen Steuer- und Sperrfähigkeit wird als Freiwerdezeit t_q bezeichnet. Die Freiwerdezeit t_q ist deutlich größer als die Sperrverzugszeit t_{rr}.

Tritt die Spannung in Blockierrichtung früher auf als vor Ablauf der Freiwerdezeit, so zündet der Thyristor wieder von selbst (Überkopfzündung mit Zerstörungsgefahr).

Die Freiwerdezeit beschränkt die Dynamik des Thyristors, sie bestimmt die maximale Frequenz der Schaltvorgänge. Typische Werte: $t_q \approx 7$ bis $t_q \approx 70\,\mu s$.

Die Freiwerdezeit ist temperaturabhängig (Abb. 7.21).

Schonzeit t_c
Die *Schonzeit* t_c (Abb. 7.22) ist die Zeit vom Nulldurchgang des Stromes bis zu dem Zeitpunkt, an dem am Thyristor wieder positive Sperrspannung anliegt ($U_{AK} > 0$). Ist die Schonzeit t_c größer als die Freiwerdezeit t_q des Thyristors, so sperrt dieser zuverlässig. Andernfalls wird der Thyristor nicht gelöscht. Die Schonzeit t_c wir üblicherweise um ca. 50 % größer als die vom Hersteller spezifizierte Freiwerdezeit gewählt.

7.2.9 Spannungs- und Stromgrenzwerte

Die höchstzulässige periodische *Vorwärts-Spitzensperrspannung* U_{DRM} ist die maximal zulässige Sperrspannung in Vorwärtsrichtung.

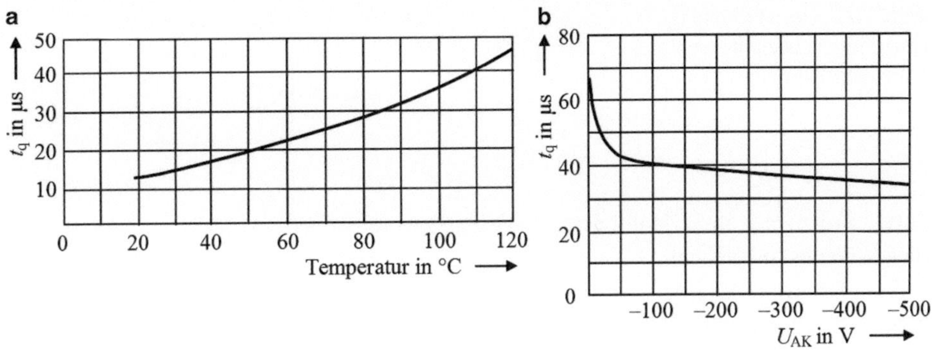

Abb. 7.21 Typische Freiwerdezeit t_q in Abhängigkeit von Temperatur (**a**) und Sperrspannung (**b**)

Die höchstzulässige periodische *Rückwärts-Spitzensperrspannung* U_{RRM} ist die maximal zulässige Sperrspannung in Rückwärtsrichtung.

U_{DRM} und U_{RRM} dürfen auch von kurzfristigen Pulsen nicht überschritten werden.

Da Störspannungen meist nicht genau bekannt sind, wird bei einer Netzspannung von 230 V für U_{DRM} und U_{RRM} üblicherweise 600 bis 800 V gewählt.

Der *Dauergrenzstrom* I_{TAV} bestimmt den maximal zulässigen Strom (Mittelwert über eine Periode) in Einwegschaltungen bei Ohm'scher Last.

Der höchstzulässige Effektivwert wird durch den *Dauereffektivstrom* I_{TRMS} spezifiziert.

Bei periodisch auftretenden Stromspitzen darf der höchstzulässige periodische *Spitzenstrom* I_{TRM} nicht überschritten werden.

Die maximale periodische *Rückstromspitze* wird durch I_{RRM} festgelegt.

Der *Stoßstromgrenzwert* I_{TSM} bestimmt den maximal zulässigen Scheitelwert einer sinusförmigen Stromhalbwelle von 10 ms Dauer. Dieser Wert darf im Betrieb nicht ausge-

Abb. 7.22 Strom- und Spannungsverlauf bei der Zwangskommutierung durch eine Rechteckspannung

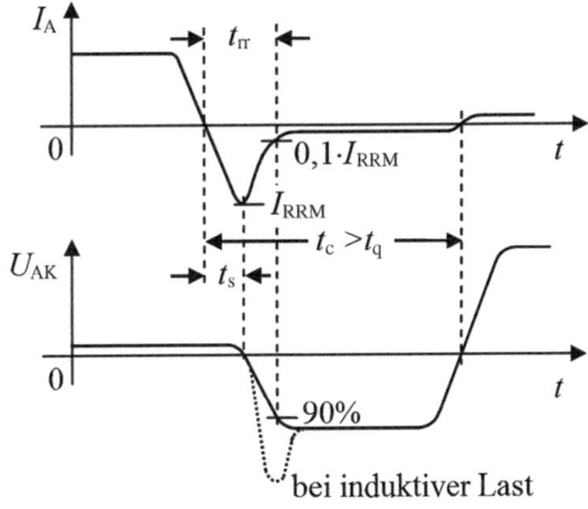

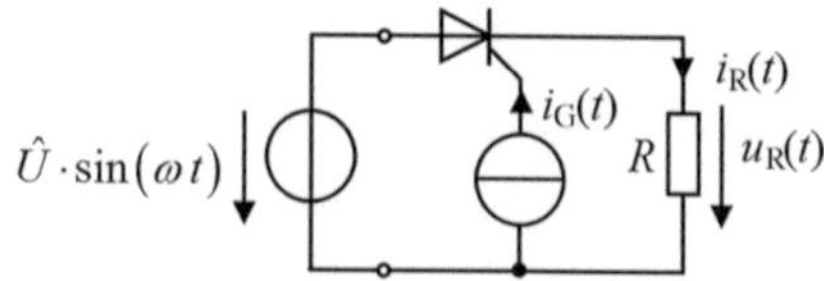

Abb. 7.23 Grundschaltung einer Phasenanschnittsteuerung mit einem Thyristor

nutzt werden, eine in Serie mit dem Thyristor liegende Sicherung muss bei Überschreiten dieses Wertes ansprechen.

Für Stromimpulse mit einer Dauer kleiner als 10 ms darf das Grenzlastintegral $\int i^2\,\mathrm{d}t$ nicht überschritten werden. Mit dem Stoßstromgrenzwert ist es meist über folgende Beziehung verknüpft:

$$\int i^2\,\mathrm{d}t = I_{\mathrm{TMS}}^2 \cdot 5\,\mathrm{ms} \tag{7.10}$$

7.2.10 Phasenanschnittsteuerung mit Thyristor

7.2.10.1 Funktionsweise der Phasenanschnittsteuerung

Der Thyristor kann mit einem Steuerimpuls zwar gezielt eingeschaltet, aber nicht mehr ausgeschaltet werden. Anwendungen des Thyristors liegen daher häufig dort, wo der Strom nach dem Einschalten von selbst wieder verschwindet, wie dies in Wechselstromkreisen der Fall ist.

Mit einem Thyristor kann die Wechselstromleistung eines Verbrauchers gesteuert werden. Für diese Anwendung wird der Thyristor als leistungselektronischer Schalter (als gesteuerter Gleichrichter) eingesetzt. Dabei lässt der Gleichrichter (oft als *Stromrichter*[1] bezeichnet) in Flussrichtung nur weniger als eine Halbwelle des Wechselstromes passieren. Man sagt, die Phase wird „angeschnitten".

Mit einem Thyristor kann also der Strom durch eine Last zu einem beliebigen Zeitpunkt innerhalb der positiven Halbwellen einer Wechselspannung eingeschaltet werden. Beim jeweils nächsten Nulldurchgang des Stromes geht der Thyristor dann wieder in den gesperrten Zustand über. Durch geeignete Wahl der Zündzeitpunkte des Thyristors lässt sich die Wechselstromleistung steuern („stellen"), die der Last zugeführt wird. Man nennt diese Art der Leistungssteuerung „*Phasenanschnittsteuerung*".

Betrachtet wird die Grundschaltung einer Phasenanschnittsteuerung nach Abb. 7.23 mit den Spannungs- und Stromverläufen nach Abb. 7.24. Diese *gesteuerte Einpulsschaltung* (gesteuerter Einpulsgleichrichter, gesteuerter Einweggleichrichter) entspricht der eines ungesteuerten Einweggleichrichters, nur dass hier statt einer Diode ein Thyristor verwendet wird.

[1] Stromrichter sind Einrichtungen zum Umformen elektrischer Energie unter Verwendung von Stromrichterventilen (leistungselektronischen Schaltern). Mit Stromrichtern kann der Energiefluss zwischen jeweils zwei unterschiedlichen Stromsystemen gesteuert werden.

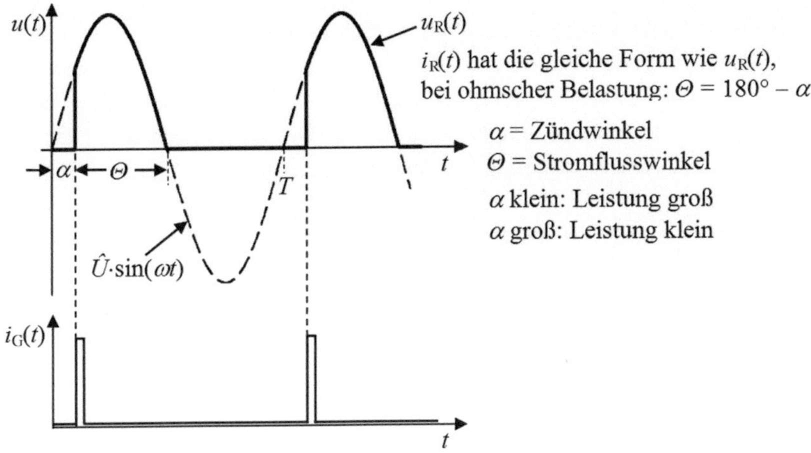

Abb. 7.24 Zeitlicher Verlauf von Triggerstrom $i_G(t)$ am Gate des Thyristors und Spannung $u_R(t)$ an der Ohm'schen Last R bei der Phasenanschnittsteuerung nach Abb. 7.23

Solange am Gate keine Stromimpulse $i_G(t)$ liegen, ist der Thyristor für beide Stromrichtungen gesperrt. Es fließt also lediglich ein kleiner Sperrstrom durch die Ohm'sche Last R, der vernachlässigbar ist. Bei der Phasenanschnittsteuerung wird der Thyristor periodisch zu einem bestimmten Zeitpunkt während der positiven Netzhalbwelle gezündet. Der Thyristor sperrt automatisch wieder, wenn der Laststrom wegen der Sinusform den Haltestrom beim Nulldurchgang unterschreitet.

Durch die Last fließt nur Strom, wenn der Thyristor in Durchlassrichtung gepolt ist und am Gate einen Zündimpuls erhält. Der Thyristor kann frühestens eingeschaltet werden, wenn $U_{AK} > 0$ ist. Dieser Zeitpunkt wird als natürlicher Zündzeitpunkt und als Bezugspunkt für den Steuerwinkel α definiert. Der *Zündwinkel* (*Steuerwinkel*, *Zündverzugswinkel*) α gibt an, um wie viel Grad der Zündimpuls gegenüber dem Zündimpuls bei Vollaussteuerung (beim Nulldurchgang der Spannung) verschoben ist. Bei rein Ohm'scher Last fließt vom Zündzeitpunkt bis zum Nulldurchgang der Spannung bei $T/2$ ein Strom, dessen Größe weitgehend durch R bestimmt wird. Kurz vor dem Nulldurchgang der Netzspannung wird der Haltestrom unterschritten und der Thyristor sperrt selbsttätig. Die Dauer des Stromflusses wird durch den *Stromflusswinkel* Θ angegeben. Um bei der nächsten positiven Halbwelle wieder Laststrom fließen zu lassen, ist ein erneutes Zünden (ein neuer Gatestrom-Zündimpuls) erforderlich.

Nach diesem Phasenanschnitt-Verfahren lässt sich die Leistungsaufnahme von Wechselstromlasten kontaktlos und stetig verändern bzw. „stellen". Die im Thyristor abfallende Verlustleistung bleibt dabei gering. Stromrichterschaltungen für diesen Anwendungsfall werden *Wechselstromsteller* genannt.

Zur komfortablen Ansteuerung von Thyristoren in Phasenanschnittsteuerungen werden meist spezielle integrierte Schaltungen verwendet.

Bei einem Wechselstromsteller mit Phasenanschnittsteuerung ist die Spannung auf der Netzseite sinusförmig, der Strom durch die Last hat aber die Form eines angeschnittenen Sinus. Diese nicht-sinusförmige Belastung des Netzes ruft im Netz Störungen hervor.

Bei induktiver oder induktiv-ohmscher Last sind Besonderheiten bezüglich der Phasenverschiebung zwischen Spannung und Strom zu beachten.

7.2.10.2 Berechnung der Änderung der Leistungsaufnahme

Die Netzspannung ist gegeben durch

$$u(t) = \hat{U} \cdot \sin(x) \tag{7.11}$$

mit

$$\hat{U} = \sqrt{2} \cdot U_{\text{eff}}, \quad U_{\text{eff}} = 230\,\text{V}, \quad x = \omega \cdot t = 2 \cdot \pi \cdot f, \quad f = 50\,\text{Hz}$$

Der arithmetische Mittelwert (Gleichanteil, average value) einer periodischen Spannung ist:

$$U_{\text{av}} = \frac{1}{T} \int_0^T u(t)\,\mathrm{d}t \tag{7.12}$$

Der Thyristor wird hier als ideal angenommen, d. h. seine Durchlassspannung wird vernachlässigt.

Der Zündwinkel α liegt im Bereich $0 \leq \alpha \leq \pi$. Der arithmetische Mittelwert der Spannung $u_{\text{R}}(t)$ an der Last R folgt aus dem Integral

$$U_{\text{av}} = \frac{1}{T} \int_\alpha^\pi \sqrt{2} \cdot U_{\text{eff}} \cdot \sin(x)\,\mathrm{d}x \tag{7.13}$$

Für die Periode gilt $T = 2\pi$. Es genügt von α bis π zu integrieren, da das Signal für den Rest der Periode null ist. Durch Ausführen der Integration folgt:

$$U_{\text{av}} = \frac{\sqrt{2} \cdot U_{\text{eff}}}{2\pi} [-\cos(x)]_\alpha^\pi = \frac{\sqrt{2} \cdot U_{\text{eff}}}{2\pi} [1 + \cos(\alpha)] \tag{7.14}$$

Bei Variation des Zündwinkels α kann somit der Mittelwert der Spannung an der Last von dem *Maximalwert*

$$U_{\text{av,max}} = \frac{\sqrt{2} \cdot U_{\text{eff}}}{\pi} \tag{7.15}$$

für $\alpha = 0$ bis zu dem *Minimalwert*

$$U_{\text{av,min}} = 0 \tag{7.16}$$

für $\alpha = \pi$ verändert werden.

Entsprechend lässt sich die Leistungsaufnahme $P = \frac{U^2}{R}$ durch Änderung des Zündwinkels steuern.

7.2.11 Zusammenfassung der Eigenschaften von Thyristoren

- Thyristoren können nur in eine Richtung Strom führen.
- Der Thyristor kann sowohl positive als auch negative Spannungen sperren, dabei fließt nur ein praktisch meist zu vernachlässigender Sperrstrom.
- Thyristoren können durch einen Zündimpuls an der Steuerelektrode (dem Gate) vom sperrenden in den leitenden Zustand versetzt werden.
- Der Thyristor bleibt auch ohne Zündimpuls eingeschaltet. Dabei muss aber der Anodenstrom einmalig größer als ein bauteilspezifischer Einraststrom sein und anschließend größer als der Haltestrom bleiben.
- Im eingeschalteten Zustand ist die Spannung zwischen Anode und Kathode sehr klein.
- Der Thyristor kann über den Steueranschluss nicht mehr in den sperrenden Zustand versetzt werden. Der Thyristor sperrt erst, wenn der Anodenstrom unter den Haltestrom abgesunken ist und genügend lange unter diesem Wert bleibt.
- Die Stromanstiegsgeschwindigkeit $\mathrm{d}i/\mathrm{d}t$ des Anodenstroms muss begrenzt werden.
- Der Spannungsanstieg der Anoden-Kathodenspannung $\mathrm{d}U_{\mathrm{AK}}/\mathrm{d}t$ muss begrenzt werden.
- Beim Abschalten des Thyristors fließt ein großer Rückstrom.

7.2.12 Vergleich von Thyristor und mechanischem Schalter

Vorteile von Thyristoren

- hohe Lebensdauer (kein Kontaktabbrand)
- Sicherheit (Stoßfestigkeit, keine Funkenbildung)
- hohe Schaltgeschwindigkeit
  - Möglichkeit der Phasenanschnittsteuerung
  - Möglichkeit des Nullpunktschaltens
- geringe Steuerleistung
- optische Ansteuerung möglich
- prellfrei, geräuschlos.

Nachteile von Thyristoren

- für Wechselstrom: Triac oder zwei Thyristoren nötig
- nur ein Stromkreis
- Spannungsabfall im durchgeschalteten Zustand $\geq 3\,\mathrm{V}$
- Leckstrom (z. B. $4 \cdot 10^{-4} \cdot I_{\mathrm{nenn}}$)
- keine galvanische Trennung
- zwischen Ein- und Ausgang minimaler Schaltstrom (Haltestrom)
- Überlastbarkeit begrenzt

- di/dt kritisch bei kapazitiver Last
- du/dt kritisch bei induktiver Last
- maximale Schaltspannung U_{BT0}
- Temperaturbereich.

7.3 Spezielle Bauformen des Thyristors

7.3.1 Zweirichtungs-Thyristordiode (TRIAC)

Normale Thyristoren können nur zum Schalten von Gleichströmen verwendet werden. Der *TRIAC* (triode alternating current switch) funktioniert wie zwei antiparallel geschaltete Thyristoren. Durch fünf Schichten mit abwechselnder Dotierung entstehen vier pn-Übergänge. Im Gegensatz zum Thyristor kann der TRIAC in beiden Richtungen Strom führen (daher auch der Name *Zweiwegthyristor*). Wie schon aus der Abkürzung (ac = alternating current) hervorgeht, ist der TRIAC ein elektronischer Schalter für Wechselstrom. Im Gegensatz zum Thyristor können mit dem TRIAC beide Halbwellen ausgenutzt werden. Die Steuerung über das Gate (G) kann sowohl mit negativem als auch positivem Potenzial erfolgen. Dabei ist es gleichgültig, welche Polarität die gerade anliegende Wechselspannung hat, eine Zündung ist in allen vier Quadranten der Kennlinie möglich. Die Hersteller geben aber bevorzugte Polungen der Steuerspannung an, für die sie den maximal erforderlichen Zündstrom garantieren.

Das typische am Verhalten eines TRIACs ist also, dass ein beliebig gepolter Impuls zwischen Steuerelektrode und benachbarter Elektrode einen der beiden Thyristoren unabhängig von der Richtung der Spannung im Laststromkreis in den leitenden Zustand schaltet.

TRIACs weisen schlechtere Zündeigenschaften auf als Thyristoren. Der TRIAC besitzt ein sehr ungünstiges du/dt-Verhalten, ist also anfällig für einen schnellen Anstieg der zu schaltenden Spannung. Die zulässige Spannungssteilheit beträgt nur einige $10\,V/\mu s$. Der Grund hierfür ist, dass sich die Freiwerdezeit t_q bei Wechselspannungsbetrieb unter der Stromführung in beide Richtungen mindestens halbiert, die Zeit zum Rekombinieren der Ladungsträger ist verkürzt.

Der Triac reagiert besonders empfindlich auf die durch das steile Abreißen des Stromes beim Übergang in den Sperrzustand entstehenden Überspannungen (durch Selbstinduktion). Bei schlagartigem Umpolen der äußeren Spannung (Übergang vom Durchlass- in den Sperrbetrieb) entsteht (wie bei einer Diode) die Sperrwirkung des (beim Thyristor mittleren) pn-Übergangs erst, wenn alle Ladungsträger aus der Grenzschicht abgeflossen sind (*Trägerstaueffekt*, *TSE*). Die Zeit, die das Ausräumen der Ladungsträger aus der Grenzschicht erfordert (Sperrverzögerungszeit t_{rr} = reverse recovery time) soll möglichst klein sein.

Unmittelbar nach dem Umschalten vom Durchlass- in den Sperrbereich kann bereits eine hohe Sperrspannung U_R anliegen, während noch für eine gewisse Zeit ein relativ großer Ausräumstrom I_{RM} fließt. Kurzzeitig ergibt sich dadurch eine hohe Verlustleistung,

Abb. 7.25 Schnittbild (schematisch) vom Aufbau eines TRIACs

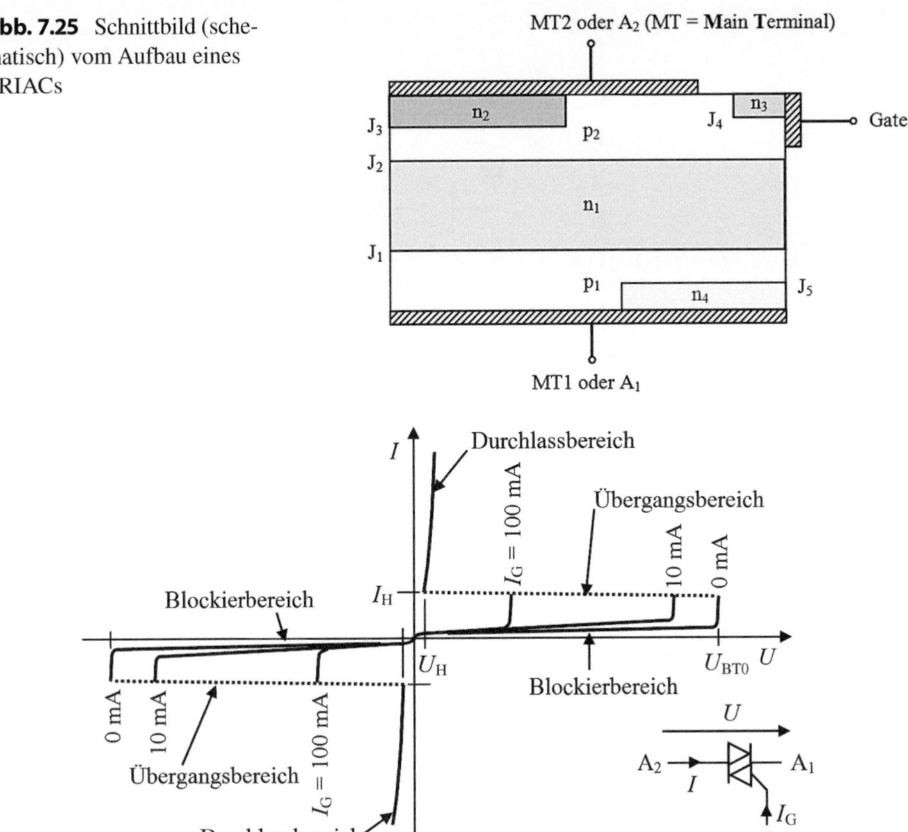

Abb. 7.26 Beispiel einer TRIAC-Kennlinie und Schaltsymbol, U_{BT0} = Kippspannung bei Steuerstrom null (Nullkippspannung), I_{H} = Haltestrom, U_{H} = Haltespannung, I_{G} = Steuerstrom

durch welche das Bauelement zerstört werden kann. Eine so genannte TSE-Beschaltung (*RC*-Reihenglied parallel zum Bauelement) begrenzt Überspannungen und mindert diesen Effekt.

TRIACs nutzen die Halbleiterfläche nicht effektiv aus, ihr Aufbau ist durch fünf Halbleiterschichten (Trennlinien J_1 bis J_5 in Abb. 7.25) aufwendig. Daher werden TRIACs nur für kleine bis mittlere Schaltleistungen hergestellt (bis 1,5 kV und 150 A, meist bei 50 Hz). Ihre Bedeutung in der Leistungselektronik ist eher gering, in Anwendungen für große Leistungen werden zwei Thyristoren in Antiparallelschaltung verwendet.

Entsprechend den vier Quadranten der Kennlinie (Abb. 7.26) sind die vier möglichen Ansteuerungsarten (Triggermodi) des TRIACs:

- $U_{\mathrm{A2A1}} > 0$, $U_{\mathrm{GA1}} > 0$
- $U_{\mathrm{A2A1}} > 0$, $U_{\mathrm{GA1}} < 0$

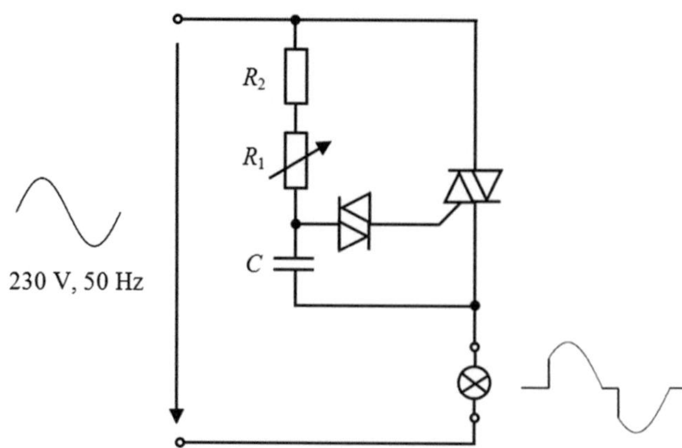

Abb. 7.27 Prinzip einer Phasenanschnittsteuerung mit TRIAC (nicht hysteresefreier Wechselstromsteller mit DIAC-Triggerung)

- $U_{A2A1} < 0, U_{GA1} > 0$
- $U_{A2A1} < 0, U_{GA1} < 0$.

TRIACs dienen oft zur Regelung der Leistung in Schaltungen von elektronischen, privaten Gebrauchsgütern des Alltags (Konsumelektronik) mit kleiner Leistungsaufnahme. Beispiele sind elektronische Steuerungen (Drehzahlregelungen) von elektrischen Bohrmaschinen oder das Dimmen von Glühlampen. Abb. 7.27 zeigt das Prinzip einer in einfachen Dimmern gebräuchlichen Phasenanschnittsteuerung mit Hilfe eines TRIACs. Der DIAC in der Gateleitung des TRIACs formt den Ansteuerimpuls.

Über die Widerstände R_1, R_2 lädt sich der Kondensator bis zur Durchbruchspannung (Kippspannung) des DIAC auf. Bei Überschreiten der Durchbruchspannung wird der DIAC niederohmig, der Kondensator C entlädt sich und liefert den notwendigen Steuerstrom. C kann sich aber nicht ganz entladen, so dass bei der nächsten Halbwelle andere Anfangsbedingungen herrschen (Hystereseeffekt, er kann durch weitere Schaltungsmaßnahmen vermieden werden). Der Widerstand R_2 dient zur Strombegrenzung falls das Potenziometer auf null steht. Zur Vermeidung von Funkstörungen sind zusätzlich entsprechende Entstörmaßnahmen vorzusehen.

7.3.2 Einrichtungs-Thyristortetrode

Die *Thyristortetrode* (Abb. 7.28) kann mit einem positiven Impuls an G_1 oder mit einem negativen Impuls an G_2 gezündet werden. Mit einem Impuls entgegengesetzter Polarität am jeweils anderen Gateanschluss kann der Thyristor wieder gesperrt werden. Die Thyristortetrode ist sehr anfällig für schnelle Spannungsanstiege und wird nur für kleine Schaltleistungen gebaut.

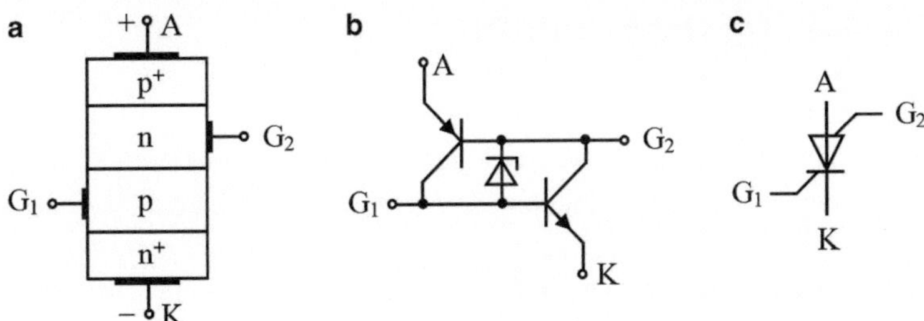

Abb. 7.28 Vereinfachter struktureller Aufbau einer Thyristortetrode (**a**), Transistor-Ersatzschaltbild (**b**) und Schaltsymbol (**c**)

7.3.3 Asymmetrisch sperrende Thyristoren

Für Anwendungen im Mittelfrequenzbereich werden auch asymmetrisch sperrende Thyristoren (ASCR) und rückwärts leitende Thyristoren (RCT) eingesetzt. Häufig wird antiparallel zum Thyristor eine Diode geschaltet. Die Schaltgeschwindigkeit des Thyristors kann so auf Kosten der Rückwärtsdurchbruchspannung erhöht werden. Die integrierte Diode kann als Freilaufdiode verwendet werden.

7.3.3.1 Rückwärts leitender Thyristor (RCT)

Ein rückwärts leitender Thyristor (RCT = *reverse-conducting thyristor*) zeigt im Vorwärtsbetrieb ein Verhalten wie ein konventioneller Thyristor, im Rückwärtsbetrieb weist er aber keine Sperrfähigkeit auf. Das elektrische Verhalten eines RCT entspricht somit einem konventionellen Thyristor mit antiparallel geschalteter Diode. Die Ursache hierfür ist ein Kurzschluss des p_1n_1-Gebietes am Anodenkontakt. Dadurch kann bei Rückwärtsbetrieb (die Anode ist negativ gegenüber der Kathode) ein großer Elektronenstrom in das Bauelement fließen, die niedrig dotierten Bahngebiete werden mit Ladungsträgern überschwemmt. Ein RCT hat eine geringere Freiwerdezeit und eine geringere Durchlassspannung als ein konventioneller Thyristor, und er ist für höhere Sperrschichttemperaturen geeignet (150 °C gegenüber 125 °C beim konventionellen Thyristor).

7.3.3.2 Asymmetrisch sperrender Thyristor (ASCR)

Ein asymmetrisch sperrender Thyristor (*ASCR = Asymmetrical Silicon-Controlled Rectifier*) besitzt durch den Einbau einer hoch dotierten n-Zone im Rückwärtsbetrieb eine auf typischerweise 20 V verringerte Sperrspannung. Bei sonst gleichen Daten wird die Dicke der n-Basiszone verringert, so dass sich das Durchlassverhalten verbessert und die Freiwerdezeit etwa halbiert.

7.3.4 Gate Turn-Off Thyristor (GTO)

7.3.4.1 Übersicht

Herkömmliche Thyristoren verbleiben nach dem Einschalten im niederohmigen Zustand bis der Haltestromwert I_H unterschritten wird. Das Gate ist während dieser Zeit wirkungslos.

Abschaltbare Thyristoren werden *GTO-Thyristoren* genannt (Gate Turn-Off). Sie können durch einen starken negativen Gatestromimpuls aus dem leitenden Zustand auch wieder abgeschaltet, d. h. aus dem Durchlasszustand in den Blockierzustand geführt werden. Der negative Gatestromimpuls muss mindestens einen Wert von 20 % des abzuschaltenden Stromes aufweisen. Diese Abschaltmöglichkeit vereinfacht die Ansteuerelektronik und vermeidet die so genannten Löschschaltungen der klassischen Thyristorelektronik.

GTOs werden als elektronische Schalter für Leistungen ab 1 MW eingesetzt. Die Durchlass- und Schaltverluste sind beim Abschaltthyristor etwas größer als bei einem konventionellen Thyristor. Die höchstzulässige Sperrspannung reicht beim GTO bis 3000 V. Der maximal beherrschbare periodisch abschaltbare Strom beträgt über 2000 A. Die maximale Schaltfrequenz beträgt einige kHz. Das Schaltzeichen zeigt Abb. 7.29.

7.3.4.2 Halbleiterstruktur

Der prinzipielle Aufbau eines GTO ist genau gleich wie bei einem Thyristor. Es ist ebenfalls ein Vierschicht-Element mit der Schichtenfolge (von Anode zu Kathode) $p^+/n^-/p/n^+$. Die Halbleiterstruktur ist in Abb. 7.30 dargestellt.

Der GTO hat gegenüber dem Thyristor eine kleinere, verteilte p-Gateschicht. Die Gatestruktur ist beim GTO fein verzweigt und flächenförmig ausgebildet, wie der Basisanschluss eines Leistungstransistors. Durch diesen Aufbau wird der Abschalt-Steuerstrom intern verstärkt und der Haltestrom im Leistungskreis unterschritten. Auf diese Weise kann der GTO gelöscht werden. Die Kathode hat eine größere Oberfläche und das Gate befindet sich näher an der Kathode. Die Kathode ist als Säulenstruktur über dem Gate angeordnet. Die Anode ist zyklisch mit n^+-Schichten durchzogen, damit die Anode mit der dahinterliegenden n^--Region Kontakt hat. Diese Anordnung beschleunigt das Abschalten des GTO und wird *Anodenkürzung* genannt. Durch diese Durchkontaktierung verliert der GTO aber einen Teil seiner Rückwärtssperrfähigkeit. Deshalb werden GTOs auch ohne diese Anodenkürzung hergestellt.

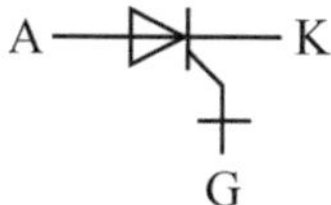

Abb. 7.29 Schaltzeichen des GTO-Thyristors

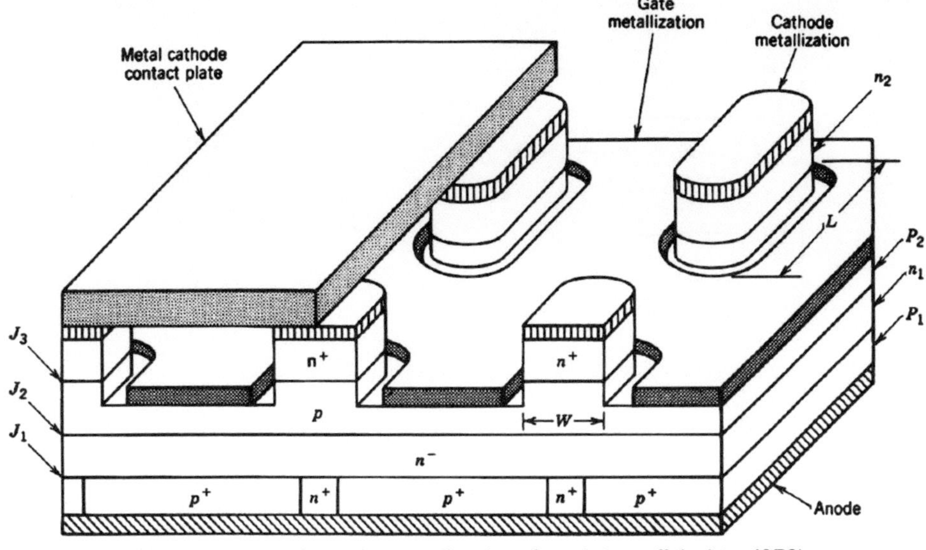

Vertical cross section and perspective view of a gate turn-off thyristor (GTO).

(Mohan, Undeland, Robbins: Power Electronics, S.594)

Abb. 7.30 Halbleitertechnische Struktur eines GTO

7.3.4.3 Stationäre Strom-Spannungskennlinie

Die Kennlinie ist in Vorwärtsrichtung identisch mit der Kennlinie des Thyristors. Nur in Rückwärtsrichtung verträgt der GTO, bedingt durch die Anodenkürzung, keine so hohe Sperrspannungsbeanspruchung wie der Thyristor.

7.3.4.4 Vorgang beim Abschalten

Der GTO lässt sich durch einen hohen negativen Gatestrom abschalten (Abb. 7.31). Nach dem Anlegen des negativen Gatestromes i_G vergeht eine *Speicherzeit* t_s, während der der Anodenstrom i_A weitgehend unverändert bleibt. Sind genügend Ladungsträger aus der Gateschicht entfernt, so ist die Mitkopplung im GTO gestoppt und der Anodenstrom beginnt kleiner zu werden. Nach Ablauf von t_s beginnt der mittlere pn-Übergang des Thyristors zu sperren und der Steilabfall des Anodenstromes setzt ein. Während der *Abfallzeit* t_f wird die Sperrschicht J_2 aufgebaut. Der Anodenstrom fällt sehr schnell ab und die Spannung am GTO steigt sehr schnell an. Der negative Gatestrom nimmt sehr schnell ab. Dieser Abfall des Gatestromes hält für die *Abklingzeit* t_t an, während der die im Basisgebiet des pnp-Transistors vorliegende Diffusionsladung ausgeräumt wird. Da der npn-Transistor zu dieser Zeit bereits vollständig sperrt, muss dies über den Gateanschluss erfolgen (Strom

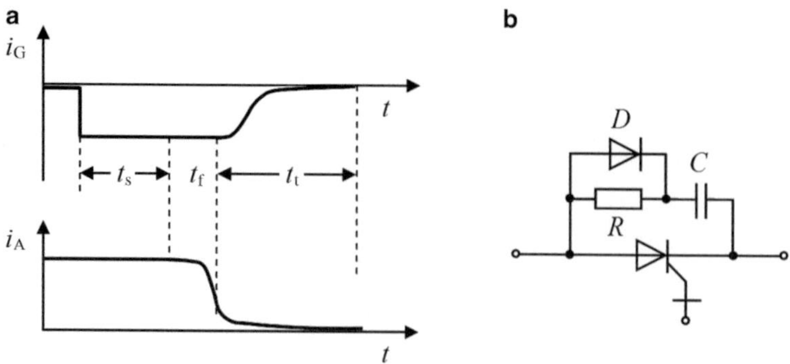

Abb. 7.31 Ausschaltverhalten des GTO (**a**), RCD-Beschaltung (**b**)

von der Anode zum Gate). Erst nach der Abklingzeit ist der gesamte GTO wieder frei von Ladungsträgern und erst nach dieser Zeit darf der GTO wieder eingeschaltet werden. Die Schaltfrequenz wird im Wesentlichen durch die Abklingzeit bestimmt.

Während des Abschaltvorganges darf die Sperrspannung nicht zu schnell in positiver Richtung ansteigen. Diese Begrenzung des $\mathrm{d}u/\mathrm{d}t$-Wertes wird durch eine RCD-Beschaltung (Widerstand, Kondensator, Diode) parallel zum GTO erreicht.

7.3.4.5 Zusammenfassung der Eigenschaften des GTO

- Der GTO ist ein Thyristor, welcher über sein Gate sowohl ein- als auch ausschaltbar ist.
- Der GTO hat, abgesehen von geringen Modifikationen im Bereich des Gate, die selbe Vierschicht-Halbleiterstruktur wie der Thyristor.
- Durch die dünne Basis- und Kathodenschicht hat der GTO eine geringere Lebenszeit als ein Thyristor.
- Der GTO besitzt eine geringere Rückwärtssperrfähigkeit als der Thyristor.
- Zum Abschalten des GTO wird ein sehr hoher negativer Gatestrom benötigt.
- Der Anodenstrom kann nur bis zu einem bestimmten Wert sicher abgeschaltet werden.
- Beim Ausschalten müssen immer Schaltungen zur Überspannungsbegrenzung ($\mathrm{d}u_{AK}/\mathrm{d}t$) und zur Begrenzung von Überströmen ($\mathrm{d}i_A/\mathrm{d}t$) vorgesehen werden.
- Der Anodenstrom klingt nur langsam ab (Stromschwanz).
- Hohe Verlustwärme beim Abschalten.
- GTOs werden im mittleren bis hohen Leistungsbereich eingesetzt.

7.3.5 MOS-gesteuerter Thyristor (MCT)

7.3.5.1 Übersicht

Der MOS-gesteuerte Thyristor (*MCT*, *MOS-Controlled Thyristor*) kann vereinfacht als Thyristor mit MOSFET-Ansteuerung betrachtet werden, der ähnlich dem GTO-Thyristor über das Gate sowohl ein- als auch ausgeschaltet werden kann.

Abb. 7.32 Schaltzeichen des p-MCT (**a**) und des n-MCT (**b**)

Der MCT besteht aus einem Thyristor mit zwei in das Gate eingebauten MOSFETs. Dabei schaltet ein MOSFET den Thyristor ein und der zweite MOSFET schaltet den Thyristor aus. Es gibt zwei Typen von MCTs, den n-MCT und den p-MCT, beide Typen vereinen die Vorteile des MOSFET-gesteuerten Ein- und Ausschaltens. Das Schaltzeichen zeigt Abb. 7.32.

MCTs bieten lastseitig eine sehr hohe Stromtragfähigkeit (100 A/cm^2 Chipfläche) bei geringer Durchlassspannung (1,4 V).

7.3.5.2 Halbleiterstruktur

In Abb. 7.33 ist eine einzelne p-MCT-Zelle dargestellt. Ein kompletter p-MCT besteht aus mehreren tausend solcher Zellen, die auf einem Wafer parallel geschaltet sind. Die Struktur des eigentlichen Thyristors ist genau gleich wie bei einem herkömmlichen Thyristor. Die p-Region neben der Kathode, also die Basisregion des npn-Transistors T_4 in der Ersatzschaltung in Abb. 7.34 ist eine sehr schwach dotierte Schicht, welche im ausgeschalteten Zustand die Verarmungsregion J_2 beinhaltet. Der Einschalt-FET T_2 ist ein p-Kanal MOSFET und der Ausschalt-FET T_1 ist ein n-Kanal MOSFET. Diese MOSFETs sind über der Anode des MCT angeordnet. Jede MCT-Zelle beinhaltet einen Ausschalt-FET,

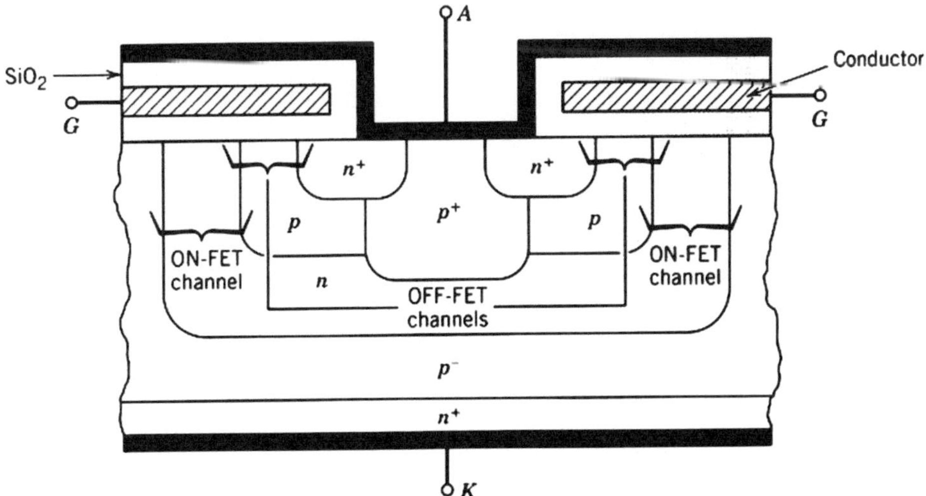

Abb. 7.33 Aufbau einer p-MCT-Zelle

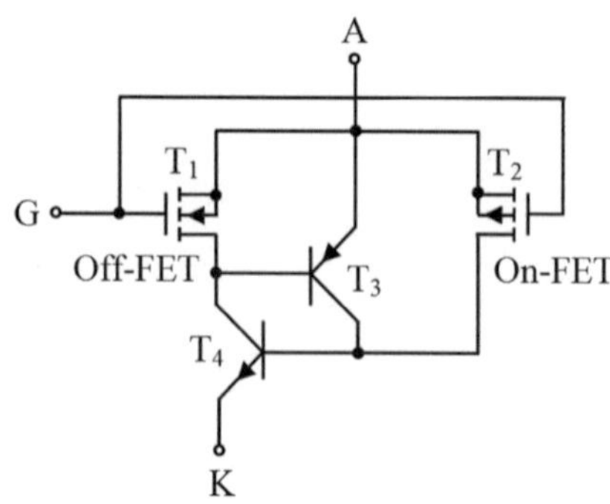

Abb. 7.34 Ersatzschaltung des MCT

aber nur jede 20. Zelle beinhaltet einen Einschalt-FET. Wenn eine MCT-Zelle einschaltet, dann werden viele benachbarte Zellen mit eingeschaltet. Dieser Effekt beruht auf überschüssigen Ladungsträgern, die im Einschalt-FET vorhanden sind und welche während des Einschaltens in benachbarte Zellen diffundieren können.

7.3.5.3 Schalteigenschaften des p-MCT

Einschaltvorgang

Ausgangszustand: $U_{AK} > 0$, der p-MCT sperrt.

Zündimpuls: Durch eine negative Gate-Kathodenspannung wird der p-Kanal On-FET T_2 eingeschaltet und der n-Kanal Off-FET T_1 ausgeschaltet. Dadurch kann ein Basisstrom in den npn-Transistor T_4 fließen. Dieser beginnt zu leiten und somit auch der pnp-Transistor T_3. Die Mitkopplung des Thyristors wird aktiviert und der Thyristor beginnt zu leiten. Durch die bessere Leitfähigkeit des pnp-Transistors T_3 wird der größte Teil des Basisstromes für den npn-Transistor T_4 von diesem bereitgestellt. Der stationäre Basisstrom ist deshalb sehr gering. Der Einschaltvorgang dauert ungefähr 1 µs. Dabei können Stromanstiegsgeschwindigkeiten von 500... 1000 A/µs erreicht werden.

Ausschaltvorgang

Ausgangszustand: Der p-MCT leitet.

Abschalten: Wird an den MCT eine positive Gate-Kathodenspannung angelegt, so beginnt der n-Kanal Off-FET T_1 zu leiten. Dadurch wird die Basis-Emitter-Schicht des pnp-Transistors T_3 kurzgeschlossen. Er beginnt zu sperren, da die in der Basis gespeicherte Ladung abgezogen und nicht wieder ersetzt wird. Der Kollektorstrom des npn-Transistors T_4 fällt damit auf einen sehr geringen Wert, dies führt schließlich zum Abschalten von T_4. Zu diesem Zeitpunkt schaltet sich der Thyristor selbst ab. Während des Ausschaltvorgangs wird der On-FET T_2 durch die positive Gate-Kathodenspannung im Zustand „Aus“ gehalten. Der Ausschaltvorgang dauert ungefähr 1... 2 µs.

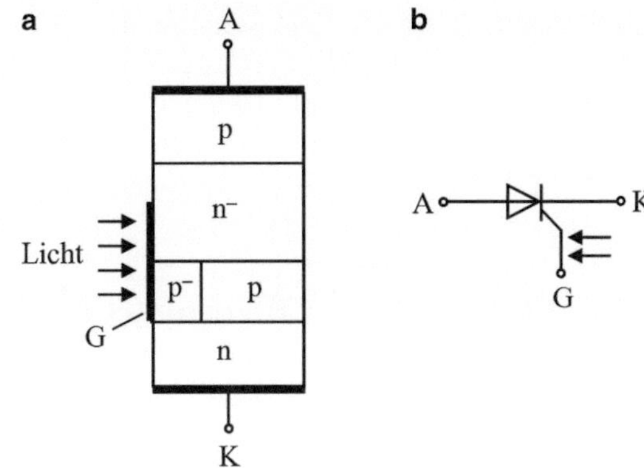

Abb. 7.35 Halbleiterstruktur des lichtgesteuerten Thyristors (**a**) und Schaltzeichen (**b**)

7.3.5.4 Zusammenfassung der Eigenschaften von MCTs

- Der MCT ist wie der GTO sowohl ein- als auch ausschaltbar.
- Der MCT kann eine geringere Sperrspannung aufnehmen als der GTO.
- Der MCT ist ein spannungsgesteuertes Bauelement.
- Der MCT kennt kein regeneratives Verhalten wie der GTO. Die Betriebszustände müssen immer über die Treiberschaltungen vorgegeben werden.

7.3.6 Lichtgesteuerter Thyristor (LTT)

Lichtgesteuerte Thyristoren (*LTT*, Light-Triggered Thyristor oder *LAS*, Light-Activated Thyristor) wurden wegen ihrer erheblichen Vorteile bei der Blockierung von Hochspannung sowie der einfachen Triggerung mit Lichtsignalen für Einsätze in der Hochspannungs-Gleichstromübertragung entwickelt. Thyristoren werden bei diesen Anwendungen meist in Serienschaltung verwendet, damit die hohen Spannungen gleichmäßig auf die Ventile aufgeteilt werden. Bei herkömmlichen, elektrisch gesteuerten Thyristoren wurden für diese Anwendungen immer sehr aufwendige Ansteuerschaltungen benötigt.

Der hauptsächliche Unterschied zwischen dem elektrisch- und dem lichtgesteuerten Thyristor liegt in der Gatestruktur. Der lichtgesteuerte Thyristor wird durch einen Lichtimpuls mit einer Leistung von ca. 10 mW und mit einer Wellenlänge von 850... 1000 nm über eine lichtempfindliche Gatestruktur gezündet.

Ein Lichtimpuls auf die Gatestruktur löst den Zündvorgang durch freiwerdende Elektronen aus. Aufgrund des Elektronenüberschusses wird ein kleines Gebiet zwischen dem Gate und der Kathode leitend. Die Folge ist ein sehr hoher Spannungsabfall in diesem Gebiet. Dieser Spannungsabfall bedingt einen sehr steilen Strom zwischen dem Gate und der Kathode. Dieser Stromanstieg muss über einen im Gate eingebauten Widerstand aus einer durchlässigen Aluminiumschicht begrenzt werden, damit der Thyristor nicht zerstört wird. Nachdem genügend Ladungsträger in die n^--Schicht eingebracht wurden, beginnt der Thyristor schlagartig zu leiten. Die Halbleiterstruktur zeigt Abb. 7.35.

Zusammenfassung der Eigenschaften des LTT

- Der LTT kann über einen Lichtimpuls am Gate eingeschaltet werden.
- Der LTT wird hauptsächlich im Bereich hoher Spannungen eingesetzt.
- Der LTT wird in den meisten Anwendungen als Scheibenzelle ausgeführt.

7.3.7 Feldgesteuerter Thyristor (FCT)

7.3.7.1 Übersicht

Der feldgesteuerte Thyristor (*FCT*, Field-Controlled Thyristor) ist aus der Modifikation eines Leistungs-Feldeffekt-Transistors entstanden. Der FCT befindet sich noch in der Entwicklungsphase. Er besitzt die selbe Schaltcharakteristik wie ein Feldeffekttransistor und ist sowohl ein- als auch ausschaltbar. Der *Ein- und Ausschaltvorgang* ist *wesentlich schneller als beim GTO*. Der FCT wird auch oft als SITh (Static-Induction Thyristor) bezeichnet.

Die Halbleiterstruktur unterscheidet sich kaum von einem Feldeffekt-Transistor. Das Drain wurde durch Einbringen eines p^+-Gebietes in einen pn-Übergang umgewandelt. Der Feldeffekt beim FCT beruht nicht auf einer in die Halbleiterstruktur eingebrachten Oxidschicht, sondern auf der speziellen Anordnung der Kathode und der Anode zum Gate des FCT. Das Schaltzeichen zeigt Abb. 7.36.

7.3.7.2 Schalteigenschaften des FCT

Einschaltvorgang

Ausgangszustand: $U_{AK} > 0$
Im sperrenden Zustand des FCT hat sich eine Raumladungszone zwischen dem Gate und der Kathode gebildet.

Zündimpuls: Er wird durch eine positive Gate-Kathodenspannung gebildet. Die Raumladungszone wird dadurch sehr schnell verkleinert. Wenn die Anoden-Kathodenspannung groß genug ist um die verbleibende Potenzialbarriere zu überwinden, verschwindet das Verarmungsgebiet zwischen der Anode und der Kathode. Der FCT leitet.

Eingeschaltet: Die Schleusenspannung zwischen der Anode und der Kathode führt zu einem sehr hohen Durchlasswiderstand und somit zu sehr hohen Durchlassverlusten.

Abhilfe: Das Gate wird mit positivem Strom vorgespannt.

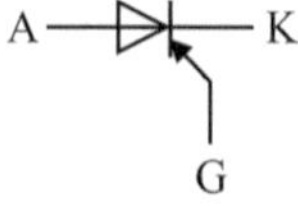

Abb. 7.36 Schaltzeichen des feldgesteuerten Thyristors. Der *Pfeil* am Gateanschluss zeigt in die Richtung des Gatestromes, welcher im eingeschalteten Zustand fließt

Ausschaltvorgang

Ausgangszustand: Der FCT leitet.

Abschalten: Erfolgt durch eine negative Gate-Kathodenspannung. Die Gate-Kathodenstruktur wird negativ vorgespannt. Dadurch bildet sich eine Raumladungszone zwischen der Anode und der Kathode, der Anodenstrom nimmt ab. Die negative Vorspannung der Gate-Kathodenstruktur hat nun einen sehr hohen negativen Gatestrom zur Folge, welcher die überschüssigen Ladungsträger aus dieser Zone abzieht. Der FCT sperrt.

7.3.8 Gate-Commutated Thyristor (GCT, IGCT)

Der *GCT* (Gate-Commutated Thyristor) gleicht im Aufbau einem GTO. Er wird jedoch mit sehr steilen Steuerimpulsen ein- und ausgeschaltet (so genanntes „hartes Schalten"), um die Ausschaltverluste zu verringern. Dazu sind aber extrem niederinduktive Ansteuerschaltungen notwendig, welche sehr nahe am Gate angeordnet sein müssen.

Deshalb wird eine Integration der Ansteuerschaltung in den GCT angestrebt, damit ein integrierter GCT (*IGCT*, Integrated Gate-Commutated Thyristor) entsteht. Das Schaltzeichen des IGCT ist das selbe wie das Schaltsymbol des GTO.

Eine erhebliche Ausweitung des zuverlässigen GTO-Arbeitsbereiches bei hohen Leistungen wird durch die harte oder Hard-Drive-Ansteuerung erreicht. Bei ihr sperrt ein integrierter Gate-Treiber den Kathodenstrom zunächst vollständig, bevor sich die Anodenspannung aufbaut. Diese Technik setzt wie erwähnt eine sehr niedrige Steuerkreisinduktivität voraus, welche durch eine koaxiale Gate-Durchführung und die Kontaktierung des Gate-Treibers über eine Mehrlagen-Leiterplatte gewährleistet wird. Wenn der Kathodenstrom den Wert null erreicht hat, erfolgt ein Übergang des vollen verbleibenden Anodenstromes zum Gate, das in einem niederohmigen Zustand bleibt. Ein Übersteuern des Gates wird vermieden und dadurch der Energieverbrauch des Gate-Treibers minimiert. Die harte Ansteuerung führt den Thyristor aus einem stabilen, durch sein Einrastverhalten gekennzeichneten pnpn-Zustand innerhalb von 1 µs in einen pnp-Zustand. Der gesamte Abschaltvorgang erfolgt dann im Transistormodus, wodurch ein Einrasten ausgeschlossen ist und ein homogenes Schalten erreicht wird.

IGCTs sind im Grunde eine Weiterentwicklung der GTO-Thyristoren. Diesen gegenüber zeichnen sich IGCTs aus durch:

- einen verringerten Beschaltungsaufwand
- Erhöhung der maximalen Pulsfrequenzen zur Ansteuerung
- bessere Schaltzeiten bei Reihenschaltung
- verbessertes GTO-Schaltverhalten für einen Betrieb ohne $\mathrm{d}u/\mathrm{d}t$-Schutzbeschaltung bei hoher Stromdichte
- niedrigere Durchlass- und Schaltverluste durch eine dünnere Siliziumscheibe

- geringere Anforderungen an den Gate-Treiber, besonders im Durchlasszustand
- Entwicklung von antiparallelen Dioden, die in der Lage sind, auch bei hohen di/dt-Werten ohne Schutzbeschaltung abzuschalten
- Integration von GTO-Thyristor und Diode in einem Halbleiterbauelement.

Für Anwendungen im Bereich hoher Leistungen wurden einige zusätzliche Eigenschaften realisiert:

- Höhere Zuverlässigkeit durch einfacheren Aufbau und geringere Anzahl von Komponenten
- Erweiterung des Leistungsbereichs durch eine kostengünstige und zuverlässige Reihen- und Parallelschaltung.

7.3.9 Unijunction-Transistor (UJT)

Der Unijunction-Transistor (*UJT*, auch *Doppelbasisdiode* genannt) gehört zur Familie der Thyristoren. Er weist nur einen pn-Übergang auf, seine drei Anschlüsse werden als E (Emitter), B_1 (Basis 1) und B_2 (Basis 2) bezeichnet (Abb. 7.37). Sein Verhalten entspricht einem Schalter, der mit dem Steueranschluss E geschaltet wird. Ähnlich wie ein Thyristor hat der UJT einen hochohmigen AUS- und einen niederohmigen EIN-Zustand. Er verhält sich etwa wie eine gesteuerte Diode, die trotz gleich bleibender Polarität der angelegten Spannung sperrend oder leitend gemacht werden kann.

7.3.9.1 Wirkungsweise

Die Wirkungsweise des UJT beruht auf einer *Leitfähigkeitsmodulation*: Durch die Flusspolung eines pn-Übergangs kann die Dichte beweglicher Ladungsträger in den Bahngebieten vergrößert und damit der Ohm'sche Widerstand des Bahngebietes verringert werden.

Der Widerstand R_1 in Abb. 7.38 ist arbeitspunktabhängig, da bei Flusspolung Ladungsträger in das Bahngebiet zwischen E und B_1 injiziert werden, welche die Leitfähigkeit verändern. Liegt zwischen B_2 und B_1 die Spannung $U_{B2,B1}$ an und ist der Emitterstrom $I_E = 0$, so verhält sich das Bauelement wie ein Ohm'scher Widerstand. Es fließt der Strom

$$I_{B2,B1} = \frac{U_{B2,B1}}{R_{10} + R_2} \tag{7.17}$$

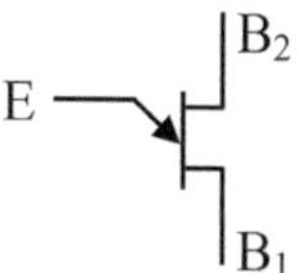

Abb. 7.37 Schaltzeichen eines pn-Unijunction-Transistors (es gibt auch np-Typen)

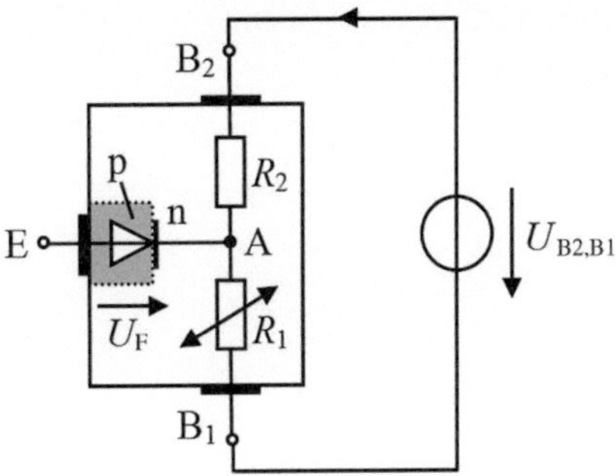

Abb. 7.38 Zur Wirkungsweise des UJT, schematischer Aufbau und Ersatzschaltung

R_{10} = Ohm'scher Widerstand des Bahngebietes zwischen Punkt A und Anschluss B_1 ohne injizierte Ladungsträger

Am Punkt A (und somit für $I_E = 0$ am Emitterkontakt) stellt sich folgende Spannung ein:

$$U_{E0} = \frac{R_{10}}{R_{10} + R_2} U_{B2,B1} = \eta \cdot U_{B2,B1} \tag{7.18}$$

η ist das *innere Spannungsverhältnis* (*Teilerverhältnis, intrinsic stand-off ratio*). Es hängt nicht von den Betriebsbedingungen ab, ist jedoch von Typ zu Typ verschieden und liegt typischerweise bei 0,5.

Wird ein Emitterstrom I_E eingeprägt, so ist die Spannung zwischen E und B_1:

$$U_{E,B1} = U_F + \frac{R_1}{R_1 + R_2} \cdot U_{B2,B1} \tag{7.19}$$

Ist I_E klein, so beeinflussen die injizierten Ladungsträger den Wert von R_1 nur wenig. In diesem Bereich steigt $U_{E,B1}$ mit zunehmendem I_E an (Abb. 7.39). Bei größeren Werten von I_E nimmt der Wert von R_1 und damit das Spannungsteilerverhältnis $R_1/\,(R_1 + R_2)$ als Folge der Leitfähigkeitsmodulation ab. Die Flussspannung U_F am pn-Übergang ändert sich unter diesen Bedingungen nur noch geringfügig, deshalb nimmt $U_{E,B1}$ mit zunehmendem I_E ab. Die Kennlinie des UJT weist in diesem Gebiet einen negativen differenziellen Widerstand $dU_{E,B1}/dI_E$ auf. Mit zunehmendem I_E fällt $U_{E,B1}$ so von der *Gipfelspannung* (Höckerspannung) U_P bis zur Talspannung U_V ab. Die zugehörigen Werte des Gipfelstromes I_P bzw. des Talstromes I_V liegen im Bereich einiger µA bzw. mA.

Überschreitet die Spannung $U_{E,B1}$ den Wert U_Z, so zündet der UJT, und es fließt ein Emitterstrom. Zwischen der Zündspannung U_Z und der Spannung $U_{B2,B1}$ gilt folgender Zusammenhang:

$$U_Z = \eta \cdot U_{B2,B1} + 0{,}6\,\text{V} \tag{7.20}$$

Die E-B_1-Diode besitzt eine ähnliche Kennlinie wie eine Vierschichtdiode, wenn $U_{B2,B1}$ auf einem konstanten positiven Wert gehalten wird.

Abb. 7.39 Emitterkennlinie eines UJT

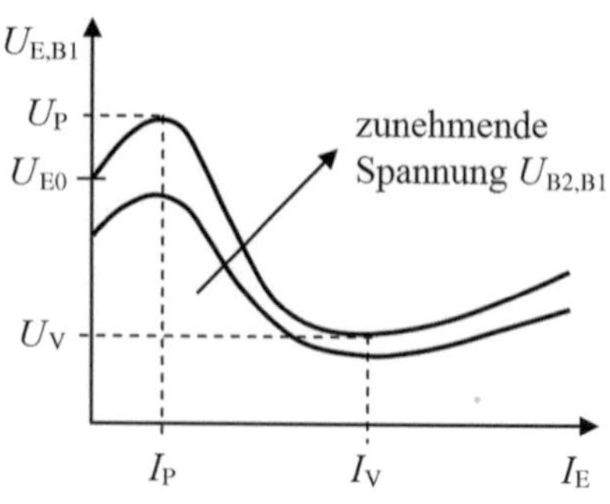

7.3.9.2 Anwendung

UJTs sind für niedrige Werte der Verlustleistung (einige 100 mW) und der Betriebsspannung ($U_{B2,B1} <$ einige 10 V) ausgelegt.

Der UJT eignet sich als Schwellwertschalter mit einstellbarer Zündspannung. Er kann ähnlich eingesetzt werden wie Vierschichtdioden und erweitert deren Zündspannungsbereich nach unten. In der diskreten, analogen Schaltungstechnik kann der UJT in Oszillatorschaltungen zur Erzeugung sägezahn- und pulsförmiger Spannungen verwendet werden. Man kann mit ihm Thyristoren und Triacs ansteuern. Seine praktische Bedeutung ist eher gering, der UJT wurde in seinen Anwendungsgebieten durch integrierte Halbleiterschaltungen weitgehend ersetzt.

Abb. 7.40 zeigt die Anwendung eines UJT in einem einfachen Sägezahngenerator. Der Kondensator C wird über R_V aufgeladen. Überschreitet die Spannung an C die Gipfelspannung, so wird die Strecke EB_1 plötzlich leitend. C wird über R_1 (z. B. 47 Ω) schnell entladen, die Spannung sinkt bis auf den Wert der Talspannung ab, und die Strecke EB_1 sperrt wieder. Dann setzt eine erneute Aufladung von C ein. Zwischen Emitter und Masse kann eine Sägezahnspannung entnommen werden, an B_1 und B_2 Pulsspannungen.

Die Grundfrequenz der entstehenden Schwingung ist:

$$f \approx \frac{1}{R_V \cdot C \cdot \ln\left(\frac{1}{1-\eta}\right)} \tag{7.21}$$

Abb. 7.40 Sägezahngenerator mit einem UJT

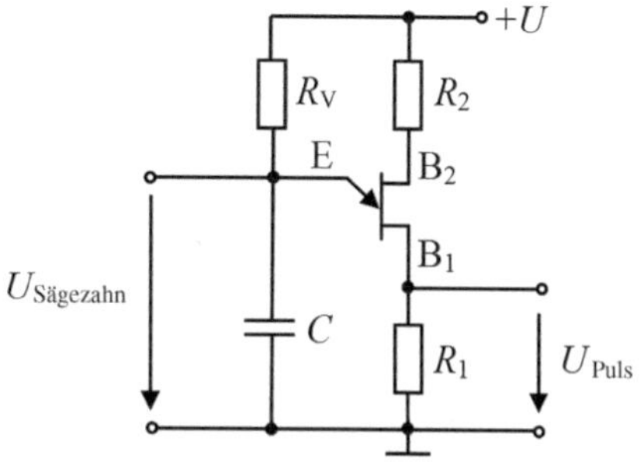

Abb. 7.41 Schaltsymbol eines PUJT

Der Temperaturkoeffizient der Zündspannung lässt sich mit dem Widerstand R_2 (z. B. 470 Ω) kompensieren, die Frequenz bleibt dann über einen weiten Temperaturbereich konstant.

Der *programmierbare Unijunction-Transistor* (*PUT*, *PUJT*) hat eine pnpn-Schichtfolge wie ein Thyristor, anders als beim Thyristor wird jedoch das n-dotierte Gebiet als Gate verwendet. Der PUJT zeigt eine Kennlinie wie der konventionelle UJT, sein Vorteil liegt in einer größeren Schaltgeschwindigkeit und einer höheren Empfindlichkeit. Außerdem lässt sich die Gipfelspannung durch die Beschaltung des Gate mit einem Ohm'schen Spannungsteiler verändern. Das Schaltzeichen zeigt Abb. 7.41.

8 Operationsverstärker

8.1 Allgemeines, Überblick

Mehrstufige Transistorverstärker werden häufig in integrierten Schaltkreisen zusammengefasst. Auf diese Weise erhält man elektronische Universalverstärker, die durch ihre externe Beschaltung zur Realisierung analoger oder logischer Funktionen leicht konfigurierbar sind. Der häufigste Universalverstärker ist der Operationsverstärker (Abkürzungen: OP, OV, OpAmp von Operational Amplifier, OPV). Der Name Operationsverstärker stammt von einem der ersten Einsatzgebiete, der Durchführung mathematischer Operationen wie Addition oder Integration in elektronischen Analogrechnern.

Ein Operationsverstärker ist ein mehrstufiger, hochverstärkender, galvanisch[1] gekoppelter Differenzverstärker, der sowohl Gleichspannungen als auch Wechselspannungen verstärken kann. Er wird als elektronisches Bauelement in Form einer integrierten Schaltung hergestellt, er besteht aus mehreren Bipolar- oder Feldeffekt-Transistoren und hauptsächlich Widerständen. Beim Entwurf größerer integrierter Schaltungen werden OPVs als Bibliothekselement eingesetzt.

Sowohl ein normaler Verstärker als auch ein Operationsverstärker dient dazu, Spannungen bzw. Ströme zu verstärken. Die Eigenschaften eines normalen Verstärkers sind durch seinen inneren Aufbau unveränderlich vorgegeben. Bei einem Operationsverstärker dagegen kann seine Wirkungsweise überwiegend durch eine äußere Beschaltung festgelegt werden, ohne den OPV selbst ändern zu müssen. Mit einem OPV lassen sich so gänzlich unterschiedliche Funktionen realisieren, dies begründet die Vielseitigkeit dieses Bauteils. Beispielsweise können analoge Filter wie Hochpass oder Tiefpass realisiert werden. Es können auch Addierer und Subtrahierer entworfen werden, die Spannungen als analoge Größen addieren oder subtrahieren. Der Einsatz kann auch einfach nur eine Verstärkerschaltung sein, die ein Signal mit einer exakt definierten Verstärkung verstärkt. Die Verwendung als Schwingungserzeuger in Oszillatorschaltungen ist ebenfalls möglich.

Die *Einsatzgebiete* des Operationsverstärkers sind somit die *Mess- und Regeltechnik* und die *Signalverarbeitung* und *Signalformung*.

[1] Eine galvanische Kopplung ist eine direkte Kopplung oder Gleichspannungskopplung.

L. Stiny, *Aktive elektronische Bauelemente*, https://doi.org/10.1007/978-3-658-24752-2_8

Um diese universelle Wirkungsweise zu ermöglichen, werden Operationsverstärker als gleichspannungsgekoppelte Verstärker mit hoher Verstärkung ausgeführt. Damit keine zusätzlichen Maßnahmen zur Arbeitspunkteinstellung erforderlich werden, verlangt man ein Eingangs- und Ausgangsruhepotenzial von null Volt. Deshalb sind in der Regel eine positive und eine negative Betriebsspannungsquelle erforderlich.

Die Entwicklung analoger Schaltungen wird durch die Integration stark vereinfacht, da Probleme der diskreten Schaltungstechnik wie Stabilisierung des Arbeitspunktes und Kompensation des Temperaturverhaltens fast komplett entfallen. Operationsverstärker sind daher ein wichtiger Bestandteil der analogen Schaltungstechnik.

Da OPVs in vieler Hinsicht nahezu ideale Eigenschaften besitzen, ist ihr Einsatz einfacher als der von Einzeltransistoren. Ein Vorteil des klassischen Operationsverstärkers ist seine hohe Genauigkeit bei niedrigen Frequenzen. Für viele Anwendungen ist er jedoch zu langsam. Daher wurden Varianten entwickelt, die gute Hochfrequenzeigenschaften besitzen. In kaum einem Bereich bieten Einzeltransistoren noch Vorteile. Der innere Aufbau von Operationsverstärkern aus Transistoren wird meist nur aufgezeigt, um bestimmte Eigenschaften der integrierten Schaltungen zu erläutern.

Operationsverstärker sind in großer Vielfalt als monolithisch integrierte Schaltungen erhältlich. Sie unterscheiden sich nicht nur durch ihre Daten, sondern auch in ihrem prinzipiellen Aufbau. Es werden *vier Familien* unterschieden, deren innerer Aufbau, Kenndaten sowie Gemeinsamkeiten und Unterschiede aufgezeigt werden.

8.2 Schaltsymbol, Anschlüsse

Abb. 8.1 zeigt das allgemeine Schaltsymbol von Operationsverstärkern. In Abb. 8.2 sind die hier verwendeten Bezeichnungen der Ein- und Ausgangspins sowie der äußeren Signale und Betriebsspannungen eingetragen.

Bezeichnung der Anschlusspins eines Operationsverstärkers:

- E_+ oder P = nichtinvertierender Eingang
- E_- oder N = invertierender Eingang
- A = Ausgang
- $+U_B$ oder V^+ oder $+VCC$ = Anschluss für positive Betriebs-Spannungsversorgung
- $-U_B$ oder V^- oder $-VCC$ = Anschluss für negative Betriebs-Spannungsversorgung.

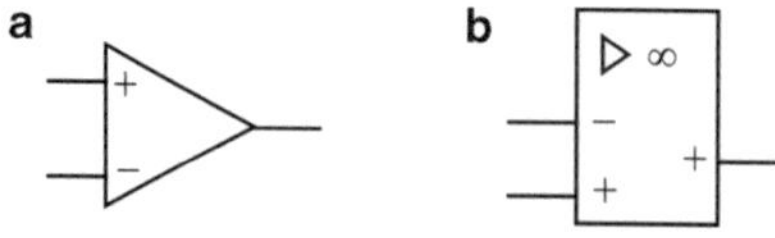

Abb. 8.1 Gebräuchliches (veraltetes) Schaltsymbol eines Operationsverstärkers (**a**), Schaltsymbol nach DIN 40900 Teil 13, jedoch wenig gebräuchlich (**b**)

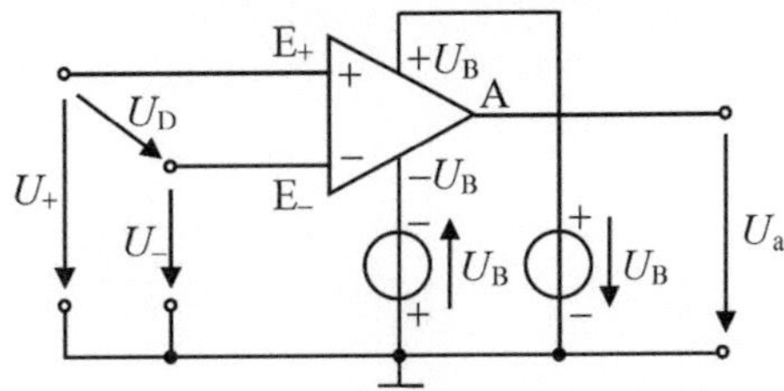

Abb. 8.2 Operationsverstärker mit Bezeichnung der Anschlüsse, der angelegten Signale und Betriebsspannungen

Evtl. sind zusätzliche Anschlüsse für Sonderfunktionen vorhanden, wie Anschlüsse für eine Offsetspannungskompensation oder eine Frequenzgangkorrektur.

Als Differenzverstärker besitzt der Operationsverstärker zwei Eingänge, einen *invertierenden* und einen *nicht invertierenden Eingang*. Man bezeichnet den nicht invertierenden Eingang als E_+ - oder P-Eingang und kennzeichnet ihn im Schaltsymbol mit dem Zeichen „+". Der invertierende Eingang wird entsprechend E_- - oder N-Eingang genannt, er wird mit dem Zeichen „–" gekennzeichnet. Am E_+-Eingang liegt gegen Masse die Eingangsspannung U_+ (oder U_P), am E_--Eingang liegt gegen Masse die Eingangsspannung U_- (oder U_N). Zwischen dem invertierenden und nichtinvertierenden Eingang liegt die Differenzeingangsspannung U_D. In Abhängigkeit der Eingangssignale und von der durch die Außenbeschaltung des OPV festgelegten Arbeitsweise steht am Ausgang „A" das Ausgangssignal zur Verfügung.

Um Eingangs- und Ausgangsruhepotenziale von null Volt zu ermöglichen, besitzt der Operationsverstärker zur Stromversorgung meist zwei Anschlüsse für die Betriebsspannungen. Die eine Betriebsspannung ist gegen Masse positiv, die andere negativ. *Operationsverstärker besitzen selbst keinen Masseanschluss*, obwohl die Eingangs- und Ausgangsspannungen darauf bezogen werden. Übliche Betriebsspannungen sind ± 15 V für Universalanwendungen. Häufig werden Spannungen von ± 5 V eingesetzt.

In einem Schaltplan werden die beiden Anschlüsse für die Betriebsspannungen wegen der besseren Übersicht meist weggelassen. In einem umfangreicheren Stromlaufplan werden sie oft an einer zentralen Stelle dargestellt.

8.3 Ausführungsformen

Operationsverstärker werden heute praktisch ausschließlich in monolithischer Technik gefertigt. Gängige Anschlussbelegungen von Operationsverstärkern in Dual-Inline-Gehäusen sind in Abb. 8.3 dargestellt. Häufig werden mehrere Operationsverstärker in einer Schaltung benötigt, deshalb werden auch 2- und 4-fach-Operationsverstärker angeboten, mit denen man Platz und Geld sparen kann. In 8-poligen Gehäusen werden 1- und 2-fach-Operationsverstärker, in 14-poligen Gehäusen meist 4-fach-OPVs gefertigt. Einige Gehäuse erlauben durch eine rückseitige große Lötfläche eine gute Wärmeabgabe an eine Trägerplatine, von ihnen ist in Abb. 8.4 Vorder- und Rückseite gezeigt.

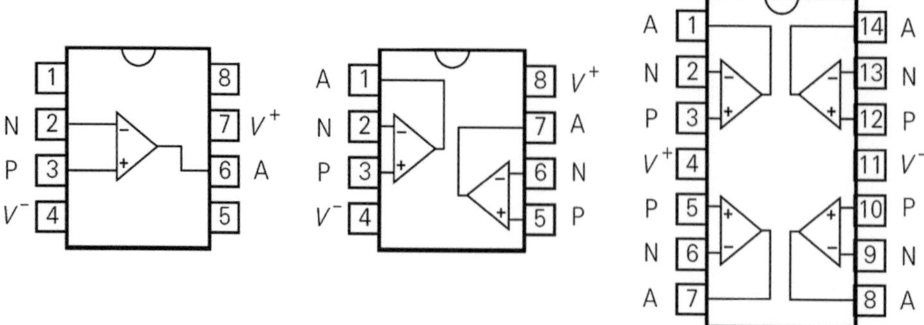

Abb. 8.3 Beispiele für die Pinbelegung von Operationsverstärkern in Dual-Inline-Gehäusen (von oben gesehen)

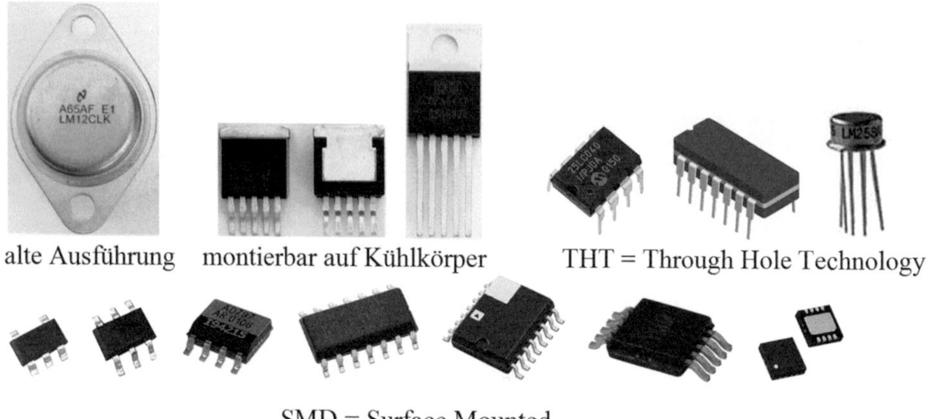

Abb. 8.4 Ausführungen von Operationsverstärkern für die Kühlkörpermontage, in Durchstecktechnik (THT) und in SMD-Gehäusen

8.4 Betriebsspannungen

Normalerweise werden Operationsverstärker mit einer symmetrischen Betriebsspannung von ± 15 V betrieben. Der Ausgang ist dann bis ca. ± 13 V aussteuerbar (Abb. 8.5). Diese Begrenzung ist wegen einer durch den internen Aufbau bedingten Spannungsdifferenz des Ausgangs zu den Betriebsspannungen von ca. 2 V gegeben. Werden zu beiden Betriebsspannungen 15 V addiert (der OPV „merkt" davon nichts, da er keinen Masseanschluss besitzt), so lässt sich der OPV aus einer einzigen Spannungsquelle 0 bis 30 V betreiben. Die Gleichtaktaussteuerbarkeit (gleiches Signal an beiden Eingängen) und die Ausgangsaussteuerbarkeit verschieben sich dann allerdings um 15 V nach Plus. Ein Eingangs- und

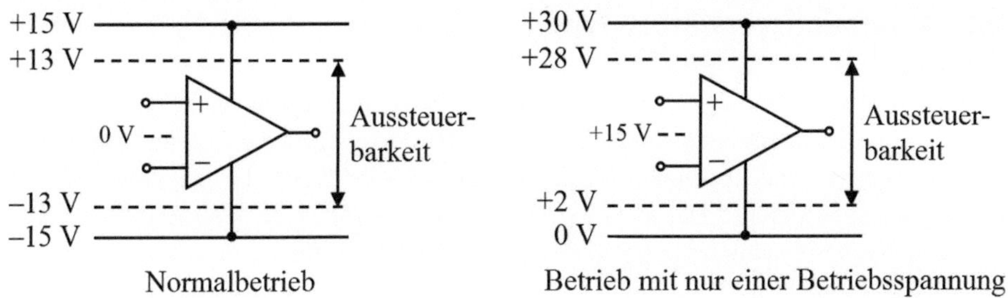

Abb. 8.5 Einfluss der Betriebsspannungen auf die Gleichtakt- und Ausgangsaussteuerbarkeit

Ausgangsruhepotenzial von 0 V ist nicht mehr erreichbar, diese für den einfachen Einsatz wichtige Eigenschaft der Operationsverstärker geht verloren.

Operationsverstärker, die für eine nominelle Betriebsspannung von ±15 V vorgesehen sind, lassen sich meist auch mit ±5 V betreiben. Allerdings reduziert sich dadurch die Aussteuerbarkeit auf ±3 V, wenn man wieder von einer minimalen Spannungsdifferenz zu den Betriebsspannungen von 2 V ausgeht.

Häufig soll ein Operationsverstärker aus einer einzigen Betriebsspannung von nur +5 V oder +3,3 V betrieben werden, weil diese Spannungen zur Versorgung digitaler Schaltungen sowieso vorhanden sind. Universalverstärker sind für so niedrige Betriebsspannungen meist nicht mehr spezifiziert. Für diesen Zweck wurden *Single-Supply*-Operationsverstärker entwickelt. Bei diesen Typen sind selbst bei 0 V am Anschluss für die negative Betriebsspannung noch Eingangs- und Ausgangsruhepotenziale bis 0 V zulässig.

Es gibt auch Operationsverstärker, die eine Gleichtakt- und Ausgangsaussteuerbarkeit besitzen, die sowohl bis zur negativen als auch positiven Betriebsspannung reicht. Solche Verstärker werden als *Rail-to-Rail*-Operationsverstärker bezeichnet. Die Aussteuerbarkeit der Rail-to-Rail-OPVs wird durch eine Schaltungstechnik mit MOSFETs erreicht, die an der negativen Aussteuerungsgrenze selbstsperrend und an der positiven Aussteuerungsgrenze selbstleitend sind (Abb. 8.6).

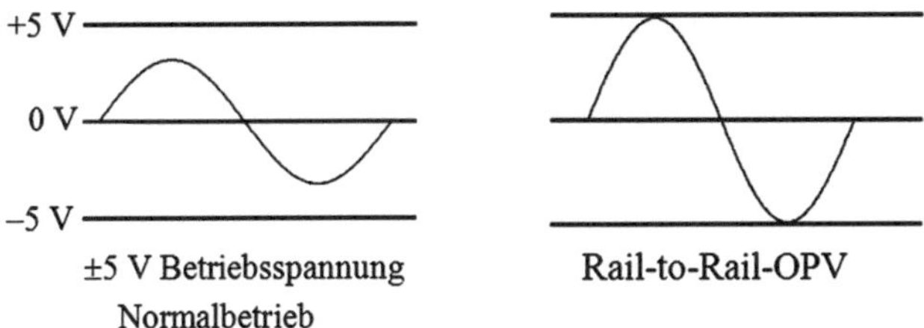

Abb. 8.6 Aussteuerbarkeit eines normalen OPV und eines Rail-to-Rail-OPV

8.5 Operationsverstärker-Typen

Es gibt 4 verschiedene Typen von Operationsverstärkern, sie sind in Abb. 8.7 zusammengestellt. Sie unterscheiden sich durch hoch- bzw. niederohmige Ein- und Ausgänge. Der nicht invertierende (positive) Eingang ist bei allen vier Typen als hochohmiger Spannungseingang ausgeführt. Der invertierende (negative) Eingang ist je nach Typ entweder ein hochohmiger Spannungseingang oder ein niederohmiger Stromeingang. Ebenso kann der Ausgang je nach Typ entweder als niederohmiger Spannungsausgang oder als hochohmiger Stromausgang ausgeführt sein.

8.5.1 Normaler Operationsverstärker

Beim normalen Operationsverstärker oder VV-OPV (Voltage Feedback Operational Amplifier) sind beide Eingänge hochohmige Spannungseingänge, sein Ausgang verhält sich wie eine möglichst niederohmige Spannungsquelle (mit kleinem Innenwiderstand).

In der Bezeichnung VV-OPV steht das erste V für die Spannungssteuerung am (invertierenden) Eingang, das zweite V für die Spannungsquelle am Ausgang. Früher gab es nur diese Art von OPVs, auch heute noch nimmt diese Klasse den größten Marktanteil ein. Im Folgenden wird meistens nur auf diesen Typ im Detail eingegangen.

Vorteile dieses OPV-Typs sind seine geringe Offsetspannung und seine hohe Präzision bei niedrigen Frequenzen. Nachteilig sind die Stabilitätsprobleme, vor allem bei kapaziti-

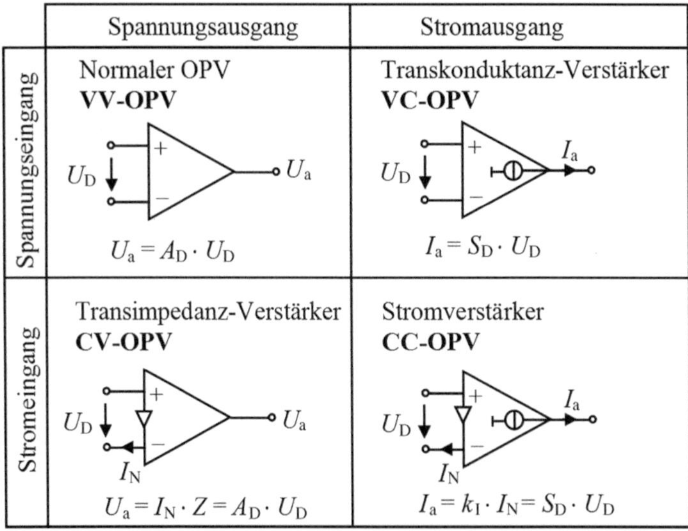

Abb. 8.7 Die vier verschiedenen Typen von Operationsverstärkern, ihre Schaltsymbole und Übertragungsgleichungen

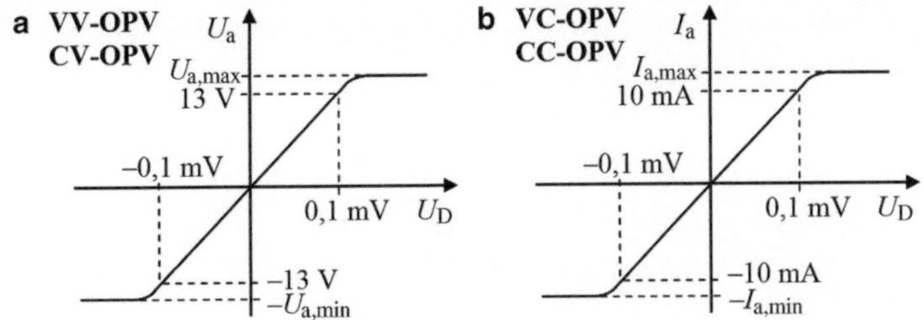

Abb. 8.8 Übertragungskennlinien von Operationsverstärkern (Zahlenwerte als Beispiel)

ven Lasten im dynamischen Betrieb. Typische Vertreter dieser Klasse sind der (veraltete, aber für Lehrzwecke häufig besprochene) „µA741" oder der „OP177" von Analog Devices.

Die Ausgangsspannung ist gleich der verstärkten Eingangsspannungsdifferenz:

$$U_a = V_0 \cdot U_D = V_0 \cdot (U_+ - U_-) \tag{8.1}$$

mit

V_0 = Leerlaufspannungsverstärkung (häufig als A_D = Differenzverstärkung bezeichnet)

Um die Schaltung stark gegenkoppeln zu können, werden Werte von $V_0 = 10^4 \dots 10^6$ angestrebt. Die Übertragungskennlinie idealer VV-Operationsverstärker ist in Abb. 8.8a dargestellt. Wie man sieht, wird der Ausgang bereits durch Bruchteile von 1 mV bis zur positiven bzw. negativen Grenze voll ausgesteuert.

Der lineare Arbeitsbereich $-U_{a,min} < U_a < U_{a,max}$ heißt *Ausgangsaussteuerbarkeit*. Werden diese Grenzen erreicht, so steigt U_a bei weiterer Vergrößerung von U_D nicht weiter an, d. h. der Verstärker wird übersteuert. Übersteuern heißt, dass Signale verformt (abgeplattet) werden, weil die Ausgangsspannung nicht mehr folgen kann.

8.5.2 Transkonduktanz-Verstärker

Beim Transkonduktanz-Verstärker oder VC-OPV (Operational Transconductance Amplifier, abgekürzt „OTA") sind beide Eingänge hochohmig, der Ausgang verhält sich wie eine möglichst hochohmige Stromquelle, deren Strom durch die Spannungsdifferenz U_D an den Eingängen gesteuert wird. Im Schaltsymbol befindet sich deshalb ein Symbol einer Stromquelle am Ausgang.

Bei diesem Typ von Operationsverstärker sind also beide Eingänge spannungsgesteuert und der Ausgang wirkt wie eine Stromquelle. In der Bezeichnung VC-OPV steht das V für die Spannungssteuerung am (invertierenden) Eingang, das C für die Stromquelle am Ausgang.

Der Ausgangsstrom ist proportional zur Eingangsspannungsdifferenz:

$$I_a = S_D \cdot U_D = S_D \cdot (U_P - U_N) \tag{8.2}$$

Die Differenzsteilheit

$$S_D = \left.\frac{dI_a}{dU_D}\right|_{AP} \tag{8.3}$$

gibt an, wie stark der Ausgangsstrom mit der Eingangsspannung ansteigt.

Die Differenzsteilheit ist verwandt mit der Steilheit eines Transistors und wird hier auch durch einen Transistor bestimmt. Die Bezeichnung Transkonduktanz-Verstärker kommt daher, dass die Transkonduktanz = Übertragungssteilheit S_D das Verhalten dieses Verstärkers bestimmt. Die typische Übertragungskennlinie eines VC-Operationsverstärkers ist in Abb. 8.8b dargestellt. Man erkennt, dass auch hier sehr kleine Differenzspannungen ausreichen, um Vollaussteuerung zu erreichen.

Vorteile dieses OPV-Typs sind seine geringe Offsetspannung und die Möglichkeit, kapazitive Lasten dynamisch treiben zu können. Der Nachteil besteht darin, dass die Last bei der Schaltungsdimensionierung bekannt sein muss. Ein Baustein aus dieser Klasse ist der „LM13700" von National Semiconductor.

Bei den beiden Operationsverstärkern mit Strom-Eingang in Abb. 8.7 (CV- und CC-OPV) ist der invertierende Eingang niederohmig, also stromgesteuert. Dies erscheint zunächst als Nachteil, für hohe Frequenzen ergeben sich aber große Vorteile, weil dadurch

- der interne Signalpfad verkürzt und die Schwingneigung reduziert wird
- die Verstärkung des OPV an den jeweiligen Bedarf angepasst werden kann.

8.5.3 Transimpedanz-Verstärker

Beim Transimpedanz-Verstärker oder CV-OPV (Current Feedback Amplifier) in Abb. 8.7 ist der invertierende Eingang ein niederohmiger Stromeingang und der Ausgang eine möglichst niederohmige Spannungsquelle. Die gegengekoppelte Größe, die auf den invertierenden Eingang wirkt, ist also ein Strom. Es handelt sich um einen stromgegengekoppelten Verstärker.

In der Bezeichnung CV-OPV steht das C für die Stromsteuerung am (invertierenden) Eingang, das V für die Spannungsquelle am Ausgang.

Die Ausgangsspannung

$$U_a = V_0 \cdot U_D = I_N \cdot Z \tag{8.4}$$

kann man entweder – wie beim normalen OPV – aus der Differenzverstärkung V_0 berechnen, oder aus dem Eingangsstrom I_N und einer internen Impedanz Z, die im Megaohm-Bereich liegt. Wegen dieser charakteristischen Impedanz Z wird der CV-OPV auch als Transimpedanz-Verstärker bezeichnet.

Ein Vorteil dieses OPV-Typs ist seine hohe Bandbreite, die den Einsatz z. B. als Videoverstärker erlaubt. Weitere Anwendungen sind schnelle Vorverstärker in AD-Umsetzern mit hoher Bandbreite, Verstärker in der Impulstechnik und Treiber für Koaxial-Leitungen (50 Ω Last). Eine wichtige Anwendung ist auch der Einsatz als Strom-Spannungs-Wandler am Ausgang von schnellen DA-Umsetzern mit Strom-Ausgang.

Ein Nachteil ist eine relativ hohe Offsetspannung. Ein typischer Vertreter dieser Klasse ist der Baustein „CLC449" von National Semiconductor.

8.5.4 Strom-Verstärker

Der Strom-Verstärker oder CC-OPV (Diamond Transistor, Drive-R-Amplifier) besitzt einen niederohmigen stromgesteuerten invertierenden Eingang wie der CV-OPV und einen möglichst hochohmigen stromgesteuerten Ausgang wie der VC-OPV. Daher die Bezeichnung CC-Operationsverstärker.

Das Übertragungsverhalten wird durch die Steilheit bestimmt:

$$I_a = S_D \cdot U_D = k_I \cdot I_N \tag{8.5}$$

Meist ist es jedoch einfacher, mit dem Stromübertragungsfaktor

$$k_I = \left.\frac{dI_a}{dI_N}\right|_{AP} \tag{8.6}$$

zu rechnen, der je nach Typ zwischen $k_I = 1 \ldots 10$ liegt.

Der Strom-Verstärker wird auch als *Diamond-Transistor* (Markenname von Burr Brown) bezeichnet, weil er sich in vieler Hinsicht wie ein idealer Bipolartransistor verhält.

Vorteile sind die hohe Bandbreite und die Fähigkeit, als Stromtreiber einsetzbar zu sein, beispielsweise für Laserdioden. Nachteilig ist wie beim VC-OP, dass bei der Dimensionierung der Stromgegenkopplung die Last bekannt sein muss. Ein Vertreter dieser Klasse ist der „OPA660".

8.6 Der normale Operationsverstärker

Wegen seiner großen Bedeutung in der analogen Schaltungstechnik wird hier der normale Operationsverstärker (VV-OPV) näher betrachtet. Als integrierte Verstärkerstufe (analoge, integrierte Schaltung, IC = Integrated Circuit) besteht dieser OPV aus mehreren Transistoren, Widerständen und evtl. kleinen Kondensatoren, die auf einem Halbleiter-Chip angeordnet und verschaltet sind. Seine Funktion ist die eines Verstärkers für Signalspannungen mit hoher Verstärkung und Differenzeingang für Gleich- und Wechselspannungssignale. Als universeller Verstärker in integrierter Form, bei dem die Wirkungsweise und Übertragungseigenschaften durch die äußere Beschaltung festgelegt werden, findet er (wie bereits erwähnt) Verwendung in der Mess- und Regeltechnik und in der Signalverarbeitung und Signalformung. Beispiele aus der Schaltungstechnik sind Analogfilter, Analog-Digital-Umsetzer, verschiedene Verstärkerstufen wie invertierender und nichtinvertierender Verstärker, analoger PID-Regler, Signaladdierer, Subtrahierer, Integrierer, Differenzierer, Komparator, der Einsatz als Oszillator.

8.6.1 Begriffsdefinitionen

Es werden kurz einige Begriffe erläutert, wie sie von Herstellern in Datenblättern bei der Angabe von OPV-Kenngrößen verwendet werden. Alle Größen sind immer auf den unbeschalteten OPV bezogen.

3 dB-Bandbreite
bezeichnet die Grenzfrequenz des OPVs, bei der die Verstärkung um 3 dB zurückgegangen ist.

Anstiegsgeschwindigkeit
Die Anstiegsgeschwindigkeit entspricht der 1. Ableitung des Ausgangssignals bei Anlegen einer Sprungfunktion am Eingang und ist ein Maß dafür, wie schnell sich die Ausgangsspannung im Großsignalbetrieb ändern kann. Angabe in V/µs.

Ausgangsaussteuerbarkeit
bezeichnet die möglichen Ausgangsspannungen, die der OPV liefern kann.

Ausgangswiderstand
charakterisiert den Widerstand des Ausgangs. Wird der Ausgang als Spannungsquelle angesehen, ist der Ausgangswiderstand der Innenwiderstand der Spannungsquelle.

Betriebsspannungsdurchgriff
bezeichnet die Auswirkung einer Variation der Versorgungsspannungen auf die Ausgangsspannung des OPV.

Betriebsstromaufnahme
gibt den Strom an, den der OPV der Spannungsversorgung entnimmt, wenn keine Last am Ausgang des OPVs angeschlossen ist.

Differenzeingangswiderstand
bezeichnet den Widerstand zwischen den beiden Differenzeingängen.

Differenzverstärkung
ist die Verstärkung des Eingangsdifferenzsignals des OPVs ohne zusätzliche Beschaltung, also ohne Gegenkopplung.

Eingangsruhestrom
ist der Strom, der in die Eingänge hinein oder aus den Eingängen heraus fließt, ohne eine Spannung an die Eingänge anzulegen.

Gleichtaktaussteuerbarkeit
gibt den Eingangsspannungsbereich an, innerhalb dessen Spannungen gleichzeitig an die Eingänge gelegt werden können und der Ausgang noch eine korrekte Verstärkung der Eingangsspannungsdifferenz darstellt.

Gleichtakteingangswiderstand
ist der Widerstand, der von jedem der beiden Eingänge zur Masse hin vorhanden ist.

Gleichtaktunterdrückung
charakterisiert die Reaktion der Ausgangsspannung auf eine Spannung, die an beiden Eingängen des OPV gleichzeitig angelegt wird, also ohne eine Differenzspannung zwischen den beiden Eingängen.

Leerlaufspannungsverstärkung
siehe Differenzverstärkung

Maximaler Ausgangsstrom
bezeichnet den maximalen Strom, der dem OPV entnommen werden kann. Die meisten OPVs besitzen eine Ausgangsstrombegrenzung und sind daher kurzschlussfest.

Offsetspannung (Eingangsfehlspannung)
bezeichnet die Spannung, die am Eingang als Spannungsdifferenz anliegen muss, um die Ausgangsspannung, welche von einer Asymmetrie innerhalb des Verstärkers herrührt, zu null zu kompensieren.

Offsetspannungsdrift
ist die Änderung der Offsetspannung bei einer Änderung der Umgebungstemperatur.

Verstärkungs-Bandbreite-Produkt
Ein OPV weist eine Frequenzkompensation auf die verhindert, dass der mehrstufige Verstärker eine Phasenschiebung aufweist, die größer als 180° ist. Würde diese auftreten, könnte es zu einer Mitkopplung (positive Rückkopplung) kommen, die wegen der damit verbundenen Instabilität ein Aufschwingen zur Folge haben kann. Aus diesem Grund wird der Frequenzgang gezielt beschnitten. Dies geschieht in solcher Weise, dass das Produkt der oberen Grenzfrequenz und der Verstärkung eine Konstante bilden, welche als Verstärkungs-Bandbreite-Produkt bezeichnet wird.

Versorgungsspannungsunterdrückung (power supply rejection rate)
Die Versorgungsspannungsunterdrückung *PSRR* ist ein Maß in dB dafür, wie stark sich Schwankungen oder Änderungen der Versorgungsspannung auf die Ausgangsspannung

auswirken. Die Veränderungen der Ausgangsspannung ergeben sich zum Teil durch Verschiebung des Arbeitspunktes der einzelnen Transistorstufen oder der Stromquellen entsprechend der Änderung der Betriebsspannung.

$$PSRR = 20 \cdot \log\left(\frac{\partial U_\mathrm{a}}{\partial U_\mathrm{B}}\right) \tag{8.7}$$

Typische Werte: 80...140 dB.

8.6.2 Differenzverstärkung, Leerlaufspannungsverstärkung V_0

Die Funktion des nichtübersteuerten OPV *ohne äußere Beschaltung* lässt sich durch die „Grundgleichung" des OPV beschreiben, wie sie bereits in Gl. 8.1 gezeigt wurde.

$$U_\mathrm{a} = V_0 \cdot (U_+ - U_-) = V_0 \cdot U_\mathrm{D} \tag{8.8}$$

Der Begriff „Leerlaufspannungsverstärkung" (open loop gain) bedeutet *nicht*, dass am Ausgang kein Lastwiderstand angeschlossen ist (also ein Leerlauf vorliegt), sondern er besagt, dass keine externe Beschaltung als Gegenkopplung wirkt. Für den idealen Operationsverstärker gilt $V_0 = \infty$. Beim realen OPV liegen typische Werte von V_0 bei ca. $V_0 = 10^6$.

Für die Grundgleichung des OPV müssen die Eingangs- und (vor allem) die Ausgangsspannungen innerhalb des Betriebsspannungsbereiches liegen.

$$-U_\mathrm{B} < U_+, U_-, U_\mathrm{a} < +U_\mathrm{B} \tag{8.9}$$

Die Leerlaufspannungsverstärkung V_0 ist *hohen Exemplarstreuungen* unterworfen. Sie hängt vom jeweiligen Operationsverstärkertyp ab und ist *frequenz-* und *temperaturabhängig*.

V_0 ist der Verstärkungsfaktor, mit dem die Differenz zweier *Gleich*spannungen, die an den Eingängen anliegen, verstärkt wird (DC-Leerlaufverstärkung). In Datenblättern wird V_0 als (logarithmischer) dB-Wert angegeben. Man beachte folgende Umrechnungen:

dB-Wert:

$$V_{0,\mathrm{dB}} = 20\,\mathrm{dB} \cdot \log(V_0) \tag{8.10}$$

Linearer Wert:

$$V_0 = 10^{\frac{V_{0,\mathrm{dB}}}{20}} \tag{8.11}$$

8.6.3 Übertragungskennlinie

Wegen der sehr großen Leerlaufspannungsverstärkung V_0 erreicht der Ausgang des unbeschalteten OPV bereits für eine sehr kleine Differenzspannung U_D (ab einigen 10 µV)

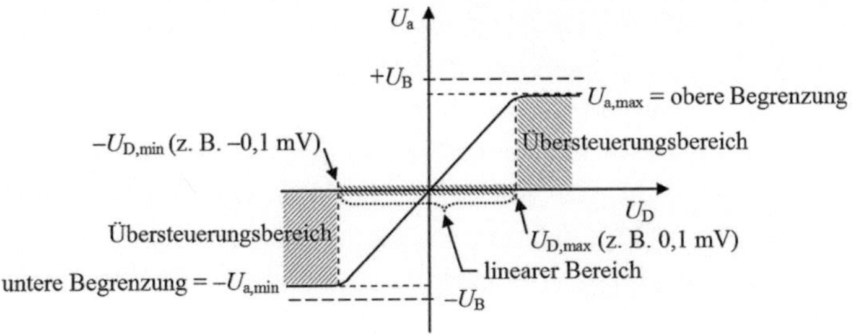

Abb. 8.9 Übertragungskennlinie $U_a = f(U_D)$ eines normalen OPV

zwischen den beiden Eingängen die positive oder negative Grenze der Ausgangsaussteuerbarkeit. Wie man sagt, geht beim unbeschalteten OPV der Ausgang sehr schnell (bald) in die Begrenzung (in die *Sättigung*). Der Wert der Ausgangsspannung befindet sich dann im *Übersteuerungsbereich*. Dies geht aus der in Abb. 8.9 gezeigten Übertragungskennlinie eines OPV mit bipolarer Spannungsversorgung ohne äußere Beschaltung hervor.

Somit gilt:

$$U_a = U_{a,max} \text{ für } U_D \geq U_{D,max} \tag{8.12}$$

$$U_a = -U_{a,min} \text{ für } U_D \leq -U_{D,min} \tag{8.13}$$

Je nach internen Aufbau des OPV sind die Werte von $U_{a,min}$ und $U_{a,max}$ ca. 2 V kleiner als die Betriebsspannung. $U_{a,min}$ und $U_{a,max}$ sind Sättigungsspannungen. Nur bei Rail-to-Rail-OPVs erreicht der Ausgang (fast) die Werte der negativen und positiven Betriebsspannung.

Nur wenn die Eingangsdifferenzspannung U_D kleiner als ca. einige zehn Mikrovolt ist, erfolgt eine lineare Verstärkung dieser Spannung zwischen den beiden Eingängen entsprechend $U_a = V_0 \cdot U_D$. Der Wert der Ausgangsspannung befindet sich dann im *linearen Bereich* der Übertragungskennlinie.

Ist jeweils eine der Eingangsspannungen 0 V (der jeweilige Eingang ist gegen Masse kurzgeschlossen), so ergeben sich folgende Betriebsarten:

1. Nichtinvertierender Betrieb
   Das Eingangssignal U_+ liegt am nichtinvertierenden Eingang E_+.

$$U_a = U_{a,max} \quad \text{oder} \quad U_a = V_0 \cdot U_+ \tag{8.14}$$

   Die Ausgangsspannung U_a ist gegenüber der Eingangsspannung nicht invertiert.
2. Invertierender Betrieb
   Das Eingangssignal U_- liegt am invertierenden Eingang E_-.

$$U_a = -U_{a,min} \quad \text{oder} \quad U_a = -V_0 \cdot U_- \tag{8.15}$$

   Die Ausgangsspannung U_a ist gegenüber der Eingangsspannung invertiert (um 180° phasenverschoben).

Wie aus Abb. 8.9 ersichtlich ist, ist der Operationsverstärker ohne äußere Beschaltung kaum linear aussteuerbar und kann nur als Komparator zum Vergleichen von Spannungen verwendet werden. Bei einem Spannungskomparator werden zwei Spannungen an den Eingängen miteinander verglichen und je nachdem, ob die eine Spannung größer ist als die andere, wird der Ausgang voll bis zur positiven oberen oder negativen unteren Begrenzung ausgesteuert. Ohne äußere Beschaltung des OPV ergeben schon sehr kleine Spannungsdifferenzen am Eingang je nach Polarität die maximale bzw. minimale Ausgangsspannung.

Für einen linearen Betrieb ist eine Außenbeschaltung des Operationsverstärkers notwendig, ein so genanntes Rückkopplungsnetzwerk, welches aus verschiedenen Bauelementen bestehen kann. Durch diese äußere Beschaltung wird ein Teil der Ausgangsspannung zurück an einen der beiden Eingänge geführt. Je nachdem, ob eine Rückführung auf den E_+- oder den E_--Eingang erfolgt, entsteht dabei entweder eine Mitkopplung (das Eingangssignal an E_+ wird vergrößert) oder eine Gegenkopplung (das Eingangssignal an E_- wird verkleinert). Eine Mitkopplung ist nur für den Fall einer gewollten Schwingungserzeugung erwünscht. Bei einer Gegenkopplung kommt es zu einer Reduktion der Gesamtverstärkung, welche aus OPV und Rückkopplungsnetzwerk besteht, und es ist ein stabiles Betriebsverhalten der gesamten Schaltung möglich. Der OPV hat dann durch die Gegenkopplung keine fast unendlich hohe Verstärkung mehr, der Ausgang schaltet nicht mehr bereits bei einer sehr kleinen Eingangsdifferenzspannung in die Übersteuerung.

Das Verhalten eines Operationsverstärkers, dass nur die Differenzspannung zwischen den beiden Eingängen verstärkt wird, ist ein wesentliches Merkmal dieses Bauteils. Die Leerlaufspannungsverstärkung V_0 des unbeschalteten OPV kann als eine obere Grenze der Verstärkung aufgefasst werden, welche durch eine externe Gegenkopplung auf die **Betriebsverstärkung** V reduziert wird.

8.6.4 Gleichtaktverstärkung, Gleichtaktunterdrückung

Ein Gegentakt- bzw. Differenzsignal ist ein Signal, welches zwischen zwei Anschlüssen liegt. Die Spannung U_D zwischen dem invertierenden und nichtinvertierenden Eingang ist eine Eingangsdifferenzspannung. Legt man beide Eingänge an eine Spannung gegenüber Masse oder Erde, so ist $U_D = 0\,V$. Die Spannung gegenüber Masse nennt man dann Gleichtaktspannung. Bei der so genannten Gleichtaktaussteuerung (Gleichtaktbetrieb) werden beide Eingänge des OPV miteinander verbunden und daran die gegen Masse bezogene Eingangsspannung angelegt. Somit ist:

$$U_+ = U_- = U_{Gl} \tag{8.16}$$

U_{Gl} = Eingangsgleichtaktspannung.

Wird die Eingangsgleichtaktspannung verändert, so sollte sich die Ausgangsspannung U_a beim idealen OPV überhaupt nicht ändern, die *Gleichtaktverstärkung* (*common mode gain*) ist im Idealfall gleich null. Idealerweise verstärkt ein Operationsverstärker ausschließlich die Differenzspannung an den Eingängen. Beim realen OPV ist jedoch eine Gleichtaktverstärkung V_{Gl} messbar (Abb. 8.10).

$$V_{\mathrm{Gl}} = \frac{\Delta U_{\mathrm{a}}}{\Delta U_{\mathrm{Gl}}} \tag{8.17}$$

V_{Gl} soll im Vergleich zu V_0 möglichst klein sein. Hervorgerufen wird die Gleichtaktverstärkung durch geringe Unterschiede in den Kennlinien der Eingangstransistoren. Der Gleichtaktbetrieb ist kein normaler Betriebsfall eines OPV, er dient nur zur Überprüfung bzw. Messung der Gleichtaktunterdrückung.

In Datenblättern wird die *Gleichtaktunterdrückung CMRR* (Common Mode Rejection Ratio) als logarithmisches Verhältnis zwischen V_0 und V_{Gl} angegeben.

$$CMRR = 20\,\mathrm{dB} \cdot \log\left(\frac{V_0}{V_{\mathrm{Gl}}}\right) \tag{8.18}$$

Ist *CMRR* gegeben, so kann aus der umgestellten Formel

$$V_{\mathrm{Gl}} = \frac{V_0}{10^{\frac{CMRR}{20}}} \tag{8.19}$$

bei gegebenem V_0 die Gleichtaktverstärkung V_{Gl} berechnet werden.

Die Gleichtaktunterdrückung gibt an, um wie viel mehr ein Differenzsignal gegenüber einem Gleichtaktsignal verstärkt wird.

Beispiel 8.1
Im Datenblatt eines OPV ist der Wert $CMRR = 80\,\mathrm{dB}$ angegeben. Mit welchem linearen Faktor werden Gleichtaktsignale weniger verstärkt als Gegentaktsignale?

Lösung:
Gleichtaktsignale werden 10.000-mal weniger verstärkt als Gegentaktsignale, allerdings nur bei niedriger Frequenz.

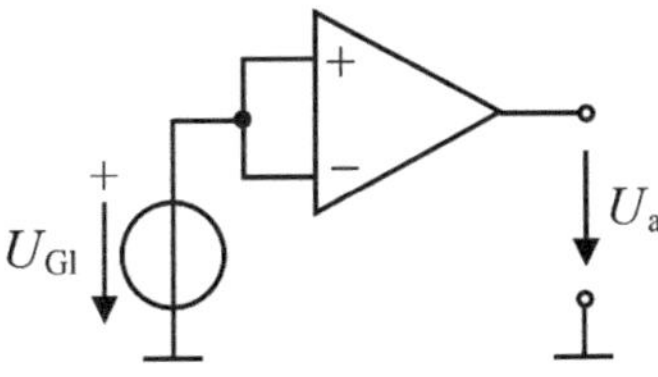

Abb. 8.10 Zur Definition der Gleichtaktverstärkung

Beispiel 8.2
Die Differenzverstärkung eines Operationsverstärkers Beträgt 90 dB und seine Gleichtaktunterdrückung ist $CMRR = 70\,\text{dB}$. Wie groß ist die Verstärkung einer Gleichtaktspannung?

Lösung:
Eine Gleichtaktspannung wird mit 20 dB (dem Faktor 10) verstärkt. Liegen also beide Eingänge auf 500 mV, kann am Ausgang eine Spannung von 5 V auftreten.

In der Praxis liegen die Werte der Gleichtaktunterdrückung *CMRR* im Bereich von ca. 80 bis ca. 120 dB. *Herstellerangaben zur Gleichtaktunterdrückung gelten für tiefe Frequenzen.* Bei höheren Frequenzen wird die Gleichtaktverstärkung größer und damit die Gleichtaktunterdrückung kleiner. Die vom Hersteller angegebenen Werte gelten bis auf wenige Ausnahmen für niedrige Frequenzen oder Gleichspannungsaussteuerung.

8.6.5 Eingangswiderstände

Ein Differenzverstärker kann mit einem Gegentaktsignal (Differenzsignal) oder mit einem Gleichtaktsignal angesteuert werden. Deshalb wird für jede Ansteuerungsart ein Eingangswiderstand definiert. Der ideale Operationsverstärker hat unendlich große Eingangswiderstände. Dies gilt sowohl für den *Gegentakteingangswiderstand (Differenzeingangswiderstand)* r_D zwischen den Eingängen E_+ und E_- als auch für den *Gleichtakteingangswiderstand* r_{Gl} von den beiden miteinander verbundenen Eingängen gegen Masse (Abb. 8.11).

Beim realen Operationsverstärker sind die Eingangswiderstände endlich groß. Der OPV wird mit kleinen Wechselströmen und Wechselspannungen angesteuert. Der Eingangswiderstand wird daher als differenzielle Größe angegeben, also wirkend für das ansteuernde Signal.

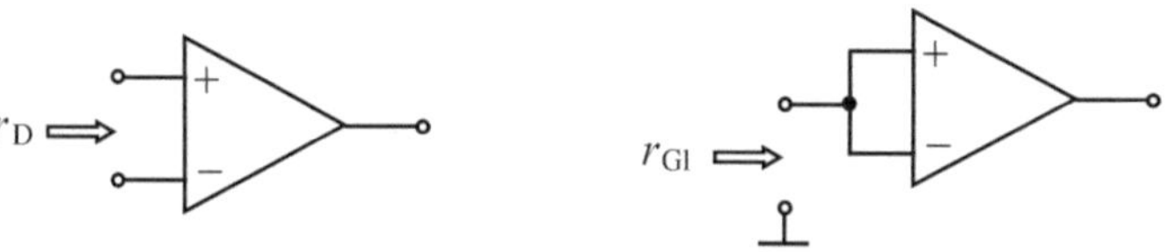

Gegentakt- oder Differenzeingangswiderstand

Gleichtakteingangswiderstand

Abb. 8.11 Eingangswiderstände des Operationsverstärkers

8.6.5.1 Differenzeingangswiderstand

Der Differenzeingangswiderstand r_D (*differential input resistance*) ist bei einer Differenzansteuerung wirksam (Abb. 8.12). Dieser Widerstand liegt zwischen dem nichtinvertierenden und dem invertierenden Eingang. Typische Werte: $100\,\mathrm{k\Omega} \ldots 10\,\mathrm{T\Omega}$

$$r_\mathrm{D} = \frac{\Delta U_\mathrm{D}}{\Delta I_\mathrm{D}} \tag{8.20}$$

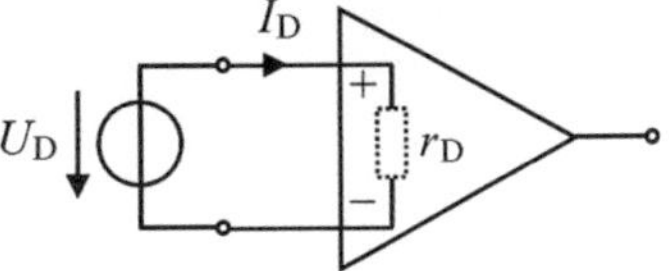

Abb. 8.12 Differenzeingangswiderstand und seine Lage in einem Ersatzschaltplan

8.6.5.2 Gleichtakteingangswiderstand

Der Gleichtakteingangswiderstand r_Gl (common mode input resistance) ist bei einer Gleichtaktansteuerung wirksam (Abb. 8.13). Im Sinne einer symmetrischen Anordnung wird jedem Eingang ein Gleichtakteingangswiderstand des doppelten Wertes zugeordnet. Schaltungsmäßig liegen sie parallel und ergeben als resultierenden Widerstand r_Gl. Typische Werte: $10\,\mathrm{M\Omega} \ldots 800\,\mathrm{T\Omega}$.

$$r_\mathrm{Gl} = \frac{\Delta U_\mathrm{Gl}}{\Delta I_\mathrm{Gl}} \tag{8.21}$$

Gegentakt- und Gleichtakteingangswiderstand werden vom Hersteller im Datenblatt spezifiziert. Wird vom Hersteller auch eine Eingangskapazität definiert, so wird diese als Parallelkomponente der Eingangswiderstände angegeben.

Der Gleichtakteingangswiderstand ist wesentlich größer als der Differenzeingangswiderstand. Bei vielen Operationsverstärkern gilt näherungsweise:

$$r_\mathrm{Gl} \approx 100 \cdot r_\mathrm{D} \tag{8.22}$$

Bei genauen Berechnungen muss der Einfluss der Eingangswiderstände auf die Daten einer Operationsverstärkerschaltung berücksichtigt werden, z. B. auf die Verstärkung eines nichtinvertierenden oder eines invertierenden Verstärkers. Diese Einflüsse werden hier

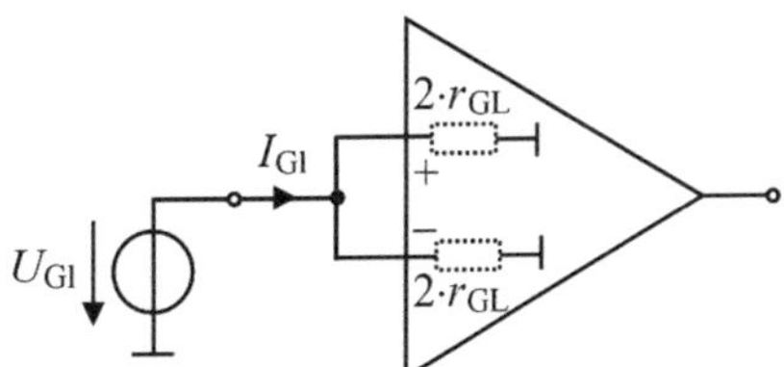

Abb. 8.13 Gleichtakteingangswiderstand und Lage in einem Ersatzschaltplan

nicht erläutert, da in diesem Buch nicht die Schaltungstechnik sondern die Bauelemente im Vordergrund stehen. Zudem sind die Eingangswiderstände meist so hoch, dass sie, wie beim idealen OPV, vernachlässigt (als unendlich groß angenommen) werden können.

8.6.6 Ausgangswiderstand

Beim idealen OPV ist der Ausgangswiderstand (*output resistance*) $R_a = 0\,\Omega$. Der Operationsverstärker stellt vom Modell her eine spannungsgesteuerte Spannungsquelle dar, deren Innenwiderstand idealerweise $0\,\Omega$ ist.

Beim realen OPV ist der Ausgangswiderstand sehr klein und liegt im Bereich $R_a \approx 5\ldots200\,\Omega$. Der Ausgang verhält sich wie eine reale Spannungsquelle mit dem Innenwiderstand R_a. Der Ausgangswiderstand beschreibt somit das Zusammenbrechen der Ausgangsspannung bei Strombelastung des Ausgangs.

Fast alle OPV-Typen verfügen über eine Strombegrenzung am Ausgang, der Ausgang ist somit normalerweise kurzschlussfest. Der Ausgangsstrom kann meistens bis zu ca. 50 mA betragen. Es gibt auch spezielle integrierte Operationsverstärker, die Ausgangsströme von bis zu 10 A liefern können. Sie werden in Gehäuse zur Kühlkörpermontage eingebaut, damit die entstehende Verlustwärme abgeleitet werden kann.

Die Funktionalität des Modells in Abb. 8.14 wird durch folgende Gleichungen gegeben:

$$U_D = U_1 - U_2 = R_D \cdot I_D \tag{8.23}$$

$$U_a = V_0 \cdot (U_1 - U_2) - R_a \cdot I_a \tag{8.24}$$

Der Ausgangswiderstand ist:

$$R_a = \left.\frac{\Delta U_a}{\Delta I_a}\right|_{\Delta U_D = 0} \tag{8.25}$$

Der Ausgangswiderstand wird durch eine Gegenkopplung verkleinert. Der für eine Schaltung mit Gegenkopplung wirksame Ausgangswiderstand $R_{a,G}$ kann näherungsweise aus dem Ausgangswiderstand R_a des Operationsverstärkers, der Differenzverstärkung V_0 und der Verstärkung $V \approx \frac{1}{k}$ mit Gegenkopplung bestimmt werden (k = Gegenkopplungsfaktor).

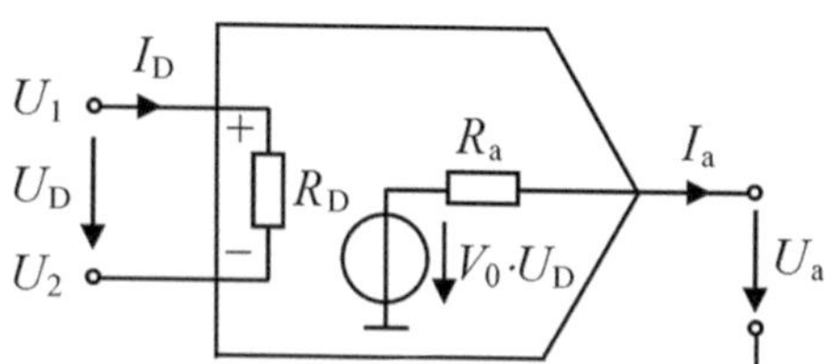

Abb. 8.14 Ausgangswiderstand in einem Ersatzschaltplan

Für den wirksamen Ausgangswiderstand $R_{a,G}$ einer gegengekoppelten OPV-Schaltung gilt:

$$R_{a,G} \approx \frac{V}{V_0} \cdot R_a \approx \frac{R_a}{k \cdot V_0} \tag{8.26}$$

Der wirksame Ausgangswiderstand $R_{a,G}$ einer gegengekoppelten OPV-Schaltung ist annähernd um Faktor $\left(\frac{1}{k \cdot V_0}\right)$ kleiner als der Ausgangswiderstand R_a des OPV selbst.

Somit gilt: Wird der Ausgang im linearen Bereich (typ. $< 10 \ldots 50\,\text{mA}$) belastet, kann der Ausgangswiderstand im allgemeinen vernachlässigt werden, da dieser durch die Gegenkopplung wesentlich verkleinert wird.

Zahlenbeispiel $R_a = 100\,\Omega$ (Ausgangswiderstand des OPV), $k \cdot V_0 = 10^4 \Rightarrow R_{a,G} = 10\,\text{m}\Omega$.

8.6.7 Eingangsströme

8.6.7.1 Eingangsruhestrom

Beim idealen OPV ist der Eingangswiderstand unendlich groß. Die Eingangsströme I_P in den nichtinvertierenden und I_N in den invertierenden Eingang sind dann null.

Beim realen OPV führen die beiden Eingänge des Operationsverstärkers auf Transistoren einer Differenzverstärkereingangsstufe. Diese Transistoren benötigen für die Einstellung ihres Arbeitspunktes einen Strom. Der Eingangsruhestrom (*Biasstrom*) entspricht also dem Basis- bzw. Gatestrom der Eingangstransistoren.

Wie groß der Eingangsruhestrom ist, hängt von der verwendeten Technologie und davon ab, mit welchem Strom die Eingangstransistoren betrieben werden. Bei Universalverstärkern mit Bipolartransistoren am Eingang, die mit Kollektorströmen von $10\,\mu\text{A}$ arbeiten, kann man Eingangsruheströme von $0{,}1\,\mu\text{A}$ annehmen. In Breitbandverstärkern mit Kollektorströmen bis zu 1 mA betragen die Eingangsströme mehrere µA. Bei Darlingtonschaltungen am Eingang liegt der Eingangsruhestrom im nA-Bereich. Die niedrigsten Eingangsruheströme mit häufig nur wenigen pA besitzen Operationsverstärker mit Feldeffekttransistoren am Eingang.

Die Eingangsstufe wird im Allgemeinen durch gepaarte Transistoren aufgebaut. Wegen der unvermeidlichen Bauteiltoleranzen sind die Eingangsströme trotzdem nicht exakt gleich. Als Eingangsruhestrom I_B wird deshalb in Herstellerspezifikationen der Mittelwert der beiden Eingangsströme (*input bias current*) angegeben.

$$I_B = \frac{I_P + I_N}{2} \tag{8.27}$$

Damit diese Gleichströme I_P und I_N fließen können, muss die externe Beschaltung eines Operationsverstärkers für jeden Eingang einen Gleichstromweg bieten. Der Eingangsruhestrom (der Basisstrom der Transistoren) muss also durch die äußere Beschaltung zugeführt werden.

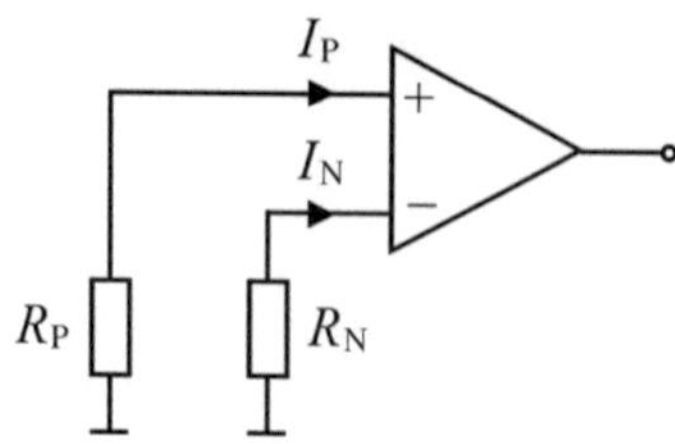

Abb. 8.15 Eingangsruheströme I_P und I_N bei einem Operationsverstärker

An den Widerständen dieser Gleichstromwege rufen die Eingangsströme des Operationsverstärkers Teilspannungen hervor, die zu einer (unerwünschten) Aussteuerung des Verstärkers führen. Je nach Grundschaltung die mit einem OPV realisiert wird, ist die äußere Beschaltung seiner beiden Eingänge unterschiedlich. Die Eingangsruheströme verursachen an diesen ungleichen Widerständen eine Differenzspannung U_D am Eingang des Verstärkers. Diese wird verstärkt und tritt als Fehlerspannung am Ausgang des Verstärkers auf.

Zwei Maßnahmen können diesen Fehler möglichst klein halten:

- Die Widerstandswerte der äußeren Beschaltung sollten möglichst nicht zu hochohmig gewählt werden. Je hochohmiger die Gegenkopplungswiderstände dimensioniert werden, desto größer wirken sich Eingangsströme als Fehler aus.
- Durch gleiche Innenwiderstände der an beiden Eingängen angeschlossenen Netzwerke werden Fehler durch gleich große Eingangsströme eliminiert. Durch eine gleiche Ausgangsimpedanz der an den OPV-Eingängen angeschlossenen Quellen sind die Spannungsabfälle an ihnen gleich groß und bewirken nur eine Gleichtaktaussteuerung (Kompensation der Biasströme).

Dieser Fehler lässt sich also durch einen gleich großen Spannungsabfall am anderen Eingang des Operationsverstärkers kompensieren. Eine weitere Möglichkeit diesen Fehler sehr klein zu halten besteht in der Verwendung von FET-, BiFET- und CMOS-Operationsverstärkern. Diese Operationsverstärker haben FET-Eingangsstufen und damit Eingangsruheströme von nur einigen pA.

Die Wirkung der Eingangsruheströme ist (Abb. 8.15):

$$U_D = R_N \cdot I_N - R_P \cdot I_P \tag{8.28}$$

Die Forderung $U_D = 0\,\text{V}$ wird erfüllt, wenn für $I_P = I_N$ (bei integrierter Technik ist dies gut realisierbar) die Widerstände gleich groß sind: $R_P = R_N$. Die Erfüllung dieser Bedingung wird als *Ruhestromkompensation* bezeichnet und muss vom Schaltungsentwickler beachtet werden.

8.6.7.2 Offsetstrom (Eingangsfehlstrom)

Bei Anlegen einer Differenzspannung $U_D \neq 0\,\text{V}$ sind die Kollektorströme der beiden Eingangstransistoren verschieden groß, daher fließen auch unterschiedlich große Basis-

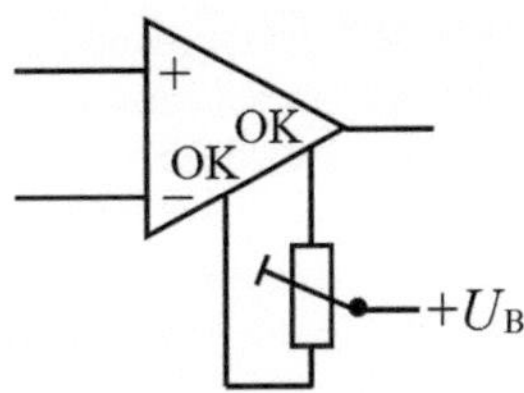

Abb. 8.16 Beispiel einer Beschaltung zur Offsetkompensation

ströme. Da die beiden Eingangstransistoren nie völlig identisch sind, fließen aber selbst bei einer Eingangsdifferenzspannung $U_D = 0\,\mathrm{V}$ unterschiedlich große Basisströme, die beiden Eingangsströme sind nicht gleich groß. Die Differenz der beiden Eingangsruheströme nennt man *Eingangsfehlstrom* oder *Offsetstrom* (*input offset current*).

$$I_O = |I_P - I_N| \tag{8.29}$$

Sollen kleine Gleichspannungen verstärkt werden, so macht sich diese Differenz zwischen den beiden Ruheströmen störend bemerkbar. Durch entsprechende schaltungstechnische Maßnahmen, die als *Offsetkompensation* bezeichnet werden, kann dieser Einfluss beseitigt werden. Operationsverstärker haben dafür Anschlüsse, die z. B. mit „OK" bezeichnet sind. Der Hersteller gibt die erforderliche äußere Beschaltung dieser Anschlüsse an. Wenn keine Offsetkompensation erforderlich ist, können sie unbeschaltet bleiben.

Der Schleifer des Trimmpotenziometers kann auch an $-U_B$ oder Masse liegen. Die für den eingesetzten OPV-Typ erforderliche Beschaltung ist den Herstellerunterlagen zu entnehmen (Abb. 8.16).

Das Ziel der Ruhestrom- und der Offsetkompensation besteht darin, die Forderung für $U_{ein} = 0\,\mathrm{V} \Rightarrow U_{aus} = 0\,\mathrm{V}$ zu erfüllen. Praktisch wird der Eingang der (aufgebauten und ruhestromkompensierten) Schaltung kurzgeschlossen ($U_{ein} = 0\,\mathrm{V}$) und der Schleifer des Trimmpotenziometers zur Offsetkompensation so verstellt, dass auch $U_{aus} = 0\,\mathrm{V}$ wird.

Sowohl Eingangsruhestrom als auch Offsetstrom unterliegen einer zeit- und temperaturabhängigen langsamen Änderung (*Drift*). Bei bipolaren Transistoren nimmt z. B. der Eingangsruhestrom mit der Temperatur ab, da die Stromverstärkung B größer wird. Die Temperaturdrift wird für Eingangsruhestrom und Offsetstrom im Datenblatt getrennt angegeben. Diese Drift kann durch eine Offsetkompensation nicht beseitigt werden. Eine Driftkompensation ist schwierig und nur mit erheblichem Schaltungsaufwand erreichbar. Eine Reduzierung der Fehler durch Offsetströme ist nur durch Vermeidung stark unterschiedlicher Betriebstemperaturen und durch Einsatz von Verstärkern mit geringen Offsetströmen möglich.

8.6.8 Offsetspannung

Beim idealen OPV verläuft die Übertragungskennlinie $U_a = f(U_D)$ durch den Nullpunkt, somit ist für eine Eingangsspannung $U_D = 0\,\mathrm{V}$ die Ausgangsspannung $U_a = 0\,\mathrm{V}$.

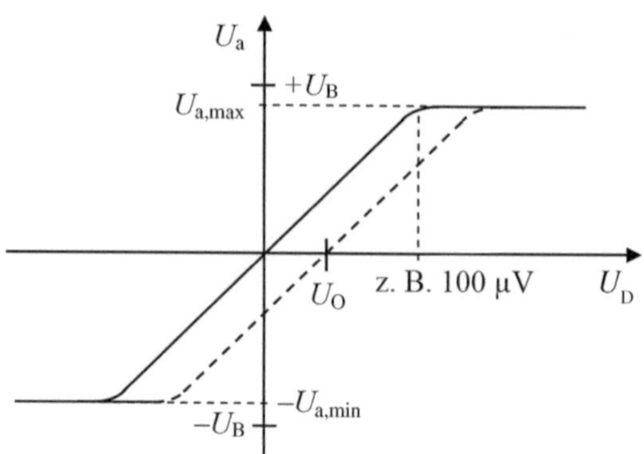

Abb. 8.17 Übertragungskennlinie eines idealen Operationsverstärkers (*durchgezogene Linie*) und eines realen Operationsverstärkers mit Offsetspannung U_O (*gestrichelte Linie*)

Die Übertragungskennlinie eines realen Operationsverstärkers geht nicht durch den Nullpunkt, sie ist um die *Offsetspannung* oder *Eingangsfehlspannung* (*input offset voltage*) U_O auf der U_D-Achse verschoben. Bei $U_D = 0\,V$ (d. h. beide Eingänge sind auf Masse gelegt) tritt eine Ausgangsspannung von einigen Volt auf, oder der Ausgang nimmt sogar einen Begrenzungswert ($-U_{a,min}$ oder $U_{a,max}$) ein. Obwohl die Offsetspannung U_O evtl. nur einige Mikrovolt beträgt, kann wegen der hohen Differenzverstärkung V_0 eine Übersteuerung auftreten.

Die Offsetspannung U_O kann je nach OPV-Exemplar positiv oder negativ sein. Die Ursachen der Offsetspannung sind die stets etwas voneinander abweichenden Basis-Emitterspannungen der Eingangstransistoren (Paarungstoleranzen der Eingangstransistoren), Unsymmetrien und Toleranzen des Eingangsverstärkers und der folgenden Schaltung, wobei der Einfluss der Eingangsstufe allerdings am größten ist.

Die Übertragungskennlinie eines Operationsverstärkers mit Offsetspannung hat nach Abb. 8.17 innerhalb des linearen Aussteuerungsbereiches die Form:

$$U_a = V_0 \cdot (U_D + U_O) \tag{8.30}$$

Um das Ausgangsruhepotenzial zu null zu machen, muss entweder die Offsetspannung U_O auf null abgeglichen oder am Eingang eine Spannung $U_D = U_O$ angelegt werden.

Daraus folgt:

Die Offsetspannung U_O ist diejenige Eingangs-Differenzspannung U_D, die man am Eingang anlegen muss, damit die Ausgangsspannung null wird.

Die produktionsbedingten Offsetspannungen liegen typisch im Bereich von 1…10 mV, sind also wesentlich größer als die im linearen Aussteuerungsbereich möglichen Eingangs-Differenzspannungen (deshalb geht der Ausgang in die Sättigung). Die Offsetspannung wird bei bestimmten OPV-Typen durch einen Abgleich bei der Herstellung in den Bereich 10 µV und darunter herabgesetzt. Diese OPVs weisen meistens auch eine geringe Temperaturabhängigkeit von typisch weniger als 1 µV/K auf. Eine andere Art der Reduktion bis zu 1 µV ist durch eine sogenannte Chopper-Stabilisierung möglich, bei der während

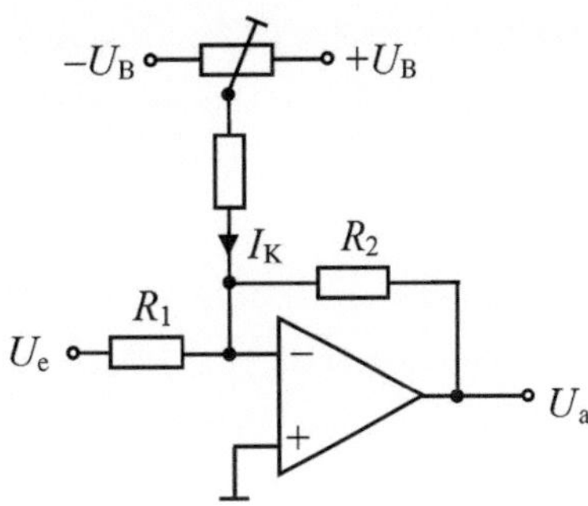

Abb. 8.18 Beispiel einer Schaltung zum Offset-Abgleich eines invertierenden Verstärkers

des Betriebes die Offsetspannung gemessen und kompensiert wird. Dieses Verfahren eliminiert auch die Temperaturdrift der Offsetspannung.

Operationsverstärker werden meist mit Gegenkopplung betrieben. Der durch die Offsetspannung bedingte Fehler wird dann wie das Eingangssignal verstärkt. Sie wirkt deshalb so, als ob sie mit der Signalspannungsquelle in Reihe geschaltet wäre. Falls dieser Fehler stört, kann man die Offsetspannung auf null abgleichen. Manche Operationsverstärker besitzen Anschlüsse für ein Abgleich-Potenziometer (siehe Abb. 8.16). OPVs ohne Anschlüsse zum Offsetabgleich können durch definiertes Einspeisen eines Kompensationsstromes I_K am Eingang abgeglichen werden (Abb. 8.18). Insgesamt ist es aber meist kostengünstiger, einen Typ mit einer so kleinen Offsetspannung einzusetzen, dass sie nicht stört. Auf weitere schaltungstechnische Details des Offsetabgleichs wird hier nicht eingegangen.

Wird die Offsetspannung auf Null abgeglichen, so macht sich trotzdem noch ihre Abhängigkeit von der Temperatur, der Zeit (Alterung) und der Betriebsspannung bemerkbar. Dadurch verschiebt sich die Kennlinie in nicht voraussagbarer Weise nach links oder nach rechts. Der Fehler wird wie folgt angegeben:

$$U_O = U_O(0) + \Delta U_O \tag{8.31}$$

Zu einem Grundwert U_O (z. B. bei 25 °C) kommt eine Änderung ΔU_O hinzu:

$$\Delta U_O(\vartheta, t, U_B) = \underbrace{\frac{\partial U_O}{\partial \vartheta} \cdot \Delta\vartheta}_{\substack{\text{Temperatur-}\\\text{drift}}} + \underbrace{\frac{\partial U_O}{\partial t} \cdot \Delta t}_{\substack{\text{Langzeitdrift}\\\text{(Alterung)}}} + \underbrace{\frac{\partial U_O}{\partial U_B} \cdot \Delta_B}_{\substack{\text{Betriebsspannungs-}\\\text{durchgriff}}} \tag{8.32}$$

Typische Werte der Temperaturdrift sind 3…10 µV/K (Tab. 8.1). Die Langzeitdrift liegt in der Größenordnung von einigen µV je Monat. Man kann sie als niederfrequenten Anteil des Rauschens auffassen. Der Betriebsspannungsdurchgriff (supply voltage rejection ratio) charakterisiert den Einfluss von Betriebsspannungsschwankungen auf die Offsetspannung. Er beträgt 10…100 µV/V. Damit dieser Beitrag zur Offsetspannung klein bleibt, darf die Betriebsspannung höchstens um einige Millivolt schwanken.

Tab. 8.1 Ungefähre Driftwerte in Abhängigkeit von der Technologie des Operationsverstärkers

Parameter	Technologie			
	Bipolar	BiFET	CMOS	Chopperstabil.
U_O	10 µV...7 mV	500 µV...15 mV	200 µV...10 mV	0,1...5 µV
Temperaturdrift	0,1...10 µV/°C	5...40 µV/°C	1...10 µV/°C	0,001... 0,005 µV/°C
Betriebsspannungs-durchgriff	10...100 µV/V	–	–	–
Langzeitdrift	10...100 µV/a	–	–	–

Zu beachten ist, dass sich nach Einschalten der Betriebsspannung die Offsetspannung so lange ändert, bis die Betriebstemperatur erreicht ist. Zerhackerstabilisierte Operationsverstärker (chopper stabilized opamps) zeigen extrem geringe Driftwerte und sind für Präzisionsmessverstärker fast ideal, haben dafür aber erhöhtes Rauschen.

8.6.9 Verstärkungseinstellung durch Gegenkopplung

Die Leerlaufspannungsverstärkung $V_0 = 10^4 \ldots 10^6$ des unbeschalteten Operationsverstärkers ist sehr hoch. Bereits kleinste Eingangsdifferenzspannungen U_D bringen den Ausgang in die Sättigung, das heißt, die Ausgangsspannung U_a nimmt einen der Begrenzungswerte ($-U_{a,min}$ oder $U_{a,max}$) an.

In praktischen Verstärkeranwendungen wird deshalb das Prinzip der Gegenkopplung verwendet. Die Rückführung der Ausgangsspannung U_a auf den Eingang heißt allgemein *Rückkopplung*. Bei gegenphasiger Rückführung spricht man von *Gegenkopplung*, bei gleichphasiger Rückführung von *Mitkopplung*. Bei der Gegenkopplung wird ein Bruchteil $k \leq 1$ des Ausgangssignals auf den invertierenden Eingang zurückgeführt (durch einen Signalabschwächer). Der *Gegenkopplungsfaktor k* gibt also an, welcher Bruchteil der Ausgangsspannung auf den Eingang zurückgeführt wird. Durch die Dimensionierung des Rückkopplungsnetzwerkes wird die resultierende Verstärkung der Operationsverstärkerschaltung und damit eine genau definierte endliche Betriebsverstärkung V festgelegt.

Es wird nun allgemein ein Verstärker mit Gegenkopplung betrachtet.

Für die Ausgangsspannung U_a der gegengekoppelten Schaltung nach Abb. 8.19 gilt:

$$U_a = V_0 \cdot U_D = V_0 \cdot (U_e - k \cdot U_a) \tag{8.33}$$

$$U_a = \frac{V_0 \cdot U_e}{1 + k \cdot V_0} \tag{8.34}$$

Die Betriebsverstärkung der Schaltung ist:

$$V = \frac{U_a}{U_e} = \frac{V_0}{1 + k \cdot V_0} \tag{8.35}$$

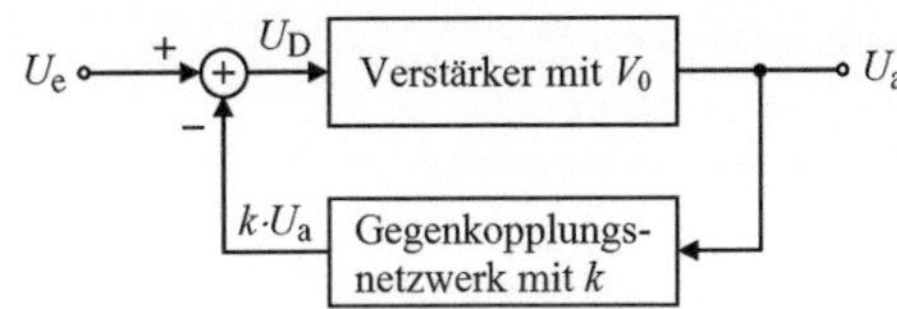

Abb. 8.19 Verstärker mit Gegenkopplung

Der Ausdruck

$$g = k \cdot V_0 \tag{8.36}$$

wird *Schleifenverstärkung* des rückgekoppelten Verstärkers genannt.

Bei großer Leerlaufverstärkung V_0 (dies ist bei OPVs der Fall) wird die Betriebsverstärkung V des gegengekoppelten Verstärkers praktisch nur noch durch den Gegenkopplungsfaktor k des Gegenkopplungsnetzwerkes bestimmt. Für $k \cdot V_0 \to \infty$ folgt:

$$V \approx \frac{1}{k} \tag{8.37}$$

Der Gegenkopplungsfaktor k darf natürlich nicht zu klein gewählt werden. Unter diesen Voraussetzungen legt ausschließlich die äußere Beschaltung des Operationsverstärkers seine Eigenschaften (die Verstärkung) fest.

Den gegengekoppelten Operationsverstärker kann man sich auch als einfachen Regelkreis vorstellen: Der Operationsverstärker versucht, die Differenzspannung U_D zwischen den beiden Eingängen auf einen möglichst kleinen Wert zu regeln (idealerweise auf null Volt). Dies gelingt umso besser, je größer die Schleifenverstärkung $g = k \cdot V_0$ ist. Ein Lehrsatz ist:

Bei Gegenkopplung arbeitet der ideale Operationsverstärker intern so lange, bis die Differenzeingangsspannung null ist.

8.6.10 Verstärkungs-Bandbreiteprodukt

8.6.10.1 Frequenzgang der Leerlaufverstärkung

Durch die Dimensionierung der inneren Kapazitäten und Widerstände der einzelnen Verstärkerstufen eines Operationsverstärkers wird der Frequenzgang der Leerlaufverstärkung V_0 so gestaltet, dass er dem eines einfachen RC-Gliedes entspricht. Der Frequenzgang eines Operationsverstärkers ohne äußere Beschaltung verläuft somit wie bei einem Tiefpass erster Ordnung. Der OPV wird in diesem Abschnitt in seinem Frequenzgang als korrigiert (kompensiert) betrachtet. Zur Frequenzgangkorrektur siehe Abschn. 8.6.11.

Der für Gleichspannung spezifizierte (sehr hohe) Wert der Leerlaufverstärkung V_0 sinkt mit steigender Frequenz. Die normalerweise in dB spezifizierte Leerlaufverstärkung ist also ausgeprägt frequenzabhängig und beeinflusst das Verhalten einer Operationsverstärkerschaltung vor allem bei höheren Frequenzen ungünstig. Sie ist die wohl am stärksten

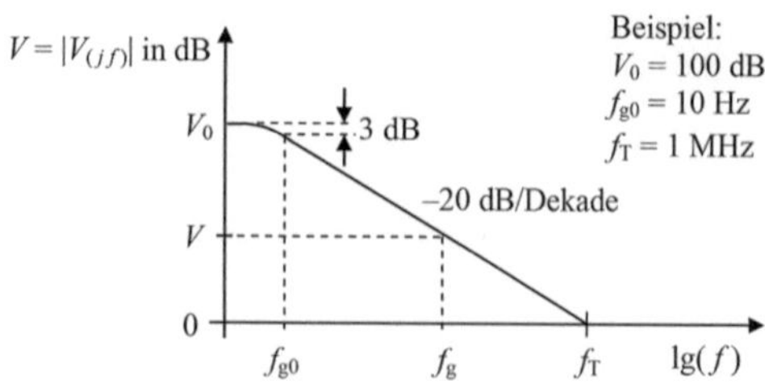

Abb. 8.20 Frequenzgang $V_0 = \mathrm{f}(f)$ der Leerlaufverstärkung eines frequenzgangkompensierten Operationsverstärkers (schematisch), V und f_g gelten bei Gegenkopplung

wirkende nichtideale Einflussgröße.

$$V(jf) = \frac{V_0}{1 + j\frac{f}{f_{g0}}} \tag{8.38}$$

$f_{g0} = 3$ dB-Grenzfrequenz (allgemein bezeichnet als *Knickfrequenz*[2] oder *Eckfrequenz*) der Verstärkung. Bei f_{g0} ist V_0 um 3 dB abgefallen. Meist liegt f_{g0} sehr tief, typische Werte sind $f_{g0} = 10 \ldots 100$ Hz.

Oberhalb der −3 dB-Grenzfrequenz f_{g0} nimmt die Leerlaufverstärkung V_0 um 20 dB pro Dekade ab. Bei der *Transitfrequenz* f_T (*transit frequency, unity gain bandwidth*) ist die Leerlaufverstärkung auf 0 dB (= Wert 1,0) abgesunken. Bei dieser Frequenz (sie liegt typischerweise im MHz-Bereich) ist die Nutzungsgrenze des OPV erreicht, es ist $U_a = U_e$. Ab der Transitfrequenz verstärkt der OPV nicht mehr, sondern weist eine Dämpfung auf. Es ergibt sich der in Abb. 8.20 und 8.21 gezeigte Amplitudengang.

Das Produkt

$$G_{BW} = V \cdot f = f_T = \text{const.} \quad \left(f \geq f_{g0}\right) \tag{8.39}$$

wird *Verstärkungs-Bandbreite-Produkt* genannt. Es ist eine Kleinsignalgröße. Da der Amplitudengang oberhalb f_{g0} linear abfällt, ist das Produkt aus Verstärkung V und Bandbreite G_{BW} für Frequenzen $\geq f_{g0}$ immer konstant (eine Zunahme der Frequenz um einen Faktor 10 ist mit einer Abnahme der Verstärkung um einen Faktor 10 verbunden) und gleich der Transitfrequenz f_T. Der Wert $f_T = G_{BW}$ ist eine wesentliche Kenngröße des Operationsverstärkers und wird direkt durch die Transitfrequenz angegeben.

Beispiel 8.3
Ein Operationsverstärker hat eine DC-Leerlaufverstärkung von $V_{0,\text{dB}} = 120$ dB und eine Transitfrequenz von $f_T = 2$ MHz. Man bestimme:

[2] Da der Amplitudengang dort abknickt und eine Ecke hat, wenn er durch Geraden angenähert wird.

a) das G_{BW}-Produkt
b) die -3 dB-Grenzfrequenz f_{g0}
c) die Leerlaufverstärkung V_0 bei 20 kHz.

Lösung:

a) Bei der Transitfrequenz ist die Verstärkung $V_{fT} = 1$.
$G_{BW} = V_{fT} \cdot f_T = 1 \cdot 2\,\text{MHz} = \underline{\underline{2 \cdot 10^6\,\text{Hz}}}$ (entspricht $G_{BW} = f_T$)
b) $V_0 = 10^{\frac{V_{0,dB}}{20}}$; $V_0 = 10^6$; $f_{g0} = \frac{f_T}{V_0} = \frac{2 \cdot 10^6\,\text{Hz}}{10^6} = \underline{\underline{2\,\text{Hz}}}$
c) $V = \frac{G_{BW}}{f} = \frac{2 \cdot 10^6\,\text{Hz}}{2 \cdot 10^4\,\text{Hz}} = \underline{\underline{100}}$

8.6.10.2 Erhöhung der Bandbreite durch Gegenkopplung

Aus dem Verstärkungs-Bandbreite-Produkt folgt: Wird die Verstärkung des OPV durch eine Gegenkopplung reduziert, so erhöht sich in gleichem Maße die Grenzfrequenz. Es gilt:

$$V_0 \cdot f_{g0} = V \cdot f_g = f_T \tag{8.40}$$

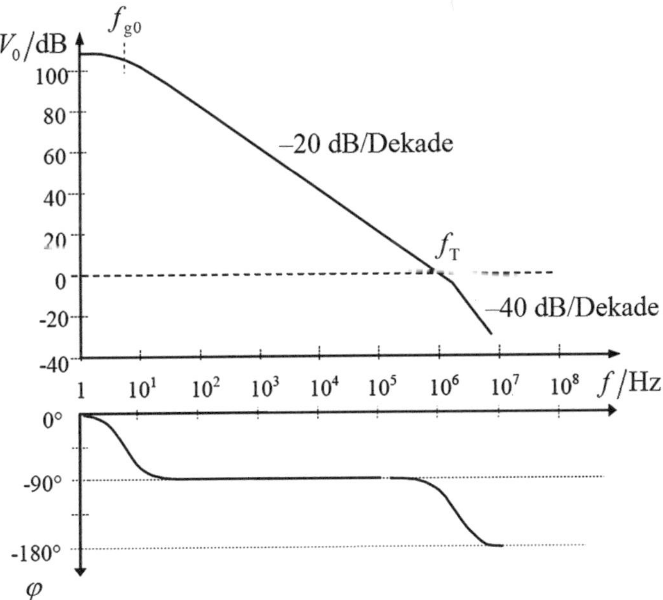

Abb. 8.21 Frequenzgang der Leerlaufverstärkung und der Phasenverschiebung zwischen Ein- und Ausgangssignal bei einem Operationsverstärker (Typ 741)

V_0 = Leerlaufspannungsverstärkung
f_{g0} = 3 dB-Grenzfrequenz bei V_0
V = Spannungsverstärkung der Schaltung bei Gegenkopplung
f_g = 3 dB-Grenzfrequenz bei V.

Durch Verringerung der Verstärkung kann die Bandbreite vergrößert werden. Die Bandbreite wird um den gleichen Faktor vergrößert, um den die Verstärkung durch eine Gegenkopplung herabgesetzt wird.

8.6.11 Frequenzgangkorrektur

Da Operationsverstärker in den Anwendungen typischerweise immer rückgekoppelt werden, besteht die Gefahr, dass unerwünschte Oszillationen entstehen. Durch eine Frequenzgangkorrektur wird dies vermieden.

8.6.11.1 Mehrstufiger Verstärker

Aufgrund der parasitären Kapazitäten innerhalb seines mehrstufigen Aufbaus verhält sich ein OPV ohne Frequenzgangkorrektur wie ein Tiefpasssystem höherer Ordnung mit hoher DC-Verstärkung. Das Verhalten entspricht also einer Reihenschaltung mehrerer Tiefpässe 1. Ordnung, verbunden mit einer großen Gleichspannungsverstärkung.

Mit jedem Überschreiten einer der Knickfrequenzen (3 dB-Grenzfrequenzen) seiner parasitären Tiefpässe nimmt die Verstärkung des Systems um weitere 20 dB pro Dekade ab.

Jeder Tiefpass erzeugt neben der Abnahme der Verstärkung eine frequenzabhängige Phasendrehung. Bei im Vergleich zur Knickfrequenz niedrigen Frequenzen ist die Phasendrehung eines Tiefpasses sehr klein. Mit zunehmender Frequenz erhöht sich die Phasendrehung. Sie beträgt bei der Knickfrequenz $-45°$ und bei im Vergleich zur Knickfrequenz hohen Frequenzen nähert sie sich $-90°$. Die Phasendrehungen aller in Reihe liegenden Tiefpässe addieren sich.

Frequenzgang und Phasenverlauf des soeben beschriebenen Tiefpasssystems werden anhand kaskadierter Verstärkerstufen näher beschrieben.

Fasst man sämtliche inneren Widerstände zu einem Gesamtwiderstand R und sämtliche Kapazitäten zu einer Gesamtkapazität C zusammen, so lässt sich eine einzelne Verstärkerstufe mit der Spannungsverstärkung V durch folgendes Ersatzschaltbild (Abb. 8.22) darstellen.

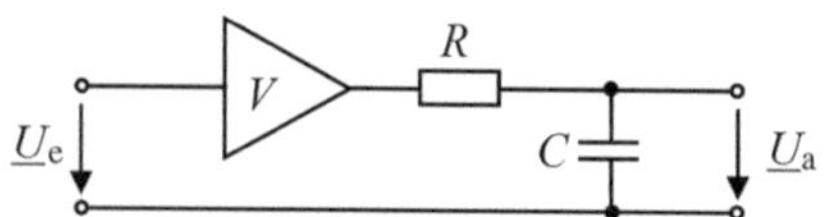

Abb. 8.22 Frequenzabhängiges Ersatzschaltbild einer Verstärkerstufe

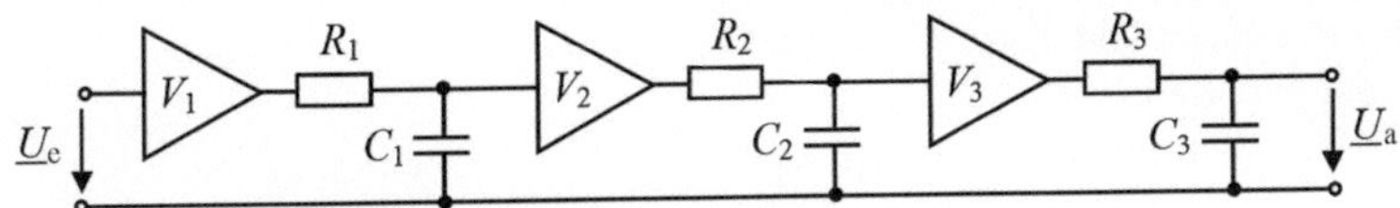

Abb. 8.23 Ersatzschaltbild einer dreistufigen Verstärkerschaltung

Die frequenzabhängige Übertragungsfunktion dieser einzelnen Verstärkerstufe

$$\underline{H}(j\omega) = \frac{\underline{U}_a}{\underline{U}_e} = \frac{V}{1 + j\omega RC} = \frac{V}{1 + j \cdot \left(\frac{\omega}{\omega_P}\right)} \quad \text{mit} \quad \omega_P = \frac{1}{RC} \tag{8.41}$$

entspricht der eines Tiefpasses 1. Ordnung. Bei der Darstellung des stationären Verhaltens in einem Bode-Diagramm erhält man für $\omega \ll \omega_P$ näherungsweise eine Gerade mit dem Abstand $20 \cdot \log|V|$ von der Frequenzachse und für $\omega \gg \omega_P$ eine Gerade mit der Steigung -20 dB/Dekade. Die Phasenverschiebung (Phasennacheilung) beträgt für $\omega = \omega_P$ genau $-45°$ und erreicht für $\omega \gg \omega_P$ den Wert $-90°$.

Bei der in Operationsverstärkern üblichen Reihenschaltung von mehreren Verstärkerstufen erhält man für eine dreistufige Anordnung nach Abb. 8.23 die Übertragungsfunktion:

$$\underline{H}_V(j\omega) = \frac{|V_1 \cdot V_2 \cdot V_3|}{\left(1 + j\frac{\omega}{\omega_{P1}}\right) \cdot \left(1 + j\frac{\omega}{\omega_{P2}}\right)\left(1 + j\frac{\omega}{\omega_{P3}}\right)} \tag{8.42}$$

Abb. 8.24 zeigt die Darstellung des zugehörigen Amplituden- und Phasengangs im Bode-Diagramm. Das Auftreten einer Polstelle ω_{Pn} bewirkt jeweils eine Zunahme des Amplitudenabfalls um -20 dB/Dekade und ist für $\omega \gg \omega_{Pn}$ mit einer zusätzlichen Phasendrehung $\Delta\varphi = -90°$ verbunden.

Im Bode-Diagramm (Abb. 8.24) des aus drei Verstärkerstufen bestehenden Operationsverstärkers (ohne Frequenzgangkorrektur und ohne Gegenkopplung) erkennt man bei ω_{P1} den Beginn der Verstärkungsabnahme um -20 dB je Dekade und eine Phasenverschiebung von $-45°$. Ab der Frequenz ω_{P2} sinkt der Betrag der Verstärkung um -40 dB je Dekade, und die Phasenverschiebung, die sich aus $-90°$ vom 1. Tiefpass und $-45°$ vom 2. Tiefpass zusammensetzt, beträgt bereits $-135°$. Durch den 3. Tiefpass nimmt die Verstärkung oberhalb von ω_{P3} mit -60 dB je Dekade ab, und die Phasenverschiebung wächst asymptotisch auf $-270°$. Bei der Frequenz $\omega_{-\pi}$ durchläuft die Phasenverschiebung den Wert $-180°$. Hier wird eine Gegenkopplung zur Mitkopplung.

8.6.11.2 Schwingbedingung

Nun wird ein Operationsverstärker, bestehend aus obiger dreistufigen Verstärkerschaltung, aber mit Gegenkopplung betrachtet.

Ob die Schaltung dieses gegengekoppelten Operationsverstärkers bei der Frequenz ω_k schwingt hängt davon ab, ob die *Schwingbedingung* erfüllt ist. Diese besteht aus der *Am-*

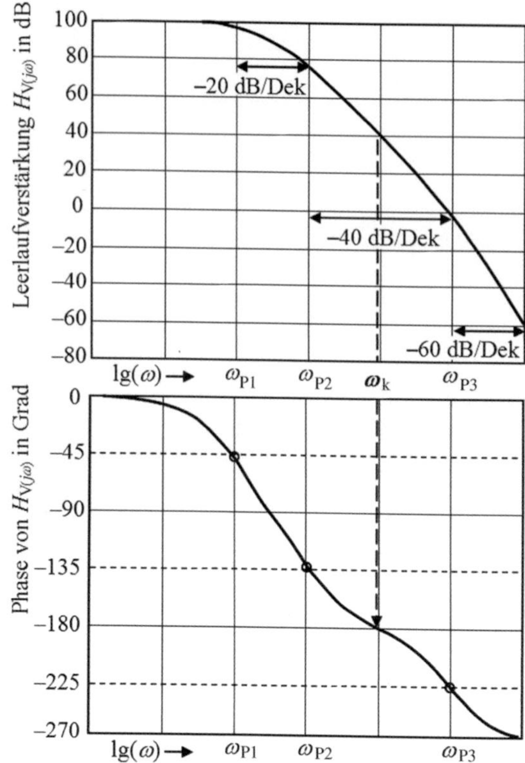

Abb. 8.24 Frequenzgang von Amplitude und Phase von drei kaskadierten Verstärkerstufen

plituden- und der *Phasenbedingung*. Nur, wenn beide Bedingungen erfüllt sind, kann am OPV eine unkontrollierte, selbsterregte Schwingung auftreten. Bei einer solchen Selbsterregung entsteht auch ohne brauchbares Eingangssignal (z. B. aus sehr kleinen Rauschsignalen oder Störspannungen) ein Ausgangssignal.

Die Schleifenverstärkung g und die Leerlaufverstärkung V_0 sind allgemein als komplexe Größen zu betrachten.

Aus $\underline{g} = \underline{k} \cdot \underline{V}_0$ folgt die Amplitudenbedingung:

$$\left|\underline{g}\right| = |\underline{k}| \cdot |\underline{V}_0| = 1 \tag{8.43}$$

Die Amplitudenbedingung ist dann erfüllt, wenn die Amplitude des rückgekoppelten Signals größer oder gleich der Amplitude des Eingangssignals am Verstärker ist.

Die Phasenbedingung ist:

$$\varphi(\underline{g}) = 0°, 180°, \ldots \tag{8.44}$$

Die Phasenbedingung ist erfüllt, wenn die Ausgangsspannung die gleiche Phasenlage aufweist wie die Eingangsspannung.

Mit einem Rückkopplungsnetzwerk wird ein Teil der Ausgangsspannung auf den Eingang eines OPV zurückgeführt. Bei hohen Frequenzen sinkt der Betrag $|k \cdot V_0|$. Außerdem tritt eine Phasenverschiebung φ zwischen Ein- und Ausgangssignal auf. Damit das Rückkopplungsnetzwerk die Verstärkung des OPVs reduziert, also als Gegenkopplung wirkt, muss eine Phasendrehung von 180° zwischen Ausgangs- und Eingangsspannung vorhanden sein. Die zurückgeführte Ausgangsspannung ist dann gegenphasig zur Eingangsspannung (d. h., sie hat umgekehrtes Vorzeichen), die Addition beider Spannungen ergibt eine verringerte resultierende Eingangsspannung U_D (siehe Abb. 8.19).

Wenn der Betrag der Schleifenverstärkung den Wert $|k \cdot V_0| = 1$ erreicht *und* der zugehörige Phasenwinkel $\varphi = -180°$ beträgt, wird der Verstärker dynamisch instabil. Dies entspricht einer Polstelle der Betriebsverstärkung $V = \frac{V_0}{1+k \cdot V_0}$ (siehe Gl. 8.35).

Gelten bei einem gegengekoppelten Operationsverstärker mit Subtraktion des rückgekoppelten Signals (entspricht einer Phasendrehung um −180°) bei einer bestimmten *kritischen Frequenz* f_k die beiden Bedingungen

$$g\,(f_k) = 1 \tag{8.45}$$

$$\varphi\,(f_k) = -180° \tag{8.46}$$

so stellt sich eine stationäre Schwingung der Frequenz f_k mit konstanter Amplitude ein.

Für $g > 1$ wächst bei erfüllter Phasenbedingung die Amplitude exponentiell bis zur Begrenzung durch den Operationsverstärker (bis der Verstärker übersteuert wird).

Ist bei erfüllter Phasenbedingung die Schleifenverstärkung $g < 1$, so erhält man eine gedämpfte Schwingung.

Aus der Gegenkopplung wird aufgrund der Phasendrehung eine (ungewollte) Mitkopplung. Die Eingangsspannung wird durch die zurückgeführte Ausgangsspannung nicht verringert, sondern vergrößert, da sich Eingangssignal und rückgeführter Anteil (jetzt beide mit positivem Vorzeichen) zu einer vergrößerten resultierenden Eingangsspannung U_D addieren. Durch die Verstärkung wird die Ausgangsspannung immer größer, es wird ein immer größerer Anteil auf den Eingang zurückgekoppelt und wiederum verstärkt. Es reichen kleinste Rauschspannungen am Differenzeingang des Operationsverstärkers aus, dass sich durch Verstärkung und Mitkopplung eine selbsterregte Schwingung am Operationsverstärker aufbaut.

Als Gegenteil zur Schwingbedingung kann folgende *Stabilitätsbedingung* formuliert werden: Der Betrag der Schleifenverstärkung muss auf den Wert 1 (entspricht 0 dB) abgefallen sein, bevor die Phasenverschiebung den Wert $\varphi = -180°$ erreicht hat. Die Stabilitätsbedingung noch einmal mit anderen Worten: Der Betrag der Schleifenverstärkung muss kleiner als 1 sein für Frequenzbereiche mit Phasendrehungen $\varphi \geq 180°$.

Für die Darstellung im Bode-Diagramm (siehe Abb. 8.25) bedeutet dies: Ein gegengekoppeltes System ist genau dann dynamisch stabil, wenn der Amplitudenfrequenzgang der Schleifenverstärkung $|g|$die 0-dB-Achse bei der Schnittfrequenz f_S mit einer Neigung $<$40 dB/Dekade schneidet (bei zugehöriger Phasendrehung $|\varphi| < 180°$).

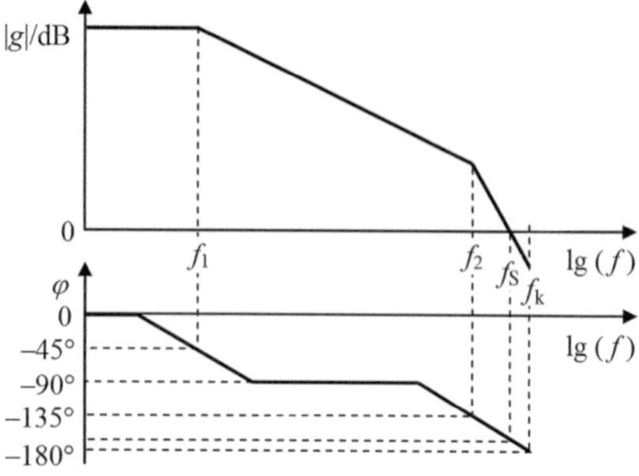

Abb. 8.25 Untersuchung der dynamischen Stabilität im Bode-Diagramm

8.6.11.3 Amplituden- und Phasenrand

Für die praktische Schaltungstechnik reicht es meistens nicht aus zu wissen, dass eine Schaltung bei einer bestimmten Frequenz nicht schwingen kann. Darüber hinaus will man wissen, wie sicher man sich noch im stabilen Bereich bewegt (wie groß die Stabilitätsreserve ist) und was man gegebenenfalls zur Erlangung bzw. Verbesserung der Stabilität unternehmen kann. Diese Überlegungen führen auf die Begriffe des Amplituden- und Phasenrandes bzw. der Frequenzgangkorrektur.

Dazu betrachten wir das in Abb. 8.26 dargestellte Bode-Diagramm. Gezeigt sind als ausgewählte Frequenzpunkte die Frequenz f_1, bei welcher der Betrag der Schleifenverstärkung 1 geworden ist, sowie die Frequenz f_k, bei der die Phase auf $-\pi$ gedreht hat.

Für eine stabile Schaltung ist es erforderlich, dass der Betrag der Schleifenverstärkung schneller auf 1 gesunken ist, als die Phase $-\pi$ erreicht hat, d. h. es muss $f_1 < f_k$ gelten. Die Stabilitäts*grenze* befindet sich bei $f_1 = f_k$.

Der Betrag, um den die Schleifenverstärkung bei der Frequenz f_k den Wert 1 bereits unterschritten hat, wird als *Amplitudenrand* oder *Verstärkungsreserve* A_R bezeichnet. Als *Phasenrand*, *Phasenreserve* oder *Phasenspielraum* φ_R (*phase margin*) bezeichnet man die bei der Frequenz f_1 noch verbleibende Phasendifferenz zu $-\pi$. Beide Kenngrößen können als eine Art Sicherheitsbereich der Stabilität für die Schaltungsdimensionierung betrachtet werden.

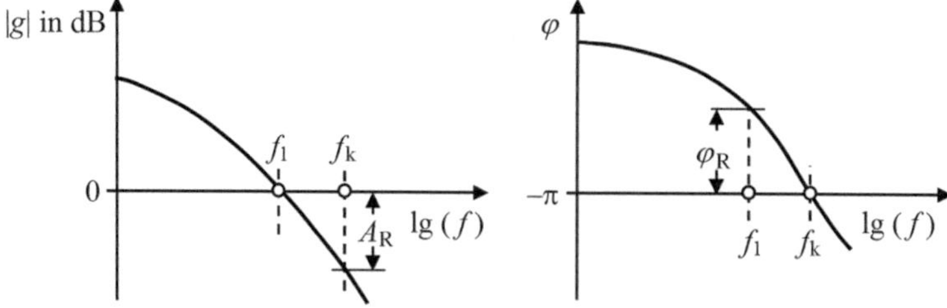

Abb. 8.26 Amplituden- und Phasenrand im Bode-Diagramm

Vorwiegend wird bei erfüllter Amplitudenbedingung $g(f_k) = 1$ der Abstand der Phasenverschiebung zu $-180°$ angegeben. Die Phasenreserve wird statt mit φ_R auch mit α bezeichnet.

$$\alpha = \varphi_R = 180° - \varphi(f_k) \tag{8.47}$$

Die Phasenreserve α gibt an, um welchen Winkel die Phasenverschiebung noch zunehmen darf, bevor eine ungedämpfte Schwingung einsetzt. Darin ist f_k die kritische Frequenz, bei der die Amplitudenbedingung erfüllt ist.

Die Phasenreserve eignet sich besonders dazu, die Dämpfung und die Schwingneigung eines Systems zu beurteilen. Bei 90° Phasenreserve liegt der aperiodische Grenzfall vor. Hier gibt es kein Überschwingen, die Anstiegszeit ist jedoch groß und die Bandbreite ist stark reduziert. Bei einer im Allgemeinen angestrebten Phasenreserve von $\alpha = 60°$ ergibt sich sowohl im Zeit- als auch im Frequenzbereich ein besonders günstiges Verhalten.

8.6.11.4 Prinzip der Frequenzgangkorrektur

Verläuft die Drehung der Phase der Schleifenverstärkung auf $-\pi$ schneller als der Abfall des Betrages auf den Wert 1 erfolgt, so ist eine so genannte Frequenzgangkorrektur notwendig, da die Schaltung sonst schwingen würde.

Das Prinzip der Frequenzgangkorrektur besteht darin, eine Knickfrequenz (3 dB-Grenzfrequenz) herabzusetzen und somit einen schnelleren Abfall des Betrages der Schleifenverstärkung zu bewirken.

Abb. 8.27 zeigt anhand eines Bode-Diagramms dieses Prinzip. Bei f_1 dreht die Phase zwar in jedem Falle gegen $-\pi/2$, aber wenn f_1 deutlich kleiner als f_2 ist, so fällt der Betrag über einen weiten Frequenzbereich bei einer in diesem Bereich konstanten Phase von $-\pi/2$ und hat bei f_2, d. h. wenn die Phasendrehung auf $-\pi$ erfolgt, einen Wert, der ausreichend weit unter 1 liegt.

Wie aus Abb. 8.27 zu sehen ist, wirken sich weit auseinander liegende Grenzfrequenzen günstig auf die Stabilität aus. Ziel jeder kompensierenden Maßnahme muss es daher sein, die Grenzfrequenzen soweit auseinander zu halten, dass die Verstärkung bereits unter den Wert 1 gefallen ist, bevor 180° Phasendifferenz entstanden sind. Hierbei spielt es keine Rolle, ob die Maßnahme innerhalb des Verstärkers (innere Kompensation), im Gegenkopplungszweig (äußere Kompensation) oder sowohl innen als auch außen gleichzeitig angesetzt wird.

Die Herabsetzung der Knickfrequenz und damit die Stabilitätsbedingung kann durch zusätzliche, im Operationsverstärker eingebaute Tiefpässe erfüllt werden. Die Leerlaufverstärkung wird durch diese Tiefpässe schon bei niedrigen Frequenzen so stark reduziert, dass bei Erreichen der kritischen Phasendrehung von 180° die Leerlaufverstärkung kleiner als 1 ist. Durch diese Tiefpässe wird auch die sehr niedrige Grenzfrequenz der Operationsverstärker festgelegt. Die Grenzfrequenz der Leerlaufspannungsverstärkung V_0 liegt in der Größenordnung von $f_{g0} = 10\,\text{Hz}$.

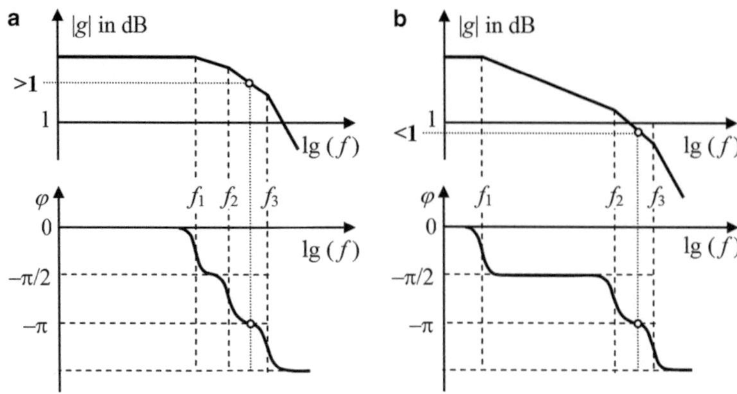

Abb. 8.27 Bode-Diagramm einer instabilen, im Frequenzgang nicht korrigierten Schaltung (**a**) und einer frequenzgangkorrigierten Schaltung (**b**)

Zur Realisierung der Frequenzgangkorrektur ist es im Allgemeinen ausreichend, die drei tiefsten Polstellen (Grenzfrequenzen) der Übertragungsfunktion zu betrachten, da alle weiteren Polstellen jenseits der Transitfrequenz f_T (Frequenz bei der die offene Schleifenverstärkung auf 0 dB abgefallen ist) liegen und deshalb keinen Anteil zur Phasenverschiebung im für die Stabilität interessierenden Bereich (Verstärkung oberhalb dem Wert 1) liefern.

8.6.11.5 Frequenzgangkorrektur am Operationsverstärker

Alle Maßnahmen zur Frequenzgangkorrektur verfolgen das Ziel, den Amplitudenfrequenzgang der Schleifenverstärkung so zu beeinflussen, dass er in der Umgebung der Schnittfrequenz f_S genügend flach verläuft, damit das Stabilitätskriterium erfüllt wird. Ein unkorrigierter OPV lässt sich nur schwach gegenkoppeln, da er sonst schwingt.

Zur Frequenzgangkorrektur wird entweder der Frequenzgang des Operationsverstärkers oder der des Rückkopplungsnetzwerkes in geeigneter Weise verändert. In beiden Fällen kann eine Korrektur mit nacheilender Phase oder eine Korrektur mit voreilender Phase vorgenommen werden.

Viele Operationsverstärker besitzen für die Korrektur ihres Frequenzgangs eine kleine interne Kapazität. Bei ihnen wird bei der Fabrikation ein kleiner Kondensator monolithisch integriert, der meist zwischen Ausgang der Eingangsstufe und Eingang der Ausgangsstufe des Verstärkers geschaltet ist. An der dazwischen liegenden Verstärkerstufe wird dadurch eine kapazitive Gegenkopplung geschaffen (Miller-Effekt). Die beiden unteren Pole (Grenzfrequenzen) des Operationsverstärkers werden dadurch verschoben, wobei kein neuer Pol entsteht. Der erste, niederfrequente Pol wird zu niedrigeren Frequenzen verschoben. Der zweite, höherfrequente Pol wird zu höheren Frequenzen verschoben.

Dieses *Pole-Splitting-Verfahren* ist eine häufig angewandte Methode zur Frequenzgangkorrektur. Beim Pole-Splitting wird der Miller-Effekt genutzt, um die Korrekturkapazität auf einen integrierbaren Wert zu reduzieren. Eine Rückkopplung der Verstärkerstufe

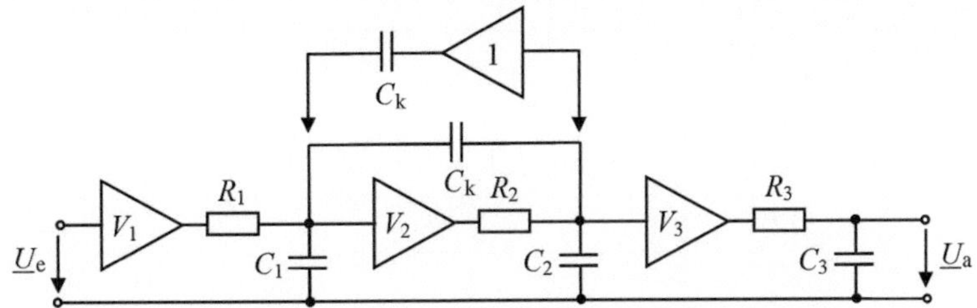

Abb. 8.28 Kaskadierte Verstärkerstufen mit Kompensationsbeschaltung

mit der zweittiefsten Polstelle führt über eine Korrekturkapazität C_k zu einem Auseinanderschieben der beiden tiefsten Polstellen (Pole-Splitting) der Übertragungsfunktion. Abb. 8.28 zeigt die entsprechend erweiterte Ersatzschaltung kaskadierter Verstärkerstufen von Abb. 8.23.

Die Polstelle ω_{P1} der Übertragungsfunktion nach Abschn. 8.6.11.1 erhält dabei den neuen Wert (Abb. 8.29)

$$\omega_{P1k} = \frac{1}{R_1 \cdot C_1^*} < \omega_{P1} \tag{8.48}$$

wobei sich die Kapazität C_1^* aus C_1 und der aufgrund des Millereffektes um den Faktor $(1 - V_2)$ vergrößerten Kompensationskapazität C_k ergibt.

$$C_1^* = C_1 + C_k \cdot (1 - V_2) \tag{8.49}$$

Soll bei beschränkten Platzverhältnissen für die Kapazität C_k eine möglichst tiefe Frequenz ω_{P1k} erzielt werden, so ist einerseits ein großer Ausgangswiderstand R_1 der treibenden Stufe und andererseits eine große negative Verstärkung der gegengekoppelten Stufe erforderlich. Sinnvollerweise führt man daher die Gegenkopplung an hochverstärkenden Inverter- oder Kaskodestufen durch.

Neben der Absenkung der Polfrequenz ω_{P1} erhält man gleichzeitig eine Erhöhung der Polfrequenz ω_{P2} auf (Abb. 8.29):

$$\omega_{P2k} \approx \frac{V_2}{R_2 \cdot \left(C_1 + C_2 + \frac{C_1 \cdot C_2}{C_k}\right)} > \omega_T \tag{8.50}$$

ω_T = Transitfrequenz.

Die Ursache dieser Erhöhung ist eine Absenkung des Ausgangswiderstandes dieser Stufe.

Zusätzlich zu diesen erwünschten Polverschiebungen erhält man bei einer derart durchgeführten Kompensation durch den über C_k vorhandenen „Feed Forward"-Pfad eine Nullstelle in der Übertragungsfunktion, welche abhängig von der Verstärkung V_2 auch unterhalb von ω_T liegen kann.

$$\omega_{n1} \approx \frac{V_2}{R_2 \cdot C_k} \tag{8.51}$$

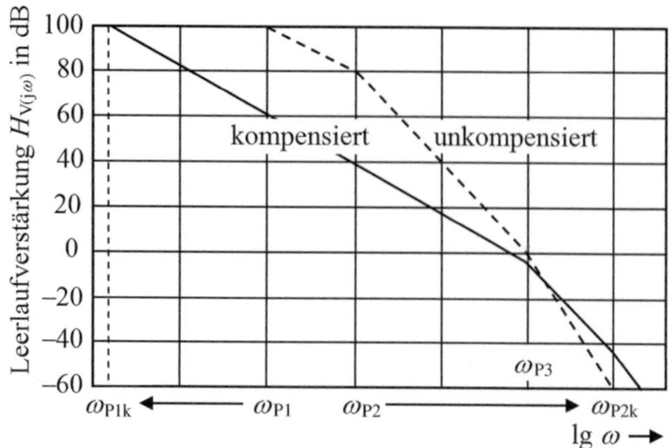

Abb. 8.29 Unkompensierter und kompensierter Frequenzgang im Bode-Diagramm

Zur Vermeidung dieser unerwünschten Nullstelle kann der „Feed Forward"-Pfad durch einen Trennverstärker beseitigt werden.

Damit die Leerlaufverstärkung eine ausreichende Phasenreserve aufweist, werden OPVs häufig mit einer internen Frequenzgangkorrektur ausgestattet. Durch sie wird der dominante Tiefpasspol (der Pol der Übertragungsfunktion mit der tiefsten Frequenz) zu einem so kleinen Wert verschoben, dass bei der nächst höheren Tiefpass-Grenzfrequenz der Betrag der Leerlaufverstärkung kleiner eins ist und die Phasenreserve mindestens 45° beträgt. Die Verstärkung muss unter eins gefallen sein, bevor ein weiterer Tiefpass eine nennenswerte Phasenverschiebung beiträgt. Da der Phasenbeitrag mit negativem Winkel nacheilend ist, wird diese Frequenzgangkorrektur auch *Lag-Kompensation* genannt. Diese *universelle Frequenzgangkorrektur* (sie wird auch als *Dominant-Pol-Kompensation* bezeichnet) zeichnet sich dadurch aus, dass der OPV bei jeder ohmschen Gegenkopplung stabil ist. Für solche universell kompensierten OPVs ist keine Frequenzgangkorrektur durch den Anwender erforderlich. Diese OPVs zeigen ein gutes Einschwingverhalten und sind für alle äußeren Beschaltungen stabil, solange die Gegenkopplung keine zusätzliche Phasennacheilung verursacht. Die universelle Einsetzbarkeit ohne Neigung zum Schwingen wird allerdings durch eine relativ kleine Bandbreite erkauft.

OPVs ohne interne Kapazität zur Frequenzgangkorrektur haben oft zwei Anschlüsse, um einen externen Kondensator anschließen zu können. Dessen Kapazitätswert kann dann an den jeweiligen Anwendungsfall angepasst werden.

Neben der universellen Frequenzgangkorrektur, die sehr bequem ist, finden manchmal auch Operationsverstärker mit einer angepassten (teilkompensierten) Frequenzgangkorrektur Anwendung. Diese Operationsverstärker sind mit einer reduzierten, monolithisch integrierten Korrekturkapazität ausgestattet. Mit diesen Verstärkern können Verstärkungen größer 1 auch bei höheren Frequenzen realisiert werden. Sie haben u. U. sehr hohe Transitfrequenzen, müssen jedoch mit einer bestimmten Mindestverstärkung betrieben werden.

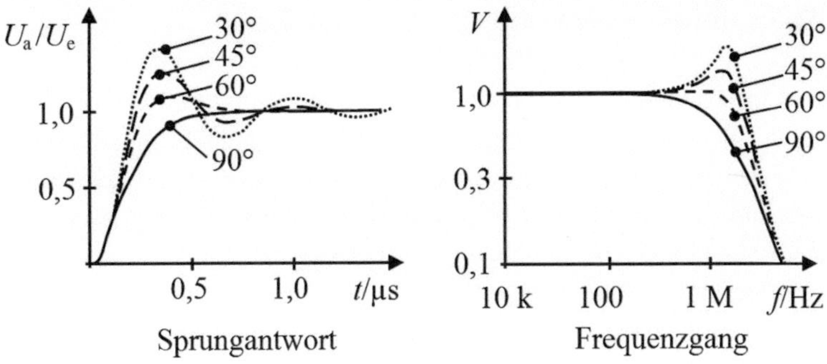

Abb. 8.30 Beispiel für Sprungantwort und Frequenzgang für verschiedene Phasenreserven

Teilkorrigierte Typen sind für eine minimale Verstärkung von z. B. $V_{min} = 2, 5, 10$ korrigiert. Unterschreitet die Verstärkung die Minimalverstärkung, so wird der Verstärker instabil und muss extern kompensiert werden.

Ein Beispiel für einen vollständig kompensierten OPV ist der OP27. Er kann in Schaltungen verwendet werden, die eine Verstärkung von 1 aufweisen, besitzt aber ein geringes Verstärkungs-Bandbreiteprodukt von 8 MHz.

Der OP37 hingegen ist teilkompensiert, er ist in Schaltungen stabil, die eine Gesamtverstärkung von mindestens 10 aufweisen. Er besitzt dafür ein höheres Verstärkungs-Bandbreiteprodukt von 63 MHz.

Eine Frequenzgangkorrektur beeinflusst auch das dynamische Verhalten eines Verstärkersystems. Der zeitliche Verlauf der Sprungantwort als Reaktion der Schaltung auf Sprünge der Eingangsspannung hängt von der Phasenreserve ab. Je größer die Phasenreserve ist, desto träger reagiert das System, die Einschwingzeiten werden größer (Abb. 8.30).

Eine Phasenreserve von ca. 60° stellt einen brauchbaren Kompromiss zwischen Einstellgeschwindigkeit und Überschwingweite dar.

Allgemein gilt für eine Frequenzgangkorrektur:

- Je näher eine Frequenzgangkorrektur am Eingang des Verstärkers liegt, desto mehr wird das tieffrequente Spektrum des Eingangssignals gedämpft und die Aussteuerbarkeit verbessert.
- Ist die Eingangskorrektur stark wirksam, so erhält man relativ stark rauschende, dynamisch jedoch sehr schnelle Verstärker.
- Wird die Eingangskorrektur schwächer ausgelegt, dann muss die Ausgangskorrektur stärker wirksam werden, um Stabilität zu gewährleisten. Sie dämpft das hochfrequente Frequenzspektrum (Rauschen). Man erhält so rauscharme, dafür aber bezüglich der Impulsdynamik wesentlich schlechtere Verstärker (nichtlineare Einschwingvorgänge).
- Bei Komparatorbetrieb des Verstärkers wird meist keine Frequenzgangkorrektur verwendet.

8.6.12 Spannungsbereich und Stromaufnahme

Die Versorgungsspannung eines Operationsverstärkers hängt von der Herstellungstechnologie und der Schaltungsauslegung ab. Die Stromaufnahme des Operationsverstärkers setzt sich aus dem so genannten *Querstrom* (*quiescent current*) und der Stromentnahme über den Ausgang zusammen. Der Querstrom dient zum Betrieb der internen Schaltungen des Operationsverstärkers und ist näherungsweise konstant.

In CMOS-Technologie gefertigte Operationsverstärker kommen mit einer besonders niedrigen Versorgungsspannung aus. Ihr Versorgungsspannungsbereich beginnt bei ca. 1,2 bis 1,8 V und endet bei ca. 5 bis 16 V. Bei „Micropower"-Typen ist außerdem der Querstrom minimiert, er liegt im Bereich von 10 bis einigen 100 µA.

Typische Operationsverstärker in Bipolar-Technologie weisen einen Versorgungsspannungsbereich zwischen 3 bis 32 V auf. Spezielle Operationsverstärker können auch mit höheren Versorgungsspannungen betrieben werden.

Operationsverstärker mit JFET-Eingängen benötigen meistens eine höhere Spannung zum Betrieb. Übliche Versorgungsspannungsbereiche sind hier 8 bis 32 V.

8.6.13 Temperaturbereich

Integrierte Operationsverstärker werden meistens für einen Bereich der Umgebungstemperatur von 0 bis 70 °C oder −55 bis 125 °C angeboten. Darüber hinaus gibt es spezielle Typen für Umgebungstemperaturen von mehr als 200 °C.

Entsteht durch große Ausgangsströme eine hohe Verlustleistung im Operationsverstärker, kann diese durch geeignete Kühlkörper oder Leiterplatten-Kühlflächen abgeführt werden. Die Sperrschicht-Temperatur wird so normalerweise kleiner 150 °C gehalten. Um diese Wärmeabgabe möglichst effizient zu gestalten, werden hierfür optimierte Gehäuse mit großflächigen Anschlussmöglichkeiten von Wärmesenken angeboten. Diese Gehäuse besitzen Wärmewiderstände von 2 bis 5 °C/W, während bei normalen Chipgehäusen der Wärmewiderstand um 100 °C/W liegt.

8.6.14 Anstiegsgeschwindigkeit

Durch die internen Kapazitäten der Schaltung und die Ergiebigkeit der internen Stromquellen kann sich die Ausgangsspannung nur mit einer gewissen Maximalgeschwindigkeit ändern. Die Anstiegsgeschwindigkeit (*Spannungsanstiegsrate*, *Slew Rate*, SR) kennzeichnet die maximal mögliche zeitliche Spannungsänderung des OPV-Ausgangs.

$$\mathrm{SR} = \left.\frac{\mathrm{d}U_\mathrm{a}(t)}{\mathrm{d}t}\right|_{\max} \tag{8.52}$$

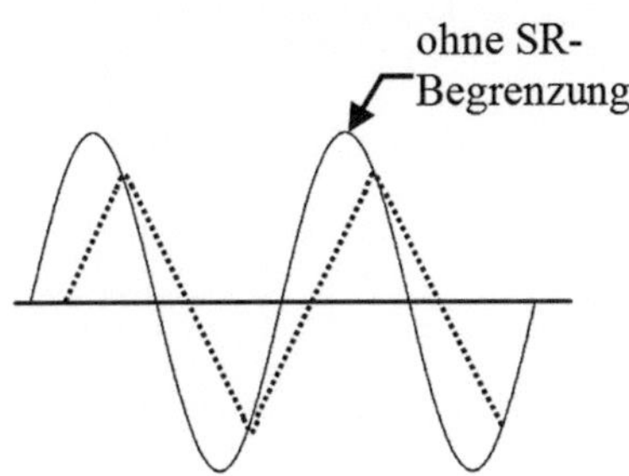

Abb. 8.31 Auswirkung der Slew Rate auf ein sinusförmiges Ausgangssignal. Wenn das Ausgangssignal die Slew Rate Begrenzung überschreitet, wird es durch Geradenstücke ersetzt, die der Steigung der Slew Rate entsprechen

Sie wird im Bereich der Großsignalaussteuerung eines OPV festgelegt. Bei der Großsignalaussteuerung wird der OPV nicht wie bei der Kleinsignalaussteuerung im linearen Bereich betrieben, sondern bis an die Übersteuerungsgrenzen ausgesteuert und auch in die Sättigung getrieben. Während das Verstärkungs-Bandbreiteprodukt als Kleinsignalgröße die maximal mögliche Verstärkung bei einer gegebenen Frequenz definiert, beschreibt die Slew Rate als Großsignalgröße die maximal mögliche Anstiegsgeschwindigkeit des Ausgangssignals.

Die Spannungsanstiegsrate wird meistens in V/µs angegeben und bewegt sich bei

- Standard-OPVs zwischen 0,1 V/µs und 10 V/µs
- Highspeed-OPVs zwischen 10 V/µs und 50.000 V/µs.

Ein idealer OPV hätte eine unendlich hohe Slew Rate, außerdem wäre sie bei positiver und negativer Flanke gleich. Bei realen OPVs kann die Slew Rate der negativen (abfallenden) Flanke nur ein Drittel der Slew Rate der positiven (ansteigenden) Flanke betragen.

Während das Verstärkungs-Bandbreiteprodukt bei kleinen Signalamplituden die Frequenz bestimmt, bei der ein Signal noch die gewünschte Verstärkung erfährt, wird das Signal bei größeren Amplituden zusätzlich durch die Slew Rate begrenzt. Insbesondere bei Rechtecksignalen, die sehr steile Flanken aufweisen, ist die Slew Rate oft das wichtigste Entscheidungskriterium für die Wahl eines Operationsverstärkers.

Kann die Ausgangsspannung infolge der endlichen Slew Rate dem Eingangssignal nicht mehr schnell genug folgen, kommt es zu Anstiegsverzerrungen. Bei geringer Verstärkung und großem Hub der Ausgangsspannung begrenzt die Anstiegsgeschwindigkeit die obere Grenzfrequenz einer Schaltung. Eine Frequenzgangkorrektur setzt die Slew Rate auf einen relativ niedrigen Wert herab.

Bei sinusförmiger Aussteuerung kann sich die Ausgangsspannung an keiner Stelle schneller ändern als es die Slew Rate zulässt (Abb. 8.31). Wenn man von einer Ausgangsspannung $U_a = \hat{U} \cdot \sin(\omega t)$ ausgeht, erhält man für die maximale Steigung, die im Nulldurchgang auftritt:

$$\mathrm{SR} = \frac{\mathrm{d}U_a}{\mathrm{d}t} = \hat{U} \cdot \omega = \hat{U} \cdot 2\pi \cdot f \qquad (8.53)$$

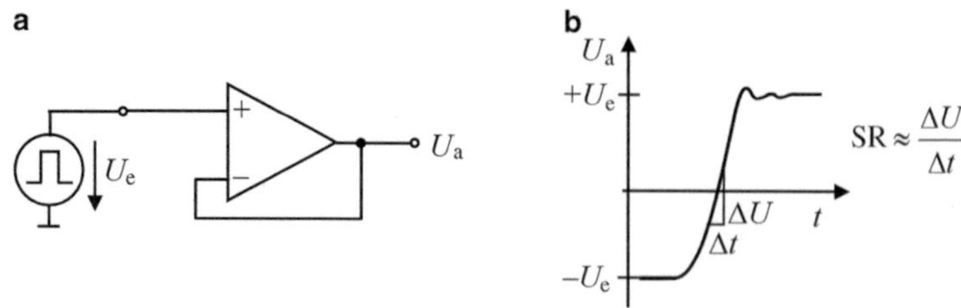

Abb. 8.32 Standardschaltung zur Messung der Slew Rate, sie wird immer bei Einheitsverstärkung gemessen (**a**). Typisches Ausgangssignal bei der Slew Rate Messung (**b**)

Daraus lässt sich die Frequenz f_p berechnen, bis zu der eine unverzerrte sinusförmige Vollaussteuerung mit $\hat{U}$ möglich ist.

$$f_p = \frac{SR}{2\pi \cdot \hat{U}} \tag{8.54}$$

Die Größe f_p wird als *Leistungsbandbreite* (*Großsignal-Bandbreite*, *Full Power Bandwidth*, large signal frequency response) bezeichnet, weil bis zu dieser Frequenz die volle Ausgangsleistung erhältlich ist.

Die Slew Rate wird in der Regel bei Einheitsverstärkung im Datenblatt ausgewiesen. Die Messung erfolgt mit einem Rechteckimpuls genügender Flankensteilheit (Abb. 8.32). Im Ausgangssignal bestimmt man die Zone der maximalen Steilheit und daraus die maximale Anstiegsgeschwindigkeit. Die Aussteuerung erfolgt nach der Messschaltung des Herstellers, meist in der Größenordnung von $U_e = \pm 10\,\text{V}$.

Anfangs- und Endbereich des Einschwingvorgangs sind bei der Slew Rate nicht berücksichtigt. Bei kleinen Phasenreserven schwingt das System stark (siehe Abb. 8.30), so dass es trotz großer Slew Rate lange dauert, bis das System eingeschwungen ist. Die Einschwingzeit t_s (*Settling Time*) gibt diese Einschwingdauer an. Sie ist eine Kleinsignalgröße und abhängig vom Frequenzgang des Verstärkers und damit von seinen Polen, Nullstellen und der Phasenreserve.

8.6.15 Maximale Ausgangsspannung

Bei DC und tiefen Frequenzen liegt die maximale Ausgangsamplitude (*Output Swing*) etwas unter der Speisespannung. Bei ca. 90 % der maximal möglichen Aussteuerung beginnt aber bereits eine merkliche Begrenzung des Signals.

Aus der Einschränkung durch die Slew Rate folgt, dass bei höheren Frequenzen keine großen Ausgangsamplituden (Output Swing) erreicht werden können (Abb. 8.33).

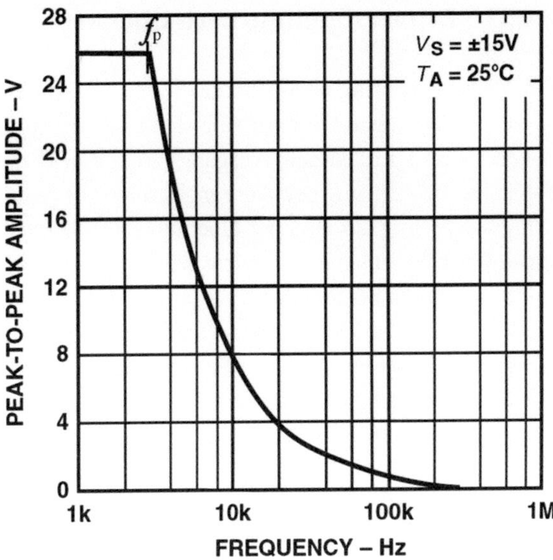

Abb. 8.33 Typischer Verlauf der maximal möglichen Ausgangsspannung in Abhängigkeit der Frequenz (Maximum Output Swing vs. Frequency). Der Schnittpunkt der Hyperbelfunktion mit der maximalen Amplitude für tiefe Frequenzen ist die Großsignal-Bandbreite f_p (Full Power Bandwidth)

8.6.16 Einschwingzeit (Settling Time)

Ein Signal benötigt eine bestimmte Zeit, um die interne Schaltung eines OPV von dessen Eingang bis zu seinem Ausgang zu durchlaufen. Bei einer sprunghaften Aussteuerung am Eingang dauert es daher einige Zeit, bis das Signal am Ausgang erscheint. Außerdem ist in der Sprungantwort häufig ein Überschwingen zu erkennen, welches in einer gedämpften Schwingung auf einen Endwert abklingt. Als Einschwingzeit t_S (*Settling Time*) ist die Zeit vom Beginn der Sprungerregung (oder deren 50 %-Wert) bis zum endgültigen Eintauchen des Ausgangssignales in ein Fehlerband definiert (Abb. 8.34).

Zusätzlich ist das Sprungverhalten des OPV durch Anstiegs- und Abfallzeiten des Ausgangssignales gekennzeichnet. Die (Flanken-) *Anstiegszeit* t_r und (Flanken-)*Abfallzeit* t_f ist die Zeitdauer, welche die Ausgangsspannung benötigt, um von 10 auf 90 % ihres Endwertes bzw. umgekehrt zu gelangen, wenn an den Eingang des OPV ein idealer Spannungssprung gelegt wird. Der OPV darf dabei nicht übersteuert werden.

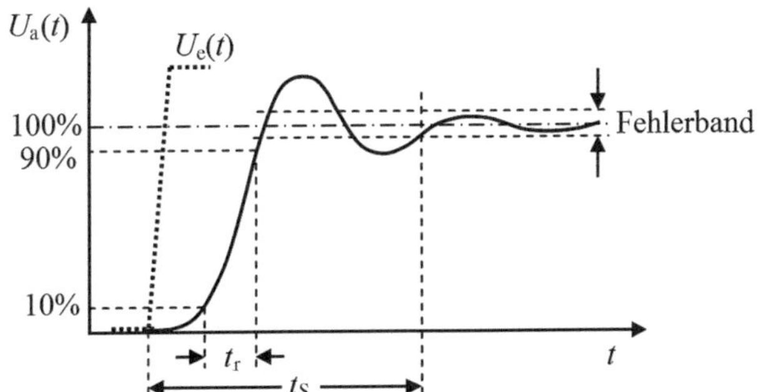

Abb. 8.34 Zur Definition von Anstiegszeit t_r und Einschwingzeit t_S bei Sprungerregung eines OPV

8.6.17 Zeitverzögerung nach Überlast

Die Zeitverzögerung nach Überlast (*Erholzeit, overload recovery*) gibt das zeitliche Ansprechverhalten von OPVs an, die sich in Sättigung bei hohem Ausgangsstrom befunden haben. Wird der maximale Ausgangsstrom eines Operationsverstärkers überschritten, erfolgt eine Begrenzung des Ausgangsstromes in der Ausgangsstufe. Diese wirkt als Kurzschlusssicherung, so dass der Operationsverstärker durch Überlast nicht zerstört werden kann. Bei Wegnahme der Überlast erfolgt bei den meisten OPVs keine sofortige Rückkehr in den normalen Zustand, der Ausgang kommt nicht unmittelbar in den linearen Betriebsbereich zurück, sondern benötigt dafür eine bestimmte Zeit. Außerdem erfolgt durch die Überlastung eine Erwärmung, die verschiedene Parameter ungünstig beeinflusst. Manche Hersteller geben hierzu eine Zeitverzögerung (overload recovery) an, die bei 100 % Überlast gemessen wird.

8.6.18 Rauschen

Rauscheinflüsse können vor allem bei Verstärkung kleiner Signale ein Problem darstellen. Durch Auswahl geeigneter, rauscharmer Bausteine und Impedanzanpassungen kann eine Verbesserung erreicht werden.

Die Hersteller spezifizieren das Rauschverhalten der OPVs nicht einheitlich. Manche Hersteller zeigen die spektrale Dichte, andere machen eine Angabe einer auf den Eingang bezogenen Rauschspannungsdichte und Rauschstromdichte. Die angegebene Rauschspannungsdichte oder Rauschstromdichte muss man lediglich mit der Wurzel aus der betrachteten Bandbreite multiplizieren, um die Rauschspannung oder den Rauschstrom zu erhalten.

Im Spektrum werden zwei wesentliche Bereiche unterschieden:

- Niederfrequentes (rosa) $1/f$-Rauschen (Funkelrauschen). Unterhalb von typischerweise 0,01 bis 10 Hz steigt der Erwartungswert des Rauschleistungsdichtespektrums reziprok zur Frequenz an.
- Mittelfrequentes (weißes) Rauschen im Bereich 10 Hz... 10 kHz. Dieses Rauschen hat einen frequenzunabhängigen Erwartungswert im Leistungsdichtespektrum.

Das Rauschen wird überwiegend durch den Aufbau des Differenzverstärkers bestimmt. Werden hierfür JFETs oder MOSFETs verwendet, ergibt sich ein niedriges Strom-, aber vergleichsweise hohes Spannungsrauschen. Umgekehrt verhält es sich bei Differenzverstärkern, die auf Bipolartransistoren basieren, insbesondere wenn der Differenzverstärker mit hohem Strom betrieben wird.

Da auch die Innenwiderstände der Quellen, mit denen der OPV gespeist wird, zusätzliche, vom Widerstandswert abhängige Rauschquellen darstellen, ist es wichtig, den Gesamtbetrag der beiden Rauschquellen von Generatorwiderständen (Quellwiderständen) und des Verstärkers gemeinsam zu optimieren. Dabei überwiegt bei niedrigen

Generatorwiderständen das Spannungsrauschen des OPV, während bei hohen Generatorwiderständen das Stromrauschen des Verstärkers am Generatorwiderstand den dominanten Rauschanteil erzeugt.

Zur Minimierung des Rauschens in OPV-Schaltungen sollte daher mit niedrigen Quellwiderständen bzw. niederohmigen Widerstandsnetzwerken gearbeitet und OPV-Typen mit minimalem Spannungsrauschen eingesetzt werden. Bei hohen Quellwiderständen ist hingegen eine niedrige Rauschspannung des OPV kaum von Vorteil. In diesem Fall sollte ein Operationsverstärker mit niedrigem Stromrauschen eingesetzt werden.

Beispiel 8.4

Es soll das Rauschverhalten der nachfolgend dargestellten Schaltung eines nichtinvertierenden Verstärkers mit einem Operationsverstärker bei 25 °C berechnet werden. Aus dem Datenbuch ist bekannt: $I_r' = 0{,}4\,\text{pA}/\sqrt{\text{Hz}}$, $U_r' = 3\,\text{nV}/\sqrt{\text{Hz}}$.

Die Boltzmann-Konstante ist $k = 1{,}38 \cdot 10^{-23}\,\text{J/K}$.

Lösung:

Das Rauschverhalten von Operationsverstärkern wird normalerweise durch drei Zahlenwerte beschrieben. Alle Werte beziehen sich auf die Eingänge des Verstärkers (Abb. 8.35).

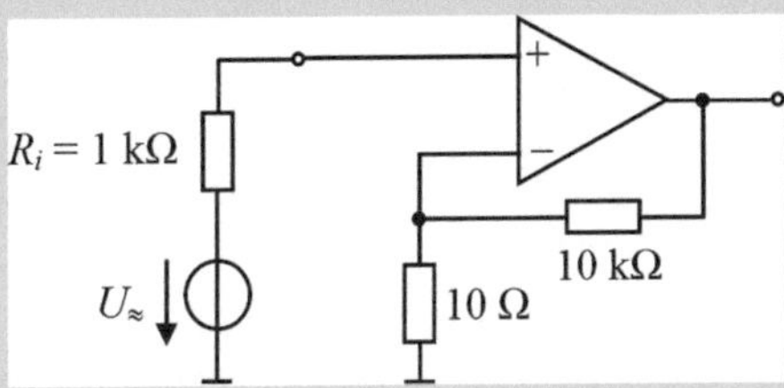

Abb. 8.35 Einfacher Verstärker zur Berechnung des Rauschverhaltens

- Die Rauschspannungsdichte (input noise voltage density) U_r'.
- Die Rauschstromdichte (input noise current density) I_r'.
- Die Rauschspannung (input noise voltage) U_r. Sie wird im Frequenzbereich von 0,1 bis 10 Hz gemessen, in dem das Funkelrauschen stark zum Gesamtrauschen beiträgt.

In die Schaltung werden die Rauschquellen eingezeichnet.

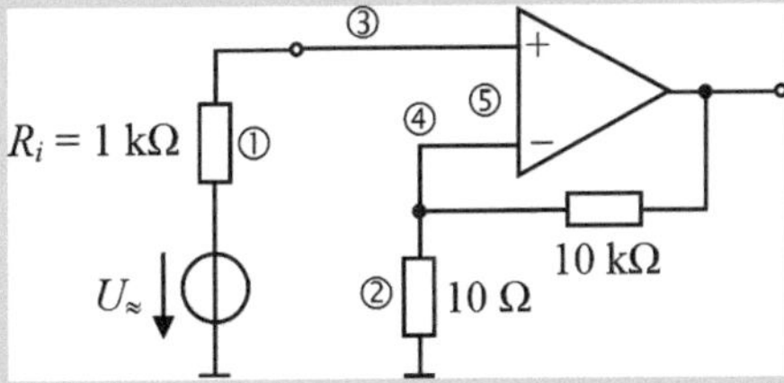

Abb. 8.36 Rauschquellen in der Schaltung

Die Spannungsquelle am Eingang hat einen Innenwiderstand von 1 kΩ, der Innenwiderstand des Spannungsteilers für die Gegenkopplung ist 10 Ω. Die Rauschquellen (1) und (2) sind das Spannungsrauschen der Innenwiderstände an den beiden Eingängen. Ihre Rauschspannungsdichten werden berechnet.

Die Spannungsquelle hat einen Innenwiderstand von 1 kΩ:

$$U_r' = \sqrt{4 \cdot k \cdot T \cdot R} = \sqrt{4 \cdot 1{,}38 \cdot 10^{-23} \cdot 298 \cdot 10^3} = 4{,}06 \frac{\text{nV}}{\sqrt{\text{Hz}}} \tag{8.55}$$

Der Innenwiderstand des Spannungsteilers beträgt 10 Ω:

$$U_r' = \sqrt{4 \cdot 1{,}38 \cdot 10^{-23} \cdot 298 \cdot 10} = 0{,}41 \frac{\text{nV}}{\sqrt{\text{Hz}}} \tag{8.56}$$

Die Rauschquellen (3) und (4) bestehen aus dem Spannungsabfall des Stromrauschens I_r' der Eingänge an den Innenwiderständen.

Spannungsquelle mit 1 kΩ:

$$U_r' = I_r' \cdot R = 0{,}4 \cdot 10^{-12} \cdot 10^3 = 0{,}4 \frac{\text{nV}}{\sqrt{\text{Hz}}} \tag{8.57}$$

Spannungsteiler mit 10 Ω:

$$U_r' = I_r' \cdot R = 0{,}4 \cdot 10^{-12} \cdot 10 = 0{,}004 \frac{\text{nV}}{\sqrt{\text{Hz}}} \tag{8.58}$$

Die Rauschquelle (5) besteht aus dem Spannungsrauschen der Verstärkereingänge selbst.

Zur Ermittlung der gesamten Rauschspannungsdichte $U_{r\,ges}'$ an den Eingängen müssen die Rauschleistungen, nicht die Rauschspannungen addiert werden. Wegen $P = U^2 \cdot R$ addiert man die Quadrate aller Einzelrauschdichten und zieht daraus die Wurzel. Die Werte werden hier in $\text{nV}/\sqrt{\text{Hz}}$ eingesetzt.

$$U_{r\,ges}' = \sqrt{\left(U_{r1}'\right)^2 + \ldots + \left(U_{r5}'\right)^2} \tag{8.59}$$

$$U_{r\,ges}' = \sqrt{4{,}06^2 + 0{,}41^2 + 0{,}4^2 + 0{,}004^2 + 3^2} = 5{,}08 \frac{\text{nV}}{\sqrt{\text{Hz}}}$$

Zu diesem Wert trägt alleine schon das Spannungsrauschen des Innenwiderstandes der Quelle einen Betrag von $4{,}06\,\text{nV}/\sqrt{\text{Hz}}$ bei, während der absichtlich niederohmig ausgelegte Spannungsteiler vernachlässigt werden kann.

Es wird noch die Rauschzahl der Schaltung berechnet.
In $k \cdot T_0$:

$$F = \left(\frac{5{,}08}{4{,}06}\right)^2 = 1{,}57\,kT_0 \tag{8.60}$$

In dB:

$$F = 10 \cdot \log(1{,}57) = 1{,}96\,\text{dB} \tag{8.61}$$

Die Rauschtemperatur ist:

$$T = 1{,}57 \cdot 298\,\text{K} = 468\,\text{K} \tag{8.62}$$

Die Rauschspannung am Ausgang erhält man durch Multiplikation mit der Verstärkung $V = 1000$ und der Wurzel aus der Bandbreite B, die mit 10 kHz angenommen wird.

$$U_\text{r} = U'_{\text{r ges}} \cdot V \cdot \sqrt{B} = 5{,}08 \cdot 10^{-9} \cdot 1000 \cdot \sqrt{10^4} = 0{,}51\,\text{mV} \tag{8.63}$$

8.7 Der ideale Operationsverstärker

Nachdem die wichtigsten Kennwerte eines normalen, realen OPV besprochen wurden, wird nun der ideale OPV vorgestellt. Der ideale Operationsverstärker ist ein stark vereinfachtes Modell, in dem alle parasitären Eigenschaften realer Operationsverstärker vernachlässigt werden. Daher wird er vor allem bei einfachen Schaltungsberechnungen und Überschlagsrechnungen verwendet. Für komplexere Schaltungsberechnungen ist der ideale Operationsverstärker meistens ein zu stark vereinfachtes Modell.

Für ideale VV-OPVs werden unter anderem folgende Parameter angenommen (Tab. 8.2):

- Die Leerlaufspannungsverstärkung (Geradeausverstärkung) ist unendlich groß und frequenzunabhängig.
- Der Eingangswiderstand ist unendlich groß.
- Die Eingangsströme sind null.
- Der Ausgangswiderstand ist null. Der Ausgang wirkt als ideale Spannungsquelle (keine Veränderung der Ausgangsspannung bei Belastung des Ausgangs).
- Es gibt keine Phasenverschiebung zwischen Ein- und Ausgang.
- Die 3 dB-Grenzfrequenz f_{g0} ist unendlich groß.
- Bei Gegenkopplung ist die Differenzeingangspannung $U_\text{D} = 0$.
- Die Offsetspannung ist null.
- Die Gleichtaktunterdrückung ist unendlich groß.

Tab. 8.2 Die wichtigsten Kennwerte eines idealen Operationsverstärkers mit typischen Richtwerten realer OPVs

Kennwert	Symbol	typischer Wertebereich	idealer Wert
Leerlaufspannungsverstärkung (Differenzverstärkung)	V_0 (V_D)	$10^4 \ldots 10^6$	∞
Gleichtaktunterdrückung	*CMRR*	$10^6 \ldots 10^8$	∞
Gleichtakteingangswiderstand	r_{GL}	$10\,\mathrm{M\Omega} \ldots 800\,\mathrm{T\Omega}$	∞
Differenzeingangswiderstand	r_D	$100\,\mathrm{k\Omega} \ldots 10\,\mathrm{T\Omega}$	∞
Eingangsruhestrom	I_P, I_N	einige pA bis µA	0
Eingangsoffsetstrom	I_O	pA bis nA	0
Eingangsoffsetspannung	U_O	0,1 … 10 mV	0
Drift der Offsetspannung	U_{OD}	µV/K bis mV/K	0
Ausgangsstrom	$I_{a,max}$	5 … 100 mA	beliebig
Ausgangswiderstand	R_a	5 … 200 Ω	0
Ausgangsspannung	$U_{a,max}$	3 … 30 V	beliebig
3 dB-Grenzfrequenz	f_{g0}	1 … >100 MHz	∞
Slew Rate	SR	1 … 50.000 V/µs	∞

- Es gibt kein Eigenrauschen.
- Die Anstiegsgeschwindigkeit (Slew Rate) ist unendlich groß.
- Es gibt keine Drift von Parametern infolge Temperaturänderungen oder Alterung.

8.8 Interner Aufbau von Operationsverstärkern

8.8.1 Übersicht

Obwohl die elektronische Schaltungstechnik nicht zentrales Thema dieses Buches ist, wird die interne Schaltung von Operationsverstärkern erläutert, um die Wirkungsweise dieser Bauteile besser verstehen zu können.

Integrierte Operationsverstärker bestehen aus einer Vielzahl von unterschiedlichen Stufen und Schaltungsteilen. Alle Varianten lassen sich aber im Wesentlichen auf drei grundlegende funktionelle Schaltungen reduzieren, die aufeinanderfolgende Stufen bilden. Die einzelnen Stufen können sich bei verschiedenen Operationsverstärkern in ihrer Aufbauweise stark unterscheiden.

Diese Stufen sind (Abb. 8.37):

- Eingangsstufe (Differenzverstärker)
- Koppelstufe oder Zwischenstufe (Hauptverstärkerstufe zur Spannungsverstärkung, Potenzialanpassung)
- Ausgangsstufe (Endstufe, meist Gegentaktendstufe).

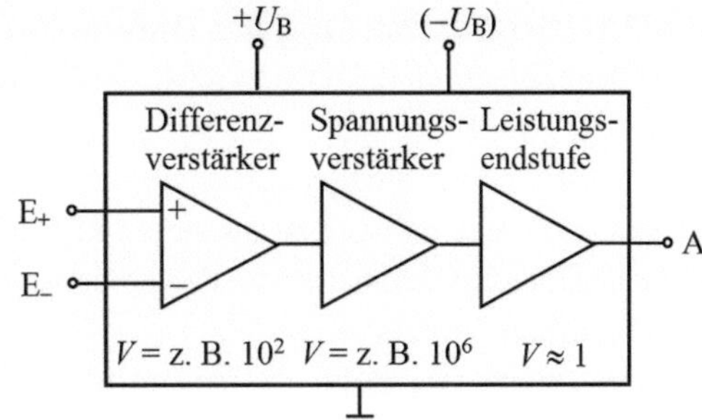

Abb. 8.37 Grobstruktur eines Operationsverstärkers, Blockschaltbild des internen Aufbaus

Damit ein OPV auch für Gleichspannungen geeignet ist und um die Strom- und Spannungsdrift möglichst klein zu halten, ist die Eingangsstufe als Differenzverstärker mit einem invertierenden und einem nichtinvertierenden Eingang ausgelegt. Der Differenzverstärker wandelt kleine Spannungsdifferenzen in einen proportionalen Ausgangsstrom um. Je nach Typ des OPV kann die Eingangsstufe bipolare Transistoren oder zur Erhöhung des Eingangswiderstandes JFET- oder MOSFET-Transistoren enthalten.

Der Eingangsstufe folgt eine Stufe zur Spannungsverstärkung, welche vor allem für eine hohe Leerlaufspannungsverstärkung V_0 sorgt. Hier erfolgt auch eine Pegelanpassung zwischen Eingangs- und Ausgangsstufe.

Die erforderliche Ausgangsleistung liefert die darauffolgende Leistungsendstufe. Sie sorgt für einen niedrigen Ausgangswiderstand und eine möglichst lineare Kennlinie. Sie kann als Eintakt- oder Gegentaktendstufe ausgelegt sein. Ist der Ausgang mit einer Gegentaktendstufe versehen, so wird der OPV mit zwei symmetrischen Betriebsspannungen $+U_B$ und $-U_B$ betrieben. Bei einer Eintaktendstufe (A-Betrieb) genügt eine Betriebsspannung $+U_B$ und Masse. Ist die Eintaktendstufe als Ausführung mit „offenem Kollektor" realisiert, so ist ein externer Arbeitswiderstand erforderlich.

8.8.2 Die Eingangsstufe (Differenzverstärker)

- Anforderungen an die Eingangsstufe sind:
- hoher Eingangswiderstand bzw. kleine Eingangsströme
- potenzialfrei, eine Gleichtaktspannung an den Eingängen ist zulässig
- symmetrisches Verhalten beider Eingänge
- geringe Offsetspannung und geringer Offsetstrom
- niedrige Temperaturdrift der Ausgangsspannung.

Um die geforderten Eigenschaften zu erfüllen, wird die Eingangsstufe grundsätzlich als Differenzverstärker (*differential amplifier*) aus paarweise gleichen Transistoren aufgebaut.

8.8.2.1 Grundschaltung des Differenzverstärkers

Die Grundschaltung des Differenzverstärkers besteht aus einer symmetrisch aufgebauten Stufe mit zwei Eingängen und zwei Ausgängen, welche für die Verstärkung von Gleich- und Wechselstromsignalen verwendet werden kann. Die Emitter- bzw. Sourceanschlüsse von zwei gleichartigen Transistoren in Emitter- oder Sourceschaltung sind mit einer gemeinsamen Konstantstromquelle verbunden, die den Arbeitspunkt des Differenzverstärkers bestimmt (Abb. 8.38).

Der Differenzverstärker besteht im Idealfall aus zwei identischen Schaltungshälften: Die beiden Transistoren T_1 und T_2 haben gleiche Eigenschaften (Stromverstärkung, Temperaturkoeffizient der Basis-Emitterspannung usw.) und dieselbe Temperatur, die beiden Kollektor- bzw. Drainwiderstände sind gleich groß. Die Stromquelle ist ideal, d. h. der Strom I_K ist unabhängig von der Spannung, die an der Stromquelle anliegt.

Der Emitterstrom für beide Transistoren (in der gemeinsamen Emitterleitung) wird von einer Konstantstromquelle geliefert, die Summe der beiden Ströme ist also konstant.

$$I_{E1} + I_{E2} = I_K = \text{const.} \tag{8.64}$$

Wird zum Beispiel an die Basis des npn-Transistors T_1 eine Spannung von $+0{,}1$ V angelegt, die Basis vom Transistor T_2 aber auf dem Nullpotenzial gehalten, so steigen der Emitter- und der Kollektorstrom von T_1. Da die Summe der Emitterströme durch die Konstantstromquelle konstant gehalten wird, sinken entsprechend der Emitter- und der Kollektorstrom von T_2.

In dem Maße wie die Kollektorspannung des Transistors T_1 nach unten verschoben wird, steigt die vom Transistor T_2 nach oben. Umgekehrte Verhältnisse ergeben sich, wenn die Basis von T_1 auf dem Nullpotenzial gehalten und eine Spannung an die Basis von T_2 gelegt wird.

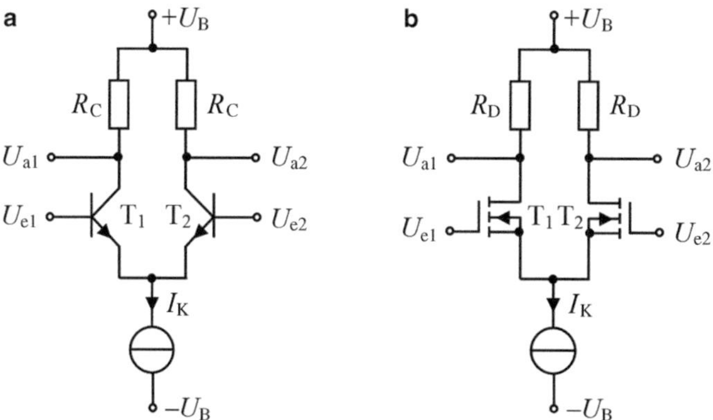

Abb. 8.38 Differenzverstärker mit npn-Transistoren (**a**) und mit n-Kanal MOS-Transistoren (**b**), die Potenziale sind auf Masse bezogen

Werden die beiden Transistoren mit der gleichen Spannung (Gleichtaktspannung) angesteuert, so sind beiden Kollektorströme und damit die Spannungsabfälle über den Kollektorwiderständen gleich groß. Die Ausgangsspannung wird somit gleich null.

Derjenige der beiden Transistoren, der die höhere Basis-Emitter-Spannung aufweist, führt auch den höheren Strom (bei npn). Da der Gesamtstrom von der Stromquelle als konstant erzwungen wird, verringert sich der Strom durch den anderen Transistor in dem Maße, um den der Strom im ersten Transistor steigt.

Der Differenzverstärker verstärkt somit nur die Spannungs*differenz* der beiden Eingangssignale, hat aber nur eine geringe (idealerweise keine) Änderung der Ausgangsspannungen zur Folge, wenn die beiden Eingänge gleiche Spannung aufweisen. Dies entspricht einer hohen Gleichtaktunterdrückung.

Im Hinblick auf die Temperaturstabilität ist dies ein bedeutender Vorteil. Bei gleichen Daten der Transistoren T_1 und T_2 erfolgen die Änderungen der Basis-Emitter-Spannungen (bzw. der Basisströme) mit der Temperatur der Sperrschichten gleichsinnig. Der Gleichgewichtszustand der Schaltung bleibt aber davon unberührt, d. h. der Gesamtstrom wird sich nach wie vor je zur Hälfte auf die beiden Transistoren verteilen und daher bei Temperaturschwankungen auch keine Änderung der Ausgangsspannungen bewirken. Temperaturbedingte Änderungen in den beiden Zweigen wirken sich somit wie eine Gleichtaktaussteuerung aus und werden unterdrückt. Nur eine eventuell vorhandene Temperaturabhängigkeit der Stromquelle wirkt sich auf die Ausgangspannungen aus.

Die Eigenschaften des npn-Differenzverstärkers können auch leicht hergeleitet werden.

Die Gleichtaktspannung ist null. Die Differenzspannung ist:

$$U_\mathrm{D} = U_\mathrm{e1} - U_\mathrm{e2} = U_\mathrm{BE1} - U_\mathrm{BE2} \tag{8.65}$$

Unter Vernachlässigung des Early-Effekts sind die Kollektorströme der Bipolartransistoren:

$$I_\mathrm{C1} = I_\mathrm{S1} \cdot \mathrm{e}^{\frac{U_\mathrm{BE1}}{U_\mathrm{T}}} \tag{8.66}$$

$$I_\mathrm{C2} = I_\mathrm{S2} \cdot \mathrm{e}^{\frac{U_\mathrm{BE2}}{U_\mathrm{T}}} \tag{8.67}$$

Somit folgt:

$$\frac{I_\mathrm{C1}}{I_\mathrm{C2}} = \frac{I_\mathrm{S1}}{I_\mathrm{S2}} \cdot \mathrm{e}^{\frac{U_\mathrm{BE1}-U_\mathrm{BE2}}{U_\mathrm{T}}} = \frac{I_\mathrm{S1}}{I_\mathrm{S2}} \cdot \mathrm{e}^{\frac{U_\mathrm{e1}-U_\mathrm{e2}}{U_\mathrm{T}}} \tag{8.68}$$

Die beiden Transistoren sollen idealerweise in allen Parametern übereinstimmen, somit soll auch für die Sperrströme gelten: $I_\mathrm{S1} = I_\mathrm{S2}$. Daraus folgt:

$$\frac{I_\mathrm{C1}}{I_\mathrm{C2}} = \mathrm{e}^{\frac{U_\mathrm{D}}{U_\mathrm{T}}} \tag{8.69}$$

Zwei Punkte sind ersichtlich:

- Der Einfluss des stark temperaturabhängigen Sperrstromes I_S ist eliminiert.
- Die Stromverteilung hängt nur von der Differenzspannung U_D ab.

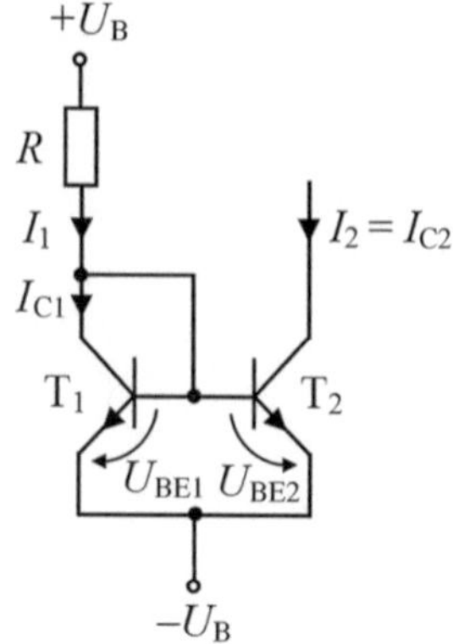

Abb. 8.39 Stromspiegel als Konstantstromquelle mit npn-Transistoren

8.8.2.2 Realisierung der Konstantstromquelle

Im einfachsten Fall kann man in der gemeinsamen Emitterleitung einen großen Widerstand einsetzen. In diesem Fall ist der Strom I_K jedoch nicht konstant, sondern vom Emitterpotenzial abhängig. Durch Verwenden einer Konstantstromquelle wird der Strom durch den Differenzverstärker nahezu unabhängig von der Spannung. Daraus folgt die Beibehaltung des einmal eingestellten Arbeitspunktes bei Schwankungen der Betriebsspannung. Außerdem sind sehr hohe differenzielle Innenwiderstände der Stromquelle erreichbar, woraus eine Erhöhung der Gleichtaktunterdrückung folgt.

Um einen sehr hohen Widerstand in der gemeinsamen Emitterleitung zu erhalten, wird bei einem Differenzverstärker häufig ein so genannter *Stromspiegel* als Konstantstromquelle verwendet. Ein Stromspiegel (*current mirror*) ist eine Schaltung, welche am Ausgang eine definiert abgeschwächte oder verstärkte Kopie eines anderen Stromes liefert. Ein Stromspiegel arbeitet also als stromgesteuerte Stromquelle. Man kann jeden Stromspiegel auch als Stromquelle betreiben, indem man den Eingangsstrom konstant hält.

Abb. 8.39 zeigt einen Stromspiegel mit npn-Transistoren. Der Transistor T_1 ist als Diode geschaltet. Der Strom I_1, welcher in den Stromspiegel geschickt wird, erzeugt über der Diode einen Spannungsabfall U_{BE}, welcher ebenfalls am Transistor T_2 anliegt und dort in erster Näherung denselben Strom hervorruft: $I_1 \approx I_2$.

Unter Vernachlässigung der Basisströme ($I_{C1} \approx I_1$) gilt:

$$U_{BE1} \approx U_T \cdot \ln\left(\frac{I_1}{I_{S1}}\right) = U_{BE2} \approx U_T \cdot \ln\left(\frac{I_2}{I_{S2}}\right) \quad \text{bzw.} \quad \frac{I_2}{I_1} \approx \frac{I_{S2}}{I_{S1}} \tag{8.70}$$

Das Stromverhältnis dieses einfachen Stromspiegels wird in erster Näherung über das Verhältnis der Sättigungssperrströme eingestellt (welche als gleich groß angenommen werden).

8.8.2.3 Übertragungskennlinie des npn-Differenzverstärkers

Für die Großsignal-Übertragungskennlinie $U_{a1,a2} = f\,(U_D)$ des Differenzverstärkers mit npn-Transistoren kann man ableiten:

$$U_{a1} = U_B - I_K \cdot R_C \cdot \left[1 + \tanh\left(\frac{U_D}{2 \cdot U_T}\right)\right] \tag{8.71}$$

$$U_{a2} = U_B - I_K \cdot R_C \cdot \left[1 - \tanh\left(\frac{U_D}{2 \cdot U_T}\right)\right] \tag{8.72}$$

Aufgrund der Eigenschaften der tanh-Funktion ergibt sich ein relativ großer linearer Aussteuerungsbereich, die nichtlinearen Verzerrungen sind gegenüber einer Verstärkerschaltung mit einem einzigen Transistor in Emitterschaltung deutlich reduziert (Abb. 8.40).

Die Steigung bei $U_D = 0$ ergibt die Differenzverstärkung.

$$V_0 = \left.\frac{dU_{a1}}{dU_D}\right|_{U_D=0} = \left.\frac{dU_{a2}}{dU_D}\right|_{U_D=0} = -\frac{I_K \cdot R_C}{2 \cdot U_T} \tag{8.73}$$

Der Verstärker ist praktisch über einen Spannungsbereich von $\pm 5 \cdot U_T$ aussteuerbar. Oberhalb dieses Wertes (im Sättigungsbereich) wird ein Transistor vollständig abgeschaltet. Für einen Betrieb als Kleinsignal-Verstärker kommt eigentlich nur der Bereich zwischen $\pm U_T$ in Betracht, darüber nehmen die auftretenden Nichtlinearitäten erheblich zu. Typischerweise geht ein bipolarer Differenzverstärker bei einer Eingangsdifferenzspannung von $2 \ldots 3 \cdot U_T$ allmählich in die Sättigung (Abb. 8.40).

Eine Erweiterung des linearen Übertragungsbereiches (eine Scherung der Übertragungskennlinie) erreicht man durch Einfügen von Emitterwiderständen in die Emitterleitungen der Transistoren. Durch diese zusätzliche Strom-Gegenkopplung im Emitter-Kreis werden die Übertragungskennlinien wesentlich flacher, die Größe des linearen Bereiches steigt proportional an.

Beim bipolaren Differenzverstärker ist der Aussteuerbereich von ca. $2 \ldots 3 \cdot U_T$ praktisch unabhängig von der Emitterstromquelle und von den Transistorabmessungen. Eine

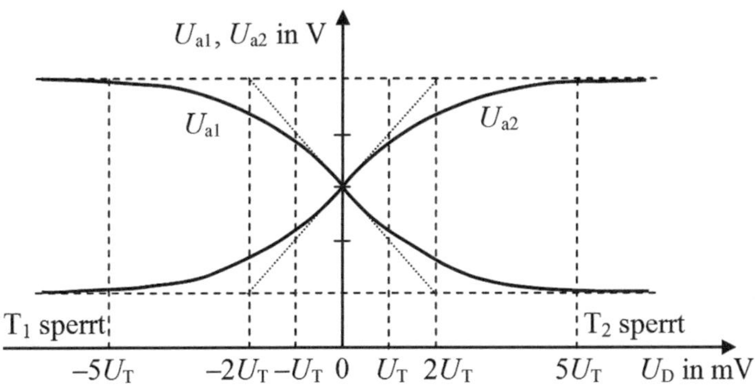

Abb. 8.40 Verlauf der Übertragungskennlinie des npn-Differenzverstärkers

Vergrößerung des Bereiches kann höchstens durch zusätzliche Gegenkopplungswiderstände im Emitter-Kreis erreicht werden.

8.8.2.4 Übertragungskennlinie des n-Kanal MOSFET-Differenzverstärkers

Für den linearen (aktiven) Verstärkungsbereich können für die Ausgangsspannungen folgende Abhängigkeiten von der Eingangsdifferenzspannung hergeleitet werden:

$$U_{a1} = U_B - I_K \cdot R_D - \frac{U_D \cdot R_D}{2} \cdot \sqrt{2 \cdot K \cdot I_K - \left(\frac{K \cdot U_D}{2}\right)^2} \tag{8.74}$$

$$U_{a2} = U_B - I_K \cdot R_D + \frac{U_D \cdot R_D}{2} \cdot \sqrt{2 \cdot K \cdot I_K - \left(\frac{K \cdot U_D}{2}\right)^2} \tag{8.75}$$

jeweils für

$$|U_D| < 2 \cdot \sqrt{\frac{I_K}{K}} \tag{8.76}$$

K = Steilheitsparameter.

Außerhalb des Gültigkeitsbereiches von Gl. 8.76 hat der eine Ausgang die maximale Ausgangsspannung $U_{a,max} = U_B$ und der andere die minimale Ausgangsspannung $U_B = 2 \cdot I_K \cdot R_D$ angenommen.

Die Kennlinien sind über den Steilheitsparameter K auch von der Größe der MOSFETs abhängig. Damit kann man die Eigenschaften durch Skalieren des MOSFETS einstellen, also durch dessen Breite. Kleine MOSFETs erzeugen eine flachere Kennlinie bei geringerer Verstärkung und einen größeren linearen Bereich, während breitere MOSFETs eine höhere Differenzverstärkung und eine steilere Übertragungskennlinie zur Folge haben, aber auch einen eingeschränkten Dynamikbereich. Damit kann man beim n-Kanal Differenzverstärker die Eigenschaften bei gleichbleibender äußerer Beschaltung über die Transistorgrößen einstellen, wie beim bipolaren Differenzverstärker über die Strom-Gegenkopplung.

Bei FET-Differenzverstärkern wird der aktive Aussteuerbereich durch die Sourcestromquelle und die Bauteiledimensionen festgelegt. Er kann durch geeignete Wahl der Werte größer als beim bipolaren Differenzverstärker gemacht werden.

8.8.3 Die Koppelstufe

Die Koppelstufe hat zwei Aufgaben: Verstärkung und Verkopplung.

Damit die Koppelstufe eine hohe Verstärkung liefert, wird häufig ein Transistor in Emitterschaltung verwendet, dem aus einem Stromspiegel ein konstanter Kollektorstrom zugeführt wird (Abb. 8.41a). Den Arbeitswiderstand dieses Transistors bildet somit ein als Stromquelle arbeitender Transistor. Diese Stromquelle hat einen sehr hohen differenziellen Innenwiderstand, so dass die statische Spannungsverstärkung der Verstärkerstufe näherungsweise maximal ist, d. h. nur von der inneren Transistorverstärkung bestimmt wird. In der Regel wird die Koppelstufe unter Verwendung eines Darlington-Transistors verwirklicht (Abb. 8.41b).

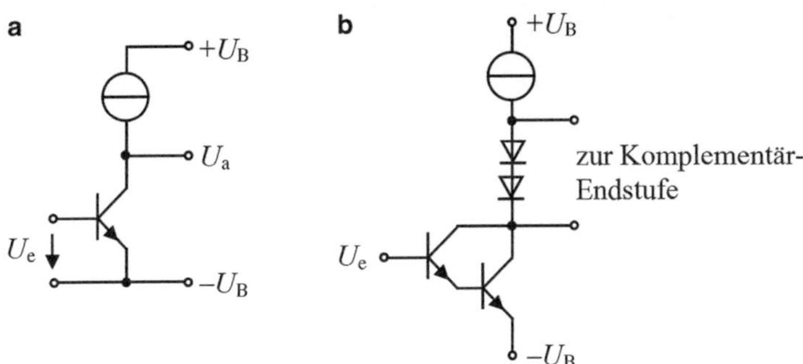

Abb. 8.41 Einfache Koppelstufe mit hoher Verstärkung (**a**), Ausführung als Darlingtonstufe (**b**)

Die Koppelstufe muss auch in der Lage sein, ohne Koppelkondensatoren Eingangs- und Endstufe miteinander zu verkoppeln, z. B. den Differenzausgang einer Eingangsstufe an den unsymmetrischen Eingang der Endstufe anzupassen. Die notwendigen Potenzialverschiebungen können mit Zenerdioden oder speziellen Pegelverschiebungsschaltungen realisiert werden.

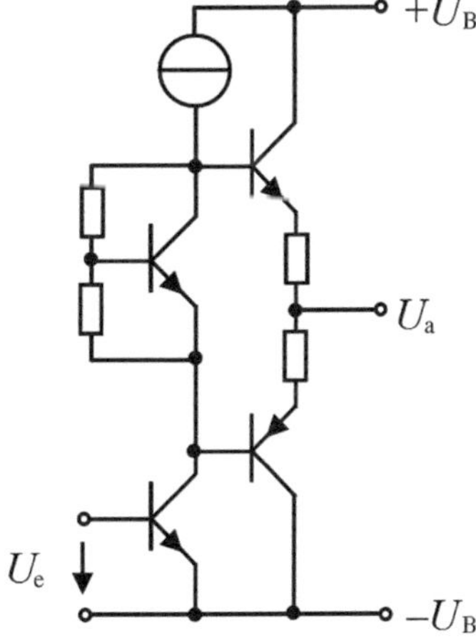

Abb. 8.42 Prinzipschaltung einer Ausgangsstufe

8.8.4 Die Ausgangsstufe

Die Ausgangsstufe muss eine hohe Ausgangsleistung bereitstellen und soll einen niedrigen Innenwiderstand (Ausgangswiderstand) haben, bei gleichzeitig niedriger interner Verlustleistung und Kurzschlussfestigkeit des Ausgangs. Häufig besteht die Ausgangsstufe aus einer Gegentaktstufe mit komplementären Transistoren im so genannten AB-Betrieb, die unmittelbar an den Ausgang der Koppelstufe angeschlossen ist. Abb. 8.42 zeigt eine Prinzipschaltung mit Einstellung eines Ruhestromes (Querstromes) durch die Ausgangstransistoren. Maßnahmen zur Begrenzung der Ausgangsströme werden hier nicht besprochen.

8.9 Tipps zum praktischen Einsatz von Operationsverstärkern

SMD-Gehäuse
Parasitäre Induktivitäten entstehen durch den Verlauf von Leiterbahnen auf Leiterplatten. Bei niederfrequenten Schaltungen können diese Induktivitäten vernachlässigt werden, ab Frequenzen von ca. 1 MHz und darüber spielen sie eine immer wichtigere Rolle. Bei Bauelementen im SMD-Gehäuse sind parasitäre Induktivitäten wegen der geringen Abmessungen deutlich kleiner als bei bedrahteten Gehäusen, für hohe Frequenzen sind SMD-Bauteile besonders vorteilhaft.

Abblocken der Betriebsspannungen
Die Betriebsspannungen müssen gut abgeblockt werden. Damit an der Induktivität der Betriebsspannungsleitung (sie ist umso größer, je länger die Leitung ist) keine Spannung abfällt, wird diese Induktivität unmittelbar an den Anschlüssen des ICs mit Kondensatoren kurzgeschlossen. Dabei werden jeweils ein kleiner Elektrolytkondensator und ein Keramikkondensator parallel geschaltet.

Masseleitung
Die Masseleitung der Schaltung und zu den Abblockkondensatoren muss eine möglichst kleine Induktivität aufweisen. Die Masse sollte als geschlossenes Netz oder besser als Massefläche mit ausgesparten Anschlusspunkten ausgeführt werden.

Schwingneigung
Besonders bei kapazitiver Last kann die Schaltung schwingen. Ursachen können Leiterbahnführungen oder schlecht abgeblockte Betriebsspannungen sein. Die Amplitude der Schwingung kann klein und die Frequenz hoch sein, die Schwingung ist dadurch evtl.

schlecht erkennbar. Ungenaues Funktionieren der Schaltung für Gleichspannungen können ein Hinweis auf vorhandenes Schwingen sein.

Der Eingang eines Oszilloskops stellt eine kapazitive Last dar und begünstigt die Schwingneigung des Operationsverstärkers. Ein Oszilloskop zur Überprüfung der Schaltung sollte deshalb nie über ein Koaxialkabel oder einen 1 : 1-Tastkopf angeschlossen werden, sondern immer über einen 1 : 10-Tastkopf, dessen Kapazität besonders klein ist und meist nur wenige Picofarad beträgt.

Dämpfung

Man sollte sich davon überzeugen, dass ein Verstärker weit genug von einem möglichen Schwingfall entfernt betrieben wird, damit durch Temperatur- oder Laständerungen keine Schwingungen einsetzen. Ein eingespeistes Rechtecksignal mit kleiner Amplitude ergibt am Ausgang eine Aussage über die Dämpfung der Schaltung.

Gegenkopplungswiderstände

Die Gegenkopplungswiderstände von VV-Operationsverstärkern können in weiten Grenzen festgelegt werden. Sie sollten so niederohmig gewählt werden, dass Fehler durch die Eingangsströme des Operationsverstärkers und durch das Rauschen der Widerstände klein bleiben. Sie sollten aber auch so hochohmig gewählt werden, dass die durch sie bedingte Verlustleistung gering bleibt.

Verlustleistung

Die Betriebsspannung sollte möglichst niedrig gewählt werden, damit die Verlustleistung der Schaltung klein bleibt. Überlegt werden sollte, welche Ausgangsaussteuerbarkeit wirklich benötigt wird. Operationsverstärker mit großer Bandbreite haben meist auch eine hohe Stromaufnahme. Es sollten keine schnelleren Operationsverstärker als für die Aufgabe erforderlich eingesetzt werden.

Übersteuerung

Bei einer Übersteuerung gehen meist interne Transistoren in die Sättigung, dadurch lädt sich der Kondensator zur Frequenzgangkorrektur auf. Nach einer Übersteuerung dauert es einige Zeit, bis ein Verstärker in den Normalbetrieb zurückkehrt. Übersteuerungen sollten deshalb möglichst vermieden werden, oder es sollten übersteuerungsfeste Verstärker eingesetzt werden.

Eingangsschutz

Die Eingangsspannungen dürfen nicht größer als die Betriebsspannungen sein, da sonst interne parasitäre Dioden leitend und maximal zulässige Ströme (oft nur 10 mA) überschritten werden.

Beim Ausschalten werden die Betriebsspannungen null, die maximale Eingangsspannung beträgt dann nur $\pm 0{,}6$ V. Befindet sich ein geladener Kondensator am Eingang oder liegt ein großes Eingangssignal weiterhin an, können unzulässig hohe Entladeströme über die Dioden fließen. Ein externer Längswiderstand am Eingang zur Strombegrenzung kann in diesen Fällen Schaden verhindern.

Grundlagen integrierter Halbleiterschaltungen 9

Auch in diesem Abschnitt liegt der Schwerpunkt nicht auf der Schaltungstechnik, sondern auf Aufbau, Eigenschaften und Funktionsweise von Bauelementen bzw. Bausteinen. Bei der Besprechung digitaler integrierter Schaltungen werden die grundlegenden Verknüpfungen der Digitaltechnik als bekannt vorausgesetzt.

9.1 Allgemeines zu integrierten Schaltungen

9.1.1 Definition und Arten der Integration

Vor der Entwicklung integrierter Schaltungen wurden elektrische Schaltungen mit diskreten Bauteilen aufgebaut, d. h. mit einzelnen Transistoren, Dioden, Widerständen usw., welche auf einer Leiterplatte zu einer Schaltung zusammengefügt wurden. Die ersten integrierten Schaltungen wurden um 1960 vorgestellt. Wie der Name sagt, handelt es sich um die platzsparende Integration mehrerer elektronischer Bauteile zu einer Schaltung.

Eine integrierte Schaltung (*IC, Integrated Circuit*) ist eine vollständige Schaltung, bei der sowohl alle verwendeten Bauelemente als auch die Verbindungen zwischen diesen auf einem Trägermaterial (*Substrat*) in einem Fertigungsprozess hergestellt werden. Die Schaltungskomponenten werden bei der monolithischen Integration durch Halbleitermaterialien realisiert. In mehreren aufeinander folgenden Verfahren der Diffusion, Oxidation und Ätzung wird eine mehrschichtige Lagenstruktur gebildet. In den einzelnen Lagen befinden sich die aktiven Komponenten wie Transistoren und die passiven Komponenten wie Widerstände und Kapazitäten. Eingebaut in ein Plastik- oder Keramikgehäuse ist die integrierte Schaltung vor einer mechanischen Beschädigung geschützt. Innerhalb des ICs sind die nach außen geführten Anschlusskontakte (Pins) mit feinen Kontaktdrähten (Bonddrähten) mit den eigentlichen Chipkontakten (Pads) verbunden.

L. Stiny, *Aktive elektronische Bauelemente*, https://doi.org/10.1007/978-3-658-24752-2_9

Bei den integrierten Schaltungen unterscheidet man grundsätzlich zwischen analogen und digitalen ICs. Außerdem wird zwischen *hybrider*, *monolithischer* und der *Multichip*-Bauweise (*MCM*, Multi Chip Module, auch „Chip-Carrier") unterschieden.

9.1.1.1 Hybride Integration

Bei hybrider Integration werden einzelne Komponenten separat mit unterschiedlicher Technologie hergestellt, anschließend auf einem Substrat platziert und elektrisch verbunden (Abb. 9.1). Bei einer Hybridschaltung kommen also verschiedene Fertigungstechnologien zum Einsatz. Der elektronische Schaltkreis kann aus dem Trägermaterial, Chips, konventionellen Bauteilen und SMD-Bauteilen bestehen. Die Hybridtechnik hat gegenüber der konventionellen Leiterplattentechnik folgende Vorteile:

- Erhebliche Platzersparnis und hohe Bauteildichte durch gedruckte Dickschichtwiderstände, unverpackte Halbleiter und SMD-Bauteile
- Bessere Wärmeableitung und -verteilung durch Keramik
- Hohe Zuverlässigkeit durch eine geringe Anzahl von Lötverbindungen
- Verbesserte elektrische Eigenschaften, kürzere Schaltzeiten, höhere Störsicherheit
- Sehr hohe Temperatur- und Langzeitstabilität.

Unter dem Begriff der Hybridschaltungen werden die integrierten *Schichtschaltungen* zusammengefasst, die wiederum in *Dickschicht*- und *Dünnschicht*-Schaltungen unterteilt werden.

Bei der Dickschichttechnik (auch als Dickfilmtechnik bezeichnet) werden zur Herstellung der eigentlichen Schaltung im Siebdruckverfahren dünne Schichten (8...50 μm) einer Paste aus Metalloxiden auf das Substrat (meist ein keramischer Träger, Al_2O_3-Keramik) gedruckt und eingebrannt. So entstehen z. B. Leiterbahnen und Widerstände. Aktive und in Dickschicht nicht realisierbare Bauteile werden als SMD- Bauelemente aufgelötet.

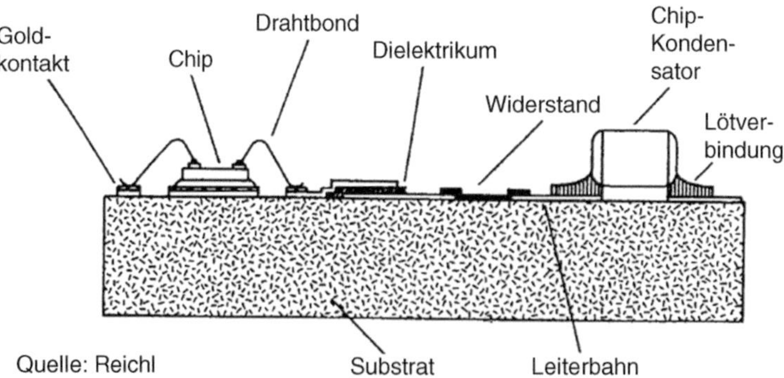

Abb. 9.1 Hybridintegration

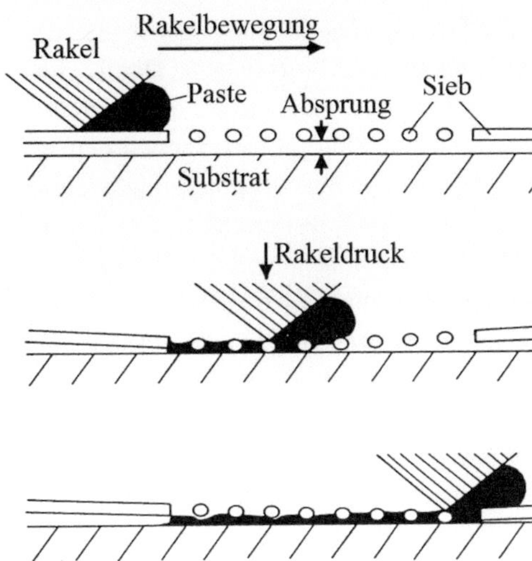

Abb. 9.2 Auftragen einer Paste mittels Siebdruck

Bei der Dünnschichttechnik verdampfen Metalle im Hochvakuum und hinterlassen sehr dünne Schichten in der Größenordnung von 0,1 µm, die galvanisch auf 3 µm verstärkt werden. Aus Preisgründen konnte sich die Dünnschichttechnik nicht breit durchsetzen. Im Folgenden wird deshalb nur die Herstellung eines ICs in Dickschichttechnik etwas näher erläutert.

Siebdruck

Bei einer Dickschichtschaltung erfordern die verschiedenen Schichten auf dem Keramiksubstrat jeweils die Entwicklung eines eigenen Siebes für den Siebdruck-Automaten. Jedes Sieb besteht aus einem Stahlgeflecht und ist an den Stellen durchlässig, an denen die Druckpaste durchgeführt werden soll. Beim Siebdruck wird die Paste auf das Sieb aufgetragen, und ein *Rakel* (eine Art Spachtel) streicht sie über das Sieb (Abb. 9.2). Die Dicke der Schicht hängt u. a. von folgenden Faktoren ab: Der Mesh-Zahl des Siebes (Anzahl der Maschen pro Zoll), der Viskosität der Paste und von Rakeldruck und Rakelgeschwindigkeit.

Die Schichten werden in folgender Reihenfolge gedruckt, getrocknet und gebrannt: Zuerst die Leiterbahnschicht, dann eine Isolationsschicht aus Glas-Keramikpaste bei Leiterbahnüberkreuzungen, gefolgt von verschiedenen Widerstandsschichten und einer Goldschicht für Bonddrähte. Zuletzt wird eine Schutzschicht aus Glas eingebrannt. Zum Schutz vor Oxidation werden dann noch die Lötpads mit einer Schichtdicke von ca. 20 µm vorverzinnt.

Die-Bonden

Nachdem die Schaltungen gereinigt worden sind, erfolgt das Die-Bonden, d. h. das Aufbringen kleiner Chips. Unter *Bonden* versteht man allgemein das Verbinden einzelner Teile oder Komponenten. Die-Bonden bedeutet die mechanische Befestigung eines Chips.

Ein *Chip* oder *Die* ist ein ungehäustes, unverpacktes Halbleiterbauteil oder ein IC mit äußerst kleinen Abmessungen. Damit ein Chip einen Halt auf dem Träger (auf einer Dickschichtschaltung oder auf einer bondbaren Leiterplatte) findet, muss zunächst auf die entsprechende Stelle je nach Bauteil Leit- oder Nichtleitkleber aufgebracht werden. Stellt der Boden eines Bauteils einen Bauteilanschluss dar (z. B. der Kollektor bei einem Transistor), so wird Silberleitkleber verwendet. Nichtleitkleber wird z. B. bei Bauteilen mit isolierter Bodenfläche wie den ICs eingesetzt. Das Aufsetzen der Chips kann entweder mit einem manuell zu bedienenden Die-Bondgerät oder durch einen vollautomatischen Die-Bonder erfolgen. Nach dem Die-Bonden muss der Kleber in einem Ofen aushärten.

Wire-Bonden

Die aufgesetzten Dies sind bei Nichtleitkleber noch nicht oder bei Leitkleber nicht mit allen Bondpads verbunden. Daher müssen kleine Drahtverbindungen vom Chip zu den Pads hergestellt werden. Das Drahtbonden (wire bonding) ist ein Mikropress-Schweißverfahren, bei dem gleich- oder verschiedenartige Werkstoffe durch die zeitlich begrenzte Einwirkung von Druck sowie Temperatur und/oder Ultraschall im festen Zustand miteinander verbunden werden.

Beim Drahtbonden wird Aluminiumdraht (typ. 0,032 mm Durchmesser) oder Golddraht (typ. 0,025 mm Durchmesser) mit den Pads verschweißt. In Leistungsmodulen werden beim Dickdrahtbonden Al-Drähte mit einem Durchmesser bis zu 0,5 mm verwendet. Die Kontaktstellen können als Keil (*Wedge*) oder Kugel (*Ball*) ausgeformt sein (Abb. 9.3). Die eingesetzten Verfahren benutzen Ultraschallenergie (Ultrasonic-Bonden) oder Temperatur und Druck (Thermokompressionsbonden) oder eine Kombination aus beiden Methoden (Thermosonic-Bonden). Die Bonddrähte (Abb. 9.4) sind umso dicker zu wählen, je größer die Strombelastung ist. Da offene Bonddrähte sehr empfindlich gegen Berührung oder aggressive Umwelteinflüsse sind, werden sie anschließend mit einer speziellen Chipabdeckpaste versiegelt, die an die Eigenschaften des Substrats angepasst ist.

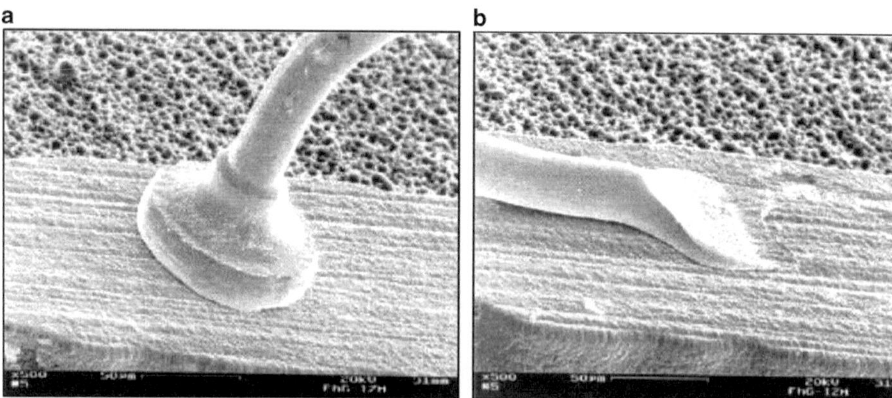

Abb. 9.3 Ball-Bondstelle (**a**), Wedge-Bondstelle (**b**)

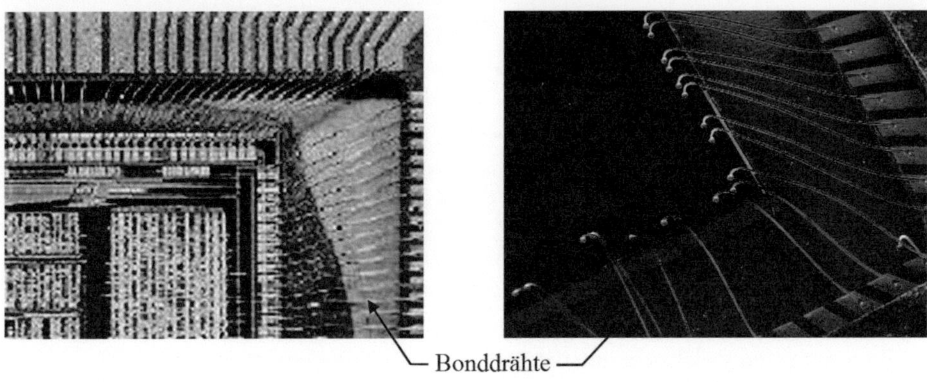

Abb. 9.4 Elektrische Verbindung zwischen Chip und Substrat durch Bonddrähte

Flip-Chip-Bonden

Das Flip-Chip-Bonden ist ebenso wie das Drahtbonden ein Verfahren zur elektrischen Kontaktierung eines Halbleiterchips mit Schaltungsträgern (einem Keramiksubstrat oder einer Leiterplatte). Der ungehäuste Chip wird mit so genannten „*Bumps*“ versehen. Dies sind kleine Kontaktierhügel („Goldpilze“), die auf der Oberseite des Chips an seinen Kontaktierungsstellen angebracht werden. Der Chip wird dann mit seiner Oberseite bzw. Anschlussseite kopfüber nach unten auf das Substrat gesetzt, wobei die Bumps auf die Anschlusspunkte des Substrats zu liegen kommen (Abb. 9.5). Die elektrische Verbindung erfolgt durch Thermokompressionsbonden oder Reflow-Lötung. Das besondere an diesem Verfahren ist, dass der mechanische und der elektrische Kontakt direkt, und nicht wie sonst üblich, über empfindliche Bonddrähte oder Chipgehäuse hergestellt wird.

Vorteile des Flip-Chip-Bonden sind:

- Kurze Kontaktwege
- Hohe Packungsdichte
- Kleine Gehäuse
- Die Bondpads können überall auf dem Chip angeordnet werden, und sind nicht nur auf den Rand beschränkt.
- Es sind keine empfindlichen Bonddrähte vorhanden.
- Gute Justierung des Chips zum Substrat
- Geringe parasitäre Induktivitäten

Nachteile des Flip-Chip-Bonden sind:

- Bumps müssen hergestellt werden.
- Substrate müssen sehr eben sein, da die Bumps nur einen geringen Höhenunterschied ausgleichen.

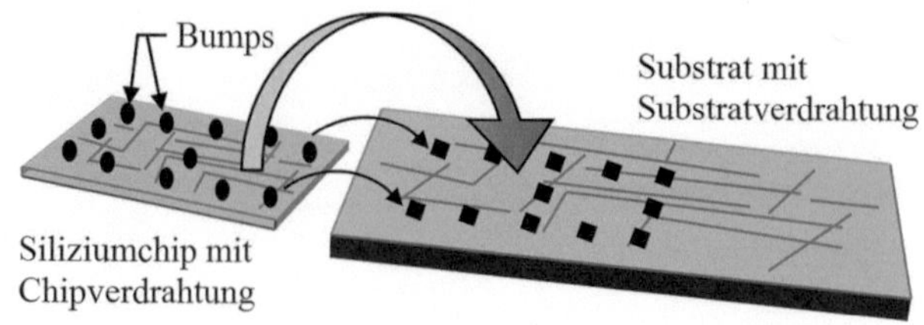

Abb. 9.5 Beim Flip-Chip-Bonden wird der Chip „face down" direkt auf das Substrat gebondet

- Der Chip ist nicht großflächig mit dem Substrat verbunden. Dies bedeutet schlechte Wärmeableitung, thermische Spannungen belasten die elektrischen Verbindungen. Die Bumps müssen weich sein, um die Spannungen aufzunehmen.

9.1.1.2 Monolithische Integration

Bei monolithischer Integration (Abb. 9.6, 9.7) werden alle Funktionen auf einem Substrat (Halbleiterplättchen aus monokristallinem Silizium, *Chip* oder *Die*) durch Halbleitertechnologie realisiert. Es entstehen in sehr hohen Stückzahlen produzierte ICs mit digitalen

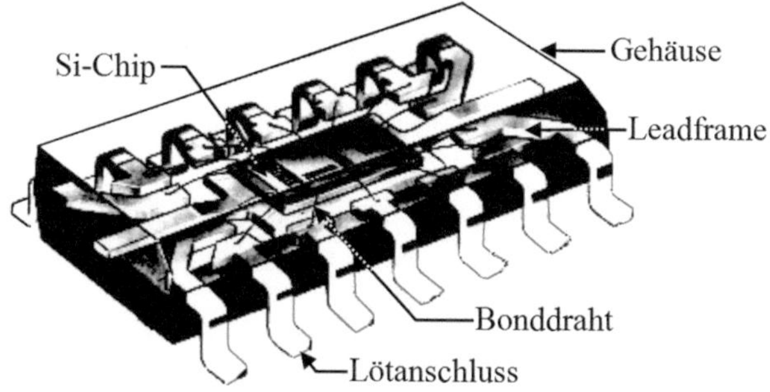

Abb. 9.6 Querschnitt einer monolithisch integrierten Schaltung

Abb. 9.7 ICs in SMD-Ausführung (*oben*) und bedrahtete ICs (*unten*)

Abb. 9.8 Multichip Modul in Dünnfilmtechnik

(z. B. Logikgatter) oder analogen (z. B. Operationsverstärker) Grundfunktionen für Standardanwendungen.

9.1.1.3 Multi Chip Module

Multi Chip Module sind Funktionsbaugruppen, bei denen die aktiven und passiven Komponenten (evtl. auch mehrere Chips) ohne eigenes Gehäuse auf einem geeigneten Verbindungsträger untergebracht und miteinander verbunden sind (Abb. 9.8). Das Ergebnis ist eine erhebliche Flächen-, Volumen- und Gewichtseinsparung gegenüber einem Aufbau mit gehäusten Bauteilen. MCM erhalten entweder ein eigenes Gehäuse oder werden innerhalb eines gesamten Gehäuses nach außen geschützt.

9.1.2 Vor- und Nachteile integrierter Schaltungen

Integrierte Schaltungen bieten gegenüber aus einzelnen Bauelementen aufgebauten diskreten Schaltungen folgende *Vorteile*:

- Niedrige Kosten wegen hoher Stückzahlen, die durch Standardanwendungen erreicht werden. Die Entwicklung eines ICs und die Vorbereitung der Herstellung sind zwar teuer, diese Kosten verteilen sich jedoch auf eine sehr große Stückzahl.
- Hohe Zuverlässigkeit. Die Zuverlässigkeit einer Schaltung hängt von der Ausfallwahrscheinlichkeit der einzelnen Bauelemente sowie von der Zuverlässigkeit der Verbindungen und vor allem der Lötstellen ab, welche es in ICs nicht gibt. Durch den gemeinsamen Herstellungsprozess für alle Schaltungselemente eines ICs wird für die gesamte Schaltung eine ähnlich hohe Zuverlässigkeit wie bei einem einzelnen Bauelement erreicht.
- Hohe Temperaturstabilität. Wegen des gemeinsamen und gleichartigen Herstellungsprozesses für alle Schaltungselemente haben alle Bestandteile eines ICs die gleiche

Temperaturabhängigkeit. Der allen Komponenten gemeinsame Temperaturgang lässt sich schaltungstechnisch leicht kompensieren.
- Extrem kleiner Platzbedarf und hohe Komplexität der Schaltungen. In einem IC lassen sich sehr umfangreiche Schaltungen auf sehr kleiner Fläche wirtschaftlich herstellen.
- Niedrige Leistungsaufnahme.

Diesen Vorteilen stehen folgende *Nachteile* gegenüber:

- Begrenzte Ausgangsleistung. Sind große Leistungen zu steuern, so müssen zur Anpassung diskrete Leistungshalbleiter oder Relais zwischen IC und Verbraucher geschaltet werden.
- Einschränkung auf wenige Arten von Bauelementen. In integrierter Technik sind Transistoren, Dioden, Widerstände und Leiterbahnen leicht herstellbar. Kondensatoren und Induktivitäten lassen sich nur mit kleinen Werten wirtschaftlich integrieren. Größere Induktivitäten und Kapazitäten müssen entweder als diskrete Bauelemente extern angeschaltet werden, oder es müssen Schaltungen entwickelt und eingesetzt werden, die bei gleichen Eigenschaften ohne Kapazitäten und Induktivitäten auskommen.
- Nur eine Massenfertigung ist wirtschaftlich. Wegen der hohen Entwicklungskosten können ICs nur in sehr großen Stückzahlen zu niedrigen Preisen hergestellt werden.

9.1.3 Einteilung integrierter Schaltungen

ICs können nach unterschiedlichen Gesichtspunkten eingeteilt werden.

9.1.3.1 Integrationsgrad

Der Integrationsgrad bezeichnet die Anzahl der Transistoren in einem integrierten Schaltkreis. Statt Transistoren können auch Logikgatter gemeint sein. Für die Integrationsdichte gibt es keine fest definierte Standardeinheit.

- *SSI*-Schaltungen (Small Scale Integration, kleiner Integrationsgrad). Die Zahl der Verknüpfungsschaltungen ist <20, die Zahl der Komponenten (Funktionselemente, Transistoren) pro Chip ist <100. Beispiele: Logische Verknüpfungen, einfache Decoder, bi- und monostabile Kippschaltungen.
- *MSI*-Schaltungen (Medium Scale Integration, mittlerer Integrationsgrad). Die Zahl der Verknüpfungsschaltungen beträgt ca. 20 bis 100, die Zahl der Komponenten pro Chip ist 100 bis 1000. Beispiele: Zähler, Schieberegister, Rechenwerke.
- *LSI*-Schaltungen (Large Scale Integration, großer Integrationsgrad). Die Zahl der Verknüpfungsschaltungen ist 100 bis 50.000, die Zahl der Komponenten pro Chip 1000 bis mehrere 10.000. Beispiele: 16-Bit Mikroprozessoren, 16-kBit RAM.
- *VLSI*-Schaltungen (Very Large Scale Integration, sehr großer Integrationsgrad). Die Zahl der Verknüpfungsschaltungen ist >50.000, die Zahl der Komponenten pro Chip ist >100.000. Beispiele: $\geq$64-kBit RAM, $>$32-Bit Mikroprozessoren.
- *ULSI*-Schaltungen (Ultralarge Scale Integration) mit 10^6 bis 10^7 Funktionselementen.

Weitere Beispiele: Aktuelle High-End-Prozessoren (Grafikprozessoren) enthalten bis zu 1,4 Milliarden Transistoren auf einer Fläche von weniger als sechs Quadratzentimetern. Bei Hauptprozessoren in Computern (CPUs) wird eine Dichte von bis zu etwa 400 Millionen Transistoren pro Quadratzentimeter erreicht. Speicherchips haben auf der gleichen Fläche bereits die Zahl von knapp zwei Milliarden Transistoren erreicht

9.1.3.2 Befestigungsart auf der Leiterplatte

- Steckbare Gehäuse, z. B. Dual-Inline (*DIL*) in *THT* (Through Hole Technology)
- Oberflächenmontierbare Gehäuse (*SMD*, Surface Mounted Devices).

Die Anzahl unterschiedlicher IC-Gehäusearten ist groß. Eine mögliche Klassifizierung zeigt Abb. 9.9. Die Gehäuseformen sind in Abb. 9.10 dargestellt.

9.1.3.3 Technologie

- Bipolare ICs, die Schaltungen enthalten npn- und pnp-Transistoren
- Unipolare ICs, deren Schaltungen aus Feldeffekt-Transistoren (MOSFET) bestehen.

Innerhalb der beiden Technologien werden die ICs nach ihrer Zugehörigkeit zu verschiedenen Schaltungsfamilien unterschieden.

Bipolare Schaltkreisfamilien sind z. B. die Transistor-Transistor-Logik (*TTL*) mit vielen Varianten und die Emittergekoppelte Logik (*ECL*).

Zu den unipolaren Schaltkreisfamilien gehören Schaltungen mit p-Kanal- bzw. n-Kanal-MOSFET (PMOS/NMOS) und Schaltungen mit komplementären MOSFET (*CMOS*), ebenfalls mit mehreren Varianten.

Innerhalb einer Schaltungsfamilie wird für alle ICs die gleiche Schaltungstechnik verwendet. Jede Schaltkreisfamilie hat für sie typische Eigenschaften und spezifische Kennwerte.

9.1.3.4 Schaltzeiten

- Langsame Baureihen mit $t_P > 20\,\text{ns}$, z. B. CMOS-Baureihen 4000 (veraltet)
- Mittelschnelle Baureihen mit $t_P = 6\ldots20\,\text{ns}$, z. B. TTL-Standard-Reihe 74xx oder TTL-Low-Power-Schottky-Reihe 74LSxx (veraltet),
  High-Speed-CMOS-Reihe 74HCxx bzw. 74HCTxx
- Schnelle Baureihen mit $t_P = 3\ldots6\,\text{ns}$,
  Advanced-Low-Power-Schottky-Reihe 74ALSxx, Advanced-CMOS-Reihe 74ACxx bzw. 74ACTxx
- Sehr schnelle Baureihen mit $t_P \leq 3\,\text{ns}$, z. B. Advanced-Schottky-TTL-Reihe 74ASxx, Bipolar-CMOS-Reihe (BICMOS) 74ABT

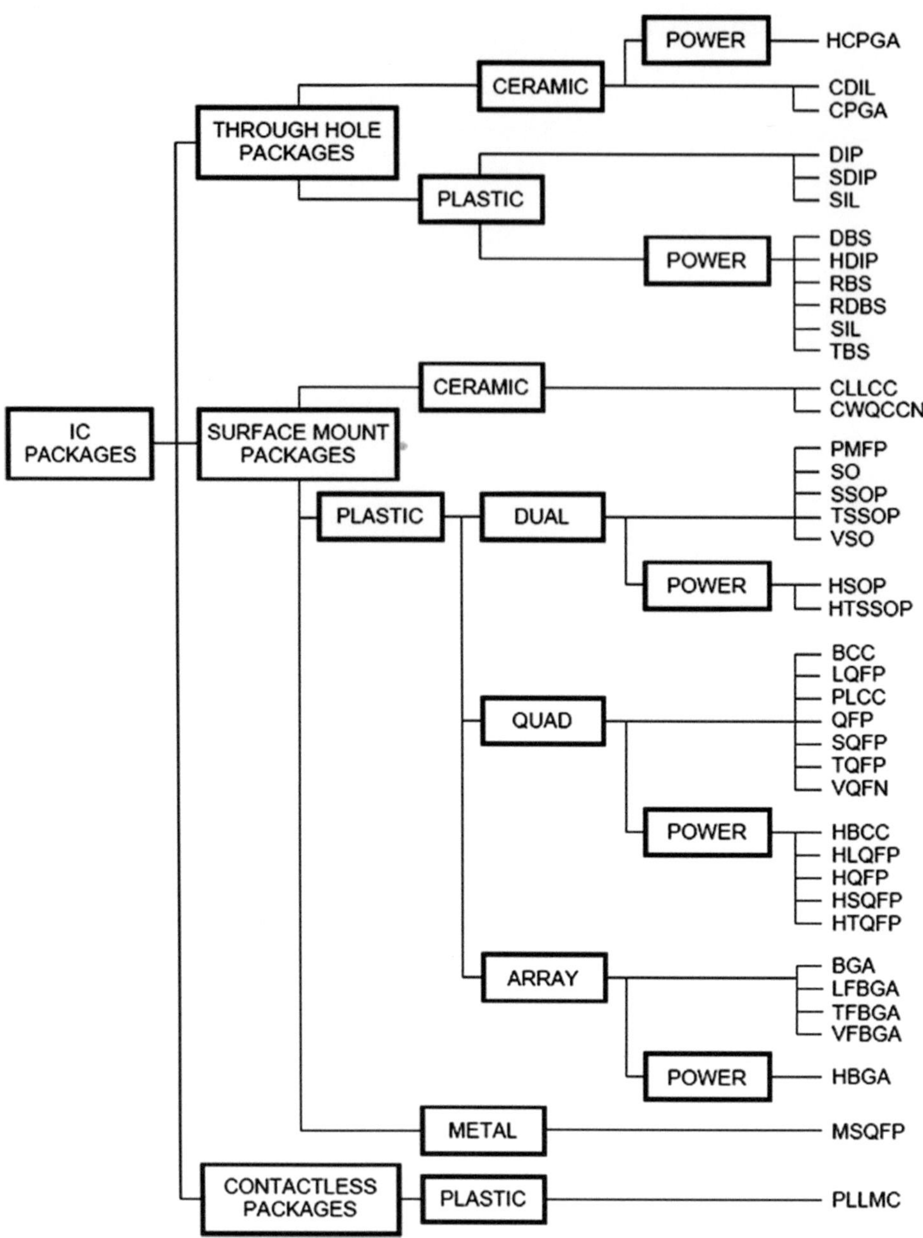

Abb. 9.9 Einteilung von IC-Gehäusen

Abb. 9.10 Beispiele verschiedener IC-Gehäuse, Abkürzungen siehe Tab. 9.1

9.1.3.5 Temperaturbereiche

Integrierte Schaltungen können auch nach Temperaturbereichen eingeteilt werden, z. B. bei der TTL-Reihe: SN54xx für eine Umgebungstemperatur von −55 bis +125 °C und SN74xx für eine Umgebungstemperatur von 0 bis +70 °C.

9.1.3.6 Schaltungsart

Nach Schaltungsfunktionen lassen sich unterscheiden:

- *Digitale* Schaltungen (Standard-Logik-Serien) wie Gatter, Flipflops, Zähler/Teiler, Schieberegister, Dekoder, Addierer, Speicher, Komparatoren, Treiber/Puffer, Monoflops, Schmitt-Trigger, Multiplexer, Mikroprozessoren
- *Analoge* Schaltungen (lineare ICs) wie Operationsverstärker, Komparatoren, Differenzverstärker, Verstärker, Oszillatoren, Demodulatoren, Spannungsregler, Digital-Analog-Wandler (DA-Wandler), Analog-Digital-Wandler (AD-Wandler)

9.1.3.7 Anwendungsbereich

- ICs für die Unterhaltungselektronik wie NF-, ZF-Verstärker, Demodulatoren aller Art, Verkehrsfunkdecoder, Infrarot-Fernsteuerungen, Klangregler, Verstärker für Berührungstasten

Tab. 9.1 Einige Abkürzungen der SMD-Gehäusetechnik

BGA	Ball Grid Array	Kontakte als kleine Lotkügelchen an der Unterseite
CC	Chip Carrier	
CDIP	Ceramic Dual In Line Package	DIP im Keramikgehäuse
CLCC	Ceramic Leaded Chip Carrier	
CQFP	Ceramic Quad-Flat Package	
DFP	Dual Flat Pack	Pins an beiden Längsseiten, Raster 0,65 mm
DIL	Dual In Line	Anschlüsse an zwei Seiten, meist im Raster 2,54 mm (= 100 mil), „Urform" der Chipgehäuse
DIMM	Dual-In-Line Memory Module	
DIP	Dual Inline Package	wie DIL
FBGA	Fine Pitch BGA	
FCPGA	Flip-Chip Pin Grid Array	
FQFP	Fine Pitch QFP	
LCC	Leaded Chip Carrier	
LGA	Land Grid Array	Package mit Kontaktflächen an der Unterseite
LPCC	Leadless Plastic Chip Carrier	wie PLCC
LQFP	Low Profile Quad Flat Pack	wie QFP, aber dünnes Gehäuse
PBGA	Plastic BGA	
PCC	Plastic Chip Carrier	
PDIP	Plastic Dual In Line Package	wie DIP im Plastikgehäuse
PGA	Pin Grid Array	Package mit Pins an der Unterseite
PLCC	Plastic Leaded Chip Carrier	wie SOJ
PQFP	Plastic Quad-Flat Package	
QFJ	Quad Flat J-Leaded Package	
QFN	Quad Flat Non-Leaded Package	wie QFP, die Pins ragen nicht seitlich über die Plastikummantelung hinaus, sondern sind nur von der Unterseite zugänglich, kleinerer Platzbedarf
QFP	Quad Flat Package	Pins an vier Seiten, Raster 1,27 bis 0,4 mm
SDIP	Shrink DIP	wie DIP mit kleineren Abmessungen, Raster 2,54 bis 1,27 mm
SIL	Single In Line	
SIP	Single Inline Package	eine Anschlussreihe, meist im Raster 2,54 mm
SO	Small Outline	
SOJ	SO J-Leaded Package	unter Gehäuse gebogene Pins, für Sockel geeignet
SON	SO Non-Leaded Package	
SOP	Small Outline Package	meist im Raster 1,27 mm
SSIP	Shrink SIP	
SSOP	Shrink SOP	Raster meist 0,65 mm, außerdem flacher als SOP
TSSOP	Thin SSOP	flacher als SSOP
TQFP	Thin QFP	wie QFP, dünnes Gehäuse
TSOP	Thin Small Outline Package	meist im Raster 0,635 bzw. 0,65 mm

Tab. 9.1 (Fortsetzung)

VQFP	Very Thin Quad Flat Pack	wie QFP, sehr dünnes Gehäuse, Raster 0,8 bis 0,4 mm
VSO	Very Small Outline	
ZIP	Zig-zag Inline Package	Anschlüsse auf einer Seite im Zickzack, Gehäuse steht hochkant

- Kommerzielle Digitalschaltungen wie MODEM (Modulator/Demodulator für die Datenübertragung), CODEC (Codierer und Decodierer für PCM-Einrichtungen), Tastwahlgeber, Digital-Multimeter etc.
- Mikroprozessoren und Mikrocomputer, dazu werden auch die zugehörigen Bausteine für die Ein-/Ausgabe, Unterbrechungssteuerung, Reset, Watchdog usw. gezählt.
- Halbleiterspeicher.

9.1.3.8 Programmierbare Logik

Programmable-Logic-Array (PLA): Dabei handelt es sich um LSI-ICs für universelle Anwendungen. Es sind einheitlich vorgefertigte Chips mit einer Vielzahl von Verknüpfungsschaltungen (bis zu mehreren 1000). Die Verbindungen zwischen den Verknüpfungsschaltungen werden nach den Angaben des jeweiligen Anwenders (des Geräteherstellers) hergestellt.

9.1.3.9 Zugänglichkeit

- Standardschaltungen: Sie können von jedem Anwender ab Lager gekauft werden, auf deren Entwicklung und Fertigung hat der Anwender keinen Einfluss.
- Kundenspezifische Schaltungen (ASIC, **A**pplication **S**pecific **I**ntegrated **C**ircuit): Große Logikfunktionen werden nach Vorgaben des Anwenders entwickelt und nach Herstellung in einer Halbleiterfabrik als IC nur an diesen ausgeliefert.
- PLD (**P**rogrammable **L**ogic **D**evice): Einmalig oder mehrmalig programmierbare Schaltungen, z. B. Gate Array, EPROM. PLDs besitzen eine konfigurierbare logische Grundstruktur, in die durch Programmierung eine vom Entwickler gewünschte Funktion eingeschrieben wird. Im programmierten Zustand werden PLDs wie andere Logikbausteine verwendet. Die Entwicklungsarbeit bei PLD-Bausteinen besteht in der Spezifikation und Verifikation der benötigten Logik und der Erzeugung der Programmierinformation. PLD-Bausteine können vor Ort programmiert werden.

Im Folgenden werden ausschließlich die wichtigsten *digitalen* integrierten Schaltungen behandelt. Spezielle ICs wie Spannungsregler oder ICs der Unterhaltungselektronik werden nicht besprochen.

9.2 Kenngrößen digitaler Schaltkreise

Die Eigenschaften integrierter Schaltungen werden durch Kennlinien und -daten beschrieben. Nachfolgend sind einige wichtige Kennwerte logischer Schaltungen zusammenfassend dargestellt. Sie können in ihrer allgemeinen Darstellung auf alle logischen Schaltungen angewendet werden. Die Zahlenwerte der einzelnen Parameter werden durch die konkrete schaltungstechnische Lösung (Schaltkreisfamilie) bestimmt.

Zu den typischen Merkmalen eines Logikschaltkreises gehören:

- die Funktionsweise
- die Gehäusebauform und Anschlussbelegung
- die Betriebskennwerte (Speisespannung, Stromaufnahme usw.)
- die statischen Signalkennwerte (Logikpegel usw.)
- die dynamischen Signalkennwerte (Anstiegszeiten, Verzögerungszeiten usw.).

9.2.1 Betriebsspannung

Dieser Parameter bestimmt u. a. die Störsicherheit des Digitalsystems und den technischen Aufwand für die Stromversorgung (stabilisierte Netzgeräte). Allgemein ist eine Schaltkreisfamilie umso langsamer, gleichzeitig jedoch auch sicherer gegenüber Störsignalen, je höher die Betriebsspannung U_{B} (oder U_{CC}) ist.

9.2.2 Pegelbereiche und Übertragungskennlinie logischer Schaltungen

In digitalen Systemen werden die Verknüpfungsglieder zu mehr oder weniger komplexen logischen Schaltungen zusammengeschaltet. Vom Ausgang eines Schaltgliedes werden dabei meist die Eingänge mehrerer anderer Gatter angesteuert. Das Ausgangssignal eines Gatters ist somit gleichzeitig Eingangssignal mindestens eines nachfolgenden Gatters. Dies bedeutet, dass die Eingänge nachfolgender Gatter als Last auf die Höhe der Ausgangsspannung vorangehender Gatter zurückwirken. Infolge dieser Last ändert sich in beiden der Schaltzustände High oder Low im Allgemeinen die Ausgangsspannung U_{O} der Schaltstufe gegenüber dem unbelasteten Fall.

Daher werden relativ große Pegel*bereiche* eingeführt und den binären Spannungspegeln High und Low der Schaltvariablen zugeordnet. Diese Pegelbereiche der Ausgangs- und Eingangsspannung müssen bestimmte Grenzwerte einhalten, damit die logische Zuordnung eindeutig bleibt (Abb. 9.11).

Ursachen für Änderungen der Spannungswerte am Ausgang einer Schaltstufe sind z. B. Exemplarstreuungen und Toleranzen der verwendeten Bauelemente, Schwankungen der Betriebsspannung, Temperatureinflüsse und Übersprechen zwischen benachbarten Leitungen.

Abb. 9.11 Signalbereiche für H- und L-Pegel

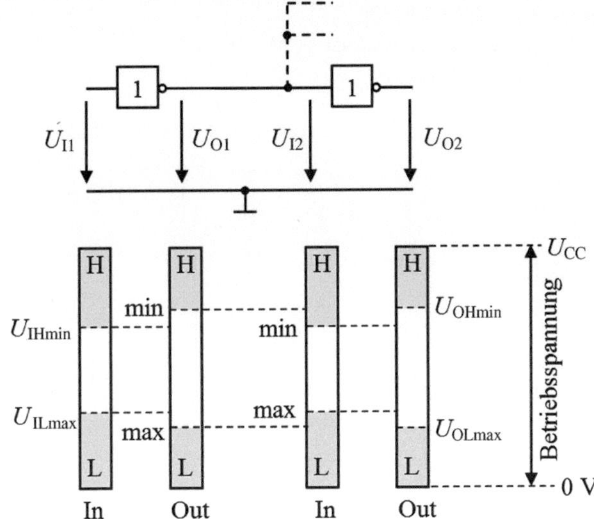

Die Pegel der Binärvariablen U_H und U_L für die Eingangs- und Ausgangsspannung der logischen Elemente werden u. a. von der Betriebsspannung, entscheidend aber von der verwendeten Schaltungstechnik bestimmt. Die Grenzwerte für die beiden Pegelbereiche H und L werden aus der *Übertragungskennlinie* $U_O = f(U_I)$ eines Verknüpfungsgliedes abgeleitet (Abb. 9.12).

Die Übertragungskennlinie kennzeichnet das *statische* Verhalten, sie gibt die Ausgangsspannung U_O einer Verknüpfungsschaltung in Abhängigkeit von der Eingangsspannung U_I an.

Eine absolute theoretische Grenze für eine eindeutige Unterscheidung der Pegelbereiche H und L ist der Arbeitspunkt S mit $U_{OS} = U_{IS} = U_S$ (Eingangsschwellenspannung). Die Schwellenspannung U_S ist diejenige Eingangsspannung, bei der Eingang und Ausgang gleiche Spannung aufweisen, also tatsächlich zwischen Low und High umgeschaltet wird. Eine Gerade mit der Steigung 1 schneidet die Übertragungskennlinie im Punkt $(U_I = U_S, U_O = U_S)$.

Als Sicherheitsabstand (*Störabstand, statischer Störspannungsabstand*) wird der Übergangsbereich der Übertragungskennlinie bezogen auf die Eingangsspannung U_I gewählt. Ausgangsspannungen $U_{OL} < U_O < U_{OH}$ und Eingangsspannungen $U_{IL} < U_I < I_{IH}$ dürfen statisch nicht auftreten, dies sind *verbotene Bereiche*. Der Störabstand ist ein Maß für die Störsicherheit eines digitalen Systems.

9.2.3 Spannungspegel, Störabstand

Für jede digitale Schaltkreisfamilie gibt es genau festgelegte Spannungsbereiche für die binären (logischen) Pegel Low und High der Ein- und Ausgangsspannungen. Die Span-

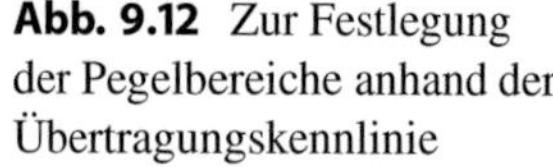

Abb. 9.12 Zur Festlegung der Pegelbereiche anhand der Übertragungskennlinie

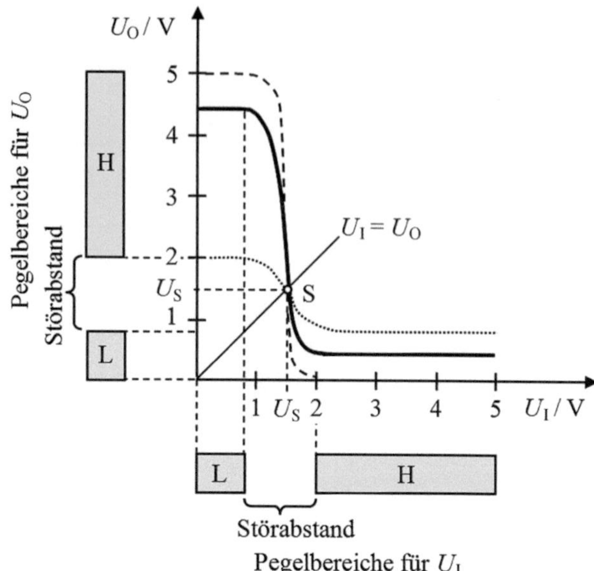

nungsbereiche sind für die Ein- und Ausgangspegel typisch unterschiedlich. Eine besondere Rolle spielt dabei der so genannte *TTL-Pegel* als Standard- bzw. Vergleichsgröße.

Die Differenz der minimalen H-Pegel und der maximalen L-Pegel von Ein- und Ausgangsspannung ist ein Maß für den statischen (worst-case) Störabstand S_H bzw. S_L für Low- bzw. High-Pegel.

$$S_H = U_{OHmin} - U_{IHmin} \tag{9.1}$$

$$S_L = U_{ILmax} - U_{OLmax} \tag{9.2}$$

Der statische Störspannungsabstand gibt die maximal zulässige Spannungsänderung an den Eingängen eines Gatters an, die den Ausgang noch nicht umschaltet.

Bezüglich Signalpegel und Störabstand sind vier Fälle zu betrachten (Abb. 9.13, 9.14).

1. Low am Ausgang: U_{OLmin}, U_{OLmax}. Hat der Ausgang aus funktioneller Sicht einen Low-Pegel zu liefern, so muss die Ausgangsspannung in diesem Bereich liegen. Der Low-Pegel darf nicht zu groß werden, die Ausgangsspannung darf U_{OLmax} nicht überschreiten.
2. High am Ausgang: U_{OHmin}, U_{OHmax}. Hat der Ausgang einen High-Pegel zu liefern, so muss die Ausgangsspannung in diesem Bereich liegen. Der High-Pegel darf nicht zu klein werden, die Ausgangsspannung darf U_{OHmin} nicht unterschreiten.
3. Low am Eingang: U_{ILmin}, U_{ILmax}. Eine Spannung in diesem Bereich muss der Schaltkreis sicher als Low bewerten. U_{ILmax} sollte etwas größer sein als U_{OLmax} (Störspannungsabstand).

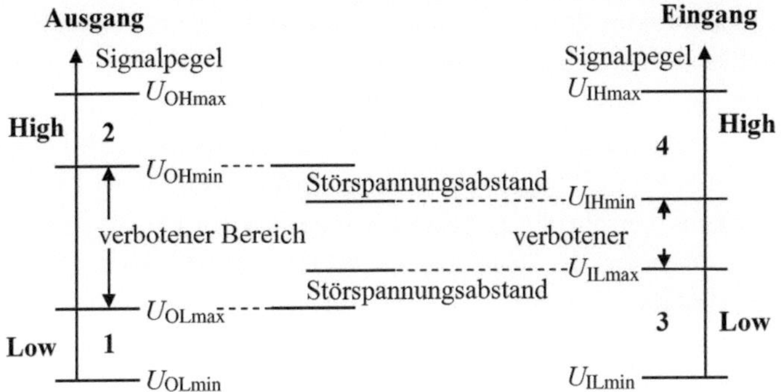

Abb. 9.13 Allgemeine Pegelspezifikationen für Low und High an Ein- und Ausgang

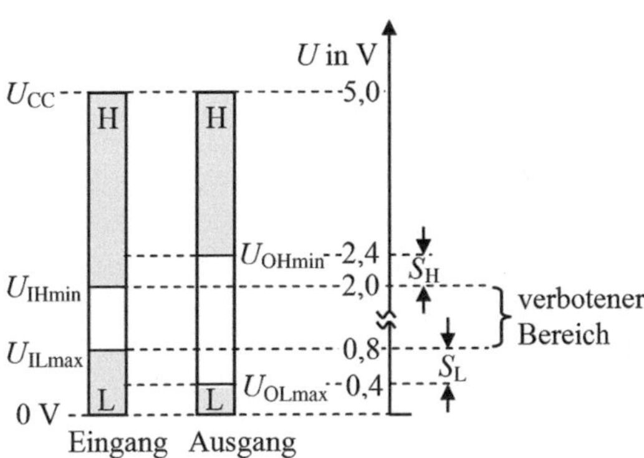

Abb. 9.14 Signalpegel und statischer Störabstand bei TTL

4. High am Eingang: U_{IHmin}, U_{IHmax}. Eine Spannung in diesem Bereich muss der Schaltkreis sicher als High bewerten. U_{IHmin} sollte etwas kleiner sein als U_{OHmin} (Störspannungsabstand).

9.2.4 Lastfaktoren

Jedes Gatter belastet den Ausgang des vorangehenden Logikbausteins. Die Ausgangsstufen der Bausteine dürfen nicht überlastet werden. Damit das Zusammenschalten von Schaltgliedern aus *einer* Schaltkreisfamilie (speziell TTL-Reihen) einfach möglich ist, werden von den Herstellern Lastfaktoren definiert. Lastfaktoren geben (annähernd) an, wie viele Eingänge von nachfolgenden Gattern ein betrachteter Ausgang einer Logikschaltung treiben kann. Dabei wird ein bestimmtes Gatter aus der betrachteten Logikfamilie als Referenz verwendet.

Der Eingangslastfaktor (*Fan-In*) eines Eingangs gibt an, um welchen Faktor die Stromaufnahme größer ist als beim Einheitsgatter derselben Schaltkreisfamilie. Ein Standardeingang hat ein Fan-In = 1.

Der Ausgangslastfaktor (*Fan-Out*) gibt an, wie viel Standardeingänge der *gleichen* Schaltkreisfamilie an den Ausgang eines Gatters maximal angeschaltet werden dürfen, damit der Spannungspegel eingehalten wird. Typische Werte sind Fan-Out = 10 für Standardgatter (ein Standardausgang kann mit 10 Standardeingängen belastet werden) und Fan-Out = 30...120 für Leistungsgatter (Treiber, Buffer).

Werden Bausteine verschiedener Schaltkreisfamilien zusammengeschaltet oder werden so genannte systemfremde Bauelemente (Widerstand, Diode) an Schaltkreise angeschlossen, dann sind diese Kennwerte wenig hilfreich. Im allgemeinen ist dann für jede Schnittstelle eine Strombilanz aufzustellen und es sind geeignete Interface-Schaltungen (Pegelanpassstufen) einzusetzen.

9.2.5 Ausgangsstufen

Als Ausgangsstufen logischer Schaltungen werden *Eintakt-* und *Gegentakt*stufen (*Totem-Pole*-Ausgang) eingesetzt. Ihre Eigenschaften bestimmen maßgeblich die statischen und dynamischen (Ausgangs-) Kennwerte der Logikgatter.

Eintaktstufen gibt es bei TTL-Schaltkreisen in Form der *Open-Collector*-Stufen. Sie werden typisch als Treiber systemfremder Lasten und zur Pegelanpassung eingesetzt. Nachteilig sind das schlechtere Zeitverhalten, eine verzögerte Low-High-Flanke und der stets notwendige externe Widerstand, dessen Wert vom konkreten Lastfall bestimmt wird. Die OC-Ausgänge verschiedener Schaltkreise können direkt verbunden werden (wired AND).

Gegentaktstufen zeigen ein besseres Schaltverhalten, dürfen aber im Allgemeinen nicht parallel geschaltet werden, da sonst bei unterschiedlichen Ausgangspegeln ein Kurzschlussstrom fließen kann. Eine Busfähigkeit wird hier durch *Tri-State*-Ausgangsstufen erreicht, welche außer Low und High einen möglichen dritten, hochohmigen Ausgangszustand (Z-Zustand) einnehmen können.

9.2.6 Schaltzeiten

Das zeitliche Verhalten digitaler Schaltkreise wird durch Schaltzeiten beschrieben. Es wird dabei zwischen Anstiegs- und Abfallzeit der Signalflanken sowie Verzögerungszeiten unterschieden.

Die Signalübergangszeiten t_{LH} und t_{HL} beschreiben die Flankensteilheiten des Ausgangssignals und werden meist zwischen 10 und 90 % der Amplituden für L- und H-Pegel gemessen (Abb. 9.15).

Die *mittlere Signallaufzeit* gibt die verzögerte Reaktion des Ausgangs auf einen Eingangsimpuls an. Dieser charakteristische Parameter wird in Datenbüchern häufig unter dem Begriff *Signalverzögerungszeit* t_{pd} (*propagation delay time*) angegeben. Da die Laufzeiten für LH- unterschiedlich zu HL-Signalflanken sein können, wird das arithmetische

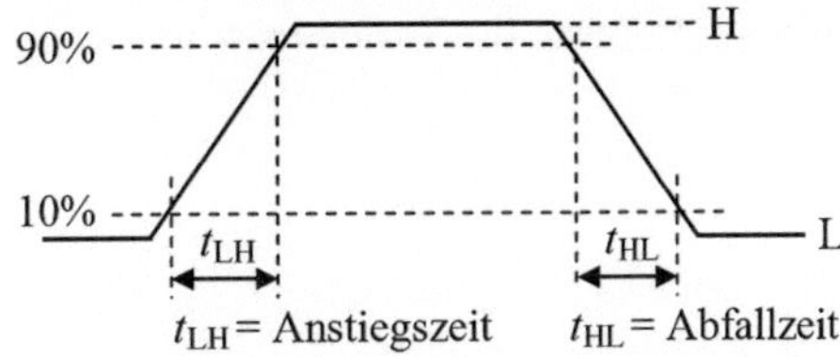

Abb. 9.15 Definition von Anstiegs- und Abfallzeit

Mittel aus den beiden Einzelwerten benutzt. Die Messung wird meist auf die 50 %-Werte der Amplituden zwischen dem H- und L-Pegel bezogen. Die Indexfolge LH bzw. HL bezieht sich auf die verzögerte Ausgangsflanke (Abb. 9.16).

$$t_{pd} = \frac{t_{pHL} + t_{pLH}}{2} \tag{9.3}$$

Maximale Schaltfrequenz

Der Parameter f_{max} (Angabe meist in MHz) steht in engem Zusammenhang mit t_{pd} und gibt die Frequenz von Rechtecksignalen an, die von getakteten Flipflops der entsprechenden Logikfamilie noch störungsfrei verarbeitet werden kann.

Set-up-Time, Hold-Time

Das zeitliche Verhalten von taktflankengesteuerten Flipflops wird durch die Set-up-Time und die Hold-Time bestimmt, deren Definition in den Datenblättern der Bauteile zu finden ist. Die beiden Zeiten definieren, dass sich der Pegel des Dateneingangs kurze Zeit vor (Set-up-Time) und kurze Zeit nach (Hold-Time) der Taktflanke nicht ändern darf.

9.2.7 Verlustleistung

Jede elektronische Schaltstufe hat in den beiden statischen Schaltzuständen Restströme und Restspannungen. Während des Umschaltvorganges müssen parasitäre und schaltungstechnisch bedingte Kapazitäten umgeladen werden. Somit entstehen statische und dyna-

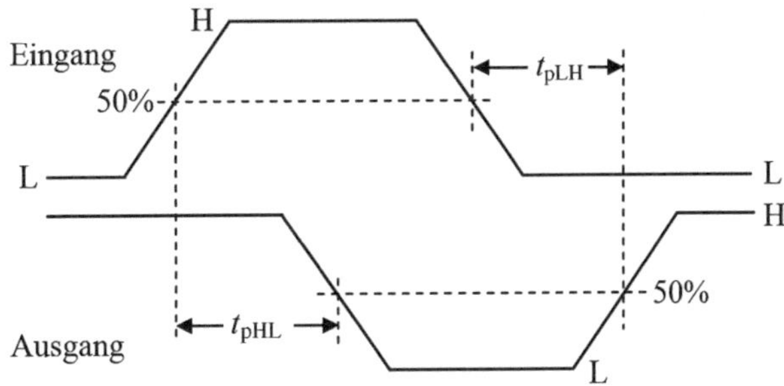

Abb. 9.16 Zur Definition der Schaltzeiten (Beispiel Inverter)

mische Verluste, die Verlustleistung ist

$$P_V = P_{Vstat} + P_{Vdyn} \tag{9.4}$$

Die *statische Verlustleistung* P_{Vstat} ergibt sich aus dem mittleren Versorgungsstrom I_{CC} und der Betriebsspannung U_{CC}. Die Größe der Speiseströme in den stationären Schaltzuständen wird stark von der Schaltungsstruktur und -technologie bestimmt:

$$P_{Vstat} = \frac{I_{CCH} + I_{CCL}}{2} \cdot U_{CC} \tag{9.5}$$

Die *dynamische Verlustleistung* P_{Vdyn} entsteht zusätzlich mit steigender Frequenz, sie ist direkt von der wirksamen Lastkapazität C_L und der Schaltfrequenz f abhängig.

Die mittlere dynamische Verlustleistung eines Ausgangs ist:

$$P_{Vdyn} \approx C_L \cdot f \cdot (U_{CC})^2 \tag{9.6}$$

Die mittlere Verlustleistung ist ein wichtiger Parameter für den Einsatzbereich der digitalen Schaltkreise. Von den betrachteten Schaltkreisfamilien besitzt ECL die höchste, CMOS die niedrigste Verlustleistung.

9.3 Logikbaureihen

Digitale Bausteine werden in unterschiedlichen Technologien realisiert. Eine Logikbaureihe (Logikfamilie, Schaltkreisfamilie) ist durch eine bestimmte Technologie und durch bestimmte elektrische und zeitliche Kennwerte gekennzeichnet, die für alle zur Baureihe gehörenden Schaltkreise gelten. Die elektrischen Werte für High und Low und deren Toleranzen, die Betriebsspannung und die Eingangs- und Ausgangswiderstände sind innerhalb einer Logikfamilie genau festgelegt. Einzelne Schaltkreise können ohne Zusatzschaltungen direkt miteinander verbunden werden. Allgemein kann zwischen bipolaren und MOS-Technologien unterschieden werden.

9.3.1 Übersicht Bipolare Schaltkreisfamilien

Allgemeine Eigenschaften: Hohe Geschwindigkeit, hohe Treiberleistung (geeignet für Bustreiber), gute Spannungsfestigkeit gegenüber statischer Aufladung.

- **RTL** (Resistor-Transistor-Logic)
  Schaltungen, die ausschließlich aus Transistoren und Widerständen bestehen.
  Eigenschaften: Geringe Schaltgeschwindigkeiten im µs-Bereich, sehr störempfindlich, technisch veraltet.

- **DTL** (Diode-Transistor-Logic)
  Durch Integration von Dioden bessere Eigenschaften als RTL, technisch veraltet.
- **ECL** (Emitter-Coupled-Logic)
  Verwendung analog arbeitender (ungesättigter) Transistorstufen.
  Eigenschaften: Höchste Schaltgeschwindigkeiten im Sub-Nanosekunden-Bereich, kleiner statischer Störabstand, sehr hoher Leistungsverbrauch.
  Anwendung: Datenkommunikation, Messelektronik, Großrechner.
- **I^{2}L** (Integrierte Injektions-Logik, Current-Injection-Logic)
  Spezielle Schaltungstechnik mit stromgesteuerten Transistoren, erlaubt höchste Integrationsdichte bei mittleren Schaltgeschwindigkeiten. Konnte sich als Standardtechnik nicht durchsetzen, wird noch im Bereich bipolarer ASICs verwendet.
- **TTL** (Transistor-Transistor-Logic)
  Weiterentwicklung der DTL-Technik. Wird neben CMOS als Standard in zahlreichen Anwendungen eingesetzt.
  Eigenschaften: Schaltgeschwindigkeiten ursprünglich im 10 ns-Bereich, Störsicherheit im 1 V-Bereich.

9.3.2 Übersicht MOS-Schaltkreisfamilien

- **PMOS** (P-Channel Metal Oxide Semiconductor)
  Verwendet werden ausschließlich MOS-Feldeffekt-Transistoren vom p-Kanal-Typ.
  Eigenschaften: Schaltgeschwindigkeiten im 100 ns-Bereich, mehrere Betriebsspannungen erforderlich, technisch überholt. Die ersten hochintegrierten Bausteine, wie Speicher, Mikroprozessoren wurden zunächst in PMOS-Technik realisiert.
- **NMOS** (N-Channel Metal Oxide Semiconductor)
  Verwendet werden ausschließlich MOS-Feldeffekt-Transistoren vom n-Kanal Typ.
  Eigenschaften: Schaltgeschwindigkeiten und Signalpegel vergleichbar mit TTL, daher gemischte Verwendung TTL und NMOS möglich. Allgemeine hochintegrierte Bausteine, wie Speicher, Mikroprozessoren u. ä. werden in NMOS-Technik hergestellt
- **CMOS** (Complementary Metal Oxide Semiconductor)
  Die Schaltungen beruhen auf einer Kombination von p- und n-Kanal Feldeffekt-Transistoren.
  Eigenschaften: Schaltgeschwindigkeiten ursprünglich im 50 ns-Bereich, geringster Leistungsbedarf, hohe Störsicherheit, variabler Betriebsspannungsbereich, Schaltkreistechnik mit der größten Bedeutung bei hochintegrierten Bauelementen wie Prozessoren, Mikrocontroller, Speicher etc.
- **BICMOS**: Kombination der Bipolar- und CMOS-Eigenschaften.

Nur erwähnt werden hier Schaltkreise auf der Basis von Gallium-Arsenid (GaAs). Mit dieser gegenüber Silizium viel teureren Technologie werden sehr schnell arbeitende Analog- und Digitalschaltungen (Gigabit-Logik) realisiert. Die Direct Coupled FET Logic (DCFL) verwendet selbstleitende und selbstsperrende FETs und ähnelt im Schaltungsaufbau der NMOS-Technologie. Andere GaAs-Technologien, die Buffered FET Logic (BFL) und die Schottky Diode FET Logic (SDFL) verwenden nur selbstleitende FETs und Dioden zum Pegelshift.

9.4 Bipolare Schaltkreisfamilien

9.4.1 RTL

Die Widerstands-Transistor-Logik (RTL) war die erste Form digitaler elektronischer Schaltkreise in den Jahren um 1950. Diese integrierten Schaltungen bestehen ausschließlich aus Widerständen und Transistoren, die logischen Verknüpfungen werden durch Reihen- bzw. Parallelschaltung der Transistoren erreicht. Das Schaltbild Abb. 9.17 zeigt eine NOR-Verknüpfung mit zwei Eingängen. Liegt auf einem Eingang U_1 oder U_2 High-Pegel an, so wird der entsprechende Transistor leitend und der Ausgang U_a dadurch auf Low-Pegel geschaltet. Typische Eigenschaften: Fan-out <5, Gatterlaufzeit $t_{pd} > 25\,\text{ns}$, Verlustleistung $= 5\,\text{mW}$. Die RTL-Technik wird nicht mehr verwendet, sie ist nur noch für Lehrzwecke von Interesse.

9.4.2 DTL

Schaltungen in Diode-Transistor-Logik (DTL) sind mit Dioden, Widerständen und Transistoren aufgebaut. Eingangsseitig werden die logischen Verknüpfungen über Dioden erzeugt und danach mit einer Transistorstufe verstärkt und invertiert.

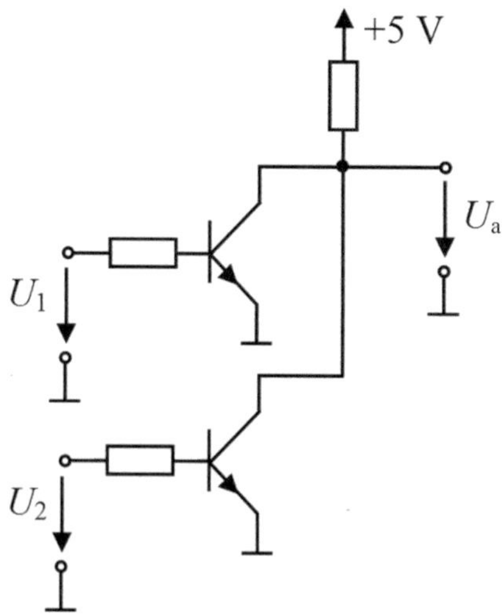

Abb. 9.17 RTL-NOR-Gatter

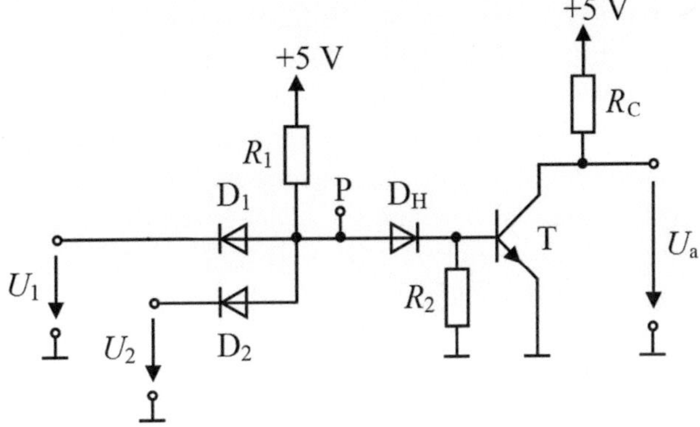

Abb. 9.18 Schaltung eines DTL-NAND-Gatters

Bei der DTL-Schaltung in Abb. 9.18 wird der Basisstrom für den Ausgangstransistor T über den Widerstand R_1 eingespeist. Befinden sich *beide* Eingangsspannungen im H-Zustand, d. h. sind U_1 *und* U_2 größer als $\approx$0,7 V, so sperren die Dioden D_1 und D_2. Die Diode D_H leitet, somit leitet der Transistor T und die Ausgangsspannung geht in den L-Zustand ($U_a \approx 0{,}1$ V).

Die Diode D_H kompensiert die Flussspannung (0,7 V) der Dioden D_1 und D_2. Sie ist notwendig, um den Transistor sicher zu sperren. Die als *Hubdiode* bezeichnete Diode D_H hat also die Aufgabe ein Durchschalten des Transistors zu verhindern, wenn am Punkt P aufgrund der Schwellspannungen der Eingangsdioden ein Low-Pegel von $\approx$ 0,7 V liegt. Eine so wirkende Diode wird auch Offset- oder *Pegelverschiebungsdiode* genannt. Um den Transistor T in den leitenden Zustand zu steuern, ist am Punkt P mindestens eine Spannung von $\approx$ 1,4 V erforderlich ($U_{BE}+U_{DH}$) bzw. an beiden Eingängen eine Spannung von mindestens $U_1 = U_2 \approx 0{,}7$ V (Hubspannung).

Durch die Anzahl in Reihe geschalteter Hubdioden kann die Einschaltschwelle angehoben und damit die Lage des Übergangsgebietes eingestellt werden. Damit wird die Sicherheit gegen Fehlschaltungen infolge verschobener Low-Pegel an den Eingängen erheblich verbessert.

Sind U_1 und U_2 oder eine der beiden Spannungen kleiner als 0,7 V, so leiten die Dioden D_1 und D_2 (oder eine von ihnen). Das Potenzial am Punkt P wird unter den Schwellenwert der Diode D_H gezogen, der Transistor T sperrt und die Ausgangsspannung geht in den H-Zustand ($U_a = 5$ V). In positiver Logik[1] ergibt sich demnach eine NAND-Verknüpfung.

Schließt man am Ausgang wieder dieselben NAND-Gatter an, so wird die Ausgangsspannung im H-Zustand durch die Eingänge nicht belastet. Sie nimmt daher im H-Zustand den Wert $+U_{CC}$ an. Typische Eigenschaften: Verlustleistung = 5 mW, Gatterlaufzeit $t_{pd} >$ 25 ns. DTL-Schaltungen werden wegen der durch die Sättigung der Transistoren bedingten großen Gatterlaufzeit nicht mehr eingesetzt.

[1] Positive Logik: logische „0" = Low, logische „1" = High.

Die *LSL-Technik* ist eine Variante der DTL-Technik, sie wird auch als DTLZ-Logik bezeichnet. An Stelle der Pegelverschiebungsdioden wird eine Z-Diode benutzt. Die Eingangsspannungen müssen nun die Höhe der Z-Spannung der Z-Diode überschreiten, damit der Transistor T leiten kann. In Verbindung mit den notwendigen höheren Betriebsspannungen können derartige Schaltelemente, die wegen ihrer vergrößerten Signallaufzeit (da der Übergang vom Durchbruch- in den Sperrbereich bei Z-Dioden relativ langsam erfolgt) auch als *langsame störsichere Logik* (LSL) bezeichnet werden, in der Industrieelektronik in elektromagnetisch gestörter Umgebung eingesetzt werden.

9.4.3 ECL

ECL-Schaltkreise setzt man heutzutage nur vereinzelt dort ein, wo es auf höchste Geschwindigkeit ankommt (z. B. in der Taktverteilung). Die aus npn-Si-Transistoren und Widerständen aufgebaute ECL-Logik ist die schnellste bipolare Logik mit der kürzesten Gatterlaufzeit. Schaltzeiten im Bereich unter 100 ps sind mit ECL-Gattern erreichbar. Die Verlustleistung eines Gatters ist allerdings sehr hoch und liegt bei ca. 25 mW, durch jeden der beiden externen Emitterwiderstände (R_6, R_7 in Abb. 9.19) kommen noch ca. 30 mW hinzu. Auch bei verbesserter Schaltungstechnik beträgt die Verlustleistung ca. 3 mW pro Gatterfunktion. Die Stromaufnahme ist unabhängig vom Schaltzustand, beim Umschalten treten keine Stromspitzen auf. Hochfrequente Störungen der Stromversorgung bleiben dadurch gering. Die Komplementärausgänge erlauben auch bei größeren Abständen eine störsichere symmetrische Signalübertragung.

Abb. 9.19 zeigt das Prinzip eines typischen ECL-Gatters. Das Grundelement einer ECL-Schaltung ist ein Differenzverstärker, gebildet aus den Transistoren T_2 und T_3. Die Anzahl der Transistoren für die Eingangsspannungen U_1, U_2 kann bei Bedarf erweitert

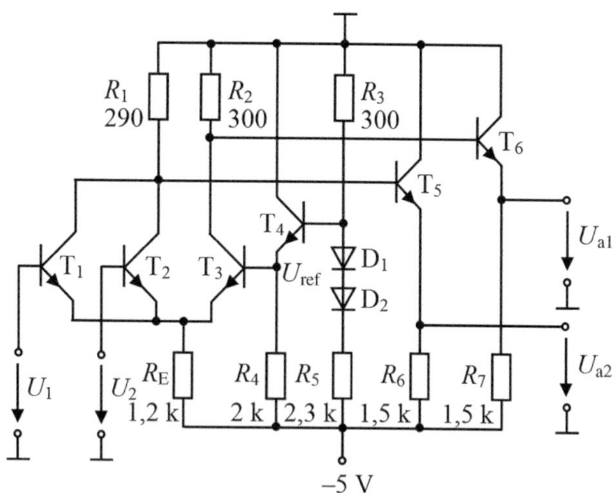

Abb. 9.19 Grundschaltung eines ECL-Gatters mit zwei Eingängen

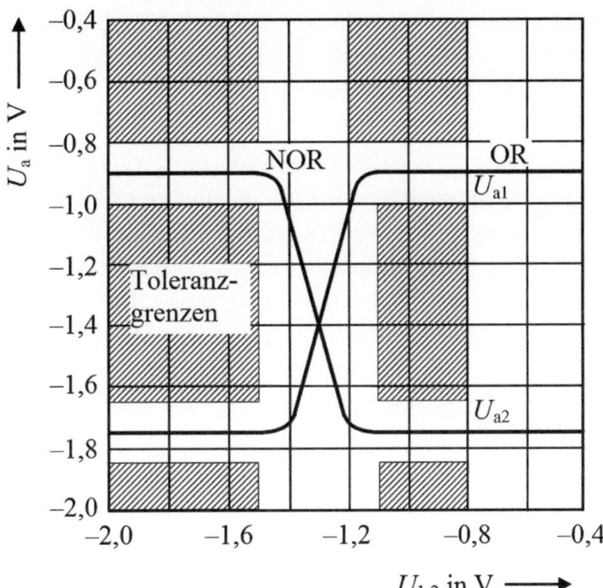

Abb. 9.20 Übertragungskennlinie eines ECL-OR/NOR-Gatters

werden. Die miteinander verbundenen Emitter der Schalttransistoren sind über eine „Konstantstromquelle" (hier nur der Widerstand R_E) mit der negativen Versorgungsspannung verbunden. Die Dioden D_1, D_2 und der Emitterfolger T_4 bilden ein konstantes, temperaturkompensiertes Potenzial U_{ref} für die Basis von T_3. Befinden sich die Eingangsspannungen U_1 und U_2 im L-Zustand (U_1 und U_2 sind kleiner als U_{ref}), so sperren die Transistoren T_1 und T_2, Transistor T_3 leitet. Der über T_3 fließende Emitterstrom ruft an R_2 einen Spannungsabfall hervor, durch den Transistor T_6 durchgesteuert wird. Die Ausgangsspannung U_{a1} geht auf L-Pegel, U_{a2} auf H-Pegel. Geht einer der Eingangspegel (oder beide) in den H-Zustand (größer als U_{ref}), so leitet T_1 und/oder T_2, T_3 und somit T_6 sperren, T_5 schaltet durch und die Pegel der Ausgangsspannungen vertauschen sich. In positiver Logik erhält man für U_{a1} eine ODER-Verknüpfung und für U_{a2} eine NOR- Verknüpfung der Eingänge (Abb. 9.20).

In einer wirklich realisierten Schaltung wird der Widerstand R_E durch eine Konstantstromquelle ersetzt, und zur Erzeugung von U_{ref} dient eine Konstantspannungsquelle.

Durch die Schaltung fließt *kontinuierlich* ein Strom, der zwischen den beiden Zweigen der Schaltung sozusagen „gleitend" umgeschaltet wird, wobei der Gesamtstrom konstant bleibt. Somit gibt es keine Spitzen des Speisestrombedarfs und keine dadurch hervorgerufenen Störungen der Versorgungsspannung wie bei TTL oder CMOS.

Da der gemeinsame Emitterwiderstand R_E der Transistoren T_1, T_2, T_3 relativ groß ist, erreicht keiner der Transistoren den Zustand der Sättigung. Somit entfällt eine Speicherzeit zum Abbau der Sättigungsspeicherladung (als größter Anteil an der Transistorschaltzeit). ECL wird auch als *ungesättigte Logik* bezeichnet. Durch den geringen Signalhub

(0,8 V) ergeben sich außerdem nur kurze Flanken-Anstiegszeiten, da Schaltkapazitäten schnell umgeladen werden. Auf diese Weise erhält man schnelle Schaltungen, die allerdings eine hohe Verlustleistung aufweisen.

Da die kollektorseitigen Impedanzen der Transistoren T_2, T_3 sehr hoch und ungeeignet zur Ansteuerung nachfolgender Gatter sind, werden Emitterfolger mit den Transistoren T_5 und T_6 als Impedanzwandler nachgeschaltet. Diese ausgangsseitigen Treiberstufen haben einen niedrigen Innenwiderstand und eine hohe Treibfähigkeit. Im Gegensatz zu CMOS kann man mit ECL-Bausteinen direkt „abgeschlossene" (reflexionsfreie) Verbindungsleitungen mit einem Wellenwiderstand von 50 Ω treiben.

Die Ausgangssignale stehen gleichzeitig sowohl direkt als auch negiert zur Verfügung. Die Vorteile sind, dass das Negieren keine zusätzliche Zeit kostet, und dass man eine differenzielle Signalübertragung vorsehen kann, die auch bei größeren Leitungslängen störsicher ist. Durch die Parallelschaltung von ECL-Ausgängen kann (wie bei Open-Collector-Ausgängen) eine Wired-OR-Verknüpfung realisiert werden.

Die Widerstände R_6 und R_7 sind nicht im ECL-Baustein integriert, sondern müssen extern in die Digitalschaltung einbezogen werden. Hierdurch ist es möglich, unbenutzte Ausgänge zur Reduzierung der Verlustleistung „offen" zu lassen.

Die ECL-Logik verwendet eine negative Versorgungsspannung und ist deshalb mit ICs anderer Logikfamilien wie CMOS oder TTL nicht direkt kombinierbar. Sollen ECL-Bausteine auf einer Platine mit CMOS- oder TTL-ICs kombiniert werden, so sind spezielle Wandler-Bausteine notwendig.

ECL-Bausteine in der Schaltungspraxis

Typische herkömmliche Baureihen der ECL-Technologie sind die 10K- und 100K-Reihen. Weiterentwicklungen sind: 10H, 10E, 100E, 10EP, 100EP, 10EL, 100EL, 100LVEL usw.

100-er Schaltkreise haben eine Spannungs- und Temperaturkompensation, 10K-Schaltkreise haben diese nicht. Weiterentwickelte 10-er Schaltkreise unterscheiden sich von den 100-er Schaltkreisen nur durch geringfügig abweichende Pegelkennwerte und durch das Fehlen der Temperaturkompensation.

10H ist eine Weiterentwicklung der 10K-Baureihe mit eingebauter Spannungskompensation (so dass die Datenblattwerte bei Speisespannungsschwankungen von ±5 % eingehalten werden) und mit verbessertem Störspannungsabstand.

ECL mit verringerter Betriebsspannung: LV-ECL, 300K-ECL, 100LVE, 100LVEL, 100LVEP. Diese Baureihen sind für einen Betriebsspannungsbereich von –3,8…–3,2 V vorgesehen (die typische Betriebsspannung ist –3,5 V). Die Pegelkennwerte entsprechen 100K, die Geschwindigkeitskennwerte liegen in der Größenordnung der jeweiligen 5 V-Baureihen (100E, 100EP).

PECL: ECL an positiver Speisespannung, NECL: ECL an negativer Speisespannung

LVPECL: Dies ist die Allgemeinbezeichnung für das Betreiben von ECL-Schaltkreisen mit einer niedrigen positiven Speisespannung (z. B. 3,3 V oder 2,5 V).

9.4.4 I²L

Die Integrierte Injektions-Logik (IIL = I^2L) zählt zu den bipolaren Schaltkreisfamilien. Wesentliches Kennzeichen dieser Logikschaltungen ist der extrem einfache Aufbau eines Gatters ohne Verwendung Ohm'scher Widerstände. Die integrierten Widerstände eines Gatters werden durch Injektionstransistoren ersetzt, so kann man sehr kleine RC-Zeitkonstanten bei gleichzeitig geringer Strombelastung erreichen. Da außerdem der Stromfluss im Wesentlichen vertikal stattfindet, führt dies zu einem geringen Flächenbedarf (ca. 1/10 bezogen auf TTL, die bei der Integration erzielte Packungsdichte beträgt bis zu 400 Gatter pro mm^2) und zu verringerter Verlustleistung.

Für eine Schaltstufe (Inverter) werden nur zwei Transistoren benötigt: Dies sind der als Injektor wirkende pnp-Lateral-Transistor T_1 und der eigentliche Schalttransistor T_2 (meist in Multi-Kollektor-Ausführung). Transistor T_1 wirkt als Stromquelle und liefert den so genannten Injektionsstrom I_0 als Basisstrom für Transistor T_2 (Abb. 9.21).

Liegt der Eingang E auf High, so fließt der gesamte Strom I_0 in die Basis von T_2. Dieser Basisstrom sättigt T_2, da sein Kollektorstrom sehr klein und höchstens so groß wie der Basisstrom der Folgestufe ist. Transistor T_2 wird leitend und die Ausgänge A_1 und A_2 sind niederohmig. Die Spannung der Ausgänge gegen Masse ist $U_{CE,sat} \approx 0$, entsprechend Low.

Wird dagegen der Eingang E auf Masse gelegt und ist somit Low, so wird dem Transistor T_2 der Basisstrom entzogen. Der Strom I_0 fließt dann über den Eingang E in die vorhergehende Steuerschaltung (in das vorhergehende Gatter oder nach Masse) statt in die Basis von T_2. Transistor T_2 sperrt und die Ausgänge sind hochohmig, entsprechend High.

I^2L-Schaltkreise können mit einer sehr niedrigen Betriebsspannung von unter 1 V und mit einem sehr niedrigen Betriebsstrom (bis zu 1 nA) betrieben werden. Der Leistungsverbrauch liegt bei typisch 200 µW/Gatter bei 1 V Schaltspannung. Diese Schaltungslogik ist jedoch mit den anderen Logikfamilien nicht direkt kompatibel. Um kompatible Schaltungspegel zu erreichen müssen zusätzliche Ein- und Ausgangsschaltungen integriert werden.

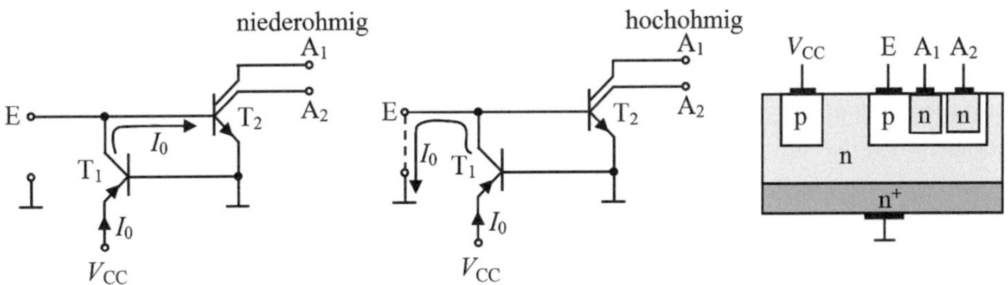

Abb. 9.21 Grundschaltung eines I^2L-Inverters mit den zwei logischen Zuständen und Schnittbild des Aufbaus

Da die I^2L-Technik mit stark gesättigten Transistoren bei kleinen Strömen arbeitet, ist sie sehr langsam, und daher für gebräuchliche Anwendungen in der Digitaltechnik nicht geeignet. Ist eine analoge Schaltung zur Signalverarbeitung auf der Basis bipolarer Technik auf einem Chip integriert, und auf dem selben Kristall sind außerdem digitale Funktionen erforderlich, so bietet die I^2L-Technik Vorteile, da es sich um gleiche Herstellungsverfahren handelt. I^2L-Schaltungen werden daher bevorzugt in Verbindung mit analogen Schaltungen eingesetzt (Zeitgeber, Ablenkschaltung in TVs, Latches in DA-Umsetzern, Speicherbausteine usw.).

9.4.5 TTL

Bei der TTL-Baureihe handelte es sich um eine Weiterentwicklung der integrierten DTL-Technik. Die TTL-Schaltkreisfamilie wurde ab 1960 wegen der Vielzahl ihrer unterschiedlichen Logikschaltungen und aufgrund der gegenüber der DTL-Technik kürzeren Schaltzeiten zum Marktstandard. Tab. 9.2 gibt einen Überblick.

Tab. 9.2 Überblick über TTL-Reihen

TTL-Reihe	Familien-bezeichnung	Einf. Jahr	t_{pd}/ns	f_{max}/MHz	P_v/mW (je Gatter)
Standard	74	63	10	35	10
Low-Power	74 L	63	33	3	1
High-Speed	74 H	63	6	50	22
Schottky	74 S	69	3	125	19
Low-Power-Schottky	74 LS	71	9	45	2
FAST	74 F	79	2,3	100	3,5
ALS	74 ALS	80	4	70	1
AS	74 AS	82	1,7	200	8,5

f_{max} = max. Zählfrequenz von Flipflops; FAST = Fairchild Advanced Schottky TTL

9.4.5.1 Funktion

Die Abkürzung TTL steht für Transistor-Transistor-Logik und bedeutet, dass sowohl die Signal-Ein- als auch Auskopplung über Transistoren erfolgt. Die logischen Verknüpfungen werden bei Standard-TTL-Schaltungen ausschließlich durch bipolare Transistoren erzeugt. Lediglich zur Verschiebung von Pegeln und zur Spannungsableitung werden Dioden verwendet. Widerstände dienen der Spannungsteilung und der Strombegrenzung.

Wesentliches Merkmal der Standard-TTL-Schaltung der Reihen 74xx ist am Eingang der Multi-Emitter-Transistor (T_1 in Abb. 9.22). Der Multi-Emitter-Transistor besitzt mehrere Emitterzonen, die an eine gemeinsame Basiszone grenzen, er wirkt wie eine logische UND-Verknüpfung. Bei den High-Speed-Baureihen mit einem „S“ oder „LS“ in der Typenbezeichnung werden wegen der wesentlich kürzeren Schaltzeiten Eingänge mit Schottky-Dioden statt der Multi-Emitter-Transistoren verwendet.

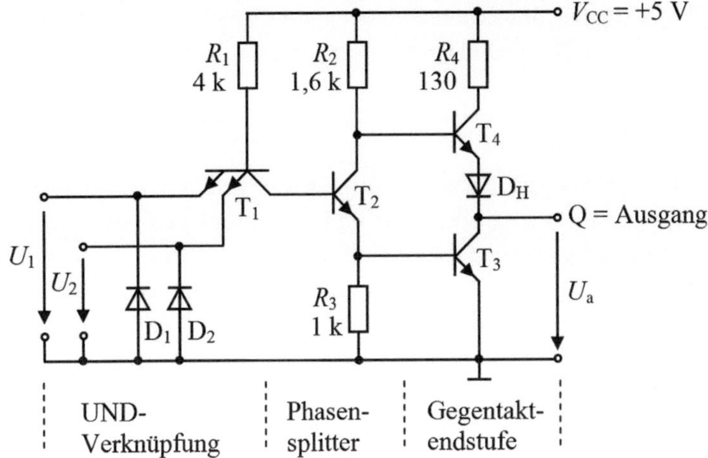

Abb. 9.22 Standard TTL-NAND-Gatter vom Typ 7400 (Innenschaltung)

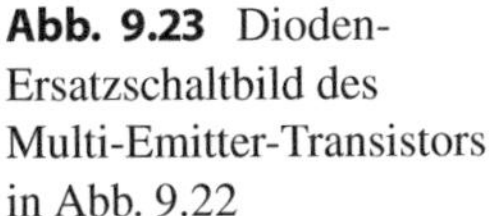

Abb. 9.23 Dioden-Ersatzschaltbild des Multi-Emitter-Transistors in Abb. 9.22

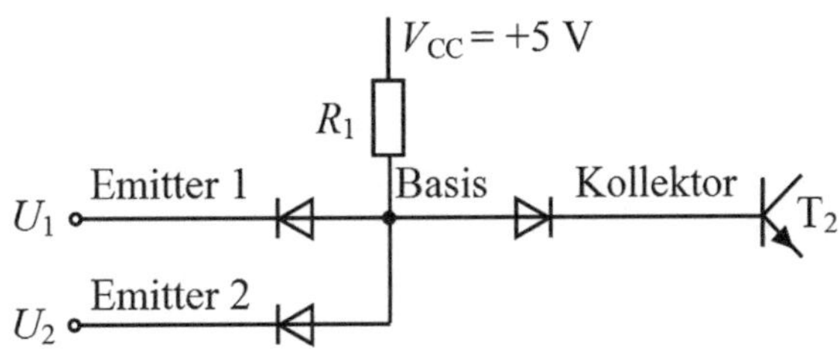

Die Schutzdioden D_1 und D_2 am Eingang der TTL-Grundschaltung, auch *Eingangsklemmdioden* genannt, begrenzen die negativen Spannungsspitzen der fallenden Flanke eines Eingangssignals, wie sie bei Leitungsreflexionen auftreten können.

Die Funktion des Multi-Emitter-Transistors in Abb. 9.22 lässt sich mittels eines vereinfachten Dioden-Ersatzschaltbildes (Abb. 9.23) für Transistor T_1 erläutern.

Normalbetrieb des Multi-Emitter-Transistors Ist einer oder sind beide Eingänge U_1, U_2 auf Low, so fließt der Basisstrom (ca. 1 mA) von Transistor T_1 über die Basis-Emitter-Diode nach Masse ab. Die Basis-Kollektor-Diode sperrt und damit auch der nachfolgende Transistor T_2. Der Transistor T_3 der Ausgangsstufe sperrt, T_4 leitet. Der Ausgang Q der Schaltung ist High.

Inversbetrieb des Multi-Emitter-Transistors Liegt an allen Eingängen High, so arbeitet der Transistor T_1 im Inversbetrieb. Die Basis-Emitter-Dioden sperren. Es fließt nur ein kleiner Emittersperrstrom von ca. 40 µA. Der Basisstrom fließt über die Basis-Kollektor-Diode in die Basis des nachfolgenden Transistors T_2, der jetzt leitet. Der Transistor T_3 der Ausgangsstufe leitet, T_4 sperrt. Der Ausgang Q der Schaltung ist Low.

In dieser Betriebsart ist das sichere Sperren von T_3 nur dann gegeben, wenn das Potenzial des Emitters durch die Diode D_H (Pegelverschiebungsdiode) angehoben wird.

Bei TTL-Schaltungen wirkt ein offener Eingang so, als läge er auf H-Pegel.

Der Multi-Emitter-Transistor arbeitet also entweder gesättigt leitend im normalen Vorwärtsbetrieb (Eingang = Low), oder er ist im Inversbetrieb übersteuert. Der Basisstrom von T_1 fließt immer, der *Multi-Emitter-Transistor ist* somit *nie gesperrt*. Dies bedeutet, dass die Ladungsträger der Basiszone beim Umschalten nicht ausgeräumt werden müssen. Die sonst für die Umladevorgänge der Sperrschicht- und Diffusionskapazitäten erforderliche Zeit entfällt, für T_1 ergeben sich kurze Schaltzeiten. Für den nachgeschalteten Transistor T_2 ergeben sich ebenfalls kurze Schaltzeiten, da die Basisladung von T_2 beim Umschalten vom übersteuerten in den Sperrzustand vom Multi-Emitter-Transistor abgesaugt wird.

9.4.5.2 TTL-Ausgangsschaltungen

Gegentaktendstufe

Die Standardausgangsstufe eines TTL-Gatters ist eine Gegentaktendstufe (Totem-Pole-Ausgangsschaltung). Sie kann mit 10 Standardeingängen belastet werden (Fan-Out = 10). Ein Standardeingang hat ein Fan-In = 1.

Die zwei npn-Transistoren T_3 und T_4 (Abb. 9.22) werden von dem sog. *Phasensplitter* mit Transistor T_2 angesteuert. T_2 verfügt über zwei Arbeitswiderstände, R_2 im Kollektor- und R_3 im Emitterkreis, er stellt deshalb gegenphasige Signale zur Verfügung. Am Emitteranschluss ist das Signal in Phase (Prinzip des Emitterfolgers) und am Kollektor in Gegenphase (Inverterprinzip). Dies hat zur Folge, dass immer einer der beiden Transistoren T_3 oder T_4 angesteuert wird und der jeweils andere nicht.

Sperrt T_2, so sperrt T_3 und T_4 leitet, der Ausgang Q ist High. Das Ausgangspotenzial wird nach V_{CC} „hochgezogen" (pull-up-Betrieb). Der Laststrom fließt über R_4, T_4 und die Diode D_H aus dem Ausgang Q heraus.

Leitet T_2, so leitet T_3 und T_4 sperrt, der Ausgang Q ist Low. Das Ausgangspotenzial wird auf Masse „gezogen" (pull-down). Der Laststrom fließt in den Ausgang Q hinein und über Transistor T_3 ab zur Masse.

Mit jedem Potenzialwechsel kehrt sich die Stromrichtung des Ausgangs um.

Der Widerstand R_2 dient zur Basisstromeinprägung für T_4, der Widerstand R_3 leitet die in der Basiszone von T_3 gespeichert Ladung ab, und R_4 ist ein Kurzschluss-Schutzwiderstand.

Durch die Pegelverschiebungsdiode D_H wird das Emitterpotenzial des Transistors T_4 angehoben und somit dafür gesorgt, dass dieser sicher sperrt, wenn T_2 und T_3 gesättigt leitend sind.

Wie groß ist die Basis-Emitterspannung von T_4, wenn T_3 leitet (der Ausgang ist Low)?

Ohne Diode ergibt sich: $U_{BE,T4} = U_{CE,T2sat} + U_{BE,T3} - U_{CE,T3sat} \approx 0{,}7\,V \Rightarrow T_4$ würde leiten!

Mit Diode: $U_{BE,T4} = U_{CE,T2sat} + U_{BE,T3} - U_{CE,T3sat} - U_D = 0\,V$ mit $U_D = U_{BE,T3} \Rightarrow T_4$ sperrt.

Bei einem Leistungsausgang wird der obere Transistor T_4 durch einen Darlington-Transistor ersetzt. Die Pegelverschiebungsdiode D_H kann dann entfallen, weil die Darlington-Schaltung eine Einschaltschwelle von $2 \cdot U_{BE}$ besitzt.

Die Ausgänge von Gegentaktendstufen dürfen nicht parallel geschaltet werden.

Hinweis für die Praxis der Spannungsversorgung In der Zuleitung der Versorgungsspannung eines Gegentaktausgangs tritt bei jeder LH-Flanke eine dynamische Speisestromspitze auf. Sie wird vom Aufladestrom der Lastkapazität C_L verursacht. C_L entsteht durch Verbindungsleitungen und nachgeschaltete Eingänge. Die Größe und Dauer der Stromspitze ist abhängig von C_L und vom Widerstand, den der Ausgang bei High-Potenzial hat.

Mit jeder HL-Flanke entlädt sich C_L. Diese Entladestromspitze ist nur am Ausgang der Gegentaktendstufe bzw. am Masseanschluss messbar. Der Entladestrom fließt über die Masseleitung zum Masseanschluss des nachgeschalteten Gatters zurück. Ist diese Verbindung nicht ausreichend niederohmig und induktivitätsarm ausgelegt, so können Störspannungsspitzen hervorgerufen werden, die auf diese Masseleitung bezogene Gatter fälschlicherweise als Übertragungssignale interpretieren.

Um die Funktion einer Digitalschaltung zu gewährleisten und um eine Überlastung der Ausgänge durch zu hohe Auf- und Entladeströme zu vermeiden, sollte deshalb die kapazitive Last für TTL-Schaltungen 100 pF nicht überschreiten. Die Verbindungsleitungen zwischen den Gattern sollten so kurz wie möglich sein. Die unerwünschten Auswirkungen der Entladestromspitzen können vermindert werden, wenn für die Gatter getrennte Masserückleitpfade vorgesehen werden. Um unzulässige Spannungsabfälle zu vermeiden, müssen die GND- und V_{CC}-Leitungen extrem niederohmig und induktivitätsarm ausgelegt werden. Gedruckte GND- und V_{CC}-Leiterbahnen sollten eine Mindestbreite von 2,5 mm haben.

Beim Umschalten des TTL-Gegentaktausgangs von Low nach High entsteht außerdem eine Speisestromspitze von typisch 10 mA Höhe und 6 ns Dauer, die auf den Speichereffekt des unteren Transistors T_3 zurückzuführen ist. Ab einer Schaltfrequenz von einigen MHz steigt dadurch die Leistungsaufnahme des Gatters merklich.

Abblocken der Betriebsspannung Um aus den Stromspitzen resultierende Betriebsspannungsänderungen klein zu halten, müssen die Stromversorgung bzw. die Versorgungsleitungen eine möglichst niedrige Impedanz besitzen. Hierfür wird in unmittelbarer Nähe des integrierten Schaltkreises ein Entkoppelkondensator (auch Abblock-, Stütz-, Pufferkondensator genannt) zwischen V_{CC} und Masse geschaltet. Dieser Kondensator sollte ein induktionsarmer Keramikkondensator sein (10... 100 nF), er übernimmt für die Zeit der Stromspitze den zusätzlich fließenden Strom.

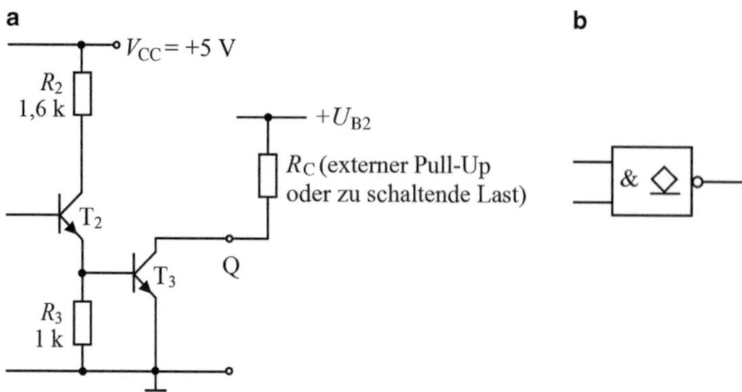

Abb. 9.24 Teil der Innenschaltung eines NAND-Gatters mit OC-Ausgang (**a**) und Schaltzeichen (**b**)

Open-Collector-Ausgang

Bei einer Ausgangsstufe mit offenem Kollektor (OC-Ausgang) fehlen der Transistor T_4 und die Pegelverschiebungsdiode D_H. Sie werden beim Schaltungsaufbau durch einen externen Widerstand ersetzt (Abb. 9.24a). Im leitenden Zustand schaltet der Transistor T_3 den Ausgang nach Masse (L-Pegel), im gesperrten Zustand des Transistors wird der Ausgang hochohmig (offen) bzw. liegt über den externen Widerstand an der Spannungsversorgung (H-Pegel). Da der Gatterausgang nur im L-Zustand niederohmig ist, bezeichnet man ihn auch als Active-Low-Ausgang.

Ein Nachteil: Bei Open-Collector-Ausgängen steigt die Ausgangsspannung langsamer an als bei Gegentakt-Ausgängen, weil sich die Schaltkapazitäten hier nur über den externen Widerstand aufladen können.

Der Open-Collector-Ausgang wird verwendet, wenn eine größere Spannung als 5 V oder ein größerer Strom geschaltet werden soll, z. B. als Treiber für verschiedene systemfremde Lasten (Leuchtdioden, Relais), zur Ansteuerung externer Leistungsstufen mit Transistoren, Thyristoren und Triacs, oder zur Pegelanpassung an andere Schaltkreise.

Mehrere Ausgänge können mit einem allen Ausgängen gemeinsamen Kollektorwiderstand R_C zu einer Wired-AND-Verknüpfung parallel geschaltet werden. Die Ausgangsspannung U_a geht nur dann in den H-Zustand, wenn alle Ausgänge im H-Zustand sind (alle parallel geschalteten Transistoren gesperrt sind).

Tri-State-Ausgang

Ein Tri-State-Ausgang kann außer den beiden niederohmigen Zuständen H und L noch einen dritten, hochohmigen Zustand annehmen. Dieser dritte Ausgangszustand wird durch einen zusätzlichen Steuereingang des Gatters, der z. B. mit OE (Output Enable), OD (Output Disable), EN (Enable), CS (Chip Select) oder C (Control) bezeichnet wird, gesteuert. Der OE-Eingang entscheidet durch ein Freigabesignal, ob sich der Ausgang im H- oder L-Zustand befindet, oder ob er hochohmig ist.

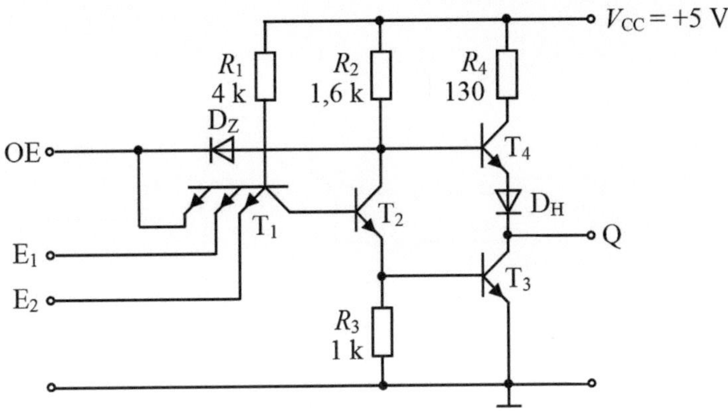

Abb. 9.25 TTL-Schaltung mit Tri-State-Ausgang

Diese Schaltungsversion bietet die Möglichkeit, mehrere Schaltkreisausgänge an einer gemeinsamen Busleitung zu betreiben. Die Steuerung der OE-Signale der verschiedenen Teilnehmer am Busverkehr muss so ausgelegt werden, dass höchstens ein Ausgang am Bus aktiv (H oder L) wird und alle anderen Ausgänge im Tri-State-Zustand sind.

Der dritte Ausgangszustand neben High und Low entsteht dadurch, dass beide Transistoren der Gegentaktendstufe sperren und dadurch der Ausgang hochohmig wird. Bei TTL-Schaltungen gibt es mehrere Schaltungsvarianten für Tri-State-Ausgänge, eine einfache zeigt Abb. 9.25.

Liegt am Freigabeeingang OE ein High, dann arbeitet die Schaltung als normales NAND-Gatter. Ist der Steuereingang OE Low, so werden T_2 und T_3 gesperrt, und die Basis von T_4 wird über die leitende Diode D_Z an Masse gelegt. Die Folge ist, dass auch der obere Ausgangstransistor T_4 sperrt und der Ausgang Q hochohmig wird.

9.4.5.3 TTL-Schaltungsvarianten

Es gibt eine sehr große Anzahl von Schaltkreistypen. Hier kann nur ein gewisser Überblick vermittelt werden.

Standard-TTL, z. B. 7400

Diese Baureihe hat eine große Leistungsaufnahme von 10 mW/Gatter und eine Gatterlaufzeit von $t_{pd} = 10\,\text{ns}$. Standard-TTL-Schaltungen werden wegen der durch die Sättigung der Transistoren bedingten Gatterlaufzeit nicht mehr eingesetzt.

Kennwerte der Standard-TTL-Logik
IC-Kennung: 74xx
Betriebsspannung: $+5\,\text{V} \pm 0{,}25\,\text{V}$
Leistungsaufnahme: 10 mW pro Verknüpfung
Störabstand: 1 V

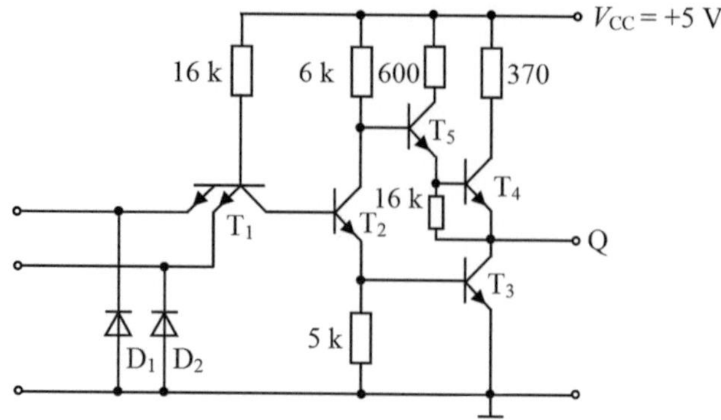

Abb. 9.26 Innenschaltung eines 74L00-Gatters

Signallaufzeit: 10 ns
Pegel: Eingang: Low(L) = 0–0,8 V; High(H) = 2…5 V
Ausgang: Low(L) = 0–0,4 V; High(H) = 2,4…3,8 V

Die Typnummer beginnt mit 74, die anschließende Zahlenkombination (Funktionsnummer) identifiziert die Logikfunktion der Schaltung. Die 00 bedeutet z. B., dass dies ein NAND-Baustein ist. Buchstaben vor der 74 geben den Hersteller an (z. B. „SN" für Texas Instruments). Buchstaben zwischen der 74 und der „Funktionsnummer" kennzeichnen Weiterentwicklungen. Beispiel: 74LS00 ist ein NAND-Gatter in Low-Power-Schottky-Technologie. Beginnt eine Typnummer statt mit 74 mit 54 oder 84, so kennzeichnet dies einen anderen Betriebs-Temperaturbereich. Bereiche der Betriebstemperatur sind:

- 74 = kommerziell (commercial): 0…+70 oder +75 °C, Toleranz V_{CC} max. ±250 mV
- 84 = industriell (industrial): −25…+85 °C
- 54 = militärisch (military): −55…+125 °C, Toleranz V_{CC} max. ±500 mV

Low-Power-TTL, z. B. 74L00

Diese Baureihe unterscheidet sich vom Standard-TTL durch eine um den Faktor 10 hochohmigere Schaltungsauslegung, die Leistungsaufnahme sinkt um den Faktor 10 auf 1 mW/Gatter. Ebenso verringern sich die Eingangs- und Ausgangsströme. Die Schaltzeiten verlängern sich auf ca. 30 ns. Der Spannungsabfall über der Pegelverschiebungsdiode D_H wurde durch die Basis-Emitter-Spannung des hinzugekommenen Transistors T_5 ersetzt (Abb. 9.26). Auch diese TTL-Variante wird nicht mehr verwendet.

High-Speed-TTL, z. B. 74H00

Diese Version ist speziell auf kurze Schaltzeiten ausgelegt. Die Widerstandswerte sind gegenüber Standard-TTL um den Faktor 2 niederohmiger. Damit verlaufen die Ladungs- und Entladungsvorgänge wesentlich schneller, es werden Signallaufzeiten von 6 ns erreicht. Die Transistoren T_5, T_4 bilden einen Darlington-Transistor (Abb. 9.27), durch

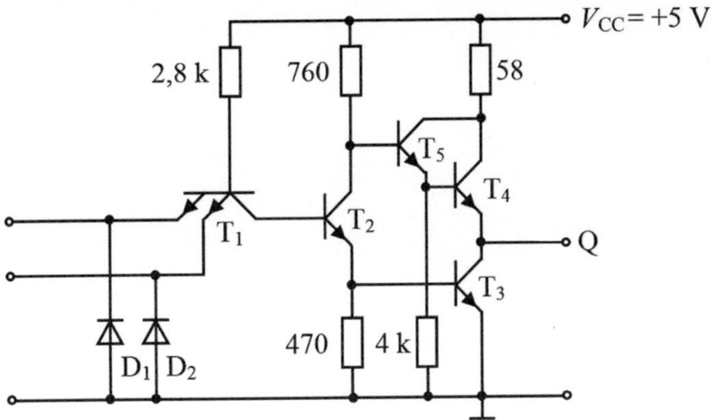

Abb. 9.27 Innenschaltung eines 74H00-Gatters

den zusätzlich eingeführten Transistor T_5 entfällt die Pegelverschiebungsdiode D_H. Der Spannungsabfall über D_H wird durch die Basis-Emitter-Spannung von T_5 ersetzt. Der Widerstand mit 4 k von der Basis von T_4 gegen Masse dient der schnellen Entladung der Sperrschichtkapazität von T_4 beim Übergang in den Sperrzustand. Der Nachteil dieser Baureihe: Große Leistungsaufnahme von ca. 22 mW/Gatter.

Schottky-TTL, z. B. 74S00

Eine Schottky-Diode besitzt eine extrem kurze Schaltzeit und hat eine niedrige Schwellspannung von ca. 0,35 V. Die Schottky-Diode wird zwischen Basis und Kollektor des Transistors geschaltet (Abb. 9.28) und verhindert die Sättigung des Transistors. Er kann nur soweit durchschalten, bis U_{CE} ca. 0,35 V ist. Dann fließt der Basisstrom über die Diode auf Masse ab. Die Gatterlaufzeit wird durch diese Maßnahme um den Faktor 3 auf etwa 3 ns pro Gatter reduziert. Die Leistungsaufnahme pro Gatter ist bei Schottky-TTL jedoch hoch. Durch Erhöhung der Widerstände kann bei Low-Power-Schottky-Logik (LPSL) die Leistungsaufnahme verringert werden, die Schaltzeiten sind dann ähnlich wie bei der Standard-TTL-Logik.

Statt des Widerstands R_3 (siehe Abb. 9.22) wird ein aktives Netzwerk verwendet. Im Gegensatz zur Version mit passivem Widerstand R_3 beginnt der Transistor T_2 (Abb. 9.29) nicht bereits bei $U_{B,T2} \approx 0{,}7\,V$ sondern erst bei $U_{B,T2} = U_{BE,T6} + U_{BE,T2} \approx 1{,}3\,V$ Strom zu führen. Diese Maßnahme bewirkt durch das ebenfalls verzögerte Einschalten von T_3 eine Verbesserung der Übertragungskennlinie gegenüber Standard-TTL, mit der Folge eines verbesserten Störabstands und geringerer Stromaufnahme.

Low-Power-Schottky-TTL, z. B. 74LS00

Durch besondere Schaltungsmaßnahmen, wie höhere Widerstandswerte und Schottky-Dioden an den Eingängen statt einem Multi-Emitter-Transistor, konnte die Verlustleistung der so genannten Low-Power-Schottky-TTL-Logik (LSTTL) auf 1/5 (= 2 mW) der

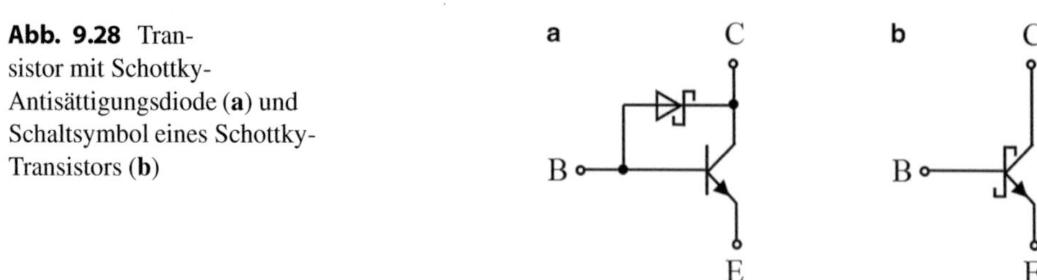

Abb. 9.28 Transistor mit Schottky-Antisättigungsdiode (**a**) und Schaltsymbol eines Schottky-Transistors (**b**)

Standard-TTL-Logik verringert werden, obwohl die Geschwindigkeit (10 ns Gatterlaufzeit) etwa gleich wie bei Standard-TTL-Typen ist.

Während die Schaltungen der Schottky-TTL-Serie 74Sxx noch die Multi-Emitter-Technik verwenden, sind die Schaltungen der Low-Power-Schottky-TTL-Baureihe eigentlich DTL-Schaltungen. Aus Gründen der Geschwindigkeit und der Sperrspannungsfestigkeit wird die UND-Verknüpfung am Eingang hier mit Schottky-Dioden realisiert. Die Endstufe ist ähnlich wie bei Schottky-TTL ausgeführt, der Unterschied besteht in den beiden Beschleunigungsdioden D_5, D_6 (Abb. 9.30). Beim Übergang von High nach Low werden kapazitive Lasten schneller entladen und ein zusätzlicher Kollektorstrom für den Phasensplitter-Transistor T_1 geliefert, wodurch das Schalten des massebezogenen Ausgangstransistors beschleunigt wird. Die Beschleunigungsdioden D_5, D_6 werden beim Übergang des Ausgangs Q von High nach Low wirksam.

Funktion der oberen Diode D_5: Es erfolgt ein Ausräumen der Ladungsträger aus der Basis des Transistors T_4, bis die Ausgangsspannung so niedrig ist, dass die Schwellspannung der Schottkydiode unterschritten wird. T_4 sperrt schneller, weil der abgeführte Basisstrom über den Phasensplittertransistor T_1 an die Basis des massebezogenen Ausgangs-Schottkytransistors T_5 geleitet wird.

Funktion der unteren Diode D_6: Es wird ein zweiter Pfad für die Entladung kapazitiver Lasten gebildet, wenn der Phasensplittertransistor T_1 leitend wird. Durch einen zusätzlichen Basisstrom wird T_5 schneller leitend.

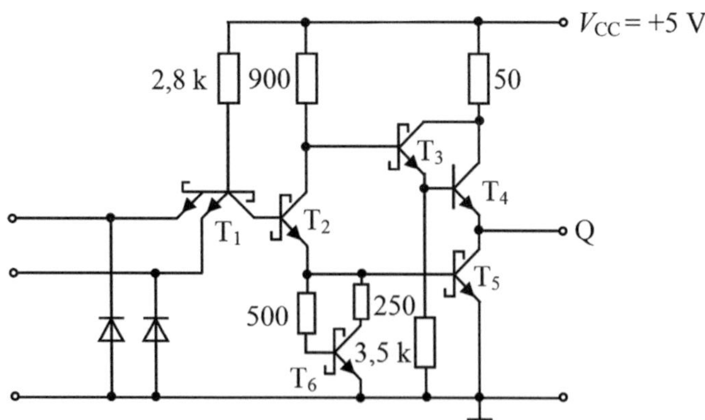

Abb. 9.29 Innenschaltung eines 74S00-Gatters

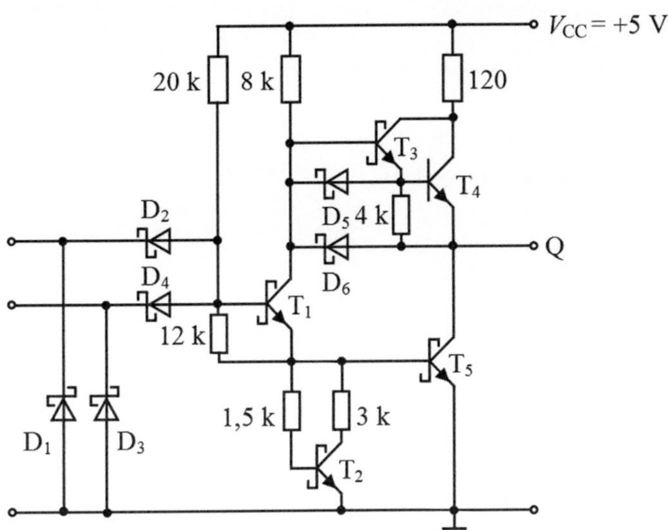

Abb. 9.30 74LS00 NAND-Gatter in LS-TTL-Technik (Innenschaltung)

Advanced Low-Power-Schottky-TTL, z. B. 74ALS00

Die Gegentakt-Endstufe der ALS-TTL-Schaltungen ist niederohmiger ausgelegt als bei LS-TTL, so dass Kapazitäten am Ausgang schneller umgeladen werden können. Die Gatter der Advanced-Baureihen sind außerdem am Ausgang mit einer Schutzdiode nach Masse ausgestattet. Die beiden großen Verbesserungen der ALS-Baureihe bestehen gegenüber der 74LS-Serie in der Verringerung der Verzögerungszeit und des Leistungsverbrauchs auf jeweils die Hälfte. Die Schaltzeit verkürzt sich auf 4 ns, der Leistungsverbrauch sinkt auf 1,2 mW. Die statische und dynamische Störsicherheit sowie die maximale Eingangsspannung sind größer, die Temperaturabhängigkeit der Kennwerte ist geringer, der Integrationsgrad und damit die Zuverlässigkeit der mit ALS-Schaltkreisen aufgebauten Logiksysteme sind höher. Abb. 9.31 zeigt ein Beispiel.

Advanced Schottky-TTL, z. B. 74AS00

Durch Anwendung neuer Herstellungstechnologien (Ionenimplantation und Oxidisolierung anstelle von Sperrschichtisolation) konnten die Einzeltransistoren verkleinert werden. Diese extrem schnelle, voll TTL-kompatible Baureihe für Hochgeschwindigkeitsanwendungen erreicht Schaltzeiten im Bereich 1...2 ns, die sonst nur mit ECL-Schaltkreisen realisierbar waren. Man erhält dadurch mögliche Impulsfrequenzen von über 200 MHz. Die maximale Verlustleistung der AS-TTL-Baureihe mit 8...20 mW je Gatter (abhängig vom Integrationsgrad) liegt nicht wesentlich über dem Wert der 74S-Serie. Die Advanced Schottky-TTL-Unterfamilie stellt damit eine Alternative zur ECL-Technik dar.

Bei der AS-TTL-Baureihe wurden die Schaltungen um Rückkopplungsnetzwerke erweitert, die ein noch schnelleres Umschalten bei einem Wechsel von High nach Low und umgekehrt ermöglichen. Die Endstufe wurde niederohmiger ausgelegt. Neu ist die dyna-

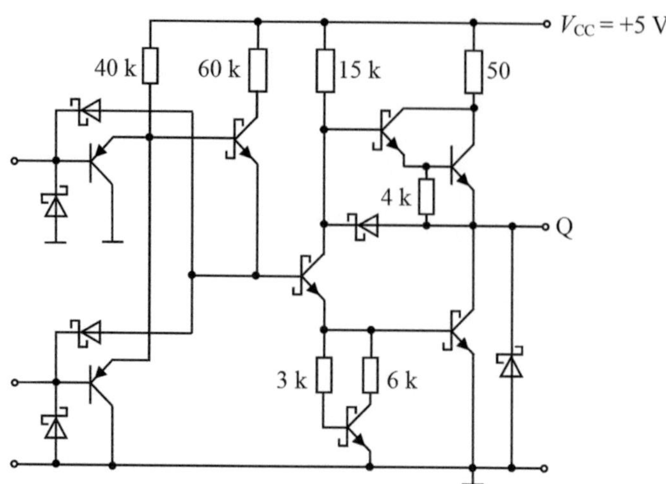

Abb. 9.31 Innenschaltung eines Advanced-Low-Power-Schottky-TTL-Gatters (74ALS00)

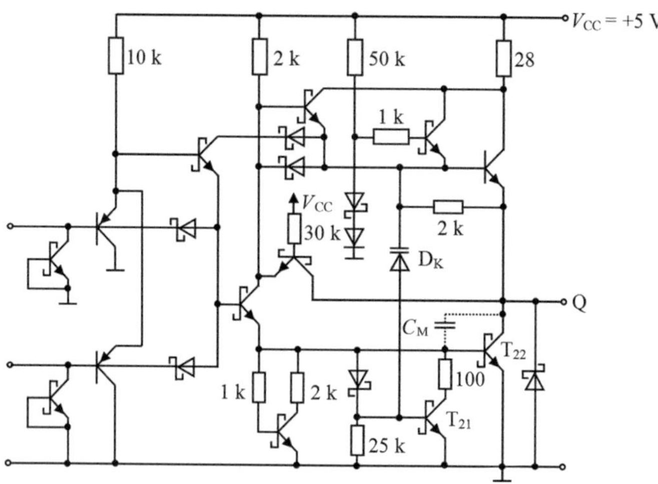

Abb. 9.32 Innenschaltung eines Advanced-Schottky-TTL-Gatters (74AS00)

mische Rückkopplung über die Kapazitätsdiode D_K (Varaktordiode), die zusammen mit dem Transistor T_{21} als Koppelkondensator wirkt (Abb. 9.32). Diese Schaltung sorgt dafür, dass bei einer Pegeländerung am Ausgang von Low nach High der Transistor T_{21} während dieser Flanke leitet und damit der Transistor T_{22} sehr schnell gesperrt wird.

FAST-Baureihe, z. B. 74F00

„Fairchild-Advanced-Schottky-TTL“-Familie. Die Daten der FAST-Schaltungen 74Fxx liegen zwischen denen der 74ALS- und 74AS-Serien. FAST-Bausteine weisen i. Allg. keine pnp-Transistoren auf, dadurch wird der Strom I_{IL} größer als bei AS-TTL-Schaltungen. Die Eingangsschaltung ist eine abgewandelte Diodenclusterschaltung mit einer normalen pn-Eingangsdiode mit höherer Schwellspannung.

Low-Voltage-TTL
Bei der Low-Voltage-TTL-Baureihe (LVTTL) wurde die Versorgungsspannung von 5 V auf 3,3 V reduziert.

9.4.5.4 TTL-kompatible High-Speed-CMOS-Logik

High-Speed-CMOS, z. B. 74HCT00, 74HC00
Diese Bausteine sind High-Speed-CMOS-Schaltungen, deren Eingänge und Ausgänge TTL-kompatibel sind. Sie sind pinkompatibel zu den herkömmlichen TTL-Bausteinen.

Tab. 9.3 enthält zum Vergleich Kennwerte von Gattern einiger TTL-Baureihen.

- Bereich der Speisespannung (V_{CC}): 4,5...5,5 V (nominell 5 V)
- eingangsseitige Pegel: wie TTL

Tab. 9.3 Statische und dynamische Kennwerte von NAND-Gattern einiger TTL-Baureihen

Kennwerte bei $V_{CC} = 5\,V$ und $\vartheta = 25\,°C$			7400	74LS00	74ALS00	74F00
Eingangs-	U_{IL}	max	0,8 V	0,8 V	0,8 V	0,8 V
spannung	U_{IH}	min	2,0 V	2,0 V	2,0 V	2,0 V
Ausgangs-	U_{OL}	max	0,4 V	0,5 V	0,5 V	0,5 V
spannung	U_{OH}	min	2,4 V	2,7 V	2,7 V	2,4 V
Schwellspannung	U_S	min	1,1 V	1,1 V	1,4 V	
Eingangsstrom	$-I_{IL}$ bei $U_{IL} = U_{OLmax}$	max	1,6 mA	0,4 mA	0,2 mA	0,6 mA
	I_{IH} bei $U_{IH} = U_{OHmin}$	max	0,04 mA	0,02 mA	0,02 mA	0,02 mA
Ausgangsstrom	I_{OL} bei $U_{OL} = U_{OLmax}$	max	16 mA	8 mA	8 mA	20 mA
	$-I_{OH}$ bei $U_{OH} = U_{OHmin}$	max	0,4 mA	0,4 mA	0,4 mA	1,0 mA
Speisestrom	I_{CCH}	typ/max	1/2 mA	0,2/0,4 mA	0,1/0,2 mA	
(je Gatter)	I_{CCL}	typ/max	3/5,5 mA	0,6/1,1 mA	0,4/0,75 mA	
Verzögerungs-	t_{DLH}	typ/max	11/22 ns	9/15 ns	4/ns	2,0/ns
zeit	t_{DHL}	typ/max	7/15 ns	10/15 ns	5/ns	
Impulsflanke (am	t_{LH}	typ	10 ns	9,5 ns	5 ns	
Ausgang, 10... 90 %) (meist bei $C_L = 15\,pF$)	t_{HL}	typ	5 ns	6 ns	5 ns	
Speisespannung	U_{CC}		(4,75...5,25) V		(4,5...5,5) V	
Umgebungs-temperatur	ϑ		(0...70) °C			

- High-Pegel, ausgangsseitig: $V_{CC} - 0,1$ V (minimal 3,82 V (typisch 4,2 V) bei V_{CC} = 4,5 V und 4 mA Ausgangsstrom)
- Low-Pegel, ausgangsseitig: ≥0,1 V (<0,33 V bei V_{CC} = 4,5…6 V und 4 mA Ausgangsstrom)
- Ausgangsstrom bei High oder Low: jeweils 4 mA
- Verzögerungszeit (High-Low = Low-High): <23 ns (typisch 18 ns)
- Anstiegszeit (High-Low = Low-High): <15 ns (typisch 8 ns); über den gesamten Temperaturbereich <19 ns
- geforderte Signalflanken: die Anstiegszeiten (t_{TLH}, t_{THL}) sollten nicht größer sein als 500 ns.

Tab. 9.4 Liste einiger bekannter Logikfamilien mit Abkürzung und Bezeichnung

74F	Fast Logic
ABT	Advanced BICMOS Technology
AC	Advanced CMOS Logic
ACT	Advanced CMOS Logic
AHC	Advanced High-Speed CMOS
AHCT	Advanced High-Speed CMOS
ALB	Advanced Low-Voltage BICMOS
ALS	Advanced Low-Power Schottky Logic
ALVC	Advanced Low-Voltage CMOS Technology
ALVT	Advanced Low-Voltage Technology
AS	Advanced Schottky Logic
AVC	Advanced Very Low-Voltage CMOS Logic
BCT	BICMOS Technology
CD4000	CMOS Logic
ECL	Emitter Coupled Logic
FCT	Fast CMOS Technology
HC	High-Speed CMOS Logic
HCT	High-Speed CMOS Logic, TTL-kompatibel
LS	Low-Power Schottky Logic
LV-A	Low-Voltage CMOS Technology
LVC	Low Voltage CMOS Technology
LVT	Low-Voltage Technology
S	Schottky Logic
TTL	Transistor-Transistor Logic

Tab. 9.4 enthält gebräuchliche Abkürzungen von Logikfamilien.

Tab. 9.5 Empfohlene Bausteine zur Verwendung bei Neuentwicklungen

Verwendete Familie	Änderungsgrund	Neue Familie
AC/ACT	Wechsel nach 3,3 V	LVC
AC/ACT	Geringere Rauschleistung	AHC/AHCT
ABT	Wechsel nach 3,3 V	LVT
AHC/AHCT	Wechsel nach 3,3 V	LV
ALS	Wechsel von Bipolar nach CMOS; Schneller	AHC
ALS	Wechsel nach 3,3 V	LV
ALS	Schneller; Wechsel nach 3,3 V	LVC
ALVC	Schneller	AVC
AS	Wechsel von Bipolar nach BICMOS; Schneller	ABT
AS	Wechsel nach 3,3 V	LVT
BCT	Schneller; geringerer Stromverbrauch	ABT
74F	Geringeres Rauschen; geringerer Stromverbrauch	ABT
74F	Wechsel nach 3,3 V	LVT
FCT	Wechsel nach 3,3 V	LVT
HC/HCT	Wechsel nach 3,3 V	LV
HC/HCT	Schneller	AHC/AHCT
HC/HCT	Viel schneller; Wechsel nach 3,3 V	LVC
LS	Wechsel von Bipolar nach CMOS; Schneller	AHC
LS	Schneller; Wechsel nach 3,3 V	LV
LV	Schneller	LVC
LV	Viel schneller	ALVC
LVC	Schneller	ALVC
LVQ	Schneller	LVC
LVQ	Viel schneller	ALVC
S	Wechsel von Bipolar nach CMOS; Schneller	AHC
S	Wechsel nach 3,3 V	LVT
TTL	Wechsel von Bipolar nach CMOS; Schneller	AHC
TTL	Wechsel nach 3,3 V	LV
TTL	Schneller; Wechsel nach 3,3 V	LVC

Tab. 9.5 empfiehlt Bausteine für die Entwicklung neuer Produkte.
Abb. 9.33 zeigt Beispiele für Anwendungsbereiche digitaler Bausteinfamilien.

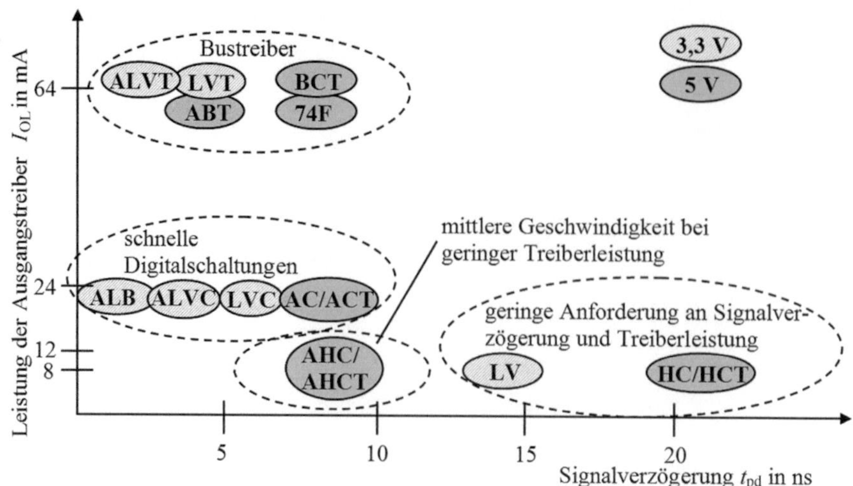

Abb. 9.33 Beispiele für Anwendungsbereiche von digitalen Bausteinfamilien

9.5 MOS-Schaltkreisfamilien

9.5.1 Vorteile von MOSFETs in integrierten Schaltungen

Im Vergleich zu bipolaren Transistoren bieten MOSFETs in integrierten Schaltungen folgende Vorteile:

- Feldeffekttransistoren sind wesentlich hochohmiger als bipolare Transistoren. Mit FETs aufgebaute Schaltungen haben deshalb im stationären Fall eine sehr geringe Verlustleistung. Im dynamischen Bereich steigt die Verlustleistung linear mit der Impulsfrequenz an. Die Verlustleistungen unterschiedlicher MOS-Schaltungen können daher nur bei Angabe der Impulsfrequenz verglichen werden.
- Wegen der hohen Impedanz lassen sich MOS-Transistoren unmittelbar zusammenschalten und benötigen keine weiteren Dioden oder Widerstände. Die Struktur von MOS-Schaltungen ist deshalb sehr einfach. Es besteht die Möglichkeit, spezielle Schaltungstechniken zu realisieren, z. B. dynamische Schaltungen.
- MOS-Transistoren können mit besonders kleinen Abmessungen hergestellt werden, der Flächenbedarf sinkt gegenüber Bipolar-Transistoren auf ca. 1/10. Dies ermöglicht in Verbindung mit der geringen Verlustleistung und dadurch bedingter unproblematischer Wärmeabführung sehr hohe Packungsdichten bei niedrigen Kosten je Schaltungsfunktion. MOS-Schaltungen eignen sich besonders für Schaltungen mit hohem Integrationsgrad, z. B. für Speicher oder Mikroprozessoren.

- Große Vorteile der MOS-Technik gegenüber der TTL-Technik sind der einfachere technologische Prozessablauf und der geringere Platzbedarf (kleinere Chipfläche).

Diesen grundsätzlichen Vorteilen der MOS-ICs im Vergleich zu bipolaren ICs stehen folgende Nachteile gegenüber:

- Wegen ihrer Hochohmigkeit können MOS-ICs die Schaltungs- und Leitungskapazitäten nur langsam auf- und entladen. Sie haben daher eine im Vergleich geringere Arbeitsgeschwindigkeit.
- Aufgrund ihrer Hochohmigkeit können MOS-ICs nur relativ kleine Ausgangsströme liefern ($\leq$1 mA bei Einhaltung der Pegelgrenzen). MOS-ICs liefern daher nur eine geringe Ausgangsleistung.

9.5.2 PMOS-Technologie

Die frühesten Realisierungen integrierter MOS-Schaltungen verwendeten als aktive Elemente p-Kanal MOSFETs, man sprach deshalb von der PMOS-Technologie. Diese wurde bald nach 1980 weitgehend durch die NMOS-Technologie abgelöst. PMOS-Transistoren haben nur noch innerhalb der CMOS-Technologie in Verbindung mit komplementären NMOS-Transistoren eine praktische Bedeutung.

9.5.3 NMOS-Technologie

Sowohl die PMOS- als auch die NMOS-Technologie sind veraltete Vorgänger der CMOS-Schaltungstechnik. Deshalb wird hier auf die NMOS-Logik nur kurz eingegangen.

Eine Realisierungsmöglichkeit für einen Inverter als Grundschaltung weiterer Logikfunktionen zeigt Abb. 9.34. Eingesetzt wird ein selbstsperrender n-Kanal Anreicherungs-MOSFET mit Widerstandslast. Der Arbeitspunkt kann sich nur auf der Lastgeraden bewegen.

Für $U_{ein} \leq U_{th}$ sperrt der Transistor und die Ausgangsspannung ist $U_{aus} = V_{CC}$. Für $U_{ein} \geq U_{th}$ beginnt der Transistor zu leiten. Die Ausgangsspannung U_{aus} ist gleich der Drain-Source-Spannung U_{DS} des Transistors und ergibt sich aus dem Spannungsteiler zwischen Lastwiderstand R_L und dem Source-Drain-Widerstand. Bei maximaler Eingangsspannung V_{CC} ist der Widerstand des Transistors am geringsten, die Ausgangsspannung U_{aus} ist bis auf die Restspannung über Drain-Source abgesunken.

Aufgrund der Restspannung verbraucht der Inverter im Low-Zustand Leistung.

Mit $P_{stat} = V_{CC} \cdot I_L$ und $I_L \approx \frac{V_{CC}}{R_L}$ folgt die statische Verlustleistung im Low-Zustand:

$$P_{stat} \approx \frac{V_{CC}^2}{R_L} \tag{9.7}$$

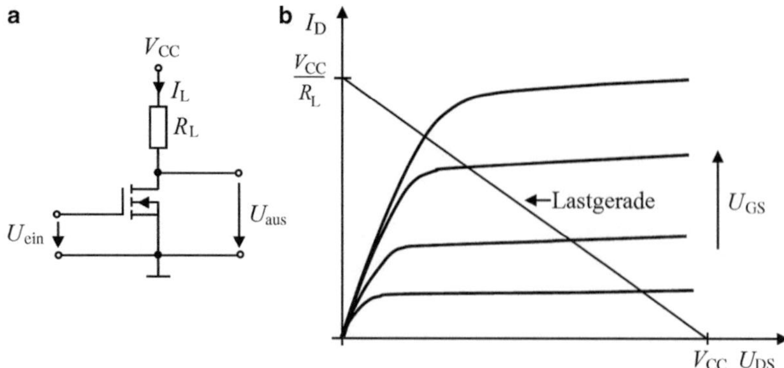

Abb. 9.34 NMOS-Inverter mit Widerstandslast (**a**) und I/U-Kennlinie mit Lastgerade der Inverterschaltung (**b**)

In der Praxis ist $R_L > 100\,k\Omega$. Dies bereitet in Standard MOS-Technologien mit diffundierten Widerständen große Schwierigkeiten. Bei Verwendung eines Widerstandes aus einer mäanderförmigen Bahn aus undotiertem polykristallinem Silizium würde sich gegenüber dem Transistor ein unverhältnismäßig großer Flächenbedarf ergeben. Daher werden für den Lastwiderstand aktive Bauelemente eingesetzt: Ein passiver selbstleitender n-MOSFET (depletion load transistor) bei NMOS (Abb. 9.35) oder ein aktiv geschalteter p-MOSFET in der CMOS-Technik. Der Lasttransistor vom Verarmungstyp ermöglicht schnellere Schaltvorgänge, da durch ihn zu Beginn des Schaltvorganges ein höherer Strom bereitgestellt werden kann, wodurch Lastkapazitäten schneller aufgeladen werden können.

Integrierte NMOS-Schaltungen sind ausschließlich aus n-Kanal MOSFETs aufgebaut. Sie lassen sich besonders einfach herstellen. In NMOS-Technologie werden hauptsächlich hochintegrierte Schaltungen angeboten.

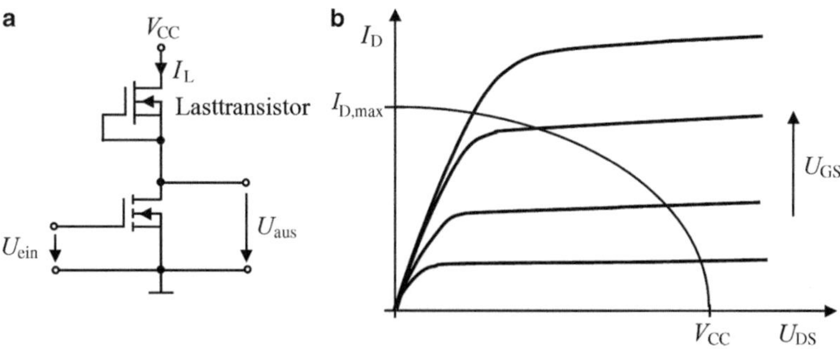

Abb. 9.35 NMOS-Inverter mit Depletion-Last (**a**) und I/U-Kennlinie der Inverterschaltung mit Depletion-Last (**b**)

9.5.4 CMOS-Technologie

9.5.4.1 Allgemeine Eigenschaften

Die historische Entwicklung der MOS-Technologie verläuft vom PMOS- über den NMOS- zum CMOS-Prozess. CMOS-Schaltkreise sind mit komplementären (p- und n-Kanal) MOSFETs aufgebaut (daher CMOS = Complementary MOS).

Die CMOS-Technologie ist im Bereich der integrierten Digitalschaltungen dominierend, der Großteil der weltweit verwendeten Logikbausteine ist in CMOS-Technologie gefertigt. Hervorstechendes Merkmal aller CMOS-Schaltungen ist die vernachlässigbar geringe Verlustleistung im Ruhezustand.

Wesentliche Eigenschaften von CMOS-Schaltkreisen sind:

- die sehr kleine statische Verlustleistung (nW/Gatter)
- die hohe statische Störsicherheit (typisch $0{,}4 \cdot V_{CC}$)
- ein großer Speisespannungsbereich (3...15) V
- TTL-Kompatibilität (bzgl. Spannungspegel) bei $V_{CC} = 5\,\mathrm{V}$.

Grundsätzlich kann zwischen *statischer* und *dynamischer* CMOS-Logik unterschieden werden.

- Die statische CMOS-Schaltungstechnik ist dadurch gekennzeichnet, dass (wie bei den bipolaren Logikfamilien) alle Signalpegel über beliebig lange Zeit erhalten bleiben, wenn keine Signalwechsel an den Eingängen auftreten. Dies wird realisiert, indem alle Gates der Transistoren mit einem definierten Pegel verbunden werden. In der statischen CMOS-Logik werden die logischen Gatter komplementär aufgebaut. Jedem n-Kanal-Transistor entspricht ein p-Kanal-Transistor, der auch vom selben Eingang geschaltet wird.
- Bei der dynamischen CMOS-Schaltungstechnik dienen parasitäre Kapazitäten der Speicherung von Signalpegeln, die diesen, wenn auch nur für eine begrenzte Zeitdauer (wegen Leckströmen), ohne Verbindung zu einem aktiven Pegel erhalten. Dynamische CMOS-Schaltungen kommen mit weniger Transistoren aus als statische CMOS-Gatter, es wird jedoch ein zusätzliches Taktsignal benötigt.

9.5.4.2 Statische CMOS-Logik

Statische CMOS-Schaltungen werden aus selbstsperrenden p-Kanal und n-Kanal MOSFETs (Anreicherungstyp) hergestellt. Je nach logischem Zustand wird jeder Knoten einer Schaltung durch einen leitenden Pfad entweder mit dem H-Pegel oder dem L-Pegel verbunden. Als Schaltelement wird jeweils ein MOSFET verwendet. Der p-Kanal Transistor stellt den Anschluss zur positiven Versorgungsspannung V_{CC} her, nur dieser Transistor ist in der Lage, einen Knoten vollständig mit V_{CC} zu verbinden. Ein n-Kanal-Transistor würde aufgrund der Schwellenspannung die Verbindung bei $V_{CC} - U_{th}$ begrenzen. Der n-Kanal MOSFET ist entsprechend für die Verbindung zur Masse zuständig. In jedem logischen Zustand ist immer einer der beiden Transistoren leitend und der andere gesperrt.

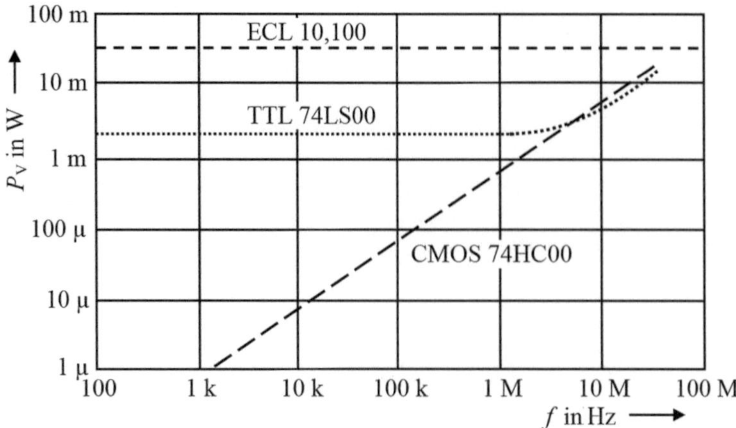

Abb. 9.36 Leistungsverbrauch von Logikgattern

Im Ruhezustand ist der Leistungsbedarf deshalb besonders gering, nur beim Umschalten fließt kurzfristig ein Strom.

Bipolare und NMOS-Logikschaltungen ziehen nur bei einem L-Pegel des Ausgangs einen statischen Strom. Bei einer CMOS-Logik fließt weder bei L- noch H-Pegel des Ausgangs ein Strom.

Ein CMOS-Gatter (Inverter) benötigt Leistung ausschließlich für Schaltvorgänge. Bezüglich der Kühlung ist die Schaltungsgröße daher begrenzt auf die kühlbare Anzahl an Schaltvorgängen pro Sekunde und Chip. Die in einer Kapazität gespeicherte Energie ist:

$$E_C = \frac{1}{2} \cdot C \cdot U^2$$

Der Leistungsbedarf bei f Umladungen pro Sekunde ist:

$$E_C = f \cdot E_C = \frac{1}{2} \cdot f \cdot C \cdot U^2$$

Bei der CMOS-Technologie ist also die Leistungsaufnahme proportional der Taktfrequenz f, der Gate-Kapazitäten C_G und dem Quadrat der Versorgungsspannung V_{CC}. Alle anderen Technologien benötigen einen Ruhestrom proportional zur Anzahl der Gatter. Wärmetechnisch ist ihre Schaltungsgröße daher begrenzt auf die kühlbare Anzahl an Gattern pro Chip. Den Leistungsverbrauch von Logikgattern zeigt Abb. 9.36.

Die selbstsperrenden n-Kanal- und p-Kanal-MOSFETs haben aufgrund des Metallgates eine Schwellenspannung von ca. $+1$ V bzw. -1 V. Die Schaltungen arbeiten einwandfrei ab einer Versorgungsspannung von ca. 3 V. Die obere Grenze der Speisespannung wird festgelegt durch die Durchbruchfestigkeit der internen pn-Übergänge und beträgt ca. 15 V. CMOS-ICs können deshalb in dem großen Versorgungsspannungsbereich von 3...15 V betrieben werden. Zu beachten ist jedoch, dass wichtige Schaltungseigenschaften wie der Störabstand, die Verlustleistung, die Signallaufzeit und der maximale Ausgangsstrom von der Höhe der Speisespannung abhängig sind.

Vor allem im Rahmen der Speicherentwicklung konnten die CMOS-Technologien verbessert und vereinfacht werden, die Prozessschritte wurden weniger und im Aufwand geringer. Dadurch konnte eine wesentlich größere Packungsdichte und die Integration hochkomplexer Schaltungen bei drastisch reduzierten Abmessungen erreicht werden.

9.5.4.3 CMOS-Inverter

Hinweis: Funktionsweise und Aufbau des CMOS-Inverters wird auch in dem Abschnitt „Schaltstufen mit FET“ besprochen.

Der CMOS-Inverter ist eine Grundschaltung der CMOS-Schaltungstechnik, aus der sämtliche weiteren Logikfunktionen abgeleitet werden. Der besonders einfache Aufbau eines Inverters ist aus Abb. 9.37 zu ersehen. Der Inverter besteht aus zwei Transistoren ohne jegliche passive Elemente. Jeder der beiden Transistoren ist im Prinzip ein spannungsgesteuerter Schalter mit statisch hochohmigem (rein kapazitivem) Eingang bezüglich des Steuersignals am Eingang.

Statisches Verhalten

Die Drain-Source-Strecke bildet einen Ohm'schen Widerstand, der im gesperrten Zustand hochohmig (R_{DS} ca. 20 MΩ) und im leitenden Zustand niederohmig (R_{DS} ca. 500 Ω) ist. Der jeweils gesperrte Transistor bildet den Lastwiderstand für den anderen, leitenden Transistor. Infolge der Serienschaltung beider Drain-Source-Strecken kann als Speisestrom im Ruhezustand immer nur ein Rest- bzw. Leckstrom in der Größenordnung einiger µA bis nA fließen. Bei diesen extrem kleinen Strömen hat die Drain-Source-Strecke des leitenden Transistors eine Sättigungsspannung im mV-Bereich, für den leitenden Transistor ergibt sich eine Flussspannung von etwa 1 mV. Der Ausgangspegel U_a liegt damit praktisch auf dem Niveau der Speisespannung V_{CC} (High) oder auf Massepotenzial (Low). High- und Low-Pegel sind nahezu unabhängig vom Lastfaktor (von der Anzahl der nachgeschalteten CMOS-Eingänge). Durch die symmetrische Struktur der Schaltung erfolgt das Umschalten von High nach Low und umgekehrt immer bei $V_{CC}/2$.

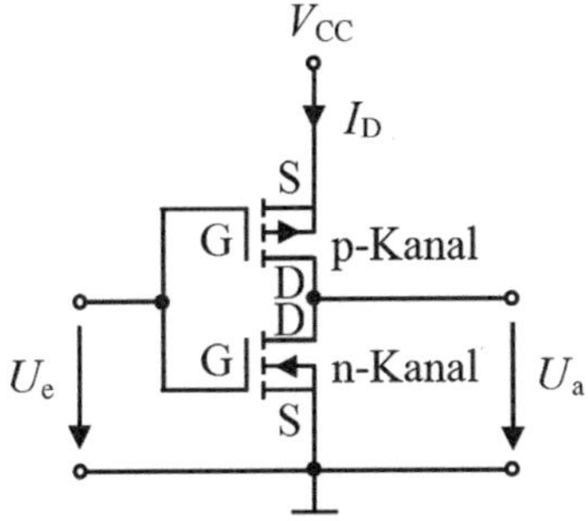

Abb. 9.37 CMOS-Inverter, jeder der beiden Transistoren ist Arbeitswiderstand für den anderen

Zusammenfassung der Eigenschaften des CMOS-Inverters:

- Die Ausgangsspannungen bewegen sich zwischen 0 Volt und V_{CC}. Damit wird der maximal mögliche Ausgangsspannungshub erreicht.
- Die statische Verlustleistung ist in beiden logischen Zuständen null.
- Der Ausgang ist niederohmig gegen Masse oder V_{CC} kurzgeschlossen.
- Der niederohmige Kurzschluss mit V_{CC} oder Masse (je nach logischem Zustand) erlaubt die Ansteuerung einer Vielzahl von weiteren Stufen oder von Ausgängen.
- Der Eingangswiderstand ist unendlich. Deshalb kann ein Inverter eine Vielzahl von weiteren Invertern ansteuern.

Dynamisches Verhalten

Der CMOS-Inverter arbeitet nach dem gleichen Gegentaktprinzip wie TTL-Ausgangsstufen. Beim Umschalten tritt auch hier ein Querstrom auf (I_D in Abb. 9.38), der die dynamische Verlustleistung erhöht und Störspitzen auf der Speisespannungsleitung bewirkt. Die zwei Gründe hierfür sind:

1. Auf der Ausgangsseite sind Kapazitäten umzuladen. Die Treibfähigkeit wird deshalb in einer reinen CMOS-Schaltung durch die Kapazität bestimmt, die noch getrieben werden kann, ohne die angegebenen zeitlichen Parameter zu überschreiten. Rechnet man mit 10 pF je Anschluss (eine gängige Faustregel), so kann ein Schaltkreis-Ausgang, der mit maximal 30 pF belastbar ist, höchstens drei Eingänge ansteuern (eigentlich höchstens zwei, da die Kapazität des Ausgangs-Anschlusses ebenfalls einzurechnen ist). Eine höhere kapazitive Belastung führt dazu, dass der Schaltkreis langsamer wird.
2. In den komplementären MOS-Transistorstrukturen ist jeweils der eine Transistor durchgesteuert und der andere voll gesperrt. Im statischen Zustand wirken beide MOS-Transistoren wie nahezu ideale Schalter, einer der beiden Schalter ist immer „AUS“. Somit können durch die Innenschaltung des Schaltkreises keine Querströme von V_{CC} nach Masse fließen. Dies gilt aber nicht in den Zeiten, während denen sich der Schaltzustand *ändert*. Beim Umschalten wird der gesperrte Transistor mehr und mehr

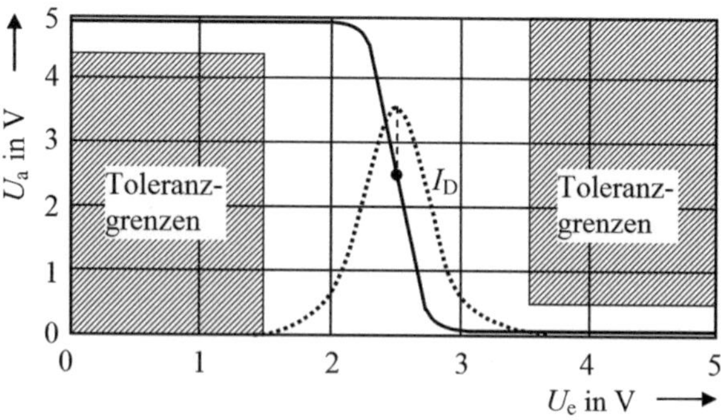

Abb. 9.38 Übertragungskennlinie eines CMOS-Inverters bei $V_{CC} = 5\,\text{V}$

leitend, während gleichzeitig der bisher durchgesteuerte Transistor mehr und mehr gesperrt wird. Auf diese Weise ergibt sich ein endlicher Widerstand, und es kommt ein Stromfluss zustande.

Strom fließt also immer dann, wenn etwas zu treiben ist oder wenn sich an den Eingängen des Schaltkreises etwas ändert.

9.5.4.4 CMOS-Gatter

Bei CMOS-Gattern ist jeder Eingang mit n-Kanal- und p-Kanal-Transistoren verbunden. Aus der Kombination mehrerer Transistoren können unterschiedliche Gatterfunktionen realisiert werden. Durch Parallel- und Reihenschaltung der MOSFETs entstehen so logische NAND- bzw. NOR-Verknüpfungen (Abb. 9.39).

Bei der Paralleltechnik bildet die Parallelschaltung der n-Kanal-Transistoren die aktive Schaltstrecke. Die Reihenschaltung von p-Kanal-Transistoren bildet das passive Element (Drainwiderstand R_L) der Schaltstufe. Die Gateanschlüsse sind jeweils paarweise zusammengefasst. Bezogen auf die Eingangssignale entsteht am Ausgang die NOR-Funktion.

Bei der Reihentechnik bildet die Reihenschaltung der n-Kanal-Transistoren die aktive Schaltstrecke, die Parallelschaltung von p-Kanal-Transistoren bildet das passive Element. Es entsteht ein NAND-Gatter.

Es arbeiten immer ein n-Kanal- und ein p-Kanal-Transistor paarweise im Gegentaktbetrieb zusammen. Am Ausgang ergibt sich der maximal mögliche Signalhub von fast Betriebsspannungspegel.

Unbenutzte Eingänge dürfen bei CMOS-Gattern nicht offen gelassen werden. Sie können sich elektrostatisch oder durch Leckströme auf eine Spannung nahe der Umschaltschwelle (ca. $V_{CC}/2$) aufladen. Es fließen dann dauernd hohe Querströme, die eine thermische Zerstörung verursachen.

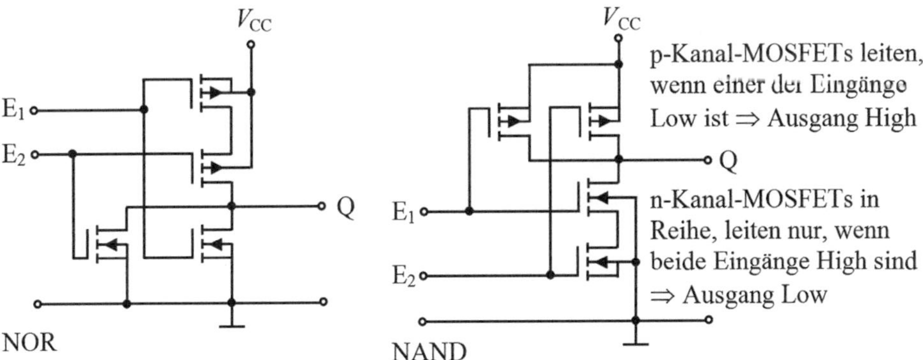

Abb. 9.39 Statische CMOS-Gatter mit jeweils zwei Eingängen

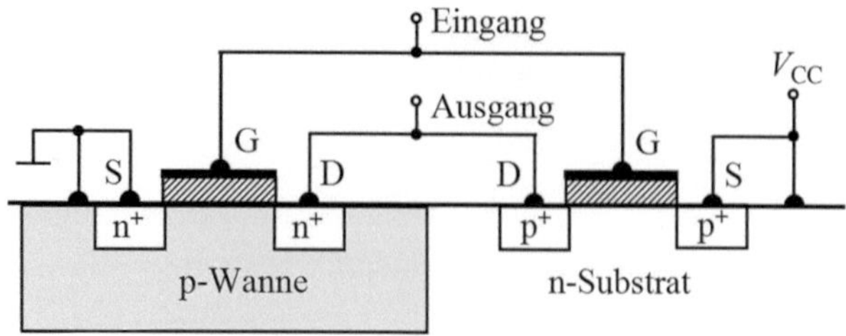

Abb. 9.40 Vereinfachter Querschnitt eines CMOS-Inverters mit p-Wanne

9.5.4.5 Prinzipieller Aufbau von CMOS-Bauelementen

Technologisch erfordert die CMOS-Technik einen zusätzlichen Aufwand im Gegensatz zu NMOS. Ein n-Kanal MOS-Transistor benötigt ein p-dotiertes Grundsubstrat, für einen p-Kanal-Transistor ist ein n-dotiertes Grundsubstrat erforderlich. Wird von einem n-dotierten Grundsubstrat ausgegangen, so ist es notwendig, für den n-Kanal-Transistor einen als Quasi-Grundsubstrat dienenden p-dotierten Bereich einzubauen. Liegt ein p-dotiertes Grundsubstrat vor, so muss für den p-Kanal-Transistor ein n-dotierter Bereich eingebaut werden. Diese Quasi-Grundsubstrate werden meistens als „Wannen" (*wells*, *tubs*) bezeichnet und können durch das Verfahren der Ionen-Implantation in guter Qualität hergestellt werden. Entsprechend unterscheidet man zwischen n-Wannen-CMOS (mit speziellen Wannen für die p-Kanal-Transistoren) und p-Wannen-CMOS (mit speziellen Wannen für die n-Kanal-Transistoren, Abb. 9.40). Beide haben spezifische Vor- und Nachteile, auf die hier nicht eingegangen wird.

9.5.4.6 Eingangs-Schutzschaltung

CMOS-Eingänge sind statisch sehr hochohmig, der Gleichstromwiderstand beträgt $10^{12} \ldots 10^{15}\,\Omega$. Die Eingangsströme liegen typisch im pA-Bereich und sind stark temperaturabhängig. Eine größere Anzahl nachgeschalteter Eingänge bedeuten für den treibenden Ausgang praktisch keine Gleichstrombelastung. Die Eingangskapazität ist mit ca. 5 pF klein.

Der hohe Eingangswiderstand und die sehr kleine Kapazität bringen die Gefahr der elektrostatischen Aufladung und des elektrischen Durchschlags mit sich. Gelangt eine elektrische Ladung an einen Eingang, so kann sie dort wegen des hohen Widerstandes nicht abfließen. Bereits eine kleine Ladung kann die kleine Eingangskapazität entsprechend $U = Q/C$ statisch auf große Spannungswerte aufladen. Bei üblichen statischen Aufladungen durch Nylon-Kleidung oder Kunststoffsohlen kann die Spannung Werte von $2 \ldots 10$ kV erreichen. Das Gateoxid hat jedoch nur eine Spannungsfestigkeit von ca. 100 V. Größere Spannungen führen zum Gate-Substrat-Durchbruch und zerstören die CMOS-Schaltung.

CMOS-Eingänge werden daher grundsätzlich mit internen Schutzschaltungen ausgestattet. Durch diese werden die Eingänge für Spannungen $U_{ein} < 0\,\mathrm{V}$ und $U_{ein} > +V_{CC}$ niederohmig. Abb. 9.41 zeigt ein Beispiel für eine im CMOS-Baustein integrierte Eingangsschutzschaltung. Die Dioden D_1, D_2 und D_3 schützen den CMOS-Eingang vor po-

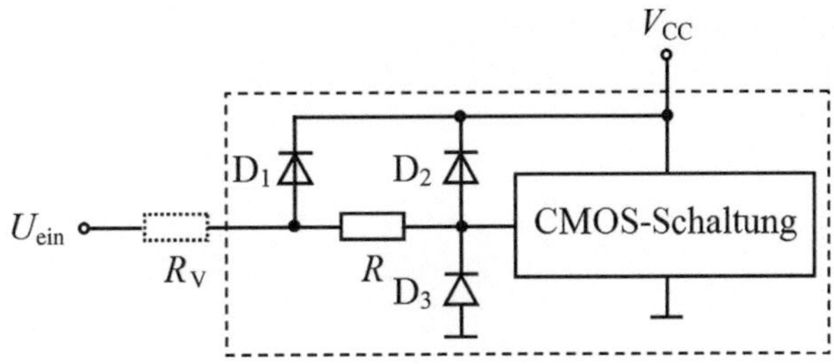

Abb. 9.41 Integrierte Eingangs-Schutzschaltung gegen statische Aufladung und Störspitzen

sitiven und negativen statischen Aufladungen durch das Ableiten der Spannungen (Flussspannung ca. 0,9 V; Durchbruchspannung 20...30 V). Der ebenfalls integrierte Vorwiderstand R dient zum Schutz der Dioden vor zu großen Strömen. Für die integrierten Schutzdioden wird typisch ein zulässiger Strom $\leq$10 mA angegeben. Reicht der interne Schutzwiderstand $R = 0{,}2\ldots 1\,\text{k}\Omega$ nicht aus, so muss zusätzlich ein externer Schutzwiderstand $R_V = 10\ldots 100\,\text{k}\Omega$ in Reihe zum Eingang geschaltet werden.

Durch die Eingangsschutzschaltung verringert sich der Eingangsgleichstromwiderstand auf 1/10 bis 1/100 des ursprünglichen Wertes.

9.5.4.7 Latch-up-Effekt

Der Latch-up-Effekt wird durch parasitäre bipolare npn- und pnp-Sperrschichten hervorgerufen, die technologiebedingt bei den CMOS-Schaltungen auftreten und eine Thyristorstruktur zwischen den Versorgungsanschlüssen V_{CC} und GND (0 V) bilden. Durch die integrierten Schutzdioden wird dies noch verstärkt. Abb. 9.42 zeigt diese Thyristorstruktur als Transistor-Ersatzschaltung.

Das mögliche Zünden dieses Thyristors führt zum Latch-up-Effekt (Durchbruch zweiter Art). Es entsteht ein hoher Querstrom, der den Schaltkreis thermisch überlastet und zerstört. Werden die beiden Bipolartransistoren in Abb. 9.42 einmal leitend, so halten sie sich gegenseitig in diesem Zustand fest, solange der Querstrom über R_1 und/oder R_2 die Schleusenspannung der Basis-Emitter-Diode des entsprechenden Transistors erzeugen kann (Haltestrom). Voraussetzung zum Zünden des Thyristors ist, dass der Querstrom größer wird als dieser Haltestrom und/oder die Spannung größer ist als die Zündspan-

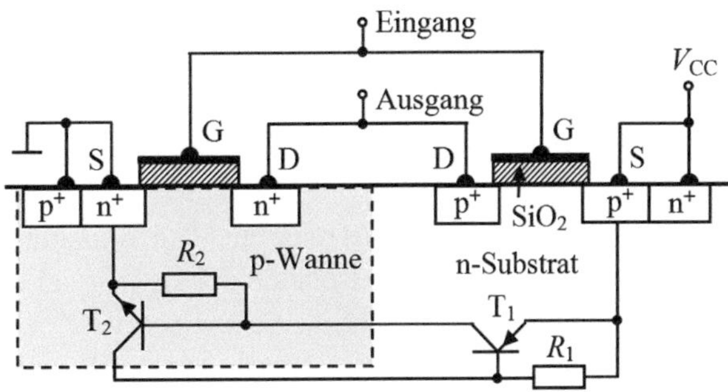

Abb. 9.42 CMOS-Inverter, technologischer Aufbau wie in Abb. 9.40 und parasitärer Thyristor

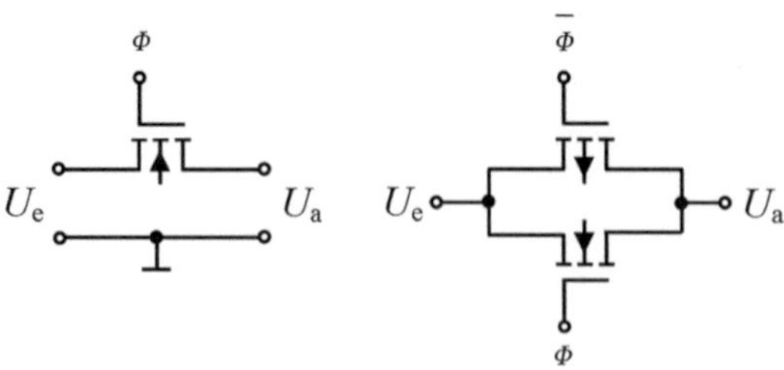

Abb. 9.43 CMOS-Schalter (Transmissionsgatter)

nung des Thyristors (Durchbruch). Nach Herstellerangaben wird der Latch-up-Effekt bei CMOS-Schaltkreisen sicher vermieden, wenn die Ströme an allen Schaltkreisanschlüssen auf Werte unter 10 mA begrenzt sind und die maximale Spannung am Schaltkreis kleiner bleibt als der angegebene Grenzwert.

Bei neueren CMOS-Reihen wird der Latch-up-Effekt durch technologische (Isolation, Schutzringe) und schaltungstechnische Maßnahmen stark reduziert, aber nicht aufgehoben.

9.5.4.8 Transmissionsgatter

Ein Transmissionsgatter (Transfergatter) ist ein bidirektionaler Schalter in CMOS-Technik für digitale Signale. Die Transmissionsschaltung ist eine CMOS-Schaltung besonderer Art und Bedeutung. Ein Äquivalent in Bipolartechnik gibt es ist nicht. Da FETs den Strom in beiden Richtungen übertragen können (Drain und Source tauschen dabei ihre Funktion), lassen sich durch Parallelschaltung eines n-Kanal- und eines p-Kanal-Transistors Torschaltungen zur bidirektionalen Signalübertragung aufbauen.

Ein Transmissionsgatter ist ein mit FETs aufgebauter Schalter, der digitale Signale in beiden Richtungen übertragen (und sperren) kann.

Eine Besonderheit der Transmissionsgatter ist, dass keine Signalregenerierung erfolgt (im Gegensatz zu anderen Digitalschaltkreisen). Der Störabstand verschlechtert sich also mit der Anzahl der miteinander verbundenen Schaltungen immer mehr. Man verwendet deshalb die Transmissionsschaltung nur in Verbindung mit zwischengeschalteten CMOS-Gattern.

Man kann zwischen Schaltungen mit nur einem Transfertransistor und Schaltungen mit einem Transfertransistor-Paar unterscheiden (Abb. 9.43).

9.5.4.9 Dynamische CMOS-Logik

Bei der dynamischen CMOS-Logik werden Signalpegel von parasitären Kapazitäten gespeichert und von diesen für eine begrenzte Zeitdauer ohne Verbindung zu einem aktiven Pegel erhalten.

Abb. 9.44 zeigt ein Beispiel einschließlich Timing. Das Transmissionsgatter T bewirkt für $U_{St} = 0\,V$ (L-Pegel) die Isolation der Ladung auf der Gate-Kapazität C_G. Jetzt können Pegelwechsel am Eingang vorgenommen werden, ohne dass diese Einfluss auf die Eingangsspannung des Inverters haben. Aufgrund von Leckströmen (*Floating Gate*) ent-

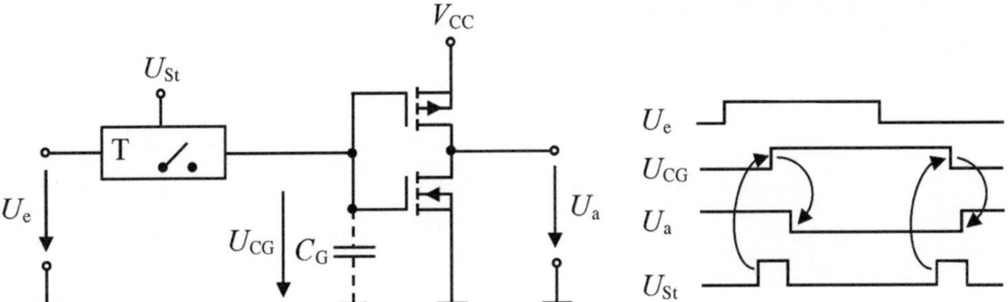

Abb. 9.44 Dynamisches Gate, Grundschaltung und Funktion

lädt sich C_G allerdings mit der Zeit. Bei der Entladung beginnen Querströme zu fließen, die über längere Zeit andauern können. Es muss daher rechtzeitig für das Auffrischen (*Refresh*) der Ladung gesorgt werden. Die Zykluszeit des Auffrischens ist von C_G und den Leckströmen abhängig. Sie liegt bei dynamischen Gattern im Bereich von µs und bei Halbleiterspeichern im ms-Bereich.

Bei statischer CMOS-Logik muss die logische Funktion zweimal implementiert werden, einmal mit n-Kanal- und einmal mit p-Kanal-Transistoren (siehe z. B. Abb. 9.39). Bei der dynamischen CMOS-Logik spart man sich einen Logik-Block, jede Funktion muss nur einmal implementiert werden.

Abb. 9.45 zeigt als Beispiel den Aufbau und das Timing-Diagramm der Implementierung einer NAND-Funktion mit n-Kanal-Transistoren. Die Realisierung kann analog auch mit einem p-Logik-Block erfolgen. Zusätzlich zum Logik-Block mit den Transistoren T_3, T_4 sind zwei weitere Transistoren T_1, T_2 eingefügt, deren Gates getaktet werden. Es gibt dann zwei Phasen:

1. Precharge-Phase
   Solange das Taktsignal CLK auf L-Pegel liegt, leitet T_2 und T_1 sperrt. Die parasitären Kapazitäten C_L der angeschlossenen Gatter werden dabei auf V_{CC} (H-Pegel) aufgeladen.
2. Evaluierungsphase
   Durch das Wechseln des CLK-Signals auf H-Pegel sperrt T_2 und T_1 beginnt zu leiten. Erst jetzt wird der gültige Pegel eingestellt, denn abhängig von den Pegeln am Eingang bleibt entweder die Spannung an C_L erhalten, oder C_L wird über eine leitende Transistorstrecke im n-Block auf L-Pegel entladen. Die Ausgänge weisen jeweils nur während der Evaluierung einen gültigen Pegel auf.

Ein Problem der dynamischen Logik ist, dass sich die Eingangspegel nur während der Precharge-Phase ändern dürfen. Ungültige Pegel am Eingang können während der Evaluierungsphase zur unbeabsichtigten Entladung von C_L führen. Daher dürfen dynamische Gatter gleichen Typs nicht kaskadiert werden.

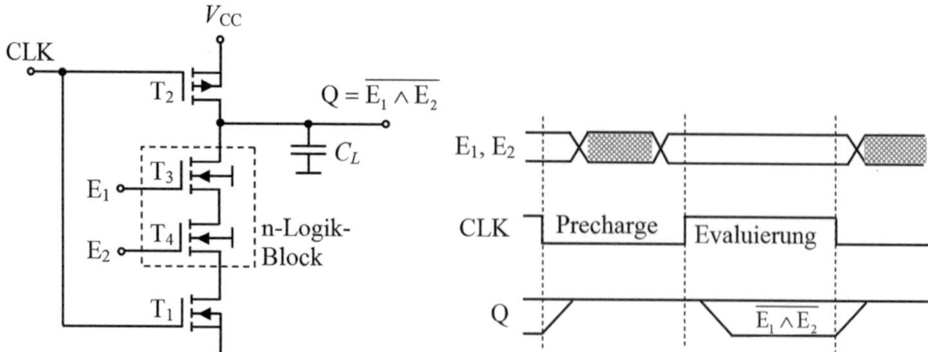

Abb. 9.45 Dynamisches NAND-Gatter

Dieses Problem kann durch den Einsatz von Transmissionsgattern zur Isolation der Stufen in Verbindung mit mehrphasiger Taktung umgangen werden. Die so genannte *Domino-Logik* hat sich aber als günstigere Schaltungsvariante erwiesen. In der Domino-Logik ist der logischen Stufe jeweils ein Inverter nachgeschaltet. Damit muss zunächst nur dessen Eingang geschaltet werden. Der Inverter bewirkt aber auch, dass während der Aufladephase, zu welcher der Knoten Q auf „High" liegt, der Inverter an seinem Ausgang eine logische „0" erzeugt. Dies bewirkt, dass in der „Charge"-Phase alle Eingänge von n-Kanal-Netzwerken fest auf „0" liegen. Erst dann, wenn die „Charge"-Phase abgeschlossen ist, kann Q auf „0" gesetzt werden und einen Signalwechsel in einer nachfolgenden Schaltung hervorrufen. Damit sind die Timing-Probleme weitgehend gelöst. In der Domino-Logik „fallen" die Gatter nacheinander wie Domino-Steine in den „richtigen" Logik-Zustand. Die Discharge-Phase muss nur ausreichend lang sein. In Domino-Logik ist allerdings nur die Realisierung nicht-invertierender Gatter möglich, zusätzliche „normale" Inverter sind notwendig.

9.5.5 BICMOS-Logik

Wegen des geringen Leistungsbedarfs und der hohen Integrationsdichte eignet sich CMOS besonders für digitale VLSI-Anwendungen. Die Geschwindigkeit von CMOS-Schaltungen ist wesentlich geringer als die von Bipolarschaltungen, besonders wenn große kapazitive Lasten oder lange Verbindungsleitungen auftreten. Ein Bipolartransistor liefert im Vergleich zu einem MOS-Transistor einen größeren Strom, er weist eine definierte Einschaltspannung, gutes Rauschverhalten und eine geringe Spannungsdifferenz (z. B. bei ECL) auf. Aufgrund dieser Eigenschaften ist die Bipolartechnologie besonders gut für Analogschaltungen und schnelle Anwendungen einsetzbar. Wesentliche Nachteile der Bipolartechnologie sind der hohe Leistungsbedarf und die geringe Packungsdichte.

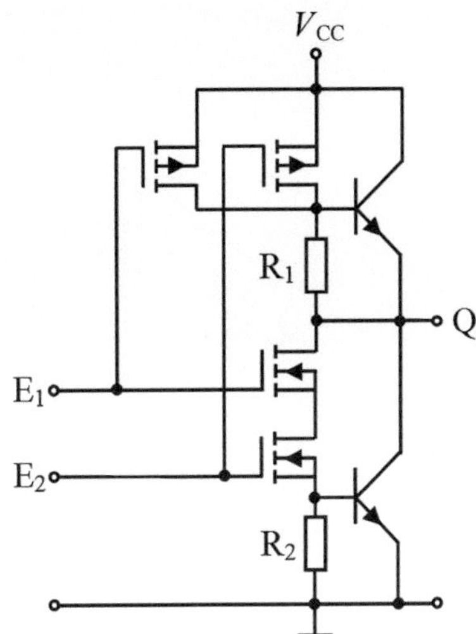

Abb. 9.46 BICMOS-NAND-Gatter

Die BICMOS-Technologie ist die Integration von Bipolar- und CMOS-Elementen auf einem Chip. Sie kombiniert die niedrige Verlustleistung und die Packungsdichte von CMOS mit der Geschwindigkeit von Bipolarschaltungen. CMOS-Gatter steuern mit ihrer hohen Schaltgeschwindigkeit und geringen Verlustleistung bipolare Transistoren mit hoher Stromverstärkung für große Treiberleistung an. Ein Beispiel zeigt Abb. 9.46.

Vorteile der BICMOS-Technologie sind eine verringerte Clock-Abweichung, verbesserte interne Gateverzögerungen und die Realisierbarkeit von schnellen I/Os und ECL- bzw. TTL-Interfaces. Dem gegenüber stehen die durch den technologischen Mehraufwand erhöhten Herstellungskosten.

BICMOS-Schaltungen werden sowohl als diskrete Schaltkreise (z. B. TTL-kompatible 14BCT-Serie) als auch als Treiberzellen für die Verwendung innerhalb von ICs und für deren Ausgangs-Verstärkerzellen angeboten.

Die BICMOS-Technologie lässt sich sehr effizient im Bereich von *Mixed-Signal*-Anwendungen (kombinierte analoge und digitale Chips) einsetzen. Typische Anwendungen bei denen die Vorteile der BICMOS-Technologie genutzt werden, sind CMOS/TTL/ECL-Interfaces, Buskoppel- und Treiberstufen, kombinierte CMOS/ECL-Logikbausteine, Hochgeschwindigkeits-SRAMs und -DRAMs sowie integrierte Schaltungen für kombinierte Analog/Digital-Systeme wie z. B. Analog-Digital-Wandler, Digital-Analog-Wandler, Operationsverstärker und analoge Rechenschaltungen (Vierquadrantenmultiplizierer usw.). Die Leistungsdaten dieser Anwendungen sind in der Regel weitaus besser als die vergleichbarer Anwendungen, die ausschließlich in CMOS- oder Bipolartechnologie ausgeführt sind.

Halbleiterspeicher 10

Schaltungen, die Informationen speichern und zu einem späteren Zeitpunkt unverändert wiedergeben können, werden als Speicher bezeichnet. Digitale Halbleiterspeicher zeichnen sich durch hohe Arbeitsgeschwindigkeit und hohe Zuverlässigkeit sowie niedrigen Leistungsverbrauch bei relativ kleinen Kosten je Bit aus. Durch ihre Herstellung als integrierte Schaltkreise ergibt sich eine hohe Speicherdichte und damit ein kleines Volumen. Aus Speicher-ICs lassen sich Speicher mit beliebiger Kapazität und Organisation aufbauen, die vorwiegend als Programm- und Datenspeicher in Mikroprozessoranwendungen eingesetzt werden (z. B. als PC-Arbeitsspeicher).

10.1 Einteilung digitaler Halbleiterspeicher

Bei den Halbleiterspeichern unterscheidet man zwei Hauptgruppen: Die *Tabellenspeicher* und die *Funktionsspeicher* (Abb. 10.1).

In Tabellenspeichern werden z. B. Wahrheitstafeln, Computerprogramme oder Messreihen gespeichert. Die Tabellenspeicher gliedern sich wiederum in RAMs (Abb. 10.2) und ROMs (Abb. 10.3).

In Funktionsspeichern werden keine Tabellen, sondern logische Funktionen gespeichert. In dieser Gruppe werden die Kunden- und Semi-Kunden-ICs, die programmierba-

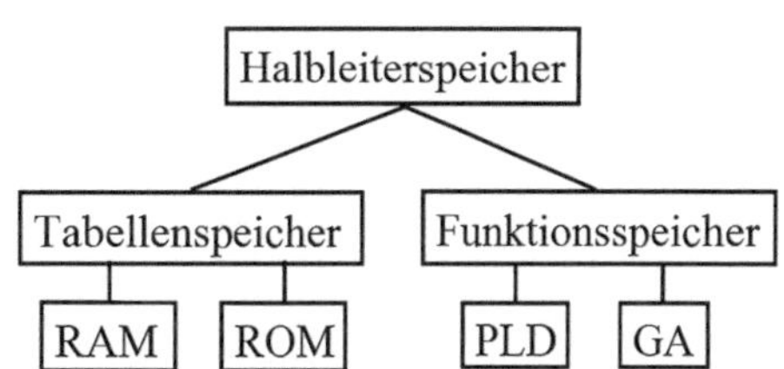

Abb. 10.1 Einteilung der Halbleiterspeicher in zwei Hauptgruppen

L. Stiny, *Aktive elektronische Bauelemente*, https://doi.org/10.1007/978-3-658-24752-2_10

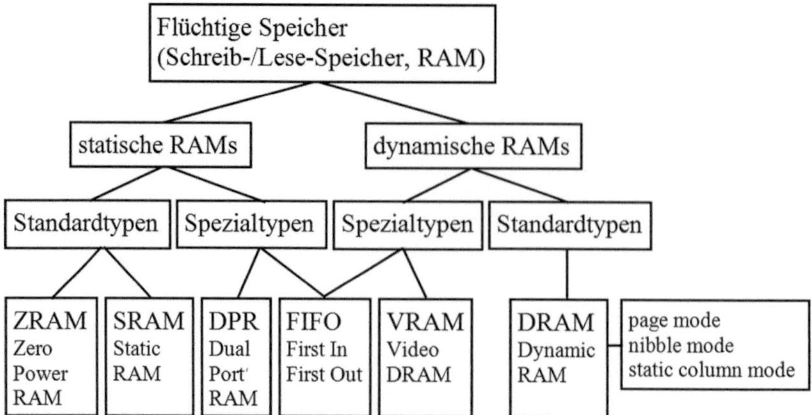

Abb. 10.2 Einteilung der RAMs

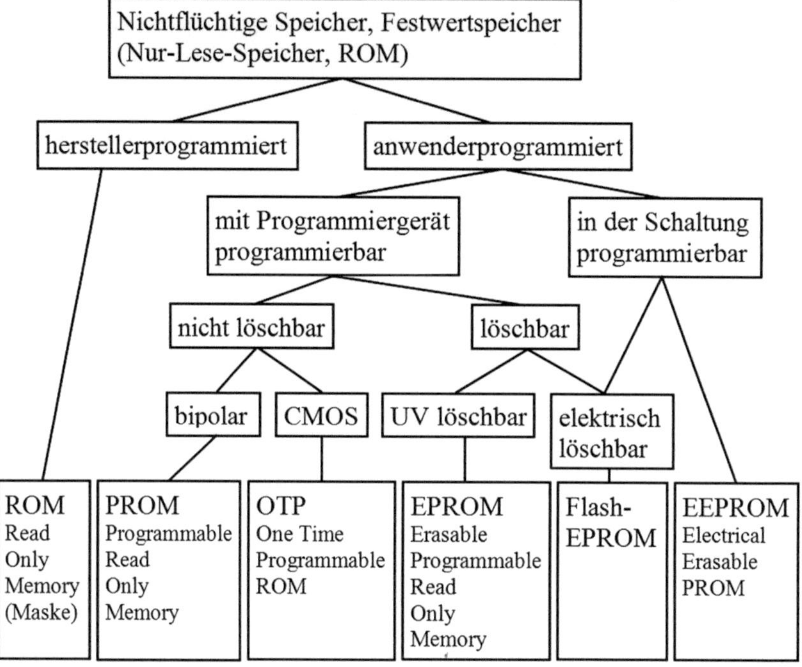

Abb. 10.3 Einteilung der ROMs

ren logischen Bauelemente (*PLD* = Programmable Logic Device, *GA* = Gate Array), zusammengefasst. Dieses Thema wird in einem eigenen Abschnitt über „Anwendungsspezifische Integrierte Bausteine“ behandelt.

10.2 Allgemeiner Aufbau der Speicherbausteine

Nach DIN 44300 ist ein Speicher eine Funktionseinheit in einem digitalen Rechnersystem, die Daten aufnimmt, aufbewahrt oder abgibt. Jeder Halbleiterspeicher besteht aus vielen einzelnen Speicherzellen (Speicherelementen, Speicherplätzen, Speicherstellen), die jeweils genau ein Bit speichern. Jede Speicherzelle kann somit zwei Zustände annehmen, die der Information High (logisch 1) oder Low (logisch 0) entsprechen.

Die Eingabe der Daten in den Speicher wird *Schreibvorgang* genannt. Umgekehrt ist die Abfrage der im Speicher abgelegten Information der *Lesevorgang*. Damit die eingespeicherten Daten wieder aufgefunden werden können, muss der Speicher eine bestimmte Organisation durch eine Zuordnung von Nummern zu Speicherzellen haben. Die Nummer einer Speicherstelle wird *Adresse* genannt. Um eine Information wieder auslesen zu können, muss ihre Adresse bekannt sein.

Die Aufgaben bei der Nutzung eines Speichers bestehen aus:

- der Ansteuerung von Speicherzellen (Adressierung), hierzu werden so genannte Dekoder verwendet.
- dem Lesen der gespeicherten Information oder dem Abspeichern von Werten in Speicherzellen. Zur Speicherung kann z. B. die Flipflop-Technik eingesetzt werden, die hier als weitgehend bekannt vorausgesetzt wird.

10.2.1 Speicherorganisation

Ein Speicher besteht aus einzelnen Speicherzellen. Jede Zelle kann genau ein Bit abspeichern. Eine Speicherzelle kann schematisch folgendermaßen dargestellt werden (Abb. 10.4):

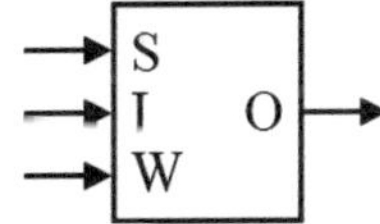

Abb. 10.4 Schematische Darstellung einer Speicherzelle

Die vier Anschlüsse der Speicherzelle sind: S = Select, I = Input, W = Write, O = Output.

Die Anschlüsse S, I und W sind Eingangsleitungen, der Anschluss O ist eine Ausgangsleitung.

Ein am Anschluss I anliegender Wert (logisch 0 oder 1) kann in den Speicher geschrieben werden, wenn es sich um einen Schreib-/Lese-Speicher handelt. Ein Schreiben ist aber nur dann möglich, wenn am Anschluss W eine logische „1“ anliegt. Liegt am Anschluss W eine logische „0“, so kann nur lesend auf die Zelle zugegriffen werden. W gibt also an, ob in die Zelle geschrieben oder ob ein Wert aus der Zelle gelesen werden soll.

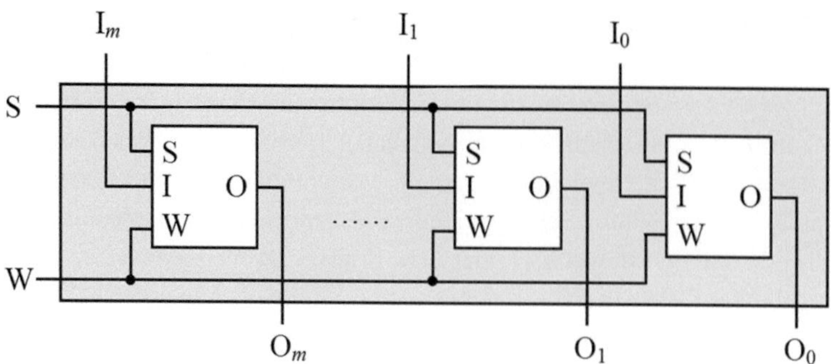

Abb. 10.5 Schematischer Aufbau eines Registers mit m Speicherzellen

Generell ist ein Zugriff auf die Zelle (egal ob lesend oder schreibend) nur dann möglich, wenn am Eingang S eine 1 anliegt. Liegt hier eine 0 an, kann weder in die Zelle geschrieben noch ein Wert gelesen werden. S wählt somit eine bestimmte Zelle aus.

Der Anschluss O ist eine Ausgangsleitung, an ihm kann ein in der Zelle abgelegter Wert (logisch 0 oder 1) gelesen werden.

Ist jedes Bit eines Speichers einzeln zugänglich (adressierbar), so heißt der Speicher *bitorganisiert*. Meistens werden Daten aber nicht bitweise, sondern byteweise oder wortweise verarbeitet. Man greift also nicht auf einzelne Speicherzellen zu, sondern auf ein *Register*. Ein Register ist ein Zusammenschluss von mehreren Speicherzellen. Wird jeweils eine solche Gruppe von Bits (die als *Datenwort* mit der Breite m bezeichnet wird) zusammen geschrieben oder gelesen, so ist der Speicher *wortorganisiert*. Gebräuchliche Datenwortbreiten sind $m = 1\,\text{Bit}$, $m = 4\,\text{Bit}$, $m = 8\,\text{Bit}$ ($= 1\,\text{Byte}$) und $m = 16\,\text{Bit}$ (bis zu $m = 64\,\text{Bit}$). Jedes Register (bzw. Datenwort) besitzt eine eigene Adresse, unter der alle Zellen des Registers zum Lesen oder Schreiben aktiviert werden. Die Datenwortbreite gibt den Grad der Parallelität auf der Bit-Ebene an.

In Abb. 10.5 ist ein Beispiel eines Registers mit m Speicherzellen dargestellt. Das Register besitzt für alle m Speicherzellen eine gemeinsame S- und W-Leitung. Man kann also nur alle Speicherzellen des Registers gemeinsam zum Lesen oder Schreiben anwählen. Die I- und O-Leitungen sind separat nach außen geführt. Auf diese Weise kann man alle m Bits parallel zur gleichen Zeit schreiben oder lesen.

Da mit der Select-Leitung auf ein ganzes Datenwort zugegriffen wird, heißt diese Leitung *Wortleitung* (*Zeilenleitung*). Jeweils eine Input- und eine Output-Leitung kann auf einer Leitung gemultiplext übertragen werden, sie wird *Bitleitung* (*Spaltenleitung*, *Datenleitung*) genannt.

Ein Speicher ist aus vielen solchen Registern aufgebaut (Abb. 10.6). Um die Anzahl der Auswahlleitungen (und der zugehörigen Ansteuerschaltungen) zu minimieren, wird die Speichermatrix möglichst quadratisch aufgebaut. Im Folgenden wird die Funktionsweise eines Schreib-/Lese-Speichers (Datenspeichers) erläutert. Die Organisation ist allgemein mit einer Datenwortbreite von m Bit bei A_{max} speicherbaren Datenworten angenommen.

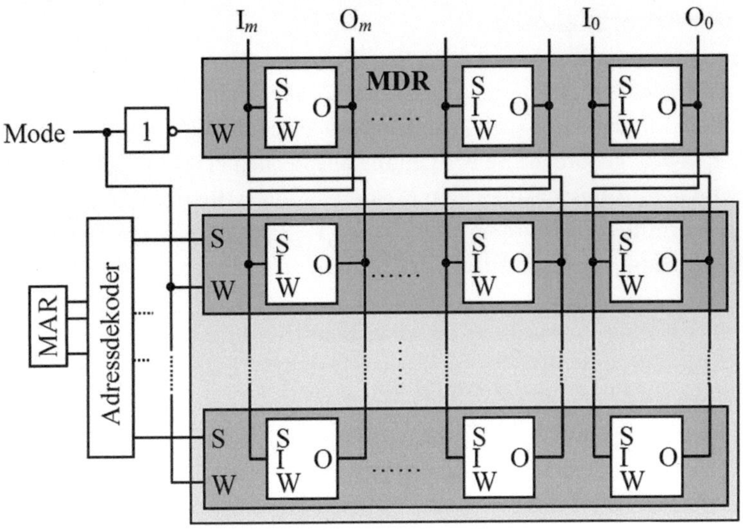

Abb. 10.6 Schematischer Aufbau eines Datenspeichers

Um Daten in den Speicher schreiben zu können, werden diese zunächst im Memory Data Register (MDR) zwischengespeichert. Dann wird an der Leitung „Mode“ (Betriebsart) eine logische „1“ angelegt. Da die Mode-Leitung mit dem W-Eingang aller Register verbunden ist, werden damit alle Register des Datenspeichers auf die Betriebsart „Schreiben“ gesetzt. Dann wird über das Memory Address Register (MAR) ein Register des Datenspeichers ausgewählt, in dem die Daten abgelegt werden sollen. Hierzu hat jedes Register im Datenspeicher eine eindeutige Adresse (eine ganze Zahl $\geq$ 0) zugeordnet bekommen. Ein Adressdekoder wählt anhand der Adresse aus dem MAR eine bestimmte Select-Leitung (Wortleitung) aus. Somit ist es möglich, in ein definiertes Register zu schreiben. Außerdem ist die Mode-Leitung über eine NOT-Verknüpfung mit dem W-Eingang des MDR verbunden. Dies führt automatisch dazu, dass das MDR im Mode „Lesen“ ist, wenn der Datenspeicher auf „Schreiben“ gesetzt wird. So können die Werte vom MDR gelesen und in den Datenspeicher übertragen werden.

Möchte man Daten aus dem Datenspeicher lesen, wird zunächst das entsprechende Register über das MAR angesprochen und über den Adressdekoder die entsprechende Select-Leitung auf logisch „1“ gesetzt. Nun wird die Mode-Leitung auf „0“ gelegt. Damit werden alle Register in den Modus „Lesen“ und gleichzeitig das MDR in den Modus „Schreiben“ versetzt. Dadurch werden die Daten aus einem Register des Datenspeichers in das MDR übertragen und können von dort aus weiterverarbeitet werden.

Soll auf den Speicher nicht nur wortweise (in Form von Datenworten), sondern bitweise zugegriffen werden, so ist noch ein weiterer Dekoder zur Auswahl des jeweiligen Bits (bzw. der Spalte) erforderlich.

10.2.2 Der Adressdekoder

Der Adressdekoder soll ein ausgewähltes Register im Datenspeicher ansprechen. Zu diesem Zweck muss der Adressdekoder den Wert einer Adresse analysieren und die zu diesem Adresswert gehörende Select-Leitung ansprechen (1-aus-n Dekoder). Die Adresse selbst wird dem Adressdekoder vom Memory-Address-Register in Form einer binären Kodierung übermittelt. Der größte Adresswert A_{max} der dem Adressdekoder übergeben werden kann, hängt von der Anzahl der Verbindungsleitungen k zwischen MAR und Adressdekoder ab. Es gilt

$$A_{max} = 2^k - 1 \tag{10.1}$$

und es kann jede beliebige ganze Zahl A mit

$$0 \leq A \leq A_{max} \tag{10.2}$$

als Adresse verwendet werden.

Der Adressdekoder hat also k Eingänge. Um alle A_{max} Adressen auswählen zu können, muss der Adressdekoder über

$$n = 2^k \tag{10.3}$$

Ausgangsleitungen verfügen. Sie werden als *Wortleitungen* bezeichnet.

Beispiel 10.1

Es wird ein 1-aus-4 Dekoder (Abb. 10.7) betrachtet. Mit ihm kann eine aus vier Ausgangsleitungen selektiert werden. Nach Gl. 10.3 benötigt der Dekoder dazu zwei Eingangsleitungen.

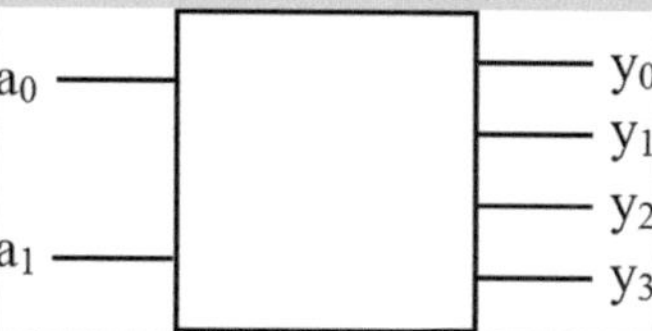

Abb. 10.7 Prinzip eines 1-aus-4 Dekoders

Man erhält folgende Wahrheitstabelle:

Adresse A	Eingangsleitungen		Ausgangsleitungen			
	a_1	a_0	y_3	y_2	y_1	y_0
0	0	0	0	0	0	1
1	0	1	0	0	1	0
2	1	0	0	1	0	0
3	1	1	1	0	0	0

Abb. 10.8 zeigt eine Möglichkeit der technischen Realisierung eines Dekoders mit einem Verhalten entsprechend dieser Wahrheitstabelle.

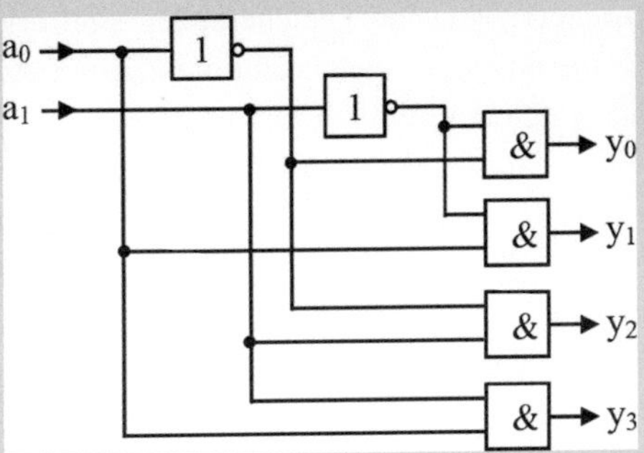

Abb. 10.8 Technische Realisierung eines 1-aus-4 Dekoders

Beispiel 10.2
Mit 32 Adressleitungen lassen sich 2^{32} Bytes = 4 GBytes (= 4.294.967.296 Bytes) adressieren.

10.2.3 Die Speicherzelle

Der Aufbau der Speicherzelle (des eigentlichen Speicherortes von logisch 0 oder 1) hängt von der Art des Speichers und von der verwendeten Technologie ab.

Handelt es sich um einen Nur-Lese-Speicher, so kann der zu speichernde Wert fest in der Zelle abgelegt werden. Dies kann z. B. durch ein „Einbrennen" erfolgen, indem beim Herstellungsprozess ausgewählte Leitungen aufgetrennt, an definierten Stellen Kurzschlüsse erzeugt oder die Eigenschaften von ausgewählten Transistoren verändert werden.

Bei einem Schreib-/Lese-Speicher muss der geschriebene Wert nicht nur gespeichert bleiben, wenn der Pegel an der Input-Leitung zurückgesetzt wird, der Wert muss auch änderbar (überschreibbar) sein. Durch einen erneuten Schreibbefehl muss der gespeicherte Wert durch einen anderen ersetzt werden können. Bei einem statischen Datenspeicher kann dies z. B. mit einem Flipflop (bistabile Kippschaltung) als Grundelement einer Speicherzelle realisiert werden. Bei dynamischen Speichern wird die Information als Ladungsmenge gespeichert.

10.2.4 Aufbau von Speicherbausteinen, Zusammenfassung

Jeder Speicher besteht aus:

- einer Matrix von Speicherzellen. Die Speicherzellen sind organisatorisch zu gleichgroßen Speichereinheiten mit einer Datenwortbreite (meist kurz als Wortbreite bezeichnet) m von 1 Bit, 4 Bit, 8 Bit oder 16 Bit zusammengeschlossen.
- einem Adressdekoder zur Adressierung einer bestimmten Speichereinheit (eines Datenwortes). Die Wortbreite k der Adresse[1] ergibt den Adressraum mit dem Wertebereich $0 \leq A \leq A_{\text{max}} = 2^k - 1$.
- einer Baustein-Steuerlogik
- Verbindungen nach außen über Daten-, Adress- und Steuerleitungen.

10.2.5 Busleitungen, Steuersignale

In einem Arbeitsspeicher sind normalerweise mehrere Speicherchips vorhanden. Der gewünschte Chip muss deshalb durch ein Auswahlsignal (CS = *Chip Select* oder CE = *Chip Enable*) selektiert werden. Dieses Signal wird mittels eines zusätzlichen Adressdekoders aus den (meist höherwertigen) Adressleitungen des Adressbuses gewonnen. Häufig wird mit CS auch die Leistungsaufnahme des Bausteins gesteuert, die im selektierten Zustand (Active Mode) erheblich höher sein kann als im nicht selektierten Zustand (Stand-By Mode). Abb. 10.9 beinhaltet die hier angesprochenen Steuersignale.

In den Registern erfolgt eine Zwischenspeicherung aller Adress- und Dateneingaben.

Ob es sich um einen Schreib- oder Lesezugriff handelt, wird durch ein WE-Signal (*Write Enable*) oder das Signal $\text{R}/\overline{\text{W}}$ (Read = High, Write = Low) unterschieden. Dieses Steuersignal schaltet die Richtung der Treiber in der Datenbus-Schnittstelle um und aktiviert die Lese- bzw. Schreibverstärker des Chips. Das Signal wird nur bei Speichertypen benötigt, deren Inhalt im System selbst geändert werden kann (RAM, EEPROM, ...).

Die Datenleitungen sind in Tri-State-Technik ausgeführt und werden durch das Lesesignal (RE = *Read Enable*, oder OE = *Output Enable*) aktiviert. Das Signal OE legt die aus der Speichermatrix ausgelesene Information auf den Datenbus.

Je nach Hersteller der Speicherbausteine können die genauen Signalbezeichnungen für dieselbe Funktion einer Signalleitung unterschiedlich sein. Steuerleitungen können high-aktiv (z. B. mit CS bezeichnet) oder low-aktiv (z. B. mit /CS oder $\overline{\text{CS}}$ bezeichnet) sein.

Die Interfaces stellen die notwendige Treiberleistung zur Verfügung, um die Belastung der Adressleitungen des Mikroprozessors klein zu halten, schalten die Richtung der Datenleitungen um oder sorgen für eine notwendige Pegelanpassung (z. B. TTL-Kompatibilität nach außen hin).

[1] Die Wortbreite der Adresse darf nicht mit der Datenwortbreite verwechselt werden.

Abb. 10.9 Prinzipieller Aufbau eines Speichers in anderer Darstellung als in Abb. 10.6

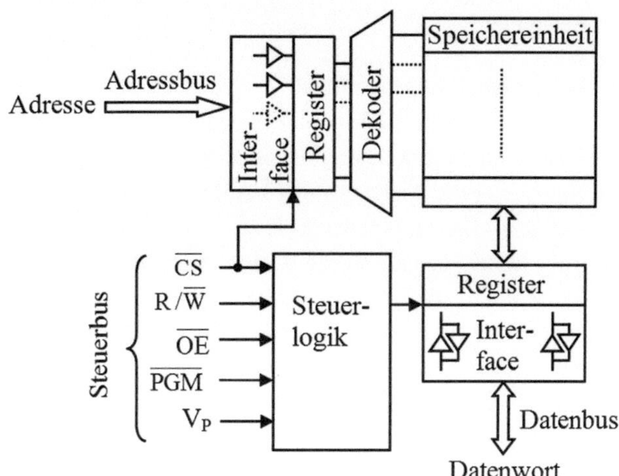

Ein Steuersignal $\overline{\mathrm{PGM}}$ (*Program*) muss aktiviert werden, wenn der Baustein (innerhalb oder außerhalb des Systems) neu programmiert werden soll (EPROM, EEPROM, Flash-EPROM). Über den Anschluss V_P oder U_P muss dann gegebenenfalls die benötigte Programmierspannung zugeführt werden, falls sie nicht im Baustein selbst erzeugt wird.

Je nach Baustein umfasst die Steuerlogik noch weitere Komponenten, die z. B. die Datenübertragung in Bursts oder das Auffrischen von dynamischen RAMs steuern.

10.2.6 Kenndaten

Speicherbausteine und Speicher werden durch Kenngrößen charakterisiert. Die *Speicherkapazität* und die *Zugriffszeit* sind die beiden wichtigsten technischen Daten eines Speichers.

10.2.6.1 Kapazität und Organisation eines Speicherbausteins

Die Speicherkapazität ist das Fassungsvermögen eines Speichers. Die Kapazität von Speicherbausteinen wird meist in Bit und nicht in Byte angegeben. Zusätzlich ist bei Speicherchips eine Angabe über die Organisationsform zu finden. Die Organisation gibt die Art und Weise an, wie die Speichermatrix der Speicherzellen (oder bei Speichermodulen, wie die gruppierten Speicherbausteine) nach außen hin erscheinen.

Die Aussagen über Kapazität und Organisation erfolgen in folgender Form:

$$\mathrm{X\,M} \times \mathrm{Y} \quad \text{oder} \quad \mathrm{X\,k} \times \mathrm{Y\,Bit}$$

X = Anzahl der Worte, Y = Anzahl der Bits pro Wort, M = Megabit, k = Kilobit, × = mal.

Beispiele:

- Bei einem Baustein mit 4096 Speichereinheiten zu je 1 Bit spricht man von einer 4 k × 1 Bit Organisation, dies bedeutet 12 Adressbit und 1 Datenbit.
- Sind in einem Speicherbaustein 8192 Speichereinheiten vierfach vorhanden, so ist es ein 8 k × 4 Bit Speicher mit 13 Adressbit und 4 Datenbit. Hier werden also unter jeder Adresse 4 Bit angesprochen.
- Ein 1 MBit Speicherbaustein kann organisiert sein als 1 M × 1 (1 Bit Wortbreite) oder 256 k × 4 (4 Bit Wortbreite) oder 128 k × 8 (8 Bit Wortbreite).
- Ein 4 k × 8 Bit Speicher enthält 4096 Speichereinheiten mit jeweils 8 Bits. Der Aufbau des gesamten Speichers ist möglich mit acht 4 k × 1 Bit Speicherbausteinen oder mit einem 4 k × 8 Bit Speicherbaustein.

10.2.6.2 Zeitverhalten von Speichern

Damit ein Speicher fehlerfrei funktioniert, müssen zeitliche Bedingungen eingehalten werden. Diese werden im Folgenden für einen statischen Speicher gezeigt.

Lesevorgang (Abb. 10.10)

Die Zugriffszeit gibt an, wie schnell eine Information sicher in eine Zelle geschrieben bzw. aus ihr gelesen werden kann. Zugriffszeit t_{AA} (*Address Access Time*) = Zeit vom Zeitpunkt der Gültigkeit der angelegten Adresse bis die gelesenen Daten am Ausgang gültig sind (Daten liegen stabil an den Anschluss-Pins des Speichers).

Lese-Zykluszeit t_{RC} (*Read Cycle Time*) = minimale Zeit, die vom Zeitpunkt der Gültigkeit der angelegten Adresse bis zum Gültigkeitsbeginn der nächsten Adresse vergehen muss. Die Zykluszeit ist die minimale Zeit zwischen zwei unmittelbar aufeinander folgenden Lesezugriffen. Die Zykluszeit enthält die Zugriffszeit und eine Totzeit. Nach der Zykluszeit kann wieder auf den Speicher zugegriffen werden.

Abb. 10.10 Zeitverhalten eines Speichers am Beispiel eines Lesevorgangs

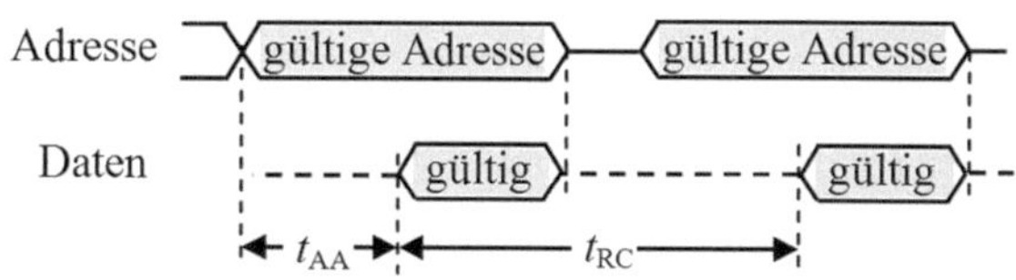

Schreibvorgang (Abb. 10.11)

Damit die Daten nicht in eine falsche Zelle geschrieben werden, darf der Schreibbefehl erst nach einer gewissen Wartezeit t_{AS} (*Address Setup Time*) nach der Adresse angelegt werden.

Die Dauer des Schreibimpulses $R/\overline{W}$ darf den Minimalwert t_{WP} (*Write Pulse Width*) nicht unterschreiten.

Die Daten werden am Ende des Schreibimpulses in den Speicher eingelesen. Sie müssen eine bestimmte Zeit t_{DW} (*Data Valid to End of Write*) vorher gültig sein, also stabil anliegen.

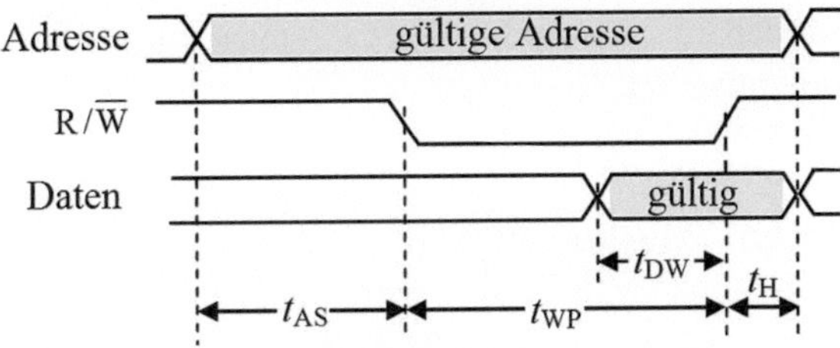

Abb. 10.11 Zeitverhalten eines Speichers am Beispiel eines Schreibvorgangs

Bei vielen Speichern müssen die Daten bzw. Adressen noch eine gewisse Zeit t_H (*Hold Time*) nach dem Ende des Schreibimpulses gültig anliegen.

Ein Schreibzyklus (*Write Cycle Time*) dauert insgesamt:

$$t_{WC} = t_{AS} + t_{WP} + t_H \qquad (10.4)$$

10.3 Einteilung der Tabellenspeicher

Die Tabellenspeicher werden in die Gruppe der flüchtigen (*volatile*) Speicher (*RAM*, Datenspeicher) und nichtflüchtigen (*nonvolatile*) Speicher (*ROM*, Festwertspeicher, Programmspeicher) eingeteilt. Die flüchtigen Speicherbauelemente benötigen eine permanente Spannungsversorgung, damit die gespeicherten Daten nicht verloren gehen. Bei den nichtflüchtigen Speichern bleiben die gespeicherten Daten auch nach Abschalten der Betriebsspannung erhalten.

10.4 Einteilung der Festwertspeicher

Nichtflüchtige Speicher werden als Festwertspeicher (ROM = Read Only Memory, Nur-Lese-Speicher) bezeichnet. Diese Speicher-ICs behalten ihre Daten auch dann, wenn sie ohne jede Versorgungsspannung, also auch ohne Hilfsbatterie, betrieben werden. Während des normalen Betriebs werden die gespeicherten Daten (z. B. von einem Mikroprozessor) nur abgefragt (gelesen), aber nicht verändert (geschrieben). Das Einschreiben der Information in ein ROM wird als Programmierung des Speicherbausteins bezeichnet.

ROMs dienen hauptsächlich zur Aufnahme von Programmen und Daten, die dauernd und unverändert zur Verfügung stehen müssen. Beispiele hierfür sind Teile des Betriebssystems, Systemtabellen oder Systemkonstanten. Die in ROMs abgelegte Software wird häufig auch zur *Firmware* gerechnet (Kombination von Hardware und Software; in Festwertspeichern abgelegte Systemprogramme und Daten, die evtl. bei Bedarf aktualisiert werden können).

Die Speicherung der Daten erfolgt entweder bei der IC-Herstellung oder durch den Anwender, wobei dann in der Regel spezielle Programmiergeräte erforderlich sind. ROMs werden entsprechend in zwei Gruppen eingeteilt: Vom Hersteller oder vom Anwender programmiert.

10.4.1 Masken-ROM

Für Anwendungen mit sehr großen Stückzahlen werden die zu speichernden Daten (z. B. ein Programm für einen Mikroprozessor) dem Halbleiterhersteller übermittelt. Die so genannten *maskenprogrammierten* ROMs (*MROM* = Masken-ROM, meist nur als ROM bezeichnet) erhalten ihren Speicherinhalt bei der Chip-Herstellung durch eine spezielle Maske, der gespeicherte Inhalt kann später nicht mehr verändert werden.

In jeder Speicherzelle wird eine dauerhafte, entweder vorhandene oder fehlende Verbindung zwischen Wortleitung und Bitleitung hergestellt. Eine anwesende Verbindung könnte eine einfache Leiterbahnbrücke sein. Dies hätte allerdings den Nachteil, dass das Potenzial einer aktivierten Bitleitung in eine Wortleitung zurückfließt. In der Regel benutzt man daher Dioden oder Transistoren, die in den Halbleiter eingearbeitet werden, um eine entkoppelte Verbindung zu realisieren. Die einzelnen Typen von ROMs unterscheiden sich hauptsächlich in der Art der Transistoren, mit denen die Verbindung ausgeführt wird. Eine mögliche Realisierung dient im Folgenden zur Erläuterung der prinzipiellen Funktionsweise.

Die einzelnen Speicherzellen enthalten je nach gespeichertem Wert entweder einen n-Kanal-Transistor oder keinen Transistor. Das Gate des n-Kanal-Transistors ist mit der zugehörigen Wortleitung verbunden, der Source-Anschluss mit der Bitleitung der Speicherzelle und Drain mit Masse (GND). Die senkrechten Bitleitungen werden von p-Kanal-Transistoren, die als Lastelemente der n-Kanal-Transistoren geschaltet sind, auf V_{CC}-Potenzial gezogen (Abb. 10.12).

Ein Adressdekoder selektiert genau eine Wortleitung einer Speichermatrix durch Anlegen einer logischen 1. Die übrigen Wortleitungen bleiben inaktiv (logisch 0). Bei der Selektion eines Wortes wird so die zugehörige Wortleitung auf V_{CC}-Potenzial gebracht.

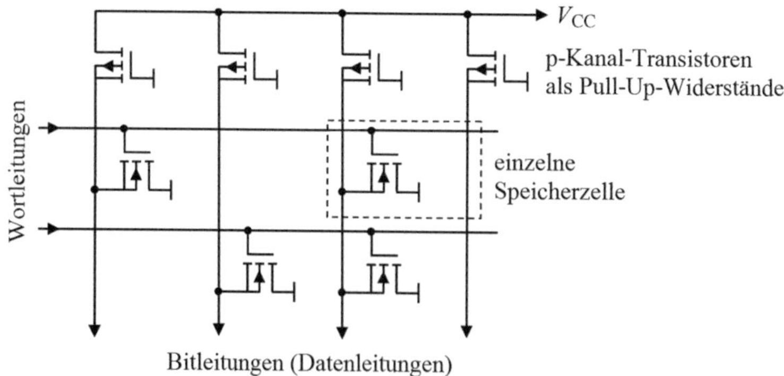

Abb. 10.12 Mögliche Realisierung der Speichermatrix in einem ROM (Ausschnitt)

Wenn in einer Speicherzelle dieses Wortes ein Transistor vorhanden ist, schaltet dieser durch und zieht die entsprechende Bitleitung auf GND-Potenzial.

Ein in einer Matrixzeile vorhandener Transistor (eine Verbindung zwischen Wort- und Bitleitung) bedeutet somit eine gespeicherte „0“, ein nicht vorhandener eine gespeicherte „1“.

Die Zustände der Bitleitungen werden als Datenwort über Leseverstärker zu den Datenleitungen geführt, an die der Datenbus angeschlossen ist.

Bei der ROM-Herstellung bestimmt eine individuelle Anpassung einer Prozessmaske, bei welchen Transistoren in den Speicherzellen der Gatebereich mit Feldoxid aufgefüllt wird. Diese nicht funktionsfähigen Transistoren können dann nicht mehr als Verbindungselement zwischen Wort- und Bitleitung wirken. Auf diese Art wird der Speicherinhalt festgelegt.

ROMs erreichen aufgrund ihres sehr einfachen Aufbaus eine hohe Packungsdichte und damit geringe Fertigungskosten. Die Erstellung der Maske erfordert jedoch Entwicklungszeit und verursacht zusätzliche Kosten, daher lohnt sich ein Masken-ROM nur bei großen Stückzahlen. Anwendungen sind Programmspeicher für kleine Computersysteme, z. B. in der Steuerungstechnik. Programm- oder Datenfehler lassen sich jedoch nicht mehr beheben, sie können zu katastrophalen (finanziellen) Folgen und zum Einstampfen einer ganzen Serie führen. Die Herstellung der ROMs dauert einige Wochen bis Monate.

10.4.2 Mit Programmiergerät programmierbare PROMs

10.4.2.1 PROM, ein Mal programmierbar

Programmierbare Festwertspeicher (*PROM* = Progammable ROM) können vom Anwender (im Prinzip auch vom Hersteller) mit einem speziellen Programmiergerät ein einziges Mal programmiert werden. Sie sind nicht löschbar.

Bipolare PROMs

Zur Erstellung der Verbindungselemente zwischen Wort- und Bitleitungen dient entweder die „Fuse-Technik“ mit „Fusable Links“, die „Antifuse-Technik“ oder die „Avalanche Induced Migration“. Diese Verfahren werden hauptsächlich bei bipolaren PROMs eingesetzt.

Bei Fusable Links (Abb. 10.13) handelt es sich um leicht durchschmelzbare Verbindungen (z. B. aus Nickel-Chrom). Diese Fuses werden mit einem Stromimpuls von ca. 500 mA und von 0,1 bis 1 ms Dauer bei Bedarf thermisch zerstört. Im ursprünglichen Zustand sind in allen Zellen die Wort- und Bitleitungen durch eine dünne Metallisierungsbrücke verbunden. Der Inhalt aller Zellen ist also logisch „1“. Der Programmierimpuls bringt in den Zellen, die auf logisch „0“ gesetzt werden sollen, die Metallisierungsbrücke zum schmelzen.

Heute üblich ist die Antifuse-Technik (Abb. 10.14), bei der eine dünne isolierende Schicht (meist aus amorphem Silizium) durch eine hohe Spannung aufgeschmolzen wird.

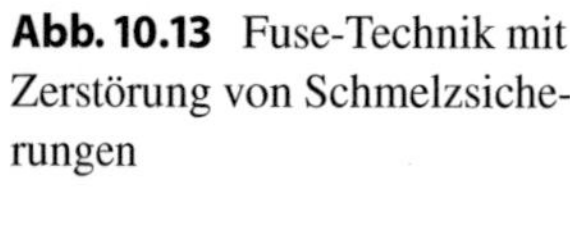

Abb. 10.13 Fuse-Technik mit Zerstörung von Schmelzsicherungen

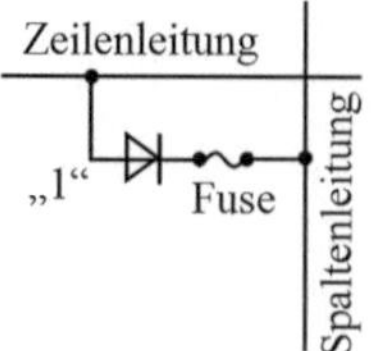

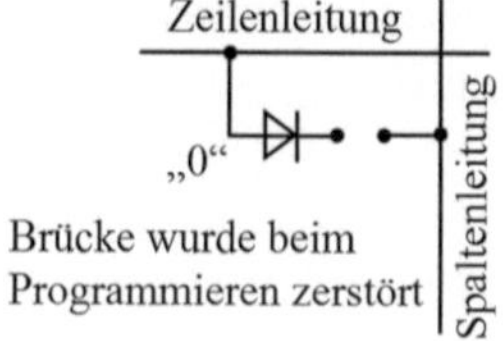

Abb. 10.14 Antifuse-Technik, Wandlung eines pn-Übergangs durch einen Stromimpuls in eine niederohmige Verbindung (Avalanche Induced Migration)

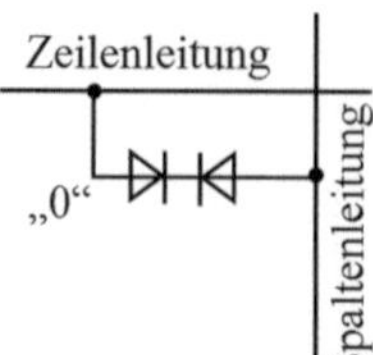

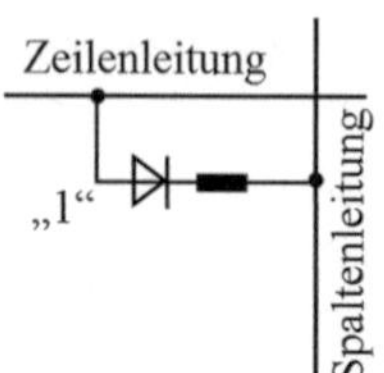

Im Gegensatz zur Fuse-Technik, bei der eine Verbindung aufgetrennt wird, entsteht dadurch eine niederohmige Verbindung.

Bei der „Avalanche Induced Migration“ (AIM-Verfahren) sind zwei Dioden in Gegenrichtung geschaltet. Zwischen Wort- und Bitleitung befindet sich somit zunächst ein sperrender Halbleiter (eine Diode oder ein Transistor). Durch den Programmierimpuls wird die Sperrschicht zerstört und der Halbleiter dauerhaft in eine leitende Verbindung umgewandelt. Dies kann dadurch erfolgen, dass bei der Programmierung die Sperrschicht einer Diode kurzgeschlossen wird, so dass eine leitende Verbindung entsteht. Eine andere Möglichkeit besteht darin, die offene Basis-Emitter-Diode eines Transistors mit hohen Spannungen in den zweiten Durchbruch zu steuern und somit dauerhaft leitend zu machen.

MOS-PROMs

Der überwiegende Anteil der in MOS-Technologie gefertigten PROMs wird in Wirklichkeit als EPROM-Chip hergestellt. Diese werden nicht in Keramikgehäuse, sondern in billigere Plastikgehäuse ohne Quarzfenster eingesetzt, wodurch sie nicht löschbar sind. So entstehen *OTP-ROM*s (One Time Programmable ROM). Es sind kostengünstige EPROM-Versionen. Sie eignen sich besonders zur Verwendung bei einem Serienanlauf, wenn entweder ein Masken-ROM aus Termingründen noch nicht zur Verfügung steht, oder wenn die Gefahr groß ist, dass sich zu speichernde Daten oder der Programmcode noch ändern können.

10.4.2.2 EPROM, löschbar und mehrfach programmierbar

Eigenschaften eines EPROMs

EPROMs werden in der Entwicklungsphase von Geräten eingesetzt. Als mehrmals programmierbarer Festwertspeicher kann ein EPROM (Erasable PROM) vom Anwender programmiert, bei Bedarf gelöscht und anschließend wieder neu programmiert werden.

Abb. 10.15 EPROM (**a**, stark vergrößert), Beispiele für ein Löschgerät (**b**) und ein Programmiergerät (**c**)

EPROMs lassen sich in speziellen Programmiergeräten (Abb. 10.15c) elektrisch programmieren, dies wird als „Brennen“ bezeichnet. Dazu wird der Baustein in den Sockel eines geeigneten Programmiergerätes eingesetzt. Nachdem man die Information vom Rechner über eine Standardschnittstelle in den internen Speicher des Programmiergerätes geladen hat (die Datenformate für die Programmiergeräte sind normiert), kann der eigentliche Programmiervorgang gestartet werden. Am Ende der Programmierung, die je nach Kapazität des EPROMs und verwendeten Programmier-Algorithmus einige Minuten dauert, erlaubt das Programmiergerät üblicherweise auch einen Vergleich des Speicherinhaltes mit der im EPROM einprogrammierten Information (*verify*). Die Hersteller garantieren, dass die Programmierung über den gesamten Temperaturbereich von −55 bis +125 °C für ca. 10 Jahre erhalten bleibt (fehlerfreier Datenerhalt, *retention*).

EPROMs können auch ohne Löschvorgang mehrfach hintereinander programmiert werden, solange die Bits nur von „1“ auf „0“ geändert werden bzw. auf „0“ bleiben. Um Bits von „0“ auf „1“ zu setzen, ist ein Löschvorgang notwendig. Ein unprogrammiertes EPROM liefert an allen Datenausgängen High-Pegel.

Gelöscht werden EPROMs durch Bestrahlung mit ultraviolettem Licht von 254 nm Wellenlänge. Im Gehäuse ist über dem Chip ein Fenster aus Quarzglas für das Löschen vorhanden (Abb. 10.15a). Wegen des aufwendigen Gehäuses sind EPROMs teurer als Masken-ROMs oder PROMs ohne Fenster (OTPs). Zum Löschen werden EPROMs in die Schublade eines Löschgerätes eingelegt (Abb. 10.15b). Nachdem die Schublade geschlossen wurde (die UV-Strahlung ist für die Augen und die Haut gefährlich), kann die UV-Bestrahlung des Bausteins für eine einstellbare Zeit gestartet werden. Bei einer Beleuchtungsstärke von ca. $10\,\mathrm{mW/cm^2}$ dauert der Löschvorgang ca. 20 Minuten. In Löschgeräten können je nach Gerätegröße von 5 bis zu einigen hundert EPROMs auf einmal gelöscht werden. Das Löschen einzelner Zellen ist nicht möglich, es kann immer nur ein kompletter Baustein gelöscht werden. Ein EPROM ist vollständig gelöscht, wenn alle Bits auf „1“ gesetzt sind.

► **Wichtig:** Das Quarzglas-Fenster muss nach dem Programmieren mit einem lichtundurchlässigen Aufkleber geschützt werden. Ein ungeschütztes EPROM kann nach einigen Tagen direkter Sonneneinstrahlung gelöscht sein.

CMOS-EPROMs benötigen wesentlich weniger Leistung als die alten NMOS-EPROMS und kommen mit niedrigeren Programmierspannungen aus. Die Zugriffszeit von EPROMs beträgt je nach Typ ca. 30...450 ns.

Die Lebensdauer eines EPROMs beträgt ca. 100 bis 1000 Lösch-/Programmier-Zyklen (Endurance). Verantwortlich für diese begrenzte Lebensdauer ist das Auftreten von Schäden in der Oxidschicht (Degradation) im Bereich des Floating Gates. EPROMs altern vor allem beim Programmieren, wenn die heißen Elektronen auf das Floating-Gate tunneln und dabei die Isolationsschicht verändern. Nach einigen hundert Lösch-/Programmier-Zyklen unterscheiden sich die Schwellspannungen im gelöschten und programmierten Zustand nicht mehr signifikant. Ein Betrieb einer Speicherzelle ist dann nicht mehr möglich.

Aufbau und Funktionsweise des EPROMs

Als Speicher- und Koppelelemente zwischen Zeilen- und Spaltenleitungen werden beim EPROM ausschließlich MOSFETs mit einem zusätzlichen „Floating Gate" verwendet. Ein solcher FAMOS-Transistor (Floating Gate Avalanche MOS Transistor) besitzt zwei übereinanderliegende Gates (in der Regel aus Polysilizium) (Abb. 10.16). Diese Struktur wird auch SAMOS (Stacked Gate) genannt. Das höher liegende Gate ist das *Steuergate*. Es hat die Funktion des Gates bei einem normalen FET. Das tiefer liegende Gate ist das *Speichergate*, diese Elektrode ist vollkommen isoliert in der Oxidschicht (SiO_2) eingebettet. Das Speichergate bildet eine zusätzliche, nicht kontaktierte Ladungszone. Weil dieses Gate in Bezug auf die restliche Schaltung kein definiertes elektrisches, sondern ein schwebendes Potenzial aufweist, wird es „Floating Gate" genannt. Seine Ladung ändert sich lediglich in Abhängigkeit von den Potenzialen der Elektroden in unmittelbarer Umgebung. Beim FAMOS-Transistor steuern somit zwei Gates die Leitfähigkeit des Kanals zwischen Source und Drain.

Unprogrammierter (bzw. gelöschter) Zustand

Befindet sich auf dem Floating Gate keine elektrische Ladung, so besitzt der FAMOS-Transistor eine niedrige Schwellspannung von ca. $U_{\text{th1}} = 1{,}5\,\text{V}$ (Abb. 10.18b). Der Transistor wird bei Ansteuerung der Zeilenleitung leitend und zieht die Spaltenleitung auf Low-Potenzial. Dieses ungeladene, schwebende Gate entspricht einer gespeicherten „1". Die Spaltenleitung wird zwar auf „0" gezogen, ein Ausgangstreiber bewirkt aber eine Pegelumkehr, so dass ein unprogrammiertes (gelöschtes) EPROM für alle Speicherzellen am Ausgang (bei 8 Bit) hexadezimal $FF liefert.

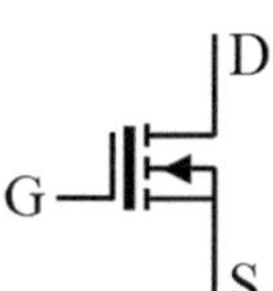

Abb. 10.16 Schaltsymbol eines FAMOS-Transistors

Abb. 10.17 FAMOS-Transistor als Verbindungselement zwischen Zeilen- und Spaltenleitung (Ein-Transistor-Speicherzelle)

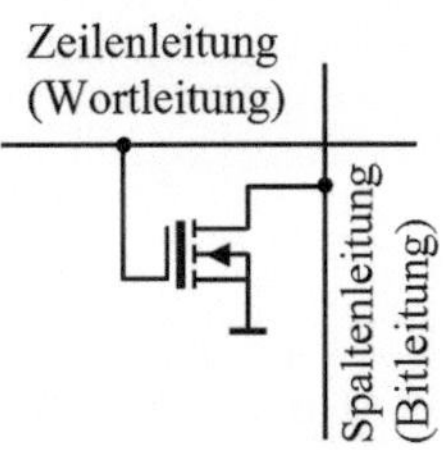

Programmieren des EPROMs

Die Programmierung erfolgt durch das Aufbringen von Elektronen auf das Floating Gate. Hierzu wird das Steuergate mit der Wortleitung, Drain mit der Bitleitung und Source mit Masse verbunden (Abb. 10.17). Durch Anlegen einer ausreichend hohen Drain-Source-Spannung sowie einer ausreichenden Programmierspannung am Steuergate werden im Kanal „heiße“ (schnelle, durch die hohe Feldstärke stark beschleunigte) Elektronen erzeugt (Avalanche-Effekt). Unterstützt durch die positive Steuerspannung kann ein Teil von ihnen die Energiebarriere zum Oxid überwinden. In Drain-Nähe erfolgt eine Injektion von Elektronen in das Oxid. Durch die kapazitive Kopplung zwischen Floating Gate und Drain driften diese Elektronen zum Floating Gate hin. Dadurch sammeln sich Elektronen auf dem Floating Gate und laden dieses auf. Dieser Vorgang, der auf der Generierung heißer Elektronen im Kanal basiert, wird als *CHE-Prozess* (Channel Hot Electron Process) oder *CHEI* (Channel Hot Electron Injection) bezeichnet. Die Programmierströme betragen einige mA, typische Programmierzeiten für diesen Zelltyp liegen bei ca. 1 ms.

Bei einer Variante mit höherem Injektionswirkungsgrad erfolgt die Injektion heißer Elektronen direkt aus dem Substrat, sie wird als *SHE-Prozess* (Substrate Hot Electron Process) bezeichnet. Hierbei ist eine Beschleunigungsspannung in der Verarmungszone erforderlich die größer als 3,2 V ist, so dass die Elektronen die Potenzialbarriere von 3,2 V ($Si\text{-}SiO_2$) überwinden können. Dies wird durch Anlegen von +20 V am Gate und +8 V an Source und Drain erreicht, wobei sich die Programmierströme auf einige µA verringern.

Nach Abschalten der Spannungen verbleiben die Elektronen aufgrund der Isolierung auf dem Floating Gate und bewirken ein Ansteigen der Schwellspannung des FAMOS-Transistors um einige Volt von U_{th1} auf U_{th2} (Abb. 10.18b). Wegen der höheren Schwellspannung wird der Transistor bei Ansteuerung der Wortleitung nicht leitend. Durch die Elektronen auf dem Floating Gate wird das Steuergate blockiert (abgeschirmt), der FET lässt sich nicht mehr ansteuern.

Die Lesespannung an der Wortleitung liegt zwischen der Schwellspannung des unprogrammierten FAMOS-Transistors (U_{th1}) und der Schwellspannung des programmierten FAMOS-Transistors (U_{th2}). Beim Lesen wird also die ausgewählte Wortleitung mit einer mittleren Spannung (z. B. 4,3 V) angesteuert, so dass die betreffenden Transistoren in den Zellen leitend werden, wenn sie nicht programmiert sind, und sperren, wenn sie programmiert wurden.

Ist eine „0“ gespeichert, so fließt kein Strom zwischen Source und Drain und die Spaltenleitung bleibt im High-Zustand. Bei einer gespeicherten „1“ bleibt das Floating Gate

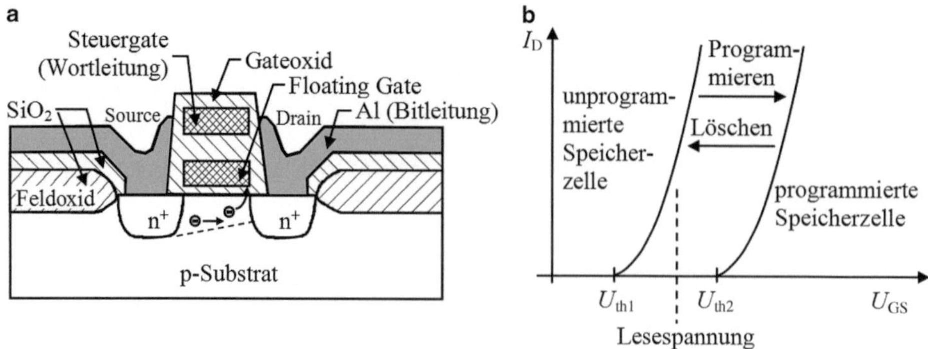

Abb. 10.18 Prinzipieller Aufbau einer n-Kanal-EPROM-Speicherzelle mit Stapelgate (**a**) und Wirkungsweise durch Verschieben der Schwellspannung mit Abhängigkeit des Drain-Stroms I_D von der Gate-Source Spannung U_{GS} bei einer programmierten und einer unprogrammierten EPROM-Zelle bei konstanter Drain-Source-Spannung U_{DS} (**b**)

ungeladen und die Schwellspannung verschiebt sich nicht. Der Transistor wird bei Ansteuerung durch die Wortleitung leitend und die Spaltenleitung wird auf Low-Potenzial gezogen (Umkehr zu einer „1“ durch den Ausgangstreiber).

Die Speicherzeit der erzeugten Ladung auf dem Floating Gate ist mit mindestens zehn Jahren ausreichend hoch, um ein EPROM als Festwertspeicher zu betrachten.

Löschen des EPROMs

Eine Entfernung der Ladung des Floating Gates ist mit elektrischen Signalen nicht möglich. Beim Löschen wird der Chip durch ein Quarzglasfenster mit ultraviolettem Licht bestrahlt. Das Oxid wird mittels der energiereichen Strahlung ionisiert. Es werden Elektronen-Löcher-Paare in der Siliziumdioxid-Isolationsschicht erzeugt, die dadurch leitfähig wird. Durch die Lichtquanten werden die Elektronen auf dem Floating Gate energetisch angeregt. Sie haben nun genügend Energie, um das Floating Gate zu verlassen und in das Substrat zurückzukehren. Die Elektronen auf dem Floating Gate können zum Substrat abfließen, die Ladung gleicht sich mit dem Substrat aus. Nach ausreichend langer UV-Bestrahlung ist das Floating Gate vollständig entladen und wieder elektrisch neutral. Auf diese Weise wird die Schwellspannung auf den ursprünglichen Wert gesenkt und die Programmierung des gesamten Speichers gelöscht.

10.4.3 In der Schaltung lösch- und programmierbare PROMs

10.4.3.1 EEPROM (E^2PROM, Electrically Erasable PROM)

Mit EEPROMs hat man in Anwendungen mit Mikrocontrollern mehrmals die Möglichkeit zur Software-Aktualisierung oder zum Erneuern von Konfigurationsdaten. EEPROMs sind komplett oder byteweise *elektrisch* löschbare PROMs. Sie lassen sich im Anwendergerät (in der Schaltung eines Gerätes) elektrisch löschen und elektrisch programmieren.

Jedes Byte des Speichers kann getrennt sowohl gelöscht als auch eingeschrieben werden. Das Löschen erfolgt durch elektrische Impulse, zum Löschen und Programmieren (Schreiben) sind bestimmte Strom-/Spannungspegel notwendig. Die Programmierzeit ist deutlich größer als die Zugriffszeit beim Lesen, die je nach Typ ca. 30...300 ns beträgt.

Moderne EEPROMs arbeiten nur noch mit einer Versorgungsspannung von +5 V. Bei ihnen sind der Spannungswandler zur Erzeugung der Programmierspannung und der Timer zur Festlegung der Dauer des Programmierimpulses auf dem Chip integriert. Um ein Byte zu programmieren, müssen nur Adresse und Daten angelegt werden. Wird dann die Programmierung mit einem Schreibbefehl ausgelöst, speichert das EEPROM die Adresse und die Daten intern ab und gibt die Adress- und Datenleitungen sofort wieder frei. Der weitere Vorgang läuft auf dem Chip eigenständig ab. Zuerst wird das alte Byte gelöscht, dann wird das neue Byte programmiert. Dieser Vorgang mit einer Dauer von 1...10 ms (Größenordnung wie bei einem EPROM) wird intern überwacht. Damit wird gewährleistet, dass die programmierte Ladung ausreicht. Bei einigen EEPROMs lässt sich mit einem Programmiervorgang nicht nur ein Byte, sondern ein ganzer Bereich (eine „Seite") mit 16 bis 64 Byte speichern. Die Seite wird in ein internes RAM eingegeben und dann erst die Programmierung gestartet. Die effektive Dauer der Programmierung kann dadurch 30 µs je Byte betragen.

Ähnlich wie beim EPROM beruht auch beim EEPROM die Speicherung der Information auf einer Verschiebung der Schwellspannung von MOS-Transistoren.

Zur Realisierung einer EEPROM-Speicherzelle gibt es zwei Möglichkeiten: MNOS und FLOTOX.

Metall-Nitrid-Oxid-Halbleiter-Speicherzelle (MNOS)

Eine MNOS-Speicherzelle besteht aus der Reihenschaltung eines aktiven Auswahltransistors (Schalttransistors) und eines Speichertransistors. Nur der Speichertransistor ist als MNOS-Transistor ausgeführt. Dieser besitzt einen Gate-Isolator aus zwei übereinander liegenden Schichten von Siliziumdioxid (SiO_2, zum Kanal hin) und Siliziumnitrid (Si_3N_4). An der Grenzfläche zwischen den beiden Dielektrika Oxid/Nitrid befinden sich aufgrund freier Bindungen unbesetzte Zustände. Dort entstehen Haftstellen (traps) die in der Lage sind, Elektronen über einen längeren Zeitraum zu speichern. Die Informationsspeicherung findet bei diesem Speichertyp durch Ladungsspeicherung an genannter Grenzfläche statt. Zum Programmieren bzw. Löschen der MNOS-Zellen erfolgt eine direkte Tunnelung von Elektronen aus dem Kanalbereich durch die sehr dünn ausgeführte SiO_2-Schicht (<2...5 nm) zur Grenzschicht und umgekehrt. Die Speicherzellen werden bei der technischen Realisierung jeweils in Gruppen zusammengefasst und in einer p-Wanne platziert (Abb. 10.19).

Der nicht programmierte MNOS-Transistor zeigt das Verhalten eines Verarmungs-MOSFET mit einer typischen Schwellspannung von ca. −4 V, ohne angelegte Gatespannung ist er also leitend. Bei der Programmierung wird eine hohe positive Spannung an das Gate des MNOS-Transistors gelegt, während Source, Drain und p-Wanne mit Masse verbunden sind. Die hierdurch bedingte hohe Feldstärke zwischen Kanal und Gate ermöglicht es einigen Elektronen aus der Inversionsschicht im Kanal durch das dünne

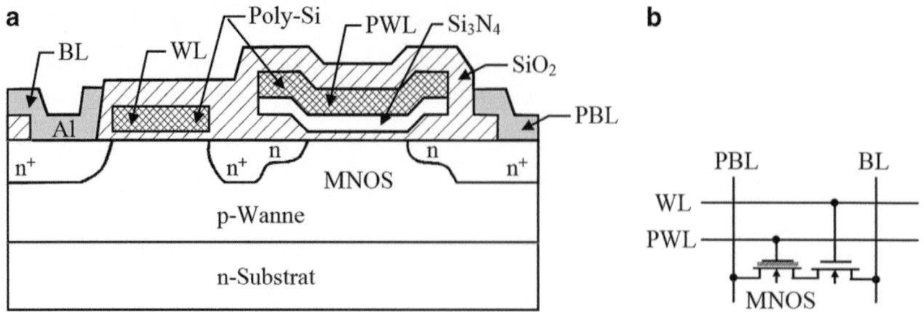

Abb. 10.19 Struktur einer MNOS-Speicherzelle (**a**) und Schaltbild (**b**), PWL = Programmier-Wortleitung, PBL = Programmier-Bitleitung

Siliziumdioxid zur Grenzfläche von Oxid und Nitrid zu tunneln, wo sie in den Haftstellen verbleiben. Durch diese zusätzlichen Elektronen in der Grenzschicht verschiebt sich die Schwellspannung des MNOS-Transistors hin zu höheren Werten (z. B. zu +4 V).

Beim Löschen einer Speicherzelle wird das Gate auf Masse, Source und Substrat dagegen auf eine hohe positive Spannung gelegt. Ist die Feldstärke über dem Oxid ausreichend, so tunneln die in den Haftstellen gefangenen Elektronen durch das Oxid in den Kanalbereich zurück, die Grenzschicht Oxid/Nitrid wird wieder entladen. Die Schwellspannung des MNOS-Transistors verschiebt sich dadurch wieder in negative Richtung. Auf diese Weise ist ein selektives Löschen einzelner Speicherzellen (einzelner Bytes) möglich.

Beim Lesen einer Speicherzelle werden sowohl die Bitleitung als auch die Wortleitung auf Masse gelegt. Eine so ausgewählte Zelle ist dann leitend, wenn ihr Speichertransistor nicht programmiert ist (Verarmungstyp), bzw. nicht leitend, wenn er programmiert ist (Anreicherungstyp). Je nach Speicherzustand fließt somit über den jeweiligen Auswahltransistor ein Strom in die entsprechende Bitleitung oder nicht (logisch „1“ bzw. logisch „0“).

Floating Gate-EEPROM (FLOTOX)

Die FLOTOX-Speicherzelle (Floating Gate Tunneling Oxide) des Floating-Gate-EEPROMs besteht ebenfalls aus zwei Transistoren, dem Schalttransistor und dem Speichertransistor. Der Speichertransistor ist als FLOTOX-Transistor ausgeführt. Er besitzt, ebenso wie die EPROM-Zelle, ein vollständig isoliertes Gate (Floating Gate) zur Ladungsspeicherung. Auch hier führt diese Ladung zu einer Verschiebung der Schwellspannung des MOS-Speichertransistors. Sowohl für die Programmierung als auch für das Löschen wird das Tunneln von Elektronen durch den Isolator zum Floating Gate hin unter der Wirkung einer hohen elektrischen Feldstärke genutzt (*Fowler-Nordheim*-Tunneleffekt).

Die Fowler[2]-Nordheim[3]-Theorie (F-N-Theorie) beschreibt diesen Tunnelprozess. Über dem Draingebiet wird das Floating Gate sehr dicht an das Substrat herangeführt, in die-

[2] Ralph Howard Fowler (1889 – 1944), britischer Physiker.
[3] Lothar Wolfgang Nordheim (1899 – 1985), amerik. Physiker deutscher Herkunft.

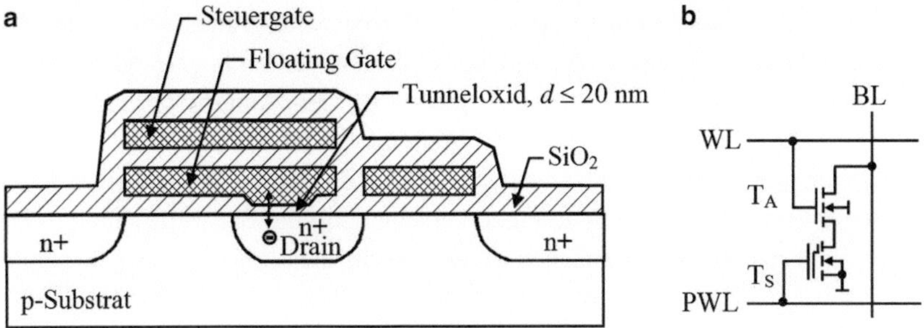

Abb. 10.20 Aufbau (**a**) und Schaltbild (**b**) einer EEPROM-FLOTOX-Zelle

sem Bereich ist das Floating Gate nur durch eine dünne Isolationsschicht (SiO_2, Dicke $\leq$ 20 nm) vom Drain getrennt. Anstatt durch den Avalanche-Effekt wie beim EPROM findet hier bei Anlegen einer Programmierspannung ein Übertritt von Elektronen auf das Floating Gate durch den Tunneleffekt statt. Die Löschung erfolgt mit Hilfe einer Spannung umgekehrter Polung ebenfalls durch Ausnutzung des Tunneleffekts.

Wegen des Tunneleffekts ist kein Kanal- oder Avalanchedurchbruch erforderlich, die Erzeugung heißer Elektronen entfällt. Die Strombelastung für die Programmierspannungen bleibt somit sehr gering, daher können sie chipintern erzeugt werden.

Die FLOTOX-Speicherzelle (Abb. 10.20) besteht aus einem Speichertransistor T_S mit Floating Gate und spezieller FLOTOX-Struktur und einem Auswahltransistor T_A (Schalttransistor, Adressierungstransistor). Das Tunneloxid befindet sich oberhalb des Drains. Der Tunnelprozess findet bei diesem Aufbau der Zelle zwischen Floating Gate und Drain des Speichertransistors statt. Dadurch wirkt sich die durch den Tunnelprozess bedingte Veränderung des Oxids nicht auf die Eigenschaften des Speichertransistors (z. B. Schwellspannung) aus.

Lebensdauer von EEPROMs

Die Lebensdauer, d. h. die maximale Anzahl der Schreibzyklen sowie die Speicherzeit elektrisch löschbarer und programmierbarer Speicherbausteine, hängt entscheidend von der Art und der Beschaffenheit des verwendeten Gate- bzw. Tunneloxids ab. In der Regel wird Siliziumdioxid eingesetzt, da dies den geringsten Mehraufwand in Bezug auf den Herstellungsprozess bedeutet. Mittels thermischer Oxidation hergestellte Oxidschichten haben jedoch den Nachteil, dass sie unter dem Einfluss von Elektronen, die in das Oxid injiziert werden oder durch das Oxid tunneln, degradieren. Dabei unterscheidet man zwischen den beiden wichtigsten Degradationsmechanismen, nämlich der HE-Degradation (Hot Electron) und dem zeitabhängigen Durchbruch (TDDB, Time Dependent Dielectric Breakdown).

Beim Betrieb von MOS-Transistoren innerhalb von EPROM- bzw. EEPROM-Schaltungen tritt infolge des „Pinch off" am drainseitigen Kanalende eine Feldstärkespitze auf, welche die Kanalelektronen bis nahe an die thermische Geschwindigkeit beschleunigt.

Diese „heißen“ Elektronen können die ca. 3,2 eV hohe Potenzialbarriere an der Si/SiO_2-Grenzfläche überwinden. Einige von diesen Elektronen werden in grenzflächennahen positiven Traps eingefangen, die dadurch neutralisiert werden. Andere führen zu einer Schädigung des Oxids, wodurch zusätzliche Zustände in der Isolationsschicht entstehen. Die Neutralisierung von Traps und die Generation neuer Zustände führt sowohl für n-Kanal- als auch für p-Kanal-Transistoren zu einer Verschiebung der Schwellspannung. Darüber hinaus vermindert sich die Oberflächenbeweglichkeit, dies führt zu einer Reduktion des Kanalstroms.

Der zeitabhängige Durchbruch stellt den zweiten wichtigen Degradationsmechanismus dar. Tunnelnde Elektronen, wie z. B. bei einem FLOTOX-Transistor, erzeugen zusätzlich zu den bereits vorhandenen Traps weitere Traps im Oxid sowohl für positive als auch für negative Ladungen. Die Folge ist eine Erhöhung der Leitfähigkeit des Oxids bzw. eine Verringerung der Durchbruchspannung. Nach dem Durchfluss einer bestimmten Ladungsmenge pro Flächeneinheit ist das Oxid so degradiert, dass die Durchbruchspannung praktisch 0 V ist. Diese für Oxide charakterisierende Ladungsmenge wird als *Durchbruchsladung* bezeichnet. Bei nichtflüchtigen Speichern wie z. B. EPROMs oder EEPROMs mit Floating Gate reduziert diese Eigenschaft der Oxide die maximale Anzahl von Schreibzyklen, die bei den derzeit üblichen Speicherbausteinen maximal bei etwa 10^6 liegt.

Die Zahl der möglichen Schreibzyklen ist also begrenzt. Es darf kein Byte öfter als 10^4 bis 10^6 mal (je nach Typ) beschrieben werden, sonst ist die Speicherstelle nicht mehr programmierbar.

Wird in einem Programm ein Speicherplatz eines EEPROMs zu oft angesprochen (z. B. in einer Schleife), so kann der Baustein schon nach wenigen Sekunden das Ende seiner Lebensdauer erreicht haben.

Aus diesem Grunde werden bei einigen Anwendungen EEPROMs mit RAMs kombiniert. Der Speicherinhalt wird dann nur beim Ausfall der Betriebsspannung in das EEPROM übertragen. Im Normalbetrieb erreicht man so einen kurzen Schreibzyklus, der nicht mit Abnutzungserscheinungen verbunden ist.

10.4.3.2 Flash-EEPROM

Flash-EEPROMs werden häufig als Flash-EPROMs (FEPROMs) bezeichnet. Da diese Speicherbausteine wie EEPROMs (auch in der Schaltung) *elektrisch* löschbar sind, und nicht wie EPROMs mit UV-Licht gelöscht werden, wird hier die Bezeichnung Flash-EEPROM verwendet. Das Flash-EEPROM kann als besondere Form des EEPROMs betrachtet werden.

Flash-Speicher sind dadurch gekennzeichnet, dass zwar einzelne Bytes adressiert und gelesen werden können, Schreib- und Löschvorgänge aber nur blockweise (oder als gesamter Chip) möglich sind. Flash-Speicher sind relativ schnell, Lesezugriffszeiten von 70...150 ns und Programmierzeiten für Löschen oder Schreiben von einigen µs pro Zelle sind möglich. Die Anzahl der Lösch-/Schreibzyklen ist wie beim EEPROM (und auch aus den selben Gründen) begrenzt und beträgt ca. 10^4 bis 10^5 beim NOR-Flash und bis zu 10^6 beim NAND-Flash.

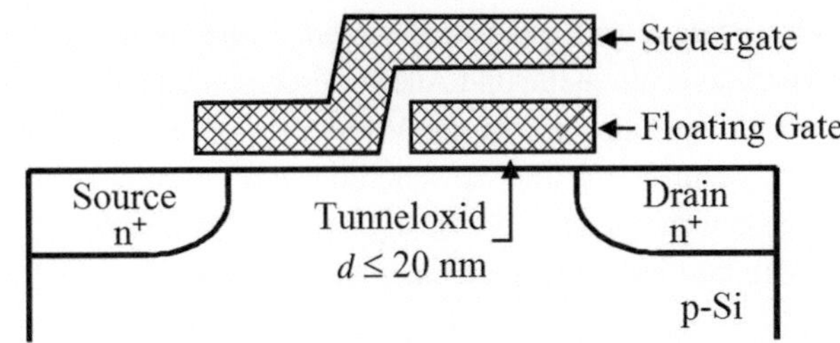

Abb. 10.21 Flash-EEPROM-Zelle (Stepped Gate Flash)

Aufbau der Flash-Speicherzelle

Bedingt durch den zusätzlich zum Speichertransistor notwendigen Auswahltransistor hat die FLOTOX-EEPROM-Zelle einen relativ großen Flächenbedarf. Die Flash-EEPROM-Zelle weist diesen Nachteil nicht auf. Sie ist der EPROM-Zelle sehr ähnlich, jedoch wird hier das Steuergate auf der Drainseite zusammen mit dem Floatinggate in einem selbstjustierenden Prozess geätzt und auf der anderen Seite neben dem Floatinggate bis über das Substrat gezogen (Abb. 10.21). Hierdurch entsteht eine Reihenschaltung, die äquivalent ist zur Reihenschaltung von Speichertransistor und Auswahltransistor der FLOTOX-EEPROM-Zelle. Durch diesen speziellen Aufbau verringert sich der Flächenbedarf erheblich, es wird eine sehr hohe Speicherdichte erreicht.

Die Programmierung erfolgt bei diesem Zellentyp durch Injektion heißer Elektronen aus dem Übergang Drain/Substrat auf das Floating Gate. Dabei wird eine hohe Programmierspannung an Drain und Steuergate des Transistors angelegt. Durch die Aufladung des Floating Gates steigt die Schwellspannung des Transistors auf Werte über ca. 7 V. Das elektrische Löschen der gespeicherten Information ist durch Fowler-Nordheim-Tunnelung möglich, indem sowohl Source als auch Steuergate auf Masse und Drain an eine hohe positive Spannung (ca. 19 V) gelegt werden.

Architekturen im Überblick

Für die interne Organisation des Flash-Speichers existieren zwei unterschiedliche Strukturen, die NAND- und die NOR-Struktur. Sie unterscheiden sich vor allem in der internen Ansteuerungslogik und damit z. B. in der maximal realisierbaren Zugriffsgeschwindigkeit.

- NOR-Flash

Zusammenfassung Kleine Zugriffszeit beim Lesen, byteweise lesbar (als Programmspeicher eines Mikroprozessors geeignet), blockweise löschbar, Daten- und Adressbus getrennt, langsames Schreiben/Löschen großer Datenmengen bei relativ hoher Leistungsaufnahme, kleine Speicherkapazitäten.

Die Flashtransistoren sind über eine Bitleitung parallel geschaltet, diese kann je nach Architektur auf der Source- oder der Drain-Seite liegen. Über diese Bitleitung werden die Zellen auch gelesen. Dies entspricht einer Verschaltung wie im n-Kanal-Zweig eines CMOS-NOR-Gatters (siehe Abb. 9.39a). Gegenüber NAND-Speichern lassen sich erheblich kürzere Zugriffszeiten realisieren, da die Parallelschaltung den geringeren Widerstand zwischen Stromquelle und Auswerteschaltung hat.

NOR-Speicher ersetzen UV-löschbare EPROMs. Die NOR-Architektur wird eingesetzt, wenn es um die Speicherung von geschwindigkeitskritischem Code geht. Typische Anwendungen sind Handys, PDAs, Settop-Boxen, Modems, Faxgeräte, Drucker, PC-BIOS, Firmware von Computersystemen.

- NAND-Flash

Zusammenfassung Höhere Zugriffszeit beim Lesen, sowohl Lesen als auch Schreiben/-Löschen nur in Gruppen (nicht als Programmspeicher eines Mikroprozessors geeignet), Daten- und Adressbus gemultiplext, schnelles Schreiben/Löschen bei relativ niedriger Leistungsaufnahme, hohe Speicherkapazitäten.

Die Flashtransistoren sind in einer gewissen Anzahl in Reihe geschaltet. Dies entspricht dem n-Kanal-Zweig eines NAND-Gatters in CMOS-Technologie (siehe Abb. 9.39b).

Bei der NAND-Architektur sind die Kosten pro Bit niedriger als bei der NOR-Architektur. NAND-Speicher werden deshalb bevorzugt zur Speicherung großer Datenmengen genutzt, wenn es gleichzeitig weniger auf eine kleine Zugriffszeit ankommt. Die Strombegrenzung durch die Reihenschaltung erhöht hier die Zugriffszeit.

NAND-Flash-Speicher werden als Datenspeicher in digitalen Kameras, mobilen Telefonen, MP3-Playern, USB-Sticks oder PDAs verwendet, oft in Form einer Speicherkarte (z. B. SecureDigital „SD"-Card, MultiMedia-Card, Compact Flash, Memory Stick usw.).

Architekturen im Detail

- NOR- oder parallele Struktur

Die Flash-Technologie wurde ursprünglich entwickelt, um PROMs zu ersetzen, sie war zur Speicherung von Programmcode gedacht. Flash-Speicher mit NOR-Struktur können als flexibler Ersatz für EPROM-, PROM- und ROM-Speicher eingesetzt werden. Die ersten Flash-Speicher basierten auf NOR-Strukturen, da die parallele Struktur eine sehr kleine Zugriffszeit und einen byteweisen Zugriff ermöglicht. Während beim Lesen auf alle Bytes wahlfrei zugegriffen werden kann, muss beim Schreiben berücksichtigt werden, dass die Bytes zu Blöcken gruppiert sind. Die einzelnen Bytes können zwar unabhängig voneinander geschrieben werden (allerdings ist dabei nur eine Änderung der Bits von „1" nach „0" möglich), ein Löschvorgang (das Setzen aller Bits auf „1") ist aber stets nur auf einen vollständigen Block anwendbar. Eine übliche Blockgröße liegt bei 64 kByte, sie variiert jedoch je nach Baustein.

Der Zugriff beim Lesen und Schreiben erfolgt über einen voneinander getrennten Daten- und Adressbus, der Speicher kann ohne zusätzliche Verknüpfungslogik (*Glue Logic*) an das Bussystem eines Controllers angebunden werden. Ein XIP (*eXecute In Place*) ist möglich. Der Speicher ist als Matrix organisiert. Gegenüber der NAND-Struktur führt die NOR-Struktur zu geringeren Schreibgeschwindigkeiten und kleineren Speicherkapazitäten. Die Speicherzellen von NOR-Flashes sind bei Auslieferung üblicherweise fehlerfrei und überstehen in der Regel bis zu 100000 Schreib-/Löschzyklen.

- NAND- oder serielle Struktur

NAND-Speicher arbeiten grundsätzlich page- und blockorientiert, d. h. mehrere Bytes werden zu Pages und Pages wiederum zu Blöcken gruppiert. Lese- und Schreibvorgänge erfolgen pageweise, wobei Pages nur einmal beschrieben werden können. Weitere Schreibvorgänge sind erst nach einem Löschen möglich. Löschvorgänge umfassen immer einen gesamten Block. Typische Werte sind Pagegrößen von 512 Bytes bis 4 kByte und Blockgrößen von 16 kByte bis 512 kByte.

Vorteile der NAND-Speicher sind höhere Schreib-/Löschgeschwindigkeiten und eine niedrigere Leistungsaufnahme während der Programmierung. NAND-Chips sind deutlich kleiner als NOR-Speicher, da der durch die serielle Verschaltung der Transistoren bedingte Wegfall von Kontakten und Leiterbahnen eine wesentlich bessere Flächenausnutzung ermöglicht. Daher ergibt sich ein geringer Preis pro Megabyte.

Der Zugriff auf NAND-Speicher findet üblicherweise über einen gemultiplexten Adress-/Datenbus mit einer Breite von 8 Bit statt, das verwendete Protokoll basiert auf Kommandos. Aufgrund des verwendeten Bus-Interfaces ist ein verhältnismäßig großer Softwareaufwand zur Ansteuerung erforderlich. Ein Prozessor mit Adress-/Datenbus kann diese Speicher nicht direkt adressieren (ein Mikroprozessor benötigt einen linear adressierbaren Speicher mit wahlfreiem Zugriff), wobei dies bei NOR-Flashes kein Problem ist. Zur Anbindung an herkömmliche Controllersysteme ist eine Glue Logic erforderlich.

Die NAND-Struktur wird für größere Speichermengen und für Speicher verwendet, die häufig beschrieben werden sollen. Im Vergleich zur NOR-Struktur erlaubt die NAND-Struktur ungefähr die 10-fache Menge von Schreibvorgängen. Außerdem verläuft der Löschvorgang wesentlich schneller als bei der NOR-Struktur, da vorher nicht alle Zellen zunächst mit „0" beschrieben werden müssen.

Beim Programmieren einer Flash-Speicherzelle werden relativ hohe Spannungen am Steuergate benötigt, um Ladungsträger durch die Oxidschicht in das Floating Gate befördern zu können. Dabei degeneriert die isolierende Oxidschicht um das Floating Gate. Eine Zelle ist unbrauchbar, wenn die Oxidschicht zu sehr degeneriert ist. Der Flash-Speicher an sich ist jedoch weiterhin normal benutzbar, wenn auch mit reduzierter Speicherkapazität. Dazu sind Defektmanagementmechanismen notwendig. Das *Defektmanagement* kann Maßnahmen in Hardware und/oder Software beinhalten, wie fehlertolerante Codes, zusätzliche Bits für jeden Block, ein *Bad Block Management* oder ein so genanntes *Wear-Leveling*.

Bei NAND-Flashes kann es sein, dass einige defekte Blöcke, die so genannten *Bad Blocks*, bereits zum Zeitpunkt der Auslieferung des Bausteins vorhanden sind. Die Bad Blocks werden bereits vom Hersteller durch spezielle Tests detektiert und als defekt markiert. Später müssen sie von der Treibersoftware berücksichtigt werden.

Die Bad Block Markierungen werden bei NAND-Flashes zu jeder Page in einer so genannten Spare Page (übliche Größe: 16 Bytes) abgelegt. Spare Pages sind mit den Nutzdaten-Pages logisch gekoppelt: Wird eine Page (d. h. ein Block) gelöscht, werden dabei ebenfalls die zugehörigen Spare Pages gelöscht. In der Praxis bedeutet dies, dass bei Formatiervorgängen unbedingt die Bad Block Markierungen berücksichtigt werden müssen, da sie sonst gelöscht werden und unwiederbringlich verloren sind. Die Bad Blocks werden beim Hersteller durch Extremtests mit Temperatur und Zugriffsgeschwindigkeiten im Grenzbereich ermittelt. Unter normalen Einsatzbedingungen (bei Zimmertemperatur) arbeiten diese Bad Blocks nicht grundsätzlich fehlerhaft.

Aufgrund von begrenzten Schreib-/Löschzyklen (*Endurance*) bei Flash-Speichern können auch während des Betriebes Bitfehler auftreten. Daher ist es notwendig, eine Bad Block Erkennung auch während des Betriebes vorzunehmen. In diesem Fall wird ein Block als defekt markiert (der Liste der Bad Blocks hinzugefügt), sobald ein Fehler beim Löschen eines Blockes oder beim Programmieren einer Seite auftritt. Um solche Fehler zu detektieren gibt es ein so genanntes „Status-Command“, also einen Befehl mit dem man ermitteln kann, ob die zuletzt ausgeführte Lösch- bzw. Programmieroperation erfolgreich war oder nicht. Solche Operationen werden automatisch vom Chip nach jeder Durchführung verifiziert. Nach dem Löschen wird also vom *Bad Block Management* geprüft, ob alle Bits im Block „1“ sind. Beim Schreiben wird ermittelt, ob alle zu programmierenden Nullen korrekt programmiert wurden (Einsen werden ignoriert).

Bei zunehmender Anzahl von Schreib- und Löschzyklen nimmt die Dauer der Programmierung durch die Reduktion der Oxidschicht immer mehr ab. Je nach System wird die Bad Block Tabelle entweder in einem funktionstüchtigen Block auf dem Flash-Chip selbst abgelegt, oder extern z. B. in einem RAM. Es sei erwähnt, dass ein defekter Block die funktionierenden Blöcke nicht beeinträchtigt, da jeder Block von den Bitleitungen durch eigene „Block-Selection“ Transistoren isoliert werden kann.

Um alle Bereiche des Speichers möglichst gleichmäßig zu belasten, enthalten die einzelnen Speicherbausteine (SD-Card, Memory Stick, Compact Flash usw.) einen Controller, welcher sich um eine intelligente Auslastung der zur Verfügung stehenden Speicherbereiche kümmert. Das so genannte *Wear-Leveling* sorgt für eine gleichmäßige Verteilung der Daten, dadurch werden alle Blöcke gleichmäßig belastet.

Ein Beispiel soll die Vorteile dieses Verfahrens verdeutlichen. Gegeben sei ein Flash-Speicher mit 4096 Blöcken, drei Dateien sind über 200 Blöcke verteilt. Alle 10 Minuten wird eine der Dateien neu überschrieben. Ohne Wear-Leveling (es werden nur die 200 Blöcke verwendet) erfolgt ein Wear-Out bereits vor Ablauf eines Jahres. Mit Wear-Leveling (alle Blöcke werden verwendet) erfolgt ein Wear-Out erst in mehr als 15 Jahren. Dabei bedeutet „Wear-Out“ nicht, dass der komplette Speicher unbrauchbar wird, sondern dass nur bestimmte Blöcke defekt werden. Ohne Wear-Leveling sind das 200 Blöcke, d. h. nach einem Jahr hat der Flash-Speicher 200 Blöcke an Speicherplatz weniger zur Verfügung. Mit Wear-Leveling bleibt die komplette Kapazität über mehr als 15 Jahre erhalten.

Es wird zwischen Dynamic und Static Wear-Leveling unterschieden.

Beim *Dynamic Wear-Leveling* wird das Wear-Leveling nur auf dynamische Daten angewandt. Der Block mit dem kleinsten „Erase-Count“ wird für die nächste Schreibope-

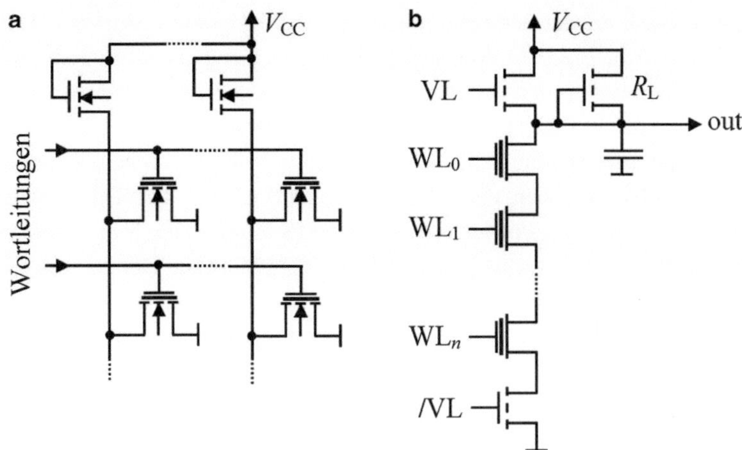

Abb. 10.22 Prinzipieller Aufbau der NOR- (**a**) und der NAND-Struktur (**b**)

ration ausgewählt. Beispiele für dynamische Daten sind Log-Dateien, FAT-Tabellen, temporäre Dateien.

Beim *Static Wear-Leveling* werden auch statische Daten berücksichtigt. Blöcke mit statischen Daten und (im Vergleich zu anderen Blöcken) geringem Erase-Count werden in Bereiche mit hohem Erase-Count verschoben, damit dynamische Daten wieder Blöcke mit geringerem Erase-Count zugeteilt werden können. So erreicht man eine gleichmäßige Belastung des gesamten Chips, und nicht nur des Bereiches mit dynamischen Daten, wie es beim Dynamic Wear-Leveling der Fall ist.

Aufbau und Struktur

Bei der NOR-Struktur (Abb. 10.22a) wird ein Transistor über die Wortleitung (WL_n) aktiviert. Wurden dem Gate Elektronen injiziert, sperrt der Transistor weiterhin und die Bitleitung führt High-Potenzial, andernfalls wird sie über den Transistor auf Masse gezogen und das Ausgangssignal ist „0".

Die NAND-Schaltung (Abb. 10.22b) hingegen wird vor dem Lesen auf High-Pegel vorgeladen. Zunächst werden alle Wortleitungen auf Masse gelegt. In diesem Fall sind alle Transistoren einer Zeilenstruktur (Serienstruktur) leitend, abgesehen vom unteren, der mit invertiertem Vorladesignal (/VL) angesteuert wird. Am Ausgang der Schaltung (out) liegt eine positive Spannung an. Zum Auslesen einer Serienstruktur wird die Vorladeleitung (VL) an 0 V gelegt. Dadurch sperrt der oberste Transistor, und der unterste wird leitend. Um nun ein Bit eines Wortes auszulesen, wird die entsprechende Wortleitung und somit das dazugehörige Zeilensignal angesteuert. Wurden dem so angesteuerten Transistor keine Ladungsträger in das Gate injiziert, sperrt er, der Kondensator wird nicht entladen und das Ausgangssignal liegt auf High-Pegel. Andernfalls jedoch leitet der Transistor weiterhin und der Ausgang liegt auf Low-Pegel.

Beim NOR-Flash erfolgt der Schreibvorgang (das Programmieren) durch den CHE-Prozess (Channel Hot Electron Process). Durch den erzeugten Strom zwischen Source und Drain wird den Elektronen genügend Energie verliehen, dass einige von ihnen durch die Oxidschicht in das Floating Gate gelangen und dort eine negative Ladung verursachen. Diese Ladung wirkt der Spannung am Steuergate entgegen, es kann kein Strom mehr zwischen Source und Drain fließen, der Transistor sperrt (logische „0“). Das Löschen erfolgt beim NOR-Flash durch den Fowler-Nordheim-Tunneleffekt. Durch die beim Löschvorgang erzeugte positive Ladung im Floating Gate (überwiegende Defektelektronen) kann bei einem Lesevorgang wieder Strom zwischen Source und Drain fließen (logische „1“).

Beim NAND-Flash erfolgt sowohl das Programmieren durch den Fowler-Nordheim-Tunneleffekt (Tunnel Injection) als auch das Löschen (Tunnel Release).

Technologien

Ein wichtiges Kriterium zur Unterscheidung von Flashtechnologien ist die Geometrie der Speicherzelle. Es werden folgende Zelltypen unterschieden (mehrere der nachfolgenden Merkmale können zugleich zutreffen).

- Die Split-Gate-Zelle wie in Abb. 10.21 dargestellt.
- Die ETOX-Zelle weist eine vereinfachte Struktur auf, bei ihr entfällt der nach unten abknickende Teil des Steuergates der Split-Gate-Zelle, deren Floating Gate meist durch den CHE-Prozess geladen wird.
- Die UCP-Zelle wird in der Regel in „beiden Richtungen“ mit Fowler-Nordheim-Tunneling beschrieben.
- Die NROM-Zelle hat kein Floating Gate, die Ladung befindet sich in einer Zone zwischen Kanal und Steuergate. Diese Zone liegt entweder in Drain- oder in Source-Nähe. Es gibt auch Ausführungen mit beiden Zonen, diese können zwei Bit speichern.
- Bei der 2-Transistorzelle sind ein normaler n-Kanal-Transistor und ein Flashtransistor hintereinander geschaltet. Diese Zelle hat den Nachteil, dass sie größer, aber evtl. für das Programmieren und Löschen einfacher ansteuerbar ist. Dies kann bei kleineren Speichergrößen in anderen Schaltungsteilen Flächeneinsparungen bringen.
- Bei der Multi-Level-Zelle (MLC) können mehrere diskrete Ladungsniveaus des Floating-Gates unterschieden werden. Diese Flash-Zelle speichert nicht nur ein Bit, sondern (meist) zwei oder auch vier Bit. Die Ladungszustände werden in Leitfähigkeitswerte kodiert, die in der Ausleseelektronik wieder auf die beiden Bits verteilt werden. Die Verdoppelung der Speicherkapazität ist verbunden mit einer deutlich verlängerten Zugriffszeit, da eine analoge Spannung auf vier Niveaus gegenüber nur zwei bei den binären Flash-Zellen überprüft werden muss. Außerdem ist die Fehlerwahrscheinlichkeit größer, eine Leitfähigkeitsänderung um ein Viertel des maximalen Leitfähigkeitsunterschiedes kann bereits den Wert des in der Zelle gespeicherten Niveaus verändern.
- Multi-Bit-Zellen (BLC) speichern die Ladungen (Bits) unabhängig voneinander an verschiedenen Positionen innerhalb der Zelle in einem einzigen Transistor. Dies kann zum Beispiel durch Verwendung eines Floating Gates aus Nitrid anstatt Polysilizium

geschehen. In einem derartigen Nitrid-Gate sind die Elektronen nicht beweglich und können an den beiden Enden des Kanals unabhängig voneinander in das Gate eingeführt oder aus dem Gate entfernt werden.

10.4.4 MRAM (Magnetic Random Access Memory)

MRAM ist die Abkürzung von Magnetic Random Access Memory oder Magnetoresistive RAM. Hierbei handelt es sich um integrierte, nichtflüchtige Speicherelemente mit Zugriffszeiten im ns-Bereich. MRAMs verwenden ferromagnetische Materialien zur Speicherung von Informationen. Diese Speicherelemente sind größtenteils noch in Entwicklung, erste kommerziell erhältliche MRAM-Bausteine befinden sich in Serienfertigung.

Die Grundlage dieser Speicherbausteine bilden magnetische Werkstoffe, die mit herkömmlichen Siliziumschaltungen kombiniert werden. Auf diese Weise lassen sich Bausteine realisieren, die so schnell sind wie statische RAMs (SRAMs) und gleichzeitig ohne einer Begrenzung der Schreibzyklen die Nichtflüchtigkeit von Flash-Speichern besitzen. Sie bilden eine zuverlässige und wirtschaftliche Single-Chip-Alternative zu SRAMs mit Batteriepufferung. Die Betriebsspannung ist 3,3 V, die Zykluszeiten für Lese- und Schreibvorgänge betragen 35 ns.

Bei MRAMs werden Informationen auf einem Chip nicht mehr mit elektrischer Ladung gespeichert und verarbeitet, sondern mittels Veränderung der Magnetisierungsrichtung. Es wird die Eigenschaft bestimmter Materialien ausgenutzt, dass sie ihren elektrischen Widerstand unter dem Einfluss magnetischer Felder ändern. Die magnetische Ausrichtung solcher Stoffe kann durch elektrische Felder leicht beeinflusst werden. Das Lesen der Daten erfolgt über die Messung eines Widerstandes. Zu diesem Zweck kann eine Zelle z. B. aus zwei ferromagnetischen Schichten bestehen, die durch eine sehr dünne Zwischenschicht voneinander getrennt sind. Während eine der beiden Schichten permanent magnetisiert ist, kann die Ausrichtung der anderen durch elektrische Ströme programmiert werden. Wenn beide Schichten die gleiche Ausrichtung besitzen, dann ist der Widerstand der Zwischenschicht gering. Im Fall entgegengesetzter Ausrichtung ist er hoch.

10.4.4.1 Grundlagen, magnetoresistive Effekte

Mit der so genannten Spinelektronik (kurz *Spintronik*) entsteht eine neue Generation von Halbleiterbauelementen, die auf der Wechselwirkung des Spins (Eigendrehimpuls des Elektrons) der Ladungsträger mit den magnetischen Eigenschaften des Festkörpers beruhen. Der magnetfeldabhängige spezifische Widerstand eines Festkörpers wird als Magnetwiderstand bezeichnet. Als Magnetowiderstandseffekt (MR, Magneto Resistance) bezeichnet man die relative Änderung des elektrischen Widerstandes als Funktion des angelegten Magnetfeldes. Der elektrische Strom in Schichtsystemen, die aus ferromagnetischen und nichtmagnetischen, metallischen Schichten bestehen, hängt stark von der relativen Orientierung der Magnetisierung in den ferromagnetischen Schichten ab. Es wurde festgestellt, dass der elektrische Widerstand der Vielschichtsysteme groß bzw.

klein ist, wenn in aneinander grenzenden ferromagnetischen Schichten die Magnetisierungsrichtungen antiparallel bzw. parallel ausgerichtet sind. Der damit verbundene, sehr große magnetoresistive Effekt (typischerweise einige 10 bis 100 %) wurde Giant Magneto Resistance Effekt (GMR) genannt. Ein weiterer magnetoresistiver Effekt, der Tunneling Magneto Resistance Effekt (TMR) kommt bei der Realisierung von MRAMs zum Einsatz. Beim magnetischen Tunnelwiderstand wird die Tatsache ausgenutzt, dass sich der Tunnelstrom zwischen zwei durch einen dünnen Isolator getrennten Ferromagnetika durch ein äußeres Magnetfeld ändert.

10.4.4.2 Funktionsweise

Bei einer MRAM-Speicherzelle werden die Daten als Magnetfeldorientierungen der Speicherzelle „eingeschrieben" und nicht als elektrische Ladung wie beim dynamischen RAM (DRAM). Die MRAM-Zelle besteht aus zwei ferromagnetischen Elektroden, die durch eine dünne Isolierschicht voneinander getrennt sind. Durch diese nur wenige Atomlagen dicke Schicht kann wegen des quantenmechanischen Tunneleffektes auch dann ein Strom fließen, wenn die angelegte Spannung nicht ausreicht, um die Elektronen in das Leitungsband zu heben. Dabei hängt die auftretende Stromdichte u. a. von der anliegenden Spannung, den verwendeten Materialien, der Dicke der Isolierschicht und (hier entscheidend) von der magnetischen Konfiguration der beiden Elektroden ab. Die Leitfähigkeit eines solchen Systems ist bei paralleler Ausrichtung der Magnetisierungsvektoren größer als im antiparallelen Fall.

Theoretisch lässt sich dieses Modell mit dem Phänomen des Tunnelmagnetwiderstands (TMR) erklären. Abb. 10.23 zeigt schematisch den Aufbau einer MRAM-Speicherzelle aus magnetoresistiven Tunnelelementen (MTJ, Magnetic Tunnel Junction).

Die MRAM-Speicherzelle besteht prinzipiell aus zwei magnetischen Schichten, zwischen denen sich eine Tunnelbarriere, der Isolator als nichtmagnetische Schicht, befindet. Die Schichtdicke beträgt 3…6 nm, dies entspricht etwa 10 bis 20 Atomen. Die obere Schicht ist magnetisch weich. Kleine Ströme sind in der Lage das Magnetfeld in seiner Richtung zu verändern. Die untere Schicht ist magnetisch hart. Das Magnetfeld hat eine unveränderliche Magnetfeldrichtung, welche als Referenz verwendet wird. Der Magnetfeld-Unterschied zwischen den beiden Schichten dient zur Unterscheidung des Speicherzelleninhaltes.

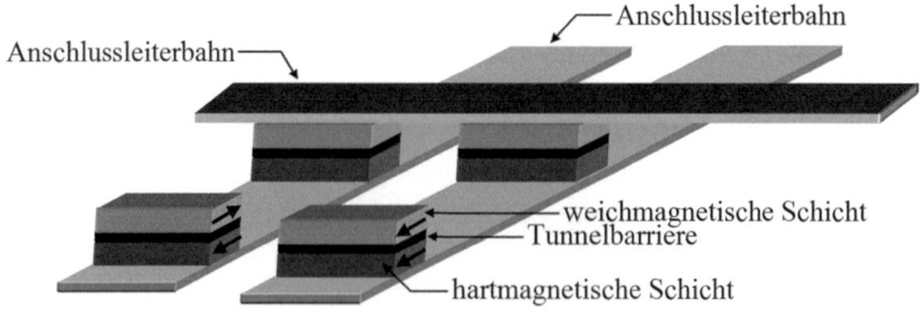

Abb. 10.23 MRAM-Speicherzelle

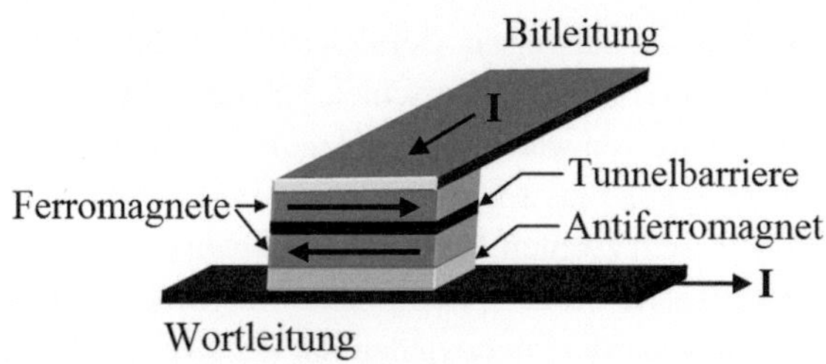

Abb. 10.24 Aufbau eines TMR-Elements

Die digitale „0“ entspricht dem hochohmigen Zustand, es fließt wenig Strom durch das Element. Dabei ist die Magnetfeldrichtung der beiden Schichten unterschiedlich (antiparallel). Die digitale „1“ entspricht dem niederohmigen Zustand, dabei fließt viel Strom durch das Element und die Magnetfeldrichtung der beiden Schichten ist gleich (parallel). Die magnetoresistiven Tunnelelemente verändern also ihren Widerstand je nach Magnetisierung.

Die Programmierung der Speicherzellen erfolgt grundsätzlich durch einen Stromimpuls, der parallel zu einem ferromagnetischen Material geführt wird und dieses je nach Stromrichtung in die eine oder andere Richtung „auflädt“, indem das ferromagnetische Material ummagnetisiert wird.

Beim Aufbau der Bauelemente und bei der Technik des Auslesens gibt es unterschiedliche Ansätze. Hier wird nur das MRAM basierend auf magnetischen Tunnelkontakten (MTJ) beschrieben. Ein solcher Tunnelkontakt bzw. magnetoresistives Tunnelelement besteht aus zwei dünnen ferromagnetischen Metallschichten (Ferromagnete), welche durch eine sehr dünne dielektrische Tunnelbarriere (Isolierschicht) voneinander getrennt sind. Abb. 10.24 zeigt schematisch den Aufbau eines TMR-Elements. Der Widerstand hängt von der relativen Orientierung der Magnetisierungen der beiden Ferromagnete ab. Der Elektronentransport erfolgt senkrecht zur Fläche der Schichten und wird gemessen, indem an den Elektroden über die Isolatorschicht eine Spannung angelegt wird. Der Magnetowiderstand basiert auf einer spinabhängigen Tunnelwahrscheinlichkeit, bedingt durch eine energetische Aufspaltung der Energiebänder, verursacht durch den Spin der Elektronen. Dieser Magnetowiderstand ist direkt proportional zu den Polarisationsstärken der Elektronen an den zwei Isolator/Metallgrenzflächen, die zu der Polarisation im Inneren der zwei magnetischen Filme unterschiedlich sein können. Die beiden magnetischen Schichten verhalten sich wie ein kleiner Stabmagnet mit jeweils einem Süd- und einem Nordpol, dem sich ein magnetisches Moment zuordnen lässt. Die magnetischen Momente der beiden Magnete können gleichgerichtet oder einander entgegengesetzt sein und somit die beiden binären Zustände „0“ und „1“ repräsentieren.

10.4.4.3 Lese- und Schreibvorgang

Lesevorgang

Das Auslesen der Zelle basiert auf der Grundlage, dass der Widerstand der Tunnelbarriere geringer ist, wenn beide ferromagnetischen Schichten die gleiche (parallele) magnetische

Orientierung aufweisen. Bei unterschiedlicher (antiparalleler) Polarisation ist der Widerstand höher. Dieser Unterschied hat seine Ursache darin, dass durch die Schichten mit einer Dicke von wenigen Atomlagen eine Polarisierung der Elektronen erreicht wird. Der untere Magnet lässt nur Elektronen einer bestimmten Spin-Polarisationsrichtung durch, die von dem zweiten Magneten in Abhängigkeit von dessen Ausrichtung durchgelassen oder gesperrt werden. Wenn beide Magnete gleichgerichtet sind, können die Elektronen die Tunnelbarriere überwinden. Ist der zweite Magnet allerdings entgegengerichtet, dann wird dieser Stromanteil gesperrt.

Schreibvorgang
Um die Zellen zu beschreiben, werden Ströme durch Leitungen geschickt, die nah an den magnetischen Zellen vorbeiführen, mit diesen aber nicht leitend verbunden sind. Diese Leitungen, die parallel zu den Wortleitungen geführt werden, bezeichnet man als Digit Lines. Durch das einen Strom umgebende Magnetfeld werden die Magnete, je nach gewünschtem Speicherzustand, gleichgerichtet oder entgegengesetzt ausgerichtet. Dabei fließt der Strom in der Wortleitung immer in eine Richtung und führt zu einem immer einheitlichen Moment des zugehörigen Magneten, während unterschiedliche Flussrichtungen durch die Bitleitungen die gewünschten Zustände repräsentieren.

10.4.5 FRAM (Ferroelectric Random Access Memory)

Ein FRAM oder FeRAM (Ferroelectric Random Access Memory) ist ein nichtflüchtiger Speicher auf der Basis von Kristallen mit ferroelektrischen Eigenschaften. Wie die MRAMs sind auch FRAMs relativ neue Speicherbausteine.

10.4.5.1 Grundlagen, Ferroelektrika

Die Wirkungsweise von FRAMs beruht auf dem ferroelektrischen Effekt. Ferroelektrische Materialien (Ferroelektrika) haben die Materialeigenschaft, eine permanente elektrische Polarisation P auch ohne externes elektrisches Feld E beizubehalten. Ähnlich der Hystereseschleife (Magnetisierungskurve $B = f(H)$ mit $B =$ magnetische Flussdichte, $H =$ magnetische Feldstärke) bei ferromagnetischen Stoffen zeigen ferroelektrische Materialien einen nichtlinearen Zusammenhang in Form einer Hysterese zwischen elektrischer Polarisation P und Feldstärke E. Nach vorangegangener Polarisation im elektrischen Feld gibt es wegen der Hysterese eine permanente Restpolarisation auch ohne Feld. Durch ein externes Feld kann diese Polarisation in eine andere Richtung „umgeschaltet“ werden, darauf beruht der Speichermechanismus der FRAMs. Das Verhalten kann mit einem „ferroelektrischen Kondensator“ verglichen werden, der seine gespeicherte „Ladung“ behält und durch eine äußere Spannung umgeladen werden kann.

Die Polarisation basiert auf einer durch ein elektrisches Feld hervorgerufenen Ausrichtung von Elementardipolen innerhalb der Kristallstruktur eines ferroelektrischen Materials. Eine Richtungsumkehr des elektrischen Feldes bewirkt eine umgekehrte Ausrichtung

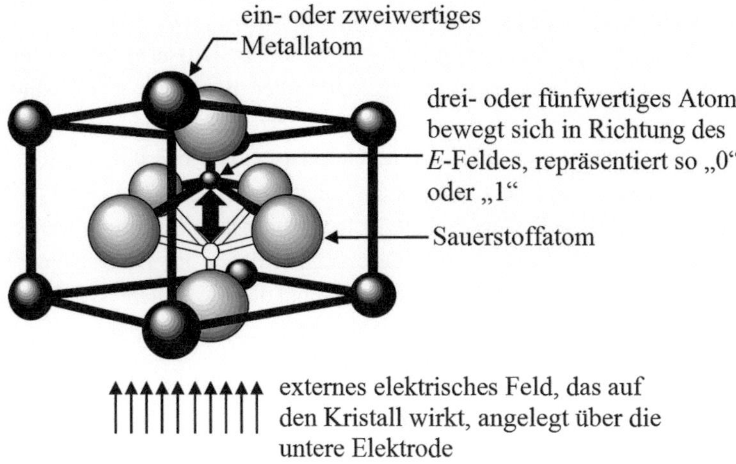

Abb. 10.25 Kristallstruktur eines ferroelektrischen Materials mit zwei stabilen Positionen des inneren Atoms

der Dipole. Die Ausrichtung der internen Dipole nimmt zwei stabile Zustände ein, die auch dann erhalten bleiben, wenn das externe elektrische Feld entfernt wird.

Abb. 10.25 zeigt ein einfaches Modell des Kristallgitters eines ferroelektrischen Stoffes. Das Atom im Zentrum des Kristalls befindet sich je nach Richtung des externen elektrischen Feldes in einer von zwei stabilen Positionen. FRAMs sind trotzdem völlig unempfindlich gegen elektrische und magnetische Störfelder.

Ein häufig verwendetes Ferroelektrikum ist das in Perowskitstruktur (Material mit der allgemeinen Aufbauformel ABO_3) kristallisierende Bariumtitanat $BaTiO_3$. Die positiv geladenen Titan-Ionen richten sich zu einer Seite des Kristalls aus, während sich die negativ geladenen Sauerstoff-Ionen zur gegenüberliegenden Seite ausrichten. Dadurch ergibt sich ein Dipolmoment und damit die permanente Polarisation des gesamten Kristalls.

10.4.5.2 Aufbau und Funktionsweise

Ferroelektrische Kristalle werden in einen Kondensator integriert. Durch eine Spannungs- und somit eine Feldänderung lässt sich die elektrische Polarisation der ferroelektrischen Kristalle zwischen zwei stabilen Zuständen umschalten. Interne Schaltungen erkennen diese elektrische Polarisierung als Logikzustand („0“ oder „1“). Jede der beiden Orientierungen ist stabil und bleibt auch dann bestehen, wenn das elektrische Feld weggenommen wird. Die Daten bleiben im Speicher ohne periodisches Auffrischen erhalten. Der ferroelektrische Dünnfilm (z. B. aus Blei-Zirkonat-Titanat PZT) wird über CMOS-Basisschichten platziert und zwischen zwei Elektroden eingebettet.

Die ersten FRAM-Speicherbausteine erforderten eine Speicher-Architektur mit zwei Transistoren und zwei Kondensatoren mit ferroelektrischem Dielektrikum (2T/2C-Zellen). Dies führte zu relativ großen Zellen. Ein interner Bezugskondensator in jeder

Zelle des ferroelektrischen Speicherarrays wurde überflüssig. Die neue Zellenarchitektur mit einem Transistor und einem Kondensator (1T/1C-Zellen) arbeitet wie ein DRAM und nutzt einen einzigen Kondensator als gemeinsamen Bezug für jede Spalte im Speicherarray. Es gibt auch 1T-Zellen, die nur aus einem ferroelektrischen Feldeffekttransistor (FeFET) bestehen. Bei einem FeFET ist die Gate-Isolation eines IGFETs durch ein ferroelektrisches Dielektrikum ersetzt. Durch die Polarisation dieses Dielektrikums wird die Schwellspannung des FeFETs verschoben, je nach Polarisationsrichtung sperrt der Transistor oder schaltet durch. Schreib- und Lesevorgang liegen im Bereich von 1...10 ns. Die Erhaltung der Polarisierung über lange Zeit ist bei diesem Zellentyp jedoch noch problematisch. Beschrieben wird der FeFET durch Anlegen einer entsprechenden Spannung zwischen Gate und Source.

10.4.5.3 Lese- und Schreibvorgang

Lesevorgang

Um die FRAM-Zelle zu Lesen, wird über einen Schalttransistor mittels der Spannung U_{CC} am ferroelektrischen Kondensator ein elektrisches Feld erzeugt. Ist die gespeicherte Information eine logische „1“, so entspricht dem Zustand der Speicherzelle die Position A auf der Hystereseschleife der Polarisation P (Abb. 10.26). Handelt es sich um eine logische „0“, so ist es Punkt C. Durch Anlegen der Spannung U_{CC} verlagert sich der Zustand zu Punkt B der Hystereseschleife. Dadurch entsteht ein Verschiebungsstrom, der von einem Leseverstärker auf dem Chip erfasst, ausgewertet und in ein Spannungssignal umgesetzt wird. Der Verschiebungsstrom und damit der Spannungsimpuls ist beim Übergang vom Zustand A zu B wesentlich höher (da sich die Polarisationsrichtung umkehrt) als beim Übergang vom Zustand C zu B (die Polarisationsrichtung bleibt dabei gleich). Somit sind die logische „1“ und die logische „0“ eindeutig unterscheidbar. Nach dem Abschalten der Spannung U_{CC} verschwindet das externe elektrische Feld, der Zustand der FRAM-Zelle geht dann auf der Hystereseschleife immer in den Punkt C über, da der Vorgang des Lesens einer logischen „1“ die bestehende Polarisation zerstört. Eine gespeicherte „1“ geht also beim Lesen verloren, Punkt C entspricht ja einer „0“. Nach dem Lesen einer „1“ wird die Zelle deshalb von der auf dem Chip integrierten Logik automatisch wieder mit dem ursprünglichen Speicherinhalt (einer „1“) beschrieben.

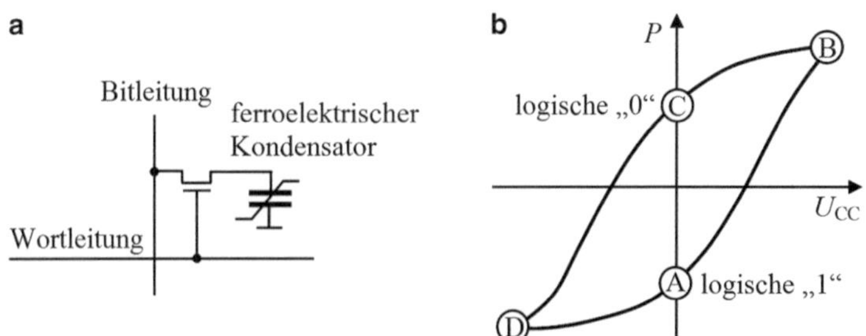

Abb. 10.26 Aufbau (1 Bit) einer FRAM-Speicherzelle (**a**) und Hystereseschleife des ferroelektrischen Kondensators (**b**)

Schreibvorgang
Der Schreibvorgang erfolgt, indem durch $-U_{CC}$ ein entgegenwirkendes elektrisches Feld am ferroelektrischen Kondensator erzeugt wird. Der Zustand der Zelle ändert sich, auf der Hystereseschleife wird der Zustand in Punkt D eingenommen. Nach dem Abschalten von U_{CC} geht die Zelle in den (wieder hergestellten) Zustand von Punkt A über. Das Schreiben einer „1" oder einer „0" erfolgt durch Anlegen einer externen Spannung $-U_{CC}$ oder $+U_{CC}$. Nach dem Abschalten der Spannung nimmt die FRAM-Zelle den zugehörigen Punkt A oder C auf der Hystereseschleife ein.

Zusammenfassung der Eigenschaften von FRAMs
FRAMs können im System programmiert werden. Sie sind nichtflüchtig (im Gegensatz zu DRAMs), sind aber nicht nur beim Lesen, sondern auch beim Schreiben genauso schnell wie flüchtige RAM-Speicher. Die Zugriffsgeschwindigkeit beim Lesen und Schreiben liegt im Bereich von 40 bis ca. 100 ns (entspricht einem Standard-SRAM). Die Anzahl der Schreibzyklen ist mit 10^{14} praktisch unbegrenzt. Sie sind kompatibel zu den gängigen EEPROMs, benötigen zur Programmierung keine hohen Spannungen und haben daher bei Schreiboperationen einen kleinen Stromverbrauch. Die Daten bleiben auch bei starken Temperaturschwankungen über 10 Jahre erhalten. Sie sind integrierbar in CMOS-Technologie. FRAMs können auch als Speicher von Programmcode (und nicht nur von Daten) eingesetzt werden.

FRAMs sind jedoch weniger ausgereift und teurer als Flash-Speicher oder EEPROMs. Vorteile in der Applikation wie die Notwendigkeit häufigen Schreibens bei gleichzeitig notwendiger Nichtflüchtigkeit sollten daher bedacht werden.

10.4.5.4 OUM (Ovonic Unified Memory)

Diese nichtflüchtige Speichertechnologie mit dem Namen Ovonic Unified Memory-Technologie (OUM) befindet sich im Stadium der Entwicklung. Die Basis dieser Phasenwechselspeicher (PRAM, Phase-Change RAM) sind polykristalline Chalkogenide, dies sind Legierungen, die Schwefel, Tellur oder Selen enthalten. Eine Eigenschaft der Chalkogenide ist, dass sie nach einer Erwärmung, abhängig von der Abkühlzeit, in einen stabilen kristallinen oder amorphen Zustand übergehen. Die Speichertechnik ist mit dem Beschreiben einer wiederbeschreibbaren DVD verwandt, bei der aber nicht wie bei einem OUM die Widerstandsänderung, sondern der Unterschied der Reflexion zwischen amorphem und kristallinem Material genutzt wird.

Bei einem OUM-Speicher wird ein dünner Film aus Chalkogenid durch einen Stromimpuls aufgeheizt, dadurch wandelt er sich vom kristallinen Zustand mit sehr hoher Leitfähigkeit in ein amorphes Material mit geringer Leitfähigkeit um. Ein etwas schwächerer, dafür aber längerer Stromstoß kann den Prozess wieder umkehren. Chalkogenide lassen sich durch Stromimpulse gleichsam zwischen kristallinem und amorphen Zustand hin- und herschalten (Abb. 10.27).

Die speichernde Schicht aus einer $Ge_2Sb_2Te_5$-Legierung wird innerhalb von 10 ns auf über 600 °C erhitzt und in den amorphen Zustand mit hohem Widerstand oder durch lang-

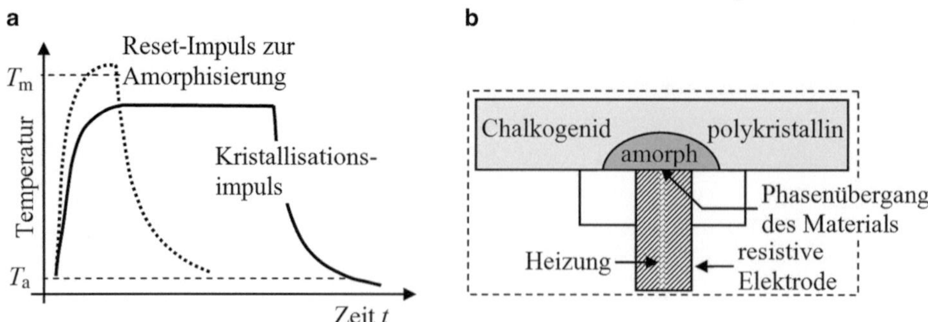

Abb. 10.27 Die unterschiedlichen Temperaturzyklen der Chalkogenide für Kristallisation und Amorphisierung (**a**), Zellaufbau eines OUM unter Nutzung von Chalkogeniden (**b**)

samere Erhitzung bis unterhalb des Schmelzpunktes in den polykristallinen Zustand mit niedrigem Widerstand versetzt. Unter dem Einfluss der langsamen Erhitzung kann die Kristallstruktur wieder ausheilen. Der Speicherzustand wird über den Widerstand der Chalkogenidschicht gemessen. Die beiden Zustände unterscheiden sich durch einen um mehr als eine Größenordnung veränderten Ohm'schen Widerstand, der durch eine elektronische Schaltung ausgelesen werden kann.

Der Wechsel ist deutlich schneller als bei einem Flash-Speicher und kann mit einer Spannung von einem Volt erzeugt werden. Die bei Flash-Speichern benötigten hohen Spannungen werden vermieden, diese Technologie fügt sich in die 3-Volt CMOS-Technik ein. Außerdem müssen OUMs nicht blockweise gelöscht werden und sie sind 10^{12}-mal beschreibbar. Als Speicherelemente für die Ovonic-Zellen kommen Dioden und nicht Transistoren zum Einsatz. Dioden sind rund zwei Drittel kleiner als Transistoren, Ovonic-Zellen sind damit preiswerter als Zellen im Flash-Speicher.

10.5 Einteilung der flüchtigen Speicher

Flüchtige Speicher werden als Schreib-/Lese-Speicher bezeichnet. Die Abkürzung RAM bedeutet wörtlich „Random Access Memory", d. h. Speicher mit wahlfreiem Zugriff (beliebig wählbarer Lese- oder Schreiboperation). Schreiben und Lesen ist in diesem Zusammenhang immer aus der Sicht des Prozessors zu verstehen.

Auf jedes Datenwort ist also zu jeder Zeit ein Zugriff möglich. Dies wurde früher im Unterschied zur Nutzung eines Schieberegisters als Speicher gesehen, bei dem die Daten nur in derselben Reihenfolge ausgelesen werden können, in der sie eingeschrieben wurden. Schieberegisterspeicher haben heute keine Bedeutung mehr, der Begriff RAM wurde so zur generellen Bezeichnung für Schreib-Lese-Speicher. Dies ist etwas irreführend, da ROMs ebenfalls einen wahlfreien Zugriff auf jedes Datenwort erlauben, aber (zumindest in normaler Betriebsart) nur lesend und nicht schreibend.

Schreib-Lese-Speicher können nach der Art der RAM-Speicherzelle unterteilt werden.

Bei statischen RAMs (SRAMs) wird eine bistabile Kippschaltung verwendet, welche die Information speichert, solange die Speisespannung anliegt oder durch einen Schreibvorgang geändert wird. Nach einem Einschalten der Betriebsspannung ist der Inhalt der Speicherzelle rein zufällig entweder „0“ oder „1“.

Da SRAMs keine Auffrischung der Zellinhalte benötigen, ist eine weniger umfangreiche Peripherie notwendig. Die ausgelesenen Spannungen sind deutlich größer als bei DRAMs, so dass weniger empfindliche Leseverstärker verwendet werden können. Außerdem weisen SRAMs gegenüber DRAMs kleinere Lese- bzw. Schreibzeiten (Zugriffszeiten) auf. Nachteilig ist allerdings der viel höhere Schaltungsaufwand und Platzbedarf für eine Einzelzelle.

Bei dynamischen RAMs (DRAMs) dient ein integrierter Kondensator als Speicherzelle, dessen Ladungsgröße die gespeicherte Information kennzeichnet. Da die Ladung durch Leckströme mit der Zeit abnimmt, muss sie in kurzen Zeitabständen (ca. alle 2 ms) immer wieder aufgefrischt werden. Dynamische Speicherzellen sind jedoch kleiner als statische und erlauben daher eine höhere Packungsdichte.

10.5.1 Statisches RAM (SRAM)

10.5.1.1 Die SRAM-Speicherzelle

Als Grundelemente der Speicherzellen statischer RAMs werden bistabile Kippschaltungen (Flipflops) eingesetzt. Die beiden stabilen Lagen repräsentieren die binären Informationen „0“ und „1“. Diese Kippschaltungen lassen sich beim Schreibvorgang leicht in die gewünschte Lage setzen. Ihr Zustand kann abgefragt werden, ohne dabei die stabile Lage zu verändern, das Lesen ist also zerstörungsfrei.

Die praktische Ausführung von SRAMs kann in Bipolar- oder in CMOS-Technologie erfolgen. Mit bipolaren SRAM-Bausteinen erreicht man Zugriffszeiten von 10 ns. Sie werden häufig als Cache (schneller Pufferspeicher) eingesetzt. Statische CMOS-RAMs haben bei höherer Packungsdichte und geringerer Leistungsaufnahme typische Zugriffszeiten von 30...100 ns. Ein Anwendungsgebiet sind batteriegepufferte Speicher.

Abb. 10.28 zeigt als Beispiel eine statische 6-Transistor-Zelle in CMOS-Technologie. Sie ist aus vier n-Kanal- und zwei p-Kanal-Transistoren aufgebaut. Eine bistabile Kippstufe (Flipflop) besteht aus zwei in Reihe geschalteten Invertern. Der Ausgang des zweiten Inverters ist dabei mit dem Eingang des ersten Inverters verbunden. Die beiden n-Kanal-Transistoren T_3 und T_5 bilden zusammen mit den p-Kanal-Transistoren T_2 und T_4 eine bistabile Kippstufe. Die beiden Flipflop-Zustände stellen „0“ und „1“ dar.

Erst einmal wird nur der stabile Zustand des Flipflops ohne die Bitleitungen, die Wortleitung und die beiden Steuertransistoren T_1 und T_6 betrachtet. Ist z. B. T_3 durchgeschaltet, so liegt der linke Schaltungsausgang Q auf Masse (Low). T_2 ist gesperrt und bildet den Lastwiderstand für T_3. Die Basis von T_5 ist auf Masse gelegt, T_5 sperrt daher, er bildet

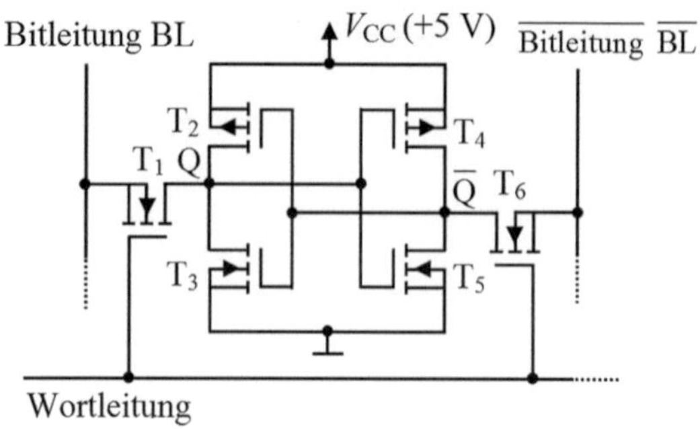

Abb. 10.28 Statische CMOS-Speicherzelle

den Lastwiderstand für T_4, der leitet. Der rechte Schaltungsausgang $\overline{Q}$ liegt also auf $+V_{CC}$ (High) und sorgt damit wiederum für die Ansteuerung von T_3. Die beiden Transistoren T_3 und T_5 steuern sich gegenseitig. Im anderen Flipflop-Zustand liegen genau entgegengesetzte Zustände vor.

Die Zelle ist so aufgebaut, dass im statischen Fall keine Leistung verbraucht wird, da kein Strom von V_{CC} nach Masse fließt. Diese 6-Transistor-Zelle kann eine einmal eingeschriebene Information beliebig lange halten. Ein weiterer Vorteil dieser Zelle ist, dass keine aufwendigen Leseschaltungen erforderlich sind.

Nun wird zusätzlich die Funktion der beiden Steuertransistoren T_1 und T_6, der Wortleitung und der Bitleitungen (Datenleitungen) betrachtet. Die Wortleitung schaltet über zwei weitere Transistoren T_1 und T_6 die Ein-/Ausgänge auf die Bitleitungen BL und $\overline{BL}$ durch. Über diese erfolgt das Schreiben und Lesen von Daten.

Schreibvorgang

Wie oben angenommen, sei zunächst T_3 leitend, Q ist Low. Nun soll über T_1 eine logische „1" in das Flipflop geschrieben werden. Die Zelle wird über die Wortleitung selektiert und T_1 durchgeschaltet. Ein genügend starkes High-Potenzial über die Bitleitung an Q geführt sorgt dafür, dass T_5 etwas Ansteuerung erhält. Dadurch wird T_5 etwas leitend, Q wird etwas zu niedrigerem Potenzial (Masse) hin verändert, die Ansteuerung von T_3 wird schlechter. Dadurch wird T_3 weniger leitend, das Potenzial von Q steigt an und wirkt auf T_5 zurück. Der Vorgang verstärkt sich von selbst, der Zustand von Q kippt von Low auf High.

Lesevorgang

Über die Ausgänge Q und $\overline{Q}$ kann der Zustand nichtinvertiert oder invertiert ausgelesen werden. Dafür wird die Zelle wieder über die Wortleitung selektiert und die Steuertransistoren T_1 und T_6 durchgeschaltet. Die Bitleitungen sind (dies wurde oben zur Vereinfachung nicht erwähnt) bidirektional ausgeführt, sie werden durch ein Signal zur Schreib-/Leseumschaltung als Ausgang geschaltet, damit der Zustand gelesen werden kann.

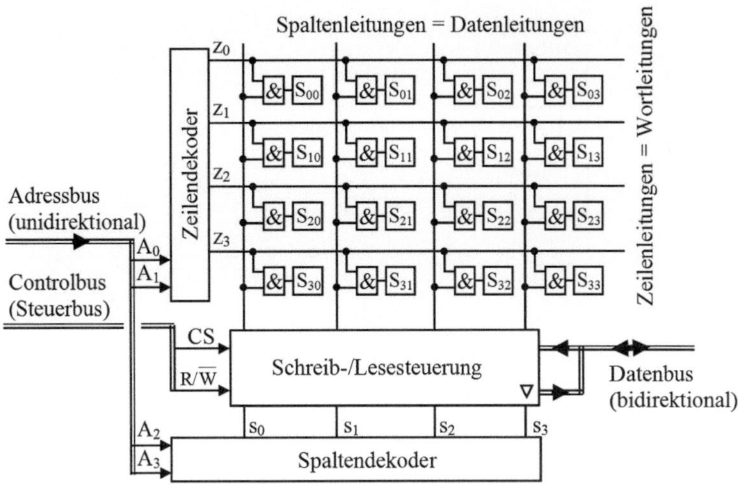

Abb. 10.29 Beispiel für die Organisation eines SRAMs (Speicherkapazität = 16 Bit)

10.5.1.2 Die SRAM-Speichermatrix

SRAMs bestehen aus einer großen Anzahl von Einzelzellen, die in einer Matrix angeordnet sind, um die Zahl der nötigen Anschlussleitungen in Grenzen zu halten. Je nach Organisation des Speichers können die Zellen einzeln (bitweise) adressiert werden, oder die Selektion erfolgt wortweise als ganze Zeilen (Einheiten) von z. B. 8 Bit Länge (byteweise Adressierung). Bei bitweiser Organisation benötigt man für jede Datenleitung einen Speicherbaustein, die alle parallel an die Steuersignale (Adressbus, CS, OE, R/W) angeschlossen sind. Bei byteweiser Organisation wird jede Spaltenleitung mehrfach ausgeführt, so dass alle Datenleitungen von einem Baustein versorgt werden können.

Die Adressierung kann über Dekoder geschehen, mit denen eine gezielte Auswahl jeder einzelnen Zelle möglich ist. Mit n Adressleitungen sind 2^n Speicherplätze adressierbar. Die Adresse wird je zur Hälfte an den Zeilen- und Spaltendekoder angelegt. Durch diese 1-aus-n-Dekoder wird genau eine Zeilenleitung z und eine Spaltenleitung s aktiviert.

Der innere Aufbau eines RAMs mit einer Speicherkapazität von 16 Bit sieht im Prinzip aus wie in Abb. 10.29 dargestellt, wobei die Speicherzellen S_{zs} durch das in Abb. 10.30 gezeigte Ersatzschaltbild realisiert sein können.

Die Adressierung der Speicherzelle erfolgt, indem die Adressenleitungen $A_{0...3}$ dekodiert werden. Durch eine Wortleitung (Zeilenleitung z_i) und eine Bitleitung (Spaltenleitung s_i) wird eine Zelle selektiert und deren Flipflop ausgelesen. Ein Einschreiben in die Zelle erfordert zusätzlich eine aktivierte we-Leitung (we = write enable = High). Der Datenausgang ist als Open-Collector ausgeführt.

Eine Schreib-/Lesesteuerung der SRAM-Matrix sorgt für die korrekte Ansteuerung der Zellen und die Übergabe zum und vom Datenbus. Das Ersatzschaltbild und die Funktionsweise dieser Steuerung zeigt Abb. 10.31.

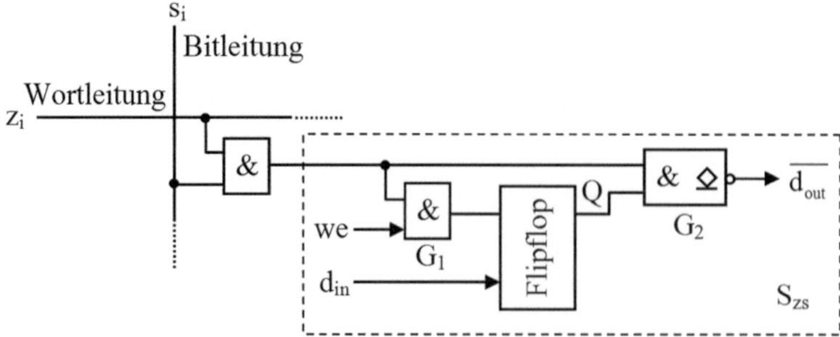

Abb. 10.30 Ersatzschaltbild einer SRAM-Zelle

Wie in Abb. 10.29 und Abb. 10.31 zu sehen ist, besitzt ein RAM außer Adresseingängen einen Dateneingang D_{in}, einen Datenausgang D_{out}, eine Schreib-Leseumschaltung $R/\overline{W}$ und einen Chip-Select-Anschluss CS (oft als Chip-Enable-Anschluss CE bezeichnet). Durch die Auswahl mit dem CS-Anschluss wird ein Multiplexbetrieb mehrerer Speicher ermöglicht, die an einem gemeinsamen Datenbus angeschlossen sind.

Ist $CS = 0$, so wird der Datenausgang D_{out} in einen hochohmigen Zustand versetzt und beeinflusst deshalb die Datenleitung nicht. Um diese Umschaltung zu ermöglichen, ist der Datenausgang grundsätzlich als Open-Collector-Gatter oder Tristate-Gatter ausgeführt. Bei einem Schreibvorgang ($R/\overline{W} = 0$) wird das Ausgangsgatter durch eine zusätzliche logische Verknüpfung ($EN = 0$) ebenfalls in den hochohmigen Zustand versetzt. Dadurch kann D_{in} mit D_{out} verbunden und somit die Datenübertragung in beiden Richtungen über ein und dieselbe Leitung vorgenommen werden (bidirektionaler Datenbus). Durch eine weitere logische Verknüpfung wird eine Umschaltung in den Schreibzustand ($we = 1$) verhindert, wenn $CS = 0$ ist. Dadurch wird ein versehentliches Schreiben vermieden, solange der betreffende Speicher nicht ausgewählt ist.

Die Leitungen we (write enable), d_{in} und $\overline{d_{out}}$ sind interne Busleitungen, an die alle Speicherzellen parallel angeschlossen sind. In die Speicherzelle sollen nur Daten einge-

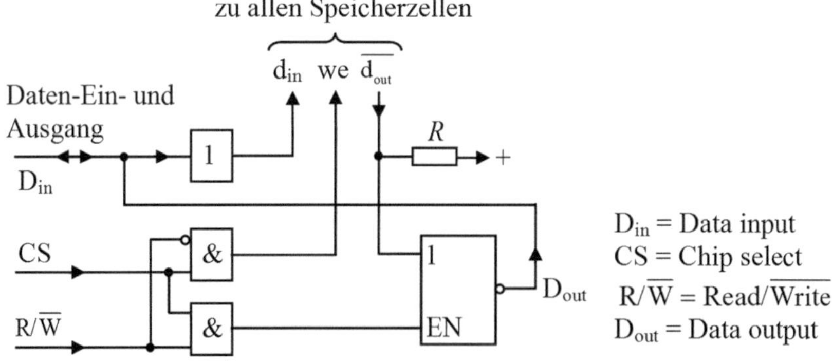

Abb. 10.31 Steuerung der SRAM-Matrix

schrieben werden, wenn die Adressenbedingung $z_i = s_j = 1$ erfüllt ist und außerdem we = 1 ist. Diese Verknüpfung bildet das Gatter G_1 in Abb. 10.30. Der Inhalt der Speicherzelle soll nur dann an den Ausgang gelangen, wenn die Adressenbedingung erfüllt ist. Diese Verknüpfung bildet das Gatter G_2 in Abb. 10.30. Es besitzt einen Open-Collector-Ausgang. Wenn die Zelle nicht adressiert ist, sperrt der Ausgangstransistor. Die Ausgänge aller Zellen sind über eine interne Wired-AND-Verknüpfung miteinander verbunden und über ein Tristate-Gatter am Speicherausgang D_{out} angeschlossen.

Zusammenfassend werden noch einmal Lese- und Schreibvorgang beschrieben.

Lesevorgang
Bei einem Lesevorgang muss eine Adresse an den Baustein angelegt und das Signal CS aktiviert werden (CS = 1). Der $R/\overline{W}$-Eingang muss auf „1“ gelegt werden. Der Zeilendekoder schaltet alle Speicher-Flipflops der ausgewählten Zeile an die Datenleitungen. Durch den Spaltendecoder wird in der ausgewählten Spalte ein Tristate-Buffer aktiviert und der Zustand des Speicher-Flipflops wird auf den Datenbus geschaltet.

Schreibvorgang
Bei einem Schreibvorgang muss ebenfalls eine Adresse angelegt und das Signal CS aktiviert werden (CS = 1). Der $R/\overline{W}$-Eingang wird in diesem Fall auf „0“ gelegt. Der Zeilendekoder schaltet wieder alle Speicher-Flipflops der ausgewählten Zeile an die Datenleitungen. Durch den Spaltendekoder wird in der ausgewählten Spalte ein Tristate-Buffer aktiviert, der den Zustand des Datenbusses direkt und invertiert auf die Datenleitungen der Spalte legt. Dadurch nimmt das an den Datenleitungen liegende Speicher-Flipflop diesen Zustand an und behält ihn bei, wenn der Buffer wieder deaktiviert wird.

Das Zeitverhalten bei einem Schreib- und Lesevorgang entspricht den Timing-Diagrammen in Abschn. 10.2.6.2, erweitert um die Ansteuerung von Chip-Select (CS = High) während der Gültigkeit der Adresse.

10.5.1.3 Spezielle Typen statischer RAM

ZEROPOWER-RAM oder NVRAM (non-volatile RAM) sind statische RAMs, die zusammen mit einer Pufferbatterie in einem Gehäuse untergebracht sind. Sie werden wie statische RAMs verwendet, die gespeicherten Daten bleiben jedoch bei Ausfall der Versorgungsspannung erhalten, da automatisch auf die interne Batterieversorgung umgeschaltet wird.

Dual-Port-RAM (DPRAM) werden eingesetzt, wenn zwischen zwei Prozessoren sehr große Datenmengen transferiert werden müssen (z. B. bei Parallelrechnern). Beide Prozessoren teilen sich dann ein DPRAM, bei dem von zwei Seiten gleichzeitige Lese- und/oder Schreibzugriffe möglich sind. DPRAMs besitzen getrennte Adress- und Daten-Bussysteme sowie eine Zuweisungsentscheidungslogik (Arbitrationslogik), die im Fall gleichzeitiger Schreib- und Leseoperationen auf ein und dieselbe Speicherstelle entsprechende Maßnahmen zur Kollisionslösung trifft. Durch den gleichzeitigen Zugriff können zwei ansonsten getrennte Systeme mit gemeinsamen Daten arbeiten, ohne sich gegenseitig in der Zugriffsgeschwindigkeit einzuschränken. Bei herkömmlichen Speichern kann System B nur dann auf den Speicher zugreifen, wenn System A seinen Zugriff abgeschlossen hat. Beide Systeme können also nur mit eingeschränkter Geschwindigkeit arbeiten. Wegen dem komplexen Aufbau von Dual-Port-RAMs sind diese nur mit kleinen Speichergrößen erhältlich und deutlich teurer als herkömmliche RAMs.

10.5.2 Dynamisches RAM (DRAM)

Da MOSFETs einen hohen Eingangswiderstand aufweisen, können mit ihnen Schaltungen aufgebaut werden, bei denen eine Information in Form von gespeicherter elektrischer Ladung dargestellt wird, ohne dass eine Rückkopplung wie bei SRAMs erforderlich ist. Solche Speicher werden als dynamische Speicher oder DRAMs (Dynamic Random Access Memory) bezeichnet. In DRAMs wird die Information als Ladung auf einer Kapazität gespeichert, die über einen Transistor angesprochen wird. Ist der Kondensator ungeladen, entspricht dies der logischen „0", ein geladener Kondensator entspricht der logischen „1". Aufgrund von Leckströmen des Speicherkondensators wird die gespeicherte Ladung mit der Zeit abgebaut. Um einem Informationsverlust vorzubeugen, muss die Ladung regeneriert werden, bevor sie die Schaltschwelle der zugehörigen Ausleselogik unterschreitet. Dazu wird in bestimmten Zyklen die Ladung ausgelesen und wieder neu eingeschrieben.

Die Notwendigkeit der Auffrischung der Zellinformation und der geringe Spannungshub beim Auslesen der gespeicherten Ladung sind prinzipielle Nachteile der DRAMs. Außerdem ist die Auslesegeschwindigkeit deutlich geringer als bei SRAMs. Dynamische Speicherzellen zeichnen sich jedoch durch einen einfachen Aufbau und einen geringen Platzbedarf aus.

10.5.2.1 Die Ein-Transistor-DRAM-Zelle

Im Laufe der Entwicklung wurde der dynamische Speicher bis auf eine Ein-Transistor-Zelle mit einer Kapazität reduziert, so dass mit DRAMs die höchste Integrationsdichte erreicht werden kann. Die Flächenminimierung geht allerdings auf Kosten eines größeren Aufwands für Ansteuerung und Auslesen der Zellen.

Die Ein-Transistor-Zelle kommt heute in nahezu allen dynamischen Speichern zum Einsatz. Abb. 10.32 zeigt als Beispiel den Querschnitt durch eine Ein-Transistor-Zelle in Silicon-Gate-PMOS-Technologie. Um zwei überlappende Gateelektroden realisieren zu

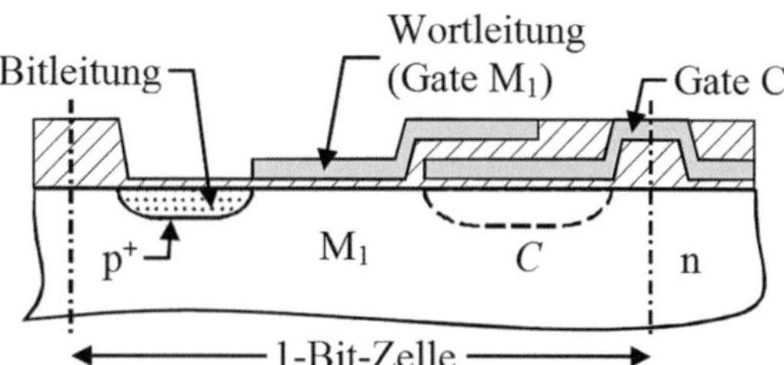

Abb. 10.32 Querschnitt durch eine Ein-Transistor-Zelle in Silicon-Gate-PMOS-Technologie

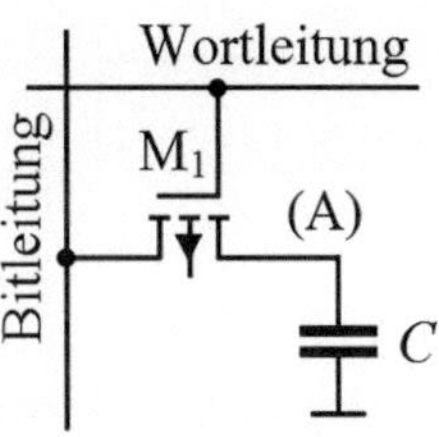

Abb. 10.33 Ein-Transistor-DRAM-Zelle

können, wird ein Prozess mit zwei Poly-Si-Ebenen verwendet. Die Informationsspeicherung findet im MOS-Varaktor C (MOS-Kapazität) statt, der in diesem Beispiel neben dem Transfertransistor M_1 (MOSFET-Schalter) integriert ist. Die Gateelektrode von C ist an eine konstante negative Spannung angeschlossen.

Die Funktionsweise der Ein-Transistor-Zelle wird anhand von Abb. 10.33 erläutert. Der Transistor M_1 wird über die kombinierte Lese-/Schreib-Auswahlleitung (Wortleitung) angesteuert. Zum Einschreiben einer Information in den Speicherknoten (A) muss die Datenleitung (Bitleitung) niederohmig auf das entsprechende Potenzial (entweder logische „0“ oder „1“) geschaltet werden. Die Wortleitung wird dann auf die Betriebsspannung gelegt, und die Speicherkapazität C lädt sich über M_1 auf den Spannungswert der Bitleitung um.

Da die Speicherkapazität mit ca. 0,1 pF (10^5 Elektronen) viel kleiner als die Gesamtkapazität der Bitleitung ist, erfolgt ein Vorladen und eine Auswertung nach dem Differenzprinzip.

Ein-Transistor-Zellen können nur unter Verlust der gespeicherten Information ausgelesen werden. Die auf ein bestimmtes Potenzial vorgeladene Bitleitung ist mit dem hochohmigen Eingang eines Leseverstärkers verbunden. Die Wortleitung wird auf negatives Potenzial gelegt, so dass die Speicherkapazität C mit der Bitleitung verbunden ist. Die gespeicherte Ladung Q_{ges} teilt sich dann auf in einen Anteil Q, der auf C verbleibt und einen Anteil Q_{a}, der ausgelesen wird. Fasst man die Gesamtkapazität der Bitleitung und des nachfolgenden Leseverstärkers, die parallel zueinander liegen, unter C_{a} zusammen, so erhält man für die Ladungsverteilung:

$$Q_{\mathrm{ges}} = (C + C_{\mathrm{a}}) \cdot U_{\mathrm{a}} = Q + Q_{\mathrm{a}} \tag{10.5}$$

Aufgrund der in der Regel sehr langen Bitleitung ist C_{a} viel größer als C, so dass annähernd eine vollständige Entladung der Zelle ($Q_{\mathrm{a}} \approx Q_{\mathrm{ges}}$) stattfindet. Andererseits ist die ausgelesene Spannung U_{a} in diesem Fall sehr gering, deshalb ist ein Leseverstärker erforderlich.

10.5.2.2 Architektur und interne Steuerung

Mehrere Funktionsgruppen sind für die Speicherung der Daten, das Auslesen der Informationen und die interne Verwaltung des DRAMs erforderlich. Abb. 10.34 zeigt das Blockdiagramm, Abb. 10.35 den detaillierten Aufbau eines DRAMs.

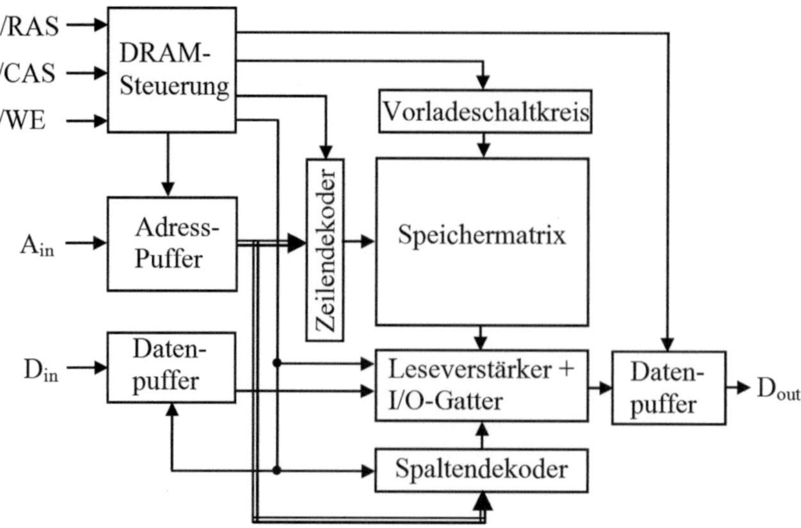

Abb. 10.34 Blockdiagramm eines DRAMs

Zentraler Bestandteil ist das Speicherzellenfeld (DRAM-Speichermatrix) aus mehreren Speicherzellen. Der Adresspuffer nimmt die Speicheradresse entgegen, die von einer externen Speichersteuerung (DRAM-Controller) entsprechend der Adresse vom Mikroprozessor ausgegeben wird. Die Adresse wird in zwei Bestandteile aufgeteilt, nämlich in eine Zeilen- und in eine Spaltenadresse, die zeitlich nacheinander (gemultiplext) in den Adresspuffer eingelesen werden. Das zeitliche Multiplexing wird durchgeführt, um Leitungen einzusparen. Um z. B. eine Zelle in einem 4-MBit-Chip mit 2048 Zeilen und 2048 Spalten zu adressieren, benötigt man insgesamt 22 Adressbits (elf für die Zeilen und elf für die Spalten). Würden alle Adressbits auf einmal übergeben, so wären auch insgesamt 22 Adresspins notwendig. Durch das Multiplexing sind jedoch nur 11 Adresspins erforderlich.

Im Allgemeinen liest der Adresspuffer zuerst die Zeilenadresse und dann die Spaltenadresse. Dieses Adressmultiplexing wird von den Steuersignalen /RAS und /CAS gesteuert. Übergibt die externe Speichersteuerung die Zeilenadresse, so aktiviert sie das Signal /RAS (= *Row Adress Strobe*). Damit zeigt sie dem DRAM-Chip an, dass die zugeführte Adresse eine Zeilenadresse ist. Die DRAM-Steuerung aktiviert den Adresspuffer, um die Adresse einzulesen, und gibt sie an einen Zeilendekoder weiter, der die Adresse dekodiert. Führt die externe Speichersteuerung dem Adresspuffer zu einem späteren Zeitpunkt die Spaltenadresse zu, so aktiviert sie das Signal /CAS (= *Column Adress Strobe*). Sowohl die Dauer der /RAS- und /CAS-Signale, als auch deren zeitlicher Abstand, die so genannte RAS-CAS-Verzögerung, müssen die im Datenblatt des DRAM-Chips festgelegten Anforderungen erfüllen. Die adressierte Speicherzelle gibt die gespeicherten Daten aus, sie werden von einem Leseverstärker verstärkt und über ein I/O-Gatter einem Da-

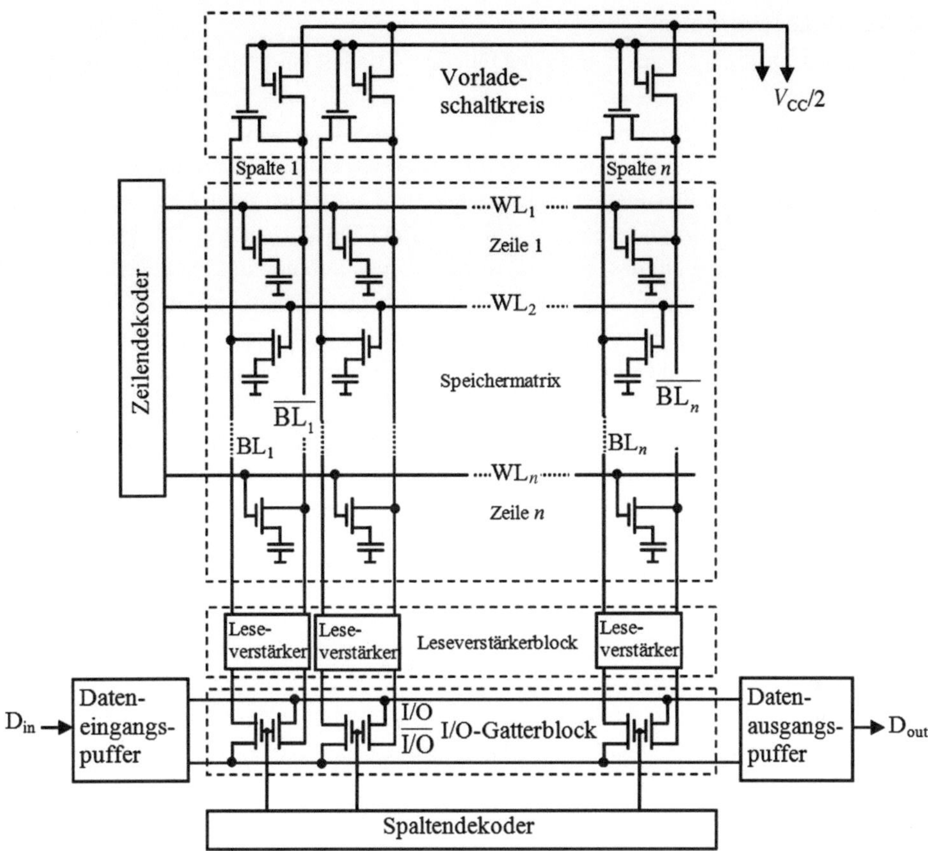

Abb. 10.35 Detaillierter Aufbau eines DRAMs

tenausgangspuffer zugeführt. Dieser Puffer legt die Information schließlich als Lesedaten D_{out} an den Datenpin des Speichers.

Sollen Daten geschrieben werden, so aktiviert die externe Speichersteuerung das Signal /WE (Write Enable) und führt dem Dateneingangspuffer die zu schreibenden Daten an dem Anschluss D_{in} zu. Über das I/O-Gatter und einen Leseverstärker wird die Information an die adressierte Speicherzelle weitergegeben und dort gespeichert. Der Vorladeschaltkreis dient zur Unterstützung der Leseverstärker und wird später erläutert.

Die externe Speichersteuerung erledigt also drei verschiedene Aufgaben:

- Die Trennung der Adresse von der CPU in eine Zeilen- und eine Spaltenadresse, die nacheinander dem Speicher zugeführt werden.
- Die korrekte Aktivierung der Signale /RAS, /CAS und /WE.
- Die Übergabe bzw. Übernahme der Schreib- und Lesedaten.

10.5.2.3 Lesevorgang

Vor einem Zugriff der Speichersteuerung lädt der Vorladeschaltkreis alle Bitleitungspaare auf den halben Versorgungspegel $V_{CC}/2$ (Ausgleichs- und Vorladevorgang). Die dafür benötigte Zeit wird als RAS-Vorladezeit (Erholzeit) bezeichnet. Ist dieser Vorgang beendet, so wird der Vorladeschaltkreis deaktiviert. Erst danach kann der Chip einen Zugriff auf eine seiner Speicherzellen ausführen. Einen DRAM-Lesezyklus zeigt Abb. 10.36.

Wenn die externe Speichersteuerung eine Zelle im Chip adressiert, so führt sie zunächst das Zeilenadresssignal zu, das vom Adresspuffer angenommen und dem Zeilendekoder übergeben wird. Zu diesem Zeitpunkt besitzen die beiden Bitleitungen eines Paares dasselbe Potenzial $V_{CC}/2$. Der Zeilendekoder dekodiert das Zeilenadresssignal und aktiviert die Wortleitung entsprechend der dekodierten Zeilenadresse. Jetzt schalten alle mit ihr verbundenen Auswahltransistoren durch und die Ladungen aller Speicherkondensatoren der adressierten Zeile fließen auf die entsprechenden Bitleitungen. Bei einem 4-MBit-Chip wären dies 2048 Transistoren die durchschalten. Die Ladung dieser Kondensatoren fließen zu den 2048 Bitleitungspaaren. War der Speicherkondensator leer, so sinkt das Potenzial etwas ab, war er mit Ladung gefüllt, so steigt das Potenzial etwas an.

Die 2048 Leseverstärker verstärken jeweils die Potenzialdifferenz der beiden Bitleitungspaare und führen es zu einem I/O-Gatterblock. Dieser besteht aus Gatterschaltkreisen zu je zwei Gattertransistoren, die vom Spaltendekoder angesteuert werden. Der Spaltendekoder dekodiert das nach dem Zeilenadresssignal angelegte Spaltenadresssignal und aktiviert genau ein Gatter, d. h., es werden die Daten von nur einem Leseverstärker auf das I/O-Leitungspaar I/O, $\overline{\text{I/O}}$ übertragen und an den Datenausgangspuffer weitergeleitet.

Der Datenausgangspuffer verstärkt das Datensignal nochmals und legt es als Ausgabedatum an D_{out}. Da die Auswahltransistoren durch die aktivierte Wortleitung weiter durchgeschaltet sind, werden die ausgelesenen Daten wieder in die Speicherzelle zurück geschrieben. Das Auslesen bewirkt also gleichzeitig eine Auffrischung der ganzen Zeile. Die Zeitspanne zwischen dem Anlegen der Zeilenadresse und der Ausgabe der Daten D_{out} über den Adresspuffer wird als *Zugriffszeit* bezeichnet. Nachdem die Datenausgabe abgeschlossen ist, werden der Zeilen- und Spaltendekoder sowie die Leseverstärker wieder deaktiviert und die Gatter im I/O-Gatterblock gesperrt.

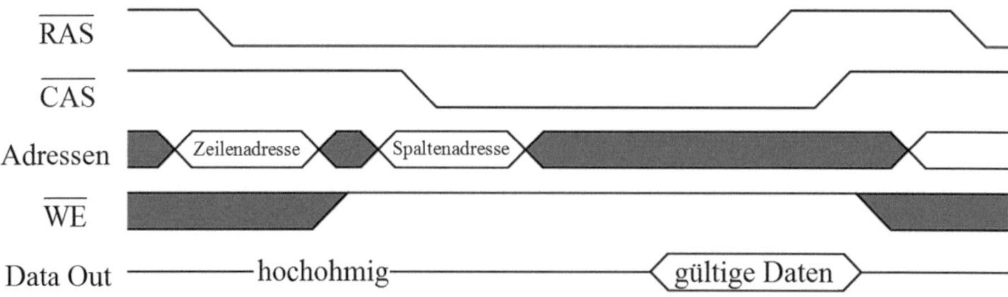

Abb. 10.36 Einfacher DRAM-Lesezyklus

Die Summe aus der RAS-Vorladezeit und der Zugriffszeit ist die Zykluszeit t_{zyklus}. Im Allgemeinen beträgt die RAS-Vorladezeit ca. 80 % der Zugriffszeit, so dass die Zykluszeit ungefähr das 1,8-fache der Zugriffszeit beträgt. Ein DRAM mit 100 ns Zugriffszeit besitzt also eine Zykluszeit von 180 ns. Erst nach Ablauf dieser 180 ns kann ein neuer Zugriff auf den Speicher erfolgen.

10.5.2.4 Schreibvorgang

Das Schreiben von Daten läuft fast genauso ab wie das Lesen von Daten. Die externe Speichersteuerung übergibt mit dem aktiven /RAS-Signal zunächst das Zeilenadresssignal (Abb. 10.37). Gleichzeitig aktiviert sie das Steuersignal /WE um dem DRAM mitzuteilen, dass ein Schreibvorgang ausgeführt werden soll. Die zu schreibenden Daten D_{in} werden dem Dateneingangspuffer zugeführt, dort verstärkt und an das I/O-Leitungspaar übergeben.

Der Zeilendekoder dekodiert das Zeilenadresssignal und aktiviert eine entsprechende Wortleitung. Wie beim Lesen von Daten werden die Auswahltransistoren durchgeschaltet und übertragen die gespeicherte Ladung auf die Bitleitungspaare BL und /BL. Anschließend aktiviert die externe Speichersteuerung das Signal /CAS und übergibt die Spaltenadresse über den Adresspuffer an den Spaltendekoder. Dieser dekodiert die Adresse und schaltet ein Transfergatter durch, über das die Daten vom I/O-Leitungspaar zum entsprechenden Leseverstärker übertragen werden. Dieser verstärkt das Datensignal und hebt die Potenziale der Bitleitungen des betreffenden Paares in Abhängigkeit vom Wert „1“ oder „0“ der zu schreibenden Daten an bzw. senkt sie ab. Da das Signal vom Dateneingangspuffer stärker ist als das in der betreffenden Zelle gespeicherte Signal, gewinnt die Verstärkung der zu schreibenden Daten die Oberhand. Das Potenzial auf dem Bitleitungspaar der ausgewählten Speicherzelle spiegelt den Wert der Schreibdaten wieder.

Wichtige Zeitparameter sind:

- RAS-Vorladezeit (RAS Precharge Time, t_{PR}): Zeit für Vorladen und Ausgleichen, erst danach kann der Chip den nächsten Zugriff auf Speicherzellen ausführen.

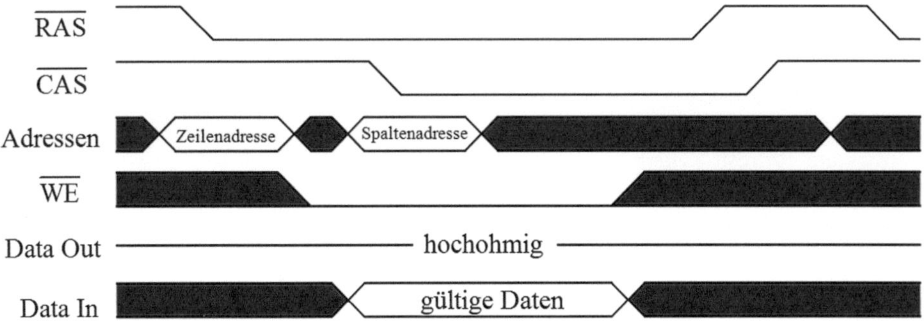

Abb. 10.37 Einfacher DRAM-Schreibzyklus

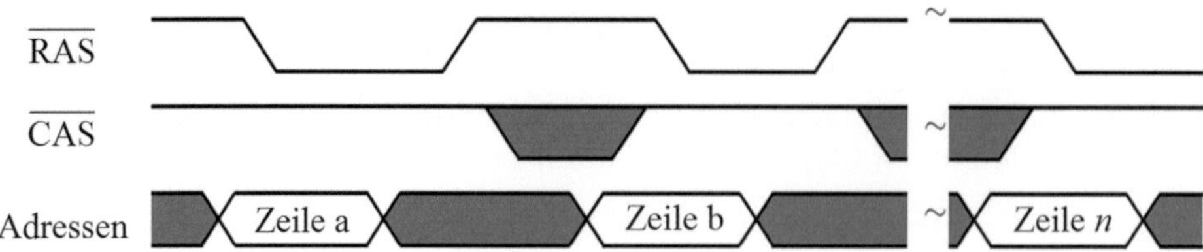

Abb. 10.38 Standard oder RAS-only-Refresh

- RAS-Zugriffszeit (RAS access time, t_{RAC}): Zeitspanne zwischen Anlegen der Zeilenadresse und Ausgabe der Daten beim Lesen
- CAS-Zugriffszeit (CAS access time, t_{CAC}): Zeitspanne zwischen Anlegen der Spaltenadresse und der Ausgabe der Daten beim Lesen (wesentlich kürzer als t_{RAS}).
- Zykluszeit = RAS-Zugriffszeit + RAS-Vorladezeit: Zeit, bis der Speicher für den nächsten Zugriff wieder bereit ist (ca. 70 % für t_{PR}).
- RAS-CAS-Verzögerung (RAS-CAS-Delay, t_{RCD}): Zeitlicher Abstand zwischen RAS- und CAS-Signalen.

10.5.2.5 Refresh-Arten

Die Daten werden beim DRAM in Form elektrischer Ladung in einem winzigen Kondensator gespeichert. Dieser entlädt sich jedoch mit der Zeit über den Auswahltransistor oder über sein Dielektrikum, wodurch die gespeicherte Ladung und damit die Daten verloren gehen. Der Kondensator muss also in periodischen Abständen nachgeladen werden. Normale DRAMs müssen je nach Typ alle 1 bis 16 ms aufgefrischt werden.

Moderne DRAM-Chips verfügen über mehrere interne Refresh-Modi und meist über eine interne Refresh-Logik. Man unterscheidet mehrere Refresh-Arten.

- RAS-only-Refresh (Abb. 10.38)
  Dies ist die am weitesten verbreitete Art des Refresh, die alle DRAM-Typen beherrschen. Es wird ein Blindlesezyklus durchgeführt. Nur das RAS-Signal wird aktiviert (Refresh-Zeile), CAS bleibt inaktiv. Die Zeile wird gelesen und verstärkt, aber wegen fehlendem CAS-Signal nicht zum Datenausgangspuffer übertragen. Es ist eine externe Logik notwendig, die alle Zeilen nach und nach selektiert (veraltete Technik).
- CAS-before-RAS-Refresh (Concurrent Refresh) (Abb. 10.39)
  Die Refresh-Adresse wird von einem internen Adresszähler hochgezählt. Es sind auch mehrere Refresh-Zyklen hintereinander möglich (bis ca. 200). Der Anstoß erfolgt durch den Memory Controller:
  - mit der Signalfolge CAS vor RAS
  - bei Lese- und Schreibzugriffen umgekehrt.

  Diese Refresh-Art spart DMA-Zyklen (Direct Memory Access) gegenüber dem RAS-only-Refresh.

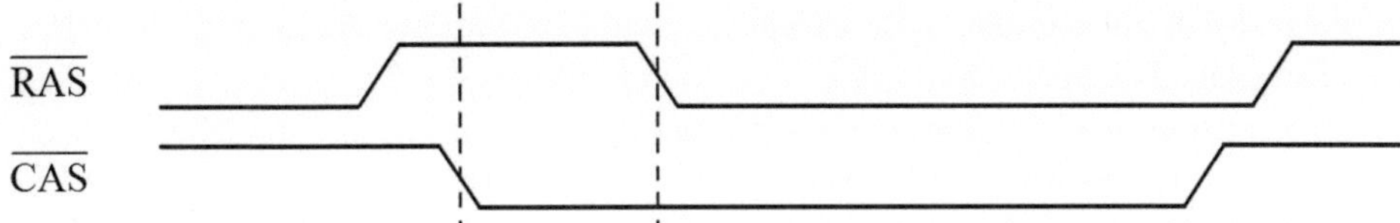

Abb. 10.39 Die Adressen werden beim CAS-before-RAS-Refresh intern vom DRAM erzeugt. Der Prozessor gibt nur noch den Anstoß zum Refresh (alle 15 oder 60 µs)

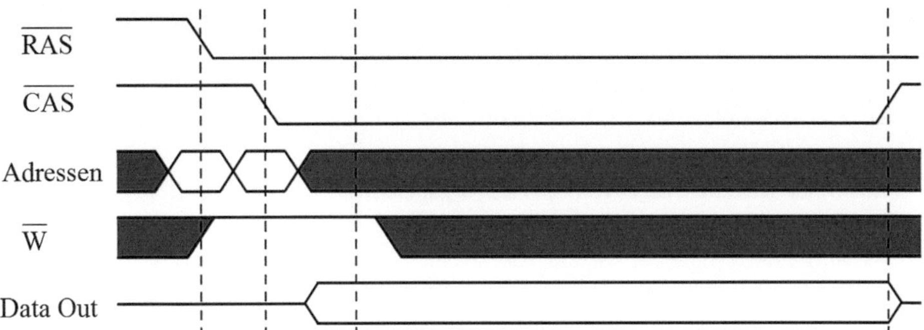

Abb. 10.40 Der Refresh schließt sich beim Hidden-Refresh direkt an einen Speicherzugriff an, wobei die Adressen intern erzeugt werden

- Hidden-Refresh (Abb. 10.40)
  Der Refresh wird direkt (versteckt hinter dem Lesezugriff) an den Lesezyklus angehängt. CAS wird aktiv, die Daten am Ausgang sind gültig. RAS wird kurz deaktiviert, das Vorladen beginnt. RAS wird wieder aktiviert, der CAS-before-RAS-Refresh beginnt. Diese Art von Refresh ist effektiver, da kein Refresh beginnt, während Daten ausgelesen werden. Es ist kein explizites Anstoßen von außen notwendig. Der DRAM-Chip hat einen internen Adresszähler.

10.5.2.6 Organisationsarten und Typen von DRAMs

Durch parallele Zugriffe und verschiedene Verfahren wird versucht, den Datendurchsatz in Computern zu beschleunigen. Hier werden einige Betriebsmodi und Organisationsformen dynamischer RAMs mit verkürzten Zugriffszeiten vorgestellt.

- Page-Mode
  Die Speicherzellen einer Zeile bilden eine so genannte Seite (page). Wenn mehrere Speicherzellen auf einer Seite ausgelesen oder beschrieben werden sollen, kann der Vorgang wesentlich beschleunigt werden, weil der DRAM-Controller die Zeilenadresse nur einmal anlegen muss, da bei aufeinander folgenden Adressen die Zeilenadresse identisch bleibt. Die Zeilenadresse muss also nicht neu eingelesen werden, wenn beim

Folgezugriff auf dieselbe Seite zugegriffen wird. Es wird nur die neue Spaltenadresse angelegt. Die Spaltenbuffer können so durch sukzessives Anlegen der gewünschten Spaltenadressen ausgelesen oder beschrieben werden (page mode). Somit bestimmt die (kürzere) Spaltenzugriffszeit die um bis zu 70 % kürzere Zykluszeit. Der Page-Mode wird vor allem beim Datenaustausch mit Cache-Speichern und externen Massenspeichern ausgenutzt.
Nach jedem CAS-Zugriff wird der Speicherinhalt zeitraubend wieder zurückgeschrieben. Dies führte zur Entwicklung des Fast-Page-Mode-DRAMs.

- Fast-Page-Mode
  Fast-Page-Mode-DRAMs (FPM-DRAM) schreiben die Daten erst bei einem Page-Wechsel (neue Zeilenadresse) zurück. Dadurch wurden bei einem Page-Hit, verglichen mit einem kompletten RAS/CAS-Zyklus, dreimal so schnelle Zugriffe möglich.
- Blocktransfer (Burst Mode)
  Ein *Burst* ist eine Folge von speziell organisierten Speicherzugriffen. Beim ersten Transfer wird die Speicherzelle adressiert, danach werden nur noch Daten übertragen. Es wird eine festgelegte Anzahl von Daten (ein ganzer Block) aus aufeinander folgenden Spaltenadressen gelesen oder geschrieben, wobei nur die Startadresse von der CPU bereit gestellt wird. Das Hochzählen der Speicheradressen wird vom Chipsatz des CPU-Boards oder von den Speicherbausteinen selbst übernommen.
- Interleave-Mode
  Das Ziel ist hier die Umgehung der RAS-Vorladezeit. Hierzu werden Speicherbereiche in Bänke aufgeteilt (z. B. alle geraden Adressen in Bank 0, alle ungerade Adressen in Bank 1). Bei sequenziellen Adresszugriffen wird zwischen den Bänken abgewechselt. Während die Zykluszeit für Bank 1 noch läuft, ist bereits ein Zugriff auf Bank 0 möglich.
- EDO-RAM
  Eine andere Art des beschleunigten Speicherzugriffs erreicht man mit EDO-RAMs (Extended Data Out). Sie werden gelegentlich auch Hyper Page Mode DRAM genannt. Bei ihnen ist eine zeitliche Überschneidung von aufeinander folgenden Speicherzugriffen möglich. Speicherbausteine dieser Art lassen nach der Adressierung die Daten länger am Ausgang des RAMs anstehen, die Daten werden noch zum Auslesen bereitgehalten, während bereits die nächste Adresse angelegt wird. Dadurch kann der Rechner während er ein Datum liest, in übergreifender Weise bereits das nächste adressieren. Vorteile entstehen zunächst nur beim Lesen, Lesevorgänge können damit bis zu 20 % schneller erfolgen (Zeitgewinn bei Bursts).
- Burst-EDO-RAM
  Burst-EDO bezeichnet die nächste Generation (nach dem EDO-RAM) von Speicherchips. Hier ist auch der Schreibzugang beschleunigt. Das überlappende Adressieren kann beim Schreiben entfallen, wenn man fortlaufende Speicheradressen zur Verfügung hat. Beim Lesen nicht-fortlaufender Speicheradressen wird überlappend adressiert.

- SDRAM
  Bei synchronen DRAMs (SDRAMs) beziehen sich alle Steuersignale auf ein mit dem CPU-Takt synchrones Taktsignal (Taktraten 100...150 MHz, Zugriffszeiten 7...15 ns). Vom Chipsatz wird ein 5-Bit Steuersignal zum Speicherbaustein gegeben. Sind z. B. die ersten vier Bit dieser Steuerinformation auf Masse gelegt, so interpretiert das SDRAM die anliegende Adresse als Steuer-Code, der in einem internen 12-Bit Mode-Register gespeichert wird. Dieser Code legt die Länge und die Reihenfolge von Burst-Zyklen sowie die CAS-Latency (1 bis 3 Takte) fest. Bursts können abgebrochen, verlängert oder sogar eingefroren und später fortgesetzt werden. SDRAMs können aus mehreren Speicherbänken bestehen, die miteinander verschachtelt angesprochen werden.
- DDR-SDRAM
  DDR-Speicher (Double Data Rate SDRAMs) sind SDRAMs, die nicht nur von einer Flanke des Taktes angesteuert werden, sondern auch die Rückflanke als Takt nutzen. Infolge der ständig steigenden Integrationsdichte auf den Siliziumchips können die Taktraten für Speicher erhöht werden. Um nicht komplett neue Computerstrukturen notwendig zu machen, werden hier beide Flanken des Taktes genutzt und damit die Arbeitsgeschwindigkeit der Speicher verdoppelt. Im Gegensatz zum Rambus handelt es sich um eine offene Struktur, die bei IEEE genormt ist.
- RDRAM
  Die interne Speicherstruktur der RDRAMs (Rambus DRAM der Fa. Rambus) ist identisch zu den SRAMs, die Unterschiede liegen in der Ansteuerung und der Befehlsstruktur. Es liegt ein sehr schnelles, komplexes 16-Bit Interface (RDRAM Kanal bzw. Channel) vor. Mit einem Takt von 800 MHz werden bei steigender und bei fallender Taktflanke sowohl Daten als auch Adressen übertragen. Eine Übertragungsrate von 1,6 GByte/s ist möglich. Ein spezieller RDRAM Memory-Controller ist erforderlich. Die Kommunikation zwischen Controller und RDRAM-Bausteinen erfolgt in Paketen. Je RDRAM Memory-Controller sind zwei parallele RDRAM-Kanäle möglich, so dass sich eine 32-Bit Datenbreite ergibt.
- SLDRAM
  SLDRAMs (Synchronous Link DRAM) haben ebenfalls einen internen Datenbus von 16 Bit (plus zwei Prüfbit) und Ein- und Ausgabe-Pipelines. Der Bus kann aber bis zu 8 Speichermodule aufnehmen. Die Taktraten liegen bei 400, 600 oder 800 MHz. Wie SDRAM, DDR-SDRAM und Rambus spielt diese Speicherstruktur ihre hohe Geschwindigkeit erst aus, wenn Vektoren aufeinander folgender Daten gelesen oder geschrieben werden sollen.
- VRAM
  DRAMs werden auch als Grafikspeicher (Video-RAM) eingesetzt. Dabei handelt es sich um DRAMs mit zwei Ports. Der RAM-Port erlaubt einen beliebigen (random) Zugriff, während auf den SAM-Port nur seriell zugegriffen werden kann. Der serielle Port ist mit einem Datenregister (SAM, Serial Access Memory) verbunden. Zwischen

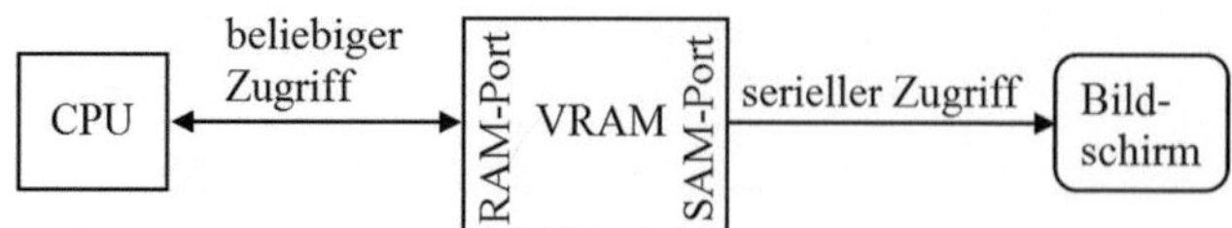

Abb. 10.41 Einsatz eines Video-RAM

der Speichermatrix und dem SAM befinden sich Transfergatter. Auf beide Ports kann unabhängig voneinander zugegriffen werden, so lange kein Datentransfer vom RAM in den SAM durchgeführt wird. Entsprechend Abb. 10.41 wirkt das VRAM gegenüber einem am RAM-Port angeschlossenen Prozessor wie ein herkömmliches DRAM. Der serielle Port erlaubt dagegen den sehr schnellen Datentransfer zu einem Bildschirm, der so in kurzen Abständen wieder aufgefrischt werden kann. Während der RAM-Port Lese- und Schreibzugriffe erlaubt, kann auf den SAM-Port in vielen Implementierungen nur lesend zugegriffen werden.

11 Anwendungsspezifische Integrierte Bausteine

11.1 Einsatz von ASICs

ASIC ist die Abkürzung für „**A**pplication **S**pecific **I**ntegrated **C**ircuit" (anwendungsspezifischer integrierter Schaltkreis). Mit ASIC wird eine integrierte Schaltung bezeichnet, die nur für eine ganz bestimmte Anwendung entwickelt und meist für einen einzigen Kunden/Anwender bzw. sein Produkt produziert wird (Custom-Chip).

Im Gegensatz zu ASICs werden Standard-ICs vollständig vom Halbleiterhersteller spezifiziert. ICs wie z. B. Logikgatter, Speicherbausteine oder Mikroprozessoren benötigen viele Produzenten elektronischer Geräte. Diese Bauteile haben einen weiten Einsatzbereich, sie werden in vielen unterschiedlichen Produkten eingesetzt und sind in entsprechend hohen Stückzahlen verkäuflich.

Bei den Kundenschaltungen wird die funktionelle Spezifikation ausschließlich vom Kunden selbst festgelegt. Der Hersteller ist lediglich für die Fertigung zuständig. Der Wunsch nach solchen Kundenschaltungen entsteht z. B., wenn sich bestimmte Leistungsmerkmale mit Standard-ICs nicht oder nur mit hohem Aufwand erzielen lassen. ASICs werden eingesetzt, wenn ein Optimum bezüglich Baugröße, Leistungsfähigkeit und geringer elektrischer Verlustleistung gefordert ist.

Vorteile von ASICs sind:

- Platzersparnis beim Elektronikaufbau
- Zuverlässige Funktion, da in einer Komponente integriert
- Kleine, optimierte Leistungsaufnahme
- Niedrige Kosten durch Einsparung von Bauteilen und Montageaufwand
- Exklusivität und Kopierschutz der Elektronikfunktion.

Gegenüber diesen Vorteilen sind jedoch folgende Punkte abzuwägen:

- Höhere Investitionskosten für Design und Fertigung
- Längere Projektzeiträume bis zur Serienreife

L. Stiny, *Aktive elektronische Bauelemente*, https://doi.org/10.1007/978-3-658-24752-2_11

- Kostenvorteile beim Bauteil erst bei hohen Stückzahlen
- Unflexibel gegenüber Weiterentwicklung bzw. aufwendiges Redesign
- Abhängigkeit von Dienstleistern und IC-Hersteller.

Im Allgemeinen enthalten ASICs keine Software. Die gesamte Funktionalität ist als speziell angepasste, aus einer Vielzahl einzelner Funktionsblöcke zusammengesetzte Hardware im IC vorhanden. Deshalb arbeiten anwendungsspezifische integrierte Schaltungen besonders schnell, mit ihnen sind unverzögerte Bearbeitungen bzw. parallele Berechnungen möglich.

Ein ASIC wird also nicht wie ein Mikrocontroller durch Software gesteuert, sondern bildet eine fest verdrahtete, hochkomplexe und miniaturisierte Schaltung mit bestimmter Funktionsweise.

Meistens handelt es sich bei einem ASIC um eine digitale Schaltung. Es besteht jedoch die Möglichkeit, bei ASICs analoge und digitale Komponenten auf einem Chip zu kombinieren (Mixed-Signal).

ASICs werden in einem großen Anwendungsbereich der Elektronik eingesetzt. Beispiele sind PCs, Fernseher, Radios, Chips für Telefone, Mobiltelefone, CD-Player. In solchen Endverbraucherprodukten ersetzen ASICs häufig Schaltungen, die bisher diskret auf Leiterplatten aufgebaut waren. Bei in Großserien gebauten Geräten dienen ASICs vor allem zur Kostensenkung.

11.2 Einteilung von ASICs

Je nach Art des ASICs kann sein Entwurf mit verschiedenen Vorgehensweisen vorgenommen werden. Somit kann eine Einteilung von ASICs bezüglich des Entwurfsstils erfolgen. Dies ist in Abb. 11.1 dargestellt.

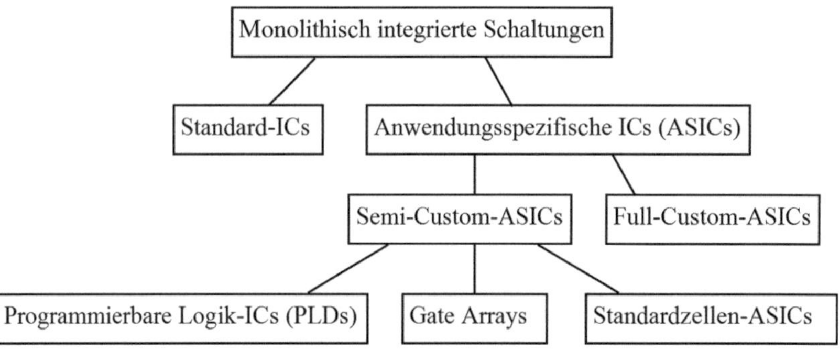

Abb. 11.1 Einteilung monolithisch integrierter Schaltungen, speziell von ASICs

11.2.1 Full-Custom-ASIC

Beim *Full-Custom-Entwurf* werden alle Elemente und Teilschaltungen des ASICs komplett nach den Spezifikationen des Anwenders entworfen, ohne auf standardmäßige Zellen oder Blöcke zurückzugreifen. Die Entwicklung solcher ICs erfolgt auf Transistor-Ebene, d. h. jeder einzelne Transistor wird seiner Aufgabe entsprechend konstruiert. Der Layout-Entwickler ist dabei nur an die Entwurfsregeln der Technologie gebunden. Auf diese Weise können die durch die Technologie zur Verfügung gestellten Möglichkeiten voll ausgeschöpft und bestimmte Leistungsdaten wie z. B. die Schaltgeschwindigkeit oder der Leistungsverbrauch gezielt verbessert werden. Außerdem lässt sich eine höhere Packungsdichte als bei anderen Entwurfsstilen erreichen. Im Full-Custom-Entwurf können sowohl analoge als auch digitale und Mixed-Signal-ASICs entworfen werden.

Der Full-Custom-Entwurf bietet die meisten Optimierungsmöglichkeiten und im Allgemeinen den geringsten Flächenverbrauch, erfordert aber einen erheblichen Zeitaufwand. Trotz aller modernen Design- und Simulationswerkzeuge stellt ein Full-Custom-Entwurf für den ASIC-Anwender ein größeres Risiko dar als andere Entwurfsstile, da nicht auf Funktionseinheiten mit genau definierten und garantierten Eigenschaften zurückgegriffen wird. Ein Full-Custom-Design setzt tief gehende Kenntnisse der verwendeten Technologie voraus, z. B. Kenntnisse über erlaubte Abstände, Breiten von Leiter- und Widerstandsbahnen, Transistor-Konfigurationen usw. Die Entwicklung ist deshalb meist Sache des Halbleiterherstellers, erfolgt aber in sehr enger Zusammenarbeit mit dem Auftraggeber. Der Entwurfsaufwand beträgt je nach Aufgabenstellung meist einige Mannjahre. Die Kosten sind entsprechend hoch, so dass dieser Weg zum Full-Custom-ASIC in der Regel Projekten mit sehr hohem Stückzahlbedarf vorbehalten bleibt. Diese Voraussetzungen sind häufig im Bereich Telekommunikation und Automobilelektronik gegeben.

Sind die Voraussetzungen für ein Full-Custom-ASIC nicht gegeben, so bietet sich der Einsatz von *Semi-Custom-ASICs* an. Die meisten ASICs entstehen im Semi-Custom-Entwurf. Diese Semi-Custom-Schaltungen gibt es entsprechend zwei grundsätzlich verschiedenen Entwurfsstilen als Standardzellen-Design und als Gate Arrays. Auch die programmierbaren Logikschaltungen (PLDs) werden hier, wie oft üblich, zu den ASICs gezählt, obwohl diese aus der Sicht des Herstellers Standard-ICs sind.

11.2.2 Standardzellen-ASIC

Für das Standardzellen-Design stellt der Halbleiterhersteller eine Makro-Bibliothek zur Verfügung. Beim Entwurf mit Standardzellen greift der ASIC-Entwickler auf diese Bibliothek mit standardisierten Funktionselementen (Zellen) zurück. Die in der Bibliothek enthaltenen Basismakros umfassen oft digitale Grundfunktionen wie Gatter, Flipflops oder Dekoder, die eine einheitliche Höhe haben und in sich flächenoptimiert sind. Sie werden auf dem Chip durch ein entsprechendes Layout-Programm ohne Lücken in Reihen angeordnet. In eine solche Struktur lassen sich auch Blöcke mit abweichenden Abmessungen einbinden, zum Beispiel RAMs, ROMs, Mikroprozessorkerne und auch analoge Bausteine, da in der Regel auch analoge Zellen existieren. Ein Standardzellen-Design bietet also noch ein hohes Maß an Entwurfsfreiheit, erfordert dafür aber Masken (zehn oder mehr) für sämtliche Fertigungsschritte.

Der Entwurf mit Standardzellen ist besonders geeignet, wenn eine diskrete in eine integrierte Schaltung überführt werden soll. Die Elemente der Zellbibliothek werden vom ASIC-Anbieter entwickelt und dem Kunden zur Verfügung gestellt. Der Anbieter liefert darüber hinaus detaillierte Leistungsdaten und garantiert so die Funktionstüchtigkeit der Zellen. Damit ist der ASIC-Entwickler von der schaltungstechnischen Problematik weitgehend befreit. Der Entwurf besteht für ihn im Wesentlichen daraus, die Zellen aufgrund von Logikplänen auszuwählen und anzuordnen.

Ein Nachteil des Standardzellen-Entwurfs gegenüber dem Full-Custom-Entwurf liegt in der um mindestens 20 % größeren benötigten Chipfläche. Ein Grund dafür ist, dass die Transistoren wegen der Standardisierung mit einer größeren Kanalweite als erforderlich ausgelegt werden, um eine Reserve bezüglich der maximalen Strombelastung zu gewährleisten.

11.2.3 Gate Array

Gate Arrays sind regelmäßige, meist matrixförmige Anordnungen von Gatterstrukturen und einzelnen Transistoren sowie evtl. passiven Bauelementen, die zunächst ohne Verdrahtungsebenen in großer Stückzahl vorgefertigt werden. Gate Arrays durchlaufen somit alle Schritte der Halbleiterherstellung, werden dann mit einer isolierenden Oxidschicht abgedeckt und als Wafer auf Vorrat gehalten. Zu diesem Zeitpunkt sind auf dem Chip alle für die Schaltung erforderlichen Transistoren vorhanden. Bis zu diesem Prozessschritt können Gate Arrays als digitale Standard-ICs betrachtet werden.

Ziel eines Gate Array Entwurfes ist die Festlegung der anwendungsspezifischen Verdrahtung. Der ASIC-Entwickler legt die Funktion des Gate Arrays nur über die Verdrahtung der Gatter fest. Das Ergebnis ist eine Netzliste, sie ist der Schaltplan des ASIC. Aus dieser Netzliste erstellt das Layoutprogramm die Verdrahtung. Steht die anwendungsspezifische Verdrahtung fest, können die Masken für die verbleibenden Schritte der Halbleiterfertigung erstellt werden. Es werden nur so viele Masken benötigt, wie sie im entsprechenden Prozess für die Strukturierung der Verdrahtungsebenen erforderlich sind. Die Verdrahtung kann entweder durch Kanäle zwischen den Gattern erfolgen (*Channeled Gate Array*) oder beliebig über den Chip geführt werden, wobei auf dem Weg liegende Gatter zerstört werden (*Sea-of-Gates*). Die Fertigung eines Gate Arrays erfordert also nur die Erstellung der Masken für die Leiterbahnen und der Anschlusspads.

Ein Vorteil der Gate Array-Technik ist die kurze Entwurfsdauer für die Verdrahtung (einige Wochen). Des Weiteren sind die Herstellungskosten aufgrund der vorgefertigten Wafer gering. Gate Arrays werden mit verschiedenen Gatterzahlen angeboten, um eine möglichst gute Flächenausnutzung zu erreichen. Im Allgemeinen wird die vorhandene Gatterzahl zu etwa 60 bis 80 % ausgenutzt. Trotzdem ist die Chipfläche gegenüber Standardzellen-Entwürfen deutlich größer.

11.2.4 Programmierbare Logikbausteine

Unter der Bezeichnung PLD (***P**rogrammable **L**ogic **D**evice*) werden programmierbare Logikbausteine zusammengefasst. Sie werden ebenfalls häufig als ASIC bezeichnet. Die verschiedenen Varianten unterscheiden sich in ihrer inneren Struktur, vor allem aber hinsichtlich der verwendeten programmierbaren Elemente zur Strukturfestlegung.

Zu den PLDs gehören auch die programmierbaren nichtflüchtigen Speicher (PROM, EPROM, EEPROM). Weitere Bauformen sind die PLAs (***P**rogrammable **L**ogic **A**rray*) und die PALs (***P**rogrammable **A**rray **L**ogic*), bei denen über die Verschaltung zweier Matrizen aus MOS-Transistoren beliebige logische Verknüpfungen der Eingangsgrößen möglich sind. Auch PGAs (***P**rogrammable **G**ate **A**rray*) zählen zu den PLDs. Bei ihnen werden die Verbindungswege zwischen einzelnen Zellen ähnlich wie bei Gate Arrays festgelegt, aber nicht hardwaremäßig, sondern durch Programmierung.

Allen PLDs ist gemeinsam, dass es sich nicht um ASICs im eigentlichen Sinn handelt, da die Chips bis zum letzten Prozessschritt beim Hersteller Standard-ICs sind. Erst mit der Programmierung („Personalisierung") durch den Benutzer erhalten die PLDs ihre individuelle Funktion, die für ASICs typisch ist.

PLDs sind am weitesten vorgefertigt. Alle Ein- und Ausgangsschaltungen, Gatter und Flipflops sind auf dem Chip bereits vorhanden. Jeder Ausgang ist mit jedem Eingang verdrahtet. Um daraus eine sinnvolle Funktion zu machen, müssen bei gewissen PLD-Typen bestimmte Leitungszüge („Sicherungen") durch Programmierung aufgetrennt („durchgebrannt") werden (Abb. 11.2). Dieses Durchbrennen nennt man Programmieren. Der Kunde nimmt diese Personalisierung mittels eines Programmiergerätes selbst vor.

Die Entwurfsfreiheit ist bei PLDs am stärksten eingeschränkt. Wegen der geringen Flexibilität des Konzepts eignen sich PLDs nur für weniger komplexe und ausschließlich digitale Anwendungen (z. B. Ablaufsteuerungen). Dafür entfallen die zur Erstellung der anwendungsspezifischen Verdrahtung notwendigen Arbeitsschritte. Der Entwicklungsaufwand ist sehr gering, da kein Layout oder Chipplan, sondern lediglich ein Programmierschema festzulegen ist. Ein Vorteil von PLDs ist der geringe Preis der Bausteine, die in großen Stückzahlen gefertigt werden. PLDs eignen sich auch für Prototypen und Kleinserien.

PLDs sind häufig durch eine zweistufige UND/ODER-Matrix programmierbar. Durch die UND-Glieder können aus den Eingangssignalen Produktterme gebildet werden, die durch die ODER-Matrix disjunktiv miteinander verknüpft werden können. Man erhält so eine disjunktive Normalform der Eingangssignale. Nachgeschaltet sind so genannte Ausgangs-Makrozellen, die z. B. Flipflops oder Ausgangsinverter enthalten. Die Ausgänge dieser Makrozellen können wiederum auf die Eingänge zurückgeschaltet werden, so

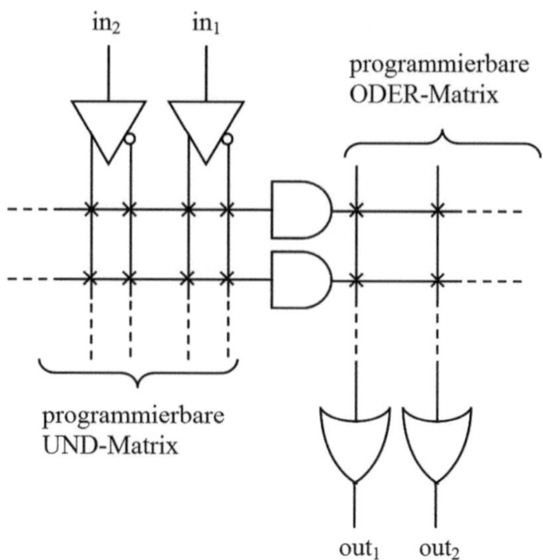

Abb. 11.2 Ausschnitt der Innenschaltung eines PLD-Bausteins als Beispiel. Die Kreuze sind die Sicherungen, die zur Programmierung durchgebrannt werden können

dass diese Bausteine gut für die Realisierung von Zustandsmaschinen oder Zählern geeignet sind.

11.3 Entwurfsablauf eines ASIC

Beim ASIC-Entwurf werden von der Schaltungseingabe bis zur Fertigstellung ausschließlich Werkzeuge für den rechnergestützten Entwurf eingesetzt (CAD-Werkzeuge, **C**omputer **A**ided **D**esign). Erst ein fertiger Entwurf kann tatsächlich realisiert werden. Ein sorgfältiger Entwurf ist unumgänglich, da die Realisierung meist zeit- und kostenintensiv ist.

11.3.1 Vorüberlegungen

Die Realisierung eines ASICs erfordert zu Beginn der Arbeiten einige Überlegungen, die nachfolgend kurz umrissen werden. Grundlage für diese Überlegungen ist die genaue Spezifikation, was als ASIC realisiert werden soll.

11.3.1.1 Infrastruktur

Zuerst muss überlegt werden, welche Infrastruktur für den ASIC-Entwurf vorhanden ist, welche benötigt wird und wie hoch die Kosten dafür sind. Die kostengünstige Verfügbarkeit von CAD-Werkzeugen und Rechnerplattformen sowie die Mitarbeitererfahrung in der Anwendung dieser Werkzeuge sind bis zum Einsatz von programmierbaren Logikbausteinen meist kein Problem. Darüber hinaus gehend steigen die Kosten für die Werkzeuge stark an. Für den Entwurf eines Full-Custom-ASIC sind sehr komplexe und teure Tools notwendig, für deren Einsatz die nötige Erfahrung vorhanden sein muss. Eine Auftragsvergabe an einen externen, auf dieses Gebiet spezialisierten Dienstleister (Designhaus) sollte dann geprüft werden. Für die Fertigung kommt in diesem Fall hinzu, dass auf externe Fertigungsstätten (Silicon Foundary) zurückgegriffen werden muss.

11.3.1.2 Technologie

Die Anforderungen an den gewünschten ASIC-Baustein in Hinblick auf Funktionalität (analog, digital, gemischt analog-digital), Platzbedarf, Kosten, Systemgeschwindigkeit, Versorgungsspannungsbereich, Leistungsverbrauch etc. machen eine Auswahl der Zieltechnologie erforderlich. Eine Kenntnis der typischen Charakteristika der einzelnen Technologien ist unerlässlich.

11.3.1.3 Entwurfsstrategie

Wegen der Komplexität der Schaltungen ist es für den Entwurf von integrierten Schaltungen wichtig, welche Methodik gewählt wird. Nur wenn beim Entwurf eine Hierarchie aufgebaut und eingehalten wird, sind auch komplexe Schaltungen mit mehreren 10.000 Transistoren zu überblicken und zu verifizieren. Dazu gibt es zwei wesentliche Konzepte:

- Top-Down-Design
- Bottom-Up-Design.

Das Top-Down-Design geht von einer groben Beschreibung eines Systems aus, ihm liegt die Systemspezifikation, also die Beschreibung auf der obersten Entwurfsebene zugrunde. Diese Darstellung wird in immer kleinere Funktionseinheiten unterteilt und immer feiner beschrieben, bis man bei unteilbaren oder sehr einfachen Strukturen ankommt.

Umgelegt auf das ASIC-Design bedeutet dies, dass man mit einer funktionalen Beschreibung des Systems beginnt. Dann werden die einzelnen Funktionsblöcke dieser Beschreibung wieder aus kleineren Blöcken aufgebaut. So wird weiter verfahren, bis auf der untersten Ebene alle Blöcke nur noch aus logischen Gattern oder Transistoren bestehen. Setzt man nun die Bausteine der untersten Ebene zusammen, so erhält man das gesamte System.

Zu Beginn der Arbeiten weiß man oft nicht, welche Aufteilung sich als günstig erweisen wird. Daher ist einige Erfahrung nötig, um das Top-Down-Design in der Praxis einzusetzen. Von Vorteil ist jedoch, dass gleich am Anfang eines Entwurfs eine Simulation des Gesamtsystems (auf Blockebene) durchgeführt werden kann. Durch die Hierarchie des Entwurfs bleibt auch der Aufwand zum Testen geringer, da jeder Block nur einmal getestet werden muss, und nicht so oft, wie er verwendet wird.

Der Top-Down-Entwurf ist systematisch und lässt sich leichter in Algorithmen darstellen als der Bottom-Up-Entwurf. Dies führt zu einem Zeit- und Kostenvorteil. Der Top-Down-Entwurf stößt allerdings bei den unteren Entwurfsebenen (Layout und Tech-

Tab. 11.1 Eigenschaften von ASICs

ASIC	Komplexität	Analogschaltung	Entw.kosten	Entw.zeit	Stück
Full-Custom	hoch	ja	hoch	lange	> 10.000
Standardzellen	hoch	bedingt	mittel	mittel	> 5000
Gate Array	mittel bis hoch	bedingt	mittel	mittel	> 1000
Programmierbare Logikbausteine	gering bis mittel	nein	gering	gering	< 1000

nologie) an seine Grenzen. Dort erfolgt ein optimaler Entwurf mit einer Minimierung parasitärer Effekte meist manuell im Bottom-Up-Entwurf.

Den umgekehrten Weg des Top-Down-Designs geht man beim Bottom-Up-Design, bei dem die Entwurfsebenen von unten nach oben abgearbeitet werden. Hier geht man von einfachen Grundstrukturen aus und setzt aus ihnen größere Blöcke zusammen, bis man ein Gesamtsystem mit dem gewünschten Verhalten erhält.

Der Bottom-Up-Entwurf bietet die Möglichkeit, parasitäre Effekte frühzeitig zu erkennen, die sich aus der Technologie und dem Layout ergeben. Die technologischen Möglichkeiten und Entwurfsregeln können somit voll ausgeschöpft werden, dies ist besonders bei einem Full-Custom-Entwurf von Vorteil. Ein Bottom-up-Entwurf läuft nicht systematisch ab, sondern beruht auf einem ständigen Ausprobieren neuer Varianten, bis eine optimale Lösung gefunden ist. Eine Automatisierung ist daher nur in geringem Maße möglich.

Oft wird eine Mischform aus beiden Entwurfsverfahren verwendet, bei der man sowohl das Gesamtsystem als auch die elementaren Blöcke (z. B. eine Standardzellen-Bibliothek) im Auge behält, um so zu einer hierarchischen Darstellung des Systems zu kommen.

11.3.1.4 Stückzahlen, Kosten, Zeit

Äußerst wichtige Randbedingungen für den ASIC-Entwurf stellen die voraussichtlich erforderlichen Stückzahlen, die Entwicklungskosten und die Entwicklungszeit dar. Zusätzlich muss überlegt werden, ob Analogschaltungen benötigt werden oder nicht, da nicht jeder ASIC-Typ dafür verwendet werden kann. Eine Übersicht dieser Aspekte ist in Tab. 11.1 zu finden.

11.3.2 Schaltungsentwicklung

11.3.2.1 Entwurfsschritte

Für die Erstellung eines ASICs sind eine Reihe von Entwurfsschritten nötig. Die wichtigsten sind nachstehend chronologisch zusammengestellt:

- Systemspezifikation und Verhaltensbeschreibung
- Funktional- und Architekturbeschreibung

- Schaltungsentwurf bzw. Logiksynthese
- Platzierung und Verdrahtung
- Fertigung
- Test und eventuell Fehleranalyse
- Überleitung in die Serienproduktion.

Zur Darstellung der formalen Zusammenhänge beim Entwurf elektronischer Schaltungen und Systeme wurde 1983 von Gajski/Kuhn das so genannte Y-Diagramm (Gajski-Diagramm) eingeführt (Abb. 11.3). Die drei Y-Äste repräsentieren drei Sichtweisen eines Entwurfs bzw. Systems: Das Verhalten, die Struktur und die Geometrie. Man nennt die einzelnen Äste auch (Beschreibungs-)Domänen.

Jede Sichtweise kann in verschiedenen Abstraktionsebenen (Entwurfsebenen) dargestellt werden, welche im Y-Diagramm als konzentrische Kreise dargestellt sind. Die einzelnen Ebenen entsprechen den verschiedenen Radien, wobei der äußerste Radius die höchste Abstraktionsebene darstellt.

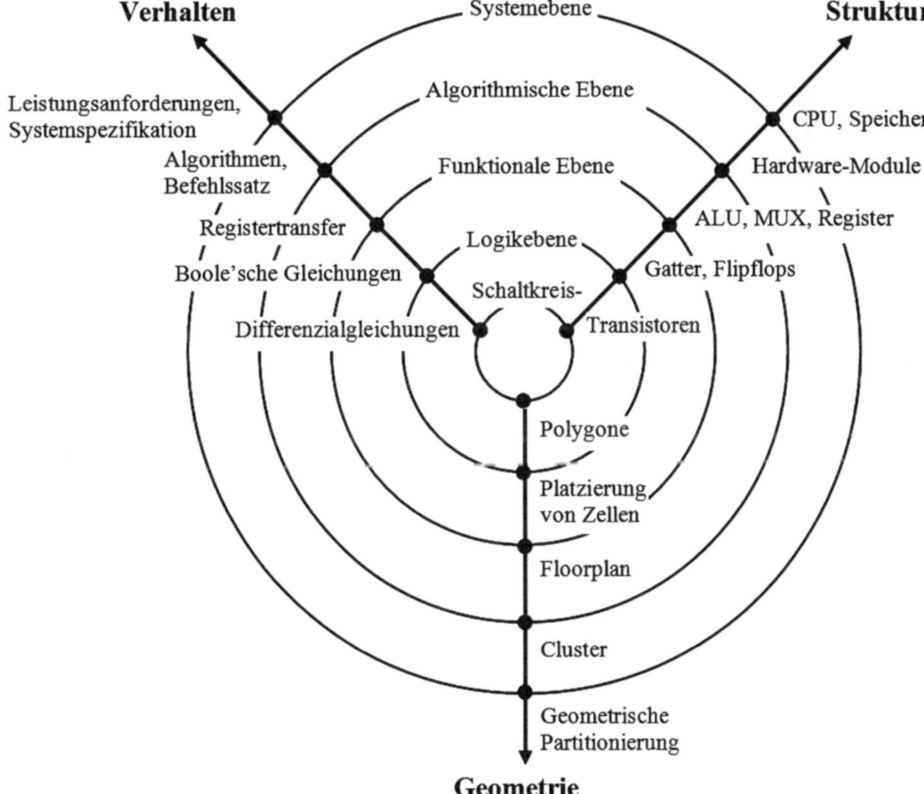

Abb. 11.3 Y-Diagramm der Phasen beim ASIC-Entwurf

Verhaltensdomäne

In der Verhaltensdomäne beschreibt man im Allgemeinen, was man vom System erwartet, was es machen soll oder nicht, wie es auf bestimmte Eingaben reagieren soll, usw. Im Verhaltensbereich werden z. B. Aussagen über das elektrische, das logische und das zeitliche Verhalten getroffen. Die Beschreibung erfolgt mit Kennwerten aus Datenblättern, Ablaufplänen und Zeitdiagrammen und wird schrittweise verfeinert. Der Abstraktionsgrad der verwendeten Modelle muss dem der aktuellen Entwurfsebene angepasst sein. Zu den gebräuchlichen Werkzeugen in den oberen Ebenen des Verhaltensbereiches zählen die Registertransferbeschreibung (Datenfluss zwischen Logikfunktionen) und Hardware-Beschreibungssprachen (wie VHDL) auf algorithmischer Ebene. In den unteren Ebenen wird das Verhalten durch Simulatoren und Analyseprogramme ermittelt (Circuit- und Logiksimulatoren).

Strukturdomäne

In der Strukturdomäne wird der Aufbau des Systems mit einfachen Komponenten beschrieben. In den unteren Ebenen sind dies z. B. Transistoren oder Flipflops, weiter oben dann einfache Funktionen wie z. B. Addierer oder Register. Noch weiter oben sind dies dann schon komplette Teilsysteme wie z. B. Speicher. Die Schaltungen werden durch Komponenten und Verbindungselemente in Form von Netzlisten, durch Blockschaltbilder und logische Schaltpläne beschrieben.

Geometriedomäne

In der Geometriedomäne wird im Normalfall die Anordnung der einzelnen Bauteile spezifiziert. Die Geometrie beschreibt die physikalische Implementierung einer Schaltung, z. B. die Platzierung der Systemkomponenten auf dem Chip. Für die Arbeiten im Geometriebereich werden Layout-Editoren, Platzierung- und Routing-Werkzeuge, Design-Rule-Checker u. a. benötigt.

Entwurfsebenen

Es wird zwischen fünf Entwurfsebenen (dargestellt als konzentrische Kreise) unterschieden:

1. Architektur- oder Systemebene
   In der Systemebene wird beschrieben, was die Schaltung zu tun hat (Verhalten), welche Bauelemente sie enthält (Struktur) und die physikalische Realisierung (Geometrie).
2. Algorithmische Ebene
   Die Algorithmenebene spiegelt die Art der Realisierung durch gewünschte Funktionen wieder.
3. Funktionale Ebene (Register-Transferebene)
   In der Register-Transferebene wird das Verhalten anhand von Transferoperationen der einzelnen Daten zwischen den Registern beschrieben.

4. Logische Ebene
   In der Logikebene wird das Verhalten einzelner Logikgatter beschrieben.
5. Schaltkreisebene
   Die Schaltkreisebene stellt den Entwurf der Schaltung mit elektronischen Grundbausteinen (z. B. Transistoren, Widerstände usw.) dar.

Der schalenförmige Aufbau des Y-Diagramms entspricht dem Hierarchiekonzept des Entwurfs, wobei das Abstraktionsniveau bezüglich der realen technischen Lösung von innen nach außen wächst. Jeder Entwurfsschritt in einer Ebene kann durch eine Komponente sowohl im Verhaltensbereich als auch im Schaltungsstrukturbereich bzw. im Geometriebereich dargestellt werden.

Durch die verschiedenen Domänen und vor allem durch die verschiedenen Ebenen wird eine größere Übersichtlichkeit des Entwurfs gewährleistet. In allen drei allgemein möglichen Wegen des Entwurfsablaufs (Verhaltensebene, Strukturebene, Geometrieebene) sind unterschiedliche Systemabstraktionen von der Architekturbeschreibung bis zur Beschreibung der Schalterfunktion üblich. Beim Entwurfsablauf wird dabei meist nicht durchgängig ein Weg in einer Beschreibungsebene eingehalten, sondern an den Knotenpunkten zu einer anderen Ebene verzweigt. Meist geschieht dies automatisiert durch CAD-Unterstützung. Vielfach existieren auch parallele Beschreibungen, um z. B. die Systemsimulationen effektiver zu gestalten. In diesem Fall ist es wichtig, dass die Konsistenz der verwendeten Modelle gewährleistet ist.

11.3.2.2 Handrechnung

Im Bereich der analogen integrierten Schaltungstechnik wird häufig vor dem Beginn der Schaltungseingabe eine vereinfachte Handrechnung zur Auffindung eines geeigneten Start- bzw. Arbeitspunktes durchgeführt. Vielfach kommen in diesem Bereich auch CAD-Werkzeuge zur mathematischen Modellierung zum Einsatz. Der Ausgangspunkt sind vereinfachte Gleichungen für das Groß- bzw. das Kleinsignalverhalten. Mit den durch die Handrechnung ermittelten Dimensionierungen für die Schaltungskomponenten beginnt dann der Weg des CAD-unterstützten Entwurfes mit Schaltplaneingabe, Simulation, Layouterstellung und Entwurfsprüfung.

11.3.3 Schaltungseingabe

Bei der ASIC-Entwicklung erfolgt die Schaltungseingabe im Wesentlichen auf zwei Arten: Entweder über einen herkömmlichen Schaltplan oder über eine Hochsprachenbeschreibung mit anschließender Logik- bzw. Schaltungssynthese. Im Bereich der Analogschaltungen ist nach wie vor der Schaltplan das übliche Element zur Festlegung der Schaltung. Im Bereich der Digitalschaltungen werden fast ausschließlich Hochsprachenbeschreibungen zur Schaltungsdefinition verwendet. Für beide Eingabearten ist es üblich, dass die Informationen über die Schaltung vom CAD-Werkzeug in Datenbanken abgelegt werden. Diese dienen für nachfolgende Entwurfsschritte als Informationsträger. Außerdem ist es üblich, dass der Entwurf hierarchisch durchgeführt wird, es wird über Symbole auf Schaltungsteile in höheren Hierarchieebenen zugegriffen. Häufig gibt es die Möglichkeit, den einzelnen Schaltungsblöcken unterschiedliche Beschreibungen (Verhalten, Struktur) zuzuordnen. Für die Simulationen können dann Netzlisten verschiedener Komplexität generiert werden.

11.3.3.1 Schaltplaneingabe

Nachfolgend werden die wichtigsten Elemente eines Schaltplanes behandelt, die vor allem in Zusammenhang mit der Weiterbearbeitung mit CAD-Werkzeugen von Bedeutung sind.

- Bauteilsymbole

Die Symbole für die Bauteile entsprechen den üblichen Konventionen. Für den Verweis auf Elemente einer Hierarchie stehen ferner Symbole zur Verfügung, die nach eigenem Ermessen erstellt werden können. Die Verbindung zwischen den Bauteilen erfolgt über einzelne Leitungen oder Busse. Zu beachten ist, dass die Charakteristik dieser Leitungen (Widerstand usw.) erst in einem späteren Entwurfsschritt (Platzierung und Verdrahtung) festgelegt wird.

- Terminals

Die Zuleitung der Eingangs- und Ausgangssignale und die Definition der Versorgungsspannungen erfolgt über Terminals. Diese dienen vor allem der Charakterisierung der Signalrichtung (Eingang, Ausgang, Eingang/Ausgang, Versorgung) für den Simulator und die elektrische Entwurfsprüfung.

- Properties

Der Schaltplan stellt das zentrale Entwurfsdokument dar. Daher ist es sinnvoll, Randbedingungen für den tatsächlichen Entwurf im Schaltplan zu vermerken. Dies erfolgt über so genannte Properties, die zu den Elementen des Schaltplans definiert sind und vom Entwickler entsprechend seinen Wünschen vergeben werden. So wird z. B. für einen Widerstand durch eine Property festgelegt, in welcher Schicht er realisiert werden soll. Ebenso werden z. B. die Abmessungen für die MOS-Transistoren als Property dem Bauteilsymbol angefügt.

- Signalnamen

Um einen übersichtlichen Entwurfsablauf sicherzustellen, sollten alle Signale, die im Schaltplan vorkommen, benannt werden. Nicht nur für die Ein- und Ausgänge, auch für signifikante interne Signale sollte ein eigener Name vergeben werden. Bei nachfolgenden Simulationen wird über diese Namen eine leichtere Zuordnung von Simulationsergebnissen zum Schaltplan möglich.

11.3.3.2 Hardwarebeschreibungssprachen

Im Bereich der Digitalschaltungen setzt sich zunehmend als Eingabewerkzeug eine Beschreibung mittels einer Hochsprache (Hardware Description Language, HDL) durch. Es gibt mehrere verschiedene derartige Sprachen. Die Beschreibungssprache VHDL ist als Standard definiert und weit verbreitet. Die neben VHDL am weitesten verbreitete Beschreibungssprache ist VERILOG. Beide sind vorwiegend für Digitalschaltungen einsetzbar. Es gibt darüber hinaus auch Erweiterungen zu diesen beiden Sprachen, die zur Beschreibung gemischt analog-digitaler Systeme dienen (VERILOG-AMS, VHDL-AMS; Analog-Mixed-Signal). Sie ermöglichen die Beschreibung zeitkontinuierlicher Systeme über Differenzialgleichungen, S-Parameter oder SPICE-Netzlisten.

VHDL steht als Abkürzung für „Very High Speed Integrated Circuits Hardware Description Language“. Die Sprache bietet verschiedene Abstraktionsebenen des Entwurfes. Die Simulation ist auf jeder dieser Ebenen möglich. Darüber hinaus steht der Weg der Logiksynthese der Schaltung im Bereich der Digitalschaltungen zur Verfügung, dies bringt eine erhebliche Einsparung in der Entwicklungszeit mit sich. Ca. 80 bis 90 % der Digitalschaltungen werden über diesen Weg erstellt. Die wesentlichen Vorteile beim Einsatz von VHDL sind die leichte Portierbarkeit des Entwurfs und der Umstand, dass diese Sprache standardisiert ist (IEEE 1076). Es gibt viele Software-Anbieter, die auf diesen Standard aufbauend CAD-Werkzeuge bereitstellen. In VHDL stehen folgende Beschreibungsstile zur Verfügung:

- Verhaltensbeschreibung (Behavioral Description): Funktionale Beschreibung, keine Strukturinformation
- Beschreibung des Datenflusses (Dataflow Description): Logische und arithmetische Operatoren, RTL (Register Transfer Level)
- Strukturbeschreibung (Structural Description): Block- bzw. Gatterdarstellung.

In VHDL ist ein hierarchischer Entwurf möglich, wobei die einzelnen Schaltungsblöcke durchaus in unterschiedlichen Beschreibungsstilen vorliegen können. Mehrere VHDL-Dateien können zu einem Design zusammengefasst sein.

11.3.3.3 Schaltungssynthese

Der Entwurfsschritt von einer Hochsprachenbeschreibung zu einer Schaltung auf Gatter- oder Transistorebene wird als Schaltungssynthese bezeichnet. Die Synthese ist ein automatisierter Vorgang. Damit er erfolgreich ist, müssen bei der Beschreibung Randbedingungen eingehalten werden. Nicht alle Konstrukte einer Hochsprachenbeschreibung sind automatisch synthetisierbar, sobald die Schaltung simulierbar ist. Das Ergebnis der Synthese wird anschließend meist noch einer Optimierung entweder in Hinblick auf die Schaltgeschwindigkeit oder auf den Flächenbedarf unterworfen. Beim Schritt von der Hochsprachenbeschreibung zur Synthese muss eventuell auch schon die Zieltechnologie angegeben werden, damit sichergestellt ist, dass die Zellen des Syntheseergebnisses auch wirklich in der Bibliothek der Zieltechnologie vorhanden sind.

11.3.4 Simulation

Die Simulation der integrierten Schaltung ist eine der Kernaktivitäten beim Schaltungsentwurf. Sie bietet die einzige Möglichkeit, das Schaltungsverhalten vor der Fertigung in Hinblick auf verschiedene Betrachtungen (Zeitverhalten, Gleichspannungsanalyse, Verhalten im Frequenzbereich) mittels Computer zu berechnen und auf diese Weise eine Evaluierung der gewünschten, korrekten Funktion vorzunehmen.

11.3.4.1 Grundlagen

Grundsätzlich werden verschiedene Simulatoren eingesetzt, die je nach gewünschter Genauigkeit in verschiedenen Modi arbeiten. Die genauesten Ergebnisse werden mit einem Analogsimulator (z. B. SPICE, SABER, ELDO etc.) erzielt. Dabei werden aber recht hohe Anforderungen an die Rechenleistung des Computers gestellt. Reine Digitalsimulatoren verwenden für die Schaltungsbeschreibung einfachere Modelle, mit deren Hilfe die Schaltung mit weniger Rechenaufwand simuliert werden kann. Dabei unterscheidet man einige Abstraktionsgrade:

- Funktionale Simulation
  Es werden keine Verzögerungszeiten und parasitären Erscheinungen betrachtet. Nur das korrekte logische Verhalten kann damit überprüft werden.
- Logiksimulation
  Hier werden die Digitalschaltungen auf Gatterebene mit lastabhängigen Verzögerungszeiten simuliert. Dabei kommen unterschiedliche Modelle zur Beschreibung zum Einsatz (Modelle in einer Hochsprachenbeschreibung, RC-Timing Modell mit der Beschreibung eines Transistors als Schalter mit Serienwiderstand etc.). Spikes und Timingverletzungen (Setup- und Hold-Zeiten) können ebenfalls simuliert werden. Diese Simulation bietet auch die Möglichkeit, den Einfluss der Parameterstreuungen auf die Verzögerungszeit zu ermitteln.
- Mixed-Mode Simulation
  Bei dieser Simulationsart werden verschiedene Schaltungsteile je nach der gewünschten Genauigkeit durch unterschiedliche Simulatoren berechnet (SPICE, Logiksimulator).

11.3.4.2 Parameterstreuungsabschätzung

Sowohl die Schwankung der Prozessparameter bei der Herstellung einer integrierten Schaltung als auch die äußeren Einflüsse wie der erlaubte Versorgungsspannungsbereich (z. B. 5 V ± 0 %) und Temperaturbereich (z. B. 0 bis 70 °C) haben eine Auswirkung auf wichtige Kenngrößen wie Verzögerungszeit, Schaltgeschwindigkeit und Stromaufnahme. Diese Auswirkungen müssen in der Entwurfsphase durch mehrfache Simulation mit unterschiedlichen Randbedingungen bestimmt werden (Corner Analyse = Analyse des Schaltungsverhaltens an den relevanten Eckpunkten der Prozessparameter und der Betriebsbedingungen), damit die gefertigte Schaltung mit hoher Wahrscheinlichkeit auch trotz der Parameterstreuung und den variablen äußeren Bedingungen funktioniert.

Die Simulationen für den Versorgungsspannungsbereich und den Temperaturbereich können recht einfach durchgeführt werden. Sie erfolgen bei Analogsimulatoren durch die Spezifikation dieser Kenngrößen in der Simulationsnetzliste und bei Digitalsimulatoren über die Verzögerungsfaktoren.

Die Modellierung der Prozessparameterstreuung erfolgt durch unterschiedliche Parametersätze, die jeweils typische Eckpunkte abdecken. Die dabei relevanten Begriffe für die MOS-Transistoren sind nachstehend angeführt. Für passive Bauelemente und bipolare Transistoren gilt eine ähnliche Nomenklatur.

- typical mean
  Bei den Prozessparametern werden in diesem Fall alle Werte mit ihrer typischen Größe verwendet. Die Simulation mit diesem Parametersatz bildet üblicherweise den Ausgangspunkt der Funktionsüberprüfung mittels Simulation.
- worst case speed
  Die Prozessparameter werden innerhalb ihrer Einzeltoleranzen so variiert, dass in Summe die Schaltung nach außen hin gesehen am langsamsten wird (z. B. die höchsten Threshold-Spannungen, die kleinsten Prozessverstärkungsfaktoren etc.).
- best case speed; worst case power
  Die Prozessparameter werden innerhalb ihrer Einzeltoleranzen so variiert, dass in Summe die Schaltung nach außen hin gesehen am schnellsten wird. (z. B. die niedrigsten Threshold-Spannungen, die größten Prozessverstärkungsfaktoren etc.). Da in diesem Fall auch die Stromaufnahme maximal wird, kann dieser Zustand auch als worst case power bezeichnet werden.
- worst case zero
  Bei diesem Parametersatz wird ein Unterschied zwischen den beiden MOS-Transistortypen berücksichtigt. Dabei wird im Fall von worst case zero von einem „langsamen" NMOS-Transistor und einem „schnellen" PMOS-Transistor ausgegangen.
- worst case one
  Bei diesem Parametersatz wird ein Unterschied zwischen den beiden MOS-Transistortypen berücksichtigt. Dabei wird im Fall von worst case one von einem „schnellen" NMOS-Transistor und einem „langsamen" PMOS-Transistor ausgegangen.

11.3.5 Layout

Unter *Placement* versteht man die optimale Verteilung der Logikelemente und Verbindungskanäle auf der zur Verfügung stehenden Chipfläche. *Floorplanning* heißt das Anordnen von Funktionsblöcken des Designs im ASIC. Ein Vergleich wäre ein Anordnen von Räumen in einem Gebäude. Placement im engeren Sinn ist das Anordnen der Logikelemente innerhalb eines Funktionsblocks. Im Vergleich entspricht dies dem Einrichten der Räume eines Gebäudes.

Die Position jedes einzelnen Elements wird nach Möglichkeit so gewählt, dass die Verbindungswege zu den an ihm angeschlossenen Bauelementen möglichst kurz sind. Hierdurch wird einerseits erreicht, dass die Signallaufzeiten gering gehalten werden und andererseits, dass der Flächenverbrauch für die zu legenden Leitungen minimiert wird.

Die Layouterstellung ist der Transfer der Schaltung in die Maskenstruktur, die für die Fertigung verwendet wird. Im Digitalbereich wird meist auf eine Bibliothek verwiesen, in der für die Logikgatter die entsprechenden Layouts vorhanden sind. Programme zum automatischen Platzieren und Verdrahten generieren aus diesen Bibliothekselementen ein Gesamtlayout. Bei Analogschaltungen ist auch heute noch die interaktive Platzierung und Verdrahtung von Hand vorherrschend. Als Unterstützung sind Layoutgeneratoren vorhanden, die aus den Vorgaben das Layout der Einzelbauelemente erstellen.

11.3.5.1 Layerbezeichnungen

Nachstehend werden für einen typischen CMOS-Prozess die für die Herstellung verwendeten Layer (= Masken) angeführt:

N-Tub-Mask (n-Wanne) → Field-Mask (SiO_2) → N-Field-Implant Mask → Gate Mask → Arsen-Phosphor Mask → Boron Mask → Poly2 Mask → Contact Mask → Metal1 Mask → Via Mask → Metal2 Mask → Nitrid Mask

In diesem Fall werden 12 Masken für die Fertigung benötigt. Bei aufwendigeren Prozessen sind es entsprechend mehr.

11.3.5.2 Schematic Driven Layout

Die Schaltplaneingabe (Schematic Entry) ist im Bereich der Analogschaltungsentwicklung vorherrschend, da sie dafür die übersichtlichste Darstellungsform ist. Zu einem Bauelement des Schaltplans gibt es aber im Extremfall beliebig viele Realisierungen (Form, Typ, Größe etc.). Um sicherzustellen, dass das endgültige Layout tatsächlich dem Schaltplan entspricht, wird häufig als Entwurfsmethode die des Schematic Driven Layouts angewendet, bei der die für das Layout relevanten Größen und Parameter im Schaltplan als Properties vorgegeben werden. Layoutgeneratoren erstellen aus den Bauelementen und den Properties die fertigungsgerechte Anordnung der Layer. Der zeitaufwendige und fehleranfällige Schritt der Layouterstellung wird damit erleichtert. Die Layoutgeneratoren sollten den Schaltungsentwickler so gut als möglich unterstützen. Es sollte über einfache Parameter eine gute Unterstützung zur Umsetzung der eigenen Erfahrungen gegeben sein. Als Beispiel kann das Layout eines Transistors mit großem Weiten- zu Längenverhältnis dienen, bei dem über einen Parameter wahlweise die Kanalweite durch schlangenförmige Anordnung oder durch eine verzahnte Struktur erreicht werden kann. Im Idealfall sind die Layoutgeneratoren prozessunabhängig geschrieben und können auf diese Weise leicht auf verschiedene Herstellungsprozesse adaptiert werden.

11.3.5.3 Automatische Platzierung und Verdrahtung

Die automatische Layouterstellung (automatische Platzierung und Verdrahtung; APAR = Automatic Placement and Routing) wird vorrangig im Bereich der digitalen integrierten

Schaltungen eingesetzt. Der Aufwand ist nicht so hoch, weil die Zellen in einer Bibliothek vorhanden sind und in ihrem Layout nicht mehr verändert werden.

Vorsicht ist geboten, wenn es bei der Konfiguration des Programmes darum geht, in welchen Schichten die Verdrahtung erfolgen soll. Grundsätzlich sollten nur die niederohmigen Metallisierungsebenen dafür verwendet werden.

Bei Standardzellenschaltungen wird bei diesem Entwurfsschritt auch angegeben, wie die Versorgungsspannung zu den Zellreihen geführt wird.

11.3.5.4 Mixed-Mode Layoutregeln

Bei der gemischt analog-digitalen Schaltungstechnik erfordert die Layouterstellung einige Erfahrung, damit sich parasitäre Erscheinungen nicht auf das Verhalten der analogen Schaltungskomponenten auswirken. Die Schaltungsteile sind auf einem gemeinsamen Substrat untergebracht, über das es zu Verkopplungen zwischen den analogen und den digitalen Schaltungskomponenten kommen kann. Eine wirkungsvolle Abhilfe bieten sogenannte Guard-Ringe, die eine niederohmige Substratverbindung mit GND bzw. V_{CC} rund um sensible Analogschaltungen darstellen. Störströme werden über diese niederohmige Verbindung abgeleitet, ohne in das innenliegende Substratgebiet zu gelangen.

Wenn es auf die gute Übereinstimmung von Bauelementeeigenschaften ankommt (z. B. Matching der Transistorgeometrie bei Differenzverstärkerstufen und Stromspiegeln; Widerstands- oder Kapazitätsverhältnisse etc.), muss man einige grundlegende Regeln für die Layouterstellung unbedingt beachten. Diese werden nachfolgend stichwortartig angeführt.

- Gleiche Orientierung der „matchenden" Bauelemente, um Unsymmetrien in der Lithografie zu kompensieren.
- Räumliche Nähe der Komponenten, die gleiches Verhalten aufweisen sollen, um den Einfluss der Prozessgradienten über den Chip gering zu halten und die Wahrscheinlichkeit zu erhöhen, dass beide Komponenten auf derselben Temperatur liegen.
- Gleiche „Umgebungsbedingungen" für die Bauelemente, damit alle Ränder der Bauelemente die gleiche Struktur in ihrer Umgebung haben (Eine integrierte Schaltung ist ein dreidimensionales Gebilde, das von der Schichtenfolge bestimmt ist).
- Verhältnisse durch Verwendung von Einheitsstrukturen und deren Vervielfachung herstellen (z. B. Stromspiegel mit Verhältnis 1 : 2 aus drei gleichen Einzeltransistoren herstellen, die in gleicher Orientierung vorhanden sind. Das Verhältnis von 2 wird durch eine Parallelschaltung von zwei solcher Einzeltransistoren hergestellt).
- Große Strukturen in gleiche kleinere Einzelstrukturen aufspalten und diese kreuzweise anordnen, um Anisotropien in der Fertigung zu kompensieren.

11.3.5.5 Dummystrukturen zur Nachkorrektur

Manchmal werden auf integrierten Schaltungen Dummystrukturen (einfache Logikgatter, Operationsverstärker, Komparatoren etc.) implementiert, die vorerst keinen elektrischen Anschluss haben. Für Evaluierungszwecke und bei Nichtfunktionieren der Schaltung hat man so eine einfache, schnelle und billige Möglichkeit, eine Schaltungsmodifikation durchzuführen. Dies erfolgt im Allgemeinen durch die Neuerstellung zumindest einer Metallisierungsmaske, über welche die benötigten zusätzlichen Schaltungen eingebunden werden. Da bei der Fertigung von Prototypenbausteinen nach wichtigen Fertigungsschritten Wafer zurückbehalten werden (Backup-Wafer), ist eine schnelle und kostengünstige Reparatur möglich.

11.3.5.6 Testpads

Für die einfache Testbarkeit von Schaltungsknoten, die nicht über Padzellen nach außen geführt werden, kann beim Entwurf durch das Einbringen von Testpads vorgesorgt werden. Die Testpads bestehen aus einer quadratischen Fläche in der obersten Metallisierungsebene (Abmessung z. B. $20\,\mu m \times 20\,\mu m$), die nicht passiviert ist. Damit ist eine einfache Kontaktierung für Messzwecke mit einer Nadel möglich.

11.3.6 Entwurfsprüfung

Das fertige Layout wird einigen Prüfungen unterzogen, die einerseits sicherstellen sollen, dass die Design-Regeln auch tatsächlich eingehalten werden. Andererseits wird überprüft, ob es eine Übereinstimmung zwischen Layout und Schaltung gibt. Der kritische Teil in diesem Zusammenhang ist meist nicht der Kernbereich der Schaltung sondern die Anbindung dieses Kernes an die Peripherie und die richtige Auswahl der Padzellen.

11.3.6.1 ERC

Beim Electrical Rules Check (ERC) wird geprüft, ob in der aus dem Layout extrahierten Schaltung Kurzschlüsse von mehreren Ausgängen untereinander oder zu einer der beiden Versorgungsspannungen vorliegen. Des Weiteren werden nicht angeschlossene Eingänge ermittelt.

11.3.6.2 DRC

Beim Design Rules Check (DRC) werden die Vorschriften des Halbleiterherstellers bezüglich Mindestabmessungen (Breiten, Überdeckungen) und Mindestabständen überprüft. Diese Werte sind vom Hersteller so gewählt, dass die Fertigung mit hoher Wahrscheinlichkeit erfolgreich ist. Die Design Rules sind nicht immer gleich. Sie unterliegen während der „Lebenszeit" eines Prozesses einer Änderung, wenn durch Prozesscharakterisierungen ein Parameter als kritisch befunden wird.

11.3.6.3 LVS

Bei der Layout-Versus-Schematic (LVS) Prüfung wird der Schaltplan mit der Schaltung verglichen, die aus dem Layout extrahiert wurde, um so die Konsistenz des Designs zu verifizieren.

11.3.7 Fertigung

11.3.7.1 Allgemeines

Das ASIC wird physikalisch realisiert. Aus dem Layout wird neben den Platzierungs- und Verbindungsinformationen auch ein exaktes geometrisches Abbild des Chips erzeugt. Dieses darf man sich nicht als ein einzelnes Bild vorstellen. Vielmehr besteht dieses Abbild aus einer Anzahl übereinander angeordneter Maskendaten, mit dem man zunächst die Masken erzeugt. Anschließend wird mit den Masken der Wafer (der Chiprohling) in einem komplizierten physikalischen Prozess nach und nach belichtet und die Schaltung so scheibchenweise aufgebaut.

Der Wafer ist eine ca. 20 bis 30 cm große Siliziumscheibe, auf dem entsprechend der Chipgröße unterschiedlich viele Einzelchips angeordnet sind. Jeder einzelne Chip auf dem Wafer wird nach dem letzten Maskenprozess auf seine Funktionsfähigkeit überprüft, wobei nicht funktionierende Chips markiert werden. Nach diesem so genannten Wafertest werden die Chips auf dem Wafer längs ihrer Kanten geritzt und anschließend gebrochen. Jeder der unmarkierten Chips wird danach in ein Gehäuse gepackt. Bevor das Gehäuse gasdicht verschlossen wird, werden alle Signale des Chips über dünne Golddrähte mit den Pins des Gehäuses verbunden. Dieser Vorgang wird *Bonding* genannt. Als letzter Schritt zur Fertigstellung des Chips wird noch einmal ein ausführlicher Test mit dem Package durchgeführt.

Die allerersten Prototypen des Chips dienen dem ASIC-Kunden als Testmuster. Mit den so genannten *Engineering Samples* wird das Endprodukt zunächst als Prototyp aufgebaut und auf Herz und Nieren getestet. Nach erfolgreichem Test der Engineering Samples wird normalerweise der Auftrag für die Massenproduktion des ASICs gegeben.

Es folgen noch einige Teilaspekte, die aus der Sicht des Entwicklers zu bedenken sind.

11.3.7.2 Maskenerstellung

Die Masken für die Fertigung werden aus einem sogenannten Maskensteuerband typischer Weise in einem Maßstab von 5 : 1 generiert und umfangreichen optischen Kontrollen unterzogen. Als Formate für die Steuerbänder werden GDSII oder EDIF verwendet. Die gängigen CAD-Werkzeuge unterstutzen die Ausgabe von Layoutdaten in diesem Format, wobei die Namenskonvention und die Layerzuordnung vom Hersteller bekannt sein muss. Die Formate unterstützten zellbasierte Strukturen, sodass die Menge der Steuerbanddaten durchaus in vertretbarem Rahmen bleibt.

Diese Steuerbanddatenformate bilden darüber hinaus auch eine gute Möglichkeit, reine Layoutdaten zwischen verschiedenen CAD-Werkzeugen zu transferieren, da meist auch die Möglichkeit geboten wird, solche Daten zu importieren. Häufig findet sich diese Vorgangsweise bei den Padzellen, die üblicherweise direkt vom Hersteller übernommen und als fertige Layoutblöcke verwendet werden.

11.3.7.3 Single Run

Wenn ein Wafer lauter gleiche Bausteine enthält, spricht man von einem Single Run bei der Fertigung. Man erhält die maximale Anzahl von Bausteinen, dies reduziert die Kosten bei hohen Stückzahlen. Die Kosten für die Masken und die Fertigung sind bei Prototypen aber recht hoch.

11.3.7.4 MPW-Run

Beim MPW Run (Multi-Project-Wafer Run) werden mehrere Einzellayouts zu einem Bausteincluster zusammengesetzt, der dann mehrfach auf dem Wafer vorhanden ist. Auf diese Art können die Herstellungskosten für Musterbausteine oder Kleinserien für die einzelnen Teilnehmer an dem MPW-Run reduziert werden. Nicht alle Halbleiterhersteller unterstützen diese kostengünstige Art für die Prototypen- und Kleinserienherstellung.

11.3.7.5 Backup-Wafer

Von den Wafern eines Musterloses (z. B.: 10 Stück) werden nach den wichtigen Fertigungsschritten jeweils ein oder mehrere Wafer zurückbehalten. Letztendlich werden zwei oder drei Wafer bis zum Schluss gefertigt. Werden Korrekturen am Baustein notwendig, so lassen sich der materielle und zeitliche Aufwand minimieren.

11.3.8 Mechanischer Aufbau

Die fertige integrierte Schaltung wird in ein Gehäuse eingebaut. Das Gehäusematerial kann Keramik oder Plastik sein. In beiden Fällen gibt es viele Varianten in Hinblick auf die Pinanzahl und die Pinanordnung. Die Prototypenbausteine werden üblicherweise in Keramikausführung mit unverlötetem Deckel geliefert, damit eine optische Inspektion möglich ist und evtl. eine Korrektur- oder Messmöglichkeit am Chip besteht. Bei den Keramikgehäusen wird der Chip stressfrei in der so genannten Die-Attach-Area eingeklebt und mit den Bonddrähten zu den Gehäuseanschlüssen verbunden. Der Chip ist von Luft umgeben und daher keinen mechanischen Belastungen ausgesetzt, wie dies z. B. beim Verguss mit Plastik der Fall ist.

Die Gehäuseart kann unterschiedliche Einflüsse auf das elektrische Verhalten haben.

11.3.8.1 Bonddrähte

Die Zuleitung der Signale und der Spannungsversorgung von den Bausteinpins zu den Anschlüssen am Chip erfolgt über Bonddrähte und die Zuleitung im Gehäuse. Neben dem Ohm'schen Widerstand stellen diese Zuleitungen eine Serieninduktivität dar, die für hochfrequente Signale bzw. die hohen Stromspitzen, die bei den Versorgungsspannungsanschlüssen auftreten können, eine beachtliche Impedanz bildet. Es ist daher zu bedenken, dass sich die Signalform am Bausteinpin und am Chip voneinander unterscheiden können. Neben dieser Induktivität gibt es wegen der geringen Abstände und der parallelen Führung dieser Zuleitungen eine kapazitive Verkopplung. Die Größenordnungen liegen für die Serieninduktivität bei ca. 3... 10 nH. Der Wert der Kopplungskapazität bewegt sich in der Größenordnung von einigen hundert fF. Die maximale Strombelastbarkeit für einen Bonddraht liegt bei ca. 100 mA.

11.3.8.2 Mechanische Spannungen im Substrat

Beim Verguss der integrierten Schaltung mit Plastik kann es zu mechanischen Spannungen am Chip kommen, die das elektrische Verhalten beeinflussen können. Diese Effekte sind klein, können aber im Bereich der hochgenauen analogen Schaltungstechnik, wo es auf die gute Übereinstimmung (Matching) von mehreren Bauelementen ankommt, eine Auswirkung haben.

11.3.9 Test

Der Test der fertigen integrierten Schaltung stellt eine der wichtigsten und aufwendigsten Schritte im gesamten Fertigungsablauf dar.

11.3.9.1 Anforderungen und Fehlerarten

Die nachfolgend aufgelisteten Punkte sollen zeigen, wo die große Problematik beim Testen liegt.

- Feinere Strukturen ermöglichen eine höhere Integration auf einem Chip.
- Feinere Strukturen erhöhen die statistischen Schwankungen in der Fertigung.
- Höhere Integration verringert die Zugänglichkeit von Schaltungsteilen
  $\rightarrow$ quadratischer bis exponentieller Anstieg des Testaufwandes mit zunehmender Größe.
- Schaltungen werden immer schneller. Test sollte möglichst in „Echtzeit" durchgeführt werden $\rightarrow$ sehr teure Testhardware.
- 70 bis 80 % der Gesamtkosten einer Chipproduktion entfallen auf den Test.

Die Anforderungen, die an den Test gestellt werden, sind vielfältig und nicht immer gänzlich abzudecken.

- Umfassend: Es sollten alle möglichen Fehler erfasst werden
  Diese Forderung ist fast nie zu erfüllen. Teststrategien legen den Aufwand fest.
- Schnell: Reduktion der Kosten
  Anschaffungskosten (ein Tester/ mehrere Tester)
  Betriebskosten (Personal etc.)
- Billig und einfach
  Testhardwareaufwand nach den Stückzahlen; Geräte für mehrere Produkte verwendbar; Teststrategie mitentscheidend für Komplexität des Tests, damit für den Preis des Bausteins.

Bei der Herstellung einer integrierten Schaltung gibt es zwei grundsätzliche Fehlerarten: Die punktuellen und die systematischen Fehler. Beide zusammen führen dazu, dass mit einer bestimmten Wahrscheinlichkeit Chips auf einem Wafer nicht korrekt funktionieren. Durch den Test sollen diese Chips gefunden und aussortiert werden.

- Punktuelle Fehler
  - Waferherstellung
  - Epitaxie
  - Oxidation
  - Abscheidung
  - Metallisierung
- Systematische Fehler
  - Design Rules noch nicht genau validiert
  - Maskenverschiebungen
  - Toleranzen in der Fertigung

11.3.9.2 Teststrategie

Wegen der meist recht komplexen Schaltungen ist die Auswahl einer entsprechenden Teststrategie schon beim Entwurf notwendig.

Ein Test mit Spezialhardware ist nur bei geringen Stückzahlen vertretbar. Dabei werden alle Bausteine gefertigt und anschließend typischerweise in ihrer Zielhardware auf die korrekte Funktion hin ausgetestet. Die Kosten für die Fertigung auch der nicht korrekt funktionierenden Bausteine müssen dabei in Kauf genommen werden.

Der Selbsttest beruht darauf, dass im Baustein die Testroutinen in Form von zusätzlicher Hardware implementiert sind. Die interne Strategie kann vielfältig sein und sich über weite Strecken mit denen decken, die beim externen Test angewendet werden.

Der externe Test ist der „Standardfall", bei dem über Tester durch Prüfmuster die korrekte Funktion und die Einhaltung der Spezifikationen geprüft wird. Die Prüfmuster können bewusst überlegt und ausgewählt (deterministischer Test) oder zufällig generiert (Zufallstest) werden. Beim pseudoerschöpfenden Test wird ein zufälliges Testmuster verwendet, mit dem durch eine Fehlersimulation eine bestimmte Fehlerabdeckungsüberschreitung nachgewiesen wird.

Beim Test mit Zufallsmustern werden zufällige, technisch günstige Testmuster verwendet. Der Zufallsmustergenerator (z. B. linear rückgekoppeltes Schieberegister) liefert immer das gleiche Muster. Damit kann die korrekte Schaltungsantwort ermittelt werden. Die Testantwort wird über eine Signaturanalyse komprimiert und steht als zweiwertiges Ergebnis (funktioniert/funktioniert nicht) zur Verfügung. Es bedarf bei dieser Teststrategie umfangreicher statistischer Überlegungen zur Bestimmung der Fehlerabdeckung.

Ein beliebter Testansatz ist der Entwurf von selbsttestbaren Schaltungen. Sie bestehen im wesentlichen aus folgenden Komponenten:

- Testmustergenerator (TMG)
- Testdatenauswerter (TDA)
- Teststeuereinheit (TSE).

Von außen wird die Initialisierung vorgenommen. Der Test läuft im Baustein automatisiert ab. Ein Vorteil ist, dass der Test mit Systemgeschwindigkeit und ohne externen Hardwareaufwand abläuft. Ein Nachteil ist, dass zusätzliche interne Schaltungskomponenten notwendig sind.

11.3.9.3 Fehlermodelle

Für die Evaluierung von Testmustern geht man in den meisten Fällen von einfachen Fehlermodellen aus, die nachfolgend aufgezeigt werden.

- Stuck-At oder Haftfehler
  Dabei wird angenommen, dass ein Schaltungsknoten auf Grund des Fehlers fest auf einem der beiden Logikpegel liegt (Stuck-At-0: immer auf Low; Stuck-At-1: immer auf High). Viele in der Fertigung vorkommenden Fehler können wirkungsvoll und einfach auf diese Art modelliert werden.
- Kurzschlüsse zwischen benachbarten Leitungen
  Dieses Fehlermodell setzt die Kenntnis des Layouts voraus und ist daher komplizierter als das Stuck-At-Fehlermodell.

11.3.9.4 Prüfpfadtechnik

Der Test einer integrierten Schaltung wird wesentlich einfacher, wenn in einer Schaltung keine speichernden Elemente oder Rückkopplungen vorkommen. Bei der Prüfpfadtechnik (Scan-Pfad-Design) werden die speichernden Elemente von außen zugänglich gemacht. Damit bleiben nur Schaltwerke für die Simulation und den Test übrig. Für Schaltwerke kann auf einfache Art rechnerunterstützt ein vollständiges Testmuster ermittelt werden (ATPG: Automatic Test Pattern Generation).

Das Prinzip des Scan-Pfad-Designs beruht auf folgenden Tatsachen:

- Eingänge des Schaltwerkes sind direkt steuerbar
- Ausgänge des Schaltwerkes sind direkt beobachtbar
- Möglichkeit der seriellen Ladbarkeit und Auslesbarkeit der speichernden Elemente ist gegeben.

11.3.9.5 Boundary Scan

Dieses Testverfahren ist standardisiert (IEEE 1149.1) und trägt der immer größer werdenden Systemintegration Rechnung. Das Verfahren beruht auf der Modifikation der Bausteinperipheriezellen (Boundary), die zu einem Schieberegister zusammengeschaltet werden können. Dieses Schieberegister (Boundary Scan Register) kann seine Daten auch parallel einlesen und ausgeben. Durch Multiplexer ist die Signalrichtung vorgebbar, sodass ein Signalmuster in das Bausteininnere („Interner Test“) oder aus dem Baustein hinaus („Externer Test“ = Baugruppentest) angelegt werden kann.

Die Bausteinperipheriezellen müssen modifiziert werden, damit sie diese Funktionalität bieten. Zusätzliche Ein- und Ausgänge zur Steuerung und eine zusätzliche interne Hardware müssen vorhanden sein.

Ganz allgemein besteht die Architektur des Boundary Scan Test aus folgenden Komponenten:

- Test Access Port (TAP)
- TAP Controller
- Instruction Register (IR)
- Test Data Registers (TDRs).

Das Test Access Port (TAP) ist die Schnittstelle nach außen. Sie besteht aus vier zusätzlichen Bausteinpins (optional gibt es noch einen RESET-Eingang; TRST).

TAP-Anschlüsse sind:

- Test Clock Input (TCK)
- Test Mode Select Input (TMS)
- Test Data Input (TDI)
- Test Data Output (TDO).

Der TAP Controller dient zur Generierung von Takt- und Steuersignalen für die Test-Daten-Register (TDR) und das Instruction-Register (IR). Er stellt die Signalpfade zum Ein- und Ausschieben in bzw. aus dem Schieberegister ein und steuert die parallele Zwischenspeicherung der Testdaten im Boundary-Scan-Register. Die Ablaufsteuerung in diesem Controller ist in Form einer State-Machine realisiert, die in Abhängigkeit vom Pegel am TMS-Eingang bei steigender TCK-Flanke die Zustandsänderungen vornimmt.

11.3.9.6 Testarten

Es gibt im Gesamtablauf des Tests von integrierten Schaltungen einige Unterteilungen, die nachstehend angeführt werden.

- Pre-Test
  Dieser Test dient in erster Linie der Charakterisierung des Fertigungsprozesses durch Testchips bzw. Teststrukturen auf jedem Chip. Dabei werden insbesondere folgende Punkte durch optische Kontrolle und Messungen ermittelt:
  - Dicke der Schichten
  - Tiefe der Kontakte
  - Konzentration von Dotierungen
  - Verunreinigungen
  - Breite der Leiterbahnen
  - Schwellspannungen
  - Schichtwiderstände.

  Diese Daten werden für jeden Fertigungsdurchlauf erhoben und stehen als sogenannte MAP-Daten zur Verfügung.
- Prototypentest
  Der Prototypentest wird einerseits mit einem eigenen Testaufbau zur Verifikation der korrekten Funktion der fertigen Schaltung durchgeführt. Auf der anderen Seite wird auch die Überprüfung des Testmusters vorgenommen (werden mit dem Muster die Feh-

ler gefunden, die in der Funktionsüberprüfung aufgetreten sind). Die Charakterisierung der Bausteine erfolgt vor allem in Hinblick auf folgende Punkte:

- Temperaturverhalten
- Verhalten bei Über- und Unterspannung
- Strom- bzw. Leistungsaufnahme
- Fehlerdiagnose und -analyse zur Erkennung grenzwertiger Schaltungsteile (zeitliches Verhalten).

Bei Ausfällen und Fehlern hat man neben der messtechnischen Fehlereingrenzung noch folgende Analysemöglichkeiten:

- Optisches Mikroskop
- Spitzenmessplatz
- Rasterelektronenmikroskop
- Strukturanalysen (Rutherford Spektroskopie, Röntgenstrahl, Laserstrahl)
- Focused Ion Beam

• Fertigungstest
  Der Fertigungstest dient dem Nachweis der korrekten Funktion der Schaltung und dem Nachweis der Einhaltung der Spezifikationen (Leistungsaufnahme, Leckströme, Treiberstärken, Verzögerungszeiten etc.). Außerdem kann er auch zur Charakterisierung der Qualität und der Stabilität des Fertigungsprozesses verwendet werden.

• Ablauf
  Es werden sowohl auf Wafer-Ebene als auch auf Baustein-Ebenen (nach dem Einbau in ein Gehäuse) folgende Tests durchgeführt:
  - Kurzschlussprüfung
  - Basic Function Test (Entscheidung ob weitergetestet wird)
  - Messung der statischen Parameter (Stromaufnahme, Belastbarkeit, Leckströme)
  - Messung der dynamischen Parameter (charakteristische Zeiten)
  - Test der logischen Funktion anhand des Testmusters.

• Burn-In
  Zur Eliminierung von Frühausfällen kann bei Bausteinen ein Burn-In Test als Erweiterung zum Fertigungstest durchgeführt werden. Dabei werden die Bausteine unter Spannung und mit einem Testmuster angesteuert eine bestimmte Zeit lang (meist einige Tage) in einer Umgebung mit hoher Temperatur betrieben und anschließend nochmals getestet.

11.4 Einteilung programmierbarer Logikbausteine

11.4.1 Übersicht und Begriffe

Die Grundlage der programmierbaren Logikkomponenten beruht darauf, dass man beliebige logische Funktionen aus nur wenigen Grundfunktionen erstellen kann. Jede logische Funktion lässt sich als Summe von Produkten (disjunktive Normalform) oder Produkt von Summen (konjunktive Normalform) darstellen. Dazu sind nur die Grundfunktionen ODER, UND sowie die Negation erforderlich.

Programmierbare Logikbausteine (PLDs) können meistens vom Anwender programmiert werden. PLD (**P**rogrammable **L**ogic **D**evice) ist ein Sammelbegriff für alle programmierbaren Logikbausteine. Es gibt rein kombinatorische PLDs zur Realisierung von Schaltnetzen und sequenzielle PLDs zur Realisierung von Schaltwerken.

Zur anwenderspezifischen Programmierung werden eine Entwurfssoftware (z. B. PALASM) und ein spezielles Programmiergerät benötigt. Nach Eingabe des logischen Verhaltens der Ein- und Ausgangspins (Zuweisungen, Boolesche Gleichungen, Funktionstabellen) erfolgt durch diese (meist auf einem PC lauffähige) Software eine Umsetzung in die programmierbare Form des gewählten Schaltkreises, welche über eine Schnittstelle in das Programmiergerät geladen wird.

Im folgenden werden die wichtigsten Begriffe und Arten von programmierbaren Logikschaltkreisen zusammengestellt. Die Begriffe sind teils herstellerspezifisch, teilweise hat sich ein allgemeiner Gebrauch durchgesetzt. Es gibt eine verwirrende Vielzahl (evtl. geschützter) Bezeichnungen.

- Maskenprogrammierbare Komponenten

Sie bestehen aus einer Matrix von vorgefertigten Zellen (z. B. Gattern oder Speicherzellen), die aber noch nicht miteinander verschaltet sind. Die Verbindung dieser Zellen erfolgt als Schritt im Produktionsprozess durch eine so genannte Maske, welche die Verbindungsstruktur festlegt.

- Anwenderprogrammierbare Komponenten (Field Programmable Devices)

Sie werden vollständig gefertigt und in ein Gehäuse eingebaut. Die Programmierung ist nicht Teil des Fertigungsprozesses, sondern erfolgt vor Ort (im Feld) durch den Anwender mit einem entsprechenden Programmiergerät. Dabei wird ein Teil der Verbindungsstruktur zerstört, so dass nur die erwünschten Verbindungen bestehen bleiben.

- Programmable Logic Array (PLA)

Ein PLA besteht aus einer programmierbaren UND-Matrix, gefolgt von einer programmierbaren ODER-Matrix.

- Field Programmable Logic Array (FPLA)

Durch den Anwender programmierbares PLA.

- Programmable Array Logic (PAL)

Ein PAL-Schaltkreis enthält eine bestimmte Anzahl von UND-Gattern mit programmierbaren Eingängen. Die UND-Gatter sind fest mit ODER-Gattern verbunden (programmierbare UND-Matrix, feste ODER-Matrix). PAL-Schaltkreise werden meistens mittels durchschmelzbaren Verbindungen (Fusable Links) irreversibel programmiert. PALs lassen sich am einfachsten programmieren, deshalb werden sie häufig eingesetzt.

- Generic Array Logic (GAL)

Ein GAL-Schaltkreis ist eine elektrisch programmier- und löschbare PAL-Struktur.

- Erasable Programmable Logic Device (EPLD)

Als EPLD bezeichnet man üblicherweise elektrisch (mehrmals) programmierbare und durch UV-Licht löschbare Schaltkreise. Es gibt verschiedene Strukturen, die aber grundsätzlich auf dem Schema UND-ODER-Makrozelle (mit Flipflop) beruhen. Ein GAL ist ein EPLD.

- Komplexe programmierbare Logik (Complex Programmable Logic Device; CPLD)

Diese Bezeichnung ist recht willkürlich. Üblicherweise fasst man unter diesem oder einem ähnlichen Begriff alle Logikschaltkreise zusammen, die komplexer als eine einfache UND-ODER-Makrozellen-Struktur sind, aber nicht so komplex wie ein FPGA. Solche Schaltkreise enthalten, verglichen mit GALs, komplexere Netzwerke und Makrozellen.

- Field Programmable Gate Array (FPGA)

Unter diesem Begriff sollen Schaltkreise zusammengefasst werden, die es gestatten, eine Vielzahl elementarer Teilschaltungen flexibel untereinander zu verbinden, so dass näherungsweise ein ähnlicher Grad der Schaltungsintegration erreicht werden kann wie bei Nutzung kundenspezifischer Gate Array-Schaltkreise.

11.4.2 Architektur anwenderprogrammierbarer Logikschaltkreise

Es folgt die grundsätzliche Auslegung der Verknüpfungen, Zellen und Verbindungsstrukturen in Logikbausteinen, die vom Anwender programmierbar sind.

11.4.2.1 Kurzdarstellung von Verbindungsstrukturen

Programmierbare Verbindungsstrukturen sind in Matrixform organisiert. Es wäre aufwendig und unübersichtlich, alle Verbindungen einzeln zeichnerisch darzustellen, um eine bestimmte Organisationsform zu veranschaulichen. Gebräuchlich ist eine schematische Darstellung, bei der gleichartige Signalwege zusammengefasst und programmierbare Verbindungsstellen besonders gekennzeichnet werden (Abb. 11.4).

11.4.2.2 Elementare kombinatorische Schaltkreise

Elementare kombinatorische Schaltkreise sind als UND-ODER-Strukturen aufgebaut, die danach unterschieden werden, welche Schaltungsteile von Vornherein festgelegt und welche durch Programmierung veränderbar sind.

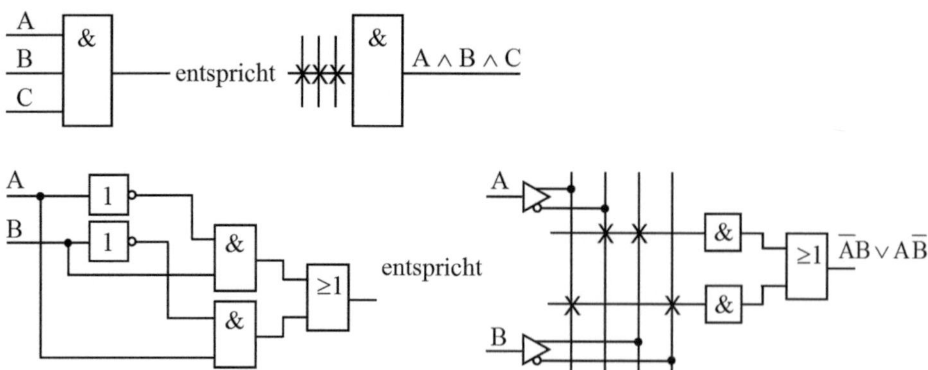

Abb. 11.4 Zwei Beispiele für die Kurzdarstellung programmierbarer Verbindungen, X = programmierte Verbindung, • = feste Verbindung

ROM oder PROM (adressierbarer Speicher)
Die UND-Eingänge sind fest zugeordnet. Außerdem liegt eine vollständige Decodierung vor, also 2^n UND-Funktionen bei n Eingängen, die ODER-Verknüpfungen sind programmierbar.

In einem PROM müssen alle Zeilen der Wahrheitstabelle abgespeichert werden, unabhängig vom Wert der Ausgangsvariablen. Wenn aber die Ausgangsvariablen nur in verhältnismäßig wenig Zeilen den Wert „1“ (oder den Wert „0“) annehmen, dann ist es wirtschaftlich vorteilhafter, nicht die gesamte Tabelle zu programmieren, sondern nur diese wenigen Zeilen. Die integrierten Bausteine, die sich diesen praktischen Erfordernissen besser anpassen lassen sind PLA und PAL.

Programmable Logic Array (PLA)
Ein PLA realisiert zweistufige Boole'sche Funktionen, die in der Regel durch Summen von Produkten beschrieben werden. Es besteht aus einer UND- und einer ODER-Matrix, die beide programmierbar sind. Die UND-Matrix verknüpft die nicht invertiert und invertiert zur Verfügung stehenden Eingangsvariablen zu beliebigen Produkttermen. Dies wird dadurch erreicht, dass die Kreuzungspunkte der Matrix programmierbar sind, d. h. man kann bei Bedarf eine Verbindung zwischen den sich kreuzenden Leitungen herstellen, siehe Abb. 11.5 Mitte.

Darüber hinaus ist die ODER-Matrix ebenfalls frei programmierbar, so dass man die Produktterme beliebig zu Logikfunktionen zusammenstellen kann. Insbesondere ist es möglich, einmal generierte Produktterme mehrfach zu nutzen, was insgesamt den Hardwareaufwand senkt. Neben der Implementierung der zweistufigen Logikfunktion sind mit den Ausgängen der ODER-Matrix oftmals zusätzliche Blöcke verbunden, die eine bitweise Speicherung der Logikwerte und deren Zurückführung auf die Eingänge der UND-Matrix gestatten. Auf diese Weise lassen sich mit diesen Bausteinen recht einfach Zustandsautomaten realisieren.

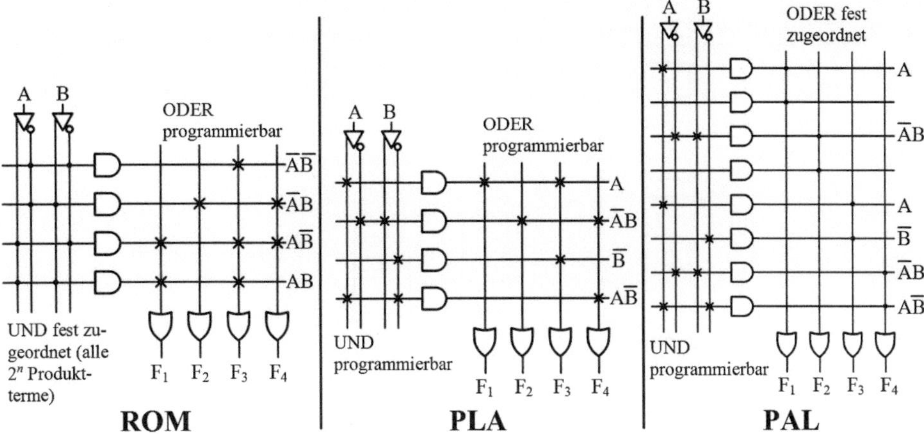

Abb. 11.5 Elementare programmierbare Logikstrukturen im Vergleich. Die alten Schaltsymbole werden auch heute noch gerne verwendet. Beispiele für Schaltfunktionen sind: $F_1 = A$, $F_2 = \overline{A}B$, $F_3 = A + \overline{B}$, $F_4 = \overline{A}B + A\overline{B}$

PLAs sind gegenüber PROMs für solche Anwendungen vorteilhaft einsetzbar, bei denen nur relativ wenige Worte gespeichert, diese jedoch mit langen Adressen (viele Eingangsvariable) aufgerufen werden müssen.

Programmable Array Logic (PAL)
Ein PAL (oder GAL) entspricht einem PLA, bei dem man auf die frei programmierbare ODER-Ebene verzichtet und stattdessen einige fest verdrahtete ODER-Gatter einsetzt. Die UND-Eingänge sind also programmierbar, die ODER-Eingänge sind fest vorgegeben. Dies wirft zunächst einige Beschränkungen auf. So ist die Anzahl der Eingänge der ODER-Gatter in der Regel auf 4 bis 8 begrenzt. Außerdem lassen sich die Produktterme anders als beim PLA nicht mehrfach einsetzen. Dafür sinkt der Schaltungsaufwand im Vergleich zum PLA beträchtlich.

11.4.2.3 Grundsätzliches zur Architektur

1. Die grundsätzliche Architektur der PLAs, PALs, EPLDs, GALs und CPLDs entspricht dem Schema: Eingänge → UND-Verknüpfungen → ODER-Verknüpfung → Ausgangszelle → Ausgang (Abb. 11.6).
2. Sequenzielle Schaltungen enthalten elementare Speichermittel, nämlich Latches oder Flipflops, die teils direkt, teils über kombinatorische Schaltungen miteinander verbunden sind. Für programmierbare sequenzielle Schaltungen müssen eine entsprechende Anzahl von Flipflops oder Latches zusammen mit programmierbaren kombinatorischen Schaltungen auf einem Schaltkreis vorgesehen werden. In einfacheren Schaltkreistypen sind die Speichermittel als einfache Register organisiert, oder als ih-

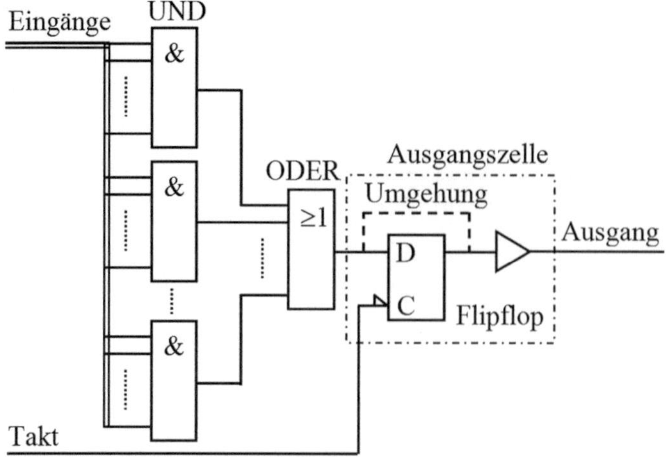

Abb. 11.6 Die grundsätzliche Architektur eines programmierbaren Logikschaltkreises (PLA, PAL, EPLD, GAL, CPLD). Die Schaltkreise enthalten mehrere bzw. viele derartige Anordnungen (mit Makrozellen = Speichereinheiten)

rerseits programmierbare „Makrozellen" (Output Logic Macrocells; OLMCs), siehe Abb. 11.7.

3. EPLDs, GALs und CPLDs haben vergleichsweise umfangreiche UND-ODER-Knoten mit je einem nachgeschalteten Flipflop. Typisch sind 4 bis 8 disjunktiv verknüpfte UND-Funktionen mit jeweils 15 bis 40 Eingängen. Diese so genannten Makrozellen werden jeweils als Einheit verwaltet. Es ist nur in beschränktem Umfang möglich, ungenutzte Schaltmittel an andere Zellen sozusagen abzugeben. Es ist die Aufgabe der Entwurfssoftware, den eingegebenen Entwurf auf die gegebene Makrozellenanordnung umzusetzen.
4. Bei GALs sind die Makrozellen (typisch sind 6 bis 10) meistens direkt an Schaltkreisanschlüsse geführt.
5. CPLDs (auch manche EPLDs) haben vergleichsweise viele Makrozellen (von etwa 32 bis zu mehreren hundert) sowie interne programmierbare Verbindungsnetzwerke. Nicht alle Makrozellen sind auf Schaltkreisanschlüsse geführt.
6. FPGAs beruhen auf eher einfachen Zellen in einer typischerweise matrixförmigen Verbindungsstruktur (Abb. 11.8). Bei einem FPGA ist ein Array von Logikblöcken mit kleiner Eingangszahl (4 bis 10) in der Ebene angeordnet. Diese Blöcke bilden die Funktion einiger weniger Gatter nach. Die Verbindungen zwischen den Blöcken werden durch ein hierarchisches Leitungsnetz hergestellt, welches wie die Funktion der Blöcke vom Anwender programmiert wird. Diese Programmierung besteht in der Zuordnung der Funktionen zu den Blöcken, also einer Art Platzierung (placement), und der Bereitstellung der Verbindungen durch eine geeignete Zusammenschaltung diverser Leitungssegmente, also einer Art Verdrahtung (routing). Somit wird durch

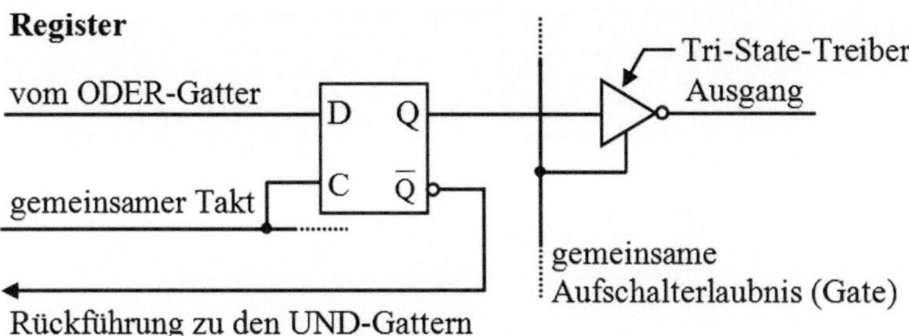

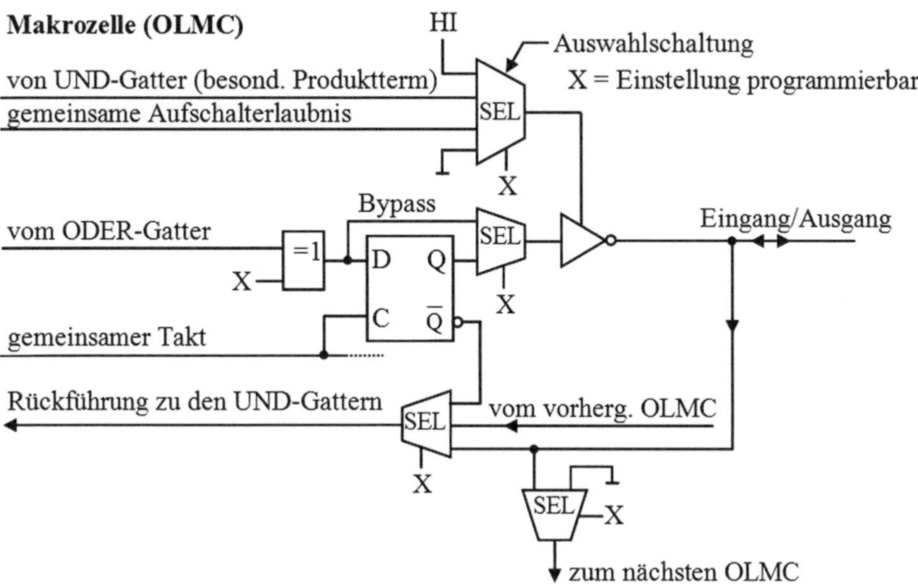

Abb. 11.7 Flipflop-Anordnungen in programmierbaren Schaltkreisen (vereinfachte Beispiele)

die Entwurfssoftware entschieden, was aus der einzelnen Zelle wird, ein Gatter, eine kombinatorische Verknüpfung mit wenigen Eingängen (typisch sind 3 bis 6), ein Multiplexer, ein Flipflop usw.

Durch die hier typische Mehrstufigkeit der Logik ist das Laufzeitverhalten aus der Logikbeschreibung und dem Datenblatt allein nicht vorhersagbar, da es entscheidend vom jeweiligen Routing abhängt. Es sollte daher durch Simulationen überprüft werden.

7. Die Schaltzeiten von Architekturen gemäß Abb. 11.6 (PLA, PAL, ...) sind wegen des einfachen Aufbaus (UND-ODER-Flipflop) gut vorhersagbar. Bei FPGAs hingegen ist die Abschätzung von Schaltzeiten schwierig, es kommt sehr darauf an, wie die Entwicklungssoftware die Entwurfsabsicht (z. B. einen Schaltplan) in eine entsprechende Verknüpfung von Zellen umsetzt.

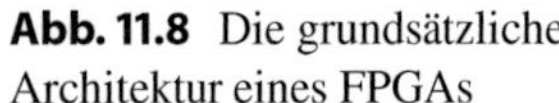

Abb. 11.8 Die grundsätzliche Architektur eines FPGAs

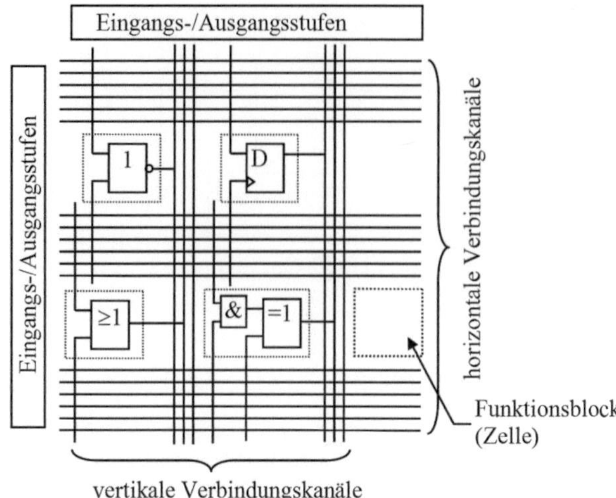

8. Nur ganz elementare Schaltkreise (PALs, GALs) können als Industriestandards angesehen werden. EPLDs, CPLDs und FPGAs sind herstellerspezifisch und somit ist es möglich, dass eine Baureihe vom Markt verschwindet.
9. Bis hin zum CPLD beruht die programmierbare Logik vor allem auf PAL-Strukturen (UND-Eingänge sind programmierbar, ODER sind fest zugeordnet), obwohl eine Schaltung, deren ODER-Verknüpfungen ebenfalls programmierbar sind (also ein PLA), viel universeller wäre. Der Grund sind die höheren Kosten, da die Programmiervorkehrungen für die ODER-Verknüpfungen Siliziumfläche benötigen. Außerdem sinkt bei einer PLA-Struktur die Geschwindigkeit, da programmierbare Signalwege eine größere Durchlaufverzögerung haben als feste Verbindungen.

11.4.2.4 Technologien

Programmierbare Logik wird in den Technologien (Schottky-)TTL, CMOS und ECL gefertigt. Elektrische Programmierbarkeit durch Ladungsspeicherung ist nur in CMOS zu verwirklichen. TTL- und ECL-Schaltungen (in moderner Hardware eher selten eingesetzt) werden nach dem Durchschmelzprinzip (Fusable Link) programmiert.

11.4.2.5 Wichtige Kennwerte

Die genaue Dokumentation programmierbarer Schaltkreise füllt ganze Datenbücher. Zur funktionellen Komplexität gehören vielfältige statische und dynamische Kennwerte. Für eine überschlägige Orientierung sind zwei Kennwerte von besonderer Bedeutung:

1. Die *Durchlaufverzögerungszeit* der Kombinatorik (gemessen vom Schaltkreiseingang bis zum Ausgang bzw. bis zum Eingang des anzusteuernden Flipflops)
2. Die *maximale Taktfrequenz* mit der eine sequenzielle Schaltung betrieben werden kann. Der Wert hängt von der Betriebsweise ab. Deshalb werden üblicherweise zwei

verschiedene Werte angegeben: Die Taktfrequenz bei Nutzung schaltkreisinterner Rückführungen und die Taktfrequenz ohne Nutzung dieser Rückführungen (zumeist als Flow-Through- oder als Pipeline-Modus bezeichnet).

Nachfolgend werden einige anwenderprogrammierbare Logikbausteine beschrieben. Dies soll nur zur Orientierung dienen und um die Innenschaltung und die Einsatzmöglichkeiten dieser Bausteine allgemein zu erläutern. Für einen realen Einsatz müssen natürlich aktuelle Datenblätter verwendet werden.

11.4.3 PAL

11.4.3.1 Kombinatorische PALs

PALs haben programmierbare UND-Verknüpfungen, denen ODER-Verknüpfungen fest nachgeschaltet sind. Der einzelne Schaltkreis ist demzufolge vergleichsweise unflexibel (es ist sozusagen nicht „alles" programmierbar). Dafür gibt es eine große Typenvielfalt. Gute Entwicklungssoftware ist in der Lage, aus dem Sortiment jene Typen auszuwählen, die zur Realisierung des jeweiligen Entwurfs geeignet sind.

Programmierung

Jede zu programmierende Position wird durch eine Adressangabe (Fuse Number) gekennzeichnet. Diese sind nach JEDEC standardisiert. Die Entwicklungssoftware erzeugt entsprechende Dateien (so genannte JEDEC-Files), die zum Programmiergerät übertragen werden.

Ausgänge

Manche PALs haben zweiwertige Logikausgänge (bei „H"-Typen direkt, bei „L"-Typen invertiert wirkend), manche haben Tri-State-Ausgänge. Die Aufschalterlaubnissignale werden mit programmierbaren UND-Verknüpfungen gebildet. Einige (gelegentlich auch alle) Ausgänge sind in die UND-Gatter-Matrix zurückgeführt (Feedback) und können so in die Bildung von Produkttermen mit einbezogen werden.

Kennwerte

Durchlaufverzögerung: 7...35 ns (Schottky TTL); 2...4 ns (ECL).

11.4.3.2 Sequenzielle (Registered) PALs

Diese PALs enthalten Flipflops, die den Ausgängen vorgeschaltet sind. Die Flipflops werden durch einen gemeinsamen Takt gesteuert und bilden somit praktisch ein Register. Auch hier gibt es eine große Typenvielfalt. Abb. 11.9 zeigt nähere Einzelheiten einer solchen PAL-Struktur.

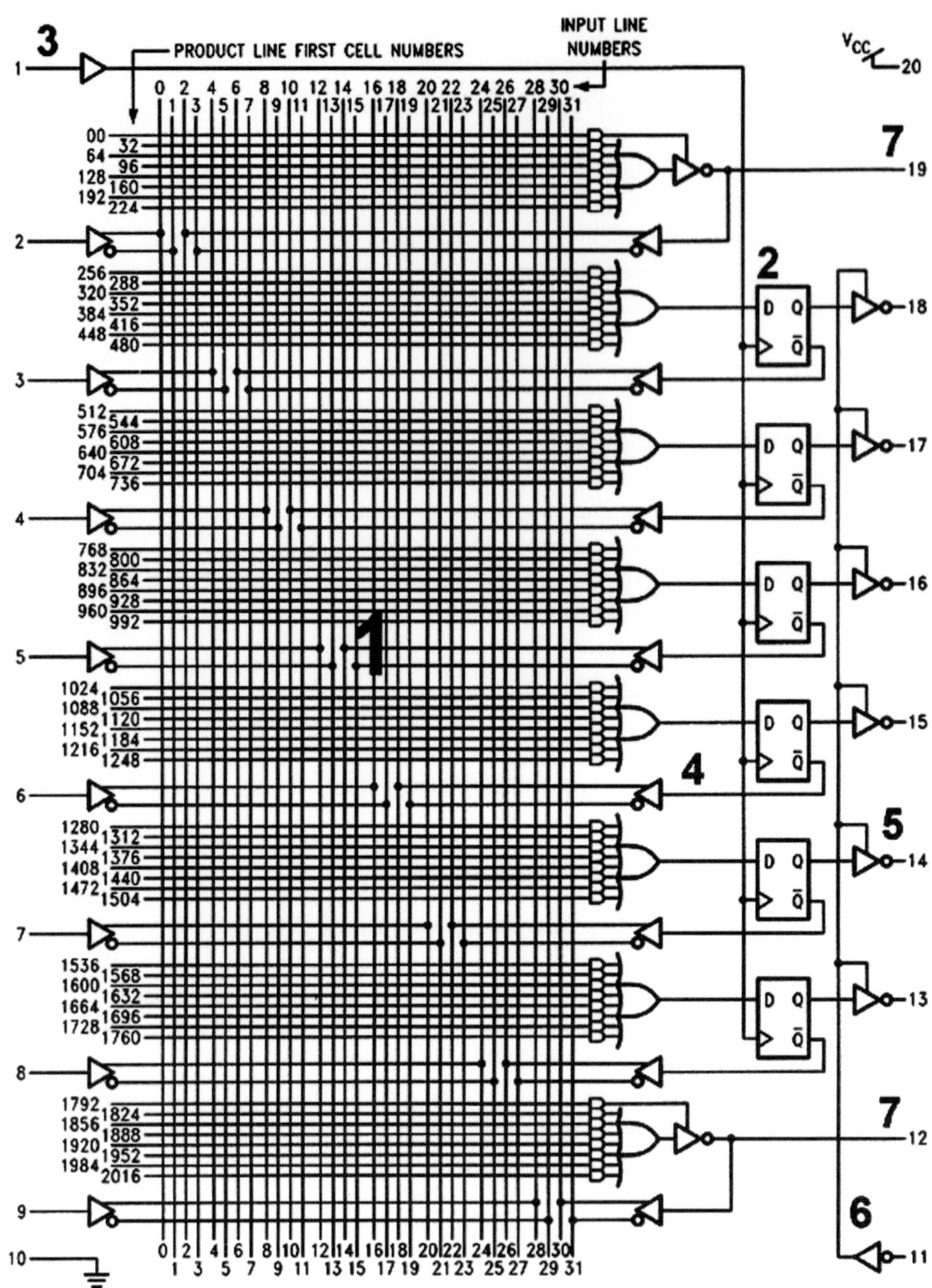

Abb. 11.9 PAL 16R6, Ein PAL-Schaltkreis mit Flipflops

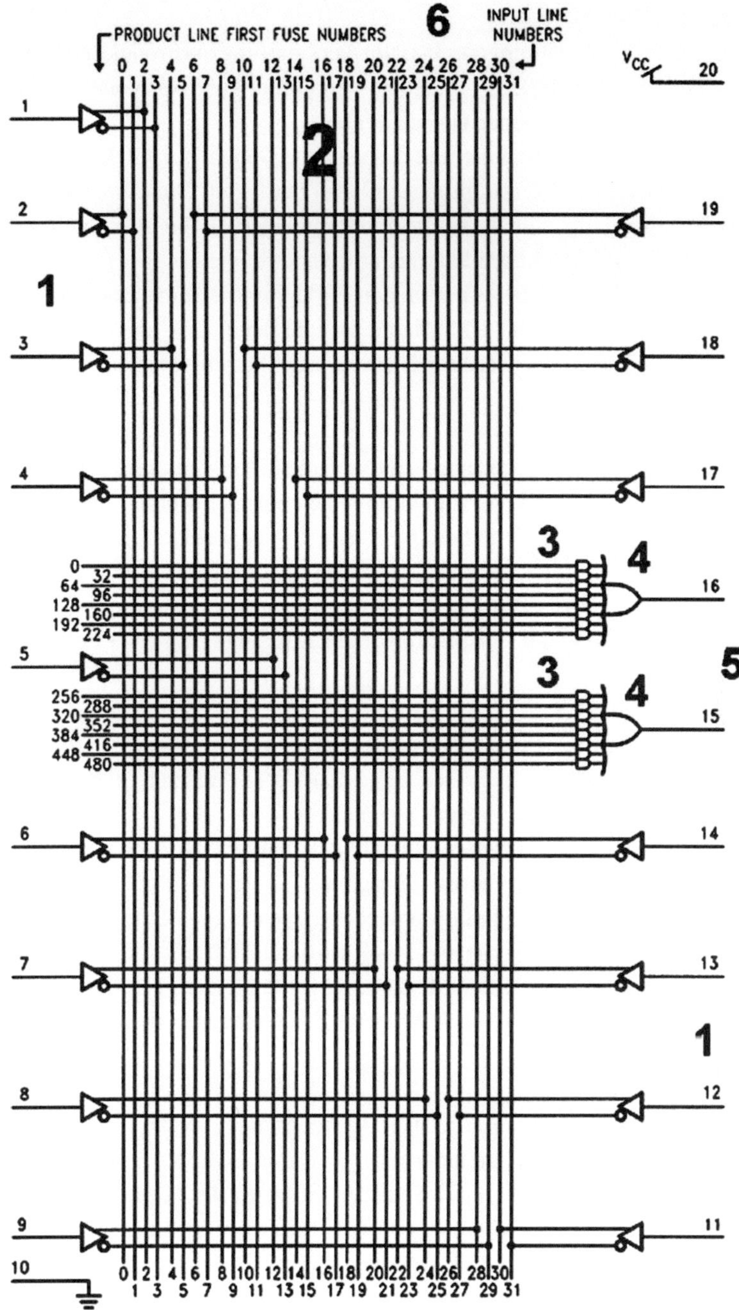

Abb. 11.10 PAL 16H2 als Beispiel für einen PAL-Schaltkreis

Erklärungen zu Abb. 11.10

1: Eingangspuffer; 2: Wortleitungen; 3: UND-Verknüpfungen (Produkttermleitungen mit nachgeschaltetem Leseverstärker); 4: ODER-Verknüpfung; 5: Ausgänge; 6: Adressangaben für die Programmierpositionen (Fuse Numbers).

Der Schaltkreis hat 16 Eingänge und 2 Ausgänge. Jedem der ODER-Verknüpfungen (4) sind acht 32-fach-UND-Verknüpfungen (3) vorgeschaltet. Die Eingangspuffer (1) liefern wahre und invertierte Signale an die Wortleitungen (2), die über durchschmelzbare Verbindungen mit den Produkttermleitungen (3) verknüpft sind.

Jede der beiden UND-ODER-Anordungen ermöglicht es, eine Boolesche Gleichung zu implementieren, die maximal 16 Variable hat und deren DNF aus höchstens 8 UND-Termen besteht (wobei es gleichgültig ist, wie viele Variable der einzelne UND-Term enthält).

Rückführungen Die Flipflop-Ausgänge sind auf die UND-Gatter-Matrix zurückgeführt und können so in die Bildung von Produkttermen einbezogen werden. Das ermöglicht es, in solchen PALs auch Zähler, Schieberegister usw. zu realisieren.

Asynchrone Flipflops Es gibt PAL-Typen, die asynchron setz- bzw. rücksetzbare Flipflops enthalten. Abb. 11.11 zeigt ein Beispiel (einer der Ausgänge ist genauer dargestellt).

Erklärungen zu Abb. 11.9

1: UND-ODER-Struktur; 2: Flipflop; 3: gemeinsamer Takt; 4: Rückführung des Flipflop-Ausgangs; 5: Tri-State Ausgangstreiber; 6: gemeinsames Aufschalterlaubnissignal (Output Enable); 7: kombinatorische Ausgangssignale.

Das Flipflop und seine Zusatzbeschaltung bilden hier eine Art Makrozelle (Output Logic Macrocell OLMC), die sehr vielseitig programmiert werden kann. So kann man durch passendes Programmieren das Flipflop umgehen (Bypass) und kommt so zu einem rein kombinatorisch angesteuerten Ausgang. Auch wird der Takt über besondere Produktterme aus der UND-Anordnung gebildet. Es lässt sich also für jedes Flipflop eine gesonderte Taktsteuerung vorsehen.

Erklärungen zu Abb. 11.11

1: Eingänge; 2: UND-Anordnung; 3: ODER-Verknüpfung; 4: XOR-Gatter zum Programmieren der ausgangsseitigen Polarität (aktiv High oder aktiv Low); 5: Flipflop; 6: gemeinsamer Ladetakt (wirkt asynchron durch Setzen/Rücksetzen des Flipflops); 7: einzeln über UND-Verknüpfungen gebildete Steuersignale (Setzen, Rücksetzen, Takt); 8: Erlaubnissignalbildung für Tri-State-Ausgang; 9: Anschluss kann als einzelner asynchron wirkender Ladetakteingang genutzt werden; 10: E-A-Anschlüsse; 11: gemeinsamer Erlaubnissignaleingang; 12: Rückführung vom Anschluss (10) auf die UND-Anordnung (E-A-Anschluss als Eingang genutzt).

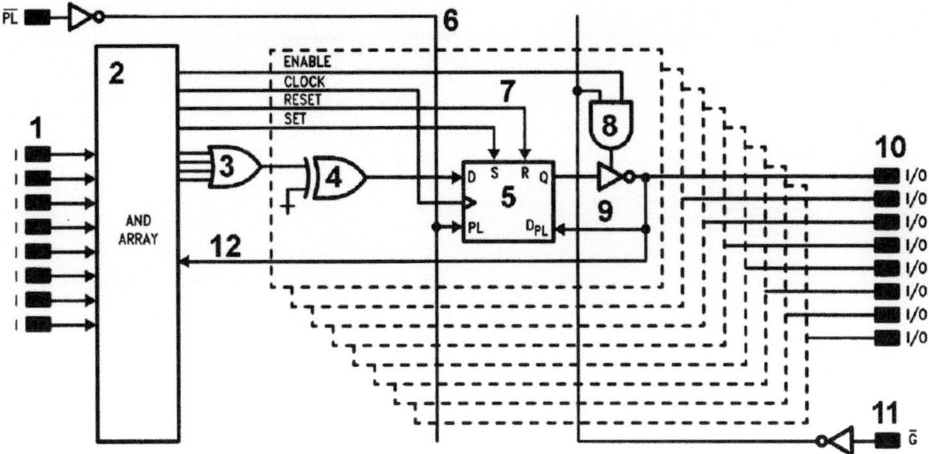

Abb. 11.11 Blockdiagramm PAL 16RA8

Kennwerte von sequenziellen PALs
Schottky-TTL: Durchlaufverzögerung: 25 ns, Taktfrequenz bei Nutzung von Rückführungen: 37 MHz, Taktfrequenz ohne Nutzung von Rückführungen: 50 MHz. ECL: Durchlaufverzögerung: 4...6 ns, Taktfrequenz: 117...200 MHz.

11.4.4 GAL

GALs sind sozusagen universelle PALs, die elektrisch programmier- und löschbar sind. Sie enthalten EEPROM- oder Flash-Speicherzellen. Die typische GAL-Grundstruktur ist: Programmierbare UND-Verknüpfungen, fest nachgeschaltete ODER-Verknüpfungen, programmierbare Funktionsblöcke (Output Logic Macrocells; OLMCs), Ausgänge. Auf dieser Grundlage kann man sowohl kombinatorische als auch sequenzielle Schaltungen verwirklichen, im Vergleich zu PALs kommt man mit einem geringeren Schaltkreissortiment aus. Abgesehen von der Vielseitigkeit und vom anderen Programmierverfahren bieten die GALs dem Schaltungsentwickler die gleichen Möglichkeiten wie entsprechend ausgewählte PALs.

Erklärungen zu Abb. 11.12
1: gemeinsamer Takteingang; 2: Eingänge; 3: E-A-Anschlüsse, wahlweise als Eingänge, als Ausgänge oder bidirektional; 4: gemeinsamer Erlaubnissignaleingang; 5: Weiterschaltung zur nächsten Makrozelle (zur besseren Ausnutzung der E-A-Anschlüsse. Es kann sein, dass eine Zelle „ihren" Anschluss gar nicht verwendet. Er kann dann trotzdem als Eingang genutzt werden, indem er über die Rückführung in der benachbarte Zelle an die UND-Anordnung angeschlossen wird.); 6: UND-Anordnung; 7: Makrozellen. Der Schalt-

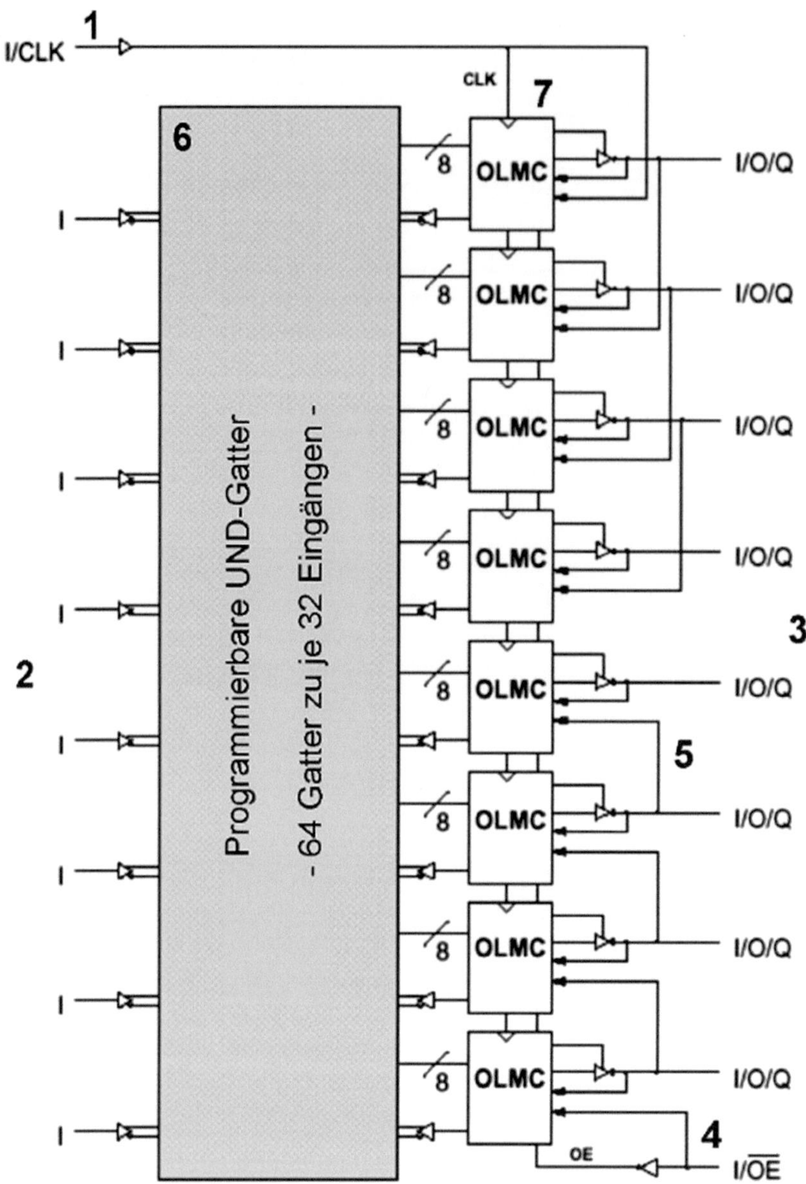

Abb. 11.12 GAL 16V8 (Lattice)

kreis hat 8 Eingänge und 8 E-A-Anschlüsse. Jedem E-A-Anschluss ist eine Makrozelle (Abb. 11.13) vorgeschaltet. Die UND-Verknüpfungen betreffen alle 16 Signale (8 von den Eingängen (2) und 8 Rückführungen aus den Makrozellen (7)). Jede Makrozelle hat ein vorgeschaltetes Achtfach-ODER. Die UND-Anordnung (6) enthält somit $8 \times 8 = 64$ UND zu 32 Eingängen (= 16 Variable direkt und negiert).

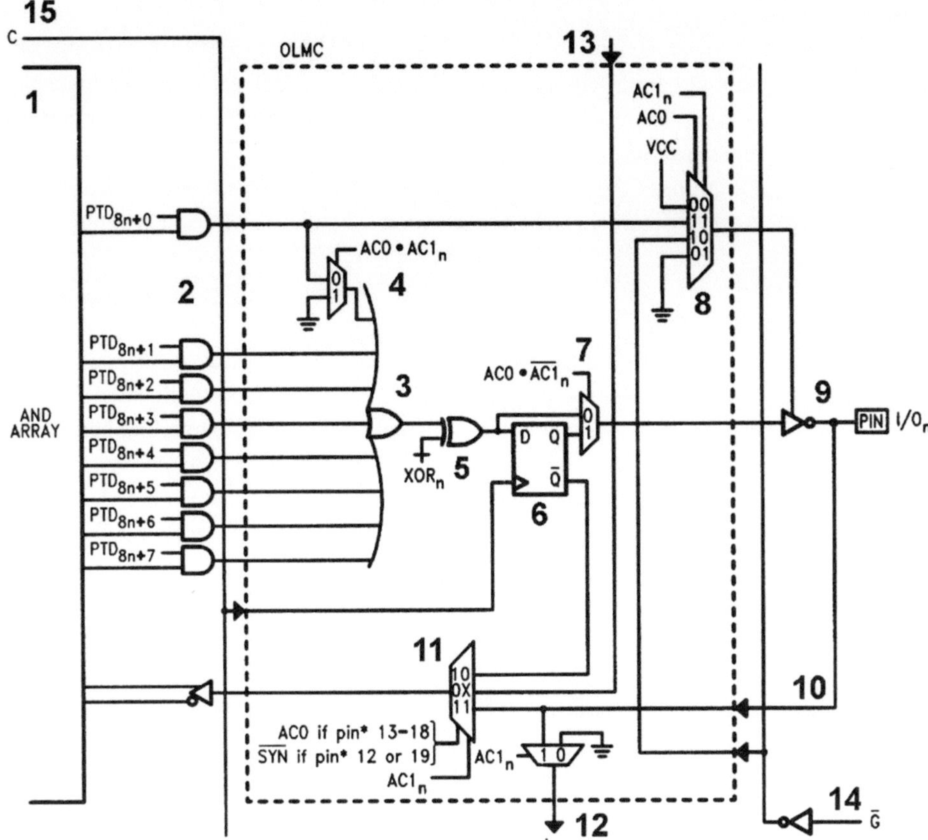

Abb. 11.13 Die Makrozelle (Output Logic Macrocell; OLMC) eines GAL 16V8

Erklärungen zu Abb. 11.13

1: UND-Anordnung; 2: Produkttermabschaltung (PTD = Product Term Disable. Produkttermleitungen, die gar nicht genutzt werden, schaltet man über eine weitere programmierbare UND-Verknüpfung ganz ab. Sinn: Strom sparen, Verringerung der Störbeeinflussung.); 3: 8-fach-ODER; 4: programmiertes Abzweigen eines Produktterms (einer der 8 Produktterme kann genutzt werden, um das Aufschalterlaubnissignal für den Tri-State-Ausgang zu bilden. Wird das so programmiert, stehen der „eigentlichen" Verknüpfung nur noch 7 Produktterme zur Verfügung.); 5: XOR-Gatter zum Programmieren der ausgangsseitigen Polarität (aktiv High oder aktiv Low); 6: D-Flipflop; 7: programmierbare Umgehung (Bypass); 8: Wahl des Aufschalterlaubnissignals; 9: Tri-State-Ausgangstreiber; 10: Eingangsleitung vom E-A-Anschluss; 11: Wahl der Rückführung auf die UND-Anordnung; 12: Weiterreichen des Eingangssignals zur nächsten Makrozelle; 12: Eingangssignal von vorhergehender Makrozelle; 14: gemeinsamer Erlaubnissignaleingang; 15: gemeinsamer Takteingang.

11.4.5 CPLD

Komplexe programmierbare Logikschaltkreise haben – im Vergleich zu „gewöhnlichen“ PALs und GALs – komplexere Makrozellen (mehr Funktionen, flexibler programmierbar) und vielseitiger nutzbare Schaltkreisanschlüsse. Manche Typen bieten außerdem kombinatorische Verknüpfungsmöglichkeiten, die über einfache UND-ODER-Strukturen hinausgehen. Der Aufbau derartiger Schaltkreise wird anhand eines Beispiels veranschaulicht.

Erklärungen zu Abb. 11.14

1: E-A-Anschlüsse; 2: Takt- und Rücksetzanschlüsse; 3: E-A-Blöcke; 4: Koppelfeld; 5: Funktionsblöcke mit Makrozellen; 6: Steuerung der Programmierschnittstelle; 7: Programmiersteuerung; 8: JTAG-Programmierschnittstelle. Die Programmierung beruht auf Flash-Speicherzellen. Die CPLDs können in eingebautem Zustand programmiert werden (In-System Programming über die JTAG-Schnittstelle). Die verschiedenen Schaltkreise unterscheiden sich vor allem in der Anzahl der Funktionsblöcke und der E-A-Anschlüsse. Der einzelne Funktionsblock (5) ist eine Anordnung aus 18 Makrozellen mit vorgeschalteten UND-ODER-Verknüpfungen (Abb. 11.15).

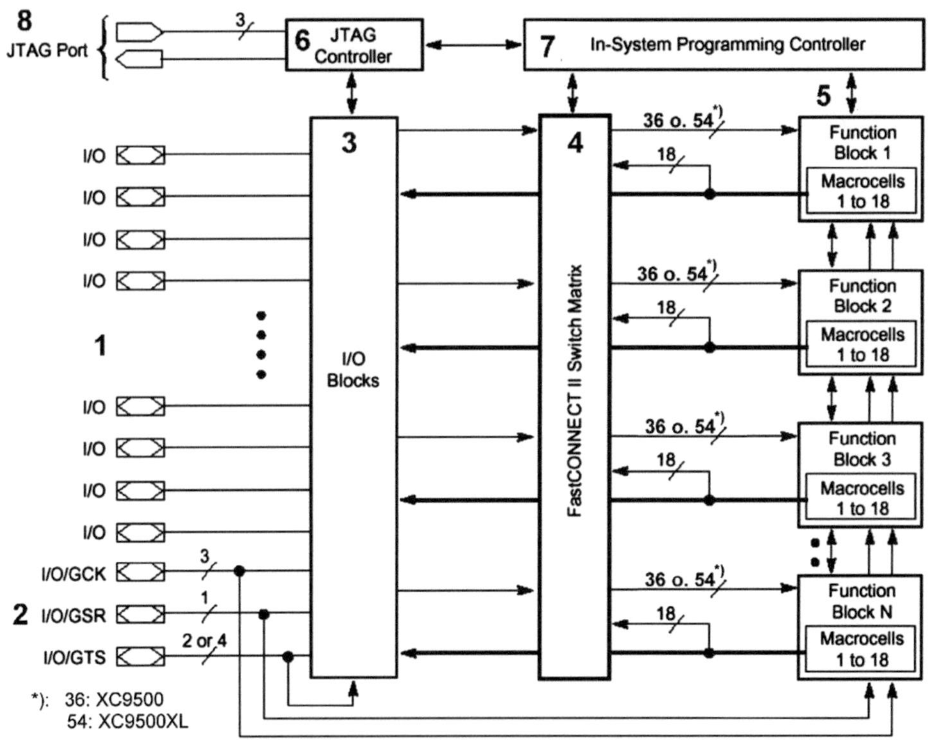

Abb. 11.14 Eine CPLD-Schaltkreisfamilie im Blockschaltbild (XC9500/9500XL; Xilinx)

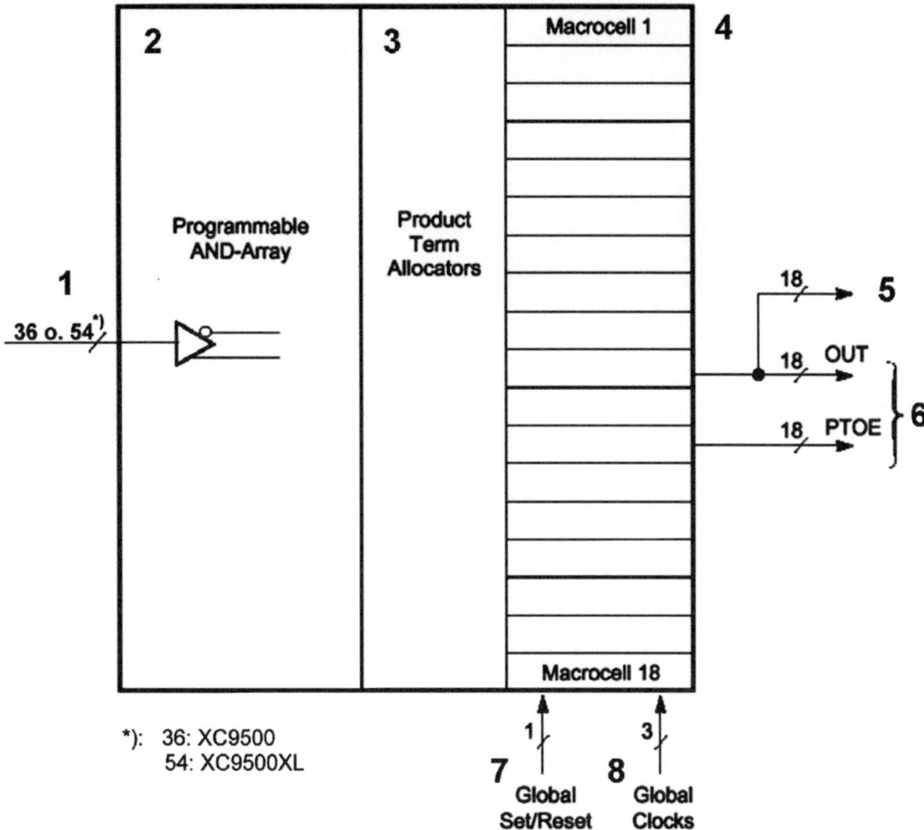

Abb. 11.15 Ein Funktionsblock im Überblick (XC9500/9500XL; Xilinx)

Erklärungen zu Abb. 11.15

1 : 36 oder 54 Eingänge aus dem Koppelfeld; 2: UND-Anordnung (90 Produktterme zu 36 oder 54 Variablen); 3: Produkttermzuordner; 4: Makrozellen (Abb. 11.16); 5: Ausgänge zum Koppelfeld, 6. Ausgänge zu den E-A-Blöcken (OUT = Ausgangssignal, PTOE = Aufschalterlaubnissignal); 7: globales Rücksetzsignal; 8: globale Takte.

Globale Signale: Takt-, Setz- und Rücksetzsignale können global (alle Makrozellen des Schaltkreises betreffend) über bestimmte Anschlüsse (Position (2) in Abb. 11.14) zugeführt werden. Wird ein globales Signal nicht benötigt, so ist der betreffende Anschluss als allgemeiner E-A-Anschluss verfügbar.

Erklärungen zu Abb. 11.16

1: Eingänge vom Koppelfeld; 2: Produkttermbildung; 3: Produkttermzuordner; 4: weitere Produktterme; 5: globales Setzen und Rücksetzen; 6: globale Takte; 7: Flipflop; 8: Setzsignalauswahl; 9: Rücksetzsignalauswahl; 10: ODER-Verknüpfung; 11: steuerbare

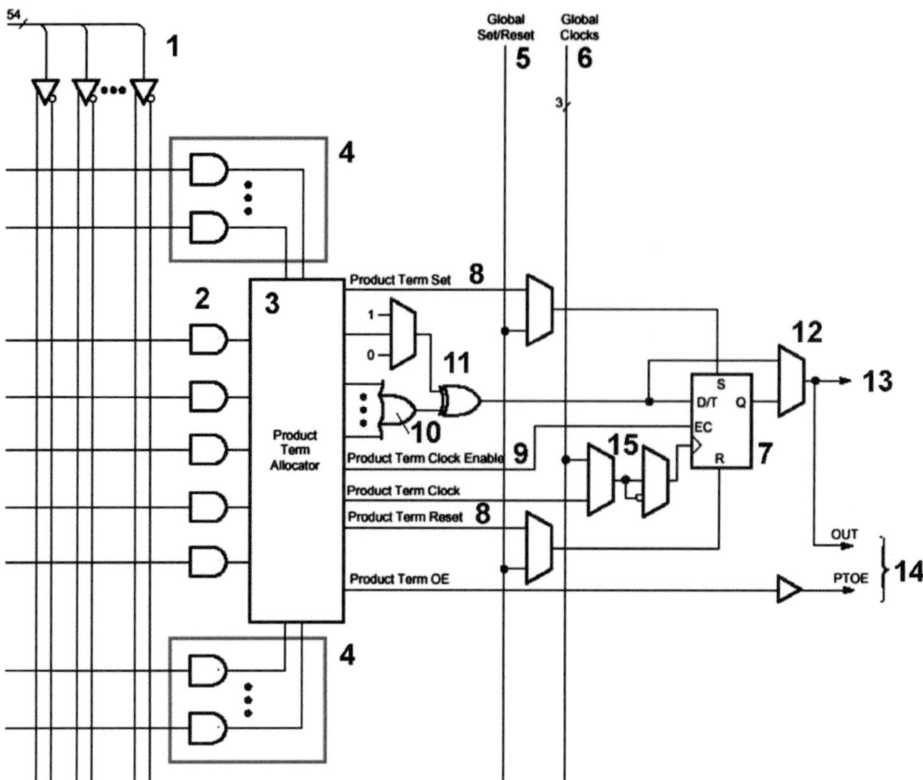

Abb. 11.16 Eine Makrozelle im Blockschaltbild (XC9500XL; Xilinx)

Negation; 12: Umgehung des Flipflops (Bypass); 13: Ausgang zum Koppelfeld; 14: Ausgänge zu den E-A-Blöcken; 15: Taktauswahl (Quelle und Polarität).

Produktterme und Produkttermzuordner: Jede Makrozelle bildet intern 5 Produktterme (UND- Verknüpfungen) über die 54 Signale (36 bei XC9500), die aus dem Koppelfeld kommen. Davon können einzelne Produktterme zum Bilden besonderer Signale verwendet werden (Setzen, Rücksetzen, Negation des Datensignals), Takt, Aufschalterlaubnis). Der Produkttermzuordner (3) schaltet die Produktterme entweder zu diesen Signalen durch oder führt sie auf die ODER-Verknüpfung (10). Im Extremfall enthält eine Makrozelle ein fünffach-ODER über fünf 108-fach-UND (54 Variable negiert und nicht negiert). Das Flipflop kann als D-Flipflop oder als T-Flipflop programmiert werden. Zudem hat es einen Takterlaubniseingang (9), kann also auch mit gesteuertem Takt betrieben werden.

Erklärungen zu Abb. 11.17

1: Eingänge zum Koppelfeld; 2, 3, 4: globale Erlaubnissignale (zu allen E-A-Blöcken); 5: Eingangspuffer; 6: Ausgangstreiber; 7: Aufschalterlaubnisauswahl (nie/immer/eines

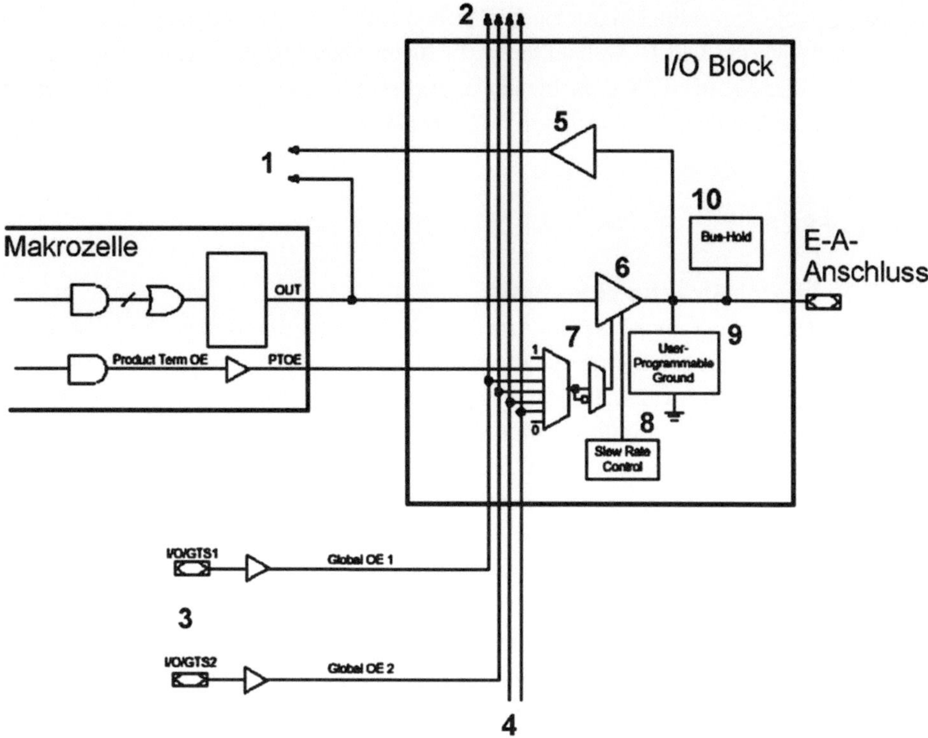

Abb. 11.17 Ein E-A-Block im Blockschaltbild (Xilinx)

der globalen Signale/UND-Term aus Makrozelle); 8: Programmierung der Flankensteilheit (schnell oder langsam); 9: programmierbare Masseverbindung; 10: Bushalteschaltung.

Jeder E-A-Anschluss ist auf einen E-A-Block geführt. Dort werden die Ein- und Ausgangswege voneinander getrennt. Die Eingänge werden zunächst auf das Koppelfeld geführt und können so beliebigen Funktionsblöcken und Makrozellen zugewiesen werden. Die Ausgangssignale sind hingegen an fest zugeordnete Makrozellen angeschlossen.

Die Besonderheiten des E-A-Blocks:

- Programmierbare Flankensteilheit. Sofern nicht höchste Geschwindigkeit gefordert ist, kann im Interesse der Störsicherheit die Flankensteilheit herabgesetzt werden.
- Programmierbare Masseverbindung. Ein Digitalschaltkreis hat nie genug Masseverbindungen. Diese Vorkehrung ermöglicht es, ungenutzte Anschlüsse als zusätzliche Masseverbindungen auszunutzen.
- Bushalteschaltung. Hält einen inaktiven (hochohmigen) Anschluss auf dem jeweils letzten Pegel.

Das Koppelfeld (bei Xilinx „FastConnect Switch Matrix“): Dies ist jene Funktionseinheit, in der sich die CPLD-Architekturen vor allem unterscheiden. Xilinx hat hier ein echtes Crossbar-Netzwerk (Kreuzschienenverteiler) vorgesehen, das wirklich jeden seiner Eingänge zu jedem Funktionsblock durchschalten kann.

11.4.6 FPGA

11.4.6.1 Interne Struktur eines FPGA

Ein FPGA (Field Programmable Gate Array) ist ein Baustein zum Aufbau digitaler Schaltungen. Die Funktion des Bausteins ist zunächst nicht festgelegt, sie kann spezifischen Anforderungen angepasst werden. Um dies zu ermöglichen, besteht ein FPGA aus vielen kleinen Funktionsblöcken. In diesen Funktionsblöcken ist jeweils eine einfache logische Funktion realisiert. Die einzelnen Funktionsblöcke können über ein Netzwerk von Verbindungen miteinander verknüpft werden. Durch diese Verbindungen entsteht als personalisierte Schaltung das fertige Endprodukt.

Wie erwähnt basiert die interne Struktur der FPGAs auf vielen, relativ kleinen logischen Blöcken (LBs), die meist weniger Eingänge als eine PLD-Makrozelle besitzen. Sie sind dafür aber in größerer Anzahl vorhanden und auf dem Chip so angeordnet, dass sie möglichst beliebig miteinander verbunden werden können. Die Verdrahtung der LBs untereinander erfolgt über eine Matrix von programmierbaren Verbindungsleitungen. Außer logischen Funktionen stehen auch Flipflops und Register auf dem Chip zur Verfügung, somit können auch Aufgaben mit Speicherfunktionen realisiert werden.

Entsprechend dem Aufbau der FPGAs kann man *rekonfigurierbare* und *nicht rekonfigurierbare* Typen unterscheiden. Bei den rekonfigurierbaren werden zum Speichern der Konfiguration wiederbeschreibbare Speichermedien verwendet, z. B. ein SRAM oder EPROM. Die nicht rekonfigurierbaren Typen verwenden Antifuses für die Speicherung der Konfiguration. Damit ist es nur ein einziges Mal möglich, eine Konfiguration in den Baustein zu schreiben.

11.4.6.2 Vorteile von FPGAs, Anwendungsgebiete

FPGAs schließen die Lücke zwischen Standardbausteinen wie Mikroprozessoren auf der einen und ASICs auf der anderen Seite. Der Vorteil von Mikroprozessoren liegt in der preiswerten Massenproduktion. Der Entwickler kann durch ein Programm (Software) den Baustein an die Aufgabe anpassen. Mikroprozessoren eignen sich jedoch nicht für unverzögerte oder parallele Berechnungen. Für diese Aufgaben können ASICs eingesetzt werden, die für eine Anwendung speziell entwickelt und dabei an eine Aufgabe genau angepasst werden. Die Herstellung eines ASIC dauert jedoch sehr lange und ist nur für sehr große Mengen rentabel. ASICs sind speziell für große Serien geeignet, während Standardbausteine auch bei kleinen Serien kostengünstig eingesetzt werden können, solange die Anwendung nicht zeitkritisch ist.

FPGAs schließen diese Lücke. Einerseits ist der physikalische Aufbau immer der gleiche, es ist also eine kostengünstige Massenproduktion möglich. Andererseits kann der Entwickler die Bausteine genau auf seine Bedürfnisse abstimmen, indem er eine Konfiguration in das FGPA lädt.

Nachdem die Konfiguration feststeht, ist das Zeitverhalten von FPGAs berechenbar, man kann also auch zeitkritische Anwendungen realisieren. Das Laden der Konfiguration in den Baustein erfolgt relativ schnell, je nach Bauart zwischen einer Sekunde und einigen Minuten.

Reprogrammierbare FPGAs haben einen speziellen Bereich der Computertechnik erst in nutzbarem Umfang realisierbar gemacht: Selbstkonfigurierende Systeme. Diese konfigurieren sich zur Laufzeit entsprechend der geforderten Eigenschaften (z. B. spezielle mathematische Algorithmen) um und erlangen damit bisher unerreichte Verarbeitungsgeschwindigkeiten und Parallelität.

FPGAs werden gerne zur Echtzeit-Verarbeitung von Algorithmen genutzt, speziell zur Signalverarbeitung (z. B. FFT, FIR), Protokoll-Abarbeitung wie GPRS (General Packet Radio Services), Kodierung, Fehlerkorrektur. Immer dann, wenn die Bearbeitung eines Datenstroms nicht mehr von einer CPU bewältigt werden kann, können FPGAs eingesetzt werden. FPGAs bieten die Möglichkeit Informationen massiv parallel zu verarbeiten. Dadurch benötigen FPGAs nicht so hohe Taktfrequenzen wie Prozessoren, welche einen Programmfluss sequenziell verarbeiten.

Besonders in Bereichen, in denen Algorithmen bzw. Protokolle einer schnellen Weiterentwicklung unterliegen, ist die Verwendung rekonfigurierbarer FPGAs statt ASICs vorteilhaft. Anstatt ein IC neu zu fertigen und auszutauschen muss nur die Firmware aktualisiert werden.

Die inzwischen erreichte Anzahl von Logikblöcken erlaubt die Integration mehrerer eingebetteter Computersysteme in einen einzigen FPGA-Baustein inklusive CPU(s), Bussystem(en), RAM mit Controller, ROM, Peripherie-Controller etc.

11.4.6.3 Aufbau eines FPGA

Logikblock

Ein FPGA besteht aus vielen kleinen logischen Einheiten. Diese so genannten „Logic Blocks“ (LBs) enthalten einfache logische Schaltungen und können auch konfiguriert werden. In den programmierbaren Logikblöcken können logische Operationen wie AND, OR, NOT, XOR realisiert werden. Außerdem ist ihnen ein Speicherelement nachgeschaltet, das als Flipflop oder Latch verwendet werden kann bzw. für eine rein kombinatorische Funktion überbrückt wird.

Hinsichtlich der Logikblöcke werden zwei Eigenschaften der FPGAs unterschieden: Granularität und Gatteräquivalente.

1. Granularität
   Unter der Granularität eines FPGAs versteht man die Größe und Komplexität der internen Logikblöcke. Man bezeichnet ein FPGA als *feinkörnig*, wenn die Logikblöcke

eher klein sind. Diese besitzen dann nur wenige Ein- und Ausgänge und implementieren in einem Block nur wenig Logik. In diesem Fall muss man seine Schaltung aus vielen kleinen Einheiten zusammenfügen. Dieser Ansatz ist synthesefreundlich, das Zusammenbauen können automatische Werkzeuge übernehmen. Auch die Fläche des Bausteins wird mit kleinen Logikblöcken besser ausgenutzt. Nachteilig ist, dass viele Verbindungen nötig sind.
Ein FPGA ist *grobkörnig*, wenn die Logikblöcke relativ groß sind und viel Logik implementieren. Dieser Aufbau ist zwar nicht so synthesefreundlich und die Ausnutzung der Fläche ist nicht optimal, dafür bringt aber diese Variante Geschwindigkeitsvorteile. Das Optimum ist vom spezifischen Anwendungsfall abhängig.
2. Gatteräquivalente
Die Gatteräquivalente sind ein Maß für die Anzahl der logischen Einheiten auf einem Baustein. Ein Gatteräquivalent entspricht dabei einem NAND-Baustein mit zwei Eingängen. Obwohl dieses Maß von jedem Hersteller verwendet wird, ist die Beurteilung von FPGAs nach Gatteräquivalenten problematisch, da jeder Hersteller die Gatteräquivalente anders misst und deshalb Bausteine unterschiedlicher Hersteller nicht verglichen werden können.

Aufbau von Logikblöcken
Beim internen Aufbau der Logikblöcke kann man drei Konzepte unterscheiden:

1. Lookup Tables
Diese Technik wird oft in SRAM-basierten FPGAs verwendet. Dabei adressieren die Eingangssignale den Speicher, der Wert der adressierten Speicherzelle entspricht dann dem Ergebnis, welches zu den Eingangssignalen ausgegeben werden soll. Man beschreibt den Speicher also derart, dass zu jeder Eingangskombination der entsprechende Wert der Logikfunktion ausgegeben wird.
Normalerweise wird der Speicher nur beim Konfigurieren beschrieben. Es ist aber auch möglich, dass die Anwendung ihren Speicher selbst verändert. Die Schaltung kann sich dann selbst anpassen.
2. Multiplexer
Diese Technik wird oft in Antifuse-FPGAs verwendet. Das Ausgangssignal wird dabei aus den Eingangssignalen mittels eines Multiplexers ausgewählt. Obwohl die Technik an sich sehr einfach ist, lassen sich damit sehr komplexe Schaltungen entwickeln. Der Ansteuereingang des Multiplexers wird dabei von einem anderen Signal der Anwenderschaltung angesteuert.
3. Sea of Gates
Bei dieser Technologie besteht ein Logikblock aus Transistoren, die über programmierbare Verbindungen miteinander verbunden werden können. Daraus entsteht dann die entsprechende Logikschaltung.

Zusätzlich zu den Logikblöcken enthalten die Bausteine auch Ein-/Ausgabeblöcke. Diese sind am Rand der Chips angesiedelt und kümmern sich um den Signalaustausch mit der Außenwelt. Die I/O-Blöcke können dabei sowohl Schutzschaltungen beinhalten als auch eine Signalaufbereitung durchführen, z. B. kann die Ausgangsspannung an den jeweiligen Standard angepasst werden (TTL, CMOS usw.). Außerdem können in den Ein-/Ausgabeblöcken auch Register zum Zwischenspeichern und Ausgangstreiber zur Aufbereitung der Ausgangssignale enthalten sein.

11.4.6.4 Architektur und Verdrahtung

Kanalorientierte Struktur
Die Logikblöcke sind bei dieser Architektur in horizontalen Reihen angeordnet. Dazwischen befinden sich die Verdrahtungsressourcen. Diese bestehen aus verschieden langen Verbindungssegmenten, deren Verbindungen untereinander konfigurierbar sind. So genannte Longlines sind Verbindungsleitungen, die über die gesamte Breite des Chips laufen. Die Logikblöcke sind in Relation zu den Verdrahtungskanälen klein. Ihre Anschlüsse ragen nach unten und oben in die Verdrahtungskanäle hinein.

Diese Ein- und Ausgänge der Logikblöcke können mittels programmierbarer Verbindungen an die Leitungen im Verdrahtungskanal angeschlossen werden. Außerdem laufen auf einer anderen Ebene innerhalb des Chips auch vertikale Verbindungsleitungen, sodass auch Verbindungen von oben nach unten möglich sind.

Symmetrische Arrays
Bei diesem Aufbau sind die Logikblöcke regelmäßig auf dem Chip verteilt. Dazwischen befindet sich die so genannte Interconnect-Area. In diesem Bereich sind Leitungssegmente angeordnet. Man kann verschiedene Arten von Leitungen unterscheiden: Zunächst gibt es direkte Verbindungen zu den Nachbarzellen. Daneben gibt es genau wie bei der kanalorientierten Struktur Longlines, welche über den ganzen Chip laufen. An den Kreuzungspunkten der Interconnect-Area gibt es Switches. Diese Switches sind mit einer dritten Klasse von Verbindungen verbunden. Der Switch kann konfiguriert werden und ermöglicht es so, Verbindungen von Switch zu Switch zu schalten.

11.4.6.5 Wahl eines FPGA

Angesichts der vielen verschiedenen Technologien stellt sich die Frage, welche die Beste ist. Die Antwort ist: Das hängt ganz davon ab, was mit dem FPGA realisiert werden soll. Man muss bei der Auswahl eines FPGAs die folgenden Faktoren berücksichtigen:

1. Granularität: Anzahl und Größe der Logikblöcke
2. Aufbau der Logikblöcke
3. Art und Anzahl der Verbindungsleitungen
4. Anordnung der Zellen und Verbindungsleitungen
5. Programmiertechnologie.

Vor allem das Verhältnis zwischen dem Aufbau der Logikblöcke und der Anzahl der Verbindungsleitungen muss stimmen. Ein FPGA mit kleinen Logikblöcken benötigt viele

Verbindungen, wenn komplexe Funktionen berechnet werden sollen. Große Logikblöcke wirken sich dagegen nachteilig auf den Ausnutzungsgrad aus:

$$\text{Ausnutzungsgrad} = \text{Anzahl der genutzten Gatter} : \text{Anzahl der verfügbaren Gatter}$$

Ein Ausnutzungsgrad von 80 bis 95 % ist erreichbar.

11.4.6.6 Programmiertechnologien

Die Firmware für ein FPGA wird entweder mittels einer Hardware-Beschreibungssprache, zum Beispiel VHDL oder Verilog, oder grafisch durch einen Schaltplan erstellt. Auch mit den grafischen Programmiersystemen LabVIEW oder Matlab Simulink ist die Erstellung von Firmware möglich.

Die Verfahren der Programmierung von FPGAs unterscheiden sich hauptsächlich hinsichtlich der folgenden Gesichtspunkte:

1. Rekonfigurierbarkeit
   Ist es möglich, den gleichen Baustein mehrfach zu konfigurieren?
2. Schutz der Innovation
   Wie schwer ist es, das Layout der Schaltung aus dem fertigen Baustein zu extrahieren?
3. Aufwand und Zeitbedarf der Programmierung
   Wie lange benötigt man für den Programmiervorgang? Benötigt man ein Programmiergerät? Ist das Programmieren in einer fertig aufgebauten Platine möglich?

In erster Linie kann man zwischen rekonfigurierbaren und nicht rekonfigurierbaren (irreversiblen) Verfahren unterscheiden.

Rekonfigurierbare Verfahren

Bei diesen Verfahren erfolgt die Personalisierung durch das Laden der Konfigurationsdaten in einen wiederbeschreibbaren Speicher wie SRAM, (E)EPROM oder Flash-EPROM. Mit dem Ausgangssignal einer Speicherzelle können dann verschiedene Elemente des FPGA angesteuert werden:

1. Durchgangsgatter
   Dieses wird auch als Programmable Interconnect Point (PIP) bezeichnet und dient als Verbindungselement. Je nach Zustand der Speicherzelle sind die angeschlossenen Leitungen verbunden oder nicht.
2. Multiplexer
   Durch den Zustand der zugehörigen Speicherzelle wird entschieden, welches Eingangssignal des Multiplexers auf den Ausgang durchgeschaltet wird.
3. Lookup Tables
   Unter Lookup Table versteht man eine Tabelle im Speichermedium. Diese Tabelle kann durch die Eingangssignale eines Bausteins adressiert werden. Um mit dieser Ta-

belle eine bestimmte boolesche Funktion zu realisieren, schreibt man einfach in die entsprechende Speicherzelle das Ergebnis der zugehörigen Eingangssignale.
Konkret muss man also für n Eingänge 2^n Speicherzellen bereitstellen, da für jede der Eingangskombinationen ein Ergebnis bereitstehen muss.

SRAM-Zellen SRAM-Zellen sind flüchtig, das Programm geht also nach jedem Stromausfall verloren. Daher muss bei jedem Neustart die Konfiguration aus einem nichtflüchtigen Speicher wie einem EEPROM erneut eingelesen werden. Die SRAM-Zellen sind zumeist zu einem einzigen, langen Schieberegister zusammengefasst. Die Konfiguration kann folglich aus einem Bitstream heraus direkt in das Register geladen werden. Dafür gibt es verschiedene Konfigurationsmodi.

1. Aktiv-Modus (Master Mode)
   Das FPGA selbst erzeugt die Steuer- und Adresssignale und liest seine Konfiguration selbstständig aus. Dabei kann als nichtflüchtiger Speicher sowohl ein serielles als auch ein paralleles EEPROM, ROM etc. verwendet werden.
2. Passiv-Modus (Slave-Mode)
   Die Konfiguration wird in diesem Modus mittels eines extern erzeugten Taktsignals in das FPGA eingeschrieben. Der Takt dazu kann von einem Mikrorechner o. ä. erzeugt werden. Eine Variante des Passiv-Modus ist die Konfiguration mehrerer FPGAs in Kaskade: Sobald das erste FPGA seine eigene Konfiguration erhalten hat, leitet es alle weiteren Daten an die nachfolgenden FPGAs weiter (daisy chain). Wenn man also z. B. drei FPGAs konfigurieren will, so muss der Bitstream die dreifache Länge eines Bitstreams für nur einen FPGA haben. Die Konfigurationsdaten werden dabei einfach hintereinandergehängt.
3. Peripherie-Modus
   Das FPGA wird als Peripheriebaustein an den Systembus eines Mikrorechners angeschlossen. Die Konfiguration kann dann durch das Programm des Mikrorechners geschrieben werden. Eventuell ist es auch möglich, die Konfiguration durch den Mikrorechner erstellen zu lassen. So kann man eine genaue Anpassung an die jeweiligen Erfordernisse erreichen.
   Die Konfiguration dauert bei gebräuchlichen FPGAs ca. 10...250 ms. Die genaue Dauer ist dabei von der Länge des Bitstreams und der maximalen Taktrate, mit welcher der Bitstream eingeschrieben werden kann, abhängig.

Interessant für das Debugging der Konfiguration des FPGA ist das so genannte Readback: Darunter versteht man das Auslesen der aktuellen Konfiguration aus dem Baustein. Wenn der Baustein in der Lage ist, den Speicher während des Betriebes zu ändern, erhält man durch das Readback oft auch den aktuellen Zustand der Anwenderschaltung zurück. Dies kann die Fehlersuche erheblich erleichtern.

EPROM-Zellen Diese Zellen sind wiederbeschreibbar, behalten jedoch auch bei einem Stromausfall ihre Daten. EPROM-Zellen können nur durch die Bestrahlung mit UV-Licht gelöscht werden. Bei EEPROM- und Flash-EPROM-Zellen kann das Löschen auch elektrisch erfolgen.

Irreversible Verfahren

Bei diesen Verfahren wird die Konfiguration einmalig und unveränderlich in das FPGA übertragen. Man benutzt dabei so genannte „Antifuses" als Programmierelemente. Dies sind in ihrer Funktion genau umgekehrt zur Schmelzsicherung (fuse). Durch Anlegen einer relativ hohen Spannung wird eine isolierende Schicht aufgeschmolzen und so eine leitende Verbindung hergestellt. Dieser Vorgang ist irreversibel.

Die Programmierung ist dauerhaft. Die Isolationsschicht löst sich jedoch mit der Zeit auf und begrenzt so die Lebensdauer der Bausteine auf 30 bis 40 Jahre. Vorteilhaft ist, dass wirklich nur dort programmiert werden muss, wo eine Verbindung notwendig ist. Daher müssen in der Regel nur etwa 2 bis 4 % der Antifuses eines FPGA programmiert werden. Nachteilig ist, dass zur Programmierung der Baustein in ein spezielles Programmiergerät eingesetzt werden muss.

Zusammenfassung

FPGAs sind Bausteine, die in großer Zahl bei einem Chiphersteller gefertigt werden. Die Konfiguration kann danach durch den Entwickler selbst erfolgen. Es wird zwischen rekonfigurierbaren und nicht rekonfigurierbaren Typen unterschieden. Der Vorteil von FPGAs liegt einerseits darin, dass völlig neue Anwendungen durch die Rekonfigurierbarkeit entstehen. Andererseits schließen FPGAs auch die Lücke zwischen ASICs und Mikroprozessoren.

FPGAs sind aus Logikblöcken aufgebaut. Dies sind kleine Einheiten, die vordefinierte Funktionen erfüllen können. Die Funktionsweise der Logikblöcke kann individuell konfiguriert werden. Die Logikblöcke sind auf dem Chip so angeordnet, dass sie mittels der konfigurierbaren Verdrahtungsressourcen optimal miteinander verbunden werden können.

Liste verwendeter Formelzeichen

A	Sperrschichtfläche
A	Leuchtfläche
A	Stromverstärkung des Bipolartransistors in Basisschaltung
A_I	inverse Stromverstärkung, Rückwärtsstromverstärkung
A_D	Differenzverstärkung
a	Beschleunigung
a	Ausräumfaktor
B	magnetische Flussdichte
B	Gleichstromverstärkungsfaktor
B	Mess-Bandbreite (betrachtetes Frequenzintervall)
C	Kapazität
C	Temperaturkonstante
$CMRR$	Gleichtaktunterdrückung
C_G	Gehäuse-Kapazität
C_K	Koppelkapazität
C_S	Sperrschichtkapazität
C_G	Gatekapazität
C_{S0}	Null-Kapazität
C_{EBO}	Emittersperrschichtkapazität
C_{CBO}	Kollektorsperrschichtkapazität
c	Lichtgeschwindigkeit
c_D	Diffusionskapazität
c_{S0}	flächenbezogene Kapazität des spannungslosen pn-Übergangs
D	differenzieller Rückwirkungsfaktor
D	Tastverhältnis
D_n	Diffusionskonstante für Elektronen
D_p	Diffusionskonstante für Löcher
E	elektrische Feldstärke
E	Energiewert
E	kinetische Energie
E_g	Bandabstand, Bandlücke, Energielücke

L. Stiny, *Aktive elektronische Bauelemente*, https://doi.org/10.1007/978-3-658-24752-2

ΔE_g	Energieabstand
ΔE	Energiebreite, Halbwertsbreite
E_V	obere Bandkante Valenzband
E_C	untere Bandkante Leitungsband
E_D	Energieniveau unterhalb der Leitungsbandkante
E_A	Energieniveau über der Valenzbandkante
E_F	Fermi-Niveau
E_{EA}	Elektronenaffinität
E_H	Austrittsarbeit
e	Basis des natürlichen Logarithmus, Euler'sche Zahl ($= 2{,}718$)
e	Elementarladung (Betrag)
F	Kraft
F	Rauschzahl
$F_X(\alpha)$	Wahrscheinlichkeitsverteilung, Verteilungsfunktion
f	Frequenz
f_c	Grenzfrequenz
f_g	Grenzfrequenz
f_g	3 dB-Grenzfrequenz bei V
f_{g0}	3 dB-Grenzfrequenz bei V_0
f_M	Modulationsfrequenz
f_{max}	maximale Schwingfrequenz
f_{Res}	Resonanzfrequenz
f_T	Transitfrequenz
f_0	Schwingfrequenz
G	Leitwert
G_{BW}	Verstärkungs-Bandbreite-Produkt
g_{21}	siehe S, Steilheit
H	magnetische Feldstärke
h	Planck'sches Wirkungsquantum
h_A	relative Häufigkeit des zufälligen Ereignisses A
h_{11e}	siehe r_{BE}
h_{12e}	siehe D, differenzieller Rückwirkungsfaktor
$I, i(t)$	Strom
I_B	Basisstrom
I_{B0}	Kippstrom
I_C	Kollektorstrom
I_{CBO}	Kollektor-Basis-Reststrom
I_{CES}	Kollektor-Emitter-Reststrom
I_D	Diffusionsstrom
I_D	Drainstrom
I_D	Diodenstrom
$I_{D,AP}$	Diodenstrom im Arbeitspunkt

I_{DSS}	Drain-Sättigungsstrom
I_E	Emitterstrom
I_{EBO}	Emitter-Basis-Reststrom
I_{CEO}	Kollektor-Emitter-Reststrom
I_F	Feldstrom
I_F	Haltestrom
I_F	Durchlassstrom
$I_{F\,max}$	maximaler Durchlassstrom
$I_{F,max}$	maximaler Dauerflussstrom
I_{FSM}	Spitzenflussstrom
I_{FRM}	periodischer Spitzenflussstrom
I_H	Haltestrom
I_K	Kurzschlussstrom
$I_{L\,max}$	größter Laststrom
I_{PP}	Stoßstrom
I_P	Höckerstrom
I_V	Talstrom
I_R	Sperrstrom
I_{RM}	maximaler Rückwärtsstrom, Ausräumstrom, Sperrreststrom
I_S	Sperrsättigungsstrom
I_S, I_{th}	Schwell(en)strom
I_Z	Zenerstrom
$I_{Z\,max}$	maximal zulässiger Sperrstrom Zenerdiode
$I_{Z\,min}$	minimaler Sperrstrom Zenerdiode
I_v	Lichtstärke
K	Steilheitsparameter, Steilheitskoeffizient, Transkonduktanz-Koeffizient
k	Boltzmann-Konstante
k	Wellenzahl
k	Konstante
k	Klirrfaktor
k	Gegenkopplungsfaktor
L	Induktivität
L	mittlere Wegstrecke, Diffusionslänge
L	Kanallänge
L_A	Debye-Länge
L_D	Debye-Länge
L_G	Gehäuse-Induktivität
L_{eff}	effektive Länge
l	Länge
ln	Logarithmus zur Basis e
log	Logarithmus zur Basis 10
lg	Logarithmus zur Basis 10

M_{BW}	Modulationsbandbreite
m	Masse
m_e	Ruhemasse des freien Elektrons
m_{eff}, m^*	effektive Masse
m_n	durchschnittliche effektive Masse der Elektronen im Leitungsband, effektive Elektronenmasse
m_p	durchschnittliche effektive Masse der Löcher im Valenzband, effektive Löchermasse
m_s	Kapazitätskoeffizient, Gradationsexponent
NF	Rauschmaß, Rauschzahl
n	Nummer der Elektronenschale
n	Elektronendichte
n	Emissionskoeffizient, Korrekturfaktor, Nichtidealitätsfaktor
n	Anzahl der durchgeführten Zufallsexperimente
n_A	absolute Häufigkeit des zufälligen Ereignisses A
n_A	Dichte der Akzeptoren
n_{AB}	Anzahl Akzeptoren Basis
n_D	Dichte der Donatoren
n_{DC}	Anzahl Donatoren Kollektor
n_{DE}	Anzahl Donatoren Emitter
n_i	Eigenleitungsdichte
n_n	Elektronendichte im n-Gebiet
n_p	Elektronendichte im p-Gebiet
p_p	Löcherdichte im p-Gebiet
p_n	Löcherdichte im n-Gebiet
P	Wirkleistung
P, P_V	Verlustleistung
$P_{V,max}$	maximale Verlustleistung
$P_{V,max(puls)}$	maximale Verlustleistung bei Pulsbetrieb
P_{PP}	Pulsspitzenleistung
P_N	Nennbelastbarkeit
P_{max}, P_{tot}	maximale Belastung, maximale Verlustleistung
P_{MPP}	maximale Leistung einer Solarzelle
$P(A)$	Wahrscheinlichkeit des zufälligen Ereignisses A
p	Impuls
p	Löcherdichte
$p_X(\alpha)$	Wahrscheinlichkeitsdichte, Verteilungsdichte, Dichtefunktion
Q	Güte
R	Ohm'scher Widerstand
R	Reflexionskoeffizient
RLZ	Raumladungszone
R_B	Bahnwiderstand

R_F	Gleichstromwiderstand der Diode in Flussrichtung
R_L	Lastwiderstand
R_P	Parallelwiderstand
R_S	Serienwiderstand
R_S	Sperrwiderstand
R_V	Vorwiderstand
R_i	Innenwiderstand
R_g	Innenwiderstand
R_G	Innenwiderstand
R_a	Innenwiderstand
R_{Res}	Resonanzwiderstand
R_{th}	Wärmewiderstand
$R_{th,JA}$	Wärmewiderstand zwischen Sperrschicht und Umgebung
$R_{DS(on)}$	Einschaltwiderstand beim FET
r_{BE}	differenzieller (dynamischer) Eingangswiderstand
r_{CE}	differenzieller (dynamischer) Ausgangswiderstand, Kleinsignalausgangswiderstand
r_D	differenzieller (dynamischer) Widerstand der Diode, Wechselstromwiderstand
r_D	Differenzeingangswiderstand
r_{Gl}	Gleichtakteingangswiderstand
$r_{D,AP}$	differenzieller Widerstand der Diode im Arbeitspunkt
r_Z	differenzieller Innenwiderstand Zenerdiode
S	Operator (Verknüpfung zwischen Ein- und Ausgangsgrößen)
S	Steilheit, Übertragungssteilheit
SR	Spannungsanstiegsrate
S_R	Rückwärtssteilheit
S_D	Übertragungssteilheit, Transkonduktanz
S_λ	spektrale Empfindlichkeit
T	Periodendauer
T	absolute Temperatur in Kelvin
T	Kristalltemperatur
T_A	Umgebungstemperatur
$T_{A,ref}$	Referenzumgebungstemperatur
$T_{C,ref}$	Referenzgehäusetemperatur
$T_{J,max}$	maximal erlaubte Sperrschichttemperatur
T_C	Gehäusetemperatur
T_i	intrinsische Temperatur
t	Zeit
t_{AA}	Zugriffszeit
t_{RC}	Lese-Zykluszeit
t_e	Einschaltzeit

t_f	Abfallzeit
t_{rr}	Sperrverzögerungszeit, Rückwärts-Erholzeit, Übergangszeit, Erholungszeit, Erholzeit, Sperrverzugszeit
t_P	Einschaltzeit
t_{gd}	Zündverzögerungszeit
t_{gr}	Durchschaltzeit
t_{gs}	Zündausbreitungszeit
t_{gt}	Zündzeit
t_c	Schonzeit
t_r	Anstiegszeit
t_s	Ausräumzeit, Speicherzeit
t_s	Einschwingzeit
$U, u(t)$	Spannung
U_a	Ausgangsspannung
U_e	Eingangsspannung
U_B	Betriebsspannung
$U_{B\,max}$	maximale Betriebsspannung
U_b	Gleichvorspannung
U_{B0}	Kippspannung
U_{BT0}	Nullkippspannung
U_{B0+}, U_{B0-}	positive, negative Zündspannung (Kippspannung)
U_{CL}	Klemmspannung
U_{BR}	Durchbruchspannung
$U_{BR,GS}$	Gate-Source-Durchbruchspannung
$U_{(BR)EBO}$	Emitter-Basis-Durchbruchspannung
$U_{(BR)CBO}$	Kollektor-Basis-Durchbruchspannung
$U_{(BR)CEO}$	Kollektor-Emitter-Durchbruchspannung
U_D	Diffusionsspannung
U_D	Diodenspannung
$U_{D,AP}$	Diodenspannung im Arbeitspunkt
U_{EB}	Spannung zwischen Emitter und Basis
U_{BE}	Spannung zwischen Basis und Emitter
U_{CB}	Spannung zwischen Kollektor und Basis
U_{CE}	Spannung zwischen Kollektor und Emitter
$U_{CE,sat}$	Kollektor-Emitter-Sättigungsspannung
U_{DSP}	Drain-Abschnürspannung, Kniespannung
U_{GSP}	Gate-Abschnürspannung
U_{GS}	Spannung zwischen Gate und Source
U_F	äußere Spannung in Flussrichtung, Flussspannung
$U_{F,i}$	innere Flussspannung
U_H	Haltespannung
U_R	äußere Spannung in Sperrrichtung, Sperrspannung

$U_{R,max}$	maximale Sperrspannung
U_{th}	kritische Spannung
U_{th}	Schwell(en)spannung
U_{th}, U_P	Abschnürspannung
U_{RM}	Betriebssperrspannung
U_{RRM}	periodische Spitzensperrspannung
U_{RSM}	Spitzensperrspannung
U_S	Schleusenspannung
U_T	Temperaturspannung
U_Y	Early-Spannung
U_Z	Zenerspannung
$u_{R,eff}$	effektive Rauschspannung
$\ddot{u}$	Übersteuerungsgrad, Übersteuerungsfaktor
V	Betriebsverstärkung
V_{CC}	Betriebsspannung, Speisespannung
V_0	Leerlaufspannungsverstärkung
V_{Gl}	Gleichtaktverstärkung
v	Geschwindigkeit
v_S	Sättigungsgeschwindigkeit
v_{dom}	Domänengeschwindigkeit
$\overline{v}$	mittlere Geschwindigkeit
W	Energie
W	Kanalbreite
W_{S0}	gesamte Sperrschichtweite
W_{SR}	Sperrschichtweite in Sperrrichtung
W_{SF}	Sperrschichtweite in Flussrichtung
w_p	Sperrschichtbreite im p-Gebiet
w_n	Sperrschichtbreite im n-Gebiet
X	Zufallsvariable
$\overline{X}$	Arithmetischer Mittelwert, Erwartungswert
x	Wegstrecke
Z_0	Bezugswiderstand
Z_0	Wellenwiderstand
α	Ionisationsrate
α	Wechselstromverstärkung des Bipolartransistors in Basisschaltung
α_n	Ionisationsrate der Elektronen
α_p	Ionisationsrate der Löcher
α_Z	Temperaturkoeffizient
β	Kleinsignalstromverstärkungsfaktor
λ	Wellenlänge
λ	Parameter der Kanallängen-Modulation

λ_0	Betriebswellenlänge
$\Delta\lambda$	spektrale Breite (Linienbreite, Halbwertsbreite)
λ_{Grenz}	Grenzwellenlänge
ε	Dielektrizitätskonstante, Permittivität
ε_0	elektrische Feldkonstante
ε_{r}	Permittivitätszahl, Dielektrizitätszahl
ϑ	Temperatur in °C
ϑ_0	Bezugstemperatur
$\vartheta_{\max}$	maximale Betriebstemperatur
μ_{n}	Elektronenbeweglichkeit
μ_{p}	Löcherbeweglichkeit
ρ	spezifischer Widerstand
ρ	Raumladungsdichte
σ	spezifische Leitfähigkeit
σ	Standardabweichung
σ^2	Streuung, Varianz
τ	Zeitkonstante
τ	Lebensdauer Ladungsträger
τ_{T}	Transitzeit
φ	Phasenwinkel
φ	elektrisches Potenzial
φ	Makropotenzial
ω	Kreisfrequenz
Φ	Lichtstrom
Ω	Stichprobenumfang, Stichprobenraum
η	Wirkungsgrad
γ	Winkel
γ	Stromverstärkung des Bipolartransistors in Kollektorschaltung

Literatur

1. Aschenbrenner, F.: Industrielle Elektronik, Lehrbehelf für Vorlesungen
2. Balk, L.J.: Skriptum Elektronische Bauelemente. Bergische Uni Wuppertal, Wuppertal (Okt. 2000)
3. Bächtold, W.: Hochfrequenz- und Mikrowellenelektronik II, Skript. ETH Zürich, Zürich (SS 2004)
4. Best, J.: Elektrotechnische Grundlagen der Informatik. FH Mannheim, Mannheim (SS 2001)
5. Boit, C., Wagemann, H.G.: Vorlesungsskript Werkstoffe und Bauelemente der Elektrotechnik I (Bauelemente). TU Berlin, Berlin (Okt. 2003)
6. Bohrmann, C.: Photoelektrochemie und Elektrolumineszenz. Uni Duisburg-Essen, Duisburg-Essen (2003). Dissertation
7. Böhm, M.: Mikroelektronik. Uni Siegen, Siegen (1997)
8. Brennan, K.F., Brown, A.S.: Theory of modern electronic semiconductor devices. Wiley, New York (2002)
9. Brückner, V.: Grundlagen der optischen Nachrichtenübertragung. Deutsche Telekom Unterrichtsblätter, 10.02.1997
10. Bundesamt für Sicherheit in der Informationstechnik: Nanotechnologie (2007)
11. Cuno, H.H.: Praktische Elektronik. Fachhochschule Regensburg, Regensburg (04/97). Skriptum
12. Dodge, J., Advanced Power Technology: IGBT Technical Overview. Application Note APT0408 (2004)
13. Emeis, N.: Bauelemente der Elektronik. HS Osnabrück, Osnabrück (08.10.2001). Vorlesungsskript
14. Dodge, J., Advanced Power Technology: IGBT Tutorial. Application Note APT0201 (Juli 2002)
15. Fairchild Semiconductor: AN9010, MOSFET Basics (Nov. 1999)
16. Fairchild Semiconductor: AN9016, IGBT Basics 1 (Feb. 2001)
17. Fairchild Semiconductor: AN9020, IGBT Basics 2 (April 2002)
18. Föller, M.: Skript zur Vorlesung Elektrotechnische Grundlagen der Informatik, Hochschule Mannheim, Mannheim (SS 2006)
19. Freudenberger, J.: Skript zur Vorlesung Elektrische Schaltungstechnik. FH Konstanz, Konstanz (SS 2006)
20. Gesch, H.: Vorlesung Elektronische Bauelemente I. FH Landshut, Landshut (WS 2006/07)
21. Gemmeke, H.: Einführung in die Elektronik für Physiker. Forschungszentrum Karlsruhe, Karlsruhe (WS 2002/03)
22. Goser, K.: Halbleiterbauelemente, Skriptum zur Vorlesung für Elektrotechniker/Informationstechniker, Teil I+II. Uni Dortmund, Dortmund (WS 2002/03)
23. Goßner, S.: Grundlagen der Elektronik; Halbleiter, Bauelemente und Schaltungen, 9. Aufl. Shaker-Verlag (2016)

24. Gross, R., Marx, A.: Festkörperphysik, Vorlesungsskript (WS 2004/2005)
25. Grundmann, M.: The Physics of Semiconductors. Springer (2006)
26. Heering, W.: Elektrophysik, Eine Einführung in die Quantenmechanik und Quantenstatistik. Uni Karlsruhe, Lichttechnisches Institut, Karlsruhe (2002)
27. Hilpert, H.: Halbleiterbauelemente. Teubner Studienskripten, Stuttgart (1972)
28. Hirt, N.: Script zur Lehrveranstaltung Analoge und Digitale Schaltungen, Teil: Digitale Schaltungen. Technische Universität Ilmenau, Ilmenau
29. Kaltenbach, K.: Bauelemente der Leistungselektronik. FH Lübeck, Lübeck (SS 2003)
30. Kamp, M.: Angewandte Halbleiterphysik. Uni Würzburg, Würzburg (WS 2006/07)
31. Kasper, M.: Grundlagen der Elektrotechnik II. TU Harburg, Harburg
32. Kaufmann, A.: Signalübertragung. HTI Biel, Biel (Okt. 2003). Skriptum
33. Khanna, V.K.: The Insulated Gate Bipolar Transistor, IGBT, Theory and Design. IEEE Press, Wiley-Interscience (1952)
34. Lehmann, J.G.: Dioden und Transistoren, 3. Aufl. Vogel (1972)
35. Maly, W.: Atlas of IC technologies – An Introduction to VLSI Processes. Benjamin/Cummings Publishing, San Francisco (1987)
36. Mayer, O.: Regenerative Energien, Version 3
37. Mester, R.: Elektrotechnische und Digitaltechnische Grundlagen der Informatik. Uni Frankfurt, Frankfurt (WS 2006/07)
38. Neamen, D.A.: Semiconductor Physics and Devices, Basic Principles. McGraw-Hill (2003)
39. Nührmann, D.: Das komplette Werkbuch Elektronik. Franzis (2002)
40. ON Semiconductor: AN1541/D, Introduction to Insulated Gate Bipolar Transistors, Sept. 2000 – Rev. 0
41. Philips Semiconductors: Power Semiconductor Applications
42. Reichl, H.: Technologien der Mikrosysteme II. Technische Universität Berlin, Berlin (2001). Skriptum
43. Reithmaier, J.P.: Skriptum Angewandte Halbleiterphysik. Uni Würzburg, Würzburg (WS 2004/2005)
44. Rieger, M.: Vorlesung Schaltkreisentwurf. FH Albstadt-Sigmaringen, Albstadt-Sigmaringen (WS 2001/2002)
45. Rohner, S.: Aufbau und Inbetriebnahme eines IGBT-Modul-Teststandes. TU Berlin, Berlin (2005). Studienarbeit
46. Roth-Stielow, J.: Übungen Leistungselektronik 2. Universität Stuttgart
47. Säckinger, E.: Broadband circuits for optical fiber communication. Wiley (2005)
48. Schuch, B.: Aufbautechniken für die Kfz-Elektronik – Schlüssel zum Produkterfolg. TEMIC (1998). Sonderdruck aus ATZ Automobiltechnische Zeitschrift
49. Semikron: Applikationshandbuch Leistungshalbleiter (2010)
50. Schenk, A.: Halbleiterbauelemente (SS 2006)
51. Sclater, N., Traister, J.E.: Handbook of Electrical Design Details. McGraw-Hill (2003)
52. Schmitt-Landsiedel, D.: Unterlagen zur Vorlesung Elektronische Bauelemente. TU München, München (WS 1999/2000)
53. Schubert, M.: Systemkonzepte. FH Regensburg, Fachbereich Elektrotechnik, Regensburg (2001)
54. Sedra, A.S., Smith, K.C.: Microelectronic Circuits. Oxford University Press, Oxford (2004)
55. Söser, P.: Integrierte Schaltungen 2. TU Graz, Graz (Winter 2000). Skriptum
56. Steimle, W.: Zur rechnerischen Behandlung des bipolaren Transistors beim Entwurf linearer Analogschaltungen. Frequenz **30** (1976)
57. Stiny, L.: Elektrotechnik für Studierende: Band 1 bis 4. Christiani
58. Stiny, L.: Fertigung und Test elektronischer Baugruppen. Christiani (2010)

59. Stiny, L.: Grundwissen Elektrotechnik und Elektronik, 7. Aufl. Springer (2018)
60. STMicroelectronics: AN1491, IGBT Basics. (Dec. 2001)
61. Surina, T., Klasche, G.: Angewandte Impulstechnik. Franzis (1974)
62. Sze, S.M.: Physics of Semiconductor Devices. Wiley (1981)
63. Tempel, M.: Ein Beitrag zum Entwurf von Frequenzumsetzern hoher Dynamik mit GaAs-HBTs. Berlin (2006). Dissertation
64. Thiede, A.: Skriptum Elektronik für den Maschinenbau. Uni Paderborn, Paderborn
65. Tietze, U., Schenk, Ch : Halbleiterschaltungstechnik, 11. Aufl. Springer
66. TU Berlin, Institut für Hochfrequenz- und Halbleitersystemtechnik, Abteilung Festkörperelektronik: Praktikum Bipolare Bauelemente, Schaltverhalten von Halbleiterdioden
67. TU München: Unterlagen zur Vorlesung Elektronische Bauelemente. TU München, München (WS 1999/2000)
68. Unger, H.G., Schultz, W.: Elektronische Bauelemente und Netzwerke I. Vieweg (1968)
69. Vishay Semiconductors: Application Note; What Is A Silicon Transient Voltage Suppressor And How Does It Work? Document Number 88436 (01-Mar-04)
70. Waller, G.: Werkstoffe, Bauelemente, Halbleiter, Vorlesungsmanuskript. FH Kiel, Fachbereich Informatik und Elektrotechnik, Kiel (WS 2001/2002)
71. Webster, G. (Hrsg.): Measurement, Instrumentation, and Sensors Handbook. CRC Press (1999)
72. Wolfrum, K.: Elektronik. FH Karlsruhe, Karlsruhe (2005)

Stichwortverzeichnis

B

C

D

E

F

G

L

P

Q

R

T

MIX
Papier aus verantwortungsvollen Quellen
Paper from responsible sources
FSC® C105338

If you have any concerns about our products,
you can contact us on
ProductSafety@springernature.com

In case Publisher is established outside the EU,
the EU authorized representative is:
Springer Nature Customer Service Center GmbH
Europaplatz 3, 69115 Heidelberg, Germany

Printed by Libri Plureos GmbH
in Hamburg, Germany